AF543713

Handbuch ZTV E-StB

Kommentar und Kompendium
Erdbau | Felsbau | Landschaftsschutz
für Verkehrswege

Zusätzliche Technische
Vertragsbedingungen und Richtlinien
für Erdarbeiten im Straßenbau

Ausgabe 2017

Kommentar und Kompendium
Erdbau | Felsbau | Landschaftsschutz
für Verkehrswege

von
Universitätsprofessor Dr.-Ing. Dr.-Ing. E.h. Rudolf Floss

5. Auflage

KIRSCHBAUM VERLAG BONN

ISBN 978-3-7812-2052-2
© Kirschbaum Verlag GmbH, Fachverlag für Verkehr und Technik
Siegfriedstraße 28, 53179 Bonn
Telefon 02 28/9 54 53-0 · Internet www.kirschbaum.de

Satz und Lithographie: www.mom-digital.de
Druck: johnen-druck GmbH & Co. KG, Bornwiese 5, 54470 Bernkastel-Kues
August 2019 · Best.-Nr. 2052

Alle in diesem Werk enthaltenen Angaben, Daten, Ergebnisse etc. wurden vom Autor nach bestem Wissen erstellt und von ihm und dem Verlag mit größtmöglicher Sorgfalt überprüft. Gleichwohl sind inhaltliche Fehler nicht vollständig auszuschließen. Autor und Verlag können deshalb für etwaige inhaltliche Unrichtigkeiten keine Haftung übernehmen.

Vorwort zur 5. Auflage

Das Bundesministerium für Verkehr und digitale Infrastruktur hat die neue Ausgabe der „Zusätzlichen Technischen Vertragsbedingungen und Richtlinien für Erdarbeiten im Straßenbau" (ZTV E-StB 17) mit dem Allgemeinen Rundschreiben Straßenbau Nr. 17/2017 für den Bereich der Bundesfernstraßen eingeführt und den Obersten Straßenbaubehörden der Länder bekanntgegeben. Das Ministerium empfiehlt, das Regelwerk im Interesse einer einheitlichen Handhabung auch für andere Straßenvorhaben im jeweiligen Zustandsbereich der Behörden anzuwenden. Die ZTV E-StB wurden von der Forschungsgesellschaft für Straßen- und Verkehrswesen (FGSV) im Benehmen mit dem Bundesministerium und den Obersten Straßenbaubehörden der Länder erarbeitet und gemäß Richtlinie (EU) 2015/1535 notifiziert (Notifizierungs-Nr. 2017/0132/D).

Der Kirschbaum Verlag hat den Autor des Handbuches in Einverständnis mit der FGSV beauftragt, das neue Regelwerk im gesamtheitlichen Kontext mit dem technischen Wissensfortschritt und dem nationalen und europäischen Normenwerk zu erläutern, wie das seit der ersten Ausgabe des Handbuches im Jahre 1979 geschehen ist. Der Inhalt des neuen Handbuches gliedert sich in:

Teil 1 Leitlinien
Teil 2 Kommentare und ergänzende Kompendien
Teil 3 Sonderkapitel.

Die Leitlinien in Teil 1 beinhalten Grundsätze und gesetzgeberische Vorgaben zum Auftrags- und Vergabewesen sowie zum Schutz von Natur, Boden und Wasser. Sie fassen Zielorientierungen und Entscheidungshilfen für die Entwurfsplanung und Ausführung von Erd- und Felsarbeiten beim Bau von Verkehrswegen und geotechnischen Bauwerken zusammen.

Die Kommentare in Teil 2 schließen sich der Gliederung des neuen ZTV E-Regelwerkes an. Die Regelungen werden im Einzelnen erläutert, die Zusammenhänge untereinander verdeutlicht, die technischen und wirtschaftlichen Auslegungsspielräume erkennbar gemacht und der Wissens- und Erfahrungsstand in Verbindung mit den relevanten nationalen und europäischen Regelwerken vermittelt. Hierzu ist es notwendig, das fortgeschriebene Fachwissen der Boden- und Felsmechanik sowie des Erd- und Grundbaues in bewährter Weise als Kompendium mit einzubeziehen.

Die Besonderheit der ZTV E-StB-Regelungen besteht in der vertragsrechtlichen Bindung an die „Allgemeinen Technischen Vertragsbedingungen für Bauleistungen" ATV DIN 18299, 18300 und 18320. In dieser Verknüpfung werden die Regelungen nicht nur für Straßenverkehrswege, sondern in nahezu allen Bereichen des Tief- und Landschaftsbaues mit einbezogen; hierzu gehören z. B. Bauwerksgründungen, Schienenwege, Staudämme, Deiche, Kanal- und Rohrleitungsbau.

Wichtige aktuelle Themenbereiche des Handbuches sind z. B.:

- die Fortentwicklung von Bauweisen im Erd- und Felsbau sowie der Verbundbauweisen mit Geokunststoffen und Leichtbaustoffen
- die Einführung des europäischen Normenwerkes über geotechnische Untersuchungen
- die Nutzung neuer Baustoffe
- die Verwertung von Bodenmaterialien und Baustoffen mit umweltrelevanten Inhaltsstoffen
- besondere Sicherheitsbauweisen
- Maßnahmen zur Bodenreinigung, Schadstoffminderung und Schadstoffabdichtung.

Die Sonderkapitel in Teil 3 beinhalten Grundsätze und Wissenserfahrungen zu speziellen Themen, die im Zusammenhang mit den ZTV E-StB-Regelungen, insbesondere auch für den Bau kommunaler Straßen und ländlicher Wege, von Bedeutung sind. Im Mittelpunkt dieser kompendiarisch gefassten Ausführungen stehen der Umweltschutz, der Naturschutz und die Landschaftspflege, der Wasserabfluss von Verkehrsflächen, die Vorsorge gegen Hochwasser sowie die Nutzung von Ersatzbaustoffen im Verkehrswegebau.

In weiteren Kapiteln werden die bodenmechanischen Grundlagen für den Entwurf und die Dimensionierung von Fahrbahnbefestigungen, die normativen Sicherheitsnachweise für Bauwerksgründungen und geotechnische Bauwerke sowie die Anwendung der geotechnischen Versuchs- und Messtechnik zusammengefasst.

Insgesamt betrachtet, bilden die drei Teile des Handbuches in ihrer inhaltlichen Bindung und Verknüpfung mit den Allgemeinen und Zusätzlichen Technischen Vertragsbedingungen und Richtlinien sowie dem fortgeschriebenen Wissensstand eine Einheit als Gesamtwerk des Erd- und Felsbaues.

Der Autor dankt für alle Anregungen und Hinweise, die zur Fortentwicklung des Handbuches seit der Erstausgabe von vor 40 Jahren beigetragen haben.

Rudolf Floss — Rottach-Egern am Tegernsee, Juni 2019

Inhaltsverzeichnis

Teil 1 Leitlinien

Teil 2 Kommentar mit Kompendium

14 Prüfungen 535

15 Dokumentation der Qualitätssicherung 571

Anhänge der ZTV E-StB 17

Teil 3 Sonderkapitel im Rahmen der ZTV E-StB Vertragsbedingungen und Richtlinien

Teil 1
Leitlinien
L1–L2

Inhalt Leitlinien

Vorbemerkung

Die Leitlinien informieren im Überblick über die Grundinhalte des Auftrags- und Vergabewesens (**L1**) sowie über die gesetzlich gültigen Grundsätze und Zielorientierungen zum Schutz von Natur, Boden und Wasser (**L2**) bei der Planung und Ausführung von Erdarbeiten für Verkehrsanlagen in Verbindung mit den ZTV E-StB. Sie geben Hilfe bei der Entscheidungsfindung, der Handlungsweise und der Auslegung der Technischen Vertragsbedingungen und Richtlinien.

L1 Leitlinien zum Auftragswesen

L1.1 Planungsziele

1 Die Erdarbeiten umfassen einen Massenbewegungsprozess als funktional zusammenhängende Produktionskette. Bedingung hierfür ist eine koordinierte Gesamtplanung der Fachleistungen mit dem Ziel, ein standsicheres Erdbauwerk mit nachhaltiger Gebrauchstauglichkeit zu erstellen und eine wirtschaftliche Gesamtleistung zu erreichen. Die Verfahren, Maschinen und Fahrzeuge für das Bearbeiten müssen mithilfe von Eignungs-, Leistungs- und Kostennachweisen optimal aufeinander abgestimmt sein. Die Teilleistungen setzen sich zusammen aus dem Lösen, Laden, Transportieren, Einbauen und Verdichten von Boden, Fels und Ersatzbaustoffen (siehe Teil 3, Sonderkapitel S4). Die Auswahl der Maschinen und Geräte soll den mehrfunktionalen Einsatz für die erforderlichen Teilleistungen ermöglichen.

2 Die in technisch-wirtschaftlicher Hinsicht optimale Baulosgröße ist so zu ermitteln, dass die Gelände- und Baugrundverhältnisse, der Umfang der zu transportierenden Massen bzw. Baustoffe, der gesamte Baubetriebsablauf, die Baufristen und die während der Bauzeit zu erwartende Witterung berücksichtigt werden. Sofern es diese Einflussfaktoren zulassen, sollen möglichst große Baulose, die auf entsprechend leistungsfähige Bieter abgestimmt sind, ausgeschrieben werden.

3 Die Grundsätze über die einheitliche Ausführung und zweifelsfreie Gewährleistung der Bauleistungen nach VOB/A § 4 Nr. 3 lassen neben der getrennten Ausschreibung und Vergabe von Fachlosen die gemeinsame Ausschreibung verschiedener Fachlose (Fachlosgruppe) zu. Für diese Lösung bieten sich sowohl technisch als auch wirtschaftlich vorteilhafte Möglichkeiten an, z. B.

- Erd- und Entwässerungsarbeiten,
- Erd- und Oberbauarbeiten, besonders bei kleinen Baulosen oder bei witterungsempfindlicher Planumsschicht,
- Herstellen des Planums und der ersten Tragschicht (Frostschutzschicht),
- Brücken- und Erdbauarbeiten in Verbindung mit dem Hinterfüllen, Überschütten oder dem vorzeitigen Bau der Rampenschüttungen,
- Verlegen von Leitungen in Verbindung mit Bodenaushub und Verfüllarbeiten,
- Böschungsbau mit Sicherungen oder Stützkonstruktionen.

Bei Verkehrsflächen auf wenig tragfähigem Untergrund kann je nach zeitlichem Verlauf und Größe der zu erwartenden Setzungen das gemeinsame Ausschreiben der Erdarbeiten und eines Zwischenausbaus der Fahrbahnbefestigung zweckmäßig sein. Die gemeinsame Ausschreibung und Vergabe von Erd-, Oberbau- und Brückenbauarbeiten kann z. B. bei kurzer Bauzeit und frühestmöglicher Verkehrsübergabe geboten sein.

4 Die Bauzeitplanung richtet sich nach verkehrspolitischen, haushaltswirtschaftlichen und bautechnischen Gesichtspunkten. Für alle Bauleistungen sind Ausführungsfristen zu vereinbaren (VOB/B §§ 5 und 6). Der zeitliche Ablauf des Bauvorhabens ist vor Baubeginn in einem Bauzeitenplan festzulegen. Die Disposition der Bautermine muss den geforderten Leistungen angemessen sein. Bei Ausbaumaßnahmen im Bestand mit starkem Verkehr oder Störanfälligkeit des Verkehrsflusses und der Verkehrssicherheit entstehen besondere Zwänge für die Planung und Bauausführung.

Die verfügbaren Kapazitäten an Personal, Geräten und Maschinen sind zu berücksichtigen. Erweiterungen dieser Kapazitäten, die allein durch zu kurz gesetzte

Fristen notwendig werden und sich später als Überkapazitäten auswirken, sind zu vermeiden. Die Bauzeiten dürfen nicht zu lang gewählt werden, um unnötige Kosten für das Vorhalten der Baustelleneinrichtung sowie für das Personal auszuschließen.

5 Besondere Bauzeitplanungen und Koordinierungen der Fachleistungen werden notwendig für folgende Aufgaben:

- Dammbau auf setzungsempfindlichem Untergrund
- Bauen in rutschgefährdeten Hängen
- Ausführen von Sicherungsmaßnahmen an Böschungen
- Verlegen von Durchlässen und Leitungen in Dämmen
- Zwischenausbau von Straßen.

Bei Dammschüttarbeiten auf setzungsempfindlichem Untergrund kann es notwendig sein, den Dammbau oder die Untergrundverbesserung so frühzeitig wie möglich vorzuziehen, um die Hauptsetzungen bis zum Beginn der Oberbauarbeiten vorwegzunehmen.

Ähnliche Gesichtspunkte müssen bei Erdarbeiten im Bereich der Widerlager von Bauwerken und anschließenden Rampen beachtet werden; Maßnahmen wie z. B. Vorbelasten des Baugrundes, Bodenaustausch, Bodenverbesserung, Tiefendränagen sollen je nach Bauwerkssystem frühzeitig vor den Brückenbauarbeiten bzw. vor dem Einbau des Brückentragwerks ausgeführt werden.

Der Bauablauf und das Massenkonzept sollen so angelegt und abgestimmt sein, dass möglichst keine Zwischenlager notwendig werden. Lässt sich dies nicht vermeiden, müssen die Zwischenlager nach erdbautechnischen Grundsätzen so ausgebildet sein, dass die stofflichen Eigenschaften erhalten bleiben und die Nutzung durch Niederschlag bzw. Feuchtesättigung und Frost nicht eingeschränkt wird.

Zielvorgabe für die Förderleistungen ist es, die Transportentfernungen kurz zu halten und Umwege zu vermeiden. Die Förderwege müssen für die Beanspruchungen des Fahrverkehrs und für den Nutzungszeitraum dauerhaft sein und dementsprechend laufend unterhalten werden.

6 Mit Beginn der Bauarbeiten müssen im Baufeldbereich Probeuntersuchungen ausgeführt werden. Mit den Probeuntersuchungen ist zu prüfen, ob die in der Leistungsbeschreibung vorgeschriebenen Anforderungen mit dem gewählten Arbeitsverfahren erreicht werden und welche Änderungen zu treffen sind. Sie können auch dann notwendig sein, wenn die Eignung der Böden durch Laborprüfungen allein nicht eindeutig nachgewiesen werden kann, das Verfahren aus wirtschaftlichen Gründen aber dennoch zur Entscheidung steht. Die Probeuntersuchungen nehmen Zeit in Anspruch und sind deshalb rechtzeitig einzuplanen und auszuführen. Sie werden entweder als eigene Leistungsposition im Rahmen des Bauvertrages ausgewiesen oder, wenn sie bereits vorher für die Entwurfsplanung erforderlich werden, als gesonderte Vertragsleistung vorgezogen.

7 Die Erdarbeiten unterliegen grundsätzlich den Einflüssen der Witterung. Starkniederschläge, winterliche Witterung und Trockenperioden erzwingen Einschränkungen oder Unterbrechungen der Arbeiten. Die Fortsetzung im Winter bei und nach Frost bedingt vorbeugende Schutzmaßnahmen. Frei liegenbleibende witterungsempfindliche Planumsschichten erfordern nach dem Winter zusätzliche Leistungen, um die stark aufgeweichten und durch Frost aufgelockerten Böden entweder intensiv nachzuverdichten oder durch Zugabe von Baustoffen tragfähig zu verbessern oder auszutauschen. Im Regelfall ist anzustreben, die Erd- und Oberbauarbeiten entweder direkt oder zumindest ohne lange Zwischenzeit aufeinander folgen zu lassen, um die Güte der fertigen Leistungen zu erhalten.

L1.2 Gesetzliche und vertragsrechtliche Bindungen

1 Die rechtliche Bindung zwischen Auftraggeber und Auftragnehmer entsteht durch Abschluss des Bauvertrages. Der Auftraggeber wirkt als Bedarfsträger (Ämter der öffentlichen Hand, Firmen, private Personen) und erteilt den Auftrag zur Bedarfsdeckung gegen Entgelt an den/die Auftragnehmer. Beide gelten als gleichberechtigte Vertragspartner.

Der Vertrag beinhaltet ein gegenseitiges Schuldverhältnis, mit dem der Auftragnehmer zur Ausführung der Leistung, der Auftraggeber zur Finanzierung verpflichtet wird.

Das Bürgerliche Gesetzbuch (BGB) unterscheidet verschiedene Vertragsformen mit unterschiedlichen Regelungen, und zwar Werkvertrag, Werkliefervertrag, Dienstvertrag, Kaufvertrag, Mietvertrag. Nach der Rechtsprechung gelten Bauverträge als Werkverträge. Sie beinhalten die Fertigung von Leistungen.

2 Zu den gesetzlichen Regelungen für das Auftragswesen gehören:

- die Verordnung über die Vergabe öffentlicher Aufträge (Vergabeverordnung – VgV)
- das Gesetz gegen Wettbewerbsbeschränkungen (GWB)
- das Gesetz über den Bau und die Finanzierung von Bundesfernstraßen durch Private (Fernstraßenbauprivatfinanzierungsgesetz – FStrPrivFinG):
  Dieses Gesetz regelt die sog. Betreibermodelle auf der Grundlage einer Gebührenfinanzierung.
- die Verordnung über Sicherheit und Gesundheitsschutz auf Baustellen (Baustellenverordnung – BaustellV):
  Diese Verordnung regelt die Verantwortlichkeiten des Auftraggebers und Auftragnehmers für die Sicherheit und den Gesundheitsschutz des Baustellenpersonals während des Baugeschehens. Zu diesen Aufgaben gehören die präventive Planung des Sicherheits-, Gesundheits- und Arbeitsschutzes, die vorzeitige Information der zuständigen Behörden sowie die Koordination und Kontrolle der Maßnahmen.

L1.3 Europäische Vergaberichtlinien und Eurocodes

1 Die **europäischen Vergaberichtlinien** dienen der Liberalisierung des Auftragswesens für staatliche/öffentliche Auftraggeber (Staat, Gebietskörperschaften, Einrichtungen des öffentlichen Rechts) und für private Bereiche, soweit diese dem Einfluss öffentlicher Körperschaften unterliegen.

Folgende Richtlinien des Europäischen Parlamentes und Rates betreffen das Auftrags- und Vergabewesen, wobei die Rechtswirkung dieser Richtlinien die Umsetzung in nationales Recht voraussetzt:

- Vergabekoordinierungsrichtlinie (VKR):
  Richtlinie 2014/24/EU über die öffentliche Auftragsvergabe;
- Überwachungsrichtlinie (ÜR):
  Richtlinie 2007/66/EG über die Verbesserung der Wirksamkeit des Nachprüfverfahrens bezüglich der Vergabe öffentlicher Aufträge. Zielsetzung der Richtlinie ist es, den Rechtsschutz im europäischen Vergaberecht zu verbessern und zu vereinheitlichen;
- Sektorenkoordinierungsrichtlinie (SKR):
  Richtlinie 2014/25/EU über die Vergabe von Aufträgen durch Auftraggeber im Bereich der Wasser-, Energie- und Verkehrsversorgung sowie der Postdienste;

- Sektorenüberwachungsrichtlinie (SÜR):
  Richtlinie 92/13/EWG zur Koordinierung der Rechts- und Verwaltungsvorschriften für die Anwendung der Gemeinschaftsvorschriften über die Auftragsvergabe durch Auftraggeber im Bereich der Wasser-, Energie- und Verkehrsversorgung sowie im Telekommunikationssektor;
- Informationsrichtlinie (Info-R):
  Richtlinie 98/34/EG über ein Informationsverfahren auf dem Gebiet der Normen und technischen Vorschriften und der Vorschriften für die Dienste der Informationsgesellschaft;
- Bauproduktenverordnung (BauPVO):
  Verordnung (EU) Nr. 305/2011 zur Festlegung harmonisierter Bedingungen für die Vermarktung von Bauprodukten.

2 Die **Bauproduktenverordnung (BauPVO)** ist durch das Bauproduktengesetz (BauPG) in deutsches Recht umgesetzt. Die BPR bestimmt den freien Verkehr und die allgemeinen Anforderungen für konforme Bauprodukte und enthält u. a. Einzelregelungen zu technischen Spezifikationen, harmonisierten Normen, technischen Zulassungen und Nachweisen der Konformität. Bauprodukte und Ursprungswaren aus den Mitgliedstaaten der Europäischen Union sind als gleichwertig zu behandeln, wenn sie bestimmte Schutzbedingungen erfüllen, und zwar auch dann, wenn nationale technische Vertragsbedingungen nicht eingehalten sind. In diesen Fällen sind die Anbieter solcher Produkte und Waren verpflichtet, Unterlagen über die Gleichwertigkeit in prüfbarer Form einzureichen.

Mittels werkseigener Qualitätskontrolle und Zertifizierung durch unabhängige qualifizierte Stellen wird sichergestellt, dass die Übereinstimmung der Produkte mit den auf europäischer Ebene anerkannten Normen und technischen Zulassungen gegeben ist.

Zur Qualitätssicherung von Waren und Dienstleistungen hat die EU die ISO 9000 bis 9004 (in Deutschland: DIN EN ISO 9000 bis 9004) als Europäische Normen EN 29000 bis 29004 übernommen. Ziel dieser Normenreihe ist es, Qualitätssicherung durch Organisation von Arbeitsabläufen und Mitarbeitereinsatz sowohl bei der Planung als auch bei der Ausführung präventiv zu betreiben.

3 1975 beschloss die Kommission der Europäischen Gemeinschaft ein Aktionsprogramm für das Bauwesen gemäß Artikel 95 des Vertrags. Ziel des Programms ist die Beseitigung technischer Handelshindernisse und die Harmonisierung technischer Ausschreibungen. Im Rahmen dieses Aktionsprogramms ergriff die Kommission die Initiative zur Aufstellung technischer Regeln für die Entwurfsplanung von Bauvorhaben (Eurocode – EC). 1989 beschlossen die Kommission und die Mitgliedstaaten der EU und EFTA, diesen technischen Regeln den Status Europäischer Normen (EN) zu geben.

Das **Eurocode-Programm** umfasst folgende EN:

EN 1990 Eurocode 0	Grundlagen der Tragwerksplanung
EN 1991 Eurocode 1	Einwirkungen auf Tragwerke
EN 1992 Eurocode 2	Bemessung und Konstruktion von Stahlbeton- und Spannbetontragwerken
EN 1993 Eurocode 3	Bemessung und Konstruktion von Stahlbauten
EN 1994 Eurocode 4	Bemessung und Konstruktion von Verbundtragwerken aus Stahl und Beton
EN 1995 Eurocode 5	Bemessung und Konstruktion von Holzbauten
EN 1996 Eurocode 6	Bemessung und Konstruktion von Mauerwerksbauten
EN 1997 Eurocode 7	Entwurf, Berechnung und Bemessung in der Geotechnik

EN 1998 Eurocode 8 Auslegung von Bauwerken gegen Erdbeben
EN 1999 Eurocode 9 Bemessung und Konstruktion von Aluminiumtragwerken.

Die Eurocodes enthalten allgemeine konstruktive Entwurfsregeln für die Anwendungen bei Entwurf, Bemessung und Planung ganzer Tragwerke und Bauprodukte sowohl traditioneller als auch innovativer Art. Die Verantwortlichkeit der Bauaufsichtsorgane in den Mitgliedstaaten bleibt wie bisher bestehen, sodass diese auch das Recht behalten, sicherheitsbezogene Festlegungen aufgrund nationaler Erfahrungen zu treffen. Die Eurocodes können dementsprechend durch nationale Anwendungsdokumente ergänzt werden.

Der vom European Committee for Standardization (CEN) bisher veröffentlichte EC 7 (Teil 1) enthält in Verbindung mit dem EC 1 „Actions on Structures" die allgemeinen geotechnischen Aspekte, die beim Entwurf von Bauwerken zu beachten sind. Im Wesentlichen handelt es sich um Entwurfsregeln über die Abschätzung der vom Baugrund ausgehenden Einwirkungen und um bodenspezifische Qualitätsanforderungen, soweit diese Einfluss auf den Entwurf haben.

L1.4 Vergabe und Abwicklung von Verträgen

1 Vergabe- und Vertragsordnung für Bauleistungen (VOB)

Die VOB ist ein Regelwerk für Bauverträge der öffentlichen Hand. Sie ergänzt die werkvertraglichen Bestimmungen des Bürgerlichen Gesetzbuches (BGB) und kann auch als Ganzes in privaten Bauverträgen vereinbart werden.

Sie umfasst folgende Teile:

Teil A Allgemeine Bestimmungen für die Vergabe von Bauleistungen – DIN 1960 – (VOB/A)

Teil B Allgemeine Vertragsbedingungen für die Ausführung von Bauleistungen – DIN 1961 – (VOB/B)

Teil C Allgemeine Technische Vertragsbedingungen (ATV) für Bauleistungen (VOB/C).

Die VOB beinhaltet die Bestimmungen für das Vergabeverfahren und die Vertragsbedingungen für die Ausführung von öffentlichen Bauleistungen jeder Art, durch die eine bauliche Anlage hergestellt, instand gehalten, geändert oder beseitigt wird. Die Bestandteile der VOB sind keine Gesetze oder gesetzesähnlichen Vorschriften, sondern DIN-Normen mit folgendem Inhalt:

VOB/A regelt, wie das Vergabeverfahren unter Beachtung bzw. Umsetzung der europäischen Bestimmungen sachgerecht zu vollziehen ist. Diese Regelungen betreffen nur den Auftraggeber, sodass der Teil A nicht als Vertragsbestandteil gilt.

VOB/B beinhaltet nichttechnische Vertragsbedingungen für Bauleistungen. Sie konkretisieren die Bestimmungen des BGB, z. B. über Umfang der Leistung, Haftung, Abnahme, Mängelanspruch, Abrechnung und Vergütung. Die VOB/B gilt nur unter der Voraussetzung, dass sie ausdrücklich im Vertrag vereinbart ist (§ Nr. 1 VOB/B). In diesem Fall gehören die „Allgemeinen Technischen Vertragsbedingungen für Bauleistungen" (ATV) der VOB/C einschließlich der darin als mitgeltend oder maßgeblich bezeichneten Normen, Vorschriften und Anordnungen automatisch zum Bauvertrag.

VOB/C enthält die für die jeweilige Art der Bauleistungen gültigen ATV-Normen. Diese Verdingungsnormen sind keine technischen Fachnormen, sondern geben allgemeingültige technische Regelbedingungen für die Güte der Stoffe sowie für das Herstellen eines Bauwerkes oder eines Bauzustandes an. Darüber hinaus dienen sie hauptsächlich

- der Preisermittlung und Abrechnung,
- der übersichtlichen und auf die nötigen Angaben begrenzten Leistungsbeschreibung,
- dem Zusammenwirken der Vertragspartner im Rahmen ihrer Rechte und Pflichten,
- der Gewährleistung eines möglichst uneingeschränkten und von außergewöhnlichen Risiken freien Wettbewerbs.

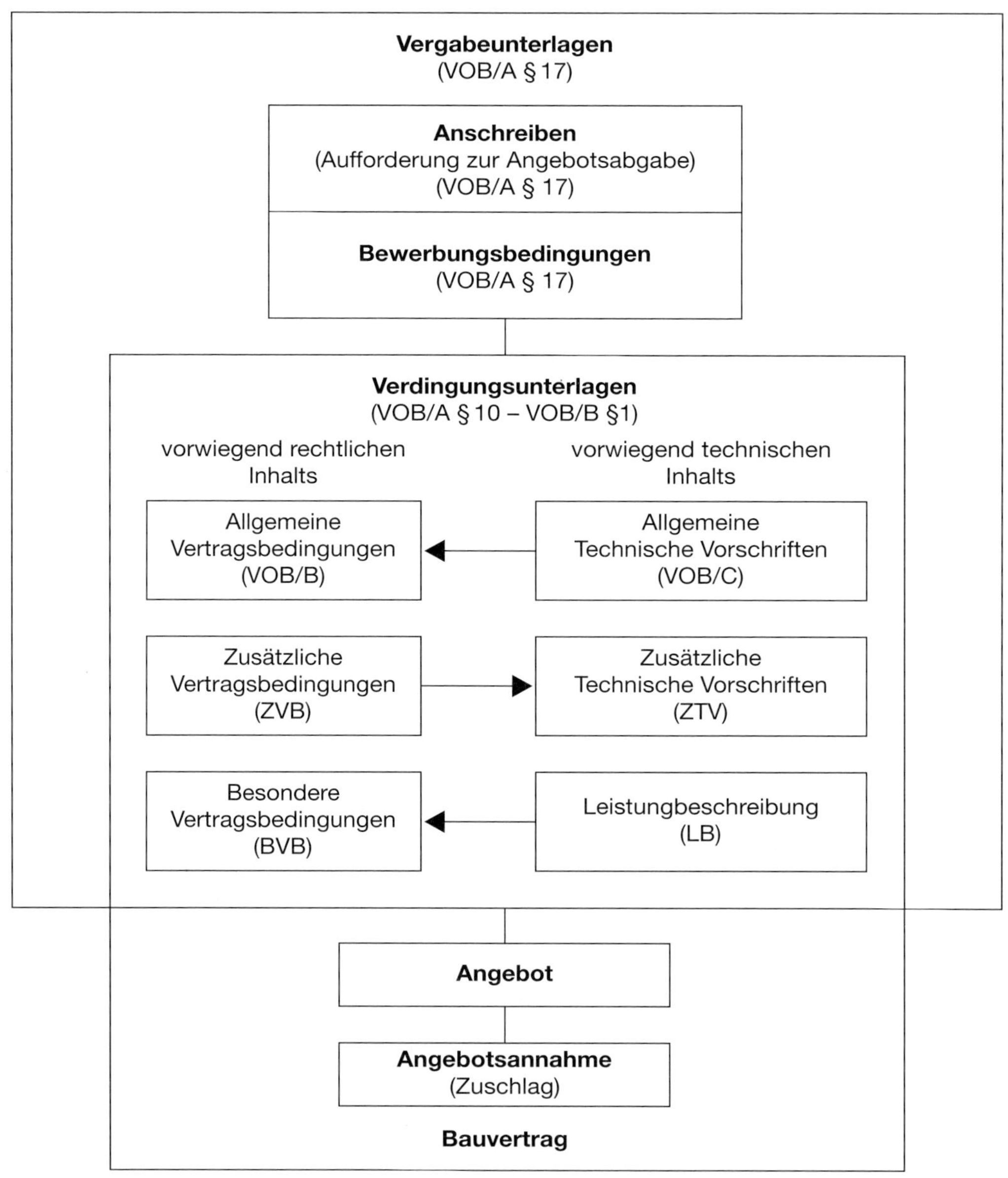

Bild 1: Vergabe- und Verdingungsunterlagen des Bauvertrages (→ Rangfolge bei Widersprüchen im Bauvertrag)

Die Bestandteile der Vergabe- und Verdingungsunterlagen sowie des Bauvertrags sind in *Bild 1* dargestellt. Bei Widersprüchen im Vertrag gelten gemäß VOB/C § 1 Nr. 2 die Verdingungsunterlagen nacheinander in der im Bild durch Pfeilrichtung gekennzeichneten Reihenfolge.

2 Zusätzliche Vertragsbedingungen

Die Regelungen der VOB/B und VOB/C können für allgemein bedeutende Aufgabenfelder ergänzt werden durch

- **Zusätzliche Vertragsbedingungen (ZVB)**
  und
- **Zusätzliche Technische Vertragsbedingungen (ZTV).**

Die Ergänzung der ATV durch Zusätzliche Technische Vertragsbedingungen für bestimmte Geschäftsbereiche ist nach § 10 Nr. 3 VOB/A möglich. Diese ZTV enthalten technische Vorschriften zu Forderungen, die sich allgemein für die Bauleistungen regeln lassen. Sie sollen der raschen Weiterentwicklung des technischen Wissensstandes und den regionalen Erfahrungen Rechnung tragen und können daher auch in der Leistungsbeschreibung für die Erfordernisse der betreffenden Bauleistung ergänzt oder abgeändert werden.

3 Abwicklung der Bauverträge

Die technischen Erfordernisse eines bestimmten Bauvorhabens werden in der **Leistungsbeschreibung (LB)** behandelt; siehe **L1.5**. Die vertraglichen Erfordernisse und Gegebenheiten für ein bestimmtes Bauvorhaben werden in **Besonderen Vertragsbedingungen (BVB)** vereinbart.

Das **„Handbuch für die Vergabe und Ausführung von Bauleistungen im Straßen- und Brückenbau" (HVA B-StB)** enthält eine vom Bundesministerium für Verkehr, Bau und Stadtentwicklung herausgegebene Sammlung von Regelungen, die bei der Vergabe von Aufträgen und der Abwicklung von Verträgen über Bauleistungen zu beachten sind. Das HVA B-StB gliedert sich in:

Teil 1	Richtlinien für das Aufstellen der Vergabeunterlagen
Teil 2	Richtlinien für das Durchführen der Vergabeverfahren
Teil 3	Richtlinien für das Abwickeln der Verträge
Vordrucke	Vordrucke für Vergabeunterlagen, Vergabeverfahren und Vertragsabwicklung
Anhang	Ergänzende Unterlagen.

Die Teile 1 bis 3 sind von den Baudienststellen zur einheitlichen Anwendung zu beachten, und zwar die Teile 1 und 2 im Zusammenhang mit der Anwendung der VOB/A und Teil 3 mit der Anwendung der VOB/B.

Im Folgenden sind einige ausgewählte Grundsätze auszugsweise herausgestellt:

- „Besondere Vertragsbedingungen" sind auf den Einzelfall abgestellte Ergänzungen der VOB/B und der ZVB/E-StB. Alle für den Einzelfall erforderlichen Bedingungen technischer Art sind in der Leistungsbeschreibung bzw. Baubeschreibung festzulegen.
- Nebenangebote und Änderungsvorschläge sind wegen des zu bewahrenden Wettbewerbsprinzips daraufhin zu prüfen, ob sie in technischer, wirtschaftlicher, terminlicher, gestalterischer u. a. Hinsicht der geforderten Leistung gleichwertig sind.
- Bei Widersprüchen zwischen den einzelnen Vertragsunterlagen sind die Bestandteile eines Vertrages stets in folgender Reihenfolge zu beachten:
  - Angebots- und Zuschlagsschreiben
  - Leistungsbeschreibung
  - Besondere Vertragsbedingungen

  - Zusätzliche Vertragsbedingungen
  - Zusätzliche Technische Vertragsbedingungen
  - Allgemeine Technische Vertragsbedingungen für Bauleistungen (VOB/C)
  - Allgemeine Vertragsbedingungen für die Ausführung von Bauleistungen (VOB/B).
- Die Straßenbauverwaltung hat bei der Abwicklung von Baumaßnahmen folgende Aufgaben wahrzunehmen:
  - Aufgaben als „Bauaufsichtsbehörde" (z. B. nach § 4 FStrG)
  - Aufgaben als Bauherr nach der Verordnung über Sicherheit und Gesundheitsschutz auf Baustellen (Baustellenverordnung – BaustellV)
  - Aufgaben als Auftraggeber bei der privatrechtlichen Abwicklung von Verträgen.
- Die Bauüberwachung hat darauf zu dringen, dass der Zustand von
  - Wegen,
  - Geländeoberflächen,
  - baulichen Anlagen und
  - Vorflutern und Vorflutleitungen

  im Baubereich – soweit notwendig – vor Baubeginn durch den Auftragnehmer gemeinsam mit dem Eigentümer/Unterhaltungspflichtigen und dem Auftraggeber festgestellt und das Ergebnis in einer von den Beteiligten zu unterzeichnenden Niederschrift festgehalten wird.

  Die Bauüberwachung hat den Baufortschritt zu überwachen und zu dokumentieren. Der Bauablauf ist unter Beachtung der Vorgaben im Sicherheits- und Gesundheitsschutzplan und des Sicherheits- und Gesundheitsschutzkoordinators sowie unter dem Gesichtspunkt der Koordinierung mit den Bauleistungen anderer Auftragnehmer zu überwachen.
- Es ist darauf zu achten, dass der Auftragnehmer die Eignung der Stoffe, Bauteile und Bauverfahren nachweist und die Ergebnisse der Eignungsprüfungen sowie ggf. die Zulassungsbescheinigungen rechtzeitig vorlegt und dass diese vom Auftraggeber vor Beginn der Ausführung der Bauleistung geprüft werden.

  Die Einhaltung der vertraglichen Anforderungen ist durch Kontrollprüfungen der ausgeführten Leistungen zu überwachen.

  Entsprechen Stoffe, Bauteile und Bauverfahren nicht dem Bauvertrag, ist dies unverzüglich zu beanstanden und ggf. anzuordnen, dass der Auftragnehmer mangelhafte Baustoffe oder Bauteile innerhalb einer angemessenen Frist entfernt. Wird schon während der Ausführung erkannt, dass eine Leistung mangelhaft oder vertragswidrig ist, so ist der Auftragnehmer unverzüglich schriftlich aufzufordern, die Leistung durch eine vertragsgemäße zu ersetzen. Bei Gefahr im Verzuge kann die sofortige Aufforderung mündlich erfolgen; sie ist unverzüglich schriftlich zu bestätigen.

4 Funktionsbauverträge

Diese besondere Vertragsform zielt darauf ab, die Bauleistungen an die funktionalen Anforderungen zu binden und über die auszuführende Bauweise frei zu entscheiden. Damit soll mehr Freiraum für private Leistungen und Innovationen in technischer und wirtschaftlicher Hinsicht entstehen.

Die vertragskonforme Realisierung gestaltet sich schwierig, wenn es darauf ankommt, den nachhaltigen Erhalt des Bauwerks und den betrieblichen Unterhalt mit zu integrieren. Zu den schwierigen Arbeitsfeldern gehören die erdbautechnischen Leistungen zur Erstellung von geotechnischen Bauwerken und die Leistungen zum Bau von Entwässerungsanlagen. Die Teilung der Verantwortlichkeiten enthält Risiken. Nach bisheriger Kompromissregelung verpflichtet sich der Auftraggeber in Funktionsbauverträgen, sorgfältige Baugrunduntersuchungen und ein sachgerechtes Planum nach konventionellen Bauregeln zur Verfügung zu stellen, jedoch muss der Auftragnehmer alle Schäden im Erd- und Oberbau innerhalb der Vertragsdauer eigenverantwortlich beheben.

L1.5 Leistungsbeschreibung (LB)

1 VOB/A § 9 bestimmt, dass die LB eine allgemeine **Baubeschreibung** und ein nach Ordnungszahlen und Positionen gegliedertes **Leistungsverzeichnis (LV)** für die auszuführenden Leistungen und Lieferungen umfassen soll. Ferner gehören je nach Bedeutung und Umfang der Bauleistungen auch Beschreibungen, Gutachten, Prüfberichte, Mess- und Beobachtungsergebnisse, Berechnungen, Pläne, Zeichnungen, Feststellungen und Aufklärungen bei Ortsbegehungen dazu.

2 Die Hinweise für die Leistungsbeschreibung im Abschnitt 0 der ATV DIN 18299 und 18300 ergänzen die allgemeinen Regelungen der VOB/A § 9 Nr. 1 bis 3. Sie bilden zusammen die Grundlage für die Beschreibung der bei Erdarbeiten in der Regel erforderlich werdenden Bauleistungen, gehören jedoch nicht zu den Vertragsbestandteilen.

Alle Unterlagen, die für die Preisbildung benötigt werden, sowie die darauf Einfluss nehmenden Umstände müssen in der LB angegeben sein.

3 In VOB/B § 1 Nr. 1 wird geregelt, dass die auszuführenden Bauleistungen nach Art und Umfang durch den Vertrag bestimmt werden. Zu diesen Bedingungen gehört es gemäß VOB/A § 9 Nr. 1, die Leistungen übersichtlich und erschöpfend sowie eindeutig und widerspruchsfrei zu beschreiben, sodass sie von allen Bewerbern gleichermaßen verstanden werden. Die Baurisiken müssen erkennbar sein. Die Beschreibung muss sicherstellen, dass dem Auftragnehmer kein ungewöhnliches Wagnis für Umstände oder Ereignisse entsteht, die er nicht beeinflussen und deren Auswirkungen auf Preise und Fristen er nicht voraussehen kann.

Für das sach- und fristgemäße Ausführen der Erdarbeiten ist es daher auch entscheidend, dass der Boden und Fels als Baustoff sowie die Baugrundverhältnisse in der LB zutreffend und umfassend beschrieben werden. Gleichermaßen kommt es darauf an, die Verhältnisse der Baustelle wie auch die Auflagen des Wasserrechtes und Umweltschutzes genau anzugeben; siehe **L2**. Die Einsichtnahme in alle Gutachten und Untersuchungsergebnisse, die für die Ausschreibung verwendet werden, ist für die Vertragspartner als verpflichtend zu verstehen, auch wenn dies nicht ausdrücklich als vertragliches Recht fixiert ist.

4 Die Bauverfahren und Mittel, mit denen sich die geforderten Leistungen erzielen lassen, sollen in der Regel nicht in der Leistungsbeschreibung vorgegeben sein. Dieser Grundsatz macht es dem Bieter möglich, rationelle Bauverfahren sowie moderne Maschinen und Geräte, ausgehend von den strukturellen und wirtschaftlichen Gegebenheiten seines Betriebes, mit geringem Kalkulationsrisiko anzubieten und sich den vielfältigen Einflussfaktoren bei Erdbauleistungen weitgehend anzupassen. Die Leistungsbeschreibung soll auch so gestaltet sein, dass technisch und wirtschaftlich begründete Neben- bzw. Sonderangebote abweichend von der Planung möglich sind.

5 Die Sorgfalt, die für die Angebotsbearbeitung durch den Auftragnehmer erforderlich ist, setzt eine angemessene, nicht zu kurze Frist voraus. Sie soll ausreichen, um die LB einschließlich aller Unterlagen sowie die vorliegenden Ergebnisse der Bodenuntersuchungen genau zu analysieren und ggf., insbesondere für Nebenangebote, zusätzlich eigene Untersuchungen ausführen zu können.

Genehmigungsverfahren für das Bauen in Wasser- bzw. Landschaftsschutzgebieten müssen im Allgemeinen rechtzeitig vorher abgeschlossen sein.

6 Die Forderung nach einheitlichen, übersichtlich gestalteten Bauvertragsunterlagen sowie die Anwendung der elektronischen Datenverarbeitung für die Ausschreibung, Kalkulation und Bauabrechnung haben zu allgemein anwendbaren **Standardleistungstexten** geführt.

Der **„Standardleistungskatalog für den Straßen- und Brückenbau" (STLK)** ordnet sich in das Gesamtsystem standardisierter Leistungstexte für das Bauwesen wie folgt ein:

0 Standardleistungsbuch Bau – Dynamische BauDaten – (STLB-Bau) des Gemeinsamen Ausschusses Elektronik im Bauwesen (GAEB),
Leistungsbereiche 000 bis 099

1 Standardleistungskatalog für den Straßen- und Brückenbau (STLK),
Leistungsbereiche 100 bis 199

2 Standardleistungskatalog für den Wasserbau (STLK-W),
Leistungsbereiche 200 bis 299

...

4 bish. Leistungsbereiche des Deutschen Bahn AG Geschäftsbereich Netz, z. T. umgesetzt in STLB-Bau,
Leistungsbereiche 400 bis 499

...

9 Regionalleistungskataloge (RLK) einzelner Straßenbauverwaltungen der Länder,
Leistungsbereiche 900 bis 999.

Die Standardleistungstexte sind zum Teil länderspezifisch als Musterleistungsbeschreibung in Kurz- und Langtext eingeführt. Sie bedürfen ergänzender Vorbemerkungen in der Leistungsbeschreibung, wenn sie nicht ausreichen, die erforderlichen Leistungen technisch und kalkulativ vollumfänglich zu erfassen, z. B. bei komplizierten Baugrund- und Gründungsverhältnissen oder bei geotechnischen Bauwerken schwieriger Kategorie.

L2 Leitlinien zum Umweltschutz

L2.1 Rechtliche Grundlagen

1 Die gesetzliche Bedeutung des Umweltschutzes und seine inhaltliche Beachtung bei der Planung gehen aus dem „Gesetz zur Umsetzung der Richtlinie des Rates vom 27.6.1985 über die Umweltverträglichkeitsprüfung bei bestimmten öffentlichen und privaten Projekten" (85/337/EWG) hervor. Hiernach müssen die Auswirkungen eines Bauvorhabens auf die Umwelt frühzeitig und umfassend untersucht, beschrieben, bewertet und bezüglich der Zulässigkeit des Bauvorhabens berücksichtigt werden.

2 Das Gesetz fordert eine **Umweltverträglichkeitsprüfung (UVP)** für Bauvorhaben, die einer Planfeststellung oder eines Bebauungsplans bedürfen. Inhalt und Verfahrensweise gehen aus dem **Gesetz über die Umweltverträglichkeitsprüfung (UVPG)** hervor.

Die Prüfung der Umweltverträglichkeit wird in Stufen mit fortschreitender Planung vollzogen, und zwar eine ökologische Risikoeinschätzung für Natur und Landschaft, eine **Umweltverträglichkeitsstudie (UVS)** über die verträgliche Einordnung des Bauvorhabens sowie eine in den Entwurf und die Planfeststellung integrierte **landschaftspflegerische Begleitplanung (LBP)**.

Die in erster Linie bei einschlägigen Aufgaben zu beachtenden Gesetze sind:

- Wasserhaushaltsgesetz (WHG)
- Bundes-Bodenschutzgesetz (BBodSchG)
- Bundesnaturschutzgesetz (BNatSchG)
- Bundes-Immissionsschutzgesetz (BImSchG)
- Kreislaufwirtschaftsgesetz (KrWG)
- Gesetz über die Umweltverträglichkeitsprüfung (UVPG)
- Gesetz zum Schutz vor gefährlichen Stoffen (Chemikaliengesetz – ChemG)
- Verordnung zum Schutz vor Gefahrstoffen (Gefahrstoffverordnung – GefStoffV).

3 Die Vorsorgemaßnahmen für den baubezogenen Umweltschutz müssen integraler Bestandteil der Bauplanung und der Bauausführung einschließlich der Entsorgung der Baureststoffe sein. Sowohl in der Bauplanungs- als auch in der Ausführungsphase werden Bauverfahren, Bauabläufe und Baustoffe festgelegt, die bei beeinträchtigender Auswirkung auf die Umwelt entsprechende Schutzmaßnahmen erfordern.

Zu den einschlägigen Vorsorgemaßnahmen gehören z. B.:

im Bereich des Immissionsschutzrechts
- das Betreiben genehmigungsbedürftiger Anlagen (Bundes-Immissionsschutzverordnung), z. B. Mischanlagen, Bodenreinigungsanlagen,
- der Einsatz lärmarmer Baumaschinen (Bundes-Immissionsschutzverordnung und Allgemeine Verwaltungsvorschriften),
- der Einsatz erschütterungsarmer Bauverfahren (DIN 4150);

im Bereich des Wasserrechts (siehe Teil 3, Sonderkapitel S1)
- grundwasserschonende Bauverfahren,
- Vermeidung von Grundwassergefährdungen durch Baustoffe und Bauhilfsstoffe;

im Bereich des Gefahrstoffrechts
- Vermeiden von Gefahrstoffen und ordnungsgemäßer Umgang mit Gefahrstoffen (Gefahrstoffverordnung, Betriebsanweisungen, Arbeitssicherheit).

Die Entsorgung und Verwertung von Baureststoffen und umweltbelastenden Baustoffen richtet sich nach dem Kreislaufwirtschafts- und Abfallgesetz, das den

Grundsatz „Abfallvermeidung – Abfallverwertung – Entsorgung“ (in dieser Rangfolge) verfolgt. Maßgebend für die Sonderabfallentsorgung sind die Abfallbestimmungs-Verordnung (AbfBestV), die Reststoffbestimmungs-Verordnung (RestBestV), die Abfall- und Reststoffüberwachungs-Verordnung (AbfRestÜberwV) und die Technische Anleitung „Abfall“ für besonders überwachungsbedürftige Abfälle. Siehe Teil 3, Sonderkapitel S4.

L2.2 Naturschutz und Landschaftspflege

Siehe Teil 3, Sonderkapitel S1.

1 Erd- und Verkehrswegebau gelten nach dem Bundesnaturschutzgesetz (BNatSchG) als Eingriffe in Natur und Landschaft. In jedem Einzelfall ist zu prüfen, ob erhebliche oder nachhaltige Beeinträchtigungen verursacht werden. Diese Prüfung betrifft auch Maßnahmen und Einrichtungen zur Entwässerung. Ziel muss sein, das Oberflächenwasser von Fahrbahnen und Baufeldern weitgehend wieder dem natürlichen Wasserkreislauf zuzuführen. Dabei sind die Bodeneigenschaften, der Gewässerschutz und die Qualität des anfallenden Wassers zu berücksichtigen. Bauwerke für die Versickerung, Rückhaltung und Reinigung sowie Maßnahmen an Gewässern sind möglichst naturnah zu gestalten und Landschaftsgerecht einzugliedern. Die Entwässerungen sollten einvernehmlich mit der landschaftspflegerischen Begleitplanung geplant werden.

Bild 2: Umweltschutz bei der Straßenplanung

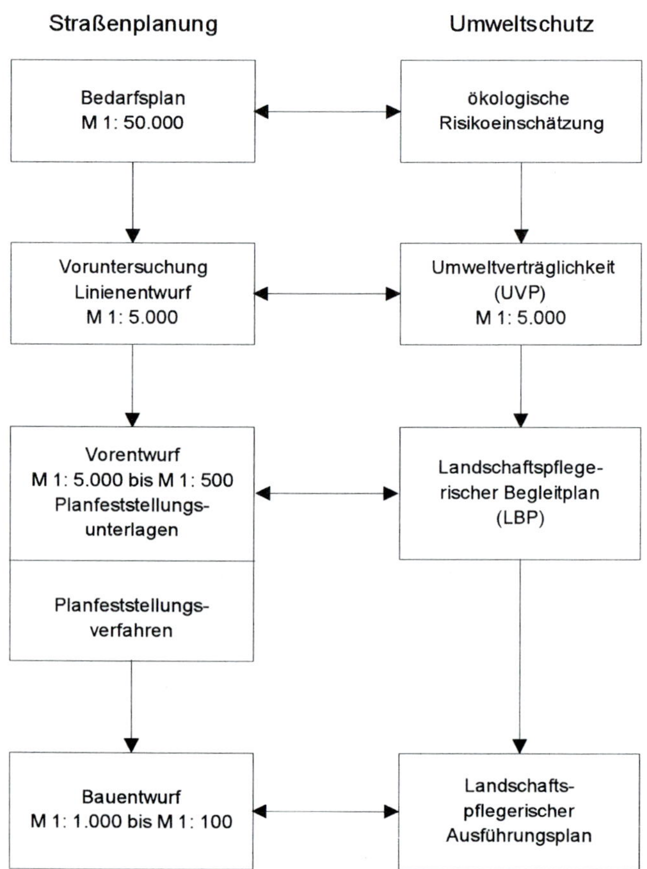

2 Aus der Gesetzgebung für den Naturschutz und die Landschaftspflege sowie für die Ordnung des Wasserhaushaltes und die Abwasserbeseitigung ergeben sich folgende allgemeine Auflagen:

- Nach dem Bundesnaturschutzgesetz ist die Leistungsfähigkeit des Naturhaushaltes bei baulichen Maßnahmen zu erhalten. Wird dieser Haushalt beeinträchtigt, ist für Ausgleich zu sorgen.
- Nach dem Wasserhaushaltsgesetz muss jede vermeidbare Beeinträchtigung von Gewässern unterbleiben. Das Wasser darf nicht verunreinigt und in seinen Eigenschaften nicht nachteilig verändert werden. Bei gesetzlich geregelten Planfeststellungen bedarf es keiner Genehmigung für das Einleiten von Oberflächenwasser.
- Das Abwasserabgabengesetz legt fest, dass für das Einleiten von Abwasser in ein Gewässer eine Abgabe zu entrichten ist. Zum Abwasser im Sinne dieses Gesetzes gehört auch das aus dem Bereich von Bauflächen oder befestigten Flächen abfließende Niederschlagswasser.
- Diese gesetzlichen Auflagen setzen bei der Planung eine Bestandsaufnahme der ökologischen Grundwerte des Umfelds sowie die Kenntnis der von der baulichen Anlage ausgehenden Belastung voraus; siehe *Bild 2*. Die Vorerhebungen und Planungen sind dabei in Zusammenarbeit mit den für Naturschutz und Landschaftspflege sowie für Wasserwirtschaft zuständigen Behörden rechtzeitig zu treffen.

3 Die Landschaftsplanung ist in den Gesetzen für Naturschutz und Landschaftspflege des Bundes und der Länder geregelt. Die Landschaftsplanung gliedert sich entsprechend BNatSchG in Landschaftsprogramme, Landschaftsrahmenpläne und Landschaftspläne. Sie werden im Rahmen der Bauleitplanung oder als eigenständige Pläne aufgestellt. Landschaftspläne bauen auf den Landschaftsrahmenplänen der Regionen, diese auf dem Landschaftsprogramm des Landes auf. Im Landschaftsplan werden die örtlichen, entsprechend der jeweiligen Planungsebene konkretisierten Erfordernisse und Maßnahmen zur Verwirklichung der Ziele des Naturschutzes und der Landschaftspflege dargestellt. In der Fachplanung soll die Landschaftsplanung durch einen landschaftspflegerischen Begleitplan vervollständigt werden.

4 Für den Vollzug des BNatSchG (§§ 1, 2 und 8) und der entsprechenden landesgesetzlichen Regelungen in den verschiedenen Planungsstufen sind die vom Bundesministerium für Verkehr und digitale Infrastruktur herausgegebenen „Hinweise zur Berücksichtigung des Naturschutzes und der Landschaftspflege beim Bundesfernstraßenbau“ (HNL-StB) zu berücksichtigen.

Die HNL geben vor,

- vermeidbare Beeinträchtigungen von Natur und Landschaft zu unterlassen,
- unvermeidbare Beeinträchtigungen so gering wie möglich zu halten,
- verbleibende erhebliche oder nachhaltige Beeinträchtigungen, soweit es zur Verwirklichung der Ziele des Naturschutzes und der Landschaftspflege erforderlich ist, auszugleichen,
- das Straßenbauvorhaben aufzugeben, wenn die Belange des Naturschutzes und der Landschaftspflege nach der Abwägung aller berührten Belange im Rang vorgehen und die Beeinträchtigung nicht zu vermeiden oder nicht im erforderlichen Maße auszugleichen ist,
- bei Vorrang der Belange des Straßenbaus gegenüber denen des Naturschutzes und der Landschaftspflege für nicht ausgleichbare Beeinträchtigungen von Natur und Landschaft Ersatzmaßnahmen vorzusehen.

L2.3 Schutz der Gewässer und des Grundwassers

1 Alle Anlagen sind so zu planen und zu gestalten, dass die natürlichen Abflussverhältnisse im Gelände weitgehend erhalten oder verbessert werden. Aus den Entwürfen (Vorentwurf, Bauentwurf) müssen alle erforderlichen Entwässerungsmaßnahmen von der baulichen Anlage bis zum öffentlichen Vorfluter sowie die Anpassung veränderter Abflussverhältnisse hervorgehen. Art und Umfang der bautechnischen Maßnahmen, die für einen schadlosen Wasserabfluss von den Fahrbahnen und vom Baugelände zu treffen sind, richten sich nach dem Schutzbedürfnis des Umfelds. Es umfasst das jeweils angrenzende Gelände mit stehenden und fließenden Oberflächengewässern sowie das Grundwasser. Gebiete mit kritischen Umfeldern sollen möglichst umgangen werden.

Hierzu gehören in erster Linie Gebiete, für die im Interesse bestehender oder künftiger öffentlicher Wasserversorgungen oder Heilquellenerschließungen ein besonderer Schutz festgelegt ist. Für Gewässer, die der öffentlichen Wasserversorgung dienen, besteht das gleiche Schutzbedürfnis wie bei festgesetzten Wasserschutzgebieten und Heilquellenschutzgebieten.

2 Werden im Zuge der Baumaßnahme die Grundwasserverhältnisse vorübergehend oder dauerhaft verändert, bedarf dies vorher einer wasserrechtlichen Genehmigung. Solche Veränderungen entstehen z. B. durch Absenkung, Absperrung und Entnahme von Grundwasser oder durch Einleitung bzw. Versickerung von Wasser. Im wasserrechtlichen Verfahren ist in der Hauptsache gutachtlich zu klären:

- die Veränderung der Grundwasserspiegelhöhen und der Strömungsrichtung
- die Niederschlags- und Abflussbilanz
- der Grundwasseraufstau vor dem Baukörper einschließlich der möglichen Um- oder Überleitungsmaßnahmen
- die Einleitung des Wassers in den Vorfluter (Gebührenpflicht)
- der Einfluss auf das Umfeld einschließlich der bestehenden baulichen Anlagen.

Das Wasserrechtsverfahren wird vom Auftraggeber vor der Auftragsvergabe durchgeführt bzw. veranlasst. Die aufgrund der wasserrechtlichen Genehmigung einzuhaltenden Auflagen betreffen z. B. die Beweissicherungen, die Beobachtungsmethoden, die zulässigen Wasserentnahmen und zugehörigen Mengenmessungen, die Wasserhaltung sowie die Gebote der zulässigen Grundwasserabsenkung und des Grundwasseraufstaues.

L2.4 Schutz des Bodens

Der Boden gehört zu den natürlichen Lebensgrundlagen für Menschen, Tiere und Pflanzen und bildet den Lebensraum für Bodenlebewesen, Mikroorganismen und Pflanzenwurzeln. Außerdem besitzt der Boden in begrenztem Maß die Fähigkeit, Stoffeinträge durch Filter- oder Sorptionswirkung zurückzuhalten bzw. zu kompensieren, natürliche organische Stoffe zu langlebigen Humusstoffen umzubilden bzw. ihre Nährstoffe freizusetzen sowie bestimmte organische Schadstoffe ab- oder umzubauen. Diese Eigenschaften tragen entscheidend zum Schutz des Grundwassers und der Gewässer bei und mindern die Verbreitung von Schadstoffen im Boden selbst. Aus den genannten Funktionen und Eigenschaften des Bodens leitet sich das Schutzbedürfnis ab.

Das „Gesetz zum Schutz vor schädlichen Bodenveränderungen und zur Sanierung von Altlasten“ (Bundes-Bodenschutzgesetz) enthält die Maßgaben, die erforderlich sind, den Boden vor schädlichen Veränderungen seiner natürlichen

Funktionen zu schützen bzw. entsprechende Vorsorge zu treffen. Schädliche Bodenveränderungen im Sinne des Gesetzes entstehen dann, wenn die physikalischen, chemischen oder biologischen Eigenschaften des Bodens so verändert werden, dass die natürlichen Funktionen beeinträchtigt sind und in der Folge Gefahren, erhebliche Nachteile oder erhebliche Belästigungen für den Einzelnen oder die Allgemeinheit eintreten.

L2.5 Altlasten

Das Bundes-Bodenschutzgesetz regelt die rechtlichen Grundsätze und Vorgehensweisen, um verdächtige Standorte mit Schadstoffeinträgen im Boden, dem Grundwasser oder offenen Gewässern zu erfassen, zu untersuchen, zu bewerten und zu sanieren. Hierbei werden auch die Beziehungen bzw. Mitwirkungen der Behörden, Verursacher und Grundstückseigentümer geklärt. Liegt eine Altlast vor, so begründet das Gesetz für die Verursacher und die anderen Verantwortlichen die Pflicht, die Altlast zu beseitigen oder, soweit dies nicht möglich oder unzumutbar ist, negative Auswirkungen auf Mensch und Umwelt zu verhindern oder zu vermindern.

Das Gesetz sieht vor, dass der Verursacher einer Altlast sowie dessen Gesamtrechtsnachfolger, der Grundstückseigentümer und der Inhaber der tatsächlichen Gewalt über ein Grundstück verpflichtet sind, die Altlast zu beseitigen. Hierfür kommen Dekontaminationen oder gleichwertige Sicherungsmaßnahmen in Betracht. Soweit dies nicht möglich oder unzumutbar ist, müssen Teilsicherungs- oder Beschränkungsmaßnahmen ausgeführt werden.

Teil 2 Kommentar mit Kompendium

1 Allgemeines

Hinweis zur Beachtung

Die Texte der ZTV E-StB 17 sind im Kommentarteil den jeweiligen Kapiteln vorangestellt und farbig unterlegt.

1 Allgemeines

1.1 Geltungsbereich

Die „Zusätzlichen Technischen Vertragsbedingungen und Richtlinien für Erdarbeiten im Straßenbau" (ZTV E-StB) sind darauf abgestellt, dass die Vergabe- und Vertragsordnung für Bauleistungen Teil C (VOB/C): Allgemeine Technische Vertragsbedingungen für Bauleistungen, insbesondere die

ATV DIN 18299 „Allgemeine Regelungen für Bauarbeiten jeder Art",

ATV DIN 18300 „Erdarbeiten" und

ATV DIN 18320 „Landschaftsbauarbeiten"

Bestandteil des Bauvertrages sind.

Die im folgenden Text mit Randstrich gekennzeichneten Absätze sind „Zusätzliche Technische Vertragsbedingungen" im Sinne von § 1, Nr. 2d VOB Teil B – DIN 1961 –, wenn die ZTV E-StB Bestandteil des Bauvertrages sind.

Die im folgenden Text kursiv gedruckten und nicht mit Randstrich gekennzeichneten Absätze sind „Richtlinien"; sie sind vom Auftraggeber bei der Aufstellung der Leistungsbeschreibung sowie bei der Überwachung und Abnahme der Bauleistungen zu beachten.

Absätze in Kleindruck verweisen auf §§ der VOB/B bzw. Abschnitte der ATV DIN 18299, 18300 und 18320.

Böden, Baustoffe und Baustoffgemische für Erdarbeiten im Straßenbau, die in einem anderen Mitgliedsstaat der Europäischen Union oder in der Türkei rechtmäßig hergestellt und/oder in Verkehr gebracht wurden oder in einem EFTA-Staat, der Vertragspartei des EWR-Abkommens ist, rechtmäßig hergestellt wurden, werden in Deutschland als gleichwertig behandelt, wenn sie ein Schutzniveau dauerhaft gewährleisten, das dem in den TL BuB E-StB und den TL Geok E-StB definierten Niveau entspricht.

Die verwendeten Abkürzungen der Technischen Regelwerke sind im Anhang D erläutert.

Die ZTV E-StB enthalten Regelungen für das Lösen, Laden, Fördern, Behandeln, Einbauen und Verdichten von Boden und Fels sowie von sonstigen erdbautechnisch geeigneten Stoffen. Dazu zählen auch die Anwendung, die Prüfung und der Einbau von Geokunststoffen im Erdbau. Die ZTV E-StB regeln die Ausführung und die Qualitätsanforderungen für den Untergrund und Unterbau von Verkehrsflächen und für sonstige Erdbauwerke.

Die im Rahmen der einzelnen Baumaßnahmen zusätzlichen notwendigen Regelungen, auch wenn sie sich aus Richtlinien und Merkblättern ergeben, sind in die Leistungsbeschreibung aufzunehmen.

Inhalt Kommentar

1 Technische Vertrags-, Liefer- und Prüfbedingungen

Das Gesamtregelwerk der Technischen Vertragsbedingungen für den Bau von Straßenverkehrsanlagen und integrierten Ingenieurbauwerken besteht dreistufig aus Vertrags-, Liefer- und Prüfbedingungen; es sind dies:

- Allgemeine Technische Vertragsbedingungen (ATV) und Zusätzliche Technische Vertragsbedingungen (ZTV)
- Technische Lieferbedingungen (TL)
- Technische Prüfbedingungen (TP).

1.1 ATV-Regelwerk

Der im Geltungsbereich angegebene Hinweis auf die als Bestandteil der Bauverträge geltenden „Allgemeinen Technischen Vertragsbedingungen für Bauleistungen" ATV DIN 18299/18300/18320 bedarf der Erläuterung des Zusammenhangs und einer Gesamtdarstellung der in VOB/C integrierten DIN-Normen.

Die **ATV DIN 18299** regelt Technische Vertragsbedingungen für Bauarbeiten jeder Art. Dieser Norm kommt eine übergeordnete Bedeutung zu, insbesondere auch für den Auftraggeber, da sie in Abschnitt 0 Hinweise für das Aufstellen der Leistungsbeschreibung enthält. Die Norm fasst alle übergeordnet gültigen Regelungen zusammen. Damit ist beabsichtigt, die allgemeinen Grundsätze für Technische Vertragsbedingungen deutlich herauszustellen und die Leistungsbeschreibung und Vertragsgestaltung zu vereinfachen. Dem Aufsteller der Leistungsbeschreibung wird in ATV DIN 18299 auferlegt, besondere Vorgaben für die Entsorgung anzugeben, z. B. Auflagen für die Abwasser- und Abfallbeseitigung. Dies gilt in den Fällen, in denen die Schadstoffbelastung vom Auftraggeber herbeigeführt wird. Soweit die Notwendigkeit dieser Schadstoffbeseitigung in der Leistungsbeschreibung angeführt ist, hat der Auftragnehmer die Kosten bei der Preisermittlung mit zu berücksichtigen. Unterbleibt die Vorgabe, dann steht dem Auftragnehmer Anspruch auf zusätzliche Vergütung zu.

Die **ATV DIN 18300 „Erdarbeiten"** regelt die Allgemeinen Technischen Vertragsbedingungen für das Lösen, Laden, Fördern, Einbauen und Verdichten von Boden und Fels.

Sie gelten auch für

- das Lösen von Boden und Fels im Grundwasser und im Uferbereich unter Wasser, wenn diese Arbeiten im Zusammenhang mit dem Lösen über Wasser an Land ausgeführt werden,
- das Aufbereiten und Behandeln von Boden und Fels zur erdbautechnischen Verwertung,
- erdbautechnische Arbeiten mit Recyclingbaustoffen, industriellen Nebenprodukten sowie sonstigen Stoffen.

Weitere Anwendungen bestehen für Erdarbeiten im Zusammenhang mit

- Entwässerungskanalarbeiten (ATV DIN 18306),
- Druckrohrleitungsarbeiten außerhalb von Gebäuden (ATV DIN 18307),

- Drän- und Versickerungsarbeiten (ATV DIN 18308), soweit sie keine landwirtschaftlichen Meliorationen betreffen,
- Sicherungsarbeiten an Gewässern, Deichen und Küstendünen (ATV DIN 18310),
- Kabelleitungstiefbauarbeiten (ATV DIN 18322).

Leitungen im Sinne der ATV DIN 18300 sind Entwässerungsleitungen und -kanäle, Drän-, Sicker- und Versickerungsleitungen und -kanäle, Druckrohrleitungen, Kabel, Kabelkanäle und Schutzrohre. Von den Regelungen der ATV DIN 18300 ausgenommen sind Erdarbeiten im Zusammenhang mit

- Bohrarbeiten (ATV DIN 18301),
- Nassbaggerarbeiten (ATV DIN 18311),
- Untertagebauarbeiten (ATV DIN 18312),
- Schlitzwandarbeiten mit stützenden Flüssigkeiten (ATV DIN 18313),
- Rohrvortriebsarbeiten (ATV DIN 18319),
- Kampfmittelräumarbeiten (ATV DIN 18323),
- Landschaftsbauarbeiten (ATV DIN 18320), soweit sie den Einbau von Oberboden betreffen.

Die Regelungen der ATV DIN 18300 werden ergänzt durch die Abschnitte 1 bis 5 der ATV DIN 18299. Bei Widersprüchen gehen die Regelungen der ATV DIN 18300 vor.

Die **ATV DIN 18320** regelt die Allgemeinen Technischen Vertragsbedingungen für Landschaftsbauarbeiten, soweit sie vegetationstechnischen Zwecken dienen. Hierzu gehören z. B. Fäll- und Rodungsarbeiten, Oberbodenarbeiten, vegetationstechnische Bau-, Pflege- und Instandhaltungsarbeiten und ingenieurbiologische Sicherungsbauweisen.

Die Regelungen beziehen die DIN-Fachnormen für Vegetationstechnik im Landschaftsbau DIN 18915 bis 18920 sowie für die Sicherung von Gewässern, Deichen und Küsten DIN 19657 mit ein.

Hinweis zu Landschaftsbauarbeiten siehe Teil 3, Sonderkapitel S1: Naturschutz und Landschaftspflege.

1.2 ZTV-Regelwerk

Das Regelwerk der „Zusätzlichen Technischen Vorschriften und Richtlinien" (ZTV) gehört zu den Verdingungsunterlagen mit vorwiegend technischem Inhalt für den Bau von Verkehrsanlagen und integrierten Ingenieurbauwerken.

Der Regelungsinhalt der ZTV E-StB spezifiziert die Allgemeinen Technischen Vertragsbedingungen aus ATV DIN 18300 in Verbindung mit Richtlinien für den Auftraggeber.

Die Leistungsbereiche stehen in Verbindung mit Facharbeiten anderer ZTV-Regelwerke; insbesondere sind zu nennen:

ZTV Ew-StB:	für den Bau von Entwässerungseinrichtungen im Straßenbau
ZTV SoB-StB:	für den Bau von Schichten ohne Bindemittel im Straßenbau
ZTV A-StB:	für Aufgrabungen in Verkehrsflächen
ZTV LW-StB:	für die Befestigung ländlicher Wege
ZTV Asphalt-StB:	für den Bau von Verkehrsflächenbefestigungen aus Asphalt
ZTV Beton-StB:	für den Bau von Fahrbahndecken aus Beton
ZTV-ING:	für Ingenieurbauten (Teil-Abschnitte 2 und 5).

1.3 Technische Lieferbedingungen

(1) Die Technischen Lieferbedingungen regeln die Lieferanforderungen für Baustoffe und Baustoffgemische in Verbindung mit dem zugehörigen ZTV-Regelwerk. Sie gelten automatisch bauvertraglich bindend, wenn das ZTV-Regelwerk Bestandteil des Bauvertrages ist.

Die „Technischen Lieferbedingungen für Böden und Baustoffe im Erdbau" (TL BuB E-StB) sind Gegenstand in Abschnitt 3.2 ZTV E-StB. Sie beinhalten stoffspezifische erdbautechnische und umweltbezogene Anforderungen, gelten jedoch nur für die Lieferung von aufbereiteten Böden und Baustoffen. Sie gelten nicht für Boden und Fels aus Gewinnungsbetrieben oder von anderen Baumaßnahmen übernommene Baustoffe.

Zum Regelungsinhalt gehören im Weiteren die „Technischen Lieferbedingungen für Geokunststoffe im Erdbau des Straßenbaues" (TL GeoK E-StB). Sie beinhalten die Lieferanforderungen und Lieferbedingungen sowie die damit verbundenen Verfahren zur Prüfung der Qualität der Produkte und der Unbedenklichkeit gegenüber der Umwelt für die Anwendungen im Erdbau und Entwässerungsanlagen.

(2) Für den Bau von ungebundenen oder hydraulisch verfestigten Tragschichten im Oberbau von Verkehrsanlagen dürfen auch frostsichere Böden nach DIN 18196 unter Beachtung folgender Technischer Lieferbedingungen verwendet werden:

TL Gestein-StB:	Technische Lieferbedingungen für Anforderungen an Gesteinskörnungen
TL SoB-StB:	Technische Lieferbedingungen für Schichten ohne Bindemittel mit Teil G für die Güteüberwachung.

Die TL Gestein-StB umfassen ein einheitliches Regelwerk für alle natürlichen, industriell hergestellten und rezyklierten Gesteinskörnungen unter Beachtung der harmonisierten europäischen Prüfverfahren.

Der in der europäischen Normung verwendete Hauptbegriff „Gesteinskörnungen" ersetzt die bisherige Bezeichnung „Mineralstoffe". Die differenzierten Bezeichnungen wie Kies, Sand, Schotter, Splitt, Edelsplitt, Edelbrechsand, Brechsand und Natursand kommen in den neuen technischen Regelwerken nicht mehr zur Anwendung. Die Beschreibung der Anforderungen erfolgt in der Systematik von Grenzwerten sowie von Stufen und Klassen oder Kategorien für feine und grobe Gesteinskörnungen. In der vorliegenden 5. Auflage des ZTV E-Kommentars werden zum allgemeinen Verständnis die nach wie vor weit verbreiteten bisherigen Bezeichnungen als Übergangslösung z. T. beibehalten.

1.4 Technische Prüfbedingungen

(1) Die Technischen Prüfbedingungen beinhalten die präventive und baubegleitende Sicherung der Qualität der Planungs- und Bauleistungen. Die Zielsetzungen bestehen darin, Fehler und Qualitätsmängel zu vermeiden sowie Zeit und Kosten zu sparen. Hierzu ist es notwendig, für Beschaffungen, Prüfprozesse und Korrekturen einheitliche Vorgehensweisen, Zuständigkeiten, Zeitvorgaben sowie Informations- und Dokumentationspflichten festzulegen.

(2) Grundlage der Qualitätssicherung im Erdbau ist ein dreistufiges System, bestehend aus Eignungs-, Eigenüberwachungs- und Kontrollprüfungen. Dieses Prüfsystem ist Bestandteil der Technischen Vertragsbedingungen. Die Prüf- und Untersuchungsverfahren sind in den „Technischen Prüfvorschriften für Boden und Fels im Straßenbau" (TP BF-StB) sowie in nationalen und europäischen Prüfnormen beschrieben. Sie sollen die Probenbehandlung und Untersuchung nach vergleichbaren Grundsätzen und einheitlichen Bearbeitungskriterien sicherstellen.

(3) Die Grundsätze und Ausführungsbestimmungen für die Prüfung und Beurteilung von Gesteinskörnungen sind enthalten in den Prüfvorschriften

TP Gestein-StB:	Technische Prüfvorschriften für Gesteinskörnungen im Straßenbau,
TP Beton-StB:	Technische Prüfvorschriften für Tragschichten mit hydraulischen Bindemitteln und Fahrbahndecken aus Beton.

(4) Die diversen Prüfanleitungen und Prüfnormen sind in ihrer Gesamtheit nicht automatisch als Vertragsbestandteil geeignet. Sollen bestimmte Teile vertragliche Bedeutung erhalten, so kann dies in der Leistungsbeschreibung nur mit eindeutigem Bezug oder auszugsweise bzw. in umgestalteter Form umgesetzt werden.

1.5 Richtlinien und Empfehlungen

(1) Anweisungen, Anleitungen oder Hinweise, die zur eindeutigen und umfassenden Beschreibung der Leistung beitragen oder die der Planung und Vorbereitung von Baumaßnahmen oder der Kontrolle und Abnahme der Leistungen dienen, werden als „Richtlinien" bezeichnet.

Stehen solche Richtlinien mit den ZTV in Verbindung, wie z. B. in den ZTV E-StB, so werden sie mit diesen als „Zusätzliche Technische Vertragsbedingungen und Richtlinien" zusammen veröffentlicht und gesondert gekennzeichnet. Diese Richtlinien sind bei der Leistungsbeschreibung sowie bei der Kontrolle und Abnahme der Bauarbeiten zu beachten.

(2) Im Rahmen des Geltungsbereiches der ZTV E-StB haben folgende Richtlinien besondere Bedeutung:

RStO: Richtlinien für die Standardisierung des Oberbaues von Verkehrsflächen

RAS-Ew: Richtlinien für die Anlage von Straßen, Teil: Entwässerung

RAS-LG: Richtlinien für die Anlage von Straßen, Teil: Landschaftsgestaltung

RiStWag: Richtlinien für bautechnische Maßnahmen an Straßen in Wassergewinnungsgebieten

RuA-StB: Richtlinien für die umweltverträgliche Anwendung von industriellen Nebenprodukten und Recycling-Baustoffen.

Diese eigenständigen Richtlinien kennzeichnen den aktuellen Stand der Technik. Eignen sich bestimmte Inhalte als Bestandteil der Leistungsbeschreibung, müssen sie entweder gesondert auszugsweise oder umformuliert als vertraglich mitgeltend übernommen und entsprechend gekennzeichnet sein.

(3) Die Empfehlungen, die in diverser Form z. B. als Arbeits- oder Merkblätter von den Fachgesellschaften veröffentlicht sind, enthalten Beschreibungen oder Anleitungen zu Bauweisen, Baustoffen, technischen Verfahren, speziellen Bauausführungen, Vorarbeiten, Prüfverfahren u. a. Sie sind nicht als Vertragsbestandteil geeignet und bestimmt. Sollen darin enthaltene Ausführungen in die Leistungsbeschreibung aufgenommen werden, muss dies auszugsweise oder umformuliert erfolgen.

2 Regelungen für europäische Bauprodukte

Produkte und Ursprungswaren aus dem europäischen und angegliederten Wirtschaftsraum sollen gleichwertig behandelt werden, auch wenn sie nicht den Anforderungen des ZTV-Regelwerkes entsprechen. Die Anerkennung dieser Gleichwertigkeit setzt jedoch voraus, dass diese Produkte und Waren den Anforderungen der Lieferbedingungen (TL) und den darin angegebenen Normen entsprechen und die im Herstellerland geltenden Prüfungen und Überwachungen sowie das geforderte Schutzniveau „gleichermaßen dauerhaft" erfüllen.

Bei einer solchen Regelung wird unklar und lückenhaft operiert. Die Folgen sind nicht vollumfänglich absehbar und nicht eindeutig im Sinne des Vertragsrechtes formuliert. Die in den TL genannten europäischen Prüfnormen umfassen nur wenige Prüf- und Analyseverfahren.

Die TL BuB E-StB beziehen sich nur auf aufbereitete Böden und Baustoffe. Die in den Herstellerstaaten geltenden Prüf- und Überwachungssysteme unterscheiden sich vergleichsweise stark voneinander. Das geforderte Schutzniveau für die Produkte kann nur dann gleichwertig und dauerhaft gesichert sein, wenn in allen Ländern nach einem einheitlichen Qualitätsnachweisverfahren geprüft und beurteilt wird.

3 Regelungen für Spezialtiefbauarbeiten

Im Zusammenhang mit der Erstellung von Erdbauwerken und integrierten Ingenieurbauten werden Spezialtiefbauarbeiten erforderlich.

Der Begriff „Spezialtiefbau" umfasst je nach Bauobjekt z. B. folgende Ausführungen bzw. Fachleistungen:

- Baugruben und Leitungsgräben
- Verbauwände und konstruktive Böschungssicherungen
- Verankerungen, Bodenvernagelungen, Bewehrungen
- Flach- und Tiefgründungen
- Dichtwände und Dichtsohlen für Gründungen
- Unterfangungen, Injektionen, Düsenstrahlarbeiten
- Baugrundverbesserungen durch Tiefenverdichtung, Stabilisierungssäulen
- Wasserhaltung, Grundwasserabsenkung
- bewehrte Schüttkörper.

Der technische Inhalt dieser besonderen geotechnischen Fachleistungen wird, soweit einschlägiger Zusammenhang besteht, in den Kommentaren zu den Abschnitten 6 bis 13 ZTV E-StB mit berücksichtigt.

Im europäischen Rahmen ist die Ausführung und Überwachung von Leistungen im Spezialtiefbau durch die DIN EN-Normenreihe „Ausführung von besonderen technischen Arbeiten (Spezialtiefbau)" geregelt, erarbeitet vom Technischen Komitee CEN/TC 288. Diese Reihe umfasst folgende Normen (Stand 2019):

DIN EN 1536: Ausführung von geotechnischen Arbeiten im Spezialtiefbau – Bohrpfähle; Deutsche Fassung EN 1536:2010+A1:2015

DIN EN 1537: Ausführung von besonderen geotechnischen Arbeiten (Spezialtiefbau) – Verpressanker; Deutsche Fassung EN 1537:2013

DIN EN 1538: Ausführung von besonderen geotechnischen Arbeiten (Spezialtiefbau) – Schlitzwände; Deutsche Fassung EN 1538:2010+A1:2015

DIN EN 12063: Ausführung von besonderen geotechnischen Arbeiten (Spezialtiefbau) – Spundwandkonstruktionen; Deutsche Fassung EN 12063:1999

DIN EN 12699: Ausführung spezieller geotechnischer Arbeiten (Spezialtiefbau) – Verdrängungspfähle; Deutsche Fassung EN 12699:2015

DIN EN 12715: Ausführung von besonderen geotechnischen Arbeiten (Spezialtiefbau) – Injektionen; Deutsche Fassung EN 12715:2000

DIN EN 12716: Ausführung von besonderen geotechnischen Arbeiten (Spezialtiefbau) – Düsenstrahlverfahren (Hochdruckinjektion, Hochdruckbodenvermörtelung, Jetting); Deutsche Fassung EN 12716: 2017

DIN EN 14475: Ausführung von besonderen geotechnischen Arbeiten (Spezialtiefbau) – Bewehrte Schüttkörper; Deutsche Fassung EN 14475:2006

DIN EN 14679: Ausführung von besonderen geotechnischen Arbeiten (Spezialtiefbau) – Tiefreichende Bodenstabilisierung; Deutsche Fassung EN 14679:2005

4 Regelungen für Ingenieurbauten (ZTV-ING)

Für den Bau und die Erhaltung von Ingenieurbauwerken nach DIN 1076 gelten im Geschäftsbereich der Bundesfernstraßen die „Zusätzlichen Technischen Vertragsbedingungen und Richtlinien für Ingenieurbauten" (ZTV-ING). Der Teil 2 „Grundbau" enthält die Regelungen für die Planung und Ausführung von Bauverfahren zur Gründung und Sicherung von Ingenieurbauwerken, zu Wasserhaltung sowie zu Stützkonstruktionen für Erdbauwerke und Geländesprünge. Die Regelungen gelten nur in Verbindung mit Teil 1 „Allgemeines". Die Anwendung der ZTV-ING ist darauf abgestellt, dass die „Verdingungsordnung für Bauleistungen", Teil C Bestandteil des Bauvertrages ist.

5 Literatur zu Vertrags-, Vergabe- und Baurecht

(1) Hoppe, W. u. Beckmann, M.: Umweltrecht, 1. Auflage, Verlag C.H. Beck, München 1989

(2) Beck'scher VOB-Kommentar, VOB Teil B: Allgemeine Vertragsbedingungen für die Ausführung von Bauleistungen, Hrsg. Ganten/Jagenburg/Motzke, Verlag C.H. Beck, München 1997

(3) Vygen, Klaus: Bauvertragsrecht nach VOB und BGB, Handbuch des privaten Baurechts, 3. Auflage, Bauverlag, Wiesbaden/Berlin 1997

(4) Heiermann, W., Riedl, R. u. Rusam, M.: Handkommentar zur VOB, Teile A und B, 10. Auflage, Bauverlag, Wiesbaden/Berlin 2001

(5) Beck'scher VOB-Kommentar, VOB Teil A: Allgemeine Bestimmungen für die Vergabe von Bauleistungen, Hrsg. Motzke/Pietzcker/Prieß, Verlag C.H. Beck, München 2001

(6) Beck'scher VOB-Kommentar, VOB Teil C: Allgemeine Technische Vertragsbedingungen für Bauleistungen, Hrsg. Englert/Katzenbach/Motzke, Verlag C.H. Beck, München 2003

(7) Kapellmann, K. u. Messerschmidt, B.: VOB Teile A und B, Vergabe- und Vertragsordnung für Bauleistungen, Beck'sche Kurz-Kommentare, Verlag C.H. Beck, München 2003

(8) Englert, K., Grauvogl, J. u. Maurer, M.: Handbuch des Baugrund- und Tiefbaurechts, Werner Verlag, Düsseldorf 2004

1.2 Begriffsbestimmungen

1.2.1 Der Aufbau der Straße wird unterteilt in:

- Oberbau (Tragschicht(en) und Decke)
- Unterbau
- Untergrund.

Lage und Begrenzung von Oberbau, Unterbau und Untergrund sind aus dem Bild 1 zu ersehen.

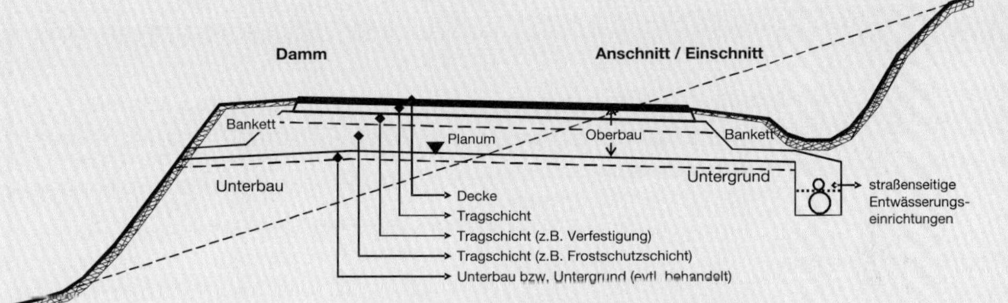

Bild 1: Damm/Einschnitt (Schema)

1.2.2 Das **Planum** ist die unmittelbar unter dem Oberbau liegende und plangerecht bearbeitete Oberfläche des Untergrundes oder Unterbaus.

1.2.3 Der **Unterbau** ist die unter dem Oberbau liegende Dammschüttung.

1.2.4 Der **Untergrund** ist der unmittelbar unter dem Oberbau oder unter dem Unterbau vorhandene Boden oder Fels.

1.2.5 Das **verfestigte oder verbesserte Planum** ist die obere Zone des Untergrundes bzw. Unterbaus, die durch Maßnahmen gemäß den Abschnitten 1.2.6 bis 1.2.9 hergestellt werden.

1.2.6 **Bodenbehandlungen** sind Verfahren, bei denen Böden so verändert werden, dass die geforderten Eigenschaften erreicht werden. Sie umfassen Bodenverfestigungen und Bodenverbesserungen.

1.2.7 **Bodenverfestigungen** sind Verfahren, bei denen die Widerstandsfähigkeit des Bodens gegen Beanspruchung durch Verkehr und Klima durch die Zugabe von Bindemitteln so erhöht wird, dass der Boden dauerhaft tragfähig und frostsicher wird.

1.2.8 **Bodenverbesserungen** sind Verfahren zur Verbesserung der Einbaufähigkeit und Verdichtbarkeit von Böden und zur Erleichterung der Ausführung von Bauarbeiten.

1.2.9 **Qualifizierte Bodenverbesserungen** sind Bodenverbesserungen mit Bindemitteln, die erhöhte Anforderungen an bestimmte Eigenschaften erfüllen.

1.2.10 **Belastungsklassen:** Definition und Unterteilung siehe RStO.

1.2.11 **Oberboden:** Für die genaue Beschreibung des Oberbodens gelten die Grundsätze der DIN 18915 „Vegetationstechnik im Landschaftsbau – Bodenarbeiten". Siehe DIN 18320 „Landschaftsbauarbeiten".

1.2.12 **Bankett** (unbefestigter Seitenstreifen): Unmittelbar neben der Fahrbahn oder dem Standstreifen (befestigter Seitenstreifen) liegender Teil der Straße.

1.2.13 Die **Leitungszone** ist der Bereich des Auflagers und der Einbettung bei Grabenleitungen in der Breite des Leitungsgrabens bis zu einer Höhe von 0,15 m über dem Scheitel der Leitung.

1.2.14 **Verfüllzone** ist der Raum innerhalb eines Leitungsgrabens oberhalb der Leitungszone bis zum Planum.

1.2.15 **Schutzwälle:** Dämme aus Boden, Fels oder sonstigen Baustoffen, die im Zuge von Straßen errichtet werden:

- zum Schutz vor Lärmemissionen des Straßenverkehrs,
- zum Schutz vor von der Fahrbahn abkommenden Fahrzeugen und/ oder deren Ladung,
- zum Schutz vor Blendung,
- zum Schutz der Straße vor Starkregenabflüssen oder Steinschlag,
- usw.

Inhalt Kommentar

1 Terminologie des Fahrbahnaufbaus

(1) Die Bezeichnungen für den Fahrbahnaufbau gehen zurück auf die 1970 vom damaligen Bundesministerium für Verkehr eingeführte Terminologie des Straßenaufbaus (Allg. Rundschreiben Straßenbau Nr. 3/1970 vom 26.03.1970); Lage, Begrenzung und Bezeichnung der Schichten s. *Bilder 1a–1c* gemäß RStO.

(2) Der **Oberbau** umfasst die Fahrbahndecke und die Tragschichten einschließlich der Frostschutzschicht. Die Tragschichten werden je nach Zusammensetzung unterschieden in

a) Tragschichten ohne Bindemittel (ZTV SoB-StB):
   - Frostschutzschichten,
   - Kies- und Schottertragschichten;

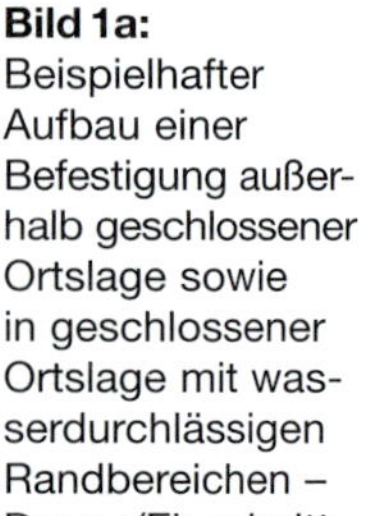

Bild 1a: Beispielhafter Aufbau einer Befestigung außerhalb geschlossener Ortslage sowie in geschlossener Ortslage mit wasserdurchlässigen Randbereichen – Damm/Einschnitt

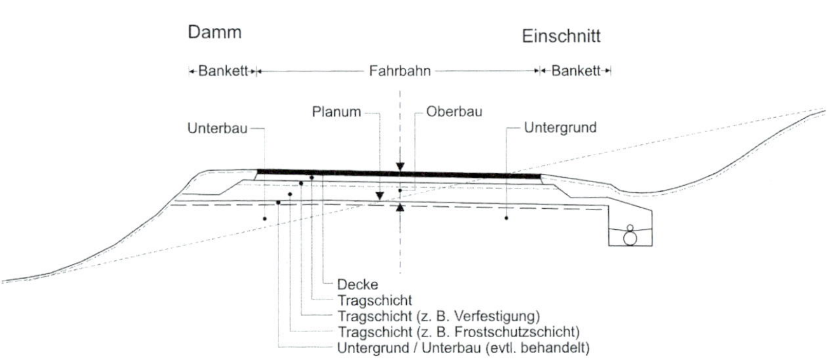

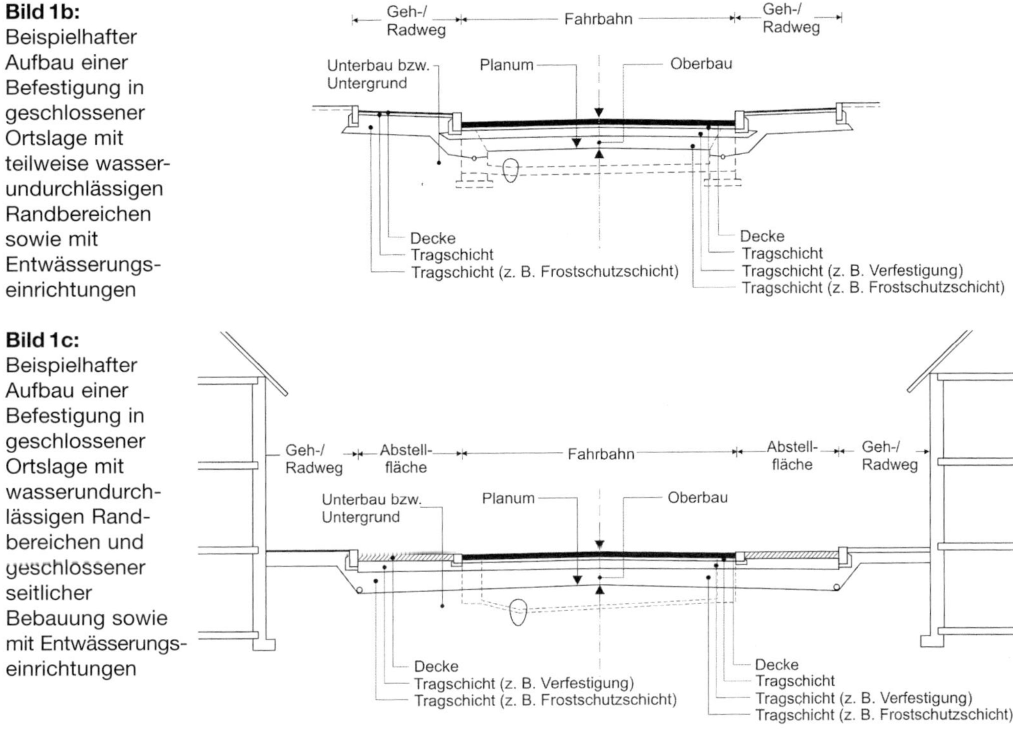

Bild 1b: Beispielhafter Aufbau einer Befestigung in geschlossener Ortslage mit teilweise wasserundurchlässigen Randbereichen sowie mit Entwässerungseinrichtungen

Bild 1c: Beispielhafter Aufbau einer Befestigung in geschlossener Ortslage mit wasserundurchlässigen Randbereichen und geschlossener seitlicher Bebauung sowie mit Entwässerungseinrichtungen

Bild 1a–1c: Terminologie des Aufbaues von Fahrbahnbefestigungen (RStO)

b) Asphalttragschichten (ZTV Asphalt-StB);
c) Tragschichten mit hydraulischen Bindemitteln (ZTV Beton-StB):
   - Betontragschichten, hydraulisch gebundene Tragschichten, Verfestigungen.

(3) Das **Planum** bezeichnet die Grenzfläche zwischen Oberbau und Untergrund oder Unterbau. Sie ist flächenbezogen nach den geometrischen Kriterien der Ebenheit und der Profilmaße (Niveau, Quer- und Längsneigung) gesondert zu bearbeiten. Die Herstellung erfordert eine besondere Flächenleistung (in m^2), die entsprechend gesondert ausgeschrieben werden soll. Der auf dem Planum nachzuweisende Verformungsmodul (Abschnitt 4.5 ZTV E-StB) entspricht einem Qualitätsmerkmal für die Bodenschicht, die als Unterlage der Tragschichten des Oberbaues beim Lastabtrag mitwirkt.

Diese Planumsschicht ist in Abschnitt 1.2.5 ZTV E-StB mit dem Begriff „verfestigtes oder verbessertes Planum“ belegt. Das Planum selbst bezeichnet die oberste Grenzfläche dieser Schicht. Für die Bodenbehandlungen dieser Schicht nach Abschnitt 1.2.6 ZTV E-StB eignen sich Bauweisen mit Bindemittel sowie sog. mechanische Bodenverbesserungen, die durch Zugabe bzw. Einmischen von anderen Baustoffen (Sand, Kies, Gesteinskörnungen, rezyklierte Materialien) hergestellt werden (Abschnitt 12 und 13.2 ZTV E-StB).

(4) Der **Unterbau** entspricht dem nach erdbautechnischen Grundsätzen hergestellten Schüttkörper in Dammstrecken. Die geometrischen Merkmale des Dammkörpers *(Bild 2)* richten sich nach den verkehrsplanerischen Vorgaben und den geotechnischen Anforderungen für die Standsicherheit des Erdbauwerkes. Die Aufstandsfläche des Dammkörpers liegt entweder unmittelbar in Geländehöhe oder bei Abtrag von Oberboden bzw. ungeeigneter Deckschicht entsprechend tiefer. Die Höhenkote der Aufstandsfläche kann sich durch Untergrundsetzungen, die durch die Dammauflast entstehen, verlagern.

(5) Als **Untergrund** werden die Boden- und Felsbereiche bezeichnet, die in Einschnittsstrecken unter dem Planum bzw. unter den Tragschichten und in Dammstrecken unter der Dammsohle anstehen. Die Grenztiefe dieser

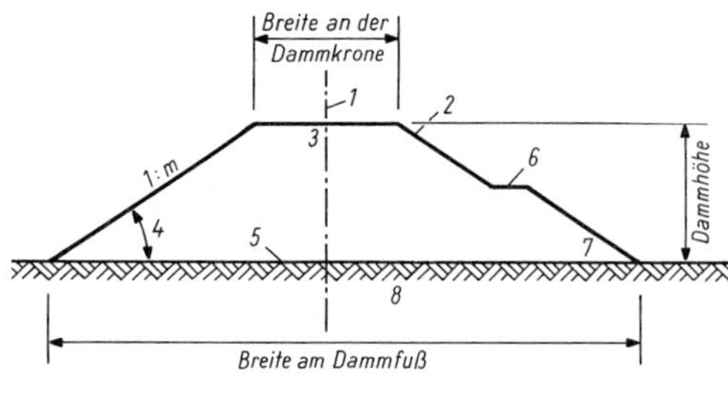

1 Dammachse	5 Dammsohle
2 Dammschulter	6 Berme
3 Dammkrone	7 Dammfuß
4 Böschungswinkel	8 Dammauflager

Bild 2: Bezeichnung der Elemente eines Verkehrsdammes

Bereiche ist nicht definitionsgemäß festgelegt; sie richtet sich nach der Einflusstiefe der einwirkenden Verkehrslasten bzw. dem durch Auflasten verursachten Spannungs- und Formänderungszustandes. Die erdbautechnischen Qualitätsanforderungen gelten bis zu Grenztiefen von 1,0 m bei Dämmen und 0,5 m bei Einschnitten (Abschnitt 4.3.2 ZTV E-StB).

Wird ein Boden unter einem Damm oder in einem Einschnitt wegen zu geringer Tragfähigkeit oder wegen Kontaminierung gegen einen geeigneten Boden bzw. Baustoff ausgetauscht, gehören auch diese ausgetauschten Bereiche zum Untergrund. Tiefreichende Baugrundverbesserungen fallen nicht unter diese Festlegungen. Sie werden nach Verfahren des Spezialtiefbaues gemäß Abschnitt 1.1 ZTV E-StB, Kom. 3 ausgeführt.

(6) Unbefestigte Seitenstreifen (Bankett) und Mittelstreifen von Verkehrsflächen sind Teile des Untergrundes oder Unterbaues und unter Berücksichtigung der Standsicherheit nach den erdbautechnischen Anforderungen gemäß Abschnitt 4.7 ZTV E-StB herzustellen.

2 Fachspezifische Begriffe

Die im Bauingenieurwesen eingeführten Grundbegriffe sind normativ festgelegt in

DIN 1080-1: Begriffe, Formelzeichen und Einheiten im Bauingenieurwesen – Grundlagen,

DIN 1080-6: Begriffe, Formelzeichen und Einheiten im Bauingenieurwesen – Bodenmechanik und Grundbau,

DIN 1080-7: Begriffe, Formelzeichen und Einheiten im Bauingenieurwesen – Wasserwesen.

Die themenspezifischen Begriffe betreffen die geotechnischen, entwässerungstechnischen sowie umwelt- und straßenbautechnischen Anwendungsbereiche. Sie sind den Textabschnitten der Kommentare und Leitlinien eingegliedert.

Die straßenbautechnischen Begriffe sind im FGSV-Wissensdokument „Begriffsbestimmungen, Teil: Straßenbautechnik“, Ausgabe 2003, zusammengestellt.

1.3 Vorbereitende und baubegleitende Arbeiten

1.3.1 Siehe DIN 18300, Abschnitt 3.2.

Der Auftragnehmer muss nicht mit außergewöhnlichen Witterungsereignissen rechnen. Maßgeblich ist die Feststellung des Deutschen Wetterdienstes.

1.3.2 *Grundsätzlich hat der Auftraggeber den Zustand festzustellen. Von den Bietern ist zu fordern, dass sie sich mit der Örtlichkeit vertraut machen.*

Wird die Feststellung des Zustandes aufgrund eines Nebenangebotes erforderlich, obliegt diese dem Auftragnehmer.

1.3.3 Der Auftragnehmer hat sich mit der Örtlichkeit vertraut zu machen.

1.3.4 Innerhalb und außerhalb des Baugeländes liegende Schürfe dürfen nur in Abstimmung mit dem Auftraggeber beseitigt werden.

Schürfe unterhalb von Auftragsflächen und im Auftrag sind so zu verfüllen und zu verdichten, dass die Anforderungen gemäß Abschnitt 4.3.2 erfüllt sind.

1.3.5 Für den Bau beanspruchte Flächen sind während der Bauarbeiten in ordnungsgemäßem Zustand zu halten. Es ist Vorsorge zu treffen, dass angrenzende Flächen und Bauten sowie Bewuchs nicht geschädigt werden.

Inhalt Kommentar

1 Zustandserfassung des Baufeldes

(1) Der Abschnitt 1.3 ZTV E-StB betrifft Arbeiten, die zur Bauausführung gehören. Sie umfassen das Vorbereiten, das Betreiben und das Sichern des Baufeldes und der beanspruchten Flächen sowie die Vorsorgemaßnahmen gegen schädigende Aus- und Einwirkungen.

Die Zustandserfassung der Baufelder und Flächen liegt in der Verantwortung des Auftraggebers. Im Fall von Nebenangeboten geht diese Verantwortung nur insoweit auf den Auftragnehmer über, wie sein Angebot in den Zustand der Baufelder eingreift oder die beanspruchten Flächen verändert.

(2) Die vorbereitenden und baubegleitenden Arbeiten sind entscheidende Voraussetzungen für das Gelingen des Bauvorhabens. Die damit verbundenen Bedingungen sollen aus der Leistungsbeschreibung und den Ergebnissen der den Planungen zugrunde liegenden geotechnischen Untersuchungen (Abschnitt 2 ZTV E-StB) hervorgehen, erfahrungsgemäß ist dies jedoch nicht immer vollumfänglich der Fall. Insbesondere bei Ausschreibungen nach Musterleistungstexten können Defizite entstehen.

Eine Überprüfung und Dokumentation der Verhältnisse in Baufeld und Umgebung ist in jedem Fall durch gemeinsame Begehung vorbereitend notwendig. Dabei kommt es darauf an, zu prüfen, ob die Ergebnisse der bei der Planung zugrunde gelegten Vor- und Bodenuntersuchungen mit dem aktuellen Zustand übereinstimmen, welche Vorsorge- und Sicherungsmaßnahmen noch zu treffen sind und ob es ratsam ist, weitere Untersuchungen zu ergänzen. Weiter ist ggf. zu prüfen und abzustimmen, wie die aus der wasserrechtlichen Genehmigung zu erfüllenden Auflagen realisiert werden können. Vor Baubeginn sind dem Auftraggeber die Qualitätsprüfpläne und Standsicherheitsnachweise vorzulegen.

(3) Die insgesamt vorzubereitenden und baubegleitenden Arbeiten umfassen weit mehr als in Abschnitt 1.3 ZTV E-StB und DIN 18300 angegeben. Die Anforderungen stellen sich je nach Art, Lage und Größe des Baufeldes anders. Neben den gemeinsamen Zustandsfeststellungen vor Baubeginn muss während der Bauausführung regelmäßig eine Beobachtung und ggf. messtechnische Überwachung durch den Auftragnehmer sowie eine Kontrolle durch den Auftraggeber hinsichtlich der Übereinstimmung des Zustandes mit der Ausführungsplanung erfolgen. Abweichungen müssen dem Auftraggeber umgehend mitgeteilt und ggf. Änderungen als Gegenmaßnahmen vorgeschlagen werden.

Die nachfolgenden Hinweise zeigen beispielhaft auf, was vor und nach Baubeginn zu beachten, zu überprüfen oder ggf. zu untersuchen ist:

- Realisierung der Bedingungen für eine wirksame Bauentwässerung mit ausreichendem Fließgefälle der Sickerflächen und Anschlüssen an die Vorflut
- Änderung der Grundwasserverhältnisse und Abflüsse innerhalb längerer Beobachtungszeit; Einfluss des absinkenden und wieder aufsteigenden Grundwasserspiegels auf die Eigenschaften der im Bau- und Umfeld vorgefundenen Bodenarten
- Störung der Abflussverhältnisse und des Grundwasserhaushaltes in der Umgebung durch die Bauausführung (Wasserschutz- und Heilquellengebiete). Richtung, Höhenlage und Wassermenge von Gewässern, Sickerungen und Dränagen dürfen nur mit Zustimmung des Auftraggebers verändert werden
- Nutzbarkeit des Grundwassers als Brauchwasser für den Baubetrieb; Erschließung von Brauchwasser anderer Herkunft in ausreichender Menge; Bestandteile im Grundwasser und wasserführenden Bodenschichten, die damit in Berührung kommende Baustoffe oder Bauteile schädigen (z. B. Versinterung, Verockerung)
- Voraussetzungen für eine kontinuierlich geordnete Bearbeitung des Baufeldes; Störungen des Bauablaufes durch zeitgleiche Leistungen Dritter (Kanalbau, andere Sparten); Linienführung und zu erwartender Zustand der Baustraßen, Verfügbarkeit eines Wegenetzes für den Transportverkehr; Möglichkeiten für die geordnete Anlage und den entsprechenden Abtrag von Bodendeponien bzw. Zwischenlagern
- Auswirkung des Bau- und Maschinenbetriebes auf die Umgebung (Erschütterungen); Vorsorgemaßnahmen bei Einwirkung der Bauarbeiten auf die Untergrundverhältnisse in der Umgebung oder auf benachbarte Baulichkeiten (Grundwasserhaltungen, Unterfangungen)
- Möglichkeiten des getrennten Abtrages der Böden nach Eignung, sofortiger Verwendung oder Vorbehandlung; Wasseraufnahme der Böden in Abtrag und Auftrag, Zeitdauer bis Erdbaubetrieb nach Durchnässung wieder frei aufgenommen werden kann; Vorsorgemaßnahmen bei Verwendung von Böden mit wenig günstigen Eigenschaften
- Ausschluss von Geländeflächen wegen ungünstiger Beschaffenheit; Vermeidung starker Eingriffe in wasserführende bzw. rutschempfindliche Bodenschichten; Vorsorgemaßnahmen zur Sicherung solcher Standorte.

(4) Zu den wichtigen Zustandserfassungen im Zuge der Vorbereitung und Baubegleitung gehören die Abstimmungen über die Sicherung der Oberbodenarbeiten und den Schutz der Vegetation. Der im Baufeld verbleibende Aufwuchs ist zu schützen. Dies betrifft z. B. den Schutz der Vegetationsflächen, der Bäume gegen mechanische Beschädigungen, der Wurzelbereiche bei Bodenabtrag und Überschüttung, bei Aufgrabungen und Verlegung von Leitungen.

(5) Für bauliche und sonstige Anlagen sowie für Ver- und Entsorgungsleitungen im Einfluss-

bereich der Baufelder sind sowohl rechtzeitig vor Baubeginn als auch nach Bauende beweissichernde Zustandsfeststellungen zu beauftragen und zu dokumentieren (Protokolle, Fotoaufnahmen, Planskizzen, Messungen).

2 Beräumung des Baufeldes

Das Baufeld ist von Hindernissen jeglicher Art im vereinbarten Umfang freizumachen und vorzubereiten.

Im Einzelnen können folgende Arbeiten notwendig sein:

- Gehölze und Wurzelstöcke entfernen; Verfüllen der Gruben mit Boden und Verdichten der Auffüllungen
- Ablagern und Einschütten der Wurzelstöcke auf geeigneten Flächen
- Grasnarbe mit Fräsmaschine zerkleinern und entfernen
- Oberboden gemeinsam mit zerkleinerter Grasnarbe abschieben und seitlich des Baufelds in Mieten locker ablagern oder in zentrale Depots abfahren und dort je nach Bodenstruktur 1–3 m hoch locker aufschütten
- Reste von Bebauungen entfernen, soweit erforderlich, z. B. Fundamente, Kellerwände; Hohlräume so verfüllen, dass sich keine Sackungen ergeben können.

3 Sicherung von Hohlräumen

Alte Grubenräume oder Erdfälle (Dolinen), bei denen das Deckgebirge einbrechen kann, müssen möglichst vom Hohlraum oder von der Oberfläche aus so verfüllt werden, dass Brüche und Senkungen des Geländes vermieden werden. Zu diesem Zweck können je nach Einzelfall und Größe des Hohlraums folgende Verfahren geeignet sein:

- Injektionen mit einer Suspension aus Zement und Tonmehl (hohe Materialkosten und großer Zeitaufwand)
- Sicherung kleiner Hohlräume durch Spritzbeton
- Verfüllen mit Pumpbeton und nachträgliches Verpressen; diese Verfahrensweise erfordert Schächte oder Stollen für den Einbau der Pumpleitungen
- Verblasen des Hohlraumes mit trockenem Magerbeton; geringe Materialkosten, aber großer Zeitaufwand
- Verfüllen mit einem fließfähigen, schrumpffreien Dämmer (Gemisch aus Mergelmehl und Zement) durch Bohrungen mittels eines Düsenmischers.

Bei großen Hohlräumen, die mit wirtschaftlichen Mitteln nicht mehr verfüllt werden können, kommen in Frage:

- Sprengen oder Einschlagen des Deckgebirges mittels schwerer Fallgewichte
- Überbauen von schacht- oder stollenförmigen Hohlräumen mit bewehrten bzw. vorgespannten Betonplatten oder mit Geogitter-Konstruktionen.

1.4 Baustoffe

1.4.1 Baustoffe und Baustoffgemische sind je nach Zweckbestimmung und Eignung:

- Boden und Fels gemäß den Abschnitten 1.4.2 und 1.4.3,
- Boden mit Fremdbestandteilen gemäß Abschnitt 1.4.4,
- Bodenmaterial und Baustoffe nach TL BuB E-StB (siehe Abschnitt 3.2.1),
- Geokunststoffe,
- Leichtbaustoffe,
- Bindemittel,
- Stoffe für Entwässerungen, Abdichtungen und alle anderen Materialien, die für Teilleistungen benötigt werden.

1.4.2 Boden und Fels sind Primärbaustoffe, wenn keine Anhaltspunkte auf anthropogene Belastungen vorliegen oder der Verdacht auf umweltrelevante Inhaltsstoffe ausgeräumt wurde. In Primärbaustoffen dürfen keine Fremdbestandteile (siehe Abschnitt 1.4.4) oder Fremdstoffe (nichtmineralische Bestandteile) erkennbar sein.

Boden und Fels mit geogenen Belastungen sind gesondert zu betrachten.

1.4.3 Boden und Fels mit umweltrelevanten Inhaltsstoffen sind Baustoffe, soweit der Gehalt bzw. die Konzentration an Inhaltsstoffen nach umweltrechtlichen Vorgaben nicht überschritten wird und Fremdbestandteile oder Fremdstoffe nicht erkennbar sind.

1.4.4 Boden mit Fremdbestandteilen ist ein Baustoff mit sichtbaren Fremdbestandteilen, die mineralischen Ursprungs sind. Fremdbestandteile sind z.B. hydraulisch oder mit Bitumen gebundene Stoffe sowie Ziegelreste. Es überwiegt der Massenanteil des Bodens. Boden mit Fremdbestandteilen kann umweltrelevante Inhaltsstoffe enthalten. Der Gehalt bzw. die Konzentration an umweltrelevanten Inhaltsstoffen darf umweltrechtliche Vorgaben nicht überschreiten.

1.4.5 Zur Vermeidung von Schäden an Bauwerken und Bauteilen sind die ZTV-ING, DIN 50929-1 und -3 „Korrosion der Metalle – Korrosionswahrscheinlichkeit metallener Werkstoffe bei äußerer Korrosionsbelastung" sowie DIN 4030 „Beurteilung betonangreifender Wässer, Böden und Gase" zu beachten.

Inhalt Kommentar

1 Baustoffe und Baustoffgemische

(1) Im Hinblick auf die Verfügbarkeit und die Einsatzmöglichkeiten von Baustoffen werden unterschieden:

- Baustoffe, die von vorherein mit bestmöglichen Eigenschaften anfallen
- Baustoffe, die für spezifische Eignungen zur Verwendung kommen.

Grundlage dafür bilden die harmonisierten bzw. anerkannten Europäischen Normen und technischen Zulassungen.

Der wesentliche Einfluss auf die Bauordnung geht von der EU-Bauproduktenrichtlinie bzw. von dem zur Umsetzung für deutsche Verhältnisse verfassten Bauproduktengesetz (BauPG) aus. Die Vorschriften gelten für Bauprodukte (Baustoffe, Bauteile und Anlagen), die zum dauerhaften Einbau in bauliche Anlagen des Hoch- und Tiefbaues verwendet werden.

(2) Bei der Planung und Ausführung kommt es darauf an, die Verfügbarkeit der Baustoffe, abgestimmt auf die Eigenschaften, bestmöglich zu nutzen und beim Einbau in das Erdbauwerk sachgemäß zu positionieren. Diese Aufgabe sowie die Beschaffung der geeigneten Baustoffe stellen technisch-wirtschaftlich entscheidende Herausforderungen dar. Sie entstehen aus der spezifischen Diversifikation der Verwendung und Verwertung der Baustoffe, dem beträchtlichen Massenbedarf im Erdbau und der Ressourcenknappheit insbesondere an natürlichen Erdstoffen.

In diesem Zusammenhang kommt der Verwendung und Verwertung von industriell anfallenden, rezyklierten und künstlich hergestellten „Ersatzbaustoffen" große wirtschaftliche Bedeutung zu. Gleichermaßen wichtig ist es, die wirtschaftlich-ökologischen Vorteile neu entwickelter Bauprodukte wie z. B. Geokunststoffe und Leichtbaustoffe zu nutzen.

(3) Die technischen Regeln für die Verwertung von Bodenmaterialien, rezyklierten Baustoffen und aus industriellen Prozessen anfallenden Abfall- und Nebenprodukten leiten sich aus dem Ausschluss der Besorgnis einer schädlichen Bodenveränderung (Bodenschutzrecht), einer Schadstoffanreicherung im Wertstoffkreislauf (Abfallrecht) oder einer schädlichen Verunreinigung des Grundwassers bzw. der Gewässer ab.

Die Verwendung und Verwertung der Stoffe und Stoffgruppen stellt ein wichtiges abfall- und volkswirtschaftliches Instrument zu der vom Kreislaufwirtschafts- und Abfallgesetz (KrW-/AbfG) geforderten Abfallvermeidung und Ressourcenschonung dar. Für die Umsetzung dieses Gesetzes sind allgemeine Anforderungen an die ordnungsgemäße und schadlose Verwertung einzuhalten. Zu beachten sind das Bundes-Bodenschutzgesetz (BBodSchG) und die Bundes-Bodenschutz- und Altlastenverordnung (BBodSchV) sowie das Wasserhaushaltsgesetz (WHG).

Im Sinne des BBodSchG sind schädliche Beeinträchtigungen der Bodenfunktionen zu vermeiden, die Gefahren, erhebliche Nachteile oder Belästigungen für den Einzelnen oder die Allgemeinheit verursachen. Nach den wasserrechtlichen Grundsätzen des WHG hat die Verwertung von Stoffen so zu erfolgen, dass keine schädliche Verunreinigung des Grund- und Oberflächenwassers oder eine sonstige nachteilige Veränderung der Wassereigenschaften entsteht.

(4) Die Baustoffe werden genutzt für

- Verkehrsdämme, Schutzwälle, Rampenanschüttungen,
- Hinterfüllungen und Entwässerungen von Bauwerken (Widerlager, Stützkonstruktionen, Leitungen),
- Böschungs- und Hangsicherungen,
- Erd- und Baustraßen,
- Aufbau, Entwässerung und Abdichtung von Fahrbahnen (Trag-, Frostschutz-, Filter-, Sicker- und Dichtungsschichten sowie Dränagen),
- Hochwasserschutz- und Retentionsanlagen,
- Maßnahmen zum Bodenschutz, zur Rekultivierung und zum Geländeausgleich.

Im Rahmen dieser diversen Anwendungsgebiete sind Baustoffe mit umweltverträglichen und gleichbleibend dauerhaften Qualitätseigenschaften erforderlich und entsprechend zu untersuchen. Die dauerhafte Nachhaltigkeit umfasst die Widerstandsfähigkeit gegen mechanische Beanspruchung, Witterung,

Frost und Erosion. Die diesbezüglich charakteristischen Eigenschaften betreffen hauptsächlich die Scher- und Kompressionsfestigkeit, die Verdichtbarkeit, die Dichtigkeit gegen Flüssigkeiten und Gase sowie die Wasser-, Erosions- und Frostempfindlichkeit.

Zur Verbesserung der Eigenschaften können Baustoffgemische geeignet sein. Die Zusammensetzung solcher Gemische und deren Inhaltsstoffe unterliegen streng zulässigen Toleranzen.

Jede Komponente sowie das Endprodukt müssen die umweltrelevanten Vorgaben für die spezifische Verwendung einhalten und dürfen keine schädlichen Reaktionen bewirken.

2 Wiederverwertbarkeit von Baustoffen und Baustoffgemischen

Hinweis

Teil 3, Sonderkapitel S4: Verwertung von Bodenmaterialien und Ersatzbaustoffen.

Die Wiederverwertbarkeit setzt die Unbedenklichkeit voraus. Sie muss aus der Produkt- bzw. Stoffbeschreibung aufgrund von Untersuchungen staatlich anerkannter Institute hervorgehen. Die Unbedenklichkeit bezieht mögliche Maßnahmen zur Sanierung und Sicherung mit ein. Die Regelungen sind in den Technischen Lieferbedingungen TL BuB E-StB enthalten; s. Abschnitt 3.2 ZTV E-StB, Kom. 1 und 2.

Nach derzeitigem Stand der Regelungen wird gemäß LAGA-M 20 „Mitteilung der Länderarbeitsgemeinschaft Abfall: Anforderungen an die stoffliche Verwertung von mineralischen Abfällen“ grundsätzlich bei der Verwertung von nutzbarem Bodenmaterial (mineralische Abfälle) zwischen der Herstellung einer natürlichen oder einer technischen Funktion unterschieden. Es wird dabei anhand differenzierter Anforderungen beurteilt,

- ob ein uneingeschränkter Einbau (Einbauklasse 0) bei Verwertung für bodenähnliche natürliche oder technische Anwendungen oder
- ob ein eingeschränkter Einbau in technischen Bauwerken entweder offen (Einbauklasse 1) oder mit definierten technischen Sicherungsmaßnahmen (Einbauklasse 2)

möglich bzw. notwendig ist; s. *Bild 1.* Die Verwertung des Bodenmaterials ist qualitätssichernd auszuführen und zu dokumentieren.

Bild 1:
Verwertung von Bodenmaterial (LAGA-Mitteilung 20)

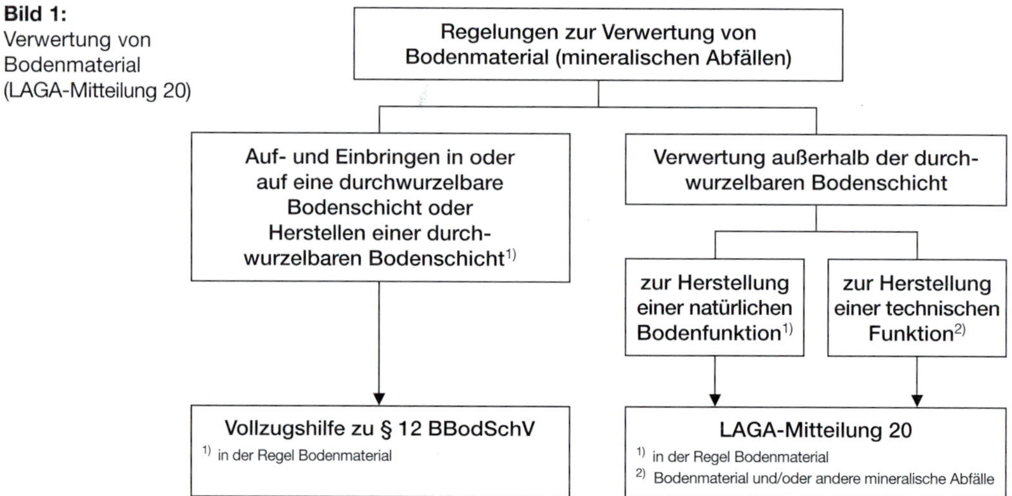

3 Sicherungsmaßnahmen

Bei Einsatz von Böden und Baustoffen der Einbauklasse 2 kommen als Sicherungsmaßnahmen verschiedene Bauweisen in Betracht. In länderspezifischen Regelungen und in der LAGA-Mitteilung 20 wird behandelt, in welchen Fällen der Einbau belasteter Böden oder Baustoffe gesichert werden muss.

Die bautechnische Umsetzung wird in dem „Merkblatt über technische Sicherungsmaßnahmen bei Böden und Baustoffen mit umweltrelevanten Inhaltsstoffen im Erdbau (MTSE), Teil 2: Bauweisen“ behandelt. **Umweltrelevante Inhaltsstoffe** liegen vor, wenn die Böden und Baustoffe geogen oder anthropogen bedingte Inhaltsstoffe in hohem Gehalt oder in hoher Konzentration enthalten. Es werden folgende Bauweisen für Straßendämme sowie Lärm-, Sicht- und Abkommensschutzwälle unterschieden:

A mit witterungsempfindlichen Dichtungsstoffen ohne Sickerschicht
B mit witterungsempfindlichen Dichtungsstoffen und Sickerschichten
C mit witterungsempfindlichen Dichtungsstoffen
D mit gering durchlässigen Baustoffen der Einbauklasse 2
E mit Kern aus Baustoffen der Einbauklasse 2
F mit Anspritzung durch Bitumenemulsion.

Das Abdichtungssystem der Bauweisen A, B und C besteht aus dem Dichtungselement (mineralische Abdichtung, geosynthetische Tondichtungsbahn, Kunststoffdichtungsbahn, wasserabweisende Anspritzung) und den ggf. erforderlichen Sicker-, Schutz-, Trenn- und Filterschichten; s. auch Abschnitt 7 und 8 ZTV E-StB.

Die Böden und Baustoffe unterliegen der Güteüberwachung für die umweltrelevanten Parameter gemäß TL BuB E-StB. Es können verschiedene Böden und Baustoffe zur Einhaltung der Einbauklasse 2 verwendet werden, jedoch ist das Vermischen unzulässig.

Werden die für eine Bewertung zulässigen Konzentrationen/Gehalte für den Anwendungsfall überschritten, kann der Boden/Baustoff ggf. durch Zugabe von Bindemittel so behandelt werden, dass die umweltrelevanten Inhaltsstoffe für den jeweiligen Anwendungsfall dauerhaft in stabile, schwer lösliche und damit unschädliche Verbindungen umgewandelt bzw. eingeschlossen werden.

Das FGSV-„Merkblatt über die Behandlung von Böden und Baustoffen mit Bindemitteln zur Reduzierung der Eluierbarkeit umweltrelevanter Inhaltsstoffe“ beschreibt Bodenbehandlungen mit Bindemittel gemäß ZTV E-StB von Böden und Baustoffen mit umweltrelevanten Inhaltsstoffen. Die mit Bindemittel behandelten Böden und Baustoffe können im Erdbau von Verkehrsflächen, z. B. im Untergrund, Unterbau sowie in Schutzwällen, eingesetzt werden.

Die Behandlung mit Bindemittel als technische Sicherungsmaßnahme ist aus abfallrechtlicher Sicht eine Verfestigung oder Stabilisierung mit folgenden Begriffsinhalten:

- **Verfestigungen** sind Verfahren, bei denen Böden und Baustoffe mit schädlichen Inhaltsstoffen durch die Zugabe von Bindemittel so weit verfestigt werden, dass eine Einkapselung in einem dichten Gefüge vorliegt.
- **Stabilisierungen** sind Verfahren, bei denen die chemischen Eigenschaften durch eine Behandlung mit Bindemittel in ungefährliche Inhaltsstoffe umgewandelt werden.

1.5 **Ausführung**

1.5.1 Siehe DIN 18300, Abschnitt 3.1.1.

Wenn die Sicherheit und Nutzung des zu erstellenden Bauwerkes dies geboten erscheinen lassen oder wenn Belange des Umweltschutzes oder des Schutzes benachbarter Bauwerke dies erfordern, sind abweichend von der DIN 18300, Abschnitt 3.1.1 in der Leistungsbeschreibung bestimmte Bauverfahren, Geräte oder Gerätearten vorzuschreiben.

1.5.2 Siehe DIN 18300, Abschnitt 3.1.3.

Die erforderlichen Schutz- und Sicherungsmaßnahmen sind bei allen baulichen Anlagen und Arbeiten zu beachten, das heißt auch bei denen, die nicht Gegenstand von DIN 4123 sind.

Sofern besondere Sicherungsmaßnahmen zum Schutz der baulichen Anlagen und deren Umfeld notwendig werden, ist hierauf in der Leistungsbeschreibung hinzuweisen.

1.5.3 *Zu erhaltende Bäume, Pflanzenbestände und Vegetationsflächen sind in der Leistungsbeschreibung anzugeben.*

In der Nähe von zu erhaltenden Bäumen, Pflanzenbeständen und Vegetationsflächen müssen die Arbeiten mit der gebotenen Vorsicht und Sorgfalt ausgeführt werden.

1.5.4 Siehe DIN 18320, Abschnitt 3.3.

Bei Erdarbeiten, bei denen gefährdete Bäume, Pflanzenbestände und Vegetationsflächen zu schützen sind, sind die RAS-LP 4 zu beachten.

1.5.5 *In der Leistungsbeschreibung sind Art, Lage und Anzahl der Verkehrs-, Versorgungs- und Entsorgungsanlagen anzugeben. Ebenso sollte der Zeitraum für die Ausführung von Arbeiten durch Dritte an den oben genannten Anlagen angegeben werden.*

Die Angaben über Versorgungs- und Entsorgungsleitungen entheben den Auftragnehmer nicht von der Pflicht, sich vom Leitungsbetreiber im Einzelfall einweisen und stets besondere Sorgfalt walten zu lassen.

1.5.6 *Die Mengenverteilung innerhalb der Baumaßnahme soll nach Umfang, Gewinnung und Einbau sowie erforderlichenfalls auch nach Förderweg aus der Leistungsbeschreibung ersichtlich sein. Gegebenenfalls sind darüber hinaus Angaben über Mengen, die zum Abtransport auf andere Baumaßnahmen des Auftraggebers oder die zum Antransport von anderen Baumaßnahmen des Auftraggebers vorgesehen sind, notwendig.*

Die bei der Gewinnung entstehende Volumenzunahme durch Auflockerung und die beim Einbau gegenüber dem Zustand vor der Gewinnung zu erzielende Mehr- oder Minderdichte sowie zu erwartende Setzungen des Untergrundes sind zu untersuchen und in den Mengenangaben zu berücksichtigen.

1.5.7 Primärbaustoffe sind, ihre bautechnische Eignung vorausgesetzt, inner- und außerhalb des Herkunftsortes uneingeschränkt verwendbar.

Baustoffe nach den Abschnitten 1.4.3 und 1.4.4 sind bevorzugt am Herkunftsort als Baustoff zu verwenden.

Baustoffe nach den Abschnitten 1.4.3 und 1.4.4 für Baumaßnahmen des Auftraggebers außerhalb des Herkunftsortes sind gemäß den Angaben des Auftraggebers zu verwenden.

Etwaige Vorgaben (z. B. Einbauort, Mengen) für Baustoffe gemäß den Abschnitten 1.4.3 und 1.4.4 sind in der Leistungsbeschreibung anzugeben.

1.5.8 *Werden Baustoffe nach den Abschnitten 1.4.3 und 1.4.4 nicht am Herkunftsort und nicht in anderen Baumaßnahmen des Auftraggebers eingesetzt, sind Angaben gemäß Abschnitt 2.1 zur weiteren Verwendung zu machen.*

1.5.9 *Für Erdarbeiten in gesondert ausgewiesenen Bereichen, wie z. B. in Wasserschutzgebieten oder in Grabungs- und Denkmalschutzgebieten, sind die sich aus den Besonderheiten des Einzelfalles ergebenden Vorgaben in der Leistungsbeschreibung anzugeben. Bei Baumaßnahmen in Wasserschutzgebieten sind die „Richtlinien für bautechnische Maßnahmen an Straßen in Wasserschutzgebieten" (RiStWag) zu beachten.*

Inhalt Kommentar

1 Auswahl von Bauverfahren und Baugeräten

Die Bauverfahren und Baugeräte sind nach technischen und wirtschaftlichen Gesichtspunkten zu wählen und einzusetzen. Zu berücksichtigen sind

- die Gelände- und Grundwasserverhältnisse,
- der Verkehrswert (Bauklasse) der Straße,
- die Eigenschaften der zu lösenden Materialien des Baugrunds,
- die Beschaffung geeigneter Baustoffe,
- die Witterungsverhältnisse während der Bauzeit.

Die Eigenschaften des Bodens dürfen durch die Arbeitsvorgänge und die eingesetzten Geräte nicht verschlechtert werden. Über die Zeit und Reihenfolge, in der die verschiedenen baulichen Maßnahmen zweckmäßig ausgeführt werden, ist mit Rücksicht auf das örtliche und jahreszeitliche Klima zu entscheiden. Umweltschonende Bauverfahren und Geräte sind vorzusehen. Grundsätze über das Sichern gefährdeter baulicher Anlagen können ebenfalls von Einfluss sein. Weiteres zur Wahl des Bauverfahrens und der Baugeräte s. *Bild 1*.

In den vom Auftragnehmer geplanten und kalkulierten Bauausführungsprozess soll nur aus besonderem Anlass eingegriffen werden, z. B. aus Termingründen oder bei Vorgriff auf bestimmte Abschnitte oder Bauwerke.

Wenn auch die Bauausführung (Wahl der Bauverfahren, Baugeräte, Wege u. a.), soweit keine Vorgaben gemacht sind, in der Verantwortung des Auftragnehmers liegt, so ist der Auftrag-

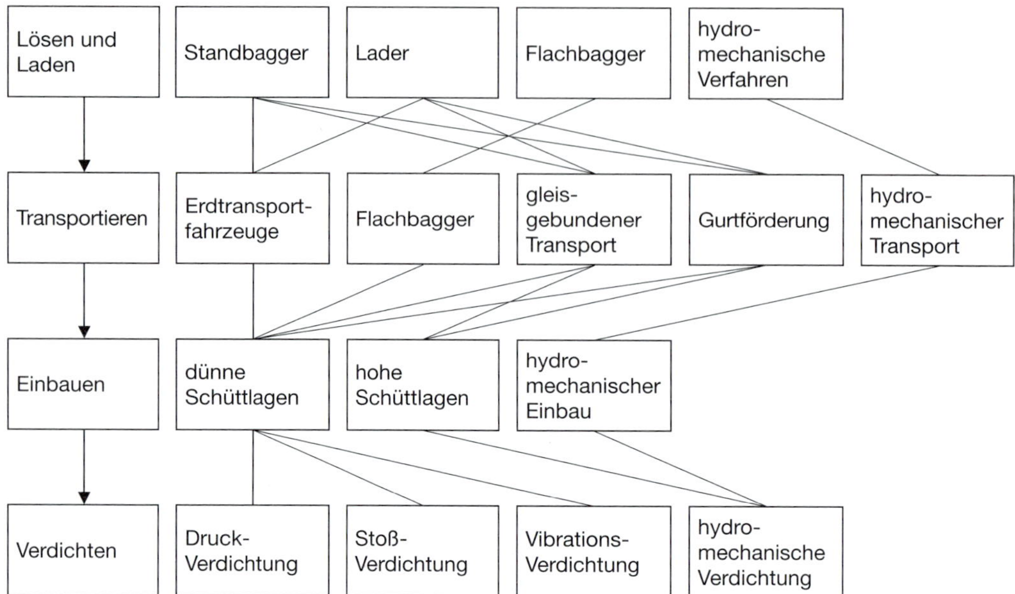

Bild 1: Schema der Kombinationsmöglichkeiten von Bauverfahren und Baumaschinen im Erdbau; Lit. (2)

geber in rechtlicher Hinsicht nicht frei von Mitverantwortung. Hat er Bedenken gegen die vom Auftragnehmer gewählte Bauausführung oder stellt er im Laufe der Bauarbeiten fest, dass sich das Ziel bzw. die Zweckbestimmung der beabsichtigten Leistungen nicht erreichen lässt, sollte er dies schriftlich beanstanden. Die Beanstandung in schriftlicher Form hat sich aufgrund der Rechtsprechung für die Vertragsklarheit als förderlich erwiesen.

2 Baustellenverordnung

Alle Arbeiten sind so auszuführen, dass an bestehenden baulichen Anlagen keine Schäden entstehen, das Umfeld nicht nachhaltig beeinträchtigt wird und die Auflagen des Arbeits- und Unfallschutzes berücksichtigt sind. Diese Aufgaben müssen vorsorglich im Rahmen der Baustellenverordnung abgeklärt und rechtzeitig entschieden werden; hierzu gehören beispielsweise:

- Aufstellung eines Sicherheits- und Gesundheitsplanes
- Sicherungsmaßnahmen für Energie- und Wasserleitungen
- Vorsorgemaßnahmen für Umleitungen, Absperrungen, Signalanlagen
- Belange der zuständigen Behörden für Bergbau, Wasserwirtschaft und Landschaftsschutz
- Sicherung der angrenzenden Flächen und Bebauung sowie der Wassergewinnungsgebiete, z.B. gegen Verunreinigungen durch abfließendes Wasser, Baugrundsetzungen, Rutschungen
- Schutzmaßnahmen gegen Lärm, Erschütterungen, Staub und andere Beeinträchtigungen des Umfelds.

Für alle genannten Aufgaben besteht ein umfangreiches Regelwerk aus Vorschriften, Richtlinien und Anordnungen; dazu gehören insbesondere:

- die Unfallverhütungsvorschriften (UVV) der Berufsgenossenschaft der Bauwirtschaft
- die Regeln zum Arbeitsschutz auf Baustellen (RAB).

Die allgemeinen Grundsätze zum Arbeitsschutz sind festgelegt in

- RAB 33: „Allgemeine Grundsätze nach § 4 des Arbeitsschutzgesetzes bei Anwendung der Baustellenverordnung“. Sie regeln auch die Koordinierung bei Anwendung der allgemeinen Grundsätze während der Planung und Bauausführung,
- „Gesetz über die Durchführung von Maßnahmen des Arbeitsschutzes zur Verbesserung der Sicherheit und des Gesundheitsschutzes der Beschäftigten bei der Arbeit“ (Arbeitsschutzgesetz (ArbSchG)),
- „Gesetz über technische Arbeitsmittel und Verbraucherprodukte“ (Geräte- und Produktionssicherheitsgesetz (GPSG)).

3 Ausführung von Wasserhaltungen

Wasserhaltungsarbeiten im Baufeld, in Baugruben oder beim Leitungsbau bedingen ein Wasserrechtsverfahren. Sie setzen die Erkundung der hydrogeologischen Verhältnisse im gesamten Einzugsgebiet voraus, einschließlich der Wasserstandsganglien von Gewässern und Grundwasser. Die Erkundung und Bewertung der Ergebnisse obliegt dem Auftraggeber. Er hat die Ergebnisse der Erkundung und Untersuchungen sowie Ausführungshinweise für die Angebotsbearbeitung zur Verfügung zu stellen. Zu den Untersuchungen und Bewertungen gehören z. B. die Beschaffenheit des Grundwassers hinsichtlich der Dauerhaftigkeit der Wasserhaltungsanlage (Gefahr der Versinterung und Verockerung) und hinsichtlich der Einleitung bzw. Versickerung, die Wasserdurchlässigkeit der Bodenschichten, die Reichweite der Absenkung, die Entnahme der Wassermengen, die Auswirkung bei Wiederanstieg des Grundwassers.

Werden aufgrund der gewählten Wasserhaltung zusätzliche Untersuchungen oder Probeabsenkungen erforderlich, liegen diese in der Verantwortung des Auftragnehmers. Sie bedürfen ebenso wie die Gesamtplanung der Wasserhaltung der Zustimmung des Auftraggebers.

Die Beweissicherung zur Feststellung der Auswirkungen der Wasserhaltung muss den gesamten Einflussbereich umfassen. Sie wird in der Regel vom Auftraggeber beauftragt. Im Fall eines Sondervorschlages muss der Auftragnehmer die Beweissicherung veranlassen und tragen und die Ergebnisse dem Auftraggeber vorlegen.

4 Technische Regelwerke/Literatur

(1) ZTV-ING: Zusätzliche Technische Vertragsbedingungen und Richtlinien für Ingenieurbauten – Teil 2: Grundbau, Abschnitt 3: Wasserhaltung, Ausgabe 2006

(2) Kühn, G.: Der gleislose Erdbau, Springer Verlag, Berlin/Göttingen/Heidelberg 1956

(3) Siedek, P. u. Floss, R.: Boden als Baustoff, Erd- und Felsbau, in: Handbuch des Straßenbaus, Bd. 2, Springer Verlag, Berlin/Heidelberg/New York 1976

(4) Graßhoff, H., Siedek, P. u. Floss, R.: Handbuch Erd- und Grundbau, Teil 1: Boden und Fels, Gründungen, Stützbauwerke, Teil 2: Erdbau und Erddruck, Werner Verlag, Düsseldorf 1979/1982

Hinweis

Literatur zu Vertrags-, Vergabe- und Baurecht s. Abschnitt 1.1 ZTV E-StB, Kom. 5.

1.6 Prüfungen

1.6.1 Allgemeines

Die Prüfungen werden unterschieden nach

- Eignungsprüfungen,
- Baustoffeingangsprüfungen für Geokunststoffe (siehe Abschnitt 3.3),
- Eigenüberwachungsprüfungen,
- Kontrollprüfungen.

Die Prüfungen umfassen, soweit erforderlich,

- die Probennahme,
- das sachgerechte Zubereiten, Lagern und versandfertige Verpacken der Probe,
- den Transport der Probe von der Entnahmestelle zur Prüfstelle und
- die Prüfungen selbst einschließlich Auswertung und Prüfbericht.

Die Prüfpunkte sind lage- und höhenmäßig in Plänen darzustellen (siehe Abschnitt 15).

Die Ausführung der Prüfungen ist im Bautagebuch zu vermerken.

Für Baustoffe, die auf Grundlage der Bauproduktenverordnung (BauPVO) in Verkehr gebracht werden, ist ein Eignungsnachweis nach Abschnitt 1.6.7 zu erbringen.

1.6.2 Eignungsprüfungen

Eignungsprüfungen sind Prüfungen zum Nachweis der Eignung der Baustoffe und der Baustoffgemische für den vorgesehenen Verwendungszweck entsprechend den Anforderungen des Bauvertrages.

Der Auftragnehmer hat die Eignung der für die Lieferung vorgesehenen Baustoffe und Baustoffgemische rechtzeitig vor Beginn der Bauausführung nachzuweisen. Der Nachweis ist durch den Prüfbericht einer für die Prüfung der jeweiligen Baustoffe und Baustoffgemische nach RAP Stra anerkannten Prüfstelle zu erbringen.

Der Auftraggeber kann auch Prüfberichte anderer Prüfstellen anerkennen.

Der Nachweis der Eignung und die Güteüberwachung entsprechend den TL BuB E-StB können bei der Eignungsprüfung herangezogen werden.

Der Auftragnehmer hat den Prüfbericht dem Auftraggeber rechtzeitig vor Baubeginn vorzulegen und die Eignung der Baustoffe und Baustoffgemische für den vorgesehenen Verwendungszweck zu erklären.

Ändern sich Art oder Eigenschaften der Baustoffe und Baustoffgemische oder die Einbaubedingungen, ist die Eignung erneut nachzuweisen.

Von allen für die Bauausführung vorgesehenen Baustoffen und Baustoffgemischen sind genügend große Proben dem Auftraggeber auf Verlangen zu übergeben, der diese unter Verschluss aufbewahrt

(Rückstellproben). Die Proben sind in einer Niederschrift von den Vertragspartnern anzuerkennen. Sie dienen zur Beurteilung der vertragsgerecht gelieferten Baustoffe und Baustoffgemische.

Werden vom Auftraggeber zusätzliche Anforderungen gestellt oder Prüfungen gefordert, sind die Art und der Umfang in der Leistungsbeschreibung anzugeben.

Die Kosten für die Eignungsprüfungen und die Rückstellproben werden nicht gesondert vergütet.

Der Prüfbericht für Baustoffe nach den Abschnitten 1.4.2 bis 1.4.4 und 3.2 muss folgende Angaben enthalten:

1. Probennahmeprotokoll
2. Art und Zusammensetzung des Baustoffes, Farbe
3. Korngrößenverteilung nach DIN EN ISO 17892-4
4. Plastizität und Konsistenz nach DIN 18122
5. Wassergehalt nach DIN EN ISO 17892-1
6. organische Anteile nach DIN 18128
7. Bodengruppe nach DIN 18196
8. Proctorversuch nach DIN 18127
9. Zusätzliche Prüfungen zum Nachweis von Anforderungen an besondere Eigenschaften, die in der Leistungsbeschreibung angegeben sind (z. B. Scherfestigkeit, Durchlässigkeit).

Zum Nachweis der Eignung der Baustoffe gehört auch die Ermittlung und Bewertung etwaiger umweltrelevanter Inhaltsstoffe.

Es darf auf vorhandene Eignungsprüfungen zurückgegriffen werden, sofern sich Art und Eigenschaften der zu verwendenden Baustoffe und Baustoffgemische nicht geändert haben und die Prüfzeugnisse nicht älter als zwei Jahre sind.

1.6.3 Baustoffeingangsprüfungen

Baustoffeingangsprüfungen sind Prüfungen an angelieferten Baustoffen und Baustoffgemischen, um festzustellen, ob diese die vertraglichen Anforderungen der geltenden Technischen Regelwerke nach Art und Güte erfüllen.

Baustoffeingangsprüfungen müssen von Prüfstellen durchgeführt werden, die für die jeweiligen Baustoffe und Baustoffgemische nach RAP Stra anerkannt sind.

Wenn die vertraglichen Anforderungen der geltenden Technischen Regelwerke an die angelieferten Baustoffe und Baustoffgemische nicht erfüllt werden, sind die zugehörigen Lieferungen zurückzuweisen.

Die Kosten für die Baustoffeingangsprüfungen werden nicht gesondert vergütet.

1.6.4 Eigenüberwachungsprüfungen

Eigenüberwachungsprüfungen, zu denen auch Baustoffeingangsprüfungen zählen, sind Prüfungen des Auftragnehmers oder dessen

Beauftragten, um festzustellen, ob die Güteeigenschaften der Baustoffe, der Baustoffgemische und der fertigen Leistung den vertraglichen Anforderungen entsprechen.

Der Auftragnehmer hat die Eigenüberwachungsprüfungen während der Ausführung mit der gebotenen Sorgfalt und im erforderlichen Umfang durchzuführen. Die Ergebnisse sind zu protokollieren. Werden Abweichungen von den vertraglichen Anforderungen festgestellt, sind die entsprechenden Mängel und deren Ursachen unverzüglich zu beseitigen.

Art und Umfang der Eigenüberwachungsprüfungen sind in den jeweils sachbezogenen Abschnitten geregelt.

Die Ergebnisse der Eigenüberwachungsprüfungen sind dem Auftraggeber auf Verlangen vorzulegen.

Im Einzelfall – z. B. im Stadtstraßenbau – kann ein erhöhter Bedarf erforderlich sein, der in der Leistungsbeschreibung anzugeben oder zu vereinbaren ist.

Die Kosten für die Eigenüberwachungsprüfungen trägt der Auftragnehmer.

1.6.5 Kontrollprüfungen

Kontrollprüfungen sind Prüfungen des Auftraggebers, um festzustellen, ob die Eigenschaften der Baustoffe, der Baustoffgemische und der fertigen Leistung den vertraglichen Anforderungen entsprechen. Die Ergebnisse werden der Abnahme zugrunde gelegt.

Die Probennahme sowie die Prüfungen, die auf der Baustelle erfolgen, führt der Auftraggeber in Anwesenheit des Auftragnehmers durch. Sie finden in Abwesenheit des Auftragnehmers statt, wenn er den rechtzeitig bekannt gegebenen Termin nicht wahrnimmt.

Das Probenmaterial für Kontrollprüfungen wird nicht gesondert vergütet.

Die Kosten für die Durchführung von Kontrollprüfungen, die aufgrund nicht eingehaltener Anforderungen notwendig werden, sind vom Auftragnehmer zu tragen.

Die Probennahme, der Versand der Proben und die Durchführung der Prüfungen dürfen nur vom Auftraggeber oder einer nach RAP Stra anerkannten Prüfstelle durchgeführt werden. Die Prüfstelle bestimmt der Auftraggeber.

Sollen die Probennahmen und die versandfertige Verpackung der Proben vom Auftragnehmer durchgeführt werden, ist dies in der Leistungsbeschreibung anzugeben.

Es kann zweckmäßig sein, gleichzeitig mit den Eigenüberwachungsprüfungen die Kontrollprüfungen durchzuführen.

Für die Kontrollprüfungen können, soweit möglich und zweckmäßig, auch die Ergebnisse der gemeinsamen Feststellungen für die Abrechnung (siehe Abschnitt 1.9) herangezogen werden.

Unabhängig von der vereinbarten Prüfmethode behält sich der Auftraggeber vor, an vermuteten Schwachstellen Kontrollprüfungen durchzuführen. Das Ergebnis derartiger Prüfungen führt gegebenenfalls zur Beanstandung einer zugehörigen Fläche, die einvernehmlich festzulegen oder durch zusätzliche Prüfungen einzugrenzen ist.

1.6.6 Schiedsuntersuchungen

Schiedsuntersuchungen sind die Wiederholung der Kontrollprüfungen, an deren sachgerechter Durchführung begründete Zweifel des Auftraggebers oder Auftragnehmers (z. B. aufgrund eigener Untersuchungen) bestehen.

Sie sind durch eine von beiden Vertragspartnern bestimmte und nach RAP Stra anerkannte Prüfstelle vorzunehmen, die nicht die Kontrollprüfung durchgeführt hat. Das Ergebnis der Schiedsuntersuchungen tritt an die Stelle des ursprünglichen Prüfergebnisses.

Die Kosten der Schiedsuntersuchung zuzüglich aller Nebenkosten trägt derjenige, zu dessen Ungunsten das Ergebnis ausfällt.

Es wird empfohlen, dass der Auftraggeber die Prüfstelle, die mit der Durchführung der Kontrollprüfung beauftragt war, über die Schiedsuntersuchung informiert.

1.6.7 Eignungsnachweise

Eignungsnachweise sind Nachweise des Auftragnehmers zur Eignung der Baustoffe und Baustoffgemische für den vorgesehenen Verwendungszweck entsprechend den Anforderungen des Bauvertrages durch:

a) Angaben zur Zusammensetzung und zu den im Rahmen der Typprüfung nach den zutreffenden Technischen Lieferbedingungen entsprechend einer harmonisierten Europäischen Norm durchgeführten Prüfungen,
b) Erklärung des Auftragnehmers über die Eignung,
c) gegebenenfalls Angaben zu bauvertraglich zusätzlich geforderten Anforderungen oder Prüfungen.

Werden vom Auftraggeber Anforderungen gestellt oder Prüfungen gefordert, die über die zutreffenden Technischen Lieferbedingungen hinausgehen, sind die Art und der Umfang in der Leistungsbeschreibung festzulegen.

Inhalt Kommentar

1 Integrale Qualitätssicherung

(1) Die hohen Qualitätsanforderungen erfordern ein integrales System zur präventiven und baubegleitenden Sicherung aller Planungs- und Bauleistungen. Ziele dieses Konzeptes sind die Vermeidung von Fehlern sowie die Einsparung von Zeit und Kosten. Die Qualitätssicherung umfasst die Anforderungen an das Projekt von der Planungsphase über die Ausschreibung, die Auswahl der Auftragnehmer, Nachunternehmer und Zulieferer, die Bauausführung bis hin zur Abnahme des Projektes. Die Anforderungen an die Qualität können sich im Verlauf dieser Phasen ändern, z. B. durch Aspekte der erforderlichen Umwelt- und Verkehrssicherheit sowie der erforderlichen Lebensdauer der Bauwerke.

Zur Erfüllung der Anforderungen sind Verfahrensanweisungen erforderlich, die für Beschaffungen, Prüfprozesse und Korrekturen die zugehörigen Vorgehensweisen, Zuständigkeiten, Zeitvorgaben sowie Informations- und Dokumentationspflichten beschreiben. Diese Qualitätslenkung umfasst das gesamte Management zur Steuerung der Planungs- und Bauprozesse sowie die Koordinierung der Schnittstellen. Die Einhaltung der Bauqualität setzt voraus:

- umfassende Leistungs- und Funktionsbeschreibungen
- transparente Vertragsbedingungen und Angebote
- hochwertige Ausführungen
- Einhaltung der Termine und Kostenangebote.

Der Auftragnehmer hat die vertraglich vereinbarte Qualität über sein eigenes Qualitätsmanagementsystem (QMS) zu gewährleisten und nachzuweisen. Dem Auftraggeber obliegt die Kontrolle der qualitätssichernden Maßnahmen und das steuernde Eingreifen im Bedarfsfall. Die Normen DIN/ISO 9000 bis 9004 geben einen Leitfaden an die Hand, wie ein QMS aufgebaut und dokumentiert werden kann.

Die allgemeinen Elemente der Qualitätssicherung richten sich nach der Zielrichtung im Einzelfall und betreffen hauptsächlich:

- Definition der Qualitätsanforderungen
- Organisation der Qualitätssicherung
- Personalqualifikation
- Arbeits- und Ausführungsanweisungen
- Überprüfung der Planung
- Überprüfung der Konstruktion
- Überprüfung von Bestellunterlagen
- Eingangskontrolle von Fremdlieferungen und Fremdleistungen
- Kontrolle von Baustoffen, Baustoffgemischen und Komponenten
- Überwachung bestimmter Herstellprozesse
- Güteprüfungen
- Überwachung der Mess- und Versuchseinrichtungen
- Dokumentation der Ergebnisse
- Vorgehensweise bei Abweichung von den Anforderungen.

(2) Die geotechnische Qualitätssicherung umfasst je nach Einzelfall folgende Prüfaufgaben im Rahmen der ZTV E-StB:

- bodenmechanische und felsmechanische Vorarbeiten im Gelände
- Eignungsprüfungen zur Erschließung von Boden- und Felsvorkommen für Baustoffzwecke
- Eignungsprüfungen unter in-situ-Bedingungen für Bauverfahren, die nicht ausreichend durch Erfahrung abgesichert sind, z. B. Probeverdichtungen und Probeverfestigungen mit Bindemitteln
- Prüfungen und Messungen im Rahmen der Eigenüberwachung des Auftragnehmers bzw. der Kontrolle des Auftraggebers; Inhalt ist das Prüfen und Messen objektiver physikalischer Größen, die gemäß Bauvertrag als Qualitätsmerkmal des Gewerkes vorgeschrieben sind
- baubegleitende visuelle Beobachtungen zur Überwachung der Arbeitsverfahren
- Beobachtungen, Prüfungen und Messungen nach Baufertigung zur Analyse des Bauwerkverhaltens während der Betriebs- bzw. Gewährleistungszeit, zur Kontrolle der Entwurfsannahmen und zur langfristigen Sicherheitsüberwachung.

Die zum Einsatz kommenden Prüf- und Messverfahren sind nach Aussagefähigkeit, Genauigkeit, Handhabung und Wirtschaftlichkeit zu beurteilen und auszuwählen. Zerstörungsfrei und flächendeckend prüfende Verfahren, die zugleich arbeitsintegriert oder zumindest zeitnah Ergebnisse liefern, sind zu bevorzugen.

Hinweis

Teil 3, Sonderkapitel S8: Geotechnische Messtechnik

2 Erdbautechnische Qualitätsprüfungen

2.1 Prüfung der Eignung und fertigen Leistung

Erdbaustoffe müssen wie alle anderen Baustoffe bestimmte Anforderungen an die Qualität erfüllen. Diese Anforderungen sind durch Eignungs- und Güteüberwachungsprüfungen nachzuweisen. Die Güteüberwachung umfasst die Eigenüberwachung des Auftragnehmers bzw. die von ihm beauftragte Fremdüberwachung sowie die vom Auftraggeber oder seinem Beauftragten auszuübende Kontrolle.

Die in Abschnitt 1.6 ZTV E-StB unterschiedenen Prüfarten bilden in der Gesamtheit die Grundlage des integralen Qualitätssicherungssystems für erd- und straßenbautechnische Leistungen:

- Die **Eignungsprüfungen** dienen dem Nachweis der Güteeigenschaften der Erdbaustoffe. Art und Umfang der dafür erforderlichen Labor- und Feldprüfungen müssen repräsentativ sein.
- Die **Eigenüberwachungsprüfungen und Kontrollprüfungen** dienen dem Qualitätsnachweis der im Bauvertrag festgelegten Güteanforderungen und in diesem Zusammenhang zugleich als Grundlage für die Abnahme von Prüflosen sowie für die Gewährleistung und Abrechnung der Bauleistungen (Abschnitt 1.7 bis 1.9 ZTV E-StB).

Ein wesentlicher Anteil dieser Prüfungen entfällt auf den Nachweis der Verdichtungsanforderungen beim Einbau von Boden und Fels sowie der Trag- und Verformungseigenschaften der Planumsschicht (Abschnitt 4.3 bis 4.5 ZTV E-StB). Die für diese Nachweise jeweils geeigneten Prüf- und Messmethoden sind nach Abschnitt 14 ZTV E-StB auszuwählen.

Die zum Einsatz kommenden Prüf- und Messverfahren sind nach Aussagefähigkeit, Genauigkeit, Handhabung und Wirtschaftlichkeit zu beurteilen und auszuwählen. Zerstörungsfreie und flächendeckende Prüfverfahren, die zugleich arbeitsintegriert oder zumindest zeitnah Ergebnisse liefern, sind zu bevorzugen; insbesondere gilt dies für die hochbeanspruchten, empfindlichen Bauwerke bzw. für entsprechende Teilbereiche der baulichen Anlagen. Zur Festlegung des Umfangs der Qualitätsprüfungen sowie zur Auswertung der Ergebnisse können statistische Verfahren beitragen.

Im weiteren Sinne können auch geotechnische Messungen (Kräfte, Spannungen, Verformungen nach Abschnitt 2.3 ZTV E-StB) in Spezialfällen zu den Qualitätsprüfungen gehören, z. B. für Nachweise von Traglasten, Setzungen, Standsicherheiten. Sie werden in der Regel gesondert ausgeschrieben, ausgewertet und abgerechnet.

Soweit die Technischen Prüfvorschriften und Normen durch den Wortlaut der Zusätzlichen Technischen Vertragsbedingungen (ZTV) nicht ohnehin insgesamt als Vertragsbedingung gelten, können auch einzelne Teile geeignet sein, Bestandteil von Bau-, Ingenieur- oder Überwachungsverträgen zu werden, sofern diese Teile ausdrücklich ausgewiesen werden. Liegen zu bestimmten angeforderten Prüfungen keine Beschreibungen vor, empfiehlt es sich, diese nach den in staatlichen Prüfanstalten angewandten oder in der Fachliteratur beschriebenen Verfahren auszuführen.

Allgemein zu beachten ist:

Die Prüfergebnisse unterliegen verfahrensbedingten und auch subjektiven Fehlereinflüssen bei der Probenahme und bei den Prüfungen; darüber hinaus wird die Fehlergröße von der Art und Beschaffenheit der zu prüfenden Materialien beeinflusst. Es ist daher notwendig, die Probenahme und alle Prüfungen vergleichbar auszuführen, um sicherzustellen, dass die Ergebnisse verglichen und reproduziert werden können.

2.2 Organisation der Prüfungen

Je nach Umfang von Bauleistung, Sach- und Personalaufwand sowie verfügbarer Zeit im Vollzug der Prüfung können verschiedene Organisationsformen zweckmäßig sein, z. B.:

- Der Auftraggeber führt die Kontrollprüfungen mit Hilfe einer eigenen Prüfstelle aus.
- Der Auftraggeber überträgt die Kontrollprüfungen regionalen staatlichen Instituten oder anerkannten privaten Ingenieurbüros und Laboratorien.
- Der Auftragnehmer verfügt für die Eigenüberwachungsprüfungen über eine eigene Prüfstelle, die er aufgrund des Bauvertrages vorzuhalten hat.
- Der Auftragnehmer bedient sich der Prüfstelle des Auftraggebers für die Eigenüberwachungsprüfungen.
- Der Auftragnehmer beauftragt private Prüfstellen oder Ingenieurbüros mit der Güteüberwachung (Fremdüberwachung).

Auf die Kontrollprüfungen darf der Auftraggeber im Grunde nicht verzichten. Es muss stets der Grundsatz gewahrt bleiben, die Baukontrolle als wesentliche Aufgabe der Baudienstbehörde bzw. des Bauherrn als Bedarfsträger der angeforderten baulichen Leistung auszuüben; die Kontrollprüfungen sind maßgebender Bestandteil dieser Aufgabe.

Wichtiges Ziel muss es allerdings sein, Art und Umfang der Kontrollprüfungen aus wirtschaftlichen Gründen zu minimieren und durch Schnellprüfverfahren zu rationalisieren. Damit Kontrollprüfungen keine Bauverzögerungen verursachen, müssen sie sorgfältig vorgeplant und insbesondere bei großen Tagesleistungen in den Ablauf der Erdarbeiten integriert sein. Der Auftraggeber kann die Kontrolle auch durch direkte Teilnahme an den Eigenüberwachungsprüfungen des Auftragnehmers ausüben oder die Anzahl seiner Prüfungen durch Anerkennung bestimmter Eigenüberwachungsprüfungen begrenzen.

Verwendet der Auftragnehmer flächendeckende, arbeitsintegrierte Eigenüberwachungsprüfungen in Form von kontinuierlichen Messwertaufnahmen unmittelbar an den Arbeitsgeräten (s. Abschnitt 14.2.3 ZTV E-StB), müssen die Ergebnisse in Tages- oder Abschnittsleistungen der Bauaufsicht des Auftraggebers in gut dokumentierter, sofort prüfbarer Form vorgelegt werden.

3 Prüfstellen

Die „Richtlinien für die Anerkennung von Prüfstellen für Baustoffe und Baustoffgemische im Straßenbau" (RAP Stra) beinhalten die Grundsätze, die für den Bereich der Bundesfernstraßen bezüglich der privatrechtlichen Anerkennung und Überwachung von Prüfstellen zu beachten sind. Die Obersten Straßenbaubehörden der Länder veröffentlichen die in ihrem Geschäftsbereich privatrechtlich anerkannten Prüfstellen im Staatsanzeiger, Amtsblatt oder in anderer geeigneter Weise mit dem jeweiligen Geltungsbereich der Anerkennung.

Diese Richtlinien gelten allgemein für folgende Prüfungsarten: Baustoffeingangsprüfungen, Eignungsprüfungen und Eignungsnachweise, Prüfungen im Rahmen der Fremdüberwachung oder Kontrolle sowie Schiedsuntersuchungen.

Diese Prüfungsarten beziehen sich in verschiedenen Kombinationen auf Baustoffe und Baustoffgemische einschließlich der Böden, Bodenverbesserungen und Bodenverfestigungen bzw. Gemische für Schichten ohne oder mit Bindemittel *(Tab. 1)*.

Prüfstellen, die ausschließlich für die betriebliche Eigenüberwachung oder gutachtlich für Baugrunduntersuchungen und Gründungsbeurteilungen tätig werden, unterliegen nicht den RAP Stra. Für Untersuchungen wasserwirtschaftlicher oder anderweitig umweltrelevanter Art an Baustoffen und Baustoffgemischen sind Prüfstellen zuständig, die von Wasser- bzw. Umweltbehörden der Bundesländer anerkannt werden.

Die Anerkennung von Stellen zur Prüfung, Überwachung und Zertifizierung nach europä-

Tabelle 1: Kombinationen der Prüfungsarten und Fachgebiete (nach RAP Stra)

Prüfungsarten		Fachgebiete mit den Anwendungsbereichen										
		A	BB	BE	C	D	E	F	G	H	I	K
		Böden einschließlich Bodenverbesserungen	Straßenbaubitumen und gebrauchsfertige Polymermodifizierte Bitumen	Bitumenemulsionen, Fluxbitumen	Fugenfüllstoffe	Gesteinskörnungen	Fahrbahndecken aus Beton, Betontragschichten	Oberflächenbehandlungen, Dünne Asphaltdeckschichten in Kaltbauweise, Dünne Asphaltdeckschichten in Heißbauweise auf Versiegelung	Asphalt	Tragschichten mit hydraulischen Bindemitteln, Bodenverfestigungen	Schichten ohne Bindemittel sowie Baustoffgemische und Bodenmaterial für den Erdbau	Geokunststoffe im Erdbau
		ZTV E-StB	ZTV Asphalt-StB, ZTV BEA-StB	ZTV Asphalt-StB, ZTV BEA-StB, ZTV Beton-StB	ZTV Fug-StB	ZTV SoB-StB, ZTV Pflaster-StB, ZTV Beton-StB, ZTV Asphalt-StB, ZTV BEA-StB, ZTV BEB-StB	ZTV Beton-StB	ZTV BEA-StB	ZTV Asphalt-StB, ZTV BEA-StB	ZTV Beton-StB, ZTV E-StB	ZTV SoB-StB, ZTV E-StB. ZTV Pflaster-StB	ZTV E-StB
0	Baustoffeingangsprüfungen				C0[1]	D0[2]						K0
1	Eignungsprüfungen	A1			C1					H1	I1	
2	Fremdüberwachungsprüfungen				C2			F2			I2	
3	Kontrollprüfungen	A3	BB3	BE3	C3	D3	E3	F3	G3	H3	I3	K3
4	Schiedsuntersuchungen	A4	BB4	BE4	C4	D4	E4	F4	G4	H4	I4	K4

[grau hinterlegt] Im Rahmen der RAP Stra-Anerkennung aufgrund der geltenden Regelwerke nicht mögliche Kombinationen.

1) Nur bei Fugeneinlagen und Fugenmassen nach den DIN EN 14188.
2) Nur bei Gesteinskörnungen für Baustoffgemische, die einer Güteüberwachung nach den TL G SoB-StB unterliegen.

isch harmonisierten Normen unterliegt der „Verordnung über die Anerkennung als Prüf-, Überwachungs- und Zertifizierungsstellen nach dem Bauproduktengesetz" (BauPG-PÜZ Anerkennungsverordnung).

Prüfstellen, die sich mit der Übereinstimmung und Anerkennung von Bauprodukten sowie mit der Überwachung der Produktion befassen, müssen in Ausübung dieser Aufgaben die allgemeinen Grundsätze nach DIN 18200 „Übereinstimmungsnachweis für Bauprodukte, werkseigene Produktionskontrolle, Fremdüberwachung und Zertifizierung von Bauprodukten" beachten.

Diese Grundsätze regeln das Verfahren zur Überwachung der Herstellung von Baustoffen, Bauteilen und Bauarten (Erzeugnisse), vorzugsweise für Bereiche, für die staatlicherseits eine Überwachung gefordert wird. Das Verfahren setzt voraus, dass Regelungen in Stoffnormen, allgemeinen bauaufsichtlichen Zulassungen oder Prüfbescheiden festgelegt sind.

4 Güteüberwachung nach ZTV-ING

Die Güteüberwachung der Anforderungen an Baustoffe, Baustoffsysteme und Bauteile für den Bau und die Erhaltung von Ingenieurbauwerken (DIN 1076) richtet sich nach den Regelungen der ZTV-ING; Lit. (15). Sie umfasst die Herstellung und Verarbeitung der Produkte sowie die fertige Leistung.

Im Rahmen der in den ZTV E-StB beschriebenen Leistungen können die Grundsätze dieser Güteüberwachung, z. B. bei der Verwendung von Geokunststoffen und metallischen Bewehrungselementen, Leitungsrohren und Schächten sowie bei überschütteten oder hinterfüllten oder bei als Verbundsystem ausgeführten Stützkonstruktionen, wirksam sein; vgl. z. B. Abschnitt 3.3.4 sowie 9 und 10 ZTV E-StB.

Als Prüfungen werden unterschieden:

a) Grund-, Eignungs-, Erstprüfung
b) Übereinstimmungsnachweis als werkseigene Produktionskontrolle (WPK) und Fremdüberwachung
c) Eigen- und Fremdüberwachung der Ausführung und fertigen Leistung
d) Kontrollprüfungen.

Mit den **Grundprüfungen** wird die grundsätzliche Eignung zweckgebunden auf der Grundlage der Technischen Lieferbedingungen (TL) und Technischen Prüfvorschriften (TP) nachgewiesen. Die **Eignungs- bzw. Erstprüfungen** dienen dem Nachweis der Eignung entsprechend der vertraglichen Anforderung, wobei sie durch die Grundprüfungen fallweise ersetzt werden können.

Mit der **werkseigenen Produktionskontrolle (WPK)** werden die Güteeigenschaften entsprechend den vertraglichen Anforderungen überwacht. Die **Fremdüberwachung** soll die personellen und sachlichen Voraussetzungen für die ständige, den Anforderungen genügende Herstellung der Produkte und für die WPK gewährleisten (Übereinstimmigkeitszertifikat).

Die Eigen- bzw. Fremdüberwachung der fertigen Leistung durch den Auftragnehmer und die **Kontrollprüfungen** durch den Auftraggeber zielen auf die Übereinstimmung mit den vertraglichen Anforderungen, prinzipiell entsprechend den Zielsetzungen der erdbautechnischen Qualitätsnachweise laut Kom. 1.1.

Die Ergebnisse der Kontrollprüfungen liegen der Abnahme und Abrechnung zugrunde. Der Auftragnehmer darf zusätzliche Kontrollprüfungen verlangen, wenn ein Ergebnis die zugeordnete Leistung nicht zuverlässig kennzeichnet. Diese Option war bisher (ZTVE 94/97) auch bei den erdbautechnischen Kontrollprüfungen möglich, in den ZTV E-StB 09 fehlte sie unbegründet. Erfahrungsgemäß können zusätzliche Kontrollprüfungen zweckmäßig sein, um strittige Prüfergebnisse zu klären und aufwendige Schiedsuntersuchungen zu vermeiden. Die Option sollte künftig auf vertraglicher Basis geregelt sein.

5 Normative Regelwerke und Richtlinien

(1) DIN EN ISO 8402: Qualitätsmanagement und Darlegung: Begriffe

(2) DIN EN ISO 8402 Bbl. 1: Qualitätsmanagement: Anmerkungen zu Begriffen

(3) DIN EN ISO 9000-1: Normen zum Qualitätsmanagement und zur Qualitätssicherung, Teil 1: Leitfaden zur Auswahl und Anwendung

(4) DIN EN ISO 9000-2: Allgemeiner Leitfaden zur Anwendung von ISO 9001, ISO 9002 und ISO 9003

(5) DIN EN ISO 9001: Qualitätsmanagementsysteme, Modell zur Qualitätssicherung/QM-Darlegung in Design/Entwicklung, Produktion, Montage und Wartung

(6) DIN EN ISO 9002: Qualitätsmanagementsysteme, Modell zur Qualitätssicherung/QM-Darlegung in Produktion, Montage und Wartung

(7) DIN EN ISO 9004-1: Qualitätsmanagement und Elemente eines QM-Systems, Teil 1: Leitfaden

(8) DIN EN ISO 9004-2: Qualitätsmanagement und Elemente eines QM-Systems, Teil 2: Leitfaden für Dienstleistungen

(9) DIN 18200: Übereinstimmungsnachweis über Bauprodukte – Werkseigene Produktionskontrolle, Fremdüberwachung und Zertifizierung

(10) DIN 55303-2: Statistische Auswertung von Daten; Testverfahren und Vertrauensbereiche für Erwartungswerte und Varianzen

(11) DIN 55303-2 Bbl. 1: Statistische Auswertung von Daten; Operationscharakteristiken von Tests für Erwartungswerte und Varianzen

(12) DIN 55350-22: Begriffe der Qualitätssicherung und Statistik; Begriffe der Statistik; Spezielle Wahrscheinlichkeitsverteilungen

(13) DIN 55350-23: Begriffe der Qualitätssicherung und Statistik; Begriffe der Statistik; Beschreibende Statistik

(14) DIN 55350-24: Begriffe der Qualitätssicherung und Statistik; Begriffe der Statistik; Schließende Statistik

(15) ZTV-ING: Zusätzliche Technische Vertragsbedingungen und Richtlinien für Ingenieurbauten – Teil 1: Allgemeines, Abschnitt 3: Prüfung während der Ausführung, Ausgabe 2010

(16) TP BF-StB: Technische Prüfvorschriften für Boden und Fels im Straßenbau, FGSV Gesamtwerk

(17) RAP Stra: Richtlinien für die Anerkennung von Prüfstellen für Baustoffe und Baustoffgemische im Straßenbau (FGSV, 2010)

(18) Merkblatt über die statistische Auswertung von Prüfergebnissen, Teile 1 bis 6, FGSV

1.7 Annahme von Prüflosen

Die Annahme von Prüflosen stellt keine Abnahme im Sinne des § 12 VOB/B dar. Solche baubegleitenden Zustandsfeststellungen dienen nur dem Nachweis der ordnungsgemäßen Arbeitsweise des Auftragnehmers.

Inhalt Kommentar

1 Prüflos

Der Begriff des Prüfloses wird in Abschnitt 14.2.1 ZTV E-StB für die Beurteilung der erzielten Bodenverdichtung verwendet. Ein Prüflos entspricht einem Bereich, dem eine einheitliche Verdichtungsanforderung zugrunde liegt, der sich gesondert beurteilen lässt und der unter gleichen Bedingungen hergestellt wird. Sind diese Voraussetzungen nicht gegeben, ist das Prüflos in Teilflächen zu unterteilen, die den Bedingungen entsprechen. Jede dieser Teilflächen erfordert eine eigene Beurteilung als Prüflos.

Prüflose werden einvernehmlich zwischen Auftraggeber und Auftragnehmer festgelegt. Anhand der Beurteilungsergebnisse wird entschieden, ob die erzielte Verdichtungsqualität ausreicht, das Prüflos anzunehmen oder zurückzuweisen und ob das Arbeitsverfahren beibehalten oder abgeändert werden muss. Die Annahme eines Prüfloses ist das Ergebnis eines Prüfvorganges zur Feststellung der durch die Bodenverdichtung erzielten Qualität anhand prüftechnischer Kriterien. Dieser Qualitätsnachweis ist eine Grundvoraussetzung für die Gebrauchstauglichkeit und Dauerhaftigkeit der Fahrbahnbefestigung bzw. des Erdbauwerkes. Er ersetzt nicht die förmliche Abnahme der Gesamtbauleistung im Sinne von § 12 VOB/B als mangelfreies Werk.

Eine ordnungsgemäße, d. h. mangelfreie Arbeitsweise gründet sich jedoch nicht allein auf diesen Verdichtungsnachweis bei Annahme eines Prüfloses, sondern auf eine Reihe anderer baubegleitender Zustandsfeststellungen, wie in Abschnitt 1.3 ZTV E-StB, Kom. 1 angegeben.

2 Freigabe von Teilleistungen

Die Freigabe fertiggestellter Teilleistungen gilt nicht als Abnahme nach § 12 VOB/B. Sie ist im Bautagebuch zu vermerken.

Der Auftraggeber ist berechtigt, fertiggestellte Teilleistungen vorzeitig zu benutzen, um nachfolgende Leistungen zu ermöglichen.

Diese vorzeitige Nutzung ist dem Auftragnehmer mitzuteilen, der hierzu erforderliche Maßnahmen zu vereinbaren hat.

1.8 Mängelansprüche

1.8.1 Behandlung von Mängeln

Siehe §§ 12 und 13 VOB/B.

Die Behandlung von Mängeln ist z. B. im „Handbuch für die Vergabe und Ausführung von Bauleistungen im Straßen- und Brückenbau (HVA B-StB)", Abschnitt 3.10 Mängelansprüche geregelt.

Der Auftraggeber kann bei Über- bzw. Unterschreitungen von Grenzwerten der Einbaudicke, der Bindemittelmenge oder des Verdichtungsgrades, die einen Sachmangel nach § 13 Nr. 1 VOB/B darstellen, dem Auftragnehmer anbieten, im Rahmen einer einzelvertraglichen Vereinbarung die Geltendmachung von Mängelansprüchen (§ 13 Nr. 5 VOB/B) vorerst zurückzustellen und dafür als Ausgleich einen Abzug vorzunehmen.

Die Höhe des Abzuges bemisst sich nach den im Anhang A angegebenen Abzugsformeln.

1.8.2 Verjährungsfrist für Mängelansprüche

Die Verjährungsfrist beträgt 5 Jahre für alle Leistungen im Erdbau.

Dies gilt auch für Durchlässe und Leitungen, die der Auftragnehmer im Rahmen des Bauvertrages für die Erdarbeiten erstellt.

Inhalt Kommentar

1 Verantwortlichkeit für Mängel

Die sich aus der Rechtsprechung ergebende komplizierte Zuweisung von Verantwortlichkeiten für Mängel leitet sich aus einer Vielzahl von Regelungen im gesamtheitlichen Vertragswerk und aus obergerichtlichen Urteilen ab; siehe Rechtsprechungsübersicht und Urteilssammlung des Centrums für Deutsches und Internationales Baugrund- und Tiefbaurecht e. V. (CBTR) in Lit. (3). Die nachfolgende Zusammenfassung zeigt kurz kommentiert einige Grundsätze auf:

(1) VOB/B § 13 regelt im Zusammenhang mit der Abnahme der Bauleistung die Grundsätze für den sog. Mangelanspruch, der den Begriff der „Gewährleistung" ersetzt.

Der Auftragnehmer hat die beauftragte Leistung zum Zeitpunkt der Abnahme in der „vereinbarten Beschaffenheit" unter Berücksichtigung der anerkannten Regeln der Technik frei von Sachmängeln zu erbringen. Über- oder Unterschreitung von vertraglich festgelegten Qualitätskriterien gilt als Mangel. Der Auftragnehmer haftet für schuldbar verursachte Mängel, die zu Schäden bzw. erheblich beeinträchtigter Gebrauchstauglichkeit der baulichen Anlage sowie zu Schäden aus „der Verletzung des Lebens, des Körpers oder der Gesundheit" führen. Verschleiß aus normaler Abnutzung und außergewöhnlichem Verbrauch rechnet nicht als Sachmangel. Grundsätzlich haftet der Auftragnehmer für vorsätzlich oder grob fahrlässig verschuldete Mängel.

(2) Geht ein Mangel auf die Leistungsbeschreibung oder auf vom Auftraggeber getroffene Anordnungen oder auf vorgeschriebene Stoffe bzw. Bauteile oder auf fremde Vorleistungen zurück, haftet der Auftragnehmer dann nicht, wenn er dies im Rahmen seiner Mitteilungspflicht beim Auftraggeber angemeldet hat.

(3) Der Auftraggeber steht dafür ein, die für die Realisierung des Bauvorhabens erforderlichen Bauunterlagen vollständig, richtig zutreffend und rechtzeitig vor oder bei Vertragsabschluss bzw. vor Beginn der betreffenden Bauleistung zur Verfügung zu stellen.

Sind in der Ausschreibung Ent- und Versorgungsleitungen oder vorhandene andere Einbauten nicht oder falsch angegeben, muss der Auftraggeber für die dadurch entstehenden Mehrkosten und zeitlichen Verzögerungen aufkommen.

(4) Nachteilige Folgen aus Abweichungen im Vertragssoll hinsichtlich der tatsächlich angetroffenen Boden- und Wasserverhältnisse hat der Auftraggeber zu tragen.

Fehlen Angaben über die Boden- und Wasserverhältnisse in der Ausschreibung, so werden die vom Auftragnehmer im Angebot schriftlich festzulegenden Annahmen vertraglich maßgebend. Nachteilige Folgen hieraus hat der Auftraggeber zu verantworten.

(5) Ändern sich nach Vertragsabschluss die für ein Gewerk maßgeblichen Qualitätsstandards bzw. Normen, ohne dass dies konkret für den Auftragnehmer voraussehbar gewesen ist, kann die Ordnungsmäßigkeit seiner Leistung nur an den bei Vertragsabschluss bekannten Kriterien gemessen werden.

Er kann in diesem Fall vom Standpunkt der Gewährleistung nicht für neue Anforderungen und teurer als angenommen entstehende Ausführungen einstehen. Er kann sein Angebot nur auf dem Stand der bei Vertragsabschluss geltenden Regelwerke aufbauen und kalkulieren.

Maßstab für die Beurteilung von Mängelansprüchen des Auftragnehmers können dementsprechend nur die bei Vertragsabschluss bzw. Baubeginn geltenden Regelwerke sein, sofern der Auftraggeber im Vertrag nicht anders mit konkretem Bezug verfügt hat.

(6) Die sich aus dem Bauvertrag ergebenden Fürsorge- und Obhutspflichten zielen dem Grunde nach darauf ab, Schäden durch die Arbeitsleistungen zu vermeiden und ggf. mögliche Gefahren zu überwachen und abzusichern.

(7) Eine Nebenverpflichtung besteht für den Auftragnehmer darin, seine Leistungen mit darauf aufbauenden Anschlussgewerken von Nachfolgeauftragnehmern abzustimmen und zu koordinieren.

(8) Nach Kündigung eines Vertrages aufgrund von Mängelansprüchen des Auftraggebers bleibt der Auftragnehmer verpflichtet und berechtigt, die Mängel seiner bis dahin erbrachten Leistung selbst zu beseitigen, sofern die Leistung weiter erhalten bzw. genutzt werden soll. Für die Nachbesserungen gilt weiter der Anspruch auf die vereinbarte Vergütung. Der Auftraggeber muss für die Nachbesserungen eine angemessene und ausreichende Frist einräumen. Der Vergütungsanspruch des Auftragnehmers bleibt auch dann ohne Abzug bestehen, wenn der Auftraggeber keine Frist einräumt und die Mängel anderweitig beseitigen lässt.

2 Baugrundrisiko

(1) Als „Baugrund“ gelten begrifflich im Sinne von DIN 4020 die natürlich abgelagerten oder künstlich verbesserten Boden- und Felsarten sowie die aufgeschütteten Stoffe im Einflussbereich einer gegründeten oder eingebetteten baulichen Anlage. Alle Inhaltsstoffe, wie Grundwasser, geogene Stoffe und anthropogen entstandene Kontaminationen, sind inbegriffen. Der zum Baugrund gehörende Einflussbereich erstreckt sich nach Fläche und Tiefe in den Grenzen, die von der Baumaßnahme bzw. vom Bauobjekt mechanisch und stofflich einwirkend beansprucht werden.

Der Baugrund lässt sich aufgrund der wechselnden Zusammensetzung, Inhaltsstoffe und Eigenschaften nur lückenhaft erkunden und beschreibend erfassen. Die mit den geotechnischen Untersuchungen gewonnenen Aufschlüsse lassen stichprobenartig zuverlässige Bewertungen, jedoch für zwischenliegende Bereiche nur wahrscheinliche Aussagen zu. Hieraus entsteht ein restlich verbleibendes Baugrundrisiko hinsichtlich unvorhersehbarer Wirkungen bzw. Erschwernisse bei Inanspruchnahme des Baugrundes für die bauliche Anlage. Verpflichtende Aufgabe ist es, die geotechnischen Untersuchungen so auszuwählen und auszuführen, dass die Unsicherheiten weitestgehend eingeschränkt werden.

(2) Die baurechtliche Verantwortlichkeit für den Baugrund leitet sich aus einer Vielzahl von obergerichtlichen Urteilen ab. Aus der Sicht des Bauvertragsrechtes wird der Baugrund im Sinne von § 645 BGB als Baustoff eingeordnet. Er ist „Werkstoff“ (DIN 4020, Abschnitt 3.5) und als Bestandteil der baulichen Anlage unverzichtbar, um die Bauleistung erbringen zu können.

(3) Der Baugrund wird vom Bauherrn bereitgestellt oder vorgeschrieben. Demzufolge haftet er für dessen Beschaffenheit und trägt die Beweislast dafür, dass der angetroffene Baugrund in Qualität und Zusammensetzung der Beschreibung im geotechnischen Bericht entspricht; s. VOB/A § 9, Nr. 1 und 3, Absatz 3 bzw. 4 sowie ATV DIN 18299.

Der Bauherr übernimmt somit auch Gewähr dafür, dass die geotechnischen Untersuchungen so zielführend projektbezogen geplant und ausgeführt werden, dass die Beschaffenheit des Baugrundes zutreffend erkannt und vorhergesehen werden kann. Er schafft damit die Grundlage dafür, die Standsicherheit und Gebrauchstauglichkeit der baulichen Anlage sowie deren Auswirkung auf die Umgebung zuverlässig ermitteln und beurteilen zu können. Es darf keine Baugefährdung durch fehlende bzw. mangelhafte Veranlassung bzw. Ausführung ordnungsgemäßer Untersuchungen und Nachweise entstehen.

(4) Dem Auftragnehmer darf kein ungewöhnliches Risiko zugemutet werden; siehe auch Hinweise zur Leistungsbeschreibung nach Leitlinien L1.5.

Entstehen dem Auftragnehmer Erschwernisse durch unerwartete, nicht erkennbare Wirkungen oder durch Abweichungen von prognostizierten Baugrundverhältnissen, steht ihm Mehrvergütung zu (VOB/B § 2 Nr. 5 bzw. Nr. 8).

Vergütungsanspruch entsteht auch, wenn sich die Baugrundverhältnisse aufgrund eines vor der Abnahme entstehenden Mangels verschlechtern oder das Gewerk nicht mehr ausführbar wird durch Umstände, die der Auftragnehmer nicht herbeigeführt bzw. nicht zu verantworten hat.

(5) Der Auftragnehmer ist gemäß VOB/B § 4 Nr. 3 gehalten, die Baugrundvorgaben hinsichtlich Plausibilität von Soll und Ist zu überprüfen und, soweit erkennbar, den Auftraggeber rechtzeitig in der Ausschreibungsphase auf Widerspruch oder Unvollständigkeit hinzuweisen bzw. dies zu dokumentieren.

Nachtragsforderungen haben keine Berechtigung, wenn die vorgefundenen Baugrundverhältnisse aus dem Untersuchungsbericht erkennbar oder voraussehbar sind und deshalb keine Abweichung von der vertraglich zugrunde liegenden Beschaffenheit des Baugrundes als dem vom Auftraggeber bereitgestellten Baustoff besteht.

3 Abnahmeverfahren

Eine förmliche Abnahme der beauftragten Leistung hat stattzufinden, wenn eine Vertragspartei dies verlangt. Dieser Zeitpunkt kann auch vor Ablauf der vereinbarten Ausführungsfrist liegen, wenn der Auftragnehmer die Leistung fertiggestellt hat. Auf Verlangen können in sich abgeschlossene Teilleistungen vor Fertigung der Gesamtleistung gesondert abgenommen werden.

Werden wesentliche Mängel bekannt, kann die Abnahme der Leistung bis zur Behebung verweigert werden. Mit der Abnahme geht die Beweislast für das Vorliegen von Mängeln auf den Auftraggeber über. Nimmt ein Auftraggeber ein mangelhaftes Werk trotz Kenntnis der Mängel ab und erhebt zu diesem Zeitpunkt keine Vorbehalte, so kann er keine Mängelbeseitigung oder Minderung der Vergütung verlangen.

Über die Ergebnisse der Abnahme ist eine detaillierte Niederschrift zu fertigen. Vorbehalte wegen bekannter Mängel sowie Einwände des Auftragnehmers sind in die Abnahmeniederschrift mit aufzunehmen. Alle Prüf- und sonstigen Messergebnisse sollen in der Niederschrift enthalten sein. Die Qualität der abgenommenen Leistungen ist zusätzlich eingehend zu beschreiben, um ggf. bei späteren Gewährleistungs- und Schadensfällen über gesicherte Aussagen zum ursprünglichen Zustand verfügen zu können.

4 Abzüge bei Minderleistungen

Der Auftraggeber kann bei Vorliegen eines Mangels nach BGB § 638 sowie VOB/B § 3 Nr. 6 die Leistung durch Abzug geringer vergüten, wenn der Auftragnehmer seiner Pflicht, den Mangel zu beheben, nicht nachkommt oder nicht nachkommen kann. Der Abzug soll dem Minderwert der mangelhaften Leistung entsprechen. Eine alternative Lösung zu Abzügen im Falle eines Mangels besteht darin, die Verjährungsfrist angemessen zu verlängern.

Technische Wertminderungen bzw. Sachmängel lassen sich bei Erdarbeiten oft nur schwierig beurteilen und können in der Regel nur näherungsweise berechnet werden. Das Festlegen von Abzügen ist daher meist eine Ermessenssache, für die im Einzelfall Sachverständige herangezogen werden müssen. Abzüge sind dann möglich, wenn es sich z. B. um Mehr- oder Minderdicken von Schichten oder um Abweichungen von der Sollhöhe, der Ebenheit, der Querneigung des Planums, der Böschungsneigung oder um Abweichungen von Qualitätskriterien handelt.

Im „Handbuch für die Vergabe und Ausführung von Bauleistungen im Straßen- und Brückenbau“ (HVA B-StB) ist die Handhabung von Mängelansprüchen geregelt.

5 Verjährungsfrist

Im Sinne der Gewährleistung steht der Auftragnehmer während der Verjährungsfrist dafür ein, dass seine Leistung die vertraglich zugesicherten Eigenschaften hat, den anerkannten Regeln der Technik entspricht und nicht mit Fehlern behaftet ist, die den Wert oder die Tauglichkeit bei gewöhnlichem oder nach Vertrag vorausgesetztem Gebrauch aufheben oder mindern. Der Auftragnehmer ist verpflichtet, alle während der Verjährungsfrist erkennbar werdenden Mängel auf seine Kosten zu beheben, soweit diese tatsächlich durch vertragswidrige Leistungen verursacht sind und dies der Auftraggeber vor Ablauf der Frist verlangt.

Die Regelfrist für die Verjährung von Mängelansprüchen beginnt mit der Abnahme der beauftragten Gesamtleistung oder mit den Teilabnahmen für in sich abgeschlossene Teilleistungen.

Die Verjährungsfrist soll so festgelegt sein, dass alle gewährleistungspflichtigen Arbeiten einer Bauanlage in einem angemessenen Zeitraum insgesamt beurteilt werden können. Mängel oder Schäden im Erdbau, ggf. mit Folgeschäden für die Fahrbahnbefestigung, Leitungen, Brückenbauwerke oder andere bauliche Anlagen, lassen sich in vielen Fällen erst nach längerem Einwirken von Verkehrs- und Erdlasten sowie von Witterungseinflüssen erkennen. Bis zur endgültigen Klärung der Ursache oder Schuldfrage können sie weitaus größer als zur Zeit ihres Erkennens sein; ggf. müssen sie aus Sicherheitsgründen bereits vorher beseitigt werden.

Die Verjährungsfrist für Durchlässe und Leitungen schließt alle zugehörigen Einrichtungen, z. B. Anschlüsse und Schächte, mit ein.

6 Erklärung von Bedenken und Behinderungen

Der Auftragnehmer hat Anspruch darauf, dem Auftraggeber Bedenken zu erklären, beispielsweise wenn von der Planung bzw. vom Vertrag abweichende Verhältnisse angetroffen werden, nachträglich Leistungspflichten erhoben werden, die nicht dem Stand der Technik entsprechen oder nicht kalkuliert sind oder wenn durch Planungs- bzw. Ausführungsänderung erhöhtes Risiko oder Kostensteigerung gegenüber dem Angebot entstehen.

Vom Auftragnehmer mündlich geäußerte Bedenken gemäß § 4 Nr. 1 Abs. (4) und Nr. 3 VOB/B sind unverzüglich im Bautagebuch zu vermerken. Außerdem ist der Auftragnehmer aufzufordern, seine Erklärung schriftlich zu bestätigen.

Es ist jedoch zu beachten, dass auch eine nur mündliche Erklärung der Bedenken den Auftragnehmer von seiner Verantwortung befreien kann, wenn er seine Bedenken eindeutig dargelegt hat.

Eine Entscheidung über die Bedenken ist unverzüglich herbeizuführen und dem Auftragnehmer schriftlich mitzuteilen.

7 Literatur

(1) Beck'scher VOB-Kommentar, VOB Teil C: Allgemeine Technische Vertragsbedingungen für Bauleistungen, Hrsg. Englert/ Katzenbach/Motzke, Verlag C.H. Beck, München 2003

(2) Englert, K., Grauvogl, J. u. Maurer, M.: Handbuch des Baugrund- und Tiefbaurechts, 4. Auflage, Werner Verlag, Düsseldorf 2010

(3) Urteilssammlung des Centrums für Deutsches und Internationales Baugrund- und Tiefbaurecht e.V. (CBTR), zugänglich über www.ibr-online.de.

Hinweis

Literaturangaben zu Vergabe-, Vertrags- und Baurecht s. Abschnitt 1.1 ZTV E-StB, Kom. 5.

1.9 Abrechnung

Siehe DIN 18299, Abschnitt 5 und DIN 18300, Abschnitt 5.

1.9.1 Beim Aufmaß von Abtrags- und Auftragsprofilen werden Oberbodenschichten nicht mitgemessen und sind gesondert zu ermitteln.

1.9.2 Die mit Leitungen, Gräben oder Mulden in Auftragsprofilen verbundenen zusätzlichen Erdarbeiten werden gesondert ermittelt.

Ein Abzug bei den Auftragsprofilen erfolgt nicht.

Wenn eine andere Abrechnungsregel gelten soll, ist diese in der Leistungsbeschreibung anzugeben.

1.9.3 Siehe DIN 18300, Abschnitte 5.2 und 5.3.

Mengenmehrungen, die durch Setzungen des Untergrundes entstehen, werden nur dann gesondert vergütet, wenn sie nachgewiesen werden.

Mengenmehrungen, die durch Eigensetzungen bei Dämmen und Wällen entstehen, sind Bestandteil der Leistung.

Von dem im Auftrag ermittelten Raummaß eines verdichteten Schüttkörpers wird das Raummaß von Sickerkörpern, Steinpackungen und dergleichen mit Querschnittsflächen von mehr als 0,5 m^2 abgezogen.

1.9.4 Bei Abrechnung nach Flächenmaß werden Einbauten (Straßenabläufe, Hydranten, Schachtabdeckungen u. a.) oder Aussparungen bis zu 1,0 m^2 Einzelgröße nicht abgezogen.

1.9.5 Mehrmengen, Mehrbreiten und -längen werden nur vergütet, wenn ihre Ausführung vom Auftraggeber schriftlich angeordnet worden ist. Die Anordnung hat der Auftragnehmer rechtzeitig zu beantragen, wenn Mehrmengen, Mehrbreiten oder -längen aus Gründen, die er nicht zu vertreten hat, erforderlich werden.

1.9.6 Ist nach dem Bauvertrag für Bodenbehandlungen das Bindemittel gesondert abzurechnen, ist die Masse des tatsächlich eingebauten Bindemittels nachzuweisen. Der Ermittlung der Massen für die jeweilige Schicht wird die Einbaumasse des gesamten Bauloses zugrunde gelegt, der Auftraggeber ist jedoch berechtigt, einen Massennachweis für Teilabschnitte zu verlangen.

Mehrmassen des Bindemittels werden nur bis zu 5 % der sich aus der Eignungsprüfung ergebenden Sollmasse vergütet; Mindermassen werden abgezogen.

Eine darüber hinausgehende Mehrmasse wird vergütet, wenn der Auftraggeber hierfür schriftlich einen Auftrag erteilt hat. Die Erteilung des Auftrages hat der Auftragnehmer rechtzeitig zu beantragen, wenn ein Mehreinbau aus Gründen, die er nicht zu vertreten hat, erforderlich wird.

1.9.7 Bei Geokunststoffen wird die vom Produkt abgedeckte Fläche ohne Berücksichtigung von Überlappungen abgerechnet.

Mögliche weitere Abrechnungsverfahren sind im „M Geok E" aufgeführt.

Inhalt Kommentar

1 Bauabrechnung

Die Abrechnung der ausgeführten Bauleistungen richtet sich nach den Grundsätzen in VOB/B §§ 14/15 sowie den „Zusätzlichen Vertragsbedingungen für die Ausführung von Bauleistungen im Straßen- und Brückenbau" (ZVB/E-StB); s. auch HVA B-StB, Lit. (4), (7).

Das Abrechnungsverfahren ist im Bauvertrag festzulegen oder rechtzeitig vor Beginn der ersten Abrechnungsarbeiten (z. B. vor Beginn der Aufmaße) zu vereinbaren. Als Leistungsnachweise gelten von den Vertragspartnern anerkannte Unterlagen oder gemeinsam getroffene Feststellungen, wie z. B. Aufmaße, Wiege- und Lieferscheine, Frachtbriefe, Stundenlohnnachweise. Teilleistungen (Ordnungszahlen des Leistungsverzeichnisses) sind anhand von Mengenberechnungen, Zeichnungen u. a. Belegen nachzuweisen. Aus Zeichnungen ist die Leistung dann zu ermitteln, wenn sie diesen genau entspricht. Aufmaße gelten als verbindliche Feststellungen.

Der Auftraggeber hat die „Richtlinien für die Bauabrechnung mit DV-Anlagen im Straßen- und Brückenbau" bei der Vorbereitung der Baumaßnahme, dem Aufstellen der Vertragsunterlagen und bei der Vertragsdurchführung zu beachten. Alle Vereinbarungen sind so zu treffen, dass Auftragnehmer und Auftraggeber, unabhängig von der Verfahrensweise des anderen, für ihre Bauabrechnung DV-Anlagen einsetzen können. Bereits die Planungs- und Bauunterlagen sollen so aufgestellt werden, dass die Daten auch für die Bauabrechnung verwendet werden können.

Grundlage sind die in der „Sammlung der Regelungen für die elektronische Bauabrechnung" (Sammlung REB) enthaltenen Bestimmungen. Die Bedingungen des Auftraggebers für die Bauabrechnung mit DV-Anlagen sind im Bauvertrag anzugeben; sie sind in die Besonderen Vertragsbedingungen entsprechend den hierfür erarbeiteten Musterformulierungen aufzunehmen.

2 Bohrarbeiten für Baugrundaufschlüsse

Bohrarbeiten für Baugrundaufschlüsse oder für Pfahlherstellungen sollen in aller Regel nicht nach den Bodenklassen der DIN 18300 abgerechnet werden; hierfür sprechen folgende Gründe:

– Die Ansprache von Bodenarten und das Aufzeichnen von Schichtdicken dürfen nicht mit der Abrechnung verknüpft werden, da sonst die objektive, unbeeinflusste Beurteilung des Baugrundes in Frage gestellt ist.

- Die Auswahl der Bohrverfahren und der Bohrwerkzeuge richtet sich nach der erforderlichen Länge und den Enddurchmessern der Bohrungen, den zu erwartenden Bodenarten sowie der erforderlichen Probengüte (Bohr- oder Sonderprobe, Güteklasse). Diese Faktoren bestimmen maßgeblich die Bohrleistungen und damit die Kosten der Bohrarbeiten.
- Die Lösungsfestigkeit von Böden nach DIN 18300 bildet ausschließlich die Grundlage für das Ausführen der Erdarbeiten und den Einsatz der Erdbaugeräte; sie ist kein Maßstab für den Aufwand bei Aufschlussbohrungen oder für die Auswahl der Bohrgeräte.

Das Abrechnen von Bohrarbeiten regelt sich nach DIN 18301 „Bohrarbeiten". Es werden abgerechnet:

- Bohrungen nach Länge (m) und Soll-(End-) Durchmesser des Bohrloches, und zwar getrennt
  - nach Bodenarten, z. B. Kiese, Sande, Schluffe, Tone, gemischtkörnige Böden,
  - nach Fels oder anderen Stoffen, z. B. Beton, Mauerwerk, gestaffelt nach Tiefen,
  - nach Bohrverfahren.
- Entnahme von Bohrproben, Sonderproben, Gas- und Wasserproben, getrennt nach Güteklassen und Stückzahl.

Die in Bohrungen für Baugrundaufschlüsse oder Pfahlherstellungen aufgeschlossenen Schichtengeometrien und entnommenen Boden- und Felsproben repräsentieren nicht ohne Weiteres die für großflächige bzw. räumliche Erd- und Felsabträge maßgeblichen Abrechnungsgrundlagen. Die Lösungsfestigkeit und Schichtenerfassung beim Bohren und Massenabtrag sind nicht miteinander vergleichbar.

3 Bodenaustausch

Beim Aushub unbrauchbarer, nicht tragfähiger Böden entsteht in den meisten Fällen ein Mehrbedarf an Ersatzmassen. Ursachen können z. B. nicht standfeste Böden, Wasserhaltung, Aufweichen tragfähiger Schichten in der Aushubsohle oder dichtere Lagerung der Ersatzmassen beim Einbau sein.

Um Differenzen zwischen den geschätzten und den tatsächlichen Aushubmassen zu verringern, ist es zweckmäßig, vor dem Aushub die Grenztiefen des tragfähigen Untergrundes z. B. durch Sondierbohrungen in Querprofilen zu ermitteln und mittels dieser Profile die Aushubmassen zu berechnen. Diese Berechnungen sind dann in die Leistungsbeschreibung aufzunehmen und bilden die Grundlage von Massengarantien in den Angeboten der Bieter.

Diese Verfahrensweise ist dann möglich, wenn keine bestimmten Aushubprofile vorgeschrieben sind.

4 Spülarbeiten

Das Aufmaß von gespülten Bodenmassen kann nach Abtragsprofilen oder nach Einbauprofilen erfolgen und ist in der Leistungsbeschreibung vorzugeben.

Das Aufmaß nach Abtragsprofilen in der Seitenentnahme ist erforderlich, wenn

- große Austauschtiefen in der Trasse keine ausreichend genaue Profilaufnahme ermöglichen,
- beim Austausch weiche Bodenschichten ausfließen oder seitlich verdrückt werden,
- der Boden nur teilweise ausgetauscht wird und mit größeren Nachsetzungen des Untergrundes in der Trasse zu rechnen ist.

Unbrauchbarer Boden aus der Trasse und Abraumboden aus Seitenentnahmen des Auftraggebers sind in der Regel nach Abtragsprofilen aufzumessen.

Ein Aufmaß in der Seitenentnahme ist in der Regel nicht möglich, wenn der Boden aus Gewässern entnommen wird, insbesondere wenn sich die Sohle und die Böschungen durch Strömungen oder Wellenschlag verändern.

Beim Aufmaß von Entnahmemassen ist im Bereich der Sohle mit Hilfe von Tellerloten ein Raster von max. 20 × 20 m zu legen. Im Bereich der Böschungen ist das Raster auf 10 m, bei unregelmäßigem Böschungsverlauf auf 5 m Abstand zu verdichten.

5 Mehrmassen infolge Bodensetzungen

Mengenmehrungen durch Setzungen des Untergrundes werden nach Abschnitt 1.9.3 ZTV E-StB nur bei Nachweis vergütet und aufgrund der Eigensetzungen von Dämmen und Wällen als Bestandteil der Leistung gewertet.

Der Nachweis lässt sich durch Messungen mit Hilfe von Setzungspegeln oder geodätischen Messverfahren führen. Insbesondere bei Dämmen und Wällen auf stark setzungsempfindlichem Untergrund gehören Setzungsmessungen zum Stand der Standsicherheitskontrolle. Die Messergebnisse können zugleich als Grundlage für die Abrechnung von erforderlichen Mehrmassen herangezogen werden. Aus geodätischen Vergleichsaufmaßen vor und nach Bodenauftrag lassen sich die Mengenmehrungen ebenfalls nachweisen.

Sind Messungen und Aufmaße nicht möglich, werden rechnerisch abgeschätzte Angaben über die zu erwartenden Untergrund- und Eigensetzungen in der Leistungsbeschreibung bzw. im Baugrundgutachten aus kalkulativen und technischen Gründen notwendig; vgl. Beweislast für den Baugrund in Abschnitt 1.8 ZTV E-StB.

Die Verantwortlichkeit für Angaben über die Eigensetzungen, die Bestandteil der Leistung sein sollen, hängt davon ab, ob der Auftraggeber oder der Auftragnehmer die Schüttstoffe bereitstellt.

Mengenmehrungen, die von Vorhersagen relevant abweichen, müssen vom Auftragnehmer nachgewiesen werden.

6 Abrechnung von Geokunststoffen

Die Systemfunktionen der Geokunststoffe betreffen das Trennen, Entwässern, Filtern und Bewehren von Boden, den Erosions- und Bautenschutz sowie das Abdichten gegen Wasser oder Schadstoffe; siehe Abschnitt 3.3 ZTV E-StB. Die Bedingungen für die reale Abrechnung dieser Baustoffe hängen dementsprechend vom Einzelfall ab.

Nach Abschnitt 1.9.7 ZTV E-StB werden für die Abrechnung die abgedeckte Fläche nach Aufmaß ohne Überlappungsfläche berücksichtigt und dem Auftraggeber andere mögliche Abrechnungsverfahren nach dem Merkblatt M GeoK E überlassen. In diesem Merkblatt sind die abgewickelte Produktfläche sowie die Vorgabe von Angaben oder Zeichnungen als weitere Abrechnungsverfahren genannt. Diese Regelung ist aus kalkulativer Sicht nicht eindeutig und kann unter Umständen an der technischen Notwendigkeit vorbeigehen. Die Abrechnungsart soll deshalb in der Leistungsbeschreibung genau festgelegt oder gesondert vertraglich vereinbart werden.

In bestimmten Anwendungsfällen ist die nach Aufmaß abgewickelte Produktfläche die das System kennzeichnende Maßzahl für die Abrechnung, z. B. bei mehrlagigem Einbau, bei der Umschlagmethode, bei flächenhafter Einbindung als Verankerung. Die Überlappung kann z. B. bei Filter- oder Dränmatten oder bei Bewehrungslagen eine konstruktive, erd- oder hydrostatisch notwendige Anforderung sein. Sie kann zu den Bestandteilen einer bestimmten Bauweise nach den Bedingungen des Herstellers gehören und muss dann auch aus Haftungsgründen beachtet werden. Es sollte demzufolge fallweise geprüft werden, welche Produktfläche einschließlich Überlappung technisch notwendig und als Grundlage für Aufmaß und Abrechnung festzulegen bzw. zu vereinbaren ist.

7 Abrechnung von Bindemitteln

In Abschnitt 1.9.6 ZTV E-StB wird die Verfahrensweise zur Abrechnung von Bindemittel generell ohne Unterschied für die jeweilige Bodenbehandlung vorgegeben. Bezug sind der Nachweis der Einbaumasse für das gesamte Baulos und das Ergebnis der Eignungsprüfung als Sollwert mit Regelungen für Mehr- oder Mindergewichte.

Erfahrungsgemäß schließt der Nachweis der Einbaumasse per Lieferschein gewisse Unstimmigkeiten nicht aus. Abrechnungen nach Lieferschein bedürfen einer neutralen Überprüfung.

Das Ergebnis der Eignungsprüfungen als Sollwert für die Abrechnung und die daraus abgeleiteten Grenzwerte für den Fall von Mehr- oder Mindervergütung kann in der Regel nur bei homogener Baustoffzusammensetzung zuverlässig sein, z. B. bei Bindemittel für die Verfestigung von Tragschichten nach ZTV Beton-StB. Anders verhält es sich bei Bodenverfestigungen und noch mehr bei Bodenverbesserungen nach Abschnitt 12 ZTV E-StB. Der tatsächliche Verbrauch an Bindemittel im Baufeld kann in diesen Fällen je nach Wechsel der Bodenzusammensetzung, des Wassergehaltes und der Witterung ganz erheblich von den Laboruntersuchungen bei der Eignungsprüfung abweichen.

Eine zuverlässige Abrechnungsgrundlage lässt sich erbringen, wenn im Rahmen einer gemeinsamen Eigenüberwachungs- und Kontrollprüfung ein der Baufeldgröße angemessenes, repräsentatives Prüffeld abgesteckt, ein Prüfraster festgelegt und der Bindemittelgehalt an Einzelproben ermittelt wird. Aus den Ergebnissen dieser Untersuchungen lässt sich gemeinsam ein realer Wert für die Abrechnung des Bindemittelverbrauchs festlegen.

8 Technische Regelwerke/Literatur

(1) DIN 1961: Allgemeine Vertragsbedingungen für die Ausführung von Bauleistungen, VOB/B §§ 4/15

(2) DIN 4124: Baugruben und Gräben: Böschungen, Verbau, Arbeitsraumbreiten

(3) ATV DIN 18301: Bohrarbeiten

(4) ZVB/E-StB: Zusätzliche Vertragsbedingungen für die Ausführung von Bauleistungen im Straßen- und Brückenbau, BMVBW, 2010

(5) ZTV-ING: Zusätzliche Technische Vertragsbedingungen und Richtlinien für Ingenieurbauten, Teil 1: Allgemeines, Abschnitt 1: Grundsätzliches, Ausgabe 2010

(6) Richtlinien für die Bauabrechnung mit DV-Anlagen im Straßen- und Brückenbau, BMVBW

(7) Handbuch für die Vergabe und Ausführung von Bauleistungen im Straßen- und Brückenbau (HVA B-StB), BMVBW, Abteilung Straßenbau, Straßenverkehr, Ausgabe März 2009/Fassung Juli 2009

(8) Sammlung REB: Regelungen für die Elektronische Bauabrechnung, FGSV, Stand: Juli 2009

Hinweis

Literaturangaben zu Vertrags-, Vergabe- und Baurecht s. Abschnitt 1.1 ZTV E-StB, Kom. 5.

Teil 2

2 Geotechnische Untersuchungen

2 Geotechnische Untersuchungen

2.1 Allgemeines

Siehe DIN 18299, Abschnitte 0.1.9 bis 0.1.13 und 0.1.20.

Die Boden-, Fels- und Grundwasserverhältnisse sind nach Art und Umfang so zu erkunden und zu untersuchen, dass die Eigenschaften und die Eignung des Bodens und Felses als Baugrund oder Baustoff feststellbar sind (siehe DIN EN 1997-2, DIN EN ISO 14688, DIN EN ISO 14689, DIN EN ISO 22475-1, DIN 4020, M Fels, M GUB, M GUB UA, M QGeoE).

Zu den geotechnischen Untersuchungen gehört auch die Feststellung von etwaigen Auffüllungen, Altdeponien, von ehemaligen Bergbaugebieten oder kontaminierten Böden nach Art und Ausdehnung.

Die Erkundung der Boden-, Fels- und Grundwasserverhältnisse soll so rechtzeitig erfolgen, dass die gewonnenen Erkenntnisse bei der Planung, bei den konstruktiven Folgerungen, beim Konzept des Bauablaufes und in der Bauausführung berücksichtigt werden können. Erforderlichenfalls sind weitere baubegleitende Untersuchungen auszuführen. Gegebenenfalls sind diese in der Leistungsbeschreibung anzugeben.

Siehe DIN 18300, Abschnitte 0.1.2, 0.1.3, 0.2.7, 0.2.19 bis 0.2.25.

Die geotechnischen Untersuchungen für die Ausschreibung obliegen dem Auftraggeber. Sie sind nach Art und Umfang entsprechend dem Stand der Planung und der Bauvorbereitung auszuführen bzw. zu ergänzen. Weitere geotechnische Untersuchungen können während der Bauausführung erforderlich werden.

Die der Ausschreibung zugrunde liegenden Ergebnisse der geotechnischen Untersuchungen und geotechnischen Berichte sind in einer zusammenfassenden Beschreibung und Beurteilung in die Leistungsbeschreibung aufzunehmen.

Die Ergebnisse der Feld- und Laboruntersuchungen gelten nur für die jeweilige Aufschlussstelle und den Zeitpunkt der Untersuchungen. Der Auftragnehmer hat Abweichungen von den beschriebenen Baugrundverhältnissen, aus denen er Forderungen ableitet, unverzüglich dem Auftraggeber mitzuteilen und zu dokumentieren. Zusätzliche Probennahmen sind nur in Abstimmung mit dem Auftraggeber und in dessen Anwesenheit durchzuführen.

Wenn die Ausführung auf einem Nebenangebot beruht, hat der Auftragnehmer die Durchführbarkeit und Gebrauchstauglichkeit durch ergänzende eigene Untersuchungen nachzuweisen. Die Bodenuntersuchungen und Bodengutachten des Auftraggebers dürfen dabei mit verwendet werden.

Zur Überwachung der Standsicherheit, zur Prüfung erdstatischer Berechnungsannahmen, zur Beobachtung des Verhaltens von Bauwerken und zur Beweissicherung an benachbarten baulichen Anlagen können geotechnische Messungen erforderlich sein (DIN 4020).

Inhalt Kommentar

Vorbemerkung

Abschnitt 2 ZTV E-StB 17 besteht im Wesentlichen aus Richtlinien, die sich an den Auftraggeber zur Beachtung beim Aufstellen der Leistungsbeschreibung richten.

Die Kommentare wenden sich gleichermaßen an Auftraggeber und Auftragnehmer zur Beachtung bei der Ausführung und Beurteilung von geotechnischen Untersuchungen sowie bei der Überwachung, dem Aufmaß und der Abrechnung von einschlägigen Leistungen. Das europäische Normenwerk ist dabei, soweit erforderlich und in nationale Normen überführt, integriert. Die Regelungen in DIN 4020 sind bisher nicht komplett durch die europäische Normung abgelöst, sondern auf nationaler Ebene nur ergänzt (DIN 4020:2010-12: Geotechnische Untersuchungen für bautechnische Zwecke – Ergänzende Regelungen zu DIN EN 1997-2). Sie werden deshalb weiterhin als Grundlage der Kommentare genutzt.

Die technischen Regelwerke und Literaturquellen betreffen alle Unterabschnitte und sind erst am Schluss des Abschnittes 2 gesamtheitlich als Schrifttum zusammengestellt; s. Seite 152 ff.

1 Organisation der geotechnischen Untersuchungen

(1) Die Untersuchungen umfassen die Erkundung der Boden-, Fels- und Grundwasserverhältnisse zur Feststellung der Beschaffenheit und Eignung des Baugrundes sowie der verfügbaren Baustoffressourcen. Sie integrieren Labor- und Feldversuche für die Feststellung der Eigenschaften von Boden und Fels.

Zu den Untersuchungen gehört auch die Erkundung von Altlasten, Deponien, kontaminierten Bodenschichten bzw. Auffüllungen sowie Hohlräumen im Untergrund. Belastungen durch geogene oder anthropogene Ursachen erfordern Sonderuntersuchungen hinsichtlich der Umweltverträglichkeit.

Die Untersuchungen bilden die Grundlage für die Planung und Ausführung der Erdbauwerke und der an konstruktiven Ingenieurbauten erforderlichen erdbautechnischen Fachleistungen. Die Unterlassung dieser Untersuchungen führt zu Misserfolg, Kostenerhöhung, Erschwernis im Bauablaut und zu Bauunfällen. Die Kosten stehen in keinem Verhältnis zu den Nachteilen der Unterlassung.

Der Entwurfsarbeiter hat alle notwendigen Untersuchungen anzugeben. Sie müssen rechtzeitig beauftragt und ausgeführt werden. Das Ergebnis muss mit Beginn der Entwurfsarbeiten verfügbar sein, da die Untersuchungen sonst den Zweck verfehlen.

Die bautechnischen Bedingungen müssen zweck- und objektspezifisch erkundet und untersucht werden. Es ist unerlässlich, diese Erkundungen und Untersuchungen von sachkundigem Personal zuverlässig, mit größter Sorgfalt und geeigneten technischen Mitteln ausführen zu lassen. Beurteilungen nach Augenschein oder Erfahrung genügen nicht. Unzureichende oder unklare Angaben verteuern den Bau und geben Anlass zu langwierigem Rechtsstreit mit ungewissem Ausgang.

(2) Bei großräumigen Baumaßnahmen wird in der Regel nach dem Grundsatz verfahren, die Art und den Umfang der Untersuchungen und Begutachtungen der jeweiligen Planungsstufe und dem Schwierigkeitsgrad des Objektes anzupassen. Unterschieden werden zu diesem Zweck:

- Voruntersuchungen für die Standortbestimmung, die Vorplanung und die Erschließung von Baustoffen

- Hauptuntersuchungen für den Entwurf und die Ausführungsplanung, die Ausschreibung der Bauleistungen sowie für die Bauausführung.

Liegt zunächst keine konkrete Objektplanung vor, können in einer Phase 1 nur vorläufige Bodenuntersuchungen mit allgemeinen geotechnischen Beurteilungen vorgenommen werden. In einer Phase 2 werden sie später durch objektspezifische Untersuchungen ergänzt und ggf. bei Verdacht auf Bodenkontamination in einer Phase 3 noch gezielt erweitert.

Zur Kostenminimierung jeder Phase wird eine unterschiedliche, jeweils auf die Fragestellung besonders abgestimmte Vorgehensweise notwendig. Eine Zusammenfassung der Phasen 1 und 2 ist nur bei Vorliegen konkreter Planungen möglich. Die Einbeziehung der Altlastenproblematik in Phase 3 erfordert ein gesondertes Untersuchungskonzept.

Die geologischen und hydrogeologischen Verhältnisse sind bei der Standorterkundung sowie Planung und Ausführung der geotechnischen Untersuchungen, insbesondere bei großräumigen Baumaßnahmen oder in geologisch komplexem Gelände, zu berücksichtigen. Sie geben auch weiträumig Aufklärung über die Grundwasserbedingungen, Gebiete mit ungünstigem Baugrund und zu Rutschungen neigenden Schichten sowie über die nutzbaren Baustoffvorkommen.

(3) Die Planung und Ausführung der Untersuchungen müssen geeignet sein, die Standsicherheit und Gebrauchstauglichkeit von Erd- und konstruktiven Ingenieurbauten im Zusammenhang mit den umgebungsbedingten Wechselbeziehungen sicher beurteilen zu können. Mit Beginn der Planungs- bzw. Entwurfsarbeiten ist das Bauwerk nach dem Schwierigkeitsgrad seiner Konstruktion und des Baugrundes sowie nach umweltbedingten Ein- und Auswirkungen zu kategorisieren (DIN 4020/EN 1997-1 und -2). Art und Umfang der bautechnischen Untersuchungen richten sich nach diesen geotechnischen Kategorien.

(4) Sehr frühzeitig in der Planungsphase müssen Notwendigkeit, Bedarf und Zielrichtung von geotechnischen Messungen erkannt sein. Die Ergebnisse für bauliche Konsequenzen müssen rechtzeitig zur Verfügung stehen. Es bedarf der methodischen Planung bis ins Detail mit klar formulierten Zielsetzungen, z. B.:

- Messungen zum Zweck der Baugrunderkundung oder Baustofferschließung im Rahmen der Vor- oder Hauptuntersuchungen
- Messungen zur Bestimmung von objektiven Kenngrößen und Einflussparametern für

Tabelle 1: Beschreibung und Beurteilung der Bodenverhältnisse im straßenbautechnischen Entwurf

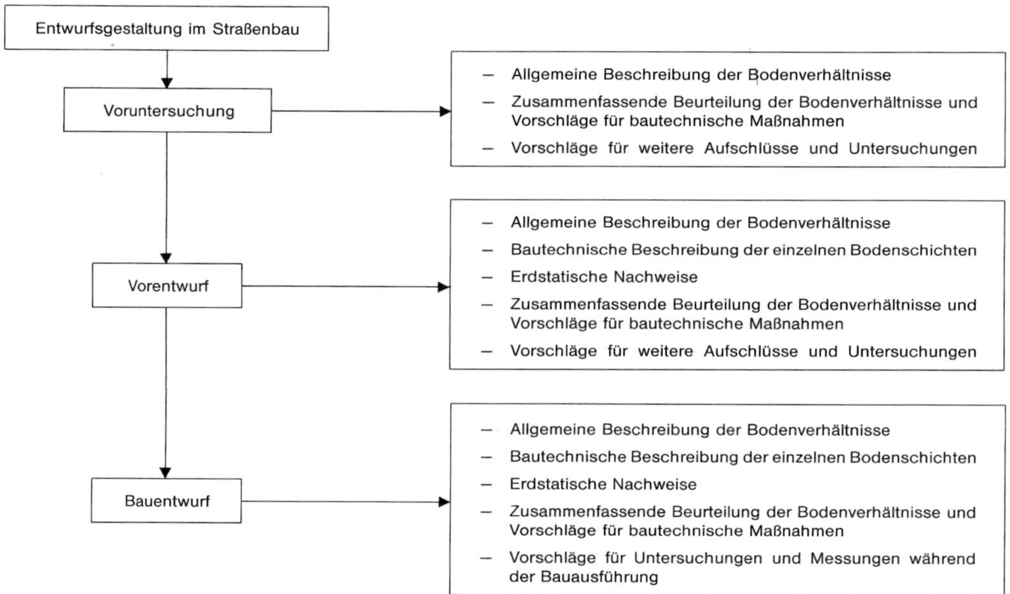

Tabelle 2: Informationsstellen für vorhandene Unterlagen (DIN 4020)

Zeile	Unterlagen	Übliche Informationsstellen
1	Geologische Verhältnisse	Geologische Landesämter
2	Bohrprofile	Geologische Landesämter, Bauämter bzw. Dienste, Umweltämter
3	Langjährige Grundwasserverhältnisse	Wasserwirtschaftsverwaltungen, Bauverwaltungen bzw. Dienste, Geologische Landesämter, Versorgungsunternehmen
4	Veränderungen durch Flussbau und Landesbaukultur	Vermessungsämter, Wasserwirtschaftsverwaltungen, Flurbereinigungsämter
5	Bergbau, Bergsenkung	Bergämter, Geologische Landesämter, Bergwerksgesellschaften
6	Erdbeben	Erdbebenwarten, Geophysikalische Institute, Bundesanstalt für Geowissenschaften und Rohstoffe, Hannover
7	Örtliche Besonderheiten von Boden und Fels	Geotechnische Institute bzw. Dienste, Geologische Landesämter, Geologische Karten, Baugrundkarten 1 : 25 000 mit Erklärungen
8	Setzungsbeobachtungen	Bauverwaltungen, Bauherren, Geotechnische Institute
9	Jüngere Bauvorgänge in der Nachbarschaft	Örtliche Bauämter
10	Baumaßnahmen in historischer Zeit	Landesdenkmalämter, örtliche und regionale Archive
11	Altlasten	Umweltämter, Bauämter, Wasserwirtschaft, Geologische Landesämter, Verwaltungsämter
12	Kampfmittel	Kampfmitteldienste

Berechnungen, Bemessungen und Verhaltensanalysen.

(5) Kann das Verhalten des Baugrundes und des Bauwerks aufgrund der Ergebnisse der bautechnischen Bodenuntersuchungen und der rechnerischen Verformungs- und Stabilitätsnachweise nicht vorbehaltlos vorhergesagt werden, soll die sichere und wirtschaftliche Gestaltung und Ausführung zusätzlich durch geotechnische Messungen am entstehenden und fertigen Bauwerk gestützt bzw. kontrolliert werden. Diese sog. Beobachtungsmethode (DIN 1054/EN 1997-1) beinhaltet eine Kombination von Bodenuntersuchungen und Prognoseberechnungen mit messtechnischen Kontrollen am Bauwerk und im Baugrund. Der technische und finanzielle Bedarf für diese kombinierte Vorgehensweise ist rechtzeitig in die Planung mit einzubringen.

Zu den geotechnischen Untersuchungen zählen geologische und hydrologische Feldaufnahmen, direkte und indirekte Aufschlussverfahren für bodenmechanische oder felsmechanische Zwecke, Laborversuche an Proben und Feldversuche sowie geotechnische Messungen. In der Regel werden die Aufschlussarbeiten an Fachfirmen und die Labor- bzw. Felduntersuchungen einschließlich der Begutachtung der gesamten Aufschluss-, Mess- und Prüfergebnisse an ein einschlägiges Institut oder ein Ingenieurbüro vergeben. Die Aufträge sollen zweckmäßig an voneinander unabhängige Fachfirmen und Institute oder Ingenieurbüros erteilt werden.

Gemäß allgemeiner Vorgehensweise nach DIN 4020 hat der Bauherr bzw. Auftraggeber die geotechnischen Untersuchungen für den Entwurf eines geotechnischen Bauwerkes rechtzeitig zu beauftragen und hierfür – soweit erforderlich bzw. eigene Erfahrungen fehlen – einen Sachverständigen für Geotechnik einzuschalten. Dieser hat die erforderlichen Untersuchungen und Messungen zu planen, die fachgerechte Ausführung mit den anschließenden Labor- und Felduntersuchungen zu überwachen, die Folgerungen für Planung und Bauausführung zu ziehen und den geotechnischen Bericht zu erstellen.

Der Auftraggeber hat die Aufgabenstellung der Baugrunduntersuchung anzugeben, die vorhandenen Unterlagen zur Verfügung zu stellen und alle Angaben zum geplanten Bauwerk, soweit sie für die Erkundungen wichtig sind, zu machen. Die Angebote der Gutachter sollen ein Programm für die notwendigen Aufschlussarbeiten und Untersuchungen sowie das Überwachen dieser Arbeiten einschließen.

Der Auftraggeber arbeitet auf der Grundlage des erstellten Programms das Leistungsverzeichnis für die Aufschlussarbeiten und Untersuchungen aus, wobei der Gutachter erforderlichenfalls mitwirken soll. Gleichzeitig wählt der Auftraggeber erfahrene Fachfirmen für die Aufschlussarbeiten aus.

Allgemein soll nach dem Grundsatz verfahren werden, die Erkundung und die Begutachtung der jeweiligen Planungsstufe der Zweckbestimmung und der Größe des Objekts sowie dem Schwierigkeitsgrad des Baugrundes anzupassen; s. *Tab. 1*. Alle bereits vorhandenen Aufschlüsse und Unterlagen müssen mit ausgewertet werden; hierzu gehören nach *Tab. 2*:

- geologische Übersichts- und Spezialkarten sowie fotogeologische Aufnahmen
- Archivunterlagen des geologischen Dienstes
- Unterlagen der Landesgrundwasserdienste
- Unterlagen der Bergbautreibenden bzw. Bergverwaltungen
- Unterlagen, Erfahrungen und Beobachtungen bei ausgeführten Bauobjekten in der Nachbarschaft
- Unterlagen der meteorologischen Dienste
- Baugrundkarten für städtische Gebiete
- vorhandene Geländeaufschlüsse (z. B. Steinbrüche, Kiesgruben, Geländesprünge), Ergebnisse von Gelände- und Trassenbegehungen.

2 Geotechnischer Bericht

DIN 4020 sieht vor, über die Baugrund- und Grundwasseruntersuchungen einen schriftlichen Bericht zu erstellen. Inhaltlich soll dieser Bericht die Grundlagen dieser Untersuchungen, die Auswertung und Bewertung der Ergebnisse sowie Folgerungen, Empfehlungen und Hinweise für die geotechnische Entwurfsbearbeitung der baulichen Anlage enthalten. Inbegriffen sind, soweit erforderlich, überschlägige Sicherheitsnachweise, Abschätzungen von Setzungen und grundwasserhydraulische Nachweise. Analog sind die Gutachten für straßenbautechnische Entwürfe zu gestalten.

Es müssen alle für die Beschreibung und Beurteilung des Baugrundes oder Baustoffvorkommens notwendigen Angaben enthalten und die für den Bauentwurf zu empfehlenden bautechnischen Lösungen beschrieben sein. Neben den technisch möglichen Bauverfahren sollen diejenigen nach technischen und wirtschaftlichen Gesichtspunkten angegeben werden, die vorrangig für die Verhältnisse geeignet sind.

Greifen die vorgeschlagenen bautechnischen Maßnahmen in Belange Dritter ein, z. B. bei Grundwasserabsenkungen, bei bestehenden Bauwerken oder der Anlage von Böschungen und Baugruben, so muss darauf ebenfalls eingegangen werden.

Im Gutachten sind die vorgelegten Unterlagen, wie Bauzeichnungen, Schichtenverzeichnisse, Lagepläne, mit Angabe des Aufstellers, des Aufstelldatums u. a. vollständig zu benennen. Neben der allgemeinen Beschreibung des geplanten Bauwerks sind alle für die Baugrunderkundung wichtigen Einzelheiten und Zusammenhänge anzugeben. Der Bauentwurf baut auf den Ergebnissen der Voruntersuchungen und des Vorentwurfs auf.

2.2 Art und Umfang der Aufschlüsse

Art, Umfang und Zeitpunkt der Ausführung der geotechnischen Untersuchungen richten sich nach dem Stand der Planung, Bauvorbereitung und Bauausführung sowie nach der Geotechnischen Kategorie (siehe DIN 4020). Aufschlüsse in Boden und Fels sind so umfangreich durchzuführen, dass der Baugrund hinreichend beschrieben werden kann (siehe M GUB, M GUB UA).

Im Allgemeinen werden direkte Aufschlussverfahren wie Schürfe und Bohrungen sowie indirekte Aufschlussverfahren wie Sondierungen durchgeführt (siehe M QGeoE). Die Lage und der Abstand richten sich nach den Vorkenntnissen und nach dem Bauobjekt sowie nach den Schichten und Geländeverhältnissen. Sofern keine anderen Anhaltspunkte vorliegen, kann für die Hauptuntersuchung an Straßen ein Abstand der direkten Aufschlüsse von ca. 100 m vorgesehen werden. Die Aufschlusstiefe muss so gewählt werden, dass alle Schichten und Grundwasserverhältnisse, die sich auf die Baumaßnahme und deren Einflussbereich auswirken, erfasst werden.

Besondere Situationen können ein engeres Untersuchungsraster, gegebenenfalls auch senkrecht zur Bauwerksachse sowie andere Untersuchungsverfahren erfordern.

Die Erkundungsarbeiten für Erdbauwerke und sonstige Bauwerke sind im Hinblick auf die gegenseitige Wechselwirkung aufeinander abzustimmen.

Inhalt Kommentar

1 Vor- und Hauptuntersuchungen

1.1 Zielsetzung

Die geotechnischen Untersuchungen bilden die Grundlage für den straßenbautechnischen Entwurf.

Sie sind spezifisch für das Objekt und den beabsichtigten Zweck zu planen und auszuführen. Grundsätzlich zu unterscheiden sind Vor- und Hauptuntersuchungen mit folgender Zielsetzung:

- Voruntersuchungen für Standortwahl und Vorplanung der Baumaßnahme oder für die Erschließung des Baustoffvorkommens

- Hauptuntersuchungen für Entwurf, Ausschreibung und Ausführung des Bauwerkes oder für das Beurteilen der Eigenschaften und der Gewinnbarkeit von Baustoffen.

Die Hauptuntersuchungen sollen nach Art und Umfang auch die Beurteilung voraussehbarer alternativer Varianten möglich machen.

1.2 Geotechnische Kategorien

Die geotechnischen Untersuchungen für Baugrundbeurteilungen werden nach Zweck, Art und Umfang geotechnischen Kategorien zugeordnet (DIN 4020/1054). Das Bauobjekt ist im Zuge der Planung zu kategorisieren. Aufgrund späterer Befunde kann sich die Einordnung ändern.

Die geotechnischen Kategorien unterscheiden bautechnische Maßnahmen nach dem Schwierigkeitsgrad der Konstruktion des Bauwerkes, der Baugrundverhältnisse sowie der zwischen ihnen und der Umgebung bestehenden Wechselwirkungen wie folgt:

- Die geotechnische Kategorie 1 umfasst einfache Bauwerke bei einfachen und übersichtlichen Baugrundverhältnissen, sodass die Standsicherheit aufgrund gesicherter Erfahrungen beurteilt werden kann.
- Die geotechnische Kategorie 2 umfasst Bauwerke oder Baugrundverhältnisse mittleren Schwierigkeitsgrades, bei denen die Sicherheit zahlenmäßig nachgewiesen werden muss und die eine ingenieurmäßige Bearbeitung mit geotechnischen Kenntnissen und Erfahrungen verlangen.
- Die geotechnische Kategorie 3 umfasst Bauwerke oder Baugrundverhältnisse hohen Schwierigkeitsgrades, die zur Bearbeitung vertiefte geotechnische Kenntnisse und Erfahrungen auf dem jeweiligen Spezialgebiet der Geotechnik verlangen.

Kategorie 1 erfordert allgemeine Informationen über den Baugrund und das Grundwasser, den Aufschluss der Bodenarten durch Schürfe, Sondierungen und Kleinbohrungen sowie offene Baugruben.

Kategorie 2 erfordert zusätzlich direkte Aufschlüsse durch Bohrungen.

Kategorie 3 erfordert zusätzlich problemspezifische direkte und indirekte Aufschlüsse sowie ggf. auch spezielle Untersuchungen und geotechnische Messungen.

Liegt keine konkrete Bauwerksplanung vor, können nur eine allgemeine Baugrunduntersuchung und -beurteilung durchgeführt und mögliche Gründungsvarianten empfohlen werden (Phase 1). Bei schwierigeren Baugrundverhältnissen sind deshalb nach Vorliegen konkreter Bauwerksplanungen in jedem Fall ergänzende Baugrunduntersuchungen und auf die aktuellen Planungen bezogene Beurteilungen erforderlich (Phase 2). Werden im Rahmen der vorgeschriebenen Untersuchungen Bodenbereiche auffällig, die den Verdacht auf eine Baugrundkontamination rechtfertigen, werden in der Regel zusätzliche Aufschlüsse erforderlich, die speziell auf die Abgrenzung schadstoffbelasteter Bodenbereiche abzielen (Phase 3).

Zur Kostenminimierung wird in jeder der vorgenannten Phasen eine andere, jeweils auf die Fragestellung besonders abgestimmte Vorgehensweise notwendig. Eine Zusammenfassung der Phasen 1 und 2 (bzw. ein Wegfall von Phase 1) ist nur bei Vorliegen konkreter Planungen möglich. Die Einbeziehung der Altlastenproblematik (Phase 3) erfordert von Anfang an ein umfangreicheres und deshalb mit höheren Kosten behaftetes Untersuchungskonzept und sollte nur vorgenommen werden, wenn entsprechend konkrete Verdachtsmomente vorliegen.

Die Baugrundaufschlüsse müssen je nach Aufgabenstellung und örtlicher Situation folgende Beurteilungen ermöglichen:

- Lastannahmen für die Bemessung des Bauwerks
- Verformungen des Baugrundes
- konstruktive Ausbildung der Gründung gemäß Lasteinwirkung und Zusammenwirken von Bauwerk und Baugrund
- Sicherheit der Konstruktion gegen Grenzzustände, z. B. Grundbruch, Geländebruch, Auftrieb, Gleiten
- Einwirkungen des Umfeldes auf das Bauwerk
- Auswirkungen des Bauwerkes und der Bauausführung auf die Umwelt (Mensch, Boden, Wasser)
- Grundwasserverhältnisse für Planung und Ausführung des Bauwerks, Änderung und Aufstau.

Beim Aufschluss von Baustoffvorkommen müssen anhand der geotechnischen Untersuchungen folgende Aspekte beurteilt werden können:

- flächige und räumliche Ausdehnung des Vorkommens
- bautechnische Eignung der gewinnbaren Erdstoffe
  - für Schüttungen (z. B. Verkehrswege, Staudämme, Deiche, Geländegewinnung),
  - für Hinterfüllungen (z. B. Stützwände, Widerlager, Leitungen),
  - für Trag-, Filter-, Dränage- und Frostschutzschichten,
  - für Dichtungssysteme
- Maßnahmen zur Verbesserung der Erdstoffe
- Wiederverwendung (Recycling) und Nutzung industrieller Abfall- und Deponiematerialien
- Festlegung der technischen Anforderungen für den Erdbau und die Dauerbeständigkeit
- Bearbeitung im Baubetrieb
- Bodenschutz, Rekultivierung.

Art und Umfang der Aufschlüsse sind zu entscheiden nach

- Art, Größe und Konstruktion des Bauobjektes,
- den morphologischen Gegebenheiten,
- den Boden- bzw. Felsverhältnissen: Schichtung, Lagerung, Art, Zusammensetzung und Zustand des Bodens bzw. Felses,
- den geologischen Besonderheiten, z. B. Störungen, Verwerfungen, Rutschungen,
- den Wasserverhältnissen: Grundwasser, Fließrichtung, Strömungsgeschwindigkeit,
- den Probenanforderungen,
- den im Aufschluss auszuführenden Messungen bzw. Beobachtungen.

Rechtzeitig festzulegen sind

- die Baugrundaufschlüsse und Grundwassermessstellen nach Art, Anzahl, Lage und Tiefe,
- die Proben nach Art (Bohr-, Schürf-, Sonderproben), Entnahmetiefe, Güteklasse und Größe bzw. Menge,
- die in den Aufschlüssen auszuführenden Untersuchungen bzw. Messungen nach Art, Anzahl und Zeitdauer,
- die Labor- und Feldversuche nach Art, Anzahl und Zeitdauer.

Die Programme für die Aufschlussarbeiten, Versuche und Messungen bedürfen der rechtzeitigen Abstimmung zwischen Auftraggeber, Gutachter und Fachfirma.

1.3 Baubegleitende Untersuchungen

Je nach geotechnischem Risiko und Ablauf der Baumaßnahme können baubegleitende Untersuchungen erforderlich sein, und zwar geotechnische Untersuchungen zur Ergänzung der Hauptuntersuchungen, Prüfungen, Messungen, Versuche, geologische Aufnahmen und Dokumentationen. Die baubegleitenden Untersuchungen dienen der Überprüfung der bei der Planung angenommenen Verhältnisse, der Beurteilung des Verhaltens von Baugrund, Grundwasser und Bauobjekt, der Überprüfung der Qualitätsanforderungen und der Tragfähigkeit von Gründungen.

Wird das Bauverfahren geändert oder die Arbeit für längere Zeit unterbrochen, z. B. durch Frostperioden, Schüttpausen zwecks Konsolidierung des Untergrundes, neue Vergabe- bzw. Nachtragsverhandlungen, können vor Wiederaufnahme der Arbeiten neue oder ergänzende Aufschlussarbeiten und Untersuchungen erforderlich werden.

1.4 Untersuchungen bei Nebenangeboten

Die Nebenangebote bzw. die entsprechend zu bewertenden Änderungsvorschläge der Bieter enthalten Abänderungen der vom Auftraggeber in den Verdingungsunterlagen vorgegebenen Bauweisen und Bedingungen. Sie sind als brauchbar bzw. gleichwertig einzustufen, wenn sie sich für die ausgeschriebene Bauleistung eignen und zugleich deren Qualitätskriterien voll erfüllen.

Bezieht sich das Nebenangebot auf andere Baustoffe oder Baustoffgemische, so hat der Bieter deren Eignung durch Prüfungen nachzuweisen. Die Probenahmen und Prüfungen müssen nach Art und Umfang sach- und vorschriftsgemäß ausgeführt sein und eindeutige Ergebnisse aufweisen.

Nebenangebote, die eine andere Bauweise oder ein anderes Bauverfahren betreffen, hat der Bieter erforderlichenfalls durch eigene Aufschlussarbeiten, Labor- und Feldversuche, Messergebnisse, erdstatische Nachweise oder andere geeignete Untersuchungen zu belegen. Beschreibungen des Verfahrens oder grafische Darstellungen genügen in der Regel allein nicht, um das Nebenangebot zu begründen.

2 Abstand und Tiefe der Erkundungen

2.1 Richtwerte für die Abstände

Die Mindestabstände der Baugrunderkundungen sind fachkundig jeweils nach geotechnischer Kategorie, geologischer, hydrologischer und morphologischer Situation sowie nach objektspezifischem Zweck auszurichten.

Richtwerte nach DIN 1054/4020/19700 sind

- bei Hoch- und Industriebauten ein Rasterabstand von 20 bis 40 m,
- bei großflächigen Bauwerken ein Rasterabstand von nicht mehr als 60 m,
- bei Linienbauwerken (Landverkehrswege, Wasserstraßen, Leitungen, Deiche, Tunnel, Stützmauern) ein Abstand zwischen 50 und 200 m,
- bei Sonderbauwerken (z. B. Brücken, Schornsteinen, Maschinenfundamenten) zwei bis vier Aufschlüsse je Fundament,
- bei Staumauern, -dämmen und -wehren (DIN 19700 Teil 10 und 11) ein Abstand von 25 bis 75 m in charakteristischen Schnitten,
- bei Schlitz- und Dichtwänden 25 bis 50 m.

Wechselnde oder anderweitig schwierige Untergrund- oder Bauwerksverhältnisse können geringere Abstände als angegeben und auch mehr Aufschlüsse erfordern.

2.2 Richtwerte für die Erkundungstiefen

Die Erkundungstiefen z_a sind sinngemäß wie unter 2.1 fachkundig auf das Objekt abgestimmt zu wählen. Die jeweilige Sohlfläche (Unterkante Bauwerk/Tragelement, Aushub) ist die Bezugsebene. Richtwerte als Mindestanforderungen in Abhängigkeit von Bauwerks- oder Fundamentbreite b oder Bauwerkshöhe h nach DIN 4020:

a) Hochbauten, Ingenieurbauten; s. *Bild 1*
   $z_a \geq 3{,}0 \cdot b_F$
   und $z_a \geq 6$ m
   b_F ist das kleinere Fundamentmaß
   Bei Plattengründungen und bei Bauwerken mit mehreren Gründungskörpern, deren Einfluss sich in tieferen Schichten überlagert
   $z_a \geq 1{,}5 \cdot b_B$
   b_B ist das kleinere Bauwerksmaß

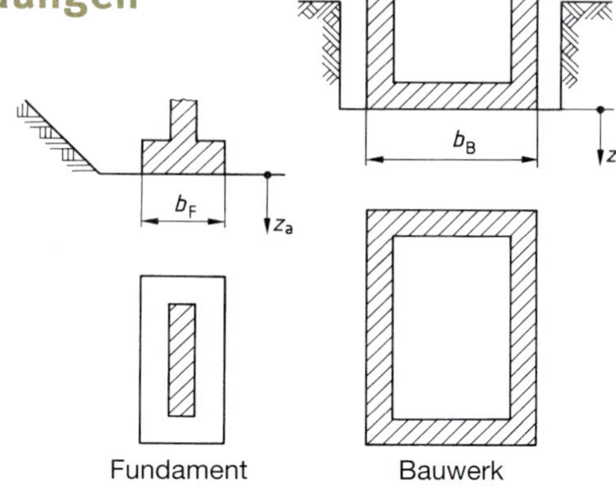

Bild 1: Hochbauten, Ingenieurbauten

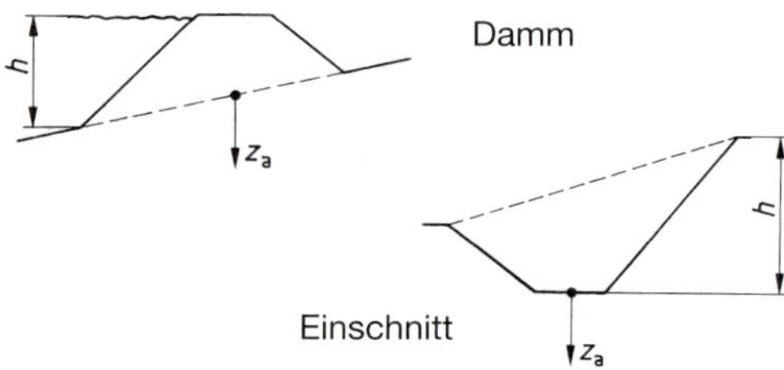

Bild 2: Erdbauwerke

b) Erdbauwerke; s. *Bild 2*
   - Damm
     $0{,}8 \cdot h < z_a < 1{,}2 \cdot h$
     und $z_a \geq 6$ m
   - Einschnitt
     $z_a \geq 2$ m
     $z_a \geq 0{,}4 \cdot h$
     h ist die Dammhöhe bzw. Einschnitttiefe

c) Linienbauwerke; s. *Bild 3*
   - Landverkehrswege
     $z_a \geq 2$ m unter Aushubsohle
   - Kanal und Leitung
     $z_a \geq 2$ m unter Aushubsohle
     $z_a \geq 1{,}5 \cdot b_{Ah}$
     b_{Ah} ist die Aushubbreite

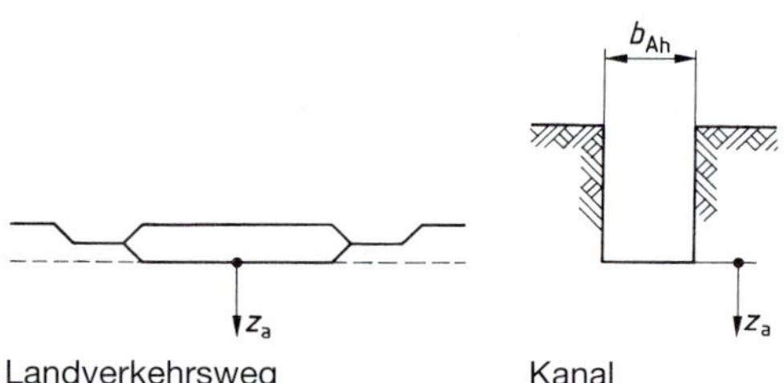

Bild 3: Linienbauwerke

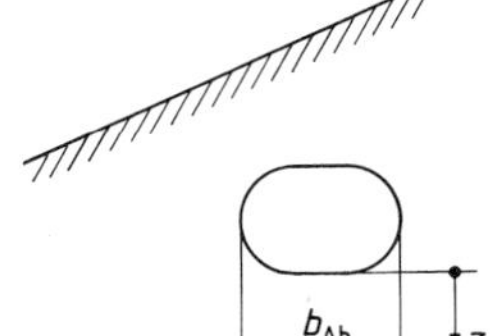

Bild 4: Hohlraumbauten

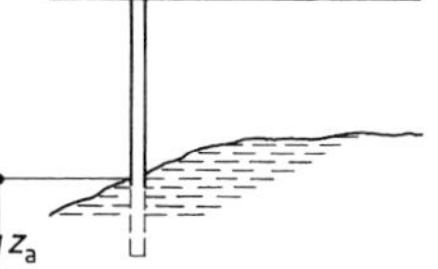

Bild 6: Dichtungswand

d) Hohlraumbauten; s. *Bild 4*

$1{,}0 \cdot b_{Ab} < z_a < 2{,}0 \cdot b_{Ab}$
b_{Ab} ist die Ausbruchbreite

e) Baugruben; s. *Bild 5*

- Grundwasserdruckfläche und Grundwasserspiegel liegen unter der Baugrubensohle
  $z_a \geq 0{,}4 \cdot h$
  $z_a \geq t + 2{,}0$ m
  t ist die Einbindetiefe der Umschließung
  h ist die Baugrubentiefe
- Grundwasserdruckfläche und Grundwasserspiegel liegen über der Baugrubensohle
  $z_a \geq 1{,}0 \cdot H + 2{,}0$ m
  $z_a \geq t + 2{,}0$ m
  Wenn bis zu diesen Tiefen kein Grundwasserhemmer erreicht wird
  $z_a \geq t + 5$ m
  H ist die Höhe des Grundwasserspiegels über der Baugrubensohle
  t ist die Einbindetiefe der Umschließung

Grundwasserspiegel unterhalb Baugrubensohle

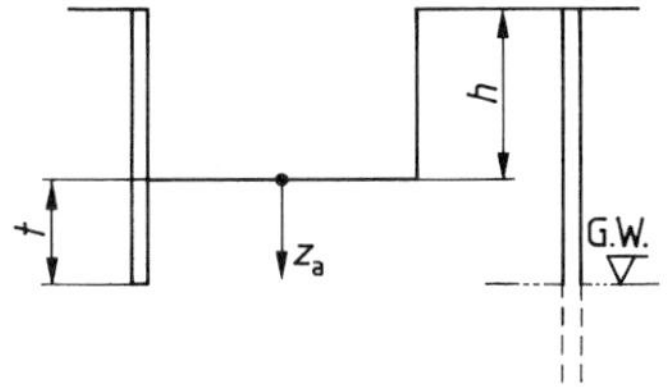

Grundwasserspiegel oberhalb Baugrubensohle

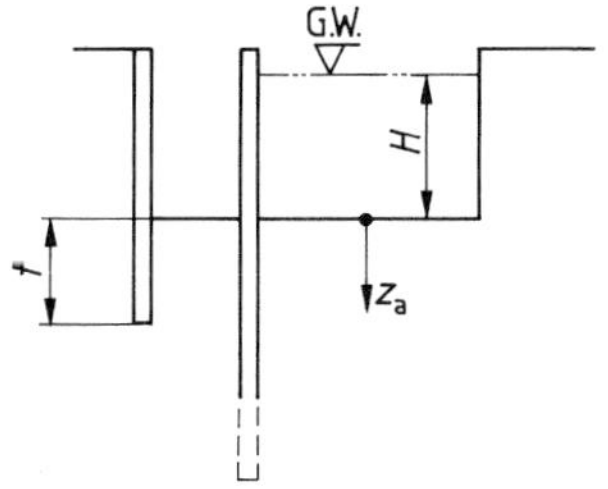

Bild 5: Baugruben

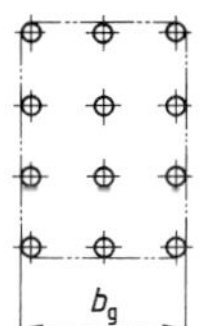

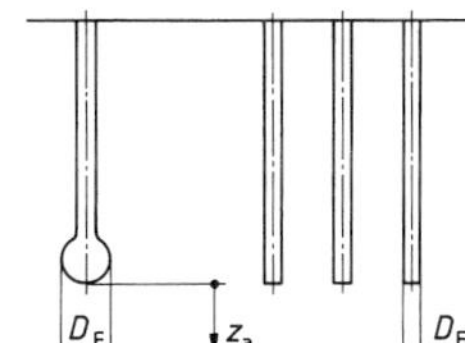

Bild 7: Pfähle

f) Staudämme, -mauern; s. DIN 19700.

z_a ist nach Stauhöhe und hydrogeologischen Verhältnissen sowie nach den Konstruktionsweisen festzulegen

g) Dichtungswände; s. *Bild 6*

$z_a \geq 2{,}0$ m unter Oberfläche des Grundwassernichtleiters

h) Pfähle; s. *Bild 7*

$z_a \geq 1{,}0 \cdot b_G$
$10{,}0 \text{ m} \geq z_a \geq 4{,}0$ m
$z_a \geq 3 \cdot D_F$
D_F = Pfahlfußdurchmesser
b_G ist das kleinere Maß eines in der Fußebene liegenden Rechtecks, das die Pfahlgruppe umschließt.

Unabhängig von den vorbenannten Richtwerten sind folgende Grundsätze bzw. Empfehlungen zu beachten:

- Die Aufschlusstiefe muss alle Schichten erfassen, die das Bauwerk beeinflussen bzw. in umgekehrter Weise vom Bauwerk oder von Baumaßnahmen betroffen sind.
- Bei wechselnden bzw. anderweitig schwierigen Untergrundverhältnissen oder bei besonders komplizierten Bauwerken sind zumindest einzelne Aufschlüsse tiefer als gemäß vorbenannten Richtwerten auszuführen. Gleiches gilt für nicht eindeutige Verhältnisse.
- Steht im Sohlbereich Fels in festem Zustand und Verbund an, kann die Aufschlusstiefe unterhalb dieses Niveaus ermäßigt werden.
- Bei Staudämmen, Wehren, Baugruben, Wasserhaltungen und vergleichbaren Objek-

ten ist die Aufschlusstiefe zusätzlich auf die hydrogeologischen Verhältnisse abzustimmen.

- Bei Böschungen und Geländesprüngen richtet sich die Aufschlusstiefe auch nach der Lage potenzieller Gleitflächen.

3 Spezielle Untersuchungsbereiche

Spezielle Bereiche oder Bauwerke können Sonderuntersuchungen durch Aufschlüsse in engem Abstand bzw. in linien- oder flächenförmiger Anordnung sowie richtungsorientiert notwendig machen. Es kann zweckmäßig sein, verschiedenartige, auch indirekte Aufschlussverfahren zu ergänzen oder zu kombinieren, wenn die Ergebnisse nicht ausreichen bzw. sich nicht eindeutig interpretieren lassen. Spezielle Untersuchungsbereiche können z. B. sein:

(1) Geologische Sonderbereiche

Hierzu gehören

- geologische Störungen nach Verlauf, Breite, Tiefe, Ausbildung der Zerrüttungszone, Wasserführung,
- Übergangsbereiche, in denen die Boden- bzw. Felsarten wechseln,
- Übergangsbereiche von Damm- in Einschnittsstrecken,
- bei der Querung von Seitentälern die Hanganschlussbereiche, die Talsohle und ggf. auch die Hänge,
- die Hangschuttüberlagerung, latente Gleitflächen, Wasserführung in Hängen,
- Wasserläufe im flachen Gelände von verlandeten Altarmen,
- Rutsch- und Kriechhänge,
- Zerr- und Presszonen in den Randgebieten von Bergsenkungen,
- Geländedepressionen, z. B. in Kalkgebieten, ferner Schwammstotzen, Spalten, Schlotten, Dolinen in Karstgebieten,
- bei der Querung von Moorgebieten die Tiefe der tragfähigen Schichten sowie die seitlichen Einflussgrenzen,
- die Baufelder und Einflussbereiche von Brücken-, Stütz- und Tunnelbauten.

(2) Verkehrswege auf wenig tragfähigem Untergrund

Die Erkundungsabstände sind bei allen Neu- und Ausbaumaßnahmen, die ganz oder bereichsweise auf organischen Böden (Torfe, Mudde) liegen, gezielt festzulegen; auch der Untergrund von Seen, verlandeten Seen und verlandeten Flussaltarmen ist entsprechend zu erschließen.

Die geringe Tragfähigkeit der Schichten macht es notwendig, nicht nur innerhalb des Baufeldes, sondern auch darüber hinaus in den o. g. Abständen zu erkunden, um Gefährdungen durch Grundbruch erkennen und Sicherungsmaßnahmen festlegen zu können.

(3) Einschnitts- und Dammstrecken

Die erforderliche Aufschlusstiefe richtet sich nach den Gelände-, Schicht- und Wasserverhältnissen sowie nach der Art des Bauobjekts. Die für Einschnittsstrecken (*Bild 2*) angegebene Mindesttiefe von 2,0 m unter Planum leitet sich aus der Erfahrung her, dass die dynamische Wirkung des Verkehrs sowie die maximale Frosteindringung in der Regel nicht tiefer reichen. Größere Mindesttiefen können jedoch in Einschnitten dann notwendig sein, wenn

- in Planumshöhe wenig tragfähige Schichten bzw. heterogen wechselnde Verhältnisse angetroffen werden,
- die Grundwassertiefen oder die Entwässerungsverhältnisse (z. B. Tiefendränagen, Versickeranlagen) festzustellen sind,
- im Übergangsbereich zu Dammstrecken oder Bauten der hierfür tragfähige Untergrund erschlossen werden muss,
- Besonderheiten des Untergrunds beim Herstellen tiefer Einschnitte zu berücksichtigen sind, z. B. in rutschempfindlichen Tonen oder wasserführendem Gebirge.

Für Dammstrecken gilt der Grundsatz, den Untergrund bis unterhalb der Schichten zu erschließen, die keinen wesentlichen Einfluss mehr auf die Setzungen bzw. Horizontalverformungen des Dammes sowie auf seine Grundbruch- oder Böschungsbruchgefährdung haben. Bei setzungsempfindlichem bzw.

wenig tragfähigem Untergrund können daher größere Mindesttiefen erforderlich sein.

(4) Brücken, Tunnel, Stützbauwerke

Baugrundaufschlüsse für Brücken, Durchlässe, Stützbauwerke, Tunnel sowie für tiefe Baugruben sind nach Art, Lage und Erkundungstiefe nicht nur den allgemeinen Richtwerten bzw. Mindestanforderungen, sondern den jeweiligen konstruktiven und statischen Erfordernissen anzupassen.

Bei Flächen- und Pfahlgründungen ist dem Grundsatz zu folgen, sowohl unterhalb der Gründungssohle bzw. der Pfähle als auch im umgebenden Einflussbereich der Gründungsfläche die tragfähige Schicht in ausreichender Dicke sowie alle Schichten, die auf die Setzungen des Bauwerks wesentlichen Einfluss nehmen, zu erschließen.

Lage, Tiefe und Anzahl der Baugrundaufschlüsse richten sich dabei neben den Untergrundverhältnissen nach Abmessung und Form des Bauwerksgrundrisses, der Bauwerkslast und der Lage zu benachbarten Bauwerken.

Sonderuntersuchungen werden z. B. bei setzungs- und erschütterungsgefährdeten Bauwerken auf wenig tragfähigem Untergrund oder Tragwerken mit Lastkonzentrationen der Gründung oder dynamischer Beanspruchung erforderlich.

2.3 Untersuchungsverfahren

Folgende Untersuchungsverfahren können geeignet sein:

- *Geländebegehung, Sichtung und Bewertung vorhandener Unterlagen wie zum Beispiel historische Karten, Luftbilder etc.*
- *Baugrundaufschlüsse durch Schürfe und Bohrungen, Sondierungen mit Ramm-, Druck- und Flügelsonden*
- *mechanische Versuche im Bohrloch, optische Verfahren im Bohrloch, geophysikalische Untersuchungen im Gelände, z. B. mittels Geoelektrik, Refraktions- und Reflexionsseismik, Geosonar, Magnetometrie, Bodenradar oder radiometrischer Verfahren (siehe H GeoMess)*
- *bodenphysikalische Untersuchungen an Proben im Labor zur Bestimmung der Bodeneigenschaften (siehe Abschnitt 14)*
- *mineralogische Untersuchungen*
- *physikalisch-chemische Untersuchungen umweltrelevanter Parameter*

Zu den geotechnischen, auch baubegleitenden Messungen gehören hauptsächlich:

- *Messungen des Grundwasserstandes*
- *Porenwasserdruckmessungen*
- *Setzungs-, Verschiebungs- und Verformungsmessungen*
- *Erschütterungsmessungen.*

Inhalt Kommentar

Geotechnische Messtechnik, siehe Teil 3, Sonderkapitel S8

1 Erkundungs- und Aufschlussverfahren

Übersicht und Eignung der Verfahren s. *Tab. 1*.

1.1 Luftbildaufnahmen

Zutreffende Aussagen sind nur außerhalb dicht besiedelter Gebiete und in Gelände ohne dichten Waldbestand möglich. Bildqualität und zuverlässige stereoskopische Bildauswertung sind abhängig von Aufnahmehöhe, Aufnahmewinkel, Eigenschaften des Aufnahmeobjektivs und Filmmaterials; s. *Bild 1*.

Übliche Bildmaßstäbe 1:5000 bis 1:10000; Aufnahme mit Normalwinkelobjektiven (Brennweite f = 30 bis 50 cm) aus relativen Flughöhen von 2000 bis 3000 m über mittlerer Geländehöhe; Weitwinkelaufnahmen wegen Verzerrung und unterschiedlicher Reflexionswinkel für Bodenerkundung ungünstig; Infrarotfilmaufnahmen ermöglichen verbesserte Informationen über Vegetation sowie hydrologische und geologische Verhältnisse.

Aus den Luftbildaufnahmen lassen sich erkennen:

- Geländeformen, Grenzlinien, Gefällewechsel
- tektonische Störungslinien, Faltungen, Bergstürze, Rutschungen, Erosionen, Verwitterungsunterschiede
- Altwasserläufe, trockene Bodenhorizonte, Vernässungsbereiche, Meliorationsdräns, Quellen.

1.2 Kartierungen

Flächenmäßiger oder räumlicher Aufschluss durch visuelle Aufnahme von natürlichen Hängen und Geländesprüngen mit freiliegender Oberfläche, von Einschnitten sowie von Abbauwänden in Kiesgruben, Steinbrüchen, Baugruben u. a.

Fallweise können folgende Merkmale festgestellt werden:

- geologische Formation, Schichtenfolge, Schichtdicke, Verlauf der Schichtgrenzen
- Art, Beschaffenheit, Zusammensetzung, kennzeichnende Eigenschaften der Schichten und Boden- bzw. Felsarten
- Wasserführung der Schichten, Quellen
- Trennflächengefüge des Gebirges (z. B. Kluft-, Schiefer-, Schichtflächen), Raumstellung (Streichen, Einfallen); s. *Bild 2*, Abstand, Häufigkeit, Durchtrennungsgrad, Belag der Trennflächen; ferner Öffnung und Füllung der Klüfte
- Verwitterungszustand des Gebirges.

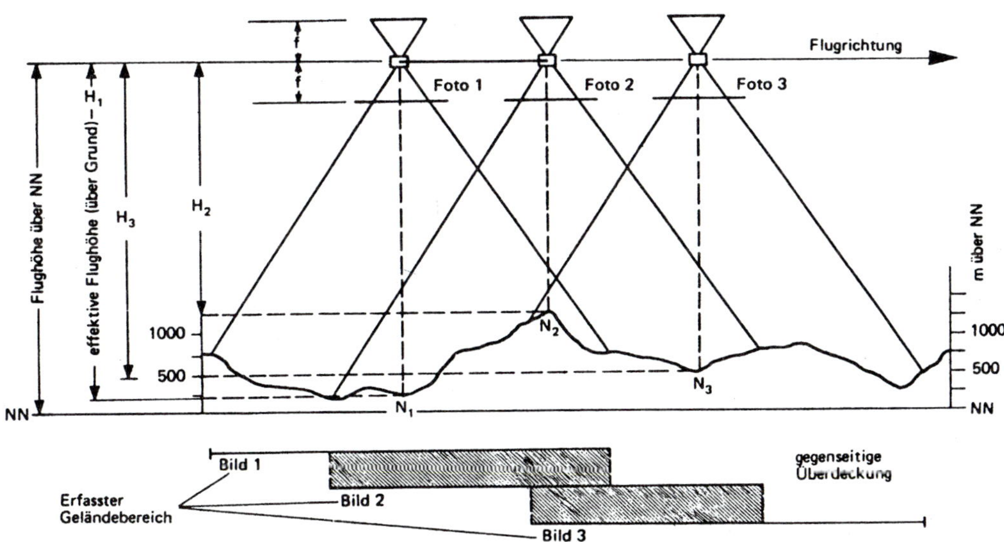

Bild 1: Schema einer Befliegung und der Bilddeckung bzw. der stereoskopischen Deckung nach Kronberg (1966)

Tabelle 1: Eignung von Aufschlussverfahren (DIN 4020)

Spalte	1	2	3	4	5	6	7	8
Zeile	**Aufschlussart**	**Eignung direkter Aufschlussverfahren**						**Bemerkungen**
		Boden-, Felsart, Schichtung, Lagerung	**Verwitterung; Auflockerung (im Fels)**	**Trennflächen (Schichtung, Schieferung, Klüftung)**	**Tektonische Störungen**	**Aufschluss des Grundwassers**	**Bohrloch-/ Feldversuche**	
1	Vorgegebene und einsehbare Aufschlüsse	++	+–	+	++	+	+–	
2	Schurf	++ bis zu mäßiger Tiefe und oberhalb des Grundwassers	++	++ auch Kluftweite, Füllung, Rauigkeit, Ebenheit, Richtung	++	++	+	zur Probenentnahme; besonders empfehlenswert zur Erkundung von Verwitterung/Auflockerung im Fels; Gleitflächen erkennbar
3	Untersuchungsschacht	++ Erschwernis bei Grundwasser und wenn unmittelbare Auskleidung notwendig	++	++ auch Kluftweite, Füllung, Rauigkeit, Ebenheit, Richtung	++	+–	+– oft Erschwernis durch Wasser und mangelnde Stabilität der Wanderung	für Tiefgründungen auf schwierigem Baugrund, (z. B. U-Bahn, Kraftwerke); Gleitflächen erkennbar
4	Untersuchungsstollen	++	++	++	++	+ nur im Stollenniveau	++ alle Versuche möglich	für Kavernen, große Tunnel, Staumauern. Feldversuche; Gleitflächen erkennbar
5	Rotationskernbohrungen	++ im Fels + in steifen, bindigen Bodenarten	+ zur Beurteilung des Gesteins und des Belages/Füllung von Trennflächen	+ bei orientierten Bohrungen, bekannter Lagerung oder bei Kombination verschiedener Bohrrichtungen, bei Fernsehsondierung	+ in Störungen oft Kernverlust	+ im Fels +– im Boden	++ Wasserabpress- und Bohrloch-Aufweitungs-Versuche, Primärspannungsmessungen	Aufschlussverfahren im Fels; bei komplizierten geologischen Verhältnissen und schwierigen Bauwerken Ergänzung durch Erkundungsschächte/-stollen zweckmäßig

Spalte	1	2	3	4	5	6	7	8
Zeile	Aufschlussart	Eignung direkter Aufschlussverfahren						Bemerkungen
		Boden-, Felsart, Schichtung, Lagerung	Verwitterung; Auflockerung (im Fels)	Trennflächen (Schichtung, Schieferung Klüftung	Tektonische Störungen	Aufschluss des Grundwassers	Bohrloch-/ Feldversuche	
6	Ramm-Kern-bohrungen	++ nur in Böden, auch enge Wechsellagerung erfassbar, oft Veränderung von Lagerungsdichte und Gefüge	–	–	+ – nur durch Vergleich benachbarter Bohrungen	+ –	+ Durchlässigkeitsversuche, Standard Penetration Tests, Bohrlochrammsondierungen	Bohrverfahren für nichtbindige Böden und Wechsellagerung, zweckmäßig bei schwierigen Bauwerken in diesen Bodenarten
7	Kleinbohrung	+ – in Böden bei geeigneter Festigkeit und Korngröße	+ –	–	–	+ –	+ –	in der Regel nur unverrohrt, meist nur für begrenzte Tiefe
8	Kleinstbohrung (früher Nutsonde Rillenbohrer usw.)	+ in Böden bei geeigneter Schichtung, Festigkeit und Korngröße	–	–	–	+	–	zur Verdichtung des Aufschlussnetzes; für Bodenluftmessung; meist nur für begrenzte Tiefe
9	Nicht gekernte Bohrverfahren (Schappe, Vertikalbohrer)	+	–	–	–	–	+	+
10	Greiferbohrungen	+ in Böden bei Schichtmächtigkeit ≥ 50 cm; bei Grobkies-, Stein- und Blockeinlagerung	–	–	– nur durch Vergleich benachbarter Bohrungen	++	+ Durchlässigkeitsversuche, Standard Penetration Tests	geeignet für nichtbindige Böden
11	Spülbohrungen	+ – in Verbindung mit Bohrloch-Geophysik	–	–	– nur durch Korrelation von Bohrungen	–	+	als einfacher Tiefenaufschluss, Grundwassermessstelle

++ Sehr gut geeignet, zum Teil optimale Aufschlussart
+ Geeignet, im Allgemeinen ausreichende Ergebnisse
+ – Bedingt geeignet, bei Ergänzung durch andere Aufschlussverfahren und bei speziellen Fragen geeignet
– Nicht geeignet, höchstens ausnahmsweise Teilergebnisse zu erwarten

Die Merkmale sind nur dann einwandfrei feststellbar, wenn aufgenommene Geländeoberflächen nicht durch äußere Einflüsse, z. B. Erosion, Verwitterung, Frostauflockerung, grundsätzlich verändert sind. Insbesondere Kartierung in Fels erfordert geologisch geschultes Fachpersonal.

Darstellung der Kartierungsergebnisse auf Karten M 1 : 1 000 oder größer und durch Fotoaufnahme (mit Maßstab für Größenvergleich).

1.3 Schürfungen

Punkt- oder linienförmiger Aufschluss im oberflächennahen Bereich als Schlitz, Grube oder Schacht. Feststellen lassen sich Merkmale wie bei der Kartierung unter 1.2; zusätzlich sind möglich:

- die Entnahme von Sonder- und Schürfproben für Laborversuche
- boden- bzw. felsmechanische Versuche im Schurf, z. B. vertikale oder horizontale Probebelastungen.

Herstellung durch Aushub von Hand oder maschinell oder mittels Sprengen mit Mindestabmessungen für begehbare Schürfe:

- Breite ≥ 0,75 m
- Länge ≥ 1,50 m in der Sohle für Probenentnahme und Versuche
- Abböschungen oder Verbau in nicht standfestem Untergrund bei Tiefen t ≥ 1,25 m.

1.4 Stollen und Schächte

Stollen als linienförmiger, waagerecht oder wenig geneigt geführter Aufschluss; Schacht als punktförmiger, lotrecht orientierter Aufschluss. Feststellbare Merkmale wie bei Kartierung unter 1.2 für den unmittelbar umgebenden Bereich.

Anwendung richtungsorientiert:

- zum Auffinden von Gesteinswechseln, Hauptkluftrichtungen, Störungen
- im Zusammenhang mit Felshohlraumbauten, Bauwerksgründungen, Baugrundinjektionen
- zum Ausführen von orientierten Aufschlussbohrungen
- zur orientierten Probenentnahme
- zu Spannungs-, Verformungs-, Grundwassermessungen.

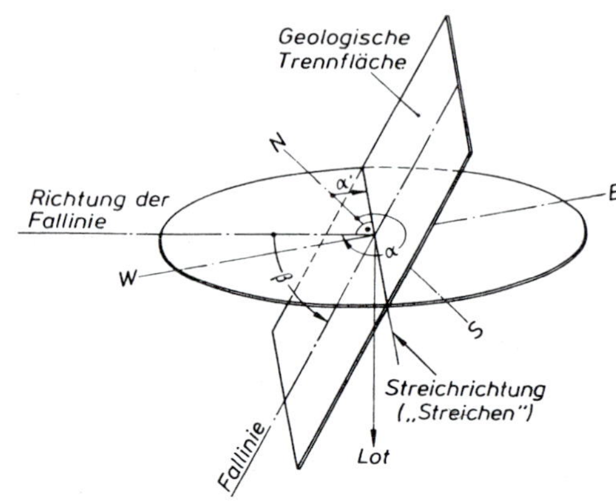

α Richtungswinkel der Fallinie
α' Winkel der Streichrichtung
β Winkel der Einfallrichtung

Beispiele im Bild:

α' = 20/β = 60° W: Fläche streicht 20 bis 180° und fällt mit 60° senkrecht zum Streichen in westlicher Richtung ein

α = 290/β = 60°: Fläche fällt mit 60° Neigung in Richtung α = 290° ein

Bild 2: Raumstellung einer geologischen Trennfläche (DIN 4023)

Herstellung:

- Bergbaulicher Ausbruch und Verbau im standfesten Untergrund; im Zusammenhang mit Felshohlraumbau als First-, Sohl- oder Seitenstollen in der Regel in das Bauwerk einbezogen.

Mindestabmessungen:

- Querschnitt je nach Vortriebsverfahren, Gebirge und Untersuchungszweck
- Lichte Stollenhöhe h ≥ 2,0 m.

1.5 Bohrungen

Siehe Kom. 2 „Bohrtechnik und Probenentnahme".

1.6 Sondierungen

Mit Sondierungen lassen sich ergänzende Erkenntnisse zu Bohr- und Schürfaufschlüssen gewinnen. Der Widerstand des Bodens gegen das Einrammen, Eindrücken oder Drehen von Sonden unterliegt einer Vielzahl von Einflussgrößen aus Kornzusammensetzung, Lagerungsdichte, Wassergehalt und Festigkeit. Rückschlüsse auf Grenzen von unterschied-

Tabelle 2: Sondiergeräte (nach DIN EN ISO 22476-1)

	1	2	3	4	5	6	7	8	9	10	11	12
Nr	Benennung	Kurzzeichen	Sondiergerät						Meßgrößen [4])	Untersuchungstiefe ab Ansatzpunkt [5])	Einsatz eingeschränkt in (Böden nach DIN 4022 Teil 1)	Bemerkungen bzw. bisherige Kurzzeichen
			Spitzenquerschnitt A_c cm²	Spitzendurchmesser [1]) d mm	Masse des Rammbären [1]) m kg	Fallhöhe [1]) h m	Gestängedurchmesser außen/innen [2]) mm	Masse der Eintreibvorrichtung ohne Rammbär [3]) max. kg		t m		
1	Leichte Rammsonde (Dynamic Probing Light) (siehe Bild 1)	DPL	10	35,7 ± 0,3	10 ± 0,1	0,50 ± 0,01	22/6	6	N_{10}	10	mitteldichten und dicht gelagerten Kiesen, festen tonigen und schluffigen Böden	bisher LRS 10
2	Leichte Rammsonde (siehe Bild 1)	DPL-5	5	25,2 ± 0,2	10 ± 0,1	0,50 ± 0,01	22/6	6	N_{10}	8	tonigen und schluffigen Böden und dicht gelagerten, grobkörnigen Böden	wird nur regional angewandt bisher LRS 5
3	Mittelschwere Rammsonde (Dynamic Probing Medium) (siehe Bild 1)	DPM	10	35,7 ± 0,3	30 ± 0,3	0,50 ± 0,01	32/9	18	N_{10}	20	dicht gelagerten Kiesen	bisher MRS B
4	Mittelschwere Rammsonde (siehe Bild 1)	DPM-A	10	35,7 ± 0,3	30 ± 0,3	0,20 ± 0,01	22/6	6	N_{10}	15	dicht gelagerten Kiesen, festen tonigen und schluffigen Böden	wird nur regional angewandt bisher MRS A
5	Schwere Rammsonde (Dynamic Probing Heavy) (siehe Bild 1)	DPH	15	43,7 ± 0,3	50 ± 0,5	0,50 ± 0,01	32/9	18	N_{10}	25	–	bisher SRS 15
6	Standard Penetration Test (siehe Bild 2)	SPT	20	50,5 ± 0,5	63,5 ± 0,5	0,76 ± 0,02	ohne Gestänge Rammbär im Bohrloch	30	N_{30}	0,45 [6])	–	
7	Drucksonde mit Messung des Spitzenwiderstands und der lokalen Mantelreibung (Cone Penetration Test)	CPT	10	35,7 ± 0,3	–	–	32/–	–	q_c, f_s	40	Böden mit Steineinlagerungen, dicht gelagerten Kiesen, festen tonigen und schluffigen Böden	Sondenspitze mit elektrischem Meßelement (CPT-E) (siehe Bild 3) oder mechanische Spitze (CPT-M)

[1]) Fertigungstoleranzen.
[2]) Angabe von Fertigungstoleranzen ist hier nicht erforderlich.
[3]) Das sind die durch den Stoß bewegten Teile (Amboß und Führungsstange), ausschließlich der Sonde. Mitlaufende Teile zum Heben und Ausklinken des Rammbären gehören nicht dazu.
[4]) Hierin bedeuten: N_{10} Anzahl der Schläge je 10 cm Eindringtiefe, N_{30} Anzahl der Schläge je 30 cm Eindringtiefe, q_c Spitzenwiderstand in MN/m², f_s lokale Mantelreibung in MN/m².
[5]) Richtwerte, bei Baugrundverhältnissen mittlerer Festigkeit gemessen.
[6]) Ansatzpunkt ist die jeweilige Bohrlochsohle.

lichen Schichten, Hindernisse und Hohlräume sowie auf die Heterogenität des Bodens lassen sich ziehen.

Soweit keine Bohr- oder Hohlsonden verwendet werden, die gleichzeitig die Entnahme kleiner Proben ermöglichen, kann aus dem Sondierergebnis nur mittelbar auf die Bodenart rückgeschlossen werden. Es können auch keine Boden- oder Tragfähigkeitskenngrößen unmittelbar abgeleitet werden.

Übersicht: s. *Tab. 2*.

1.6.1 Rammsondierungen

Einrammen einer Sonde mit kegelförmiger Spitze oder einer Hohlsonde mit stumpfem Ende mittels eines Rammbären aus gleichbleibender Fallhöhe von einer Arbeitsfläche aus oder im Bohrloch. Anwendung nach DIN EN ISO 22476-1, Sondierungen mit Hohlsonden im Bohrloch als Standard Penetration Test (SPT) oder Borehole Dynamic Penetration (PDP).

Ziel der Untersuchung:

- Erkundung des Bodens als Voruntersuchung oder zwischen Bohr- und Schurfaufschlussstellen: Schichtenfolge, Schichtgrenze, Hindernisse, Hohlräume, Wasserstandshöhe
- Überprüfung der Verdichtung über oder unter Wasser: Tiefenwirkung und Gleichmäßigkeit der Verdichtung; Optimierung der Schütthöhe; Beurteilung der Lagerungsdichte D bzw. des Verdichtungsgrades D_{Pr} nach vorheriger Kalibrierung des Eindringwiderstands mit den Ergebnissen von Dichte-Prüfungen, hauptsächlich bei grob- oder gemischtkörnigen Bodenarten bis zu 15 % Feinkorn unter 0,06 mm
- Abschätzung der Lagerungsdichte grobkörniger Bodenarten.

Rammsonden:

Geräte, Rammsondierungen, Sondiertiefe s. *Tab. 2* und *Bild 3*.

Messgrößen:

- Schlagzahl je 10 cm Eindringtiefe, bei der ASTM-Sonde je 15,2 und 30,5 cm
- Eindringtiefe für eine vorgegebene Schlagzahl
- theoretische Rammarbeit A gemäß DIN 4094.

Beispiele für Rammsondierergebnisse s. *Bild 4*; Zahlenwerte für Sondierungen mit der ASTM-Sonde s. *Tab. 3*; Vergleich mit Drucksondierungen s. unter 1.6.2.

Bild 3: Rammsondenspitze DPL-5, DPL, DPM-A, DPM und DPH (nach DIN EN ISO 22476-1)

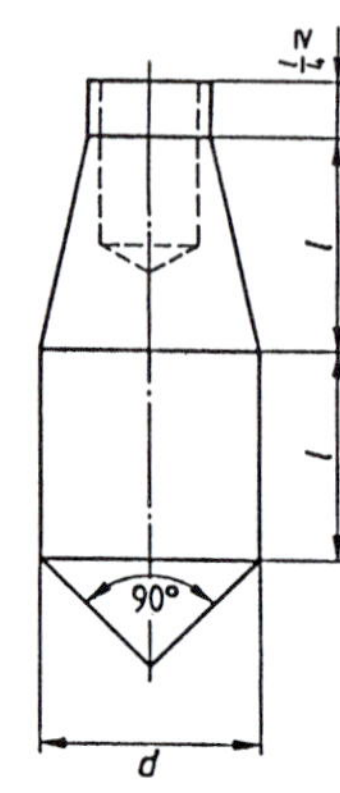

1.6.2 Drucksondierungen

Eindrücken einer Sonde mit kegelförmiger Spitze bei gleichbleibender Geschwindigkeit, wobei der Gesamtwiderstand (einschließlich

Tabelle 3: Zahlenwerte für Sondierungen mit dem ASTM-Standard-Sondiergerät (SPT)

a) Schlagzahl n_{30} und Lagerungsdichte I_D bei nichtbindigen Böden

Schlagzahl n_{30}	Lagerung	I_D
0 bis 4	sehr locker	1,50 bis 0,15
4 bis 10	locker	0,15 bis 0,30
10 bis 30	mittel	0,30 bis 0,50
30 bis 50	dicht	0,50 bis 0,75
> 50	sehr dicht	> 0,75

b) Schlagzahl n_{30}, Konsistenzzahl I_c und Zylinderdruckfestigkeit q_u bei bindigen Böden

Schlagzahl n_{30}	Konsistenz	I_c	q_u [kN/m²]
0 bis 2	breiig	0 bis 0,50	> 25
2 bis 4	weich	0,50 bis 0,75	25 bis 50
4 bis 8		0,75 bis 1,00	50 bis 100
8 bis 15	steif		100 bis 200
15 bis 30	halbfest	> 1,00	200 bis 400
> 30	fest	> 1,00	> 400

Änderung des Eindringwiderstandes mit der bezogenen Lagerungsdichte eines homogenen Bodens

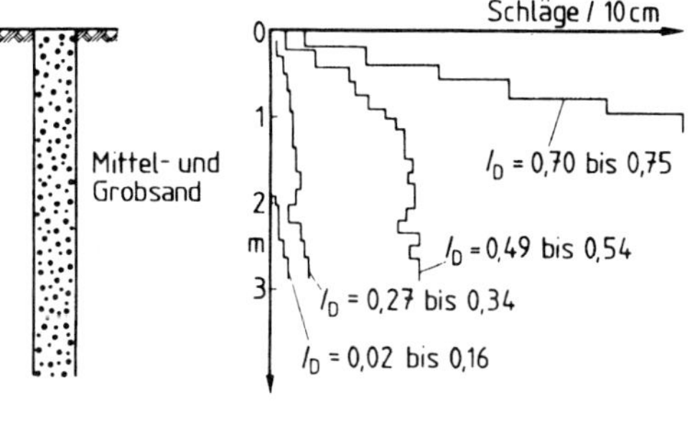

Änderung des Eindringwiderstandes in dem Kies der Auffüllung mit wechselnder Lagerungsdichte

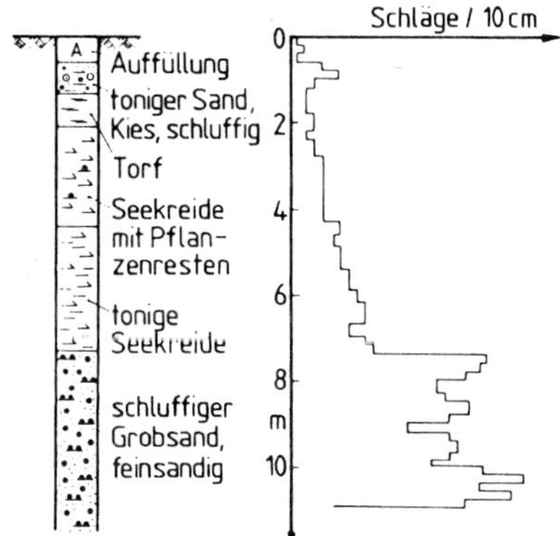

Zunahme des Eindringwiderstandes bei Steineinlagerungen

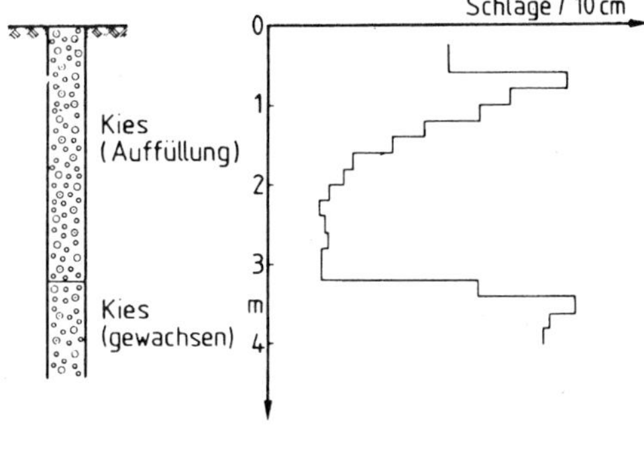

Schwankungen der Sondierergebnisse in verschiedenen bindigen Böden

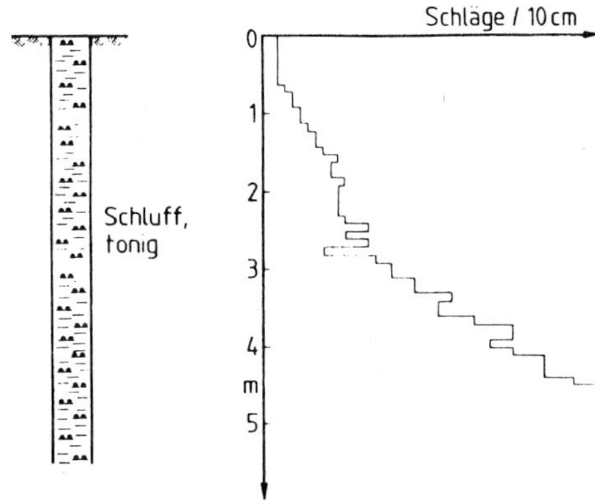

Zunahme des Eindringwiderstandes durch Mantelreibung in einem bindigen Boden

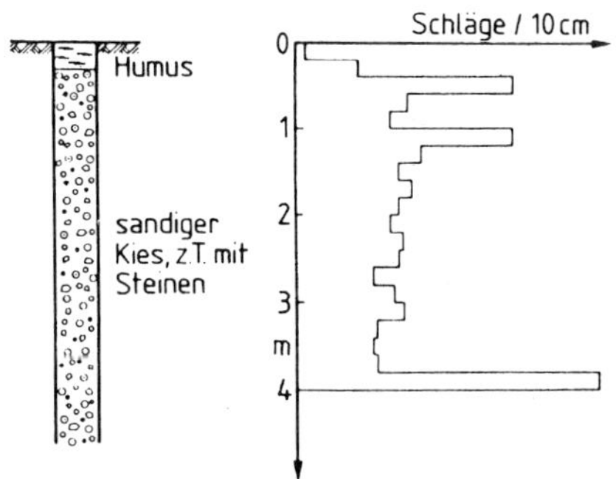

Ergebnis einer Sondierung im zersetzten Torf

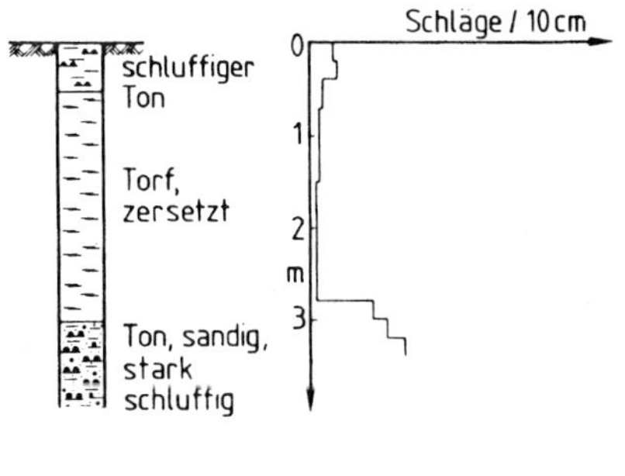

Bild 4: Beispiele für Rammsondierergebnisse

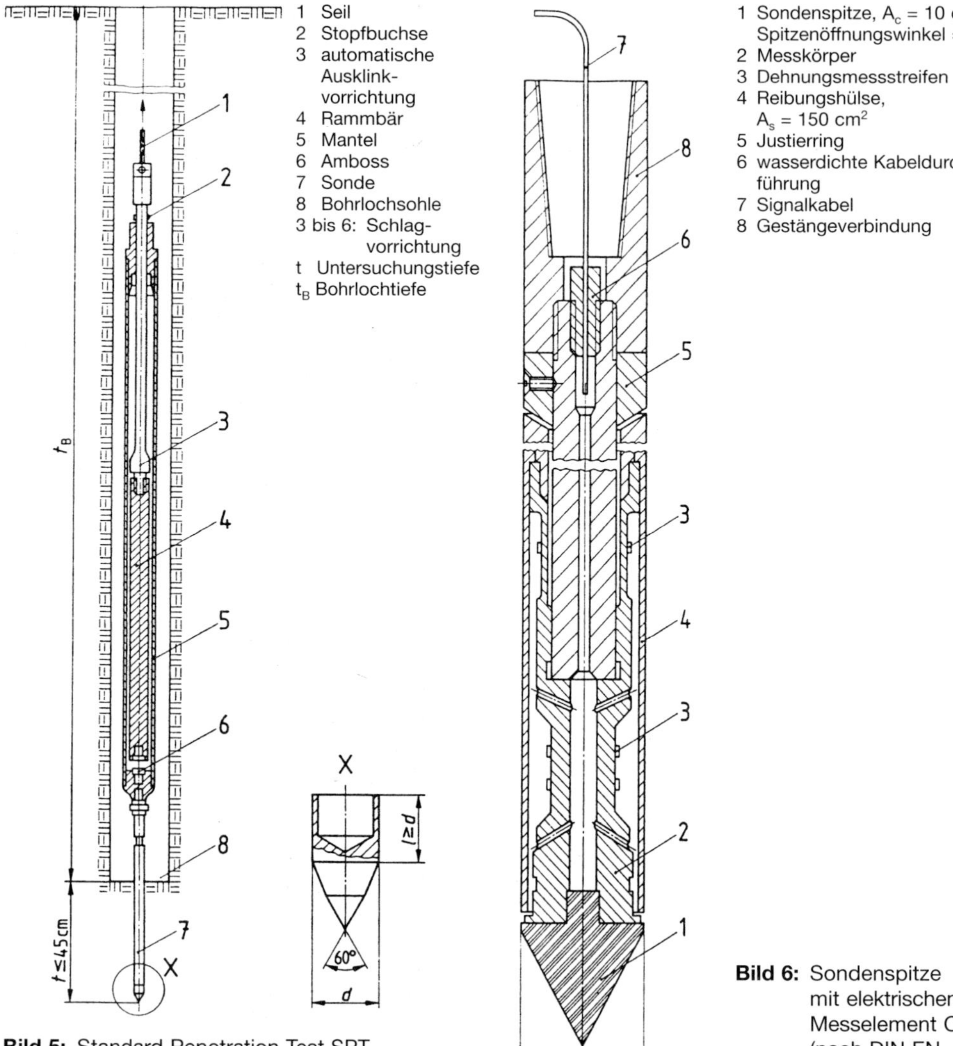

Bild 5: Standard Penetration Test SPT (nach DIN EN ISO 22476-1)

Bild 6: Sondenspitze mit elektrischem Messelement CPT-E (nach DIN EN ISO 22476-1)

Mantelreibung des Gestänges) und der Spitzenwiderstand getrennt gemessen werden können. Messung des Gesamtwiderstandes mittels Manometer; Messung des Spitzenwiderstands an der Sondenspitze entweder mechanisch mit Manometer oder elektrisch, z. B. mittels schwingender Saite: Die Saite wird, je nach Druck auf die Spitze, elektrisch zu Schwingungen angeregt; durch Frequenzausgleich über das im Sondengestänge befindliche Messkabel wird die Schwingungsgröße gemessen und mittels der durch vorhergegangene Belastungsversuche aufgestellten Kalibrierung der Spitzendruck ermittelt; Messung der lokalen Mantelreibung oberhalb der Sondenspitze mittels mechanischer oder elektrischer Geber zusätzlich möglich.

Untersuchungsziel:

- Abschätzung der Lagerungsdichte und Festigkeitseigenschaften von Sand- und Kiesböden; Rückschluss auf Tragfähigkeit des Bodens
- Hohlgestänge mit Sondenspitze gemäß *Bild 5* und *6*, Führungsmittel und Verankerungen
- Eindringgeschwindigkeit: 0,2 bis 0,4 m/min

Messgrößen:

- Gesamtwiderstand Q in (MN)
- spezifischer Spitzendruck σ_S in (MN/m²)
- spezifische Mantelreibung τ_m in (MN/m²); s. DIN 4094
- Näherungsregel für den Vergleich von Spitzendruck σ_S der Drucksonde und Schlagzahl N_{30} der ASTM-Sonde für Sand (nach Meyerhof)

$$\sigma_S = 4 \cdot N_{30}$$

- Näherungsregel für den Vergleich von Spitzendruck und Schlagzahl der schweren Rammsonde für nichtbindige Böden (nach Franke)

$$N_{10}/\sigma_S = 1 : 10.$$

1.6.3 Flügelsondierungen

Eindrücken oder Einschlagen eines Sondenstabs mit über Kreuz angeordneten, rechteckigen Flügeln am Sondenende bis zur Untersuchungstiefe und dort Abscheren des Bodens durch gleichmäßiges Drehen der Sonde; Ausführung von Geländeoberkante oder vom Schurf oder Bohrloch aus. Untersuchung der Scherfestigkeit weicher organischer und weicher feinkörniger Böden.

Flügelsonde:

- Flügelsonde (ggf. mit Schutzhülse); Gestänge (ggf. mit Schutzrohr, um Mantelreibung zu verhindern); Drehvorrichtung; Messgeräte für Drehmoment M = P · a (Federwaage) und Drehwinkel. Abmessung und Anordnung der Flügel entsprechend DIN 4096; s. *Bild 7*.

Auswertung:

Widerstand des Bodens beim Abscheren in senkrechten Ebenen längs des durch die Flügel gebildeten Zylindermantels bei Abschergeschwindigkeit von 0,1° Sondendrehung je Sekunde. Ermittlung der Scherfestigkeit des undränierten Bodens bei schnellem Abscheren.

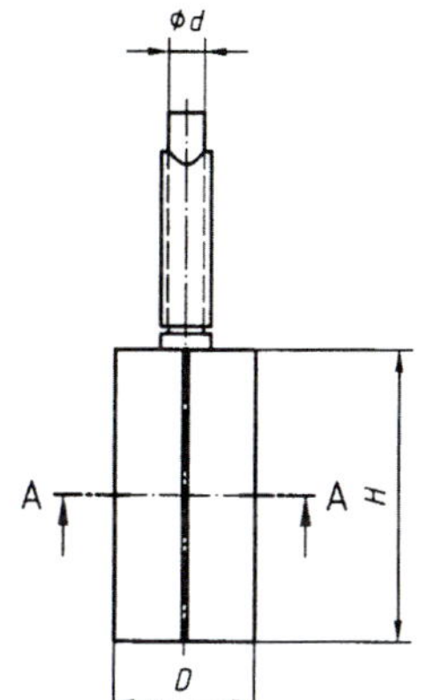

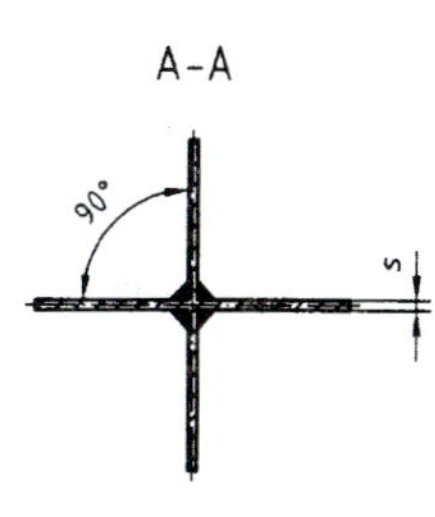

H Flügelhöhe
D Flügelbreite
s Blechdicke
d Stabdurchmesser

a) Scherfläche

b) Spannungsverteilung

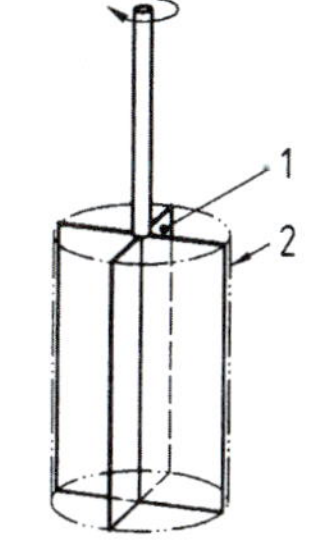

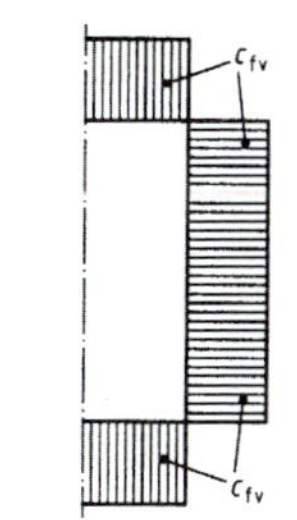

1 Flügel
2 Oberfläche des abgescherten Bodenkörpers

Kurzzeichen	Flügelbreite D [mm]	Flügelhöhe H [mm]	Blechdicke s [mm]	Stabdurchmesser d [mm]
FVT 50	50	100	1,5	13
FVT 75	75	150	3	16

Bild 7: Flügelsonde mit Abmessungen (DIN 4094-4)

In wassergesättigtem Zustand entspricht τ_F der Scherfestigkeit c_u

$$\tau_F = \frac{6 \cdot M}{7 \cdot \pi \cdot (D)^3} \text{ in MN/m}^2.$$

2 Bohrtechnik und Probenentnahme

2.1 Anwendung

Bohrungen ergeben punktförmige, lotrecht oder geneigt orientierte Aufschlüsse bis in große Tiefen in allen Boden- und Felsarten ober- und unterhalb des Grundwassers. Die Beurteilung der Ergebnisse erfolgt anhand des Bohrgutes, der entnommenen Proben, des Bohrablaufs und des Bohrlochs.

Feststellen lassen sich folgende Merkmale:

- Formation, Schichtenfolge, Schichtdicke, Schichtgrenzen
- Art, Beschaffenheit, Zusammensetzung, kennzeichnende Eigenschaften der Boden- und Felsarten
- Wasserverhältnisse.

Die Bohrverfahren werden in DIN EN ISO 22475-1 nach der Art der gewinnbaren Proben unterschieden. Auswahl der Bohrverfahren und Geräte nach *Tab. 4*.

Zulässig sind alle Bohrverfahren, die einen einwandfreien zweckentsprechenden Aufschluss gewährleisten und die Entnahme von Proben zulassen, deren Güte den im Labor zu ermittelnden kennzeichnenden Eigenschaften genügt.

Grundsätzlich sollen Verfahren bevorzugt werden, bei denen das Bohrgut und die Proben beim Bohrvorgang so wenig wie möglich mechanisch gestört oder durch Spülwasser aufgeweicht werden. Beim Bohren im Grundwasser muss innerhalb der stützenden Verrohrung ein Wasserdruck wirken, der größer ist als der äußere Grundwasserstand (Wasserüberdruck). Die Bohrarbeiten in Fels erfordern in der Regel Spülhilfe. In vielen Fällen wird bei zu kleinem Bohrdurchmesser das Bohrgut durch Andruck und Spülung verändert.

Die Lage der Aufschlussstellen ist zu vermessen und in einem Lageplan einzutragen. Die Höhen der Ansatzpunkte sind auf NN oder aber auf Festpunkthöhe bezogen einzumessen. Die Tiefenangaben der einzelnen Schichten sind auf den jeweiligen Ansatzpunkt zu beziehen. Angaben über Wasserstände gelten für den Tag der Aufnahme, dessen Datum in den Höhenplänen einzutragen ist.

2.2 Güteklassen und Entnahmetechnik für Bodenproben

Die Gewinnung von repräsentativen Boden-, Fels- und Wasserproben ist eine wesentliche Zielvorgabe der geotechnischen Erkundung und Voraussetzung für Laboruntersuchungen. Die Bohr- und Probenentnahmetechnik ist auf die Erfordernisse der Probengüte, Probenmenge, Probengröße und Laborversuche auszurichten. Im Allgemeinen werden je nach Entnahmeort (Bohrung, freiliegendes Profil) und Verwendungszweck folgende Probentypen unterschieden:

Einzelprobe

Die Einzelprobe ist eine Probe, die gezielt einem homogenen Bereich des Vorkommens entnommen wird.

Sammelprobe

Die Sammelprobe entsteht durch Vereinigung und Mischung mehrerer Einzelproben.

Mischprobe

Die Mischprobe ist eine Probe, die über mehrere aneinander grenzende, homogene Bereiche hinweg entnommen und gemischt wird.

Tabelle 4: Güteklassen von Bodenproben für Laborversuche und zu verwendende Kategorien der Probenentnahme (EN ISO 22475-1: 2006 (D))

Güteklassen von Bodenproben für Laborversuche	1	2	3	4	5
Kategorien der Probenentnahme	A				
			B		
					C

Bohrprobe

Die Bohrprobe ist eine Probe, die mit Bohrwerkzeug aus dem Bohrgut gewonnen wird.

Sonderprobe

Die Sonderprobe ist eine weitgehend ungestörte Probe, die mit einem besonderen Entnahmegerät aus dem ungestörten Bereich unterhalb der Verrohrung der Bohrung oder aus einem Schurf entnommen wird.

Schurfprobe

Die Schürfprobe ist eine Probe, die mit einfachem Handgerät oder maschinellem Schürfgerät gewonnen wird.

Laborprobe

Die Laborprobe umfasst das Probenmaterial für die Untersuchungen im Laboratorium. Jede Einzel-, Sammel- oder Mischprobe kann gleichzeitig eine Laborprobe sein, oder sie kann in mehrere Laborproben aufgeteilt werden.

Rückstellprobe

Die Rückstellprobe ist eine Laborprobe, die für eine Schiedsanalyse oder andere Verwendungszwecke aufbewahrt wird.

Untersuchungsprobe

Die Untersuchungsprobe ist ein Teil der Laborprobe, der für die Durchführung eines Versuches benötigt wird.

Die Verfahren der Probenentnahme im Boden umfassen nach den neu eingeführten Regelungen in DIN EN ISO 22475-1 die Entnahmekategorien A, B und C in Zuordnung der Güteklassen 1 bis 5 von Bodenproben für Laborversuche; s. *Tab. 4*.

Dieser Zuordnung liegen folgende bodenspezifische Merkmale zugrunde:

Kategorie A für Proben ohne oder mit gering veränderter Struktur, unverändert im Wassergehalt, Porenvolumen, Zusammensetzung, chemischem Stoffinhalt. Güteklassen 1 bis 5 erzielbar.

Kategorie B für Proben mit gestörter Struktur, unverändert im Wassergehalt und in Zusammensetzung, Schichtenfolge erkennbar. Güteklassen 3 bis 5 erzielbar.

Kategorie C für Proben mit veränderter und in-situ nicht feststellbarer Struktur, verändert außerdem in Zusammensetzung und Schichtenfolge, nicht repräsentativ im Wassergehalt. Nur Güteklasse 5 erzielbar.

Die Gewinnung von Proben der Güteklassen 1 bis 5 setzt den Einsatz bestimmter Bohr- und Entnahmetechnik voraus (EN ISO 22475).

2.3 Güteklassen und Entnahmetechnik für Felsproben

Bei der Entnahme von Felsproben werden vollständige oder unvollständige Bohrkerne, Bohrklein und Blockproben unterschieden. DIN EN ISO 22475-1 gibt für die Probengüte die Entnahmekategorien A, B, C mit folgenden Kennzeichen vor:

Kategorie A für Proben ohne oder mit gering gestörter Felsstruktur, unverändert im Vergleich zu in-situ-Gesteinsproben hinsichtlich Festigkeits- und Verformungseigenschaften, Wassergehalt, Dichte, Porosität und Durchlässigkeit, unverändert auch vergleichsweise zum Gebirge hinsichtlich der Bestandteile und chemischen Zusammensetzung.

Kategorie B für Proben mit gestörten Felsstrukturen und Eigenschaften, unverändert hinsichtlich der Bestandteile des Gebirges nach Art, Anteilen und Eigenschaften der Gesteinsstücke, erkennbare Trennflächen.

Kategorie C für Proben mit völlig veränderten, nicht erkennbaren Felsstrukturen und Trennflächen des Gebirges, zerkleinertem Gestein, veränderten Bestandteilen und chemischen Inhaltsstoffen.

Die Felsproben können mit folgenden Entnahmetechniken gewonnen werden:

(1) Probengewinnung im Bohrvorgang durchgehend aus Rotationskernbohrungen mittels Einfach-, Doppel- oder Dreifach-Kernrohren oder aus Seilkernbohrungen oder Spühlbohrungen.

(2) Probengewinnung durch herausgearbeitete Blöcke aus Schürfen, Untersuchungsstollen oder Bohrlochsohlen mit den Kennzeichen der Entnahmekategorie A.

(3) Gewinnung vom Bohrvorgang ungestörter Bohrkerne durch Überbohrung des Kerns in einem vorgebohrten Loch. Diese Verfahrenstechnik ist geeignet, im Kern die Gebirgseigenschaften und das natürliche Trennflächengefüge ganzheitlich komplett und orientiert entsprechend Kategorie 3 zu erhalten.

2.4 Probenentnahme in schadstoffbelasteten Böden

Für Schadstoffanalysen bei der Untersuchung von Altlasten bzw. Bodenkontaminierungen werden Liner-Rammkernsondierungen angewendet. Sie dienen zur Entnahme von sog. Intervallproben für die Analyse und Erkundung der vertikalen Schadstoffverteilung.

Prinzipiell besteht das Verfahren darin, eine Rammsonde beginnend mit einer Spitze kleinen Durchmessers einzurammen und das Rammloch stufenweise durch Rammung mit Sondenspitzen größeren Durchmessers zu erweitern. Ab Oberkante der Untersuchungstiefe wird ein sog. Innenliner aus Kunststoff (PVC oder HDPE) statisch eingedrückt. Der Liner nimmt dabei Probenmaterial auf und wird zur Entnahme von Teilproben für Untersuchungen im Labor aufgeschlitzt bzw. aufgeschnitten.

Die repräsentative Probenahme und Analyse von schadstoffbelastetem Bodenmaterial setzt voraus, das die schädlichen Inhaltsstoffe nicht verschleppt werden und unter hohem Dampfdruck nicht entweichen können.

Eine Variante der Rammkernsondierung ist das **Schlauchkernbohren** mit innenliegender Probehülse, die meist aus Kunststoff besteht (Schlauch oder Liner) und sich beim Einrammen des Kernrohres mit Bodenmaterial füllt. Das Bohrgut wird beim Bohren in einen

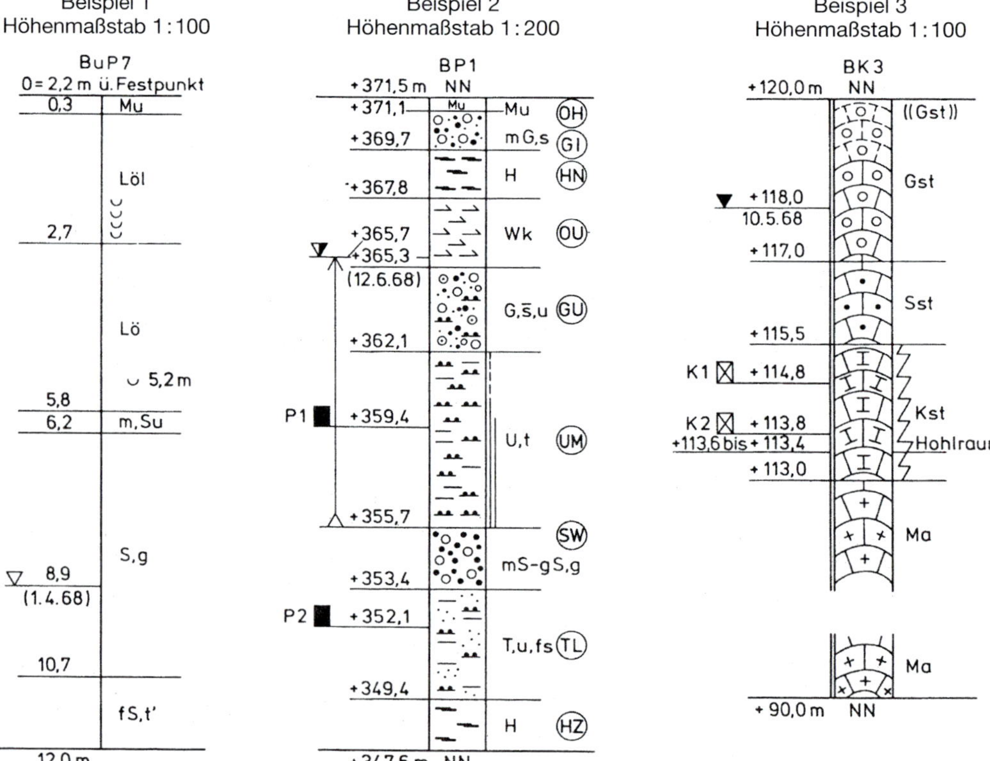

Anordnung

linke Profilseite: Tiefenzahlen, Proben, Wasserspiegel

rechte Profilseite: Kurzzeichen für Boden- bzw. Felsarten, Zeichen für bautechnische Eigenschaften

Kurzzeichen

Beispiel 1: geologische Kurzzeichen (DIN 4023)

Beispiel 2: Kurzzeichen nach DIN 4022 sowie in den Kreisen Kurzzeichen für bautechnische Bodengruppen nach DIN 18196

Beispiel 3: Kurzzeichen für Felsarten (DIN 4023)

Bild 8: Beispiele für die Darstellung von Schichtenprofilen

Folienschlauch oder eine Kunststoffhülse gedrückt. Dadurch können Kontaminationen im Randbereich des Kerns, Sauerstoffzutritt und Verluste von leichtflüchtigen Stoffen weitgehend vermieden werden.

2.5 Dokumentation der Bohrergebnisse

(1) Schichtenverzeichnis

Die Ergebnisse der Bohrungen und Schürfe werden nach Vorgaben in DIN 4022 in Schichtenverzeichnissen festgehalten. Das Aufstellen dieser Verzeichnisse obliegt dem Bohrgeräteführer bzw. der für die Aufschlussarbeiten verantwortlichen Person und ist sofort an Ort und Stelle bei „Ansprache" des Bohr- bzw. Schürfguts sowie bei Entnahme der Proben vorzunehmen. Das richtige Erkennen und Beschreiben der Boden- und Felsarten sowie der Untergrundverhältnisse erfordert Sorgfalt und Erfahrung, die nur durch geschultes Personal und erfahrene Fachfirmen gewährleistet werden können.

Die im Aufschluss angetroffenen Schichten, Boden- und Felsarten sowie alle anderen Bestandteile, Beimengungen und Einlagerungen sind nach Art, Zusammensetzung und Beschaffenheit zu benennen und zu beschreiben. Es handelt sich um eine beschreibende Erfassung ohne Rücksicht darauf, ob die einzelnen Angaben bautechnisch von Bedeutung sind oder nicht. Die Auswertung in bautechnischer Hinsicht einschließlich der Boden- bzw. Felsklassifizierung obliegt dann dem erfahrenen Gutachter oder Sachbearbeiter, wofür in den Schichtenverzeichnissen besondere Spalten vorgesehen sind.

(2) Schichtenprofile

Die Ergebnisse der Bodenerkundung sind nach DIN 4023 und bei bautechnischer Beurteilung der Bodenarten mit den Kurzzeichen aus DIN 18196 in den Plänen (Längs- und Querprofile) darzustellen. Es ist nicht in jedem Fall möglich, alle wichtigen Erkenntnisse, die bei den Aufschlüssen gewonnen werden, vollständig in den Plänen darzustellen. Die Schichtenverzeichnisse sind in jedem Fall für die Beurteilung mit heranzuziehen.

Beispiele für die Darstellung der Schichtenfolge sowie die grundsätzliche Anordnung der Tiefenzahlen und Zeichen zeigt *Bild 8*. Für straßenbautechnische Zwecke kommen in der Regel die Darstellungen der Beispiele 2 (Bodenarten) und 3 (Felsarten) zur Anwendung.

Sind die einzelnen Profile in den Plänen lage- und höhengerecht nebeneinander angeordnet, so dürfen ihre Schichtgrenzen nur dann miteinander verbunden werden, wenn zwischen den Aufschlussstellen keine anderen Verhältnisse zu erwarten sind.

In der Regel stellen diese Linien jedoch nur den mutmaßlichen Verlauf der Schichtgrenzen bzw. Grundwasserhorizonte dar.

3 Erkundung der Grundwasserverhältnisse

Ziel ist es, das Vorkommen von freiem Wasser durch die Baugrundaufschlüsse oder durch Grundwassermessstellen festzustellen, soweit dies für die bauliche Anlage von Bedeutung ist. In oberflächennahen Schichten genügen hierzu Schürfe, im Fels auch Schächte und Stollen, in tief liegenden Schichten sind Bohrungen erforderlich.

Hinweisende Merkmale auf Grundwasser können aus Bau- und Schürfgruben oder an Bohrkernen gewonnen werden; unterschiedliche Verfärbungen zeigen langzeitige Höchststände und Schwankungsbereiche des Grundwassers an; s. *Tab. 5*.

Beim Aufschluss der Wasserverhältnisse muss sowohl die weiträumig zusammenhängende Wirkung durchlässiger und wasserstauender Schichten als auch der Einfluss lokaler, wenig durchlässiger Schichten beachtet werden. Von diesem Zusammenwirken hängt es ab, ob sich ein Grundwasserhorizont mit freiem Spiegel oder mehrere Stockwerke mit oder ohne hydraulische Verbindung und mit entsprechend unterschiedlicher hydrostatischer Druckhöhe ausbilden. In Tide-, Fluss- und Seengebieten sowie Niederungen treten zeitabhängige Hoch- und Niedrigwasserstände auf.

Die zu einem bestimmten Zeitpunkt in Baugrundaufschlüssen vorhandenen Wasserstände zeigen in der Regel nicht die ungünstigen Wasserverhältnisse an. Bei einem Untergrund mit

Tabelle 5: Merkmale für Wasserstände

Bereiche	Bodenart	Merkmale		
		Boden		Konkretionen
		Farbe	Flecken und Streifen	Farbe
oberhalb der Hochstände (Oxydationszone)	bindige Böden	braun bis gelb	–	–
	nichtbindige Böden	braun bis hellgelb	–	–
Schwankungsbereich	bindige Böden	braun bis gelb, grau, grünlich	vorhandene Rostflecken	braun, dunkelbraun bis schwarz
	nichtbindige Böden	braun bis gelb, grau	vorhandene Rostflecken und Roststreifen	braun, dunkelbraun bis schwarz
ständig im Wasser (Reduktionszone)	bindige Böden	blau, grün, grau	–	wenn vorhanden dann olivfarben
	nichtbindige Böden	blau, grün, grau, jedoch mit schwacher Farbintensität	–	wenn vorhanden, dann olivfarben

a) bei ungespanntem Grundwasser im obersten Grundwasserstockwerk

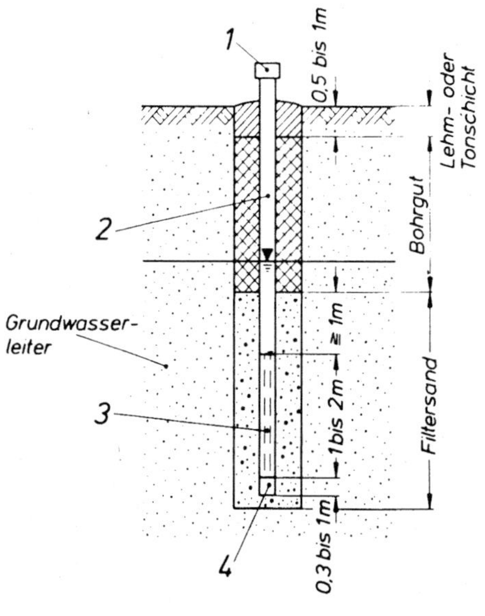

b) bei Grundwasser in mehreren Stockwerken und Einbau von nur einem Peilrohr

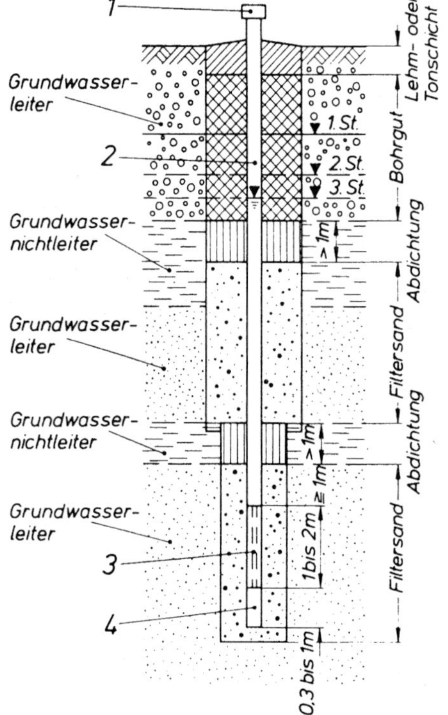

1 Kappe
2 Aufsatzrohr
3 Filterrohr
4 Sumpfrohr

Bild 9: Schema des Ausbaus von Grundwassermessstellen

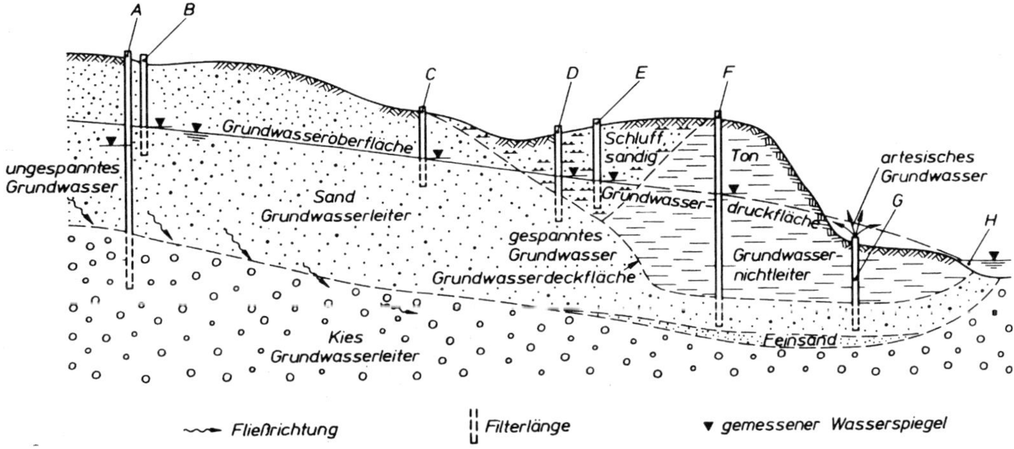

GW-Messstelle:

A	Wasserspiegel unter GW-Oberfläche, da Kiesschicht in den Vorfluter H entwässert
B, C	Filter im ungespannten GW, daher Wasserspiegel in Höhe der freien GW-Oberfläche
E	wie B und C, aber längere Zeit für Druckausgleich mit GW
D, F	Wasserspiegel entsprechend Druckhöhe des gespannten GW
G	wie D und F, jedoch artesisch gespannt (Druckhöhe über Gelände)

Bild 10: Beispiel für das Vorkommen von Grundwasser in einem zusammenhängenden Grundwasserleiter

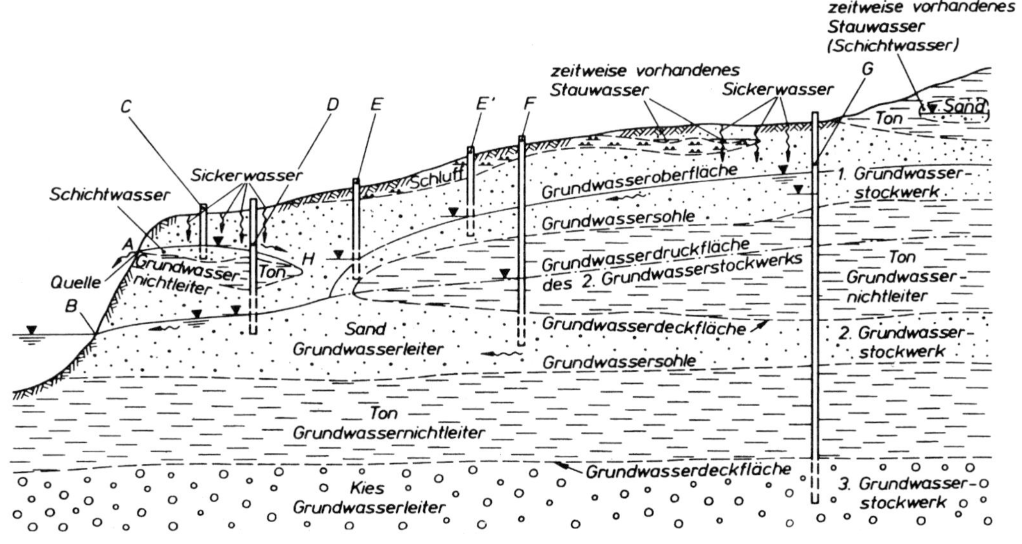

Quelle bzw. GW-Messstelle:

A, B	Quellaustritt durch Sickerwasser und zeitweiliges Stauwasser auf Schluff- bzw. Tonschichten
C	Wasserspiegel entsprechend Sicker- und Stauwasserzufluss
E, E'	Wasserspiegel entsprechend Oberfläche des freien ungespannten GW des 1. Stockwerks
D	Wasserspiegel entsprechend Oberfläche des ungespannten GW des 2. Stockwerks
F	Wasserspiegel entsprechend Druckhöhe des gespannten GW des 2. Stockwerks
G	Wasserspiegel entsprechend Druckhöhe des gespannten GW des 3. Stockwerks, unabhängig vom 1. und 2. Stockwerk

Bild 11: Beispiel für das Vorkommen von Grundwasser in mehreren Stockwerken

Tabelle 6: Geotechnische Untersuchung der Grundwasserverhältnisse (nach DIN 4020)

1	Bohrungen (eventuell Schürfe)	Feststellung von – Grundwasserleitern – Grundwasserhemmern und Nichtleitern – Grundwasseroberfläche bzw. Grundwasserdruckfläche (Einschränkungen siehe DIN 4021) – Grundwasserstockwerke
2	Bei Ausbau zu Grundwasser-messstellen	Feststellung von – Grundwasseroberfläche – Grundwasserdruckfläche(n) – Grundwassergefälle – Hinweise auf Grundwasserfließrichtung
3	Herstellung von Dauermessstellen (eventuell Mehrfachmessstellen)	Erfassung von Grundwasserstandsschwankungen bzw. -änderungen (jahreszeitlich oder als Folge von Betriebs- oder Baumaßnahmen)
4	Feldversuche Pumpversuche (Brunnen und Grundwassermessstelle)	Feststellung von – zu fördernden oder förderbaren Wassermengen – Durchlässigkeitsbeiwert k – Transmissivität – mögliche Absenktiefe – Reichweite der Absenkung
5	Auffüll- und Absenkversuche	Bestimmung des Durchlässigkeitsbeiwerts k
6	Einschwingversuch	Bestimmung des Durchlässigkeitsbeiwerts k
7	Wasserabpressversuche (WD-Test)	Feststellung der – Wasserdurchlässigkeit – Injizierbarkeit
8	Schluckversuche	Untersuchung der Wasseraufnahmefähigkeit bei Versickerungsanlagen
9	Markierungsversuche, z. B. mit Farbe, Salz oder Isotopen (auch als Einbohrlochversuch)	Bestimmung der – Grundwasserfließrichtung – Grundwasserfließgeschwindigkeit
10	Laborversuche	Bestimmung des Durchlässigkeitsbeiwerts k_v und k_h für vertikale und horizontale Durchströmung an Sonderproben oder aufbereiteten Proben

wechselnden und wasserführenden Schichten können die Grundwasserverhältnisse nur dann zutreffend angegeben werden, wenn geeignete Baugrundaufschlüsse gleichzeitig als Messstellen eingerichtet oder zusätzliche Messpegel angeordnet werden; s. *Bild 9*. Solche Maßnahmen sind von vornherein im Einvernehmen mit dem Sachverständigen vorzusehen.

Die Messungen umfassen je nach Fall

- die Wasserstände und die hydrostatischen Druckhöhen aller wasserführenden Schichten unabhängig voneinander,
- die Fließrichtung,
- die Strömungsgeschwindigkeit,
- die Wasserführung in chemisch löslichen oder erodierten Gesteinen,
- die Durchlässigkeit und Wasseraufnahmefähigkeit,
- die Entnahme von Wasserproben.

Grundwassermessungen werden mittels offener oder geschlossener Messsysteme ausgeführt (DIN EN ISO 22475-1). Hinsichtlich der hydrostatischen Druckverteilung entspricht der Grundwasserstand in nicht gespannten Grundwasserleitern der freien Grundwasseroberfläche, in gespannten Grundwasserleitern dem Grundwasserdruck.

Beispiele für schwierige Grundwasserverhältnisse und ihre Erkundung durch Grundwassermessstellen s. *Bild 10* und *11*. Übersicht Grundwasseruntersuchungen in *Tab. 6*.

Die Entnahme von Wasserproben wird notwendig z. B. bei Untersuchungen über die betonaggressiven oder korrosiven Eigenschaften des Wassers, der Gefährdung von Drän-, Filter- und Versickerungsanlagen z. B. durch Ausfällungen, der Auswirkung von baulichen Eingriffen sowie bei der Eignung des Wassers als Zugabe für Baustoffe.

Die Erfordernisse der Entnahme (Anzahl, Lage, Tiefe der Entnahmestelle) richten sich nach der Bauaufgabe und den örtlichen geologischen und hydrologischen Gegebenheiten. Liegen mehrere Grundwasserleiter vor, müssen ggf. aus jedem Proben entnommen werden.

4 Entnahme von Bodenproben in freiliegenden Profilen

Beim Aufschluss eines Bodenvorkommens kommt es darauf an, Homogenbereiche zu erkennen und die Unterschiede in der Zusammensetzung und in den Bodeneigenschaften zu erfassen. Das Probenahmeverfahren sowie die erforderliche Anzahl und Größe der Proben sind daher so zu wählen, dass sowohl die durchschnittlichen Eigenschaften des Bodens als auch die extremen und mittleren Abweichungen hiervon ermittelt werden können; dabei sind die Schicht- und Lagerungsverhältnisse und, soweit es sich um die Bodengewinnung handelt, auch die Abbaubedingungen zu berücksichtigen.

Beim Aufschluss von Bodenvorkommen aus Sand, Kies und bindigen Bodenarten können grundsätzlich folgende Fälle unterschieden werden:

A) Regelmäßiger, näherungsweise homogener Bodenaufbau; *Bild 12*

Beispiele: Sand-, Schluff-, Tonvorkommen.

Probenahme nach einem festzulegenden Raster; vorzugsweise Einzelproben, wobei alle Güteklassen möglich sind; bei nichtbindigen Böden auch Mischproben und Sammelproben, da sie sich homogen vermischen lassen.

B) Unregelmäßiger Bodenaufbau mit fließenden Übergängen einzelner Bereiche; *Bild 13*.

Beispiele: bindige steinige Verwitterungs- und Moräneböden, Gesteinsabraum, verschiedentlich auch bei Sand, Kies, Schluff, Ton.

Rasterförmige Probenahme wie im Fall A); in der Regel nur Einzelproben zweckmäßig bzw. möglich, jedoch bei steinigen Böden oft nur mindere Güteklasse; Misch- und Sammelproben in einzelnen Fällen bei nichtbindigen Böden möglich.

C) Bodenaufbau mit geometrisch abgrenzbaren Homogenbereichen; *Bild 14*

Kennzeichen des einzelnen Homogenbereichs: Zusammensetzung und Eigenschaften des Bodens bleiben annähernd gleich. Jeder einzelne Homogenbereich setzt ein Mindestvolumen der zu entnehmenden Probe voraus, das ausreicht, die Eigenschaften des Bodens repräsentativ zu beurteilen („kleinstes Homogenvolumen"); dieses Volumen richtet sich nach der Zusammensetzung und der zu untersuchenden Eigenschaft des Bodens.

Die Homogenbereiche können visuell und manuell unterschieden werden nach folgenden Merkmalen: Schichtung, Farbe, Korngröße, Kornform, Feuchtigkeit, Plastizität, petrografische Beschaffenheit.

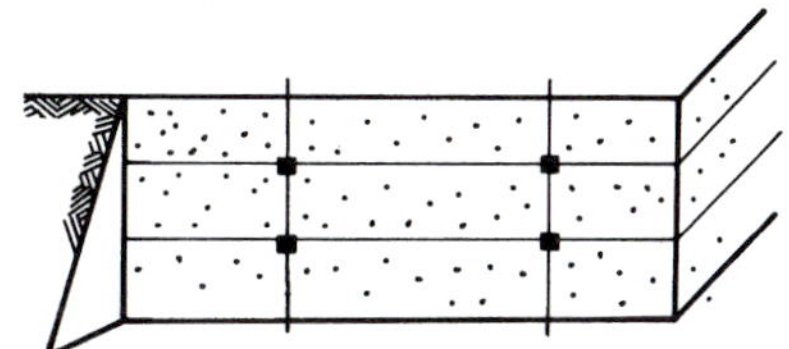

■ Einzelprobe

Bild 12: Festlegung des Entnahmerasters bei homogenem Aufbau, Fall A

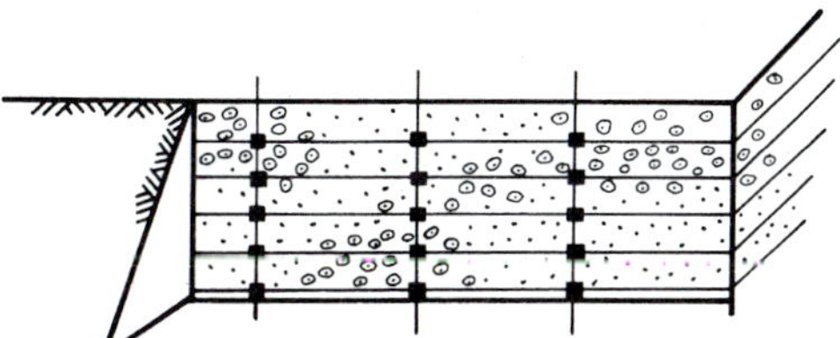

Bild 13: Festlegung des Entnahmerasters bei unregelmäßigen Bereichen mit fließenden Übergängen, Fall B

a) Kreuzschichtung
Entnahme einer Mischprobe

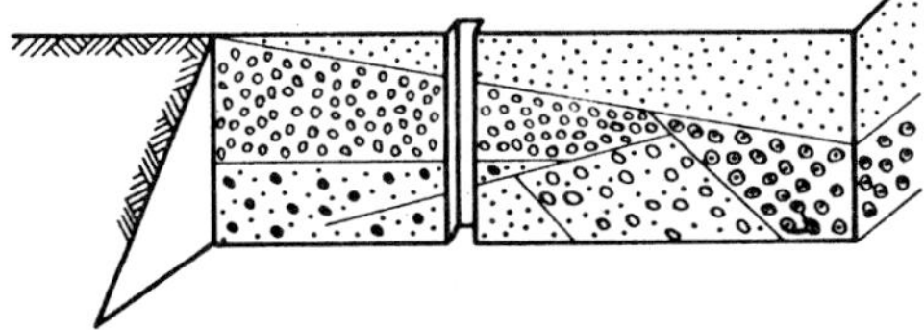

b) Horizontale Parallelschichtung
Entnahme von Einzelproben (a), Mischproben (b)

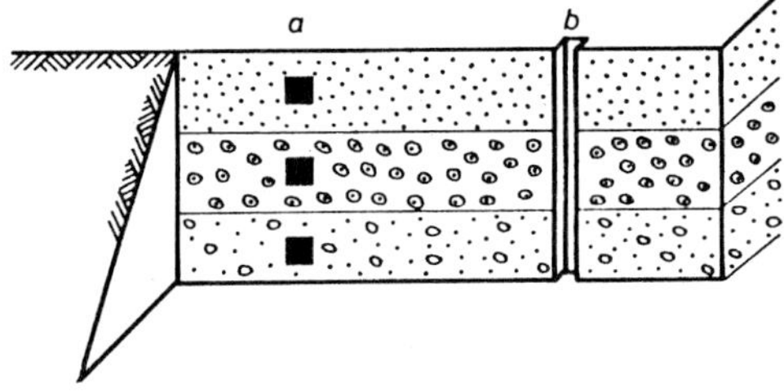

c) Schräglaufende Schichtgrenze
Entnahme von Einzelproben

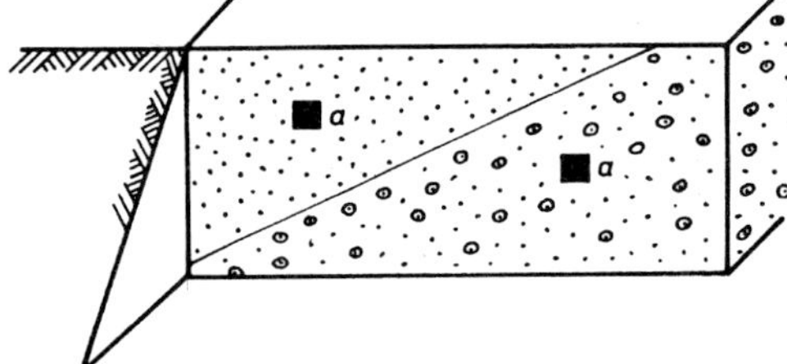

Bild 14: Entnahme von Einzel- oder Mischproben aus Homogenbereichen, Fall C

Nach Größe, Anzahl und gegenseitiger Abgrenzung der Homogenbereiche sind folgende Fälle zu unterscheiden:

C1) Homogenbereiche in geringer Anzahl mit räumlich weit begrenzter Anordnung

C2) Homogenbereiche in großer Anzahl mit räumlich eng begrenzter Anordnung

Probenahme im Fall C1:

Entnahme einer oder mehrerer Einzelproben aus jedem Homogenbereich oder, bei nichtbindigem Boden, Entnahme von Mischproben über mehrere Homogenbereiche.

Mehrere Einzelproben sind z. B. dann notwendig, wenn Streuung und Häufigkeitsverteilung der Bodenkennwerte eines Homogenbereichs ermittelt werden sollen; dies setzt zufällig oder geometrisch verteilte Entnahmestellen in einer für den statistischen Vertrauensbereich erforderlichen Anzahl voraus.

Mehrere Einzelproben können zu Sammelproben vereinigt werden, wenn die durchschnittlichen Eigenschaften des Homogenbereichs gefragt sind bzw. wenn die Untersuchungsmenge dies erfordert.

Probenahme im Fall C2:

Boden gekennzeichnet durch zufällig verteilte oder regelmäßig wechselnde, räumlich eng begrenzte Homogenbereiche, z. B. Wechselfolge dünner Schichten. Das für die durchschnittlichen Eigenschaften erforderliche Mindestvolumen der Probe umfasst mehrere Homogenbereiche. Bei zufällig verteilten Homogenbereichen schwankt der Durchschnitt entsprechend den Anteilen und Eigenschaften der im „kleinsten Homogenvolumen" erfassten Homogenbereiche.

Zu empfehlen ist Entnahme von Einzelproben, bei feinkörnigen Böden aus jeder Schicht; bei nichtbindigen Böden mit regelmäßig wechselnder Schichtung auch Mischproben möglich.

Das Herstellen von Sammelproben, das bei nichtbindigen Böden möglich ist, setzt gleichgroße Einzelproben voraus, deren Entnahme bei zufällig verteilten Homogenbereichen nach Raster, bei regelmäßig wechselnden Homogenbereichen dagegen zufällig angeordnet sein muss.

Bei der Erkundung ist das Bodenvorkommen nicht nur in den aufgeschlossenen Flächen, sondern auch in der räumlichen Ausdehnung zu erschließen. Die dabei notwendige Probenahme soll nach dem gleichen Verfahren erfolgen wie in den offen liegenden Bereichen, z. B. hinsichtlich Rastereinteilung, Entnahme von Einzelproben, Zusammenfassen des Bohrgutes zu Mischproben.

Die Anzahl der Einzel- und Mischproben richtet sich nach der Gleichmäßigkeit und den Lagerungsverhältnissen des Bodenvorkommens, dem Verwendungszweck der Proben und nach der Technik beim Lösen des Bodens.

5 Labor- und Feldversuche

Für Laborversuche eignen sich Sonderproben, Bohrproben und Schürfproben je nach Güteklasse gemäß Kom. 2.2. Sie dienen in der Regel der Identifikation des Bodens nach Art und Zustand, der Ermittlung von Festigkeits- und Verformungskenngrößen sowie der Wasserdurchlässigkeit.

Feldversuche kommen für die Untersuchung der in-situ-Eigenschaften und als Güteprüfungen zum Nachweis der Qualitätsanforderungen zur Anwendung, z. B. zur Ermittlung von Dichte, Wassergehalt, Kornverteilung, Verformungsmoduln und Wasserdurchlässigkeit.

Hinweis

Versuchstechnik und Kennwerte siehe Teil 3, Sonderkapitel S7.

6 Geophysikalische Untersuchungen

6.1 Anwendung

Geophysikalische Untersuchungen geben Aufschluss über bestimmte physikalische Eigenschaften des Bodens, Gesteins oder Gebirges, z. B. Fortpflanzungsgeschwindigkeit seismischer Wellen, spezifischer elektrischer Widerstand, magnetische Feldstärke. Aus den Ergebnissen kann nur mittelbar auf die Boden- bzw. Gesteinsart rückgeschlossen werden. Der besondere Vorteil dieser Messmethoden besteht darin, dass durch linien- oder flächenorientierte Messanordnung die räumlichen Verhältnisse erschlossen und daher in Kombination mit den punktförmigen Bohr- und Schürfaufschlüssen optimale Erkundungsergebnisse erzielt werden können. Übersicht der Oberflächen- und Bohrloch-Verfahren s. *Tab. 7* und *8*.

6.2 Seismik

Messung der Laufzeit von seismischen Wellen im Untergrund, ausgelöst durch Hammerschlag, Fallgewicht oder Sprengung.

a) Refraktionsseismik: Laufzeit von Längswellen, die an den Grenzflächen von Schichten mit unterschiedlichen elastischen Eigenschaften gebrochen werden und zur Messebene zurücklaufen; s. *Bild 15*.

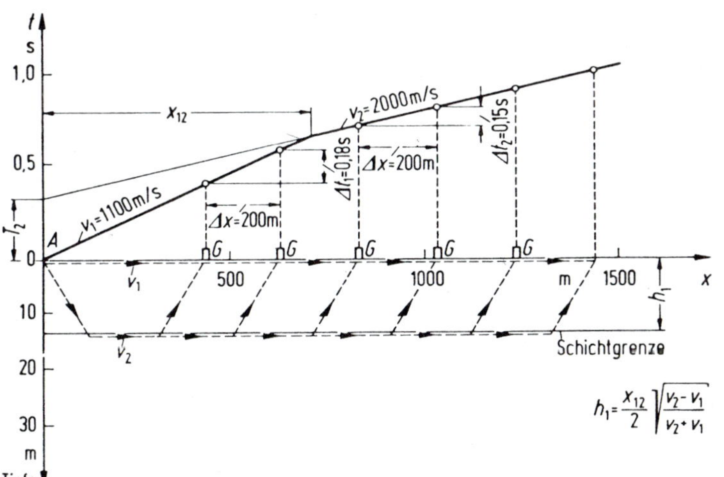

Bild 15: Anwendung der Flachseismik bei Baugrunduntersuchungen

Tabelle 7: Übersicht über geophysikalische Oberflächen-Verfahren (nach DIN 4020)

Spalte	1	2	3	4	5
Zeile	Verfahren	Messprinzip	Messgrößen	Verwendung/Zweck	Bemerkung
1	Seismik	Erzeugung seismischer Wellen, z. B. durch Sprengung, Hammerschlag, Fallgewicht; Impulserzeuger im Wasser	Laufzeit direkter und refraktierter Wellen zwischen Quelle und Aufnehmern	Bestimmung von Lage und Verlauf von Schichtgrenzen, von Geschwindigkeiten seismischer Wellen und von dynamischen Elastizitätsparametern; Hinweise auf Boden- oder Felsarten	Voraussetzung für die Bestimmung von Schichtgrenzen: starke Änderung der Wellengeschwindigkeit oder der Dichte an Schichtgrenzen (Grundwasser kann Aussage einschränken). Kann auch von der Wasseroberfläche aus eingesetzt werden.
2	Geoelektrik, Widerstandsmessung	Einbringen von Gleich- oder Wechselstrom über Elektroden	Stromstärke an den Elektroden und Spannung an den Sonden	Bestimmung der elektrischen Leitfähigkeit des Baugrunds, der Lage der Grundwasseroberfläche und gegebenenfalls des Wassergehalts; Ansprache von tonhaltigen Böden	Voraussetzung: Gelände im untersuchten Bereich frei von metallischem Material (z. B. Leitungen)
3	Elektromagnetik	Erzeugung eines elektromagnetischen Feldes	Änderung des erzeugten elektromagnetischen Feldes	Feststellung von Anomalien, z. B. Spalten, Verwerfungen im Fels	Voraussetzung: Deutlicher Unterschied im elektrischen Widerstand von Anomaliekörper und Fels. Wird ohne Bodenkontakt eingesetzt.
4	Bodenradar	Aussendung elektromagnetischer Wellenzüge	Laufzeit reflektierter Signale	Feststellung von Schichtgrenzen und Hohlräumen	Voraussetzung: Deutliche Änderung des elektrischen Widerstands (an Schichtgrenzen bzw. Hohlraumbegrenzungen). Messtiefe wächst mit elektrischem Widerstand des Untergrunds. Kann auch aus der Luft eingesetzt werden.
5	Gravimetrie	Relativmessung der Massenanziehung	Schwerkraftdifferenzen	Feststellung von Hohlräumen (z. B. Dolinen, Stollen) und Einschlüssen	Voraussetzung: Deutliche Dichte-Unterschiede gegenüber der Umgebung. Gegebenenfalls Ergänzung durch andere geophysikalische Verfahren
6	Magnetik	Veränderungen zum natürlichen Magnetfeld der Erde	Stärke des Magnetfeldes in Nanotesia (nT)	Auffindung magnetisierbarer Körper (z. B. Basalte) oder bewehrter Fundamente, Schrott, Ablagerungen usw.	Verfahren zum schnellen Vermessen großer Areale. Überlagerungseffekte durch stark magnetisierte Störkörper in der Nähe des zu ortenden Objekts.
7	Radiometrie	Aussendung von Gamma- oder Neutronenstrahlen	Intensität (Zählrate) von durchgehender bzw. rückgestreuter Strahlung	Bestimmung von Dichte und Wassergehalt des Untergrunds	Verwendung von Aufsetz- und Einstichsonden, siehe „Merkblatt über die Anwendung radiometrischer Verfahren zur Bestimmung der Dichte und des Wassergehaltes von Böden“
8	Thermographie	Relativmessung der Oberflächentemperatur	Strahlungstemperatur	Ermittlung von Grund- und Sickerwasseraustritten und von oberflächennahen Grundwasserströmen	Referenzmesspunkte und klimatische Zusatzmessungen erforderlich

Tabelle 8: Übersicht über geophysikalische Bohrloch-Verfahren (nach DIN 4020)

Spalte	1	2	3	4	5
Zeile	Verfahren	Messprinzip	Messgrößen	Verwendung/Zweck	Bemerkung
1	Seismik: Crosshole-, Downhole-Messungen	Erzeugung seismischer Wellen im Bohrloch oder an der Geländeoberfläche	Laufzeiten bzw. Geschwindigkeiten zwischen Bohrlöchern („Crosshole") oder zwischen Geländeoberfläche und Punkten im Bohrloch („Uphole", „Downhole")	Ermittlung der dynamischen Moduli, Bestimmung von Schichtgrenzen, Schichtansprache	Die Ausbildung der Bohrlöcher muss einwandfreien Kraftschluss zum Aufnehmer ermöglichen.
2	Akustik/ Sonic-Log	Erzeugung und Empfang seismischer Wellen an der Bohrlochwand	Intervall-Laufzeiten im Dezimeter- bis Meterbereich	Ermittlung von Schichtgrenzen, Porosität, Klüftigkeit	Nur in unverrohrten und mit Flüssigkeit gefüllten Bohrlöchern anwendbar
3	Geoelektrik: Widerstands-Log, Latero-Log, Microlatero-Log, Dipmeter	Gleichstrom- und Spannungsmessungen an unterschiedlichen Elektroden-/ Sondenanordnungen im Bohrloch	Stromstärke an Elektroden, Spannungen zwischen unterschiedlich angeordneten Sonden	Bestimmung der elektrischen Leitfähigkeit zur Schichtansprache, Porositäts-Bestimmung, Ermittlung von Schichtgrenzen; Dipmeter: Bestimmung der Raumlage von Schichtgrenzen im Bohrloch	Nur in unverrohrten und mit elektrisch leitender Flüssigkeit gefüllten Bohrlöchern anwendbar
4	Geoelektrik: Eigen-potential-Log	Messung des natürlichen elektrischen Potentials	Elektrische Spannung zwischen Bohrlochsonde und Geländeoberfläche	Hinweis auf Schichtgrenzen und auf Wasserdurchlässigkeit	Nur in unverrohrten und mit elektrisch leitender Flüssigkeit gefüllten Bohrlöchern anwendbar
5	Radiometrie: Gamma-Log	Messung der natürlichen Gammastrahlung	Strahlungsintensität (Zählrate)	Bestimmung von Schichtgrenzen, Schichtansprache (Tongehalt)	Auch in verrohrten und trockenen Bohrlöchern anwendbar
6	Radiometrie: Gamma-Gamma-Log, Neutron-Log	Aussendung von Gamma-Strahlung bzw. von Neutronen	Intensität (Zählrate) der rückgestreuten Strahlung. (Gamma-Strahlung bzw. von Neutronen)	Bestimmung von Dichte bzw. Wassergehalt, Schichtansprache	Auch in verrohrten und trockenen Bohrlöchern anwendbar. Gleiches Messprinzip auch bei gerammten radiometrischen Tiefensonden
7	Temperatur-Log	Temperaturmessung	Temperatur	Hinweise auf Grundwasserströmung	Nur in mit Flüssigkeit gefüllten unverrohrten bzw. verfilterten Bohrlöchern anwendbar
8	Kaliber-Log	Mechanisches Abtasten der Bohrlochweite	Durchmesser, Querschnitt	Korrektur der durch unterschiedliche Durchmesser beeinflussten Messgrößen, Lagerbestimmung von Aufweitungen	Nur in unverrohrten Bohrlöchern sinnvoll
9	Televiewer	Erzeugung und Empfang hochfrequenter akustischer Wellen im Bohrloch; akustisches „Abtasten" der Bohrlochwand	Laufzeiten und Wellenzüge bzw. Signalamplituden der von der Bohrlochwand reflektierten Echos	Ermittlung von Schichtgrenzen und Klüften und ihrer Raumlage im Bohrloch, Schichtansprache; Größe und Querschnitt des Bohrlochs	Nur in mit akustisch transparenter Flüssigkeit gefüllten, unverrohrten Bohrlöchern anwendbar

Fortsetzung **Tabelle 8:** Übersicht über geophysikalische Bohrloch-Verfahren (nach DIN 4020)

Spalte	1	2	3	4	5
Zeile	Verfahren	Messprinzip	Messgrößen	Verwendung/Zweck	Bemerkung
10	Fernsehsonde (Optic-Shuttle)	Fernsehkamera in der Bohrung	Bilder der Oberfläche von der Bohrlochwand	Ermittlung von Schichtgrenzen und Klüften und ihrer Raumlage im Bohrloch, Schichtansprache; Größe und Querschnitt des Bohrlochs	Nur in luftgefüllten Bohrungen oder in klarer, ungetrübter Spülung anwendbar
11	Flowmeter	Messen der Fließgeschwindigkeit auf Grund der Drehzahl eines Flügelrades	Fließgeschwindigkeit	Wasserwegigkeiten, Zu- oder Austritte von Wasser	Wird oft mit Temperatur- und Salinitätslog in Kombination und bei Pumpversuchen eingesetzt; Ungenauigkeiten bei Auskesselungen

b) Reflexionsseismik: Laufzeit von Wellen, die an o. g. Grenzflächen zur Messebene zurückreflektiert werden.

Verfahren:

- Sondierung: Aufnahme eines Tiefenprofils; Erregerquelle wird längs des Messprofils versetzt, Registriergeräte bleiben in gleicher Anordnung
- Kartierung: Aufnahme eines linienförmigen Profils; Erregerquelle und Registriergeräte werden in gleicher Anordnung und gleichem Abstand längs des Messprofils versetzt; Aufnahme eines Flächenprofils mit Hilfe mehrerer Messprofile in verschiedenen Richtungen von der Erregerquelle aus (Fächerschießen).

Messtechnik:

Zeitmessung mit elektronischer Stoppuhr; Registrierung der Wellen mit Geofonen; analoge oder digitale Anzeige der Wellencharakteristik (Frequenz, Amplitude) auf Bildschirm oder Schreiber.

Messtiefe:

- Refraktionswellen:
  Hammerschlag (5–10 kg) $t < 10$ m
  Fallgewicht (100 kg) $t < 70$ m
- Reflexionswellen:
  Sprengung $t > 70$ m.

Untersuchungsgegenstand:

- Grenze zwischen Locker- und Felsgestein
- Auflockerungszonen im Fels
- Grenze der Reiß- oder Sprengbarkeit von Fels
- Verlauf der Schichtgrenzen (bei geneigten Schichten Messung in zwei Richtungen)
- Tiefenlage des festen Untergrunds in mit Sedimenten aufgefüllten Tälern
- Grundwasserhorizont, -stockwerke.

Ergebnis:

- Sondierung: Tiefenprofil von Schichten mit großer oder geringer bzw. gleichgroßer Wellengeschwindigkeit
- Kartierung: Linien gleichgroßer Geschwindigkeit in einer bestimmten Tiefe.

Zahlenwerte s. *Tab. 9*; die Einzelwerte der Tabelle streuen sehr, lokal lässt sich jedoch oft Genaueres aussagen, da die relativen Differenzwerte innerhalb eines Messprofils für den Zustand des Bodens oder des Felses charakteristisch sind.

6.3 Schwingungsmessungen

Messung der Geschwindigkeit (Laufzeit, Fortpflanzung) von sinusförmigen, querschwingenden Wellen; s. *Bild 16*.

Verfahren:

Messung von einer Messebene aus in einer oder in mehreren Richtungen; Unterscheidung waagerechter und lotrechter Schichtgrenzen nur durch Messung in mehreren Richtungen möglich.

Geräte:

Schwingungserregermaschine mit regelbarer Frequenz und Amplitude; Messgeräte für die Aufnahme der Schwingungen wie bei seismischer Methode.

Tabelle 9: Anhaltswerte für den elektrischen Widerstand und die Ausbreitungsgeschwindigkeit seismischer Wellen

Boden-/Felsart	Elektr. Widerstand Ohm · m	Wellenausbreitung km/s
Torf	20– 60	0,2–0,8
Ton, toniger Boden	2– 400	0,8–1,9
Lehm, feucht	5– 50	0,2–1,2
Sand, trocken	2500– 40000	0,3–0,9
Schotter, über Grundwasser	300– 5000	0,7–1,2
Schotter, im Grundwasser	50– 600	1–1,9
Tonschiefer	20– 2000	1,7–4,5
Sandstein	70– 10000	1,8– 5
Kalkstein	100– 10000	3– 6
Granit	300–100000	4– 6

Untersuchungsgegenstand:

- oberflächennahe Schichten
- Lage und Verlauf von Schichtgrenzen
- Unterschiede in der Bodenzusammensetzung
- Ermittlung dyn. E-Moduln aus Wellengeschwindigkeit.

Ergebnis:

Kartierung von Linien gleicher Wellengeschwindigkeit in der oberflächennahen Schicht; Geschwindigkeit der querschwingenden Wellen wesentlich niedriger als diejenige der Längswellen bei seismischer Methode: etwa in den Grenzen von 80 m/s bei Torf und 700 m/s bei Sandstein.

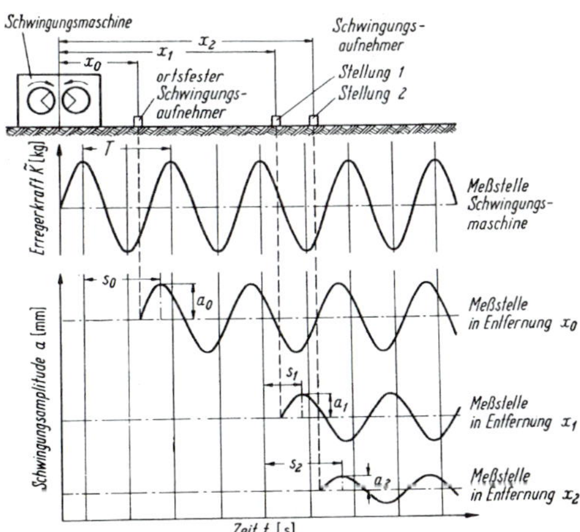

Bild 16: Messanordnung bei der dynamischen Bodenuntersuchung, t = Schwingungsdauer; Phasenverschiebung

6.4 Geoelektrik

Einleiten von Gleich- oder Wechselstrom in den Boden mittels zweier Elektroden und Messen des elektrischen Widerstandes mit zwei Sonden; Anordnung s. *Bild 17*.

Verfahren:

1. Sondierung: Aufnahme eines Tiefenprofils durch Änderung des Abstands der Elektroden, während Sondenabstand unverändert bleibt.

2. Kartierung: Aufnahme eines Flächenprofils, wobei Elektroden unverändert bleiben und Sonden in Messrichtung versetzt werden.

Geräte:

Stromquelle: Batterie oder Generator; Wechselstrom von 1 bis 500 Hz mit Spannungen von mehreren 100 Volt.

Verwendung nichtpolarisierter Elektroden bei Gleichstrom; Voltmeter für Spannungsmessung.

Untersuchungsgegenstand:

Unterscheidung von

- grundwasserführenden und trockenen Sand- bzw. Kiesschichten,
- Toneinlagerungen in Sand und Kies,
- Kalkstein und Ton (Karstgebiete),
- Felsoberfläche unter überlagernden Schichten,
- Schotterterrassen und Sedimentablagerungen.

a) durch Schichtung verzerrtes elektrisches Feld im Untergrund

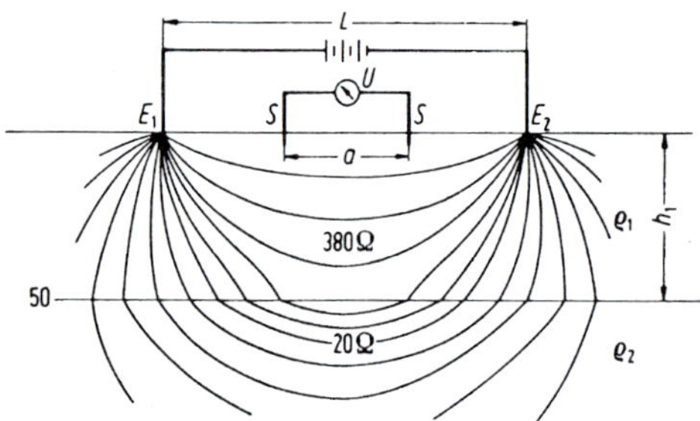

b) Messergebnis beim Tiefensondieren

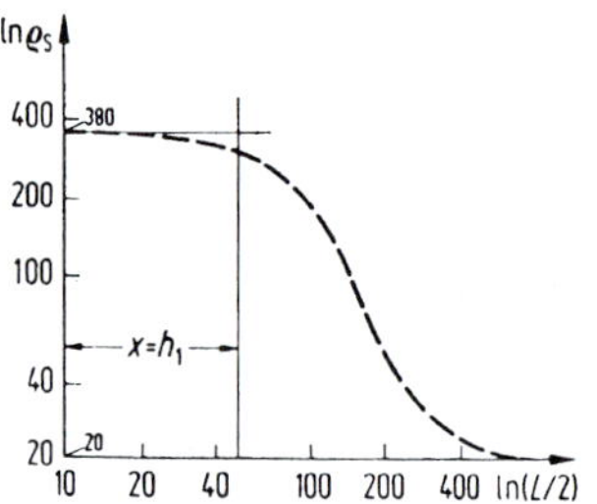

c) Bestimmung der Schichtdicke h_1 durch Einpassen des Messergebnisses b) in die theoretisch berechneten Kurven

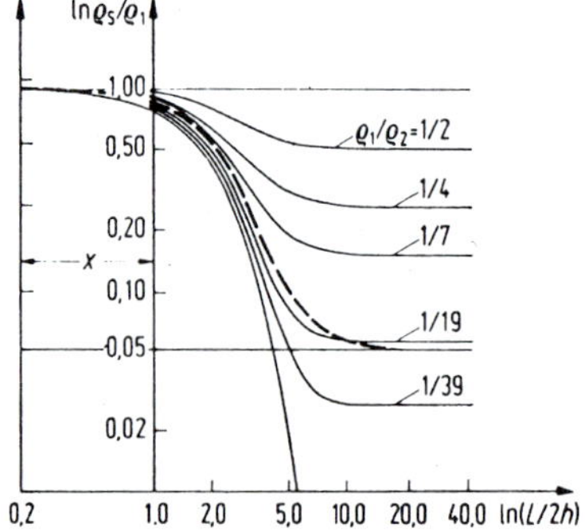

Bild 17: Geoelektrische Bodenuntersuchung

Ergebnis:

Elektrischer Widerstand des Bodens in Ohm-Meter, hauptsächlich beeinflusst durch Tonminerale, Wasser und gelöste Stoffe im Porenwasser, desto geringer je feuchter und/oder tonhaltiger der Boden.

Auswertung mittels theoretischer Widerstandslinien (Katalog) für einfache Schichtverhältnisse; Schichten mit unregelmäßigen oder geringen Widerstandsunterschieden nur schwer oder gar nicht zu erkunden.

- Sondierung: Tiefenprofil mit Linien für gleichgroßen elektrischen Widerstand; Tiefenlage der Grenzflächen erkennbar, Messtiefe 30 bis 100 m je nach Messgerät und Sondenanordnung möglich.
- Kartierung: Flächenaufnahme mit Unterschieden des elektrischen Widerstands in bestimmter Tiefe; Zahlenwerte s. *Tab. 9* und *Bild 18*. Elektrische Widerstände über 40 000 Ohm · m werden in der Regel wie unendlich große Widerstände ausgewertet, da der mögliche Fehler in diesem Messbereich sehr groß sein kann.

6.5 Radiometrik

Messung der Strahlungsintensität radioaktiver Isotope im Boden, deren Abschwächung Rückschlüsse auf Dichte oder Wassergehalt ermöglicht.

a) Gamma-Strahlung: elektromagnetische Wellen hoher Energie oder Gamma-Teilchen, deren Strahlungsintensität durch Streuung und Absorption abgeschwächt wird; der Grad dieser Abschwächung entspricht der Elektronen- bzw. Massendichte des Bodens.

b) Neutronen-Strahlung: elektrisch neutrale, schnelle Teilchen, deren Energie beim Zusammenprall mit Atomkernen umso mehr abgeschwächt wird, je geringer der Unterschied der zusammenprallenden Massen ist. Grad der Abschwächung im Boden in erster Linie Funktion des Wasserstoffs, da dessen Masse derjenigen der Neutronen entspricht (Massenzahl 1).

Verfahren, Geräte s. *Bild 19*.

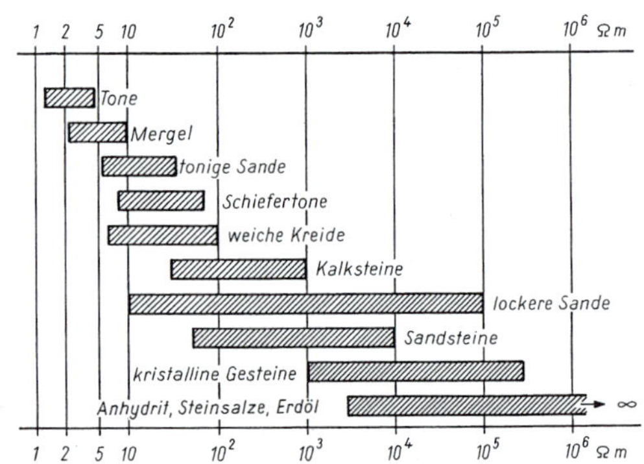

Bild 18: Variationsbreite des spezifischen elektrischen Widerstandes von Böden und Gesteinen (nach Porstendorfer)

Prinzipskizze einer Aufsetzsonde für Dichte- und Wassergehaltsmessung

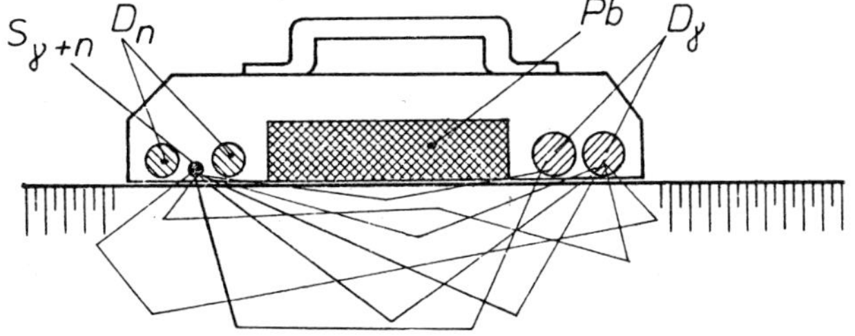

$S\gamma+n$ = Gamma-Neutronen-Strahlenquelle
D_n = Detektor für langsame Neutronen
$D\gamma$ = Detektor für Gamma-Strahlung
Pb = Bleizwischenstück

Symmetrische und unsymmetrische Einstichsonden

a) symmetrisch b) unsymmetrisch

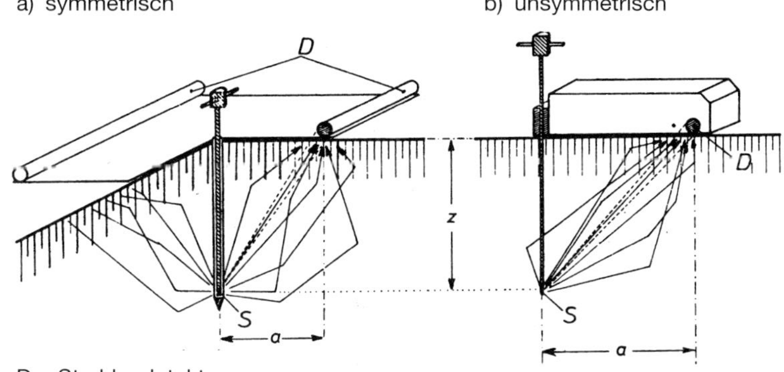

D = Strahlendetektor
S = γ-Strahlenquelle mit Einstichstab

Dichte-Tiefensonde und Feuchte-Tiefensonde

a) Dichtemessung b) Feuchtemessung

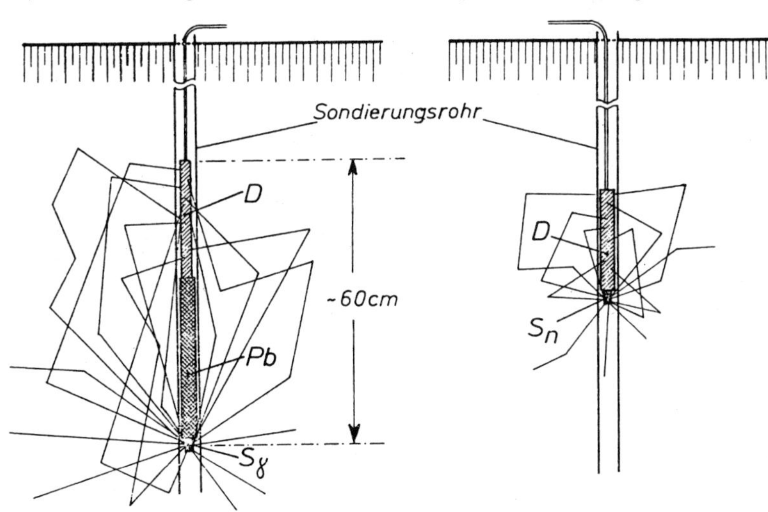

D = Strahlendetektor
Pb = Bleizwischenstück
S_n = Neutronen-Strahler
$S\gamma$ = Gamma-Strahler

Bild 19: Strahlensonden

Strahlensonden bestehen aus Strahlenquelle, Detektor zum Messen der Strahlungsintensität, Bleizwischenstück zur Abschirmung und Impulszählgerät; Unterschiede durch konstruktive und geometrische Anordnung dieser Teile.

Messtiefe:

Aufsetzsonde: 3 bis 10 cm unter Messebene

Einstichsonde: 30 bis 60 cm

Tiefensonde: etwa bis 20 m.

Ergebnis:

a) Gammastrahlung: Ermittlung der Dichte des durchstrahlten Bodens in g/cm^3; bei Anwendung der Tiefensonde Aufnahme eines Tiefenprofils mit Messabständen von je 50 cm möglich.

b) Neutronenstrahlung: Ermittlung des mittleren Wassergehalts in g/cm^3 (Radius des Messvolumens etwa 15 cm bei sehr feuchtem Boden, 30 bis 40 cm bei trockenem Boden); Auswertung auf der Grundlage des Vergleichs mit Kalibrierstandards, deren Eigenschaften und Zusammensetzung genau bekannt sind.

6.6 Geomagnetik

Magnetische Feldanomalien lassen sich bei der Bodenerkundung nur in Sonderfällen zur Abgrenzung stark magnetischer Gesteinskörper, wie z. B. Basalte, nutzen. Sedimentgesteine und Böden weisen im Allgemeinen zu geringe Unterschiede auf.

6.7 Georadar

Das Georadar ist ein elektromagnetisches Reflexionsverfahren, bei dem hochfrequente elektromagnetische Wellenimpulse über eine Sendeantenne senkrecht in den Untergrund abgestrahlt werden. Durch Änderungen der elektromagnetischen Eigenschaften durch Schichtgrenzen bzw. Fremdkörper werden Teile der Impulse reflektiert und transmittiert. Die reflektierten Radarsignale werden aus verschiedenen Tiefenlagen zeitversetzt von Empfangsantennen aufgezeichnet. Mit den gemessenen Laufzeiten können die Tiefenabstände zum Reflektor berechnet werden. Änderungen der Signalfrequenz lassen Rückschlüsse auf die physikalischen Eigenschaften des durchstrahlten Untergrundes bzw. des Reflektors zu.

Objekte im Untergrund lassen sich umso besser auffinden, je stärker der elektromagnetische Kontrast zur Umgebung besteht. Mit Frequenzen von 25 bis 200 MHz lassen sich je nach Schichtenaufbau und Beschaffenheit des Untergrundes Eindringtiefen bis 10 m bei allerdings schlechter Auflösung im Oberflächenbereich erzielen. Mit höherer Frequenz (bis 2 500 MHz) wird die Objektauflösung sehr gut, die mögliche Eindringtiefe jedoch stark reduziert. Die Reichweite der elektromagnetischen Wellen hängt von der Leitfähigkeit bzw. Absorption der untersuchten Schichtstrukturen ab. Der Wassergehalt bei durchfeuchteten oder stark bindigen Böden dämpft die Radarwellen, sodass die Eindringtiefe sehr klein wird.

Die im Ingenieurbereich einsetzbaren Breitbandantennen geben über die Messfrequenz den zu erkundenden Tiefenbereich vor und werden je nach Zielsetzung, Untergrundaufbau und Auflösegenauigkeit ausgewählt. Während der Messung werden die Antennen fahrzeuggebunden entlang vorher festgelegter Profillinien geführt. Parallel erfolgt eine Einmessung per GPS, sodass die Zuordnung der Ortungsergebnisse zur Oberfläche ständig gegeben ist und komplette Flächen erfasst werden können.

Georadar wird zur Erkundung natürlicher, geologischer und anthropogener Strukturen eingesetzt. Im Rahmen der geotechnischen Untersuchungen lassen sich z. B. Deponien und Altlasten, Hohlräume und geologische Störungen auffinden, Leitungen erfassen und Dämme hinsichtlich ihres Zustandes erkunden.

2.4 Beschreibung der Baugrundverhältnisse

Die Beschreibung des Baugrundes hat zum Ziel, ein einfaches Modell des Baugrundes darzustellen, in dem wesentliche Einflussgrößen berücksichtigt werden. Bei der Gliederung des geotechnischen Berichtes sind DIN 4020 und M GUB zu berücksichtigen. Boden und Fels sowie Grundwasser und Baustoffe sind hinsichtlich etwaiger Umwelteinflüsse zu beschreiben.

Im geotechnischen Bericht müssen Angaben zu den Auswirkungen der geologischen Situation und der Vornutzung des Untersuchungsgebietes auf die Baumaßnahme sowie von der Baumaßnahme auf die Umgebung gemacht werden. Verwendete Unterlagen und Informationen sind im Bericht anzugeben. Der Baugrund als solcher und der anstehende Boden und Fels als Baustoff sind zu beschreiben, damit die aus Einschnitten, Anschnitten und Seitenentnahmen gewinnbaren Böden innerhalb der Maßnahme verwertet werden können.

Im geotechnischen Bericht müssen Boden und Fels sowie ihre mögliche Verwendung mit den entsprechenden Eigenschaften und Kennwerten gemäß DIN 18300 genannt werden.

Veränderlich feste Gesteine können nicht in Bodengruppen nach DIN 18196 eingeordnet werden. Sie sind nach dem Siebtrommelversuch gemäß TP BF-StB, Teil C 20 zu beschreiben.

Boden und Fels, die sich nicht einordnen lassen, sind zu beschreiben.

Zur bautechnischen Beurteilung der relevanten Untergrundschichten gehören die:
- *Beurteilung der Frostempfindlichkeit,*
- *Darstellung geotechnischer Besonderheiten der erfassten Bodenschichten,*
- *Festlegung von geotechnischen Kennwerten mit Angabe von Grenzwerten und Streubreiten,*
- *Festlegung von charakteristischen Werten,*
- *Angaben zur Tragfähigkeit der Bodenschichten.*

Es müssen außerdem Angaben gemacht werden zu:
- *den Grundwasserdruckhöhen, dem höchsten und niedrigsten Grundwasserstand,*
- *den Bemessungswasserständen und deren Ableitung,*
- *den Auswirkungen des Grundwasserchemismus (Angriffsgrad, Gefährdung, Einleitung in die Vorflut),*
- *den Auswirkungen verschiedener Grundwasserstockwerke,*
- *der Art des Grundwasserleiters (Porengrundwasserleiter, Kluftgrundwasserleiter),*
- *dem Auftreten von temporären Grundwasservorkommen, Schichtenwässer, schwebenden Grundwasserhorizonten und deren schadlosen Fassung,*
- *der Bedeutung von Grundwasservorkommen jeder Art für die Standsicherheit,*
- *der Durchlässigkeit der Bodenschichten,*
- *gegebenenfalls vorhandenen Umweltbelastungen.*

Inhalt Kommentar

Vorbemerkung

Die Kommentare erläutern die Grundlagen, die bei der Beschreibung der Baugrundverhältnisse für die Gründung baulicher Anlagen und für die geotechnische Nutzung von Boden und Felsgestein als Baustoff zu beachten sind. Sie berücksichtigen nationale und europäische Normungsinhalte.

1 Baugeologische Einteilungen

Die Boden- und Gesteinsarten werden nach Entstehungsart (genetisch), Alterszeitfolge (stratigraphisch) sowie nach mineralogisch-chemischer Zusammensetzung (petrographisch) unterschieden. Diese Merkmale sind baugeologisch je nach geotechnischer Aufgabenstellung im Einzelfall von Bedeutung.

Die stratigraphische Grundeinteilung und einige baugeologische Merkmale gehen aus *Tab. 1* hervor. Die genetisch zu unterscheidenden Hauptgruppen sind nachfolgend kurz beschrieben.

1.1 Sedimente

Die Sedimente stammen ihrer Herkunft nach aus Absetzvorgängen von Festteilchen oder aus chemischen bzw. biochemischen Ausscheidungen. Nach baugeologischem und bodenmechanischem Begriff bilden sie Lockergesteine, die in der Regel sedimentär geschichtet angetroffen werden.

Die sog. klastischen Sedimente gehen auf die verwitterungsbedingte Zertrümmerung von Gesteinen und deren mechanische Ablagerung zurück. Die durch chemische Ausscheidung gebildeten Sedimente werden als chemische, die organischer Herkunft als organogene oder biogene Sedimente bezeichnet. Der Vorgang der Ablagerung und Ausscheidung richtet sich nach physikalisch-chemischen Bedingungen im jeweiligen Sedimentationsraum sowie nach den Eigenschaften des transportierenden Mediums und der Festteilchen.

Die Sedimente werden nach Art des Transportmediums wie folgt unterschieden:

(1) **äolische Sedimente**, entstanden durch Windverfrachtung in Form von Auffüllungen oder Aufhäufung von Dünen. Hierzu gehören z. B. Lössablagerungen: Entstehung aus feinem Staub der Korngrößen 0,01 bis 0,05 mm, der während der Eiszeiten über das Land verfrachtet ist und ehemaliges Grasland zum Teil dünenartig bedeckt hat. Der Löss besteht überwiegend aus Quarz mit bis zu 10 % Kalk und etwas Brauneisen. Durch Verwitterung entkalkter und umgelagerter Löss bildet den Lösslehm.

(2) **aquatische Sedimente**, durch Ablagerung im Wasser entstanden. Hierzu gehören:

a) fluviatile Sedimente durch Ablagerung in Flüssen, zumeist Sande, Kiese, Schotter, Verfestigung durch gelöste Salze zu Konglomeraten (z. B. Nagelfluh) und Sandstein
b) limnische Sedimente durch Ablagerung in Seen
c) marine Sedimente durch Ablagerung im Meer, zumeist Schluffe, Tone, Mergel, Sande. Seetone, Bändertone, Schlick bilden sich aus Schlamm und feiner Trübe. Durch Wasserverlust, chemische Vorgänge und durch die Überlagerung weiterer Sedimente entstehen Tone und Mergel mit den Resten von Pflanzen und Schalentieren (Fossilien).

   Die Mineralien der besonders feinen, hochplastischen Tone bestehen überwiegend aus Aluminium-Hydro-Silikaten. Geringplastische Tone mit hohem Kalk- und Quarzgehalt sind Kennzeichen für Mergel. Bunte Farben zeigen Metallgehalt, meist Eisen und Mangan an.

   Die meist hohe Festigkeit der tertiären Schluffe und Tone geht auf chemische Vorgänge oder ehemals große geologische Auflasten zurück.
d) Sedimente durch Absatz aus Quellen, z. B. Sinter, Kalktuff
e) glaziäre oder fluvioglaziale Sedimente, zumeist als Moränen aus Ablagerungen beim Gletschervorschub während der Eiszeiten. Bildung wallartiger Hügelketten mit zwischenliegenden, oft auch abflusslosen Seen.

   Die abgelagerten Sedimente setzen sich zusammen aus fein zermahlenem Gestein (Ton und Schluff), Kies, Steinen und Blöcken. Sie lagern durch den ehemaligen Eisdruck sehr dicht zusammen. Außerhalb der Moränen erstrecken sich grundwasserführende Schotterterrassen aus Kies, Sand und Gestein. In den Gletscherseen haben sich tiefreichende Seetone, Torfe und andere organische Böden aufgefüllt und Hochmoore gebildet.

(3) **vulkanogene Sedimente** durch Auswurf von Asche, Schlacke sowie Lavaschmelze entstanden.

1.2 Sedimentgesteine

Sedimentgesteine entstehen aus den Vorgängen der Sedimentation und des biologischen Wachstums sowie durch Diagenese von verfestigtem Gestein. Die ehemals lockeren Sedimente bilden sich durch langzeitige Wirkung von Druck, Temperatur, chemischer oder organogener Verwitterung, Abscheidung u. a. zu festen Gesteinen um. An diesen Prozessen können Kompressionen der Sedimente mit Auspressen von Wasser und Bodenluft, Auslaugungen, Umkristallisationen, Bindemittel und Kongretionen sowie Fossilisationen mitwirken. Dementsprechend werden vereinfacht folgende Gesteinsarten unterschieden:

- klastische Sedimentgesteine, z. B. Sandstein, Grauwacke, Tonstein, Tonschiefer, Tuff
- chemische Sedimentgesteine, z. B. Kalk, Dolomit, Salz, Anhydrit, Gips
- organogene bzw. organische Sedimentgesteine, z. B. Kohle, Torf, Kreide.

Auch Salz- und Gipsbildungen können hierzu gerechnet werden, die in heiß-trockenem Klima in Meeresarmen entstehen und in bestimmten Kalk- und Sandsteinen einlagern. Vorkommen z. B. an Erdfällen und Dolinen erkennbar.

Tabelle 1:
Stratigraphisch-geotechnische Einteilung von Boden und Fels (nach E. Krauter)

System	Serie	Stufen und Unterstufen (Beispiele regionaler Bezeichnungen mit besonderen geotechnischen Risiken)	häufige Boden- und Felsarten	besondere geotechnische Risiken
Quartär	Holozän (Alluvium)		Kies, Sand, Schlick, Torf, Kalktuff	
	Pleistozän (Diluvium)		Kies, Sand, Ton, Geschiebemergel, Löß, Torf, Kieselgur, Kalktuff, Bims, Basalt	
Tertiär	Neogen (Jungtertiär) Pliozän Miozän Paläogen (Alttertiär) Oligozän	} Molasse Cyrenenmergel Schleichsand	Ton, Schluff, Sand, Mergel, Mergelstein, Kalkstein, Kieselgur, Süßwasserquarzit Basalt, Tuff	Rutschungen
	Eozän Paläozän	} Flysch		
Kreide	Oberkreide		Schreibkreide, Mergelkalkstein, Sandstein, Konglomerat, Kalkstein	Rutschungen
	Unterkreide			
Jura	Malm (Weißjura) (Oberjura)		heller Kalk- und Dolomitstein	Verkarstungen
	Dogger (Braunjura) (Mitteljura)	Ornatenton Opalinuston	brauner Sandstein, Kalkstein, Ton	Rutschungen
	Lias (Schwarzjura) (Unterjura)	Posidonienschiefer	dunkler Ton- und Kalkmergelstein	Quellungen
Trias	Keuper	Oberer (Rhät) Mittlerer Knollenmergel Feuerletten Gipskeuper Unterer (Lettenkeuper)	Sandstein, Mergelstein, Tonstein, Kalkstein, Dolomitstein, Gips	Rutschungen, Auslaugungen, Quellungen
	Muschelkalk	Oberer (Hauptmuschelkalk) Mittlerer (Anhydritgruppe) Raibler Schichten Unterer (Wellengebirge) Reichenhaller Schichten	Kalkstein, Mergelstein, Tonstein, Dolomitstein, Breccie, Anhydrit, Steinsalz	Rutschungen, Quellungen, Verkarstungen, Auslaugungen
	Buntsandstein	Oberer (Röt) Mittlerer (Hauptbuntsandstein) Unterer	Sandstein, Tonstein, Konglomerat, Gips, Steinsalz	Rutschungen, Spaltenbildung an Hängen, Auslaugungen
Perm	Zechstein	Haselgebirge	Kalkstein, Dolomitstein, Konglomerat, Mergelstein, Gips, Anhydrit, Steinsalz, Kalisalz, Tonstein	Rutschungen, Auslaugungen, Verkarstungen, Quellungen
	Rotliegendes		Sandstein, Konglomerat, Kieselschiefer, Kalkstein, Tonstein, Tuff, Magmatit (Porphyr, Porphyrit, Melaphyr)	Rutschungen
Karbon	Oberkarbon (produktives Karbon)		Sandstein, Konglomerat, Kalkstein, Tonstein, Schluffstein, Kohle	
	Unterkarbon		Magmatit (Granit, Syenit, Diorit, Gabbro, Porphyr u. a.), Kohle, Sandstein (Grauwacke), Kieselschiefer, Kalkstein	

1.3 Eruptivgesteine

Die Eruptiv- oder magmatischen Gesteine sind durch Auskristallisation (Erstarrung) aus dem irdischen Schmelzfluss entstanden. In baugeologischer Hinsicht sind vor allem die an der Erdoberfläche erstarrten Gesteine von Bedeutung (Vulkanite, Erguss- und Effusivgesteine). Hierzu gehören:

- Vulkanite, z. B. Trachyt, Andesit, Basalt, Porphyr, Diabas
- Ganggesteine, z. B. Pegmatit
- Plutonite, z. B. Granit, Syenit, Diorit, Gabbro.

Die Vulkanite stammen als Ergussgesteine aus der Schmelzflussmasse, die infolge von Gas- oder Auffaltungsdruck an die Erdoberfläche gelangt und dort erstarrt ist. Die Ganggesteine stammen aus der Schmelzflussmasse, die unterhalb der Erdoberfläche in Spalten, Schloten und Klüften erstarrt ist. Die Plutonite haben ihre Erstarrung in großer Tiefe unter hohem Druck erfahren.

1.4 Metamorphe Gesteine

Die metamorphe Gesteinsumwandlung vollzieht sich durch Einwirkungen innerhalb der Erdkruste in Form von Rekristallisationen bzw. Veränderungen der Texturen und Strukturen der Ausgangsgesteine, zumeist magmatischer oder sedimentärer Gesteine. Zu den Wirkungskräften gehören stark erhöhte Temperatur und Druck infolge Überlagerung mit später gebildeten Gesteinen (Belastungsmetamorphose) oder infolge Aufschmelzen im Kontaktbereich magmatischer Schmelzen (Thermo-, Kontaktmetamorphose), diffuses Eindringen von magmatogenen Gasen und Lösungen oder auch kinetisch bedingte Verformungen bei tektonischen, gebirgsbildenden Vorgängen.

Die umgewandelten Gesteine werden geologisch nach ihrer Entstehungsart klassifiziert. Hierzu gehören z. B. Quarzite, geschieferte und mylonitisierte Granite, Gneise, Ton- und Kalkphyllite, Glimmerschiefer, Marmor, Graphite.

2 Boden

2.1 Benennung und Beschreibung (DIN EN ISO 14688-1)

Die Norm beinhaltet die Grundprinzipien, nach denen Böden auf der Grundlage ihrer Merkmale und Eigenschaften identifiziert, benannt und beschrieben werden. Der Inhalt hat den Status einer deutschen Norm, ersetzt weitestgehend DIN 4022 und betrifft den natürlichen und künstlichen Boden. Im Sinne der Norm zählen hierzu auch aufgefüllter und umgelagerter Boden, anthropogenes Material, zerkleinertes Gestein und Schlacken, soweit ähnliches bodenmechanisches Verhalten kennzeichnend ist.

Eine genaue Unterscheidung und Einordnung von Böden nach Korngrößenanteilen, Konsistenzgrenzen und organischen Anteilen setzen Laborversuche voraus. Das Benennen von Boden ist zusätzlich durch Beschreibung bestimmter Merkmale zu ergänzen; hierzu gehören die Zustandsform, besondere stoffliche Beimengungen sowie sonstige Merkmale der Probe, z. B. Kalkgehalt, Kornform, Kornrauigkeit, Geruch, ortsübliche Bezeichnung sowie die geologische Zuordnung.

Grundlegendes Unterscheidungsmerkmal für mineralische Böden ist die Korngröße mit den Korngrößenfraktionen nach *Tab. 2*.

Anmerkung zu Tabelle 2:

Die Kurzzeichen für die Korngrößenfraktionen weichen von den bisher gültigen Symbolen in DIN 4022 und von denen in DIN 18196 ab. Diese Diskrepanz ist in Vertragsunterlagen zu beachten bzw. definitiv vertraglich abzustimmen.

Aus mehreren Korngrößenbereichen zusammengesetzte Bodenarten werden mit einem Substantiv für den Hauptanteil und einem oder mehreren Adjektiven für die Nebenanteile bezeichnet. Es gelten folgende Grundregeln:

Tabelle 2: Korngrößenfraktionen (nach DIN EN ISO 14688-1)

Bereich	Benennung	Kurzzeichen	Korngröße mm
sehr grobkörniger Boden	großer Block	*LBo*	> 630
	Block	*Bo*	> 200 bis 630
	Stein	*Co*	> 63 bis 200
grobkörniger Boden	Kies	*Gr*	> 2 bis 63
	Grobkies	*CGr*	> 20 bis 63
	Mittelkies	*MGr*	> 6,3 bis 20
	Feinkies	*FGr*	> 2,0 bis 6,3
	Sand	*Sa*	> 0,063 bis 2,0
	Grobsand	*CSa*	> 0,63 bis 2,0
	Mittelsand	*MSa*	> 0,2 bis 0,63
	Feinsand	*FSa*	> 0,063 bis 0,2
feinkörniger Boden	Schluff	*Si*	> 0,002 bis 0,063
	Grobschluff	*CSi*	> 0,02 bis 0,063
	Mittelschluff	*MSi*	> 0,0063 bis 0,02
	Feinschluff	*FSi*	> 0,002 bis 0,0063
	Ton	*Ci*	< 0,002

- Hauptanteil ist entweder der größte Massenanteil oder der für die Eigenschaften des Bodens bestimmende Anteil.
- Nebenanteile sind die Anteile, welche die Eigenschaften des Bodens nicht prägen. Bei den grob- und gemischtkörnigen Böden werden die Nebenanteile, die entweder von geringem oder von besonderem Einfluss sind, zusätzlich mit den Beiworten „schwach“ oder „stark“ gekennzeichnet.
- Sind bei den grobkörnigen Böden zwei Hauptanteile zu etwa gleichen Anteilen bestimmend vertreten, werden beide mit dem Bindewort „und“ benannt.

Weitere Detailregelungen s. DIN EN ISO 14688-1.

Torfe und andere organische Böden werden durch die in *Tab. 3* angeführten Merkmale erkennbar und beschrieben. Torf wird nach dem Zersetzungsgrad und Faseranteil unterschieden.

EN ISO 12688-1 enthält einfache, auch als Feldversuch anwendbare Erkennungsverfahren zum Benennen und Beschreiben von Boden; auswahlweise werden nachfolgend benannt:

(1) Korngrößen der grobkörnigen Böden visuell erkennbar mit Kornstufenschaulehren als Vergleichsnormale.

(2) Kornformen nach geometrischer Form und Rundungsgrad (*Tab. 4*) nach folgender begrifflicher Einordnung (geeignet für Sand, Kies und gröberes Material):

(3) Hinweise auf Trockenfestigkeit und Plastizität zur Unterscheidung von Schluff und Ton anhand des Widerstandes der vorgetrockneten Probe gegen Zerbröckeln und Pulverisierung mit folgender Unterscheidung:

a) **geringe Trockenfestigkeit:** der getrocknete Boden zerfällt bei leichtem bis mäßigem Fingerdruck;

b) **mittlere Trockenfestigkeit:** die getrocknete Probe zerbricht erst bei erheblichem Fingerdruck und es verbleiben noch zusammenhängende Bruchstücke;

c) **hohe Trockenfestigkeit:** die getrocknete Probe kann nicht mehr durch Fingerdruck zerstört werden; sie lässt sich lediglich zerbrechen.

(4) Erkennung der plastischen Eigenschaften mit Hilfe des Knetversuches durch wiederholtes walzenförmiges Ausrollen der feuchten Probe zwischen den Handflächen, bis dies nicht mehr möglich, sondern die Probe nur noch klumpenförmig knetbar ist.

Unterscheidungsmerkmale:

a) **geringe Plastizität:** Die Probe kann nicht zu Walzen von 3 mm Durchmesser ausgerollt werden;
b) **ausgeprägte Plastizität:** Die Probe lässt sich zu dünnen Walzen ausrollen.

Eine geringe Plastizität kennzeichnet einen überwiegenden Schluffanteil, eine ausgeprägte Plastizität einen hohen Tonanteil.

(5) Zustandsform (Konsistenz) plastischer Böden erkennbar anhand folgender Merkmale:

a) **breiig** ist ein Boden, der beim Pressen in der Faust zwischen den Fingern hindurchquillt;
b) **weich** ist ein Boden, der sich leicht kneten lässt;
c) **steif** ist ein Boden, der sich schwer kneten, aber in der Hand zu 3 mm dicken Walzen ausrollen lässt, ohne zu reißen oder zu zerbröckeln;
d) **halbfest** ist ein Boden, der beim Versuch c) zwar bröckelt und reißt, aber doch noch feucht genug ist, um ihn erneut zu einem Klumpen formen zu können;

Tabelle 4: Begriffe für die Bezeichnung der Kornform

Kornform	
Rundung	scharfkantig kantig kantengerundet angerundet gerundet gut gerundet
Form	kubisch flach (plattig) länglich (stängelig)
Oberflächenstruktur	rau glatt

e) **fest (hart)** ist ein Boden, der ausgetrocknet ist und dann meist hell aussieht. Er lässt sich nicht mehr kneten, sondern nur zerbrechen.

(6) Erkennungsverfahren für Abschätzung von Sand-, Schluff- und Tonanteilen, Bestimmung organischer und vulkanischer Böden. Zersetzungsgrad von Torf, Kalkgehalt u.a.; Details s. EN ISO 14688-1.

(7) Trennflächen im Boden beeinflussen das bodenmechanische Verhalten. Sie können geologisch als Schicht- bzw. Ablagerungsflächen bedingt oder durch tektonische Störung, Rutschung oder Überkonsolidierung

Tabelle 3: Benennung und Beschreibung von organischen Böden (nach DIN EN ISO 14688-1)

Benennung	Beschreibung
Faseriger Torf	faserige Struktur, leicht erkennbare Pflanzenstruktur; besitzt gewisse Festigkeit
Schwach faseriger Torf	erkennbare Pflanzenstruktur; keine Festigkeit des erkennbaren Planzenmaterials
Amorpher Torf	keine erkennbare Pflanzenstruktur; breiige Konsistenz
Mudde (Gyttja)	pflanzliche und tierische Reste; mit anorganischen Bestandteilen durchsetzt
Humus	pflanzliche Reste, lebende Organismen und deren Ausscheidungen; bilden mit anorganischen Bestandteilen den Oberboden (Mutterboden)

mechanisch verursacht sein. Zur kennzeichnenden Beschreibung gehören Angaben über die Häufigkeit und den Abstand dieser Diskontinuitäten.

2.2 Bodengruppen (DIN 18196)

(1) Hauptgruppen

Die Bodenarten werden für die Beschreibung der bautechnischen Eigenschaften und der Eignung gemäß DIN 18196 in Hauptgruppen und Gruppen mit annähernd gleichem stofflichen Aufbau und Verhalten eingeteilt. Eine Zusammenfassung der Hauptgruppen enthält *Tab. 5* und *Bild 1*. Die Korngrößenverteilung wird als Körnungslinie (Summenlinie der Korngruppen) gemäß Beispiel in *Bild 2* dargestellt.

Die Merkmale der Gruppen sind ausschließlich stofflicher Art: Korngruppen nach Korngrößen und Massenanteilen, plastische Eigenschaften, organische und kalkhaltige Bestandteile.

Die Gruppen werden mit jeweils zwei Kennbuchstaben bezeichnet. Mit dem ersten Buchstaben werden die Hauptbodenarten, mit dem zweiten Buchstaben bautechnisch besonders wichtige Eigenschaften gekennzeichnet. Bei den feinkörnigen Bodenarten ist dies der Grad

Tabelle 5: Bodenklassifikation nach DIN 18196

Hauptgruppe	d in mm		Gruppe	Kurzzeichen
	< 0,06	> 2,0		
grobkörnige Böden	≤ 5 %	> 40 % ≤ 40 %	Kies, Kies-Sand-Gemisch Sand, Sand-Kies-Gemisch	GE GI GW SE SI SW
gemischtkörnige Böden	5–40 %	> 40 %	Korn < 0,06 mm: Kies-Schluff-Gemisch 5–15 % 15–40 % Kies-Ton-Gemisch 5–15 % 15–40 %	GU GŪ GT GT̄
		≤ 40 %	Sand-Schluff-Gemisch 5–15 % 15–40 % Kies-Ton-Gemisch 5–15 % 15–40 %	SU SŪ ST ST̄
feinkörnige Böden	> 40 %		Schluff $I_p \le 4\,\%$[1]: leichtplast. $w_L \le 35\,\%$ mittelplast. > 35–50 % ausgepr. plast. > 50 %	UL UM UA
			Ton $I_p \ge 7\,\%$[2]: leichtplast. $w_L \le 35\,\%$ mittelplast. > 35–50 % ausgepr. plast. > 50 %	TL TM TA
organogene Böden, Böden mit organischen Beimengungen	> 40 %		Schluff $I_p \ge 7\,\%$[3]: $w_L = 35–50\,\%$	OU
			Ton $I_p \ge 7\,\%$[3]: $w_L = 50\,\%$	OT
	≤ 40 %		grob-, gemischtkörnige Böden mit humosen, kalkigen, kieseligen Beimengungen	OH OK
organische Böden			Torf, nicht bis mäßig zersetzt Z = 1– 5[4]) Torf, zersetzt Z = 6–10 Mudde	HN HZ F
Auffüllung			Boden Fremdstoffe	[…] A

1) oder unter A-Linie 2) und über A-Linie 3) und unter A-Linie 4) Z Zersetzungsgrad

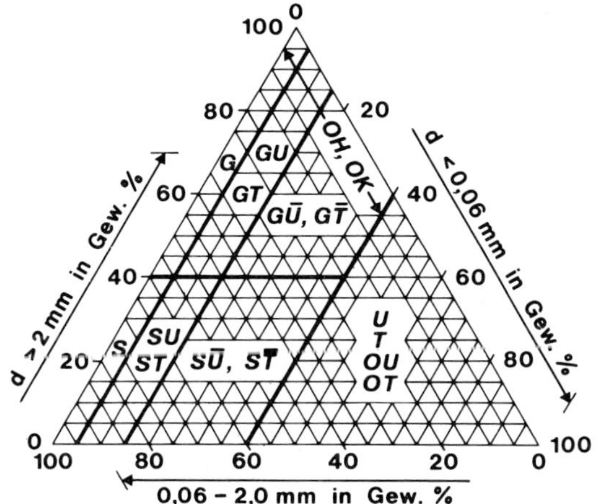

Bild 1: Darstellung der Hauptkorngruppen der Bodenarten (DIN 18196) im Dreieckdiagramm

der Plastizität, bei den gemischtkörnigen die Art der feinkörnigen Beimengung (Schluff, Ton) und bei den grobkörnigen Bodenarten die Form der Körnungslinie, ausgedrückt durch die Ungleichförmigkeitszahl C_U und die Krümmungszahl C_C.

Die Einordnung in die Klassifikationsgruppen hat der Sachverständige für Geotechnik vorzunehmen. Sie erfolgt mit Hilfe der in EN ISO 14688-1 beschriebenen Handversuche bzw. mit normativen Laborversuchen.

(2) Grobkörnige Bodenarten

Die grobkörnigen Bodenarten werden nach der Korngrößenverteilung in Sande, Kiese und deren Gemische eingeteilt. Sie enthalten Anteile an Feinkorn unter 0,06 mm bis höchstens 5 %. Unterschieden und beurteilt werden

Bild 2: Beispiele für Körnungslinien

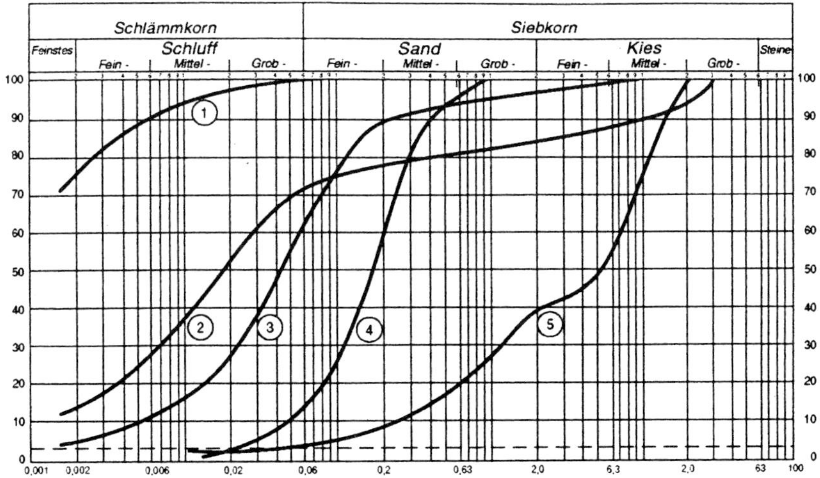

Körnungslinien-Nr.	1	2	3	4	5
Bodenart Benennung nach DIN 4022	Ton (T)	Ton, Schluff mit Kalkkonkretionen	Schluff, tonig, feinsandig mit Kalkkonkretionen	Fein-, Mittelsand schluffig (fS – ms, u)	Mittelkies, feinkiesig sandig, schluffig (mG. fg. s, u)
Fließgrenze w_L / Plastizität I_P Bodengruppe nach DIN 196	$w_L \approx 73$ / $I_P \approx 55$ TA	$w_L \approx 40$ / $I_P \approx 20$ TM	w_L 35 / I_P 8 UL – UM	SU	GI

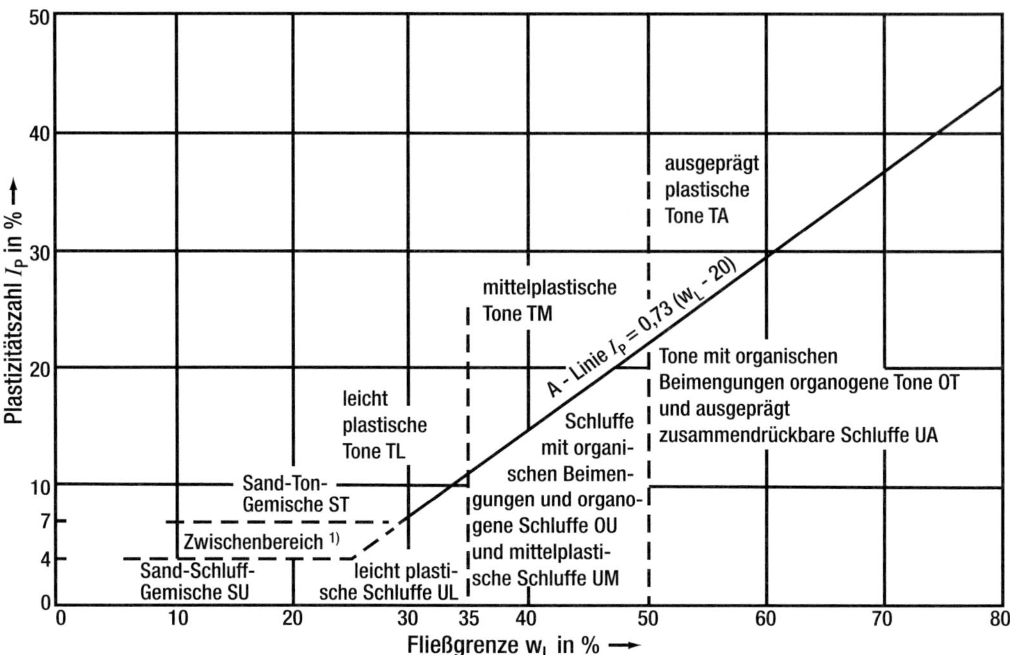

1) Die Plastizitätszahl von Böden mit niedriger Fließgrenze ist versuchsmäßig nur ungenau zu ermitteln. In den Zwischenbereich fallende Böden müssen daher nach anderen Verfahren, z. B. nach DIN 4022, Teil 1, 09.87, Abschnitt 8.5 bis Abschnitt 8.9, dem Ton- und Schluffbereich zugeordnet werden.

Bild 3: Plastizitätsdiagramm mit Bodengruppen (nach DIN 18196)

sie nach den Summenanteilen der Sand- und Kieskornfraktionen sowie mittels der Ungleichförmigkeitszahl C_U und der Krümmungszahl C_C ihrer Körnungslinien; s. *Tab. 6* und *7* (DIN 18196).

Die beiden Kenngrößen C_U und C_C kennzeichnen die mittlere Steilheit und Krümmung im jeweils mittleren Abschnitt der Körnungslinien zwischen den Korngrößen d_{10} und d_{60}; ihre Ermittlung wird daher dann ungenau, wenn die Körnungslinien im Bereich der Korngrößen d_{10}, d_{30} und d_{60} Unstetigkeitsstellen aufweisen.

Tabelle 6: Hauptgruppen nach den Hauptbestandteilen

Hauptbestandteile	Kurzzeichen	Massenanteil des Korns ≤2 mm
Kieskorn (**G**rant)	**G**	bis 60 %
Sandkorn	**S**	über 60 %

(3) Feinkörnige Bodenarten

Die Klassifikation der feinkörnigen Bodenarten erfolgt nach den plastischen Eigenschaften ihres Feinkornes mit der Zuordnung ihrer Hauptbestandteile Ton und Schluff (Kurzzeichen T und U) gemäß Plastizitätsdiagramm über oder unterhalb der A-Linie; vgl. *Bild 3.*

Maßgebende Kriterien für die plastischen Eigenschaften sind der Grenzwassergehalt an

Tabelle: 7 Unterteilung grobkörniger Böden in Abhängigkeit von der Ungleichförmigkeitszahl C_U und der Krümmungszahl C_C

Benennung	Kurzzeichen	Ungleichförmigkeitszahl C_U	Krümmungszahl C_C
Enggestuft	**E**	< 6	beliebig
Weitgestuft	**W**	≥ 6	1 bis 3
Intermittierend gestuft	**I**	≥ 6	< 1 oder > 3

Tabelle 8: Einstufung feinkörniger Böden in Abhängigkeit vom Wassergehalt an der Fließgrenze w_L

Benennung	Kurz-zeichen	w_L Massenanteil
Leicht plastisch	**L**	kleiner 35 %
Mittelplastisch	**M**	35 bis 50 %
Ausgeprägt plastisch	**A**	über 50 %

der Fließgrenze w_L und die Plastizitätszahl $I_P = w_L - w_P$ mit dem Grenzwassergehalt an der Ausrollgrenze w_P. Beide Grenzwassergehalte entsprechen versuchsspezifischen Kenngrößen nach DIN EN ISO 17892-12. Einstufung der plastischen Eigenschaften s. *Tab. 8*.

Je mehr Wasser ein feinkörniger Boden bindet, umso weniger formbeständig verhält sich seine Masse bzw. umso leichter lässt er sich verformen. Die Zustandsformen werden durch die vorbenannten Grenzwassergehalte normativ definiert und mit Hilfe der Kennzahlen I_C und I_L klassifiziert; s. *Tab. 9*.

(4) Gemischtkörnige Bodenarten

Die gemischtkörnigen Bodenarten enthalten Anteile an Sand-, Kies- und Feinkorn, kommen in vielen Übergangsformen vor und werden landläufig mit dem Sammelbegriff „Lehm" bezeichnet. Gemäß DIN 18196 werden diese Bodenarten sowohl nach dem Hauptbestandteil der grobkörnigen Korngrößenfraktionen

Tabelle 10: Unterteilung gemischtkörniger Böden nach dem Massenanteil des Feinkorns

Benennung	Kurz-zeichen[1]	Massenanteil des Korns ≤0,063 mm
Gering	**U** oder **T**	5 % bis 15 %
Hoch	$\bar{\textbf{U}}$ oder $\bar{\textbf{T}}$	über 15 % bis 40 %

[1] Statt des Querbalkens über den Buchstaben darf auch das nachgestellte *-Symbol verwendet werden, d. h. **U*** oder **T***.

als auch nach dem Hauptbestandteil des Feinkornes – Schluff oder Ton – eingeordnet und bezeichnet; s. *Tab. 10*. Dabei soll die Zuordnung zu den Hauptgruppen Ton und Schluff und zu den Untergruppen (tonig oder schluffig) sinngemäß wie bei den feinkörnigen Bodenarten anhand des Wassergehaltes an der Fließgrenze w_L und der Plastizitätszahl I_P vorgenommen werden. Diese Vorgehensweise hat für die gemischtkörnigen Bodenarten Grenzen, weil die Versuchstechnik nach DIN EN ISO 17892-12 nicht generell anwendbar bzw. geeignet ist.

(5) Organogene und organische Bodenarten

Die unter Mitwirkung von Organismen gebildeten organogenen Böden (Kurzzeichen O) sowie die organischen Böden (Kurzzeichen H oder F) werden anhand des Massenanteils an organischen Bestandteilen klassifiziert. Soweit es sich dabei um Schluffe oder Tone handelt, werden sie nach dem Plastizitätsdiagramm eingeordnet und liegen gemäß *Bild 3* unterhalb der A-Linie.

Tabelle 9: Definition und Klassifizierung der Zustandsformen

Ausrollgrenze w_P — Fließgrenze w_L — Plastizitätsbereich — fest, halbfest, steif, weich, breiig, flüssig — Wassergehalt w →

Zustandsformen

Zustandsform des plastischen Bereichs	Liquiditätszahl I_L: $I_L = \frac{w - w_P}{I_P} = 1 - I_C$		Konsistenzzahl I_C: $I_C = \frac{w_L - w}{w_L - w_P} = \frac{w_L - w}{I_P}$	
flüssig			unter 0	
breiig	von 1,0¹)	bis über 0,25	von 0¹)	bis unter 0,5
weich	von 0,5	bis über 0,25	von 0,5	bis unter 0,75
steif	von 0,25 bis	0²)	von 0,75 bis	1,0²)
halbfest		unter 0	über 1,0 (bis w_S)	

1) Fließgrenze w_L 2) Ausrollgrenze w_P

Grob- und gemischtkörnige Bodenarten werden nach Art der organischen Bestandteile in humose, kalkige oder kieselige unterteilt.

Rein organische Bodenarten werden nach ihrer Entstehung und dem Zersetzungsgrad der organischen Bestandteile klassifiziert. Nach der Entstehung wird unterschieden zwischen an Ort und Stelle aufgewachsenem Torf bzw. Humus (H) und unter Wasser abgesetztem Schlamm (F). Der Zersetzungsgrad von Torf wird mit den Gruppen „nicht bis mäßig zersetzt" (N) und „zersetzt" (Z) klassifiziert.

2.3 Bodenkenngrößen

Grundsätzlich sind die charakteristischen Bodenkenngrößen im Sinne von DIN 1054 und DIN 4020 aufgrund von bodenmechanischen Labor- bzw. Feldversuchen zu ermitteln und unter Zuhilfenahme weiterer Informationen festzulegen. Für die in DIN 1054 angegebenen charakteristischen Bodenkenngrößen ist vorausgesetzt, dass sie nach DIN 4020 auf der Grundlage von Bodenaufschlüssen, Labor- und Feldversuchen sowie weiteren Informationen festgelegt werden. Die Untersuchungen müssen die Beschaffenheit der jeweiligen Bodenart und deren mögliche Änderung berücksichtigen.

In DIN 1055, Teil 2 sind informative Erfahrungswerte für nichtbindige und bindige Böden angegeben; siehe Teil 3, Sonderkapitel S7. Sie dürfen für die Ermittlung von Einwirkungen infolge von Eigenlasten des Bodens und von Erddrucklasten verwendet werden.

Hinsichtlich der Gültigkeit und Anwendbarkeit dieser Tabellenwerte gelten die in der Norm angegebenen Einschränkungen.

2.4 Unterteilung nach bindigen/ nichtbindigen Eigenschaften

Sowohl in der Fachliteratur als auch im Normenwerk werden die **Begriffe „bindig"** und **„nichtbindig"** im Zusammenhang mit der Bestimmung bzw. Klassifizierung von Bodenarten, ihren Eigenschaften und Kenngrößen verwendet. Die beiden Begriffe charakterisieren grundlegende qualitative Verhaltensunterschiede, die aber wegen einer Vielzahl von Übergangsformen, insbesondere bei den Gruppen der gemischtkörnigen Bodenarten, nicht allgemein gültig und eindeutig abgegrenzt und auch nicht nach einheitlichem Vorgehen untersucht werden können. Da andererseits von der richtigen Bestimmung der Bodenarten in der Praxis viel abhängt, sollen diese Verhaltensunterschiede nachfolgend näher erläutert werden.

Der **Begriff „bindig"** geht nach bodenmechanischer Lehrmeinung von dem vereinfachten Grundsatz aus, dass sich die Böden umso bindiger verhalten, je feinkörniger sie zusammengesetzt sind. So werden z. B. in EN ISO 14688-1 Böden mit „plastischen Eigenschaften" als bindig bezeichnet. Komplexer betrachtet richtet sich das bodenphysikalische Verhalten eines mehrphasigen Bodensystems aus makroskopisch großen und mikrofeinen Festteilchen sowohl nach den plastischen Eigenschaften und mineralchemischen Bestandteilen der Feinteilchen als auch nach deren Mengenverhältnis zu den makroskopischen Bodenkörnern.

Die Verhaltensunterschiede beruhen auf den physikalisch-chemisch bedingten Wirkungen der molekularen Anziehungskräfte und Bewegungen in mehrphasig kolloiden Systemen. Die gegenseitigen Anziehungskräfte der Moleküle untereinander verursachen in einer festkristallinischen Phase und einer flüssig-amorphen Phase festigkeitsbildende Effekte. Die Anziehung wirkt wie ein „Binnendruck", der innerhalb der Phase eine Zugfestigkeit bzw. Kohäsion und an allen freien Grenzflächen sowie Trennflächen zu einer anderen Phase eine Oberflächenspannung auslöst. Diese Oberflächenspannung bindet ihrerseits gelöste Stoffe durch Adsorption und kapillare Wirkung.

Die im Zusammenwirken mit der molekularen Anziehung verursachten Molekularbewegungen regeln die Druck- und Temperaturverhältnisse sowie Volumenänderungen innerhalb der jeweiligen Phase und steuern Vorgänge wie die Diffusion von gelösten Stoffen und den osmotischen Druck von Gasen und Flüssigkeiten. Im Bereich der Grenzschichten und Trennflächen, insbesondere an der festen Phase, werden die Anziehung der Grenzmoleküle und die molekularen Bewegungen gestört bzw. wie an Hindernissen mechanisch abgebremst, wodurch die umgebende flüssige Phase Änderungen erfährt und gelöste Stoffe molekular und adsorptiv gebunden werden.

Überträgt man die vorstehend beschriebenen rein physikalischen Vorgänge auf mehrphasig aufgebaute kolloidale Bodensysteme, so folgt, dass mit zunehmender Feinheit und Plastizität der Festteilchen die Oberflächeneigenschaften immer stärkeren Einfluss auf das Bodenverhalten ausüben. Die Dicke der sorbierten Wasserfilme bzw. die an die Oberflächen gebundene Wassermenge nehmen zu, bevor sich die Bodenstruktur auflöst und der Boden in einen flüssigen Zustand übergeht. Für diese Eigenschaft der feinkörnigen Böden, Wasser an der Oberfläche von mikrofeinen Teilchen zu binden, steht der Begriff „bindig".

Die Wasseranlagerung an den Oberflächen führt dazu, dass von außen wirkende Druckkräfte über die Wasserfilme auf das Feinkorn übertragen werden können, wodurch die Reibung stark vermindert und Volumenänderungen durch Zusammendrückung, Erschütterung oder mechanische Bearbeitung sowie auch Volumeneffekte wie Schwellen, Schwinden, Thixotropie u. a. verstärkt werden.

Der **Begriff „nichtbindig"** steht für die Eigenschaft von grobkörnigen Bodenarten (Sande, Kiese), dass der Einfluss von sorbierten Wasserfilmen auf den Kornoberflächen eine untergeordnete Rolle spielt. Die makroskopisch großen Körner stützen sich unter Eigengewicht und Auflast reibungsbedingt wie ein Haufwerk aufeinander ab, wobei die Druckkräfte von Korn zu Korn wegen der geringen Anzahl der Berührungspunkte groß sind. Diese kohäsionslosen Kornsysteme besitzen eine hohe innere Reibung, bei sehr gleichkörnigem Aufbau allerdings eine große Beweglichkeit. Der große Porenraum lässt eine praktisch ungehinderte Durchlässigkeit von Wasser zu, sodass Sofortsetzungen entstehen, die den Porenraum verringern.

Es gibt in der Natur viele Übergangsformen zwischen den für bindige und nichtbindige Böden beschriebenen Verhaltensmustern. Hierzu gehören auch Bodengruppen mit Korngrößen zwischen 0,1 und 0,02 mm, wie Mehlsande und Lösse, im Vergleich zum Sand feinkörnigere Böden. Bei diesen Böden üben die Kornoberflächen noch keinen wesentlichen Einfluss auf das bodenphysikalische Verhalten aus. Sie besitzen keine Kohäsion, sodass die Festteilchen sehr beweglich reagieren (Triebsande). Ihre Reibungseigenschaften kommen den nichtbindigen Sanden nahe, ihre Durchlässigkeit fällt dagegen geringer aus.

Bei den Schluffen im Korngrößenbereich von 0,02 bis 0,002 mm macht sich der Einfluss der an den Kornoberflächen sorbierten Wasserfilme im Vergleich zu gröberen Böden dahingehend bemerkbar, dass die innere Reibung geringer wird, sich eine geringfügige Kohäsionsfestigkeit abzeichnet, die Durchlässigkeit gering wird und die Kapillarität wesentlich zunimmt. Das Porenwasser fließt bei plötzlich aufgebrachter Auflast langsamer ab.

Besonders schwierig wird die Einstufung des Verhaltensmusters bei den **gemischtkörnigen Bodenarten**. Das bodenphysikalische Verhalten wird überlagernd sowohl vom Mischungsverhältnis der grobkörnigen, mittelfeinen und feinkörnigen Bestandteile als auch von den plastischen Eigenschaften der tonigen Bestandteile beeinflusst. Ein Mischboden, dessen makroskopische Körner sich gegenseitig abstützen und dessen Porenraum eine feinkörnige Matrix ausfüllt, wird sich hinsichtlich Reibungs- und Verformungsverhalten ähnlich wie ein nichtbindiger Boden verhalten, in seiner Durchlässigkeit aber eher einem bindigen Boden entsprechen. Wenn andererseits kein durchgehendes Korngerüst der makroskopischen Körner besteht, sondern diese ohne Berührung in die feinkörnige Matrix mehr oder weniger eingebettet sind, wird sich zunehmend bindiges Verhalten je nach Mischungsverhältnis der Komponenten einstellen, d. h. die Reibungsfestigkeit und Durchlässigkeit sich denen eines Tones annähern, die Zusammendrückbarkeit unter Auflast zwar groß, aber noch nicht vergleichbar mit der rein feinkörniger Böden sein.

Hieraus wird ersichtlich, dass für die bindigen und nichtbindigen Verhaltensmuster von Böden generell und bei gemischtkörnigen Böden im Besonderen keine scharf abgrenzbaren Kriterien bzw. Kenngrößen existieren. Die Einstufung unterliegt, wie auch *Bild 4* deutlich zeigt, fließenden Übergängen und auch wesentlichen Unterschieden je nach betrachteter Eigenschaft. Das tatsächliche Verhalten der zu den vorbenannten Übergangsformen gehörenden Bodenarten kann somit nur mit Hilfe von bodenphysikalischen Versuchen an Proben oder im Feld ermittelt werden. Der bei den gemischtkörnigen Bodengruppen nach

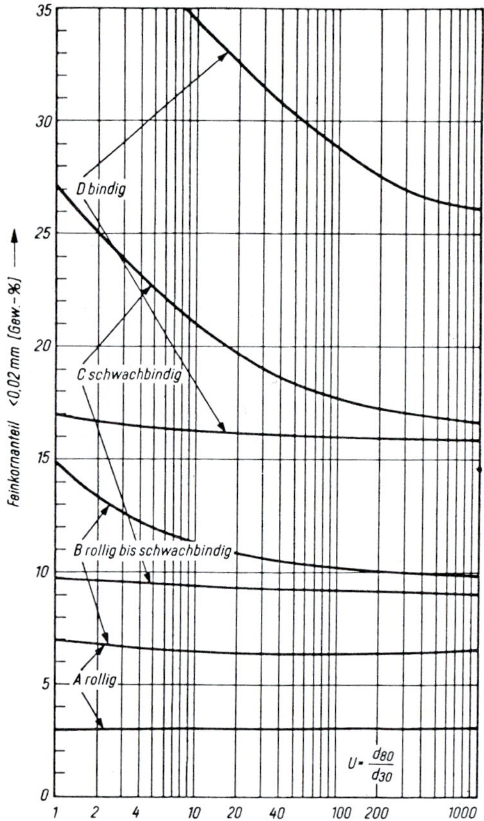

Bild 4: Einteilung der Mischböden in Abhängigkeit vom Feinkornanteil (< 0,02 mm) und von der Steilheit der Körnungskurve $U = \frac{d_{80}}{d_{30}}$; Lit. (22)

A rollig:
$\rho \geq 35°$, $k > 10^{-3}$ cm/sec, $P_w = 0$
B rollig bis schwachbindig:
$\rho = 35\text{–}40°$, $k = 10^{-5}\text{–}10^{-3}$ cm/sec,
$p_w/o_{III} \leq 20$ %
C schwachbindig:
$\rho = 30\text{–}35°$, $k = 10^{-7}\text{–}10^{-5}$ cm/sec,
$p_w/o_{III} = 0\text{–}40$ %
D bindig:
$\rho = 30°$, $k < 10^{-6}$ cm/sec, $p_w/o_{III} = 40\text{–}100$ %

DIN 18196 verwendete Grenzwert von 15 % Feinkorn unter 0,06 mm kennzeichnet zwar in etwa den beginnenden Übergang, bei dem mit zunehmendem Feinkornanteil bindiges Verhalten überwiegt, jedoch je nach Korngrößenverteilung und plastischen Eigenschaften des Feinkorns in sehr unterschiedlichem Maß.

2.5 Wasser im Boden

Siehe Abschnitt 3.1, Kom. 2 sowie Abschnitt 2.4 und 2.6.3.

2.6 Geotechnische Eignung

2.6.1 Kennzeichnende Eigenschaften

Für die Bodengruppen mit annähernd gleichen bodenmechanischen Eigenschaften enthält DIN 18196 Hinweise mit Bewertungen über die Eignung und die Eigenschaften für bautechnische Zwecke.

Die geotechnische Eignung der Bodengruppen bezieht sich im Wesentlichen auf folgende charakteristische Eigenschaften:

Zusammendrückbarkeit	Z
Scherfestigkeit	S
Verdichtbarkeit	V
Durchlässigkeit	D
Wasserempfindlichkeit	W
Erosionsempfindlichkeit	E
Frostempfindlichkeit	F

Bild 5 zeigt den Zusammenhang dieser Eigenschaften; die folgende Aufstellung ordnet sie bestimmten geotechnischen Arbeiten im Erd- und Verkehrswegebau zu.

Böschungen (Einschnitt, Damm, Baugrube)	S-V-D-E-W-F
Straßenuntergrund	Z-S-V-W-E-F
Straßendamm (Unterbau)	Z-S-V-W-F
Dammauflager (bis 1,0 m Tiefe)	Z-S-V-W
Baugrund für Dämme und Bauwerke	Z-S-V-D

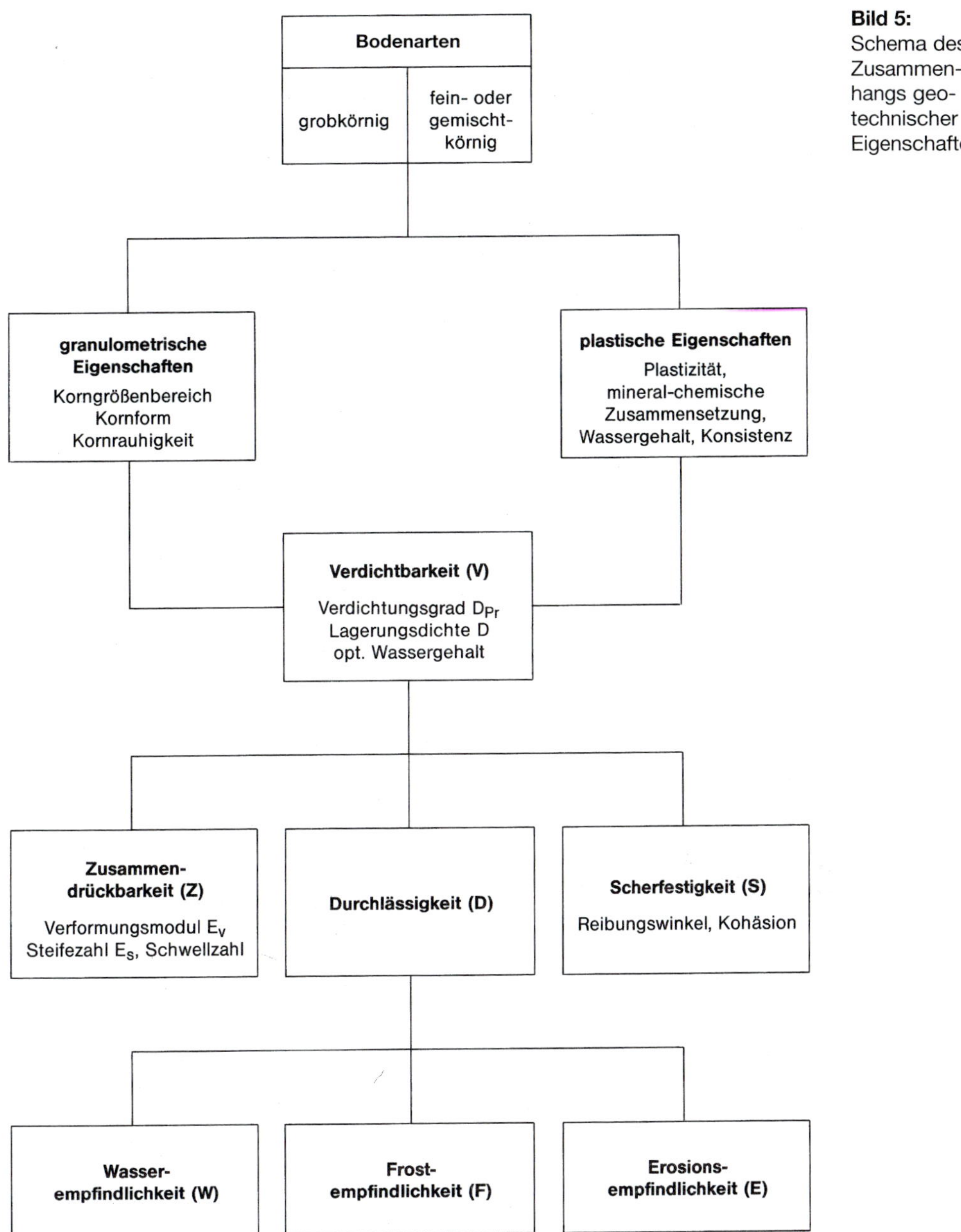

Bild 5: Schema des Zusammenhangs geotechnischer Eigenschaften

Hinterfüllung (Bauwerke, Leitungen)	S-V-D
Erd- und Baustraßen, Tragschichten	S-V-W-E-F

2.6.2 Sande und Kiese

Die mechanischen Eigenschaften der Sand- und Kiesgemische gleichen denen von Haufwerken aus mehr oder weniger ungleich großen Einzelkörnern, die lose aneinander gereiht ein lockeres Lagerungsgefüge mit großen Porenräumen oder porenfüllend abgestuft ein dichtes, hohlraumarmes Lagerungsgefüge bilden. Das Gefüge kann somit durch Kornumlagerungen sowohl eine lockere als auch eine dichte Lagerung annehmen (Auflockerung oder Verdichtung). Korngemische aus überwiegend gleichgroßen Einzelkörnern bilden lockere, porenreiche Gefüge, solche mit weit abgestuften Korngrößen dichte, porenarme Gefüge.

Gemäß Haufwerksmechanik bieten die dichten Gefüge wesentlich mehr Kontaktflächen für Reibung und Verzahnung als die lockeren Gefüge. Ihre Anordnung ist deshalb lagestabiler bzw. standfester; sie sind weniger verformbar. Ihr Widerstand bei Schubbeanspruchung (Scherwiderstand, Scherfestigkeit) baut sich hauptsächlich aus dem Reibungs- und Verzahnungswiderstand der ineinandergreifenden Einzelkörner auf. Ihr Widerstand gegen Druck- und Schubbeanspruchung und ihre Eigensteifigkeit (Verformungsmodul) erhöhen sich mit zunehmender Lagerungsdichte. Die Reibungs- und Verzahnungswiderstände werden außerdem wesentlich von der Rauigkeit und Form der Einzelkörner beeinflusst, wobei raue Kornoberflächen und eckigkantige Kornformen diese Widerstände im Vergleich zu glatt- und rundgeformten Körnern erhöhen.

Die grobkörnigen Bodenarten eignen sich grundsätzlich als geotechnische Baustoffe im Erd- und Verkehrswegebau, wobei jedoch wesentliche graduelle Unterschiede in den mechanischen Festigkeits- und Verformungseigenschaften aufgrund der beschriebenen Haufwerksmerkmale bestehen. Je ungleichförmiger die Korngemische zusammengesetzt und abgestuft sind, umso hohlraumärmer und mechanisch standfester lassen sie sich verdichten. Ihre mechanischen Eigenschaften sind zwar wenig wassergehaltsabhängig, jedoch erleichtert ein günstiger Verdichtungswassergehalt ($w \sim w_{Pr}$) die Kornumlagerung beim Verdichten zu standfesten Gemischen.

Die Kornumlagerung in dichtes Gefüge lässt sich durch Vibrationsenergie am wirksamsten erreichen, wenn diese nach Frequenz, Amplitude und effektiv mitschwingender Masse auf die Haufwerksmerkmale, Schichtdicke und Unterlagssteifigkeit so abgestimmt wird, dass Maschine und Boden nicht in Resonanz schwingen. Beim Verdichten lassen sich an der freien Oberfläche, wo der Eigenspannungszustand aufgrund der fehlenden Auflast und Kornverspannung gering ist, Auflockerungen durch die Schubbeanspruchung der Maschinen und durch Austrocknung der Gemische nicht vermeiden. Beim Überbauen der nächsten Lage oder durch Zugabe geringer Feinkornanteile lassen sich diese Effekte ausgleichen.

Beim Verdichten sehr gleichförmig abgestufter Sande lässt sich eine wesentliche Kornumlagerung ohne gleichzeitige Kornverfeinerung kaum erreichen. Ihre Verdichtungscharakteristik weist deshalb keinen wesentlichen Einfluss des Wassergehaltes mehr auf, dennoch lassen sich diese Körnungen im nassen Zustand aufgrund wirksam werdender Kapillarkräfte (scheinbare Kohäsion) standfester und lagestabiler als im trockenen Zustand verdichten. Mit zunehmendem Feinsand- und Schluffanteil werden die Sande stark empfindlich gegen Wasser- und Winderosion.

Die Härte der einzelnen Körner (Kornfestigkeit) wird insbesondere durch den mineralischen Bestand vorgegeben. Vor allem bei geringer Härte entstehen Kornverfeinerungen durch Kornbrüche und Abrasionen infolge der mechanischen Einwirkung beim Einbau. Diese Kornverfeinerungen können die bodenmechanischen Eigenschaften des Gemisches verändern, z. B. Durchlässigkeit, Frostempfindlichkeit, Verdichtungsmerkmale.

Die kohäsionslosen Sand- und Kiesgemische neigen grundsätzlich und besonders im trockenen Zustand dazu, sich zu entmischen, z. B. beim Lösen im Abtrag, beim Aufnehmen und Abkippen der Gemische, beim Transportieren und Verteilen. Da das Entmischen zu inhomogenen Zusammensetzungen und veränderten bodenmechanischen Eigenschaften führen kann, muss auch aus diesen Gründen durch Nassbehandlung und beim Einbau durch gesteuerte maschinelle Wiedervermischung entgegengewirkt werden.

2.6.3 Tone und Schluffe

Die Tone und Schluffe bilden die Hauptgruppen der feinkörnigen Böden. Sie unterscheiden sich sehr stark in der Kornfeinheit, dem Mineralbestand und der sich daraus prägenden Plastizität. Qualitative Beurteilung s. *Tab. 11*.

Ihre geotechnische Eignung für den Erd- und Dammbau ist entscheidend durch ihr wasser- und witterungsempfindliches Verhalten beim Lösen, Laden, Fördern, Einbau und Verdichten geprägt. Das plastizitätsabhängige Wasseraufnahmevermögen dieser Böden verursacht feste bis breiig-flüssige Zustandsformen (Kon-

Tabelle 11: Vergleich der Eigenschaften feinkörniger Böden in Abhängigkeit von der Fließgrenze w_L und der Plastizitätszahl I_P entsprechend ihrer Lage im Plastizitätsdiagramm (nach A. Casagrande)

Eigenschaft	w_L gleich groß I_P zunehmend	w_L zunehmend I_P gleich groß
– Zusammendrückbarkeit	etwa gleich groß	zunehmend
– Durchlässigkeit	abnehmend	zunehmend
– Geschwindigkeit der Volumenänderung	abnehmend	zunehmend
– Zähigkeit an der Ausrollgrenze w_L	zunehmend	abnehmend
– Trockenfestigkeit	zunehmend	abnehmend

sistenz). Hieraus resultiert das sich äußerst sensitiv verändernde Verformungs- und Festigkeitsverhalten.

Besonders kritisch verhalten sich die geringplastischen Schluffe und Tone ($w_L < 50\,\%$, $I_p < 15\,\%$), deren Konsistenz bei Aufnahme von Niederschlags- oder Grundwasser oder durch in den Frost- und Tauperioden angereichertes Wasser sofort stark abnimmt und die entsprechend tiefgründig aufweichen, erodieren oder ausfließen können.

Die ausgeprägt plastischen Tone und tonigen Schluffe lassen sich aufgrund ihrer starken „Zähigkeit" (Haft- und Klebefestigkeit) nur schwer bearbeiten und verdichten. Sie reagieren zwar weniger wasser- und erosionsempfindlich, dafür quellen sie bei Wasseraufnahme oder Entlastung auf, insbesondere wenn stark quellfähige Tonminerale enthalten sind (z. B. Opalinus- und Ornatentone). Hierbei entwickeln sich mäßige bis sehr starke Quelldrücke, wenn die freie Verformbarkeit behindert ist. Der Einbau von Schluffen und Tonen mit gipshaltigen Bestandteilen soll wegen der starken Quelleigenschaften des Gipses vermieden werden. Lässt sich dies nicht umgehen, kann der Einbau nur unter folgenden Bedingungen gelingen:

- nicht mehr als 10 Vol.-% des Schüttmaterials aus gipshaltigen Bestandteilen
- gipshaltiges Material bei trockener Witterung gleichmäßig im Schüttmaterial verteilen und verdichten.

Tone mit fester Konsistenz können ähnlich wie Tonsteine entfestigen, insbesondere infolge wiederholter Trocken-Nass-Zyklen oder Frost-Tau-Zyklen. Die sich dabei einstellenden rissigen bzw. bröckeligen Strukturen erhöhen die Wassereindring- bzw. Aufweichtiefe, was die Instabilität verstärkt (Böschungsrutschungen).

Die Eignung der Schluffe und Tone speziell für den Dammbau richtet sich nach den zulässigen Verformungen, die durch Baubetrieb und Verkehrslasten verursacht werden, nach der Standsicherheit der Böschungen und der Erdauflasten sowie nach der Größe der zulässigen Eigensetzungen der Dammkörper. Der zulässige Einbauwassergehalt, der sich aus diesen verschiedenen Bedingungen ergibt, muss eine optimale Verdichtung gewährleisten. Sie eignen sich nur dann, wenn der Einbau im Bereich der optimalen Wassergehalte, etwa in den Grenzen +1 % bis −2 % erfolgt und sie nicht nachträglich aufweichen. Faustregeln für die Grenzwerte des Einbauwassergehaltes w in Abhängigkeit vom Wassergehalt w_p an der Ausrollgrenze sind z. B.: $w \cong w_P + 2$ in % oder $w \cong 1{,}2$ bis $1{,}3 \cdot w_P$ je nach Bodenart. Wegen ihrer allgemein verformungsempfindlichen Eigenschaften und der unter hoher Dauerlast besonders bei ausgeprägter Plastizität potenziellen Langzeitverformungen sollte ihr Einbau auf die weniger durch Eigengewicht oder durch Erddruck beanspruchten Bereiche begrenzt werden.

Im Planumsbereich unter Fahrbahnen bis zu Tiefen von mindestens 0,6 m sollten sie nur dann eingebaut werden bzw. belassen bleiben, wenn optimale Einbauwassergehalte, Plastizitätseigenschaften $w_L < 50\,\%$ und/oder $I_P < 15\,\%$ und CBR > 10 % (nach zwei Tagen Wasserlagerung bei einem Verdichtungsgrad von mindestens 95 % der Standarddichte) vorliegen. Mit diesen Kriterien wird darauf abgezielt, im Einflussbereich der Verkehrslasten nur solche Böden zuzulassen, deren Setzungen in angemessener Zeit abklingen und die zumindest kurzzeitig bei Niederschlägen standfest bleiben.

Soweit es die Wassergehalte zulassen, können die Schluffe und Tone auch in Sandwich-

Bauweise mit geeigneten Kies-Sand-Gemischen oder Gesteinsmaterialien oder aber in Mischung mit diesen Materialien als gut abgestufte und gut verdichtbare Mischböden zum Einbau kommen. Diese Verbesserungs- und Einbaumaßnahmen sind allerdings ebenfalls mit Trockenperioden zu verbinden. Bei entsprechend optimaler Verdichtung werden die Eigensetzungen solcher Dämme geringer sein als die aus den unverbesserten Böden.

Beim Einbau sind im Weiteren folgende Reaktionen zu beachten:

- Bei besonders sensitiven Bodenstrukturen können durch Überverdichtung beim Einbau der Lagen Strukturzerstörungen mit entsprechenden Festigkeitsverlusten entstehen. Die Grenzkriterien für ein solches Verhalten sollten im Rahmen der Eignungsuntersuchungen ermittelt werden.
- Bei geringer Durchlässigkeit und hohem Sättigungsgrad können sich unter statischen oder dynamischen Lasteinwirkungen festigkeitsmindernde Porenwasserüberdrücke entwickeln und zu großen Konsolidierungssetzungen oder in extremen Fällen zu Bruchverformungen führen.

2.6.4 Gemischtkörnige Bodenarten

Die große Gruppe der gemischtkörnigen Bodenarten umfasst alle Mischungsvarianten von Sand, Kies, Schluff und Ton in den Grenzen des Feinkornanteils < 0,06 mm zwischen 5 und 40 M-% im Sinne von DIN 18196. Je nach Verwitterung und Gemischzusammensetzung zeigen diese Böden in der Regel wasser-, witterungs- und erosionsempfindliche Eigenschaften; besonders äußert sich dies bei schluffigen und/oder tonigen Sandgemischen. Im erdfeuchten Zustand lassen sie sich standfest verdichten. Unter witterungsbedingten Einwirkungen verschlechtern sich die Trag- und Verformungseigenschaften. Wasseraufnahme verursacht in der Regel einen raschen, festigkeitsmindernden Übergang in weiche oder breiige Konsistenz. Die Zusammendrückbarkeit und Scherfestigkeit verbessern sich mit zunehmendem Kiesanteil in den Gemischen bei mindestens mitteldichter Lagerung.

Die Eignung als Dammbaustoff richtet sich prinzipiell nach dem für Einbau und Verdichtung maßgeblich wirksamen Hauptanteil. Bilden die grobkörnigen Komponenten das Stützkorngerüst, lassen sich gut standfest verdichtete Gemische erzielen, die allerdings aufgrund der feinkörnigen Komponenten witterungsabhängiges Verhalten hinsichtlich der erdbautechnischen Bearbeitung und des Befahrens aufweisen.

2.6.5 Organogene und organische Bodenarten

Die erdbautechnische Eignung muss objekt- und zweckbezogen genau untersucht werden.

Die organischen Bestandteile beeinflussen die bodenphysikalischen Eigenschaften durch Volumenverlust infolge Verrottung, verringerter Verdichtbarkeit und Wasserdurchlässigkeit, Zunahme der Kompressibilität infolge erhöhten Porenanteils mit entsprechend verringerter Tragfähigkeit. Die Einflussnahme der organischen Bestandteile wirkt sich erfahrungsgemäß erst bei Glühverlusten über 5 % je nach Kornzusammensetzung maßgeblich aus. Der Glühverlust entspricht dem Masseverlust des Bodens (bezogen auf seine Trockenmasse bei 105 °C) bei Glühtemperaturen von 550 °C. Dabei ist zu beachten, dass beim Glühen nicht nur die organischen Bestandteile verbrennen, sondern auch Wasserverlust aus den Hydroxylgruppen der Tonminerale und Verlust des Kohlendioxids der Karbonate entstehen kann.

Die Böden der Gruppen OU, OT, OH und OK (organogene Böden und mineralische Böden mit organischen Beimengungen) können im Unterschied zu den rein organischen Böden der Gruppen HN, HZ und F als Baustoff für Erdbauwerke bedingt genutzt werden, wenn der Glühverlust nicht über dem o. g. Grenzwert liegt. Im Fall von Bodenstabilisierungen mit hydraulischen Bindemitteln darf keine Huminsäure enthalten sein.

Die Böden der Gruppen OH und OK sind ihrer Kornzusammensetzung nach grob bis gemischtkörnige Böden, die günstige erdbautechnische Eigenschaften aufweisen.

Soweit es sich um Oberboden handelt, besteht die Gefahr, dass lokal Reste der Vegetationsdecke enthalten sind. Solche Bestandteile müssen erkannt und ausgesondert werden. Darf Oberboden ausnahmsweise erdbautechnisch verwendet werden, soll er nicht lokal konzentriert oder lagenweise eingebaut, sondern dem mineralischen Boden beigemischt werden.

3 Fels und Gestein

3.1 Felsmechanisches Modellverhalten

Fels und Gestein zeichnen sich durch inhomogene (physikalisch ungleiche) und anisotrope (richtungsorientierte) Eigenschaften aus. Die Gesteinssubstanz lässt sich näherungsweise nach Merkmalen der Festkörperphysik idealisieren und beurteilen, der Fels dagegen aufgrund seines Trennflächengefüges und Zerlegungsgrades nach den Merkmalen der Blockmechanik. Die Einflussnahme der Diskontinuitäten in Gestein und Fels richtet sich nach der repräsentativen Größe des Homogenvolumens, d. h. für das zu untersuchende Gestein wirken sich kleine Diskontinuitäten (Haarrisse, Porenräume), für den Fels die makroskopischen Diskontinuitäten maßgeblich auf die Eigenschaften aus.

Für das idealisierte Modellverhalten können felsmechanisch folgende Systeme unterschieden werden; vgl. Lit. (28), (31):

Einkörpersystem

Massig-kompaktes Gestein, unverwittert, nur mikroskopisch diskontinuierlich, strukturell anisotrop. Untersuchungen an kleinen Probestücken labormäßig zulässig.

Mehrkörpersystem

Dünn- bis dickbankig geschichtet oder geschiefert oder klüftig angebrochen, Trennflächen zumeist nicht durchgehend, nicht oder nur gering angewittert. System felsmechanisch ausgeprägt anisotrop.

Vielkörpersystem

Dünn- bis dickplattig geschichtet oder geschiefert oder stark bis sehr stark von durchgehenden Trennflächen durchbrochen. System grob- bis kleinstückig aufgelockert, entfestigt und ausgeprägt anisotrop.

Trümmer- oder Kornmasse

Blättrig geschichtet oder geschiefert oder stückig bis gekörnt zermahlen, zerdrückt oder zersetzt. System felsmechanisch stark ausgeprägt anisotrop.

3.2 Benennung und Beschreibung (DIN EN ISO 14689-1)

Die europäische Norm beinhaltet die Grundprinzipien, nach denen Gestein und Fels auf der Grundlage der kennzeichnenden Merkmale und Eigenschaften für geotechnische Zwecke einheitlich identifiziert, benannt und beschrieben werden. Der Inhalt hat den Status einer deutschen Norm und ersetzt DIN 4022.

Der Begriff „Gestein" kennzeichnet die stoffliche Zusammensetzung und die genetische Herkunft mit dem eingeprägten Mineral- bzw. Korngefüge einer bestimmten Felsart. Der Begriff „Fels" kennzeichnet eine bestimmte Gebirgseinheit mit dem eingeprägten Trennflächen- und Verwitterungsgefüge.

Das Gestein wird nach graduellen Unterschieden in Farbe, Korngröße, mineralischer Zusammensetzung der Matrix, verwitterungsbedingter Veränderlichkeit, Kalkgehalt und Druckfestigkeit beschrieben. Die Korngröße bezieht sich auf die durchschnittliche Größe der hauptsächlichen Mineral- oder Gesteinsbruchstücke.

Die Veränderlichkeit des Gesteins betrifft Merkmale der Farbe, des Zerfalls und der Zersetzung durch Wasser sowie atmosphärische und chemische Einwirkung. Die Druckfestigkeit wird durch einfache Prüfungen der Ritzbarkeit, der Bruchfestigkeit durch Schlag oder sog. Punktlastversuche abgeschätzt und graduell in mehreren Stufen zwischen außerordentlich gering und hoch eingestuft.

Die Beschreibung von Fels als Gefügeeinheit beinhaltet Angaben über die Gesteine sowie über geologische Strukturen, Trennflächen, Verwitterungsprofile und Grundwasserführung. Die Norm gibt hierzu Bezeichnungen und konventionell getroffene Merkmale über Schichtmächtigkeiten, Kluft- und Schieferungsabstände sowie Abmessungen der Gesteinskörper vor. Im Weiteren enthält sie Festlegungen zur Rauigkeit, Öffnungsweite, Kluftfüllung und Durchflussrate von Trennflächen sowie über graduelle Unterschiede der Verwitterung von Fels.

3.3 Trennflächen und Verwitterungsmerkmale

Die felsmechanischen Eigenschaften des Gebirges, insbesondere sein Spannungs-Verformungsverhalten und seine Durchlässigkeit, werden neben stratigraphischen und petrographischen Merkmalen vorrangig von seinem Trennflächengefüge beeinflusst.

Das Trennflächengefüge umfasst die Gesamtheit aller Diskontinuitätsflächen des Gebirges. Zu diesen Diskontinuitäten gehören

- die Schichtflächen als Folge sedimentärer Vorgänge,
- die Schieferungsflächen als Folge tektonischer Einwirkungen,
- die Kluftflächen als Folge von tektonischen Prozessen sowie Spannungsdifferenzen durch Druck und Temperatur, wobei auch Dislokationen (gegenseitig versetzte Störungsflächen) entstehen.

Die Trennflächen werden nach Abstand und Orientierung ihrer Raumstellung (Streich- und Einfallsrichtung) beschrieben und beurteilt. Die Trennflächen sind im Weiteren nach ihrer Beschaffenheit und nach dem Durchtrennungsgrad zu beurteilen. Zur Beschaffenheit gehören Angaben über Öffnungsweiten, Kluftfüllungen, Oberflächenform und Rauigkeit der Trennflächen.

Der Durchtrennungsgrad bezeichnet das Verhältnis der Trennfläche zur Gesamtfläche der betrachteten Trennebene oder, linear bezogen, das Verhältnis der durchtrennten Länge zur gesamten Ausbisslänge oder das volumenbezogene Verhältnis der Trennflächen. Die Trennflächenmerkmale können an den Bohraufschlüssen abgeschätzt, aber meist erst beim Felsanschnitt verifiziert werden.

Die Klüfte werden beschrieben und beurteilt nach der minimalen und maximalen Größe der Kluftkörper, dem Kluftsystem (Kluftflächenschar), der Öffnungsweite und der Erstreckung (Richtung, Länge). Die Form und Größe der Kluftkörper lassen sich aus den Abständen der Trennflächen ermitteln; vgl. Klassifizierung in *Bild 6* und *Tab. 12* nach Merkblatt zur Felsbeschreibung für den Straßenbau (FGSV).

Im oberflächennahen Felsbereich lockert in der Regel das Trennflächengefüge durch Verwitterung sowie durch natürliche oder baulich bedingte Spannungseinwirkung auf. Die Auflockerung äußert sich z. B. in Form von Rissen, Spalten, Aufweitungen, Zerteilungen. Die Merkmale der Auflockerung lassen sich mittels Abstand, Durchtrennungsgrad und Öffnungsweite der Trennflächen kennzeichnen. Die Auflockerung verursacht erhöhte Verformbarkeit und reduzierte Festigkeit des Gebirges.

Die Verwitterung erfolgt durch exogene Einwirkungen chemischen, biologischen oder mechanischen Ursprungs, z. B. durch starke Temperaturwechsel, Einflüsse von Gravitation und Wasser, Sprengwirkung von Eis und Pflanzenwurzeln in Rissen und Spalten, Löslichkeit und Ausspülen von Stoffen und Mineralien, Zersetzung durch Bodenorganismen. Die Verwitterung führt zu fortschreitender Zerteilung und Zersetzung der betroffenen Felsbereiche.

Die in der Regel angewendeten Einteilungskriterien für den Verwitterungsgrad gehen aus *Tab. 13* und *14* nach Merkblatt zur Felsbeschreibung für den Straßenbau (FGSV) hervor. Sie dienen als Anhalt und müssen durch gesteins- und gebirgsspezifische Untersuchungen ergänzt werden. Der Verwitterungsgrad wird durch Vergleich mit dem frischen Gestein erfasst, wobei auf Gesteinsfestigkeit, Farbum-

Bild 6:
Einteilung der Kluftkörper nach L. Müller, Lit. (28)

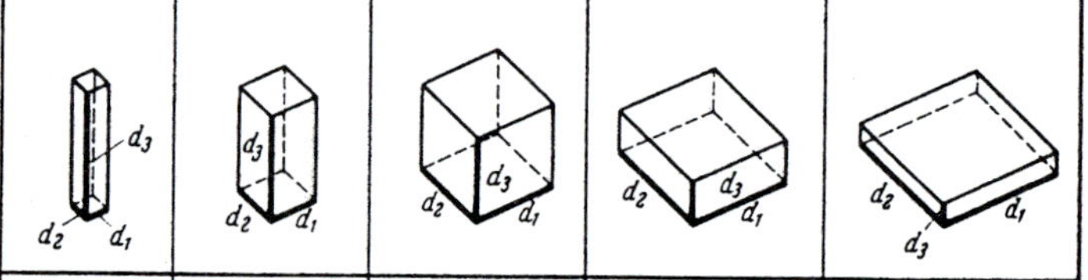

Form der Kluftkörper / Kluftabstand d [cm]	d_1, d_2, d_3	d_1, d_2, d_3	d_1, d_2, d_3	d_1, d_2, d_3	d_1, d_2, d_3
Verhältnis $\frac{d_1}{d_3}$; $\frac{d_2}{d_3}$	< 1:5	1:2 bis 1:5	~ 1:1	2:1 bis 5:1	> 5:1
$d_{max} > 100$	großsäulig	großblockig	großwürfelig	quaderig-bankig	großplattig
$100 > d_{max} > 10$	kleinsäulig	kleinblockig	kleinwürfelig	kleintäfelig	schiefrig
$d_{max} < 10$	stängelig-faserig	kubisch-ruschelig	kubisch-ruschelig	splitterig	blätterig-kleinschuppig

Tabelle 12: Einteilung der Trennflächenabstände mit Bezeichnung

mittlerer Abstand (in cm) Toleranz ±20 %	Bezeichnung Klüftung	Schichtung/ Schieferung
< 1		blättrig/ schieferig
1– 5	sehr stark klüftig	dünnplattig
5–10	stark klüftig	dickplattig
10–30	klüftig	dünnbankig
30–60	schwach klüftig	dickbankig
> 60	kompakt	massig

schlag, Mineralumwandlung und Strukturänderung zu achten ist. Die Verwitterungsempfindlichkeit von Gestein lässt sich prüfen durch petrographische Analysen, Kochprüfungen, Wasseraufnahme unter Atmosphärendruck oder unter Vakuum, Frost-Tau-Wechsel-Versuche, Kristallisations-, Erhitzungs- und Trocknungs-Durchfeuchtungs-Prüfungen.

Die Art des Trennflächengefüges und insbesondere die orientierte Raumstellung der Trennflächen haben entscheidende Bedeutung für die Ausführung von Felsarbeiten und für die Stabilität des Gebirges bzw. des Felsbauwerks, z. B. für das Lösen und Abtragen von Fels oder für die Anlage stabiler Böschungen; vgl. Kommentare zu Abschnitt 4.1 und 6 ZTV E-StB.

3.4 Festigkeit und Formänderung von Gestein

Zu den wesentlichen Festigkeitsgrößen von Gesteinen gehören die Bruchfestigkeit, die Zugfestigkeit, die Biegefestigkeit und die Scherfestigkeit. Kennwerte für diese Festigkeitsgrößen und weitere Eigenschaften vgl. Teil 3, Sonderkapitel S7.

Die ein- und mehraxiale Bruch- bzw. Druckfestigkeit σ_D nehmen zu mit dem Anteil, der Korngröße und dem Gefügewiderstand der druckfesten, nicht spaltbaren Mineralien. Porenräume, mikrofeine Risse, verwitterte mineralische Aggregate und spaltbare Mineralien mindern den Gefügewiderstand und entsprechend die Druckfestigkeit.

Die Zugfestigkeit σ_Z kennzeichnet den adhäsiven und kohäsiven Verbundwiderstand zwischen den Mineralaggregaten des Gesteins. Sie nimmt mit der Grobkörnigkeit und den oben genannten Diskontinuitäten ab. σ_Z beträgt näherungsweise $^1/_{10}$ bis $^1/_{20}$ der Druckfestigkeit σ_D.

Die Scherfestigkeit τ_f kennzeichnet den Reibungs- und Verzahnungswiderstand der mineralischen Aggregate des Gesteins bei Schubbeanspruchung. Sie nimmt mit dem Anteil

Tabelle 13: Verwitterungsgrad von Fels

Bezeichnung	Merkmal Gestein	Merkmal Gebirge
unverwittert	unverwittert, frisch kein Verwitterungseinfluß erkennbar	keine verwitterungsbedingte Auflockerung an Trennflächen
angewittert	auf frischer Bruchfläche Verwitterung von einzelnen Mineralkörnern erkennbar (Lupe), beginnende Mineralumbildung und Verfärbung	teilweise Auflockerung an Trennflächen
entfestigt	durch Verwitterungsvorgänge gelockertes, jedoch noch im Verband befindliches Mineralgefüge, meist in Verbindung mit Mineralumbildung, insbesondere mit und an Trennflächen	vollständige Auflockerung an Trennflächen
zersetzt	noch im Gesteinsverband befindliches, durch Mineralneubildung verändertes Gestein ohne Festgesteinseigenschaften (z. B. Umwandlung von Feldspäten zu Tonmineralien, von Tonschiefer zu Ton)	Kluftkörper ohne Festgesteinseigenschaften

Tabelle 14: Ergänzende Merkmale zu Tabelle 13 (nach D. Klopp)

Gesteins-verwitterungs-grade	Beschreibung Erscheinungsbild	Merkmale	Feldversuche: Hammerschlag/ Rückprallhammer	mikroskopische Merkmale	Porosität und Wasseraufnahme
unverwittert	keine sichtbare Verwitterung schwache Verfärbung an Trennflächen	frischer Eindruck, unverändert gesund – fest – hart – sehr hart $\sigma_D > 50$ MPa	heller Klang bei Hammerschlag hinterlässt keinen Eindruck mehrere Hammerschläge erforderlich ritzbar mit Schwierigkeiten $R_m = 30 \pm 10$	einheitliche Interferenzfarben der Minerale	Porosität und Wasseraufnahme je nach Gestein
angewittert	Gestein fest – gering entfestigt Verfärbung der Kluftwandungen und der angrenzenden Gesteinsbereiche Variante: Gestein verfärbt, aber fest	frisch, aber evtl. leichte Entfestigung (Indexvers.) merkbar enge Kornbindung mäßig hart $\sigma_D = 25–50$ MPa	weniger heller Klang evtl. leichte Einkerbung mit einem festen Schlag brechbar nicht bis schwach ritzbar $R_m = 20 \pm 10$	Teilgefüge getrübt stellenweise Neubildung von Mineralien	Porosität bis 3 Vol.-% Wasseraufnahme bis 1 Masse-%
mäßig entfestigt	Gestein ist entfestigt (spürbar verändert), aber noch nicht mürbe Verfärbung der Kluftwandungen und des Gesteins	spürbach verändertes Gestein z.T. geöffnete Kornbindung schwach absandend $\sigma_D = 5–25$ MPa	dumpfer Klang stärkere Einkerbung bei festem Schlag mit Hammer leicht in kleinere Stücke – aber größere Stücke mit Hand nicht zerbrechbar $R_m < 10–15$	starke Trübung durchgreifende Mineralneubildung	Porosität größer als 3 Vol.-% Wasseraufnahme größer als 1 Masse-%
stark entfestigt	Gestein ist deutlich bis stark entfestigt starke Verfärbung der Kluftwandungen und des Gesteins	Gestein ist brüchig mürbe, absandend sehr weich $\sigma_D = 1–5$ MPa	brüchig bei Hammerschlag Hammer gute Einkerbung größere Stücke mit Hand zerbrechbar; gut ritzbar $R_m = 0$		Porosität größer als 10 Vol.-% (Richtwert)
zersetzt	Gestein ist völlig entfestigt oder zersetzt, Gesteinsgefüge jedoch erkennbar	Verhalten wie bindiger oder nichtbindiger Boden; extrem weich $\sigma_D < 1$ MPa	kann von Hand gelöst werden Teil der Minerale von Hand zu zerreiben in Wasser zu plastifizieren		Porosität größer als 15 Vol.-% (Richtwert)

Erläuterungen: σ_D = Einaxiale Druckfestigkeit des Gesteins
R_m = Werte der Prüfung mit dem Rückprallhammer DIN 1048, Teil 2, Mittel aus 10 Einzelwerten

an spaltbaren Mineralien, Ton und Wasser ab. τ_f beträgt näherungsweise $1/2$ bis $1/20 \cdot \sigma_D$.

Die Formänderungseigenschaften von Gestein richten sich nach seiner Festigkeit und Anisotropie. Hartes, dicht gefügtes Gestein verhält sich wie ein elastischer Festkörper. Ein klüftiges, aber massiges Gestein reagiert bei Erstbelastung hauptsächlich plastisch, nach mehrfachen Lastwiederholungen zunehmend elastisch. Weiches Gestein verformt sich bis zum Bruchzustand plastisch.

Bei kurzfristiger Belastung reagiert das Gestein durch elastische Formänderung, die bei Entlastung voll kompensiert wird. Bei Dauerbelastung entstehen zusätzlich sich langsam fortentwickelnde plastische Formänderungen (Kriechverformungen), die bei Entlastung elastische Restwirkung zeigen können.

3.5 Festigkeit und Formänderung von Fels

Die Fels- oder Gebirgseigenschaften unterliegen hauptsächlich dem vom Trennflächengefüge abhängigen räumlichen Spannungszustand. Die Beschaffenheit der Trennflächen sowie Art und Anteil der Kluftfüllungen üben dabei wesentlichen Einfluss aus.

Die Druck- und Zugfestigkeit des Mehr- oder Vielkörpersystems liegen je nach räumlich wirksamem Trennflächengefüge unter den entsprechenden Werten des Gesteins. Die Verzahnung und Reibung der Kluftsysteme trägt dazu bei, dass auch der zerklüftete Fels begrenzt Zugspannungen aufnehmen kann. Der Scherwiderstand von Fels richtet sich ebenfalls nach der Verzahnungswirkung der Kluftkörper, außerdem nach dem Reibungs- und Kohäsionswiderstand längs der Trennflächen. Bei Fels mit ausgeprägter Korngefügeregelung, Schichtung, Schieferung oder geneigten Haupttrennflächen nehmen Zug- und Scherfestigkeit stark richtungsorientierte Größen an. Die Zugfestigkeit wird senkrecht zu den richtungsorientierten Flächen, die Scherfestigkeit parallel zu diesen Flächen am geringsten sein.

Die Formänderungseigenschaften von Fels unterliegen ebenfalls dem Haupteinfluss der

Tabelle 15: Festigkeitseigenschaften von Fels; nach Lit. (28)

Eigenschaft	Erläuterung	Zustand Fels/Beanspruchung
Standfestigkeit	Standfester Zusammenhalt des freien Wandprofils oder des Untertageraumes durch eigene Festigkeit ohne bauliche Stützung	Geringe Zerklüftung, geringer Durchtrennungsgrad; hohe Gesteinsfestigkeit
Nachbruch	Gesteinsablösungen am freien Wandprofil (ober- und unterirdisch)	Starke Zerklüftung; hoher Durchtrennungsgrad; Auflockerung, Durchnässung, Spannungsumlagerung; ungünstiger Richtungswinkel zwischen Beanspruchung und Teilbeweglichkeit der Kluftkörper; Erschütterung
Druckhafte Eigenschaft	Geringer Formänderungswiderstand gegen das nachdrängende Gebirge, besonders in Untertagehohlräumen	Kriech- und Fließfähigkeit; Zerklüftung; Teilbeweglichkeit der Kluftkörper
Gewinnungsfestigkeit	Widerstand gegen den Abtrag bzw. das Lösen	Ungünstiger Richtungswinkel zwischen Trennflächengefüge und Richtung des Lösens; Gebirgszähigkeit
Erweichung	Verlust an Festigkeit infolge Durchfeuchtung oder Erwärmung	Erweichbare Gesteine (hoher Tongehalt); Zwischenlagen oder Kluftfüllungen
Frost- und Wetterbeständigkeit	Widerstand gegen die auflockernde Wirkung von Frost und Eisschub	Frost- und Wetterbeständigkeit des Gesteins

Tabelle 16: Formänderungseigenschaften von Fels; nach Lit. (28)

Eigenschaft	Erläuterung	Zustand Fels/Beanspruchung
Querverformung	Verformung des Kluftkörpersystems unter dem Einfluss von inneren Kräften quer zur Kraftrichtung	Zerklüftung; hoher Durchtrennungsgrad; überwiegend einachsige Spannungszustände; hohe Belastung; rasche Lastaufbringung; Durchfeuchtung
Teilbeweglichkeit	Bewegung der Kluftkörper in den Fugen ihres Verbandes	Auflockerung und Entspannung; hoher Durchtrennungsgrad; große Kluftdichte; große Kluftöffnungen; Kluftwasserdruck; Durchfeuchtung
Fließeigenschaft	Nicht reversible Formänderung unter Dauerbeanspruchung, von Zeit und Geschwindigkeit der Beanspruchung abhängig	Plastizität des Materials; langzeitliche Belastung; große Belastungsintensität; hoher Durchtrennungsgrad; große Kluftöffnungen; Entklüftigkeit; schmierende Zwischenmittel; Durchfeuchtung; Materialentfestigung
Kriecheigenschaft	Verformung unter gleichbleibender Belastung, mit der Zeit zunehmend, zum Teil nicht reversibel	Lettenklüfte; Durchfeuchtung; vielfache Lastwechsel; hohe Belastungsintensität; hoher Durchtrennungsgrad; engständige Klüftung; Materialentfestigung

Trennflächenanisotropie. In Richtung der Haupttrennflächen werden in der Regel relativ große Verformungen entstehen, bei gitterförmig engständigem Trennflächengefüge wird der Fels parallel gerichtet mehr elastisch, quer gerichtet mehr plastisch reagieren. Der Elastizitätsmodul von derart anisotropem Fels liegt niedriger als der entsprechende Wert des Gesteins.

Auf den Abtrag und den Ausbruch von Fels sowie für die Gründung im Fels haben einige weitere Festigkeits- und Formänderungseigenschaften großen Einfluss; s. *Tab. 15* und *16*.

3.6 Wasser im Fels

Das Bergwasser kommt als frei stehendes oder zirkulierendes Wasser längs der Trennflächen bzw. in den offenen Klüften, bei porösen Gesteinen und in den Kluftfüllungen auch als Porenwasser vor. Die Wasserbewegungen werden somit von der Durchlässigkeit des Trennflächensystems und der Porosität des Gesteins reguliert. Die hydraulischen Kontakte erfolgen je nach Zerlegungsgrad des Gebirges und Kluftfüllung ungeregelt und heterogen.

Die Wasserdurchlässigkeit von Fels richtet sich erstrangig danach, wie das Trennflächengefüge ausgebildet und eine Strömung längs der Trennflächen bzw. in den Klüften möglich ist. Trennflächensysteme mit großer Kluftdichte und hohem Durchtrennungsgrad, großen Kluftöffnungen, glatten Trennflächen oder Auflockerungen zeichnen sich durch große Durchlässigkeit aus. Die sog. Wasserwegigkeit bezeichnet die Eigenschaft, dass im Fels richtungsorientierte Wasserwege eine große Durchlässigkeit bedingen, wie z. B. ausgeprägt anisotrope Kluftsysteme, einzelne offene Kluftscharen oder Großklüfte oder zerrüttete Zonen.

Für die Bergwasserzirkulation besonders ausgeprägte Trennflächensysteme sind

- gebirgsentspannte Zonen, z. B. oberflächennahe Auflockerungszonen,
- Kluftflächensysteme: Die Durchlässigkeit dieser tektonisch bedingten Systeme nimmt meist mit der Tiefe ab,
- Schicht- und Schieferungsflächen: Das Bergwasser zirkuliert jenachdem, wie eng die Flächen zueinander stehen und wie abdichtend sie durch Verwitterung wirken,
- Abkühlungsfugen in Erstarrungsgesteinen: Sie können durch Mineralausscheidung oder

Ton zwar geschlossen, aber in Störungszonen doch durchlässig sein. In Vulkangesteinen finden sich auch röhrenförmige Hohlräume als bevorzugte Strömungswege,
- Lösungshohlräume: Bevorzugt in Karbonatgesteinen (Kalk, Dolomit) und Sulfatgesteinen (Gips, Anhydrit). Vorkommen sehr ergiebiger Quellen typisch. Auflösung von Stein- und Kalisalzen sowie von Gips und Anhydrit unter nicht löslichen jüngeren Festgesteinen (Subrosion) verursacht ebenfalls Lösungshohlräume für bevorzugte Wasserbewegungen.

Das Bergwasser mindert sowohl die Gebirgsfestigkeit als auch die Festigkeit der Gesteine. Das freie Kluftwasser wirkt bei aufgestautem Bergwasserspiegel als Wasserdruck oder bei hydraulischem Gefälle als Strömungsdruck stabilitätsmindernd. Das Wasser weicht die Kluftfüllungen auf und reduziert ihre Scherfestigkeit, sodass sie potenzielle Gleitflächen bilden.

Die chemische Beschaffenheit des Bergwassers ändert sich örtlich und zeitlich je nach Löslichkeit der Gesteinsart, Temperatur, Verweildauer und Mineralanteilen. Die Aggressivität gegen Beton, Eisen und Stahl sowie Kunststoffe ist zu untersuchen.

3.7 Geotechnische Eignung

3.7.1 Qualitative Unterscheidungsmerkmale

Die Unterscheidung von Felsgestein hinsichtlich der geotechnischen Eignung entspricht einer einfachen, in der Praxis häufig vorgenommenen Einteilung in folgende zwei Hauptgruppen:

- Weiches, witterungsempfindliches Felsgestein mit geringer Festigkeit, das bei mechanischer Beanspruchung zerbricht oder durch Verwitterungsvorgänge zu wasserempfindlichen Bodenarten zerfällt. Zu diesen weichen Felsarten gehören die meisten Schiefergesteine, ferner Karbonatgesteine wie Mergel- und Kalkstein sowie klastische Gesteine wie Sand-, Schluff- und Tonsteine.
- Hartes, gegen Witterungseinflüsse wenig oder nicht empfindliches Felsgestein, dessen Bruchsteine bei mechanischer Beanspruchung praktisch unverändert bleiben. Zu dieser Art gehören die meisten Tiefen-, Erguss- und Gangsteine, ferner metamorphe Gesteine wie Gneis und Glimmerschiefer sowie kieselige Gesteine wie Quarzit.

Diese beiden qualitativen Merkmale kennzeichnen jedoch die geotechnische Eignung von Felsgestein nur unvollkommen.

Die Art des Trennflächengefüges und insbesondere die orientierte Raumstellung der Trennflächen haben wesentliche Bedeutung bei den Felsarbeiten bzw. für die Stabilität des Gebirges, z. B. für das Lösen und Abtragen von Fels oder für die Anlage stabiler Böschungen. Die Arbeitsrichtung beim Abtrag und Ausbruch von Fels (Reißen oder Sprengen) sowie die Profilierung von Felsoberflächen müssen auf das Einfallen und Streichen der Trennflächen ausgerichtet sein. Beim Abtrag von Fels fallen beim trennflächenorientierten Lösen Kluftkörper, beim gesteinsorientierten Lösen dagegen Haufwerke aus Bruchstücken an.

Tab. 17 zeigt exemplarisch qualitative Merkmale einiger Festgesteine für deren geotechnische Eignung. Die nachfolgenden Unterabschnitte behandeln einige typische Felsgesteinsgruppen, und zwar vorrangig unter dem Aspekt ihrer Eignung als Baustoff für Erdbauwerke.

3.7.2 Festgesteine

Bei der Klassifizierung der Gesteine für die Eignung und Verwendung als Dammbaustoff sind neben dem Lösen, das in aller Regel durch Sprengen, Fräsen oder Meißeln (Seitenentnahme, Voreinschnitt, Tunnel) erfolgt, insbesondere das Laden, Fördern, Einbauen und Verdichten von Bedeutung. Dabei und bei der Abschätzung der Kubaturen muss bedacht sein, dass die Gesteine nach dem Lösevorgang ähnlich wie Lockergesteinshaufwerke für den Einbau vorliegen können.

Eine Klassifizierung auf der Grundlage von Bohrergebnissen kann nur angenäherte Ergebnisse liefern. Zuverlässige Beurteilungen können meist erst bei der Gewinnung als begleitende Klassifizierung erreicht werden. Insbesondere die Eignung für verschiedene Verwendungszwecke lässt sich erst anhand großer Probemengen endgültig beurteilen. Die Klassifizierung und Beprobung kontinuierlich

Tabelle 17: Qualitative Merkmale von Felsgestein

System (Formation)	Festgesteine	Merkmale				
		Tragfähigkeit	Durchlässigkeit	Verwitterungsempf.	Wasserempf.	Hinweis zu den Formationen
KREIDE	Sand-, Kalk-, Mergel- und Tonstein, Ton (fest)	gut	unterschiedlich	mittel bis hoch	mittel bis hoch	
JURA	heller Kalk-, Dolomit- und Mergelstein	gut	sehr unterschiedlich	mittel	gering bis mittel	Verkarstung (Ton, Decklagen)
	brauner Sandstein, Tonstein, Kalkstein, Gips	meist gut	unterschiedlich	mittel bis sehr hoch	mittel bis hoch	Rutschungen
	dunkle Ton- und Kalkmergelsteine	meist gut	niedrig	hoch	mittel bis hoch	Quellerscheinungen (Ton)
TRIAS	Sand-, Kalk-, Mergel-, Ton- und Dolomitstein, Konglomerat, Gips, Anhydrit, Steinsalz	meist gut	mittel bis sehr groß	teillweise hoch	gering bis sehr hoch	Rutschungen (Tone, Decklagen) Quellerscheinungen (Gips/Anhydrit/Ton) Auslaugung u. Erfälle (Salz/Gips/Anhydrit) Verkarstung (Kalk/Dolomit)
PERM	Sand-, Kalk-, Dolomit-, Mergel- und Tonstein, Konglomerat, Gips/Anhydrit/Salze, Kieselschiefer, Tuff, Magmatite					
KARBON	Kalk-, Sand-, Schluff- und Tonstein, Konglomerat, Kohle, Grauwacke, Kieselschiefer, Magmatit	meist gut	unterschiedlich	gering bis mittel	gering bis mittel	Bodensenkung und Erdfälle in Bergbaugebieten
DEVON SILUR ORDOVIZIUM KAMBRIUM	Sand-, Ton-, Kalk- und Dolomitstein, Quarzit, Tonschiefer, Tuff, Diabas (alter Basalt)	unverwittert gut bis sehr gut	unterschiedlich	gering bis mittel	gering bis mittel	
PRÄKAMBRIUM	Gneis, Granit, Basalt, Schiefer, Phyllit, Konglomerat, Sandstein,	unverwittert gut bis sehr gut	unterschiedlich	meist gering	gering bis mittel	

während der Gewinnung bzw. des Ausbruches zu verifizieren, hat sich erfahrungsgemäß als technisch zweckmäßig und wirtschaftlich erwiesen, weil die Qualität der gewonnenen Gesteine vom Löseverfahren und von der Förderungsart wesentlich mitbestimmt wird.

Als feste Felsgesteine gelten Gesteinsmaterialien, die ihre Eigenschaften durch Witterungseinflüsse nicht ändern. Sie eignen sich für Felsschüttdämme, bei gut abgestufter Kleinstückigkeit auch für den Einbau im oberen Bereich von Verkehrsdämmen. Besonders günstige Bedingungen liegen vor, wenn die Korngemische aus gut abgestuften Gesteinen mit weniger als 15 % Feinkornanteil und maximaler Steingröße von 150 mm zusammengesetzt sind. Die Steingröße soll in der Regel nicht größer als zwei Drittel der für das Verdichten zulässigen Schütthöhe sein. Für den Übergangsbereich zum Planum (bis ca. 0,6 m Tiefe) eignen sich besonders die gut abgestuften Gesteinsgemische, die sich in Schichten von nicht mehr als 30 cm Dicke einbauen, hohlraumarm verdichten und in ihrer Oberfläche glätten lassen.

Weiteres s. Abschnitt 4 ZTV E-StB mit Kom.

3.7.3 Veränderlich feste Felsgesteine

Die veränderlich festen Felsgesteine umfassen vielfältige Fazies und weisen entstehungsbedingt große Unterschiede in den Festigkeits- und Verformungseigenschaften mit Übergängen zu den Tonen einerseits und den festen Felsgesteinen andererseits auf. Der Grund für diese veränderlichen mechanischen Eigenschaften liegt darin, dass die Gesteine mehr oder weniger verwitterungsempfindliche Bestandteile enthalten, die bei Wasseraufnahme aufweichen und je nach Mineralbestand aufquellen sowie durch Frost-Tau-Wechsel oder Trocken-Nass-Zyklen bis hin zum Zerfall verwittern.

Allgemein gültige Regeln für Einbau und Verdichtung solcher Gesteine lassen sich nur bedingt aufstellen. Die Eignung als Baustoff muss nach regional vorliegenden Erfahrungen oder aufgrund der Ergebnisse von materialspezifischen Probeverdichtungen erarbeitet werden. Für das Einbauverfahren und die hohlraumarme Verdichtung dieser Gesteine sind spezifische bzw. strengere Anforderungen als für die Bodenarten notwendig.

Hauptsächliche und häufige Vertreter dieser veränderlich festen Felsgesteine sind die

Schluff- und Tonsteine, die Schiefergesteine sowie die diversen Sandsteinarten:

(1) Schluff- und Tonsteine

Im Gebirgsverband zeichnen sie sich in der Regel durch deutliche Schicht- und Kluftflächen, durch Wechsel von unverwitterten und verwitterten Schichten mit unterschiedlichen Schicht- oder Bankdicken und durch teils regelmäßige, teils unregelmäßige Kluftflächengefüge aus. Je nach Trennflächengefüge können die Verwitterungshorizonte lokal sehr stark wechseln und bis in unterschiedliche Tiefen reichen. Je ausgeprägter das Trennflächengefüge ausgebildet ist, umso mehr Schicht- und Kluftwasser ist zu erwarten. Die Kluftfüllungen bestehen meist aus plastisch verwitterten Tonen, die bei entsprechendem Einfallen der Schichten bzw. Klüfte vorgezeichnete Gleitfugen bilden.

Im unverwittert anstehenden Gebirgsverband können die Tonsteine mit wenig gestörtem Gefüge relativ homogen und dementsprechend bei nicht extrem hoher Belastung gering zusammendrückbar und gut tragfähig sein. Im Unterschied zu festen Tonen mit nur mäßiger Druckfestigkeit (q_u etwa 300 bis 1 000 kN/m^2) können diese Tonsteine je nach mineralischer Bindung sehr hohe Druckfestigkeiten (meist 2 000 bis 3 000 kN/m^2, Spitzenwerte noch um das 5- bis 10-fache höher) haben. Im weitgehend ungestörten Zustand besitzen sie eine günstige Kurzzeit-Standfestigkeit und setzen dem Abtrag bzw. dem Lösen einen erheblichen Widerstand entgegen. Sie lassen sich dann nur durch Sprengbetrieb oder in Kombination von Reißbetrieb mit Lockerungssprengungen lösen.

Je ausgeprägter dagegen das Trennflächengefüge ausgebildet ist, je enger die Trennflächenabstände liegen und je sand- und schluffreicher die Tonsteine mit Übergang zu den Schluffsteinen werden, umso leichter wird das Lösen im Reißbetrieb mit entsprechend schweren Raupen und Felsmeißeln möglich sein. Wird geeignetes Reißgerät eingesetzt und die Arbeitsrichtung auf das wechselnde Einfallen und Streichen der Schicht- und Kluftflächen eingestellt, kann eine Stückigkeit des Materials erreicht werden, die direkt für den Einbau geeignet ist. Dies muss vorab durch Probeeinsätze mit dem Reißgerät verifiziert und optimiert werden. Bedingt durch wesentliche Unterschiede bzw. Wechsel des Trennflächengefüges, des Verwitterungsgrades und der Schicht- bzw. Bankdicken muss aber auch mit sehr unterschiedlichen Bruchkörpergrößen gerechnet werden. In wenig geklüfteten, unverwitterten bankigen Bereichen oder als Folge von Lockerungssprengungen können gelöste Kluftkörper von weit mehr als 0,1 m^3 anfallen, die der gesonderten Zerkleinerung bedürfen, während in stark klüftigen Bereichen abgestuftes und gut verdichtbares Bruchmaterial bis hin zu Kieskornfraktionen vorkommen kann. Beim Abtrag in den mürben verwitterten Bereichen kann starker Zerfall und Abrieb entstehen und zu großen Anteilen an Sand- und Feinkorn führen. Durch Entmischung dieser einzelnen Kornfraktionen ist auch mit Ausfallkörnungen zu rechnen.

Im gelösten Zustand muss sowohl bei den noch unverwittert als auch bei den bereits verwittert anfallenden Schluff- und Tonsteinen beachtet werden, dass eine anhaltende Entfestigung eintritt. Sowohl durch die Auflösung des ursprünglichen Gebirgsverbandes und die dadurch entstehende Entspannung des Gesteins als auch durch die verstärkt mögliche Witterungseinwirkung von Wasser, Quellung, Frost und Austrocknung gehen die Bindefestigkeiten der Bruchsteine stark zurück. Erfahrungsgemäß zeigt sich der größte Festigkeitsverlust bei mehrmaligen Trocken-Nass-Wechseln und bei Frost-Tau-Zyklen, und zwar selbst bei solchen Gesteinen, die zunächst bei Wasserlagerung nur geringe Veränderungen anzeigen (z. B. Tonsteine aus Opalinus- oder Ornatentonformationen).

Der Einbau und die Verdichtung der Ton- und Schluffsteine unterliegen sehr starken Einflüssen durch Witterung und Frost. Ihr Einbau empfiehlt sich daher nur bei trockener Witterung, wobei das Material sofort ohne Zwischenlagerung zum Einbauort transportiert und in möglichst dünnen Lagen verdichtet werden soll. Die Einbau- und Verdichtungsarbeiten können bei Frost und während längerer Niederschläge meist nicht fortgeführt werden. Auf eine Wasserzugabe sollte verzichtet werden, soweit die Gesteine nicht staubtrocken zum Einbau kommen, weil die Zugabe von Wasser zumeist die Verdichtungseigenschaften verschlechtert, die Oberflächen sehr schmierig werden und so aufweichen, dass sie auch nicht mehr befahren werden können. Nach Wiederaufnahme der

Tabelle 18: Gesteinseigenschaften (exempl.); Lit. (31)

Gesteine	Rohdichte DIN 52102	Reindichte DIN 52102	Porosität DIN 52102	Wasseraufnahme DIN 52103		Zug-festigkeit	Scher-festigkeit	Druck-festigkeit trockener Zustand DIN 52105	Biegezug-festigkeit DIN 52112	Abnutzung durch Schleifen nach DIN 52108 Verlust in	Wärme-leitfähigkeit	Spezifischer elektrischer Widerstand
	t/m³	t/m³	%	Masse-%	Vol.-%	N/mm²	N/mm²	N/mm²	N/mm²	cm³/50 cm²	kcal/h°C	Ohm x cm
Tiefengestein												
Granit, Syenit	2,60 - 2,80	2,62 - 2,85	0,4 - 1,5	0,2 - 0,5	0,4 - 1,4	4 - 7	5 - 8	160 - 240	10 - 22	5 - 8	2,7 - 3,5	$10^4 - 10^6$
Diorit, Gabbro	2,70 - 3,00	2,85 - 3,05	0,5 - 1,2	0,2 - 0,4	0,5 - 1,2	5 - 8	4 - 8	170 - 300	10 - 22	5 - 8	2,7 - 4,1	$10^5 - 10^6$
Ergußgestein												
Quarzporphyr, Porphyrit, Andesit	2,50 - 2,80	2,58 - 2,83	0,4 - 1,8	0,2 - 0,7	0,4 - 1,8	5 - 11	5 - 12	180 - 300	15 - 20	5 - 8	1,1 - 2,5	$10^5 - 10^6$
Basalt	2,85 - 3,05	3,00 - 3,15	0,2 - 0,.9	0,1 - 0,3	0,2 - 0,8	6 - 12	5 - 13	250 - 400	15 - 25	5 - 8,5	1,1 - 2,5	$10^1 - 10^6$
Basaltlava	2,20 - 2,35	3,00 - 3,15	20 - 25	4 - 10	9 - 24	-	-	80 - 150	8 - 12	12 - 15	-	-
Diabas	2,75 - 2,95	2,85 - 2,95	0,3 - 1,1	0,1 - 0,4	0,3 - 1,0	6 - 13	6 - 10	180 - 250	15-25	5 - 8	1,0 - 2,8	$10^5 - 10^6$
Sedimentgestein												
Quarzistisches Gestein:												
Gangquarz, Quarzit								150 - 300	13 - 25	7 - 8		
Grauwacke	2,60 - 2,65	2,64 - 2,68	0,4 - 2,0	0,2 - 0,5	0,4 - 1,3			120 - 200	12 - 20	7 - 8		
Quarzistischer Sandstein											1,1 - 1,6	$10^7 - 10^8$
sonstiger Quarzsandstein	2,00 - 2,65	2,64 - 2,72	0,5 - 25	0,2 - 9	0,5 - 24			30 - 180	3 - 15	10 - 14		
Kalkstein:												
Dichter Kalk, Dolomit	2,65 - 2,85	2,70 - 2,90	0,5 - 0,6	0,2 - 0,6	0,4 - 1,8	3 - 6	3 - 7	80 - 180	6 - 15	15 - 40	1,3 - 2,7	$10^4 - 10^7$
sonst. Kalkstein											1,5 - 2,8	$10^7 - 10^8$
Kalkkonglomerat	1,70 - 2,60	2,70 - 2,74	0,5 - 30	0,2 - 10	0,5 - 25			20 - 90	5 - 8			
Travertin	2,40 - 2,50	2,69 - 2,72	5 - 12	2 - 5	4 - 10	2 - 5	2 - 5	20 - 60	4 - 10		0,7 - 1,9	$10^3 - 10^5$
Vulkanischer Tuff	1,80 - 2,00	2,62 - 2,75	20 - 30	6 - 15	12 - 30	1 - 5	1 - 4	20 - 30	2 - 6		0,5 - 1,0	$10^3 - 10^6$
Metamorphes Gestein												
Gneis, Granulit	2,65 - 3,00	2,67 - 3,05	0,4 - 2,0	0,1 - 0,6	0,3 - 1,8	4 - 7	3 - 7	160 - 280		4 - 10	1,7 - 3,5	$10^1 - 10^6$
Dachschiefer	2,70 - 2,80	2,82 - 2,90	1,6 - 2,5	0,5 - 0,6	1,4 - 1,8				50 - 80			
Marmor	2,65 - 2,75			0,1 - 0,5		5 - 8	4 - 8		8 - 12		1,8 - 1,3	10^8

Arbeiten wird es meist zunächst notwendig sein, die oberste aufgeweichte Lage entweder abzuschieben oder den Wassergehalt durch Sondermaßnahmen gemäß Abschnitt 11 ZTV E-StB zu reduzieren und eine besonders gute Verzahnung mit der nächstfolgenden Schüttlage sicherzustellen.

Andererseits besteht beim Trockeneinbau das Risiko, dass der Verdichtungswiderstand stark anwächst und die verdichtete Schicht zu viele und große Luftporen enthält. Je trockener die zum Einbau kommenden Tonsteine sind, umso höher muss der Verdichtungsaufwand sein, d. h. schwerstes Verdichtungsgerät, geringe Schütthöhen und eine große Zahl von Verdichtungsübergängen werden erforderlich; vgl. Abschnitt 3.3 ZTV E-StB, Kom. 4.

Wegen der stark witterungsabhängigen Einbau- und Verdichtungseigenschaften sowie wegen des außergewöhnlich hohen Verdichtungsaufwandes sind die veränderlich festen Schluff- und Tonsteine nur bedingt geeignet. In der Regel muss mit länger anhaltenden Nachsetzungen gerechnet werden, die allerdings durch intensive Verdichtung bei verbleibenden Luftporenanteilen unter 10 % minimiert werden können. Die Ton- und Schluffsteine sollten nicht in Bauwerkshinterfüllbereichen und nicht unmittelbar unter den Fahrbahnen eingebaut werden, um Setzungsstufen an den festen Bauwerksteilen sowie Längs- und Quermulden in den Fahrbahnen zu vermeiden. Schwierigkeiten kann es auch in Böschungsanschlüssen oder bei nachträglichem Einbau in Baulücken geben, wenn die Schüttköpfe nicht sehr sorgfältig in Kleinarbeit ineinander eingebunden werden.

(2) Schiefergesteine

Die diversen Schiefergesteine besitzen im Gebirgsverband eine mehr oder weniger ausgeprägte, plattige Schieferung mit meist sehr geringen, vereinzelt auch größeren Abständen der Schieferungsflächen. Es handelt sich um stark veränderlich feste Felsgesteine, die verwittern, aufweichen und zerfallen können. Diese Prozesse setzen sich auch im verdichteten Zustand verzögert und vermindert fort.

Bei optimal feuchtem Einbauwassergehalt und bei Schutz vor Sickerwasser sind die Schiefergesteine zumeist für den Dammbau geeignet, müssen aber sehr hohlraumarm, d. h. mit hoher Energie verdichtet werden, was wegen der plattigen Stückigkeit besonders schwierig ist. Wegen ihrer schwierigen Verdichtbarkeit und veränderlichen Festigkeit sollen sie möglichst nicht in die Hinterfüllbereiche und Anschlussdämme von Bauwerken eingebaut werden. Im Übrigen gelten ähnliche Einschränkungen wie bei den Schluff- und Tonsteinen gemäß (1).

(3) Sand- und Kalksandsteine

Diese Gesteine können in ihrer Struktur wechselhaft fein bis grobkörnig wie auch dicht bis stark porös anstehen. Soweit es sich um feste Felsgesteine handelt, besitzen sie nur eine relativ geringe Druckfestigkeit, sodass sich beim Einbau und Verdichten starke Kornzertrümmerungen und Feinkornanreicherungen bilden. Soweit sie tonig-merglige Komponenten enthalten, besitzen sie verwitterungsempfindliche Eigenschaften und verhalten sich beim Einbau und Verdichten in Regenperioden stark wasser- und witterungsempfindlich, bei Frost auch sehr frostempfindlich.

Grundsätzlich sind sie als Dammbaustoff geeignet; sie können bei Berücksichtigung der erforderlichen Stückigkeit und Kornabstufung in allen Dammbereichen verwendet werden, wenn sie hohlraumarm verdichtet werden. Bei sehr witterungsempfindlichen Sandsteinfazies sind ähnliche Einschränkungen wie bei den Schluff- und Tonsteinen zu berücksichtigen.

3.7.4 Gesteinskenngrößen

Die *Tabelle 18* enthält exemplarisch Zahlenwerte über die Kenngrößen typischer Tiefen-, Erguss-, Sediment- und metamorpher Gesteine.

Tabelle 19: Wasserdurchlässigkeit in Abhängigkeit vom Kluftabstand

Kluftabstand	Durchlässigkeitsbeiwert k [cm/s]
Dichtständige offene Trennflächen (Abstand < 6 cm)	10^{-4}–10^{-2}
Endständige offene Trennflächen (Abstand 6 bis 60 cm)	10^{-7}–10^{-4}
Weitstehende offene Trennflächen (Abstand > 60 cm)	10^{-11}–10^{-7}
keine offenen Trennflächen (massig, dicht)	10^{-11}

Tabelle 20: Wasserdurchlässigkeit von Gestein und Gebirge (nach Louis 1967)
k = Durchlässigkeitsbeiwert

Gestein			Fels mit einer Kluft/lfd m		
Gesteinsart	k [cm/s]		Kluftweite [mm]	k [cm/s]	
1. Kalksteine	0,36– 23	10^{-13}	0,1	0,7	10^{-4}
2. Sandsteine					
Karbon	0,29– 6	10^{-11}	0,2	0,6	10^{-3}
Devon	0,21– 2	10^{-11}	0,4	0,5	10^{-2}
3. Mischgesteine					
sandig-kalkig	0,33– 33	10^{-12}	0,7	2,5	10^{-2}
tonig-sandig	0,85–130	10^{-13}	1,0	0,7	10^{-1}
kalkig-tonig	0,27– 80	10^{-12}			
4. Granit	0,5 – 2,0	10^{-10}	2,0	0,6	–
5. Schiefer	0,7 – 1,6	10^{-10}	4,0	0,5	10^{1}
6. Kalkstein	0,7 –120	10^{-9}	–	–	–
7. Dolomit	0,5 – 1,2	10^{-8}	6,0	1,6	10^{1}

Zahlenwerte über die Wasserwegigkeit von Kluftsystemen sowie über die Wasserdurchlässigkeit von Gestein enthalten die *Tabellen 19* und *20*. Die Durchlässigkeit des Gesteins gegenüber Wasser, anderen Flüssigkeiten und Luft richtet sich nach der Porosität und den mikrofeinen Diskontinuitäten. Die Festgesteine sind dementsprechend mehr oder weniger nur gering wasserdurchlässig; die Durchlässigkeitsbeiwerte betragen etwa 10^{-8} bis 10^{-13} cm/s.

4 Normative Regelwerke/Literatur zu Abschnitt 2.1 bis 2.4 ZTV E-StB

(1) EN 1997-1: Eurocode 7, Geotechnical Design, Part 1: General Rules, 2004 (Deutsche Fassung: DIN EN 1997-1 mit Nationalem Anhang)

(2) EN 1997-2: Eurocode 7, Geotechnical Design, Part 2: Ground investigation and testing, 2006 (Deutsche Fassung: DIN EN 1997-2 mit Nationalem Anhang)

(3) ENV 1997-3: Eurocode 7, Geotechnical Design, Part 3: Design assisted by field testing, 1990 (Deutsche Fassung: DIN V ENV 1997-3)

(4) DIN EN ISO 14688-1: Geotechnische Erkundung und Untersuchung – Benennung, Beschreibung und Klassifizierung von Boden, Teil 1: Benennung und Beschreibung (Ersatz für DIN 4022-1)

(5) DIN EN ISO 14688-2: Geotechnische Erkundung und Untersuchung – Benennung, Beschreibung und Klassifizierung von Boden, Teil 2: Grundlagen für Bodenklassifizierung (Ersatz für DIN 4022-2)

(6) DIN EN ISO 14689-1: Geotechnische Erkundung und Untersuchung – Benennung, Beschreibung und Klassifizierung von Fels, Teil 1: Benennung und Beschreibung (Ersatz für DIN 4022-1)

(7) DIN EN ISO 22475-1: Geotechnische Erkundung und Untersuchung – Probenentnahmeverfahren und Grundwasser-

messungen, Teil 1: Technische Grundlagen der Ausführung (Ersatz für DIN 4021)

(8) DIN EN ISO 22476: Geotechnische Erkundung und Untersuchung – Felduntersuchungen (Ersatz für DIN 4094-1 bis -5)

Teil 1: Drucksondierungen mit elektrischen Messwertaufnehmern und Messeinrichtungen für den Porenwasserdruck
Teil 2: Rammsondierungen
Teil 3: Standard Penetration Test
Teil 4: Pressiometerversuch nach Ménard
Teil 5: Versuch mit dem flexiblen Dilatometer
Teil 6: Selbstbohrender Pressiometerversuch
Teil 7: Seitendruckversuch

(9) DIN 1055-2: Einwirkungen auf Tragwerke – Teil 2: Bodenkenngrößen, 2010

(10) DIN 4020: Geotechnische Untersuchungen für bautechnische Zwecke – Ergänzende Regelungen zu DIN EN 1997-2

(11) DIN 4020 Beiblatt 1: Geotechnische Untersuchungen für bautechnische Zwecke – Anwendungshilfen, Erklärungen

(12) DIN 4023: Geotechnische Erkundung und Untersuchung – Zeichnerische Darstellung der Ergebnisse von Bohrungen und sonstigen Aufschlüssen

(13) DIN 4030: Beurteilung betonangreifender Wässer, Böden und Gase

Teil 1: Grundlagen und Grenzwerte
Teil 2: Entnahme und Analyse von Wasser- und Bodenproben

(14) ASTM D 1586-84: Standard test method for penetration test and split barrel sampling of soils. American Society for Testing Materials, Philadelphia 1992

(15) ASTM D 4633-86: Standard test method for stress wave energy measurements for dynamic penetration testing systems. American Society for Testing Materials, Philadelphia 1986

(16) ASTM D 4719-94: Standard test method for pressuremeter testing in soils. American Society for Testing Materials, Philadelphia 1994

(17) BS 1377 Part 9: British standard methods of test for soils for civil engineering purposes, Part 9: In situ tests. British Standards Institution, London 1990

(18) Merkblatt über geotechnische Untersuchungen und Berechnungen im Straßenbau, FGSV, 2004

(19) Rendulic, C.: Der Erddruck im Straßenbau und Brückenbau, Forschungsarbeiten aus dem Straßenwesen, Bd. 10, Forschungsgesellschaft für Straßenwesen e.V., Berlin 1938

(20) Müller-Breslau, H.: Erddruck auf Stützmauern, A. Kröner Verlag, Stuttgart 1947

(21) Terzaghi, K. u. Jelinek, R.: Theoretische Bodenmechanik, Springer Verlag, Berlin/Göttingen/Heidelberg 1954

(22) Leussink, H., Viweswaraiya, T. u. Brendlin, H.: Beitrag zur Kenntnis der bodenphysikalischen Eigenschaften von Mischböden, Veröffentlichungen des Instituts für Bodenmechanik und Grundbau der Technischen Hochschule Karlsruhe, H. 15, 1964

(23) Schultze, E. u. Muhs, H.: Bodenuntersuchungen für Ingenieurbauten, 2. Auflage, Springer Verlag, Berlin/Heidelberg/New York 1967

(24) Zweck, H.: Baugrunduntersuchungen durch Sonden, Bauingenieur-Praxis, H. 71, 1969

(25) Franke, E.: Ermittlung der Festigkeitseigenschaften von nichtbindigem Baugrund durch Sondierungen, Baumaschine und Bautechnik 20, H. 11, 1973

(26) Brandl, H.: Ein Mineralkriterium zur Beurteilung der Frostgefährdung von Kiesen, Straße und Autobahn 27, H. 9, 1976

(27) Siedek, P. u. Floss, R.: Boden als Baustoff, Erd- und Felsbau, in: Handbuch des Straßenbaus, Bd. 2, Springer Verlag, Berlin/Heidelberg/New York 1976

(28) Müller, L.: Der Felsbau, 1. Band: Grundlagen, Ferdinand Enke Verlag, Stuttgart 1978

(29) Stenzel, G. u. Melzer, K. J.: Bodenuntersuchungen durch Sondierungen nach DIN 4094, Tiefbau 90, H. 3 u. 4, 1978

(30) Siedek, P., Voss, R., Floss, R. u. Brüggemann, K.: Die Bodenprüfverfahren bei Straßenbauten, 7. Auflage, Werner Verlag, Düsseldorf 1982

(31) Wittke, W.: Felsmechanik, Grundlagen für wissenschaftliches Bauen in Fels, Springer Verlag, Berlin/Heidelberg/New York 1984

(32) Studer, J. u. Ziegler, A.: Bodendynamik, Springer Verlag, Berlin/Heidelberg/New York/Tokyo 1986

(33) Floss, R.: Meßtechnische Überwachung von Tiefbauwerken, VDI Berichte 1165: Bauwerksüberwachung im Ingenieur- und Industriebau, Hrsg. Verein Deutscher Ingenieure, VDI Verlag, Düsseldorf 1994

(34) Murawski, H. u. Meyer, W.: Geologisches Wörterbuch, 11. Auflage, Elsevier GmbH, Spektrum Akademischer Verlag, München 2004

(35) Witt, K.J. (Hrsg.): Grundbau-Taschenbuch Teil 1, Auflage 2017, Verlag Ernst & Sohn

Teil 2

3 Boden und Fels; sonstige Baustoffe

3 Boden und Fels; sonstige Baustoffe

Vorbemerkung

Die Technischen Vertragsbedingungen und Richtlinien in Abschnitt 3 ZTV E-StB betreffen sehr unterschiedliche Sachthemen, die weder formal noch thematisch eng zusammenhängen. Sie umfassen die erdbautechnische Einteilung von Boden und Fels (3.1) in Verbindung mit den nach ATV DIN 18300 neu eingeführten „Homogenbereichen“, die Beurteilungskriterien für die Frosteigenschaften (3.1.5), die Lieferbedingungen für Böden und Baustoffe mit umweltrelevanten Inhaltsstoffen (3.2), die Lieferbedingungen und Eigenschaften von Geokunststoffen (3.3) und Angaben über natürliche und künstliche Leichtbaustoffe (3.4).

Mit diesen verschiedenartigen Anwendungsbereichen verbinden sich eine Vielfalt ganz unterschiedlicher Problemstellungen, die bei der Leistungsbeschreibung, beim Angebot und bei den Bauleistungen zu berücksichtigen sind. Die verbindende Gemeinsamkeit dieser Unterabschnitte besteht darin, dass es sich um „Baustoffe“ handelt, deren Verwendung die genaue Beschreibung gemäß Kommentar zu Abschnitt 2.4 ZTV E-StB voraussetzt.

3.1 Einteilung von Boden und Fels

Siehe DIN 18300, Abschnitte 0.2.8 bis 0.2.10 sowie 2.2 bis 2.4.

3.1.1 Allgemeines

In der Leistungsbeschreibung sind Homogenbereiche anzugeben, bei deren Festlegung für die Erdarbeiten alle Erdbauprozesse einzubeziehen sind:

1) Lösen,
2) Laden,
3) Fördern,
4) Behandeln,
5) Einbauen,
6) Verdichten.

3.1.2 Homogenbereiche

Sollen verschiedene Böden oder Fels unterschiedlich verwendet werden, sind sie getrennt zu lösen und hierfür jeweils eigene Homogenbereiche zu bilden.

Boden, Fels und sonstige Baustoffe, die sich für erdbautechnische Zwecke nicht eignen, sind als gesonderte Homogenbereiche anzugeben. Hierzu zählen z. B. Böden mit für den vorgesehenen Einsatzzweck zu hohem oder zu niedrigem natürlichem Wassergehalt, gips- oder anhydrithaltige Böden und Fels. Dies gilt auch für Boden, Fels und sonstige Baustoffe, die zunächst zwischengelagert oder verbessert werden müssen.

Bei Boden- oder Felsschichten, die innerhalb eines Bauloses so wechseln, dass sie nicht getrennt aufgemessen werden können, kann eine Zusammenfassung dieser Schichten in einem Homogenbereich zweckmäßig sein. Eine Zusammenfassung kann auch dann sinnvoll sein, wenn ein getrenntes Lösen der Boden- oder Felsschichten nicht möglich oder nicht zweckmäßig ist.

Für den Oberboden ist mindestens ein eigener Homogenbereich nach DIN 18320 festzulegen (siehe auch Abschnitt 5.2).

Ausgehend von der Dammaufstandsfläche sollte bis zu einer Tiefe von 50 cm eine mindestens mitteldichte Lagerung bei nichtbindigen Böden und eine mindestens steife Konsistenz bei bindigen Böden gegeben sein. Andernfalls sind besondere Maßnahmen zu ergreifen, die in der Leistungsbeschreibung anzugeben sind. Das ist bei der Bildung der Homogenbereiche zu berücksichtigen.

Wenn mehrere Boden- oder Felsschichten bereits zu Homogenbereichen zusammengefasst worden sind, ist eine weitere Zusammenfassung von Homogenbereichen für ein Gewerk nicht zweckmäßig. Sie kann allenfalls dann zweckmäßig sein, wenn die Homogenbereiche für unterschiedliche Gewerke aufgestellt wurden und für einzelne Gewerke (z. B. Erdarbeiten, Bohrarbeiten, Untertagearbeiten usw.) oder einzelne Erdbauprozesse zusammengefasst werden sollen.

Tabelle 1: Angaben zu den Eigenschaften und Kennwerten für Böden

	Eigenschaften und Kennwerte für Boden	***Hinweise zu Angaben***
1	*ortsübliche Bezeichnung*	*genetische Bezeichnung, z. B. DIN 18196, Tabelle 4*
2	*Bodengruppen (DIN 18196)*	*Gruppensymbole nennen*
3	*Stein-/Blockanteile (DIN EN ISO 14688)*	*getrennte Angabe von Stein- und Blockanteil als Größenordnung, z. B. 10 %, 20 %, … (Schätzwert)*
4*)	*Korngrößenverteilungen hier: Anteile der Korngrößenbereiche gem. DIN EN ISO 14688*	*Angaben zur Bandbreite der Ton-, Schluff-, Sand- und Kiesanteile*
5*)	*Dichte*	*z. B. Erfahrungswerte für die Bandbreite der Feuchtdichten der Bodenarten*
6	*Lagerungsdichten*	*aus Sondierungen: locker, mitteldicht, dicht, sehr dicht (bei nichtbindigen Böden)*
7	*Konsistenzen*	*mindestens Angabe: breiig, weich, steif, halbfest, (fest)*
8*)	*Wassergehalte*	*Bandbreite hinsichtlich Einbaufähigkeit*
9*)	*undränierte Scherfestigkeiten*	*Bandbreite hinsichtlich Lösbarkeit und Befahrbarkeit*
10*)	*organische Anteile*	*Bandbreite mit Bezeichnung aus DIN 18128, DIN EN ISO 14688 (siehe Abschnitt 3.1.4)*

**) entfällt für Geotechnische Kategorie 1*

Tabelle 2: Angaben zu den Eigenschaften und Kennwerten für Fels

	Eigenschaften und Kennwerte für Fels	*Hinweise zu Angaben*
1	*petrographische Bezeichnung*	*Allgemeine Angabe, z. B. Sandstein, Tonstein, Granit usw.*
2*)	*Dichte*	*z. B. Erfahrungswerte für die Bandbreite der Feuchtdichten der Felsarten*
3	*Trennflächengefüge und räumliche Orientierung*	*Angaben zu Raumstellung, Schichtflächenabstand, Kluft- und Schieferungsflächen*
4	*Verwitterungsgrad*	*Angaben von Verwitterungsstufen mit Beschreibung*
5*)	*einaxiale Druckfestigkeit*	*Bandbreite hinsichtlich Lös- und Verarbeitbarkeit*

**) entfällt für Geotechnische Kategorie 1*

Aus abrechnungstechnischen Gründen sollte die Anzahl der Homogenbereiche möglichst gering gehalten werden.

Es bietet sich an, Homogenbereiche für Oberboden mit O, gegebenenfalls mit O1, O2, …, für Boden mit B1, B2, … und für Fels mit X1, X2, … usw. zu bezeichnen.

In den Tabellen 1 und 2 werden Hinweise gegeben, welche Angaben zu den Eigenschaften und Kennwerten für die Homogenbereiche für Boden bzw. Fels enthalten sein sollten.

Gegebenenfalls sind zusätzlich Mineralbestand und Kornbindung anzugeben.

Siehe „Merkblatt über das Bauen mit und im Fels" (M Fels).

3.1.3 Nichtbindige und bindige Böden

Die grobkörnigen Böden der Bodengruppen GE, GW, GI, SE, SW und SI sowie die gemischtkörnigen Böden der Bodengruppen GU, GT, SU und ST nach DIN 18196 werden als nichtbindig bezeichnet.

Die feinkörnigen Böden der Bodengruppen UL, UM, UA, TL, TM und TA sowie die gemischtkörnigen Böden der Bodengruppen GU*, GT*, SU* und ST* nach DIN 18196 werden als bindig bezeichnet.

3.1.4 Organogene und organische Böden

Organogene Böden und Böden mit organischen Beimengungen der Bodengruppen OU, OT, OK und OH nach DIN 18196 weisen einen Glühverlust von mehr als 5 M.-% auf.

Böden der Bodengruppen HN, HZ und F nach DIN 18196 werden als organische Böden bezeichnet.

3.1.5 Beurteilung der Frostempfindlichkeit und der Frostbeständigkeit

3.1.5.1 Frostempfindlichkeit von Böden und veränderlich festen Gesteinen

Böden werden als Bodengruppen nach der in der Tabelle 3 enthaltenen Klassifikation der Frostempfindlichkeit unterschieden. Bei veränderlich festen Gesteinen ist die Frostempfindlichkeit des Verwitterungsproduktes maßgebend.

Die Klassifikation ist für die Festlegung der Dicke des frostsicheren Oberbaus nach RStO maßgebend.

Diese Einteilung nach der Korngrößenverteilung und den plastischen Eigenschaften der Bodenarten gibt einen Anhalt, wie frostempfindlich sie sich verhalten können, wenn bei Frosttemperatur Wasser in der Gefrierzone vorkommt oder ihr zufließt oder vom Boden nachgesaugt wird. Liegen andere regionale Erfahrungen vor, kann von der Tabelle 3 abgewichen werden; entsprechende Angaben sind dann in die Leistungsbeschreibung aufzunehmen.

Tabelle 3: Klassifikation von Bodengruppen nach der Frostempfindlichkeit

	Frostempfindlichkeit	Bodengruppen (DIN 18196)
F 1	nicht frostempfindlich	GW, GI, GE SW, SI, SE
F 2	gering bis mittel frostempfindlich	TA OT, OH, OK ST[1]), GT[1]) SU[1]), GU[1])
F 3	sehr frostempfindlich	TL, TM UL, UM, UA OU ST*, GT*, SU*, GU*

Anmerkung:

1) zu F 1 gehörig bei einem Anteil an Korn unter 0,063 mm von 5,0 M.-% bei $C_U \geq 15{,}0$ oder 15,0 M.-% bei $C_U \leq 6{,}0$.
Im Bereich $6{,}0 < C_U < 15{,}0$ kann der für eine Zuordnung zu F 1 zulässige Anteil an Korn unter 0,063 mm linear interpoliert werden (siehe Bild 2).

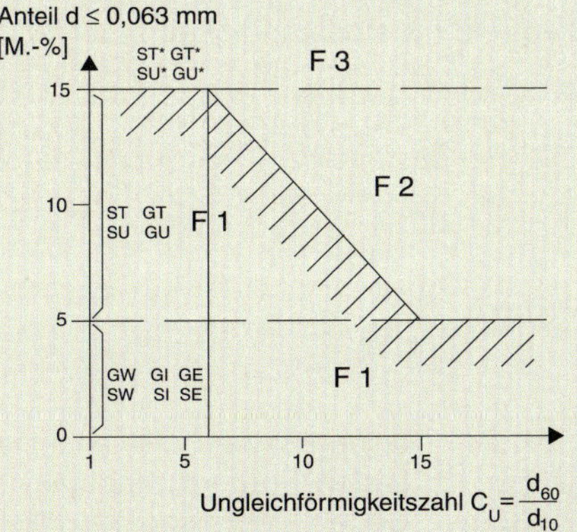

Bild 2: Zuordnung der Frostempfindlichkeitsklassen

Ergeben sich hinsichtlich der Klassifikation der Frostempfindlichkeit Zweifel, können diese durch Frosthebungsversuche oder mineralogische Untersuchungen abgeklärt werden.

3.1.5.2 Frostempfindlichkeit nach Bodenverbesserung mit Bindemittel

Böden der Gruppen TL, TM, UL, UM, UA, ST*, GT*, SU*, GU* werden nach einer Bodenverbesserung mit Bindemittel in die Frostempfindlichkeitsklasse F2 eingestuft, wenn die Anforderungen an eine qualifizierte Bodenverbesserung eingehalten werden.

3.1.5.3 Frostbeständigkeit von Fels

Die Frostbeständigkeit des Gesteins wird nach TL Gestein-StB beurteilt.

Die Widerstandsfähigkeit des Felsgesteins gegen Frost kann mit folgenden Verfahren geprüft werden:

- Prüfung der Wasseraufnahme nach DIN EN 1097-6,
- Prüfung des Widerstandes gegen Frost-Tauwechsel nach DIN EN 1367-1.

Bei anstehendem Fels ist außerdem das Frostverhalten des Gebirgsverbandes zu beurteilen. Es ist u. a. von der mineralogischen Zusammensetzung und Entstehung der Gesteine sowie vom Trennflächensystem abhängig.

Inhalt Kommentar

1 Erdbautechnische Kriterien

Die Einteilung von Boden und Fels ist Teil der Vergabe- und Vertragsordnung für Bauleistungen (VOB) im Erdbau gemäß ATV DIN 18300, soweit diese normativen Regelungen Inhalt des Bauvertrages sind. Grundlage für die Einteilung ist der Schwierigkeitsgrad beim Lösen, Laden, Fördern, Einbauen und Verdichten von Boden und Felsgestein. Die Schwierigkeit wird allein anhand boden- bzw. felsmechanischer Merkmale, unabhängig von maschinentechnischen Leistungskennwerten beurteilt. Als maßgebliche Kriterien für den Schwierigkeitsgrad beim Bearbeiten gelten:

- granulometrische Größen: Feinkorn unter 0,06 mm, Steine über 63 mm sowie Blöcke über 0,01 und 0,1 m^3
- plastische Eigenschaften des Feinkorns (Plastizitätszahl I_P, Konsistenzzahl I_C, Zähigkeit)
- wasserhaltende und Fließeigenschaften
- mineralisch-chemischer Zusammenhalt (Verfestigung)
- Gesteins- und Gebirgsfestigkeit nach qualitativen Merkmalen.

Diese Grundmerkmale reichen nicht aus, den Lösewiderstand von Boden und Fels sowie ihre weitere erdbautechnische Bearbeitung umfassend beurteilen und kalkulieren zu können. Die Beurteilung und erdbautechnische Einteilung setzt eine sorgfältige Beschreibung der Merkmale, Eigenschaften und Beschaffenheit sowie der besonderen Erschwernisse und möglichen Veränderungen voraus.

Die Entwicklung zu immer leistungsfähigeren Maschinen ist einem sich ständig und rasch ändernden Prozess unterworfen, sodass die maschinentechnischen Leistungen der zu einer bestimmten Zeit auf dem Markt verfügbaren und im freien Wettbewerb entwickelten Maschinen kein Kriterium für die Einteilung von Boden und Fels sein können. Die Entwicklung hat zu Maschinen mit hohen Antriebsleistungen sowie großen Vortriebs- und Reißkräften am Grabwerkzeug geführt, sodass es im Vergleich zu früher möglich ist, immer härtere Böden und auch Gesteine zu lösen. Die Grabbewegung des Hydraulikbaggers mit am Stiel beweglich gelenkter Schaufel hat sich bewährt. Das Auflockern durch schlagende Werkzeuge oder Sprengen kann häufig durch Zusatzeinrichtungen am Bagger, wie Rippenzähne an Flachbaggern, Aufreißhämmer, Einzahnreißer und Meißel, ersetzt werden. Die Maschinen werden daher beim Wechsel von leicht zu schwer lösbaren Boden- und Felsarten immer seltener ausgetauscht.

Zusammenfassend ist festzustellen: Das Prinzip, der Einteilung von Boden und Fels keinen Bezug zu bestimmten Maschinen und maschinentechnischen Leistungswerten zugrundezulegen, kann auch nach heutigem Erkenntnisstand als eine immer noch praxisnahe Lösung gelten. Die Grundsätze des Vertragswesens und des freien Wettbewerbs mit

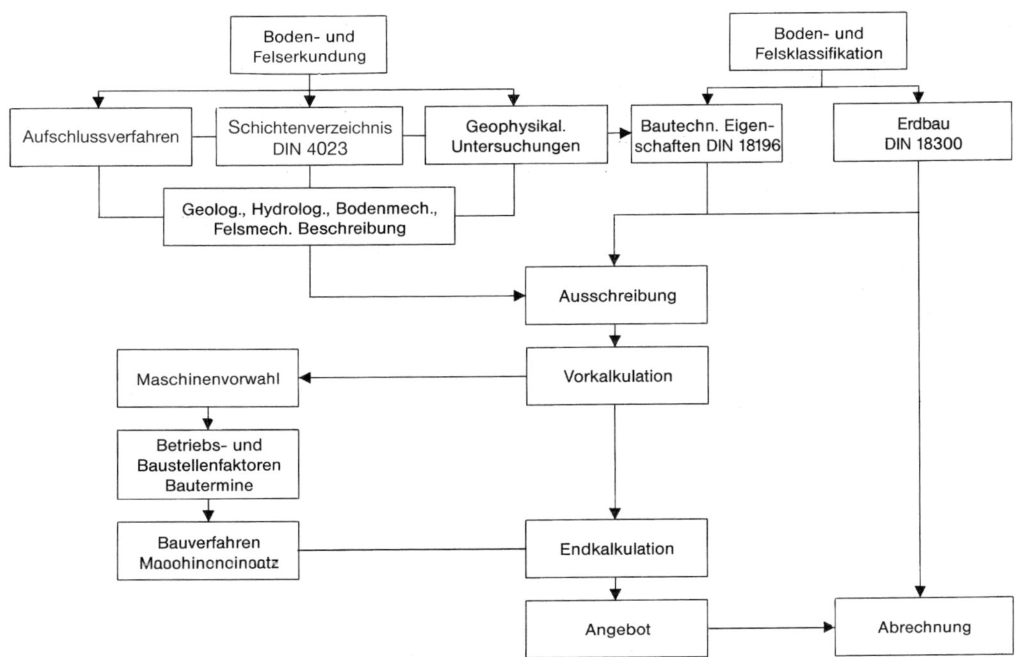

Bild 1: Arbeitsschema für die Erdarbeiten

freier Wahl der Maschinen und Arbeitsverfahren werden dabei gewährleistet. Die Optimierung des Maschineneinsatzes ist in engem Zusammenhang mit der gesamten Massenbewegung und in Abstimmung auf Förder- und Einbauleistung, Betriebs- und Baustellenbedingungen, Witterungsverhältnisse, Transportentfernung und Größe der Arbeitsfläche zu erzielen.

Das Schema in *Bild 1* veranschaulicht als Übersicht das Zusammenwirken der zwischen Bodenerkundung, Bodeneinteilung und Beschreibung bestehenden Beziehungen als Grundlage für die Ausschreibung, Kalkulation, Angebotsabgabe und Abrechnung der Bauleistungen.

Zur Beurteilung der Lösbarkeit von Boden gehören folgende Einflussmerkmale:

- bindige oder rollige Beschaffenheit (Abschnitt 2.4 ZTV E-StB)
- Beschaffenheit der bindigen Böden bei Witterungseinfluss.
- charakteristische bodenspezifische Grundgrößen (Druck- und Scherfestigkeit, Kohäsion, Konsistenz, Dichte)
- Erschwernisse durch Wasser im Boden (Kom. 2)
- Erschwernisse durch Steine, Blöcke, Geröll, Felsbänke
- Lösungswiderstand bei Einsatz von Grab-, Reiß- und Sprengkraft.

Der gesteins- und trennflächenbedingte Lösewiderstand von Fels unterliegt folgenden Einflussmerkmalen:

- Festigkeit, Härte, Gefüge- und Strukturwiderstand des Gesteins und Felsverbandes
- Art, Größe, Richtungsorientierung der Trennflächen, Schichtung und Kluftkörper
- Wasserführung im Trennflächengefüge
- Verwitterungs-, Zersetzungs-, Verfestigungsgrad
- Wechsellagerung von Schichtungen aus unterschiedlichen Felsarten.

2 Einfluss von Wasser

Die Lösbarkeit von Boden und Fels wird durch Wasseraufnahme oder Wasserentzug bzw. durch Wasserführungen erschwert. Diese Merkmale werden beim Klassifizieren und Beschreiben zu wenig beachtet und bodenspezifisch nicht ausreichend differenziert.

In dieser Hinsicht lassen sich folgende Verhaltensgruppen unterscheiden:

a) Bodenarten, die Wasser in großen Mengen (auch kapillar) aufnehmen und wieder abgeben, aber nicht weiterleiten, wie z. B. wasserhaltende humöse Böden, Faulschlamm und Torf. Diese organischen Böden haben eine geringe Durchlässigkeit und neigen bei Wasserentzug stark zum Schrumpfen. Das Schrumpfmaß kann weit mehr als die Hälfte des Ausgangsvolumens betragen. Bei starker Vermengung mit Grobschluffen (sandige Kleie, Moorerden) neigen sie außerdem zum Fließen.

b) Bodenarten, die Wasser nur schwer aufnehmen, auch sehr schwer wieder abgeben und praktisch nicht weiterleiten. Sie sind als dicht oder fast dicht zu bezeichnen. Hierzu gehören z. B. Tone und unzerklüftete Tongesteine. Durch Wasseraufnahme ändern sie ihre Zustandsform und können eine weichplastische bis breiige Konsistenz annehmen. Bei Wasserentzug, z. B. durch Verdunstung, schrumpfen sie stark und bilden Rissstrukturen. Bei Wasseraufnahme kann eine beträchtliche Volumenvergrößerung entstehen.

c) Bodenarten, die Wasser nur verlangsamt aufnehmen, abgeben oder weiterleiten. Hierzu gehören Schluffböden und schluffige Feinsande sowie alle Übergänge zwischen diesen Bodenarten, ferner bindige Mischböden (Sande, Kiese und Gerölle mit bindigen Eigenschaften). Die schluffigen bzw. feinsandigen Bodenarten dieser Gruppe sind sehr erosions- und fließempfindlich.

Wasserentzug kann – außer bei schluffigen Feinsanden – Schrumpfung bis hin zur Rissbildung bewirken, Wasseraufnahme zur Volumenvergrößerung führen.

d) Boden- und Felsarten, die Wasser rasch aufnehmen und abgeben bzw. weiterleiten, wie z. B. reine Sande, Kiese, Gerölle und kluftiger Fels. Reine Sande und Grobsande sind nur bei starkem Strömungsdruck in Bewegung zu bringen, während reine Feinsande schon bei geringem Wasserandrang zum Fließen neigen. Die Gefahr des Schrumpfens und Quellens besteht nicht.

e) Boden- und Felsarten, die Wasser weder aufnehmen noch abgeben oder weiterleiten. Dazu gehören alle massig anstehenden unzerklüfteten Felsarten.

3 Homogenbereiche nach ATV DIN 18300/ZTV E-StB

Die Beschreibung der Boden- und Felsverhältnisse ist das sicherste Verfahren, um das Risiko von Fehlentscheidungen bei der Planung und Kostenkalkulation des Massenabtrags und des Maschineneinsatzes gering zu halten.

Für die zuverlässige Beschreibung und Beurteilung ist die Zeit des Abtrages bzw. Aushubs maßgebend.

In der Ausgabe ATV DIN 18300:2015-8 wurde erstmals die seit Jahrzehnten praktizierte Klassifizierung für Boden und Fels (Klasse 1 bis 7) im Erdbau durch eine Einteilung in sogenannte „Homogenbereiche" ersetzt. Der Homogenbereich wird als begrenzter Bereich definiert, bestehend aus einzelnen oder mehreren Boden- oder Felseinheiten mit für Erdarbeiten vergleichsweise gleichen Eigenschaften. Boden und Fels sollen entsprechend ihrem Zustand **vor dem Lösen** in Homogenbereiche eingeteilt werden, wobei die Norm bestimmte Kennwerte und Eigenschaften nennt, die zu ermitteln und in Bandbreite anzugeben sind. Aus der Praxis ist bekannt, dass sich derart homogen abgrenzbare Bereiche erst beim Abtrag bzw. an freiliegenden Flächen und nicht vor dem Lösen zuverlässig verifizieren lassen. Der Begriff Homogenbereich ist in dem Zusammenhang von Natur aus irreführend gewählt, weil Fels und Boden im streng physikalischen Sinn der Homogenität nicht vorkommen. Physikalisch homogen ist ein Stoff, der richtungsunabhängig gleiche Eigenschaften und Beschaffenheit besitzt.

Zu den neuen Regelungen wird in den ZTV E-StB, Abschnitt 3.1.1 vorgegeben, die Homogenbereiche in der Leistungsbeschreibung unter Bezug auf alle Teilprozesse der Erdarbeiten (Lösen, Laden, Fördern, Behandeln, Einbauen, Verdichten) anzugeben. Homogenbereiche sollen auch gesondert ausgewiesen werden, wenn Boden und Fels

- getrennt für unterschiedliche Verwendung zu lösen sind,
- für erdbautechnische Zwecke nicht geeignet sind oder erst zwischengelagert bzw. verbessert werden müssen oder
- innerhalb eines Bauabschnitts so stark wechseln, dass ein getrenntes Aufmaß nicht möglich und eine Zusammenfassung mehrerer Homogenbereiche geboten ist.

Für die Grundeigenschaften zur Abgrenzung von Homogenbereichen geben die ZTV E-StB Kennwerte und Prüfverfahren in tabellarischer Form an. Die Vorgaben in den ATV DIN 18300 und ZTV E-StB für die Einteilung von Boden und Fels sind jedoch unvollständig und reichen nicht aus, um im Voraus zuverlässig Auskunft über die Boden- und Felsverhältnisse sowie die veränderlichen Eigenschaften zu geben. Boden und Fels wechseln von Natur aus unregelmäßig, heterogen zusammengesetzt und fließend in Übergängen, sodass sich Homogenbereiche nur in Ausnahmefällen bereits bei den geotechnischen Voruntersuchungen zuverlässig abgrenzen lassen.

Der Bieter ist verpflichtet, die Beschreibung sorgfältig zu prüfen und auszuwerten. Bestehen Zweifel oder andere Erfahrungen oder erscheint der Ermessensspielraum zu groß, dann ist dies rechtzeitig anzumelden und zu begründen.

Beruht die Erkundung nur auf wenigen punktförmigen Aufschlüssen, werden diese in der Regel nicht ausreichen, die Boden- und Felsverhältnisse in große Homogenbereiche einzuteilen. Hierzu bedarf es im Vergleich zur bisherigen Praxis wesentlich intensiverer Untersuchungen zur genauen Beschreibung. Eine Einteilung muss für die Praxis einfach strukturiert sein. Sie verfehlt ihren Nutzen, wenn sie zu feingliedrig unterteilt ist, diese Unterteilungen jedoch nicht aufmessbar sind.

Die Einteilung nach Homogenbereichen steigert den Aufwand für Planung und geotechnische Vorarbeit im Vergleich zur bisherigen Praxis, z. B. hinsichtlich gewerksspezifischer Leistungen, Zahl der Gutachten, Umfang der geotechnischen Untersuchungen sowie strenger Überwachung und Abrechnung der Bauleistungen. Bodengutachter und Planer müssen zeitgerecht und qualitativ angemessen zusammenarbeiten. Verschiedenartige gewerksspezifische Leistungen können unterschiedlich definierte Homogenbereiche, Beschreibungen und Kennwertermittlungen erfordern.

Bei Zusammenfassung mehrerer Homogenbereiche müssen die einzelnen Boden- und Felsarten differenziert benannt und beschrieben sein. Aus den Vertragsunterlagen muss zumindest abgeschätzt hervorgehen, welche Volumenverhältnisse erwartet werden. Diese Unterlagen sowie der geotechnische Bericht und die vorhandenen Aufschlüsse müssen ausreichend Auskunft geben, um den Schwierigkeitsgrad und die Verfahrensweise beim Abtrag technisch und kalkulativ richtig einstufen zu können. Diese Anforderung ist auch bei Ausschreibungen nach Musterleistungsverzeichnis (Standardleistungskatalog (StLK)) im Rahmen von Vorbemerkungen oder Baubeschreibungen unabdingbar notwendig. Die Zusammenfassung setzt im Weiteren voraus, dass die Abtragsarbeiten lückenlos und genau dokumentiert und begleitend kontrolliert werden, da erst der Abtrag bzw. Aushub die wahren Verhältnisse aufzeigt.

4 Spezifische Eigenschaften

(1) Oberboden

Oberboden erfordert eine besondere erdbauliche Behandlung unabhängig vom Zustand beim Lösen. Er ist nach den Grundsätzen in DIN 18915 zu beschreiben und für die Wiederverwendung zu behandeln.

Hierzu gehören auch sogenannte Rohhumusschichten, die getrennt auf mineralischem Boden oder Fels aufliegen und vornehmlich in Bereichen mit Monobaumbeständen vorkommen.

Hinweis

Oberbodenbauarbeiten siehe Teil 2, Kapitel 5.

(2) Fließende Bodenarten

Werden die Böden beim Lösevorgang aufgrund von wasserführenden oder wasserhaltenden Schichten (Grundwasser, Schichtwasser) in breiig-flüssiger Beschaffenheit angetroffen oder fließen dabei aus **und** geben das Wasser ohne technische Maßnahmen nur schwer ab, entstehen besondere Erschwernisse. Es liegen in diesem Fall die Merkmale eines fließenden Bodens vor.

Wenn dagegen Böden in ungeschützt freiliegenden Bauflächen durch Starkregen, länger andauernden Niederschlag oder andere äußere Wassereinwirkungen an der Oberfläche oder auch tiefgründiger übersättigen und aufweichen, wechselt die Klassifizierung nicht zwangsläufig. Die Beschaffenheit der Böden kann zwar einen vergleichbaren Zustand annehmen, jedoch können bautechnische Sicherungs- und Schutzmaßnahmen zur Abhilfe getroffen werden.

Die Konsequenzen für eine Wiederverwendung der Bodenmassen sind in beiden Fällen ähnlich. Die Massen dürfen in breiig-flüssigem Zustand nicht unmittelbar für den qualifizierten Erdbau verwendet werden. Als Konsequenzen können Arbeitsunterbrechungen bzw. Stillstand notwendig sein. Die Wiederverwendung der Bodenmassen setzt Sondermaßnahmen voraus, die in der Leistungsbeschreibung oder nachträglich gesondert vertraglich zu vereinbaren sind. In technischer Hinsicht werden z. B. erforderlich: erdbautechnisch geordnete Zwischenlagerungen zur Ab- bzw. Austrocknung, Bodenaustausch, Bodenbehandlungen mit Zusatzstoffen bzw. Bindemitteln, Planänderungen der Wasserführungen bzw. der Entwässerung und Vorflut im Baufeld.

Generell zu beachten ist weiterhin, dass die breiig-flüssige Beschaffenheit bzw. das Ausfließen von Boden beim Lösen durch fehlerhaften technischen Eingriff wie auch durch den Einfluss anderer Gewerke verursacht sein kann.

(3) Böden mit steinigen Einlagerungen bzw. chemischen Verfestigungen

Die Einflusskriterien für die leicht bis schwer lösbaren Bodenarten sind unter Berücksichtigung der in der Natur fließenden und technisch oft nicht trennbaren Übergänge eher praxisfremd zugeordnet. Die Teilvorgänge des Lösens, Ladens und Förderns lassen sich für leicht, mittel und schwer lösbare Böden in der Regel nicht trennen, was sich auf die Vorgehensweise beim Einbau auswirkt.

Das Basiskriterium ist die weiche bis halbfeste Konsistenz im Zusammenhang mit leichter bis mittlerer Plastizität. Hinsichtlich der Lösbarkeit bestehen keine entscheidenden Unterschiede.

Die Größe und der Mengenanteil von Steinen, die in den leicht bis schwer lösbaren Böden eingelagert sein können, sind in DIN 18300 formal geregelt, in den ZTV E-StB dagegen nicht ergänzt bzw. erläutert. Die eingelagerten Steine verursachen Erschwernisse beim Abtrag der Bodenmassen.

Nach DIN 18300 müssen eingelagerte Steine bzw. Blöcke mit mehr als 0,1 m^3 Rauminhalt beim Abtrag gesondert aufgenommen werden. Die Festlegungen entsprechen einer willkürlichen Einstufung nach Größe und Anteil der Steine und Blöcke. Homogenbereiche und charakteristische Grundwerte können nicht zuverlässig festgelegt werden, da die Steine/Blöcke aufgrund der natürlich bedingten Streuung heterogen verteilt sind. Es entstehen Erschwernis und Mehraufwand, wenn sie im Zuge des Erdbewegungsprozesses auszusortieren und gesondert zu behandeln sind. Erschwernis und Aufwand nehmen mit dem Steinanteil und der Steingröße zu, sodass letztlich, z. B. bei geröllartigen Ablagerungen, auch Umstellungen der Arbeitsweise bzw. Einsatz von besonderen Arbeitsmitteln als Hilfe notwendig werden können.

Die zu erwartenden Verhältnisse müssen aus dem geotechnischen Bericht und den vorhandenen Aufschlüssen bzw. aus den Vertragsunterlagen erkennbar und abschätzbar sein. Es ist notwendig, den Abtrag begleitend zu dokumentieren und die Angaben zu überprüfen. Im Zweifelsfall müssen die für den Gesamtabtrag entstehende Erschwernis bzw. der Mehraufwand durch einen Probeabtrag einvernehmlich geklärt und ggf. die ausgeschriebene Bodenklasse nachträglich korrigiert werden.

Bestimmte Bodenarten lassen sich infolge chemischer Verfestigung, geostatischer Vorbelastung oder fester Konsistenz schwierig lösen. Jedoch bestehen gravierende Unterschiede hinsichtlich der Beschaffenheit beim Lösen, auch im Vergleich mit mehr oder weniger klüftig verwittertem bzw. zersetztem Fels, der noch mineralischen Zusammenhalt hat.

Aufgrund der vielfältigen Übergangsformen und unterschiedlichen Zusammensetzungen lassen sich diese Bodengruppen nur schwierig einstufen bzw. in bestimmte Bereiche einordnen. Zusätzliche Festigkeits- und Strukturuntersuchungen können abhelfen. So lassen sich z. B. sandige Schluffe wesentlich leichter als ausgeprägt plastische Tone und bröckelige Tone leichter als homogene, nicht gefügegestörte Strukturen lösen.

Zu den geostatisch stark vorbelasteten bzw. überkonsolidierten Bodenarten gehören Schluff- und Tonsteine, aber auch tertiäre Tone und stark tonige Schluffe, sofern sie eine feste Konsistenz aufweisen.

Zu den chemischen Verfestigungen gehören Bodenarten mit puzzolanen Komponenten oder anderen Bindemitteln oder mit ausgefällten chemischen Lösungen. Bei besonders starker Verfestigung kann der Übergang zu Fels gegeben sein, z. B. bei gesteinsähnlich verfestigten Nagelfluhschichten.

(4) Verwitterungszustand von Fels

Hinweis

Lösen von Fels siehe Teil 2, Abschnitte 4.1.3 bis 4.1.5.

Der Verwitterungszustand, das Trennflächengefüge nach Art, Raumstellung (Einfallen,

Streichen), Abstand der Trennflächen sowie nach Größe und Form der voneinander getrennten Raumteile und der Durchtrennungsgrad beeinflussen maßgeblich das Verfahren und die Leistung beim Felsabtrag. Der größte Einfluss geht von der Neigung, der Richtung und dem Abstand der Trennflächen aus, die den geringsten Abstand voneinander haben und am gleichmäßigsten ausgebildet sind.

Die Neigung dieser Haupttrennflächen (Einfallrichtung) wird durch den Winkel zur Horizontalen gekennzeichnet: söhlig, flach, geneigt, steil. Die Streichrichtung der Haupttrennflächen bildet mit der Abtragsrichtung einen Winkel, dessen Größe ebenfalls den Felsabtrag beeinflusst: parallel, schräg, querschlägig.

Das Trennflächengefüge lässt sich nur schwierig vorab feststellen. Während der Trennflächenabstand in bestimmten Fällen an Bohrkernen noch erkennbar ist, können die Raumteile meist nur in orientiert angelegten Schürfen, in vorhandenen großflächigen Felsaufschlüssen oder ggf. durch zusätzliche Messungen im Bohrloch erkundet werden.

In *Tab. 1* wird angegeben, welche Merkmale des Verwitterungszustandes und Trennflächengefüges des Gebirges näherungsweise zugeordnet werden können. Diese qualitativen Merkmale beschreiben die Felsverhältnisse jedoch nur ungenau. Zusätzlich gilt für leicht und schwer lösbaren Fels als weiteres Merkmal der „innere mineralische Zusammenhalt“, dessen Deutung ebenfalls schwierig ist. Das Gestein befindet sich erkennbar noch im ursprünglichen Verband oder in einem durch Mineralneubildung, z. B. infolge Verwitterung, veränderten erkennbaren Zusammenhalt, wobei die Kluftkörper jedoch noch prüfbar Festgesteinseigenschaften aufweisen können.

Der Abtrag von stark wechselhaften Fels- und Gesteinsschichtungen kann Erschwernisse verursachen, insbesondere wenn der Verwitterungszustand bzw. die Festigkeiten vertikal und horizontal wechseln oder in steiler Raumanordnung einfallen. Solche Schichtungen kommen als massige Wechsellagerungen aus Gesteinen verschiedener Härte und Festigkeit und in plattig-kantiger bis dichtbankiger oder ganz kompakter Abfolge vor (z. B. Sand-, Schluff- und Tonsteine der Molasse). Die Gesteine können tektonisch oder verwitterungsbedingt rissig bis klüftig sein, mit Festigkeiten von mürbe bis sehr fest. In solchen Fällen ergibt sich eine zusammenfassende Ausschreibung zwangsläufig, weil sich nicht getrennt abtragen und aufmessen lässt. Die entscheidende Erschwernis des Abtrags liegt darin begründet, dass eine Trennung nach Schichten mit mehr oder weniger fester Lagerung, Verwitterung oder Verfestigung technisch nicht möglich ist. Der Abtrag kann nicht frei nach Lage, Abstand und Ausbildung der Haupttrennflächen ausgerichtet werden. Der Schwierigkeitsgrad beim Lösen wird allein durch die kompakt fest gelagerten bzw. verfestigten Gesteinsbänke bestimmt.

Gleichermaßen schwierig gestaltet sich der Abtrag konglomeratischer Ablagerungen (z. B. Nagelfluh). Hierzu gehören massig große Schuttkegel aus diagenetisch verfestigten Schottern und zugerundeten Geröllkomponenten. Die Gerölle treten nagelkopfähnlich aus der Oberfläche des Felsgesteins heraus. Die räumliche Textur und Verteilung der Gemengeteile wechseln sehr unregelmäßig und richtungslos.

Tabelle 1: Zuordnung der Merkmale des Verwitterungszustands und Trennflächengefüges

Verwitterungsgrad	entfestigt zersetzt	unverwittert (frisch) angewittert
Einfallrichtung der Trennflächen	söhlig, flach geneigt steil	söhlig, flach geneigt steil
Abstand der Trennflächen	eng/dicht < 1,0 m	weit > 1,0 m
Raumteile	säulig plattig-schiefrig	blockig würfelig quaderig-bankig

Fels	leicht lösbar	schwer lösbar
Tonstein, Schluffstein	800–1 600	1 800–3 000
Schieferton, Tonschiefer	700–1 700	1 600–3 000
Sandstein, Grauwacke	500–1 600	1 800–6 000
Quarzit	600–1 700	2 000–5 000
Kalkstein	700–1 700	1 700–6 000
Kalkmergel, Mergel	700–1 700	3 700–4 700
Granit, Gneis	800–1 800	1 900–8 000
Porphyr, Diabas	700–1 600	2 000–7 000

Tabelle 2: Geschwindigkeit seismischer Wellen in m/s für leicht und schwer lösbaren Fels (BASt, Lit. (15))

Die Ablagerungen unterscheiden sich je nach Bindemittel (kalkig, tonig, kiesig) und Verwitterung stark in der Kornbindung, Härte und Festigkeit. Sie gehen fließend bzw. verzahnt ineinander über. Die stark verfestigten Ablagerungen bestimmen den Schwierigkeitsgrad der Gesamtabtragsmassen.

Bei besonders schwierigen Verhältnissen, bei denen die Boden- und Felsarten weder getrennt noch zusammengefasst klassifiziert werden können, bleibt die Möglichkeit, einen Probeabtrag vor Beginn der eigentlichen Arbeiten vorzunehmen, um das richtige Arbeitsverfahren und Arbeitsgerät zu ermitteln.

Die zugeordneten Attribute geben keine eindeutigen Einstufungshilfen. Die einaxiale Druckfestigkeit liefert dafür kein zuverlässig abgrenzbares Kriterium, ist generell als Prüfung nicht anwendbar, sondern bestenfalls als zusätzliche Hilfsgröße verwendbar, soweit Festgesteinseigenschaften den Fels prägen. Der Verwitterungsgrad „zersetzt“ bezeichnet ein völlig entfestigtes Gestein mit noch erkennbarem Gefüge, jedoch ohne mineralischen Zusammenhalt.

Die Messung der Geschwindigkeit seismischer Wellen kann Informationen über die Beschaffenheit des Felsverbandes liefern, da die Refraktionsseismik empfindlich auf den durch Trennflächen und Verwitterung bedingten Auflockerungszustand anspricht. Schichtgrenzen lassen sich nur dann feststellen, wenn der Fels der aneinandergrenzenden Schichten ausgeprägte physikalische Unterschiede aufweist.

Aufgrund von seismischen Messungen an Straßeneinschnitten können näherungsweise die in *Tab. 2* angegebenen Geschwindigkeitsgruppen für leicht und schwer lösbaren Fels angenommen werden; es ergibt sich hieraus ein Grenzwert von etwa 1 700 m/s.

Der Widerstand von Boden und Fels beim Lösen kann erfahrungsgemäß in Abhängigkeit von der seismischen Wellengeschwindigkeit näherungsweise wie folgt unterschieden werden:

Widerstand	Wellengeschwindigkeit (m/s)
gering	≤ 400
normal	400–1 000
groß	1 000–1 700
sehr groß	>1 700.

(5) Tunnelausbruchmaterial

Bei der Einstufung von Tunnelausbruchmaterial für die Verwendung als Erdbaustoff ist neben dem Lösen im Tunnel oder Voreinschnitt insbesondere das Laden, Fördern, Einbauen und Verdichten von Bedeutung. In diesem Zusammenhang und bei der Abschätzung von Kubaturen muss immer bedacht werden, dass alle Festgesteine und veränderlich festen Gesteine nach dem Lösevorgang durch Sprengen, Fräsen oder Meißeln mehr oder minder als Lockergesteine für die Weiterbearbeitung vorliegen. Außerdem muss dabei in der Regel davon ausgegangen werden, dass unterschiedlich zusammengesetzte fein-, gemischt- und grobkörnige Böden der Decklagen und Verwitterungszonen mit anfallen.

Für die Untersuchung, Beschreibung, Klassifizierung und geotechnische Eignung sind sinngemäß die gleichen Grundsätze und Beurteilungskriterien anzuwenden wie in Abschnitt 2.4 ZTV E-StB, Kom. 2 und 3 beschrieben.

Eine vorläufig erste Klassifizierung der anstehenden Gesteine kann auf der Grundlage der vorhandenen Bohrergebnisse und vorliegender Ergebnisse von bodenmechanischen und felsmechanischen Untersuchungen durchgeführt werden. Sofern Probenmaterial in ausreichender Menge und Güte bereits vorhanden ist, können vorab auch ergänzende Untersuchungen durchgeführt werden.

Zuverlässige Beurteilungen, die das tatsächlich nach dem Lösen und Fördern anfallende Material kennzeichnen, können mit einer den Vortrieb begleitenden Klassifizierung oder beim Deponieren erreicht werden. Insbesondere die Eignung der Gesteine für verschiedene Verwendungszwecke lässt sich erst mit Vorliegen großer Probemengen endgültig beurteilen. Die Vorgehensweise, die Klassifizierung und Beprobung kontinuierlich während des Ausbruches oder beim Deponieren zu verifizieren, hat sich als technisch zweckmäßig und wirtschaftlich erwiesen, weil die Qualität der gewonnenen Gesteine auch vom Ausbruchverfahren und von der Förderungsart bestimmt wird.

Auf der Grundlage der Beurteilungsergebnisse können die gewonnenen Materialien folgenden geotechnischen Eignungsklassen bzw. Anwendungsbereichen zugeordnet werden:

(1) Felsschüttungen
(2) frostsichere Lockergesteinsschüttungen mit hoher Tragfähigkeit
(3) Lockergesteinsschüttungen mit mittlerer und geringer Tragfähigkeit, die z. T. nicht frostsicher sind
(4) erdbautechnisch ungeeignete Materialien.

Für jede Eignungsklasse können auf der Grundlage von Feld- und Laborversuchen boden- und felsmechanische Kenngrößen, Qualitätsmerkmale und Einbauvorschriften angegeben werden.

5 Frosteigenschaften

5.1 Frostempfindlichkeit von Böden

5.1.1 Physikalisch-mineralchemische Einflussfaktoren

Als frostempfindlich gelten Böden, die ihr Volumen durch das beim Gefrieren kristallisierende Porenwasser verändern. Diese Eigenschaft beruht auf physikalischen und mineralchemischen Wechselwirkungen zwischen den Festteilchen und dem Porenwasser. Beim Gefrieren des Porenwassers stellt sich eine Volumenzunahme ein; sie äußert sich bei Böden mit frostempfindlichem Feinkorn durch Hebungen, die beim Auftauen nicht mehr voll zurückgehen (bleibende Frostauflockerung). Bei diesem Vorgang, der sich nach dem Frosttemperaturverlauf und Temperaturgefälle richtet, wird die Hebungsgeschwindigkeit (0,01 bis 0,6 mm/Std.) maßgeblich von der Geschwindigkeit der Frosteindringung, dem Porenwasserunterdruck und der Auflast beeinflusst. Der maximale Hebungsdruck nimmt reziprok zur mittleren Porengröße des Bodens zu (etwa bis 1 N/mm^2). Die Hebungen sind umso größer, je mehr Wasser während der Frostperiode zur Gefrierzone bewegt wird. Dieser Strömungsvorgang des Porenwassers richtet sich nach den kapillaren Saugeigenschaften und dem Durchflusswiderstand des Bodens.

Mineralchemisch wird die Frostempfindlichkeit des Bodens dann beeinflusst, wenn er aus verwitterungsempfindlichen Mineralien besteht oder diese Stoffe im Porenwasser gelöst sind. Tonmineralien neigen umso mehr zu Frosthebungen, je weniger fest die Wassermoleküle gebunden sind. Montmorillonite, die relativ dicke Wasserhüllen und wenig bewegliche Wassermoleküle besitzen, verhalten sich daher weniger frostempfindlich als z. B. Illite oder Kaolinite. Im Weiteren nimmt die Ionenbelegung Einfluss, dabei sind Na-Ionen weniger beweglich als Ca-, K- oder Fe-Ionen.

Enthält der Boden verschiedenartige Mineralien, so wird die Frostempfindlichkeit nicht nur von deren Gesamtmenge, sondern auch von den Gemengeanteilen der aktiven und nichtaktiven Mineralien beeinflusst, wie aus Untersuchungen von Waibel (1975) und Brandl (1976) hervorgeht. Besonders bei Mineralgemengen aus Chlorid bzw. Muskovit (und deren Verwitterungsprodukten) mit Kaolinit müssen große Frosthebungen erwartet werden. Amorph verteilte oder kristallisierte Metallhydroxide können bereits bei geringen Anteilen die Frostempfindlichkeit erhöhen; Lit. (24).

Im Bodenwasser gelöste Salze wie NaCl, $CACl_2$, $NaSO_4$ setzen den Gefrierpunkt des Porenwassers herab und verringern die Frostempfindlichkeit des Bodens.

Ein genaues Grenzkriterium zwischen frostsicherem und frostempfindlichem Verhalten lässt sich nicht angeben. Stoffliche Grenzwerte allein stellen keine hinreichende Bedingung für die Gefährdung einer Fahrbahn bei Frost dar.

5.1.2 Granulometrische Kriterien

Die Frostempfindlichkeit der Böden richtet sich nach granulometrischen Merkmalen (Feinkorngröße und -anteil, Porengröße) sowie nach strukturellen Eigenschaften. Die mittlere Porengröße beeinflusst im Zusammenhang mit dem Wassernachschub zur Kristallisationsfront die Frosteindringtiefe und die Gefriergeschwindigkeit. Die verschiedenartigen Einflussfaktoren werden für bautechnische Zwecke vereinfachend durch granulometrische Kriterien berücksichtigt, indem die Anteile kritischer Korngrößenbereiche begrenzt werden.

In *Tab. 3* sind einige dieser Kriterien angegeben. Sie können nicht ohne Weiteres als gleichwertig angesehen werden, weil ihnen teils Beobachtungen in der Natur, teils nur Ergebnisse von Laboruntersuchungen zugrunde liegen.

Diese einfachen Kornkriterien berücksichtigen zwar den kritischen Anteil an Feinkorn, nicht jedoch die mineralchemischen Eigenschaften des Feinkorns sowie die Kapillarität und Durchlässigkeit des Bodens. Bei einigen Kriterien wird die Frostempfindlichkeit in Abhängigkeit von der Ungleichförmigkeitszahl U lediglich mittels eines einzigen Grenzwertes der Körnungslinie im Feinkornbereich festgelegt. Einer solch punktuell starren Festlegung stehen die Beobachtungen in der Natur entgegen, wonach die Frostempfindlichkeit der Böden in aller Regel fließend ineinander übergehende Unterschiede aufweist.

Durch Untersuchungen der Frostschäden an Straßen konnte außerdem nachgewiesen werden, dass neben der Schluff- und Tonfraktion auch die Mehlsandkorngruppe (Grobschluff-/Feinsandbereich 0,02 bis 0,125 mm) sehr frostempfindlich sein kann, sodass diese Korngruppe mit berücksichtigt werden muss; Lit. (19).

5.1.3 Klassifikation der Frostempfindlichkeit

Das Frostverhalten der Böden wird in Tab. 3 ZTV E-StB nach Lit. (14), (15) mit den Klassen F1 bis F3 unterschieden. Diese Beurteilung stützt sich auf die Bodengruppen aus DIN 18196. Sie berücksichtigt damit den gesamten Körnungsbereich der Böden und, soweit es sich um feinkörnige Böden handelt, auch die plas-

	max. zulässiger Kornanteil des frostkritischen Korngrößenbereichs	
Beskow	15 %	$<$ 0,063 mm ... ungleichkörnige Böden mit kap. Steighöhen $h_k < 1$ m
	22 %	$<$ 0,125 mm
Casagrande, A.	3 %	$<$ 0,02 mm ... bei U $>$ 15 %
	10 %	... bei U $<$ 5 %
Schaible	20 %	$<$ 0,1 mm
	10 %	$<$ 0,2 mm
	1 %	$<$ 0,02 mm

Tabelle 3: Granulometrische Kriterien für die Frostempfindlichkeit (Beispiele)

tischen Eigenschaften mit der Plastizitätszahl I_P sowie zumindest qualitativ die Unterschiede der Kapillarität, Durchlässigkeit und mineralchemischen Zusammensetzung. Das Einteilungsprinzip entspricht dem unterschiedlichen Frostverhalten der Böden besser als ein einfaches punktuelles Kornkriterium und reicht für die bautechnischen Belange in der Regel aus. Vom wissenschaftlichen Standpunkt ließe sich allerdings die Frostempfindlichkeit noch feiner differenzieren, letztlich jedoch nur durch vergleichende Naturbeobachtungen genau interpretieren. Regionale Erfahrungen sollten daher in die Beurteilung einbezogen werden.

Ausgehend von den Bodengruppen der DIN 18196 bildet die Korngröße 0,06 mm eine für das Frostverhalten kritische Grenze, die den Grobschluff als frostgefährliche Korngruppe mit einschließt. Da diese Korngröße zugleich das Siebkorn vom Schlämmkorn abgrenzt, vereinfachen sich die Prüfungen dahingehend, dass visuelle bzw. manuelle Verfahren oder Nasssiebungen nach DIN 18123 genügen, um diesen Feinkornanteil abzuschätzen.

Mit der Dreiteilung werden unterschiedliche Merkmale für die Entwässerungsbedingungen der Böden berücksichtigt:

- Böden mit offenem Entwässerungssystem, gekennzeichnet durch einen geringen Durchflusswiderstand, bei denen das Volumen des Porenwassers beim Gefrieren um etwa 9 % zunimmt und gleichzeitig eine dieser Volumenzunahme entsprechende Porenwassermenge in den ungefrorenen Boden abfließt (Böden der Klasse F1)
- Böden mit geschlossenem Entwässerungssystem, gekennzeichnet durch einen großen Durchflusswiderstand, bei denen kurzzeitig nur gebundenes Porenwasser beim Gefrieren frei werden und sich zur Frostgrenze bewegen kann (Tonböden der Klasse F2)
- Böden mit offenem Entwässerungssystem, gekennzeichnet durch einen mittleren Durchflusswiderstand, bei denen neben dem gebundenen Porenwasser zusätzlich freies Wasser zur Frostgrenze bewegt wird (Böden der Klasse F3 und gemischtkörnige Böden der Klasse F2).

Charakteristisch für das unterschiedliche Frostverhalten der Bodengruppen sind folgende Merkmale:

a) Grobkörnige Böden

Das Gefrieren von Böden der Klasse F1 hat keine oder nur geringe Hebungen zur Folge; sie verlaufen unter geringem Hebungsdruck. Die Böden bilden keine Eislinsen, sondern frieren mehr oder weniger gleichmäßig durch. Da ihr Anteil an Feinkorn unter 0,06 mm maximal nur 5 % beträgt, ist sichergestellt, dass sie auch beim Auftauen entwässern und sich höchstens bis zu etwa 80 % des Gesamtporenraums kapillar sättigen können.

b) Feinkörnige Böden

Bei der Einteilung der feinkörnigen Böden in die Klassen F2 und F3 wird berücksichtigt, dass erfahrungsgemäß solche Böden sehr frostempfindlich sind, weil sie in kurzer Zeit, z. B. während einer Frostperiode, viel Wasser zur Gefrierzone bewegen können. Hierzu gehören in erster Linie alle schluffigen Böden in Klasse F3, für die eine große Hebungsgeschwindigkeit und ein relativ erhöhter Hebungsdruck charakteristisch sind.

In Tonböden kann das Wasser zwar sehr viel höher als in schluffigen Böden kapillar aufsteigen, jedoch erfolgt dies wegen ihres großen Durchflusswiderstands nur über längere Zeit; dies gilt insbesondere für mittel- und ausgeprägt plastische Tone. Sie sind daher unter dem hier vorherrschenden Klima weniger frostempfindlich und der Klasse F2 zugeordnet. Ihre Hebungen laufen mit geringer Geschwindigkeit, allerdings wegen der Korn- und Porenfeinheit unter sehr großem Kristallisationsdruck ab.

c) Gemischtkörnige Bodenarten

Diese Bodenarten zeigen je nach Anteil und Plastizität des Feinkorns ein ähnliches Frostverhalten wie die feinkörnigen Bodenarten und können gering bis sehr frostempfindlich sein. Ihre Durchlässigkeit nimmt je 10 % Schluff oder 5 % Ton näherungsweise jeweils um eine Zehnerpotenz ab. Das unregelmäßig, oft nesterförmig verteilte Feinkorn kann zu unterschiedlichen Wasseranreicherungen führen; diese Böden neigen daher zu ungleichen Frosthebungen und in den Tauwetterintervallen zu unterschiedlichen Verformungen unter Verkehr.

Für das Beurteilen der Frostempfindlichkeit von gemischtkörnigen Böden wird die Ungleichförmigkeitszahl U als zusätzliches

Kriterium und in Anlehnung an das Frostkriterium von A. Casagrande mit herangezogen; vgl. auch das Bild zu Tab. 3 ZTV E-StB. Die Gründe liegen darin, dass Böden mit $C_U \geq 15$ und mehr als 5 % Feinkorn sowie Böden mit $C_U \leq 6$ und mehr als 15 % Feinkorn bei Frost bereits merklich Wasser anreichern können.

Bei den Böden mit 5 bis 15 % Feinkorn unter 0,06 mm verlaufen die Frosthebungen anfangs rasch und dann langsamer unter verhältnismäßig geringem Hebungsdruck (Klasse F2). Dagegen verhalten sich Böden mit 15 bis 40 % Feinkorn in der Regel bereits sehr frostempfindlich, da sowohl die Hebungsgeschwindigkeit als auch der Hebungsdruck beim Gefrieren groß sein können (Klasse F3).

d) Böden mit organischen Beimengungen

Die organogenen Böden und mineralischen Böden mit organischen Beimengungen sind in Tab. 3 ZTVE-StB vollständigkeitshalber mit aufgenommen; ihre geotechnische Eignung ist im Einzelfall gesondert zu untersuchen.

e) Boden-Bindemittel-Gemische

Frostverhalten s. Abschnitt 12 ZTV E-StB, Kom. 1.3 und 3.

5.1.4 Frostverhalten von Boden- und Baustoffmaterialien mit Fremdstoffen

Die ZTV E-StB enthalten keine Regelungen über die Frostempfindlichkeit und Frostbeständigkeit von Bodenmaterialien und Baustoffen mit Fremdstoffen, die den Technischen Lieferbedingungen der TL BuB E-StB zugerechnet werden. Indirekt kann interpretiert werden, dass die Frostempfindlichkeit von Bodenmaterialien nach den Frostklassen F1/F2/F3 in Abschnitt 3.1.3.1 ZTV E-StB und die Frostbeständigkeit von Baustoffen nach den TL Gestein-StB beurteilt werden sollen. Die Vielfalt der zu den TL gehörenden Bodenmaterialien und Baustoffe mit umweltrelevanten Fremdbestandteilen lässt eine pauschale Übertragbarkeit der Beurteilungskriterien für Böden ohne Fremdstoffe und Gesteine nicht ohne nähere Differenzierung zu. Für diese Übertragbarkeit gibt es bisher keine ausreichend wissenschaftlich oder praktisch belegte Grundlage.

Die Konsequenz kann nur sein, die Anwendbarkeit von Materialien und Stoffen der TL generell von Ergebnissen aus Frosthebungsversuchen und mineralogischen Untersuchungen abhängig zu machen, sofern die Frostempfindlichkeit und Frostbeständigkeit relevante Eigenschaften für den Anwendungsfall sind.

5.2 Frosteigenschaften der Felsgesteine

Die Frosteigenschaften der Felsgesteine hängen im Wesentlichen von den Unterschieden der petrogenetischen Gesteinsbildung und der mineralisch-chemischen Zusammensetzung in Wechselwirkung mit der Wasserführung sowie dem durch Tektonik und Verwitterung geprägten Gefüge ab.

Als frostempfindlich gelten petrogenetisch und petrografisch geprägte Felsgesteine, wenn sie im kapillarfeinen Porengefüge und im Trennflächengefüge Wasser speichern bzw. führen, das bei Frost Eis bildet. Der Gefriervorgang und entstehende Kristallisationsdruck verursachen Gefügeauflockerungen und Festigkeitsverlust bis hin zum Zerfall des Felsgesteins.

Frostempfindlich sind vor allem

- unter Druck verfestigte Schichtgesteine, insbesondere bei verwitterungsempfindlichen Mineralien,
- verwitterte Felsarten, die nach dem Lösen bzw. Freilegen rasch entfestigen und zu Feinkorn zerfallen, z. B. kaolinisierter Granit,
- glasreiche Effusivgesteine, z. B. Sonnenbrennerbasalt.

Diese frostempfindlichen Gesteine finden sich vor allem in den geologischen Formationen des oberen Karbon, des Rotliegenden, des Buntsandsteins und des Keupers, soweit schluffig-tonige Bindemittel enthalten sind; z. B. schluffig-tonige Sandsteine, tonige Grauwacke, Tonschiefer, Schieferton, Mergelkalkstein (Pläner), Kalkmergel.

Die in Abschnitt 2.4 ZTV E-StB beschriebenen veränderlich festen Felsgesteine (Schluff- und Tonsteine, Schiefer, tonig-mergelige Sand- und Kalksandsteine) bewirken aufgrund ihrer Wasser- und Witterungsanfälligkeit auch ausgeprägt richtungsorientiert nicht frostbeständige Eigenschaften.

5.3 Prüfung der Frostempfindlichkeit und Frostbeständigkeit

5.3.1 Manuelle Verfahren

Die Frostempfindlichkeit der Boden- und Gesteinsarten lässt sich mit Hilfe der in *Tab. 4* zusammengestellten einfachen Verfahren näherungsweise und relativ beurteilen.

5.3.2 Frostversuche und Kriterien

Zur Durchführung von Frost- bzw. Frost-Tau-Wechsel-Versuchen sind die Versuchsbedingungen auf die örtlichen Verhältnisse, wie Klima, Bodenfeuchte, Richtung der Wassersättigung, abzustimmen. Bewährt haben sich Versuche, bei denen bei behinderter Seitenausdehnung der Bodenprobe die Frosteinwirkung von oben und die Wasserzufuhr von unten erfolgt. Dabei sollen die Frosthebung, der Hebungsdruck, die Hebungsgeschwindigkeit sowie die Tragfähigkeit vor und nach dem Versuch ermittelt werden.

Mit Hilfe derartiger Frostversuche und in Verbindung mit CBR-Versuchen konnte die in Tab. 3 ZTV E-StB getroffene Dreiteilung der Frostklassen F1 bis F3 im Wesentlichen bestätigt werden (Lit. (16), (22), (23)). Als Ergebnis dieser Untersuchungen können näherungsweise folgende Kriterien angenommen werden:

a) Frostklasse F1 (frostsicher)
   - Frosthebungen beim Versuch max. 5 mm, nach dem Versuch bleibend max. 2 mm
   - geringe Festigkeitsabnahme
b) Frostklasse F2 (gering bis mittel frostempfindlich)
   - Frosthebungen beim Versuch max. 15 mm, nach dem Versuch bleibend max. 4,5 mm
   - CBR-Wert nach dem Versuch > 5 %
   - mittlere Festigkeitsabnahme
c) Frostklasse F3 (sehr frostempfindlich)
   - Frosthebungen über 15 mm
   - CBR-Wert 0,5 bis 5 %
   - starke Festigkeitsabnahme.

Die im praktischen Fall zulässigen Frosthebungen sollten nicht über 15 bis 20 mm betragen, da sonst, insbesondere bei ungleichmäßigen Hebungen, bereits Rissschäden an der Fahrbahn möglich sind. Nach dem Auftauen soll die Tragfähigkeit noch CBR > 20 % betragen; dies entspricht einem E_v-Modul von etwa 35 MN/m^2.

5.3.3 Untersuchungen des Mineralbestandes

Die Untersuchungen der Frostempfindlichkeit können ergänzt werden durch eine Analyse des Mineralbestandes bestimmter Kornfraktionen, aus der sich in vielen Fällen Hinweise auf das Frost- oder Quellverhalten ergeben können; s. *Tab. 5*. Für eine solche Analyse kommen folgende Verfahren in Betracht:

a) qualitative oder semi-quantitative Untersuchungen, z. B. durch
   - Röntgen-Diffraktionsanalyse,
   - Differenzial-Thermoanalyse (DTA),
   - elektronenmikroskopische Analyse.
b) Ermittlung der maximalen Wasseraufnahme max. w des Feinkorns unter 0,06 mm nach dem modifizierten Enslin-Verfahren von Neff; z. B. quellfähige Tonminerale max. w 100 %
c) Quellversuche an verdichteten Bodenproben im Ödometerversuch oder an bituminösen Mischgutproben nach DIN 1996
d) Ermittlung quellfähiger Bestandteile in Sand oder Kies-Sand-Gemischen mit Hilfe des Sandäquivalentes.

Es ist zwischen Mineralien zu unterscheiden, die sich neutral verhalten, und solchen, die die Frostsicherheit nachteilig beeinflussen. Neutrale Minerale sind alle gesteinsbildenden Minerale, wie Karbonate, Quarze und Feldspäte. Minerale, die die Frostsicherheit nachteilig beeinflussen, sind im Wesentlichen die Schichtsilikate der Gruppen Kaolinit, Chlorit, Vermiculit, Montmorillonit und Glimmer sowie durch Verwitterung gebildete Eisenhydroxide.

5.3.4 Frostbeständigkeit von Gestein

Der in Abschnitt 3.1.3.3 ZTV E-StB verwendete Begriff der Frostbeständigkeit bezieht sich auf den Widerstand von Gestein gegen Frostbeanspruchung. Diesbezügliche Prüfungen enthalten die Normen über die Wasseraufnahme und den Frostwiderstand von Naturstein und Gesteinskörnungen:

DIN EN 1097-6: Prüfverfahren für mechanische und physikalische Eigenschaften von Gesteinskörnungen – Teil 6: Bestimmung

Tabelle 4: Erkennungsverfahren für die Frostempfindlichkeit von Boden- bzw. Gesteinsarten

Prüfung	Frostempfindlichkeitsgrad der zu prüfenden Boden- bzw. Gesteinsart		
	frostsichere Boden- bzw. Gesteinsart	mäßig frostempfindliche Boden- bzw. Gesteinsart	stark empfindliche Boden- bzw. Gesteinsart
1	2	3	4
Kornprüfung[1])	Alle Korngrößen des Bodens sind ohne Schwierigkeit erkennbar	Die einzelnen Korngrößen des Bodens lassen sich nicht mehr erkennen	
Fallprüfung[2])	Der Bodenklumpen zerfällt beim Hochheben bzw. beim Fallenlassen aus einigen Zentimetern Höhe in Einzelkörner	Der Bodenklumpen bleibt zusammenhängend bzw. zerbricht in kleinere Einzelstücke	
Druckprüfung[3])	Der Bodenklumpen zerfällt bereits bei geringstem Druck	Der Bodenklumpen lässt sich nur sehr schwer oder überhaupt nicht zerdrücken	Der Bodenklumpen lässt sich bei Anwendung von leichtem bis mäßigem Druck zerdrücken
Rollprüfung[4])	Die Bodenprobe zerbröckelt sofort	Die Bodenprobe lässt sich ohne Schwierigkeit zu „Würstchen" ausrollen	Die Bodenprobe zerbröckelt sehr rasch, so dass die Prüfung nur mit Schwierigkeiten durchzuführen ist
Schüttprüfung[5])	Es tritt z. T. Wasser an die Oberfläche, das aber nicht durch Druck zum Verschwinden gebracht werden kann	Es tritt kein Porenwasser an die Oberfläche, da es von den feinsten Kornteilchen festgehalten wird	Die Oberfläche der Bodenprobe wird glänzend; durch Fingerdruck verschwindet das Wasser, und die Bodenoberfläche nimmt wieder ein mattes Aussehen an – reißt randlich ein
Ritzprüfung[6])	Der Boden bildet keine zusammenhängende Masse zur Aufnahme einer Ritzspur	Es entsteht eine glatte, nur wenig mehlige Ritzspur; im feuchten Zustand der Probe zeigt die Ritzspur ein glänzendes Aussehen	Es entsteht eine stark mehlige Ritzspur; im feuchten Zustand der Probe zeigt die Ritzspur ein mattes Aussehen
Wasserprüfung[7])	Erd- bzw. Gesteinsarten verursachen Trübung des Wassers beim Einfüllen in ein mit Wasser gefülltes Gefäß	Hasel- oder walnussgroße, gleichmäßig dichte Bodenbrocken zerfallen sehr langsam: Sie zeigen bei einer Wasserlagerung von 10–14 Minuten keinerlei wesentliche Veränderung und trüben nur das Wasser unmittelbar im engsten Grenzbereich. Sie saugen Wasser langsam auf	Sie saugen gierig Wasser auf, erweichen dabei stark und zerfallen innerhalb von wenigen Minuten im ungestörten oder gestörten Zustand fast vollständig und trüben das Wasser dabei am stärksten

[1]) Zerreibe eine trockene Bodenprobe zwischen den Fingern, breite die Einzelteilchen auf einem Blatt schwarzen Papiers aus und stelle die Größe der Bodenkörner fest (erkennbar, nicht erkennbar).

[2]) Bilde aus einer feuchten Bodenprobe einen walnussgroßen Klumpen, trockne ihn aus, hebe ihn mit einem Griff zwischen Daumen und Zeigefinger einige Zentimeter hoch, lasse ihn dann auf eine harte Oberfläche fallen. Beobachte den Zerfall des Klumpens.

[3]) Stelle, wie unter 2) beschrieben, einen ausgetrockneten Bodenklumpen her und versuche, ihn zwischen Daumen und Zeigefinger zu zerdrücken. Ermittle den Festigkeitsgrad des Bodens.

[4]) Nimm eine feuchte Bodenprobe und rolle sie zwischen den Handflächen zu „Drähten" oder „Würstchen" aus. Beachte die leichte oder schwierige Ausführbarkeit des Versuches (plastischer oder bröckliger Boden).

[5]) Bringe eine feuchte Bodenprobe in die Handfläche und bewege die offene Hand rasch hin und her. Wird die Oberfläche des Bodens infolge austretenden Wassers glänzend, so drücke mit dem Finger auf die Probe und beobachte die Veränderung in dem Aussehen der Oberfläche (Wechsel) zwischen glänzend und matt.

[6]) Stelle eine trockene Bodenprobe her und ritze sie mit dem Messer oder dem Fingernagel. Beobachte den Zustand der Ritzspur und das Aussehen der abgeschabten Bodenmasse. Wiederhole den Versuch mit einer feuchten Bodenprobe und stelle das Aussehen der Ritzspur fest (matt oder glänzend).

[7]) Bringe erdfeuchte Probe in wassergefülltes Glas.

Tabelle 5: Mineralkriterium nach Lit. (24)

max. zulässiger Anteil < 0,02 mm in Massen-%	Mineralbestand des Anteils < 0,02 mm
3 %	Keine Mineralbestimmung erforderlich
5 %	Regelfall: Falls der Mineralbestand oder das Materialverhalten unter Frost-Tau-Einwirkung bereits bekannt, sind keine zusätzlichen Untersuchungen erforderlich.
5 %	Für nicht erprobte Materialien gilt: 1) nicht aktive Minerale 2) Gemenge aus 1) und maximal a) 10 % Kaolitinit b) 30 % Chlorit c) 30 % Vermiculit d) 40 % Montmorillonit e) 50 % Glimmer Randbedingung: Gemenge aus 1) und maximal a) 60 % Glimmer + Chlorit b) 50 % Glimmer + Chlorit + Kaolinit c) 50 % Glimmer + Kaolinit d) 40 % Glimmer + Chlorit + Kaolinit + Montmorillonit Weitere Mischungen von Schichtsilikaten sind bis zu einer Gesamtsumme von maximal 40 % zulässig; wird dieser Grenzwert überschritten, sind Frostversuche erforderlich. 3) Wenn aufgrund der intensiven rotbraunen Färbung des Materials der Verdacht auf das Vorhandensein von Eisenhydroxyden besteht, sind Frostversuche durchzuführen.
8 %	nicht aktive Minerale, wobei max. 1 % < 0,002 mm

der Rohdichte und der Wasseraufnahme
DIN EN 12371: Prüfverfahren für Naturstein – Bestimmung des Frostwiderstandes
DIN EN 13755: Prüfverfahren für Naturstein – Bestimmung der Wasseraufnahme unter atmosphärischem Druck

6 Technische Regelwerke/Literatur

(1) DIN 18196: Erd- und Grundbau – Bodenklassifikation für bautechnische Zwecke

(2) DIN EN 1997-2: Eurocode 7: Entwurf, Berechnung und Bemessung in der Geotechnik – Teil 2: Erkundung und Untersuchung des Baugrundes

(3) DIN EN 1997-2/NA: Nationaler Anhang – National festgelegte Parameter – Eurocode 7: Entwurf, Berechnung und Bemessung in der Geotechnik – Teil 2: Erkundung und Untersuchung des Baugrundes

(4) DIN EN ISO 14688-1: Geotechnische Erkundung und Untersuchung – Benennung, Beschreibung und Klassifizierung von Boden – Teil 1: Benennung und Beschreibung

(5) DIN EN ISO 14688-2: Geotechnische Erkundung und Untersuchung – Benennung, Beschreibung und Klassifizierung von Boden – Teil 2: Grundlagen für Bodenklassifizierungen

(6) DIN EN ISO 14689-1: Geotechnische Erkundung und Untersuchung – Benennung,

Beschreibung und Klassifizierung von Fels – Teil 1: Benennung und Beschreibung

(7) DIN 4020: Geotechnische Untersuchungen für bautechnische Zwecke – Ergänzende Regelungen zu DIN EN 1997-2

(8) TL Gestein-StB: Technische Lieferbedingungen für Gesteinskörnungen im Straßenbau (FGSV, Ausgabe 2004/2007)

(9) TL SoB-StB: Technische Lieferbedingungen für Baustoffgemische und Böden zur Herstellung von Schichten ohne Bindemittel im Straßenbau (FGSV, Ausgabe 2004/2007)

(10) TP Gestein-StB: Technische Prüfvorschriften für Gesteinskörnungen im Straßenbau (FGSV, Ausgabe 2008)

(11) Abschlussbericht zum F.A. 6.204 des Bundesministeriums für Verkehr: Untersuchungen über die Verwendbarkeit von Wärmedämmschichten im Straßenbau, Bundesanstalt für Straßenwesen, 1978

(12) Abschlussbericht zum F.A. 5.703 des Bundesministeriums für Verkehr: Mechanische Filterstabilität von Frostschutzschichten, Bundesanstalt für Straßenwesen, 1979

(13) Abschlussbericht zum F.A. 5.007 des Bundesministeriums für Verkehr: Durchlässigkeit von Frostschutzkiessanden, Bundesanstalt für Straßenwesen, 1980

(14) Floss, R.: Konstruktives Zusammenwirken des Straßenbaues bei Anwendung der RStO 75 und der ZTV E-StB 76, Straße und Autobahn 28, H. 4, 1977

(15) Floss, R.: Zur Einführung der neuen „Zusätzlichen Technischen Vorschriften und Richtlinien für Erdarbeiten im Straßenbau" (ZTV E-StB 76), Straße und Autobahn 28, H. 1, 1977

(16) Entstehung und Verhütung von Frostschäden an Straßen, Forschungsgesellschaft für Straßen- und Verkehrswesen e.V., Forschungsarbeiten aus dem Straßenwesen, H. 105, Kirschbaum Verlag, Bonn 1994

(17) Ruckli, R.: Der Frost im Baugrund, Springer-Verlag, Wien 1950

(18) Keil, K.: Frostkriterien, Bodenfrost und Bodenwasser an Locker- und Felsgesteinen, Brücke und Straße, 9/25, 1957

(19) Schaible, L.: Frost- und Tauschäden an Verkehrswegen und deren Bekämpfung, Ernst und Sohn, Berlin 1957

(20) Balduzzi, F.: Experimentelle Untersuchungen über den Bodenfrost, Mitteilungen der Versuchsanstalt für Wasser- und Erdbau, ETH Zürich, Nr. 44, 1959

(21) Kübler, G.: Der Einfluss der Witterungsfaktoren auf die Frostgefährdung von Straßen, Wissenschaftliche Berichte, H. 3, Bundesanstalt für Straßenbau, Verlag W. Ernst & Sohn, Berlin/München 1964

(22) Jessberger, H. L.: Bodenfrost, Straßenbau und Straßenverkehrstechnik, H. 125, Bundesministerium für Verkehr, Abt. Straßenbau, Bonn-Bad Godesberg 1971

(23) Jessberger, H. L.: Zusammenstellung und Auswertung des neuesten Schrifttums über die Wirkung des Frostes auf den Boden, Forschungsbericht aus dem Forschungsprogramm des Bundesministeriums für Verkehr, H. 184, 1975

(24) Brandl, H.: Ein Mineralkriterium zur Beurteilung der Frostgefährdung von Kiesen, Straße und Autobahn 27, H. 9, 1976

(25) Frost-Susceptibility of Soils, Criteria from Several Countries, Frost i Jord, Nr. 22, Oslo 1981

(26) Jessberger, H. L.: Vergleichende Beurteilung der gebräuchlichen Frostkriterien für Frostschutz-Kies-Sande anhand der Originalveröffentlichungen, Forschung Straßenbau und Straßenverkehrstechnik, H. 208, Bundesministerium für Verkehr, Abt. Straßenbau, Bonn-Bad Godesberg 1986

3.2 Bodenmaterial und Baustoffe nach TL BuB E-StB

3.2.1 Allgemeines

Siehe TL BuB E-StB.

Bodenmaterial und Baustoffe nach TL BuB E-StB sind Ersatzbaustoffe und nachfolgend aufgeführt (siehe auch Abschnitt 15):

Bodenmaterial (BM) gemäß TL BuB E-StB ist von einem Verarbeitungsbetrieb gesammeltes und aufbereitetes Material aus Boden und/oder Fels nach ZTV E-StB, Abschnitte 1.4.2 bis 1.4.3 gleicher oder unterschiedlicher Herkunft, das für die Errichtung von Erdbauwerken geliefert wird. Fremdbestandteile sind nicht erkennbar.

Bodenmaterial mit Fremdbestandteilen (BMF) gemäß TL BuB E-StB ist von einem Verarbeitungsbetrieb gesammeltes und aufbereitetes Material aus Boden und/oder Fels nach ZTV E-StB, Abschnitte 1.4.2 bis 1.4.4 gleicher oder unterschiedlicher Herkunft, das für die Errichtung von Erdbauwerken geliefert wird. Es enthält sichtbare Fremdbestandteile. Es überwiegt jedoch der Massenanteil des Bodens.

Fremdbestandteile sind mineralischen Ursprungs, aber keine Bestandteile des Bodens. Fremdbestandteile können z. B. hydraulisch gebundene Stoffe, mit Bitumen gebundene Stoffe oder Produktionsrückstände z. B. aus thermischen Prozessen oder Bauprozessen sein.

Fremdstoffe sind nichtmineralische Bestandteile.

Baustoffe im Sinne der TL BuB E-StB sind rezyklierte und/oder industriell hergestellte Gesteinskörnungen und Gesteinskörnungsgemische sowie Baustoffe aus Bergbautätigkeit.

Rezyklierte Baustoffe (RC) gemäß TL BuB E-StB sind rezyklierte Gesteinskörnungen die anteilig Bodenmaterial enthalten können. Es überwiegt jedoch der Massenanteil der rezyklierten Gesteinskörnung. Wenn dieser Massenanteil nicht eindeutig überwiegt, ist das Gemisch als Bodenmaterial mit Fremdbestandteilen einzustufen.

Eisenhüttenschlacken sind Hochofenschlacken und Stahlwerksschlacken aus der Produktion von Eisen und Stahl (siehe DIN 4301). Hochofenschlacken sind Hochofenstückschlacke (HOS) und Hüttensand (HS), Stahlwerksschlacken (SWS) sind Elektroofenschlacke (EOS), LD-Schlacke (LDS), sekundärmetallurgische Schlacke (SEKS) und Edelstahlschlacke (EDS). Hüttenmineralstoffgemische (HMGM) werden in den TL BuB E-StB auch zu den Eisenhüttenschlacken gezählt.

Metallhüttenschlacken (MHS) sind alle Schlacken aus der Produktion von NE-Metallen (siehe DIN 4301). Hierzu zählen die Schlacken aus der Kupfererzeugung (CUS/CUG).

Hausmüllverbrennungsaschen (HMVA) sind aufbereitete Rohaschen, die bei der Verbrennung von Siedlungsabfällen, Hausmüll und hausmüllähnlichen Gewerbeabfällen in Rostfeuerungsanlagen entstehen.

Kraftwerksnebenprodukte sind Schmelzkammergranulat (SKG), Kesselasche (SKA), Steinkohlenflugasche (SFA) und Braunkohlenflugasche (BFA).

Gießereirückstände sind Gießereirestsande (GRS) und Gießereikupolofenschlacken (GKOS).

Mineralische Baustoffe aus Bergbautätigkeit sind Waschberge aus der Steinkohlengewinnung (WB) und Haldenberge aus dem Kupferschieferbergbau (HbCu).

Erdbauwerke, die unter Verwendung von HbCu mit einer Summenaktivität von ≥ 0,2 Bq/g hergestellt werden, sind zu erfassen.

3.2.2 Anforderungen

Das Bodenmaterial und die Baustoffe müssen gemäß TL BuB E-StB güteüberwacht sein. Die stofflichen Anforderungen sind in den TL BuB E-StB geregelt.

Die Verträglichkeit mit anderen Baustoffen oder Bauteilen muss gegeben sein.

3.2.3 Prüfungen

Im Rahmen der Eigenüberwachungsprüfung des Auftragnehmers sind Bodenmaterial und Baustoffe bei Anlieferung organoleptisch zu überprüfen.

Die Angaben aus dem Lieferschein sind zusammen mit dem Einbauort der jeweiligen Lieferung zu dokumentieren.

Der Auftraggeber kann die Vorlage der Ergebnisse der Eigen- und Fremdüberwachung des Produzenten vom Auftragnehmer verlangen.

Inhalt Kommentar

1 Verwertung von Bodenmaterialien und Baustoffen mit umweltrelevanten Inhaltsstoffen

1.1 Rahmenbedingungen für die Verwertung

Die technischen Rahmenbedingungen für die Verwertung von Bodenmaterialien (mineralischer Abfall), rezyklierten Baustoffen und aus industriellen Prozessen anfallenden Abfall- oder Nebenprodukten leiten sich aus dem Ausschluss der Besorgnis einer schädlichen Bodenveränderung (Bodenschutzrecht), einer Schadstoffanreicherung im Wertstoffkreislauf (Abfallrecht) und einer schädlichen Verunreinigung des Grundwassers bzw. der Gewässer ab. Je nach Art und Anteil der umweltrelevanten Inhaltsstoffe werden derzeit nach Festlegung der Länderarbeitsgemeinschaft Abfall (LAGA) folgende Einbauklassen bzw. Zuordnungswerte Z als Obergrenze unterschieden:

Einbauklasse Z 0 – uneingeschränkter Einbau
Z 1 – eingeschränkter offener Einbau
Z 2 – eingeschränkter Einbau mit definierten technischen Sicherungsmaßnahmen.

Diese Festlegungen werden jedoch nach bisheriger Praxis nicht einheitlich angewendet, sondern durch Regelungen der Landesbehörden regional ergänzt. Das Bundesumweltministerium (BMU) beabsichtigt, im Rahmen einer „Ersatzbaustoffverordnung“ die Materialwerte, spezifischen Belastungsparameter, die Einsatzmöglichkeiten sowie die Eignungsnachweise, die Güteüberwachung und die Untersuchungsanalytik einheitlich zu regeln.

Die technischen Sicherungsmaßnahmen für Z 2 werden notwendig, wenn die Menge oder Konzentration der Schadstoffe die für den Anwendungsfall zugelassenen Grenzwerte überschreiten. Ziel dieser Sicherungsmaßnahmen, die zusätzlich zu den gesetzlich verordneten Nutzungseinschränkungen notwendig werden, ist es, durch besondere Verfahrenstechnik, Bauweisen und Abdichtungssysteme bzw. durch Umwandlung der Schadstoffe in dauerhaft stabile, nicht lösliche Verbindungen genügend Schutz für die umweltrelevanten Güter zu gewährleisten.

Sollen Stoffe verwendet werden, für die bisher keine Richtlinien existieren, muss deren Eignung im Einzelfall durch das Gutachten einer fachkundigen Prüfstelle nachgewiesen werden. Ein solches Gutachten muss enthalten: die genaue Beschreibung, die Angaben über die Umweltverträglichkeit, die erforderliche Aufbereitung, die Kriterien der Güteüberwachung, die Prüfverfahren mit Begründung, die Mitteilung der Prüfergebnisse und die Beurteilung hinsichtlich der Eignung für die vorgesehene Anwendung.

1.2 Technische Lieferbedingungen

(1) Die „Technischen Lieferbedingungen für Böden und Baustoffe für den Erdbau im Straßenbau“ (TL BuB E-StB) enthalten stoffspezifische erdbautechnische und umweltrelevante Anforderungen an Böden und Baustoffe, die zur Herstellung von Erdbauwerken verwendet werden. Sie gelten eingeschränkt nur für die Lieferung von aufbereiteten Böden und Baustoffen, jedoch nicht für Boden und Fels aus Gewinnungsbetrieben (z. B. Vorabsiebmaterial, Felsgestein sowie Kies und Sand) und für Boden und Fels, die bei anderen Baumaßnahmen gewonnen werden.

Böden und Baustoffe mit sog. umweltrelevanten Merkmalen liegen nach den begrifflichen Festlegungen der Lieferbedingungen vor, wenn diese geogen oder anthropogen bedingte hohe Gehalte oder Konzentrationen schädlicher Inhaltsstoffe enthalten. Die Richt- und Grenzwerte für umweltrelevante Inhaltsstoffe sind in den TL Gestein-StB und den TL BuB E-StB angegeben. In diesen TL werden die umweltrelevanten Merkmale in Klassen unterteilt, um eine speziell aus hydrogeologischer Sicht differenzierte bautechnische Verwertung zu ermöglichen.

(2) Die TL BuB E-StB umfassen folgende Materialgruppen nach Herkunft und Stoffart:

- Böden mit und ohne Fremdbestandteile und Fremdstoffe, soweit sie gesammelt und aufbereitet sind
- Baustoffe aus rezyklierten oder industriell hergestellten Gesteinskörnungen
- Rohaschen aus der Verbrennung und Aufbereitung von Hausmüll
- Schlacken aus der Produktion von Eisen und Stahl und metallurgischen Prozessen
- Rückstände aus Kraftwerken, wie Flugasche, Schmelzkammergranulate
- Rückstände aus Gießereiprozessen
- Wasch- und Haldenberge aus Bergbaubetrieben.

Die Baustoffe unterliegen der Güteüberwachung nach Anhang B der TL. Sie umfasst die Erstprüfung und die Betriebsbeurteilung als Eignungsnachweis, die Überwachung der Produktion des Herstellerbetriebes und die Fremdüberwachung durch Produktprüfung.

Für erdbautechnische Zwecke werden die Materialien nach DIN EN ISO 14688-1 mit den Kurzformen nach DIN 4023 benannt und beschrieben sowie mit den Bezeichnungen und Angaben aus DIN 18196 klassifiziert. Die Benutzung dieser Regelungen geschieht hilfsweise aus Mangel an spezifischen Einstufungen, weil die genannten Normen dem Ursprung nach nur für Böden aufgestellt sind und als vertragsgemäße Vorgaben in der Gesamtheit nicht geeignet sind.

Hinweis

Die Bodenmaterialien und Baustoffe nach TL BuB E-StB sind in Abschnitt 3.2.1 ZTV E-StB als „Ersatzbaustoffe" bezeichnet und als „Zusätzliche Technische Vertragsbedingungen" ausgewiesen, sofern sie Bestandteil im Bauvertrag sind. Die Fortsetzung der Kommentierung dieser Ersatzbaustoffe wird einschließlich der technisch erforderlichen Sicherungsmaßnahmen in Teil 3 im Sonderkapitel S4 weiter behandelt.

3.3 Geokunststoffe

3.3.1 Allgemeines

Geokunststoffe sind Geotextilien und geotextilverwandte Produkte und Dichtungsbahnen, die vollständig oder zu wesentlichen Teilen aus polymeren Werkstoffen hergestellt sind und die im Erdbau und in Entwässerungsanlagen des Straßenbaus eingesetzt werden.

Geokunststoffe müssen den „Technischen Lieferbedingungen für Geokunststoffe im Erdbau des Straßenbaues" TL Geok E-StB entsprechen.

Die für Geokunststoffe angegebenen, bauvertraglichen Anforderungswerte beziehen sich auf das 5 %-Mindest- oder 5 %-Höchstquantil. Abweichend hiervon wird die Anforderung an die Charakteristische Öffnungsweite O_{90} von Filtern auf den Mittelwert der Prüfung nach DIN EN ISO 12956 bezogen.

Weitergehende Angaben zur Auswahl, Anwendung und Prüfung der Geokunststoffe sind im M Geok E enthalten.

In der Leistungsbeschreibung sind die vorgesehene Anwendung und die vom Geokunststoff zu erfüllenden Funktionen anzugeben. Ferner sind die anwendungsbezogenen Anforderungen an die Geokunststoffe aufzuführen. Dabei ist Trennen immer mit Filtern und/oder Bewehren verbunden und bei der Festlegung von Anforderungen nie alleine zu betrachten.

3.3.2 Anwendung

Anwendungsgebiete der Geokunststoffe können sein:

- *Trennen von zwei aneinander grenzenden Bodenkörpern,*
- *Filtern eines zu entwässernden Bodens,*
- *Entwässern eines wasserhaltenden Bodens,*
- *Bewehren von Erdkörpern,*
- *Sichern von Böschungen gegen Erosion,*
- *Abdichten gegen Wasser oder schadstoffhaltige Flüssigkeiten,*
- *Schützen von Abdichtungen gegen Beschädigung.*

3.3.3 Anforderungen

3.3.3.1 Beständigkeit

Geokunststoffe müssen für die vorgesehene Nutzungsdauer gegenüber den im Boden und Wasser vorhandenen Stoffen und Mikroorganismen beständig sein, soweit sie nicht als Schutz einer zu begrünenden Böschung nach dem Einwurzeln der Pflanzen verrotten sollen.

Die Geokunststoffe sind auf der Baustelle gegen Witterungseinflüsse geschützt zu lagern. Sie sind nach dem Verlegen durch Überbauen oder Überschütten zu schützen. Niedrig wetterbeständige Materialien müssen innerhalb eines Tages, mittel wetterbeständige Materialien innerhalb von zwei Wochen und hoch wetterbeständige Materialien spätestens nach einem Monat geschützt werden.

Für die Festlegung der Anforderung an die chemische und mikrobiologische Beständigkeit sind in der Leistungsbeschreibung folgende Angaben erforderlich:

- *vorgesehene Nutzungsdauer (bis 5 Jahre, bis 25 Jahre, bis 50 Jahre, bis 100 Jahre),*
- *Bodentemperatur (≤ 25 °C),*
- *Umgebungsmilieu: pH-Wert des Bodens und des Überschüttmaterials bzw. des Grundwassers (pH ≤ 4 oder 4 < pH < 9 oder pH ≥ 9),*
- *besonderes Schüttmaterial, z. B.:*
  - *Anwendung im Kontakt zu Böden, die mit hydraulischen Bindemitteln verbessert oder verfestigt sind,*
  - *Anwendung im Kontakt zu Beton oder Betonbruch,*
  - *Anwendung im Kontakt zu industriell hergestellten Gesteinskörnungen und Gesteinskörnungsgemischen, z. B. Schlacken.*

Bei Daueranwendungen, in denen das Produkt entscheidend für die Sicherheit der bewehrten Konstruktion ist, sollen Geokunststoffproben so in die Konstruktion eingelegt werden, dass sie im Rahmen von Überprüfungen in größeren zeitlichen Abständen entnommen werden können. Die Proben müssen den gleichen Bedingungen ausgesetzt sein wie das Produkt. Als Bezugswert für die Feststellung von Veränderungen ist nicht nur eine lieferfrische Probe, sondern auch eine Probe, die der Einbaubeanspruchung unterzogen worden ist, heranzuziehen. Die Zahl der Proben und der Ort des Probeneinbaus sind in der Leistungsbeschreibung vorzugeben.

3.3.3.2 Widerstand gegen mechanische Beanspruchung

Die Anforderung an die Robustheit der Geokunststoffe gegenüber der Beanspruchung durch Schüttmaterial und Baubetrieb wird durch eine Klassifizierung festgelegt und bei Bewehrungselementen durch Abminderungsbeiwerte berücksichtigt, die auf Beanspruchungsversuchen basieren.

Für Trenn-, Filter- und Schutzschichten wird aus den Beanspruchungen durch das Schüttmaterial unter Berücksichtigung des Einflusses der Unterlage sowie durch den Einbau und den Baubetrieb die erforderliche Geotextilrobustheitsklasse (GRK) ermittelt. Diese Geotextilrobustheitsklasse ist in der Leistungsbeschreibung anzugeben. Hinweise zur Ermittlung enthält das M Geok E.

Die den GRK zugeordneten Anforderungen sind in den TL Geok E-StB geregelt.

Bei Bewehrungselementen sind die erforderliche Bemessungszugfestigkeit (Grenzzustand der Tragfähigkeit) und die für das Bauwerk zulässige Dehnung (Gebrauchstauglichkeit) durch eine Bemessung festzulegen und in der Leistungsbeschreibung anzugeben (siehe M Geok E; EBGEO). Darüberhinaus sind Angaben zum Schüttmaterial und dessen Einbau und Verdichtung sowie zur Nutzungsdauer des Bauwerkes zu machen.

Bei Bewehrungselementen sind Einbaubeanspruchungsversuche zu Beginn einer Baumaßnahme unter den Bedingungen der Baustelle (vorgesehenes Schüttmaterial, Einbau- und Verdichtungsverfahren) durchzuführen, es sei denn, es liegen nachweislich einschlägige Erfahrungen mit den entsprechenden Schüttmaterialien und Einbaubedingungen vor. Der Zustand einer nach der Beanspruchung ausgegrabenen Probe ist zu beschreiben und die Restfestigkeit ist durch Zugversuche gemäß TL Geok E-StB festzustellen. Die sich daraus ergebende Abminderung bestimmt den Faktor A_2 der Bewehrung.

Diese Einbaubeanspruchungsversuche sind Besondere Leistungen.

3.3.3.3 Filtereigenschaften

Die Anforderungen an einen geotextilen Filter sind durch Angaben zur Öffnungsweite O_{90} *und Wasserdurchlässigkeit* $k_{V,5\%}$ *vom Auftraggeber aufgrund der Eigenschaften des zu entwässernden Bodens durch eine filtertechnische Bemessung festzulegen und in der Leistungsbeschreibung anzugeben (siehe M Geok E).*

Sofern keine Angaben zu den Filtereigenschaften gemacht werden, gelten folgende Anforderungen an den Mittelwert der Charakteristischen Öffnungsweite:

- für Vliesstoffe: $0{,}06 \text{ mm} \leq O_{90} \leq 0{,}20 \text{ mm}$
- für Gewebe: $0{,}06 \text{ mm} \leq O_{90} \leq 0{,}40 \text{ mm}$.

Der Filter muss im eingebauten Zustand auf Dauer mindestens die Wasserdurchlässigkeit des zu entwässernden Bodens haben. Es gelten folgende Anforderungen an das 5 %-Mindestquantil des Wasserdurchlässigkeitsbeiwertes $k_{v,5\%}$ des geotextilen Filters (Neumaterial):

- Wasserdurchlässigkeitsbeiwert $k_{v,5\%} \geq k$
- Wasserdurchlässigkeitsbeiwert $k_{v,5\%} \geq 1 \cdot 10^{-4}$ m/s

k ist der Wasserdurchlässigkeitsbeiwert des zu entwässernden Bodens. Der größere Wert ist maßgebend.

3.3.4 Prüfungen

3.3.4.1 Probennahme

Die Probennahme erfolgt in Anlehnung an DIN EN ISO 9862.

Die Mindestgröße einer Probe beträgt 1,00 m in Längsrichtung mal der Bahnbreite und soll die Produktkennzeichnung nach DIN EN ISO 10320 beinhalten. Entsprechend des Prüfumfanges kann sich die Notwendigkeit größerer Probenabmessungen ergeben. Über die Probennahme ist ein Protokoll zu fertigen und vom Auftragnehmer und dem Probennehmer zu unterzeichnen. In dem Protokoll ist die Nummer der Rolle anzugeben, von der die Probe entnommen worden ist. Ferner ist dem Protokoll das zugehörige Etikett mit der CE-Kennzeichnung und den wesentlichen Eigenschaften oder die Leistungserklärung (DoP) beides nach CPR und DIN EN 13249 ff. bzw. DIN EN 13361 ff. und das Verpackungsetikett (DIN EN ISO 10320) beizufügen.

Vom Auftragnehmer sind Rückstellproben für die Durchführung der Kontrollprüfungen zu nehmen.

3.3.4.2 Eignungsnachweis

Der Auftragnehmer erklärt die Eignung des von ihm für den Einbau vorgesehenen Produktes für den vorgesehenen Verwendungszweck entsprechend den Anforderungen des Bauvertrages durch Vorlage der Leistungserklärung (DoP) gemäß Bauproduktenverordnung (CPR) und DIN EN 13249 ff. und der Produktbeschreibung des Herstellers nach TL Geok E-StB.

Der Auftraggeber kann die Vorlage der Ergebnisse der werkseigenen Produktionskontrolle des Geokunststoffherstellers vom Auftragnehmer verlangen.

3.3.4.3 Eigenüberwachungsprüfungen

Siehe DIN-Fachbericht CEN/TR 15019.

Der Auftragnehmer hat im Rahmen seiner Eigenüberwachungsprüfung die gelieferten Produkte und die fertige Leistung zu überprüfen. Die Überprüfung und ihre Dokumentation umfassen:

1. den Nachweis, dass jede Rolle mit dem Verpackungsetikett gemäß Kennzeichnung nach DIN EN ISO 10320, mit der CE-Kennzeichnung und das Produkt selbst alle 5 m mit der Produktkennzeichnung nach DIN EN ISO 10320 gekennzeichnet sind und die Angaben dem vertraglich vereinbarten Produkt entsprechen,
2. den Nachweis anhand CE-Kennzeichnung, Leistungserklärung (DoP) des Produktes und Produktbeschreibung nach TL Geok E-StB, dass die Produkteigenschaften den vertraglich vereinbarten Anforderungen entsprechen,
3. den Nachweis der Übereinstimmung der Produkteigenschaften mit den Anforderungen des Bauvertrages durch eine Baustoffeingangsprüfung (Anhang B, Tabelle 1 bzw. Tabelle 2),
4. den Nachweis der Einhaltung der Anforderungen an die Behandlung der Produkte auf der Baustelle und an den Einbau.

Die Baustoffeingangsprüfung (siehe Punkt 3.) kann entfallen, wenn seitens des Herstellers/Lieferanten des zu liefernden Produktes ein Nachweis über eine der Baustoffeingangsprüfung gleichwertige Überwachung vorgelegt werden kann.

Die Proben für die Baustoffeingangsprüfung sind am Tag der Anlieferung nach DIN EN ISO 9862 zu nehmen. Prüfbescheinigungen zu 1., 2. und 3. sind dem Auftraggeber vor dem Einbau der Produkte vorzulegen. Protokolle zu 4. sind mit dem Fortschritt der Arbeiten zu übergeben.

Die erforderliche Probenanzahl hängt von der Bedeutung des Produktes für die Sicherheit des Bauwerkes und der Fläche des gelieferten Produktes ab.

Hohe Sicherheitsanforderungen liegen bei Bewehrungen oder anderen Anwendungen vor, in denen die Langzeitfestigkeit bestimmend ist und/oder in denen das Produkt entscheidend für die Sicherheit der Konstruktion und des Bauwerkes ist. Die Anzahl der Proben beträgt mindestens 2 Proben je Lieferung bis 6000 m², danach 1 Probe je weitere 6000 m².

Normale Sicherheitsanforderungen gelten bei allen anderen Anwendungen. Die Anzahl der Proben beträgt mindestens 2 Proben je Lieferung bis 10 000 m², danach 1 Probe je weitere 10 000 m².

Die Prüfergebnisse sind entsprechend den jeweiligen Prüfnormen anzugeben.

Wenn bei bis zu 4 Prüfergebnissen jedes Einzelne die bauvertraglich vereinbarten Anforderungswerte einhält, ist die Lieferung anzunehmen. Wenn ein oder mehrere Prüfergebnisse diese Anforderungswerte nicht einhalten, ist die Lieferung zurückzuweisen oder es sind weitere Proben von dem gelieferten Produkt zu entnehmen, zu prüfen und zu bewerten. Die Bewertung erfolgt dann nach dem nachfolgend beschriebenen, statistischen Verfahren. Die Ergebnisse der ersten Prüfungen sind in die Bewertung einzubeziehen.

Bei 5 oder mehr Prüfergebnissen ist aus deren Mittelwert $\bar{x}$ und Standardabweichung s im Falle eines 5 %-Mindestquantils T_M die statistische Prüfgröße z

$$z = \bar{x} - k \cdot s$$

zu berechnen.

Im Falle des 5 %-Höchstquantils T_H ist die statistische Prüfgröße z

$$z = \bar{x} + k \cdot s$$

zu bilden, wobei in beiden Fällen k der Annahmefaktor von 1,645 ist.

Die Lieferung ist anzunehmen, wenn im Falle eines geforderten Mindestquantils $z \geq T_M$ und im Falle eines Höchstquantils $z \leq T_H$ ist; andernfalls ist die gesamte Lieferung zurückzuweisen und durch vertragsgemäße Produkte zu ersetzen.

Überprüft werden die im Vertrag festgelegten Anforderungswerte an die Mindestquantile (T_M) bzw. Höchstquantile (T_H). Mindestquantile sind:

- bei Geokunststoffen und geokunststoffverwandten Produkten: Masse pro Flächeneinheit, Dicke, Höchstzugkraft und Höchstzugkraftdehnung, Durchdrückverhalten, Wasserdurchlässigkeit normal zur Fläche, Wasserdurchlässigkeit in der Ebene, Abflussleistung,
- bei Dichtungsbahnen: Dicke, flächenbezogene Masse, Schmelzindex, Quellverhalten, Zugfestigkeit und Höchstzugkraftdehnung, Weiterreißfestigkeit und Montmorillonitgehalt.

Für die Wasserdurchlässigkeit bei Dichtungsbahnen ist das Höchstquantil maßgebend.

3.3.4.4 Kontrollprüfungen

Der Auftraggeber sollte sich durch örtliche Begehung und Kontrolle der Prüfzeugnisse laufend von der ordnungsgemäßen Durchführung der Eigenüberwachungsprüfungen überzeugen.

Der Auftraggeber sollte sich bei Vertragsabschluss Musterproben des für die Lieferung vereinbarten Produktes aushändigen lassen.

Um die Produktidentität festzustellen, vergleicht er die Musterproben mit den gelieferten Produkten bzw. mit den Rückstellproben (siehe Abschnitt 3.3.4.1).

Wenn der Auftraggeber eigene Prüfungen durchführt, sollte der Prüfumfang den Tabellen 1 bzw. 2 im Anhang C entsprechen.

Probennahme, Produktprüfung und die Bewertung der Ergebnisse im Rahmen von Kontrollprüfungen sollten entsprechend den Regelungen im Abschnitt 3.3.4.3 erfolgen.

Wenn aufgrund des Ergebnisses der Kontrollprüfungen die Lieferung abzulehnen ist, ist sie zurückzuweisen und durch vertragsgemäßes Material zu ersetzen.

Inhalt Kommentar

1 Geosynthetische Baustoffe und Produktgruppen

1.1 Produkt- und funktionsspezifische Unterteilungen

Eine Übersicht der Geokunststoffprodukte und der für die Herstellung verwendeten polymeren Rohstoffe enthält *Bild 1*. Zu den Produkten gehören Geotextilien, Geogitter, Dichtungsbahnen und kombinierte Verbundstoffe. Sie bestehen vollständig oder zum Hauptteil aus Faser-, Garn- und Gitterstrukturen. Als Rohstoff finden Verwendung Aramid (AR), Polyamid (PA), Polyethylen (PE), Polyester (PET), Polypropylen (PP) und Polyvinylalkohol (PVA). Zur Sicherstellung produktspezifischer Eigenschaften oder zur Unterstützung bei der Fertigung können Zusätze (Additive und Ausrüstungen) enthalten sein (z. B. Stabilisatoren, Avivagen). Umhüllungen aus Polyvinylchlorid (PVC), Polyethylen (PE) oder Bitumen werden angewendet, um produktspezifisch zusätzlichen Schutz und Haftung der synthetischen Fasern und Garne zu erreichen.

Grundlage der nationalen und internationalen Terminologie für Geokunststoffe ist die Einteilung nach EN ISO 10318 für „**Geosynthetics**“. Dieser Begriff bezeichnet generell ein Produkt, das mindestens eine Komponente eines synthe-

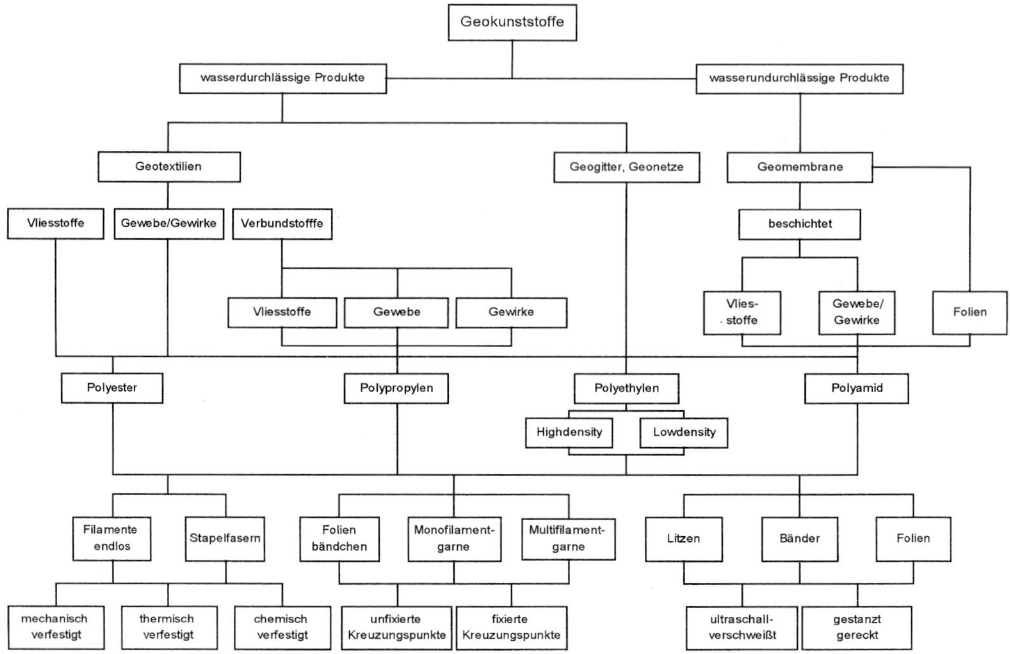

Bild 1: Übersicht der Produkte und Rohstoffe

tischen oder natürlichen Polymers enthält, hergestellt in Form einer Bahn, eines Streifens oder einer dreidimensionalen Struktur und angewendet im Kontakt mit Boden oder anderen Baustoffen für geotechnische Bauwerke bzw. andere bauliche Anlagen. Die Geosynthetics (Geokunststoffe) werden in durchlässige und nichtdurchlässige Produkte unterteilt; s. *Bild 2*.

Die Norm enthält außerdem Definitionen für die prinzipiellen Funktionen der Geokunststoffe in Bezug auf die folgenden Anwendungsbereiche:

- Dränage von Schichten, um Wasser bzw. Flüssigkeiten zu sammeln und weiterzuleiten
- Filtration von angrenzenden Schichten, um den Durchfluss des Wassers zu sichern und

Bild 2: Einteilung der Geokunststoffe nach EN ISO 10318 (Geosynthetics subdivision)

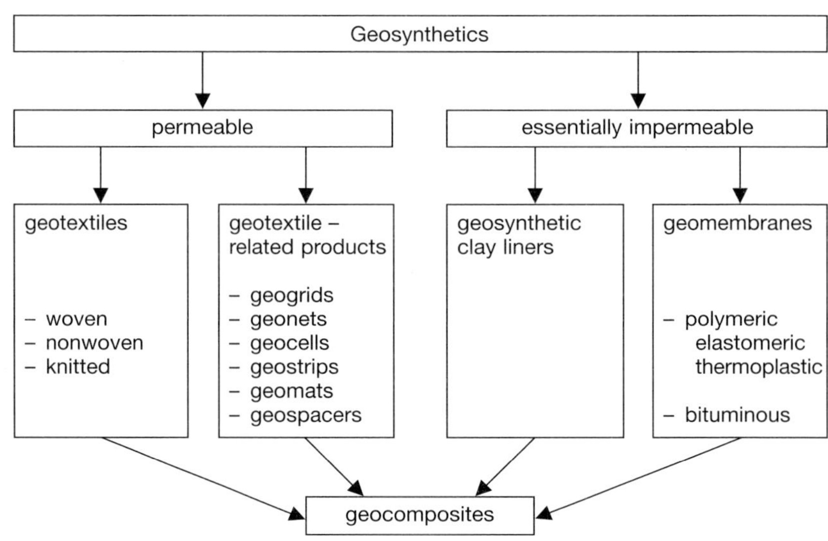

den Durchgang von Bodenpartikeln zu verhindern
- Schutz von Bodenschichten, um ein Versagen der Festigkeit zu verhindern
- Bewehren von Bodenschichten, um den Scherwiderstand zu erhöhen
- Trennen aneinandergrenzender Bodenschichten, um ihre Integrität zu erhalten
- Verhinderung von Bodenerosion durch Wasser- oder Windkräfte
- Abdichten von Bodenschichten bzw. Erdkörpern gegen Migration von Flüssigkeiten oder Gasen.

Je nach Anwendungsfall kann die Kombination bestimmter Funktionen zweckdienlich bzw. notwendig sein, z. B. die Kombination von Drän- und Filterfunktion oder der Trenn- und Bewehrungsfunktion.

In allen Anwendungsfällen und bei allen Geokunststoffen kommt es darauf an, dass die Komponenten untereinander und im Verbund mit den angrenzenden Bodenschichten funktionsgerecht zusammenwirken und ihre Festigkeits-Verformungseigenschaften dem Spannungsniveau im eingebauten Zustand und den einwirkenden Beanspruchungen entsprechen.

1.2 Geotextilien

Geotextilien sind wasserdurchlässige Vliesstoffe, Gewebe, Gewirke (Maschenstoffe) und Verbundstoffe. Die **Vliesstoffe** bestehen entweder aus flächenhaft aufeinander abgelegten Filamenten (endlose Fasern) oder kurzen Spinnfasern (Stapelfasern). Die Verfestigung erfolgt mechanisch (z. B. durch Vernadeln oder Vernähen) und/oder adhäsiv (z. B. durch Bindemittel) oder kohäsiv (z. B. durch thermische Behandlung).

Die Vliesstoffe eignen sich zum Trennen, Filtern und Schützen von Bodenschichten, in besonders dicker Ausführung auch zum Ableiten von Sickerwasser (Dränelement).

Bei Zugbeanspruchung werden die Fasern in Zugrichtung orientiert und kraftschlüssig gedehnt. Das Dehnvermögen der Vliesstoffe ist bei mechanisch verfestigten Vliesen ausgeprägter als bei adhäsiv oder kohäsiv gebundenen, weil weniger Fasern in der Lage fixiert sind. Zwischen Bodenschichten eingebaut, wird die große Dehnbarkeit infolge der durch Reibung und Haftung behinderten Querkontraktion reduziert.

Wegen ihres Dehnvermögens passen sich die Vliesstoffe sowohl den groß- als auch den kleinflächigen Unebenheiten der Unterlage bzw. den Untergrundverformungen an und umschließen lokale Perforationen, z. B. durchgedrückte Steine.

Die **Gewebe** bestehen aus sich rechtwinklig kreuzenden Garnfäden. Sie unterscheiden sich durch die Art der Garne (Spinnfasergarne, Multifilamentgarne, Zwirne, Monofilamente, Folienbändchen und Spleißgarne), ihre Verwebung sowie die Anzahl der Fäden je Längeneinheit. Die Garnkreuzungspunkte können zusätzlich verfestigt sein.

Die Gewebe eignen sich für die Bewehrung von Boden- und Tragschichten. Ihre Festigkeits- und Verformungseigenschaften sind richtungsorientiert geprägt durch die Anordnung der Fäden in Kett- und Schussrichtung. Beim Zerreißen eines oder mehrerer Garne reduziert sich die Festigkeit des Gewebes in Garnrichtung. Die Reibung und Haftung des Gewebes am Boden wird von der Gewebestruktur, der Eigensteifigkeit und den Unebenheiten der Auflage beeinflusst.

Die **Maschenstoffe** bestehen aus einem oder mehreren Fadensystemen, die schleifenförmig miteinander verbunden (vermascht) sind, oder aus einem oder mehreren Fadensystemen, die durch ein weiteres Fadensystem miteinander verbunden werden (Nähgewirke, Kettengewirke).

Die **Verbundstoffe** bestehen aus in der Fläche miteinander verbundenen Vliesstoffen, Geweben und/oder anderen Flächengebilden. Sie erfüllen mehrere Eigenschaften bzw. Anforderungen gleichzeitig, z. B. Trennen und Entwässern, Trennen und Filtern, Trennen und Bewehren.

1.3 Geogitter

Geogitter sind aus synthetischen Fasern, Garnen oder aus extrudierten Kunststoffen hergestellte Gitter- oder Netzstrukturen mit unterschiedlichen Knotenverbindungen und Öffnungsweiten. Unterschieden werden gewebte, gestreckte und gelegte Geogitter. Bei gestreckten Geogittern sind die Kunststoffbahnen gelocht und in einer oder beiden Richtungen (längs und quer) gestreckt. Durch das Strecken werden die Polymermoleküle in Streckrichtung orientiert, was die Festigkeit in Orientierungsrichtung erhöht und die Dehnbarkeit reduziert. Die Knotenpunkte sind unverschiebbar, sodass sich die eingetragenen Zugkräfte auf die Längs- und Querstege verteilen.

Gelegte Geogitter bestehen aus kreuzweise aufgelegten, ummantelten Bändern oder Stäben, die an den Kreuzungspunkten verbunden werden.

Die Geogitter eignen sich ein- oder mehrlagig als Bewehrung von Erdkörpern (Dämme, Böschungen) oder in Tragschichten. Die Zug- und Schubkräfte werden durch Verbundreibung und Verzahnungswiderstand zwischen Boden und Geogitter sowie zusätzlich bei knotensteifen Gittern von den Knoten und Stegen übertragen.

1.4 Dichtungselemente

Es werden unterschieden:

- Kunststoffdichtungsbahnen (KDB, Geomembranen)
- Geosynthetische Tondichtungsbahnen (GTB).

Polymere Dichtungsbahnen (KDB) bestehen aus Polyethylen hoher oder niedriger Dichte (PEHD und PELD) oder flexiblem Polypropylen (FPP).

Geosynthetische Tondichtungsbahnen sind mattenartige Flächenprodukte (Bentonitmatten) aus Geotextilien im mechanischen Verbund mit eingelagerten mineralischem Ton.

Die Dichtungselemente werden je nach Anforderungsprofil in verschiedenen Bereichen angewendet, z.B. für die Basis- und Oberflächenabdichtung von Deponien, für die Abdichtung von Auffangwannen und Auffangräumen als Schutz gegen grundwassergefährdende Flüssigkeiten und Stoffe (z.B. bei Verkehrswegen in Wasserschutzzonen, bei Tanklagern, Tankstellen, Öl-, Farbstoff- und Chemikalienlagern), im Erd- und Wasserbau für Kanäle, Dämme, Talsperren bzw. Rückhaltebecken für Trink- und Grundwasser, für die Abdichtung von Bauwerken. Ingenieurbauwerke und Verkehrstunnel, die im Grundwasser oder in Bergwasserhorizonten liegen, benötigen dauerfunktionstüchtige Dichtungselemente sowohl zum Feuchtigkeits- und Korrosionsschutz für die Ein- bzw. Ausbauten als auch generell für die Gewährleistung der Standsicherheit der Bauwerke.

Auf Böschungen muss das Abdichtungssystem standsicher aufliegen und ggf. zusätzlich verankert sein. Geeignet sind reibungsfeste, strukturierte Dichtungsbahnen oder Verbundelemente mit zugfesten Geotextilien, bei denen die Zugspannung nicht in die Kunststoffdichtungsbahn eingeleitet wird. Die Standfestigkeit des Systems ist unter Einschluss von Untersuchungen über das ausreichende Reibungsverhalten der aneinandergrenzenden Schichten bzw. Stoffe nachzuweisen. Durch Bewehrungseinlagen aus Geogittern lässt sich die Stabilität des Systems verbessern.

(1) Die **Kunststoff-Dichtungsbahnen (Geomembranen**) bestehen aus Thermoplasten oder Elastomeren. Je nach Anwendungsfall werden Werkstoffanforderungen hinsichtlich des mechanischen Verhaltens, der Flexibilität, des Relaxations- und Alterungsverhaltens, der Brenn- und Verschweißbarkeit und der Toxizität gestellt.

In der Regel setzt sich das Abdichtungssystem aus der Geomembran mit einer unterhalb liegenden Stützschicht und einer oberhalb liegenden Schutzschicht zusammen. Die Stütz- und Schutzschicht müssen so dimensioniert sein, dass keine Perforationen, Verletzungen und unzulässig hohe Beanspruchung der Geomembran entstehen.

Ein weiteres entscheidendes Auswahlkriterium für die Geomembranen ergibt sich aus der Forderung nach chemischer Beständigkeit im Einzelfall, z.B. gegenüber Benzinen und Mineralölen.

(2) Die **geotextilen Tondichtungsbahnen** bestehen aus Träger-, Dichtungs- und Abdeckschicht. Sie werden als Verbundelemente fertig geliefert, wobei der Verbund durch Vernadelung, Vernähung oder adhäsive Fixierung zustande kommt. Die Dichtfunktion entsteht dadurch, dass der zwischen Träger- und Abdeckschicht eingebrachte Dichtungston (meist Bentonit) nach dem Einbau der Matte Feuchtigkeit aufnimmt, dabei quillt und abdichtet.

Diese Dichtungsmatten stellen eine technische und wirtschaftliche Alternative zu Geomembranen dar. Sie lassen sich flexibel und einfach verlegen, was z. B. besonders im Verkehrswegebau mit den engen Radien, kleinen Teilflächen und steilen Böschungen von Vorteil ist.

In der Umgebung von Dichtungsmatten kann sich ein hohes alkalisches Niveau (pH ≥ 10) entwickeln. Da es sich um einen Verbundstoff handelt, ist der Nachweis der Verträglichkeit erforderlich, und zwar die Alkalibeständigkeit des verwendeten Geotextilmaterials und der Fasern, die die Bentonitschicht durchdringen und den Verbund erzeugen. Es ist nachzuweisen, dass diese Fasern keiner chemischen Alterung unterliegen, sodass die Funktion der Dichtungsmatte auf Dauer erhalten bleibt.

1.5 Dränelemente (Geodräns)

Die Geodräns sind Verbundelemente. Sie bestehen aus der eigentlichen Dränschicht und einer geotextilen Filterschicht auf der Anströmseite. Beide Schichten sind punktförmig oder flächenhaft miteinander verbunden und erforderlichenfalls zusätzlich noch mit einem auf der Innen- bzw. Unterseite liegenden Trennvlies kombiniert. Bei der Verwendung an Bauwerksaußenwänden schützt dieser Vliesstoff zugleich die Bauwerksdichtung vor Beschädigung.

Die Dränschicht nimmt das Wasser senkrecht zur Ebene auf und leitet es in der Ebene ab. Die Dränschicht besteht aus einer grobporösen bzw. hohlraumbildenden Geokunststoffstruktur (z. B. Wirrgelege, Höcker- oder Gitterprofil, grobfaseriger Vliesstoff), wobei es unterschiedliche Produkte bezüglich des Rohstoffes, der Porenraumgröße und der Druckstabilität gibt. Der Einbau dieser Strukturen erfolgt in der Regel kombiniert mit mechanisch verfestigten Vliesstoffen als Filterschicht, die so druckstabil mit der Dränschicht verbunden sein müssen, dass sie sich unter Anpressdruck nicht in das Dränelement eindrücken und die Dränleistung reduzieren.

Die Geodräns werden in verschiedener Dicke und mit verschiedenen Filterfeinheiten der Vliesmatte, die nach den Filterregeln festzulegen sind, verlegt. Die Dicke richtet sich nach der erforderlichen hydraulischen Sickerleistung, den erdstatischen Beanspruchungen und den Bodenverhältnissen.

2 Eigenschaften

2.1 Beständigkeit

Die für Geokunststoffe verwendeten synthetischen Rohstoffe sind gegen Einwirkungen durch die in Boden und Wasser natürlich vorkommenden Chemikalien und Mikroorganismen in der Regel resistent. Der Hersteller muss in der Produktbeschreibung aufgrund von Prüfergebnissen den Zeitraum angeben, für den das Produkt unter natürlichen Verhältnissen beständig ist. Zu beachten sind die folgenden möglichen Schadensreaktionen:

Bei Polyethylen und Polypropylen kann die oxidative, bei Polyamid und Polyester die hydrolytische Reaktion (innere und äußere Hydrolyse) die Gebrauchsdauer der Produkte reduzieren. Die Oxidation wird durch Anlagerung von Eisenverbindungen beschleunigt. Die hydrolytisch reagierenden Rohstoffe vertragen keinen Kontakt zu Beton oder zu mit Zement oder Kalk belasteten Böden. Die genannten Reaktionen sind zwar allgemein bekannt, die Reaktionsbedingungen für bautechnisch relevante Funktionsschäden an den Geokunststoffen jedoch noch nicht hinreichend untersucht. Für Daueranwendungen können die genannten Rohstoffe in potenziellen Gefahrfällen nicht empfohlen werden, wenn keine besonderen bautechnischen Schutzmaßnahmen getroffen werden.

Die Witterungsbeständigkeit der Geokunststoffe lässt sich im Zeitraffer durch UV-Bewitterung prüfen. Beurteilungskriterien sind die gemäß *Tab. 1* verbleibende Restfestigkeit und die zulässigen Freiliegezeiten, die vom Produkthersteller anzugeben sind.

Die Anforderungen an die Beständigkeit der Geokunststoffe werden in Abschnitt 3.3.3.1

Tabelle 1: Witterungsbeständigkeit und höchstzulässige Freiliegedauer (EBGEO)

Anwendung	Bewehrung, Filter bei Erosionsschutz an Gewässern, Drän- und Schutzschichten an Widerlagern			Weitere Anwendungen: Filtern, Trennen, Schützen, Abdichten, Hilfe zur Begrünung		
Restfestigkeit	> 80 %	60 %–80 %	< 60 %	> 60 %	20 %–60 %	< 20 %
Höchstzulässige Freiliegedauer	1 Monat	2 Wochen	1 Tag	1 Monat	2 Wochen	1 Tag

ZTVE E-StB nach Nutzungsdauer und Umgebungsmilieu (pH-Werte) unterschieden. Der Auftraggeber hat diese Anforderungen in der Leistungsbeschreibung festzulegen. Die Angaben bedürfen folgender Erläuterung:

Für die Nutzungsdauer von weniger als 5 bzw. 25 Jahren genügt es, die Angaben des Produktherstellers zur Beständigkeit und Anwendbarkeit des Geokunststoffes nach den Kriterien in DIN EN 13249 ff. zu berücksichtigen. Für Bewehrungselemente in geotechnischen Bauwerken mit einer Nutzungsdauer von mehr als 25 Jahren muss der Abminderungsfaktor A_4 in Abhängigkeit vom Polymermaterial angesetzt werden. Dieser Faktor ist in Kom. 2.2 erläutert und in Lit. (11) zahlenmäßig für den Bereich $4 \leq pH \leq 9$ empfohlen. Soll von diesen empfohlenen Werten abgewichen werden oder Umgebungsmilieus von $4 > pH > 9$ gegeben sein, bedarf die Anwendung des Geokunststoffes als Bewehrungselement zusätzlicher produktspezifischer Untersuchungen oder des Nachweises langjähriger Erfahrungen und Messungen.

2.2 Widerstand gegen mechanische Beanspruchung

2.2.1 Beanspruchung beim Einbau

Die Geokunststoffe müssen eine bestimmte Robustheit, d. h. Widerstandsvermögen gegen Beanspruchung beim Einbau des Schüttmaterials und beim Befahren der Überschüttung sowie gegen Durchschlagen (Perforation) aufweisen. Diese Eigenschaft wird nach den Technischen Lieferbedingungen TL GeoK E-StB durch so genannte Robustheitsklassen (GRK) berücksichtigt, eingeteilt für die Funktionen Trennen, Filtern, Bewehren und Schützen nach bestimmten Festigkeiten der Masse pro Flächeneinheit des Produkts.

Bei diesen Robustheitsklassen wird u. a. auch die beim Bauverkehr entstehende Spurrinnentiefe und Walkbeanspruchung berücksichtigt. Ein vergleichsweise größeres Dehnungsvermögen bei Geokunststoffen mit vergleichbarer Flächenmasse bedeutet erhöhtes mechanisches Widerstandsvermögen, auch gegen Durchschlagsbeanspruchung.

Bei Bewehrungen wird die mögliche Beschädigung durch Einbau, Baubetrieb und Gebrauch mit dem Abminderungsfaktor A_2 aus Labor- bzw. Baustellenversuchen erfasst (s. Kom. 2.2.2). Der Produkthersteller muss diesen Abminderungsbeiwert für das vorgesehene Schüttmaterial durch einen Baustellenversuch unter tatsächlichen Einbaubedingungen oder durch vergleichbare Erfahrungswerte nachweisen.

Für Verbundstoffe aus Geweben oder Maschenware oder Geogittern mit Vliesstoffen, die als Schutzschicht, Filter oder Dränmatte wirken, ist die Robustheitsklasse ebenfalls durch vergleichende Baustellenversuche nachzuweisen.

2.2.2 Festigkeit und Dehnvermögen von Bewehrungselementen

Unter Dauerlast zeigen die Geokunststoffe je nach Rohstoff, Art der Herstellung und Kurzzeitfestigkeit mehr oder weniger ausgeprägte Kriechdehnungen; dieses Verhalten wird vom Spannungsniveau und von der Temperatur beeinflusst. Bei der Bemessung von Bewehrungslagen sind die Kriechverformungen aus Untersuchungsergebnissen zu extrapolieren und beim Festlegen der Gebrauchsdauer als sog. Zeitstandfestigkeit zu berücksichtigen. Diese Festigkeit definiert die Zeitdauer bis zum Bruch der Bewehrung unter einer bestimmten Dauerlast.

Bei sachgemäßer Lagerung (Schutz vor Witterung und UV-Licht), beschädigungsfreiem Verlegen und Überschütten (einschließlich Ver-

Rohstoff	Produktart	typische Kurzzeitfestigkeiten [kN/m]			typische Bruchdehnungen [%]	
		von	bis	max.	von	bis
AR	gewebte und geraschelte Geogitter	40	1200	2200	2	4
	Gewebe	100	1400	2400	2	4
PE	gewebte und geraschelte Geogitter	20	150	300	15	20
	extrudierte Geogitter	40	150	200	10	15
	Gewebe	30	200	400	15	20
PET	gewebte und geraschelte Geogitter	20	800	1200	8	15
	gelegte Geogitter	20	400	500	6	10
	Gewebe	100	1000	1600	8	15
PP	gewebte und geraschelte Geogitter	20	200	500	8	15
	gelegte Geogitter	20	200	400	8	15
	extrudierte Geogitter	20	50		8	20
	Gewebe	20	200	600	8	20
PVA	gewebte und geraschelte Geogitter	30	1000	1600	4	5
	Gewebe	30	900	1800	4	5

Tabelle 2: Typische Kurzzeitfestigkeiten von Geokunststoffen (EBGEO)

dichten) sowie ohne Einwirkung von Schadstoffen im Boden und Wasser bleiben die plangemäß vorgegebenen Festigkeits- und Dehneigenschaften der Geokunststoffe während der für das Bauwerk entwurfsgemäß festgelegten Gebrauchsdauer erhalten.

Die Bemessungsfestigkeit $F_{B,d}$ und die zugehörige Bemessungsdehnung $\varepsilon_{B,d}$ sind als wichtigste Kennwerte für ein Bewehrungselement vom Hersteller anzugeben und über eine Kurzzeit-Zugkraft-Dehnungskurve und eine nutzungszeitabhängige Zugkraft-Dehnungskurve zu belegen. Typische Kurzzeitfestigkeiten und Bruchdehnungen s. *Tab. 2*.

Die Bemessungsfestigkeit entspricht der zulässigen Ausnutzung der Zugkraft für die vorgesehene Nutzungsdauer. Dieser Bemessungswert wird auch als Bemessungswiderstand bezeichnet und aus der Zugkraft-Dehnungslinie von Zugversuchen ermittelt.

Der Zugversuch liefert im Ergebnis die Höchstzugkraft und die auf 1,00 m Breite bezogene so genannte Kurzzeitfestigkeit $F_{B,k0}$. Aufgrund der Fertigungstoleranzen wird der charakteristische Wert der Kurzzeitfestigkeit als 5 %-Quantil angegeben. Die Langzeitfestigkeit des Geokunststoffes wird aus der Kurzzeitfestigkeit durch Division mit den Abminderungsfaktoren A_1 bis A_5 wie folgt berechnet:

$$F_{B,k,5\%} = F_{B,k0,5\%} / (A_1 \cdot A_2 \cdot A_3 \cdot A_4 \cdot A_5)$$

$F_{B,k0,5\%}$ charakteristischer Wert der Kurzzeitfestigkeit des Geokunststoffes (5 %-Quantil)

$F_{B,k,5\%}$ charakteristischer Wert der Langzeitfestigkeit des Geokunststoffes (5 %-Quantil)

A_1 Abminderungsfaktor zur Berücksichtigung des Zeitstandverhaltens

A_2 Abminderungsfaktor zur Berücksichtigung einer möglichen Beschädigung bei Einbau, Transport und Verdichtung

A_3 Abminderungsfaktor zur Berücksichtigung der Verarbeitung (Nahtstellen, Anschlüsse, Verbindungen)

A_4 Abminderungsfaktor zur Berücksichtigung von Umgebungseinflüssen (Witterungsbeständigkeit, Beständigkeit gegen Chemikalien, Mikroorganismen, Tiere)

A_5 Abminderungsfaktor zur Berücksichtigung des Einflusses von dynamischen Einwirkungen

Der Bemessungswiderstand des Geokunststoffes $F_{B,d}$ errechnet sich durch Division der charakteristischen Langzeitfestigkeit mit dem Teilsicherheitsbeiwert g_M für den Materialwiderstand der Bewehrung wie folgt:

$$F_{B,d} = F_{B,k,5\%} / g_M$$

$F_{B,d}$ Bemessungswiderstand der Geokunststoffbewehrung

γ_M Teilsicherheitsbeiwert für den Materialwiderstand flexibler Bewehrungselemente; s. Sonderkapitel S6.

Grundsätzlich sind die Faktoren vom Hersteller aufgrund unabhängiger Prüfberichte oder bauaufsichtlicher Zulassungen anzugeben. Beim Entwurf von geokunststoffbewehrten Konstruktionen sollte sorgfältig untersucht werden, ob aufgrund der Bemessungssituation das Erfordernis für die einzelnen Abminderungsfaktoren technisch und wirtschaftlich gerechtfertigt ist.

2.3 Filter- und Dräneigenschaften

Die geotextilen Filter sind so zu bemessen, dass auf der Anströmseite eine stabile Bodenstruktur mit ausreichender Wasserdurchlässigkeit verbleibt und die Porenstruktur des Filters weder durch Kontakterosion des Bodens noch durch Kolmation, d. h. durch Blockieren von Poren (blocking) oder durch Einströmen von Bodenfeinteilchen (clogging), abdichtet. Ein funktionierender geotextiler Filter schützt den Boden vor Erosion, lässt Bodenfeinteilchen ohne Kolmation des Vlieses und ohne Ablagerung im Dränsystem passieren und das Wasser ohne Aufstau durchströmen.

Die Filterbemessung erfolgt entweder mittels einfacher erfahrungsgemäßer Filterregeln oder objektbezogen mittels experimenteller Untersuchungen. Die Filterregeln geben die Grenzwerte für die sog. mechanische Filterstabilität (Sperrbedingungen für das Bodenrückhaltevermögen) mittels der wirksamen Öffnungsweite O_{90} des geotextilen Filters und für die sog. hydraulische Filterstabilität (Bedingungen für die Wasserdurchlässigkeit) mittels des wirksamen Durchlässigkeitsbeiwertes des Filters an.

Als weitere Bemessungsparameter können je nach Einzelfall in Betracht kommen:

- die Filtrationsweglänge
- bei Geotextilien mit gleichzeitiger Dränfunktion die Transmissivität (Wasserableitvermögen), die sich nach der Produktdicke und Wasserdurchlässigkeit in der Geotextilebene richtet.

Die hydraulische Stabilität der Filtervliese und Filtergewebe muss auf Dauer so gewährleistet sein, dass ihre Wasserdurchlässigkeit stets größer als diejenige der zu entwässernden angrenzenden Böden bleibt.

Die geotextilen Verbundstoffe, die zusätzlich zum Filtern auch der Wasserableitung (Dränage) in Geotextilebene dienen, bestehen in der Regel aus der Sickerschicht und der sie schützenden Filterschicht. Die Sickerschicht nimmt das Sickerwasser senkrecht zur Ebene auf und leitet es in der Ebene ab.

Als einfache Bemessungskriterien für Filter- und Dränelemente gelten die Anforderungen nach TL Geok E-StB.

3 Verlegetechnik

Das zweckentsprechende Verlegen der Bahnen erfordert einen genauen Plan, der vom Entwurfsaufsteller oder Produktlieferanten auszuarbeiten ist. Die Hinweise der Hersteller oder Lieferanten, wie Geokunststoffe zu behandeln, zu verarbeiten und zu verlegen sind, sollen befolgt werden, solange keine gegenteiligen Erfahrungen gesichert sind.

Bei Verwendung zum Trennen von Bodenschichten werden die Bahnen in der Regel quer zur Längsachse der Fläche verlegt und die Überlappungen in Schüttrichtung orientiert. Bei geschütteten Böden, die in den Randbereichen nicht lagestabil bzw. standfest sind, müssen die Bahnen um die Schüttlage eingeschlagen werden. Sickerstränge werden in der Regel vollständig mit filterstabilem Vliesstoff umhüllt.

Beim Bewehren von Bodenschichten liegen die Bahnen richtungsparallel zur Zugkraftwirkung. Soweit Überlappungen bzw. Stöße der Bahnen nötig werden, müssen diese in Zugrichtung einen kraftschlüssigen und zulässig dehnbaren Verbund, z. B. durch Vernähen oder Verklammern, erhalten.

Bei Zugbeanspruchungen in Querrichtung der Bahnen sind die Stöße gleichermaßen auszubilden. Die Bewehrungslagen müssen eben, faltenfrei und gestrafft verlegt sein und beim Überschütten entsprechend liegen bleiben. Der Bewehrungseffekt setzt einen innigen Reibungsverbund voraus, sodass sowohl die Auflage als auch der Überschüttboden reibungsfeste Eigenschaften haben müssen. Die aneinanderliegenden Bahnen sollen sich bei ebener Auflage um mindestens 0,5 m überlappen und um dieses Maß auch am Rand seitlich überstehen.

Die genannten Anforderungen setzen ein schonendes Vorkopf-Überschütten der Bahnen mit möglichst leichtem Gerät voraus; bei entsprechender Vorgehensweise und nachfolgend schonendem Verteilen und Verdichten des Überschüttbodens bleiben die Bahnen lagestabil. Außerdem dürfen die Bahnen nicht direkt befahren oder anderweitig verdrückt oder beschädigt werden.

4 Qualitätssicherung

Die Qualitätssicherung von geosynthetischen Baustoffen umfasst ein Prüfsystem, das nach internationaler Regelung aus folgenden Grundkomponenten besteht:

a) Index-Prüfungen unter normierten Bedingungen im Labor zur Ermittlung und zum Vergleich von Grundeigenschaften der Produkte (index testing)
b) Kontrollprüfungen zur Sicherung der kontinuierlichen Qualität der Produkte (quality control testing)
c) Produktprüfung im Kontakt mit Boden zur Simulierung von Bedingungen des Baufeldes, ausgeführt im Labor, im Versuchsland oder Baufeld in angeglichenen Modellmaßstäben.

Die Qualitätsprüfungen müssen an den Anforderungen bzw. Entwurfsbedingungen für die spezifische Anwendung des Produktes orientiert sein.

Aus nationaler Sicht beruhen die Regelungen auf den Prüfgrundsätzen und Verantwortlichkeiten gemäß Abschnitt 3.3.4 und 1.6 ZTV E-StB. Für die geosynthetischen Baustoffe kommt ergänzend die werkseigene Produktionskontrolle durch den Produzenten mit der Überwachung und Zertifizierung durch eine öffentlich zugelassene Institution hinzu. Damit werden die Verantwortlichkeiten auf den Produzenten bzw. Händler sowie auf den Auftragnehmer verteilt. In *Bild 3* ist das Prüfschema für die Qualitätssicherung von Geokunststoffen grafisch dargestellt (nach Blume/Hillmann, Straßen- und Tiefbau 1/2009).

Gemäß dem Konformitätsnachweisverfahren (Europäische Normen EN 13249 ff.) werden die Erstprüfungen des Produktes, die regelmäßigen Probenahmen und die Materialprüfungen ausschließlich im Verantwortungsbereich der Hersteller einschließlich CE-Kennzeichnung durchgeführt. Die Überwachungsstelle überwacht und überprüft die Durchführung der werkseigenen Produktionskontrolle (WPK) und den Produktionsablauf sowie die Rechtfertigung des verwendeten CE-Kennzeichens.

Zur Überprüfung der Übereinstimmung der gelieferten Produkte mit den Anforderungen des Bauvertrages dienen sogenannte Baustoffeingangsprüfungen bzw. eine freiwillige Güteüberwachung in Verbindung mit Produktprüfungen. Im Sinne dieser Überprüfung hat der Auftragnehmer als Weiterverarbeiter des

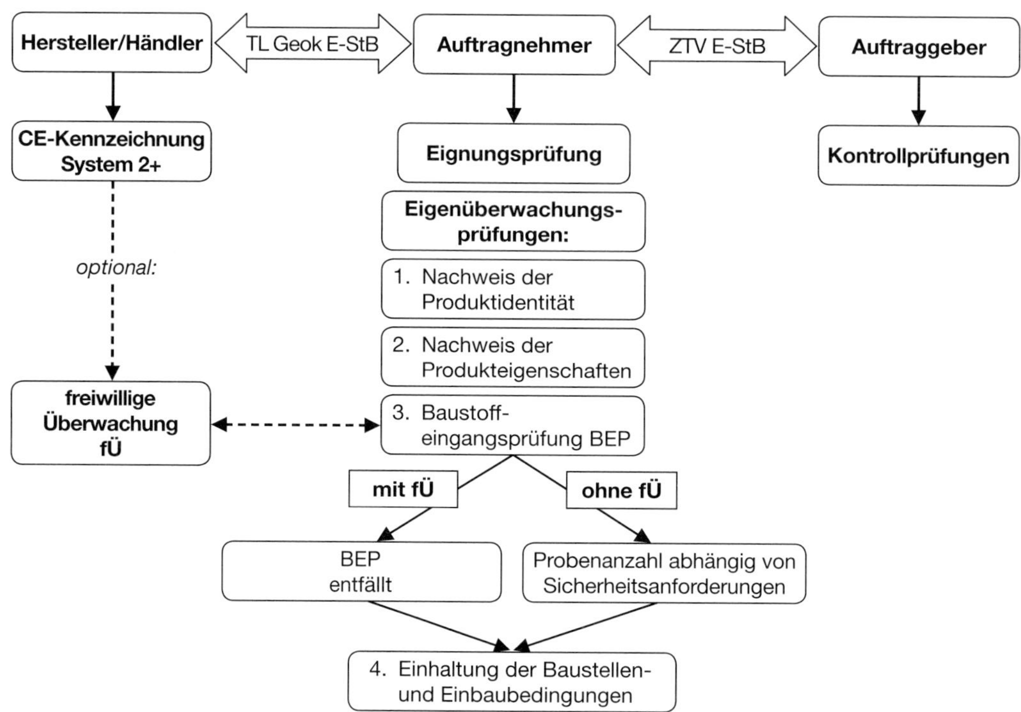

Bild 3: Grundschema für die Qualitätssicherung von Geokunststoffen

Produktes die Baustoffeingangsprüfung der Lieferung durchzuführen.

Kontrollprüfungen sind Prüfungen des Auftraggebers oder des von ihm Beauftragten, um festzustellen, ob die Güteeigenschaften der Produkte und der fertigen Leistungen den vertraglichen Anforderungen entsprechen; ihre Ergebnisse werden der Abnahme und der Rechnungslegung zugrundegelegt. Der Auftraggeber oder sein Beauftragter entnimmt vor dem Einbau im Beisein des Auftragnehmers Proben des Produktes, und zwar so, dass diese noch rechtzeitig durch ein dafür vom Auftraggeber anerkanntes Institut untersucht werden können.

Die in Anhang B ZTV E-StB enthaltenen Tabellen geben den Umfang und die erforderlichen Nachweise für die Baustoffeingangsprüfungen von Geotextilien und verwandten Produkte sowie Dichtungsbahnen an. Anhang C ZTV E-StB enthält Angaben über den Umfang der Kontrollprüfungen für die Produkte.

Für den Geltungsbereich der ZTV E-StB enthalten die „Technischen Lieferbedingungen für Geokunststoffe im Erdbau des Straßenbaues" (TL Geok E-StB) als Vertragsgrundlage die Anforderungswerte und die zugehörigen Prüfverfahren.

Das gelieferte Produkt muss den im Bauvertrag festgelegten Anforderungswerten bzw. Klassen entsprechen. Es bedarf eines Nachweises der „Umweltunbedenklichkeit" auf der Grundlage der Anforderungen der Bundes-Bodenschutz- und Altlastenverordnung (BBodSchV), da die verwendeten Rohstoffe Boden und Wasser nicht belasten dürfen. Vor der Lieferung muss eine ausführliche Beschreibung des Produktes vorgelegt werden. Grundlage dafür ist das begleitende Dokument zur CE-Kennzeichnung.

Hinweise

- Sicherheitsnachweise im Erd- und Grundbau s. Teil 3, Sonderkapitel S6
- Bemessung und Standsicherheit s. Teil 2:
  Böschungen Abschnitt 6, Kom. 6
  Stützbauwerke Abschnitt 10, Kom. 8
  Dämme und Tragschichten Abschnitt 13, Kom. 7.

5 Technische Regelwerke/Literatur

(1) DIN EN ISO 10318: Geokunststoffe – Begriffe

(2) DIN EN 13249: Geotextilien und geotextilverwandte Produkte – Geforderte Eigenschaften für die Anwendung beim Bau von Straßen und anderen Verkehrsflächen

(3) DIN EN 13250: Geotextilien und geotextilverwandte Produkte – Geforderte Eigenschaften für die Anwendung beim Eisenbahnbau

(4) DIN EN 13251: Geotextilien und geotextilverwandte Produkte – Geforderte Eigenschaften für die Anwendung in Erd- und Grundbau sowie Stützbauwerken

(5) DIN EN 13252: Geotextilien und geotextilverwandte Produkte – Geforderte Eigenschaften für die Anwendung in Dränanlagen

(6) DIN EN 13254: Geotextilien und geotextilverwandte Produkte – Geforderte Eigenschaften für die Anwendung beim Bau von Rückhaltebecken und Staudämmen

(7) DIN EN 13255: Geotextilien und geotextilverwandte Produkte – Geforderte Eigenschaften für die Anwendung beim Kanalbau

(8) DIN EN 13256: Geotextilien und geotextilverwandte Produkte – Geforderte Eigenschaften für die Anwendung im Tunnelbau und in Tiefbauwerken

(9) TL Geok E-StB: Technische Lieferbedingungen für Geokunststoffe im Erdbau des Straßenbaues (FGSV, 2005)

(10) M Geo E-StB: Merkblatt für die Anwendung von Geokunststoffen im Erdbau des Straßenbaues (FGSV, 2005)

(11) EBGEO: Empfehlungen für den Entwurf und die Berechnung von Erdkörpern mit Bewehrungen aus Geokunststoffen, Verlag W. Ernst u. Sohn, 2. Auflage, Berlin 2010, Herausgeber Deutsche Gesellschaft für Geotechnik e.V. (DGGT)

(12) Jewell, R. A.: Strength and Deformation in Reinforced Soil Design, Keynote paper on Reinforced Soil, 4th Int. Conf. on Geotextiles, Geomembranes and Related Products, Den Haag 1990

(13) Rüegger, R. u. Hufenus, R.: Bauen mit Geokunststoffen, Handbuch in Zusammenarbeit mit dem Schweizerischen Verband für Geokunststoffe (SVG), St. Gallen 2003

(14) Saathoff, F.: Geosynthetics in geotechnical and hydraulic engineering, Geotechnical Engineering Handbook, Vol. 2: Procedures, Verlag W. Ernst & Sohn, Berlin 2003

(15) Floss, R.: Design Fundamentals for Geosynthetic Soil Technique, Proc. 3rd European Geosynthetics Conference, München 2004

(16) Müller-Rocholz, J.: Geokunststoffe im Erd- und Grundbau, Werner Verlag, Düsseldorf 2005

3.4 Leichtbaustoffe

Leichtbaustoffe sind natürliche oder künstliche Baustoffe mit geringer Dichte. Sie kommen natürlich vor (Bims), werden thermisch aus primär schweren Mineralstoffen erzeugt (Blähton, Blähschiefer, Schaumglas) oder chemisch gefertigt (EPS-Hartschaumstoffe).

EPS-Hartschaumstoffe müssen der DIN EN 14933 entsprechen (Bewertung und Überprüfung der Leistungsbeständigkeit).

Blähtone müssen nach DIN EN 13055 güteüberwacht sein.

Hinweise zur Anwendung von Leichtbaustoffen sind im Abschnitt 13.3.6 enthalten.

Inhalt Kommentar

1 Anwendungen

Der Gebrauch leichter Baustoffe im Erd- und Verkehrswegebau steht zur Disposition, wenn die Belastung von verformungsempfindlichen, wenig tragfähigen Untergrundböden gering gehalten werden muss, um Stabilitäts- oder Setzungsprobleme zu vermeiden. Zu den hauptsächlichen Anwendungsbereichen gehören

- im Dammbau die Anpassung der Dammauflast an die Tragfähigkeit und Setzungsempfindlichkeit des Untergrundes, die Reduzierung des Lasteinflusses auf Anschlussbauwerke, die Reduzierung von Bodenaustauschmaßnahmen, die Erhöhung bestehender Dämme,
- im Straßenbau außerdem die Anpassung der Trassierung bzw. der Gradiente an die Untergrundverhältnisse, das Vermeiden von rissgefährlichen Setzungsdifferenzen durch Anschüttungen beim Verbreitern bestehender Straßendämme,
- der Bau von Brückenrampen, um die Setzungsdifferenzen zwischen Bauwerk und Rampe gering zu halten,
- das Sanieren von Rutschungen und Setzungsschäden durch Austausch der verformten bzw. abgerutschten Böden gegen leichte Baustoffe als Entlastungsmaßnahme,
- das Hinterfüllen von Brückenwiderlagern und Stützkonstruktionen zur Abminderung des Erddrucks,
- der Bau von Lärmschutzwällen, die keine Verkehrsbelastung erhalten und mit steilen Böschungen profiliert werden können.

2 Baustoffe

Im spezifischen Anwendungsfall sind Untersuchungen und spezielle Eignungsprüfungen über die Eigenschaften und Zusammensetzungen der leichten Baustoffe sowie über die

Tabelle 1: Leichtbaustoffe für den Erd- und Straßenbau (nach: Lightweight filling materials. Permanent International Association of Road Congresses. Technical Com. 12, 1995 mit Ergänzung)

Material	Einbaudichte [kg/m³]	Bemerkungen
Holzfaserstoffe, Baumrinde	720–960	s. Kom. 2.1 Anwendung unter Wasser oder in Dämmen, die mit Ton, Asphalt oder Geomembran abgedichtet sind. Volumenverhältnis verdichtet/locker etwa 50 %. Langzeit-Setzung bis zu 10 % der verdichteten Dicke.
Flugasche, Schlacke u. ä.	1024–1600	s. Kom. 2.2
Schnitzel-Zellenstoffe	1024	Volumenabnahme durch Verdichten bis zu 50 %. Starke Kornverfeinerung zu Puder
Schaumbeton	288–1280	In-situ-Herstellung von Porenbeton aus Portlandzement, Wasser und Schaumzusatzstoff. Druckfestigkeit ca. 70–2 000 kPa
Blähton, -schiefer	320–1024	Korngemische 0/32 mm aus gebrannten Tonkügelchen. Nichtbindige Eigenschaften. Zunahme der Dichte durch Wasseraufnahme. Einbau in 1 m dicken Schichten mit leichten Bau- und Verdichtungsgeräten. Setzung ca. 2–3 % der Schütthöhe. Abdeckung mit Filtervlies. Überbaute Deckschicht mind. 0,6 m unter Verkehr.
Expandierter Polystyrol-Hartschaumstoff	20–100	s. Kom. 2.3
ultraleichte zellenartige Stoffe	40–50	Hexagonale Wabenstrukturen aus extrudiertem Polypropylen oder vorgeformten Polyvinylchlorid-Teilen. Aufstieg von Wasser innerhalb der Zellen ohne Auftrieb möglich.
Plastik-Abfallstoffe	300–600	In Blöcken zusammengepresstes und verpacktes Plastikmaterial.
Reifen, zerstückelt	720–896	Einbau über Wasser. Abdeckung mit Boden mind. 1,0 m dick.
Reifen, nicht zerstückelt	350–500	Einbau vorgepresster Reifen von schweren Lkw in Reihen. Abdeckung mit Stahlnetz und Geotextil unter der Bodenüberschüttung.
Glasschaum-Granulat – Schüttgewicht – Einbaugewicht	 170–230 270–330	Einbau mit konventionellen Erdbaumaschinen

Einbaukriterien erforderlich. Im Allgemeinen werden folgende Stoffmerkmale unter Berücksichtigung der Einbaubedingungen zu untersuchen sein: Trocken- und Feuchtdichte, Formänderungen und Festigkeiten bei Druck- und Schubbeanspruchung, Durchlässigkeit und Absorptionsvermögen, Frost-Tau-Eigenschaften, Beständigkeit (UV, Hydrokarbonat, Zersetzung, Feuer).

Zudem setzt die Anwendung eine auf die spezifischen Beanspruchungen abgestimmte erdstatische Spannungs-Verformungsanalyse voraus. Die Standsicherheitsnachweise sind nach den Grundsätzen in DIN 1054/4084 sowohl für ungünstige Bauzustände als auch für den Endzustand des Gesamtbauwerks unter Berücksichtigung der Sicherheit gegen Auftrieb zu führen, s. Teil 3, Sonderkapitel S6.

Aus *Tab. 1* geht hervor, dass sehr verschiedenartige leichte Baustoffe in Gebrauch sind. Exemplarisch folgen für einige dieser Baustoffe zusätzliche Anwendungshinweise und Angaben über ihre Eigenschaften.

2.1 Holzabfallstoffe

Die Abfall- und Nebenproduktstoffe der Holzindustrie umfassen Baumrinde, Sägespäne, Hobelspäne und Holzfaserstoffe. Sie können für leichte Aufschüttungen, Frostsicherungen, Filterschichten und als Erosionsschutz sowie für sekundäre Straßen auf Baustellen gebraucht werden. Einbau und Verdichtung sind mit konventionellen Geräten möglich.

Für den Entwurf von Aufschüttungen wird empfohlen:

- Größe und Art der Holzabfälle (max. ca. 150 mm)
- gut abgestufte Größenzusammensetzung
- Regelböschungsneigung 1,5 : 1 oder flacher bei Begrünung
- Abdeckschicht auf Böschungen aus feinkörnigem Boden 0,3 bis 0,6 m dick oder durch Bitumenemulsion als Schutz vor Erosion und reduzierter Zersetzung (Einwirktiefe ca. 0,6 bis 0,9 m)
- Anordnung einer Böschungsfußdränage, bei großem Sickerwasserzufluss auch interne Dränagen erforderlich
- Volumenreduktion zwischen Liefer- und Einbauzustand bis zu 50 %.

Eigenschaften:

- Scherfestigkeit: Reibungswinkel je nach Teilchengröße der Holzabfälle und der Holzart zwischen 25° (Sägemehl) und 45° (nicht zersetzte Holzfasern, Rinde)
- Kompression: Hauptanteil der Zusammendrückung während der Belastung, jedoch auch sekundäre Kompression. Anfangsvolumen wird unter Last und Verdichtung um ca. 40 % reduziert
- Dichte: Im trockenen Zustand 0,23 bis 0,32 t/m^3, im feuchten Einbauzustand 0,72 bis 0,96 t/m^3
- Durchlässigkeit: ca. $1 \cdot 10^{-3}$ cm/s.

Die Holzabfälle müssen entweder unter Wasser liegen oder eingekapselt abgedichtet sein, wenn ihr Zerfall (Deterioration) vermieden werden soll. Die potenziell mögliche Verunreinigung des Grundwassers durch Auslaugung der Holzabfälle muss durch Schutzmaßnahmen berücksichtigt werden, z. B. Verhinderung der Infiltration durch Ableitung des Wassers über Dräns oder Gräben, abdichtende Einkapselung, Flächendränschichten unter der Auffüllung.

Die Baumrinde zersetzt sich je nach Feuchtigkeit an der Luft, sodass die Dauerhaftigkeit in Aufschüttungen nur durch Unterbindung der Sauerstoffzufuhr, z. B. durch Abdecken mit Sand oder bindigen Böden oder durch Versiegelung mit Bitumenemulsion, erreicht werden kann. Die Abdeckschichten aus geeignetem Boden sind in der Regel ohnehin notwendig, um die Lastverteilung zu verbessern. Zersetzte Rinde ist nur schwierig verdichtbar, besonders im wassergesättigten Zustand.

Die Selbstentzündungsgefahr durch Sauerstoffzufuhr und Verdunstung in Verbindung mit zunehmender Auflast und steigender Temperatur erfordert ebenfalls Schutzmaßnahmen, wie z. B. Begrenzung der Auffüllhöhe auf weniger als 5 m, keine Belüftung der Stoffe, Auswahl von altabgelagertem Totholz, Vorbehandlung vor dem Einbau durch Ablagerung und Mischung bzw. Wenden der Stoffe während der Ablagerungszeit.

2.2 Flugaschen

Siehe Abschnitt 3.2 ZTV E-StB und Sonderkapitel S4 in Teil 3.

2.3 Expandierte Polystyrol-Hartschaumstoffe (EPS)

Die EPS-Hartschaumstoffe bestehen aus thermoplastischem, geschlossenzelligem Schaumpolystyrol und werden aus Granulat in Quader- oder Blockform für den Damm- und Verkehrswegebau hergestellt, z. B. für Straßendämme in den Abmessungen 1,0 · 0,5 · 4,0 m mit einer Rohdichte von mindestens 20 kg/m^3.

Tab. 2 gibt eine Übersicht verschiedener Baustoffklassen mit den zugehörigen physikalischen Eigenschaften. Die Beständigkeit der Stoffe gegen Chemikalien ist je nach Anwendungsfall und Umgebungsbedingungen zu untersuchen.

Die Druck-, Biegezug- und Scherfestigkeit sowie die Wasseraufnahme richten sich maß-

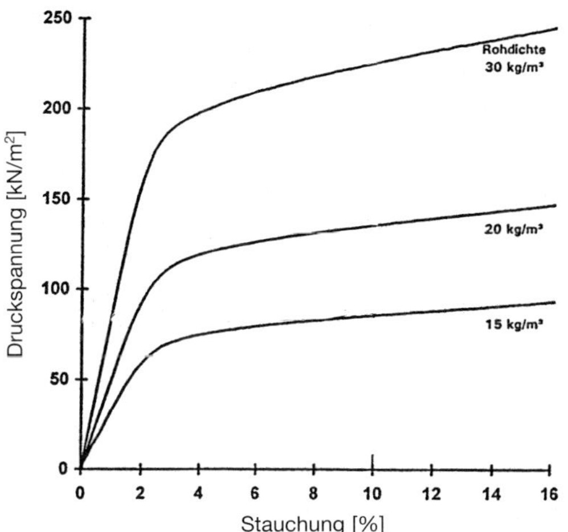

Bild 1: Zusammenhang von Druckspannung und Stauchung für EPS-Hartschaumstoff nach DIN 53421

geblich nach der Rohdichte des Materials. Als Qualitätskriterium für Druckbeanspruchungen wird nach DIN 53421 die Druckspannung bei einer Stauchung von 10 % und für Dauerdruckbelastung bei einer Stauchung von 1,5 bis 2,0 % festgelegt; s. *Bild 1* und *Tab. 2*. Das bei Dauerbelastung entstehende Kriechmaß ergibt sich aus der Differenz zwischen Anfangs- und Endstauchung. Bei Schubbeanspruchung sind die Scherfestigkeit und das Reibungsverhalten des Materials zu untersuchen; Koeffizient für Reibung in den Blockfugen oder zwischen Block und Boden ca. 0,5.

Bauweisen mit EPS-Hartschaumblöcken s. Abschnitt 13 ZTV E-StB, Kom. 8.2.

Der Blockeinbau muss nach genauem Verlegeplan unter Berücksichtigung eines planmäßigen Fugenversatzes erfolgen. Bei Ausführungen auf setzungsempfindlichem, wenig tragfähigem Untergrund empfiehlt sich vor dem Blockeinbau eine Vorbelastung durch Erdaufschüttung oder ein Teilaushub des Bodens, um die Setzungen zu reduzieren. Der Einbau unter Verkehrsflächen erfordert in der Regel entweder eine lastverteilende, plattenartig wirkende Schicht (Stahlbetonplatte, Bodenverfestigung) oder eine ausreichend dick dimensionierte Erdüberschüttung aus setzungsunempfindlichem, gleichmäßig zusammengesetztem Boden.

Eine Abdeckung als Schutz gegen Einflüsse von außen ist in jedem Fall erforderlich, wobei die notwendige Dichtigkeit der Abdeckung gesondert zu prüfen ist.

Der Einbau in Böschungsbereichen und die Gestaltung des Böschungsprofils einschließlich der Abdeckschicht richten sich nach den Erfordernissen für die Standsicherheit.

Tabelle 2: Physikalische Eigenschaften von EPS-Hartschaumstoff; nach Lit. (11)

		Einheit	Prüfungsergebnis		
Mindestrohdichte		kg/m³	15	20	30
Baustoffklasse	Prüfung nach DIN 4102		B1, schwer entflammbar	B 1, schwer entflammbar	B 1, schwer entflammbar
Druckspannung bei 10 % Stauchung		kN/m²	60–110	110–160	200–250
Dauerdruckbelastung bei Gesamtstauchung 1,5 %–2,0 %		kN/m²	25–30	40–50	70–90
Biegefestigkeit		kN/m²	60–30	150–390	330–570
Scherfestigkeit		kN/m²	80–130	120–170	210–260
E-Modul (Druckversuch)		kN/m²	1600–5200	3400–7000	7700–11300
Wasseraufnahme bei Unterwasserlagerung (Vol.-Anteile) Probekörper 50 mm Kantenlänge nach 7 Tagen		Vol.-%	≤ 7	≤ 7	≤ 7

3 Technische Regelwerke/Literatur

(1) DIN 1606 Teil B: Wärmedämmstoffe für das Bauwesen – Bestimmung des Langzeit-Kriechverhaltens bei Druckbeanspruchung

(2) DIN 14933: Leichtaufschüttungen und Dämmprodukte für Anwendungen im Tiefbau – Werkmäßig hergestellte Produkte aus expandiertem Polystyrol (EPS) – Spezifikation

(3) DIN 18164-1: Einführung Technischer Baubestimmungen, Teil 1: Schaumkunststoffe als Dämmstoff für das Bauwesen – Dämmstoffe für die Wärmedämmung

(4) BASF: Technische Information – Hartschaum aus Styropor als Leichtbaustoff im Straßenunterbau, 2005, Blatt 335

(5) National Cooperative Highway Research Program (NCHRP): Guideline and Recommended Standard for Geofoam Application in Highway Embankments, Washington D.C., 2004

(6) Norwegian Public Roads Administration (NPRA): Long-term performance and durability of EPS as a lightweight fill, Nordic Road Transport Research No. 1, 2000

(7) Merkblatt über die Verwendung von EPS-Hartschaumstoffen als Leichtbaustoff im Erdbau des Straßenbaus (FGSV, 2011)

(8) Merkblatt über die Verwendung von Blähton als Leichtbaustoff im Unterbau und Untergrund von Straßen (FGSV, 2004)

(9) Merkblatt über Straßenbau auf wenig tragfähigem Untergrund (FGSV, 2010)

(10) Eidgenössisches Verkehrs- und Energie-Department: Verwendung von Abfall- und Nebenprodukten im Straßenbau, Bundesamt für Straßenbau, Bern 1986, OECD-Bericht Sept. 1977

(11) BASF: Technische Information – Styropor Formel TI 1-810d 26073, Verwertungs- und Beseitigungsverfahren gebrauchter Schaumstoffe aus Styropor, 1994

Teil 2

4 Einschnitte und Dämme

4 Einschnitte und Dämme

Vorbemerkung

(1) Der Abschnitt 4 ZTV E-StB „Einschnitte und Dämme" behandelt den gesamten Massen- und Qualitätsprozess des Erdbaus für Verkehrsanlagen. Die Unterabschnitte werden gesondert kommentiert.

(2) **Die normativen Regelwerke und Literaturquellen betreffen alle Unterabschnitte und sind aus diesem Grund erst am Schluss des Kap. 4 gesamtheitlich als Schrifttum zusammengestellt; s. Seiten 288 ff.**

(3) Die Kommentare zu den Unterabschnitten 4.3 „Einbau und Verdichten" sowie 4.5 „Verformungsmodul" der ZTV E-StB enthalten Erfahrungswerte und Zusammenhänge über Verdichtungs- und Verformungskenngrößen, die seit der Erstausgabe im Jahr 1979 Bestand und Bedeutung beibehalten haben. Sie bildeten bereits bei der Herausgabe der ZTV E-StB 76 die Grundlage für die Einbau- und Verdichtungsanforderungen im Erdbau. Diese Anforderungen haben sich seitdem im Grundsatz wenig geändert. Aus dokumentarischen Gründen ist festzuhalten, dass das diesbezügliche Datenmaterial und die daraus abgeleiteten Anforderungsprofile auf die Untersuchungen der Bundesanstalt für Straßenwesen in den Jahren zwischen 1960 und 1980 zurückgehen; Lit. (7), (8), (9), (10).

4.1 Lösen und Laden

4.1.1 Allgemeines

Siehe DIN 18300, Abschnitt 3.1.

Boden und Fels sind so zu lösen, zu laden, zu fördern und an der Einbaustelle oder im Zwischenlager zu schütten, dass ihre Einbaufähigkeit erhalten bleibt (siehe auch Abschnitt 4.3.1.7). Fallen beim Abtrag Boden, Fels oder andere Materialien mit verschiedener Eignung an und sollen sie verschieden verwendet werden, sind sie getrennt zu lösen und weiter zu bearbeiten.

4.1.2 Abtragsquerschnitte

Von den in der Leistungsbeschreibung festgelegten Sollprofilen darf nur mit Zustimmung des Auftraggebers abgewichen werden.

Soweit es sich um Abtragsquerschnitte handelt, die nicht zum Anwendungsbereich oder Gegenstand nach DIN 4124 gehören, sind die Regelprofile zu verwenden, die den Angaben des Entwurfes und der bautechnischen Erhebungen und Berechnungen entsprechen. Andernfalls sind Festlegungen aufgrund von Untersuchungen zu treffen.

Müssen in Höhe des Einschnittsplanums Felsbänke oder Blöcke, die das Planum beeinträchtigen, entfernt werden, oder muss örtlich über eine in der Leistungsbeschreibung vorgesehene Tiefe hinaus unter dem Planum ausgehoben werden, sind in diese lokalen Vertiefungen geeignete Böden oder Baustoffe so einzubauen und zu verdichten, dass das Planum gleichmäßig tragfähig und ausreichend eben (siehe Abschnitt 4.4.2) ist.

Entsprechende Maßnahmen sind in der Leistungsbeschreibung anzugeben.

4.1.3 Löseverfahren bei Fels

Siehe DIN 18300, Abschnitt 3.3.

Siehe „Merkblatt über das Bauen mit und im Fels" (M Fels).

Das Lösen darf keine Auflockerungen verursachen, die die Standsicherheit gefährden oder über das vorgesehene Böschungsprofil hinausgehen.

Erfordert das Herstellen von Felsböschungen besondere Arbeitsverfahren, um das Trennflächengefüge des Gebirges nicht aufzulockern, sind diese Leistungen in der Leistungsbeschreibung anzugeben.

Die sich aus den einschlägigen Richtlinien und Empfehlungen ergebenden Vorgaben sind in die Leistungsbeschreibung aufzunehmen (siehe „Merkblatt für die gebirgsschonende Ausführung von Spreng- und Abtragsarbeiten an Felsböschungen").

4.1.4 Sprengpläne und gesetzliche Bestimmungen

Sprengungen sind so auszuführen, dass die Sprengwirkung nicht über das vorgesehene Böschungsprofil hinausreicht. Die Gewinnungssprengungen (Lösesprengungen) und Sprengungen zur Böschungsprofilierung (Vorspaltsprengung) sind aufeinander abgestimmt vorzunehmen.

Der Auftragnehmer hat dem Auftraggeber einen genehmigten Sprengplan vorzulegen.

Die Sprengpläne müssen mindestens folgende Angaben enthalten:

- Bauobjekt im Grundriss und Schnitte, gegebenenfalls gesondert für verschiedene Abbausohlen,
- Anordnung, Durchmesser, Neigung, Richtung und Tiefe der Bohrlöcher,
- Art der Spreng- und Zündmittel,
- Lademenge und Anordnung des Sprengstoffes im Bohrloch,
- die Zündfolge.

Die Sprengpläne für die Gewinnungssprengungen und für die Böschungsprofilierungen können zusammengefasst werden.

Werden im Fels zum Erzielen kleinstückigen Haufwerkes Probesprengungen oder Änderungen beim Gewinnungssprengen vorgenommen, sind ebenfalls entsprechende Sprengpläne vorzulegen.

Die Einhaltung der gesetzlichen Bestimmungen für die Sprengarbeiten (Erlaubnis, Befähigung, Sprenganzeige, Unfallverhütungsvorschriften usw.) obliegt dem Auftragnehmer bzw. dessen Beauftragten. Der Sprengberechtigte (früher Sprengmeister) ist dem Auftraggeber schriftlich zu benennen.

4.1.5 Lösen von Fels

Beim Lösen von Fels und felsartigen Böden ist eine Stückigkeit anzustreben, die eine unmittelbare Verwendung als Einbaumaterial zulässt (siehe auch Abschnitt 4.3.1.4). Wird diese Stückigkeit nicht direkt beim Lösen erreicht, sind zusätzliche Maßnahmen zu ergreifen. Diese Maßnahmen sind Nebenleistungen.

Inhalt Kommentar

1 Koordinierung der Arbeiten

1.1 Baustellen- und Betriebsbedingungen

(1) Der gesamte Massenbewegungsprozess stellt eine funktionell zusammenhängende Produktionskette dar. Hinsichtlich der Wahl der Arbeitsverfahren, der Baumaschinen und der Fahrzeuge müssen die Arbeitsvorgänge „Lösen – Laden – Fördern – Einbauen – Verdichten“ optimal miteinander koordiniert werden.

Eignungs-, Leistungs- und Kostenvergleiche, bei denen verschiedene Verfahren und Maschinen für das Lösen und Laden mit denen für das Fördern und Einbauen kombiniert und in ihrer Leistung aufeinander abgestimmt werden, bilden die Grundlage. Die Leistung wird maßgeblich von den Baustellen- und Betriebsbedingungen beeinflusst.

Zu diesen Bedingungen gehören

- Bearbeitungskriterien gemäß DIN 18300 bzw. Abschnitt 3.1 ZTV E-StB für die zu lösenden Erd- und Felsmassen,
- Länge, Neigung und Zustand der Förderwege,
- Förder-, Einbau- und Verdichtungsbedingungen unter Berücksichtigung der Witterungsverhältnisse und der Arbeitsflächengröße,
- Zustand der Maschinen,
- Erfahrungen des Personals.

Die Abhängigkeit der Leistung von diesen Bedingungen lässt sich z. B. für den gleislosen Erdbaubetrieb mittels der in *Tab. 1* enthaltenen Faktoren abschätzen.

(2) Die Arbeiten für Abtrag, Aushub und Aufschütten sind so zu koordinieren, dass mög-

Tabelle 1: Leistungsfaktoren für den gleislosen Erdbaubetrieb, nach Lit. (14)

Baustellen-bedingungen	Betriebsbedingungen			
	sehr gut	gut	mittel-mäßig	schlecht
sehr gut	0,84	0,81	0,76	0,70
gut	0,78	0,75	0,71	0,65
mittelmäßig	0,72	0,69	0,65	0,60
schlecht	0,63	0,61	0,57	0,52

lichst alles geeignete Material direkt ohne Zwischendeponie verwendet werden kann.

Bei günstigen Witterungsbedingungen ist vor allem der Abtrag von Boden voranzutreiben, dessen Wassergehalt an der für den Einbau oberen zulässigen Grenze liegt oder der bei Durchnässen unbrauchbar wird.

Bei wasserempfindlichen Böden müssen die Arbeitsflächen bis zum Erreichen des Rohplanums stets über die gesamte Breite ein Gefälle von 6 bis 10 % nach außen aufweisen. Die Kosten für Maßnahmen zum einwandfreien Entwässern der Arbeitsflächen sind vom Auftragnehmer einzurechnen.

1.2 Entwässerung der Baufelder

(1) Die Entwurfsplanung ist so aufzustellen, dass Auswirkungen des an der Oberfläche anfallenden Wassers sowie des Sicker- und Grundwassers die Bearbeitung der Baufelder und den Bestand der Verkehrsflächen nicht schädlich beeinträchtigen. Die Planfestlegungen sind so zu treffen, dass das Oberflächenwasser gesammelt aufgenommen und versickert oder bis zum Vorfluter weitergeleitet wird. Die Entwässerung der Baufelder erfordert ein planerisches und technisches Gesamtkonzept für die Ableitung bzw. Versickerung aller Niederschlags-, Sicker- und Schichtwässer. Dieses Konzept muss Gegenstand der Gesamtplanung und der Leistungsbeschreibung sein.

(2) Die Gewässer dürfen durch die Bauarbeiten weder verunreinigt noch in ihren Eigenschaften nachteilig verändert, die natürlichen Abfluss- und Vorflutverhältnisse des Geländes nicht gestört werden.

Die Maßnahmen zum Schutz der Gewässer werden rechtsverbindlich festgestellt. Insbesondere für die Einleitung in oberirdische Gewässer, aus Versickerungsanlagen in das Grundwasser und für die Grundwasserabsenkung ist eine wasserrechtliche Erlaubnis erforderlich, die über das Planfeststellungsverfahren oder ein wasserrechtliches Verfahren zu erwirken ist. Eine ungenehmigte Einleitung kann als Straftatbestand geahndet werden.

(3) Eine dauerhaft wirksame Entwässerung des Untergrundplanums ist entscheidend für den Gebrauchswert des Oberbaues und die Nutzungsdauer der Verkehrsflächen. Die Grundsätze für die Entwässerung der Verkehrsflächen müssen deshalb sinngemäß auch für jede Phase des Bauzustandes sichergestellt sein. Aus wirtschaftlichen Gründen wird allgemein empfohlen, die vorläufigen Maßnahmen in der Bauphase nach Möglichkeit mit den Entwässerungen für die fertigen Verkehrsflächen zu kombinieren.

Die Konzepte für die Sammlung und Ableitung des Oberflächenwassers gehen im Grundsatz von einer Versickerung vor Ort aus. Bei Großflächen kann eine dezentrale Versickerung über außerhalb des Baufeldes liegende Sickerbecken mit zugeschaltetem Bodenfilter realisiert werden.

Für die Wassersammlung im Baufeld dient ein kombiniertes System aus Quer- und Längsrigolen sowie Sicker- und Rückhaltemulden. Das System der dezentralen Entwässerung und zentralen Versickerung des Oberflächenwassers der Verkehrsflächen sollte bereits in der Bauphase des großräumigen Erdbaus zumindest partiell und provisorisch funktionieren. Es kann nur dann leistungswirksam sein, wenn das Wasser ohne Behinderung abfließt. Reicht das Fließgefälle nicht aus, werden zwischengeschaltete Versickerungen oder konstruktive Maßnahmen zur Erhöhung des Gefälles notwendig. Ungünstige Bodenbedingungen hinsichtlich Wasserabfluss, Vorflut und Versickerung von Oberflächenwasser liegen vor, wenn sich das Baufeld in wasser- oder erosionsempfindlichen Bodenschichten oder in ebenem, abflusslosem Gelände ohne Anschluss an eine Vorflut befindet.

Der Abtrag in Einschnitten und der Auftrag in Dammstrecken setzen sorgfältig geplante und wirksam ausgeführte Entwässerungsmaßnahmen voraus, die in der Leistungsbeschreibung vorzusehen sind. Ziel ist es, den Abfluss von Oberflächenwasser unbehindert und schadlos in jeder Bauphase zu regeln. Dieser Grundsatz gilt gleichermaßen für Abtragsflächen in Seitenentnahmen, Auftragsflächen in Zwischendeponien und für fertiggestellte, offenliegende Planumsflächen.

1.3 Abtrag und Auftrag von Boden und Fels

(1) Der erdbautechnische Gesamtprozess umfasst je nach Objekt und Aufgabe das Lösen (Abtrag), das Laden und Transportieren, den Einbau (Auftrag) und das Verdichten. Der Zustand beim Lösen von Boden und Fels bestimmt dem Grundsatz nach den Schwierigkeitsgrad. Das Lösen steht am Anfang dieses Massenprozesses und bestimmt den Ablauf der nachfolgenden Teilleistungen. Der technisch und sicherheitsbedingt erforderliche Aufwand richtet sich maßgeblich nach den beim Abtrag angetroffenen Schicht-, Struktur- und Wasserverhältnissen der zu bearbeitenden Boden- und Felseinheiten.

Die Eigenschaften und Beschaffenheit von Boden und Fels beeinflussen den Abtrag und alle nachfolgenden Teilleistungen. Darüber hinaus haben örtliche, baubetriebliche und organisatorische Faktoren mitwirkenden Einfluss, z. B. die Größe des Baufeldes und der verfügbaren Arbeitsflächen, die verfügbaren Förderwege (Länge, Steigung, Zustand), die einsetzbaren Arbeitsgeräte und Maschinensätze sowie die baubetrieblichen und organisatorischen Störungen des Gesamtbauablaufs durch andere Gewerke.

(2) Die Planung des Abtrags und Auftrags von Boden und Fels ist innerhalb des Baufeldes auf Massenausgleich auszurichten. Diese Zielsetzung ist aus wirtschaftlicher, ressourcenschonender und auch aus technischer Sicht verpflichtend geboten. Sie setzt die gründliche Erkundung voraus.

Der Schwierigkeitsgrad der erdbautechnischen Bearbeitung von Boden und Fels lässt sich unter komplizierten geologischen oder objektspezifischen Verhältnissen nur begrenzt aus der Erkundung allein erkennen, sondern vollumfänglich erst während des Arbeitsprozesses. Ändern sich die Bedingungen dabei gravierend gegenüber den ursprünglichen Annahmen, müssen je nach Fall die Bauweise, die Arbeitsgeräte oder der Bauablauf angepasst oder auch ganz umgestellt werden. Die technisch-wirtschaftlichen Kalkulationsannahmen bedürfen der Überprüfung und ggf. der Korrektur vor bzw. bei Baubeginn.

(3) Abtrag und Auftrag sind profilgerecht auszuführen. Das Abtragsmaterial soll möglichst direkt oder andernfalls nach Zwischendeponierung wiederverwendet werden. Die Einbaueigenschaften dürfen nicht beeinträchtigt werden. Verschiedenartig verwendbare Materialien müssen entsprechend getrennt behandelt bzw. bearbeitet werden. Die Realisierung dieser Grundsätze erfordert besondere Erfahrung.

Der profilgerechte Abtrag von witterungsempfindlichem Boden setzt trockene Witterung und eine wirksame Bauentwässerung im Bereich der Abtragsflächen voraus. Das Oberflächenwasser muss jederzeit ungehindert und schadlos abfließen können. Durchnässte, aufgeweichte Flächen können erst nach tiefgründiger Austrocknung wieder für den Abtrag und Erdbaubetrieb frei zugänglich werden.

Der profilgerechte Bodeneinbau unterliegt gleichermaßen den witterungsbedingten Erfordernissen. Besonders betroffen sind Böden bindiger Beschaffenheit mit frost-, wasser- und witterungsempfindlichen Eigenschaften. Sie können je nach Witterungsablauf besondere erdbautechnische Vorbehandlung durch Zwischenlagerung oder Behandlung mit Bindemittel erforderlich machen.

(4) Zwischendeponien wasserempfindlicher Materialien dürfen nicht durchnässen; sie sind erdbautechnisch fachgerecht anzulegen und zu verdichten.

Für die Zwischenlagerung von Böden mit wechselnden Eigenschaften und unterschiedlicher Beschaffenheit ist maßgebend, dass sie nur in dem Zustand abgelagert werden können, wie sie im Abtrag anfallen und im Baufeld gefördert werden. Besondere Bodenbehandlungen zur Steuerung der Einbauwassergehalte können in der Phase der Zwischenlagerung notwendig werden.

(5) Der Abtrag von Fels im Wechsel von massigen Gesteinsbänken mit hoher Gefügefestigkeit bis hin zu tektonisch oder verwitterungsbedingt klüftigen und rissigen Schicht-

folgen, die in eigenständiger Anordnung dicht aneinandergrenzen oder strukturell ineinander übergehen, gestaltet sich besonders schwierig. Die Gesteinsfestigkeiten können vertikal und in der Fläche von sehr hart bis mürb, die Kornbindung gerichtet bis regellos und das Trennflächengefüge von plattig-bankig bis kubisch-kompakt wechseln. Unter solchen wechselnden Bedingungen kann der Abtrag nicht frei nach Lage, Abstand und Ausbildung der Haupttrennflächen ausgerichtet werden.

Der Schwierigkeitsgrad wird im Wesentlichen durch das Herauslösen der kompakten, fest im räumlichen Verbund eingelagerten oder verfestigten Gesteinsbänke bestimmt. Insbesondere beim Aushub in räumlich beengten Standorten, wie bei Baugruben und Gräben, oder beim Herstellen von Felsböschungen und Gründungssohlen für Fundamente entstehen Erschwernisse und Mehraufwand, die besondere Berücksichtigung finden müssen. Der Abtrag richtet sich unter solchen Verhältnissen nach der Standfestigkeit des Gebirgsverbandes und kann nicht in jedem Fall einfach geometrisch profilgerecht ausgeführt werden.

(6) Die Eignung und Verwendung von Felsgestein für den Auftrag von Dammschüttungen und Gelände richten sich nach der mit dem Löseverfahren beim Abtrag erzielten Stückigkeit und Kornabstufung des Gesteins. Diese Qualitätsmerkmale der beim Abtrag anfallenden Haufwerke beeinflussen die anzuwendende Technik für das Laden, Fördern, Einbauen und Verdichten. Die Eignung der Haufwerke für verschiedene Verwendungszwecke kann meist erst durch begleitendes Klassifizieren während des Abtrags beurteilt werden. Die kontinuierliche Klassifizierung und Beprobung während der Gewinnung bzw. des Ausbruchs der Gesteinsmassen hat sich erfahrungsgemäß als technisch zweckmäßige und wirtschaftliche Verfahrensweise erwiesen.

Felsgesteine eignen sich für den gezielten Aufbau von Schüttdämmen; dies gilt insbesondere dann, wenn ihre Festigkeits- und Verformungseigenschaften unverändert von Witterungseinwirkungen erhalten bleiben. Bei gut korngestufter Kleinstückigkeit ist auch der Einbau im oberen Bereich von Verkehrsdämmen bei intensiver Verdichtung des Haufwerkes möglich. Das beim Lösen sehr grob und unregelmäßig anfallende Gestein muss für den Einbau gesondert aufbereitet oder aussortiert werden.

Sogenannte veränderlich feste Felsgesteine ändern durch Wasser und Witterung sowie mineralchemisch bedingt ihre Festigkeits- und Verformungseigenschaften. Ihre Eignung für Dammschüttungen und sonstige Auftragsarbeiten muss anhand materialspezifischer Untersuchungen oder Probeverdichtungen unter Einbezug regionaler Erfahrungen beurteilt und entschieden werden. In der Regel werden für den Einbau und die möglichst hohlraumarme Verdichtung spezifisch hohe Qualitätsanforderungen notwendig.

1.4 Zwischenlagerung von Boden

Eine geordnete Zwischenlagerung von witterungsempfindlichen Böden setzt Maßnahmen der Profilierung und Verdichtung sowie der Entwässerung und des Schutzes voraus, und zwar im Einzelnen:

- Die Auflager- und Auftragsflächen sind mit starkem Gefälle (w. o. angegeben) und Vorflutgräben so anzulegen, dass das Bodenwasser und das Niederschlagswasser ungehindert abfließen können. Reichen diese Maßnahmen bei zu hohem Wassergehalt (weiche bis breiige Konsistenz) nicht aus, müssen zusätzlich in der Zwischenablagerung entweder in Sandwich-Bauweise Flächendränageschichten zwischengeschaltet oder netzförmig Sickerstränge angelegt werden.
- Die Schüttungen sind nach erdbautechnischen Grundsätzen anzulegen, d. h. sie sind lagenweise einzubauen und zu verdichten, bei zu hohem Wassergehalt mit geeignetem Baukalk oder durch Belüften zu verbessern.
- Die Flächen dürfen nicht durchnässen und müssen bei längerer Liegezeit abgedeckt werden. Durchnässte Bereiche sind zu entfernen oder wie o. g. zu verbessern oder wiederholt umzuschichten.
- Böden mit unterschiedlichen bodenmechanischen Eigenschaften, insbesondere unterschiedlichen Wassergehalten und Konsistenzen, dürfen keinesfalls wahllos durcheinander abgelagert werden, da sonst das Wasser lokal aufstaut und den umgebenden Boden aufweicht.

- Die Oberfläche der Zwischenlagerung ist in kleinen Abschnitten zu profilieren, sodass jederzeit ein geregelter Wasserabfluss entsteht.

Aufgrund der vorgenannten Regeln ist festzustellen, dass eine geordnete Zwischenlagerung von breiigen bis weichen Böden erdbautechnisch aufwendig auszuführen ist. Die Zwischenlagerung reicht allein nicht aus, den Wassergehalt so zu reduzieren, dass ein Einbau ohne bodenverbessernde Maßnahmen möglich wird. Zumindest sind hierfür lange Liegezeiten und Trockenperioden erforderlich. Ab- bzw. Austrocknungen erfassen jeweils nur die oberflächennahe Deckschicht und werden durch erneuten Niederschlag bzw. unter Winterbedingungen sofort wieder aufgehoben. Eine sofortige Austrocknung auf größere Tiefe tritt nicht ein.

1.5 Seitenentnahmen und Ablagerungsflächen

(1) Die Planung und Beschaffung von Seitenentnahmen ist im Rahmen der Vorarbeiten vom Auftraggeber mit den zuständigen Behörden abzustimmen. Bei großem Flächenbedarf muss rechtzeitig geprüft werden, ob ein Raumordnungsverfahren und eine Planfeststellung erforderlich sind.

Das Raumordnungsverfahren greift sonstigen Rechtsvorschriften nicht vor und bewirkt noch kein Recht zur Enteignung; es ersetzt nicht erforderliche öffentlich-rechtliche Genehmigungen, Verleihungen, Erlaubnisse und Zustimmungen.

(2) Geeignete Entnahmebereiche sollen bereits bei der Bearbeitung des Vorentwurfs im Gutachten über die Bodenerkundung, ggf. aufgrund zusätzlicher Aufschlüsse, ermittelt werden. Nach Lage, Größe und Beschaffenheit geeignete Entnahmeflächen sollen spätestens beim Erarbeiten der Unterlagen für die Planfeststellung festgelegt werden.

(3) Seitenentnahmen gehören im Sinne von § 1 (4) Nr. 4 FStrG zu den Entnahmestellen und können somit als Nebenanlagen der Straße in eine Planfeststellung einbezogen werden. Werden sie z. B. später als Regenrückhaltebecken genutzt, so muss diese Planfeststellung erfolgen. Dagegen ist die Planfeststellung nicht notwendig, wenn

- im Raumordnungsverfahren oder auf andere Weise geklärt ist, dass öffentliche Belange nicht entgegenstehen, und
- die freihändige Beschaffung der Flächen gesichert ist.

Die Planfeststellung regelt die Zulässigkeit des Vorhabens im Hinblick auf alle von ihr berührten öffentlichen Belange, sodass weitere öffentlich-rechtliche Genehmigungen nicht erforderlich sind.

(4) Seitenentnahmen bedürfen, falls sie nicht in eine Planfeststellung einbezogen sind, der Genehmigung nach dem Bodenabbaugesetz und ggf. nach anderen gesetzlichen Vorschriften. Die Genehmigungen sind von demjenigen einzuholen, der die Seitenentnahmen zu beschaffen hat.

Der Auftraggeber beschafft die ausgewiesenen Flächen in der Regel dann, wenn für eine Seitenentnahme eine Planfeststellung durchgeführt wird. In den Verdingungsunterlagen ist zu regeln, wer in diesem Fall das Risiko der Bodenqualität trägt.

Die Beschaffung kann auch durch Vereinbarung anderen Planungsträgern überlassen werden, von denen die ausgebeutete Seitenentnahme später genutzt wird.

In allen anderen Fällen ist die Beschaffung dem Auftragnehmer zu überlassen. Die Bieter sollen in diesem Fall in der Leistungsbeschreibung auf geeignete Entnahmebereiche und auf die voraussichtlichen Auflagen sowie auf bereits bekannte Bereiche, die für eine Entnahme nicht in Betracht kommen, hingewiesen werden.

Bei Bodenmassen, die vom Auftragnehmer geliefert werden, sind Angaben über die Lage der vorgesehenen Entnahmeflächen mit Eintragung im Messtischblatt M 1 : 25 000, über die Gemarkung, Flurstücke und Eigentümer der Flächen dem Angebot beizufügen. Vor Ablauf der Zuschlagsfrist muss eine Genehmigung nach dem Bodenabbaugesetz vorgelegt werden. Die Nachweise des Auftragnehmers, die im Zusammenhang mit dem Beschaffen und Bewilligen von Seitenentnahmen und Ablagerungsflächen zu erbringen sind, müssen in der Regel zum Submissionstermin, spätestens jedoch vor Auftragserteilung vorliegen. Der für die auszuführenden Leistungen notwendige Gerätepark sowie alle Hilfsmittel sind ebenfalls bis zu diesem Termin nachzuweisen.

Seitenentnahmen sind erdbautechnisch so auszubilden und nach Inanspruchnahme zu rekultivieren, dass sie den Landschaftsschutzbestimmungen und den besonderen Auflagen entsprechend sich wieder in die Landschaft einfügen und ihre Flächen genutzt werden können.

(5) Für Ablagerungsflächen muss eine Planfeststellung durchgeführt werden, wenn die zuständige Behörde dies fordert.

Ablagerungsflächen sind in der Regel vom Auftraggeber zu beschaffen, wenn

- die Ablagerungen Gegenstand einer Planfeststellung sind bzw.
- die Flächen so groß sind, dass die Beschaffung wegen des Zeit- und Arbeitsaufwands nicht vom Auftragnehmer durchgeführt werden kann.

Die Beschaffung ist möglichst frühzeitig einzuleiten, bei großem Flächenbedarf spätestens nach Abschluss des Raumordnungsverfahrens. In den Verträgen muss geregelt werden, wer Rekultivierungsarbeiten, soweit erforderlich, durchführt.

Bei kleinen Ablagerungsflächen kann die Beschaffung der Flächen dem Auftragnehmer überlassen werden. In solchen Fällen sollen die Bieter in der Leistungsbeschreibung auf geeignete Ablagerungsflächen und auf die voraussichtlichen Auflagen sowie auf bereits bekannte Bereiche, die für eine Ablagerung nicht in Betracht kommen, hingewiesen werden. Soweit diese Flächen vom Auftraggeber zur Verfügung gestellt werden, müssen sie nach Lage, Größe und Beschaffenheit in den Ausschreibungsunterlagen ersichtlich sein.

(7) Bei der Planung und Beschaffung von Seitenentnahmen und Ablagerungsflächen ist auf vorhandene Leitungen oder sonstige Einbauten zu achten. Wird eine Umlegung notwendig, sind die Rechtsgrundlagen zu prüfen, da diese u.a. auch über die Frage nach dem Kostenträger entscheiden. Dabei muss das Verursacherprinzip für die Umlegung nicht zwangsläufig die ausschließliche Rechtsgrundlage sein.

2 Arbeitsverfahren

Die Erd- und Felsarbeiten setzen sich aus einzelnen Arbeitsvorgängen wie Gewinnen (Lösen, Füllen, Laden), Fördern und Einbauen (Entladen, Verteilen, Verdichten) zusammen. Diese Vorgänge können getrennt mit verschiedenen Geräten oder mit Geräten, die mehrere Arbeitsvorgänge übernehmen, ausgeführt werden.

Die Eigenschaften der zu lösenden und einzubauenden Boden- und Felsarten beeinflussen bzw. bestimmen die Art und Leistung der Geräte, insbesondere beim Lösen.

Die Methoden des Lösens von Boden und Fels sind bei vielen Geräten mit denen des Füllens kombiniert. Unterschieden werden: Schürfen, Greifen, Reißen, Sprengen und Spülen. Anhalt über die Einsatzbereiche und Bedingungen der wichtigsten Geräte s. *Tabelle 2*, *Bild 1* und *2*.

2.1 Schürfarbeit im Flachbaggerbetrieb

Beim Einsatz von Flachbaggern wird der Boden in miteinander kombinierten Arbeitsvorgängen gelöst, transportiert und eingebaut. Der Flachbaggerbetrieb stellt in Verbindung mit der Aufreißtechnik für die meisten Boden- und Felsmassen ein wirtschaftliches Verfahren dar, sofern freie Arbeitsflächen und optimale Förderweiten gegeben sind; s. Abschnitt 4.2 ZTV E-StB mit Kom. und *Bild 1*.

Bei der Maschinenwahl ist die erforderliche Arbeitsleistung zu kalkulieren. Sie richtet sich nach dem Widerstand, den der Flachbagger beim Schürfen W_s, Füllen W_f und Weiterbewegen W_r zu überwinden hat. Der Gesamtwiderstand in N ergibt sich zu

$$W = W_s + W_f + W_r$$

a) Schürfwiderstand

$$W_s = w_s \cdot i \cdot b \cdot f_i$$

w_s spezifischer Schürfwiderstand in N/cm², bezogen auf 1 cm oder 10 cm Schürftiefe nach *Tab. 2*

i Schürftiefe in cm

b Schneidenbreite in cm

f_i Korrekturfaktor für die Schürftiefe

b) Füllwiderstand

$$W_f = w_f \cdot V \cdot \gamma \cdot \varphi \cdot \alpha$$

w_f spezifischer Füllwiderstand in N/kN Nutzlast
V Nutzladung des Kübels in m^3
γ Wichte des Bodens in kN/m^3
φ Faktor für die Kübelfüllung nach *Tab. 2*
α Auflockerungsbeiwert nach *Tab. 2*
f_m Nutzladungsbeiwert $f_m = \varphi \cdot \alpha$

c) Rollwiderstand

$$W_r = w_r \cdot G_a \pm w_r'$$

W_r spezifischer Rollwiderstand in N/kN Gewicht nach *Tab. 2*
G_a Gewichtskraft in kN, übertragen über die angetriebenen Räder
w_r Rollwiderstand bei geneigten Fahrbahnen: ± 10 N/kN Gewicht je % Steigung oder Gefälle

Um den Gesamtwiderstand W beim Arbeiten des Flachbaggers überwinden zu können, muss der Motor eine mindestens gleichgroße Schubkraft S leisten und ein entsprechender Kraftschluss ($\mu \cdot G_a$) am Boden möglich sein:

$$S = \frac{\eta \cdot 2000 \cdot N}{v} < \mu_k \cdot G_a \geq W$$

N Motorleistung in kW
η Wirkungsgrad ($n \approx 0{,}8$)
v Fahrgeschwindigkeit in km/h
μ_k Kraftschlussbeiwert nach *Tab. 2*

Werden anstelle von Flachbaggern oder damit kombiniert Löffelbagger (Hoch- und Tieflöffel) für das Lösen eingesetzt, so resultiert deren Leistungsaufwand vollständig aus Schürf- und Füllwiderstand, die herstellerseitig bedarfsgerecht in weiten Grenzen ausgelegt sind.

2.2 Greifarbeit

Das Arbeiten mit Greifgeräten (Bagger, Ladegeräte) ist vorrangig dem Greifen von Böden und Baustoffen zugeordnet, die infolge geringer Festigkeit nicht eigens zu lösen oder bereits gelöst sind: z. B. Kiese, Sande, weiche bindige oder organische Böden, Aschen, Schlacken. Die Einpresskraft ist begrenzt und richtet sich nach der Masse der Greiferschaufel.

2.3 Reißarbeit

Das Arbeitsverfahren (Reißgerät, Abbauplanung, Vortriebsrichtung) richtet sich nach der Festigkeit und dem Trennflächengefüge des zu lösenden Felsgesteins. Der Fels soll möglichst kleinstückig zu einem weit gestuften Gemisch mit günstig geformten Steinen gerissen werden, sodass ein gut verdichtbares Schüttmaterial entsteht; ggf. ist es zusätzlich zu zerkleinern. Voraussetzung für diese Güteanforderungen ist ein enges Trennflächengefüge mit blockigen, würfligen Raumteilen.

Tabelle 2: Beiwerte zur Berechnung der Widerstände beim Flachbagger-Einsatz; Lit. (31)

Bodenart		Boden-klasse	Schürfwider-stand w_s N/cm²	Füllwider-stand w_f N/kN	Auf-lockerung α	Füll-faktor φ	Rollwider-stand w_r N/kN	Kraftschlussbeiwert μ_K	
								Reifen	Raupe
Sand, Kies, Sand-Kies-Gemische, leicht schluffige und leicht tonige Sande und Kiese		3	3–6	500–700	0,93–0,85	0,8–1,0	30–150	0,25–0,35	0,25–0,30
stark schluffige oder tonige Sande und Kiese, weiche bis feste bindige Böden		4	4–8	400–600	0,85–0,75	1,0–1,35	50–150	0,40–0,50	0,55–0,70
Böden wie Bodenklasse 4 mit Steinen, steifplast. bis halbfester Ton		5	6–14	600–800	0,75–0,85	1,0–1,30	30–70	0,40–0,55	0,55–0,60
leicht lösbarer Fels		6	12–35	800–1100	0,65–0,50	0,5–1,2	30–40	0,55	0,90
Grasnarbe	fest	1	15–30	900–1100	–	–	40	0,35	0,70
	locker		5–20	500–600	–	–	50–70	0,25	0,65
Erdstraßen		–	–	–	–	–	20–50	0,50	0,55
Betonstraße	schmierig	–	–	–	–	–	45	0,2	0,75
	trocken	–	–	–	–	–	20	0,8	0,50

Gerät	Inhalt m³	einsatzfähig bei Bodenklasse 1 2 3 4 5 6 7	günstigste Förderweiten m -3 -30 -75 -300 -2000 >2000	Steigfähigkeit % 50	Wetter-empfind-lichkeit
Hochlöffelbagger	0,5-2,0				keine
Tieflöffelbagger	0,5-1,0				keine
Eimerseilbagger	0,5-2,0				keine
Greifbagger	0,5-2,0				keine
Ladeschaufel	0,1-2,0				gering
Motorschürfwagen	8-40				groß
Schürfkübelraupe	6,5				mittel
Planierraupe	-				klein
Erdhobel	-				gering
Tiefenaufreißer	-				keine
Lastwagen	5-15				groß
Bodenschütter	10-20				groß
Förderbänder	-				keine
Spülen	-				keine

Bild 1: Einsatzbereich verschiedener Erdbaugeräte; Lit. (29)

Diese Bedingungen setzen Vorversuche zu Beginn der Arbeiten voraus, um die optimale Richtung des Reißens, die Tiefenwirkung des Reißzahnes sowie weitere Bedingungen zu ermitteln, unter denen das hinsichtlich der Steingrößen am besten abgestufte Gemisch erreicht wird. Das Auflockern durch schlagende Werkzeuge oder Sprengen wird weitgehend durch Zusatzeinrichtungen an den Hydraulikbaggern ersetzt, wie z. B. Rippenzähne, Aufreißhämmer, Ein- und Mehrzahnreißer, Meißel.

Das Lösen durch Reißarbeit wird vorrangig in harten Schichten (fester Lehm, Ton-Mergel, Schluff- und Tonstein) sowie in klüftigem Fels angewendet. Gerissen wird mit schwerem Bagger, der das gelöste Material im Baggergefäß auffängt, oder mit an Raupenfahrzeugen anmontiertem Tiefaufreißer. Die Arbeit setzt viel Erfahrung beim Ansatz der Reißzähne und der erforderlichen Reißkraft voraus. In harten Schichten wird mit einem Reißzahn und hoher Reißkraft gearbeitet, in weicheren Schichten mit mehreren Zähnen gerissen, um zugleich stärker zu zerteilen.

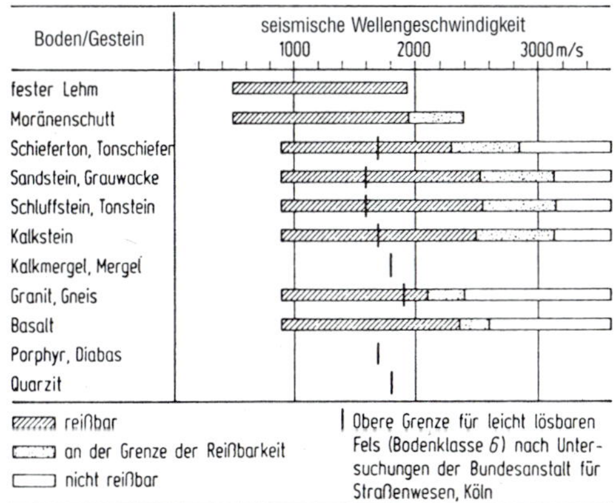

Bild 2: Reißbarkeit Cat D9/D10N in Abhängigkeit von der seismischen Wellengeschwindigkeit im Boden/Gestein; Lit. (29)

Ein Kriterium für die Reißbarkeit von Fels kann die seismische Wellengeschwindigkeit sein. *Bild 2* vermittelt näherungsweise die Grenzen der Reißbarkeit. Die Wellengeschwindigkeit reicht jedoch zumeist als Kriterium für die Reißbarkeit allein nicht aus, weil sich die Schichtung und Klüftung stark auswirken.

Reißen von Felsböschungen s. Abschnitt 6 ZTV E-StB.

2.4 Sprengarbeit

Waagerecht gelagerter Fels mit Schicht- oder Bankdicken über 35 cm sowie kompakt gefügte Erstarrungsgesteine lassen sich in der Regel nicht mehr reißen. Im Grenzfall können Auflockerungssprengungen in kombiniertem Einsatz mit Reiß- und Schürfgeräten genutzt werden.

Bei Sprengfels erfolgt das Lösen des Gesteins durch die Sprengwirkung der Ladung im Bohrloch. Die Sprengwirkung richtet sich nach Art und Lagerung des Sprengstoffes, der Anordnung, der Zahl und dem Durchmesser der Sprenglöcher und der Zündfolge der Ladungen. Die wirksame Dimensionierung dieser Einflussfaktoren erfordert große Erfahrung unter Berücksichtigung der Erschütterungsauswirkungen auf die Umgebung.

Das Sprengen erfordert Vorversuche, um die Vorgabe und den Seitenabstand der Bohrlöcher sowie die Länge der Besatzzone und die Zündfolge in Abhängigkeit von der Bohrlochtiefe zu optimieren. Im Einzelnen sind folgende Sprengverfahren zur Gewinnung von möglichst kubischem, kleinstückigem Fels als Schüttmaterial möglich:

Verfahren 1

Hochbrisante Sprengstoffe mit Millisekundenzündern oder mit Schnellzeitzündern (Zündfolge 0,5 oder 1,0 s), um das Gestein vorwiegend durch den Detonationsdruck zu zertrümmern. Bei großem Abstand oder Überladen der Bohrlöcher wird die Umgebung stark erschüttert und die Böschungszonen werden gestört.

Verfahren 2

Die gleiche Wirkung, aber bei geringerer Erschütterung der Umgebung und geringer Störung des Felsverbandes, kann durch mehr-

Bild 3: Druckwirkung bei einer Sprengung im Bohrloch, Lit. (21)

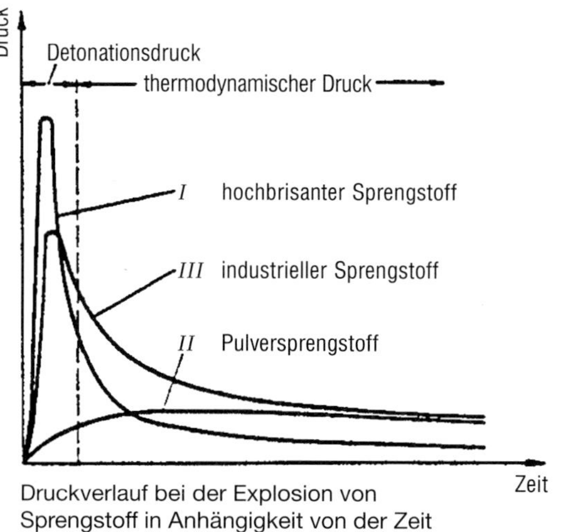

Druckverlauf bei der Explosion von Sprengstoff in Anhängigkeit von der Zeit

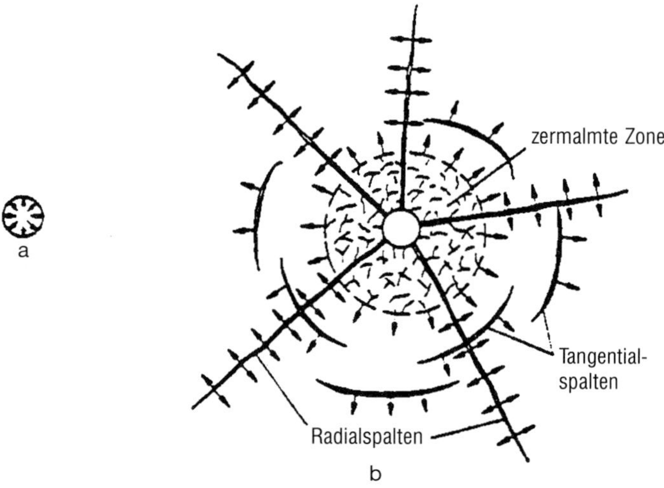

a) Detonationsstoß auf die Bohrlochwand bei der Zündung (1. Phase)
b) Druckwirkung der Gasschwaden in dem durch den Detonationsstoß teilweise aufgerissenen, teils zermalmten Gebirge (2. Phase)

reihige Sprengungen mit Millisekunden- oder Schnellzeitzündern bei geringem Bohrlochabstand und bei Verwendung von mittel- oder niedrigbrisantem Sprengstoff erreicht werden.

Der enge Bohrlochabstand verursacht bei diesem Verfahren trotz der abgepufferten Detonationswellen einen guten Zerkleinerungseffekt, da die Sprengenergie gleichmäßig verteilt und der Fels entsprechend gleichmäßig aufgelockert bzw. zertrümmert wird.

Die Druckwirkung bei einer Sprengung im Bohrloch ist in *Bild 3* dargestellt. Der bei der Explosion entstehende hohe, kurzwirkende Detonationsdruck zertrümmert das umgebende Gestein in einer Zone von 2 bis 4 Bohrlochdurchmessern. In der außerhalb liegenden Zone reißt das Gestein infolge der Druck- und Zugspannungen in radialen und tangentialen Rissen. Der in den Rissen entstehende hohe Gasdruck (thermischer Druck) treibt das Gestein weiter auseinander und wirft es nach außen.

Gebirgsschonende Sprengarbeiten in Böschungen und Wirkung von Sprengerschütterungen s. Abschnitt 6 ZTV E-StB.

2.5 Spülarbeit

Die Spülförderung großer Sandmassen hat sich unter bestimmten Bedingungen als wirtschaftlich erwiesen. Das Verfahren verbindet die Arbeitsvorgänge Gewinnen, Fördern und Einbauen; s. hierzu gesondert Abschnitt 4.3.1 ZTV E-StB, Kom. 7 und Abschnitt 1.9 ZTV E-StB, Kom. 4.

3 Auflockerung und Überverdichtung von Boden und Felsgestein

Je nach Eigenschaft (Art, Zusammensetzung und Dichte) des Materials und nach Arbeitsverfahren kann zwischen dem ursprünglichen und dem eingebauten Zustand der Boden- und Felsmassen eine Volumenänderung (Auflockerung oder Verdichtung) entstehen. Das Ausmaß dieser Volumenänderung ist vorher abzuschätzen oder erforderlichenfalls durch Versuche zu ermitteln.

Tabelle 3: Anhaltswerte für die Auflockerung und Überverdichtung von Boden- und Felsarten

Boden-/Felsarten	Auflockerung in % nach dem Lösen	Bleibende Auflockerung (+) Überverdichtung (–) in % nach dem Einbau
BODENARTEN		
Grobschluff	5 bis 20	–5 bis –25
Lehm	15 bis 25	–5 bis –15
Ton	20 bis 30	+2 bis –10
Sand	15 bis 25	–5 bis –15
Kies	25 bis 30	+8 bis 0
Kies-Sand-Gemische	20 bis 25	–5 bis –15
Steinige Böden mit Feinkorn < 0,06 mm	20 bis 25	0 bis 15
FELSARTEN		
Schluffstein, Tonstein, Mergelstein	25 bis 30	+2 bis +15
Kalkstein, Sandstein, Granit u. a.	35 bis 60	+10 bis +35

Folgende Kenngrößen werden unterschieden:

- Faktor für die Volumenänderung des Materials nach dem Lösen (Index L)

$$\alpha_L = \frac{V_0}{V_L} = \frac{\rho_L}{\rho_0} \leq 1$$

- Faktor für die Volumenänderung des Materials nach dem Einbauen und Verdichten (Index V)

$$\alpha_V = \frac{V_0}{V_V} = \frac{\rho_V}{\rho_0}$$

$\alpha_L < 1$ bleibende Auflockerung
$\alpha_V > 1$ Überverdichtung

Formelzeichen

α_L Auflockerungsfaktor
α_V Auflockerungs- oder Verdichtungsfaktor
V_0, ρ_0 Volumen, Dichte des Materials vor dem Lösen
V_L, ρ_L Volumen, Dichte des Materials nach dem Lösen
V_V, ρ_V Volumen, Dichte des Materials nach dem Einbauen und Verdichten.

Tab. 3 enthält Erfahrungswerte für die prozentuale Volumenänderung einiger Boden- und Felsarten. VOB/B § 2 Nr. 3 regelt, dass der vertragliche Einheitspreis neu vereinbart werden kann, wenn der im Vertrag festgelegte Mengenansatz um mehr als 10 % über- bzw. unterschritten wird.

4 Toleranzen bei Abtragsprofilen

(1) Beim Abtrag in Einschnitten lassen sich erfahrungsgemäß folgende Toleranzen einhalten:

- Abtrag von Lockergestein
  - Planum ±3 cm
  - Böschungen ±10 cm
- Abtrag von Felsgestein
  - Planum ±15 cm
  - Böschungen +15 cm, –30 cm.

Diese Anhaltswerte gelten für Boden- bzw. Felsverhältnisse, die keine Sicherungsmaßnahmen erforderlich machen.

Die für das Erdplanum empfohlene Toleranz von ±3 cm setzt ein Quergefälle von mindestens 3 % voraus; bei kleinerem Gefälle muss die Toleranz entsprechend verringert werden; s. Abschnitt 4.4 ZTV E-StB.

(2) Beim Herstellen von Böschungen können lagestabil vorstehende Steine oder Felskanten unbesehen der zulässigen Toleranz belassen bleiben.

Werden beim Herstellen des Planums einzelne Felsbänke, Findlinge oder Hindernisse entfernt, gilt dies nicht als Nebenleistung. Diese Regelung ist nicht nur für Tiefen bis 0,5 m unter Planum, sondern erforderlichenfalls auch für größere Tiefen anzuwenden.

(3) Der Auftragnehmer haftet für Schäden, die durch Abtrag außerhalb der Profillinien entstehen. In solchen Fällen hat er auf Verlangen des Auftraggebers diese Bereiche ohne Vergütung an das planmäßige Profil anzugleichen.

Werden außerhalb der vorgesehenen Profillage setzungsempfindliche oder nicht ausreichend tragfähige Schichten angetroffen, hat der Auftraggeber die erforderliche Aushubtiefe bzw. Sicherung anzuordnen.

4.2 Fördern

Siehe DIN 18300, Abschnitte 3.1.1 und 4.1.4.

4.2.1 Über die DIN 18300, Abschnitt 4.1.4, hinaus gehört das Fördern innerhalb der Baustelle zur Leistung.

4.2.2 *Bei Anwendung des Spülverfahrens werden die Arbeitsvorgänge Lösen, Fördern und Einbauen in der Regel als direkt zusammenhängende Leistung ausgeführt. Die sich aus den einschlägigen Empfehlungen ergebenden Vorgaben sind in der Leistungsbeschreibung anzugeben.*

4.2.3 *Teilflächen des Baugeländes, die zeitweise oder auf Dauer nicht benutzt werden dürfen, sind anzugeben.*

Inhalt Kommentar

1 Förderbetrieb

(1) Die Wahl der Förderwege bleibt dem Auftragnehmer frei überlassen, wenn in der Bau- bzw. Leistungsbeschreibung nichts vorgegeben ist. Außerhalb des Baufeldes ist die Nutzung land- und forstwirtschaftlicher Wege sowie öffentlicher Straßen oft eingeschränkt bzw. verboten, sodass Umwege in Kauf zu nehmen sind.

Innerhalb des Baufeldes kommt es oft erst nachträglich während der Bauzeit zur Anordnung von Umstellungen der Förderwege und von Umwegen, z. B. durch dispositionelle Änderung der Arbeiten, vorgezogenen Spartenbau, verzögerte Wasserhaltung oder Freimachen der Zuwege für Leistungen in anderen Abschnitten des Baufeldes. Insbesondere bei flächen- oder linienhaft großen Baustellen können durch solche Situationen erhebliche Umwege für den Förderbetrieb und Behinderungen der Bauleistung entstehen. In begründeten Fällen bedarf es dann neuer Vereinbarungen über den dadurch verursachten Mehraufwand.

(2) In der Praxis wird nur eine kurze Förderwegstrecke als Vertragsleistung anerkannt, was für das Fördern innerhalb einer Baugrube, jedoch nicht für weitgestreckte Baufelder leistungsgerecht vertretbar ist.

Die Regelung in den ZTV E-StB gibt das „Fördern innerhalb der Baustelle" im Ganzen als zugehörige Vertragsleistung an. Es kann jedoch dem Auftragnehmer weder freigestellt werden, Förderwege innerhalb der Baustelle willkürlich zu nutzen oder Zufahrten zu Baubereichen anderer Auftragnehmer zu behindern, noch werden damit die nach Ziffer (1) seitens des Auftraggebers nachträglich angeordneten Umstellungen und Umwege leistungsgerecht ausgeglichen.

Aus kalkulativer Sicht muss die Nutzung bzw. das Verbot bestimmter Wege definitiv aus den Vertragsunterlagen ersichtlich sein und die unvorhergesehen entstehenden Behinderungen bzw. Umwege durch nachträgliche Vereinbarungen berücksichtigt werden.

(3) Bei Anwendung des hydromechanischen Arbeitsverfahrens kann nur das Lösen und Aufspülen der Massen als zusammenhängende Leistung gewertet werden.

Das Verteilen und das Verdichten der Massen über Wasser nach Bausoll machen zusätzlich den Einsatz herkömmlicher Erdbaugeräte notwendig (Abschnitt 4.3.1.8 ZTV E-StB).

(4) Die Erdförderung wird im gleislosen oder gleisgebundenen Betrieb ausgeführt. Band- und Spülförderungen bilden Ausnahmen.

Der gleislose Erdbaubetrieb mit Einsatz von Lkw, Spezial- und großen Bodenkippern hat sich beim Bau von Verkehrsanlagen zum Regelfall entwickelt. Er verbindet große Leistungsfähigkeit mit Mobilität und geringen Investitionskosten. Nachteilig wirkt sich die Abhängigkeit von den Witterungsbedingungen und vom Zustand der Förderwege bzw. Baustraßen aus; s. Kom. 3.

Die Koordinierung des gesamten Massenbewegungsprozesses erfordert es, die Auswahl der Geräte für das Laden und Fördern so zu optimieren und kapazitiv abzustimmen, dass die maßgebenden Einbaueigenschaften der Erdmassen erhalten bleiben und die Abtragsmassen ohne wesentlichen Verzug so geladen und transportiert werden, dass Zwischenlagerungen vermieden und der Massenbedarf am Einbauort zügig gedeckt wird.

Der Erdbau im Flachbaggerbetrieb ermöglicht es, die Einsatzgeräte entsprechend diesen Zielvorgaben multifunktional bzw. in Kombination zu optimieren. Die Leistungskennwerte der Geräte, die Wirtschaftlichkeit der Förderentfernungen und die ständige Erhaltung eines gut befahrbaren Zustandes der Förderwege haben maßgeblichen Einfluss auf den optimal zu gestaltenden Gesamtprozess.

Auswahl der Förderverfahren nach *Tabelle 2*, Abschnitt 4.1.

Der Auftragnehmer hat im Rahmen der Baustellen- und Baubetriebsorganisation dafür zu sorgen, dass die Transportentfernungen so gering wie möglich gehalten werden. Für Umwege ist das Einvernehmen des Auftraggebers einzuholen. Das Bautagebuch muss über die zurückgelegten Förderwege, über Herkunft und Ziel der Förderungen sowie über Art und Menge des Förderguts genau Auskunft geben.

Wirtschaftliche Förderstrecken s. *Tabelle 2*, Abschnitt 4.1 und folgende Zusammenstellung:

Raupen- und Reifendozer	bis 100 m
Schürfkübelraupe	50 bis 300 m
Anhängescraper	50 bis 500 m
	Steigung < 3 %
Elevatorscraper	150 bis 1 000 m
	Steigung < 10 %
Ein- oder Zwei-Motorscraper	200 bis 3 000 m
	Steigung < 10 %
Pusch-Pull-Scraper	300 bis 2 000 m
	Steigung < 10 %
Muldenfahrzeug	3 000 bis 4 000 m
	Steigung < 20 %
Lkw (3 Achsen)	über 200 m

2 Befahrbarkeit

(1) Einflussgrößen

Das Befahren von Geländestreifen und Förderwegen (Baustraßen) für die baubetriebliche Nutzung erfordert die Beurteilung der Traglast und Lastverteilung der Fahrbahn sowie der Scherfestigkeit und Verformbarkeit der beanspruchten Bodenschichten. Zu berücksichtigen sind die aus dem Fahrverkehr einwirkenden Achslasten und vertikal sowie horizontal gerichteten dynamischen Schubbeanspruchungen. Die Befahrbarkeit ist ein zeitvariabler Zustand, der sich mit der Witterung, z. B. Niederschlag, Abtrocknung, Sonneneinstrahlung, verändert.

Maßgebende Beurteilungsgrößen sind

- die Tragfähigkeit des Bodens bis zu einer Mindesttiefe des zweifachen Durchmessers der Reifenaufstandsfläche oder der Kettenbreite,
- die Einsinktiefe der Reifen oder Raupenketten,
- der Rollwiderstand,
- der Kraftschluss zwischen Fahrwerk und Boden.

Die Lasteinwirkungen aus dem Fahrwerk ergeben sich aus den Radlasten, dem Kontaktdruck und den beim Fahrablauf entstehenden Schubkräften. Bei Reifenfahrzeugen richtet sich der Kontaktdruck nach dem Reifeninnendruck und macht etwa das 0,8-fache dieses Innendrucks aus. Der Rollwiderstand steigt mit der Einsinktiefe des Fahrzeugs an. Der Kraftschluss richtet sich nach den wirksamen Schubflächen der in den Boden eingreifenden Fahrwerksteile, dem Kontaktdruck und der Haftreibung zwischen Boden und Fahrwerk.

Die maximal aufnehmbaren Druck- und Schubkräfte richten sich ebenso wie Rollwiderstand und Kraftschluss nach den Scherfestigkeitseigenschaften des Bodens.

(2) Rollige Böden

Bei den rolligen Böden erfolgt der Kraftschluss durch den Schlupf des Fahrwerkes. Wird der Boden dabei nicht durch zu hohe Achslasten beansprucht, sinkt das Fahrzeug im optimal feuchten Zustand weniger als im trockenen ein. Der Rollwiderstand ist entsprechend geringer und ergibt einen günstigen Kraftschluss beim Befahren. Trocknet der rollige Boden dagegen aus, sodass seine Haftfestigkeit (scheinbare Kohäsion) aufgehoben wird, nehmen Eindringtiefe und Rollwiderstand zu. Der Scherwiderstand des Bodens an der Oberfläche wird durch die hohen horizontal einwirkenden Schubkräfte überwunden, das Fahrwerk „wühlt" sich ein.

(3) Bindige Böden

Beim Befahren bindiger Böden erfolgt der Kraftschluss durch das Eindringen der Profile. Die Tragfähigkeit ist allgemein relativ gering, sodass mit abnehmender Konsistenz große Eindringtiefen der Fahrwerke und entsprechend große Rollwiderstände entstehen. Es lassen sich folgende Problemfälle für das Befahren von bindigen Böden unterscheiden:

- Boden, der über die gesamte Einwirktiefe des Kontaktdrucks aufgeweicht ist, erfordert große Aufstandsflächen mit geringstmöglichem Bodendruck
- Boden, der nur an der Oberfläche eine dünne aufgeweichte Schicht hat, erfordert Fahrzeuge mit möglichst schmalen Aufstandsflächen
- Boden, der an der Oberfläche eine deckelartig verfestigte Kruste bildet, z. B. durch Austrocknung oder Wurzelgewebe, erfordert Fahrzeuge mit begrenzter Achslast oder mit mäßigem Bodendruck durch große Aufstandsflächen.

Die relativ geringe Scherfestigkeit der bindigen Böden einerseits und die starken horizontalen Schubbeanspruchungen durch das abrollende Rad oder die Bandage der Walze andererseits führen dazu, dass sich Scherflächen an der Oberfläche selbst bei optimalem Einbauwassergehalt ausbilden. Als Folge entstehen in der Oberfläche Rissstrukturen und schwartenartige Ablösungen des Bodens. Erdbautechnisch haben derartige Risse und Abscherungen keine bleibenden Auswirkungen, soweit sie nur die Oberfläche erfassen und Niederschlag nicht tief eindringen kann. Solche Flächen können direkt überschüttet und wieder mitverdichtet werden.

Während und nach Niederschlag weichen bindige Böden in ihrer Oberfläche je nach Plastizität unterschiedlich stark und tief auf und sättigen sich mit Wasser. Beim Befahren mit Reifenfahrzeugen werden die Poren in der Schichtoberfläche unter dem abrollenden Reifen „verschmiert" und dicht verschlossen. Die Radlasten erzeugen einen Porenüberdruck, da Porenwasser und Porenluft blasenartig eingeschlossen sind. Das abrollende Rad verursacht in diesem Zustand eine wellenförmig ablaufende elastische Verformung der Unterlage; sie zeigt sich vor dem Rad als elastische Einsenkung und hinter dem Rad rückbildend als elastische Hebung. Dieser Verformungsablauf wirkt wie ein Pumpeffekt, der durch den Haftsog der Reifen noch verstärkt wird. Mit zunehmender Zahl der Fahrzeugübergänge

Tabelle 1: Richtwerte für die zulässige Fahrbahnbelastung; Lit. (14)

Fahrbahn		σ zul in N/mm²
Erdweg	oberflächen-behandelt	0,7
	trocken, fest	0,5
	feucht	0,3
	nass	0,2
	Sand	0,3
Gelände mit Grasnarbe	feucht	0,1
	nass	0,05
Oberboden		0,05
Kippe	wenig verdichtet	0,1
	gut verdichtet	0,4
Untergrund	weich, morastig	0,02

wird der Scherwiderstand so reduziert, dass der Boden plastifiziert und starke Spurrillen zurückbleiben.

Diese Planien lassen sich nicht mehr befahren und erst nach Ende der Niederschläge durch Aufrauen bzw. Belüften sowie durch Zugabe von Branntkalk mit anschließend erneutem Verdichten der Schicht wieder verbessern. Andernfalls wird es notwendig, die aufgeweichte Bodenschicht abzutragen.

(4) Untersuchungen und Kriterien

Die Befahrbarkeit kann durch folgende Feld- und Laborversuche untersucht werden:

- Fahrversuche mit Baustellenfahrzeugen an Ort und Stelle
- Feldversuche (Penetrometer-Widerstand, Flügelsondierung, Plattendruckversuch)
- Laborversuche (Scherfestigkeit, CBR-Index, Druckfestigkeit).

Erfahrungswerte bzw. Beurteilungskriterien:

a) zulässige Flächenpressungen nach *Tab. 1*

b) Rollwiderstand und Kraftschluss nach *Tabelle 2*, Abschnitt 4.1.

c) Einsinktiefe eines vollbelasteten Niederdruck-Geländereifens bei einem Reifenluftdruck von ca. 3,0 bar nach *Tab. 2*

Tabelle 2: Richtwerte für die Einsinktiefe E in cm eines vollbelasteten Niederdruck-Geländereifens bei Reifenluftdruck von ca. 3,0 bar; Lit. (14)

Fahrbahnfestigkeit		Einsinktiefe E (3,0)
Erdweg	fest, oberflächenbehandelt	0
	eben, trocken mit Kiesanteilen	0,5
	feucht gehalten	2– 3
	mittelfest, zerfahren	3– 5
	aufgelockert, nachgiebig	5–10
	sandig, trocken, mittelfest	5– 8
	sandig, trocken, locker	15–20
	schlammig, zerfahren	10–15
Untergrund	weich, mit fester Grasnarbe	4– 6
	fest mit schlammiger Oberfläche	3– 5
	Mutterboden, zerfurcht	8–12
	Sand, trocken, fest	5– 8
	Sand, feucht, locker oder lehmig	12–15
	Sand, trocken, locker	15–20
	Kies, locker	15–18
	Lehm, zerfurcht bis schlammig	20–30
	weich, schwammig	30–40
Kippe,	gut verdichtet	4– 6
	wenig verdichtet	8–12

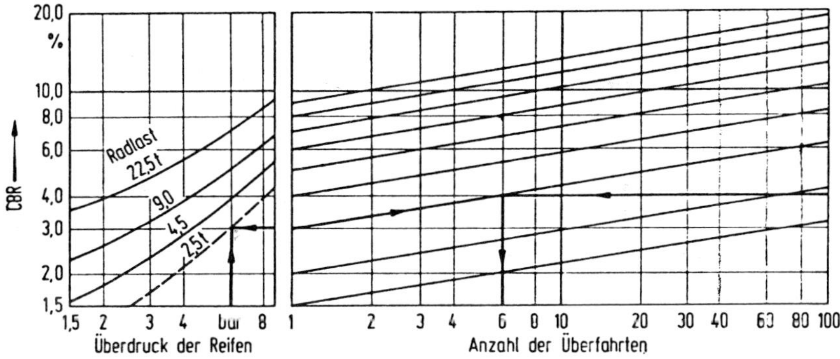

Bild 1: Anzahl der Überfahrten in Abhängigkeit von der Radlast und vom CBR-Index des Bodens; Lit. (31)

- Einwirktiefe von Scraper-Fahrzeugen nach einem Übergang; Lit. (28):

  50 mm Befahrbarkeit ohne Probleme, aber bei wiederholter Spurfahrt Einsinktiefen bis 300 mm möglich

  100 mm periodische Einplanierungen erforderlich, um starke Schäden am Planum und Unbeweglichkeit des Scrapers zu vermeiden

  200 mm starke Planierschäden; Scraper benötigt Hilfe beim Operieren und Entladen

d) Verformungsmodul M_E oder CBR-Index nach Schweizer Norm SNV 640585a:

$$M_E > 15 \text{ N/mm}^2, \text{CBR} > 8 \%$$

Der M_E-Modul entspricht näherungsweise dem Verformungsmodul E_{v1} (DIN 18134) und ist etwa halb so groß wie der Verformungsmodul E_{v2}.

e) Beurteilungskriterien für feinkörnige bindige Böden

- nach der Konsistenzzahl I_c
  Reifenfahrzeuge $I_c > 0{,}8$
  Raupenfahrzeuge $I_c > 0{,}6$
- für Scraper nach der Scherfestigkeit; Lit. (28)
  gezogene Scraper mind. 34 kN/m²
  große Motorscraper mind. 57 kN/m²

  Die Angaben beziehen sich auf Untersuchungen in Aushubbereichen von Einschnittsplanien
- für Scraper nach dem Verhältniswert w/w_P (Wassergehalt zu Plastizitätsgrenze) und nach der Flügelscherfestigkeit. Die Kriterien für optimale Scraper-Operationen beziehen sich auf Untersuchungen an planierten und verdichteten Aufschüttungen:

  Böden mit mehr als 50 % Schluff und Ton max. $(w/w_P) = 1{,}0$ bis 1,1

  Böden mit weniger als 50 % Schluff und Ton max. $(w/w_P) = 0{,}9$

  Flügelscherfestigkeit für die genannten Kriterien:

  140 kN/m² Scraper mit weniger als 15 m³

  170 kN/m² Scraper über 15 m³.

Die vorstehenden einfachen Beurteilungskriterien geben nur groben Anhalt und können von lokalen Erfahrungswerten aufgrund spezieller Boden- und Baustellenbedingungen abweichen. Sie sagen nichts über die Tragfähigkeit und Dauerbelastbarkeit der Fahrbahn aus; hierzu sind Zusammenhänge zwischen der Bodentragfähigkeit, der Radlast und der zulässigen Anzahl der Überfahrten festzustellen, wie dies in *Bild 1* für Reifenfahrzeuge dargestellt ist. Umrechnung der CBR-Indices in E_v-Verformungsmoduln siehe Teil 3, Sonderkapitel S7.

3 Bauweisen für Förderwege

3.1 Optionen

Die Maßnahmen zur Befestigung von Fahr- und Förderwegen für die Aufnahme von Verkehrslasten sowie von statisch einwirkenden Lasten umfassen ein breites technisches Angebot, wobei grundsätzlich unterschieden werden kann in

- Bodenbefestigungen an der Geländeoberfläche für das Befahren mit Land- bzw. Baufahrzeugen einschließlich Sonderkonstruktionen, wie Fahrbahnplatten und brückenartige Konstruktionen,
- tiefgründige Stabilisierung von instabilen bzw. verformungsempfindlichen Untergrundschichten.

Die Auswahlkriterien und Anforderungsprofile für den Gebrauchszustand von Fahr- und Förderwegen müssen verschiedene Zielpunkte im Einzelfall berücksichtigen; hierzu gehören

- die Tragfähigkeit und Verformung der Bodenschichten in Abhängigkeit von Art und Größe der Lasteinwirkung aus Verkehr und von der Häufigkeit der Lastübergänge,
- die vorgegebene temporäre oder permanente Nutzungs- bzw. Lebensdauer,
- die Beanspruchung durch die verschiedenen Fahrwerke,
- die Dauerbeständigkeit unter verschiedenen Witterungsbedingungen,
- die erforderliche Ebenheit,
- der technische und wirtschaftliche Aufwand für die Unterhaltung.

Die Übersicht in *Tab. 3* zeigt die technischen Optionen auf.

3.2 Erdstraßen

Bei Erdstraßen handelt es sich um Fahrbahnen aus örtlich vorhandenen Böden oder aus Böden, deren Kornzusammensetzung durch

Tabelle 3: Technische Optionen für Fahr- und Förderwege (Übersicht)

Nr.	Tragschichten/Stabilisierungen	
1	Wassergebundene Tragschichten (Erdstraßen)	Hohlraumarme Sand-Ton- oder Kiessand-Ton-Gemische aus lokalen Böden mit Zusatz von Kiessand, Sand oder Ton auf tragfähigem Untergrund. Herstellung im Baumischverfahren oder Einbau fertiger Gemische. Witterungs- und frostempfindliche Bauweise.
2	Mineralische Tragschichten	Einbaufertige Schotter-Splitt-Gemische oder Kies-Sand-Gemische mit oder ohne Zusatz von hydraulischem Bindemittel. Einbau im Fertigerprinzip.
3	Bodenverbesserungen, Bodenverfestigungen mit Bindemittel	Lokale Böden mit Zusatz von Bindemittel: Kalk, Zement, Bitumen, chem. Mittel. Herstellung im Baumisch- oder Zentralmischverfahren oder im Fertigerprinzip mit automatischer Steuerung und Dosierung.
4	Bewehrung mit Geokunststoff, ggf. kombiniert mit Bauweise Nr. 1, 2, 3	Einbau von ein- oder zweilagigen Bewehrungen aus Geokunststoffen (zugfeste Geogitter, Geogewebe).
5	Bodenaustausch, ggf. kombiniert mit Bauweise Nr. 1 bis 4	Bodenaustausch bei gering tragfähigem Untergrund im Bagger- oder Spülbetrieb oder mit automatisch gesteuerten Vorschubgeräten. Sonderverfahren mit Auflastverdrängung oder Sprengung.
6	Stabilisierungselemente	Gabionen, Geozellen oder Gründungspolster aus Geokunststoffen.
7	Fahrbahnplatten	Lastverteilende befahrbare Plattenelemente aus Stahl- oder Kunststoffprofilen auf gering tragfähigem Untergrund. Verbindung mit beweglichen Bolzen, Seitenführung durch Bajonettverschlüsse oder Schlitze.
8	Tragsysteme mit Pfahlkonstruktionen	Lastabtragung über Gründungspfähle mit Stahlbeton-Kopfplatten und Querträgern oder mit aufgelöst angeordneten Kopfbalken.

Günstigste Sand-Ton-Gemische

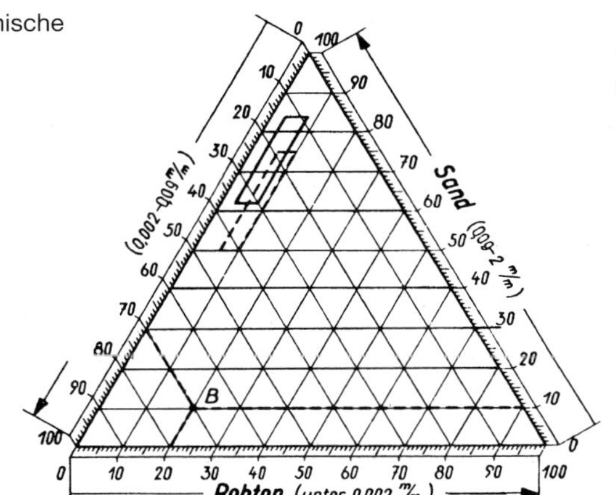

Korngrößen-Gruppe	Boden A 100 %	Boden B 100 %	Boden A 94,5 %	Boden B 5,5 %	Gemisch 100 %
Rohton	2 %	20 %	1,9 %	1,1 %	3,0 %
Schluff	10 %	70 %	9,4 %	3,9 %	13,3 %
Sand	88 %	10 %	83,2 %	0,5 %	83,7 %
insgesamt	100 %	100 %	94,5 %	5,5 %	100,0 %

Beispiel

Kiessand-Ton-Gemische

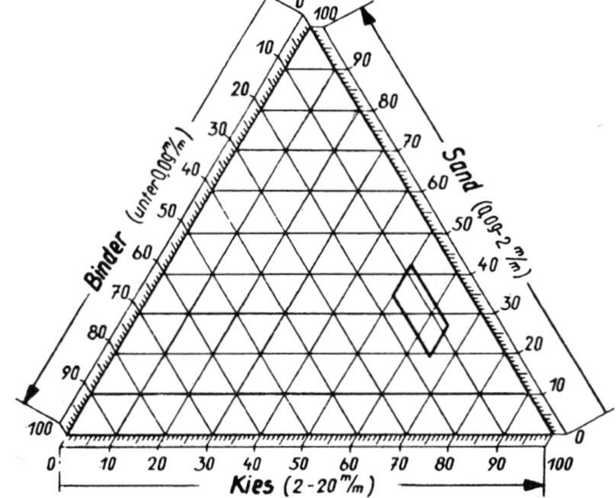

Korngrößen-Gruppe	Boden A 100 %	Boden B 100 %	Boden A 20 %	Boden B 80 %	Gemisch 100 %
Binder	30 %	10 %	6 %	8 %	14 %
Sand	60 %	20 %	12 %	16 %	28 %
Kies	10 %	70 %	2 %	56 %	58 %
insgesamt	100 %	100 %	20 %	80 %	100 %

Beispiel

Bild 2: Günstige Korngemische für Erdstraßen

Zusatz von Kiessand, Sand oder Ton verbessert wird, oder um Befestigungen, die durch Aufbringen fertiger Kiessand- oder Sand-Ton-Gemische hergestellt werden.

Günstige Sand-, Ton- und Kiessand-Ton-Mischungen müssen möglichst hohlraumarm zusammengesetzt und gut verdichtet sein und die richtige Menge des für die Bindung maßgebenden Rohtons enthalten. Die Rohtonbemessung ist nach oben durch die Forderung begrenzt, dass die Mischungen unter dem Einfluss nasser Witterung, hoher Grundwasserstände und bei Frostaufgang nicht weich werden und damit ihre Tragfähigkeit verlieren dürfen. Es muss aber so viel Rohton vorhanden sein, dass bei starker Austrocknung der Fahrbahnoberfläche noch eine genügende Verkittung der Sand- und Staubkörner stattfindet, die die nötige Verschleißfestigkeit sicherstellt. Derartige Gemische sind in *Bild 2* angegeben.

Kiessand-Ton-Gemische sind wegen ihres höheren Reibungswiderstands verschleißfester und gegen Witterungseinflüsse widerstandsfähiger als Sand-Tongemische. Für Gebiete mit trockenem Klima und bei den der Austrocknung stärker ausgesetzten Deckschichten geht man an die obere Grenze, für Gebiete mit feuchtem Klima und bei den Unterschichten der Gemische an die untere Grenze des Rohtongehaltes.

Um einerseits die natürliche Feuchtigkeit der Gemische zu erhalten und andererseits bei übermäßiger Nässe durch Aufquellen der Tonteilchen die Deckschicht zu schließen, sodass weniger Regenwasser eindringen kann, empfiehlt es sich, den Gemischen chemische Zusätze wie Chlorkalzium, Chlormagnesium oder Sulfitlauge beizumischen. Diese Zusätze haben außerdem die Fähigkeit, die Oberfläche staubfrei zu machen. Die Zusatzmenge beträgt etwa 0,5–1,0 kg/m^2 bei 15–20 cm Fahrbahndicke.

Erdstraßenbefestigungen sind nur auf tragfähigem Untergrund geeignet. Ihre Dicke richtet sich in erster Linie nach der Tragfähigkeit des Untergrundes, dann nach der Art des Deckengemisches, nach dem Klima, dem Grundwasserstand, der Entwässerungsmöglichkeit und nach der Größe der Verkehrsbelastung. Die erfahrungsgemäß erforderlichen Dicken sind in *Tab. 4* zusammengestellt.

Bauausführung:

1. Aufbringen von Sand oder Kiessand zur Verbesserung von lehmigen Untergrundböden
   - Behelfsbauweise: Aufbringen in Schichten von 3–5 cm Dicke und Einfahren durch Verkehr in den feuchten Untergrundboden. Wiederholung dieses Verfahrens, bis an der Oberfläche eine ausreichend dick verbesserte Schicht entstanden ist.
   - Normalbauweise: Vermischen des Zusatzmaterials mit dem vorher aufgelockerten und feuchten Untergrundboden mittels Scheibenegge und Straßenhobel. Profilieren und Einplanieren der Oberfläche, dann Verdichten durch rollenden Verkehr oder durch Verdichtungsgeräte.
2. Aufbringen von bindigem Zusatzmaterial
   - Behelfsbauweise: Aufbringen einer 2–3 cm dicken, feuchten Lehmschicht auf dem sandigen Untergrund. Vermischung durch rollenden Verkehr.
   - Normalbauweise: Verarbeitung des aufzubringenden Bodens im trockenen, feuchten oder nassen Zustand möglich. Mischen, Profilieren, Einplanieren und Verdichten wie 1.

Tabelle 4: Höhenlage und Dicke von Erdstraßen für leichten Verkehr

Straßenuntergrund	Höhe des Seitenrandes der Straße in m		Dicke der Deckschicht in cm		
			Kiesdecke	Sand-Ton-Gemisch-Decke	
	über Gelände	über Grabensohle		Gebiete mit geringer oder normaler Feuchtigkeit	Gebiete mit großer Feuchtigkeit
Sand, lehmiger Sand	0,3–0,4	0,8–1,0	15	15–20	15–20
Lehm, Ton	0,4–0,6	1,0–1,5	15–20	20–25	25–35

3. Aufbringen fertiger Gemische
   - Herstellung mit Zwangsmischern oder mit den für die Bodenvermörtelung üblichen Mischmaschinen.

Unterhaltung und Instandsetzung:

Die Maßnahmen zur Erhaltung von Erdstraßen bestehen aus der Unterhaltung und durchgreifenden Instandsetzung. Die Unterhaltung wird laufend, die durchgreifende Instandsetzung nach Bedarf vorgenommen. Zur Unterhaltung gehören folgende Arbeiten:

- rechtzeitiges Flicken von kleinen Schlaglöchern, Rillen und Unebenheiten in der Fahrbahn und Erhaltung des Querprofils durch häufiges Planieren
- Reinigung und Unterhaltung der Entwässerungsanlagen, Instandhaltung von Überfahrten

Zur durchgreifenden Instandhaltung gehören:

- Ausbesserungen größeren Umfanges, Neuprofilierung und durchgehende Einebnung der Fahrbahndecke unter Zusatz von Bodengemisch
- Ausbesserung des Straßenkörpers und Instandsetzung der Entwässerung
- Ausbesserung und Beseitigung von Frostschadenstellen
- Wiederherstellung der abgenutzten Deckschicht
- Wiederherstellung der Kornzusammensetzung.

3.3 Verbesserung durch Kalk

Der Verschleißwiderstand von Erdstraßen gegen Beanspruchung aus Verkehr und Witterung lässt sich durch Einmischen von Kalk in den bindigen Boden verbessern. Die für diesen Zweck geeigneten und ungeeigneten Kalkarten sind in Abschnitt 12 ZTV E-StB angegeben und kommentiert.

Die erforderliche Kalkmenge richtet sich nach den Eigenschaften und der Feuchtigkeit des Bodens; sie kann 1 bis 7 % (bezogen auf die Trockenmasse des Bodens) betragen. Unter günstigen Umständen kann die zuzugebende Kalkmenge auf 1 bis 3 % beschränkt bleiben. Eine Kalkübersättigung des Bodens muss vermieden werden, da die Eigenschaften sonst schlechter werden können als beim unbehandelten Boden. Es empfiehlt sich, die optimale Kalkmenge möglichst aufgrund von Baustellenversuchen, sonst aber mit Hilfe von Laborversuchen zu ermitteln.

Bauausführung:

Verteilen des Kalkes:

- Einsatz von speziellen Verteilgeräten, sonst auch Düngemittel- oder Splitt-Streumaschinen oder
- schachbrettförmige Anordnung der Kalksäcke und Verteilen des Bindemittels mit der Egge oder mit dem Schleppbalken.

Bei zu nassem Boden die Hälfte der Kalkmenge bereits beim Laden in die Transportfahrzeuge geben, und zwar zwischen den unteren und oberen Teil des zu ladenden Bodens. Dieses Verfahren erleichtert das Kippen und Verteilen des nassen Bodens und schränkt Kalkverluste ein.

Intensives Durchmischen des Boden-Kalk-Gemisches nach dem Verteilen, ggf. mit Wasserzugabe, ohne dass der Kalk nach unten entmischen kann. Einsatz von speziellen Bodenmischgeräten, landwirtschaftlichen Bodenfräsen oder Scheibeneggen.

Verdichtung wie beim unbehandelten Boden.

Nicht wirksam ist es, wenn der zu nasse bindige Boden nur an der Oberfläche mit Kalk bestreut wird. Der Boden bleibt wassergesättigt und für die Befahrbarkeit nicht tragfähig.

Nicht zu empfehlen ist die Methode, nach Regenfällen im Bereich der Fahrspuren Kalk aufzustreuen, ihn durch die Fahrzeuge einfahren zu lassen und dies bei weiterem Regen zu wiederholen. Durch Kalkübersättigung bei mehrfacher Wiederholung tritt eine Verschlechterung des Bodens gegenüber dem ursprünglichen Zustand ein. Außerdem bleibt der Boden neben den Fahrspuren nass und unverdichtbar.

3.4 Verfestigung mit Bindemitteln

Siehe Bodenverfestigungen, Abschnitt 12.2.1 ZTV E-StB.

3.5 Ungebundene und mechanisch stabilisierte Tragschichten

Wenn der Boden nicht direkt befahren werden kann und Erdstraßen zu wenig tragfähig oder unwirtschaftlich sind, kommt das Überbauen

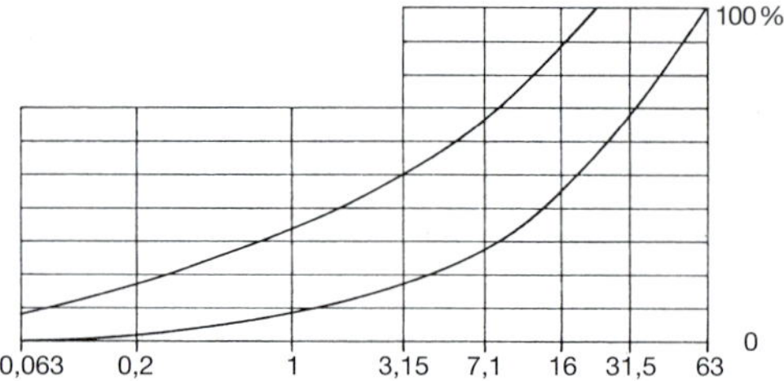

Bild 3: Sieblinienbereich für mechanisch verfestigte Tragschichten

des Untergrunds mit einer Tragschicht als Fahrstraße zur Anwendung.

Für diese Fälle eignen sich örtlich verfügbare Baustoffe, Gemische aus Kiessand oder Schotter-Splitt-Gemische. Unter dem Begriff mechanisch verfestigte Tragschichten ist das Herstellen von Tragschichten zu verstehen, die aus örtlich vorhandenem Boden mit Zusatz von körnigem oder bindigem Material, jedoch ohne Bindemittel bestehen.

Wird die mechanische Verfestigung so hergestellt, dass durch gleichmäßiges Einmischen von Zusatzmaterial oder durch Einbau eines fertigen Korngemisches ein Bodengemisch mit einer Korngrößenverteilung innerhalb des Sieblinienbereiches nach *Bild 3* entsteht, eignet sie sich als Tragschicht für Fahrbahnen mit geringem Verkehr.

Richtwerte für die Qualitätsanforderungen:

- Verdichtungsgrad $D_{Pr} \geq 100\,\%$
- Verformungsmodul gemäß Abschnitt 4.5 ZTV E-StB.

Die erforderliche Überbaudicke von ungebundenen Tragschichten lässt sich aus der folgenden Beziehung in Abhängigkeit vom CBR-Index des Untergrundes (Bodentragfähigkeitswert) ermitteln:

$$t = (0{,}176 \log C + 0{,}120) \sqrt{\frac{P}{8{,}1\,(CBR)} - \frac{A}{\pi}}$$

t Entwurfsdicke (in.)
C zulässige Anzahl der Überfahrten
P einfache oder äquivalente Radlast (lbs.)
A Reifenkontaktfläche eines Rades (sq. in.)

3.6 Tragschichten mit Geokunststoff-Bewehrungen

Zugfeste, dehnfähige Vliese, Gewebe, Geogitter oder Geomembranen als Unterlage der ungebundenen Tragschicht mindern die Beanspruchung des Untergrundes, das Zerfräsen sowie die Spurrillen und Wellen in der Tragschicht. Örtliche Überbeanspruchungen unter den Fahrspuren werden abgebaut und Verdrückungen des Untergrundes reduziert. Die Materialien wirken zugleich als Trenn- und Filterschicht, sodass Untergrundmaterial nicht eindringen und die Tragschicht schwächen kann.

Die Bahnen werden quer zur Fahrbahn verlegt und dabei entweder ohne Verbund mindestens 50 cm überlappt oder, um einen direkten Kraftschluss herzustellen, mindestens 20 cm breit überlappt, vernäht, geheftet oder verschweißt. Das ungebundene Tragschichtmaterial wird je nach Verkehr und Untergrundtragfähigkeit in Dicken von 25 bis 60 cm eingebaut und verdichtet; Dimensionierung s. *Bild 4*.

Mechanische Eigenschaften der Produkte s. Abschnitt 3.3 ZTV E-StB.

Bemessung und Ausführung von Geokunststoffen als Bewehrung von Tragschichten s. Abschnitt 13 ZTV E-StB.

3.7 Gabionen-Tragschichten

Die Gabionen bestehen aus Drahtgestellbehältern, die mit gebrochenem Gestein (Steingröße 75 bis 200 mm) gefüllt und auf dem Planum verlegt werden. Sie wirken nach der Überbauung wie eine Tragschicht und in Bereichen mit geringer oder fehlender Drä-

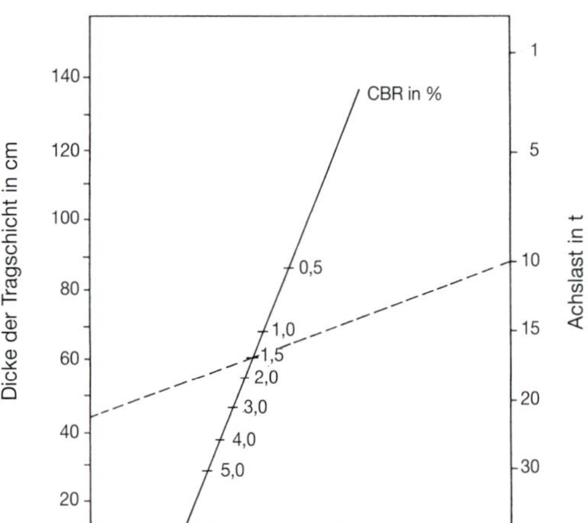

Bild 4: Dicke der ungebundenen Tragschicht über Vlies in Abhängigkeit vom CBR-Wert des Untergrundes

nage zugleich als Dränageschicht, sofern freie filterstabile Entwässerung möglich ist.

3.8 Fahrbahn-Platten

Fahrbahnen aus unverankert aneinanderliegenden oder mit beweglichen Bolzen oder Profilen verbundenen Platten aus Stahl oder Kunststoff können bei allen Wetterbedingungen direkt auf sehr weichem Untergrund verlegt und befahren werden.

Die Seitenführung der Platten kann durch Bajonettverschlüsse oder Schlitze gesichert werden.

4.3 Einbau und Verdichten

Siehe DIN 18300, Abschnitt 3.4.

Siehe „Merkblatt für die Verdichtung des Untergrundes und Unterbaues im Straßenbau".

Vor dem Einbau von Boden und Fels für Erdbauwerke ist die Gründungssohle auf Eignung für das Erdbauwerk zu prüfen. Ungeeignete Bodenarten, z. B. Böden mit flüssiger oder breiiger Konsistenz, stark organische Böden sowie Hindernisse, z. B. Baumstümpfe, Baumwurzeln, Bauwerksreste, sind dem Auftraggeber mitzuteilen (siehe § 4 Abs. 3 VOB/B).

Vertiefungen in der Gründungssohle sind aufzufüllen. Böden und Baustoffe müssen so gewählt, eingebaut und verdichtet werden, dass sie annähernd gleiche Eigenschaften aufweisen wie der anstehende Boden.

Entsprechende Maßnahmen sind in der Leistungsbeschreibung anzugeben.

Boden, Fels und sonstige Stoffe sind von ungeeigneten Stoffen freizuhalten. Sie sind lagenweise einzubauen und zu verdichten. Dämme sind von außen zur Mitte hin zu verdichten. Befinden sich im Schüttgut größere Steine oder Bodenschollen, sind diese so zu verteilen, dass sie sich ohne Bildung von schädlichen Hohlräumen in die Schüttung einbetten.

Ein unregelmäßiger Einbau von Böden mit unterschiedlichen erdbautechnischen Eigenschaften ist nicht zulässig. Wenn nichtbindige und bindige Böden in Kombination zum Einsatz kommen, müssen über den geringer durchlässigen bindigen Böden auftretende Stauwässer schadlos abgeführt werden.

Messeinrichtungen, die zum Beobachten von Setzungen, Verschiebungen und dergleichen in Erdbauwerke eingebaut werden, dürfen nicht beschädigt oder in ihrer Lage verändert werden.

4.3.1 Ausführung

4.3.1.1 Es kann jedes Arbeitsverfahren angewendet werden, mit dem die Anforderungen nach Abschnitt 4.3.2 erreicht und schädliche Auswirkungen auf das Umfeld vermieden werden.

Bei Beginn der Verdichtungsarbeiten hat der Auftragnehmer im Rahmen von Probefeldern nachzuweisen, dass die in der Leistungsbeschreibung bzw. nach Abschnitt 4.3.2 für das Verdichten vorgeschriebenen Anforderungen mit dem gewählten Arbeitsverfahren erreicht werden (siehe auch Abschnitt 14.2.4). Ist dies nicht gegeben, muss der Auftragnehmer das Arbeitsverfahren entsprechend abändern.

Das Arbeitsverfahren (Einbaugeräte, Verdichtungsgeräte, zulässige Schütthöhe, Anzahl der Übergänge, Arbeitsgeschwindigkeit u. a.) richtet sich nach dem zu verdichtenden Baustoff und der erforderlichen Verdichtung. Darüber hinaus ist das Arbeitsverfahren auf die Förder- und Einbauleistung abzustimmen.

Wird die Ausführung gesonderter Probefelder notwendig, die nicht Bestandteil des Erdbauwerkes sind, ist dies in der Leistungsbeschreibung anzugeben.

4.3.1.2 *Bei Neigungen der Auftragssohle von mehr als etwa 1 : 8 ist zu prüfen, ob die Standsicherheit des Dammes eine stufenförmig ausgebildete Sohle oder andere sichernde Maßnahmen erfordert. Dies ist in der Leistungsbeschreibung anzugeben.*

Beim Anschütten von Boden oder Fels an einen Damm sind Stufen mit einer Höhe von ca. 0,6 m bis 1,0 m als Verzahnung auszubilden.

Eine ausreichende Entwässerung des Verzahnungsbereiches ist sicherzustellen.

4.3.1.3 Schichten-, Quell- und Sickerwasser müssen vor dem Überschütten gefasst und abgeleitet werden.

Entsprechende Maßnahmen sind in der Leistungsbeschreibung anzugeben.

Bei hohem Grundwasserstand im Untergrund kann auf der Dammsohle eine kapillarbrechende, zum Untergrundmaterial filterstabil aufgebaute Flächensickerschicht erforderlich sein.

Wenn mit aufsteigendem Wasser zu rechnen ist, ist die untere Schüttlage aus verwitterungsbeständigem Material zu schütten. Sie muss in der Lage sein, aufsteigendes Wasser jederzeit aufzunehmen und abzuleiten.

4.3.1.4 Böden und sonstige Baustoffe sind unter Berücksichtigung ihrer Eigenschaften und möglichen Zustandsänderungen entsprechend den Angaben in der Leistungsbeschreibung sorgfältig einzubauen und zu verdichten.

Das Größtkorn des einzubauenden Baustoffes darf nicht größer als 2/3 der zulässigen Schütthöhe sein (siehe Abschnitt 4.3.1.1).

Sollen Felsblöcke im unteren Teil von Dämmen bis 1,0 m unter Planum eingebaut werden und soll im Übergang zu den darüber einzubauenden Baustoffen eine Zwischenlage filterartig aufgebaut werden, ist dies in der Leistungsbeschreibung anzugeben.

4.3.1.5 Der Boden ist in Lagen über die gesamte Dammbreite durchgehend einzubauen und gleichmäßig zu verdichten.

Der Böschungsbereich ist sorgfältig nach einem der folgenden Verfahren herzustellen:

(1) Der Damm ist je nach Höhe beiderseits mindestens 1 m über das Sollprofil hinaus zu schütten und auf gesamter Breite zu verdichten. Der über das Sollprofil hinaus eingebaute Boden ist böschungsschonend wieder abzutragen und kann für die Ausrundung des Dammfußbereiches oder für die weitere Dammschüttung verwendet werden.

(2) Die Böschung ist in ihrem Sollprofil direkt mit einem hierfür geeigneten Verdichtungsgerät und Arbeitsverfahren zu verdichten.

(3) Die Schütthöhe ist in dem äußeren, mindestens 2 m breiten Böschungsbereich zu verringern und der Boden mit einem für diesen Randbereich geeigneten Verdichtungsgerät zu verdichten.

4.3.1.6 Die Einbau- und Verdichtungsarbeiten sind der Witterung anzupassen und vorübergehend einzustellen, wenn die bautechnischen Mittel nicht ausreichen, um die vereinbarten Anforderungen zu erfüllen.

Böden mit zu hohem Wassergehalt, die sich nicht anforderungsgemäß verdichten lassen, dürfen nicht eingebaut und nicht überschüttet werden. Ihr Wassergehalt ist durch Belüften, Abtrocknen, Fräsen oder Zugabe geeigneter wasserbindender Stoffe so zu verringern, dass die erforderliche Verdichtung nach Abschnitt 4.3.2 erreicht wird; andernfalls sind sie gegen geeignete Baustoffe auszutauschen oder andere Maßnahmen nach den Abschnitten 12 oder 13 zu vereinbaren.

Entsprechende Maßnahmen sind in der Leistungsbeschreibung anzugeben.

Sofern die Ursachen für die o. g. Maßnahmen vom Auftragnehmer zu vertreten sind, werden die Maßnahmen nicht gesondert vergütet.

Das Verwehen von Böden und Baustoffen ist durch geeignete Maßnahmen zu verhindern.

Ist planmäßig eine längere Liegezeit vorgesehen, sind entsprechende Maßnahmen zur Verhinderung von Verwehungen in der Leistungsbeschreibung anzugeben.

4.3.1.7 Beim Einbau von witterungsempfindlichen Baustoffen sind die Schüttflächen mit einem Quergefälle von mindestens 6 % anzulegen. Jede Lage ist unmittelbar nach dem Schütten zu verdichten. Wird die Tagesleistung abgeschlossen oder sind Niederschläge zu erwarten, ist die verdichtete Schüttfläche glattzuwalzen. Die Ableitung des Oberflächenwassers in Längsrichtung bedarf der Zustimmung des Auftraggebers (siehe auch Abschnitt 4.6).

4.3.1.8 *Für die Anwendung des Spülverfahrens ist die Eignung der Bodenarten besonders nachzuweisen.*

Der oberste Einbaubereich bis mindestens 1,0 m unter Planum ist zusätzlich mit entsprechend geeigneten Verdichtungsgeräten zu verdichten.

4.3.1.9 *Auffüllungen oder Untergrund aus grobkörnigen oder gemischtkörnigen Böden mit geringem Feinkornanteil, die nicht lagenweise geschüttet und verdichtet oder zu locker gelagert sind, können durch Tiefenrüttelverfahren oder Verdichtung mit schweren Fallplatten bis auf die erforderliche Tiefe verdichtet werden.*

Die Anwendung dieser Verfahren setzt besondere Boden- und Standsicherheitsuntersuchungen voraus, um deren Eignung nachzuweisen.

Im obersten Bereich bis 1,0 m unter Planum sind die Böden in jedem Fall lagenweise einzubauen und zu verdichten oder mit einem geeigneten Verdichtungsgerät nachzuverdichten.

4.3.1.10 Für Schüttungen unter Wasser sind beständige Schüttmaterialien zu verwenden. Die Schüttung ist oberhalb der Wasserlinie so zu verdichten, dass die Verdichtung bis mindestens 1,0 m unter die vorhandene Wasserlinie wirkt.

4.3.1.11 *Als Trennlage unter einer Schüttung können Geotextilien verlegt werden. Die Anforderungen an die Geotextilien sind auf die Untergrundverhältnisse sowie auf die Beanspruchung durch das Schüttmaterial und den Baustellenverkehr abzustimmen (siehe Abschnitt 3.3).*

Die Geotextilien sind in der Regel quer zur Längsachse der Baumaßnahme zu verlegen. Hierbei ist die Überlappung in Schüttrichtung auszuführen. Bei schmalen Flächen bis zu einer Breite von zwei Bahnen ist Längsverlegung zulässig. Die Überlappung der einzelnen Bahnen und der seitliche Überstand am Böschungsfuß müssen auch nach Überschüttung mindestens 50 cm betragen. Wenn Geotextilien unter Wasser verlegt werden, müssen die Bahnen miteinander verbunden werden.

Die Geotextilien dürfen nicht direkt befahren werden. Die Dicke einer schützenden Überdeckung oder der Schutzlagen ist auf die Beanspruchung abzustimmen.

Auf Geotextilien ist die erste Schüttlage vor Kopf zu schütten, vorsichtig zu verteilen und zu verdichten. Der Baustellenverkehr darf erst nach dem Verdichten darüber geleitet werden.

Wenn die Zeit zwischen dem Auslegen und der Überschüttung länger als einen Tag beträgt, ist die Witterungsbeständigkeit des Produktes zu berücksichtigen.

Inhalt Kommentar

1 Dammbau

(1) Die Dammbauwerke der Verkehrsanlagen sind so zu planen und auszuführen, dass keine oder nur geringfügig gleichmäßige Eigen- und Untergrundsetzungen nach Endausbau entstehen und die Standsicherheit der Böschungen bei jeder Niederschlagssituation gewährleistet ist.

Grundsätzlich sollen Verkehrsdämme mit einheitlicher Regelform und Böschungsneigung gestaltet sein. Dies lässt sich bei homogenem Aufbau aus einheitlichen, gut verdichtbaren Schüttstoffen realisieren. Sind diese Bedingungen nicht gegeben oder besondere Standsicherheitsanforderungen sicherzustellen, müssen abweichend von der Regelform die Gestaltungsmerkmale entweder aufgrund bodenspezifischer Erfahrungen oder mit Hilfe erdstatischer Berechnungsnachweise ermittelt werden. Auch Einbindungen in die Landschaft, Erfordernisse des Umweltschutzes oder aufgespülte Unterwasserböschungen können besondere Gestaltungen veranlassen.

(2) Die Bauweise, der Dammaufbau und die Böschungsgestaltung richten sich nach der Dammhöhe, der Standsicherheit des Untergrundes und den Eigenschaften der verfügbaren Schüttstoffe.

Die Materialdispositionen und die Anordnung der Massen im Dammquerschnitt erfordern große Sorgfalt, Flexibilität und gründliche Vorplanung, insbesondere wenn Baustoffe mit verschiedenartigen Zusammensetzungen und Eigenschaften zur Verwendung kommen. Der Einbau muss den witterungsbedingten Erfordernissen angepasst sein.

(3) Dammquerungen auf gering tragfähigem, sehr setzungsempfindlichem Baugrund bedingen einen schwierigen Entscheidungsprozess bei der Planung und beim Entwurf der in technisch-wirtschaftlicher Hinsicht zweckmäßigen Lösung. Grundsatz ist, dass die Summe der Planungs-, Bau- und Unterhaltungskosten ein Minimum sein soll. Die technischen Lösungen erfordern kostenintensive und zeitabhängige Maßnahmen; sie setzen relativ lange Bauzeiten und das strikte Einhalten des geplanten Bauablaufs voraus. Die technisch, zeitlich und wirtschaftlich optimale Lösung muss in einem Qualitätsniveau realisiert werden, das sowohl die Standsicherheit und Gebrauchstauglichkeit der Anlage als auch den ökonomisch vertretbaren Unterhaltungsaufwand befriedigt. Dabei können objektspezifische Faktoren von mitentscheidendem Einfluss sein, z. B. der Verkehrswert, der Grunderwerb, der Natur-, Grundwasser- und Landschaftsschutz, das Vorkommen geeigneter Bodenarten als Austauschmassen und die verfügbaren Absetzflächen für erdbautechnisch unbrauchbaren Boden.

Die Maßnahmen richten sich nach der Tiefe, der Flächenerstreckung und den bodenmechanischen Eigenschaften der wenig tragfähigen Schicht sowie der Dammhöhe und der Beschaffenheit der Deckschicht im Dammauflager. Grundsätzlich soll der Damm möglichst frühzeitig nach vorgegebenem Zeit- und Lastenplan aufgebaut werden, um ungleichmäßige Setzungen weitgehend vorwegzunehmen und die Stabilität der weichen Schicht stufenweise durch Konsolidierung zu verbessern. Dieser Belastungsvorgang erfordert rechnerische Begleitanalysen über Größe und Verlauf der Setzungen und des Stabilitätszuwachses. In der Regel ist es erforderlich, die Verformungen und die sich zeitlich ändernde Standsicherheit eines Dammes durch Messungen während und nach dem Schüttvorgang zu kontrollieren.

(4) Die Standsicherheit des Dammbauwerkes erfordert eine gründliche Vorbereitung des Dammauflagers. Es ist sorgfältig zu beräumen und zu entwässern, hinsichtlich der Tragfähigkeit zu überprüfen und ggf. durch Austausch- bzw. Anpassungsmaßnahmen zu vergleichmäßigen, zu verbessern und zu profilieren. Hindernisse und Vegetation sind zu entfernen, ungeeignete setzungsempfindliche Böden, Anschwemmungen und Auffüllungen auszuheben und lagenweise in Erdbauweise zu ersetzen, Hohlräume und Vertiefungen mit geeignetem Felsgestein oder ähnlich grobkörnigem Material aufzufüllen und lagenweise zu verdichten.

Die Tragfähigkeit und das Aufspüren ungeeigneter Flächen und oberflächennaher Hohlräume können durch Probebelastungen oder durch „proof rolling" mit schwerem Fahrzeug oder Verdichtungsgerät (mind. 3 t Masse pro m Bandagenbreite) untersucht werden; s. Abschnitt 14 ZTV E-StB, Kom. 4.3.

Die Abflussverhältnisse sind im Dammbereich und dessen Umgebung – insbesondere im Bereich von Talquerungen – daraufhin zu untersuchen und zu beurteilen, ob der Damm auf seiner Sohlfläche eine durchgehende, mindestens 30 cm dicke Flächendränageschicht aus filterstabilem, gut dränierendem Korngemisch oder ein entsprechend leistungsfähiges Netzwerk aus Sickersträngen erhalten muss, um das Sicker- und Schichtwasser sowie das abfließende Oberflächenwasser staufrei talwärts zu leiten.

Weitere erforderliche Einzelmaßnahmen:

- Sickerwasser, Quellen und sonstige Wasserzuflüsse vor dem Überschütten fassen und ableiten. Wo ursprüngliche Wasserdurchlässe innerhalb des Dammauflagers liegen, die Mulden reinigen, Vegetation und

Ablagerungen entfernen, diese sowie alle beräumten Bereiche mit geeignetem Boden lagenweise auffüllen und verdichten.

- Vorhandene Gräben für unter- und oberirdische Dränagen, land- oder forstwirtschaftliche Meliorationen, Quellen und Sickerungen – sofern sie nicht ohnehin verlegt werden müssen – ausheben und neu profilieren, ihr Abflussgefälle anpassen, erforderlichenfalls mit Sickerrohrleitungen ausrüsten und diese sorgfältig filterstabil verfüllen.
- Grasnarben können zwar relativ scherfeste Eigenschaften haben und bei weichem Untergrund stabilisierend wirken, mindern jedoch durch Verrottung die Standfestigkeit des Dammauflagers und müssen deshalb in der Regel und insbesondere auf geneigtem Gelände entfernt werden.
- Bergseitiges Oberflächenwasser durch Längsgräben mit dichter Sohle längs des Böschungsfußes auf nicht allzu großen Strecken mit einem Durchlass durch den Damm auf die Talseite abführen. Bergseits in den Deckschichten und ihrem Übergangsbereich abfließende Sicker- und Schichtwässer durch Tiefendränagen fassen und entsprechend ableiten.
- Bei mehr als 1 : 5 Quer- oder Längsneigung Grundfläche des Dammes treppenförmig mit leicht talwärts geneigten oder horizontalen Stufen ausführen; *Bild 1*. Die stufenförmigen Einbindungen so entwässern, dass sich keine stauenden Wassersäcke ausbilden bzw. kein Wasser frei stehen bleibt. Die Maßnahmen können auch bereits bei flachen, etwa unter 1 : 2,5 geneigten Grundflächen notwendig sein. Es kann genügen, sie nur in der talseitigen Hälfte der Dammgrundfläche auszuführen.

Bei gering tragfähiger Baugrundschichtung bzw. komplizierten hydrogeologischen Bedingungen (Sicker-, Grundwasser) werden geotechnische Sicherungsmaßnahmen nach Abschnitt 13 ZTV E-StB zur Stabilisierung des Dammauflagers und des Untergrundes notwendig. Die Eignung dieser geotechnischen Maßnahmen setzt gesonderte Untersuchungen voraus.

(5) Dammaufbau

a) Das Dammbauwerk kann als „quasi-homogene" Schüttung aus ein und demselben Schüttmaterial oder als Zonenschüttung aus verschiedenen Materialien aufgebaut werden. Die Herstellung als Zonendamm schließt in wirtschaftlicher Weise die im Abtrag anfallenden Böden und Gesteine ein, soweit sie geotechnisch geeignet sind. Für den Dammaufbau muss eine optimale Erdbaulösung plangerecht entwickelt werden, die dem vorgegebenen Massenkonzept und den Eigenschaften der verfügbaren bzw. bereitgestellten Baustoffe Rechnung trägt. Die erforderliche Standfestigkeit der Dammbauwerke und die Minimierung von Verformungen bedingen, die Baustoffe in Quer- und Längsschnitt optimal zu positionieren.

Ein planmäßig gezielter Einbau in bestimmte Dammzonen wird erforderlich, wenn Materialien mit verschiedenen Verdichtungs- und Konsolidierungseigenschaften zum Einsatz kommen. Sie dürfen keinesfalls wahllos durcheinander bzw. vermischt eingebaut werden, da sonst Sickerwasser lokal im Damm aufstauen, das umgebende wasserempfindliche Material aufweichen und Verformungen oder Rutschungen verursachen kann.

Verbreiterung eines Dammes:
(1) vorhandener Damm
(2) Anschüttung

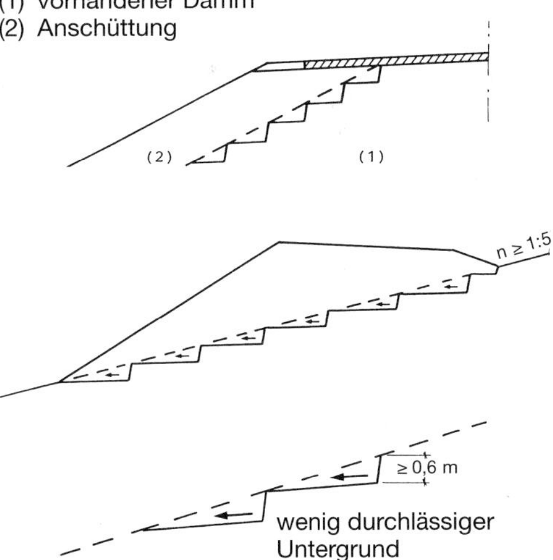

Dammschüttung auf geneigter Aufstandsfläche

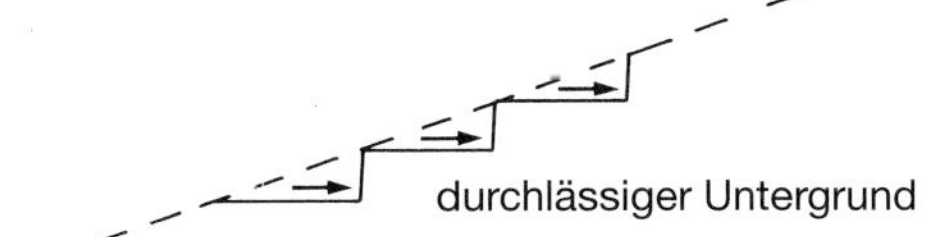

Bild 1: Sicherung des Dammes durch stufenförmige Verzahnung

Beispiele für zonalen oder lagenweise wechselnden Einbau witterungsempfindlicher Schüttmaterialien siehe *Bilder 2a* bis *e*. Die Baustoffe müssen möglichst so genutzt bzw. positioniert sein, dass eine im Kern weitgehend homogen aufgebaute, hohlraumarm verdichtete und in den Außenbereichen gegen Witterung, Grund- und Sickerwasser geschützte Schüttung entsteht. Eine solche Lösung wird von einer Kernbauweise erfüllt, bei der das witterungsempfindliche Material einheitlich durchgängig als Kern des Dammes eingebaut und rundum durch körnungsgemäß definiertes aufbereitetes Festgestein schützend eingeschlossen wird; *Bild 2a*. Diese Bauweise sichert die Gesamtfestigkeit der Schüttung, ermöglicht steilere Außenböschungen und eine Ausbildung der Dammkrone, die der Verkehrsbeanspruchung im Planumsbereich Rechnung trägt.

Die Sandwich-Bauweise – *Bild 2c* – wird dann zweckmäßig sein, wenn der Einbaubetrieb auch während der Regenwetterperioden weitergeführt werden muss. Dünne Schichten des witterungsempfindlichen und zu nassen Bodens sollen mit dickeren aus gut verdichtbaren und dränagefähigen Materialien wechseln. Schichtenaufbau und Einbaufolge richten sich nach den Festigkeits- und Verformungseigenschaften der einzubauenden Materialien sowie nach der Dammhöhe und den Gelände- und Entwässerungsbedingungen. Die Sandwich-Einbauweise macht es erforderlich, dass die wasserdurchlässigeren Wechsellagen das Sickerwasser ohne Aufstau nach außen und ohne Erosion über die Böschungen abführen können. In Böschungsflächen können hierzu Steinrigolen als Erosionsschutz erforderlich sein. In Hanganschlüssen oder Hanganschnitten, wo Sickerwasser in den Damm eindringt, muss eine druckentspannende, filterstabile Dränageschicht zwischengeschaltet werden.

Die Sandwich-Bauweise erfordert die Nachweise der Gesamtstandsicherheit des Dammbauwerkes, der Einzelstandsicherheit der weichen Schichten und der Gleitsicherheit in der Dammsohle bzw. im Dammauflager, insbesondere bei geneigtem Gelände.

b) Der Flachbaggerbetrieb kann beim Einbau witterungsempfindlicher Materialien leistungsfähiger sein und auch bei verhältnismäßig ungünstiger Witterung aufrechterhalten werden, wenn die Schichten nicht nach der üblichen horizontalen Einbautechnik, sondern in starker Neigung aufgebracht werden; s. *Bilder 2d* und *e*.

Diese Einbautechnik setzt Verdichtungsgeräte mit hoher Steigleistung voraus. Außerdem sind Geräte zu wählen, die beim Verdichten einen guten Schichtenverbund erzielen (z. B. Stampffußwalzen). Der Schichtenverbund ist eine wesentliche Forderung, damit durch die starke Neigung der Schichten keine Gleitebenen im Damm vorgegeben werden.

c) Für die Standfestigkeit und die Verformungen der Erddämme sind die Scherfestigkeits- und Verformungseigenschaften der Damm-

a) Kernbauweise
(1) grobkörnige dränagefähige Böden
(2) witterungsempfindliches Material

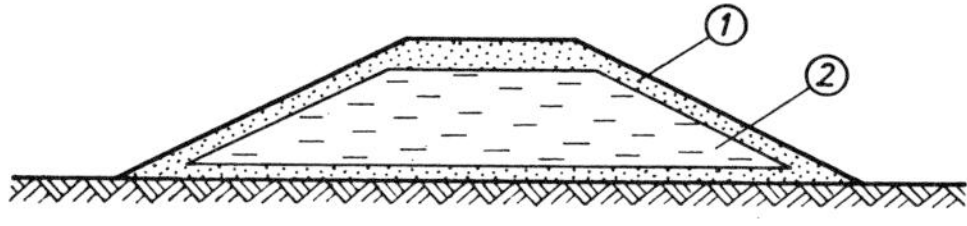

b) Sicherung der Dammkrone und kapillarbrechende Schicht über der Dammsohle

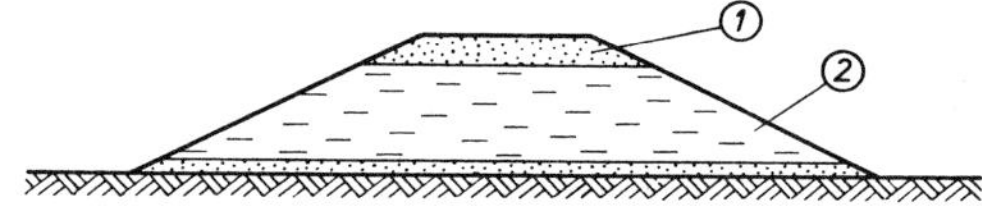

c) Sandwich-Bauweise

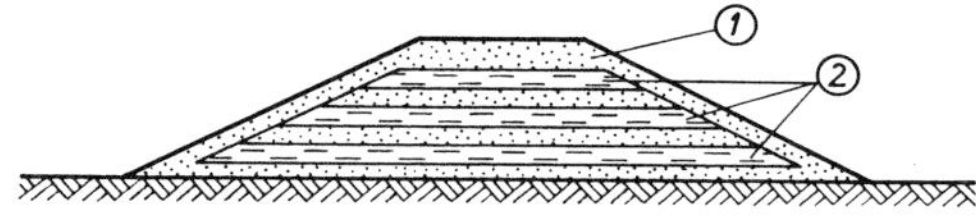

d) Aufbau in stark geneigten Lagen zum Abfluss des Oberflächenwassers bei ungünstiger Witterung. Intensive Verdichtung und gute Verzahnung der Lagen erforderlich

e) wie bei d)

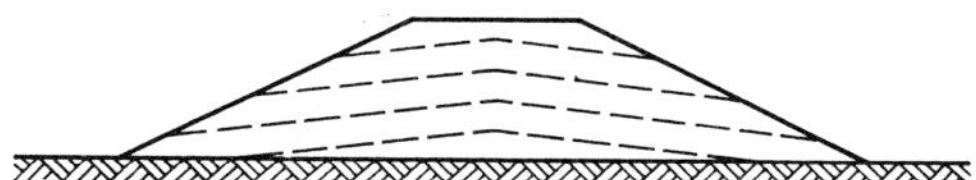

Bild 2: Dammaufbau bei Verwendung witterungsempfindlicher Schüttmaterialien

baustoffe und des Dammuntergrundes maßgebend. Zu geringe Verdichtung bzw. zu hohe Wassergehalte verursachen bei Schluff und Ton große Eigensetzungen und insbesondere bei hohen Böschungen steiler als 1 : 2 auch erhebliche horizontale Verformungen. Die Scherverformungen nehmen unter diesen ungünstigen Bedingungen stark zu und erreichen in extremen Fällen Bruchzustände. Bei hohen Dämmen sind gesonderte Untersuchungen zur Standsicherheit des Dammes und zur Böschungsgestaltung inklusive der Anlage von Bermen erforderlich.

Die Böschungen dürfen nicht zu steil sein, um Böschungs- und Fußverformungen aufgrund der mit der Dammhöhe stark anwachsenden Spreizspannungen und der Horizontalverformungen in den setzungsempfindlichen Untergrundschichten zu vermeiden. Im Falle hoher Dämme kommen folgende Maßnahmen für eine erhöhte Standsicherheit in Betracht:

- Böschungsneigung nicht steiler als 1 : 2, ggf. aufgrund von Standsicherheitsnachweisen zusätzliche Sicherungen, z. B. durch Bewehrung mit zugfesten Geokunststoffen (Abschnitt 6 ZTV E-StB)
- Böschungsneigung in den unteren Dammquerschnitten mit 1 : 2,5 flacher wählen und ggf. erst im oberen Bereich auf 1 : 2 übergehen
- Anordnung einer talseitigen Vorschüttung
- Anordnung von Bermen mit 1 bis 2 m Breite und Dränagen zum Abfangen und Ableiten des Oberflächenwassers, zur Untergliederung der langen Böschungsflächen, zur mittleren Abflachung der Böschungen und zur Begrenzung von Erosionen
- Ausrundung der Dammfüße und der Dammschultern, was ebenfalls der Erosion entgegenwirkt.

d) Anschluss- oder Anschnittbereiche des Dammes in Hangflanken müssen sorgfältig ohne Auflockerung beräumt und standfest eingebunden werden. Überhänge, instabile Schuttmassen und aufgelockertes Material sind zu entfernen, da sie zum Abgleiten neigen. Oberflächen- und Schichtwasser sowie Quellen sind so zu fassen und abzuleiten, dass kein Wasser in die Bereiche des Dammes eindringen kann.

Wenn ein neu zu schüttender Anschlussdamm einen bestehenden Damm einseitig oder beidseitig überschneidet, sind die Seitenböschungen des alten Dammes abzustufen und der neue Damm lagenweise auf das Niveau des alten Dammes aufzubauen, bevor ggf. der Damm insgesamt erhöht wird.

(6) Baustoffe

Die Grundsätze und Eignungsmerkmale, auf die bei der Auswahl von Baustoffen und Baustoffgemischen zu achten ist, sind in den Abschnitten 1.4, 3.1 bis 3.4 ZTV E-StB mit Kommentaren beschrieben, die Verwertung von Bodenmaterialien und Ersatzbaustoffen in Teil 3 im Sonderkapitel S4 ausgeführt.

Die Einteilung der Boden- und Gesteinsmaterialien in Einbauklassen richtet sich nach den Materialeigenschaften und den Anforderungen, die an die Erdbaustoffe gestellt werden. Für übliche Erdbauwerke sind hierbei die Verdichtbarkeit und Tragfähigkeit, die Witterungs- und Wasserempfindlichkeit beim Einbau und im eingebauten Zustand die Frostempfindlichkeit, die Standsicherheit der Böschungen, das Setzungsverhalten der Dämme, die Wasserdurchlässigkeit und die Filterstabilität gegenüber angrenzenden Bodenschichten von Bedeutung.

Die Böden und Gesteine werden beim Abtrag bzw. Ausbruch je nach Standort der Gewinnungsstellen nur selten in einheitlichen Schichthorizonten und in gleichmäßiger Zusammensetzung anfallen. Wegen der wechselhaften, oft fließenden Übergänge der Schichten werden sie nicht immer deutlich beim Abtrag bzw. Ausbruch voneinander zu unterscheiden und zu separieren sein. Da die Materialien mit unterschiedlicher Eignung und Verwendbarkeit anfallen, müssen bereits bei der Gewinnung die verschiedenen Einbaupositionen und eventuelle Zwischendeponierungen eingeplant sein und folgende Maßnahmen beachtet werden:

- Abtragsflächen sowie Flächen der Materialzwischenlagerung mit mindestens 6 % Gefälle anlegen, sodass Sicker- und Niederschlagswasser ungehindert abfließen kann
- Arbeiten so disponieren, dass möglichst alles geeignete Dammbaumaterial direkt ohne Zwischendeponie eingebaut werden kann
- Zwischendeponien, deren Materialien wiederverwendet werden sollen, dürfen nicht durchnässen, d. h. sie sind nach erdbau-

technischen Grundsätzen anzulegen und zu verdichten.

(7) Eigenverformung verdichteter Dammschüttungen

Die Eigenverformungen von nach erdbautechnischen Regeln lagenweise aufgebauten und verdichteten Dammschüttungen bilden sich als Setzungen und Scherverformungen aus.

Die Eigensetzungen nehmen mit der Auflast bzw. Höhe und auch bei ungünstiger Geometrie des Dammes zu. Ungleichmäßige Setzungen entstehen beim Einbau von verschiedenartigen Schüttmaterialien mit unterschiedlichen Kompressions- und Schereigenschaften, bei kombiniertem Einbau von natürlichen Erdstoffen und Leichtbaustoffen und auch dann, wenn in Dammmitte größere Last als im Bereich der Dammfüße und Dammwiderlager abzutragen und zu verteilen ist.

Erfahrungswerte für Eigensetzungen in % der Dammhöhe:

- gut verdichtete Dämme 0,2 bis 1,0 %.
- schlecht verdichtete Dämme 1,0 bis 3,0 %.
- Felsschüttungen aus veränderlich festen Gesteinen 0,5 bis 2,0 %.

Als Folge zu steiler Böschungen, zu schmaler Dammschultern, zu geringer Verdichtung, zu großen Einbauwassergehaltes und zu stark geneigter Dammaufstandsfläche entstehen Schub- und Spreizspannungen in den Böschungs-, Fuß- und Sohlbereichen mit entsprechend horizontal gerichteten Scherverformungen. Sie werden umso stärker mobilisiert, je geringer bzw. auch ungleichmäßiger die Scherfestigkeiten der Schüttmaterialien, je ungleichmäßiger die Eigensetzungen und je höher bzw. steiler die Böschungen sind.

Bei Verkehrsdämmen, die nach erdbautechnisch und erdstatisch anforderungsgemäßen Grundsätzen aufgebaut und gemäß Abschnitt 4.3.2 ZTV E-StB verdichtet sind, entstehen in der Regel keine oder nur geringe, zumeist bereits während der Bauphase abklingende Eigenverformungen, die den späteren Fahrverkehr nicht beeinträchtigen und kein Versagen der Standfestigkeit des Dammes verursachen. Eigenverformungen und oberflächennahe Instabilitäten in den Böschungsbereichen als Folge von Witterungs- und Erosionseinflüssen können nicht ganz ausgeschlossen werden; s. hierzu Abschnitt 6 ZTV E-StB mit Kom.

Ungleich große Setzungen und Scherverformungen verursachen Setzungs- bzw. Scherrisse im Boden. Solche Risse schwächen die Scherfestigkeit der Schüttmaterialien, insbesondere zusätzlich durch eindringendes bzw. durchsickerndes Oberflächenwasser, sodass auch die Standfestigkeit des Dammes in Teilen oder global beeinträchtigt werden kann.

Schwindrisse wirken gleichermaßen und entstehen dann, wenn der Damm oder der Untergrund nach ausgedehnten Regenfällen oder nach Hochwasser einer plötzlichen Trockenperiode oder einer Grundwasserabsenkung ausgesetzt sind. Besonders feinkörnige, setzungsempfindliche Böden wie hochplastischer Ton oder glimmerhaltiger Schluff haben ein großes Schwindmaß.

Die Standsicherheit und die Eigenverformungen des Dammbauwerkes sind im Sinne von DIN 1054 durch erdstatische Nachweise zu untersuchen. Berechnungsgrundlagen hierfür sind die einschlägigen Normen DIN 4019 für Setzungsberechnungen und DIN 4084 für die Standsicherheit gegen Gelände- und Böschungsbruch.

Der Nachweis der zulässigen Teilsicherheiten nach DIN 1054 soll gewährleisten, dass die Scherfestigkeit des Schüttmaterials nicht voll mobilisiert wird bzw. keine maximalen Scherverformungen im Damm aktiviert werden; s. Abschnitt 13 ZTV E-StB, Kom. 3 und Teil 3, Sonderkapitel S6.

2 Einbau- und Verdichtungsregeln

Die Eignung als Dammbaustoff vorausgesetzt, finden in der Dammbaupraxis die nachfolgenden Erfahrungsregeln für Einbau und Verdichten Anwendung:

(1) Alle Lagen in möglichst voller Arbeitsbreite einbauen. Das Schüttmaterial soll profilgemäß angepasst mit langsam fahrender Verteilerraupe ausgebracht werden. Nach dem Verteilen soll möglichst umgehend von außen zur Mitte hin verdichtet werden. Die Böschungsbereiche sind sorgfältigst mit zu verdichten, die Böschungsflächen zusätzlich von außen verdichten und glätten; s. Ziffer (6).

(2) Alle Auftragsflächen bei Einbau von witterungsempfindlichen Materialien mit mindestens 6 % Seitengefälle anlegen, damit das Oberflächenwasser sofort abfließt. Bei Beginn ungünstiger Witterung jede Schüttlage sofort verdichten und bei Abschluss der Tagesleistung die verdichtete Fläche glatt walzen.

(3) Empfehlungen für die Materialdispositionen

- Im Planumsbereich der Fahrbahnen bis ca. 1,0 m Tiefe sortiertes bzw. aufbereitetes, gut abgestuftes Material mit max. Korngröße von 150 mm und max. Schütthöhen von 30 cm einbauen, um eine gleichmäßige Tragfähigkeit und Profilierung des Planums zu erreichen und spätere Aufgrabungen für Einbauten zu erleichtern.
- Im Böschungsbereich und in den Dammschultern sehr gut abgestuftes Gesteinsmaterial mit weniger als 15 % Feinkorn unter 0,063 mm sowie ohne Blöcke und Steine über 150 mm so einbauen und mit Kleingerät verdichten, dass diese Bereiche besonders standfest ausgeführt werden und in ihren Oberflächen möglichst dicht abschließen.
- In den sonstigen Dammbereichen Einbau der Schüttlagen in Dicken von 30 cm, bei Felsgestein 50 cm zulässig; max. Korngrößen nicht mehr als zwei Drittel der zulässigen Schütthöhe. Alle in den verdichteten Oberflächen der Einbaulagen sichtbar werdenden Hohlräume oder entmischten Stellen sorgfältig durch Zugabe von gut abgestuftem Dammbaustoff ausgleichen.
  Blöcke und große Steine mit etwa 0,02 bis 0,1 m^3 so verteilen, dass sie, ohne Hohlräume zu bilden, in der Schüttung satt eingebettet liegen. Möglich ist es auch, sie lagenweise im Wechsel mit 30 cm dicken Ausgleichsschichten aus gut abgestuften Dammbaustoffen zu überschütten, sodass die Hohlräume ausgefüllt und die jeweils oben und unten liegende Schüttlage insgesamt hohlraumarm verdichtet werden können.
- In den unteren Querschnitten des Dammes, in den Böschungsfußbereichen und in den ggf. zur Stützung der Böschungsfüße empfohlenen Vorschüttungen kann auch grobes Felsgestein eingebaut werden, wenn es zu einem stabilen Skelettgerüst verdichtet und die Zwischenhohlräume durch Zugabe von gut abgestuftem Gesteinsmaterial satt ausgefüllt werden.

(4) Die Übergänge zwischen Schichten mit sehr unterschiedlicher Kornzusammensetzung oder sehr unterschiedlicher Kornabstufung können durch filterartig abgestufte Ausgleichsschichten aus grobkörnigen, gut abgestuften Materialien wesentlich verbessert werden. Die Körnungen dieser Ausgleichslagen dürfen sich nach der Verdichtung nicht mehr in die Zwischenräume der gröberen Schicht verlagern.

(5) Einbau- und Verdichtungswassergehalt

Die Verdichtung der fein-, grob- und gemischtkörnigen Böden soll möglichst bei optimalem Wassergehalt w_{Pr} erfolgen, etwa in den Grenzen +1 % bis –2 %. Materialien mit zu hohem Wassergehalt dürfen nicht eingebaut und entsprechend nachträglich aufgeweichte Schichten nicht ohne Weiteres überschüttet werden. Der Wassergehalt kann durch Belüften, Abtrocknen, Fräsen oder Zugabe wasserbindender Stoffe (z. B. Branntkalk) reduziert werden.

Böden, die für das Verdichten zu trocken sind, lassen sich umso schwieriger bearbeiten, je geringer die Wassergehalte sind. Das Anfeuchten dieser Böden ist daher in den meisten Fällen notwendig, wenn auch zeit- und kostenaufwändig. Folgende Möglichkeiten bestehen:

- künstliche Beregnung beim Lösen
- Wasserzugabe in die Transportfahrzeuge mit Druck-Sprüh-Systemen
- Wasserzugabe an der Einbaustelle mittels Sprengwagen, ggf. mit Wasserpumpe.

a) geringere Schütthöhe im Böschungsbereich

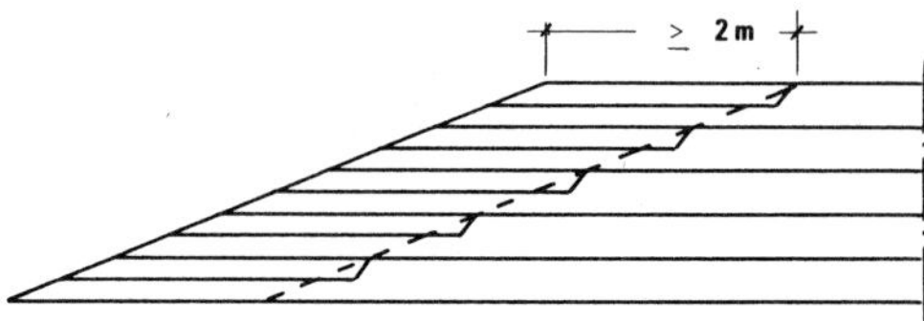

b) Vorübergehend Überprofil ohne Änderung der Schütthöhe

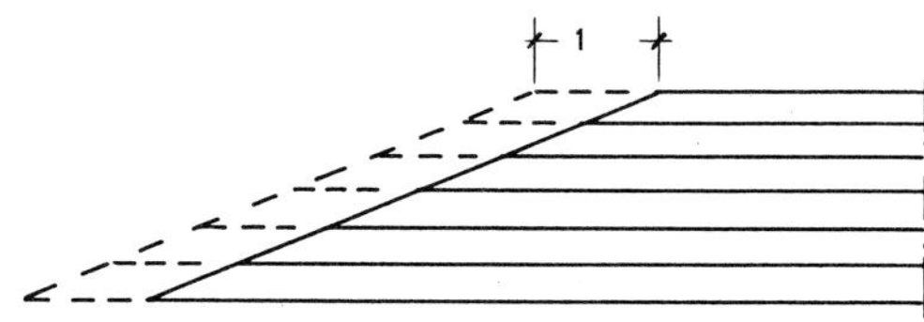

c) Variation zu b)

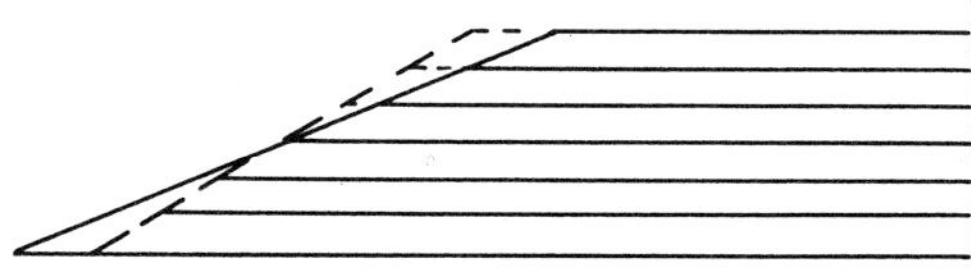

d) Verdichtung auf der Böschung

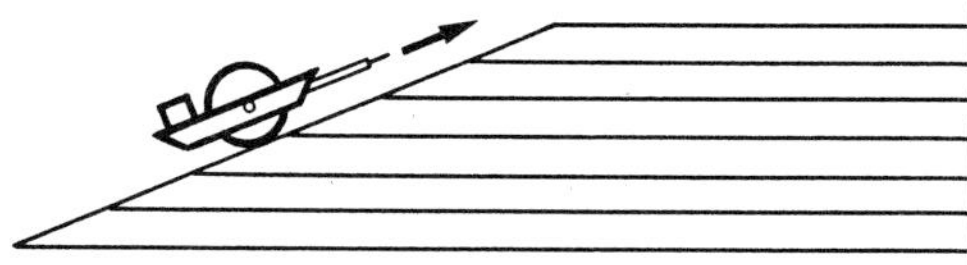

Bild 3: Verschiedene Verfahren zur sorgfältigen Verdichtung von Böschungsbereichen

Die Wasserzugabe erfüllt ihren Zweck nur dann, wenn sie kontrolliert erfolgt und den Boden möglichst gleichmäßig durchfeuchten kann. Bei tonigen Böden gelingt ein gleichmäßiges Durchfeuchten ohne zusätzliche Fräs- und Mischvorgänge nicht.

Beim Verdichten von Gestein aus festem Fels kann in aller Regel auf die Zugabe von Wasser verzichtet werden. Wasserempfindliches, veränderlich festes Felsgestein nimmt durch Aufnahme bzw. Zugabe von Wasser meist ungünstige Einbau- und Verdichtungseigenschaften an. Bei sehr trockenen Materialien kann eine geringfügige Oberflächenbenetzung die Verdichtbarkeit begünstigen (z. B. bei zu trockenem Tonsteinmaterial).

(6) Verdichten von Randzonen (Böschungen, Dammschultern)

Das sorgfältige Verdichten der Böschungen, Dammschultern und sonstiger Randzonen ist unerlässlich, um Erosionen und Rutschungen entgegenzuwirken; *Bild 3*. Insbesondere bei relativ schmalen Seitenstreifen können Erosionen auf die Fahrbahn übergreifen. Eine möglichst rasche Abdeckung oder Begrünung der Schultern und Böschungen ist anzustreben.

Für das Verdichten der Randbereiche der Dammschüttungen eignen sich leichte und mittelschwere Verdichtungsgeräte. Für das in *Bild 3 d* dargestellte Verfahren kommen spezielle Böschungswalzen mit nach rückwärts angehobenem Antriebsmotor zur Anwendung.

Das in *Bild 3 b* dargestellte Verfahren eignet sich für Dämme jeder Höhe, sofern das zeitweise vorhandene Überprofil des Dammes aus Gründen der Standsicherheit zulässig ist und die erforderlichen Mehrmassen im Rahmen des Massenausgleichs unter Beachtung der bauzeitlichen Disposition ohne zusätzliche Kosten zur Verfügung stehen.

Die Verfahren in *Bild 3* kommen zur Anwendung, wenn sich der Boden nicht über die gesamte Dammbreite durchgehend gleichmäßig in Lagen einbauen und anforderungsgemäß verdichten lässt. Aus technischer Sicht dienen die angegebenen Verfahren zwar dem gleichen Qualitätsziel, nämlich die erforderliche Verdichtung auch in den Randbereichen der Dämme zu sichern. Jedoch ist zu berücksichtigen, dass sie eines erheblich unterschiedlichen technischen und wirtschaftlichen Mehraufwandes bedürfen. Sie stehen zwar alternativ nebeneinander, sind jedoch vom technischen Aufwand her als Vertragsvorgabe nicht gleichwertig. Um Angebotsverzerrungen zu vermeiden, muss in den Vertragsbedingungen entweder gesondert die vorzusehende Behandlung der Böschungsbereiche ausgewiesen oder zum Zwecke des Kostenvergleichs für alle Verfahren das Angebot angefordert werden.

Bei Auslegung des Verfahrens in *Bild 3 b* ist davon auszugehen, dass zwar die erforderlichen Mehrmassen innerhalb des Massenausgleichs ohne Vergütung zur Verfügung stehen, jedoch die besondere Mehrleistung ihres Einbaus und Verdichtens sowie insbesondere ihres böschungs- und verdichtungsschonenden Rückbaus durch Vergütung anerkannt werden sollten. Diese Leistungen bedürfen im Grunde der gemeinsamen Vereinbarung und rechtfertigen eine besondere Vergütung.

(7) Verdichtung von Schichten auf nachgiebiger Unterlage

Die Verdichtung von Mehrschichtsystemen, die aus Schichten verhältnismäßig geringer Dicke auf nachgiebiger Unterlage bestehen, hängt von der Steifigkeit der jeweiligen Unterlage ab. Problemfälle sind z. B. der Bau von Trag-, Filter- und Dichtungsschichten.

Die beim Verdichten eingeleitete Energie bewirkt von der Unterlage her einen Reaktionsdruck auf das Korngerüst, der umso größer wird, je steifer die Unterlage ist (Auflagewirkung, Einspannung). Im umgekehrten Fall wird die Energie ohne Verdichtungswirkung in die Unterlage abgeleitet.

Mit Hilfe einer Probeverdichtung ist zunächst, soweit solche Mehrschichtsysteme mit Vibrationsenergie verdichtet werden, der Resonanzbereich des Systems sowie die optimale Bewegungsamplitude des Vibrationsverdichters zu ermitteln; allgemein gilt:

- Geräte mit kleiner Amplitude und hoher Frequenz, wenn die Unterlage ausreichend steif ist und nicht mit verdichtet werden soll
- Geräte mit großer Amplitude und mittlerer Frequenz, wenn zunächst auch die Unterlage mit verdichtet werden soll.

Eine optimale Verdichtung ist in der Praxis häufig dann möglich, wenn statische und dynamische Übergänge kombiniert werden: die ersten Übergänge mit Vibration, der abschließende Übergang ohne Vibration, ggf. ein Zwischenübergang mit einer Gummiradwalze.

(8) Verdichtung unter Wasser

Für Schüttungen unter Wasser ist grobkörniger Boden oder verwitterungsbeständiger Fels als Schüttmaterial zu verwenden. Bei flachen Dämmen mit weniger als 1,5 m Höhe über der Wasserlinie ist oberhalb der Wasserlinie mit schwerem Gerät so zu verdichten, dass die Verdichtungswirkung möglichst noch unter die Wasserlinie reicht.

Für die Unterwasserverdichtung kommen das Rütteldruck-Verfahren oder schwere Fallplatten nach dem Verfahren der dynamischen Intensivverdichtung in Frage. Oberhalb der Wasserlinie können auch schwere Vibrationsgeräte eingesetzt werden. Die Verdichtung lässt sich durch Sondierungen mit Ramm- oder Drucksonden, mit radiometrischen Tiefensonden, durch Messung seismischer Wellengeschwindigkeiten oder durch Setzungsmessungen überprüfen.

3 Probeverdichtung

(1) Probeverdichtung

Die Probeverdichtung nach Abschnitt 4.3.1.1 ZTV E-StB, die sowohl auf einer Schüttung als auch auf einer Einschnittsplanie erfolgen kann, dient in erster Linie der Verifizierung des vom Auftragnehmer gewählten Bauverfahrens im Hinblick auf die im Bauvertrag angeforderten Gütekriterien (z. B. Verdichtungsgrad, Verformungsmodul) oder zur vergleichenden Kalibrierung dieser Kriterien mit den Ergebnissen anderer Prüf- oder Messverfahren.

Die bei Beginn der Verdichtungsarbeiten oder beim Umstellen des Verdichtungsverfahrens notwendig werdenden Probeverdichtungen sind Bestandteil der erforderlichen Leistungen. Dies gilt auch für Schüttarbeiten, die für das Ausführen von Probeverdichtungen notwendig werden. Die Probeverdichtungen ermöglichen es dem Auftragnehmer, die von ihm zu erbringenden Leistungen zu optimieren. Beispiele für die Anlage von Prüffeldern bei Probeverdichtungen zeigen die *Bilder 4* und *5* in Zusammenhang mit nachfolgenden Empfehlungen für die Mindestabmessungen der Prüfeinheiten:

Länge

$L_{ges} = 2\,L_R + L_G + L_P$
$= \text{Gesamtlänge (m)} \geq 15\ \text{m}$

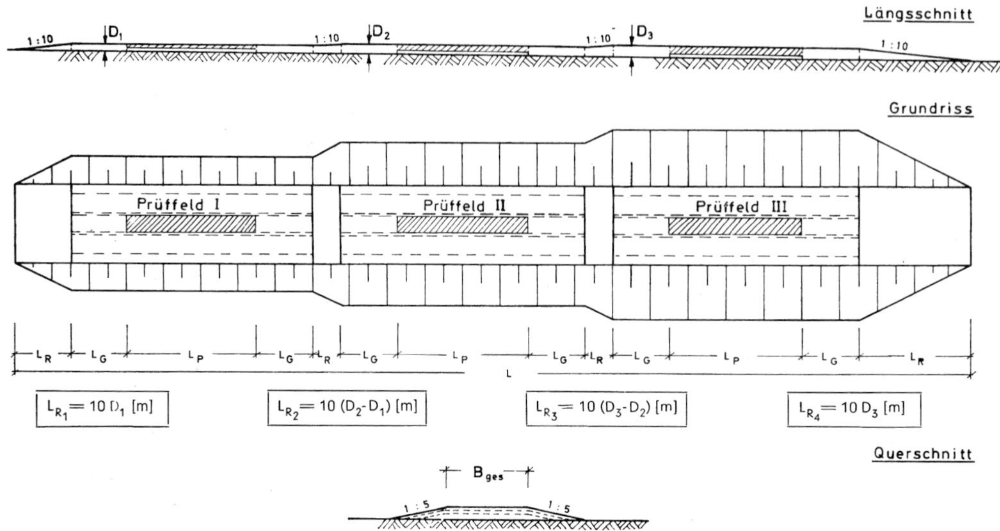

Bild 4: Versuchsfeld mit drei hintereinander angeordneten Prüfeinheiten bei unterschiedlichen Schütthöhen und einer bestimmten Anzahl von Übergängen

L_R = 10 D = Rampenlänge (m)
(entfällt bei Anlage innerhalb des Baufelds)

L_G = An- bzw. Auslaufstrecke
= Länge des Verdichtungsgeräts oder -zuges (m)

L_P = 4a + 3p
= Länge des Prüffeldes (m)
D = Dicke der verdichteten Schicht (m)
a = Abstand zu und zwischen den Prüfstellen (m)
p = Länge der Prüfstelle (m)

Breite

B_{ges} = 3 B_G – 2 Ü + 2 b
= 2 B_G + B_P + 2 b
= Gesamtbreite (m) ≥ 5 m

B_G = Gerätebreite (m)

Ü = 0,1 B_G = Überlappung der Fahrspuren (m)

B_P = B_G – 2 Ü = Breite des Prüffeldes (m)

D = Dicke der verdichteten Schicht (m)

b = D (m) = Sicherheitsabstand

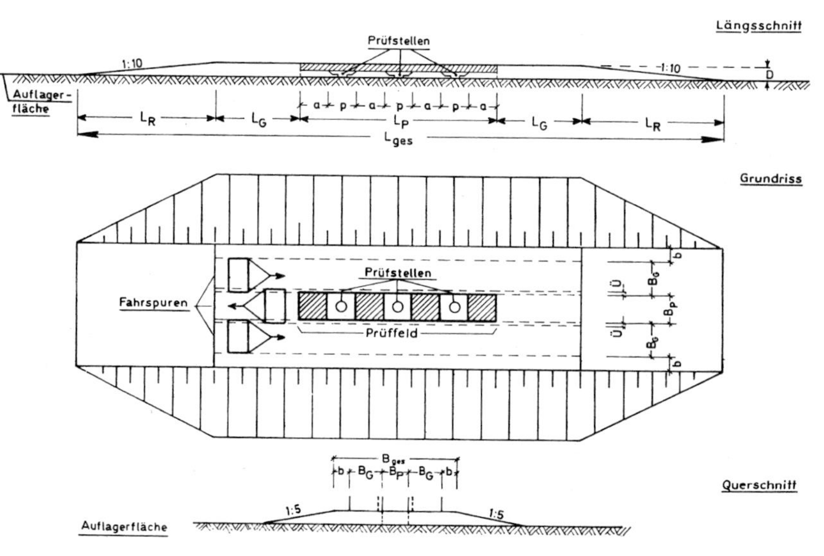

Bild 5: Versuchsfeld mit einer Prüfeinheit bei einer Schütthöhe und einer bestimmten Anzahl von Übergängen

Um die erzielte Verdichtung beurteilen zu können, soll der Verdichtungsgrad D_{Pr} oder die Dichte ρ_d über die gesamte Schichtdicke ermittelt werden. Es ist erforderlich oder zweckmäßig, neben Dichteprüfungen auch geeignete andere Versuche vergleichsweise mit auszuführen, um bereits zum Zeitpunkt der Probeverdichtung den Zusammenhang der jeweiligen Ergebnisse ermitteln und bewerten zu können.

(2) Versuchsschüttung

Versuchsschüttungen kommen zur Anwendung, wenn keine ausreichenden Erfahrungen vor Baubeginn vorliegen. Sie erfüllen unterschiedliche Zweckbestimmungen; u. a. dienen sie

- zur Untersuchung des Einbau- und Verdichtungsverhaltens von Boden, Fels und speziellen Baustoffen,
- zur Optimierung der Bearbeitungsprozesse und des Geräteeinsatzes,
- zur Untersuchung der Eigenverformung von Schüttungen und Baugrundverformungen unter Erdauflasten.

Je nach Zweckbestimmung ist zu unterscheiden, ob die Versuchsschüttung Teil der angeforderten Bauleistung oder eine eigenständige Sonderleistung als Hilfe für Planung, Entwurf und Ausschreibung ist oder der Absicherung des vom Auftragnehmer gewählten Bauverfahrens dient. Im Fall der Eignungsuntersuchung für bestimmte Baustoffe ist sie eine Eignungsprüfung im Sinne von Abschnitt 1.6.2 ZTV E-StB. Im Fall der Arbeitsoptimierung dient sie der Eigenüberwachung des Auftragnehmers. Im Fall der Planungshilfe ist sie Teil der Baugrunderkundung und soll als vorgezogene Maßnahme möglichst rechtzeitig vor der Ausschreibung erfolgen.

Versuchsschüttungen werden auch für Forschungs- und Entwicklungsaufgaben notwendig, wenn neue Baustoffe oder Bauweisen erprobt werden sollen.

4 Maßnahmen bei Regenwetter

Die Behinderung der Erdarbeiten ist umso größer, je wasserempfindlicher der einzubauende Boden ist. Für verschiedene Bodenarten zeigen die *Bilder 6, 7* und *8* die Eindringtiefe der Feuchtigkeit bei unterschiedlicher Niederschlagsmenge, die Trocknungszeit des aufgeweichten Bodens bei verschiedener Luftfeuchtigkeit und die möglichen Regenausfallzeiten für westeuropäische Wetterbedingungen. Die unbefestigten Fahrwege müssen mit dem Grader oder mit der Planierraupe laufend eingeebnet oder z. B. mit Kalk verbessert werden, um die Tragfähigkeit zu erhalten und den Rollwiderstand für die Fahrzeuge zu verringern. Bei Niederschlägen, die das Planum unbefahrbar machen, muss der Schüttbetrieb eingestellt werden und darf erst dann wieder aufgenommen werden, wenn der Boden genügend abgetrocknet ist.

Bei sehr intensiven, lang andauernden Regenfällen wird es in der Regel wirtschaftlicher sein, Ausfallzeiten in Kauf zu nehmen, als so lange weiterzuarbeiten, bis die Einbauflächen zerfahren sind und ein Weiterarbeiten durch zu tiefes Einsinken der Fahrzeuge und zu geringe Transportleistung nicht mehr möglich ist. Die Ausfallzeit bis zur Wiederaufnahme des Baubetriebs richtet sich nach der Niederschlagsmenge, der

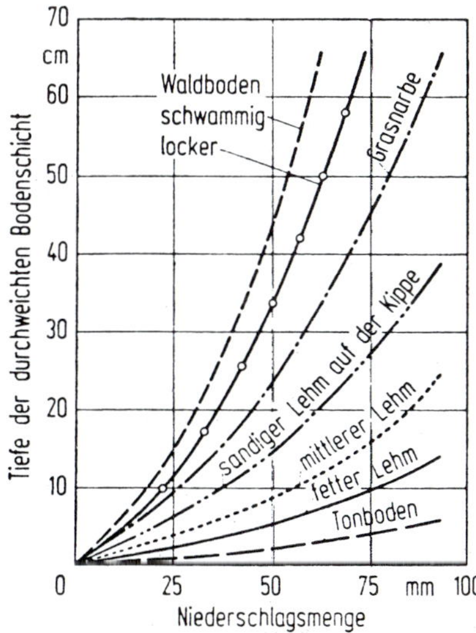

Bild 6: Tiefe der aufgeweichten Bodenschicht in Abhängigkeit von der Niederschlagsmenge; Lit. (14)

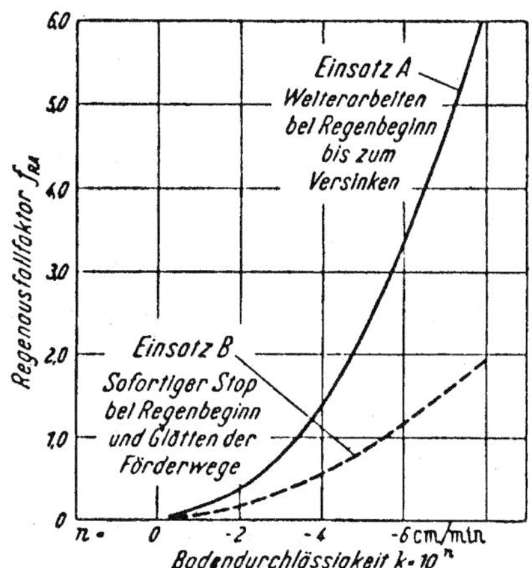

$t_{RA} = t_R \cdot f_{RA}$ wobei: t_R = Regenzeit

t_{RA} = Regenausfallzeit

f_{RA} = Regenausfallfaktor

Bild 7: Regenausfallzeit für westeuropäische Witterungsbedingungen während der Sommermonate; Lit. (14)

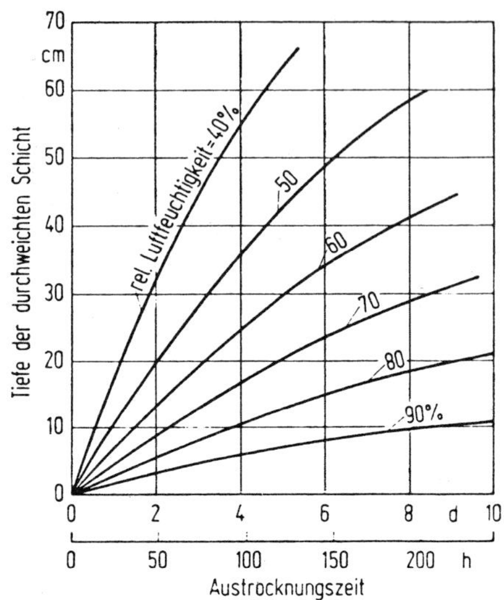

Bild 8: Austrocknungszeit aufgeweichter Bodenschichten bei verschiedener Luftfeuchtigkeit; Lit. (14)

Durchlässigkeit des eingebauten Bodens und der Verdunstungsgeschwindigkeit. Aus *Bild 7* können Ausfallzeiten bei Regenfällen während der Sommerperiode abgeschätzt werden; es zeigt sich, dass sie nur ein Viertel bis ein Fünftel betragen, wenn stattdessen bis zum Zusammenbruch des Baubetriebs weitergearbeitet wird.

Bild 6 gibt Anhaltswerte für die Aufweichtiefe verschiedener Böden in Abhängigkeit von der Niederschlagsmenge und *Bild 8* für die Austrocknungszeit in Abhängigkeit von der relativen Luftfeuchtigkeit.

Regenwetterbedingte Schwierigkeiten während der Bauausführung lassen sich durch Bauhilfsmaßnahmen reduzieren, z. B.:

- Abflussrinnen bzw. Ringgräben um die Schürf- und Einbaustellen, die von außen zufließendes Wasser abhalten
- Oberflächengefälle der Schürf- und Einbaustellen so anlegen, dass Wasser nach außen ablaufen kann
- Einsatz von Erdhobelgeräten an den Schürf- und Einbaustellen, um Fahrspuren einzuebnen und Wasserstellen zu beseitigen
- Fahrwege möglichst vor der Schlechtwetterperiode anlegen und ggf. befestigen; Fahrspuren möglichst gleichmäßig verteilen
- Einbau in möglichst dünnen, gleichmäßigen Schichten, die sofort gut verdichtet werden müssen
- Überhöhen der Dammkrone und Anlage eines zweiseitigen Gefälles
- Einmischen von Kalk, um den Wassergehalt des Bodens zu reduzieren; s. Abschnitt 4.2 ZTV E-StB, Kom. 3.3
- Abflussrinnen mit dichter Sohle längs des Böschungsrandes der Dammschultern und kontrolliertes Ableiten des Wassers nach außen.

5 Einsatz und Leistung der Verdichtungsgeräte

5.1 Einsatzbereiche

Das Leistungsvermögen der vielfältigen Verdichtungsmaschinen, die von den handgeführten leichten Geräten bis hin zu den schweren selbstfahrenden Walzenzügen und den schweren gezogenen Anhängewalzen reichen, deckt ein breites Anwendungsspektrum ab; Lit. (20), (39).

Bei der Wahl der geeigneten Verdichtungsmaschine sind die folgenden Faktoren zu beachten:

- Boden- bzw. gesteinsspezifische Eigenschaften
- Qualitätsanforderungen für die Ausführung (Verdichtungsgrad, Gleichmäßigkeit, Ebenheit)
- wirtschaftliches Leistungsvermögen
- Maschinenkosten
- Baustellenbedingungen (enge oder freie Arbeitsflächen), Zugänglichkeit, baubetriebliche Behinderungen.

Für die Optimierung der Verdichtungsarbeiten ist es erforderlich, im Auswahlverfahren über die im Einzelfall geeigneten Verdichtungsmaschinen eine Reihe von bodenspezifischen, maschinentechnischen und durch die Standortbedingungen bestimmten Faktoren zu beachten. Entscheidungshilfen für die vielfältigen Einsatzbereiche veranschaulicht die Übersicht in *Tab. 1*. Hinweise auf die Einflussfaktoren enthält *Tab. 2*.

5.2 Leistungsermittlung

Für den wirtschaftlichen Geräteeinsatz ist die Kenntnis der Verdichtungsleistung notwendig.

Die Flächenleistung eines Verdichtungsgerätes wird folgendermaßen ermittelt:

$$Q_A = f \cdot \frac{b \cdot v \cdot 1000}{z} \; [m^2/h]$$

Hierin bedeuten

f Abminderungsfaktor $= \frac{\text{Nutzleistung}}{\text{Grundleistung}}$

b Arbeitsbreite des Verdichtungsgerätes in m

v Arbeitsgeschwindigkeit des Verdichtungsgerätes in km/h

z Zahl der Übergänge

Zur Berechnung der tatsächlichen Nutzleistung wird die theoretische Grundleistung um den Abminderungsfaktor f abgemindert. Der

Tabelle 1: Anwendungsbereiche von Vibrationsverdichtungsgeräten

Geräteart/ Anwendungsbereich (Bodenverdichtung)	Vibrations-stampfer	Vibrations-platten	Einrad-vibrations-walzen	Doppel-vibrations-walzen	Tandem-Walzen	Kombi-walzen	Walzen-züge	Anhänge-walzen
Straßenbau		O		X	O	O	X	X
Eisenbahnbau				O			X	X
Flughafenbau							X	X
Wasserbau/Deponiebau				O	O		X	X
Geh- und Radwege Hof- und Garagen-einfahrten		X	X	X	O	O	O	
Parkplätze und Industriehöfe		O		X	O	O	X	
Spiel- und Sportanlagen	X	O		X	O	O	X	
Gräben	O	X	O	X			X	O
enge Gräben < 50 cm	X	O						

X = gut geeignet , O = geeignet

Tabelle 2: Einflussfaktoren auf die Verdichtung

Bodenmaterial	Gerät	Einbaubedingungen
Grobkörnige Böden – Kornform und Kornrauigkeit – Kornzusammensetzung und -abstufung – Wassergehalt *Feinkörnige Böden* – Kornzusammensetzung – Plastizität – Wassergehalt *Gemischtkörnige Böden* – Kornzusammensetzung – Mischungsverhältnis von Fein- und Grobkörnung – Plastizität der Feinkörnung – Wassergehalt der Feinkörnung *Felsgestein* – Gesteinsfestigkeit – Kornform und Kornrauigkeit – Kornzusammensetzung und -abstufung	*Art der Walze* – Statische Walze – Gummiwalze – Vibrationswalze *Konstruktionsmerkmale* – Gewicht – Gewichtsverteilung – Schwingende Masse – Geometrie und Anzahl der Bandagen bzw. Reifen *Einsatzwerte* – Frequenz – Amplitude – Reifendruck – Walzengeschwindigkeit	*Beschaffenheit der Unterlage* – hohe Steifigkeit – niedrige Steifigkeit *Schichtdicke* – dicke Schicht – dünne Schicht *Zahl der Übergänge* *Wassersituation* – zu hoher Wassergehalt – zu niedriger Wassergehalt *Wetterverhältnisse* *Walztechnik*

Abminderungsfaktor berücksichtigt alle leistungsbeeinflussenden Größen aus Gerätezustand und Bedienung, Betriebs- und Baustellenorganisation sowie Witterung. Im Erdbau wird üblicherweise mit dem Abminderungsfaktor f = 0,75 gerechnet.

Die Mengenleistung eines Verdichtungsgerätes wird im Erdbau in m³/h oder beim Einbau von Mischgütern in t/h ermittelt:

$$Q_V = f \cdot \frac{b \cdot v \cdot h \cdot 1000}{z} \; [m^3/h]$$

oder

$$Q_V = f \cdot \frac{b \cdot v \cdot h \cdot 1000}{z} \cdot \rho \; [t/h]$$

Hierin bedeuten

- h Schichtdicke des verdichteten Materials in m
- ρ Dichte des verdichteten Korngemisches in t/m³

Für die Leistungsermittlung im Erdbau ist die Schichtdicke des verdichteten Materials von besonderer Bedeutung. Die optimale und zulässige Schichtdicke hängt wesentlich von der Bodenart ab. In vier bis acht Übergängen werden unter normalen Einsatzbedingungen die Verdichtungsanforderungen erfüllt.

Eine baustellenspezifische Berücksichtigung der leistungsmindernden Faktoren kann auch mit Hilfe eines Gesamteinflussfaktors η_{ges} statt des Abminderungsfaktors f erfolgen:

$$\eta_{ges} = \eta_1 \cdot \eta_2 \cdot \eta_3$$

- η_1 Reparatur und Wartung (0,95–0,75)
- η_2 Betriebsstörung wie z. B. Pausen, Baustellenverkehr (0,85–0,70)
- η_3 organisatorische Einflüsse an der Baustelle (0,95–0,80)

Grundsätzlich werden die Verdichtungsoperationen nach zwei Musterschemen alternativ ausgeführt:

a) Spur-auf-Spur-Operation

   Jede Verdichtungsspur wird anforderungsgemäß verdichtet, bevor die Verdichtungsmaschine auf die nächste Spur wechselt. Die Spuren werden entweder um die halbe Bandagenbreite überlappt oder mit 10 bis 30 cm Arbeitsabstand aneinandergereiht. Diese Operation erleichtert es dem Geräteführer, die Übergänge zu zählen, genauer zu beobachten und keine Flächen auszulassen.

b) Überdeckend wechselnde Operation

Die Verdichtungsmaschine wechselt nach jedem ersten oder zweiten Übergang auf die nächste Spur. Diese wechselnde Prozedur wird fortgeführt, bis die gesamte Fläche ausreichend verdichtet ist. Diese Operation birgt die Gefahr, dass die außen liegenden Spuren und die Zahl der erforderlichen Übergänge nicht genau erfasst werden, insbesondere nach Pausen und langen Arbeitszeiten.

Das wirtschaftlichste Verdichtungsverfahren ist zu Beginn der Arbeiten mittels einer Probeverdichtung festzulegen. Anhaltswerte für die Wahl von Verdichtungsgeräten gibt *Tab. 3* (Merkblatt für die Verdichtung des Untergrundes und Unterbaues im Straßenbau, FGSV). Hierbei handelt es sich um durchschnittliche Werte über bisher in der Praxis erprobte Geräte; sie können bei ungünstigen Bedingungen unterschritten, im anderen Fall aber auch erheblich überschritten werden. Die Anwendung der Tabellenwerte ersetzt nicht den Nachweis der vorgeschriebenen Verdichtung. Andere Verdichtungsgeräte können zum Einsatz kommen, wenn mit ihnen ähnliche Verdichtungswirkungen wie mit den empfohlenen Geräten nachgewiesen werden.

Wahl der Geräte für das Verdichten in Leitungsgräben s. Abschnitt 9 ZTV E-StB, Kom. 2.3; für das Verdichten im Hinterfüllbereich von Bauwerken s. Abschnitt 10 ZTV E-StB, Kom. 1.9.

5.3 Wirkungsweise der Verdichtungsgeräte

Die im Erdbau üblicherweise eingesetzten Verdichtungsgeräte sind im *Bild 9* nach der vom Europäischen Baumaschinenkomitee (CECE) herausgegebenen illustrierten Terminologie dargestellt; Lit. (20).

(1) Statisch wirkende Glattmantelwalzen

Der Verdichtungseffekt dieser Walzen erhöht sich mit Zunahme der statischen Linienlast. Die erforderliche Anzahl der Überfahrten verringert sich mit zunehmender Linienlast. Bei bestimmter Linienlast vergrößern sich der Verdichtungseffekt und die Tiefenwirkung mit Zunahme des Wassergehaltes, allerdings nur innerhalb des optimalen Bereiches. Bei großer Linienlast und geringer Einbauschichtdicke lässt sich auch bei Wassergehalten unterhalb des Optimums noch ein günstiger Verdichtungseffekt erzielen. Der Tiefeneffekt ist bei Gemischen aus Sand und Kies sowie aus Kies-Sand-Schluff größer als bei Schluff- und Tonböden.

(2) Gummiradwalzen

Der Verdichtungseffekt der Gummiradwalzen erhöht sich mit Zunahme der Radlast bzw. des Reifenkontaktdruckes. Die Zahl der erforderlichen Übergänge geht mit der Größe des Reifenkontaktdruckes zurück, wobei allerdings dieser Einfluss mit zunehmendem Wassergehalt wieder geringer wird. Die Verdichtungstiefe wächst ebenfalls mit dem Kontaktdruck bzw. der Radlast an, und zwar überwiegt in der oberen Zone der Einfluss des Kontaktdruckes, in der unteren der Einfluss der Radlastgröße.

Der Lasteinfluss wirkt sich bei bindigen Böden stärker als bei nichtbindigen aus, weil die rolligen, grobkörnigen Böden in der Oberfläche durch die Schubbeanspruchung der abrollenden Reifen aufgelockert werden.

(3) Vibrationswalzen

Die maschinelle Verdichtungstechnik mit Vibrationsverdichtungsgeräten hat einen hohen Entwicklungsstand erreicht. Sie ist Bestandteil einer Bautechnologie, mit der weltweit Verkehrswege, Erd- und Dammbauten, Gründungsflächen für Bauwerke, Dichtungsschichten, Deponieanlagen u.a. dauerhaft tragfähig bzw. gebrauchstauglich ausgeführt werden. Einen bedeutsamen Umbruch und Meilenstein markiert dabei die Einführung von automatischen Mess- und Dokumentationssystemen sowie EDV- und GPS-gestützten Steuerungen der Maschinen. Diese maschinenintegrierten Systeme ermöglichen die Prozesssteuerung der Verdichtungsarbeiten, die Einsatzoptimierung der Maschinen und die flächendeckende Qualitätssicherung.

Beide Merkmale – arbeitsintegrierte und flächendeckende Qualitätssicherung – haben zur Entwicklung der sogenannten „Flächendeckenden Dynamischen Qualitäts- und Verdichtungskontrolle“ (FDVK) geführt. Dabei

Tabelle 3: Anhaltswerte für den Geräteeinsatz

	Verdichtungsgerät und Betriebsgewicht	Eignung (E), Schichtdicke (H), Übergänge (Ü) nach Bodenart: grobkörnig (nicht bindig) Sande – Kiese			gemischtkörnig (bindig) Mischböden, schwach steinig			feinkörnig (bindig) Schluffe – Tone			Felsschüttung [3]			Anwendungsbereiche: Bauwerks-hinterfüllungen	Leitungsgräben	Trasse
		E	**H** (cm)	Ü (Anz.)	**E**	**H** (cm)	Ü (Anz.)	**E**	**H** (cm)	Ü (Anz.)	**E**	**H** (cm)	Ü (Anz.)	**E**	**E**	**E**
statisch	Glattmantel ≥ 12 t	⊗	10 - 20	4 - 8	⊗	10 - 20	4 - 8	⊗	10 - 20	4 - 8						+
statisch	Gummiradwalze 20 t – 30 t	+	10 - 20	6 - 10	+	10 - 20	6 - 10	+	10 - 20	6 - 10						+
dynamisch	Fallplatte h=2,0 m; G=2,5 t										+	50 - 80	3 - 5 [1]			+
dynamisch	Schnellschlag-stampfer 50 – 80 kg	⊗	20 - 30	3 - 7	⊗	20 - 30	3 - 7	⊗	10 - 20	2 - 4				+	+	
dynamisch	Walzenzug bis 7 t	+	20 - 30	4 - 8	+	20 - 30	4 - 8	+	20 - 30	4 - 8				+		+
dynamisch	bis 12 t	+	30 - 50	4 - 8	+	30 - 40	4 - 8	+	20 - 30	4 - 8	+	20 - 50	4 - 6	[2]		+
dynamisch	bis 20 t	+	30 - 60	4 - 8	+	40 - 50	4 - 8	+	20 - 40	4 - 8	+	30 - 60	4 - 6	[2]		+
dynamisch	über 20 t	+	40 - 80	4 - 8	+	40 - 80	4 - 8	+	30 - 60	4 - 8	+	40 - 80	6 - 8	[2]		+
dynamisch	Tandem bis 7 t	+	20 - 30	4 - 6										+	+	
dynamisch	Vibr.-Walze über 7 t	+	30 - 40	4 - 6	⊗	20 - 40	5 - 8							+	+	
dynamisch	Vibrat.- bis 400 kg	+	20 - 30	4 - 6	⊗	10 - 20	4 - 6							+	+	
dynamisch	Platten über 400 kg	+	30 - 40	4 - 6	⊗	20 - 40	4 - 6	⊗	20 - 30	6 - 8				+	+	

[1] Anzahl Schläge/Punkt [2] Nur mit Einzelnachweis der dynamischen und statischen Einwirkungen [3] zul. Größtkorn max. 2/3 H

Die Angaben setzen einen Wassergehalt im Bereich des optimalen Wassergehaltes voraus

1 Übergang ≙ 1 Überfahrt in Vor- oder Rückwärtsbewegung.

+ empfohlen
⊗ meist geeignet

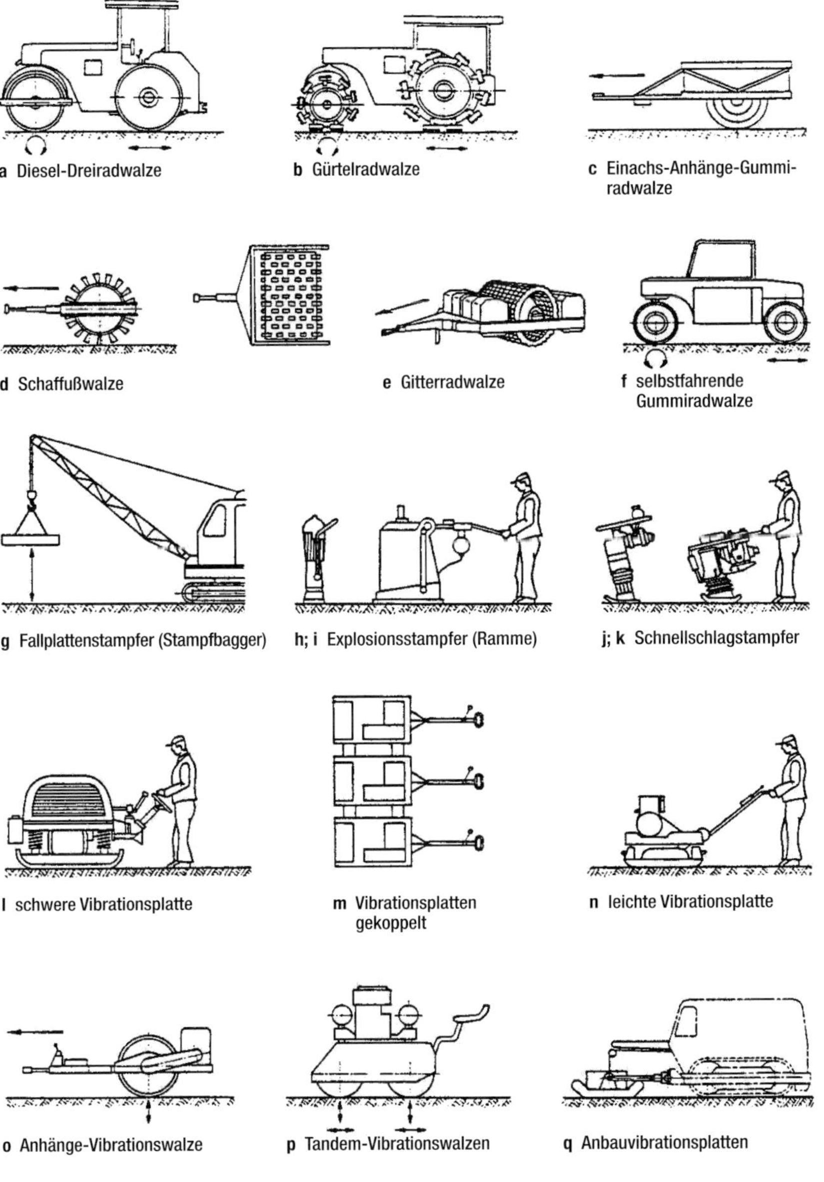

Bild 9: Zusammenstellung der im Erdbau üblichen Verdichtungsgeräte; Lit. (20)

wird die Vibrationswalze neben ihrer Hauptfunktion als Verdichtungsgerät zugleich als „Messgerät" genutzt. Hierzu sind an der vibrierenden bzw. oszillierenden Bandage ein oder zwei Beschleunigungsaufnehmer angeordnet, die das Beschleunigungsverhalten des Schwingungssystems Walze-Boden kontinuierlich aufnehmen. Diese Schwingungscharakteristik richtet sich nach dem Energieaustausch zwischen Walze und Boden, der durch Reibungswiderstände im Boden und Energieabstrahlung gedämpft wird. Aus der Analyse der Schwingungscharakteristik, die sich mit der Verformungssteifigkeit bzw. Verdichtung des Bodens ändert, lassen sich Rückschlüsse auf die erzielte Verdichtungsqualität ziehen; s. hierzu Abschnitt 14.2.3 mit Kom.

Prinzipiell werden Tandemwalzen, Walzenzüge und Anhängewalzen unterschieden. Walzenzüge besitzen anstelle der Vorderradachse eine Vibrationsbandage, die in einem Rahmen gehalten ist. Der Hauptfahrantrieb wird über die Hinterradachse realisiert. Bei Tandemwalzen sind sowohl in der Vorder- als auch in der Hinterradachse in Rahmen gehaltene Bandagen angeordnet, wobei der Fahrantrieb über beide Bandagen möglich wird. Bei Anhängewalzen befindet sich die Bandage innerhalb eines Rahmens, der als Anhänger von einem geeigneten Baustellenfahrzeug gezogen wird.

Der Verdichtungseffekt der Vibrationswalzen wird bei allen Böden maßgeblich durch die dynamischen Merkmale des Schwingungssystems, die Linienlast des jeweiligen Walzentyps und die bodenspezifischen Eigenschaften beeinflusst. Im Vergleich zu statisch wirkenden Glattmantelwalzen werden durch die kombinierte Wirkung von Vibration und Linienlast weniger Überfahrten für einen bestimmten Verdichtungseffekt erforderlich.

Der Einfluss der Linienlast auf die Verdichtungstiefe äußert sich so, dass allgemein bei allen Böden schwere Walzen tiefer als leichte wirken, die Tiefeneinwirkung aber bei allen Maschinen im optimalen Wassergehaltsbereich am günstigsten ist. Die Verdichtung reicht bei den grob- und gemischtkörnigen Bodengruppen in der Regel tiefer als bei den bindigen feinkörnigen Böden.

Der Wassergehalt des Bodens beeinflusst den Verdichtungseffekt der Vibrationswalzen stark, aber ebenfalls unterschiedlich je nach Linienlast. Die leichten Walzen benötigen mehr Wasser für eine optimale Verdichtung, während bei schweren Walzen (mehr als 10 kg/cm) der Wasserbedarf mit steigender Linienlast abnimmt. Mit steigendem Wassergehalt des Bodens geht der Einfluss der Linienlast zurück.

Die Größe der Zentrifugalkraft des Vibrators übt vergleichsweise einen geringen Einfluss aus. Die Vibrationsfrequenz beeinflusst den Verdichtungseffekt unterschiedlich je nach Bodenart und anfänglicher Lagerungsdichte. Beim Verdichten grob- und gemischtkörniger Böden entstehen günstige Verdichtungseffekte im Frequenzbereich von 25 bis 35 Hz, wobei die erforderliche Zahl der Überfahrten mit Zunahme der Frequenz zurückgeht. Mit steigender Arbeitsgeschwindigkeit nimmt die Zahl der erforderlichen Übergänge zu.

Soll möglichst schnell eine hohe Verdichtung erreicht werden, wird es zielführend sein, die Arbeit mit großer Verdichtungsenergie bzw. mit maximaler Amplitude zu beginnen, bis sich der Zustand des Springens einstellt, die folgenden Übergänge dann mit geringerem Energietransfer bzw. kleiner Amplitude und schlussendlich, sofern sich eine rückprallende Reaktion der Maschine zeigt, nur noch statisch ohne Vibration zu verdichten. Das beschriebene Verfahren zielt darauf ab, zuerst die tiefliegende Zone der Schicht und anschließend mit geringerer Energie die oberflächennahe Zone zu verdichten.

Wirkt umgekehrt eine Maschine zuerst mit geringer Verdichtungsenergie und einer hohen Zahl von Übergängen, kann es dazu kommen, dass zwar die oberflächennahe Zone der Schicht zunächst sehr intensiv verdichtet wird, anschließend aber bei Einsatz hoher Energie wieder auflockert und im extremen Fall sogar zerstört werden kann.

Überverdichtet wird eine Bodenschicht dann, wenn bereits eine dichte Lagerung erreicht ist und noch weiter Verdichtungsenergie eingetragen wird. In diesem Fall können besonders in der oberflächennahen Zone der Schicht Auflockerungen, Entmischungen, Kornbruch und eine Zunahme des Feinkornanteils entstehen.

Besteht das Risiko der Überverdichtung einer Bodenschicht, muss die Verdichtungsenergie reduziert werden. Die bei Überverdichtung auf die Maschine rückwirkenden Kräfte verursachen Beschädigungen und kostspielige Reparaturen.

(4) Stampffußwalzen mit und ohne Vibration

Die herkömmlichen Walzenzüge mit Stampffußbandagen werden zum Verdichten bindiger Böden, steiniger Mischböden und veränderlich fester Gesteine in den Gewichtsklassen von 6 bis 25 t verwendet. Sie haben sich wegen der universellen Einsatzmöglichkeiten und ihrer Verdichtungsleistungen bewährt. Die Bandagen sind in der Regel mit 100 mm hohen trapezförmigen Stampffußelementen (Stollen) mit flachen Seitenflächen und mit Abstreifern zum Säubern ausgerüstet. Die Stollen erzeugen in Verbindung mit Vibration eine Knet- und Stoßwirkung, die zur Verringerung des Porenraumes und zur Verkleinerung von Klumpen und Gesteinsstücken führt.

Der Verdichtungseffekt hängt im Weiteren wesentlich vom Flächendruck der Aufstandsfläche ab. Fußform und Deckungsgrad der Stollen auf der Bandagenfläche wirken sich stark aus. Der Effekt verstärkt sich mit Zunahme des Fußdrucks, mit Zunahme des Tonanteils und mit Abnahme des Wassergehaltes im Boden.

Die Stampffußwalzen verdichten bei tonigen Böden am effektivsten bei Wassergehalten unterhalb des Optimums, wobei sich dieser Wassergehaltseinfluss mit steigendem Schluff- und Sandanteil im Boden abschwächt. Der Verdichtungseffekt nimmt mit der Zahl der Überfahrten stark zu, wobei allerdings auch dieser Einfluss mit zunehmendem Wassergehalt zurückgeht.

Die Zahl der erforderlichen Übergänge wird auch vom Deckungsgrad der Fußelemente beeinflusst. Je toniger und weniger feucht der Boden, umso bessere Verdichtung lässt sich mit zunehmendem Fußdruck erzielen. Auch bei relativ hohem Wassergehalt lässt sich noch verdichten, sofern die Fußelemente noch knetend wirken und nicht vollständig einsinken.

(5) Walzenzüge mit speziellen Fußbandagen

Stampffußbandagen bewirken eine erhöhte Verdichtung bindiger und steiniger Böden sowie einen starken Stoß- und Zerkleinerungseffekt bei Schüttmaterial aus Felsgestein. Die Entwicklung hat zu folgenden speziellen Stampffußbandagen im Praxiseinsatz geführt:

(1) Bandagen mit hohen pyramidenförmigen Stollen mit kleinen Aufstandsflächen und stark geneigten Flanken für das intensive Durchkneten und Verdichten des Bodens

(2) Bandagen mit Dreieckstollen zum Aufspalten und Brechen von spröden bis harten Gesteinsstücken infolge der hohen Spalt- und Druckkräfte

(3) Bandagen wie (2) mit zusätzlichen zwischenliegenden Schneiden zur verstärkten Zerkleinerungs- und Zerteilungswirkung.

6 Einbau und Verdichten von Felsgestein

(1) Steht Festgestein zur Verfügung, das seine Eigenschaften durch Witterungseinflüsse nicht ändert, sollte es vorrangig im oberen Bereich des Dammes und an den Außenböschungen als Schutz und Sicherung eingebaut werden.

Grobes Felsmaterial sowie vergleichbare Gerölle, die eine enggestufte Korngrößenverteilung haben und sich daher wenig oder gar nicht verdichten lassen, sollen nur im unteren Dammbereich eingebaut werden. In darüber liegenden Zonen bzw. direkt unter Fahrbahnbefestigungen können geeignete Korngemische zur Verbesserung eingemischt werden.

Grobes, wenig verdichtetes Felsgestein, über dem anderes Schüttmaterial eingebaut und hohlraumärmer verdichtet wird, muss in seiner oberen angrenzenden Lage entweder zertrümmert oder durch Einrütteln von geeignetem Material so dicht werden, dass sich keine Körner, Steine oder Blöcke nach unten verlagern können. Gegebenenfalls ist die Übergangszone durch eine filterartig aufgebaute Zwischenlage aufzubauen.

Beim Aufladen, Transportieren, Abladen und Verteilen des für den Einbau vorgesehenen Gesteins muss sein Entmischen weitgehend vermieden oder durch besondere Arbeitsvorgänge wieder rückgängig gemacht werden. Um möglichst gleichmäßige Schichten einbauen und verdichten zu können, soll das Großkorn nicht größer als 2/3 der Schütthöhe sein.

Für das Abladen und Verteilen kommen im Wesentlichen zwei Verfahren zur Anwendung; Lit. (26):

Verfahren 1

Das Gestein wird auf die jeweils geschüttete, nur einplanierte Schicht gekippt und insgesamt mittels Planierraupe nach vorn in seine endgültige Lage geschoben; hierdurch werden die beim Abkippen entstandenen Entmischungen weitgehend aufgehoben und die Schüttfläche relativ eben und gut befahrbar.

Verfahren 2

Das Schüttmaterial wird in rückwärtiger Richtung haufenweise auf die schon verdichtete untere Schicht abgekippt und anschließend mit der Planierraupe eingeebnet. Hierbei können leichtere Planierraupen eingesetzt.

(2) Das Verdichten von Felsgestein erfolgt durch schwere Maschinen mit mindestens 30 kg/cm statischer Linienlast. Insbesondere Walzenzüge mit speziellen Fußbandagen, wie in Kom. 5.3.5 beschrieben, können wirksam sein.

Die Wahl des Gerätes und Arbeitsverfahrens beim Verdichten (Schütthöhe, Zahl der Übergänge, Arbeitsgeschwindigkeit) richtet sich nach den Eigenschaften des Felsmaterials, der geforderten Verdichtungsleistung und den Baustellenbedingungen. Das wirtschaftlichste Verdichtungsverfahren ist bei Beginn der Felsarbeiten mittels einer Probeverdichtung festzulegen. Die Schaffuß- und Gitterradwalzen sowie Explosionsstampfer, Duplexwalzen und Vibrationsplatten werden in der Regel nur zum Verdichten von mürbem, weichem Gestein eingesetzt.

Auf die Zugabe von Wasser beim Verdichten kann meist verzichtet werden; insbesondere wasserempfindlicher Fels nimmt durch Zugabe von Wasser wesentlich schlechtere Verdichtungseigenschaften an.

(3) Die Anforderungen sind allgemein so auszulegen, dass vorrangig der Verdichtungsgrad durch Dichtemessungen nachzuweisen ist.

Lässt er sich aufgrund der Zusammensetzung und Eigenschaften des Felsgesteins oder wegen mangelnder Anpassung an die Einbauleistung nicht bestimmen, können andere Prüfverfahren, die den Verdichtungszustand indirekt kennzeichnen, angewendet werden; s. Abschnitt 14 ZTV E-StB, Kom. 3 und 4.

Lassen sich keine Prüfverfahren anwenden, sind in Anlehnung an die Methode M 3 in Abschnitt 14.2.4 ZTV E-StB durch Probeverdichtung oder aufgrund vorliegender Erfahrungen Arbeitsanweisungen über Art, Anzahl und Arbeitsgeschwindigkeit der einzusetzenden Verdichtungsgeräte, über die erforderlichen Übergänge und über die Schütthöhe festzulegen und während der Bauarbeiten zu kontrollieren.

7 Hydromechanische Erdbautechnik (Spülverfahren)

(1) Das Spülverfahren wird sowohl für den Aushub und die Ablagerung unbrauchbaren Bodens als auch für die Sandgewinnung und das Aufspülen von Erdkörpern angewendet. Beim Ein- bzw. Aufspülen werden gemäß *Bild 10* unterschieden:

- einseitiges Einspülen mit einer Hauptleitung in Dammachse oder mit zwei Hauptleitungen an den Böschungsfüßen
- zweiseitiges Einspülen.

Lösen und Fördern erfolgen mit Saugbaggern, die mit Schneidkopf (Cutter) bzw. mit Grundsauger ausgerüstet sind. Der Cutter-Sauger wird bei Torfböden und bindigen Böden, der Grundsauger – ggf. in Verbindung mit Unterwasserjetpumpen und Wasserstrahldüsen zur Auflockerung – bei grobkörnigen Böden und bei großen Entnahmetiefen eingesetzt. Große Spülentfernungen erfordern Zwischenpumpstationen, sodass stets ein Überdruck von mindestens 1 bar in den Rohrleitungen vorhanden ist.

Das Niedersächsische Landesverwaltungsamt, Abt. Straßenbau hat „Ergänzungen der ZTV E-StB 76 für das Spülverfahren bei Erdarbeiten im Straßenbau in der Niedersächsischen Straßenverwaltung“ (ESpE-NS 77) herausgegeben, die nachfolgend auszugsweise mit verwendet werden; s. auch Lit. (32), (40).

a) Für die Anwendung des Spülverfahrens bestehen in wirtschaftlich-technischer Hinsicht folgende Bedingungen:

   Anwendung im Flachland und in Niederungsgebieten, wo saug- und spülfähige Böden wie z. B. Moor, Torf, Klei vorkommen

a) einseitiges Einspülen

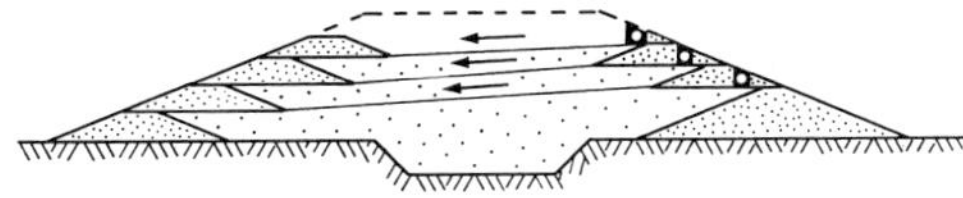

b) zweiseitiges Einspülen

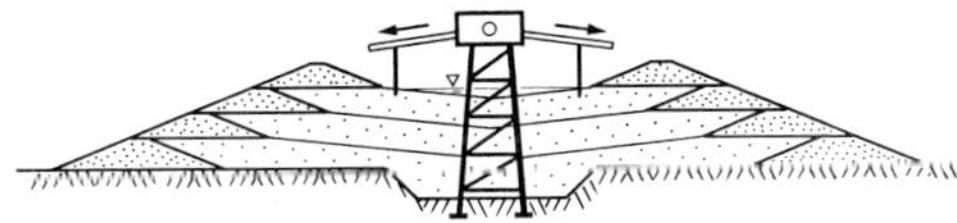

Bild 10: Hydromechanisches Spülverfahren für den Dammbau

und zugleich spülfähige Ersatzmassen (Sande) zur Verfügung stehen.

Grenzwerte für den Bodenaustausch:

- Schichtdicke des unbrauchbaren Bodens mindestens 5 m
- max. Austauschtiefe etwa 15 m
- Transportentfernung für Rohrleitung beim Spülen von Sand etwa 7 km und von unbrauchbaren Austauschböden etwa 10 km
- Entnahmemenge des als Ersatz zur Verfügung stehenden Sandes mindestens etwa 200 000 m^3

b) Die Anwendungsgrenzen der aus Seitenentnahmen zu spülenden Sande ergeben sich vor allem aus ihren Anteilen an Feinkorn, Kies und Steinen. Mit dem Anteil an Kies und Steinen nehmen der Energiebedarf, der Verschleiß und die Arbeitsunterbrechungen zu; die wirtschaftliche Transportentfernung reduziert sich.

Sofern der Feinkornanteil unter 0,063 mm bei der Eignungsprüfung 5,0 % nicht übersteigt, darf der gesamte Erdkörper bis zur Oberfläche Frostschutzschicht gespült werden. Das Verfestigen der obersten Schicht des aufgespülten Sandes mit Bindemittel ist in der Regel wirtschaftlicher als das Beschaffen und der Trockeneinbau von weit gestuften Korngemischen.

Durch den Spülvorgang wird ein gewisser Teil des Schlämmkorns mit dem Rücklaufwasser wegtransportiert. Daher kann in Ausnahmefällen ein Anteil an Korn unter 0,063 mm von mehr als 5,0 % in der Entnahme vom Auftraggeber zugelassen werden, wenn durch entsprechende Maßnahmen (z. B. steiler Spülstrand, Absetzvorgang für Schlämmkorn außerhalb der Trasse) sichergestellt wird, dass nach dem Einbau der Anteil an Korn unter 0,063 mm

- im Bereich der Mindestdicke des frostsicheren Straßenaufbaues nicht mehr als 5,0 %,
- im übrigen Dammbereich oberhalb des Grundwasserspiegels nicht mehr als 10,0 %,
- im Bereich unterhalb des Grundwasserspiegels nicht mehr als 8,0 % beträgt.

(2) Sofern die Standsicherheit des Untergrunds und der Dammböschung es zulässt, wird der Bodenaustausch erfahrungsgemäß mit den in *Bild 11* dargestellten Profilen ausgeführt.

Für das Aufspülen des Dammes müssen zunächst seitlich Spüldeiche hergestellt werden, und zwar, wie die *Bilder 11c* und *d* zeigen, innerhalb oder außerhalb der eigentlichen Sollprofile. Hohe Dämme (etwa 8 m) erfordern Längsdränagen aus flexiblen Rohren, um den Wasserüberdruck während des Spülens rascher abbauen zu können.

Im Tiefpunkt einer eingedeichten Spülfläche werden Überläufe für das Rücklaufwasser angeordnet. Das Spülgut muss im Spülfeld gleichmäßig verteilt werden; das Entmischen kann z. B. durch häufiges Verlegen des Spülrohrmundes weitgehend vermieden werden.

Um eine möglichst große Dichte des Spülguts zu erzielen, soll es beim Einspülen an der Luft und nicht unter Wasser ausströmen. Der durch den Spülstrom erreichbare Verdichtungsgrad D_{PR} des Sandes beträgt in der Regel mehr als 95 %.

Für das zusätzliche Verdichten des obersten Dammbereiches bis 1,0 m unter Planum empfehlen sich schwere Vibrationswalzen und nachfolgende Übergänge mit Rüttelplatten oder Gummiradwalzen zur Oberflächenverdichtung.

Böschungsneigungen unter Wasser s. Abschnitt 6 ZTV E-StB, Kom. 6.3.

(3) Für die Spülfelder zum Ablagern des unbrauchbaren Bodens werden große, möglichst zusammenhängende Flächen von gedrungener Form benötigt; für etwa 1,5 m^3 Boden ist

a) Aushubquerschnitt bei nichttragfähigem Untergrund

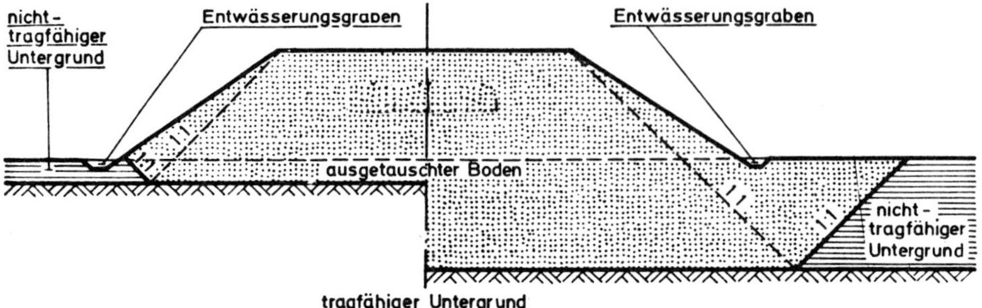

b) Aushublängsschnitt von Überführungsrampen bei nichttragfähigem Untergrund

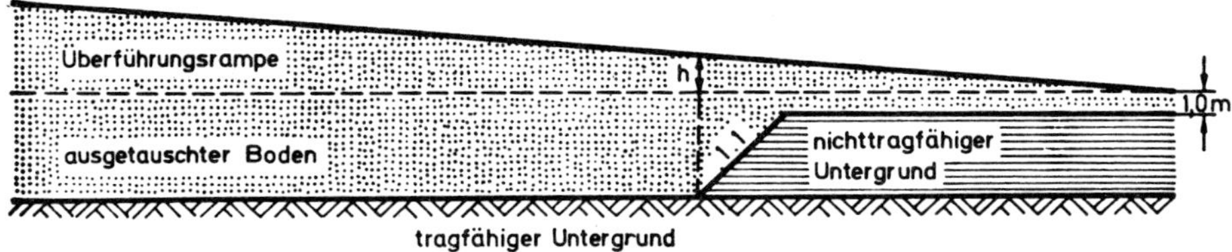

h = 0,0 m bis 3,0 m
h = 0,0 m bei Torfen und Böden der Klasse 2
h = 3,0 m bei Klei, sofern nicht Klasse 2

c) Anfangsspüldeich aus undurchlässigem Boden

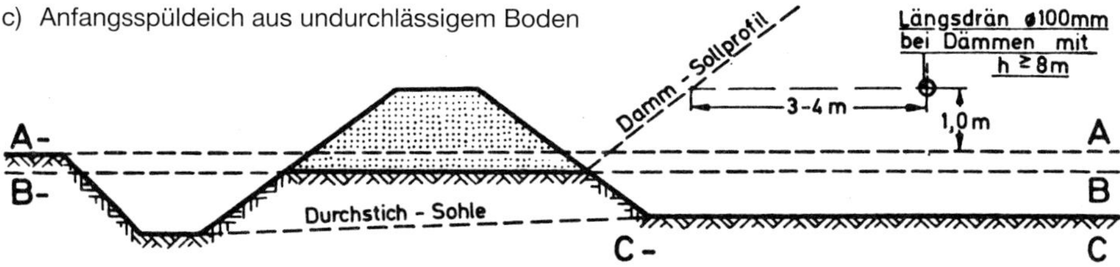

d) Anfangsspüldeich aus tragfähigem durchlässigem Boden (Spüldeich kann auch außerhalb des Damm-Sollprofils angeordnet werden – wie c)

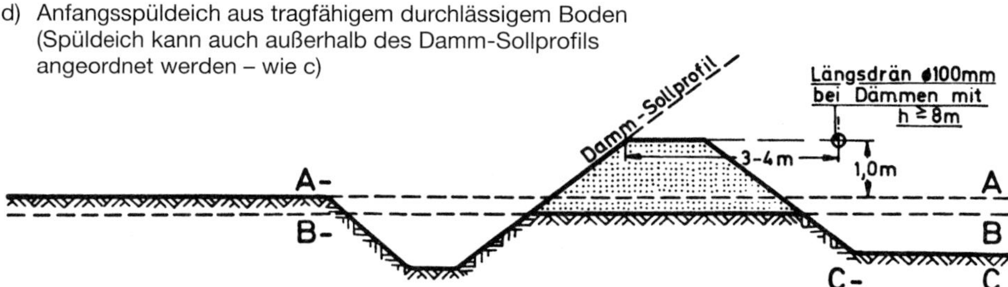

A – A ursprüngliche Geländeoberfläche
B – B Oberfläche des tragfähigen Bodens nach dem Abschieben des Oberbodens
C – C Geländeoberfläche (Dammsohle) nach dem Herstellen der Anfangsspüldeiche

Bild 11: Profile beim Bodenaustausch und bei der Dammherstellung mit dem Spülverfahren (ESpE-NS 77)

1 m^2 Fläche zu veranschlagen. Die Flächen sind durch etwa 2 bis 3 m hohe Deiche einzufassen. Da ihre Eigensetzungen vor dem Einspülen abgeklungen sein müssen und die Spülrohre auf den Außendeichen verlegt werden, sind sie frühzeitig herzustellen.

Beim ersten Spülvorgang darf nur bis zu 1 m hoch aufgespült werden, um Deichbrüche zu vermeiden. Nach ausreichender Konsolidierung und Abtrocknung können weitere Lagen von 0,3 bis 0,5 m Dicke bis etwa max. 1,5 m Höhe aufgespült werden.

4.3.2 Anforderungen an das Verdichten

Untergrund und Unterbau von Straßen und Wegen sind so zu verdichten, dass die in der Tabelle 4 genannten Anforderungen erreicht werden.

Tabelle 4: Anforderungen an das 10 %-Mindestquantil[1] für den Verdichtungsgrad D_{Pr} bzw. an das 10 %-Höchstquantil[2] für den Luftporenanteil n_a

	Bereich	Bodengruppen	D_{Pr} in %	n_a in Vol.-%
1	Planum bis 1,0 m Tiefe bei Dämmen und bis 0,5 m Tiefe bei Einschnitten	GW, GI, GE SW, SI, SE GU, GT, SU, ST	100	–
2	1,0 m unter Planum bis Dammsohle	GW, GI, GE SW, SI, SE GU, GT, SU, ST	98	–
3	Planum bis Dammsohle und 0,5 m Tiefe bei Einschnitten	GU*, GT*, SU*, ST* U, T, OU[3], OT[3]	97	12[4]

1) Das Mindestquantil ist das kleinste zugelassene Quantil, unter dem nicht mehr als der vorgegebene Anteil von Merkmalswerten (z. B. für den Verdichtungsgrad) der Verteilung zugelassen ist (siehe auch Abschnitt 14.2.2 und TP BF-StB, Teil E 1).

2) Das Höchstquantil ist das größte zugelassene Quantil, über dem nicht mehr als der vorgegebene Anteil von Merkmalswerten (z. B. für den Luftporenanteil) der Verteilung zugelassen ist (siehe auch Abschnitt 14.2.2 und TP BF-StB, Teil E 1).

3) Für Böden der Gruppen OU und OT gelten die Anforderungen nur dann, wenn ihre Eignung und Einbaubedingungen gesondert untersucht und im Einvernehmen mit dem Auftraggeber festgelegt wurden.

4) *Wenn die Böden nicht verfestigt oder qualifiziert verbessert werden (siehe Abschnitt 12), empfiehlt sich bei Einbau von wasserempfindlichen gemischt- und feinkörnigen Böden eine Anforderung an das 10 %-Höchstquantil für den Luftporenanteil von 8 Vol.-%. Dies ist in der Leistungsbeschreibung anzugeben.*

Für veränderlich feste Gesteine ist ein Verdichtungsgrad D_{pr} von 97 % (Mindestquantil) und ein Luftporenanteil von 12 Vol.-% (Höchstquantil) einzuhalten.

In Abhängigkeit von der veränderlichen Festigkeit empfiehlt sich beim Einbau veränderlich fester Gesteine eine Anforderung an das 10 %-Höchstquantil für den Luftporenanteil bis zu 6 Vol.-% festzulegen. Diese Anforderung ist in der Leistungsbeschreibung anzugeben.

Die Anforderungen für die grobkörnigen Böden gelten auch für Korngemische aus gebrochenem Gestein mit jeweils entsprechender Kornzusammensetzung. Die Anforderungen der Tabelle 4 gelten auch, wenn die Böden und Baustoffe bis 35 M.-% Körner > 63 mm und < 200 mm aufweisen.

Bei Felsschüttungen mit über 35 M.-% Kornanteil > 63 mm oder Größtkorn > 200 mm sind in der Leistungsbeschreibung Anforderungen an die Verdichtung und deren Prüfung festzulegen.

Die Anforderungen der Tabelle 4 gelten ebenfalls für Böden und Baustoffe nach TL BuB E-StB mit jeweils entsprechender Kornzusammensetzung.

Für besonders beanspruchte Erdbauwerke oder Teilbereiche sowie für besondere Baustoffe kann es aufgrund gesonderter Untersuchungen erforderlich werden, höhere Verdichtungsanforderungen als die in der Tabelle 4 festzulegen. Diese sind in der Leistungsbeschreibung anzugeben.

Die in der Tabelle 4 angegebenen Anforderungen können dann abgemindert werden, wenn dies durch örtliche Erfahrungen begründet nachgewiesen wird, z. B. bei der Anwendung des Spülverfahrens unter Wasser. Wenn diesbezügliche Abweichungen vorgesehen sind, ist das in der Leistungsbeschreibung anzugeben.

Für Auffüllungen von Innenflächen von Anschlussstellen und Auffüllungen von Restflächen sind die Anforderungen in der Leistungsbeschreibung anzugeben.

Anforderungen an die Verdichtung für das Verfüllen von Baugruben und Gräben siehe Abschnitt 9, für das Hinterfüllen und Überschütten von Bauwerken siehe Abschnitt 10, für den Bau von Schutzwällen siehe Abschnitt 11.

Lassen sich der geforderte Verdichtungsgrad und/oder Luftporenanteil durch Verdichten nicht erreichen, sind die erforderlichen Maßnahmen in der Leistungsbeschreibung anzugeben.

Für Waschberge (WB) ist ein Verdichtungsgrad D_{Pr} von 100 % (Mindestquantil) und ein Porenanteil n von 22 Vol.-% (Höchstquantil) einzuhalten.

Bei der Beurteilung des Verdichtungsgrades von HMVA sind das Wasseraufnahmeverhalten und die Veränderung der Kornzusammensetzung zu berücksichtigen (siehe Abschnitt 14.3.3).

Inhalt Kommentar

1 Verdichtungseigenschaften der Böden

1.1 Grundlagen

Der Begriff „Verdichtung“ beinhaltet im allgemeinen bodenmechanischen und erdbautechnischen Sinne die Zunahme der volumenbezogenen Masse eines Bodens durch Einwirken von statischen bzw. dynamischen Kräften. Diese Massenänderung geht einher mit der Abnahme des Volumenanteils der Luftporen am Gesamtvolumen des Bodens. Der durch das Verdichten erreichte Zustand wird durch bodenphysikalische Größen wie Dichte, Verdichtungsgrad und Porenvolumen gekennzeichnet.

Die Verdichtungseigenschaften der verschiedenen Böden und Bodengruppen unterscheiden sich grundsätzlich, wie in Kom. 1.2 bis 1.4 beschrieben. Sie werden in der Erdbaupraxis allgemein als Zusammenhang zwischen Verdichtungsarbeit A, Trockendichte ρ_d und Wassergehalt w beschrieben, schematisch dargestellt in *Bild 1*. Mit steigender Verdichtungsarbeit $A_2 > A_1$ verschiebt sich die charakteristische Kurve so, dass ρ_d größer wird und w abnimmt; die Zunahme von ρ_d verringert sich dabei nach einer logarithmischen Funktion.

Für bestimmte Bodengruppen liegen die Scheitelpunkte der für verschieden große Verdichtungsarbeit ermittelten Verdichtungskurven näherungsweise auf einer spezifischen Sättigungslinie von hyperbolischer Form. Diese spezifische Sättigungszahl opt S_r ist somit eine von der Verdichtungsarbeit A unabhängige Größe; sie kennzeichnet die optimale Sättigung der Poren.

In der Praxis des Erd- und Verkehrswegebaues wird der im *Bild 1* dargestellte Zusammenhang mit dem Proctorversuch nach DIN 18127 – soweit boden- und versuchsspezifisch möglich – ermittelt; s. Kom 2.1.

1.2 Grobkörnige Böden

Charakteristische Verdichtungskurven aus Proctorversuchen an grobkörnigen Böden zeigt *Bild 2*. Die Dichte und der Einfluss des Wassergehalts werden mit zunehmender Ungleichförmigkeit der Gemische größer; die Kurven verlaufen entsprechend immer steiler und begrenzen zunehmend enger werdende Maxima. In diesen Fällen lassen sich die Maxima und die Kurvenabschnitte $w > w_{Pr}$ häufig nicht mehr eindeutig im Versuch ermitteln. Die optimale Sättigungszahl opt S_r kann dann als Hilfskriterium verwendet werden, um die maximale Trockendichte ρ_{Pr} und den zugehörigen optimalen Wassergehalt w_{Pr} festzulegen. Die Schnittpunkte der Sättigungslinie opt S_r mit den Verdichtungskurven kennzeichnen in ausreichend genauer Näherung die Werte ρ_{Pr} und w_{Pr}. Nach einer statistischen Auswertung von Versuchsergebnissen beträgt die optimale Sättigungszahl für Kies-Sand-Gemische opt S_r = 65 %; Lit. (22). Wie *Bild 2* weiter zeigt, weisen die gleichförmig abgestuften Sande sehr flach verlaufende Kurven auf. Daraus folgt, dass ihre Verdichtung nur wenig vom Wassergehalt beeinflusst wird. Die Porenanteile n richten sich nach dem Verdichtungsgrad D_{Pr} (*Tab. 1* und *2*) und der Kornzusammensetzung; sie nehmen mit dem Sandanteil stark zu.

Nach der Theorie des Hohlraumminimums von Haufwerken aus gleichgroßen Kugeln folgt, dass sich von den stetig abgestuften Korngemischen solche mit parabelförmiger Körnungslinie der Gleichung

$$a = \left(\frac{d}{\max d}\right)^q$$

am besten verdichten lassen.

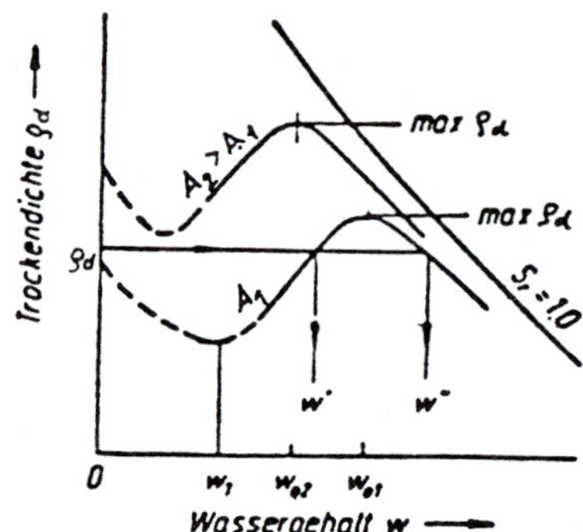

Bild 1: Abhängigkeit der Trockendichte ρ_d von Wassergehalt w und Verdichtungsarbeit A

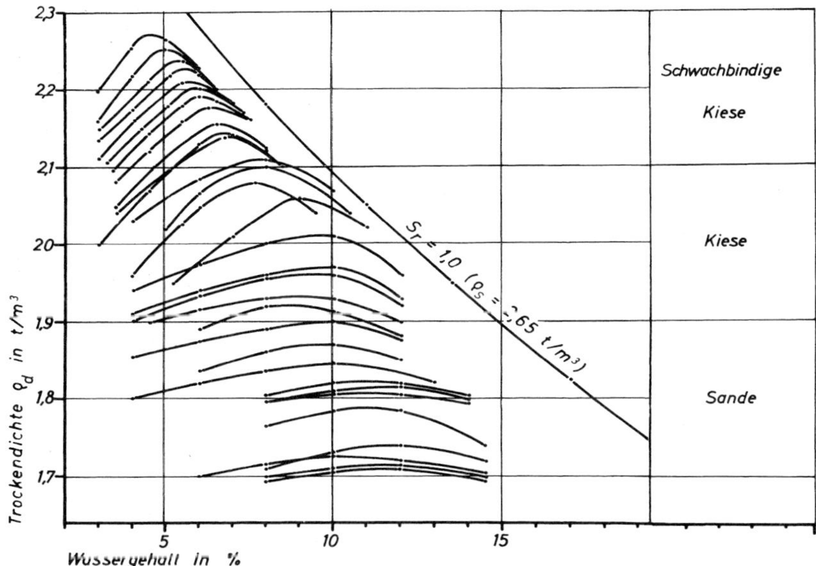

Bild 2: Proctorkurven verschiedener Kiese und Sande (Verdichtungsarbeit $A \approx 0{,}6$ MNm/m³)

Hierbei bedeuten

a	Gewichtsanteil des Siebdurchganges
d	Korngröße entsprechend der Sieböffnung
max d	Größtkorn
q	Körnungsexponent

Der optimale Körnungsbereich liegt etwa zwischen den Linien für $0{,}4 < q < 0{,}6$. Dem Körnungsexponenten $q = 0{,}5$ entspricht die quadratische Parabel (Fullerparabel). Die Ungleichförmigkeitszahl C_U ändert sich mit q nach der Gleichung

$$C_u = \sqrt[q]{6}$$

und erreicht ihren Höchstwert mit $C_U = 36$ für $q = 0{,}5$.

Die Krümmungszahl dieser Körnungskurven ist nach dem USC-System definiert mit

$$C_C = \frac{(d_{30})^2}{d_{60} \cdot d_{10}} = 1{,}5^{\frac{1}{q}}$$

Da die Zahlenwerte bei Unstetigkeiten im Bereich ihrer definitionsgemäßen Korngrößen d_{10} bzw. d_{30} bzw. d_{60} nicht präzise ermittelt werden können, eignen sie sich besonders als kennzeichnende Größen stetiger Körnungslinien.

Nach der Theorie unstetig abgestufter Systeme setzt das Hohlraumminimum eine Ausfallverteilung voraus, bei der die vorhandenen und fehlenden Korngruppen in bestimmten Verhältnissen stehen müssen; Lit. (22). Vereinfachend kann für Kies-Sand-Gemische angenommen werden, dass sich Unstetigkeiten auf die Verdichtbarkeit dann günstig auswirken, wenn sie durch Fehlkorngruppen im mittleren Bereich der Körnungslinien verursacht sind.

Die Werte ρ_{Pr} und w_{Pr} bzw. der optimale Porenanteil n_{Pr} können aus den Körnungslinien mit Hilfe der gewogenen mittleren Korngröße d_g' in guter Näherung abgeschätzt werden; Lit. (22).

Bodenart	Verdichtungsgrad		
	D_{Pr} = 100 %	D_{Pr} = 97 %	D_{Pr} = 92 %
Kies-Sand-Gemische, schluffig	14–20	17–22	18–24
Kies-Sand-Gemische	20–28	22–30	24–32
Sande	28–36	30–38	32–39

Tabelle 1: Porenanteile grobkörniger Böden n in % bei unterschiedlichem Verdichtungsgrad D_{Pr}

Tabelle 2: Porenanteile feinkörniger Böden n in % bei unterschiedlichem Verdichtungsgrad D_{Pr}

Bodenart	Verdichtungsgrad		
	D_{Pr} = 100 %	D_{Pr} = 97 %	D_{Pr} = 92 %
Schluffe, sandig-kiesig	23–27	25–29	27–31
Schluffe und Tone, gering plastisch	27–36	29–38	31–39
Tone, mittel bis ausgeprägt plastisch	36–42	38–44	39–45

Die gewogene mittlere Korngröße d_g' wird berechnet aus

$$d_g' = \frac{a_1 \cdot d_1 + a_2 \cdot d_2 + \ldots a_n \cdot d_n}{a_1 + a_2 + \ldots a_n}$$

Hierbei bedeuten

a Gewichtsanteile kleiner Korngruppen des Gemisches

d arithmetische mittlere Korngrößen der Korngruppen

Im Unterschied zum arithmetischen Mittel der Korngrößen einzelner Korngruppen werden bei d_g' die Gewichtsanteile dieser Korngruppen mit berücksichtigt.

1.3 Feinkörnige Böden

Die Verdichtung feinkörniger Böden ist nur möglich, wenn kompressible Luftporen vorhanden sind. Wassergesättigte Böden lassen sich wegen der Inkompressibilität des Wassers nicht verdichten, sofern sie nicht gleichzeitig entwässern können.

Die Verdichtungseigenschaften richten sich nach dem Wassergehalt, der Plastizität und der Kornzusammensetzung. Charakteristische Verdichtungskurven aus Proctorversuchen zeigt *Bild 3*; daraus geht hervor:

- Die Dichte nimmt mit zunehmender Plastizität ab; sie ist in der Regel geringer als bei grobkörnigen Böden.
- Das Wasserbindevermögen der feinkörnigen Böden hängt von ihrer Plastizität ab. Sie sind bei der Verdichtung gegen Wassergehaltsänderung umso empfindlicher, je geringer ihre Plastizität ist.
- Der Luftgehalt beträgt im Bereich der Kurvenmaxima etwa n_L = 5 %.

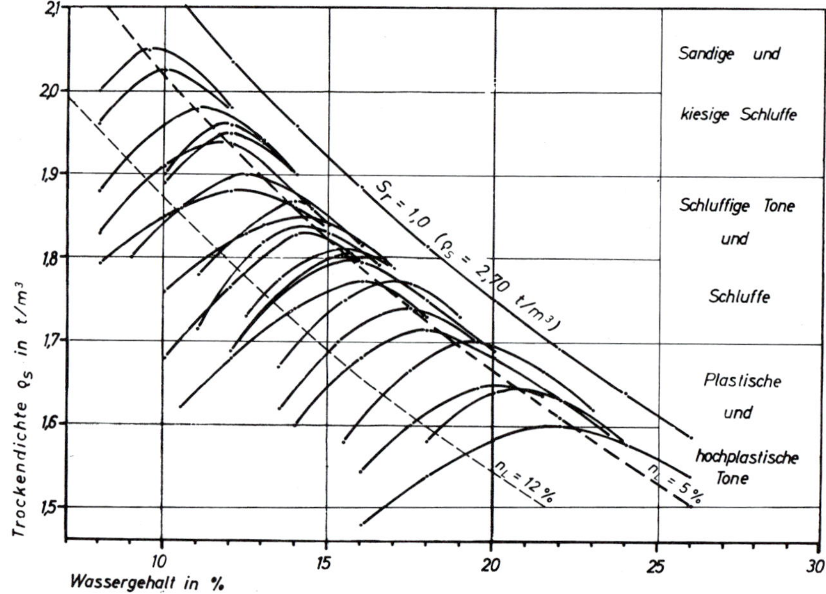

Bild 3: Proctorkurven verschiedener fein- und gemischtkörniger Böden (Verdichtungsarbeit A ≈ 0,6 MNm/m³)

Bodenart	Konsistenzzahl I_c		
	D_{Pr} = 100 %	D_{Pr} = 97 %	D_{Pr} = 92 %
Tone mit ausgeprägter Plastizität	1,3–1,0	1,2–0,9	1,1–0,8
Tone mit mittlerer Plastizität	1,9–0,9	1,4–0,7	1,0–0,5
Schluffe, Tone mit geringer Plastizität	2,1–0,9	1,8–0,7	1,0–0,5

Tabelle 3: Konsistenzzahlen von Ton- und Schluffböden bei Verdichtungsgraden D_{Pr} < 100 %

Der optimale Wassergehalt steigt mit zunehmender Plastizität an und der Bereich, innerhalb dessen eine bestimmte Dichte erreicht werden kann (Grenzwassergehalte), wird größer. Schluffe besitzen daher im Vergleich zu Tonen nur einen engen günstigen Wassergehaltsbereich und sind witterungsempfindlich. Der optimale Wassergehalt lässt sich mit Hilfe der Ausrollgrenze abschätzen; er kann bei leichtplastischen Böden mit 2 bis 4 % und bei ausgeprägt plastischen Tonen mit 3 bis 6 % unterhalb des Wassergehalts an der Ausrollgrenze angegeben werden.

Mit steigendem Wassergehalt gehen die feinkörnigen Böden von der festen über die halbfeste steife und weiche in die breiige Konsistenz (Zustandsform) über. In der gleichen Reihenfolge nimmt die Festigkeit ab. So zeigt *Tab. 3*, dass bei einem Verdichtungsgrad von D_{Pr} = 100 % ausgeprägt plastische Tone immer eine halbfeste bis feste Zustandsform ($I_c > 1$) besitzen, Böden mit mittlerer und geringer Plastizität aber bereits eine steifplastische Zustandsform ($0{,}75 < I_c < 1$) annehmen können. Bei Verdichtungsgraden von D_{Pr} < 100 % können die dem oberen Grenzwassergehalt entsprechenden I_c-Werte bereits sehr gering sein; so kann z. B. der Boden bei D_{Pr} = 97 % die weichplastische und bei D_{Pr} = 92 % sogar den Übergang zur breiigen Zustandsform erreichen.

1.4 Gemischtkörnige Böden

Das Verdichten gemischtkörniger Böden wird maßgeblich beeinflusst von den Anteilen der Fein- und Grobkörnung sowie dem Wassergehalt, der Kornzusammensetzung und der Plastizität der Feinkörnung.

Die Proctordichte ρ_{Pr} nimmt näherungsweise direkt proportional mit dem Grobkornanteil zu und erreicht Höchstwerte bei 5 bis 30 % Feinkorn. Dieser optimale Feinkornanteil ist im Allgemeinen umso größer, je gleichförmiger das Grobkorn abgestuft ist.

Die Verdichtung der Mischung sowie des Fein- und Grobkornanteils kann mit Hilfe folgender Formeln theoretisch beurteilt werden; *Bild 4*:

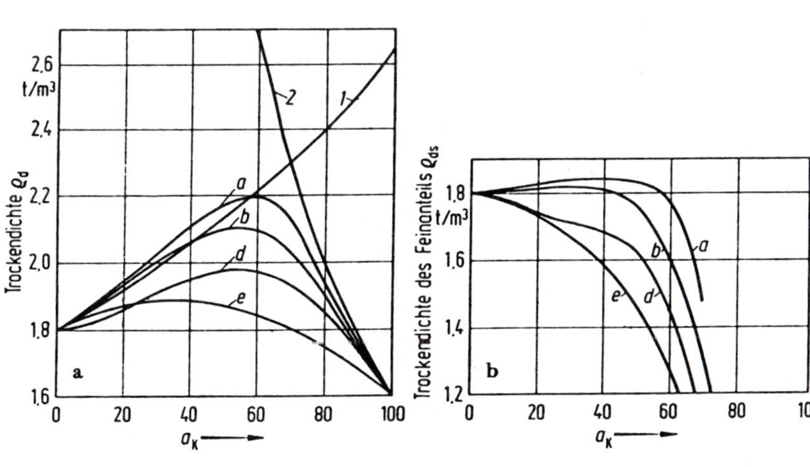

a Ton und Grobsand b Ton und Feinsand d Sand und Kies e Schluff und Feinsand

Bild 4: Trockendichte gemischtkörniger Böden und ihrer Feinkomponente in Abhängigkeit vom Anteil der Grobkomponente im Vergleich zu theoretischen Beziehungen

(1) $$\rho_d = \frac{\rho_{df} \cdot \rho_{sg}}{\rho_{sg} - a\,(\rho_{sg} - \rho_{df})}$$

(2) $$\rho_d = \frac{\rho_{dg}}{a_g}$$

(3) $$\rho_{df} = \frac{\rho_d \cdot \rho_{sg}\,(1 - a)}{\rho_{sg} - a \cdot \rho_d}$$

In diesen Formeln bedeuten

- ρ_d Trockendichte der Mischung
- ρ_{df} Trockendichte der Feinkörnung
- ρ_{dg} Trockendichte der Grobkörnung
- ρ_{sg} Korndichte des Grobkorns (spezifisches Gewicht)
- a_g Gewichtsanteil der Grobkörnung

Bei *Formel (1)* wird angenommen, dass sich die Trockendichte der Feinkörnung ρ_d bei Zugabe des Grobkorns nicht ändert, sodass sich das Volumen der Mischung nur um das Volumen der einzelnen groben Körner und Steine vermehrt. Diese Formel verliert ihre Gültigkeit, wenn grobe Körner und Steine ein zusammenhängendes Gerüst bilden.

Formel (2) gilt für hohe Grobkornanteile und setzt voraus, dass das Porenvolumen des Grobkorngerüsts gleichgroß bleibt und das Feinkorn nur die Hohlräume ausfüllt.

Formel (3) – Bild 4 rechts – ergibt sich aus Formel (2) und ermöglicht es, die Trockendichte der Feinkörnung bei bekanntem a_g zu berechnen.

Weitere Ausführungen s. Lit. (16).

2 Verdichtungsanforderungen

2.1 Verdichtungsgrad D_{Pr}

Für die Verdichtungskenngrößen (Dichte, Porenanteil) wird eine Bezugsgröße benötigt, um die durch das Verdichten des Bodens erreichte Änderung der volumenbezogenen Masse graduell als Qualitätsanforderung definieren zu können. Hierfür eignen sich je nach Bodenart die Lagerungsdichte D und der Verdichtungsgrad D_{Pr}; s. Abschnitt 14 ZTV E-StB, Kom 3.

Die erdbautechnischen Anforderungen lt. Tab. 4 ZTV E-StB für das Verdichten der Verkehrsdämme sowie des Untergrundes von Verkehrsflächen werden als Verdichtungsgrad

$$D_{Pr} = \frac{\rho_d}{\rho_{Pr}} \cdot 100 \text{ in } \%$$

und als Luftporenanteil n_a angegeben. Der Verdichtungsgrad wird ermittelt mit der Proctordichte ρ_{Pr} als Bezugsgröße. Die Proctordichte ρ_{Pr} ist die nach dem in DIN 18127 beschriebe-

Tabelle 4: Beispielwerte für die Proctordichte ρ_{Pr} und den optimalen Wassergehalt W_{Pr} (einfache und modifizierte Prüfung nach DIN 18127)

Bodenart		Proctordichte		modifizierte Proctordichte	
		w_{Pr} in %	ρ_{Pr} in t/m³	w_{Pr} in %	ρ_{Pr} in t/m³
Kiessand	U = 35	7	2,12	5	2,23
kiesiger Sand	U = 7	10	1,98	8	2,08
Grob-Mittelsand	U = 5	13	1,87	10	1,98
Feinsand	U = 2	–	1,70	–	1,78
sandiger Schluff		16	1,79	13	1,90
sandiger Ton		17	1,75	13	1,88
wenig plastischer Ton		22	1,62	16	1,79
hochplastischer Ton		30	1,44	23	1,60

nen Verfahren erreichbare größte Trockendichte max. ρ_d. Die volumenbezogene Verdichtungsarbeit beträgt

A $\approx$ 0,6 MNm/m^3; Erfahrungswerte s. *Tab. 4.*

Die modifizierte Proctordichte mod ρ_{Pr} kann für spezielle Untersuchungen in Frage kommen, wenn mit einer größeren volumenbezogenen Verdichtungsarbeit von A $\approx$ 2,75 MNm/m^3 nach dem Verfahren in DIN 18127 gearbeitet werden soll.

2.2 Luftporenanteil

Sind die fein- und gemischtkörnigen Böden beim Einbau zu trocken, so bilden sie klumpenförmige Konglomerate mit hohem Luftgehalt. Sie lassen sich dann nicht ausreichend und gleichmäßig verdichten. Weichen diese luftporenreichen Böden durch Niederschläge nachträglich auf, verringert sich ihre Scherfestigkeit. Die Tragfähigkeit nimmt ab und es treten Setzungen oder Sackungen ein. Trocknen die Böden nach dem Verdichten wieder aus, kann es notwendig sein, sie unmittelbar vor dem Überbauen nachzuverdichten und dabei ggf. zu befeuchten.

Entsprechend Tab. 4 ZTV E-StB wird daher als zusätzliches Kriterium vorgeschrieben, dass der Luftgehalt dieser Böden im verdichteten Zustand nicht mehr als 12 bzw. 8 Vol.-% betragen darf.

2.3 Begriffe Mindestanforderung/ Grenzquantil

Die Qualitätsanforderungen gelten als Mindestwerte. Die Vorgabe von Mindestanforderungen hat sich in der Praxis des Erd- und Verkehrswegebaues bewährt. Dieses Prinzip ist jedoch nicht dahingehend zu interpretieren, nur dem Mindestwert entsprechend und nicht mehr zu verdichten, sondern mit dem gewählten Verdichtungsverfahren eine möglichst hohe und auf diesem Qualitätsniveau möglichst gleichmäßige Bodenverdichtung zu erreichen.

Ziel dieser beiden qualitativen Anforderungen ist es, ein Erdbauwerk mit einer dauerhaften Standsicherheit und so geringen Setzungen bzw. Setzungsdifferenzen herzustellen, dass keine Nachverdichtungen unter Verkehr folgen. Es bleibt dem Auftraggeber vorbehalten, höhere Mindestwerte als in Tab. 4 ZTV E-StB zu fordern, wenn dies aufgrund örtlicher Erfahrungen notwendig wird.

Die Anforderungen sind durch Grenzquantile (Mindest- bzw. Höchstquantile) von 10 % der Grundgesamtheit festgelegt. Für den Verdichtungsgrad und den Verformungsmodul sind dies Mindestquantile, für den Luftporenanteil Höchstquantile. Die Quantile bedeuten, dass nur ein begrenzter Anteil der Verdichtungswerte der Prüfeinheit die Anforderungswerte unter- bzw. überschreiten darf.

2.4 Anforderungen in Tabelle 4 ZTV E-StB

Die Anforderungen gelten für den Untergrund/ Unterbau von Verkehrsflächen außer- und innerorts. Sie sind nach den Bodengruppen in DIN 18196 differenziert. Besonderheiten im kommunalen Straßenbau und ländlichen Wegebau s. Teil 3, Sonderkapitel S2 und S3.

Für Aufschüttungen oder Schichten mit spezieller Funktion, wie z. B. Dichtungs-, Filter- oder Dränschichten, gelten ebenso wie für Baugruben- und Bauwerkshinterfüllungen, Leitungsgräben und Schutzwälle gesonderte Verdichtungsanforderungen; s. Abschnitte 9, 10, 11 ZTV E-StB.

Die Anforderungen der Tab. 4 ZTV E-StB gelten

- für alle grob-, fein- und gemischtkörnigen Böden,
- für alle Ersatzbaustoffe, sofern es aufgrund ihrer Eigenschaften möglich ist, die Proctordichte ρ_{Pr} und den Verdichtungsgrad D_{Pr} zu ermitteln.

Die Anforderungen gelten nicht

- für grobe, nicht aufbereitete Gesteine und vergleichbare Böden mit hohem Steinanteil,
- für Oberboden (DIN 18320) und für organische Böden,
- für Materialien, die außerhalb der Auftragsprofile des Erdbauwerks aufgefüllt oder aufgespült werden.

Soweit diese Stoffe verwendet werden und noch keine Erfahrungswerte vorliegen, müssen die Verdichtungsanforderungen aufgrund von Probeverdichtungen festgelegt werden.

Die Bodengruppen OH und OK sind in Tab. 4 ZTV E-StB nicht erfasst. Es handelt sich um grob- oder gemischtkörnige Böden mit humosen oder kalkigen Beimengungen. Diese grob- bzw. gemischtkörnigen Böden sind gut verdichtbar und können als Dammbaustoff geeignet sein; s. Abschnitt 2.4 ZTV E-StB, Kom 2.6.5.

4.4 Planum

4.4.1 Das Planum ist profilgerecht, eben und tragfähig entsprechend den Anforderungen nach Abschnitt 4.3.2 und 4.5 herzustellen.

4.4.2 Das Planum darf nicht mehr als ± 3 cm bzw., wenn eine gebundene Tragschicht unmittelbar darüber vorgesehen ist, nicht mehr als ± 2 cm von der Sollhöhe abweichen.

4.4.3 Das Planum darf nur befahren werden, wenn dadurch keine schädlichen Verdrückungen oder Behinderungen des Wasserabflusses entstehen.

Erforderlichenfalls sind entsprechende Maßnahmen nach Abschnitt 4.4.6 in der Leistungsbeschreibung anzugeben.

Fällt die Befahrung des Planums in die ausschließliche Disposition des Auftragnehmers, werden die gegebenenfalls erforderlichen Maßnahmen am Planum gemäß Abschnitt 4.4.6 nicht gesondert vergütet.

4.4.4 Fallen beim Abtrag Böden an, mit denen die Anforderung an die Tragfähigkeit erfüllt werden kann, hat ihre Verwendung vorzugsweise unmittelbar unter dem Planum in den Auftragsstrecken zu erfolgen, sofern in der Leistungsbeschreibung keine andere Verwendung vorgesehen ist.

4.4.5 *Die Querneigung des Planums soll bei wasserempfindlichen (bindigen) Böden und Baustoffen mindestens 4 % betragen, nach einer Bodenbehandlung mit Bindemittel (Bodenverfestigung, qualifizierte Bodenverbesserung) soll die Querneigung des Planums mindestens 2,5 % betragen. Die Verwindungsbereiche sind so kurz wie möglich zu halten.*

Die Gefälleverhältnisse sind unter Berücksichtigung eines gegebenenfalls notwendigen Gegengefälles am hochliegenden Fahrbahnrand in der Leistungsbeschreibung anzugeben (siehe ZTV SoB-StB).

In Abstimmung mit der Konzeption des Oberbaus ist sicherzustellen, dass in Gradiententiefpunkten die Entwässerung des Straßenkörpers, insbesondere der 1. Tragschicht (Frostschutzschicht) gewährleistet ist. Dies kann z. B. durch eine dickere Tragschicht, eine besondere Zusammensetzung des Tragschichtmaterials oder eine Sickereinrichtung unterhalb des Planums erfolgen.

4.4.6 *Das fertig hergestellte Planum soll bei wasserempfindlichen Böden und veränderlich festen Gesteinen über längere Zeit, insbesondere während niederschlagsreicher Perioden, nicht ungeschützt liegen bleiben. Als Schutzmaßnahmen kommen vor allem in Betracht:*

(1) Bodenverfestigungen und qualifizierte Bodenverbesserungen,
(2) Belassen oder Aufschütten einer gering durchlässigen Schutzschicht über dem Planum von etwa 0,5 m Dicke aus anstehendem Boden,
(3) Herstellen einer gebundenen Tragschicht.

(siehe „Merkblatt für die Verdichtung des Untergrundes und Unterbaues im Straßenbau“)

Werden keine Schutzmaßnahmen getroffen, muss unmittelbar vor dem Einbau der Tragschicht auf dem Planum nachverdichtet werden. Ist der Boden zu diesem Zeitpunkt für das Verdichten zu nass, muss er entweder durch Einmischen von Bindemittel verbessert oder in der aufgeweichten Zone entfernt und durch einen anderen Baustoff ersetzt werden.

Wenn von vornherein mit längeren Wartezeiten zwischen Erd- und Oberbauarbeiten zu rechnen ist, sind die erforderlichen Maßnahmen vorzusehen.

Stellt der Auftragnehmer Planum und Oberbau einer Baumaßnahme her, wird der Schutz des Planums nicht gesondert vergütet.

Inhalt Kommentar

1 Anlage von Erdplanien

(1) Die Entwurfsplanung für den Oberbau von Verkehrsflächen soll nach Aufbau und Konstruktionsdicke so gestaltet sein, dass die Verkehrslasten im konstruktiven Zusammenwirken mit dem Erdplanum bzw. den angrenzenden Schichten des Untergrundes oder Unterbaues abgetragen werden. Diese Zielsetzung wird sichergestellt durch hohe Qualitätsanforderungen an die Tragfähigkeit und Standfestigkeit aller an der Lastaufnahme beteiligten Schichten. Eine wesentliche Bedingung ist die Herstellung eines gleichmäßigen und dauerhaft tragfähigen Planums als unmittelbare Auflage des Oberbaues auf der Grundlage besonderer Qualitätsanforderungen, des ungehinderten Abflusses von Oberflächenwasser, der ausreichenden Höhenlage des Planums über Grundwasser sowie der Schutzmaßnahmen gegen Niederschlag und Frost.

(2) Das fertiggestellte Planum soll bei witterungsempfindlichen Bodenarten nicht ungeschützt über längere Zeit liegen, insbesondere nicht während niederschlagsreicher Perioden oder über Winter. Muss mit Wartezeit zwischen Erd- und Oberbauarbeiten gerechnet werden, sind Schutzmaßnahmen in der Leistungsbeschreibung vorzusehen, die geeignet sind, die Qualität des Planums dauerhaft zu erhalten.

Die Entscheidung über die funktional am besten geeigneten und realisierbaren Maßnahmen richtet sich nach den Boden- und Wasserverhältnissen, den objektspezifischen, operativen Bedingungen vor Ort, der Eingliederung der Schutzmaßnahmen in das Gesamtbaukonzept und der Bauweise für den Oberbau sowie nach wirtschaftlich relevanten Faktoren. Die Realisierung bedarf der genauen Planung technischer Optionen im Einzelfall. Grundsätzlich kommen als Schutzmaßnahmen Bodenverfestigungen oder Bodenverbesserungen mit Bindemittel, abdichtende Schutzschichten, Flächendränschichten, Bodenersatz oder Auftrag von frost- und witterungssicherem Boden oder sofortige Überbauung des Planums mit gegen Witterung und Frost dauerbeständigen Trag- bzw. Deckschichten des Oberbaues in Betracht; s. Kom. 3.

(3) Die Ausführungsplanung muss sicherstellen, dass sich unter der Verkehrsfläche kein Wasser aufstauen kann. Diese Bedingung ist

für den Qualitätsbestand des Planums und der Tragschichten sowie für die Dauerhaftigkeit des gesamten Oberbaues von entscheidendem Einfluss.

Bei ungünstigen Abflussverhältnissen für das Oberflächenwasser auf der Verkehrsfläche, bei hohem Grundwasser im Gelände oder bei Versagen des seitlichen Entwässerungssystems kann Aufstau entstehen. Gefährdungsbereiche sind insbesondere die nicht befestigten Randflächen sowie abflusslose Geländeabschnitte, wo extremer Niederschlag aufgrund von Stauhorizonten im Untergrund nicht oder nur langsam versickert und der Boden langdauernde Feuchtesättigung erfährt. Diese Fälle setzen gesonderte Maßnahmen zur dauerhaft wirksamen Entwässerung des Untergrundes sowie dränwirksame Eigenschaften und Schichtdicken für die Trag- und Frostschutzschichten voraus.

2 Anforderungen an die Bauausführung

(1) Das Planum ist entsprechend den in Abschnitt 4.1.2 ZTV E-StB angegebenen zulässigen Sollhöhentoleranzen profilgerecht und eben herzustellen, ohne Verformungen und Vertiefungen, ohne Behinderung des Abflusses von Tagwasser. Die Herstellung erfordert eine besondere Vorgehensweise und den Einsatz von besonderer Technik, damit eine möglichst dauerhafte und gleichmäßige Standfestigkeit als Unterlage der Oberbauschichten erreicht wird. Zu diesem Zweck sind die Anforderungen an das Verdichten gemäß Abschnitt 4.3.2 und an den Verformungsmodul gemäß Abschnitt 4.5 ZTV E-StB in Planumshöhe besonders gleichmäßig zu gewährleisten und entsprechend sorgfältig in repräsentativem Umfang zu prüfen.

Die Querneigung des Planums soll in der Regel derjenigen der Fahrbahn angepasst und die Verwindungsbereiche sollen so kurz wie möglich sein, damit in wirtschaftlicher Weise erreicht wird, dass die Dicke der Tragschicht zum Fahrbahnrand hin nicht unnötig zunimmt. Dieser Vorgabe steht allerdings entgegen, dass insbesondere auf witterungsempfindlichen Erdplanien bei angepasstem Fahrbahnquergefälle von 4 % das Wasser zu langsam abfließen und das Planum aufgrund der zu langen Verweildauer des Wassers durchnässen und aufweichen kann. Abhilfe können in solchen Fällen besondere Maßnahmen zum Schutz des Planums bieten, s. Kom. 3.

In Planumshöhe anstehendes verwitterungsempfindliches bzw. veränderlich festes Felsgestein ist aufzureißen, ausgleichend zu profilieren und so zu verdichten, dass sich keine Wassersäcke bilden und die unterste Tragschicht des Straßenaufbaus eine gleichmäßig tragende, profilgerechte Auflagefläche erhält.

Lassen sich die Anforderungen nicht erreichen, müssen Ausgleichsschichten ausgeführt werden. Oberflächennah unregelmäßig verlaufende Felsoberflächen erfordern den Einbau von Übergangsschichten, die keilförmig auslaufen. In der Regel sollen solche Ausgleichs- oder Übergangsschichten, sofern sie schwierig einzubauen und zu verdichten sind, ausgeschrieben werden. Statt dieser Schichten kann auch eine verstärkte Frostschutzschicht zum Ausgleich vorgesehen werden.

In Einschnittsplanien, die in wasserführenden oder wasserhaltenden bindigen Bodenschichten oder temporär im Grundwasser liegen, kann Auftrieb wirken und örtlich hydraulischen Grundbruch verursachen. Die Sicherheit gegen eine derartige Instabilität ist erdstatisch gemäß DIN 1054 zu untersuchen; s. Teil 3, Sonderkapitel S6.

(2) Bei Erdbaumaßnahmen, bei denen die ZTV E-StB Vertragsbestandteil sind, gilt das Herstellen des Planums als Vertragsleistung. Es sollte wegen der spezifischen Anforderungen als eigenständige Leistungsposition ausgeschrieben und gesondert kalkuliert werden.

Wie unter (1) beschrieben, bestehen die besonderen Qualitätsanforderungen nach Abschnitt 4.3.2 und 4.5 ZTV E-StB darin, das Planum nicht nur profilgerecht und eben herzustellen, sondern auch so dauerhaft tragfähig zu verdichten, dass mit dem anforderungsgemäßen Verformungsmodul E_{v2} ein verformungsfreier Oberbau auf Dauer gewährleistet wird. Es ist in der Regel nicht möglich, diese Anforderungen für das Herstellen des End- bzw. Feinplanums oder für die Vorbereitung der erforderlichen Verfestigung des Endplanums in gleicher Arbeitsweise und mit den Geräten zu erreichen, die für die Schüttarbeiten im Auftrag und Abtrag eingesetzt werden. Insbesondere die Sollhöhentoleranzen, die Profilierung der Quer- und Längsneigung, das abschnittsweise Herstellen und Schützen des witterungsempfindlichen Planums ohne direktes Befahren und die sich aus Abschnitt 12 ZTV E-StB ergebenden Anforderungen an Bodenverfestigungen (z. B. Oberflächenebenheit, Verfestigungsdicke, Bindemittelgehalt) setzen spezifisch gegliederte Leistungen im Leistungsverzeichnis voraus. Die Planumsqualität muss somit höhere Anforderungen als der darunter befindliche Erdkörper erfüllen.

Bei den vertraglichen Leistungen und den damit zusammenhängenden Vergütungspflichten wird nach Stand der Technik und Rechtsprechung zwischen Haupt- und Nebenleistungen sowie Besonderen Leistungen unterschieden. Diese Leistungen sind nur dann durch den vereinbarten Preis abgegolten, wenn sie als solche eindeutig und widerspruchsfrei in der Leistungsbeschreibung ausgewiesen und im Leistungsverzeichnis sachgemäß aufgegliedert sind. Besondere Leistungen gehören nach DIN 18299 nur unter dieser Voraussetzung zur vertraglichen Leistung. Andernfalls sind solche Arbeiten zusätzliche und vergütungspflichtige Leistungen.

Die Vorgabe in den ATV DIN 18299, Nebenleistungen als Leistungen zu definieren, die auch ohne Erwähnung im Vertrag zur vertraglichen Leistung gehören, darf nicht zu dem Fehlschluss führen, dass alles, was nicht erwähnt ist, automatisch als Nebenleistung apostrophiert werden kann. Die Auffassung, es handle sich beim Herstellen der Planien um Nebenleistungen, ist formal vertragsrechtlich nicht vertretbar, weil diese Arbeiten unter den Abschnitten „Nebenleistungen“ nicht als nicht vergütungspflichtig genannt werden. Ebenso wenig ist diese Auffassung aus technischer Sicht vertretbar, weil die Herstellungskriterien für das Planum den Bestand des Oberbaues durch die besonderen Qualitätskriterien in Abschnitt 4.5 ZTV E-StB sichern.

Die Ausschreibung nach STLK, LB 106 durch eine Ordnungsziffer „*Boden lösen und einbauen, ... in Auftragsbereichen profilgerecht einbauen und verdichten in m³*“ ist den in der Leistungsbeschreibung festgelegten Maßen der Abtragsquerschnitte zuzuordnen (Abschnitt 4.1.2 ZTV E-StB). Die Ausschreibung dieser Ordnungsziffer deckt jedoch nicht die typischen Flächenleistungen und besonderen Qualitätskriterien für das Herstellen der Planien ab, die unter Berücksichtigung der Solltoleranzen in Flächenmaß m^2 und nicht wie bei der o. g. Ordnungsziffer in Volumenmaß m^3 abzurechnen sind. Das profilgerechte Herstellen des Planums ist als gesonderte Leistung im Leistungsverzeichnis auszuweisen.

Sinngemäß sind auch die Teilleistungen für das Herstellen der ungebundenen Frost- und Tragschichten sowie der mit hydraulischen Bindemitteln verfestigten Flächen geregelt. So sind in den ATV DIN 18315/18316/18317 das Herstellen der plangemäßen Höhenlage sowie der Neigung und Ebenheit dieser Schichten als „Besondere Leistungen“ ausgewiesen und gesondert zu vergüten.

3 Schutzmaßnahmen bei ungünstiger Witterung

Das Herstellen der Planumsschichten wird bei wasserempfindlichen Böden oder veränderlich festen Gesteinen durch ungünstige Witterung stark behindert. Monatliche Niederschläge von etwa 100 mm können die Arbeitsleistung luftbereifter Fahrzeuge im Winter (Dezember bis Februar) auf 40 % und im Sommer (Juni bis August) auf 70 % abmindern; s. Abschnitt 4.2 ZTV E-StB, Kom. 3.

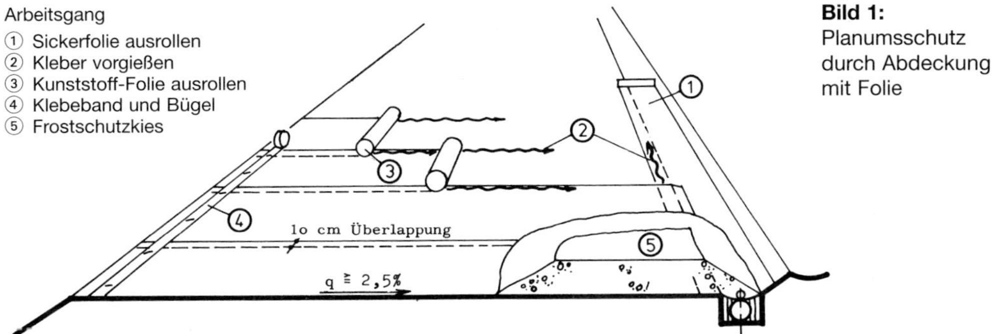

Bild 1: Planumsschutz durch Abdeckung mit Folie

Der Schutz des Planums umfasst bautechnische Maßnahmen, mit denen die Güteeigenschaften des fertigen Planums für eine kurz-, mittel- oder langfristige Dauer erhalten bleiben sollen. Der kurzfristige Schutz bezieht sich auf eine sich über das Frühjahr und den Sommer hinziehende Bauzeit, der mittelfristige Schutz schließt zusätzlich mindestens eine Winterperiode ein. Bei den kurz- und mittelfristig wirksamen Maßnahmen handelt es sich in der Regel lediglich um Bauhilfen. Der langfristige Schutz umfasst besondere Maßnahmen, um das Planum als dauerhaft tragfähige Unterlage der Verkehrsflächen und die Qualität nachhaltig sichern zu können. Diese Besonderen Leistungen sind entscheidend für den Erhalt des Gebrauchswertes und die langfristige Nutzungsdauer der Verkehrsflächen und in der Leistungsbeschreibung gesondert auszuweisen.

Die Entscheidung über die funktional am besten geeignete und realisierbare Maßnahme richtet sich nach den Boden- und Wasserverhältnissen. Mitentscheidend für die Auswahl sind die objektspezifischen operativen Vorgaben vor Ort, die Eingliederung in die gesamte Abfolge der Bauausführung und wirtschaftlich relevante Faktoren. Die Realisierung bedarf genauer Planungsüberlegungen im Einzelnen. Folgende Schutzmaßnahmen können je nach Funktion und Dauer zur Anwendung kommen:

- Abdecken witterungsempfindlicher Planumsschichten durch eine 0,3 bis 0,5 m dicke Schutzschicht, z. B. aus nichtbindigem Boden oder festem Felsgestein, indem das Dammprofil zeitweilig überschüttet und im Einschnitt ein Rohplanum hergestellt wird
- Aushub der Planumsschicht (0,3 bis 0,5 m tief) und Einbau eines nicht witterungsempfindlichen Materials
- Sofortiger Einbau der ersten Tragschicht nach Fertigstellung des Planums; die Bankette und Mittelstreifen sind dabei zu entwässern oder durch dichte Deckschichten zu schützen
- Stabilisieren der Planumsschicht mit hydraulischem Bindemittel oder mit Kalk
- Abdecken der Planumsfläche mit Folien oder Vliesen; *Bild 1*. Verwendet werden z. B. 1,5 mm dicke Folien aus Polyäthylen, geotechnische Vliese oder Vliese aus Glasfaser (45–50 g/m²), die zur Abdichtung bituminiert werden
- Versiegeln der Planumsfläche mit bituminösem Bindemittel. Verwendet werden modifizierte Kunststoffteere und instabile kationische Bitumenemulsionen in Verbindung mit vorherigem und nachträglichem Absplitten
- Allseitiges Abdichten der Planumsschicht mit Geomembranen (Abschnitt 3.3 ZTV E-StB) oder mit wasserdichten Membranen aus spritzfähigem Bitumen (z. B. Bitumen 85/40 zu 5–10 kg/m² in 5 bis 10 mm Dicke)
- Einbau filterstabiler Dränschichten zum Abfangen und Ableiten von seitlich oder von unten zusickerndem Wasser.

Die nachfolgenden Erläuterungen geben ergänzende Hinweise:

(1) Bodenbehandlungen mit Bindemittel

Bodenverbesserungen mit Kalk eignen sich nur als kurzfristiger Schutz des Planums während eines Bausommers mit dem Zweck, die erdbautechnisch erforderlichen Verdichtungskriterien in der Bauphase zu erreichen. Die Herstellung setzt günstige Witterungsbedingungen voraus. Schäden bis hin zur Unbrauchbarkeit des Planums bei freier Überwinterung oder Starkregen können damit nicht verhindert werden.

Bodenverfestigungen mit hydraulischen Bindemitteln überstehen erfahrungsgemäß eine Überwinterung im freiliegenden Zustand ebenfalls nicht schadensfrei, insbesondere nicht bei starkem Dauerfrost in frost-, wasser- und erosionsempfindlichen Böden. Sie eignen sich als untere Tragschicht des Oberbaus nur dann, wenn sie dauerhaft frostbeständig ausgeführt und unverzüglich nach Herstellung überbaut werden.

Bei den Dispositionen ist zu berücksichtigen, dass sowohl die verbesserten als auch die verfestigten Schichten je nach witterungsbedingt abhängiger Abbindezeit und Festigkeitsentwicklung eine gewisse Zeit und nach starkem Niederschlag nicht befahren werden dürfen.

(2) Flächendränung

Die Flächendränung des Planums kann mit Hilfe verschiedenartiger Bauverfahren erreicht werden; Gestaltung und Anordnung vgl. RAS-Ew:

- Einbau einer durchgängig flächigen Sickerschicht aus filterstabilem Dränmaterial großer Durchlässigkeit (Sande, Kiese, Schotter), entweder direkt als oberste Planumssickerschicht des Untergrundes oder profilgemäß auf dem Planum aufgetragen
- Einbau eines rigolenförmigen Systems miteinander verbundener Sickerstränge (mit oder ohne Sickerrohr) oder rasterförmige Anordnung von Sickergräben, Dränmaterialien w. o.
- Einbau bzw. Verlegen von geotextilen Dränmatten als durchgängiger Flächensicker oder in rasterförmig miteinander verbundenen Streifen, Dränmaterialien aus dickem Vliesstoff oder Verbundstoff.

Die Bauverfahren und Bauelemente zur Flächendränage sind geeignet, zusickerndes Wasser abzufangen und die Sickerwassermenge zu speichern bzw. abzuleiten. Die Dränungen verkürzen die Sickerwege und beschleunigen den Wasserentzug aus den wenig durchlässigen Untergrundböden in der Einflusszone des Planums. Die Ableitung des Sickerwassers nach außen setzt Vorflutgräben mit wirksamem Längsgefälle voraus. Da bei den sehr breiten Baubetriebsflächen seitlich außenliegende Vorflutgräben allein nicht ausreichen, müssen sie durch innenliegende ergänzt werden. Wenn das Abflussgefälle der Flächendränagen sehr gering ist, kann der Abfluss durch künstlich erhöhtes Längs- bzw. Quergefälle innerhalb der jeweiligen Dränung verbessert werden, z. B. durch Einlage von Folien oder Herstellung einer mit Bindemittel verfestigten untersten Lage als Sickerhorizont oder durch geneigt verlegte Dränmatten.

(3) Geotextile Zwischenlagen in Auftragsflächen

Geotextile Zwischenlagen mit abdichtenden Eigenschaften (Dichtungsbahnen) oder mit Dräneigenschaften (Flächensicker aus Vlies- oder Verbundstoffen) eignen sich für folgende funktionale Anwendungen:

- geordnete Trennung von Schichten mit unterschiedlichen Eigenschaften
- Abdichtung von witterungsempfindlichen Bodenschichten und Planien, Sammeln und Ableiten des Sickerwassers
- Flächensicker auf bzw. zwischen wasserstauenden oder erosionsempfindlichen oder mit Bindemitteln verbesserten/verfestigten Bodenschichten. Die Flächensicker wirken ausgleichend gegen Sickerwasserdruck, speichern kapillares Wasser und Kondensfeuchte und leiten das Wasser in der flächigen Ebene zur Vorflut weiter.

(4) Bodenaustausch in Abtragsflächen

In besonders wasser- und erosionsempfindlichen Planumsbereichen kann ein begrenzter Bodenaushub durch Einbau von nicht witterungsempfindlichem Boden ersetzt werden. Die ausgetauschten Bereiche können auch als Flächensicker oder zur Tiefenversickerung von Oberflächenwasser ausgebaut werden.

(5) Rohplanien zum zeitweiligen Schutz

Wenn von vornherein mit längerer Zwischenzeit nach Fertigung des Planums bis Beginn der Oberbauarbeiten zu rechnen ist, können vorübergehend Rohplanien als Planumsschutz angelegt bzw. belassen werden. Zu diesem Zweck wird in Abtragsflächen eine Schutzschicht des abzutragenden Bodens belassen, in Auftragsflächen ein entsprechendes Überprofil aus möglichst nicht bindigem Boden aufgetragen. Die endgültige Verteilung der Bodenmassen wird dann erst im Zuge der Endfertigung des Sollprofils kurz vor Beginn der Oberbauarbeiten ausgeführt. Die Disposition solcher Bodenbewegungen setzt besondere Planungsüberlegungen voraus und gelingt am besten, wenn die Ausführung der Erd- und Oberbauarbeiten in einer Hand liegt.

(6) Bodenauftrag aus F1-Boden

Statt der Verbesserung, Verfestigung oder des Bodenaustausches von witterungsempfindlichen Untergrundböden kann ein Bodenauftrag, z. B. aus frostsicherem Sand oder Kies, ausgeführt werden. Der Auftrag kann in der obersten Zone mit Zement verfestigt und als Tragschicht genutzt, in der unteren Zone entweder ganz oder in Lagen als Bodenverbesserung mit Zement behandelt werden.

(7) Zeitschluss der Erd- und Oberbauarbeiten

Für alle vorgenannten Bauverfahren bietet eine Baudisposition, bei der die Oberbauarbeiten unmittelbar ohne relevante Zeitlücke nach Fertigstellung des Planums bzw. Fertigung der Tragschicht ausgeführt werden, wesentliche Vorteile. Diese Bauausführung ergibt einen optimalen Schutz für alle darunter befindlichen Schichten im mittragenden Einflussbereich der Verkehrsflächen und bei Überwinterung. Die Seitenstreifen sind dabei plangemäß zu entwässern oder durch dicke Deckschichten zu schützen.

4.5 Verformungsmodul auf dem Planum

4.5.1 Sind gemäß Bauvertrag sowohl Erdarbeiten als auch Arbeiten zur Herstellung des Oberbaus durchzuführen, müssen unmittelbar vor dem Einbau von Schichten des Oberbaus die Anforderungen gemäß Abschnitt 4.5.2 erfüllt sein.

Endet die Bauleistung mit der Herstellung des Planums, müssen Verformungsmoduln gemäß Abschnitt 4.5.2 zur Abnahme nachgewiesen sein.

Wenn das hergestellte Planum im Rahmen eines anderen Bauvertrages überbaut wird, sind entsprechende Maßnahmen zu veranlassen (siehe auch Abschnitt 4.4.6).

4.5.2 Anforderungen bezüglich des Verformungsmoduls

Die nachgenannten Anforderungen beziehen sich auf das 10 %-Mindestquantil.

Auf dem Planum ist ein Verformungsmodul von

$$E_{v2} = 45 \text{ MPa}$$

erforderlich.

Bei qualifizierten Bodenverbesserungen ist auf dem Planum ein Verformungsmodul von

$$E_{V2} = 70 \text{ MPa}$$

erforderlich.

Bei einem Untergrund bzw. Unterbau aus grobkörnigem Boden GW oder GI ist auf dem Planum ein Verformungsmodul von

$$E_{v2} = 100 \text{ MPa bzw. } E_{vd} = 50 \text{ MPa}$$

erforderlich.

Bei einem Untergrund bzw. Unterbau aus grobkörnigem Boden SW oder SI ist auf dem Planum ein Verformungsmodul von

$$E_{v2} = 80 \text{ MPa bzw. } E_{vd} = 40 \text{ MPa}$$

erforderlich.

Bei einem Untergrund bzw. Unterbau aus grobkörnigem Boden kann gemäß RStO die Frostschutzschicht entfallen, wenn

- *der grobkörnige Boden bis zu einer ausreichenden Tiefe vorhanden ist und*
- *die Anforderungen gemäß ZTV SoB-StB hinsichtlich Verdichtungsgrad und Verformungsmodul erfüllt werden und*
- *das Grundwasser einen ausreichenden Abstand zum Planum hat.*

Der Verformungsmodul E_{v2} wird mit dem statischen Plattendruckversuch nach DIN 18134 und der Verformungsmodul E_{vd} mit dem dynamischen Plattendruckversuch nach TP BF-StB, Teil B 8.3 nachgewiesen.

In der Leistungsbeschreibung ist anzugeben, ob der statische oder dynamische Verformungsmodul nachzuweisen ist.

Sind in der Leistungsbeschreibung keine diesbezüglichen Angaben enthalten, ist der statische Verformungsmodul nachzuweisen.

Lässt sich der erforderliche Verformungsmodul auf dem Planum nicht durch Verdichten erreichen, ist entweder:

1) der Untergrund bzw. Unterbau zu verbessern oder zu verfestigen oder
2) die Dicke der ungebundenen Tragschichten zu vergrößern.

Die Maßnahmen bzw. die Angabe anderer aufgrund von regionalen Erfahrungen belegter Anforderungen sind in der Leistungsbeschreibung anzugeben.

Inhalt Kommentar

1 Bodenspezifische Bewertung

1.1 Einflussgrößen

Der Verformungsmodul E_v kennzeichnet das elastisch-plastische Verhalten des Bodens unter Voraussetzung bestimmter Belastungs- und einaxialer Verformungsbedingungen. Er unterliegt dem Einfluss aller Veränderlichen des Bodens bis zu einer Spannungseinflusstiefe, die das 1,5- bis 2-fache der Lastfläche erreichen kann.

Der Verformungsmodul E_v wird mit dem in DIN 18134 beschriebenen statischen Plattendruckversuch ermittelt. Das Versuchsprinzip besteht darin, eine kreisförmige Lastplatte von 300 mm, in Sonderfällen auch 600 oder 762 mm Durchmesser mit Hilfe einer hydraulischen Druckvorrichtung mehrfach nach vorgegebenem Programm stufenweise zu be- und entlasten. Die dabei gemessenen Normalspannungen σ_0 der Platte und die jeweils zugehörigen Setzungen werden als Druck-Setzungslinien dargestellt. Der Verlauf dieser Linien gibt Hinweise auf die Verformbarkeit bzw. das Tragverhalten des Bodens und wird genutzt, um daraus den Verformungsmodul E_v und den Bettungsmodul k_s als charakteristische Kenngrößen zu ermitteln. Weiteres hierzu s. Abschnitt 14.3.5 und 14.4 ZTV E-StB.

Aus bodenphysikalischer Sicht bestehen zwischen den Kenngrößen der Verdichtung (D_{Pr}, ρ, n) und dem Verformungsmodul E_v komplizierte Zusammenhänge, verursacht einerseits durch das belastungs- und spannungsabhängige elastoplastische Verformungsverhalten, andererseits durch eine Reihe bodenspezifischer Einflussfaktoren. Zu den gemeinsamen Einflussfaktoren, die allerdings bodenspezifisch unterschiedlich bestimmend wirken, gehören

- bei den nichtbindigen Böden die Kornabstufung, die Kornform, die Kornelastizität,

die Verspannung des Korngerüsts, die Kornzertrümmerung spröder oder poröser Materialien,
- bei den bindigen Böden vor allem der Wassergehalt, ferner das Schwell- und Schrumpfvermögen, das Frostverhalten und zusätzlich rheologische Eigenschaften.

1.2 Grobkörnige Böden

Bei Sanden und Kiesen besteht der Zusammenhang $E_v = f(D_{Pr})$ jeweils nur für ein bestimmtes Korngemisch. So ist z. B. bei einem Verdichtungsgrad von D_{Pr} = 100 % der Verformungsmodul E_v eines gleichkörnigen Sandes wesentlich geringer als der eines ungleichförmig abgestuften Sand-Kies-Gemisches.

Wird der Porenanteil n als Bezugsparameter verwendet, so bildet sich der Zusammenhang zwischen Verformungsmodul und Verdichtung wie in *Bild 1* ab.

Werden aus den beiden abgebildeten Ausgleichskurven die Verhältnisse der Verformungsmoduln E_{v2}/E_{v1} berechnet, ergibt sich der

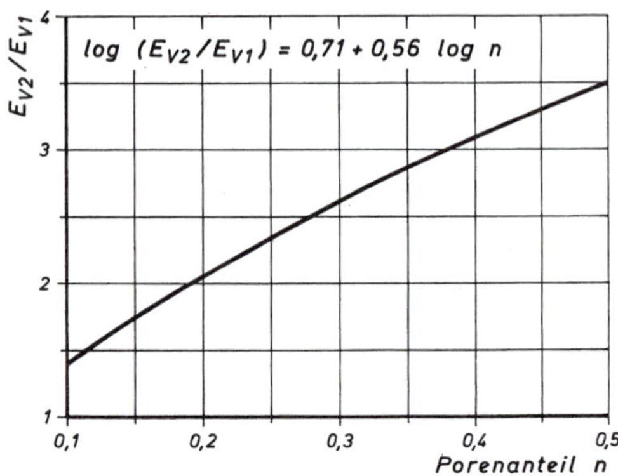

Bild 2: Abhängigkeit des Verhältniswerts der Verformungsmoduln E_{V2}/E_{V1} vom Porenanteil für Sande und Kiessande

Zusammenhang in *Bild 2*. Aus der Größe dieses Verhältniswertes kann auf die nach dem Verdichten verbliebene plastische Verformbarkeit geschlossen werden; der Wert zeigt an, ob der E_{v2}-Modul im Wesentlichen auf einer durch die Erstbelastung verursachten Verdichtung beruht.

Das Verformungsverhalten der nichtbindigen Böden bleibt vom Wassergehalt näherungs-

Bild 1: Zusammenhang zwischen E_{V1}- bzw. E_{V2}-Modul und Porenanteil für Sande und Kiessande

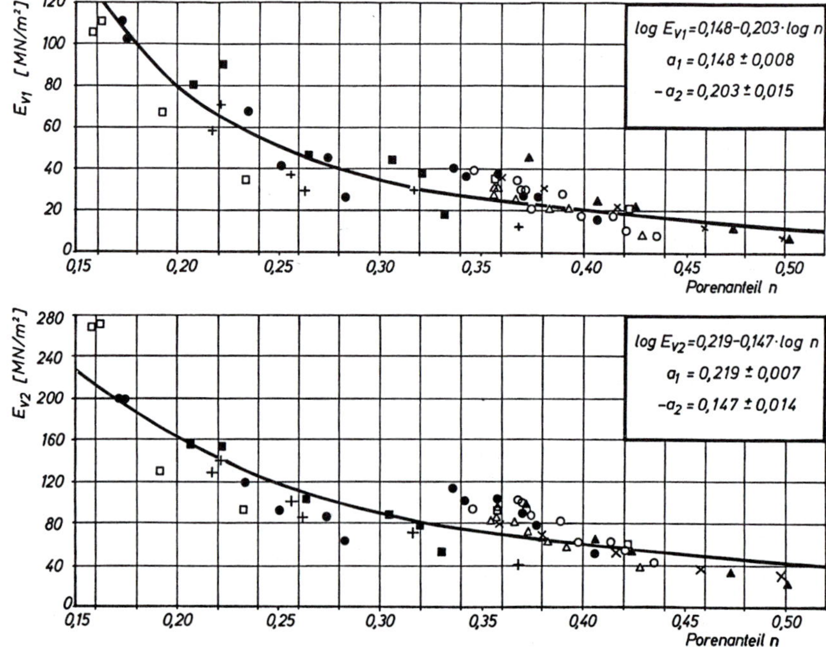

Anmerkung: Die im Bild angegebenen Formeln für log E_{v1} und log E_{v2} mit den Streutoleranzen a_1 und $-a_2$ entsprechen der ehemaligen statistischen Auswertung der Untersuchungsergebnisse. Sie liefern Zahlenwerte in der alten Einheit kp/cm² und bedürfen der Umrechnung in MN/m² gemäß der Beziehung 1 kp/cm² = 0,1 MN/m² = 100 kN/m².

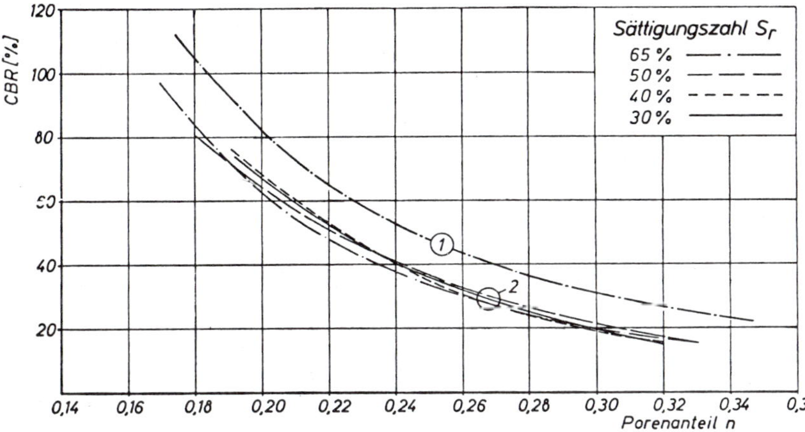

Bild 3: Beziehungen zwischen Verformungswiderstand CBR und Porenanteil n in Abhängigkeit von Sättigungszahl S_r

① unstetig
② stetig

weise unbeeinflusst. Dies zeigt *Bild 3* am Beispiel des CBR-Index in der Funktionsform CBR = f (n, S). Die für Sättigungszahlen 35 < S_r < 65 % angegebenen Zusammenhänge zwischen CBR-Wert und Porenanteil decken sich praktisch. *Bild 3* zeigt ferner, dass unstetige Kiessande bei gleichgroßem Porenanteil einen höheren Verformungswiderstand haben können als stetige Gemische; dies gilt für parabolisch oder s-förmig abgestufte Kiessande mit Unstetigkeiten im mittleren Korngrößenbereich; Lit. (31).

1.3 Feinkörnige Böden

Der Verformungsmodul E_v feinkörniger Böden steht in keiner allgemeinen Korrelation zum Verdichtungsgrad D_{Pr}, weil er, wie in Kom. 1.1 angegeben, von mehreren Einflussgrößen zugleich und insbesondere vom Wassergehalt beeinflusst wird. Der E_v-Modul kann bei geringem Wassergehalt auch dann relativ groß sein, wenn die Dichte gering ist; umgekehrt kann er bei hoher Dichte durch nachfolgende Wassersättigung des Bodens wesentlich reduziert werden. Hieraus folgt, dass E_v die Qualität der Verdichtung allein nicht ausreichend kennzeichnet.

Der Einfluss des Wassergehalts auf den E_v-Modul lässt sich z. B. über die Konsistenzzahl I_C näherungsweise in folgender Zuordnung abschätzen:

E_{v2} > 15 MN/m² I_C > 0,8
> 20 MN/m² > 0,9
> 30 MN/m² > 1,0
> 45 MN/m² > 1,2

Verdichtungsgrad D_{Pr}	100 %	97 %	95 %	92 %
Verformungsmodul E_{v1} MN/m² E_{v2} MN/m²	 6–56 15–69	 5–38 14–66	 4–11 8–28	 1,5–19 3,0–32
CBR-Wert %	6–30	4–22	2–18	0–12
Steifemodul E_1 N/mm² Belastung 0,2–0,4 N/mm²	8–18	15–20	7–27	7–24
Druckfestigkeit σ_B N/mm²	0,3–1,0	0,3–1,1	0,3–0,7	0,1–0,3
Scherfestigkeit φ Grad c N/mm²	 11–28 0–0,45	 11–27 0–0,35	 10–30 0–0,33	 8–29 0–0,26

Tabelle 1: Verformungskennwerte feinkörniger Böden

Tabelle 2: Einteilung gemischtkörniger Böden nach ihrem Verformungsverhalten

Gruppe	Kornanteil [%]		Konsistenz I_C des Feinkornanteiles (Schluff, Ton)		
	d < 0,063 mm	d > 2 mm	$I_c \geq 1$	$0{,}75 \leq I_c < 1$	$I_c < 0{,}75$
1	a < 15	a ≥ 0	○	○	○
2	15 < a < 60	a < 30	□ [1)]	△	△
3	15 < a < 40	a > 30	○ [1)]	□	△
4	40 < a < 60	a > 30	□ [1)]	△	△
5	a > 60	a < 40	△ [1)]	△	△

[1)] zusätzliche Forderung: Luftgehalt $n_a < 12$ %

Verformungsverhalten: ○ wie bei nichtbindigen, grobkörnigen Böden (Sand, Kies, Steine)
△ wie bei bindigen, feinkörnigen Böden (Schluff, Ton)
□ im gutverdichteten Zustand zwischen ○ und △

Moduln von $E_{v2} > 30$ MN/m² lassen sich in vielen Fällen nur dann erreichen, wenn die Böden überverdichtet oder, sofern die Strukturempfindlichkeit bzw. der zu hohe Wassergehalt dies nicht zulassen, mit Bindemittel verbessert werden.

Tab. 1 enthält für verschieden große Verdichtungsgrade D_{Pr} experimentell ermittelte Grenzwerte unterschiedlicher Verformungskenngrößen. Die Werte überdecken sich wesentlich wegen der variablen Wassergehalte und Zustandsformen, die plastische Böden bei gleichgroßem D_{Pr} annehmen können. Hieraus wird wiederum deutlich, dass der E_v-Modul (oder auch jede andere Verformungskenngröße) allein kein Qualitätskriterium für die Verdichtung ist, dass aber umgekehrt auch D_{Pr} allein kein charakteristisches Merkmal für das Verformungsverhalten sein kann. Die Aussage dieser beiden Werte lässt sich dann verbessern, wenn die Wassersättigung S_r oder der Luftgehalt n_a in die Beurteilung mit einbezogen werden.

1.4 Gemischtkörnige Böden

Das Hauptmerkmal gemischtkörniger Böden besteht darin, dass sich die Verformungseigenschaften maßgeblich nach dem Wassergehalt der Feinkörnung und den Kornanteilen der Grob- und Feinkörnung richten.

Tab. 2 zeigt eine qualitative Einteilung des Verformungsverhaltens verdichteter gemischtkörniger Böden. Hierbei richtet sich die Beurteilung nach der Zustandsform der Feinkörnung

Bild 4: Beziehungen zwischen Porenanteil n, Verformungsmodul E_v und Sättigungszahl S_r

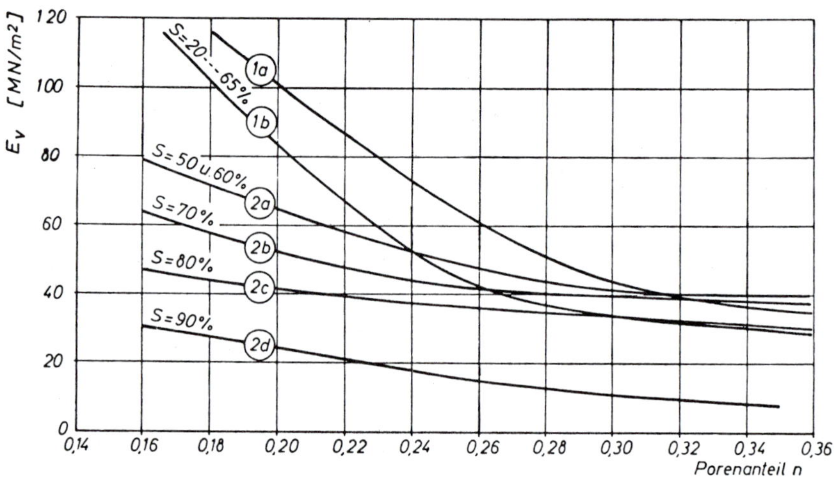

① nichtbindige Kiessande
② schluffige Kiessande

Kornabstufung: ⓘa unstetig
ⓘb stetig

sowie nach den Anteilen der Feinkörnung < 0,06 mm und der Grobkörnung > 2 mm.

Die Gruppe 1 umfasst alle Sande und Kiese mit geringen Feinkornanteilen < 0,06 mm. Zur Gruppe 2 gehören mehr oder weniger gleichförmig abgestufte Sande mit mehr als 15 % < 0,06 mm, die bei höheren Wassergehalten Verformungsmoduln wie bindige Böden haben.

Die Gruppe 5 schließt neben den feinkörnigen Schluff- und Tonböden auch Mischböden mit Sand- und Kieskornanteilen bis max. 40 % ein, die sich wie bindige Böden verhalten. Die Gruppen 3 und 4 bilden schließlich den Zwischenkörnungsbereich. Ihr Verformungsverhalten ist im Besonderen von der Zustandsform der Feinkörnung abhängig. Die Mischböden der Gruppen 2 bis 5 können im ausgetrockneten Zustand sehr hohe Verformungsmoduln aufweisen, die in der Praxis häufig zu Fehleinschätzungen der Verdichtung führen, weil übersehen wird, dass sie sich bei Wasseraufnahme reversibel verhalten.

Hierdurch erklären sich oft in steinigen Mischböden entstehende Dammsetzungen oder Böschungsrutschungen.

In *Bild 4* ist der Verformungsmodul schluffiger Kies-Sand-Gemische in Funktion des Sättigungsgrades S und des Porenanteils n (Kurvenschar 2) dargestellt. Hiernach vergrößert sich der Verformungsmodul mit abnehmender Sättigungszahl und erreicht bei $50 < S_r < 60\,\%$ sein Maximum.

2 Bewertung für standardisierte Bauweisen

Die Grundlagen der standardisierten Bauweisen und die diversen Aufbautypen für den Oberbau sind Gegenstand der „Richtlinien für die Standardisierung des Oberbaus von Verkehrsflächen (RStO)“; s. hierzu Teil 3, Sonderkapitel S5.

Die Kriterien der in Abschnitt 4.5 ZTV E-StB angegebenen Verformungsmoduln E_{v2} ergeben sich im Wesentlichen daraus, dass der standardisierte Straßenaufbau gemäß RStO eine „quasi-standardisierte“ Qualität des Planums voraussetzt. Die dauerhafte Sicherstellung dieser Qualitätsanforderungen wirkt sich entscheidend auf die langfristige Befahrbarkeit bzw. den Erhalt der Fahrbahnbefestigung aus. Die Anforderungen zielen darauf ab,

- die Nachverdichtungen unter Verkehr vorwegzunehmen,
- die Witterungsempfindlichkeit des Bodens während der Bauzeit oder während der freien Überwinterung einzuschränken, insbesondere die Abnahme der Tragfähigkeit frostempfindlicher Böden bei Frostaufgang zu verringern,
- die Unterlage des Oberbaus gleichmäßig tragfähig zu erhalten,
- die Befahrbarkeit des Planums und der unteren Tragschicht während der Bauzeit sicherzustellen.

Die für das Planum vorgeschriebenen E_{v2}-Moduln haben in vertragsrechtlicher Hinsicht die Bedeutung von zusätzlichen Anforderungen neben dem Verdichtungsgrad D_{Pr}. Dies bedeutet, dass weiter verdichtet oder das Bauverfahren umgestellt werden muss, wenn eine der beiden Anforderungen noch nicht erfüllt ist. In bestimmten Fällen lässt sich das Ziel erst nachträglich beim Überbauen der Tragschicht über dem Planum erreichen.

Für die E_{v2}-Anforderungen auf ungebundenen Tragschichten ergeben sich komplizierte Einflüsse, da das Ergebnis des Plattendruckversuches nicht nur die Eigenschaften dieser Schicht allein, sondern die des Mehrschichtensystems einschließlich der witterungs- und frostempfindlichen Planumsschicht erfasst. Diese Abhängigkeit richtet sich nach dem sich periodisch ändernden Verformungszustand der Planumsschicht und deren Heterogenität.

In Abschnitt 4.5 ZTV E-StB sind die Verformungsmoduln E_{v2} aus den Ergebnissen des statischen Plattendruckversuches nach

DIN 18134 den Verformungsmoduln E_{vd} aus dynamischen Plattendruckversuchen zugeordnet. Die Versuchsbedingungen beider Prüfungen sind jedoch nicht vergleichbar, sodass die festgelegte Zuordnung der Werte E_v und E_{vd} nicht zuverlässig gesichert ist. Es ist deshalb zu empfehlen, die Zuordnung dieser Werte durch Vergleichsversuche zu Beginn der Qualitätsprüfungen bzw. zwischenzeitlich wiederholt zu überprüfen.

Der dynamische Plattendruckversuch nach TP BF-StB, Teil B 8.3 ist im Vergleich zum statischen Plattendruckversuch ein Schnellprüfverfahren.

Der Versuch wurde eingeführt, um auf einfache Weise die Tragfähigkeit und Verdichtung von Prüfflächen indirekt bzw. vergleichend überprüfen zu können. Versuchsprinzip, Vertragsbedingungen und Auswertung s. Abschnitt 14.3 ZTV E-StB, Kom. 4.2.

4.6 Wasserabfluss

Siehe RAS-Ew, siehe ZTV Ew-StB.

Siehe DIN 18300, Abschnitt 3.2.3.

4.6.1 Siehe DIN 18299, Abschnitt 4.1.10.

Die gegebenenfalls erforderlichen Maßnahmen zum schadlosen Ableiten des durch Niederschlag anfallenden Oberflächenwassers und die dabei erforderlich werdenden Sicherungsmaßnahmen sind für alle Bauzustände Nebenleistungen.

4.6.2 Der Auftragnehmer hat dafür zu sorgen, dass Wasser stets ungehindert abfließen kann und keine Schäden verursacht.

Werden die notwendigen Entwässerungsmaßnahmen unterlassen, unsachgemäß oder nicht rechtzeitig ausgeführt, sind hierdurch unbrauchbar gewordene Baustoffe durch geeignete Maßnahmen zu verbessern oder zu ersetzen.

4.6.3 Von der Einschnittsböschung darf das Wasser nicht auf das Planum abfließen. Es ist durch Längsentwässerungseinrichtungen aufzufangen und abzuleiten.

Das vom Planum über die Dammböschung abfließende Wasser soll ungesammelt dem Unterlieger oder der Längsentwässerung am Dammfuß zufließen. Bei erosionsempfindlichen Böschungen ist das Wasser durch erosionssichere Längsentwässerungseinrichtungen am Rande des Planums aufzufangen und abzuleiten.

4.6.4 Entwässerung der Bauwerkshinterfüllung siehe Abschnitt 10.

4.6.5 Richtung, Höhenlage und Wassermenge von Gewässern, Sickerungen und Dränen dürfen während der Bauausführung nur mit Zustimmung des Auftraggebers verändert werden.

Inhalt Kommentar

1 Entwurfsplanung

Ziel einer umweltgerechten Entwässerung von Verkehrsflächen ist es, unter Berücksichtigung der Bodeneigenschaften, des Gewässerschutzes und der Qualität des anfallenden Wassers einen möglichst hohen Anteil der Oberflächenwässer wieder dem natürlichen Wasserkreislauf zuzuführen. Entwässerungseinrichtungen und Anlagen für die Versickerung,

Rückhaltung und Reinigung sowie ökologischer Gewässerschutz sind unter Berücksichtigung der örtlichen Gegebenheiten möglichst naturnah auszubilden und vorzugsweise mit natürlichen bzw. lebenden Baustoffen zu gestalten, um eine landschaftsgerechte Eingliederung zu fördern. Die technischen Grundlagen sind enthalten in den „Richtlinien für die Anlage von Straßen, Teil: Entwässerung" (RAS-Ew), die Vertragsbedingungen in den „Zusätzlichen Technischen Vertragsbedingungen und Richtlinien für den Bau von Entwässerungseinrichtungen im Straßenbau" (ZTV Ew-StB).

Folgende Planungsgrundsätze sind zu beachten:

(1) Die Planungen und Ausführungen sind mit den Fachbehörden unter Beachtung der Belange von Natur und Landschaft abzustimmen. Zu den Aufgaben der Wasserwirtschaftsbehörden gehört es, die Abflussverhältnisse der Vor- und Nebenfluter zu beurteilen bzw. hydrometrisch noch nicht erfasste Fließgewässer zu untersuchen, wenn Oberflächenwasser von Verkehrsflächen gesammelt abgeführt und in den Vorfluter eingeleitet wird. Die zulässige Schmutzfracht, die in den Vorfluter eingeleitet werden darf, richtet sich jeweils nach dessen wasserwirtschaftlicher Bewertung.

Sind die Vorfluter bzw. Gewässer für die Aufnahme zusätzlicher Wassermengen nicht geeignet, so muss die schadlose Ableitung des Wassers durch die Anlage von Bauwerken für die Rückhaltung oder durch Versickerung des Oberflächenwassers oder auch durch Ausbau der Gewässer sichergestellt werden.

(2) Beim Neubau müssen im Rahmen der Umweltverträglichkeitsprüfung (UVP) bereits beim Raumordnungsverfahren Aussagen über Art und Umfang der Auswirkungen auf Gewässer bzw. Vorfluten sowie Maßnahmen zu deren Vermeidung, Minderung und Ausgleich im Grundsatz geklärt werden. Die Anforderungen sind bei der weiteren Entwurfsplanung, insbesondere des straßentechnischen Entwurfs und der landschaftspflegerischen Begleitplanung, zu konkretisieren. Bei der Planung von Entwässerungseinrichtungen im innerörtlichen Bereich sind die stadtbaulichen Belange einzubeziehen.

(3) Die Gradiente des Verkehrsweges sollte möglichst so gewählt werden, dass Grundwasser nicht angeschnitten bzw. seine Überdeckung nicht unnötig verringert wird. Sie soll außerdem so festgelegt werden, dass die Querneigungswechsel jeweils in Abschnitten mit ausreichenden Längsgefällen liegen. In jedem Fall muss im Bereich der Querneigungswechsel die Mindestschrägneigung der Fahrbahn an jeder Stelle eingehalten sein, um die Wasserweglänge und die Wasserfilmdicke zu minimieren. Bei zweibahnigen Straßen soll die Fahrbahnquerneigung in Kurven in Abhängigkeit vom Mindestradius nach der Kurvenaußenseite gerichtet sein, damit ein Querneigungswechsel entfällt und auf eine Entwässerung im Mittelstreifen verzichtet werden kann.

(4) Die jeweils geeignete und zulässige Abflussart richtet sich nach den örtlichen Gegebenheiten des Untergrundes und Geländes sowie nach dem Schutzbedarf des Umfelds:

- Außerhalb geschlossener Ortschaften wird angestrebt, das Oberflächenwasser der Fahrbahn- und Nebenflächen nicht zu sammeln, sondern frei über die Ränder ablaufen zu lassen. Innerhalb von Ortschaften wird dieses Wasser in der Regel in die öffentliche Misch- oder Trennwasserkanalisation eingeleitet, um Kosten einzusparen.
- Aus zwingenden Gründen, z. B. in Einschnitten, bei Brücken oder mehrbahnigen Verkehrsflächen mit Mittelstreifenentwässerung, soll das Oberflächenwasser der Fahrbahn- und Nebenflächen gesammelt und möglichst auf kürzestem Weg in einen Vorfluter eingeleitet oder in geeigneten angrenzenden Geländemulden versickert oder versenkt werden, sofern diese Belastung des Umfelds und der Fließgewässer in Kauf genommen werden darf.
- Gesammeltes, tausalzhaltiges Oberflächenwasser darf nicht unkontrolliert in Wald abfließen, um Gehölzschäden durch Tausalz, das sich im Boden anreichert, zu vermeiden.
- Grundsätzlich darf auf Nebenflächen anfallendes Wasser nicht auf die Fahrbahn gelangen, sondern muss vorher abgefangen werden.
- Schutzzonen von Wassergewinnungsanlagen sollen bei der Festlegung der Linienführung möglichst umgangen werden.

(5) Die Abdichtung von Verkehrsflächen wird bei ungünstiger Untergrundbeschaffenheit

erforderlich, wenn ein Schutzbedürfnis für den Standort besteht und die Überdeckung oberhalb des Grundwasserleiters keine ausreichende Schutzwirkung bietet. Hydrogeologisch ungünstige Standorte sind solche, bei denen die Deckschichten nicht ausreichend mächtig sind und die kein Rückhaltevermögen gegen Schadstoffe besitzen.

Unter diesen Voraussetzungen werden Abdichtungen in der Regel an Verkehrsflächen in Wasserschutzzonen und Standorten mit Heilquellen sowie Standorten zur Lagerung von wassergefährdenden Stoffen erforderlich. Im Rahmen der Planung ist die Schutzwirkung der Deckschichten nach geologisch-hydrologischen Kriterien (Mächtigkeit, Durchlässigkeit) zu untersuchen. In Gebieten mit Festgestein sind Untersuchungen über die Inhomogenität und das Trennflächengefüge in Zusammenhang mit der Wasserwegigkeit einzubeziehen. Es ist zu untersuchen, ob zusätzlich durch zuverlässige technische Schutzmaßnahmen das Risiko des Schadstoffeintrages gemindert werden kann.

Die Wahl der Abdichtung wird im Wesentlichen durch die lokale und wirtschaftliche Verfügbarkeit von Abdichtungsmaterial sowie durch die vorgesehene Tiefenlage der Abdichtung (Hoch- und Tieflage) bestimmt. Direkt unter Verkehrsflächen dürfen bindige setzungsempfindliche Dichtungsböden nicht verwendet werden. In diesen Fällen werden Kunststoffdichtungsbahnen, geosynthetische Dichtungsbahnen sowie hydraulisch oder bituminös gebundene Flächenabdichtungen bevorzugt geeignet sein.

Besonderheiten für die Entwurfsplanung von Verkehrsflächen in Wasserschutzgebieten s. Abschnitt 7 ZTV E-StB, Kom. 4.

2 Fassung und Ableitung von Oberflächenwasser

Grundsätzlich gibt es für die Fassung und Ableitung des Wasserabflusses von Verkehrsflächen folgende Systeme:

(1) Fassung in einer Rinne längs eines Hohlbordes, Ableitung über Abläufe in einen Regenwasserkanal und weiter

- direkte Einleitung in ein Gewässer,
- Einleitung über ein Becken in ein Gewässer,
- Einleitung in das Grundwasser durch Versickerung.

(2) Ungebündelte Ableitung über Bankette und Böschungen in Seitengräben oder Mulden und weiter

- durch Längsabfluss bis in ein Gewässer, ggf. über ein Becken, oder in eine Versickerungsanlage,
- Einleitung in das Grundwasser durch Versickerung in den Mulden.

Die technisch einfachste Lösung für außerörtliche Straßen ist der Wasserabfluss über die Bankette, Seitenstreifen und Böschungen ohne vorherige Sammlung. Das in den Untergrund versickernde Wasser wird im Boden durch Sedimentation, Filtration, Sorption und biologische Prozesse weitgehend gereinigt (s. Abschnitt 8 ZTV E-StB, Kom. 2 bis 5). Kann damit keine ausreichende Lösung bzw. Reinigung erzielt werden, müssen zusätzlich gesonderte Behandlungsanlagen geplant und ausgeführt werden. Hierfür kommen Rückhalte- oder Regenklärbecken, Versickerungsanlagen und Retentionsbodenfilter sowie Abscheideranlagen in Betracht; s. Kom. 5 sowie *Bild 1*.

Das in Dammstrecken von der Fahrbahn bei Querneigung abfließende Oberflächenwasser soll ungesammelt möglichst breitflächig über Seitenstreifen bzw. Bankette und Böschungen in das angrenzende Gelände gelangen. Ist das nicht möglich, nicht zumutbar oder die Fahrbahn im Längsgefälle ausgebildet, sind Maßnahmen der Längsentwässerung vorzusehen; das Wasser ist in diesem Fall seitlich in Mulden, Gräben oder Rinnen zu sammeln und zur Vorflut weiterzuleiten oder, wenn es die örtlichen Verhältnisse zulassen, an geeigneten Stellen zu versickern.

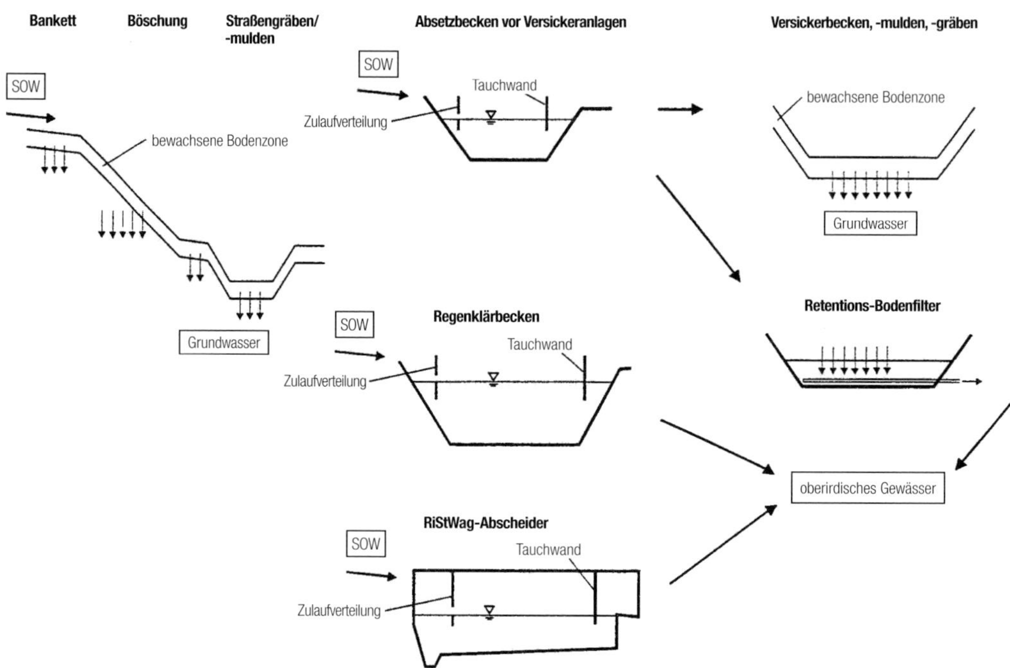

Bild 1: Varianten zur Behandlung von Straßenoberflächenwasser (SOW), schematisch nach RAS-Ew

Das von Einschnittsböschungen abfließende Wasser darf nicht auf die Fahrbahnflächen gelangen, sondern muss ebenfalls mit Mulden, Gräben oder Rinnen abgefangen und weitergeleitet werden.

Die RAS-Ew geben folgende Richtlinien vor:

(1) Querneigung der Fahrbahn

Außerhalb von Verwindungsstrecken wird empfohlen:

- q ≥ 2,5 % Beton- und bituminöse Decken
- q ≥ 3,0 % Pflasterdecken.

Sind diese Mindestquerneigungen nicht möglich, soll die Schrägneigung an jeder Stelle der Fahrbahn p ≥ 2 %, bei Pflasterdecken ≥ 3 %, in Verwindungsstrecken wenigstens 0,5 % betragen.

In Bereichen von einmündenden oder sich kreuzenden Verkehrsflächen darf das Oberflächenwasser nicht über die durchgehende Fahrbahn bzw. über die Kreuzung abfließen. Die einwandfreie Entwässerung ist mit Hilfe von genauen Höhenlinienplänen sicherzustellen.

(2) Seitenstreifen (unbefestigt, begrünt)

- Höhenlage 3 cm tiefer als Fahrbahnrand, q = 12 % nach außen, wenn Verkehrsfläche über den Streifen entwässert
- höhengleich mit Fahrbahnrand, q = 6 % nach außen, wenn nicht über Streifen entwässert wird.

(3) Mittelstreifen (begrünt)

- Höhenlage ca. 3 cm tiefer als Rand der befestigten Fläche, muldenförmig ausgebildet; ggf. zusätzliche Entwässerung mit Sickerleitung erforderlich.

(4) Straßenmulde

Ausbildung möglichst als Rasenmulde zur Versickerung und Weiterleitung des von der Straßenfläche abfließenden Wassers, angeordnet am Böschungsfuß oder im unbefestigten Seitenstreifen (Bankett).

Breite b = 1,0 bis 2,5 m, Tiefe ≥ 0,2 m, max. b/5.

Verbesserung der hydraulischen Leistung der Mulde durch erhöhtes Sohlgefälle, erhöhten Querschnitt, glatte Sohlbefestigung oder durch Sammelleitung in Muldenachse.

(5) Sohlgefälle

I < 1 % glatte Sohlbefestigung
1 % < I < 3 % Rasen
3 % < I < 10 % raue Sohlbefestigung
I < 10 % Raubettmulde.

Anordnung von Bankettmulden aus dicht aneinandergesetzten Steinen (18 bis 36 cm hoch), um die Energie des abfließenden Wassers zu mindern. Anordnung längs Böschungsfuß oder quer in Böschungsfalllinie. Verlegung des Steinsatzes in einer Bettung, z. B. Beton.

(6) Straßengraben

Hydraulische Leistung größer als bei Straßenmulde. Sohlbreite 0,5 m, Tiefe max. 0,5 m. Böschungsneigung des Grabens 1 : 1,5 oder steiler, Sohlgefälle > 0,3 %, Sohl- und Böschungssicherung im unteren Grabenbereich möglich.

(7) Abfanggraben

Anordnung an Hängen oder oberhalb von Böschungen. Ausbildung mit Sohldichtung. Sohlbreite mind. 0,3 m, Tiefe 0,2 bis 0,5 m.

(8) Straßenrinne

Anordnung längs oder zwischen Verkehrsflächen. Ausbildung entweder als offene Rinne (Bord-, Spitz- und Muldenrinne) oder als geschlossene Rinne (Kasten-, Schlitz- oder Hohlbordrinne), Sohlgefälle der offenen Rinnen I ≥ 0,5 % bzw. gleichgroß mit Längsneigung des Verkehrsflächenrandes.

(9) Straßenabläufe

Der Ablauf leitet das über Mulden oder Rinnen zufließende Wasser über Anschluss- oder Sammelleitungen zur Vorflut. Er besteht aus Aufsatz mit Ablaufrost und Unterteil, für Trocken- oder Nassschlamm ausgebildet. Die Aufsätze müssen DIN 1213 entsprechen: Pult- oder Rinnenaufsatz oder Seitenablauf. Straßenabläufe sind in ihrer Abflussleistung von Quer- und Längsgefälle des Gerinnes sowie dessen zulässiger Wasserspiegelbreite abhängig. Näherungsweise wird ein Straßenablauf pro 400 m² bei Stadtstraßen und 500 m² bei Landstraßen je angeschlossene Fläche gerechnet.

3 Rohrleitungen – Durchlässe

(1) Rohrleitungen

Rohrleitungen werden entsprechend der technischen Aufgabe unterschieden in

- Rohrleitungen zum Transport von Wasser,
- Rohrleitungen zur Aufnahme von Sickerwasser,
- Rohrleitungen zur unterirdischen Verteilung und Versickerung von Niederschlagswasser.

Die „Richtlinien für die statische Berechnung von Entwässerungskanälen und -leitungen" (Arbeitsblatt A 127) der Abwassertechnischen Vereinigung e.V. gelten für erdverlegte Entwässerungsrohre bei einfachen Einbaubedingungen und können sinngemäß auch auf andere erdverlegte Rohre, z. B. Mantelrohre oder Durchlässe, angewendet werden.

Der Durchmesser der Rohrleitung ergibt sich aus Berechnungsdurchfluss, Gefälle und Rauigkeit. Er soll aus Gründen der Reinigung mindestens 250 mm, bei Betonrohren mindestens 300 mm betragen. Als Anhalt für die Wahl des Gefälles i dienen folgende, auf den Innendurchmesser d des Rohres bezogene Grenzwerte:

- max. i = 1 : d (d in cm)
- min. i = 1 : d (d in mm).

Fließgeschwindigkeit mind. 0,5 m/s, max. 8 m/s.

Als allgemeine Praxisempfehlung gelten folgende Mindestdurchmesser:

- Transportleitungen DN 250
- Sickerrohrleitungen DN 100
- Mehrzweckrohre DN 200.

Generell kommen Rohre aus Stahlbeton, Beton, Kunststoff und Steinzeug zur Verwendung. Bei der Auswahl sind die chemischen Eigenschaften des Rohrmaterials zu beachten. Die erforderliche Tragfähigkeit und Verformbarkeit der

Rohre, Verbindungen und Anschlüsse ist unter Berücksichtigung der Setzungsempfindlichkeit des Bodens, der Auflast aus Überdeckung und Verkehrsbelastung und der spezifischen Beanspruchungen beim Einbau festzulegen.

Transportleitungen können je nach Chemismus aus verschiedenen Werkstoffen hergestellt sein, z. B. Beton, Stahlbeton (DIN 4035), Kunststoff (DIN 19534: PVC-U, DIN 19537: PE, DIN EN 19568: Verbundrohre).

Sickerrohrleitungen können aus PE und PVC-U sowie Beton hergestellt sein. Entsprechend ihrer technischen Verwendung sind Sickerrohre mit unterschiedlicher Schlitzanordnung zu berücksichtigen:

- Teilsickerrohre zur Planumsentwässerung
- Vollsickerrohre zur Fassung und Ableitung von Grundwasser sowie zur Versickerung von Oberflächen
- Mehrzweckrohre zur Fassung von Sickerwasser, z. B. aus Mittelstreifen, und zur Aufnahme und Ableitung von Oberflächenwasser.

Die Kombination von Sammelrohrleitung mit Sickerrohrleitung lässt sich durch sog. Huckepacksysteme oder eine Teilsickerrohrleitung erreichen; *Bild 2*.

Huckepackleitung, Füllmaterial: nicht-bindiger Boden

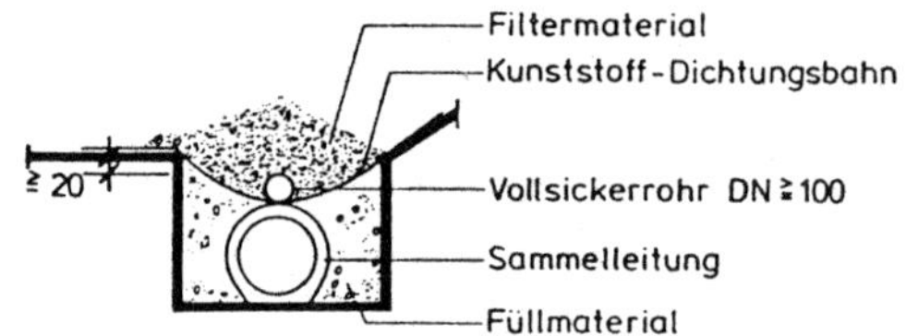

Huckepackleitung, Füllmaterial: bindiger Boden

Filtermaterial
Vollsickerrohr DN ≥ 100
Sammelleitung
Füllmaterial

Teilsickerrohrleitung, Füllmaterial: bindiger Boden

Bild 2: Kombination von Sammelrohrleitung mit Sickerrohrleitung

(2) Schächte

Die Schächte bestehen aus Fertigteilen und werden in Prüf-, Ablauf- und Absturzschächte unterschieden. Konstruktive Ausbildungen s. ATV-Arbeitsblatt A 241. Schachtabdeckungen bestehen aus Gusseisen oder Beton, Straßenabläufe aus Beton. Spül- und Revisionsschächte müssen begehbar, geeignet für TV-Kameraaufnahmen und dicht bei geschlossenen Rohrsystemen sein.

(3) Durchlässe, Düker

Bei der Kreuzung von Verkehrswegen mit Gewässern oder Talrinnen werden Durchlässe, z. B. Rohrdurchlässe, Betonrahmenprofile, Stahlblechprofile oder Bauwerke, erforderlich.

Durchlässe sind gemäß DIN 19661, Blatt 1, Kreuzungsbauwerke. Tragwerke mit ≥ 2,0 m lichte Weite gelten gemäß DIN 1076 als Brücken. Unterschieden werden:

Rohrdurchlässe

- unter Wirtschaftswegen DN 400
- unter Straßen, Überführungsrampen an Bundesfernstraßen DN 500
- längere Durchlässe unter Straßen sowie Durchlässe unter Bundesfernstraßen DN 800

Rechteckdurchlässe (begehbar)

- l_w/l_h = 1,0/2,0 m
  (l_w = lichte Weite, l_h = lichte Höhe)

Düker sind Durchlässe, die ein Gewässer mit Druckgefälle unter einem Geländeeinschnitt oder einem tiefliegenden Hindernis hindurchführen. Mindestabmessungen gemäß DIN 19661 bzw. RAS-Ew.

4 Hydraulische Berechnung

Die Grundlagen für die hydraulische Berechnung des von der Fahrbahnfläche abfließenden Wassers sowie für die Dimensionierung der oberirdischen Anlagen zur Wasserableitung beinhalten die „Richtlinien für die Anlage von Straßen, Teil: Entwässerung" (RAS-Ew). Sie enthalten die Berechnungsverfahren sowie Formeln und Tabellen u. a. für die Dimensionierung von offenen Gerinnen, Bord- und Spitzrinnen, Mulden, Rohrleitungen und Durchlässen.

Die Abflussmenge ergibt sich aus der Regenspende abzüglich des Verlustes aus Benetzung, Muldenauffüllung, Versickerung und Verdunstung. Die Berechnung erfolgt mit Hilfe von Fließzeitverfahren, z. B. mit Hilfe des Zeitbeiwertes, des Zeitabflussfaktors oder mit speziellen Rechenverfahren. Der maximale Abfluss Q_r (in m^3/s) einer Einzugsfläche A_E (in ha) ergibt sich zu

$$Q_r = r_{15} \cdot \varphi \cdot \psi_s \cdot A_E.$$

Das Verfahren beruht auf der Annahme einer konstanten mittleren Regenspende r_{15} (in m^3/ha), bezogen auf eine Berechnungsregendauer von t_N = 15 min. und auf eine Jahreshäufigkeit von n = 1,0. Mit dem Zeitbeiwert φ (Lit. (13)) wird die Regenspende für länger dauernde Regen gleicher Häufigkeit abgemindert. Das Abflussvermögen der Einzugsfläche wird als Verhältnis von Abflussspende q zu Regenspende r in Form des Spitzenabflussbeiwerts ψ_s definiert:

$$\psi_s = \frac{q}{r}$$

q Abflussspende in l/s · ha
r Regenspende in l/s · ha

Richtwerte

- Fahrbahnen $\psi_s = 0{,}9$
- unbefestigte horizontale Flächen $\psi_s = 0{,}05–0{,}1$
  Böschungen (Damm) $\psi_s = 0{,}3$
- Böschungen (Einschnitt) $\psi_s = 0{,}3–0{,}5$.

Übertragen auf die Fahrbahnbreite B_F berechnet sich die spezifische Abflussmenge q_F mit Annahme eines Sicherheitsbeiwertes k zu

$$q_F = r \cdot \varphi \cdot \psi_s \cdot B_F \cdot k/10000 \text{ in l/(s.m)}.$$

Für den Wasserabfluss vom Baugelände während der Bauphase gelten ähnliche Bemessungsansätze. Abflüsse und Bewässerungseinrichtungen, die nur für vorübergehende

Tabelle 1: Spitzenabflussbeiwerte ψ_s für Regenspenden von etwa 100 bis 130 l/ (s · ha) bei einer Regendauer von 15 min (r_{15}) in Abhängigkeit von der mittleren Geländeneigung J_g sowie vom Anteil der befestigten Flächen nach Lit. (13)

Anteil der befestigten Fläche [%]	Gruppe 1 $J_g < 1\%$		Gruppe 2 $1\% \leqq J_g \leqq 4\%$		Gruppe 3 $4\% < J_g \leqq 10\%$		Gruppe 4 $J_g > 10\%$	
	für r_{15} [l/(s·ha)] von							
	100	130	100	130	100	130	100	130
0	0,00	0,00	0,10	0,15	0,15	0,20	0,20	0,30
10	0,09	0,09	0,18	0,23	0,23	0,28	0,28	0,37
20	0,18	0,18	0,27	0,31	0,31	0,35	0,35	0,43
30	0,28	0,28	0,35	0,39	0,39	0,42	0,42	0,50
40	0,37	0,37	0,44	0,47	0,47	0,50	0,50	0,56
50	0,46	0,46	0,52	0,55	0,55	0,58	0,58	0,63
60	0,55	0,55	0,60	0,63	0,62	0,65	0,65	0,70
70	0,64	0,64	0,68	0,71	0,70	0,72	0,72	0,76
80	0,74	0,74	0,77	0,79	0,78	0,80	0,80	0,83
90	0,83	0,83	0,86	0,87	0,86	0,88	0,88	0,89
100	0,92	0,92	0,94	0,95	0,94	0,95	0,95	0,96

Zwischenwerte können geradlinig interpoliert werden.

Tabelle 2: Richtlinien für die Berechnungsregendauer t_N und Regenspende r in Abhängigkeit von der mittleren Geländeneigung J_g und vom Anteil der befestigten Fläche nach Lit. (13)

mittlere Geländeneigung %	Anteil der befestigten Fläche %	t_N min	r $m^3/s \cdot ha$
$J_g < 1$	≤ 50	15	r_{15}
$J_g < 1$	> 50	10	r_{10}
$1 \leq J_g \leq 10$	$\gtrless 50$	10	r_{10}
$J_g > 10$	< 50	10	r_{10}
$J_g > 10$	> 50	5	r_5

Zwecke vorgesehen und bemessen sind, sollten aus wirtschaftlichen Gründen weitgehend mit den endgültigen Maßnahmen kombiniert werden.

Angaben über die der Bemessung von Regen- und Mischwasserkanälen zugrunde liegenden Regenhäufigkeiten sowie über die Spitzenabflussbeiwerte s. *Tab. 1* und *2* sowie Lit. (13).

Ferner wird empfohlen, den allgemein üblichen Berechnungsregen r_{15} nur für flache Einzugsgebiete mit einem geringen Anteil an befestigter Fläche zu wählen, für Gebiete mit Rückstaugefahr dagegen die Regenspende einer kürzeren Regendauer anzusetzen; *Tab. 2*.

Richtlinien über die Regenhäufigkeit n für die Bemessung von Regen- und Mischwasserkanälen:

Allgemeine Bebauungsgebiete	n = 1,0–0,5
Stadtzentren, wichtige Gewerbe- und Industriegebiete	n = 1,0–0,20
Straßen außerhalb bebauter Gebiete	n = 1,0
Straßen-, Autobahnunterführungen, U-Bahnanlagen u. a. einschließlich Vorflut	n = 0,2–0,05.

Angaben über die Zuflüsse zu Regenrückhaltebecken sowie zur Bemessung von Becken, Gerinnen, Mulden, Rohrleitungen/-durchlässen und Straßenabläufen s. RAS-Ew.

5 Rückhaltung und Reinigung von Wasser

(1) Eine Rückhalteanlage wird notwendig, wenn die Spitzenzuflüsse vermindert oder ausgeglichen werden sollen und ein Ausbau des Vorfluters nicht in Frage kommt. Hierzu gehören Regenrückhaltebecken sowie vergrößerte Graben- oder Kanalprofile. Sie erhalten einen gedrosselten Ablauf in das Kanalnetz oder in den Vorfluter durch Speicherung des Wassers, d.h. Verlängerung der Abflusszeit. Entwurf nach ATV-Arbeitsblatt A117 „Richtlinien für die Bemessung, die Gestaltung und den Betrieb von Regenrückhaltebecken"; s. auch Abschnitt 7 ZTV E-StB, Kom. 4 „Bautechnische Maßnahmen in Wasserschutzzonen".

Für die Bemessung von Rückhaltebecken sind Größe und zeitlicher Verlauf von Zu- und Abfluss maßgebend. Eine Hochwasserentlastung ist in der Regel vorzusehen. Angaben über die Bemessung, die konstruktive Gestaltung und den Betrieb von Rückhaltebecken finden sich in den RAS-Ew.

Ausführung als offene Becken oder in geschlossener Bauweise: Offene Rückhaltung als Trocken- oder Nassbecken in Erdbauweise oder als Massivbauwerk mit senkrechten Wänden (Stahlbeton in Fertig- oder Ortbetonbauweise oder Stahlspundbohlen).

Die Becken sollen aus wirtschaftlichen Gründen und zu Gunsten einer umweltfreundlichen Landschaftsgestaltung möglichst nicht als massive Bauwerke, sondern in Erdbauweise erstellt werden. Hierfür eignen sich vor allem

a) Becken mit natürlicher Untergrunddichtung

GW
Sand/Kies
Ton/Schluff

Bild 3: Ausführungsbeispiele für Regenrückhaltebecken

b) Becken mit künstlicher Dichtungsschicht (ggf. auch Deckwerk)

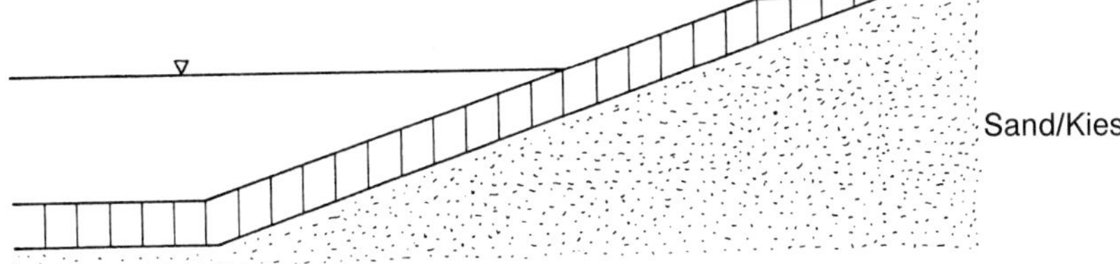

c) Damm aus dichtem Schüttmaterial und Dichtungsschürze

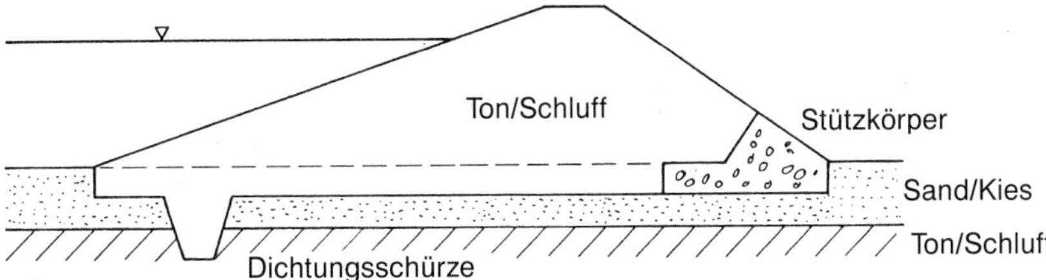

d) Damm aus durchlässigem Schüttmaterial mit Herdmauer und wasserseitigem Dichtungsbelag

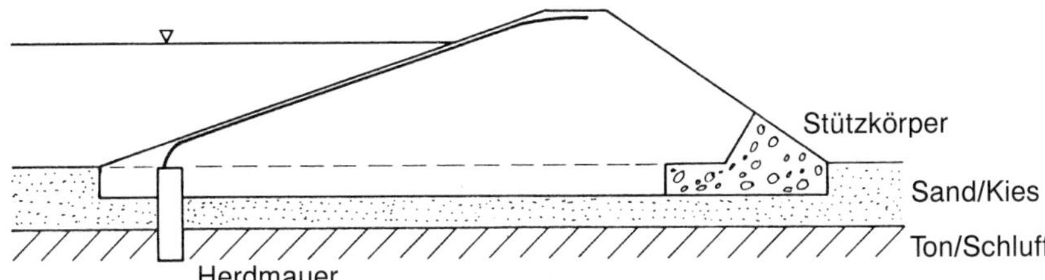

natürliche Geländemulden in ungenutzten Nebenflächen von straßenbaulichen Anlagen.

Die bautechnische Lösung und Gestaltung der Anlagen werden weitgehend von folgenden Faktoren beeinflusst: Geländeverlauf, Grundwasser, im Staubereich anstehende Böden, erforderliche Speicherkapazität und Beckentiefe, wasserwirtschaftliche Auflagen, Vorflut, Unterhaltungsaufwand. Hiervon ausgehend können prinzipiell folgende Lösungen einzeln oder auch kombiniert in Frage kommen; Beispiele *Bild 3*:

- Becken mit abgedichteter Sohle und Böschung
- Becken in Grundwasser mit freiem Ausspiegeln des Grundwassers bzw. freiem Zufluss von Schichtwasser
- Becken im Grundwasser mit auftriebssicherer Abdichtung und Befestigung
- Aufstau des Rückhaltewassers durch einen Erddamm.

Für die Abdichtungen sollen möglichst örtlich verfügbare Erdstoffe verwendet werden; Dichtungsschichten aus Erdstoffen s. Abschnitt 7

ZTV E-StB mit Kom. 5.2, Durchlässigkeit von Böden s. Anhang A4. Stehen im Staubereich wenig durchlässige Böden an, sind in der Regel keine zusätzlichen Dichtungsschichten erforderlich. Abdichtungen, die unter Auftrieb stehen, müssen entweder durch eine als Auflast wirkende Befestigung gesichert oder durch Dränage, Bohrungen oder Brunnen entlastet werden, um ein Abheben der Dichtungsschicht oder einen Sohlaufbruch bzw. einen Böschungsbruch zu vermeiden.

Wird das Wasser durch einen Erddamm aufgestaut, muss dieser in den Untergrund und in die Talflanken dicht einbinden, um Unter- bzw. Umläufigkeit zu verhindern. Für das Abdichten kommen je nach Durchlässigkeit des Dammes und Untergrunds auch eine Dichtungsschürze, ein Tonkern oder eine bituminöse Dichtungsschicht auf der wasserseitigen Böschung in Frage.

Die Dammhöhe soll aus wirtschaftlichen und technischen Gründen nicht mehr als 5 bis 7 m über Beckensohle betragen. Aus Sicherheitsgründen müssen bei Dämmen über 7 m Höhe die Bauvorschriften für Talsperren eingehalten werden.

Der Damm soll in der Regel begangen und befahren werden können, wofür eine Kronenbreite von mindestens 3 m zweckmäßig ist. Es empfiehlt sich, die wasserseitige Böschung je nach Bodenart etwa 1 : 3 bis 1 : 5 und die luftseitige Böschung nicht steiler als 1 : 1,5 auszuführen. Aus Gründen des Landschaftsschutzes wird die luftseitige Böschung oft so flach ausgezogen, dass der Damm optisch nicht auffällt.

(2) Bedarf das von Verkehrsflächen abfließende Wasser der Reinigung, werden Absetzanlagen und Abscheider für Leichtflüssigkeiten (Benzin, Heizöl) erforderlich. Die Absetzanlagen werden als Schächte oder Becken vor Versickerungsanlagen als Regenwasserklärbecken ausgeführt.

Statt eines einfachen Absetzbeckens kann eine Kombination mit einem Retentionsfilter in Betracht kommen. Die Reinigungsleistung solcher Filter wird nach bisheriger Erfahrung wirksamer als die von Absetzanlagen beurteilt. Ausführungsbeispiele für Absetz- und Abscheideanlagen s. Abschnitt 7 ZTV E-StB, Kom. 4 „Bautechnische Maßnahmen in Wasserschutzzonen".

4.7 Bankett

4.7.1 Baustoffe

Für die Herstellung standfester Bankette sind aus Gründen des Schadstoffrückhaltes schwach durchlässige Böden und Baustoffe bzw. Baustoffgemische der Bodengruppen GU und GT mit einem Größtkorn von 32 mm geeignet. Der Feinkornanteil muss im eingebauten Zustand 8 M.-% bis 12 M.-% betragen.

4.7.2 Einbau und Verdichten

Die Böden und Baustoffe sind gleichmäßig in Lagen von höchstens 30 cm Dicke einzubauen und zu verdichten.

Für Bankette gilt die Anforderung an das 10 %-Mindestquantil des Verdichtungsgrades von D_{Pr} = 100 %. Auf der Oberfläche des Banketts ist ein 10 %-Mindestquantil des Verformungsmoduls von E_{v2} = 80 MPa bzw. E_{vd} = 40 MPa erforderlich.

Der Verformungsmodul E_{v2} wird mit dem statischen Plattendruckversuch nach DIN 18134 und der Verformungsmodul E_{vd} mit dem dynamischen Plattendruckversuch nach TP BF-StB, Teil B 8.3 nachgewiesen.

Für Bankettbereiche, in denen ein häufigeres Befahren zu erwarten ist, sind in der Leistungsbeschreibung höhere Anforderungen an den Verformungsmodul festzulegen oder entsprechende Maßnahmen anzugeben.

Die Oberfläche des Banketts muss die planmäßige Querneigung und ein geschlossenes Gefüge aufweisen.

Inhalt Kommentar

1 Witterungseinfluss in den Bankettzonen

Die Bankette bilden die in Bild 1 ZTV E-StB dargestellten, in der Regel unbefestigten Seitenstreifen, die direkt an die Fahrbahnbefestigung oder an die befestigten Standstreifen anschließen. Sie unterliegen über das ganze Jahr sehr starken Witterungseinflüssen mit Wechsel von Regen- und Trockenzeiten sowie Frost und Überschwemmungen.

Diese Einflüsse richten erhebliche Schäden an. Das am Fahrbahnrand in das Erdplanum und die Böschungsschulter bis unter die Fahrbahn eindringende Wasser vermindert den Bestand und die Lebensdauer der Befestigung. Die periodisch wechselnde Feuchtesättigung und Austrocknung der Böschungsschultern verursachen Ablöserisse am Fahrbahnrand und Böschungserosionen.

Aufgrund lang bekannter Erfahrungen hat man früher eine leichte, abdichtend wirkende Befestigung bzw. einen einfachen Oberflächenschutz auf der Bankettoberfläche bis zum Böschungsrand als Schutz ausgeführt. Eine solche Vorsichtsmaßnahme sollte man, zumindest in kritischen Abschnitten, nicht vernachlässigen.

2 Herstellen der Bankette

(1) Ziel muss sein, alle Bankette standfest herzustellen, um dem Witterungseinfluss schützend entgegenzuwirken.

(2) Aus wirtschaftlichen Gründen sollten Bankette weitgehend mit den vor Ort verfügbaren Böden bzw. Baustoffen gebaut werden, um eine gesonderte Zulieferung von Fremdmaterial der angegebenen Boden- und Körnungsgruppen zu vermeiden. Aus technischen Gründen sind die Bankette in jedem Fall standfest ein- bzw. anzubauen. Voraussetzung ist vorrangig ein optimaler Einbauwassergehalt oder eine entsprechende Vorbehandlung mit Bindemittel (Abschnitt 12 ZTV E-StB) oder eine mechanische Verbesserung des Bankettmaterials (Abschnitt 13.2 ZTV E-StB).

Der standfeste Einbau muss in möglichst dünnen Lagen mit leichtem Verdichtungsgerät ausgeführt werden. Das angesetzte Höchstmaß von 30 cm für die Dicke der Lagen kann in Anbetracht des begrenzten bzw. engen Bankettraumes und des zu überbauenden Oberbodens zumeist nicht realisiert werden.

Die Überbauung der geforderten Oberbodenschicht von nur 5 cm Dicke lässt sich nicht nur schwierig ausführen, sondern wird nicht erosionsstabil und standsicher auf der plangemäß stark geneigten Bankettoberfläche halten. Diese Ausführung ist ohne aufgeraute bzw. stufig ausgebildete Oberfläche oder Einlage einer Krallschicht nicht langlebig; s. auch erforderliche Mindestdicke der Vegetationstragschichten nach DIN 18195 (Abschnitt 5 ZTV E-StB, Kom. 1).

Für den Einbau von Schotterrasen wird nach Abschnitt 4.7 ZTV E-StB ein Verdichtungsgrad D_{Pr} gefordert. Dieser Nachweis ist für Schotter nicht zuverlässig prüfbar, das Prüfverfahren nach DIN 18127 nicht geeignet.

(3) Oft wird aus Kostengründen von der technisch richtigen Ausführung einer wasserableitend durchgehenden Schicht in voller Planumsbreite abgewichen. Die Tragschichten liegen dann in einer Art Wanne, eingebettet zwischen wasserundurchlässigen Bankettstreifen. In diesem Fall müssen zumindest durchlässige Entwässerungsschlitze in angemessenen Abständen (4 bis 6 m) nach außen durchdringen, damit das von der Fahrbahn oder vom Fahrbahnrand eindringende Sickerwasser abgeleitet wird und das Planum bzw. den Untergrund nicht aufweicht.

3 Wiederverwendung des Bankettmaterials

Die regelmäßige Pflege der Bankette und Böschungen sowie das Räumen der Gräben und Vorfluter sind wichtige Vorsichtsmaßnahmen für eine lange Lebensdauer der Verkehrswege. Nach aktueller Praxis wird das Bankettmaterial in der Regel gefräst oder abgeschält und in den Straßenseitenraum verschoben oder verblasen und größtenteils auf Deponien transportiert. Diese Pflegemethode wird kritisch gesehen, wenn die Vorsorgewerte der Bodenschutzverordnung für die mögliche Wiederverwertbarkeit des Materials nicht eingehalten werden.

Das Bankettmaterial enthält einen hohen Anteil mineralischer Böden und untergeordnet Humus und Pflanzenreste. Aus erdbautechnischer Sicht besitzt es Eigenschaften, die den gezielt geordneten Einsatz für Aufschüttungen und Erdbauwerke durchaus zulassen; vgl. auch geotechnische Eignung organischer und organogener Böden in Abschnitt 2.4 ZTV E-StB, Kom. 2.6.5. Voraussetzung hierfür ist, dass die Eigenschaften wie für jeden Baustoff untersucht und die umweltrelevanten Anforderungen eingehalten werden.

Zu untersuchen ist dabei auch, die Eigenschaften durch Mischung bzw. Zusatz von Bindemittel oder anderen Baustoffen zu verbessern.

4.8 Arbeiten bei und nach Frostwetter

Siehe DIN 18300, Abschnitte 3.4.5 und 3.4.6.

4.8.1 Während der Frost- und Tauperioden sind Abtrags- und Schüttarbeiten nur unter Beachtung der gebotenen Vorsichtsmaßnahmen auszuführen.

Durch Frost bedingte Unterbrechungen der Erdarbeiten und deren Wiederaufnahme sind dem Auftraggeber anzuzeigen.

4.8.2 Bis 2,0 m unter Fahrbahnoberfläche darf gefrorener Boden nicht überschüttet werden.

Soll gefrorener Boden unterhalb von 2,0 m unter der Fahrbahnoberfläche überschüttet werden, sind die Bedingungen und Maßnahmen für die Fortsetzung der Erdarbeiten besonders zu untersuchen.

Inhalt Kommentar

1 Vorbedingungen für Winterarbeiten

Die Erdarbeiten sollen möglichst vor Wintereinbruch fertiggestellt sein. Das Überwintern witterungsempfindlicher Planumsschichten erfordert entweder vorbeugende Schutzmaßnahmen oder zusätzliche Erdbaumaßnahmen nach der Winterperiode, um die stark aufgeweichten und durch Frost aufgelockerten Böden intensiv nachzuverdichten bzw. durch Zugabe von Bindemittel tragfähig zu verbessern.

Winterarbeiten im Erdbau können aber aus terminlichen Gründen in Ausnahmefällen erforderlich werden oder in Sonderfällen, z. B. beim Bauen auf weichen Untergrundböden in Moorgebieten, die erst durch das Gefrieren für den Baubetrieb tragfähig werden, auch zweckmäßig sein. Ein über das normale Maß hinausgehender Aufwand für die Voruntersuchung, die Planung und die baubetriebliche Organisation sind notwendig. Mit Eigensetzungen beim Auftauen des gefrorenen Bodens sowie mit örtlichen Böschungsbrüchen infolge Durchnässens muss gerechnet werden.

2 Empfehlungen für die Ausführung

Um Winterschaden und Frosthebungen möglichst gering zu halten, sollen die Erdarbeiten möglichst nur bis etwa 2 m unter Fahrbahnoberfläche in Dammbereichen und bis etwa 0,5 m über Planum in Einschnittsstrecken ausgeführt und dabei folgende Arbeitsempfehlungen beachtet werden:

a) Die einzelnen Arbeitsvorgänge und Maschineneinsätze müssen sachkundig und in engen Zeitabschnitten gelenkt werden.

Der Boden friert nach dem Lösen tiefgründig durch und kann nicht austrocknen. Für hiesige Klimaverhältnisse beträgt die Frosteindringgeschwindigkeit etwa 2 bis 5 cm/Tag. Die Auskühlung ist je nach Wolkenbedeckung bei Windstärken von 3 bis 4 etwa zweimal und bei Windstärken von 6 bis 7 etwa dreimal so groß wie bei Windstille. Der Anteil der gefrierenden Bodenmassen wird umso kleiner, je seltener die Arbeiten unterbrochen werden und je kontinuierlicher der Erdbaubetrieb abläuft; es empfiehlt sich daher, nicht nur während der Tagesperiode, sondern im Schichtbetrieb durchgehend zu arbeiten.

b) Der Bodenabtrag soll nicht flächenmäßig im Flachbaggerbetrieb, sondern abschnittsweise erfolgen.

c) Für den Einbau eignen sich bevorzugt frostsichere Böden mit weitgestuften Körnungen. Bei bindigen Böden müssen begleitende Verbesserungsmaßnahmen vorgesehen werden, z. B.

- Reduzieren des Bodenwassers durch Bindemittel oder Wärmebehandlung,
- Reduzieren der Plastizität des Bodens durch Bindemittel,
- Zugabe von chemischen Mitteln oder Salzen, um den Gefrierpunkt des Bodenwassers zu erniedrigen.

Der Einbau kann meist bis zu Lufttemperaturen um –10 °C fortgesetzt werden, wenn die Ladekübel der Transportfahrzeuge beheizt werden, z. B. durch deren Abgase, und wenn unmittelbar mit dem Schütten verdichtet wird, z. B. durch Aneinanderkoppeln von Schürf- und Verdichtungsgeräten.

Je nach Bodenart sollen möglichst dicke Schichten eingebaut und mit schwerem Gerät intensiv verdichtet werden. Die Schüttlagen dürfen über Nacht nicht locker liegen bleiben, sondern sind stets sofort und jeweils zum Arbeitsende fertig zu verdichten. Vor dem Weiterschütten müssen Schnee und Eis vom Arbeitsplanum abgeschoben und ggf. vorher aufgerissen werden; in extremen Fällen kann es zweckmäßig sein, hierzu Tausalz auszustreuen.

Bei Dauerfrost mit Temperaturen unter –10 °C müssen die Arbeiten unterbrochen werden.

d) Für den Längstransport empfiehlt es sich, Fahrbahnen anzulegen, da der eingebaute Boden trotz seines gefrorenen Zustandes für schweren Dauerverkehr nicht ausreichend tragfähig ist.

e) Der Maschinen- und Gerätepark soll möglichst in temperierten Räumen untergebracht sein.

f) Für Bodenverfestigungen und Bodenverbesserungen mit Bindemittel müssen die in Abschnitt 12 ZTV E-StB, Kom. 1.3 erläuterten Temperatureinflüsse beachtet werden.

3 Technische Regelwerke/Literatur zu Abschnitt 4.1 bis 4.8 ZTV E-StB

(1) DIN 1054: Baugrund – Sicherheitsnachweise im Erd- und Grundbau – Ergänzende Regelungen in DIN EN 1007-1

(2) DIN 1055-1: Einwirkungen auf Tragwerke – Teil 1: Wichten und Flächenlasten von Baustoffen, Bauteilen und Lagerstoffen

(3) DIN 1055-2: Einwirkungen auf Tragwerke – Teil 2: Bodenkenngrößen

(4) DIN 4084: Baugrund – Geländebruchberechnungen.

(5) ZTV Ew-StB: Zusätzliche Technische Vertragsbedingungen und Richtlinien für den Bau von Entwässerungseinrichtungen im Straßenbau (FGSV, 1991/Entwurf 2011)

(6) RAS-Ew: Richtlinien für die Anlage von Straßen, Teil: Entwässerung (FGSV, 2005)

(7) Forschungsberichte zu FA 5.45 des Bundesministeriums für Verkehr: Erfahrungssammlung über die auf Großbaustellen erreichbare Bodenverdichtung, Bundes-

anstalt für Straßenwesen; s. auch Tätigkeitsbericht 1962 und Lit. (18), (22)

(8) Forschungsberichte zu FA 5.45 a des Bundesministeriums für Verkehr: Untersuchung der Zusammenhänge zwischen Lagerungsdichten, Tragwerten und Kornzusammensetzungen bindiger Mischböden, Bundesanstalt für Straßenwesen; s. auch Tätigkeitsberichte 1963 bis 1965 und Lit. (16), (17)

(9) Forschungsberichte zu FA 5.45 b des Bundesministeriums für Verkehr: Zusammenhänge zwischen Tragfähigkeit, Verdichtung und Wassergehalt bei bindigen Böden, Bundesanstalt für Straßenwesen; s. auch Tätigkeitsberichte 1963 bis 1965 und Lit. (23), (29)

(10) Forschungsberichte zu FA 5.32 des Bundesministeriums für Verkehr: Vergleichsuntersuchungen mit dem Plattendruck- und CBR-Versuch auf bindigen Böden, Bundesanstalt für Straßenwesen; s. auch Tätigkeitsberichte 1968/69 und 1970/71 sowie Lit. (18), (19)

(11) Proctor, R. R.: The Design and Construction of rolled Earth Dams, Eng. News-Ree, 111 (9), 245–8; (10) 216-9; (12) 348–51; (13) 372–6 (1933)

(12) Proctor, R. R.: Soil compaction control for rolled dam construction, J. Amer. Wat. Wks. Assoc. 28 Nr. 1, 1936

(13) Reinhold, F.: Regenspenden in Deutschland, Grundwerte für die Entwässerungstechnik, GE 1940, Archiv für Wasserwirtschaft, Berlin 1940

(14) Kühn, G.: Der gleislose Erdbau, Springer Verlag, Berlin/Göttingen/Heidelberg 1956

(15) Leussink, H., Viweswaraiya, T. u. Brendlin, H.: Beitrag zur Kenntnis der bodenphysikalischen Eigenschaften von Mischböden, Veröffentlichungen des Instituts für Bodenmechanik und Grundbau der Technischen Hochschule Karlsruhe, H. 15, 1964

(16) Floss, R., Siedek, P. u. Voß, R.: Verdichtungs- und Verformungseigenschaften grobkörniger, bindiger Mischboden, Bundesanstalt für Straßenwesen, Wissenschaftliche Berichte, H. 6, Verlag W. Ernst & Sohn, Berlin/München/Düsseldorf 1968

(17) Floss, R.: Verdichtungs- und Verformungseigenschaften grobkörniger, bindiger Mischböden, Straße und Autobahn, H. 1, 1968

(18) Floss, R.: Über Zusammenhänge zwischen Tragfähigkeit und Wassergehalten bei feinkörnigen, bindigen Böden, Berichte Donau – Europäische Konferenz über Bodenmechanik und Grundbau, Wien 1968

(19) Floss, R.: Erdbautechnische Voraussetzungen für standardisierte Straßenbefestigungen, Straße und Autobahn, H. 2, 1969

(20) Illustrierte Terminologie für Straßenwalzen und Bodenverdichter, hrsg. v. Europäischen Baumaschinen-Komitee (CECE), 1969

(21) Weichelt, F.: Handbuch der Sprengtechnik, 6. Auflage, VEB Verlag der Grundstoffindustrie, Leipzig 1969

(22) Floss, R.: Vergleich der Verdichtungs- und Verformungseigenschaften unstetiger und stetiger Kiessande hinsichtlich ihrer Eignung als ungebundenes Schüttmaterial im Straßenbau, Bundesanstalt für Straßenwesen, Wissenschaftliche Berichte, H. 9, Verlag W. Ernst & Sohn, Berlin/München/Düsseldorf 1970

(23) Floss, R.: Über den Zusammenhang zwischen Verdichtung und Verformungsmodul von Böden, Straße und Autobahn, H. 10, 1971

(24) Huder, J.: Die Verdichtung von Steinschüttdämmen, Schriftenreihe der Arbeitsgruppe Untergrund/Unterbau, H. 1, FGSV, Köln 1972

(25) Keller, H.: Ein Beitrag zur Vibrationsverdichtung rolliger Böden, Teil 1: Straßen- und Tiefbau 9, 1972, Teil 2: Straßen- und Tiefbau 11, 1972

(26) Floss, R.: Lösen, Einbau und Verdichten von Fels, Baumaschine und Bautechnik 21, 1974

(27) Kühn, G.: Mechanik des Baubetriebes, Teil 1: Transportmechanik, Bauverlag GmbH, Wiesbaden/Berlin 1974

(28) Farrar, D.M. u. Darley, P.: The operation of earthmoving plant on wet fill, TRRL-Laboratory Report 688, Crowthorne 1975

(29) Siedek, P. u. Floss, R.: Boden als Baustoff, Erd- und Felsbau, in: Handbuch des Straßenbaus, Bd. 2, Springer Verlag, Berlin/Heidelberg/New York 1976

(30) Floss, R.: Konstruktives Zusammenwirken des Straßenaufbaus bei Anwendung der RStO 75 und der ZTV E-StB 76, Straße und Autobahn, H. 4, 1977

(31) Wehner, B., Siedek, P. u. Schulze, K.H.: Handbuch des Straßenbaus, Bd. 1: Grundlagen und Entwurf, Bd. 2: Baustoffe – Bauweisen – Baudurchführung, Bd. 3: Bemessungsverfahren und besondere Bauweisen, Springer Verlag, Berlin/Heidelberg/New York 1977/1979

(32) Niedersächsische Landesverwaltung, Abteilung Straßenbau: Ergänzung der ZTV E-StB 76 für das Spülverfahren bei Erdarbeiten im Straßenbau in der Niedersächsischen Straßenverwaltung, ESpE-NS 77

(33) Müller, L.: Der Felsbau, 1. Band: Grundlagen, Ferdinand Enke Verlag, Stuttgart 1978

(34) Graßhoff, H., Siedek, P. u. Floss, R.: Handbuch Erd- und Grundbau, Teil 1: Boden und Fels, Gründungen, Stützbauwerke, Teil 2: Erdbau und Erddruck, Werner Verlag, Düsseldorf 1979/1982

(35) Kühn, G.: Der maschinelle Erdbau, B.G. Teubner Verlag, Stuttgart 1984

(36) Floss, R.: Dynamische Verdichtungsprüfung bei Erdbauten, Straße und Autobahn 36, H. 2, 1985

(37) Floss, R. u. Reuther A.: Vergleichsuntersuchungen über die Wirkung von vibrierend und oszillierend arbeitender Verdichtungswalze, H. 17, 1990, Schriftenreihe des Prüfamtes für Grundbau, Bodenmechanik und Felsmechanik der TU-München

(38) Striegler, W.: Dammbau in Theorie und Praxis, Verlag für Bauwesen, Berlin 1998

(39) Floss, R.: Verdichtungstechnik im Erdbau und Verkehrswegebau, Bd. 1: Grundprinzipien der Vibrationsverdichtung, Verdichtung von Boden und Felsgestein, Verdichtung von Asphaltschichten; Compaction Technology in Earthwork and Highway and Transportation Engineering, Vol. 1: Basic Principles of Vibratory Compaction, Compaction of Soil and Rock, Compaction of Asphalt; BOMAG GmbH & Co. OHG, Boppard 2001

(40) Hirschberger, H.: Böschungsherstellung durch Aufspülen, Grundbau-Taschenbuch, Teil 2, 6. Auflage, Ernst & Sohn 2001

(41) Göbel, C. u. Lieberenz, K.: Handbuch Erdbauwerke der Bahnen, Eurailpress Tetzlaff-Hestra GmbH & Co. KG, Hamburg 2004

(42) Association Technique de la Route – Forschungsgesellschaft für das Straßenwesen – Vereinigung Schweizerischer Straßenfachmänner: Empfehlungen für die Verwendbarkeit von hartem, gebrochenem Fels in Dammschüttungen (Bericht der Kommission I)

Teil 2

5 Oberbodenarbeiten

5 Oberbodenarbeiten

Siehe DIN 18300, Abschnitt 3.5.1.

Siehe DIN 18320, Abschnitte 2.1 und 3.1.

5.1 Oberboden muss von allen Auftragsflächen abgetragen werden. Von Lagerplätzen, Verkehrsflächen und dergleichen ist Oberboden nur in dem in der Leistungsbeschreibung vorgesehenen Umfang abzutragen.

Sofern der Oberboden verbleiben soll, ist dies in der Leistungsbeschreibung anzugeben.

5.2 Über die DIN 18320, Abschnitt 3.1.8, hinaus gehört das Fördern innerhalb der Baustelle zur Leistung.

Abtrag und Auftrag von Oberboden sind gesondert von anderen Bodenbewegungen durchzuführen.

5.3 Für Oberboden, der nicht nach den Grundsätzen des Landschaftsbaus, jedoch wieder als Oberboden verwendet wird, gelten nachstehende Festlegungen:

Oberboden darf nicht durch Beimengungen verschlechtert werden, z. B. durch Baurückstände, Metalle, Glas, Schlacken, Asche, Kunststoffe, Mineralöle, Chemikalien, schwer zersetzbare Pflanzenreste.

Bindige Oberböden dürfen nur bei weicher bis fester Konsistenz aufgetragen werden.

Wird Oberboden nicht sofort weiterverwendet, ist er getrennt von anderen Bodenarten und zusammenhängend in Mieten zu lagern. Dabei darf er nicht durch Befahren oder auf andere Weise verdichtet werden.

5.4 Leicht verrottbare Pflanzendecken, z. B. Grasnarbe, werden wie Oberboden behandelt.

5.5 Oberboden bildet die abdeckende Schicht von Erdbauwerken und ist für vegetationstechnische Zwecke vorzusehen.

5.6 Der Abtrag von Oberboden ist so zu disponieren und auszuführen, wie es die folgenden Erdarbeiten unter Berücksichtigung der Witterungsempfindlichkeit des Bodens und der Witterungsverhältnisse erfordern.

Die Dicke des Abtrages des Oberbodens ist in der Leistungsbeschreibung anzugeben. Als Anhaltswert gilt eine maximale Dicke von 20 cm; siehe auch Abschnitt 3.1.2.

Für Oberbodenarbeiten gelten die DIN 18915 und die ZTV La-StB. Die Oberbodenarbeiten sind zeitnah nach endgültiger Profilierung unter Berücksichtigung der Vegetationszeiträume auszuführen.

5.7 *Die Mengenbilanz des Oberbodens ist gesondert auszuweisen.*

Reicht der anfallende oder sonst zur Verfügung stehende Oberboden nicht aus oder ist er für die vorgesehene Vegetation nicht geeignet, ist zu prüfen, ob andere Böden durch geeignete Maßnahmen nach DIN 18915 hierfür verwendbar gemacht werden können. Diese Maßnahmen sind in der Leistungsbeschreibung anzugeben.

Böden, die durch geeignete Maßnahmen nach DIN 18915 für vegetationstechnische Zwecke verwendbar gemacht werden, sind wie Oberboden zu behandeln.

5.8 *Sollen über Auf- und Abtragsflächen hinaus auf weiteren Flächen Oberbodenarbeiten ausgeführt werden, sind diese nach Größe und Lage in der Leistungsbeschreibung anzugeben.*

Pflanzen und Pflanzenbestände innerhalb der Baustelle, die verpflanzt werden sollen, sind vom Auftraggeber zu bezeichnen.

Verpflanzarbeiten sind nach DIN 18916 auszuführen.

5.9 Erosionsempfindliche Oberbodenflächen sind zu schützen.

Der Auftragnehmer hat Schutzmaßnahmen gegen Niederschlagswasser aus Flächen außerhalb der Baustelle zu ergreifen.

Entsprechende Maßnahmen sind in der Leistungsbeschreibung anzugeben.

5.10 Beim Freimachen der Flächen dürfen pflanzliche Rückstände, z. B. Schnittgut, Schlagabraum, Stubben, nicht verbrannt oder verkippt werden. Sie sind in geeigneter Weise zu verwerten.

Inhalt Kommentar

1 Verwendung und Behandlung von Oberboden

(1) Oberboden ist die oberste Schicht des mineralischen Bodenhorizontes (A-Horizont), angereichert mit abgestorbener organischer Substanz (Humus) und Bodenlebewesen. Als Humus gilt die Gesamtheit aller abgestorbenen organischen Stoffe pflanzlicher und untergeordnet tierischer Herkunft. Der Oberboden erfordert bei Erdarbeiten eine besondere Behandlung. Abtrag und Auftrag von Oberboden sind gesondert und getrennt von anderen Erdbewegungen auszuführen.

Die Verwendung (Abtrag, Auftrag) und Behandlung von Oberboden erfolgt nach den Grundsätzen des Landschaftsbaues; s. Normative Regelwerke (4). Landschaftsbauarbeiten an Verkehrsflächen umfassen bautechnische und landschaftspflegerische Maßnahmen mit Hilfe von Pflanzen oder Pflanzenteilen (Lebendverbau), z. B. Oberbodenarbeiten, Ansaaten, Pflanzungen und Pflegearbeiten an Vegetationsflächen sowie Sicherungsbauweisen zum Schutz des Bodens und Gesteins gegen Erosion und Rutschung; s. Abschnitt 6 ZTV E-StB, Kom. 8.3.

(2) Der Oberboden darf beim Abtrag und bei der weiteren Behandlung nicht verdichtet oder vermischt werden.

Der Oberbodenabtrag soll auf allen Bauflächen und auch auf den Betriebsflächen die Regel bilden. Werden bestimmte Teilflächen ausgenommen, muss sichergestellt sein, dass dieser Oberboden nicht durch Überfahren oder auf andere Weise verdichtet oder durch Beimengungen verschlechtert wird. Dichte Vegetationsdecken sind vor Abtrag des Oberbodens mit der Fräse oder Scheibenegge zu zerkleinern und mit Branntkalk abzustreuen, damit sie besser verrotten können; hochwüchsige Gräser und Kräuter werden zuvor gemäht und abgeräumt. Wird der Oberboden gelagert, muss dies in Mieten oder Depots nach fachkundiger Verfahrensweise erfolgen. Bei mehrmonatiger Lagerung in der Vegetationszeit werden Gräser, Lupine u. a. angesät, um den Oberboden gegen Verschlämmen und Erosion sowie gegen Unkraut zu schützen.

(3) Bei zu geringem Oberbodenvorkommen kann die darunter liegende Bodenschicht (Unterboden) für vegetationstechnische Maßnahmen mitverwendet werden. In einem solchen Fall können Ober- und Unterboden in erforderlichem Maß gemeinsam abgetragen, gelagert und eingebaut werden. Überschüssiger Oberboden sollte für land- und gartenwirtschaftliche Zwecke zur Verfügung gestellt werden.

In Ausnahmefällen lässt sich der Oberboden nicht einwandfrei oder nicht mit wirtschaftlich vertretbarem Aufwand gewinnen, z. B. in Gebieten mit stark welliger Oberfläche und dünner Oberbodenschicht oder auf Felsuntergrund, wo Oberboden nur stellenweise vorkommt.

(4) Oberboden darf im Wurzelbereich von Bäumen nicht verdichtet oder durch Beimengungen verschlechtert werden. Muss Oberboden ausnahmsweise von einer Teilfläche im Wurzelbereich zu erhaltender Bäume abgetragen werden, sollen die Bäume möglichst eine Vegetationsperiode vorher durch einen sog. Wurzelvorhang auf das Vermindern des Wurzelbereiches vorbereitet werden.

Werden Gehölzpflanzungen aus witterungsbedingten oder anderen Gründen nicht nach dem Andecken des Oberbodens ausgeführt, sind die Flächen zu begrünen, um sie zwischenzeitlich zu sichern und gegen Verunkrauten zu schützen.

(5) Vor dem Auftrag von Oberboden auf Böschungen ist die Oberfläche der Unterlagsschicht aufzurauen oder bei steilen Böschungen stufenförmig auszubilden. Diese Maßnahmen verbessern das Anwachsen und die Standfestigkeit. Auf glatter oder zu steiler Unterlage können frische, noch lockere Oberbodenandeckungen leicht abrutschen, insbesondere wenn sie Sickerwasser aus der Böschung oder abfließendes Oberflächenwasser aufnehmen müssen. Die Gefahr wächst mit zunehmender Dicke der Oberbodenschicht sowie an Sammelstellen des Tagwassers.

Die Dicke der Vegetationstragschicht richtet sich nach Art der Vegetation und den örtlichen Bedingungen der Auftragsflächen (Neigung und Lage der Flächen, Beschaffenheit der Unterlage). Als Richtwert gilt für Rasen eine Schichtdicke von 10 bis 20 cm, für Gehölz- und Staudenflächen 20 bis 40 cm (DIN 18195).

Nach RAS-LG 3 lassen sich die Andeckungen durch Einbau von Stangen, Schwarten oder Längsgeflechten sichern. Zur Reduzierung des Wasseranfalls und für die gesammelte Wasserableitung dienen behelfsmäßig angelegte Fanggräben, Rinnen oder Folien und für dauerhafte Wirkungen Steinrigolen, Raubettgerinne und feste Gerinne.

(6) Auf erosionsgefährdeten Flächen soll der Abtrag des Oberbodens in Abschnitten erfolgen, sofern die Folgearbeiten dieses Vorgehen aus bautechnischen und wirtschaftlichen Gründen zulassen.

Bei wenig tragfähigem Untergrund mit einer Oberbodenschicht, die fester und weniger zusammendrückbar ist als die darunter liegende Schicht, kann es für die Standsicherheit einer Aufschüttung, aber auch für das Vorbereiten des Baufeldes zweckmäßig sein, diese mittragende und begrenzt zugfest wirkende Deckschicht zu belassen. Zu beachten ist dabei allerdings, dass die Festigkeit dieser Oberbodenschicht bei nasser Witterung wesentlich geringer sein kann als in Trockenwetterperioden.

Als ingenieurbiologische Maßnahmen kommen neben dem Verlegen von Fertigrasen und Begrünungsmatten Flechtwerk, Buschlagen, Zweiglagen, Faschinen sowie Sicherungen mit begrüntem Hangrost oder begrüntem Drahtgeflecht in Betracht. Kommentare zur ingenieurbiologischen Sicherung von Böschungen s. Abschnitt 6 ZTV E-StB, Kom. 8.3.

(7) Die Oberbodenandeckung ist mindestens bis zur Abnahme der Leistungen sachgemäß

zu pflegen, sofern kein anderer Zeitraum vereinbart wird. Zur Pflege gehören auch die Ansaat der Mieten und Depots bei mehrmonatiger Lagerung in der Vegetationszeit, das Beseitigen von Erosionsrinnen und starker Verunkrautung sowie das Mähen des Rasens in dem in der Leistungsbeschreibung vorgesehenen Umfang.

2 Begrünung ohne Oberbodenandeckung

(1) Für das Begrünen von Flächen ohne Oberbodenandeckung, z. B. auf steilen Böschungen, können spezielle Trocken- oder Nassansaatverfahren angewendet werden (DIN 18915/18917), und zwar in erster Linie Rasen- oder Gehölzansaaten mit Zusatzstoffen, wie z. B. Kleber, Dünger oder andere Bodenverbesserungsstoffe, ggf. in Verbindung mit einer Mulchung der Fläche. Durch Mulchen mit Mähgut, Stroh oder Reisig u. Ä. lässt sich das Wachstum der Ansaat wesentlich verbessern und beschleunigen.

(2) Anstelle der Verfahren nach (1) können Fertigrasen und Begrünungsmatten (Saatmatten) geeignet sein; s. DIN 18917 und 18918.

Die Art des zu wählenden Fertigrasens (Rasensoden, Rasenstücke, Rollrasen) hängt von den Standortverhältnissen und dem zeitlichen Ablauf der Erdarbeiten ab. Rasenstücke werden auf extremen Standorten, z. B. Trockengebieten, gewonnen und auf ähnlichen Standorten wiederverwendet.

Auf dem Baufeld gewonnene Rasensoden müssen kurzfristig wiederverwendet werden, da sie in gestapelter Form nicht erhalten bleiben.

Bevorzugte Anwendungsgebiete für das flächendeckende Verlegen von Fertigrasen und Begrünungsmatten sind Grabenböschungen, Entwässerungsmulden sowie Bankette und Böschungskanten bei starkem Abfluss von Oberflächenwasser.

Zum Schutz von erosionsgefährdeten Böschungen kann Fertigrasen in ein- oder mehrreihigen Bändern gitter- oder schachbrettförmig verlegt werden.

3 Schutz von Aufwuchs

Aufwuchs darf im Baufeld nur mit Zustimmung des Auftraggebers über den vereinbarten Umfang hinaus beseitigt werden. Der im Baufeld verbleibende Bewuchs ist zu schützen. Der Schutz betrifft die Vegetationsflächen, die Bäume und Sträucher gegen mechanische Einwirkung, die Wurzelbereiche bei Überschüttungen und bei Bodenabtrag, kurzfristige Aufgrabungen und Leitungsverlegungen.

4 Normative Regelwerke

(1) DIN 18915: Vegetationstechnik im Landschaftsbau; Bodenarbeiten

(2) DIN 18916: Vegetationstechnik im Landschaftsbau; Pflanzen und Pflanzenarbeiten

(3) DIN 18917: Vegetationstechnik im Landschaftsbau; Rasen und Saatarbeiten

(4) DIN 18918: Vegetationstechnik im Landschaftsbau; Ingenieurbiologische Sicherungsbauweisen, Sicherungen durch Ansaaten, Bepflanzungen, Bauweisen mit lebenden und nichtlebenden Stoffen und Bauteilen, kombinierte Bauweisen

(5) DIN 18919: Vegetationstechnik im Landschaftsbau; Entwicklungs- und Unterhaltungspflege von Grünflächen

Hinweis

Weitere Regelwerke/Literatur siehe Teil 3, Sonderkapitel S1: Naturschutz und Landschaftspflege.

Teil 2

6 Böschungen

6 Böschungen

6.1 Siehe DIN 18300, Abschnitte 3.3 und 3.5.

Die Neigung von Böschungen ist unter Berücksichtigung der Boden-, Fels-, Wasser- und Klimaverhältnisse festzulegen. Die in Böschungsnähe vorkommenden Belastungen und Erschütterungen sind zu berücksichtigen.

Böschungen sind mit der Regelneigung nach RAA bzw. RAL auszuführen, wenn ihre Standsicherheit gewährleistet ist und keine Gefährdung durch Erosion besteht. Felsböschungen können unter diesen Voraussetzungen steiler ausgeführt werden.

Ist keine ausreichende Standsicherheit gegeben, muss untersucht werden, ob sie durch Abflachen der Böschung oder durch andere Sicherungsmaßnahmen dauerhaft zu erreichen ist. Sicherungsmaßnahmen sind in der Leistungsbeschreibung anzugeben.

6.2 Die Arbeitsverfahren und Geräte für den Auf- und Abtrag und das Beräumen der Böschungsoberfläche sind so zu wählen, dass das Bodengefüge bzw. das Trennflächengefüge des Gebirges nicht gelockert wird. Dieser Grundsatz gilt auch für Arbeiten mit Sprenghilfe.

Sofern mit Schichtwasser, Quellen, Felddränagen und dergleichen zu rechnen ist, muss der Abtrag an Einschnittsböschungen so vorgenommen werden, dass Wasseraustrittsstellen erkannt und gezielt Sicherungsmaßnahmen ergriffen werden können.

Die Sicherungsmaßnahmen sind in der Leistungsbeschreibung anzugeben.

Das aus Böschungssickerschichten austretende Wasser ist schadlos weiterzuleiten.

Diesbezügliche Maßnahmen sind in der Leistungsbeschreibung zu erfassen.

6.3 Böschungen sind durch Ausziehen ihrer Übergänge in das Gelände einzupassen. Das Auffüllen dieser Übergänge hat im Rahmen der Erdarbeiten zu erfolgen und darf nicht mit Oberboden vorgenommen werden.

6.4 Felsböschungen sind entsprechend den Eigenschaften des Gesteins und dem Gefüge des Gebirges herzustellen; witterungsbeständige Gesteinsbänke, Vorsprünge und dergleichen sind möglichst zu erhalten.

Die Arbeiten zum Herstellen von Felsböschungen sind gemäß dem „Merkblatt für die gebirgsschonende Ausführung von Spreng- und Abtragsarbeiten an Felsböschungen" vorzusehen und entsprechend in der Leistungsbeschreibung anzugeben.

Felsböschungen sind zu beräumen.

Der Umfang des Beräumens und des Profilierens ist in der Leistungsbeschreibung anzugeben.

6.5 Siehe DIN 18300, Abschnitt 3.5.2.

Die Regelungen gelten nur für die Zeit nach Fertigstellung der Böschung im Sollprofil bis zur Abnahme.

6.6 Böschungen sind für das Aufbringen von Oberboden rau herzustellen.

Ingenieurbiologische Baumaßnahmen gemäß RAS-LG 3 sind in der Leistungsbeschreibung anzugeben.

Besondere Maßnahmen für das Aufbringen von Oberboden auf Böschungen, z. B. das Herstellen von Stufen oder Rillen sowie das Aufrauen vorhandener Böschungen, sind in der Leistungsbeschreibung anzugeben.

Die Arbeiten zur Sicherung von Böschungen durch ingenieurbiologische Baumaßnahmen sind unter Beteiligung von Fachpersonal des Landschaftsbaus auszuführen.

Böschungen können oberflächennah auch durch Erosionsschutz- oder Begrünungsmatten sowie Bauweisen des Lebendverbaus gesichert werden (siehe M Geok E und „Merkblatt für einfache landschaftsgerechte Sicherungsbauweisen").

In Trockenperioden während der Anwuchsphase der Begrünung sind die Flächen zu beregnen.

6.7 *Steile Böschungen können bei Dämmen und Schutzwällen durch Bewehrung des Erdkörpers mit Geokunststoffen oder mit Stahlbändern entsprechend bewehrten Stützkonstruktionen (siehe Abschnitt 10.6) hergestellt werden.*

Die für die Standsicherheit des bewehrten Erdkörpers erforderliche Zugfestigkeit der Bewehrungslagen ist nachzuweisen (siehe EBGEO). Die Geokunststoffe müssen hoch witterungsbeständig sein.

Die Bewehrungsbahnen müssen in Richtung der Zugbeanspruchung verlegt werden. Ein Überlappungsstoß ist in dieser Richtung nicht zugelassen, eine kraftschlüssige Verbindung nur, wenn diese durch Versuch oder rechnerisch nachgewiesen wird. Eine seitliche Überlappung ist dann vorzusehen, wenn die Bewehrungsbahn gleichzeitig eine Trennfunktion hat. Die Überlappung beträgt dann mindestens 50 cm, kann aber verringert werden, wenn die Bahnen mechanisch oder adhäsiv verbunden werden.

In bewehrten Böschungen ist das Auflager für die Bewehrung eben herzustellen und zu verdichten. Das Bewehrungselement muss eben, faltenfrei und gestrafft eingebaut werden. Die Sichtflächen sind kurzfristig nach dem Einbau zu schützen (z. B. Begrünung, Vorsatzelemente).

Bei bewehrten Konstruktionen ist sicherzustellen, dass die Bewehrungslagen nicht ohne besonderen Nachweis durch Einbauten (z. B. Schutzplankenpfosten, Rohrleitungen, Gründungskörper für Lärmschutzwände oder Schilderbrücken) durchstoßen werden.

Die Böschungsfläche muss gegen Ausfließen des Bodens geschützt werden.

6.8 *Die qualifizierte Bodenverbesserung ist geeignet, die Standsicherheit und die Erosionsbeständigkeit von Böschungen zu verbessern.*

Die Anforderungen an das Boden-Bindemittel-Gemisch sind im Rahmen erdstatischer Berechnungen zu ermitteln.

Inhalt Kommentar

1 Ursachen von Bewegungen und Rutschungen

Bodenbewegungen und Rutschungen in Hängen und Böschungen sind boden- bzw. felsmechanisch oder geologisch bedingte Vorgänge, bei denen Erd- oder Felsmassen durch äußere Einwirkungen oder innere Massenkräfte abgleiten oder sich verformen. Begrifflich gilt ein Hang als Erdkörper mit einer natürlich entstandenen, geneigten Oberfläche, eine Böschung als eine durch Ab- oder Auftrag künstlich hergestellte geneigte Oberfläche. Im Unterschied dazu wird als Geländesprung eine natürlich oder künstlich, mit oder ohne Stützbauwerk entstandene Stufe im Gelände verstanden. Die Bewegungsvorgänge sind die Folge von Störungen des Gleichgewichtes von Massen; sie führen zu einer Neuverteilung der Spannungen im Hang bzw. in der Böschung. Die Vorgänge lassen sich nach Art der entstehenden Veränderungen wie folgt einteilen; s. Lit 24 und *Bilder 1* bis *4*.

1 Boden- oder Gesteinsabgang bei unterschnittenem Profil; Bruch ohne Scherverformung

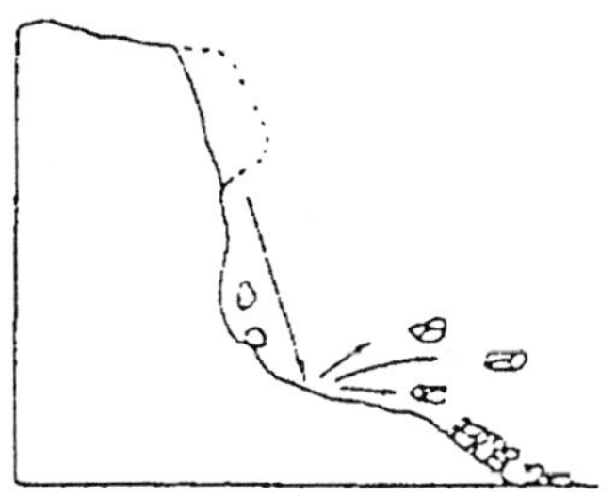

2 Bruchschollen mit rotationsförmiger Kippbewegung

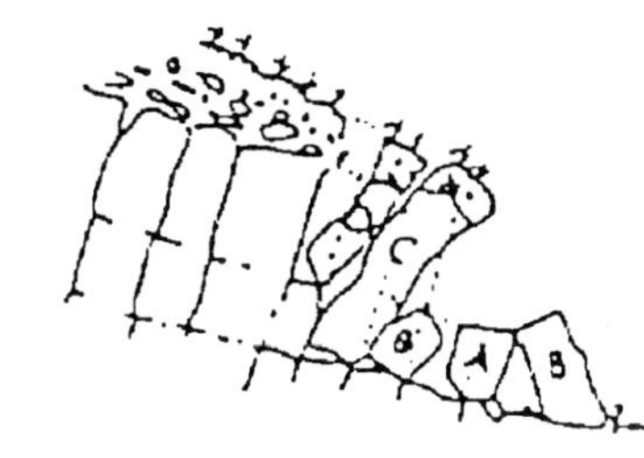

3 Bewegung auf Gleitflächen oder dünnen Gleitzonen längs intensiver Scherbeanspruchung (rechts)

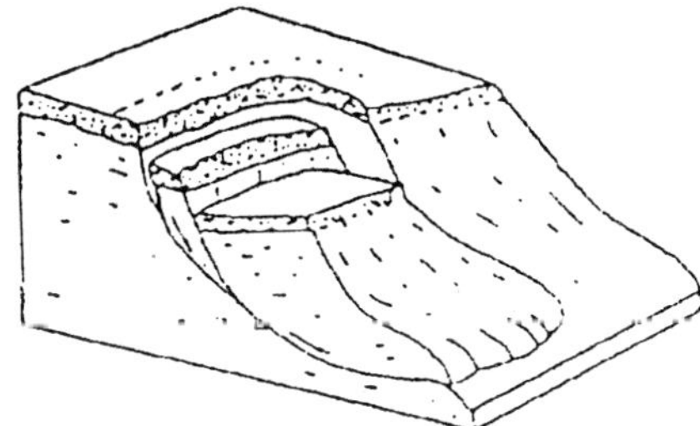

4 Starke Ausbreitung von kohäsiven Bodenmassen oder von Gesteinsmassen in Kombination mit Absinken in weiche Auflageschichten

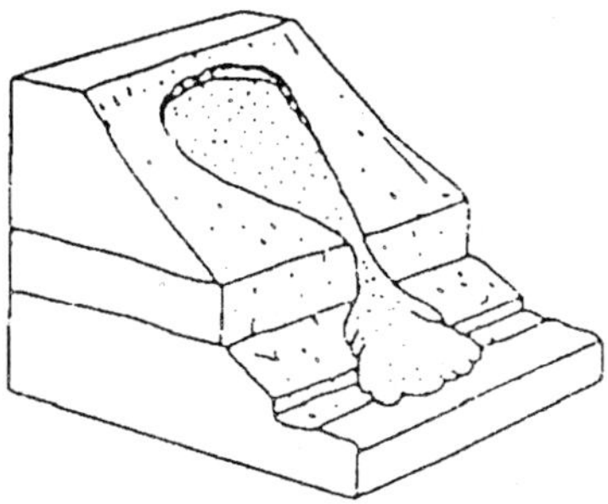

5 Kontinuierliche Fließbewegung einer räumlich begrenzten Bodenmasse mit sehr engständigen Scherflächen (links)

Bild 1: Einteilung von Rutschungstypen nach dem Bewegungsvorgang

a) Änderung der äußeren Form und Abmessungen des Hanges bzw. der Böschung, z. B. durch
   - Unterspülen des Hangfußes durch strömendes Wasser oder durch Wellenschlag,
   - Anschneiden des Hanges beim Bau von Einschnitten, Gräben, Baugruben,
   - Aufschütten von Dämmen,
   - Planierarbeiten auf dem Hang, einschließlich der Arbeiten zum Entfernen von Rutschmassen.

b) Änderung der Eigenschaften und Strukturen der rutschgefährdeten Massen, z. B. durch
   - Verwitterung (Gefrieren und Auftauen, Bildung von Rissen beim Austrocknen, chemisch-mineralogische Prozesse),
   - Wassersättigung durch Grund-, Oberflächen- oder Gebrauchswasser,
   - Erosion, Sedimentation und Transport des Bodens durch die Spülwirkung von Wasserläufen oder von Oberflächenwasser, Versumpfung und Verschlammung,

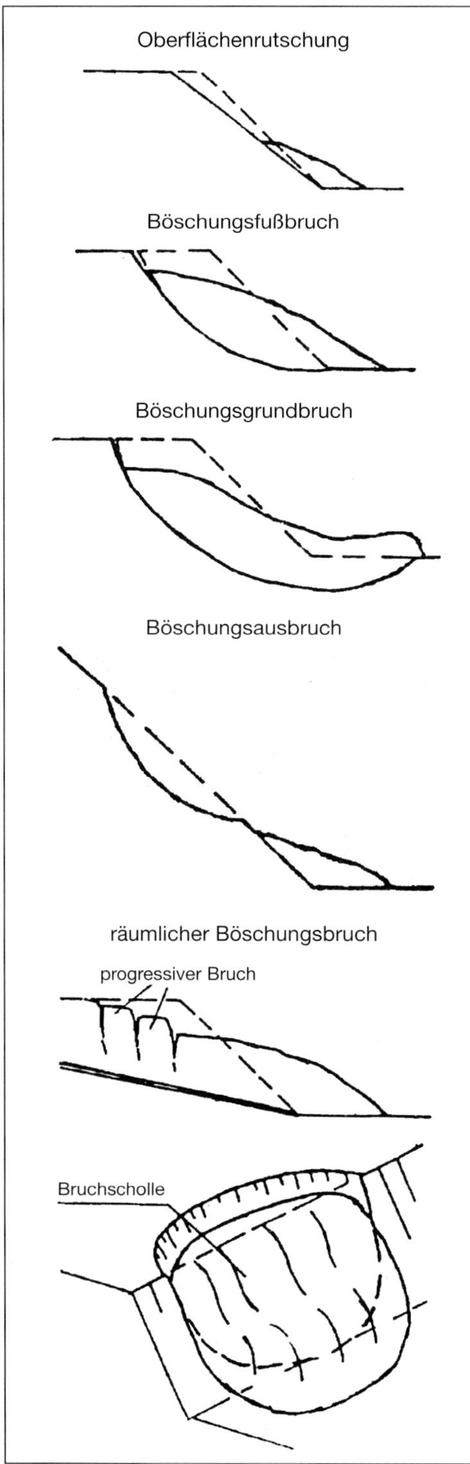

Bild 2: Bodenmechanische Einteilung von Rutschungstypen in Lockergesteinen

- Auswaschen von Bodenfeinteilchen durch die Strömung des Wassers (Suffosion).

c) Änderung der Standsicherheitsbedingungen, z. B.

- statische Auflasten,
- hydrostatischer Wasserdruck in Poren, Rissen oder Hohlräumen,
- hydrodynamischer Strömungsdruck durch Sicker- oder Schichtwasser,
- dynamische Einwirkungen durch Verkehr und Erschütterungen (z. B. Erdbeben, Spreng-, Rammarbeiten, Wellenschlag).

Oft wirken bei den Bewegungs- und Rutschvorgängen mehrere der genannten Einwirkungen zusammen oder beeinflussen sich gegenseitig.

Geologisch bedingte Besonderheiten können von maßgebendem Einfluss sein, z. B.

- Gleithorizonte in Form sehr dünner, wasserführender oder wasserstauender Schichten oder plastisch verformbarer Zonen,
- geologische Störflächen,
- durch geologische Auflasten und Scherkräfte überbeanspruchte hochplastische Tone mit glatten Scherflächen (Harnischflächen, Reibungswinkel 4 bis 10°).

Chemisch-mineralogisch bedingte Einflüsse können ebenfalls Anlass zu Bodenbewegungen sein; sie betreffen z. B.

- kolloidale Tone, die in starkem Maß Wasser aufnehmen und quellen können,
- glaziale thixotrope Sedimente wie Quell- und Quicktone, die eine geringe Festigkeit haben,
- thixotrope Verwitterungstone, bei denen der Verwitterungsprozess die Ionenkonzentration und in Folge die plastischen Eigenschaften ändert,
- schluffig-tonige Verwitterungsprodukte sowie glimmer- und feldspatreiche Schiefergesteine,
- stark kalkhaltige, schluffig-tonige Sedimente mit sehr sensitiver Struktur.

An natürlichen Hängen lassen sich Bewegungsvorgänge in bestimmten Fällen durch langzeitig vorausgehende Kriechverformungen im Oberflächenbereich äußerlich erkennen; Indikatoren sind z. B. die Hangmorphologie, die Hangstellung der Bäume, die Pflanzensoziologie. Die Bewegungsgeschwindigkeiten sind

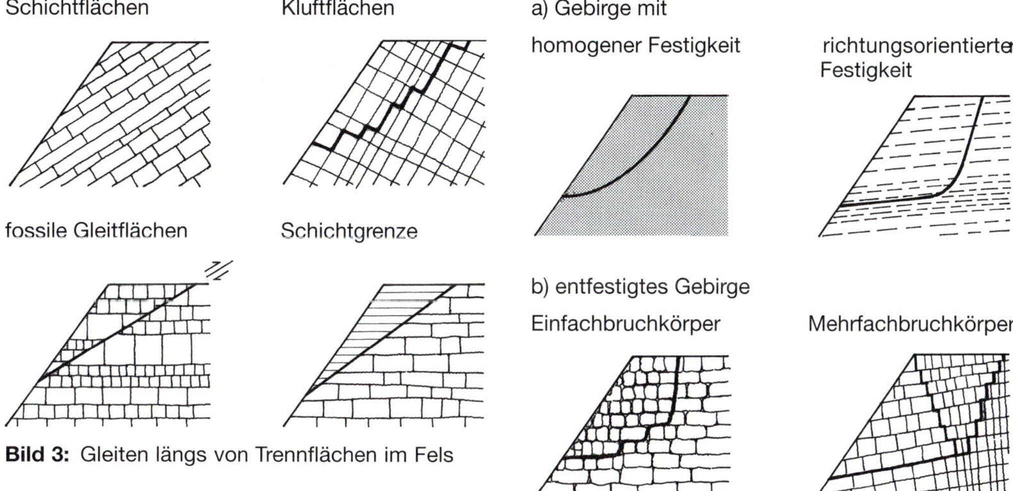

Bild 3: Gleiten längs von Trennflächen im Fels

Bild 4: Gleitflächen in Fels geringer Festigkeit

abhängig von der Hangneigung und vom Verhältnis der Restscherfestigkeit zur max. Scherfestigkeit des Bodens. Verschiebungen > 2 cm/Jahr erfordern regelmäßige Messungen der Hangbewegung, Werte von > 2 cm/Woche sofortige Sicherungsmaßnahmen.

Die kritischen Hangneigungen mit Risiko zu Rutschungen betragen näherungsweise 35 bis 45°, können allerdings bei Hangschutt, Tonen, Sand- und Lehmböden durch örtlich bedingte Einflüsse oder vorgeschichtlich bedingte Beanspruchungen weit geringer sein, z. B. bei Tonböden 12 bis 15°, bei Lehmböden 25 bis 35°.

2 Feldaufnahme von Rutschungen

Sorgfältige geologische, chemisch-mineralogische, hydrologische und boden- bzw. felsmechanische Untersuchungen sind je nach Einzelfall erforderlich, um die Ursachen einer Rutschung zu erkunden und daraus die richtigen Sicherungsmaßnahmen abzuleiten; Messung von Bewegungen s. Geotechnische Messtechnik Teil 3, Sonderkapitel S8. Um Rutschungen morphologisch zu beschreiben, empfiehlt es sich, eine weitgehend einheitliche Terminologie gemäß *Bild 5* zu verwenden. Die Untersuchungen müssen je nach Größe und Schwierigkeit des Einzelfalls auf folgende Punkte ausgerichtet sein:

1. Allgemeine Angaben

- Ort und Lage der Rutschung (Kartenskizze, Fotoaufnahmen)
- Zeit der Rutschung, Angaben zur Baugeschichte
- Damm- oder Einschnittsböschung oder natürlicher Hang, Höhen bzw. Tiefen
- Art der Rutschung (z. B. geologisch vorgebildete oder neue Gleitflächen, abrutschende Vegetationsdecke)
- Geländeform und Oberflächen im Umkreis der Rutschung (z. B. altes Rutschgelände, Einzugsgebiet, Menge, Herkunft und Abfluss des Oberflächenwassers)
- Geologischer Schichtenaufbau (Formation, Fallen und Streichen der Schichten, wasserstauende Schichten, Klüftigkeit, Verwerfungen, Verwitterungsschichten, Hangschuttmächtigkeit)
- Art und Eigenschaften der Boden- und Felsarten.

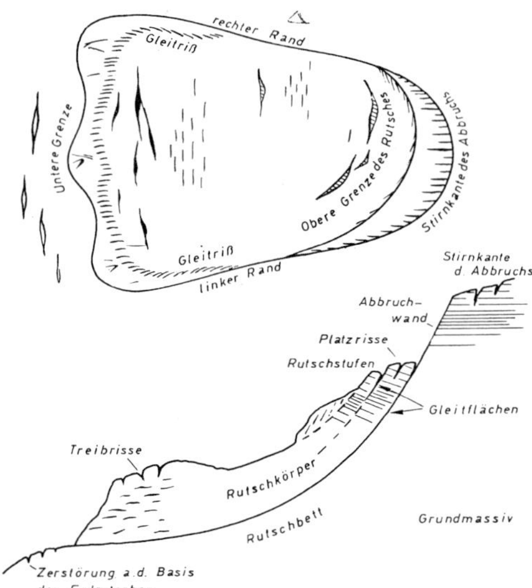

Bild 5: Schematischer Grundriss und Schnitt eines Rutschhanges sowie Bezeichnungen nach Lit. (24)

2. Zustand der Böschung oder des Hanges und Beobachtungen vor der Rutschung

- Beschaffenheit der Böschung vor der Rutschung, vorhandene bauliche Sicherheitsvorkehrungen (Lageplan und Querprofile des ursprünglichen Zustands)
- Bewuchs auf der Böschung
- Schrumpf-, Setz- oder andere Risse vor der Rutschung
- vor der Rutschung beobachtete Erscheinungen (z. B. Aufwölben von Bodenwellen, Krummwuchs von Bäumen, Schiefstellen von Mauern und Gebäuden, Risse in Mauern, Gebäuden oder Straßen, Wasseraustritte oder Versickerungen und Bildung von Nassstellen)
- Witterungsverhältnisse vor der Rutschung (Unterschiede im Vergleich zu den vergangenen Jahren, mögliche Frosteinwirkungen)
- Höhenlage des Grundwasser- und ggf. des Außenwasserspiegels vor und nach der Rutschung
- Lage und Bedeutung von Quellen (Wasseraustritte, gefasste Quellen, Wasserleitungen, Kanäle, Dränagen, wasserführende Gräben, Brunnen und Versickerungsstellen im unmittelbaren Bereich und im Einzugsgebiet der Rutschung; Angaben über Ergiebigkeit, Wasserstand, Wassermengen vor und nach der Rutschung)
- Beobachtungen über Eingriffe oder Veränderungen im Gelände in der Nähe der Rutschstelle (Angaben über Be- und Entlastung des Geländes wie Abtrag, Abgrabungen, Anschüttungen, Kunstbauten, sonstige Lasten)
- Einflüsse von Erschütterungen (z. B. Verkehr, Maschinen, Rammarbeiten, Sprengungen)
- Änderungen in der Nutzung des Geländes oder Eingriffe in Pflanzenbestände (z. B. Fruchtfolgenwechsel, Kahlschläge, Rodungen, Mutterbodenabtrag)
- Zustand der Entwässerungsanlagen (Gräben, Entwässerungsleitungen, Schächte, Vorfluter usw.)
- bodenkulturelle Maßnahmen vor der Rutschung im angrenzenden Gelände bzw. im Einzugsgebiet (Be- und Entwässerung, Lage und Tiefe der Saug- und Sammelleitungen)
- unterirdische Anlagen im Rutschungsgebiet oder in dessen unmittelbarem Bereich (Stollen, Schächte, Tiefbaustrecken; beobachtete Schäden und Angaben über Bergsenkungen).

3. Frühere Rutschungen

- Beobachtungen über Rutschungen, die an gleicher oder benachbarter Stelle bereits in früheren Zeiten eingetreten sind
- Art und Umfang der früher ausgeführten Untersuchungen
- früher durchgeführte Sicherungsmaßnahmen.

4. Beobachtungen während der Rutschung

- zeitlicher Ablauf der Rutschung (Beginn, Ende, Geschwindigkeit, Unterbrechungen, Richtungen)
- Anzahl und zeitliche Reihenfolge hintereinander eingetretener Rutschungen
- Angaben über den Stand der Rutschung (Ruhezustand oder noch in Bewegung, Gefahr der Ausdehnung, Messung der Bewegungen).

5. Feststellungen nach der Rutschung

- Längs- und Seitenausdehnung der Rutschung, Längs- und Querprofile
- durch die Rutschung zerstörte oder gefährdete Verkehrswege, Gebäude oder andere Anlagen, Art der Schäden, Maßnahmen zur Sicherung gefährdeter baulicher Anlagen.

6. Ergebnis der Untersuchung

- Ursachen der Rutschung
- Gegenmaßnahmen.

3 Bodenerosion und Erosionsschutz

Hänge, Böschungen und freiliegende Geländeflächen sind durch Bodenerosion stabilitätsgefährdet. Der Boden wird dabei rinnenartig oder flächenhaft durch Denudation abgetragen. Die Deposition bzw. Sedimentation des abgetragenen, transportierten und andernorts abgelagerten Bodens können die Funktion von Entwässerungseinrichtungen und Rückhaltesystemen beeinträchtigen.

Die Vorgänge sind nach den auslösenden Kräften zu unterscheiden; Lit. (29). Die Zusammenhänge zwischen Erosion, Transport und Sedimentation von Teilchen bzw. Korngrößen, die von der Fließgeschwindigkeit des Wassers abhängen, gehen aus dem empirischen Diagramm von Hjulström – *Bild 6* – hervor.

a) Wassererosion

Das Abspülen des Bodens erfolgt durch den Aufprall der Regentropfen und die Schleppkraft des abfließenden Wassers. Die Bodenteilchen werden zerschlagen, zerschlämmt und transportiert.

Die Resistenz der Böden gegen diesen Vorgang steigt mit ihrer Strukturstabilität, d. h. mit der Eigenschaft, durch Koagulation der Ton- und Humuskolloide widerstandsfähige Krümel zu bilden. Am stärksten gefährdet sind Böden mit hohem Schluffanteil (wie z. B. Löss und schluffige Sande) sowie Feinsandböden; resistenter sind grobsandige und tonige sowie skelettartig aufgebaute Böden.

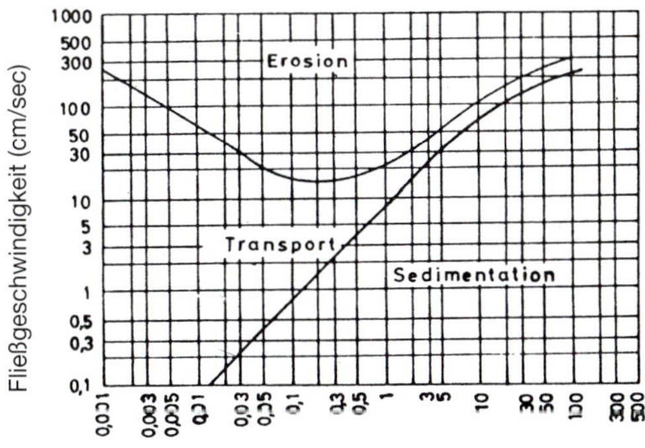

Bild 6: Kritische Schleppkurven für das Abspülen unterschiedlicher Korngrößen nach Hjulström; Lit. (29)

b) Winderosion

Sie wird verursacht durch Anheben und Fortbewegen der Bodenteilchen infolge turbulenter Luftbewegung über dem Boden. Anfällig sind vor allem Böden mit hohem Feinsandanteil.

c) Schwerkraftbedingte Bodenerosion

Diese Form der Erosion entsteht dann, wenn der Reibungswiderstand des Bodens und die Reibung in der Bodenauflage reduziert werden, z. B. Labilisierung der Deckschicht durch Verwitterung, starke Vernässung, Auftauen über gefrorener Unterlage, Verdichten oder Bodenauflage; *Bild 7*.

Diese Formen der Labilisierung von Deckschichten können in Hangabbrüche oder Rutschungen übergehen. Die schwerkraftbedingte Erosion ist vor allem von der Hangneigung abhängig.

Der Abfluss des Oberflächenwassers muss bei allen baulichen Maßnahmen unter Kontrolle gehalten werden, um die Erosion von Böden weitgehend zu reduzieren. Zwei Prinzipien sind dabei zu verfolgen:

- Die kleinstmögliche Fläche des Bodens soll jeweils für die kürzestmögliche Zeit freigelegt werden.
- Die Geschwindigkeit des frei abfließenden Oberflächenwassers muss so weit verringert werden, wie es die entwässerungs- und bautechnischen Belange gerade noch zulassen.

Die potenzielle Erosion steigt mit der Menge und Geschwindigkeit des abfließenden Oberflächenwassers an und ist dementsprechend umso größer, je steiler und länger die abflusswirksamen Flächen sind. Extreme Erosionsgefahr besteht bei Starkregen und rascher Schmelze großer Schneemassen.

Rasen und Gehölzpflanzungen bilden einen natürlich wirksamen Erosionsschutz. Beim Entfernen der Vegetation wird dieser Schutz aufgehoben und dadurch der Abfluss und die Erosion weiter gesteigert.

Neben dem Erosionsschutz durch Vegetation kommen verschiedene bautechnische Sicherungsmaßnahmen in Frage, die nach techni-

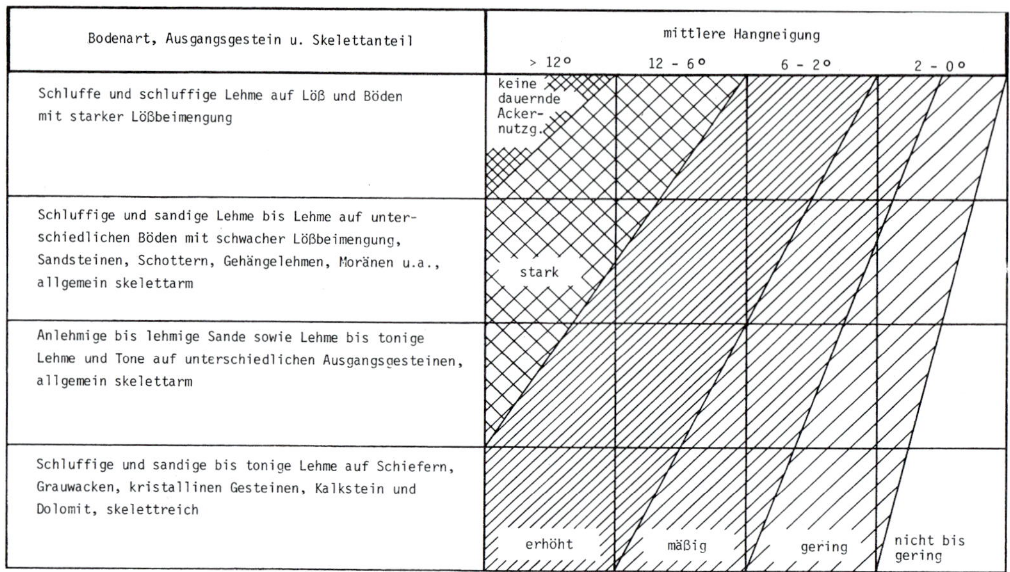

Bild 7: Schema für die Gefährdung verschiedener Böden durch Wassererosion in Abhängigkeit von der mittleren Hangneigung; Lit. (28)

schen, umweltfreundlichen und wirtschaftlichen Gesichtspunkten auszuwählen sind, und zwar hauptsächlich

- Bodenabdeckungen: z. B. Folien aus Polyäthylen (0,15 mm dick), Kunststoffvliese, Versiegelung mit Teer- oder Bitumenemulsion, Strohmulch, schnellkeimende Gräser und Kräuter,
- Bodenstabilisierungen mit hydraulischen oder bituminösen Bindemitteln,
- Verkitten der Poren mit chemischen Lösungen,
- Abdichtende Schutzschichten aus wenig wasserdurchlässigen Böden,
- Abfangen des abfließenden Oberflächenwassers oberhalb der Böschung oder am Rand des Planums, z. B. durch Gerinne oder Gräben, und gesammeltes Ableiten durch Rohre oder Rinnen,
- Aufteilen des abfließenden Oberflächenwassers durch kleine wasserableitende Gräben, Wälle oder Flechtwerke u. Ä., die schräg zur Abflussfläche angeordnet werden,
- Unterbrechen bzw. Verzögern des Wasserabflusses durch Bermen,
- Absetzbecken in zu steilem Gelände, um die Abflussgeschwindigkeit zu reduzieren und die Verschmutzungsfracht des abfließenden Wassers zu sedimentieren; schmale Erddämme eignen sich hierfür als meist zeitweilige Lösung.

4 Instabilität durchströmter Schichten

Horizontales oder vertikales Durchströmen von aneinandergrenzenden Bodenschichten kann an den Grenzflächen und innerhalb der Schichtstrukturen Feinkornmobilitäten und Bodendeformationen auslösen, wenn sich ein kritischer Strömungsgradient einstellt und die Geometrie und Verteilung der Porengrößen diese Mobilität zulassen. Zu diesen hydrodynamischen Phänomenen gehören Filtereffekte, verschiedenartige Erosions- und Suffusionsformen sowie Setzungsfließvorgänge.

Kommentierung hydrodynamischer Vorgänge s. Abschnitt 8 ZTV E-StB, Kom. 1.

5 Entwurfsgrundsätze beim Böschungsbau

5.1 Einschnittsböschungen

(1) Beim Entwurf von Böschungen müssen im Wesentlichen folgende Einflussfaktoren beachtet werden:

- Geländeform, Aufbau und Einfallen der Schichten (*Bild 8*), Beschaffenheit und Eigenschaften der Boden- und Felsarten, geologische Inhomogenitäten, Wasserverhältnisse
- Grundinanspruchnahme und Ermittlung der Abtragsmassen
- Technische und wirtschaftliche Möglichkeiten des Abtrags, Eignung der Abtragsmassen
- Zeitpunkt und Zeitdauer des Böschungsabtrags
- Sicherheit des Verkehrs
- Vorbeugende Sicherungsmaßnahmen gegen Rutschungen und Erosionen.

(2) Die Böschungen werden auf der Grundlage von Erfahrungen, Beobachtungen und Standsicherheitsberechnungen entworfen und gestaltet.

Erkundungsarbeiten sowie Untersuchungen zur Ermittlung der Verformungen und der Standsicherheit von Böschungen sind besonders bei uneinheitlichem Untergrund geboten; schwierig sind z. B. folgende Fälle:

a) Erdböschungen mit Höhen über 30 m, in locker gelagerten Sanden, tonigen Schluffen und jungen Lehmböden bereits über 15 m Höhe
b) Böschungen in organischen Böden, Torfen, wassergesättigten Schluffsanden und rutschgefährdeten Tonen, besonders bei Höhen über 5 m
c) Böschungen mit mehr als 20 m Höhe in Tonschiefer, weichem Mergelton, mürbem Phyllit- oder Flyschgestein
d) Böschungen in entfestigtem oder stark verwittertem Tonschiefer.

(3) Die Böschungen werden unter Berücksichtigung der Einflussfaktoren auf der Grundlage von Erfahrungen, messtechnischen Beobachtungen und Standsicherheitsberechnungen entworfen und gestaltet. Ist die Standsicherheit nicht zuverlässig nachweisbar, müssen konstruktive Sicherungen oder Umgestaltungen der Böschung entschieden und in der Leistungsbeschreibung vorgegeben werden.

Zeitliche Einflüsse auf die Standfestigkeit können für die Projektierung entscheidend sein, z. B.

- Einflüsse aus Verwitterung und Wassereinwirkung, die die Standzeit von Böschungen verkürzen,
- Spannungsumlagerungen und Gefügeveränderungen durch Eingriffe in die Böschung,
- Zeitdauer des Abtrags, z. B. bei Wasserspiegelwechsel,
- latente Rutschungs- und Erosionsprozesse.

Besonders gefährdet sind Böschungen in witterungs- bzw. erosionsempfindlichen Böden oder in Einschnitten, bei denen durchlässige Schichten auf lehmigem oder tonigem Untergrund liegen. In niederschlagsreichen Perioden oder nach Wegfall stark wasserverbrauchender Vegetationsdecken (Kahlschlag oder Rodung von Wald) können durch frei ausfließendes oder drückendes Schichtwasser Mas-

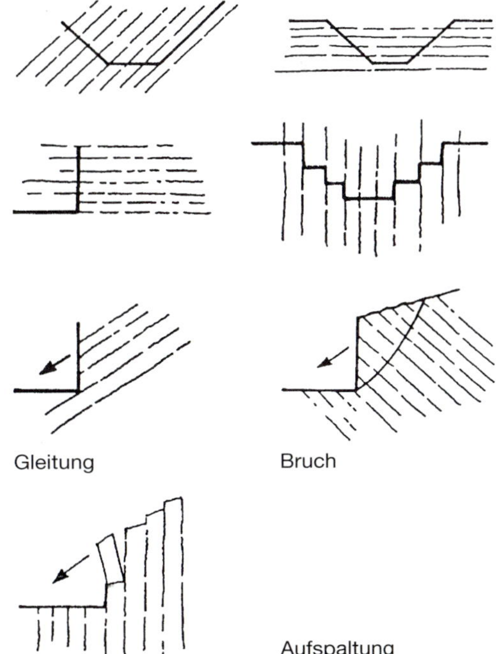

Bild 8: Einfluss der Schichtung auf die Standsicherheit von Böschungen

senbewegungen entstehen. Vorsicht ist auch mit zunehmender Böschungshöhe, bei Einschnitten in locker gelagerten Sand- und Schluffböden, in organischen oder wassergesättigten Schluffsanden, in rutschgefährdeten Tonböden, in entfestigten oder stark verwitterten Tonschiefern oder in weichem Mergelton geboten. Die Anlage von tiefen Einschnitten in wasserführenden Bodenschichten oder in fließempfindlichen, wassergesättigten Böden erfordert einen staffelweisen Abtrag mit jeweiliger Vorentwässerung.

(4) Die häufigsten Schadensursachen, denen vorgebeugt werden muss, sind zu steile Neigungen der Böschungen und Hänge, Erosionen und Rutschungen durch Strömungsdruck bzw. Wasseraustritt, in Risse eindringendes Wasser in bindigen Böden, Erosionen und Abwehungen durch Wind in feinsandig-schluffigen Böden. Besondere Sicherungsmaßnahmen für die Böschungen sind bereits bei der Planung und Ausschreibung vorzusehen, wenn mit Schäden zu rechnen ist.

Folgende konventionelle Maßnahmen können je nach örtlich vorgegebenen Bedingungen geeignet sein, die Standsicherheit der Böschung zu erhöhen:

- Böschungsabflachung
- Vorschüttung
- Pflasterung
- Stützfuß aus steinigem, durchlässigem Material
- Stützmauern, auch kombiniert mit flacher Böschung
- Sickerstützscheiben aus Einkornbeton
- Auflastsickerschicht
- Tiefensicker oder Sandpfähle
- Grundwasserabsenkung oder Wasserhaltung durch Vakuumbrunnen während des Aushubes für den Einbau eines Stützkörpers
- Sicherung durch Bepflanzung.

Neben den vorbenannten konventionellen Sicherungen sind in Kom. 8 weitere Möglichkeiten beschrieben. Im Wesentlichen können Einschnitts- und Dammböschungen nach prinzipiell gleichen Maßnahmen gesichert werden. Die Wirkung solcher Maßnahmen lässt sich durch erdstatische Berechnungen nachweisen bzw. abschätzen.

(5) Die Anlage von Felsböschungen erfordert spezielle geologische, hydrologische und felsmechanische Untersuchungen über die Lagerungsverhältnisse und den Wasserhaushalt des Gebirges sowie über die Verwitterungsfestigkeit des Gesteins.

In der Regel können keine einheitlichen Böschungen ausgeführt werden. Die Gestalt dieser Böschungen ist dem Felsgefüge und den mechanischen Eigenschaften der Gesteine anzupassen. Übersteile oder unterschnittene Bereiche sind zu vermeiden. Der Abtrag durch Reißen oder Sprengen sowie das Profilieren müssen vorsichtig, schonend und ohne tiefgreifende Gefügestörungen und Spannungsumlagerungen des Gebirges ausgeführt werden. Stark verwitterte, entfestigte oder mechanisch gestörte Gesteine erfordern in der Regel Sicherungsmaßnahmen und gesonderte Felduntersuchungen über Böschungsneigungen und Böschungsformen.

(6) Bei An- und Einschnitten lassen sich die Böschungsneigungen und die Böschungsformen nicht immer im Voraus für alle Bereiche festlegen; während der Bauausführung muss mit Änderungen aufgrund örtlich abweichender Gegebenheiten gerechnet werden.

(7) Der Lebendverbau von Böschungen ist rasch nach dem Abtrag auszuführen, sodass er noch vor Wintereinbruch gut verwurzeln kann. Er mindert die Versickerung und erhöht die Verdunstung bzw. den Wasserentzug der oberflächennahen Schicht. Er verfestigt die oberste Bodenkruste, wodurch Erosion und Rissbildung eingeschränkt werden; s. Kom. 8.3.

(8) Oberflächenwasser aus dem Gelände, das einem Einschnitt zufließt, ist außerhalb abzufangen und abzuleiten. Hierzu kann ein flacher Graben mit dichter Sohle parallel zum Böschungsrand in angemessenem Abstand und mit Gefälle zum Vorfluter ausreichen. Besonders bei sandigen und schluffigen Böden müssen die Böschungsränder und Gräben gegen Erosion, Ausfließen und Abrutschen gesichert sein.

(9) Das natürliche Gefüge des Bodens soll beim Anlegen der Böschung nicht aufgelockert werden. Übersteile Böschungen und Unterschneidungen des plangerechten Profils sind zu vermeiden.

Bei Schichtwasser, Quellen und Felddränagen muss der Abtrag so sorgfältig vorgenommen werden, dass die Wasseraustrittsstellen erkannt

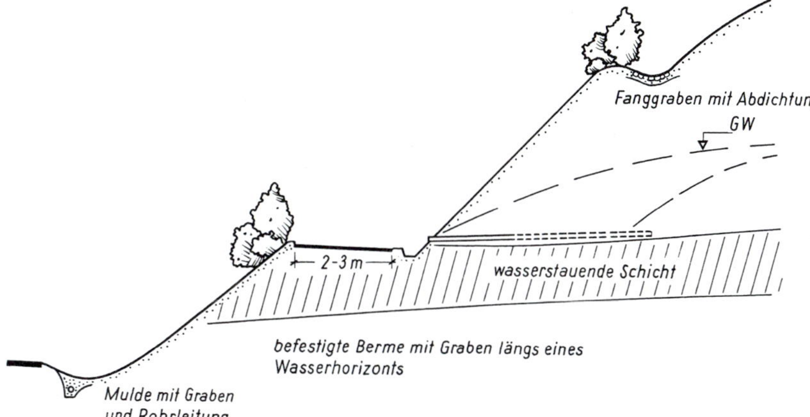

Bild 9: Regelung des Wasserabflusses an Einschnittsböschungen (Beispiel)

und gezielt Sicherungsmaßnahmen ergriffen werden können. Das aussickernde Wasser ist ohne Aufstau zu fassen und abzuleiten.

Besonders gefährdet sind Einschnitte, bei denen durchlässige auf wasserstauenden Schichten liegen. In niederschlagsreichen Perioden oder nach Wegfall stark wasserverbrauchender Vegetationsdecken (Kahlschlag oder Rodung von Wald) kann es durch frei ausfließendes oder drückendes Schichtwasser zu Rutschungen kommen.

Sicherungsmaßnahmen nach Kom. 8 werden bei Böschungen in gleichkörnigen Sanden und Schluffen mit hohem Wassergehalt auch dann erforderlich, wenn sie bei Erschütterungen besonders empfindlich reagieren. Gleiches gilt für bindige Böden, deren Struktur geologisch stark gestört ist (Risse und Harnischflächen).

Bei tiefen Einschnitten kann die Anlage von 1 bis 2 m breiten Bermen notwendig sein. Diese Bermen müssen mit einem geregelten Wasserabfluss (ausreichendes Längs- und Quergefälle) ausgebildet und ggf. für die Unterhaltung der Böschung befahrbar befestigt werden; *Bild 9*. Der Höhenabstand ist im Einzelfall maßgeblich nach dem Schichtenaufbau und evtl. den Wasserhorizonten festzulegen. Die Bermen tragen dazu bei, die Erosion zu begrenzen und die Böschung insgesamt abzuflachen; sie können zugleich Knickpunkte von Neigungsänderungen der Böschung sein.

Die Anlage von tiefen Einschnitten in wasserführenden Bodenschichten oder in fließempfindlichen, wassergesättigten Böden kann einen staffelweisen Aushub mit jeweiliger Vorentwässerung erfordern. Die Vorentwässerung erfolgt je nach geologischer Situation mit Hilfe von Vakuum oder Gravitationsbrunnen, ggf. in mehreren Staffelebenen mit jeweils angeschlossener Rohrleitung für die Wasserableitung. Die Vakuumentwässerung kann zusätzlich durch horizontale Sickerrohrdräns unterstützt werden.

Die Böschungen sind unmittelbar nach dem Herstellen zu befestigen, ggf. in Teilabschnitten, und wenn dies nicht möglich ist, vorläufig behelfsmäßig gegen Witterung zu schützen und zu unterhalten.

Bleiben die Böschungen aus Gründen, die der Auftragnehmer nicht zu vertreten hat, offen liegen oder ist ihm die Endbefestigung nicht übertragen, müssen erforderliche Maßnahmen, die dann als Besondere Leistungen gelten, gemeinsam festgelegt werden.

Besteht während des Herstellens der Böschungen die Gefahr von Rutschungen, hat der Auftragnehmer unverzüglich Maßnahmen zur Verhütung von Schäden zu treffen, den Auftraggeber zu informieren und gemeinsam mit ihm die weiteren Maßnahmen festzulegen. Diese Maßnahmen zur Verhütung von Schäden gelten als Besondere Leistungen, soweit sie nicht vom Auftragnehmer selbst verursacht sind.

5.2 Dammböschungen

(1) Die Dammbauwerke der Verkehrsanlagen sind so zu planen und auszuführen, dass keine oder nur geringfügig gleichmäßige Eigen- und Untergrundsetzungen nach Endausbau ent-

stehen und die Standsicherheit der Böschungen bei jeder Niederschlagssituation gewährleistet ist.

Grundsätzlich sollen Verkehrsdämme mit einheitlicher Regelform und Böschungsneigung gestaltet sein. Dies lässt sich bei homogenem Aufbau aus einheitlichen, gut verdichtbaren Schüttstoffen realisieren. Sind diese Bedingungen nicht gegeben oder besondere Standsicherheitsanforderungen sicherzustellen, müssen abweichend von der Regelform die Gestaltungsmerkmale entweder aufgrund bodenspezifischer Erfahrungen oder mit Hilfe erdstatischer Berechnungsnachweise ermittelt werden. Auch Einbindungen in die Landschaft, Erfordernisse des Umweltschutzes oder aufgespülte Unterwasserböschungen können besondere Gestaltungen veranlassen.

(2) Die Standsicherheit des Dammbauwerkes erfordert eine gründliche Vorbereitung des Dammauflagers. Es ist sorgfältig zu beräumen und zu entwässern, hinsichtlich der Tragfähigkeit zu überprüfen und ggf. durch Anpassungsmaßnahmen zu vergleichmäßigen, zu verbessern und zu profilieren.

Die Bauweise, der Dammaufbau und die Böschungsgestaltung richten sich nach der Dammhöhe, der Standsicherheit des Untergrundes und den Eigenschaften der verfügbaren Schüttstoffe.

(3) Die Böschungen von Verkehrsdämmen, die nach den Einbau- und Verdichtungsanforderungen entsprechend Abschnitt 4.3 ZTV E-StB aufgebaut sind und auf tragfähigem Untergrund auflagern, können in der Regel als standfest angenommen werden. Alle anderen Fälle, insbesondere auch Böschungen hoher Dämme oder bei Strömungsdruck, erfordern erdstatische Nachweise.

(4) Dämme auf wenig tragfähigem Untergrund (Abschnitt 13 ZTV E-StB) setzen erdstatische Nachweise voraus. Je nach Einzelfall ist es notwendig, die Setzungen des Untergrundes, die Eigensetzungen des Dammes, den zeitlichen Setzungsverlauf sowie die Gleit-, Grundbruch- und Böschungsbruchsicherheit nachzuweisen.

6 Standsicherheit von Böschungen in Böden

6.1 Berechnung

Die Grundlagen und Verfahren zur Berechnung der Standsicherheit von Erdkörpern (Böschung, Hang, Geländesprung), die auf potenziell möglichen Gleitflächen abgleiten oder sich verformen können, ergeben sich aus DIN 4084. Die Berechnung beinhaltet den Nachweis der Sicherheit gegen Böschungs- und Geländebruch im Grenzzustand der Tragfähigkeit (GZ 1) und des Verlustes der Gesamtstandsicherheit (GZ 1C) gemäß DIN 1054 „Sicherheitsnachweise im Erd- und Grundbau“; s. Teil 3, Sonderkapitel S6.

6.2 Regelformen

Nach den RAL sollen Dämme und Einschnitte über 2 m Höhe eine einheitliche Böschungsneigung erhalten; diese Regelneigung beträgt 1 : n = 1 : 1,5 gemäß *Bild 10*.

Bei Böschungshöhen unter 2 m soll anstelle der Regelneigung eine konstante Böschungsbreite von b = 3 m angewendet werden, sodass diese Böschungen mit abnehmender Böschungshöhe flacher werden. Werden von diesen Regeln abweichende Böschungsneigungen angewendet, so gilt bei Böschungshöhen unter 2 m die Böschungsbreite b = 2 · n.

Andere Böschungsneigungen und Böschungsformen kommen in Betracht

a) aus erdstatischen Gründen oder bei Unterwasserböschungen und bei aufgespülten Böden,
b) beim gestalterischen Einbeziehen der Straße in die Landschaft,
c) aus Gründen des Umweltschutzes, z. B. Bau von Lärmschutzeinrichtungen, Unterhaltungsmaßnahmen,
d) bei Mehrmassen, die z. B. aufgrund der sich aus den Abgrabungsgesetzen ergebenden Auflagen anfallen.

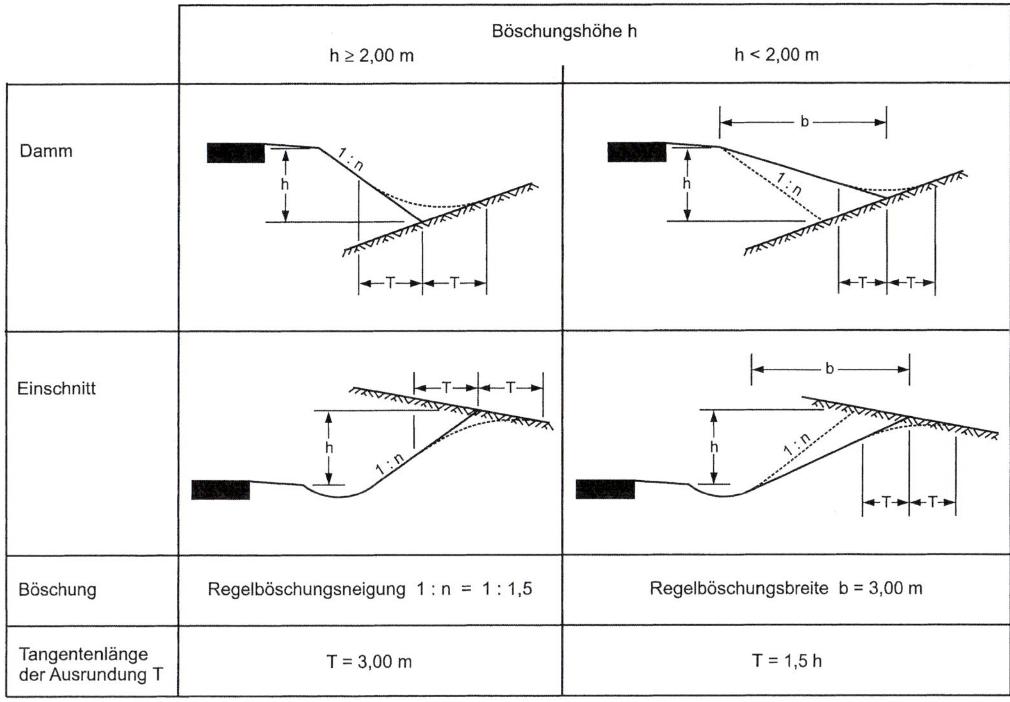

Bild 10: Böschungsgestaltung für Damm und Einschnitt nach RAL

Die Böschungen sind durch Ausrundung ihrer Übergangsbereiche gut in das Gelände einzupassen, was bereits im Zuge der Erdarbeiten und nicht mit Oberboden vorzunehmen ist. Neben dem gestalterischen Element wirken ausgerundete Übergänge der Erosion und den Spreizspannungen im Böschungsfußbereich entgegen. Der Übergang zwischen Böschung und Gelände wird mit einem Kreisbogen ausgerundet, der auch durch eine quadratische Parabel ersetzt werden kann. Bei Böschungshöhen über 2 m beträgt die Tangentenlänge 3 m, bei Böschungshöhen unter 2 m 1,5 · h. Die Länge der Tangente wird horizontal gemessen; s. *Bild 10*.

Auf das Ausrunden kann bzw. muss bei beengten Verhältnissen, oder wenn die Bepflanzung die Übergangsbereiche verdeckt, verzichtet werden. Entwässerungsmulden sind bei Dämmen im Ausrundungsbereich am Böschungsfuß im gewachsenen Boden anzulegen.

Beim Übergang zwischen Einschnitt und Damm ist die Mulde wegen ihrer unterschiedlichen Anordnung im Einschnitts- bzw. Dammquerschnitt schlank zu verziehen.

Die Regelformen können nur bei einheitlich homogenem Bodenaufbau ohne Strömungsdruck bzw. wasserführender Schichtung in den Böschungen ausgeführt werden. Besteht Gefährdung der Stand- und Erosionssicherheit durch Wechselschichtung, Strömungsdruck, Wechsel der Wasserführung oder bei Auflasten in der Nähe des Böschungsrandes oder innerhalb der Böschung (z. B. durch Verkehrslasten, Bauwerke, Aufschüttungen), müssen erdstatische Sicherheitsnachweise geführt und ggf. Sicherungsmaßnahmen entsprechend Kom. 8 getroffen werden.

6.3 Böschungsneigungen

(1) Einschnitte und Dämme

Wenn gegen die berechneten Böschungsneigungen bzw. die Regelformen aufgrund örtlicher Erfahrungen Bedenken bestehen, können hilfsweise informativ bekannte Erfahrungswerte herangezogen werden. Dabei ist zwischen bindigen und nichtbindigen Böden zu unterscheiden. Die Böschungsneigungen richten sich nach der Scherfestigkeit der

Böden und bei bindigen Eigenschaften zusätzlich nach der Böschungshöhe h.

Bei einfachen Böschungen mit homogenem Bodenaufbau ohne Strömungsdruck kann die Neigung nach folgenden bodenspezifischen Erfahrungswerten gewählt werden:

a) grobkörnige Böden:
   Kiese, Sande 1:1,5
   Feinsande 1:2,0
b) feinkörnige Böden:
   h < 3 m 1:1,25
   h < 10 m 1:1,5
   h < 15 m 1:1,8 bis 2,0
c) gemischtkörnige Böden:
   schluffig-tonige Böden
   GU/GT 1:1,5
   alle anderen Böden wie b).

Die erforderlichen Böschungsneigungen bei höheren Dämmen sowie bei Böschungen mit Strömungsdruck oder Erschütterungsbeanspruchung müssen in der Regel wesentlich flacher oder auch gebrochen auf der Grundlage erdstatischer Nachweise gestaltet werden.

(2) Böschungen aufgespülter Böden

Erfahrungswerte für Böschungsneigungen in Böden, die nach dem in Abschnitt 4.3 ZTV E-StB, Kom. 7 beschriebenen Verfahren aufgespült werden, sind in *Tab. 1* zusammengestellt.

(3) Unterwasserböschungen

Angaben über die Ausbildung der Unterwasserböschungen s. Empfehlungen des Arbeitsausschusses „Ufereinfassungen": Häfen und Wasserstraßen, Hrsg. Hafenbautechnische Gesellschaft e.V. und Deutsche Gesellschaft für Geotechnik e.V., Lit. (21).

Soweit im Zusammenhang mit Landverkehrswegen Böschungen an Gewässern (Wasserläufe, Kanäle, Seen) zu erstellen sind, müssen die hierfür geltenden differenzierten Regeln der Gestaltung und Neigung von Böschungen der Unterwasserzone, der Wasserwechselzone und der Überwasserzone beachtet werden. Die Böschungen sind dynamischen Belastungen durch Strömungs- und Wellenkräfte sowie mechanischen Angriffen durch Treibgut und Eis ausgesetzt.

Die Uferböschungen von Bergseen sind ähnlichen Beanspruchungen ausgesetzt und durch die weit und flach auslaufenden Schutt- und Sedimentkegel der angrenzenden Berge und einmündenden Wildbäche geprägt. Diese locker abgelagerten Materialien müssen gesonderten Untersuchungen hinsichtlich der Stabilität der Kegelböschungen bei Bebauung unterzogen werden.

Erhalten die Böschungen Deckwerke bzw. besondere Sicherungen, können sie steiler als frei geböscht angelegt werden. Ohne diese Maßnahmen müssen sie flacher geböscht werden.

(4) Böschungen in Baggerseen

Gesonderte Untersuchungen erfordern auch die Böschungsbereiche von ehemals zur Sandentnahme genutzten Baggerseen. Sofern sie nicht durch bauliche Maßnahmen als Unterwasserböschungen künstlich angelegt sind, können sie über lange Zeit sich selbst überlassen gewesen sein, dann jedoch durch Erosion und Abspülung sehr wild und stark verflacht oder durch Baggerbetrieb völlig zerstört sein, sodass sich ähnliche Böschungsneigungen wie nach *Tab. 1* einstellen. In anderen Fällen können sie durch bauliche Maßnahmen ähnlich wie künstlich angelegte Unterwasserböschungen (3) ausgebildet sein.

(5) Böschungen in Baugruben

Frei geböschte Baugruben werden für Bauzwecke von befristeter Dauer angelegt. Unter

Tabelle 1: Böschungsneigungen aufgespülter Böden; Lit. (25)

	über Wasser	unter Wasser	
		still	bewegt, bei starker Strömung
Feinsand	1 : 100	1 : 5 bis 1 : 8	–
Mittelsand	1 : 50	1 : 5 bis 1 : 8	1 : 10 bis 1 : 20
Grobsand	1 : 25	1 : 3 bis 1 : 4	1 : 4 bis 1 : 10
Kies	1 : 5 bis 1 : 10	1 : 2	1 : 3 bis 1 : 6

günstigen Voraussetzungen (geringe Tiefe, homogene Baugrundschichten, kein Wasserdruck) können sie meist steiler als üblich gehalten werden, soweit der obere Böschungsrand nicht belastet oder befahren wird.

Angaben über die Baugrubenböschungen s. Empfehlungen des Arbeitskreises „Baugruben" der Deutschen Gesellschaft für Geotechnik e.V. s. Abschnitt 9 ZTV E-StB, Kom. 6, Lit. (16).

7 Böschungen in Fels

7.1 Böschungsneigungen

Die Anlage von Felsböschungen erfordert spezielle geologische, hydrologische und felsmechanische Untersuchungen über Lagerungsverhältnisse und Wasserhaushalt des Gebirges sowie über die Verwitterungsfestigkeit des Gesteins. Der Fels ist so schonend abzubauen, dass eine dauerhaft standfeste Böschung entsteht. Gesteinsabgänge, wie Steinschlag, Felsstürze, Muren, müssen beim Abbau vermieden und bei potenzieller Gefahr durch Sicherungen verhindert werden. Diese Gesteinsabgänge werden entweder sofort oder erst nach längerer Zeit durch Verwitterung, Frost, Erosion oder bereits durch Störungen des Gleichgewichts beim Abbau ausgelöst. Gefährdungen bestehen besonders

- bei weichen, gebrächen Gesteinen, die zum Zerfall neigen, wie merglige Kalksteine, Schiefergesteine, Sandsteine,
- bei gebanktem Gestein mit wechselnder Verwitterungsfestigkeit, z. B. Wechselfolgen des Buntsandsteins und Kalken des weißen Jura,
- bei Fels mit ausgeprägtem Kluft- und Rissflächengefüge.

Zu den Schutzmaßnahmen gegen Gesteinsabgänge gehören: Fang-, Sperr- und Ableitmauern, Stützpfeiler, Schutzgitter, Schutzdächer. Sicherungen durch Begrünung.

Böschungen in Fels werden in der Regel steiler als die unter Kom. 6 angegebenen Neigungen für Böschungen in Böden ausgeführt. Als Anhalt dienen die in *Bild 11* angegebenen Böschungsneigungen und Böschungsformen; sie stellen Erfahrungswerte für Felsböschungen dar, die keine besonderen Gefügemerkmale aufweisen und nicht durch zusätzliche Sicherungsmaßnahmen gestützt werden. Die Felsgruppen A bis D unterscheiden sich in Anlehnung an H. Brandecker, Lit. (27), wie folgt:

A unverwitterte Magmatite und Metamorphite, wie Granit, Gneis, Marmor, Quarzit

B unverwitterte Sedimentgesteine, wie Dolomit, Kalkstein, Sandstein (überwiegend kieselig gebunden), Tonschiefer

C angewitterte, etwas entfestigte Gesteine der Gruppen A und B sowie Mergelstein

D verwitterte, aber noch Gesteinsverband aufweisende Sedimentgesteine, wie Schieferton, Mergelton, Flyschgestein.

Bei stark verwitterten, entfestigten oder stark mechanisch getrennten Gesteinen, deren bautechnisches Verhalten den Lockergesteinen ähnelt, werden in der Regel Sicherungsmaßnahmen erforderlich. Die Böschungsneigungen und Böschungsformen lassen sich in diesem Fall nur aufgrund gesonderter Untersuchungen festlegen.

7.2 Herstellen von Felsböschungen durch Reißarbeiten

Reißen von Fels s. auch Abschnitt 4.1 ZTV E-StB, Kom. 2.3.

Der Abtrag und das Profilieren von Felsböschungen mit einem Reißgerät oder einem Bagger sind so vorsichtig vorzunehmen, dass schädliche Gefügestörungen und Spannungsumlagerungen vermieden werden. Diese Arbeiten lassen sich ohne besonderen Aufwand ausführen, wenn es sich um kleinklüftiges, mürbes Gestein handelt. Dagegen ergeben sich beim Reißen von festen Gesteinspartien meist starke Gefügeauflockerungen. Bei Lockerungsprengungen dürfen keine durch

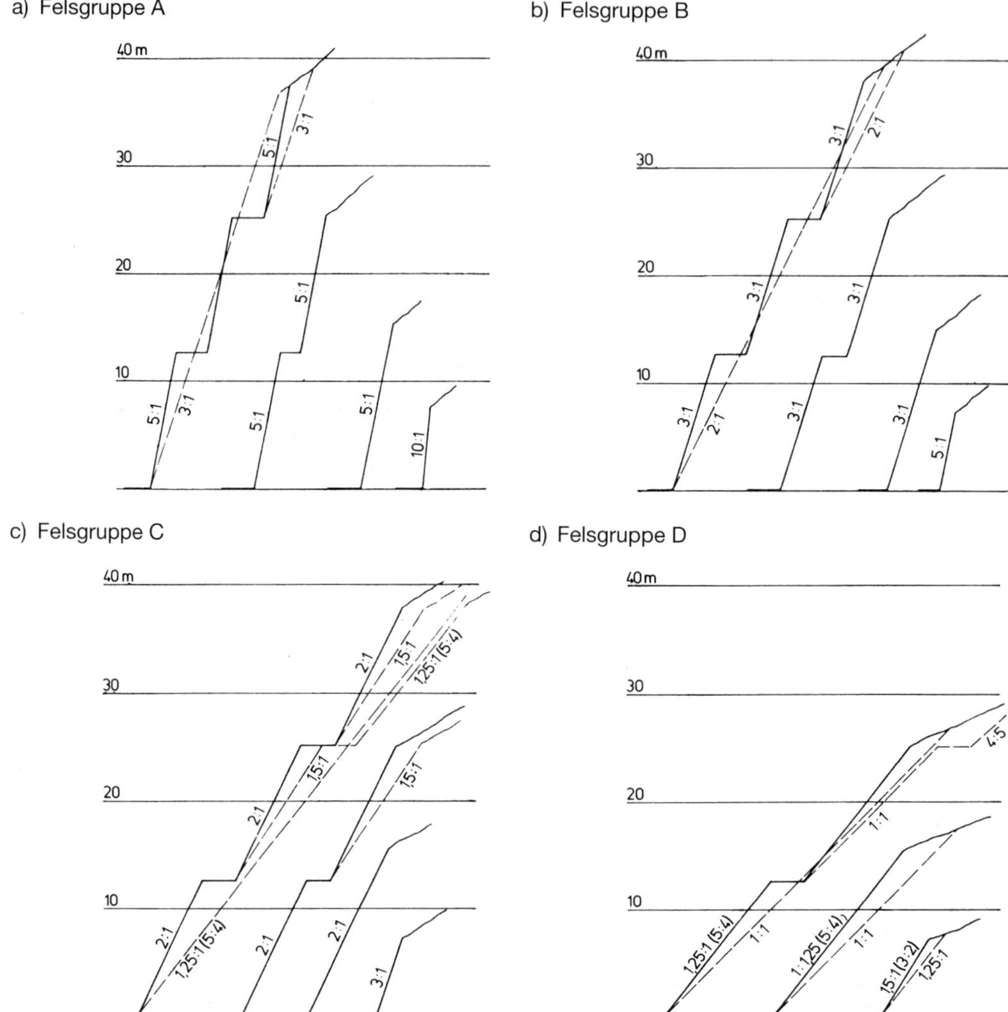

Bild 11: Gestaltung von Felsböschungen bei verschiedenen Böschungshöhen und Felsarten, Lit. (27)

Sprengtrichter zerschossenen Böschungsflächen entstehen. Nachteil solcher Lockerungssprengungen ist es auch, dass meist große Felsblöcke anfallen, die für den Dammbau nicht geeignet sind.

Eine profilgerechte Felsböschung lässt sich bei einer Neigung um 1 : 1,5 oder flacher reißen. Die Oberflächenzone wird dabei zerrissen und das gerissene Material maschinell einplaniert. Dabei kann sich eine mehr oder weniger labile Gerölldeckschicht über dem standfesten Fels bilden, die zum Abgleiten neigt. Die Eignung des Reißverfahrens ist daher stets durch Vorversuche zu prüfen.

7.3 Herstellen von Felsböschungen durch Sprengarbeiten

Sprengen von Fels s. auch Abschnitt 4.1 ZTV E-StB, Kom. 2.4.

Beim Heraussprengen von Felsböschungen muss die Arbeitsmethode (Sprengstoff, Sprengladung und Bohrlochanordnung) auf die Gebirgsverhältnisse abgestimmt werden. Die böschungsparallele oder keilförmige Anordnung der Bohrlöcher wirkt sich in der Regel günstiger als die lotrechte Anordnung aus. Sprengstoffe mittlerer und niedriger Brisanz, bei denen der Gasdruck im Vergleich zum Detonationsdruck den höheren Anteil an der Gesamtsprengkraft hat, empfehlen sich in den hinteren Bohrlochreihen, wo das Gestein nur vom Verband abgetrennt werden soll. Für den schonenden Abtrag empfehlen sich große Bohrlochdurchmesser mit möglichst gestreckten Sprengladungen und niedrigbrisanten Sprengstoffen. In der letzten Sprenglochreihe, dicht vor dem Sollprofil der Böschung, sollen die Sprenglöcher in engem Abstand angeordnet sein.

Felseinschnitte, die unmittelbar an Bauwerkswiderlager anschließen, sollen vor Beginn der Gründungsarbeiten hergestellt werden, um die Standfestigkeit des Gebirges im Gründungsbereich nicht zu beeinträchtigen. Erschütterungen der Gründung sind durch gebirgsschonendes Sprengen und Schrämen zu vermeiden oder ggf. durch offene Schlitze abzudämmen.

In *Tab. 2* werden Verfahren des gebirgsschonenden Sprengens angegeben, wie sie zum Herstellen von Böschungen oder in Bauwerksnähe erforderlich sind.

Die Anwendung des „Abscherverfahrens" setzt einen einheitlichen Felsverband mit regelmäßiger Trennflächengeometrie voraus. Bei diesem Verfahren werden die Sprenglöcher in mehreren, dicht hintereinander liegenden Reihen und mit engem seitlichen Abstand angeordnet. Die letzte Sprenglochreihe soll dicht vor dem Böschungsprofil liegen (Entfernung etwa gleich dem mittleren Trennflächenabstand), um die Erschütterung und Auflockerung des Felsverbandes im Böschungsbereich gering zu halten. Die Sprengung erfolgt in allen Bohrlöchern gleichzeitig durch Momentzündung eines niedrigbrisanten Sprengstoffs. Der Fels wird in Schichten, deren Dicke dem Reihenabstand entspricht, glatt abgeschert.

Das „Vorscherverfahren", das vor Beginn der eigentlichen Abtragssprengungen ausgeführt wird, hat sich in der Praxis ebenfalls als zweckmäßig für den schonenden Felsabtrag erwiesen. Dabei werden in der Böschungslinie Bohrungen mit einem Durchmesser von 50 bis 75 mm und Abständen von 0,5 bis 1,0 m je nach Gebirge angeordnet. Für die Sprengungen werden gestreckte Ladungen mit mittelbrisantem Sprengstoff angewendet.

Bei gleichzeitiger Zündung aller Sprenglöcher werden die Felsstege zwischen den Bohrlöchern durch das Überlagern mehrfach reflektierender Scherwellenfronten durchgeschlagen, in der Umgebung wird aber nur geringe Rissbildung erzeugt. Das Böschungsprofil wird ent-

Tabelle 2: Verfahren des gebirgsschonenden Sprengens

Bezeichnung	Anordnung der Spreng- und Leerbohrlöcher Beschreibung	Schema (Grundriß)	Länge der Bohrlöcher	Zeitliches Abtun	Anwendungsgebiete
A. Abscheren (shearing)	alle Bohrlöcher mit gleichem Durchmesser, alle mit gestreckten Ladungen		wie Hauptsprengbohrlöcher	nach oder mit der Hauptsprengung	stehende } Felswände geneigte } unterirdische Räume Abbrucharbeiten
B. Vorspalten (presplitting)	wie bei A.		Vorspaltbohrlöcher gleich lang wie die Hauptsprengbohrlöcher, meistens ein Vielfaches länger als diese	vor der Hauptsprengung	stehende } Felswände geneigte }
C. Abkerben	zwischen Sprenglöchern größeren Durchmessers mit gestreckter Ladung ein oder mehrere Leerbohrlöcher kleineren Durchmessers ohne Ladung		wie Hauptsprengbohrlöcher oder bei Hohlbohrlöchern nur 2/3 davon	**a)** nach der Hauptsprengung b) auch mit der Hauptsprengung	wie bei A.
D. Vorkerben (line drilling)	nur Lehrbohrlöcher in geringsten Abständen (notfalls wird jedes 3. oder 4. Bohrloch mit einer schwächeren Ladung versehen)		wie die Hauptsprengbohrlöcher (bei dem geringen Abstand ist ein sehr genaues Parallelbohren auf größere Längen schwierig)	a) vor der Hauptsprengung b) vereinzelt geladene Bohrlöcher mit oder nach der Hauptsprengung	wie bei A. (aber selten)

Zeichenerklärung:
≡ stehenbleibende Felswand
durch Hauptsprengung gelöstes Gestein
o Leerbohrlöcher (ungeladen)
• Sprengbohrlöcher mit gepufferter Ladung
● Sprengbohrlöcher mit stärkerer Ladung

weder glatt abgesprengt, sodass kein Mehrabtrag anfällt, oder bei klüftigem Gestein der Kluftgeometrie entsprechend gestuft. In jedem Fall wird bei diesem Vorscherverfahren das Gefüge weniger tiefgründig gestört als bei anderen Sprengverfahren. Die nachträglich erforderliche Beräumungsarbeit sowie der Steinschlag durch spätere Abwitterung sind gering.

7.4 Wirkung von Sprengerschütterungen

(1) Allgemeine Beurteilung

Die Erfahrungen zur Einwirkung von Sprengerschütterungen im Zusammenhang mit Schäden an Gebäuden finden ihren Niederschlag in DIN 4150, Teil 3 „Erschütterungen im Bauwesen; Einwirkungen auf bauliche Anlagen“; s. *Tab. 3*.

In den Tabellen sind Erfahrungswerte über die Schwinggeschwindigkeiten zur Beurteilung der Erschütterungswirkung auf Bauwerke/Bauteile angegeben, und zwar für kurzzeitige Erschütterungen und Dauererschütterungen auf Bauwerke und für kurzzeitige Erschütterungen auf erdverlegte Leitungen. Werden diese aus Messungen hervorgegangenen Anhaltswerte eingehalten, kann nach derzeitigem Erfahrungsstand erwartet werden, dass Schäden im Sinne einer Verminderung des Gebrauchswertes nicht ursächlich aus vorbenannten Erschütterungen entstehen, sofern die Bauteile entsprechend hergestellt bzw. verlegt sind. Verminderungen des Gebrauchswertes im Sinne der Norm sind z. B.

- Beeinträchtigung der Standsicherheit von Gebäuden und Bauteilen,
- reduzierte Tragfähigkeit von Decken,
- Risse im Putz von Wänden, Vergrößerung von bereits vorhandenen Rissen in Gebäuden, Abreißen der Trenn- und Zwischenwände von tragenden Wänden oder Decken.

Bei sorgfältigem Vorgehen werden Erschütterungsmessungen nach DIN 4150 im Sinne von Beweissicherungsmessungen durchgeführt. Die dabei ermittelten Messwerte (Schwinggeschwindigkeit und Frequenz) können anhand der Einteilung für das weitere Vorgehen oder eine Schadensursachenbewertung herangezogen werden. Werden solche Messungen unterlassen, entstehen zwangsläufig erhebliche Unsicherheiten für nachträgliche Interpretationen und Beurteilungen.

(2) Abschätzung von Sprengerschütterungen

Fehlen zuverlässige Messergebnisse über die bei Sprengarbeiten entstehenden Erschütterungen, kann die Wirkung nur theoretisch oder erfahrungsbasiert abgeschätzt werden:

a) Verbreitet und anwendbar sind Abstands-Mengen-Beziehungen, wie z. B. von Koch (1958), Gustavson/Hall (1969), Lichte (1975), Studer/Ziegler (1986), Simons (1987) u. a. Die Ergebnisse werden allgemein angegeben mit:

$$v = k \cdot L^b \cdot R^{-n}$$

v	Schwinggeschwindigkeit
k	Gestein-Untergrund-Faktor, abhängig u. a. von der Wahl der Exponenten
L	Ladungsmenge je Zündstufe (Sprengstoffmenge)
R	Abstand zum Sprengpunkt (Entfernung)
b, n	Exponenten

Für die Exponenten b und n sowie für den Faktor k werden in der Literatur Zahlenwerte angegeben, die bei vergleichender Auswertung der Formel zu großen Streubreiten führen, insbesondere bei der Abschätzung von Erschütterungen im Nahbereich der Quelle.

b) In den im Auftrag des Bayerischen Staatsministeriums für Arbeit und Sozialordnung durch die Bundesanstalt für Geowissenschaften und Rohstoffe durchgeführten Forschungsarbeiten (I–V) „Sprengen“ sind für verschiedene Gesteinsarten und Regionen Bayerns in umfangreicher und genauer Form Parameter und Messdaten zahlreicher Sprengvorgänge dokumentiert. In dieser Forschung werden darüber hinaus aufgrund der umfangreichen Unterlagen statistisch abgesicherte Zusammenhänge zwischen gemessener Erschütterung (Schwinggeschwindigkeit), Entfernung und Lademenge dokumentiert sowie Prognose- und mathematische Regressionsmodelle angegeben. Für die zugrunde gelegten Modelle, die allerdings nicht für den Nahbereich der Erschütterungsquelle gedacht sind, erge-

Tabelle 3: Anhaltswerte für die Beurteilung von Schwinggeschwindigkeiten (DIN 4150)

a) Wirkung von kurzzeitigen Erschütterungen auf Bauwerke

Zeile	Gebäudeart	Anhaltswerte für die Schwinggeschwindigkeit v_i in mm/s			
		Fundament Frequenzen			Oberste Deckenebene, horizontal
		1 Hz bis 10 Hz	10 Hz bis 50 Hz	50 Hz bis 100 Hz*)	alle Frequenzen
1	Gewerblich genutzte Bauten, Industriebauten und ähnlich strukturierte Bauten	20	20 bis 40	40 bis 50	40
2	Wohngebäude und in ihrer Konstruktion und/oder Nutzung gleichartige Bauten	5	5 bis 15	15 bis 20	15
3	Bauten, die wegen ihrer besonderen Erschütterungsempfindlichkeit nicht denen nach Zeile 1 und Zeile 2 entsprechen und besonders erhaltenswert (z. B. unter Denkmalschutz stehend) sind	3	3 bis 8	8 bis 10	8

*) Bei Frequenzen über 100 Hz dürfen mindestens die Anhaltswerte für 100 Hz angesetzt werden.

b) Wirkung von Dauererschütterungen auf Bauwerke

Zeile	Gebäudeart	Anhaltswerte für die Schwinggeschwindigkeit v_i in mm/s
		Oberste Deckenebene, horizontal, alle Frequenzen
1	Gewerblich genutzte Bauten, Industriebauten und ähnlich strukturierte Bauten	10
2	Wohngebäude und in ihrer Konstruktion und/oder Nutzung gleichartige Bauten	5
3	Bauten, die wegen ihrer besonderen Erschütterungsempfindlichkeit nicht denen nach Zeile 1 und Zeile 2 entsprechen und besonders erhaltenswert (z. B. unter Denkmalschutz stehend) sind	2,5

c) Wirkung von kurzzeitigen Erschütterungen auf erdverlegte Leitungen

Zeile	Leitungsbaustoffe	Anhaltswerte für die Schwinggeschwindigkeit v_i in mm/s auf der Rohrleitung
1	Stahl, geschweißt	100
2	Steinzeug, Beton, Stahlbeton, Spannbeton, Metall mit oder ohne Flansche	80
3	Mauerwerk, Kunststoff	50

ben sich z. B. bei Sprengstoffmengen von 200 g je Zündzeitstufe in einer Entfernung von 20 m Schwinggeschwindigkeiten zwischen 0,70 und 3,00 m/s und bei 300 g zwischen 1,20 und 5,50 m/s.

Die Forschungsarbeiten enthalten auch eine Sammlung von Messergebnissen, die speziell im Zusammenhang mit typischen Sprengungen zur Herstellung von Baugruben – d. h. kleine Sprengstoffmengen und geringe Abstände – erstellt ist. Aus der Auswertung dieser Messungen ergibt sich z. B. für eine Lademenge von nur 180 g/Zündzeitstufe eine Zunahme der Erschütterungen von ca. 3 mm/s in 20 m Entfernung bis zu ca. 15 mm/s in 10 m Entfernung. Bei diesen Ergebnissen handelt es sich um Messungen in Gebäuden, die Freifeldwerte sind teilweise um den Faktor 5 zu erhöhen.

c) Die in den USA am häufigsten verwendeten Verfahren zur Erschütterungsprognose sind
   - die Methode des US Bureau of Mines für den Fernbereich,
   - die Methode nach Dowding („Blast Vibration Monitoring and Control“, 1985) für den Nahbereich.

d) Die von Behnke (1970) veröffentlichten Ergebnisse aus umfangreichen Untersuchungen und Messungen werden häufig bei geologischen seismischen Felduntersuchungen benutzt, wenn Schäden infolge von Sprengungen auf jeden Fall vermieden werden sollen. Hierin wird nicht nur eine empirisch gewonnene Abstands-Mengen-Beziehung, sondern auch ihre Anwendbarkeit bei verschiedenen Gebäudearten dargelegt. Hiernach sollen bei Lademengen je Zündzeitstufe von 200 g (A) und 300 g (B) folgende Mindestentfernungen eingehalten werden, um direkte Schäden zu vermeiden:

	(A)	(B)
– zu Ruinen und unter Denkmalschutz stehenden schadhaften Gebäuden	20,50 m	27,00 m.
– zu Wohngebäuden mit sichtbaren Schäden, Rissen im Mauerwerk usw.	12,60 m	16,60 m.
– zu bautechnisch guten Wohngebäuden ohne Schäden	7,50 m	9,90 m.

8 Sicherungsmaßnahmen

8.1 Vorbeugender Schutz

Die potenzielle Gefahr von Rutschungen in Hängen und Böschungen muss vorbeugend erkannt, in den möglichen Ursachen untersucht und durch Schutz- und Sicherungsmaßnahmen rechtzeitig beseitigt werden.

Je nach Einzelfall können passive Schutzmaßnahmen oder aktive bauliche Sicherungsmaßnahmen geboten sein.

Zu den Schutzmaßnahmen gehören

- das Verbot von Einschnitten, Aushüben, Aufschüttungen oder Bauwerken auf Rutschhängen und innerhalb der Gefahrenzone,
- das Verbot von Spreng- und Bergbauarbeiten,
- das Beschränken der Geschwindigkeit von Kraftfahrzeugen und Eisenbahnzügen oder ein Verkehrsverbot,
- das Verbot, Gehölz- oder Graswuchs zu vernichten, den Hang zu bewässern oder aufzulockern oder Regen-, Schmelz- und Abwasser gesammelt einzuleiten.

Die Maßnahmen müssen ggf. längerfristig bis zur endgültigen dauerhaften Sicherung erhalten bleiben.

Die Böschungs- und Hangsicherungen sind zu unterscheiden nach Oberflächenabrissen sowie Flach- und Tiefrutschungen. Oberflächenabrisse und flache Rutschungen können meist durch Entwässerungsmaßnahmen, Steinstützkörper (Rippen, Keile, Vorschüttun-

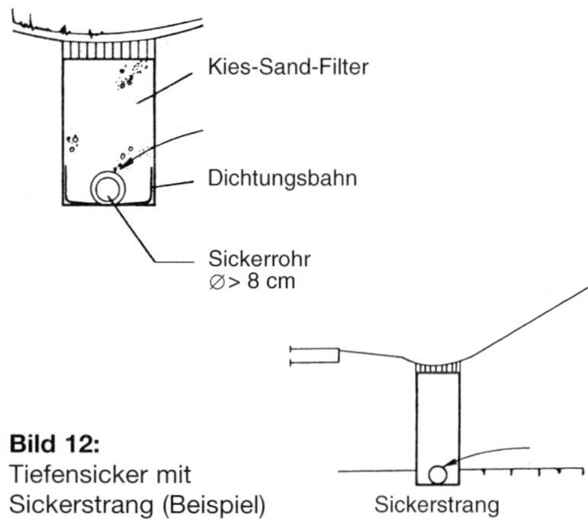

Bild 12: Tiefensicker mit Sickerstrang (Beispiel)

gen, Böschungsfüße) oder durch Lebendverbaumaßnahmen stabilisiert werden.

Die Stabilisierung tiefgreifender Bewegungen gestaltet sich schwierig, wobei die tatsächliche Standsicherheit meist nur näherungsweise nachgewiesen werden kann. Eine vollkommene Sicherung ist wegen der kostenintensiven Maßnahmen aus wirtschaftlichen Gründen oft nicht möglich. Konstruktive Maßnahmen, die sich im Bedarfsfall erweitern lassen, sollten deshalb bevorzugt werden.

8.2 Entwässerungsmaßnahmen

Je nach spezifischer Situation können folgende Maßnahmen für die Planung und Ausführung in Betracht kommen:

(1) Abfanggraben mit dichter Sohle zur Aufnahme von Oberflächenwasser und Anschluss an die Vorflut oder Abfluss des Wassers über Böschungskaskaden, Halbschalen, Rinnen in die Sammelleitung.

(2) Tiefendränage mit und ohne Sickerrohr (Längsgefälle ≥ 5 ‰) zum Abfangen des im oberflächennahen Bereich über einer wasserstauenden Schicht abströmenden Wassers; Beispiel s. *Bild 12*.

Anordnung außerhalb von rutschgefährdeten Bereichen:

- oberhalb der Einschnittsböschung, Abstand vom Böschungsrand größer als Einschnittstiefe
- oberhalb des bergseitigen Fußes von Dämmen auf geneigtem Gelände
- am Fuß von Einschnittsböschungen, um Grundwasser im Bereich der Sohle abzusenken oder örtliche Wasseraustritte abzufangen.

(3) Längsdränage in der Böschung (Längsgefälle ≥ 20 ‰), wenn die wasserstauende Schicht tief liegt. Anordnung längs des Verlaufs der wassertragenden Schicht. Anschluss an Quersickerstränge (Abstände 10 bis 20 m) und von dort an die Sammelleitung.

(4) Böschungsrigolen aus Kies oder Steinpackung mit und ohne Dränrohr zum Ableiten von örtlich ausfließendem oder flächenförmig zuströmendem Wasser; *Bild 13*.

(5) Böschungsfilterschichten aus Sand, Kies oder Geotextilstoffen bei flächenförmig zuströ-

a) geometrische Anordnung

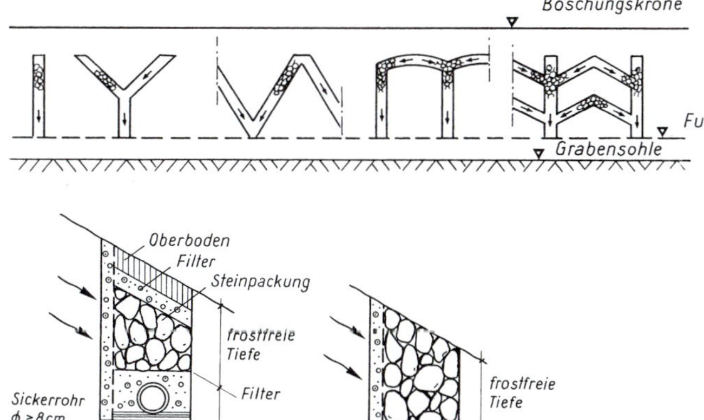

b) Querschnitte mit und ohne Dränrohr, Filter aus Sand, Kies, Geotextil

Bild 13: Böschungsrigolen in verschiedener Anordnung und Ausführung

a) Filterschicht auf der Böschung aus Sand oder Kies bei starkem Wasserandrang

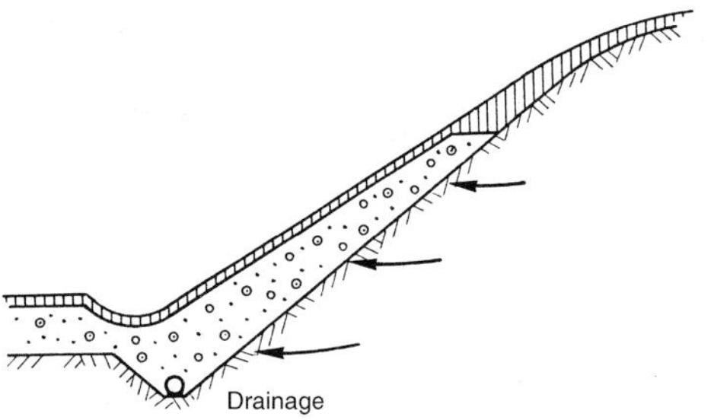

b) Muldenförmige Entwässerung und Sicherung des Hangfußes

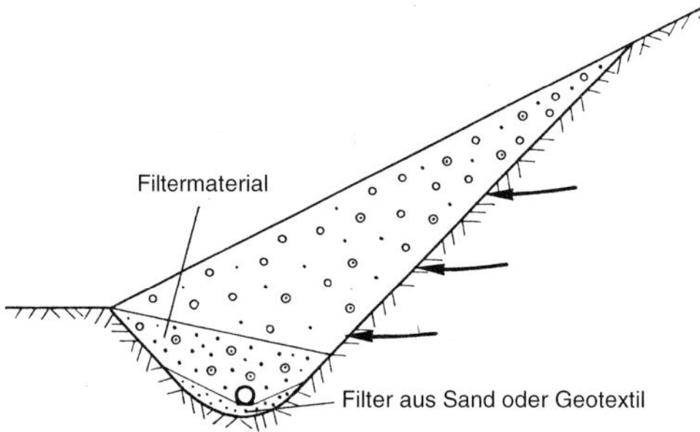

c) Geotextiles Flächendränelement in der Böschung (Wasserableitung in Geotextilebene) mit Anschluss an die Längsentwässerung

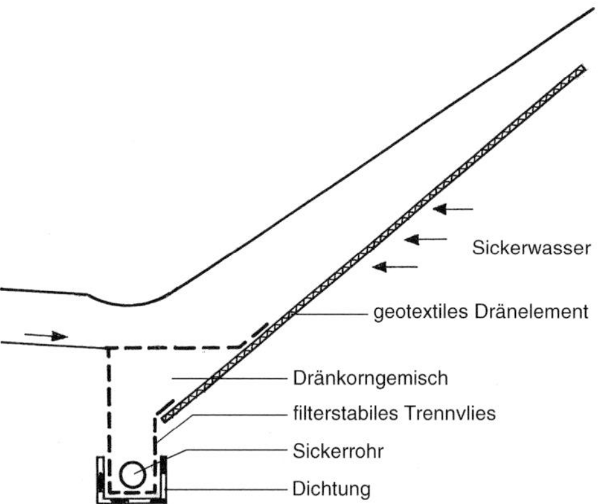

Bild 14: Drän-Filterschichten auf Böschungen (Beispiele)

mendem Wasser oder starkem Wasserandrang aus mehreren Quellhorizonten, z. B. *Bild 14*.

(6) Tiefenentwässerung zum Entspannen druckwasserführender Schichten durch Steinkeile oder -mulden, z. B. *Bild 15*, horizontale oder schräggeneigte Dränagebohrungen mit

a) Ausführung für steile Neigung durch Schlichten und Auszwicken der Steine

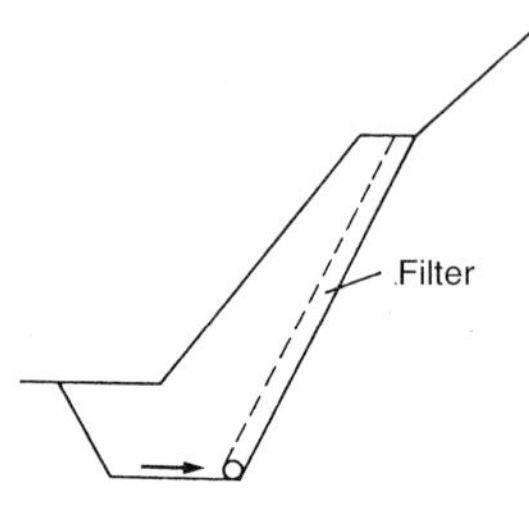

b) Ausführung für mittlere Neigung durch Schlichten oder Steinwurf

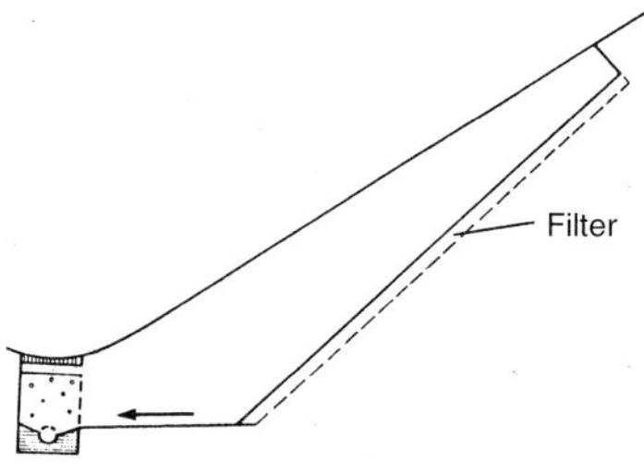

c) Ausführung für flache Neigung durch Steinwurf

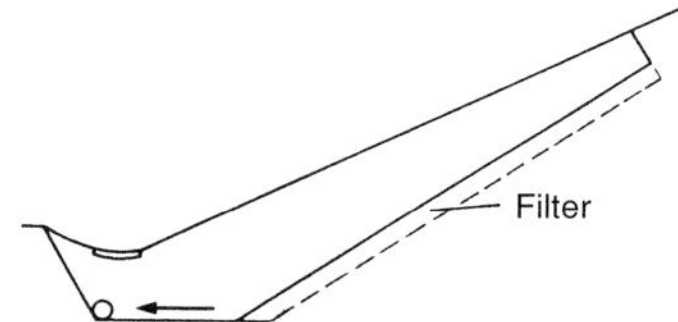

Bild 15: Steinkeile zur Sicherung von Böschungen mit steiler bis flacher Neigung

Filterrohren, Kiespfahlwände, Entspannungsbrunnen, Längsstollen mit Querschlägen für den Vortrieb von Dränagebohrungen.

(7) Maßnahmen mit kombinierter Drän- und Stützfunktion

- Rigolen wie unter (4), netzförmig oder gewölbeförmig verbunden, z. B. *Bild 13*
- Stützscheiben aus Einkornbeton, z. B. *Bild 16* und *17* oder Gabionen mit seitlich filterstabil verfülltem Arbeitsraum und Sohldränage
- gewölbeartig angeordnete Steinstützrippen oder Stützkörper aus schwerem Blockwerk, kombiniert mit horizontalen oder schrägen Dränagebohrungen mit Filterrohren.

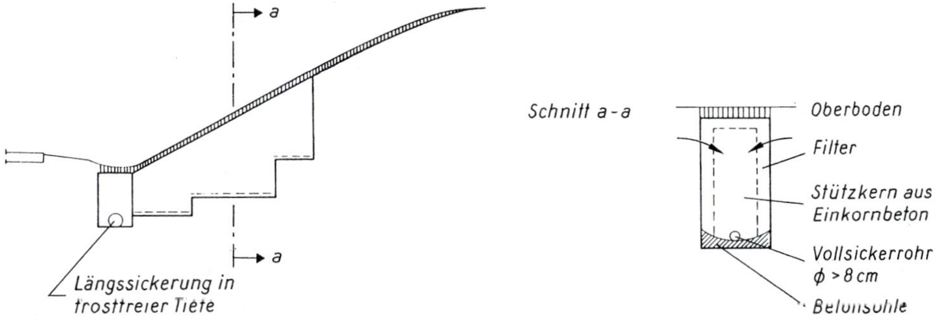

Bild 16: Einkorn-Betonscheibe zur Stützung und Dränage einer rutschgefährdeten Böschung (Beispiel)

8.3 Sicherung durch ingenieurbiologische Maßnahmen

(1) Zu den Landschaftsbauarbeiten an Straßen und Wegen gehören bautechnische und landschaftspflegerische Maßnahmen mit Hilfe von Pflanzen und Pflanzenteilen (Lebendverbau), z. B. Oberbodenarbeiten, Ansaaten, Pflanzungen und Pflegearbeiten an Vegetationsflächen sowie Sicherungsbauweisen zum Schutz des Bodens und Gesteins gegen Erosion und Rutschung.

Die Landschaftsbauarbeiten sind beschrieben in den „Richtlinien für die Anlage von Straßen, Teil: Landschaftspflege" (RAS-LP) und den „Zusätzlichen Vertragsbedingungen und Richtlinien für Landschaftsbauarbeiten im Straßenbau" (ZTV La-StB).

Für die ingenieurbiologischen Sicherungsbauweisen im Erdbau sind besonders die RAS-LG 3 von Bedeutung. Darüber hinaus sind einschlägige Richtlinien, Normen und Merkblätter zu diesem Thema zu beachten; s. Lit. (1) bis (10).

Die Vertragsbedingungen der ZTV La-StB sind den Bauverträgen zugrunde zu legen und die Richtlinien bei der Aufstellung der Bauvertragsunterlagen sowie bei der Überwachung und Abnahme der Landschaftsbauarbeiten zu beachten. Für die Ausschreibung von Landschaftsbauarbeiten gilt der Standardleistungskatalog, Leistungsbereich 107 „Landschaftsbau". Hinweise für die Behandlung von Oberboden sowie Fertigrasen und Begrünungsmatten s. Abschnitt 5 ZTVE-StB, Kom. 1 und 2.

(2) Der sog. Lebendverbau umfasst Bauweisen, bei denen der wesentliche Sicherungseffekt durch Pflanzen erzielt wird. Diese Bauweisen können auch mit „unbelebten Baustoffen" oder mit bautechnischen Sicherungsbauweisen kombiniert sein. Aus wirtschaftlichen und technischen Gründen müssen bei der Planung und Ausführung die erdbautechni-

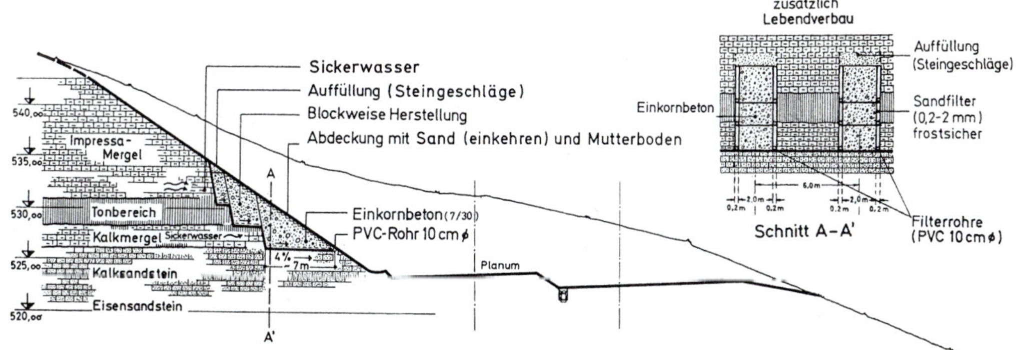

Bild 17: Ausführungsbeispiel: Sicker-Stützscheiben zur Sicherung der Anschnittsböschung im Ornatenton (Geol. Karte von Bayern, Blatt Nr. 6634, 1972)

schen und ingenieurbiologischen Maßnahmen aufeinander abgestimmt sein. Die Ausformung von Damm, Einschnitt und Gelände muss dabei die hydrologischen, biologischen, geologisch-tektonischen sowie boden- oder felsmechanischen Gegebenheiten in Betracht ziehen, z. B. die Gestaltung der Felsböschungen nach den natürlich vorgegebenen Lagerungsverhältnissen der Felsformation.

Bestimmte ingenieurbiologische Sicherungen unterstützen zugleich die Wirkung bautechnischer Entwässerungsmaßnahmen, z. B. Faschinen und Buschrigolen. Andererseits muss der Lebendverbau durch bautechnische Maßnahmen, wie z. B. Steinrigolen, Mulden, Quellfassungen, Raubettgerinne, Kaskaden, vor schädigendem Wasser in Böschungen geschützt werden. Er soll deshalb auch nicht bei starkem Niederschlag oder Schneeschmelze ausgeführt werden.

Die Standortverhältnisse entscheiden maßgeblich über die Auswahl und Ausführung des Lebendverbaus, wobei auch verschiedene Bauweisen kombiniert werden können:

a) Ansaat von Gräsern, Kräutern u. a. standortgeeigneten Pflanzen zur raschen Begrünung und Verwurzelung des Unterbodens oder zur bodensichernden Vorstufe für eine Bepflanzung mit Bäumen und Sträuchern
b) Ansaat von Bäumen und Sträuchern oder deren Pflanzung
c) Andeckung mit Fertigrasen oder Begrünungsmatten zum schnellen Oberflächenschutz gegen Wind und Wasser
d) Maßnahmen nach a) und b) in Verbindung mit Baustoffen oder Bauweisen, die entweder behelfsmäßig in der Anfangsphase Boden und Pflanzen sichern sollen oder dauerhaft als sichernder Lebendverbau wirken, wie reihen- oder netzförmige Bestecke, Hangroste aus Holz- oder Drahtgeflecht, Flechtwerke aus lebendem oder totem Pflanzenmaterial, Busch-, Zweig- oder Heckenlagen, Buschmatratzen, Faschinen, Steckhölzer und Halmstecklinge. Flechtwerke wirken

Bild 18: Böschungssicherung durch Buschlagen

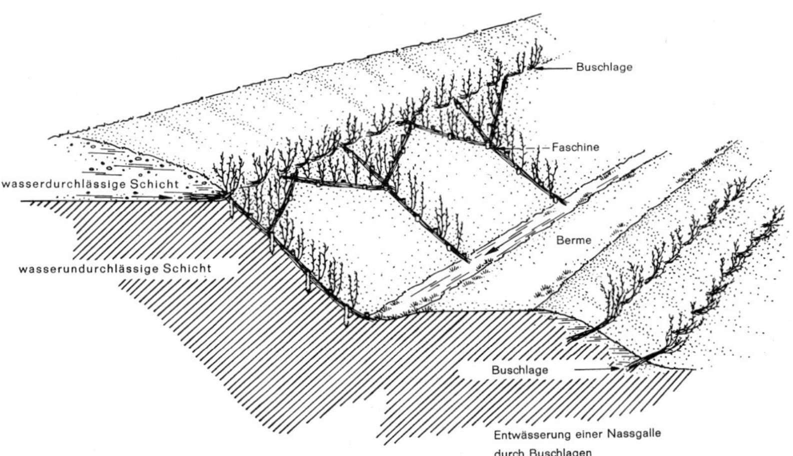

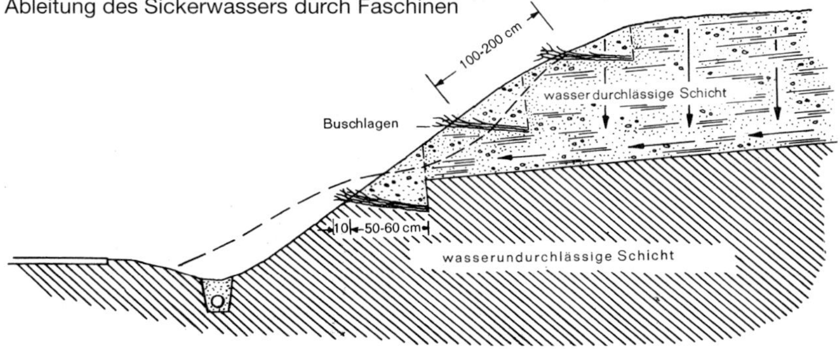

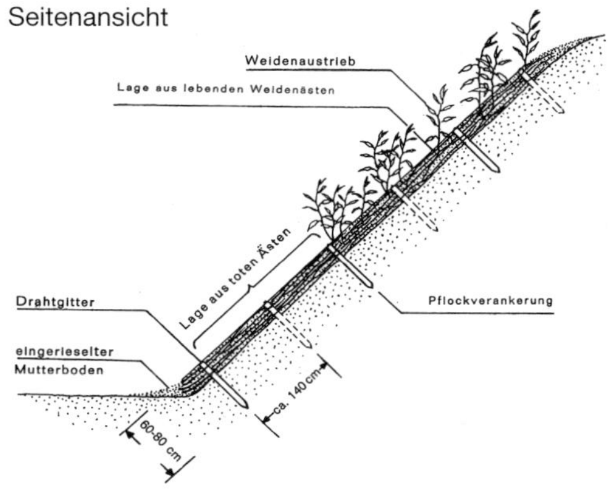

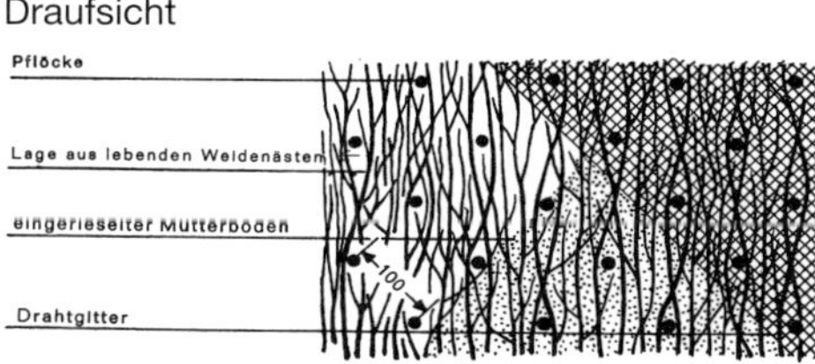

Bild 19: Buschmatratzen aus dicht gelagerten Ästen

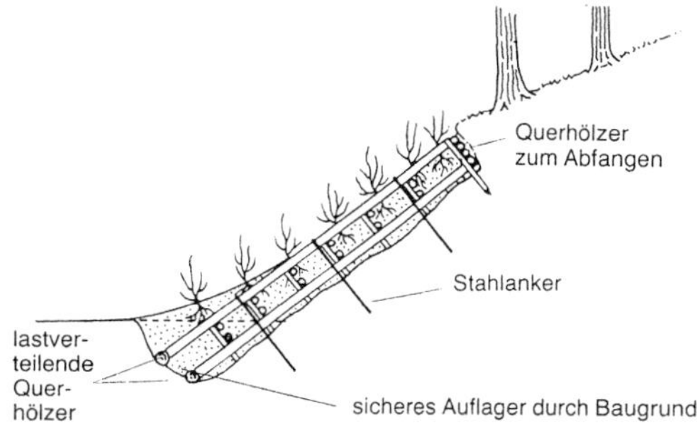

Bild 20: Sicherung des Ausbruchs durch einen begrünten Hangrost

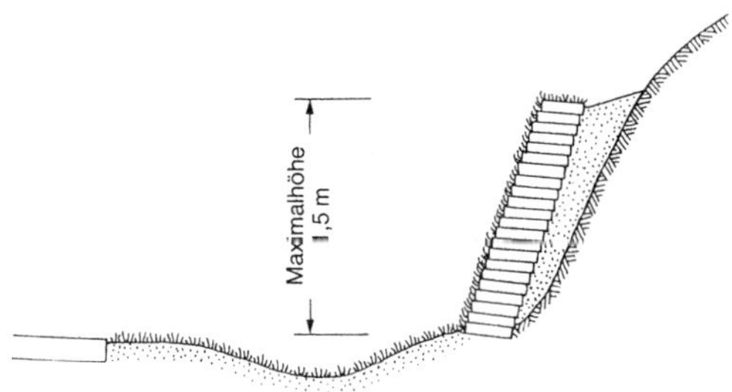

Bild 21: Böschungssicherung durch Rasensoden (Neigung 3 : 1 bis 8 : 1)

sofort nach Einbau stabilisierend und lastabtragend, und zwar besser als Buschlagen, die sich jedoch dafür gegen Bodenbewegungen flexibler verformbar verhalten

e) Sicherungsmaßnahmen zur Befestigung und Aufhöhung von Sohlflächen durch Anlandung bzw. Ablagerung von Boden und Gestein, z. B. durch Ausbuschung und Palisaden mit lebendem Pflanzmaterial

f) Böschungs- und Fußstützung sowie Sohlaufhöhung durch Querschwellen, bestehend aus Rundholzverbänden mit ausschlagfähigen Pflanzen und Junghölzern, z. B. „Krainerwand".

Beispiele s. *Bilder 18* bis *22* aus RAS-LG 3.

(3) Felsböschungen lassen sich nur dann wirtschaftlich und technisch durch Lebendverbau schützen, wenn sie standfest ausgeführt sind. Je nach Verwitterungsfestigkeit des Gesteins und Tragflächengefüges des Felsens werden verschiedene Vorgehensweisen und Sicherungsarten notwendig sein:

a) In stark verwitterungsempfindlichem Gestein ohne harte Felsbänke wird es in den meisten Fällen nicht zweckmäßig sein, weiche, gebräche Felsbänke stehen zu lassen oder Felsstufen für die Begrünung herauszuarbeiten. Die Böschung sollte eher ähnlich wie im Lockergestein profilgemäß schonend angelegt und begrünt werden. Hierzu kommen z. B. in Betracht: Ansaat, Pflanzung, Fertigrasen, Begrünungsmatten, Flechtwerk, Faschinen, Hangrost mit Begrünung.

b) In gebankten Felsformationen sind die harten Bänke möglichst zu erhalten und die Böschung einzupassen. Ihre freien Schulterflächen können durch Ansaat auf Oberboden oder aufgelegten Fertigrasen begrünt und geschützt werden. Weiche verwitternde Zwischenschichten sollten eher abgeböscht und durch Maßnahmen, wie unter a) genannt, gesichert werden.

c) In stark getrennten Formationen können die Klüfte und Risse sowie Felsnischen und -taschen für Begrünung genutzt werden. In der Regel werden in diesen Fällen bautechnische Sicherungen erforderlich, z. B. durch Anker, Plomben, Netze, Fangmauern.

d) In kompaktem, verwitterungsbeständigem Gestein wird ein Lebendverbau nicht erforderlich. Die Begrünung setzt im Allgemeinen auf natürliche Weise ein.

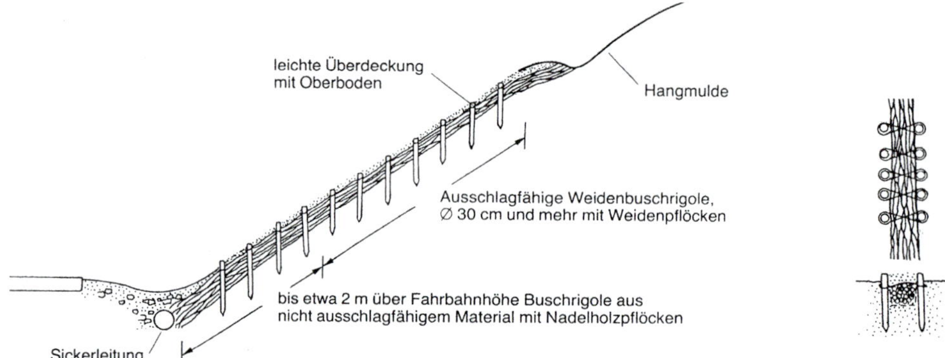

Bild 22: Buschrigole

(4) Erdbautechnisch in verdichteten Schüttlagen aufgebaute Auffüllungen, Wälle, Dämme und Stützkörper lassen sich nach dem Prinzip der „bewehrten Erde“ durch Einlegen von Busch- oder Heckenlagen bewehren und mit steilen Böschungen < 70° ausbilden. Die systematisch in Lagen eingebrachten lebenden Laubgehölzteile (Äste, Zweige) bewirken durch Reibung, Kohäsion und wurzelbildende Verzahnung im Erdkörper einen Verbund mit dem Boden, der für die Sicherung der Böschungsstandfestigkeit, für die Ausformung von Steilböschungen und für begrenzt lastabtragende Stützfunktionen genutzt werden kann; s. Lit. (16), (18).

8.4 Erdbautechnische Sicherungen

Zu den erdbaulichen Maßnahmen gehören z. B.:

(1) Abflachen von Einschnitts- und Dammböschungen oder Anschütten eines gut wasserdurchlässigen, filterstabilen Kies- oder Steinvorsatzes.

(2) Trasse talwärts verschieben, ggf. auf eine Vorschüttung aus Fels oder auf eine Stützkonstruktion aus „bewehrter Erde“, um hohe Anschnitte oder Futtermauern zu vermeiden; Beispiel s. *Bild 23*.

Abtrag des Hanges so gering wie möglich halten. Damm treppenförmig in den Hang einbinden. Einbau einer Filterschicht auf der hangseitigen Auflagefläche des Dammes mit Anschluss an eine Sammelleitung. Bergseitigen Hang oberhalb des Dammes ggf. durch Maßnahmen nach Kom. 8.2.7 und 8.3 sichern.

(3) Sichern des Böschungsfußes durch abschnittsweisen Bodenaustausch und Einbau eines durchgehenden Stützkörpers oder von Stützrippen aus Felsgestein. Abdecken mit einer gut wasserdurchlässigen und filterstabilen Schicht, die talseitig an die Entwässerung

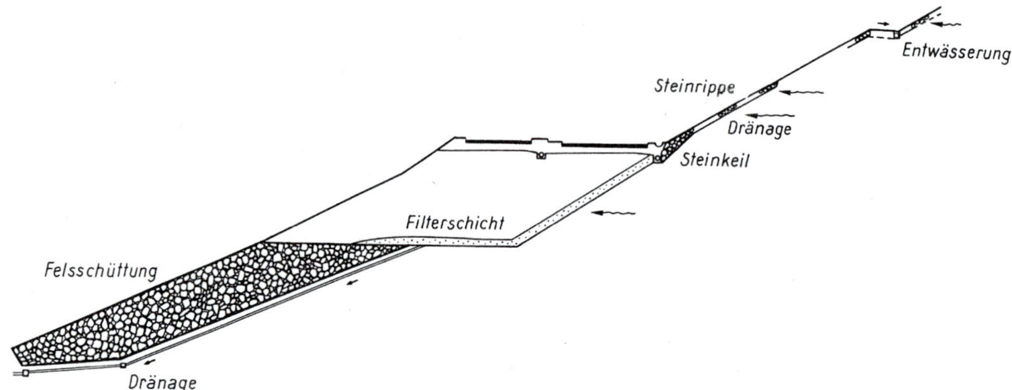

Bild 23: Talseitiges Verschieben der Trasse zur Vermeidung tiefer Anschnitte in rutschempfindlichen Hängen

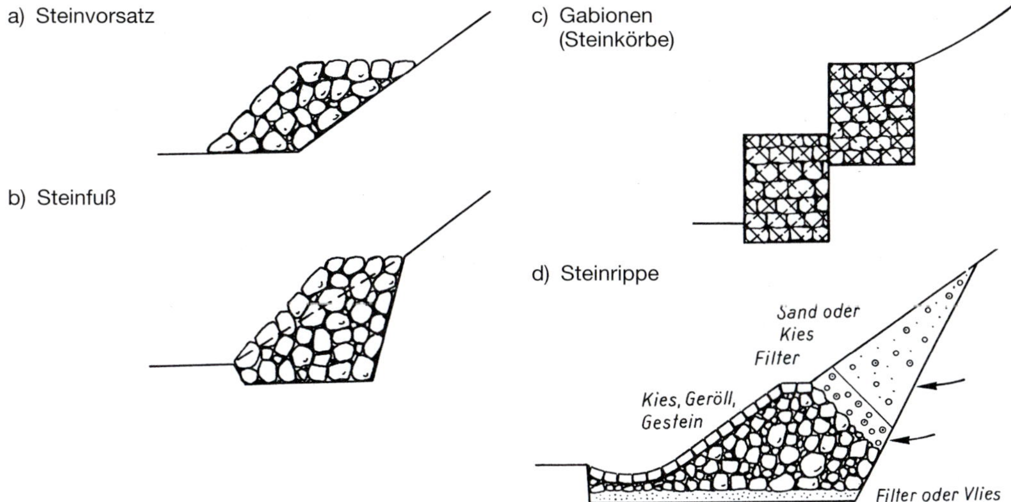

Bild 24: Stützkörper zur Sicherung und Entwässerung von Böschungen und Hangfüßen

anzuschließen ist; *Bild 24*. Maßnahmen häufig nur in regenarmen Perioden während des Sommers möglich.

(4) Ausführen von Gegengewichtsschüttungen, wenn sich Bewegungen abzeichnen.

(5) Sicherung vernässter Zonen durch Kalkpfähle; s. Abschnitt 13 ZTV E-StB, Kom. 6.2.3.

Schwierige Dammsicherungen s. Beispiele in den *Bildern 25* bis *27*, Quelle: Geol. Karte von Bayern, Blatt Nr. 6634.

8.5 Konstruktive Böschungssicherungen

(1) Böschungen mit planmäßig übersteilem oder nicht ausreichend standfestem Profil können durch konstruktive Bauweisen mit Wandelementen, einzelnen Stützelementen, Verbund-Tragsystemen mit Ankern oder Erdnägeln gesichert werden. Die technisch und wirtschaftlich zweckmäßigsten Lösungen sowie die Bemessung dieser Stützkonstruktionen richten sich nach Art und Größe der Lasteinwirkungen, dem Bodenaufbau, den Grund- und Schichtwasserverhältnissen sowie nach örtlichen Gegebenheiten.

Als prinzipiell mögliche Sicherungsbauweisen kommen folgende Lösungen in Betracht:

a) Massive Stützwände; s. Abschnitt 10 ZTV E-StB, Kom. 1

b) Raumgitterwände aus Beton-Fertigteilen oder Konstruktionen aus bewehrter Erde; s. Abschnitt 10 ZTV E-StB, Kom. 6 bis 8

c) Elementwände mit Ankern; *Bild 28*
Verankerte, schrägaufliegende Stahlbeton-Platten als geschlossene Wand oder offen verteilt, wobei die Zwischenräume bei Bedarf geschlossen werden können. Verlegen der Platten auf Filter-Einkornbeton. Um Hangbewegungen zu vermeiden, erfolgt der Abtrag des Hanges stufenweise von oben nach unten, wobei die Anker vor jedem weiteren Abtrag vorgespannt werden. Lokale Überbeanspruchungen durch Überspannen der Anker oder konzentrierte Krafteinleitung sind zu vermeiden. Das Staffeln der Ankerlängen ist aus diesem Grund zweckmäßig.

d) Pfahlwände; *Bild 29 a)* bis *c)*
Frei elastisch eingespannte oder verankerte Pfahlwände aus Ortbetonbohrpfählen oder Stahlrohrpfählen mit biegesteifer Verbindung durch Pfahlkopfbalken zur Aufnahme von Ankerkräften. Ausführung als durchgehende oder aufgelöste Wände. Entwässerung bei durchgehender Wand, z. B. durch einzelne Einkornbetonpfähle oder, besonders bei starker Hangdurchfeuchtung, durch aufgelöste Wände.

e) Einzelstützpfeiler mit oder ohne Anker und mit oder ohne verankertem Stahlbeton-Kopfriegel zur Sofortsicherung während des Abtrags von Hang- oder Einschnitts-

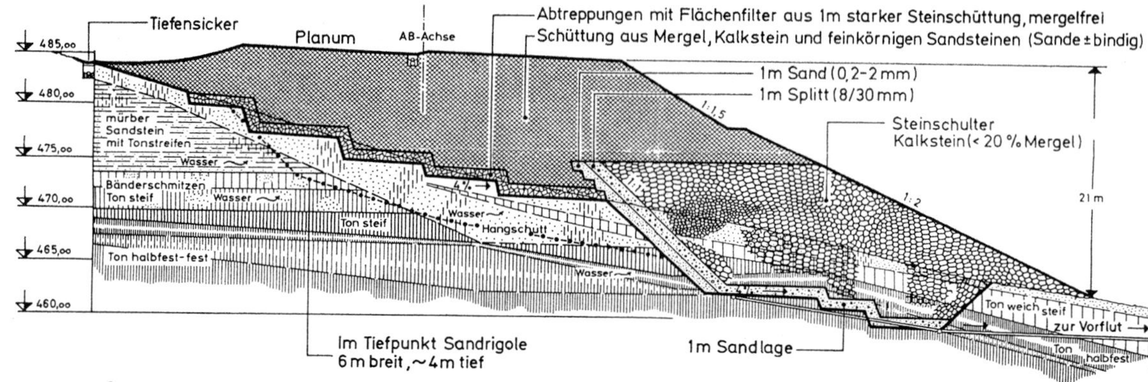

Bild 25: Hangdamm über Quellhorizont des Opalinustones

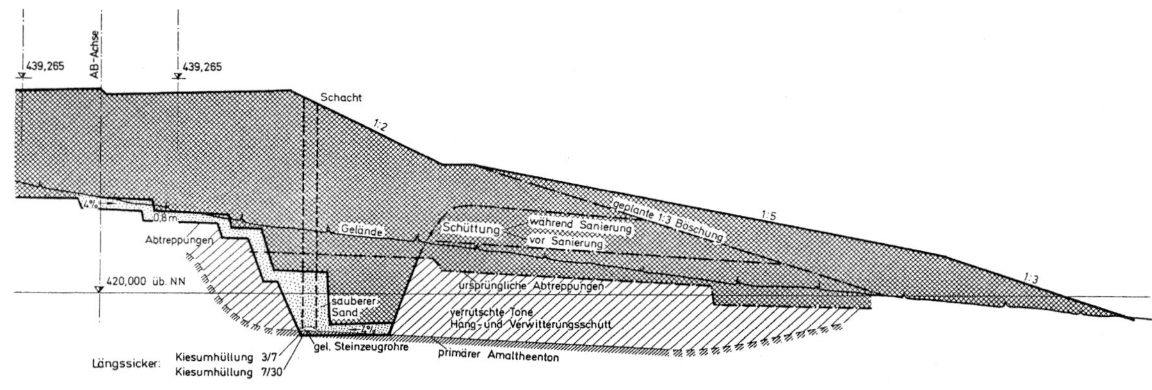

Bild 26: Hangdamm über Erosionsrinne

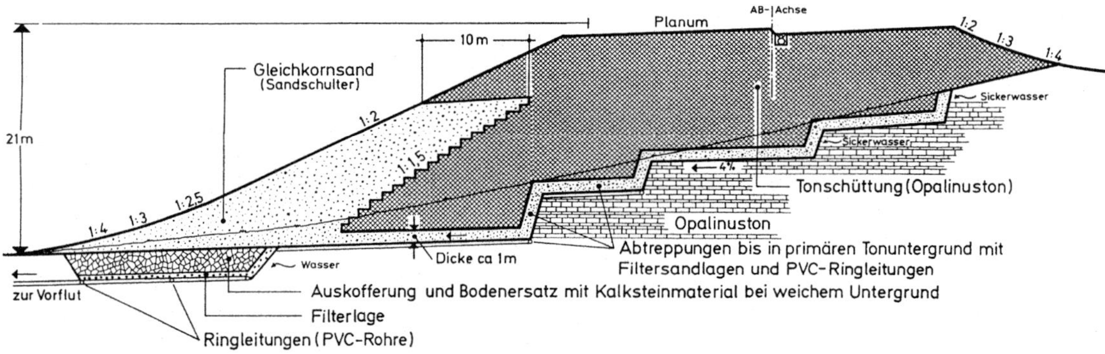

Bild 27: Hangdamm in stark abfallendem Gelände auf Tonuntergrund

böschungen; ggf. mit bewehrtem Spritzbeton in den Zwischenfeldern. Herstellung in Schacht- oder Brunnenbauweise.

f) Schlitzwand-Elemente; *Bild 29 d)*
Anwendung zur Erhöhung der Böschungsstabilität und zur Stabilisierung von Hangbewegungen. Bemessung auf Aufnahme von Querkräften und Biegemomenten mit oder ohne Kopfbalken bzw. Verankerung.

g) Stahlbeton-Riegel mit vorgespannten Ankern; *Bild 30*

h) Verbund-Tragsysteme mit Verpressankern oder Erdnägeln; s. Abschnitt 10 ZTV E-StB, Kom. 5.

Bild 28: Stufenweiser Böschungsabtrag mit sofortiger Absicherung durch verankerte Wandelemente (Elementwand)

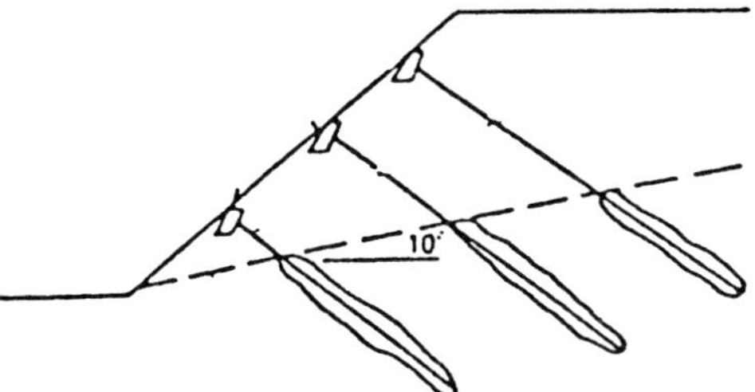

Bild 30: Stahlbeton-Riegel mit vorgespannten Ankern

(2) Böschungen mit standfestem Profil, die aber auf Dauer gegen Erosion, Abwitterung oder Frostauflockerung zu schützen sind, können durch Futtermauern oder Verkleidungswände gesichert werden; *Bild 31*. Herstellung aus Mörtel- oder Trockenmauerwerk, Ortbeton, Spritzbeton, Spritzmörtel. Dimensionierung ohne Erd- und Wasserdruck.

(3) Zur Sicherung örtlich brüchiger oder stark klüftiger Felspartien können je nach Einzelfall folgende Maßnahmen in Betracht kommen:

- Kopfmauern am oberen Böschungsrand zur Sicherung der Deckschichten
- Stahlbeton-Schürze zur Sicherung des Böschungsfußes
- Ankerbalken, z. B. längs von Bermen

a) Großbohrpfähle

Überschnittene Pfahlwand (jeder zweite Pfahl bewehrt)

Tangierende Pfahlwand (jeder Pfahl bewehrt)

b) Aufgelöste Pfahlwand aus Großbohrpfählen oder Stahlrohrpfählen oder Schlitzwandelementen

Erddruck

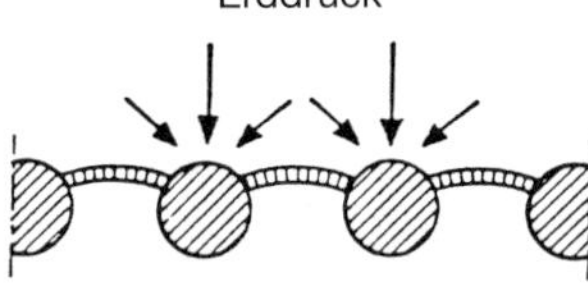

c) Stahlrohrpfähle (mit Beton aufgefüllt) mit und ohne Zusatzverstärkung

d) Schlitzwandelemente

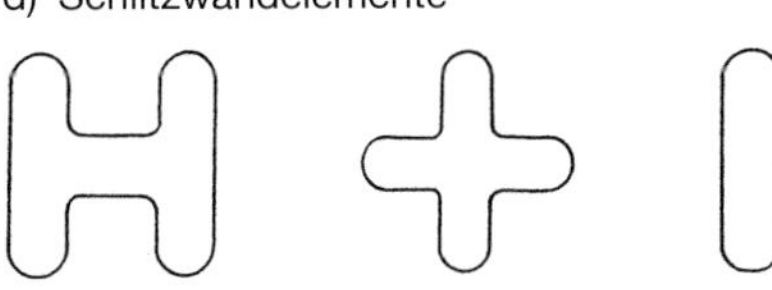

Bild 29: Sicherung mit biegesteifen Stützelementen

a) vorgesetzt

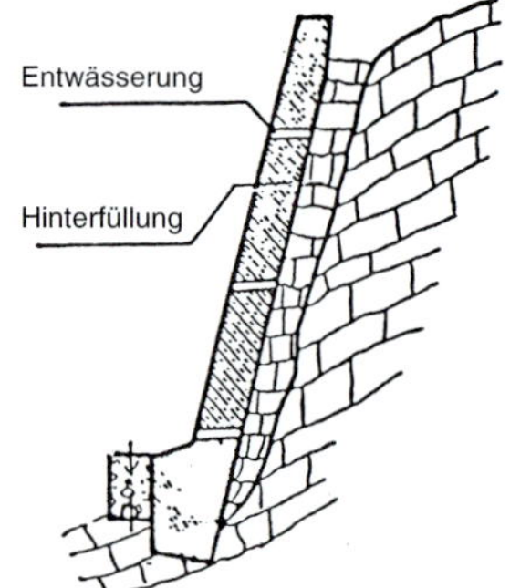

b) anhaftend

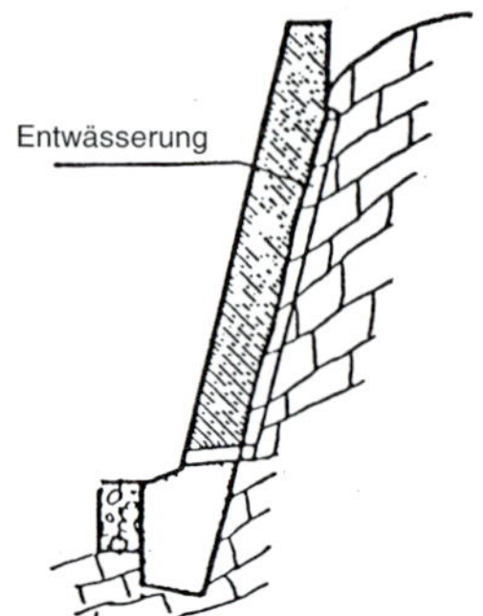

c) verankert

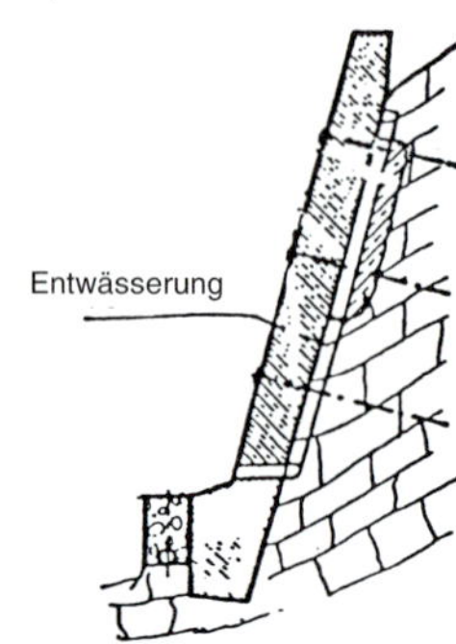

Bild 31: Futtermauern

- vernagelte Stahlgitter, auch zum Sichern des Böschungskopfes
- Pfeiler und Stützgewölbe zum Unterfangen von Felspartien
- Injektion örtlicher Bereiche oder großflächig
- Felsnägel oder Dübel
- Betonplomben oder Spritzbeton mit und ohne Stahlgitter
- Stahlbänder, Drahtnetze.

Entwässerung s. Abschnitt 10 ZTV E-StB, Kom. 1.10 und 8.6.

8.6 Schutzmaßnahmen an verwitterungsempfindlichen Böschungen

Die oberflächennahen Bereiche von Damm- und Einschnittsböschungen, die aus verwitterungsempfindlichen Böden oder Gesteinen bestehen, können durch die Einwirkung der Witterung entfestigen und abrutschen. Solche verwittungsbedingten Böschungsschäden lassen sich z. B. bei Jura- und Keupergesteinen, devonischen Schiefern, karbonischen Sand- und Schluffsteinen und auch in tertiären Tonen beobachten. Durch Trocknungs- und Befeuchtungszyklen im Rahmen von Laboruntersuchungen lässt sich erkennen, wie empfindlich der Boden oder das Gestein entfestigt oder zerfällt; Lit. (12).

Die Rutschungen entwickeln sich besonders dann, wenn Oberflächenwasser in die Böschungsbereiche eindringt, bei Dammböschungen auch dann, wenn das Schüttmaterial zu wenig oder mit zu hohem Wassergehalt verdichtet ist.

Ziel von Entwurf und Ausführung ist es, solche Abrutschungen sowie witterungsbedingte Verformungen der Böschungen, die sich bis unter die Fahrbahnen auswirken können, zu verhindern. Die Böschungsschäden lassen sich nur dann vermeiden bzw. abmindern, wenn die Böschungsbereiche sorgfältig aufgebaut und mitverdichtet und vor eindringendem Wasser geschützt werden.

Je nach Einzelfall kommen verschiedene bautechnische Maßnahmen in Betracht:

- Verwitterungsempfindliches, grobstückiges Dammschüttmaterial für den Einbau im Böschungsbereich mit feinkörnigem Boden mischen oder nur in Kernbauweise verwenden.
- Dämme aus verwitterungsempfindlichem Schüttmaterial möglichst nicht halbseitig bauen, da die Kontaktzonen wegen des schwierigen Anschlusseinbaues meist wasserwegig sind.
- Einbau in dünnen Lagen und intensive Verdichtung mit Stampffuß-Walzen, zusätzliche Verdichtung der Böschungsoberflächen mit Vibrations-Glattmantelwalzen oder Platten.
- Stabilisierung des Böschungsbereiches mit hydraulischem Bindemittel gemäß Eignungsprüfung; s. Abschnitt 12 ZTV E-StB.
- Aufgeweichte Oberflächen und Schüttplanien nicht überschütten, sondern abtrocknen lassen oder mit Bindemittel verbessern oder abtragen.
- Bermen in verwitterungsempfindlichen Böschungen nur mit dauerhaftem Gefälle nach außen für die Ableitung des Wassers anlegen und, wenn durch Befahren Spur-

rillen entstehen können, befestigen. Muss im Ausnahmefall das Gefälle zur Böschung hin angelegt werden, ist durch Anordnung einer dichten Rinne für die staufreie Längsentwässerung der Berme zu sorgen.

- Anpflanzungen in Pflanzrinnen ausführen, in denen das Oberflächenwasser frei abfließen kann. Pflanzlöcher begünstigen dagegen das Eindringen des Wassers und Aufweichen des Bodens in der Böschung. Oberbodenauflage sichern, wenn die Böschungen steiler als 1 : 2 ausgeführt werden; s. Abschnitt 5 ZTV E-StB.
- Längsentwässerungen mit oder ohne Sickerrohrleitungen in den Böschungsschultern und im Mittelstreifen zwischen den Fahrbahnen so abdichten, dass kein Wasser in den Dammkörper eindringen kann; gleichermaßen die Oberflächen nicht befestigter Mittelstreifen abdichten.
- Oberflächenwasser der Fahrbahnen nicht über verwitterungsempfindliche Böschungen frei abfließen lassen, sondern durch Bordsteine oder Rinnen gesammelt abführen.

Soweit Abrutschungen oder Böschungsverformungen bereits begonnen haben, kommen folgende Sofortmaßnahmen in Betracht:

Anordnung von plangemäßen Entwässerungen oder Dränbeton-Stützscheiben; s. Kom. 8.2. Austausch des entfestigten Bodens oder Gesteins und standfester Einbau von nicht witterungsempfindlichem Material sowie entsprechende Überschüttung der verbleibenden Flächen (Dicke 1–2 m); s. *Bild 32*; ggf. auch Böschung abflachen.

a) Flächenhafte Überschüttung mit verwitterungsbeständigem Gestein

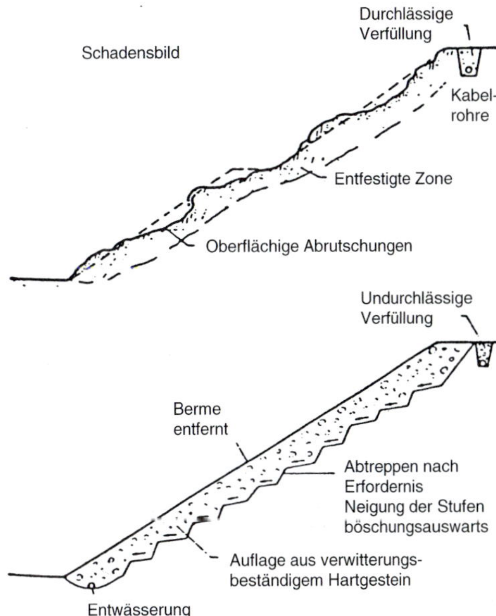

b) Flächenhafte Überschüttung mit Fußstützung

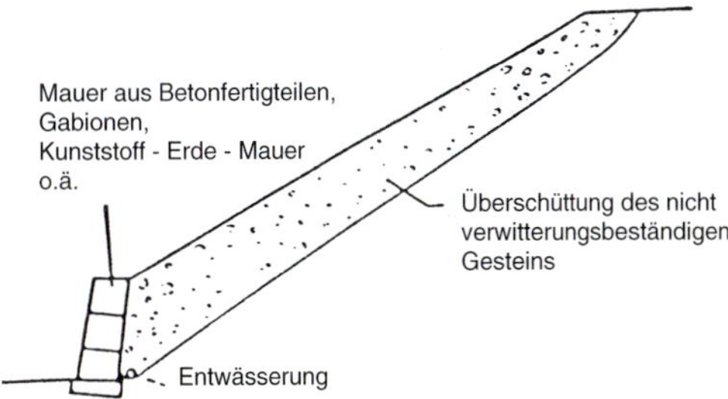

Bild 32: Sanierung schadhafter verwitterungsempfindlicher Böschungen Lit. (12)

9 Technische Regelwerke/Literatur

(1) DIN 18915: Vegetationstechnik im Landschaftsbau; Bodenarbeiten

(2) DIN 18916: Vegetationstechnik im Landschaftsbau; Pflanzen und Pflanzenarbeiten

(3) DIN 18917: Vegetationstechnik im Landschaftsbau; Rasen und Saatarbeiten

(4) DIN 18918: Vegetationstechnik im Landschaftsbau; Ingenieurbiologische Sicherungsbauweisen, Sicherungen durch Ansaaten, Bepflanzungen, Bauweisen mit lebenden und nichtlebenden Stoffen und Bauteilen, kombinierte Bauweisen

(5) DIN 18919: Vegetationstechnik im Landschaftsbau; Entwicklungs- und Unterhaltungspflege von Grünflächen

(6) ZTV La-StB: Zusätzliche Technische Vertragsbedingungen und Richtlinien für Landschaftsbauarbeiten im Straßenbau

(7) ZTV-W: Zusätzliche Technische Vertragsbedingungen – Wasserbau für Böschungs- und Sohlensicherungen (Leistungsbereich 210), Bundesministerium für Verkehr, Bau- und Wohnungswesen, 1991

(8) Grundlagen zur Bemessung von Böschungs- und Sohlensicherungen an Bundeswasserstraßen, Mitteilung der Bundesanstalt für Wasserbau (BAW), Karlsruhe, Nr. 87, 2004

(9) RAS-LP: Richtlinien für die Anlage von Straßen, Teil: Landschaftspflege, FGSV, 1996, Abschnitt 1 bis 4

(10) RR: Richtlinien für Rastanlagen an Straßen, FGSV

(11) Hinweise zur Berücksichtigung des Naturschutzes und der Landschaftspflege beim Bundesstraßenbau (HNL), Bundesministerium für Verkehr, Ausgabe 1999

(12) Bundesminister für Verkehr: Verwitterungsbedingte Rutschungen an Dammböschungen (L. Wichter, R. Bohrmann, G. Gay), Forschung Straßenbau und Straßenverkehrstechnik, Forschungsberichte, H. 611, 1991

(13) DVWK-Merkblatt 210: Flussdeiche, Verlag Paul Parey, Hamburg und Berlin 1986

(14) Merkblatt Anwendung von Regelbauweisen für Böschungs- und Sohlensicherungen an Wasserstraßen (MAR), Bundesanstalt für Wasserbau (BAW), Karlsruhe 2008

(15) Merkblatt Anwendung von geotextilen Filtern an Wasserstraßen (MAG), Bundesanstalt für Wasserbau (BAW), Karlsruhe 1993

(16) Merkblatt für einfache landschaftsgerechte Sicherungsbauweisen, FGSV, 1991

(17) Merkblatt für Baumpflegearbeiten an Straßen, Bundesministerium für Verkehr, Ausgabe 1994

(18) Empfehlungen für den Bau und die Sicherung von Böschungen, Deutsche Gesellschaft für Erd- und Grundbau, Die Bautechnik 12, 1962

(19) Empfehlungen des Arbeitskreises Geotechnik der Deponiebauwerke, 3. Auflage, DGGT, Ernst & Sohn, Berlin 1997

(20) Empfehlungen zur Anwendung von Oberflächendichtungen an Sohle und Böschung von Bundeswasserstraßen, Bundesanstalt für Wasserbau (BAW), Karlsruhe, Nr. 85, 2002

(21) Empfehlungen des Arbeitsausschusses „Ufereinfassung“ (EAU), Häfen und Wasserstraßen, 10. Auflage, Ernst & Sohn, Berlin 2004

(22) Empfehlungen zur Straßenbepflanzung in bebauten Gebieten, FGSV, 1991

(23) Empfehlungen für die landschaftsgerechte Gestaltung von Stützbauwerken, FGSV, 1999

(24) Knorre, M. E., Abramov, S. K. u. Rogozin, J. S.: Erdrutsche und ihre Bekämpfung, Schriftenreihe des Verlages Technik (SVT), Bd. 89, VEB Verlag Technik, Berlin 1963

(25) Löwenberg, H.: Einbau und Verdichtung und Verdichtungsprüfung von Sand beim Spülverfahren im Straßenbau, Mitteilungen des Franzius-Instituts der Technischen Hochschule Hannover, H. 23, 1963

(26) Brendlin, H.: Die Schubspannungsverteilung in der Sohlfuge von Dämmen und Böschungen, Veröffentlichungen des Instituts für Bodenmechanik und Felsmechanik, Universität Karlsruhe, H. 10, 1968

(27) Brandecker, H.: Die Gestaltung von Böschungen in Lockermassen und in Fels, Forschungsberichte der Forschungsgesellschaft für das Straßenwesen im Österreichischen Ingenieur- und Architekten-Verein, H. 3, 1971

(28) Olschowy, G.: Naturschutz und Umweltschutz in der Bundesrepublik Deutschland, Parey Verlag, Hamburg/Berlin 1978

(29) Hjulström, F.: Studies of the morphological activity of river as illustrated by River Fyriers (1935), in: Louis, H. u. Fischer, K. (Hrsg.): Allgemeine Geomorphologie, Bulletin of the Geological Institute, University of Uppsala 25, De Gruyter, Berlin 1979

(30) Brauns, J.: Spreizsicherheit von Böschungen auf geeignetem Gelände, Bauingenieur 55, 1980

(31) Wilmers, W.: Gebirgsschonendes Sprengen zum Herstellen von Felsböschungen, Gräben und Baugruben, Nobel-Hefte, 1982

(32) Hirschberger, H.: Böschungsherstellung durch Aufspülen, Grundbau-Taschenbuch, Teil 2, 6. Auflage, Ernst & Sohn, Berlin 2001

(33) Schiechtl, H. M.: Böschungssicherung mit ingenieurbiologischer Bauweise, Grundbau-Taschenbuch, Teil 2, 6. Auflage, Ernst & Sohn, Berlin 2001

(34) Schuppener, B.: Die Bemessung von Böschungssicherungen mit Pflanzen, Geotechnik 24, Nr. 3, 2001

(35) Toepfer, A. C.: Herstellung von Geländeeinschnitten und Böschungen im Fels, in: Grundbau-Taschenbuch, Teil 2, 6. Auflage, Ernst & Sohn, Berlin 2001

Teil 2

7 Abdichtungen

7 Abdichtungen

Siehe DIN 18300, Abschnitt 3.4.3.

7.1 Allgemeines

Für Abdichtungen eignen sich Dichtungskörper aus mineralischen Böden und Bodengemischen sowie dünnlagige Dichtungselemente aus Geokunststoffen. Sie sind Bestandteil eines Dichtungssystems, das zusätzlich aus Schutz-, Stütz- und Sickerschichten bestehen kann.

Die maßgeblichen Anforderungen (Dicke, Durchlässigkeitsbeiwert u. a.) an die Abdichtungen sind den anwendungsbezogenen Regelwerken, z. B. RiStWag und RAS-Ew zu entnehmen und in der Leistungsbeschreibung anzugeben. Abdichtungen werden auch als Bauweisen für technische Sicherungsmaßnahmen eingesetzt (M TS E).

Bei der Auswahl des Dichtungssystems sind die mechanischen, biologischen und chemischen Beanspruchungen zu berücksichtigen.

Abdichtungen sind an Bauwerken und Durchdringungen dauerhaft dicht anzuschließen.

Dichtungssysteme sind stand- und auftriebssicher auszubilden.

Sofern bei Abdichtungen in Straßenböschungen Sicker- oder Schichtenwasser zu erwarten ist, ist die Entstehung von drückendem Wasser unter der Abdichtung durch eine leistungsfähige Sickerschicht mit entsprechender Vorflut zu verhindern.

7.2 Abdichtungen aus mineralischen Böden, Bodengemischen und Baustoffen

Die Verwendung von mineralischen Böden, Bodengemischen und Baustoffen zur Abdichtung von Flächen, die stärker als 1 : 3 geneigt sind, erfordert in jedem Fall den Nachweis der Standsicherheit des Dichtungssystems.

Der Dichtungskörper muss durch bautechnische Maßnahmen (z. B. Überdeckung oder Einbindung in den Untergrund) gegen äußere Einflüsse so geschützt werden, dass seine Funktionsfähigkeit dauerhaft gegeben ist.

Für Abdichtungen aus mineralischen Böden und Bodengemischen eignen sich die in der Tabelle 5 angegebenen Bodengruppen. Es gelten die in der Tabelle 5 aufgeführten Verdichtungsanforderungen.

Tabelle 5: Anforderungen an das 10 %-Mindestquantil des Verdichtungsgrades D_{Pr} bzw. an das 10 % Höchstquantil für den Luftporenanteil n_a bei Abdichtungen

Bodengruppen	D_{Pr} in %	n_a in Vol.-%
GU*, GT*, SU*, ST*, TL, TM, TA, OT	95 %	5 Vol.-%

Andere Bodengruppen oder geringere Verdichtungsgrade oder höhere Luftporenanteile n_a sowie andere Baustoffe sind dann zulässig, wenn nachgewiesen wird, dass Dichtigkeit, Standsicherheit und Gebrauchsfähigkeit gewährleistet sind.

Abdichtungen sind besonders sorgfältig und gleichmäßig zu verdichten.

7.3 Abdichtungen aus Kunststoffdichtungsbahnen und geosynthetischen Tondichtungsbahnen

Schädliche mechanische Beanspruchungen der Dichtungsbahnen sind durch die Anordnung geeigneter mineralischer oder geotextiler Stütz- bzw. Schutzschichten zu verhindern.

Dies ist in der Leistungsbeschreibung anzugeben.

Die Unterlage der Dichtungsbahnen ist so herzustellen, dass eine für die Funktionsfähigkeit des Dichtungssystems ausreichende Ebenheit erreicht wird.

Die Verlegung der Dichtungsbahnen hat nach den Verlegeanleitungen der Hersteller und nach einem Verlegeplan zu erfolgen. Aus dem Verlegeplan muss die Lage jeder einzelnen Bahn und die für die jeweilige Verbindungstechnik notwendige Überlappung hervorgehen. In den Verlegeplan ist der Arbeitsfortschritt einzutragen. Der Verlegeplan ist nach Beendigung der Arbeiten dem Auftraggeber zu übergeben (siehe Abschnitt 15).

Die Verbindungs- bzw. Überlappungstechnik ist anzugeben. Die Dichtheit der Verbindungen bzw. Überlappungen ist nachzuweisen.

Die Anforderung an das 5 %-Mindestquantil der Dicke von Kunststoffdichtungsbahnen beträgt $d_{5\%} = 2$ mm.

Für die Fügung von Kunststoffdichtungsbahnen gelten die Richtlinien DVS 2225, Teile 1 bis 4.

Siehe auch M Geok E. Nähere Hinweise zu Materialien, Eigenschaften, Entwurf und Ausführung von geosynthetischen Tondichtungsbahnen (Bentonitmatten) enthalten die EAG-GTD.

Für die Standsicherheit ist das Reibungsverhalten des Dichtungssystems (Stützschicht-Dichtungsbahn-Schutzschicht) zu beachten. Zum Erreichen der Standsicherheit kann ein zusätzliches Bewehrungselement, z. B. ein Geogitter, erforderlich sein. Hinweise zur Auswahl und Bemessung sind in den EBGEO enthalten.

7.4 Andere Abdichtungssysteme

Sollen andere als die in den Abschnitten 7.2 und 7.3 beschriebenen Dichtungssysteme zum Einsatz kommen, ist deren Eignung für den jeweiligen Anwendungsfall festzustellen. Die Anforderungen und die Ausführungsbedingungen sind in der Leistungsbeschreibung anzugeben.

Inhalt Kommentar

1 Einwirkungen auf Grundwasser

Die gesetzlichen Auflagen für den Schutz des Grundwassers bei baulichen Anlagen ergeben sich aus einer Reihe von Rechtsgrundlagen. Hierzu gehören die in Kom. 6 zusammengestellten technischen Regelwerke.

Das vom Straßenverkehr ausgehende Gefährdungspotenzial entsteht durch spezifische Einwirkungen, die hinsichtlich der Dauer und Häufigkeit ihres Auftretens in ständig, vorübergehend und außergewöhnlich unterteilt werden; *Bild 1*. Die ständigen Einwirkungen werden durch Abgase, Bremsen-, Reifen- und Fahrbahnabrieb sowie durch Tropfverluste verursacht. Tausalzstreuung stellt eine vorübergehende Einwirkung dar. Außergewöhnliche Einwirkungen gehen von Emissionen wassergefährdender Stoffe bei Verkehrsunfällen aus.

Die durchschnittliche tägliche Verkehrsmenge (DTV) und die Zusammensetzung des Verkehrs sind geeignete Kriterien, Straßen in Gruppen mit unterschiedlichem Gefährdungspotenzial einzuteilen: Straßen mit einem DTV unter 2000 Kfz können eine geringe, mit einem DTV von 2000 bis 15000 Kfz eine mittlere und mit einem DTV über 15000 Kfz eine hohe Gefährdung verursachen.

Für die Beeinflussung der Gewässerbeschaffenheit durch Straßenabflüsse ist das Verhalten der folgenden Stoffgruppen von entscheidender Bedeutung: Tausalze, Kohlenwasserstoffe und straßenspezifische Schwermetalle. Leicht abbaubare Stoffe belasten die Umwelt wegen der kürzeren Einwirkungszeit weniger als schwer abbaubare Substanzen. Hohes Sorptionsvermögen des Bodens dämpft den Stoffeintrag in das Grundwasser. Stoffe mit geringer Wasserlöslichkeit reichern sich in Böden an und gelangen dadurch kaum oder überhaupt nicht in das Grundwasser. Flüssigkeiten mit einer größeren Dichte als Wasser können Grundwasserleiter in vertikaler Richtung durchdringen.

Die Einrichtung und der Betrieb von Straßenbaustellen dürfen nicht durch unvorschriftsmäßige Abwasser- und Abfallbeseitigung sowie unsachgemäße Lagerung und Verwendung umweltgefährdender Stoffe zur Belastung von Böden und Gewässern führen.

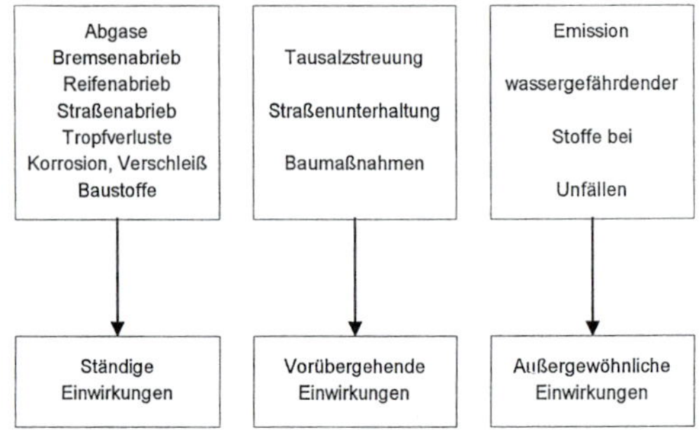

Bild 1: Gefährdungen des Grundwassers

2 Verlagerung straßenspezifischer Stoffe in den Untergrund

Zur Verlagerung straßenspezifischer wassergefährdender Stoffe im Untergrund bestehen folgende Erkenntnisse; Lit. (37), (40), (41), (44):

- Ständige Einwirkungen

  Die Konzentrationen wassergefährdender Stoffe aus ständigen Einwirkungen werden in der belebten Bodenzone erheblich reduziert, sodass eine breitflächige Entwässerung über bewachsene Seitenstreifen grundsätzlich anzustreben ist. Da für den Abbau der hohen Mineralöl- und Benzingehalte im Fahrbahnabfluss (Leitparameter der Stoffe aus ständigen Einwirkungen) eine ausreichende Verweildauer des Sickerwassers gegeben sein muss, kommt der Bodendurchlässigkeit der Grundwasserüberdeckung besondere Bedeutung zu. Hierbei sind Festgesteine im Vergleich zu Lockergesteinen als weniger schützend zu bewerten, da die Wasserbewegung über Klüfte oder Karsthohlräume abläuft.

- Vorübergehende Einwirkungen

  Die straßenspezifischen Natriumgehalte im fahrbahnnahen Sickerwasser nehmen aufgrund von Sorptionsprozessen in der belebten Bodenzone stark ab. Wegen ihrer hohen Mobilität wird die Verlagerung straßenspezifischer Chloride im Untergrund allenfalls zeitlich verzögert – eine Auswaschung bis ins Grundwasser wird auch bei geringer Bodendurchlässigkeit nicht verhindert. Als hydrogeologische Schutzwirkung gegenüber vorübergehenden Einwirkungen kann die Verringerung der Chloridkonzentrationen durch hydrodynamische Dispersion im strömenden Grundwasser (Verdünnung) angesehen werden.

- Außergewöhnliche Einwirkungen

  Aufgrund der bei Unfällen beim Transport wassergefährdender Stoffe grundsätzlich zu ergreifenden Sofort- und Folgemaßnahmen ist der zeitliche Verlauf einer konvektiven (strömungsbedingten) Verlagerung der wegen ihrer hydrodynamischen Eigenschaften maßgebenden Ottokraftstoffe im Untergrund bestimmend. Hierbei handelt es sich prinzipiell um eine hochgradig instationäre Mehrphasenströmung, da die Durchlässigkeit und die Kapillarität des Bodens für die einzelnen Phasen von der räumlich und zeitlich veränderlichen Sättigungsverteilung abhängen. Da die Schadstoffeingabe im Allgemeinen mit geringem Druck (kein nennenswerter Aufstau) erfolgt, wirkt nahezu ausschließlich die Gravitation. Wassergesättigte fein- und gemischtkörnige Böden sind unter diesen Bedingungen für Mineralölprodukte nahezu undurchlässig (konvektionsdicht). In grobkörnigen Lockergesteinen kann die punktförmige Infiltration eines nicht wassermischbaren Fluids näherungsweise einer Einphasenströmung entsprechen, wenn die Porenluft mit vernachlässigbarem Widerstand zur Seite hin verdrängt wird.

In oberflächennahen Bodenschichten sind besondere Störungen des Bodengefüges – vor allem Schrumpfrisse, Durchwurzelungen, Wurmröhren und Mausgänge – zu berücksichtigen, die zu einer stark beschleunigten Verlagerung der wassergefährdenden Stoffe führen können.

3 Sicherheitsbewertung der Maßnahmen zum Grundwasserschutz

Im Rahmen von Risikobewertungen wird ermittelt, ob neben den jeweiligen örtlich vorliegenden hydrogeologischen Schutzwirkungen zusätzliche Schutzmaßnahmen gegenüber den ständigen, vorübergehenden und/oder außergewöhnlichen straßenspezifischen

Einwirkungen erforderlich sind. Folgende hydrogeologische Schutzwirkungen können hierbei von Bedeutung sein:

Ständige Einwirkungen
- unverletzte belebte Bodenzone
- Aufbau und Durchlässigkeit der Grundwasserüberdeckung.

Vorübergehende Einwirkungen
- Mächtigkeit und Strömungsgeschwindigkeit des Grundwassers.

Außergewöhnliche Einwirkungen
- Mächtigkeit und Durchlässigkeit der weitgehend ungestörten Grundwasserüberdeckung (ab etwa –1 m unter Gelände).

Nach Lit. (40), (41) ergeben sich aus den drei Einzelbewertungen der standortspezifischen Schutzwirkungen verschiedene Variationen für die Gesamtbewertung, bei denen in den meisten Fällen zusätzliche Schutzmaßnahmen zur Risikominderung erforderlich werden. Folgende Arten von Schutzmaßnahmen stehen hierfür zur Verfügung:

Vermeidung gefährdender Handlungen
- Verzicht auf Tausalzstreuung
- Verbote (Verbotsschilder).

Verkehrstechnische und betriebliche Maßnahmen
- Erhöhung der Verkehrssicherheit
- Sofort- und Folgemaßnahmen bei Unfällen beim Transport wassergefährdender Stoffe.

Passive Schutzeinrichtungen
- Distanzschutzplanken
- Betongleitwände
- Erdwälle.

Entwässerungseinrichtungen
- Fahrbahnentwässerung
- Weiterleitung (z. B. Mulden)
- Ableitung (z. B. Versickerungsanlage).

Untergrundabdichtungen
- Mineralische Abdichtungen
- Kunststoffdichtungsbahnen
- Bentonitdichtungsmatten
- Asphaltbetondichtungen.

Alle in Betracht kommenden Schutzmaßnahmen sind im Einzelfall auf ihre Wirksamkeit und Zuverlässigkeit nach folgenden Kriterien zu prüfen:

Passive Schutzeinrichtungen

Wirksamkeit
- Durchbruchsicherheit
- Kippsicherheit für Tankfahrzeuge
- Beschädigungsrisiko für Tankfahrzeuge.

Zuverlässigkeit
- Beständigkeit (Korrosion)
- Wartungsaufwand
- Robustheit bei Anprallvorgängen.

Entwässerungseinrichtungen

Wirksamkeit
- hydraulische Leistungsfähigkeit
- Sperrwirkung (wassergefährdende Stoffe)
- Rückhalte- und Reinigungsvermögen (wassergefährdende Stoffe).

Zuverlässigkeit
- Beständigkeit (Korrosion)
- Wartungsaufwand
- Sanierungsaufwand bei Unfällen mit wassergefährdenden Stoffen.

Untergrundabdichtungen

Wirksamkeit
- Durchlässigkeitsanforderung
- Homogenität.

Zuverlässigkeit
- Beständigkeit gegenüber mechanischen, chemischen, biologischen und klimatischen Einwirkungen.

Art und Umfang der im Einzelfall zusätzlich erforderlichen Schutzmaßnahmen müssen neben den Erfordernissen des Grundwasserschutzes auch andere Bedingungen berücksichtigen, z. B.

- Ortsverhältnisse: Querschnittstopographie, hydrogeologische Verhältnisse,
- bautechnische Gegebenheiten: Neubaustrecke oder bestehende Strecke, Wechselwirkungen zwischen einzelnen Bauelementen – z. B. Entwässerungseinrichtungen und Dichtungssystem –, Eignung der bautechnischen Schutzmaßnahmen,
- sonstige Kriterien: verkehrstechnische Nutzungsbeschränkungen, z. B. Verbot für Gefahrgut-Transporte, wirtschaftliche Überlegungen.

4 Bautechnische Maßnahmen in Wasserschutzzonen

Die „Richtlinien für bautechnische Maßnahmen an Straßen in Wassergewinnungsgebieten" (RiStWag) beinhalten Planungsgrundsätze für bautechnische Schutzmaßnahmen mit dem Ziel, eine Beeinträchtigung der Gewässer in Schutzgebieten des Grundwassers und der Trinkwassertalsperren durch den Bau und Betrieb von Verkehrsflächen zu vermeiden. Die Richtlinien gelten auch für Gebiete, die der Wassergewinnung dienen oder dafür vorgesehen sind.

Grundsatz der Wassergesetze (Wasserhaushaltsgesetz – WHG –, Landeswassergesetze) ist, alle Gewässer zum Wohl der Allgemeinheit vor nachhaltigen Einwirkungen zu schützen. Eines besonderen Schutzes bedürfen die Einzugsgebiete von öffentlichen Wassergewinnungsanlagen und staatlich anerkannten Heilquellen.

Die Schutzgebiete werden in folgende Schutzzonen gegliedert:

Zone I Fassungsbereich (bei Grundwassergewinnungsanlagen), Stauraum mit Uferzone (bei Trinkwassertalsperren)

Zone II Engere Schutzzone

Zone III Weitere Schutzzone.

Eine Unterteilung der einzelnen Schutzzonen ist möglich, z. B. III A, III B bei Schutzgebieten für Grundwasser oder II A, II B bei Schutzgebieten für Trinkwassertalsperren.

Die für die jeweiligen Schutzzonen geltenden Regelungen sind in der Schutzgebietsverordnung festgelegt. Für die Gewässer, die künftig zur öffentlichen Wasserversorgung genutzt werden sollen, ist im Einzelfall zu prüfen, welche Schutzmaßnahmen bereits beim Bau der Straße vorzusehen sind.

Bei staatlich anerkannten Heilquellen werden im Allgemeinen vier Schutzzonen (Zone I–IV) gegen qualitative und vier Schutzzonen (Zone A–D) gegen quantitative Beeinträchtigungen ausgewiesen.

Die bautechnischen Maßnahmen sind zu dokumentieren, damit die dem Grundwasser- und Gewässerschutz dienenden Einrichtungen sachgemäß gewartet und erhalten werden können. Sie richten sich nach der Schutzbedürftigkeit der jeweiligen Wasserschutzzone und sind im Einzelnen für Verkehrsflächen in Dammlage, in Geländehöhe und in Einschnitten sowie für Brückenbauwerke in den Richtlinien aufgeführt.

Tabelle 1: Schutzwirkung der Grundwasserüberdeckung (RiStWag)

Zeile	Durchlässigkeit	Mächtigkeit	Schutzwirkung
1	$k_f < 1 \cdot 10^{-7}$ m/s	> 2 m	groß
		1–2 m	mittel
		< 1 m	gering
2	$k_f < 1 \cdot 10^{-6}$ m/s bis $1 \cdot 10^{-7}$ m/s	> 4 m	groß
		2–4 m	mittel
		< 2 m	gering
3	$k_f < 1 \cdot 10^{-4}$ m/s bis $1 \cdot 10^{-6}$ m/s	> 8 m	groß
		4–8 m	mittel
		< 4 m	gering
4	$k_f < 1 \cdot 10^{-3}$ m/s bis $1 \cdot 10^{-4}$ m/s	> 15 m	groß
		5–15 m	mittel
		< 5 m	gering
5	$k_f > 1 \cdot 10^{-3}$ m/s	gering	

Tabelle 2: Bemessung der Abscheider für Leichtflüssigkeit nach RAS-Ew

Berechnungsregeln	r	r_{15}
Regenhäufigkeit	n	1,0
Abflussbeiwert – befestigte Flächen – unbefestigte Nebenflächen	φ	 0,90 0,10–0,40
Bemessungszufluss	Q_b	100 m³/s
Steiggeschwindigkeit	v_s	9 m/h
Oberfläche des Abscheiders	0	≥ 40 m²
Länge / Breite Tiefe / Länge		≥ 3 : 1 ~1 : 10

Die Schutzwirkung einer Grundwasserüberdeckung wird, wie aus *Tab. 1* hervorgeht, in Abhängigkeit von der Mächtigkeit und Durchlässigkeit der Deckschichten bewertet und mit den Kategorien „groß“, „mittel“ und „gering“ unterschieden. Im Einzelfall kann diese Unterscheidung nicht ausreichen und es notwendig sein, weitere hydrologische bzw. geologische Einflussgrößen des Standortes zu berücksichtigen. Felsformationen als Grundwasserüberdeckung erfordern in der Regel besondere Untersuchungen hinsichtlich der Schutzwirkung, um die Wasserwegigkeiten und Durchlässigkeiten hinsichtlich Anisotropie und Inhomogenität zu erkennen.

Die RiStWag enthalten folgende Planungs- und Baugrundsätze:

Fassungsbereich (Zone I)

Die Führung einer Straße durch Zone I einer Wassergewinnungsanlage ist unvereinbar mit

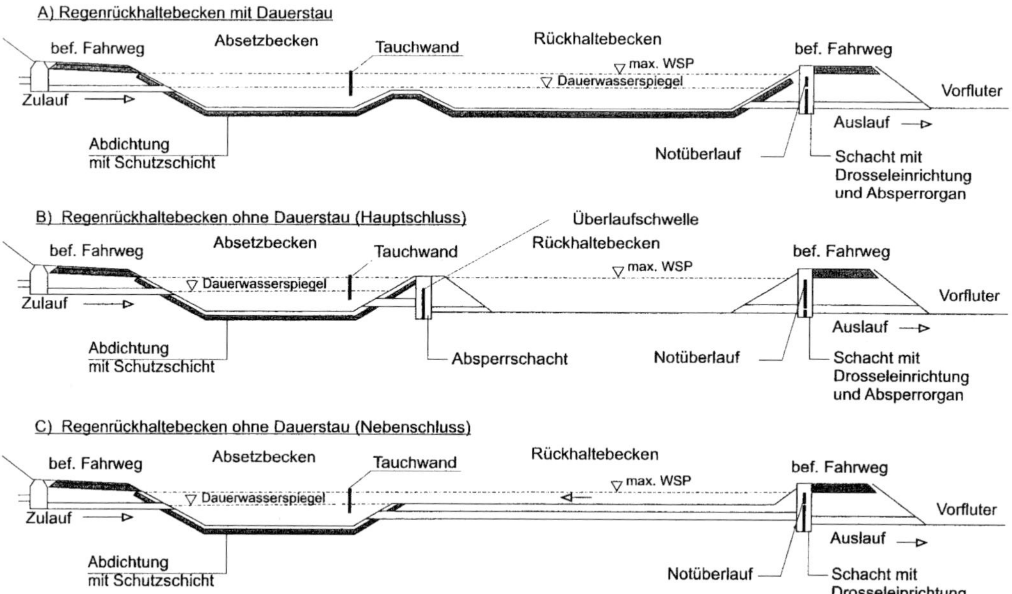

Bild 2: Prinzipskizze für Regenrückhaltebecken (Erdbecken) mit Absetzbecken – Beispiele nach RiStWag

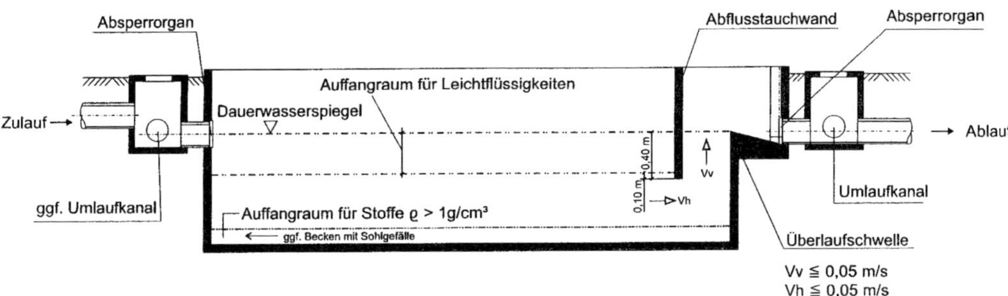

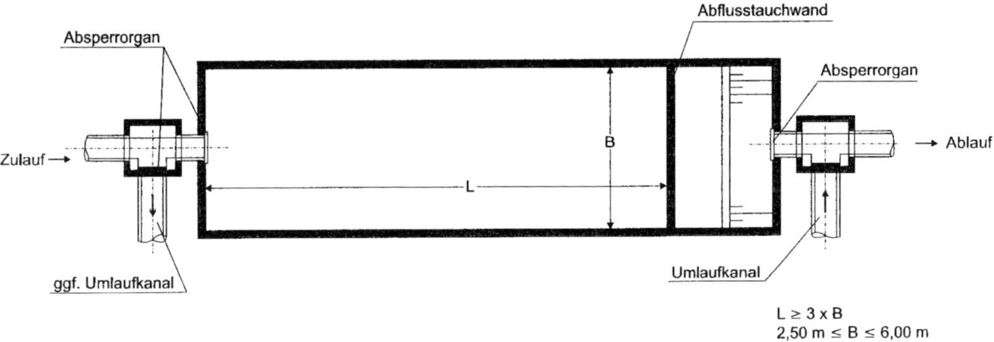

Bild 3: Prinzipskizze einer RiStWag-Anlage (Absetzanlage mit Leichtstoffrückhaltung)

den Bedürfnissen des Trinkwasserschutzes. Ist aus zwingenden Gründen und unter Abwägung aller Gesichtspunkte des öffentlichen Wohls eine Straßenführung durch die Zone I von Grundwassergewinnungsanlagen nicht zu vermeiden, sind die betroffenen Anlagen zu verlegen oder ggf. stillzulegen.

Engere Schutzzone (Zone II)

Der Bereich von Schutzzone II ist von Straßen freizuhalten. Ist aus zwingenden Gründen und aus Abwägung aller Gesichtspunkte des öffentlichen Wohls eine Straßenführung durch die Zone II nicht zu vermeiden, muss ein ausreichender Schutz des Gewässers auf jeden Fall gewährleistet sein. Knotenpunkte sind in Zone II zu vermeiden, Tank- und Rastanlagen nicht zulässig.

Weitere Schutzzone (Zone III)

In den Schutzzonen III bzw. III A und III B sind Schutzmaßnahmen in Abhängigkeit von der Schutzwirkung der Grundwasserüberdeckung und dem o. g. dreistufigen DTV-Gefährdungspotenzial erforderlich, wobei insgesamt vier Maßnahmenstufen unterschieden werden.

Die Richtlinien behandeln im Weiteren die in Wasserschutzgebieten in der Regel erforderlichen Absetzanlagen und Abscheider für die Rückhaltung und Reinigung des von den Verkehrsflächen ablaufenden schadstoffbelasteten Oberflächenwassers; s. hierzu auch Abschnitt 4.6 ZTV E-StB, Kom. 5. Gesammeltes Oberflächenwasser darf in einen Vorfluter nicht eingeleitet werden, wenn dieser nach kurzer Fließstrecke die Zone I oder II einer Trinkwassergewinnung durchfließt (Mittelwasserabfluss weniger als zwei Stunden von der Schutzzone entfernt). Durchfließt der Vorfluter eine Schutzzone III, darf seine Wasserbeschaffenheit nicht verschlechtert werden.

In diesem Fall werden daher in der Regel Abscheideranlagen notwendig. Für Abscheider gelten die Baugrundsätze nach DIN 1999 oder gemäß RiStWag für Verkehrsflächen in Wassergewinnungsgebieten. Für das Bemessen der Abscheider gelten die in *Tab. 2* zusammengestellten Mindestanforderungen. Wird der Abscheider mit einer Rückhalteanlage

Bild 4:
Prinzip einer Anlage mit integrierter Regenrückhaltung nach RiStWag

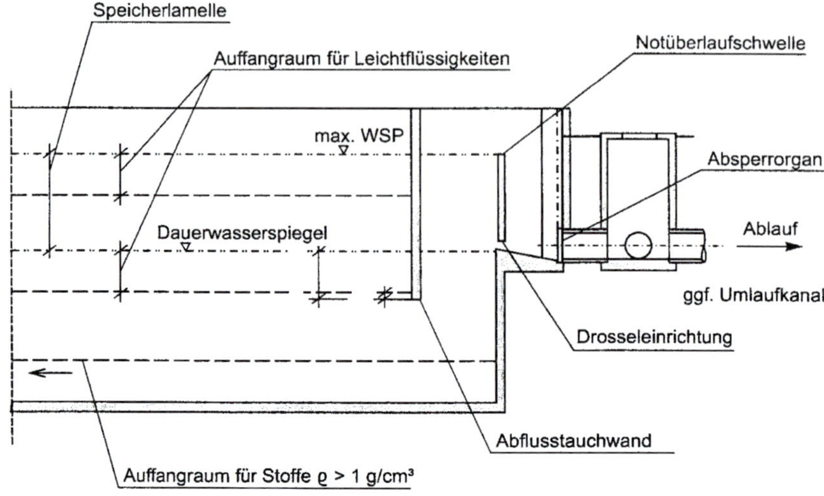

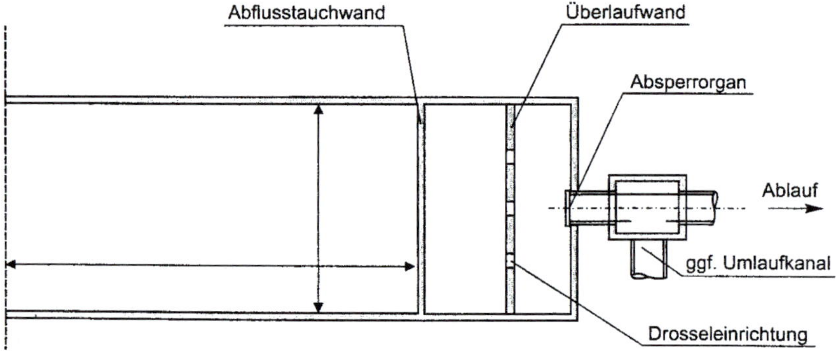

kombiniert, ist der Bemessungszufluss Q_b entsprechend dem maximalen Abfluss aus der Rückhalteanlage anzusetzen.

Ausführungsbeispiele für Absetz- und Abscheideranlagen nach RiStWag s. *Bilder 2, 3* und *4*.

Die Richtlinien geben auch Schutzmaßnahmen für die Baustelleneinrichtungen und Baudurchführungen an. Das Lagern, Abfüllen und Umschlagen von wassergefährdenden Stoffen ist im Wasserhaushaltsgesetz, in dem im jeweiligen Land geltenden Wassergesetz und in der jeweiligen Lagerverordnung mit den hierzu ergangenen Vollzugsbestimmungen geregelt. Diese Vorschriften sind ergänzend zu den Vorschriften über den Transport gefährlicher Güter zu beachten.

5 Technische Optionen für Abdichtungen

5.1 Allgemeine Anforderungen

Die Wahl des Abdichtungssystems wird im Wesentlichen durch lokale und wirtschaftliche Verfügbarkeit der Baustoffe sowie durch die vorgesehene Tiefenlage der Abdichtung (Hoch- und Tieflage) bestimmt; *Bilder 5* und *6*. Direkt unter Verkehrsflächen können bindige setzungsempfindliche Dichtungsböden nicht verwendet werden. In diesen Fällen werden deshalb Kunststoffdichtungsbahnen, Bentonitdichtungsmatten oder hydraulisch bzw. bituminös gebundene Flächenabdichtungen bevorzugt geeignet sein.

Allgemein hat die Anwendung von geosynthetischen Dichtungsstoffen gegenüber mineralischen Baustoffen infolge minimaler Schichtdicken den Vorteil der erheblich geringeren Masse und damit des einfachen und kostengünstigen Transportes und Einbaus. Außerdem entfällt das kostenintensive und technisch schwierige Verdichten der mineralischen Abdichtungs- und Dränageschichten. Als Geokunststoffe für Abdichtungen stehen Kunststoffdichtungsbahnen und geosynthetische Tondichtungsbahnen, die als Verbundsystem aus zwei Geotextilien (Trag- und Schutzschicht) und einer zwischenliegenden, quellfähigen und die Dichtheit erzeugenden Tonmehlschicht bestehen, zur Verfügung. Eigenschaften und prinzipielle Vor- und Nachteile s. Kom. 5.3 und 5.4.

Insbesondere in Einschnittsbereichen ist darauf zu achten, die Abdichtungen so zu entwerfen und auszuführen, dass keine Stauwasser entstehen und Sicker- oder Schichtwässer aus der Böschung frei abgeleitet werden können. Solche Fälle erfordern unter der Abdichtung eine Flächendränage. Andernfalls besteht die Gefahr, dass sich ein Staudruck hinter der Abdichtung aufbaut und diese abgleitet. Da zumeist ein nach den Filtergesetzen aufgebauter mineralischer Filter für solche Flächendränagen schwierig einzubauen sein wird, können stattdessen geeignete Filtervliese bzw. filterstabile Verbunddränelemente aus Kunststoff in Betracht kommen.

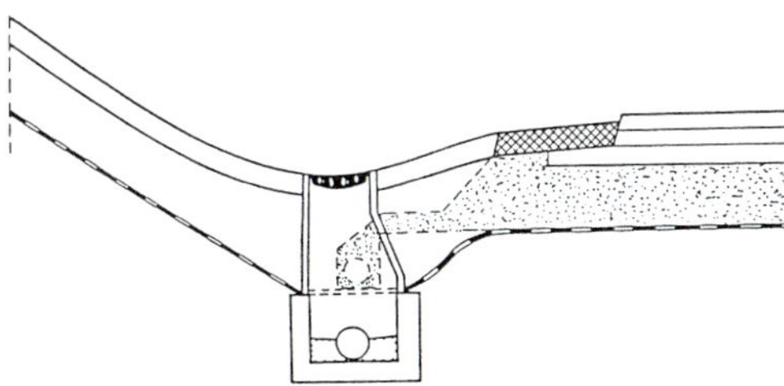

Anordnung in Hochlage mit Mindestüberdeckung und Anschluss des Dichtungsmaterials an vorhandene Schächte – Transportleitungen unterhalb Dichtungssystem (kein zusätzlicher GW-Schutz bei eventuellen Undichtigkeiten)

Bild 5: Hochlage der Abdichtung

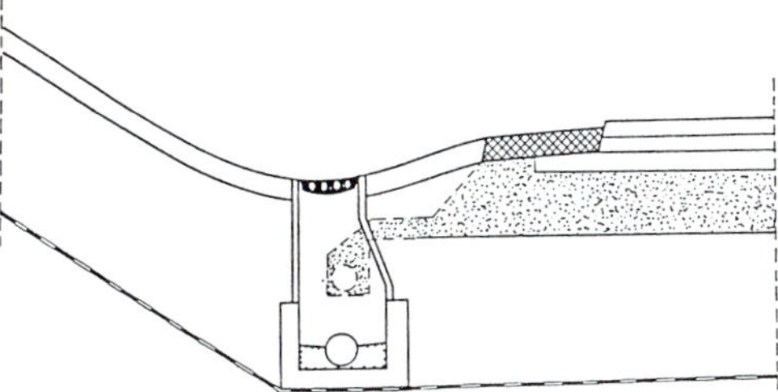

Anordnung im Sohlbereich der Schächte
- Gründung der Entwässerungsschächte auf dem Dichtungselement
- Transportleitungen oberhalb Dichtungssystem, damit zusätzlicher Schutz bei möglichen Undichtigkeiten
- erheblicher Mehraushub

Bild 6: Tieflage der Abdichtung

Bei Entwurf und Ausführung der Abdichtungen müssen folgende allgemeine Aspekte in Betracht gezogen und je nach Einzelfall durch Anforderungen abgesichert werden:

- Anforderungen und Bemessung nach Wasserschutzzonen II und III für Böschungen, Mulden, Seiten- und Mittelstreifen differenziert (RiStWag)
- chemische Beanspruchung nach Art und Dauer der Einwirkung
- mechanische Beanspruchung nach Robustheit beim Einbau/Überschütten, Anordnung unter- oder außerhalb der Verkehrsfläche, Hoch- oder Tieflage
- Witterungsbeanspruchung, biologische Einflüsse: Austrocknung, Frosteinwirkung, Durchwurzelung, Kleintiertätigkeit
- Erfordernis einer Stütz- und Schutzschicht für die Dichtung
- Kombination der Dichtung mit Dränage- und Filtermaßnahmen, Anschluss an die Entwässerung/Vorflut
- Verfügbarkeit lokaler Dichtungsstoffe.

5.2 Mineralische Flächenabdichtungen

Für mineralische Dichtungsschichten können fein- oder gemischtkörnige Böden sowie andere mineralische Baustoffe und Gemische geeignet sein, soweit sie den allgemeinen Anforderungen an die Dichtigkeit bzw. Durchlässigkeit genügen. Die strenge Forderung des

Bild 7:
Weitere Schutzzone (Zone III), Damm – Stufe 3 und 4, unterer Fahrbahnrand (mineralische Abdichtung nach RiStWag)

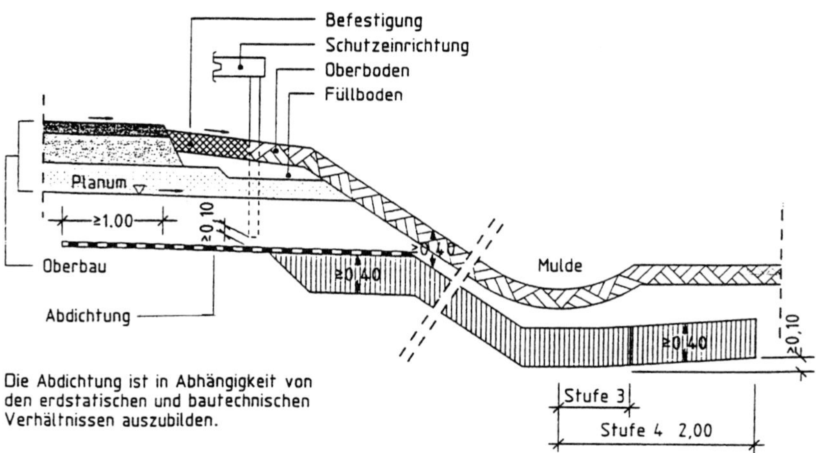

Luftporenanteils von höchstens 5 % korrespondiert nicht gleichwertig mit dem geforderten Verdichtungsgrad, sondern setzt einen eng begrenzten Einbauwassergehalt des Dichtungsstoffes voraus. Die Wasserdurchlässigkeit der Böden wird graduell nach DIN 18130 wie folgt unterschieden:

sehr gering durchlässig	$< 10^{-8}$ m/s
gering durchlässig	10^{-8} bis 10^{-6} m/s
durchlässig	10^{-6} bis 10^{-4} m/s
stark durchlässig	$> 10^{-4}$ m/s.

Gemäß RiStWag eignen sich natürliche oder künstlich aufbereitete Böden, deren Durchlässigkeitsbeiwert mindestens $k_f \leq 1 \cdot 10^{-7}$ m/s im eingebauten Zustand beträgt, nachzuweisen durch Eignungsprüfungen nach DIN 18130. Vorausgesetzt werden dabei Mindestdicken der Abdichtung und der abdeckenden Bodenschutzschicht (z. B. Oberboden) von jeweils 0,40 m. In begründeten Einzelfällen kann ein Durchlässigkeitsbeiwert von $k_f \leq 1 \cdot 10^{-6}$ m/s ausreichen, wenn die Dicke der Abdichtung mindestens 1,00 m beträgt und mit einer 0,20 m dicken Schutzschicht abgedeckt wird.

Die mineralischen Abdichtungen dürfen nicht bis unter den Lastausbreitungsbereich (Neigung 1 : 1,5) der befestigten Fahrbahn reichen. Deshalb ist der Bereich zwischen der Fahrbahnbefestigung und dem mineralisch abgedichteten Straßenseitenbereich mit einer 1,50 m breiten Kunststoffdichtungsbahn zu überbrücken. Die Kunststoffdichtungsbahn ist mindestens 1,00 m unter die befestigte Fahrbahn zu führen, damit vom Fahrbahnrand einsickerndes Wasser sicher aufgefangen und dem Sickerstrang zugeführt werden kann. Ob

Bild 8:
Engere Schutzzone (Zone II), Einschnitt oberer Fahrbahnrand (mineralische Abdichtung nach RiStWag)

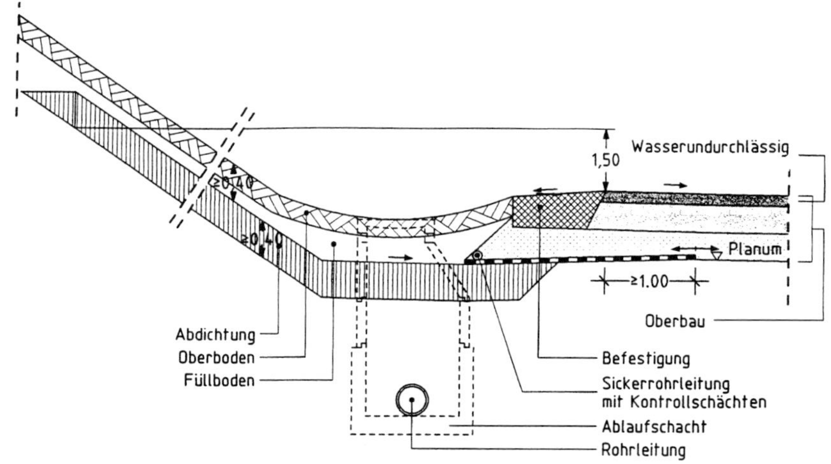

in den Tiefstpunkten der mineralischen Abdichtung Sickerrohre notwendig sind, ist je nach Standortlage zu prüfen.

Ausführungsbeispiele s. *Bilder 7* und *8*.

Bei oberflächennah angeordneter Abdichtung ist diese vor Austrocknung, Durchwurzelung, Kleintiertätigkeit und Frosteinwirkung zu schützen, weil diese Einflüsse die Dichtungsfunktion vermindern oder gar aufheben können. Da es sich bei mineralischen Abdichtungen um frostempfindliche Böden handelt, sind ausreichend dicke Abdichtungs- und Schutzschichten vorzusehen. Die Abdichtung muss ggf. mehrlagig eingebaut und verdichtet werden. Die Einbauflächen sind mit ausreichendem Quergefälle gut zu entwässern.

Die erforderliche Flächenabdichtung schließt die Böschungsbereiche mit ein, was insbesondere unter Berücksichtigung der Regelböschungsneigung von 1 : 1,5 zu Problemen mit der Standsicherheit führt. Im Besonderen stellen die Grenzflächen zwischen Oberboden und Abdichtung sowie zwischen Abdichtung und Unterbau bzw. Untergrund bevorzugte Gleitflächen dar, sodass hierfür entsprechende Standsicherheitsnachweise und ggf. Maßnahmen zur Verbesserung der Standsicherheit nötig werden.

Die Wirksamkeit der Abdichtung ist durch Eigenüberwachungs- und Kontrollprüfungen sicherzustellen. Neben der Kontrolle der übereinstimmenden Identität und Gleichmäßigkeit des Dichtungsstoffes umfassen sie die Prüfung des Wassergehalts, des Verdichtungsgrades in Verbindung mit dem maximal zulässigen Luftgehalt und des Durchlässigkeitsbeiwertes.

5.3 Kunststoffdichtungsbahnen (KDB)

Die Anwendung von Kunststoffdichtungsbahnen setzt den Nachweis der chemischen und mechanischen Beständigkeit voraus. Die Mindestdicke beträgt 2 mm. Bei der Materialauswahl sollte berücksichtigt werden, dass konzentrierte Gefahrenstoffe nur zeitbefristet auf die Kunststoffdichtungsbahn einwirken, sodass keine Bedingungen wie in Deponien vorliegen, bei denen von Dauerbeanspruchungen ausgegangen werden muss.

Das Abdichtungssystem besteht aus der Kunststoffdichtungsbahn mit einer unterhalb

a) ohne Bewehrungselement

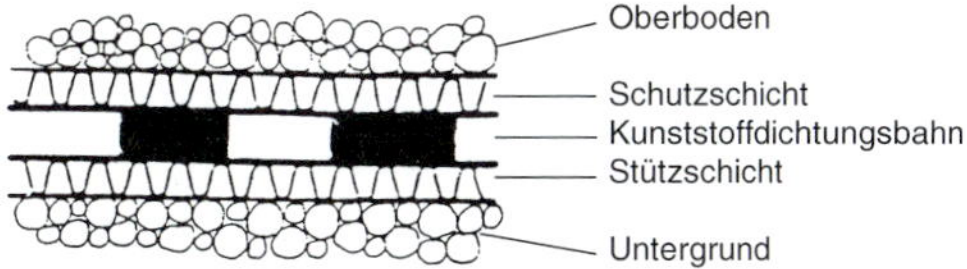

b) mit Bewehrungselement

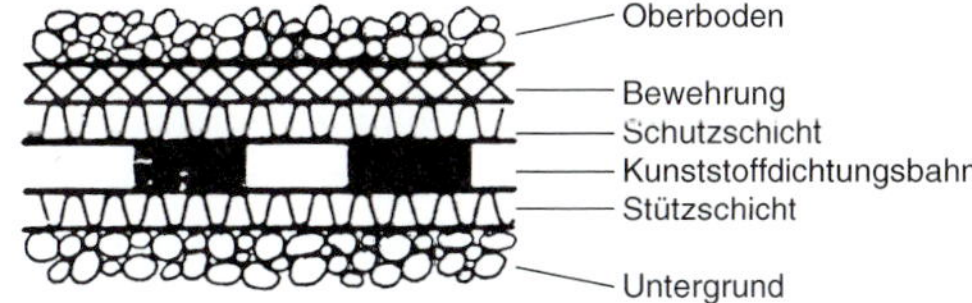

Bild 9: Aufbau von Abdichtungen mit Kunststoffdichtungsbahnen

angeordneten Stützschicht und einer oberhalb liegenden Schutzschicht; *Bild 9*.

Durch Erdauflasten sowie Einbau- und Überschüttvorgang können sich kritische mechanische Beanspruchungen ergeben. Die Dehnung darf bei der Verwendung von Kunststoffdichtungsbahnen aus Polyethylen hoher Dichte (PEHD) maximal 3 % betragen. Für Kunststoffdichtungsbahnen aus Rohstoffen, die dehnfähiger sind, kann eine etwas größere Dehnung infolge Längenänderung zugelassen werden. Unabhängig von der Belastungs- und Materialart sind Beschädigungen wie Perforationen, Kerben oder Abriebstellen unzulässig. Aus diesem Grunde sind ausreichend dimensionierte Stütz- und Schutzschichten vorzusehen, die Perforationen, Verletzungen oder unzulässige Beanspruchungen verhindern sollen. Für diese Schichten werden entweder geeignete Geotextilien oder ca. 10 cm dicke Sandlagen verwendet. Die Stütz- oder Schutzschichten aus Sand lassen sich allerdings nur schwierig einbauen und sind in Böschungsbereichen wenig standfest, sodass Geotextilien zum Einbau bevorzugt werden. Sie sind unter Berücksichtigung der Bodenverhältnisse für eine ausreichende Schutzwirkung der Kunststoffdichtungsbahn zu dimensionieren. Auch Verbunddränelemente können zum Einsatz kommen, da oft mit dem Abdichtungselement eine flächenhafte Entwässerungsschicht sowohl unterhalb als auch oberhalb der Dichtung notwendig sein kann.

Das Abdichtungssystem muss auf Böschungen standsicher gestaltet und ausgeführt sein.

Auf Böschungen 1:1,5 und steiler bedarf es hierzu reibungsfester, strukturierter Dichtungsbahnen oder Verbundelemente mit zugfesten Geotextilien, bei denen die Zugspannungen nicht in die Kunststoffdichtungsbahn eingeleitet werden. Die Standsicherheit des Systems und das Reibungsverhalten der Einzelelemente müssen erdstatisch nachgewiesen werden.

Durch Bewehrungseinlagen aus geeigneten Geokunststoffen lässt sich die Systemfestigkeit verbessern; *Bild 9*. Dies setzt einen Systemaufbau und Einbau voraus, bei dem die Bewehrung keine Zugkräfte aus Längenänderungen oder, z. B. auf Böschungen, aus Fixierungen im Einbindegraben erhält. Ihr Gleitwiderstand muss in der oberen Kontaktfläche geringer sein als in der Kontaktfläche mit der Unterlage; Lit. (39).

Die bei Auswahl, Entwurf und Einbau zu beachtenden Aspekte und speziellen Anforderungen lassen sich wie folgt zusammenfassen:

a) Auswahlkriterien
- chemische und mechanische Beanspruchung (Einbau, Verkehr)
- temperaturabhängige Verwerfung, Faltung oder Dehnung
- Reibungsverhalten bei Böschungsauflage.

b) Entwurf und Einbau
- Empfehlungen der Hersteller- oder Verlegefirmen, Verlegepläne, technische Lieferbedingungen
- Stöße dicht verschweißen
- Erfordernis einer Stütz- und Schutzschicht prüfen
- Erfordernis einer Flächendränage bei Böschungen unterhalb/oberhalb der Dichtungsbahn prüfen; Anschluss an Straßendränage oder Vorfluter.

c) Standsicherheit der Böschung, des Systems und der Dichtungselemente prüfen; ggf. konstruktive Sicherungen (Verankerung, Bewehrung).

5.4 Geosynthetische Tondichtungsbahnen (GTD)

Die GTD-Bahnen bestehen in der Regel aus Träger-, Dichtungs- und Abdeckschicht; *Bild 10*. Sie werden als fertig produzierte Verbundelemente geliefert, wobei der Verbund durch Ver-

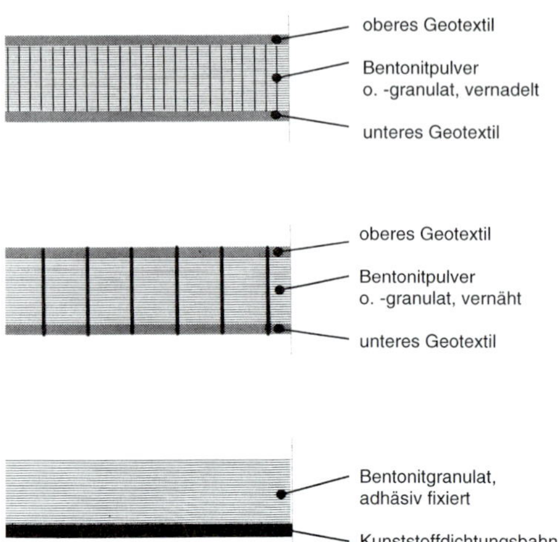

Bild 10: Systemaufbau von GTD-Bahnen

nadelung, Vernähung oder adhäsive Fixierung zustande kommt. Die Dichtfunktion entsteht dadurch, dass der Dichtungston (meist Bentonit) nach dem Einbau der Matte Feuchtigkeit aufnimmt und dabei quillt und abdichtet.

Die Dichtungsmatten stellen eine technische und wirtschaftliche Alternative zu Kunststoffdichtungsbahnen dar. Sie lassen sich flexibler und einfacher als Kunststoffdichtungsbahnen verlegen, was besonders im Verkehrswegebau mit den engen Radien, kleinen Teilflächen und steilen Böschungen zum Vorteil wird. Bei Wechsel der Böschungsneigung, z. B. im Übergangsbereich von den Böschungen zu den Mulden, können die Dichtungsmatten sehr gut dem Profil angepasst werden. Außerhalb von Verkehrsflächen wird in der Regel auf Schutz- oder Stützschichten verzichtet.

Beim Einbau der Dichtungsmatten sind die Verlegehinweise der Hersteller zu beachten. Es ist nach genauem Verlegeplan vorzugehen und sicherzustellen, dass die Matten nur in trockenem Zustand verlegt und überschüttet werden und erst dann quellen dürfen. Vorher aufgequollene, nicht überschüttete Matten müssen erneuert werden.

In der Umgebung der Dichtungsmatte, insbesondere bei speziellen Bentoniten, kann sich ein hohes alkalisches Niveau (pH ≥ 10) entwickeln. Da es sich um einen Verbundstoff handelt, ist der Nachweis der Verträglichkeit erforderlich, und zwar allgemein der Alkalibeständigkeit des verwendeten Geotextil-

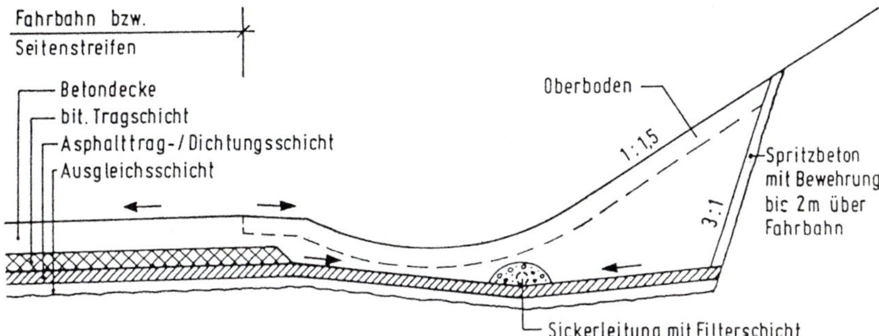

Bild 11: Ausführungsbeispiel: Asphaltdichtungsschicht als Tragschicht in Kombination mit einer Spritzbetonabdichtung im Böschungsbereich des Einschnitts

materials und im Besonderen der Fasern, die die Bentonitschicht durchdringen und den Verbund erzeugen. Es ist nachzuweisen, dass diese Fasern keiner unzulässigen chemischen Alterung unterliegen und ihre Festigkeitseigenschaften auf Dauer beibehalten.

Die bei Auswahl, Entwurf und Einbau im Sinne der RiStWag-Regelungen zu beachtenden Aspekte und speziellen Anforderungen lassen sich wie folgt zusammenfassen:

(1) Geosynthetische Tondichtungsbahnen müssen während der gesamten Nutzungsdauer eine Permittivität von $\leq 1{,}0 \cdot 10^{-7}$ [s^{-1}] aufweisen. Im Rahmen der Eignungsprüfung kann es je nach Standortsituation notwendig sein, verschiedene Einwirkungen auf das Durchlässigkeitsverhalten zu untersuchen. Hierzu gehören die Beanspruchungsfälle Trocken-Nass-Wechsel, Frost-Tau-Wechsel, Beaufschlagung mit Salzlösung und Mineralöl-Kohlenwasserstoff.

(2) Die mechanischen Beanspruchungen beim Einbau dürfen keine Beschädigungen der GTD verursachen. Zum Schutz vor Beschädigung durch von der Fahrbahn abkommende Fahrzeuge ist die GTD mit Boden in einer Dicke von mindestens 0,80 m zu überbauen.

(3) Bei Verwendung in Böschungen sind folgende Nachweise zu führen:

- Gesamtstandsicherheit der Böschung
- Aufnahme der böschungsparallelen Scherkräfte in den Kontaktflächen zwischen GTD und Unterlagsschicht sowie zwischen GTD und Überschüttung
- Gleitsicherheit in den vorbenannten Flächen
- innere Scherfestigkeit der GTD im gequollenen Zustand, wobei diese größer als die wirksamen Scherkräfte sein muss
- Aufnahme von Zugbeanspruchungen nur über Reibung der GTD mit der Unterlage, nicht innerhalb der Dichtungsmatte.

5.5 Asphalt-Dichtungsschichten

Für das Herstellen von Dichtungsschichten aus Asphalt können die „Empfehlungen für die Ausführung von Asphaltarbeiten im Wasserbau" (EAAW) der Deutschen Gesellschaft für Geotechnik sowie das Merkblatt „Asphaltdichtungen für Talsperren und Speicherbecken" des Deutschen Verbandes für Wasserwirtschaft und Kulturbau (DVWK-Merkblatt 223/92) herangezogen werden; Ausführungsbeispiel s. *Bild 11*. Im Verkehrswegebau können sie z. B. auch dann angewendet werden, wenn wegen nicht ausreichender Schutzüberdeckung des Grundwassers eine Abdichtung unterhalb der Fahrbahn erforderlich wird.

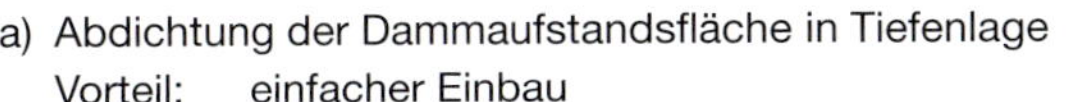
a) Abdichtung der Dammaufstandsfläche in Tiefenlage
Vorteil: einfacher Einbau
Nachteil: Schadstoffe können in den Damm eindringen

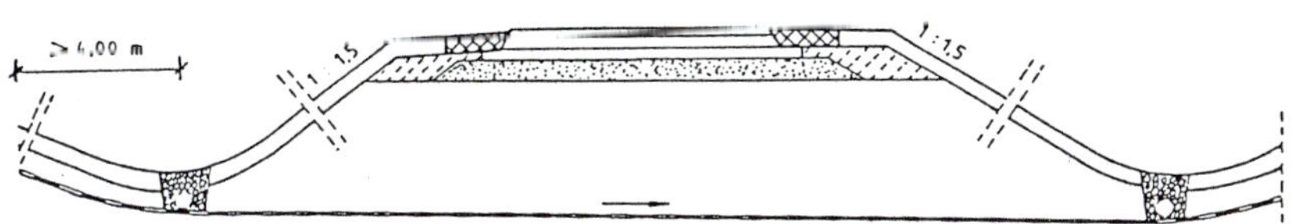

Bild 12: Wannenartige Abdichtungen unter Verkehrsflächen

Fortsetzung
Bild 12:
Wannenartige Abdichtungen unter Verkehrsflächen

b) Oberflächennahe Anordnung der Abdichtung im Damm

Vorteil: Schadstoffeintrag in den Damm verhindert
Nachteile: Einbau aufwendiger als bei a)
Standsicherheitsprobleme bei steilen Böschungen

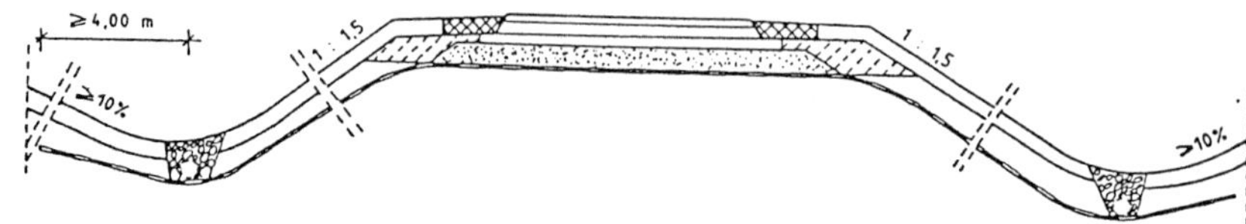

c) Anlage von Schutzwällen

Vorteile: erhöhte Verkehrssicherheit
abzudichtende Flächen reduziert
keine dichtungsspezifischen Standsicherheitsprobleme
Nachteil: größere Dammbreite erforderlich

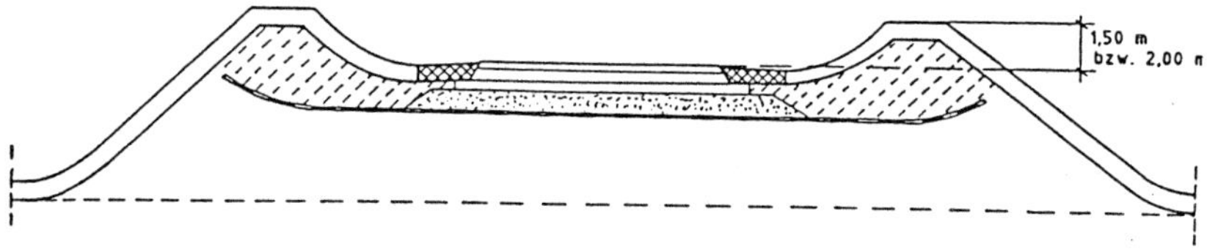

d) Oberflächennahe Anordnung der Abdichtung im Einschnitt

Vorteil: Aushub reduziert
Nachteil: Standsicherheit durch Böschungsneigung und Absperrung von Schicht- und Sickerwasser in der Böschung problematisch – Flächensickerschicht notwendig

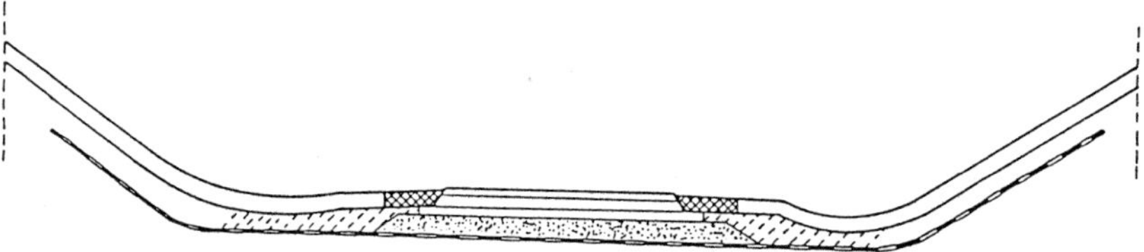

e) Flache Ausführung der Abdichtung im Einschnitt

Vorteil: kein Standsicherheitsproblem
Nachteile: Mehraushub
Spritzbetonschale im steilen Bereich erforderlich

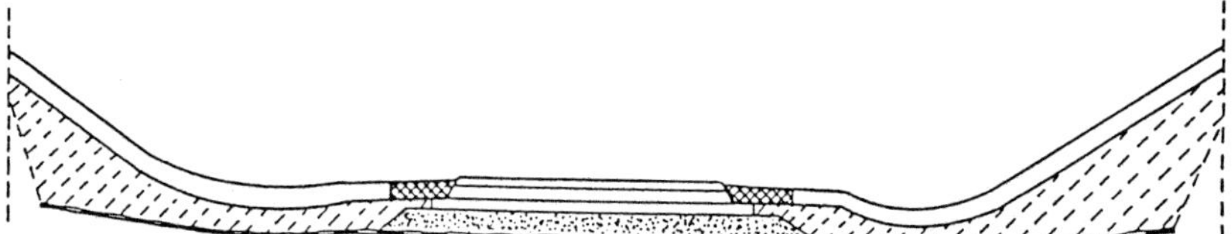

a) Mineralische Abdichtung

b) Abdichtung mit Geokunststoff

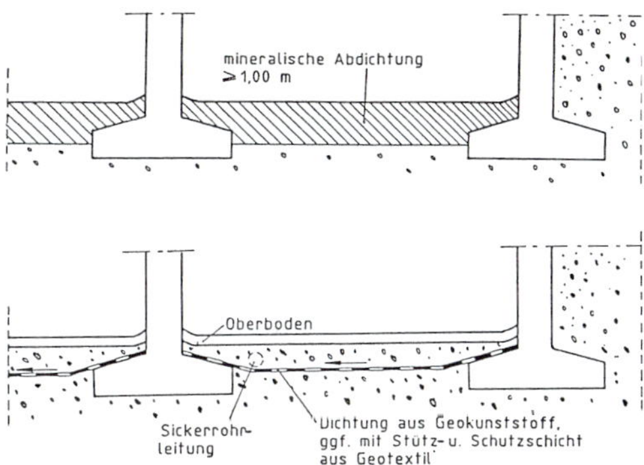

Bild 13: Abdichtung unter Brücken

Asphalt bezeichnet allgemein ein Gemisch aus Bitumen und Mineralstoff. Das Bindemittel Bitumen besitzt viskoelastische, von der Temperatur abhängige Eigenschaften. Die Dichtungsschichten aus Asphalt können sehr dicht, gering verformbar, beständig gegen Erosion und gegen chemisch-aggressive Stoffe sowie fest gegen mechanische und hydraulische Beanspruchungen hergestellt werden. Mikrobielle Einwirkungen können unter aeroben Bedingungen angreifend, Mikroorganismen unter Umständen gas- und säurebildend wirken.

Die Dichtungsschichten aus Asphalt werden mindestens 10 cm dick mit Hohlraumgehalten von ≤ 3 Vol.-% hergestellt und müssen für eine staufreie Wasserableitung bei geringem Gefälle sehr eben eingebaut sein. Eine Schutzschicht ist in der Regel nicht erforderlich. Das Erfordernis einer Tragschicht (ungebunden oder in Asphaltbauweise) richtet sich nach der Tragfähigkeit und dem Setzungsverhalten des Untergrundes. Die Standfestigkeit der Asphaltgemische lässt den Einbau auf Böschungen bis etwa 1 : 1,5 Neigung zu.

5.6 Systembeispiele

Systembeispiele für die Abdichtung der Fahrbahnränder und Mittelstreifen in den Schutzzonen s. RiStWag. Schematische Ausführungsbeispiele für Abdichtungen unter Verkehrsflächen und Bauwerken enthalten die *Bilder 12* und *13*.

6 Technische Regelwerke/Literatur

(1) DIN EN ISO 22475-1: Geotechnische Erkundung und Untersuchung – Probenentnahmeverfahren und Grundwassermessungen – Teil 1: Technische Grundlagen der Ausführung

(2) DIN 4049: Hydrologie – Grundbegriffe

(3) Bundesanstalt für Materialprüfung (BAM): Richtlinie für die Zulassung von Kunststoffdichtungsbahnen als Bestandteil einer Kombinationsdichtung für Siedlungs-Sonderabfalldeponien sowie für Abdichtungen von Altlasten, Berlin 1992

(4) ZTV Ew-StB: Zusätzliche Technische Vertragsbedingungen und Richtlinien für den Bau von Entwässerungseinrichtungen im Straßenbau, Bundesminister für Verkehr, Bonn 1991

(5) BBodSchG: Gesetz zum Schutz des Bodens (Bundes-Bodenschutzgesetz), Bundesministerin für Umwelt, Naturschutz und Reaktorsicherheit, Berlin 1998

(6) Deutscher Verein des Gas- und Wasserfaches: Richtlinien für Trinkwasserschutzgebiete, I. Teil: Schutzgebiete für Grundwasser, DVGW-Regelwerk, Arbeitsblatt W 101, Bonn 2006

(7) Deutscher Verein des Gas- und Wasserfaches: Richtlinien für Trinkwasserschutzgebiete, II. Teil: Schutzgebiete für Talsperren, DVGW-Regelwerk, Arbeitsblatt W 102, Bonn 2002

(8) Deutscher Verein des Gas- und Wasserfaches: Sanierung und Rückbau von Bohrungen, Grundwassermessstellen und Brunnen, DVGW-Regelwerk, Arbeitsblatt W 135, Bonn 1998

(9) Deutsche Vereinigung für Wasserwirtschaft, Abwasser und Abfall (DWA): Dichtungssysteme in Deichen, Hennef 2005

(10) Länderarbeitsgemeinschaft Wasser (LAWA): Richtlinie für Heilquellenschutzgebiete, Berlin 1998

(11) RiStWag: Richtlinien für bautechnische Maßnahmen in Wassergewinnungsgebieten, FGSV, 2016

(12) TGL 24348/01 (1979): Nutzung und Schutz der Gewässer – Trinkwasserschutzgebiete, Allgemeine Grundsätze

(13) TGL 24348/03 (1979): Nutzung und Schutz der Gewässer – Trinkwasserschutzgebiete, Wasserschutzgebiete für Oberflächenwasser

(14) TGL 43850 (1989): Trinkwasserschutzgebiete

(15) ATV DIN 18310: Sicherungsarbeiten an Gewässern, Deichen und Küstendünen

(16) ATV-A 111: Richtlinien für die hydraulische Dimensionierung und den Leistungsnachweis von Regenwasser-Entlastungsanlagen in Abwasserkanälen und -leitungen

(17) ATV-A 112: Richtlinien für die hydraulische Dimensionierung und den Leistungsnachweis von Sonderbauwerken in Abwasserkanälen und -leitungen

(18) ATV-A 118: Hydraulische Bemessung und Nachweis von Entwässerungssystemen

(19) ATV-A 121: Niederschlag – Starkregenauswertung nach Wiederkehrzeit und Dauer; Niederschlagsmessungen – Auswertung

(20) ATV-A 125: Rohrvortrieb

(21) ATV-A 166: Bauwerke der zentralen Regenwasserbehandlung und Rückhaltung, konstruktive Gestaltung und Ausrüstung

(22) ATV-DVWK-A 110: Hydraulische Dimensionierung und Leistungsnachweis von Abwasserkanälen und -leitungen

(23) ATV-DVWK-A 117: Bemessung von Regenrückhalteräumen

(24) ATV-DVWK-A 127: Statische Berechnung von Abwasserkanälen und -leitungen

(25) ATV-DVWK-A 134: Planung und Bau von Abwasserpumpanlagen

(26) ATV-DVWK-A 138: Deutsche Vereinigung für Wasserwirtschaft, Abwasser und Abfall (DWA): Planung, Bau und Betrieb von Anlagen zur Versickerung von Niederschlagswasser

(27) ATV-DVWK-A 139: Einbau und Prüfung von Abwasserleitungen und -kanälen

(28) ATV-DVWK-A 142: Deutsche Vereinigung für Wasserwirtschaft, Abwasser und Abfall (DWA): Abwasserkanäle und -leitungen in Wassergewinnungsgebieten

(29) ATV-DVWK-A 156: Regeln für den Kanalbetrieb – Regenbecken und -entlastungen

(30) ATV-DVWK-A 157: Bauwerke der Kanalisation

(31) ATV-DVWK-A 166: Bauwerke der zentralen Regenwasserbehandlung und -rückhaltung – Konstruktive Gestaltung und Ausrüstung

(32) ATV-DVWK-M 153: Handlungsempfehlungen zum Umgang mit Regenwasser

(33) ATV-DVWK-M 176: Hinweise und Beispiele zur konstruktiven Gestaltung und Ausrüstung von Bauwerken der zentralen Regenwasserbehandlung und -rückhaltung

(34) DWA-A 138: Planung, Bau und Betrieb von Anlagen zur Versickerung von Niederschlagswasser

(35) DWA-M 178 Empfehlungen für Planung, Konstruktion und Betrieb von Retentionsbodenfilteranlagen zur weitergehenden Regenwasserbehandlung im Misch- und Trennsystem

(36) Floss, R. u. Heyer, D.: Eignung natürlicher Böden als Dichtungsstoffe zum Grundwasserschutz im Bereich von Verkehrsflächen, Forschung Straßenbau und Straßenverkehrstechnik, H. 585, 1990

(37) Golwer, A.: Belastung von Böden und Grundwasser durch Verkehrswege, Forum Städte-Hygiene, 42, 1991

(38) Brauns, J., Kast, K. u. Reith, H.: Langzeitverfahren von oberflächennahen Bodenabdichtungen an Straßen in Wasserschutzgebieten, Forschung Straßenbau und Straßenverkehrstechnik, H. 661, 1993

(39) Fillibeck, J. u. Floss, R.: Untersuchungen zur Eignung von Kunststoff-Dichtungsbahnen für die Anwendung als Abdichtungsmaterial bei Straßen in Wasserschutzgebieten, Forschung Straßenbau und Straßenverkehrstechnik, H. 682, 1994

(40) Ascherl, R. u. Floss, R.: Sicherheitsbewertung bautechnischer Maßnahmen zum Grundwasserschutz an Straßen in Wassergewinnungsgebieten auf probabilistischer Grundlage, Forschung Straßenbau und Straßenverkehrstechnik, H. 726, 1996

(41) Ascherl, R.: Risikobetrachtungen zur Planung von Maßnahmen zum Grundwasserschutz im Einflussbereich von Straßen, Schriftenreihe Lehrstuhl und Prüfamt für Grundbau, Bodenmechanik und Felsmechanik der Technischen Universität München, H. 25, 1997

(42) Heyer, D.: Die Durchlässigkeit mineralischer Dichtungsstoffe unter besonderer Berücksichtigung des Sättigungsvorganges, Schriftenreihe Lehrstuhl und Prüfamt für Grundbau, Bodenmechanik und Felsmechanik der Technischen Universität München, H. 30, 2001

(43) Berger, H. u. Fillibeck, J.: Möglichkeiten der Verbesserung von natürlichen Dichtungsstoffen hinsichtlich Standsicherheit, Erosionsstabilität und Verdichtbarkeit, Forschung Straßenbau und Straßenverkehrstechnik, H. 855, 2002

(44) Forschungsbericht FA 5.118: Verlagerung straßenbedingter Stoffe mit dem Sickerwasser, Technische Universität Berlin, Institut für Ökologie und Biologie, Mai 2002

(45) Heyer, D., Kaufmann, H. u. Ranis, D.: Geosynthetische Tondichtungsbahnen zum Grundwasserschutz, Forschung Straßenbau und Straßenverkehrstechnik, H. 848, 2002

Teil 2

8 Sickeranlagen und Filterschichten

8 Sickeranlagen und Filterschichten

Siehe RAS-Ew, siehe ZTV Ew-StB.

8.1 Allgemeines

Freifließendes Wasser ist mittels Sickeranlagen zu fassen und schadlos abzuleiten.

Entsprechende Maßnahmen sind in der Leistungsbeschreibung anzugeben.

Die Sickeranlagen sind aus filterstabilem Material (z.B. mineralischen Baustoffen) herzustellen. Die hydraulische Filterstabilität ist bei Schichten, die durchströmt werden oder in die feinkörniger Boden eindringen kann, nachzuweisen; außerdem ist die mechanische Filterstabilität nachzuweisen.

Die Baustoffe und Bauweisen sind unter Berücksichtigung der Gefährdung durch Kolmation, Versinterung und Verockerung auszuwählen.

Bei der Filterauslegung von Geokunststoffen ist die Öffnungsweite (gew. O_{90}) möglichst groß innerhalb des zulässigen Bereiches zu wählen.

Bodenmaterial und Baustoffe nach TL BuB E-StB können nur nach entsprechender Eignungsprüfung verwendet werden. Ausgeschlossen ist die Verwendung von SWS, HMGM, HMVA, GRS mit Bentonitanteilen, GKOS und WB.

8.2 Sickerstränge

Sickerstränge sind anzuwenden, um Bodenwasser zu sammeln und weiterzuleiten. Sie bestehen in der Regel aus einer Sickerrohrleitung, die mit durchlässigem, verwitterungsbeständigem und filterstabilem Material umhüllt ist. Als Sickerrohre können Kunststoff-, Beton- oder Steinzeugsickerrohre verwendet werden.

Werden Sickerstränge mit einem geotextilen Filter umhüllt, muss die Überlappung mindestens 50 cm betragen. Beim Einbau und der Überschüttung bzw. Verfüllung ist ein inniger, hohlraumfreier Kontakt des Filters zum Boden herzustellen.

Die Abmessungen der Sickerstränge richten sich nach den arbeitstechnischen und filtertechnischen Anforderungen.

Die Sickerstränge sind im oberen Bereich mit einer Schicht aus schwach durchlässigem Boden abzudecken, wenn kein Oberflächenwasser zufließen darf.

Die Sickerrohrleitungen einschließlich der Anschluss- und Verbindungskonstruktionen sind unter Berücksichtigung der Tiefenlage und des maßgeblichen Lastfalls zu wählen.

Betonsickerrohre dürfen nur dann vorgesehen werden, wenn das Wasser nicht betonangreifend ist.

8.3 Sicker- und Filterschichten

Sicker- und Filterschichten werden aus mineralischen Baustoffen, erforderlichenfalls auch in Kombination mit Geotextilien, hergestellt (siehe RAS-Ew und M Geok E). Sie sind gemäß den hydraulischen und erdstatischen Erfordernissen zu dimensionieren und auszubilden sowie im Plan darzustellen.

Beim Einbau muss jede Beschädigung, die das Bodenrückhaltevermögen beeinträchtigt, vermieden werden. Die Fläche, auf der eine Sickerschicht aus Geokunststoff verlegt wird, muss eben sein. Beim Einbau auf geneigten Flächen müssen die Bahnen gegen Abgleiten gesichert werden.

Dränmatten müssen für die vorgesehene Nutzungsdauer unter der zu erwartenden Beanspruchung in der Lage sein, die anfallende Wassermenge abzutransportieren.

In der Leistungsbeschreibung müssen Angaben zur Höhe der Überschüttung, zum Schüttmaterial und zum erwarteten Wasseranfall gemacht werden.

Es gilt die Anforderung an das 5 %-Mindestquantil der Abflussleistung der Dränmatte q_d von 0,1 l/(s · m).

Inhalt Kommentar

1 Hydrodynamische Stabilität durchströmter Schichten

1.1 Einflussgrößen

Horizontales oder vertikales Durchströmen von aneinandergrenzenden Bodenschichten kann an den Grenzflächen und innerhalb der Schichtstrukturen Feinkornmobilitäten und Bodendeformationen auslösen, wenn sich ein kritischer Strömungsgradient einstellt und die

Geometrie und Verteilung der Porengrößen diese Mobilität zulassen. Zu diesen hydrodynamischen Phänomenen gehören Filtereffekte, verschiedenartige Erosions- und Suffusionsformen sowie Setzungsfließvorgänge. Zu den ursächlichen hydraulischen Einflussgrößen zählen der kritische Gradient zwischen den durchströmten Schichten, die Strömungsrichtung sowie die stationäre oder instationäre Strömungscharakteristik.

Die komplizierten Interaktionen, die an den Schichtgrenzen und innerhalb der Schichtstrukturen entstehen, werden in der Praxis hilfsweise und in der Regel mittels einfacher geometrischer Kriterien und Annahme einseitig stationärer Durchströmung der voll gesättigten Schicht bei begrenzt zulässigem hydraulischem Gradienten beurteilt. Für instationäre Wechselbeanspruchungen, wie sie z. B. an Unterwasserböschungen und Gewässersohlen wirken, fehlen bisher komplexe Beurteilungskriterien; in solchen Fällen können sich im Vergleich zu stationären Verhältnissen größere hydraulische Gradienten aufgrund der wechselnden Sättigungs- und Strömungszustände entwickeln.

Die Ermittlung des für die einzelnen Phänomene jeweils kritischen hydraulischen Gefälles hängt in komplexer Weise von den Strömungsrandbedingungen ab. Für die vertikal gerichtete Strömungskraft einer unter Auftrieb stehenden Bodenschicht ergibt sich nach Terzaghi (1961) der kritische hydraulische Gradient aus der einfachen Gleichgewichtsbetrachtung zwischen Gewichtskraft des Erdkörpers und Strömungskraft zu

$$i_{krit} = \frac{(1-n) \cdot (Y_s - Y_w)}{Y_w}$$

mit

n Porenanteil des Bodens
Y_w Wichte des Wassers
Y_s Wichte des Bodens.

Der kritische Gradient baut sich in der Kontaktfläche einer angrenzenden Schicht auf, wenn dort aufgrund der veränderten Porengeometrie eine Strömungskonzentration mit einem Gradienten über dem mittleren Wert der durchströmten Bodenschicht entsteht.

Für die Ermittlung des kritischen hydraulischen Gradienten existieren experimentell bzw. theoretisch abgeleitete Ansätze, aber ein allgemein anerkanntes Verfahren für die verschiedenartigen hydraulischen Phänomene besteht nicht. Die im DVWK-Merkblatt (1992) entsprechend *Tab. 1* angegebenen zulässigen Werte beruhen auf Untersuchungen von Davidenkoff (1970) und zeigen, dass für die Auslösung der Effekte sehr geringe hydraulische Gradienten ($i < 1$) genügen. Dabei wirkt sich die Strömungsrichtung in der Grenzfläche der durchströmten Schichten auf den kritischen hydraulischen Gradienten aus. Bei Durchströmung in Richtung Schwerkraft ist der kritische Wert am geringsten, bei horizontaler Durchströmung wesentlich größer und bei entgegen der Schwerkraft gerichteter Strömung am größten.

Tabelle 1: Werte des zulässigen hydraulischen Gefälles i normal zur Kontaktfläche

Bodenart	i_{zul}
dichter Ton	0,4
Grobsand, Kies	0,25
schluffiger Ton	0,2
Mittelsand	0,15
Feinsand	0,12

1.2 Filtereffekte

Die Filterstabilität bezeichnet das Phänomen, dass beim Durchströmen aneinandergrenzender unterschiedlich grobporiger Schichten die Porenstruktur und das Korngerüst in stabiler Lage bleiben. Die Stabilität ist somit dann nicht mehr gegeben, wenn Einzelkörner und Feinteilchen aus der Basisschicht herausgelöst und entweder in die angeströmte grobporigere Schicht eingetragen oder durch diese hindurchbewegt werden. Solche Vorgänge werden in der Praxis durch Einbau von Filterschichten aus ein- oder mehrstufigen Körnungen oder geotextilen Filtervliesen verhindert. Die Filterstabilität und Filterbemessung werden mittels einfacher geometrischer Körnungskriterien (Filterregeln) nachgewiesen, die aus den Körnungslinien der Basisschicht und des Filters abgeleitet sind. Die Filtrationswirkung des durchströmten Schichtensystems wird wesentlich bestimmt durch

- das Abstandsverhältnis von Basis- und Filterkörnungslinie, gekennzeichnet durch

maßgebliche Basiskorngrößen bzw. Kornfraktionen in Verbindung mit Kenngrößen, die für die Kornabstufung charakteristisch sind (z. B. Ungleichförmigkeitsgrad),
- außerdem und besonders bei weit gestuften oder groben Basis-Filter-Systemen durch die verfügbare Filterlänge oder Filterdicke t_F.

Für die Filterbemessung sind zwei Bedingungen maßgebend:

- die Stabilität des Filters (Sperrbedingung), d. h. die kleinen Körner mit dem Durchmesser d dürfen sich nicht durch die Poren des von den groben Körnern mit dem Durchmesser D gebildeten Porensystems hindurchbewegen. Das Porensystem des Grobkorngerüsts muss das feine Korn abfiltern, d. h. filterstabil sein
- der druck- und rückstaufreie Durchfluss des Wassers (Durchflussbedingung).

Tab. 2 zeigt einige einfache Filterkriterien für verschiedene Anwendungsfälle. Als Basiskenngröße für die Filterstabilität (Sperrbedingung) gelten das Abstandsverhältnis D_{15}/d_{85} oder das Verhältnis der mittleren Korngrößen D_{50}/d_{50}, für die Durchflussbedingung das Verhältnis D_{15}/d_{15}.

Die einfache Filterregel von Terzaghi, die streng nur für durchströmte Schichten aus gleichförmigem Sand (U < 5) gilt, geht von den folgenden zwei Bedingungen aus:

- Stabilität des Filters (Sperrbedingung)
  $D_{15} \leq 4 \cdot d_{85}$
- Durchflussbedingung
  $D_{15} \geq 4 \cdot d_{15}$

Anwendungsbeispiel in *Bild 1*.

Vom Punkt d_{15} und d_{85} der Körnungskurve des anstehenden Bodens werden die Strecken $4 \cdot d_{15}$ und $4 \cdot d_{85}$ so aufgetragen, dass sich die Punkte A und B ergeben. Lotet man B auf die 15 %-Linie, entsteht die Strecke A'A, die im Fall ausreichender Filterstabilität von der Körnungskurve der nächsten Boden- oder Filterschicht geschnitten wird. Liegt dagegen diese Körnungskurve rechts von A'A, ist die Filterwirkung nicht gewährleistet; liegt die Kurve links davon, ist der Filter unwirtschaftlich.

Tabelle 2: Filterkriterien für verschiedene Anwendungsfälle

	D_{15}/d_{85} [1)]	D_{50}/d_{50} [2)]	D_{15}/d_{15} [2)]	Bodenart	Anmerkung
Sichardt (1952)	—	4,0–4,5	—	Fein- und Mittelsand	Stufenfilter
Bureau of Reclamation (1953)	—	5–10	—	Sand	—
	—	12–58	12–40	Sand und Kies, ungleichkörnig	Mischkiesfilter
Corps of Engineers (1953)	< 5	—	< 20	—	—
Terzaghi-Peck (1948)	≤ 4	∽ 10	≥ 4	Fein- und Grobsand	—
Mayer (1954)	—	—	6–10	— —	Brunnenfilter
Mallet-Paquant (1951)	—	—	9	—	Filter in Erddamm
Bertram (1940)	≃ 6	—	≃ 9	Feinsand	
	—	13–20	—	Feinsand	
BAW (1956)	—	5–10	—	Grob- u. Mittelkies, gleichkörnig	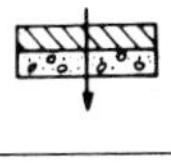
		> 15	—	Feinsand	
		> 25	—	Feinkies	
BAW (1959)	—	9–19 16–19 10–100 6–30	—	Fein- und Mittelkies, gleichkörnig	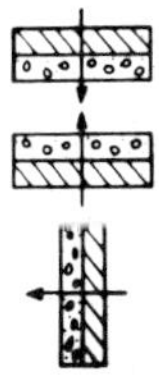

1) Filterstabilität
2) Filterdurchlässigkeit

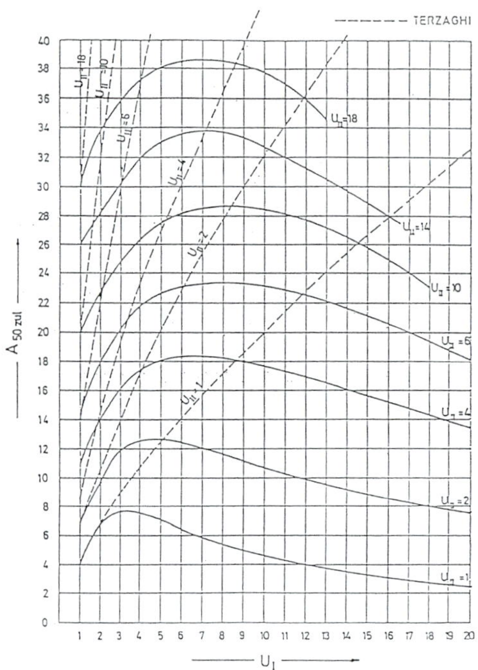

Bild 1: Diagramm zur Bemessung von Kornfiltern im Vergleich der Filterregeln von Terzaghi und Cistin-Ziems (Lit. (11))

Die von Ziems aufgrund von Filterversuchen entwickelten Filterregeln (Lit. (10)) für nichtbindige Böden können allgemeiner für $2<U<20$ angewendet werden *(Bild 1)*. Die Filterregeln basieren auf einem zulässigen Abstandsverhältnis A_{50} der Korngrößen $d_{50,I}$ (Boden) und $d_{50,II}$ (Filter) in Abhängigkeit vom Ungleichförmigkeitsgrad U_I (Boden) und U_{II} (Filter). Der Vergleich der Regeln von Cistin-Ziems und Terzaghi zeigt, dass die Ergebnisse für $U>2$ nach Terzaghi auf der unsicheren Seite liegen.

Nach Lit. (11) werden mit den im Diagramm angegebenen Abstandsverhältnissen nur im Zusammenhang mit einer ausreichenden Filterdicke sichere Bedingungen erreicht, und zwar mit folgenden Mindestanforderungen an die Filterdicke:

$$t_F \geq 25 \cdot d_{50}$$

oder

$$t_F > 100 \cdot d_{10}$$

t_F Dicke der Filterschicht

d_{50} Korngröße des Filtermaterials bei 50 % Siebdurchgang

d_{10} Korngröße des Filtermaterials bei 10 % Siebdurchgang.

Die sich daraus ergebenden Filtrationsdicken sind dahingehend zu überprüfen, ob ein einwandfreier Einbau der Filterschicht gewährleistet werden kann, da hierzu Mindestdicken von etwa 20 cm erforderlich sind. In aller Regel sind die Dickenanforderungen an die Filtrationslänge für alle Körnungsfilter im Bereich zwischen Sand und Feinkies durch die erforderliche Einbaudicke bereits erfüllt.

1.3 Erosion

Die Erosion bezeichnet das Phänomen, dass durch den Strömungsdruck in der durchströmten Schicht oder durch die Schleppkraft von fließendem Wasser sowohl das Stützkorn als auch das Füllkorn der beanspruchten Bodenschicht abgetragen wird bzw. das Kornskelett des Bodens zusammenbricht. Der Vorgang vollzieht sich bei kritischem hydraulischem Gradienten an freien Oberflächen (Böschungs- oder Sohlflächen) als sog. äußere Erosion oder längs innerer Inhomogenitätsbereiche (Schichtgrenzen, Bauwerksfugen, Austrittsstellen von Unterströmungen) als sog. innere Erosion.

Die äußere Erosion führt je nach Einwirkung zu Böschungsbruch, Sohlabtrag bzw. Sohlauflockerung; sie kann bereits bei kritischem hydraulischem Gefälle der Strömung $i = 0{,}1$ (Feinsand) und 0,5 (schluffig-tonige Böden) beginnen.

Charakteristisch für eine innere Erosion ist, dass das Stütz- und Füllkorn des beanspruchten Bodens rückwärts gerichtet abgetragen wird und der hydraulische Gradient bei wiederholter Beanspruchung ansteigt. Es formen sich dabei zunächst röhrenartige Hohlräume (piping) aus, die letztlich in hydraulischen Sohl- oder Grundbrüchen enden.

Eine besondere Form ist die sog. Kontakterosion an der Schichtgrenze von grob- zu feinkörnigen Böden bei vertikaler Durchströmung; *Bild 2*. Durch die Erosion der feinkörnigen Schicht

Bild 2: Kontakterosion bei vertikaler Durchströmung

kommt es zum Einsacken der groben Körner der angrenzenden Schicht; der hydraulische Gradient nimmt dabei zu und kann zum Volumen- und Stützverlust des Kornskeletts führen.

Bei parallel gerichteter Strömung kann sich eine Kontaktflächenerosion einstellen, die kritischer, d. h. rascher und intensiver abläuft als die Kontakterosion bei vertikaler Durchströmung; Lit. (11).

Hinweis

Oberflächenerosion auf Hängen, Böschungen, freiliegendem Gelände s. Abschnitt 6 ZTV E-StB, Kom. 3.

1.4 Suffusion

Der Vorgang der Suffusion vollzieht sich, wenn das in dem tragenden Stützkorngerüst des Bodens eingelagerte Füllkorn innerhalb der durchströmten Schicht oder an der Kontaktgrenze zweier Schichten umgelagert oder ausgewaschen wird; das Stützkornskelett des Bodens bleibt dabei unverändert erhalten. Infolge dieses Prozesses vergrößern sich die Durchlässigkeit und auch der hydraulische Gradient in der durchströmten Schicht bzw. an der Schichtgrenze. Der Vorgang beginnt je nach Ungleichförmigkeitsgrad des Bodens bei kleinen kritischen Gradienten mit Kornumlagerungen. Andauernde Suffusion kann Erosionen oder Kolmationen einleiten. Die in *Bild 3* angegebenen kritischen Gradienten $i_{krit} = f(U)$ und zulässigen kritischen Gradienten sind deshalb auch für beginnende innere Erosionen als kritische Werte möglich.

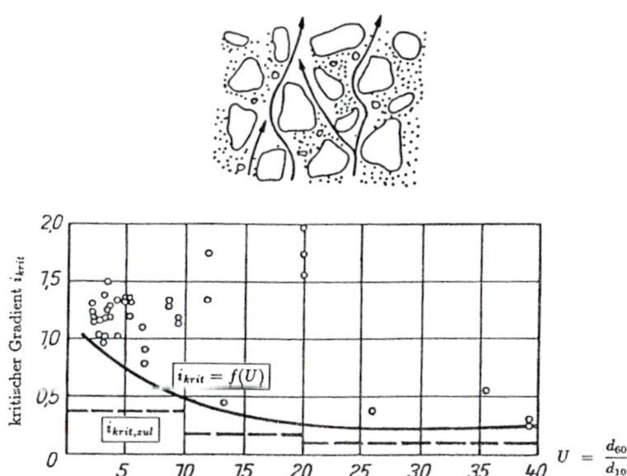

Bild 3: Kritischer hydraulischer Gradient $i_{krit} = f(U)$ für Suffusion nach Istomina (1957)

1.5 Kolmation

Die Kolmation bezeichnet das Phänomen der Ablagerung des in der Strömung mitgeführten Feinkorns an der Grenzfläche zwischen Filter- und Basisschicht in Form von Brücken über den Poren oder Einlagerung im Filter (innere Kolmation) oder Anlagerung von sog. Filterkuchen (äußere Kolmation). Diese Ablagerungen können zu verringerter Durchlässigkeit bis hin zur Abdichtung führen.

1.6 Setzungsfließen

Bei wassergesättigten gleichförmigen Sanden, die von unten nach oben durchströmt werden, kann durch den Strömungsdruck $(-\gamma_w \cdot i)$ ein Schwebezustand der Körner durch Aufhebung der Korn-zu-Korn-Reibung entstehen. In diesem Zustand verhalten sich die Körner zusammen mit dem Wasser wie eine „schwere" Flüssigkeit $(\gamma_w + \gamma')$; *Bild 4*.

Schwingungen, Impulse, lokale Lastkonzentration u. Ä. können diesen lokalen Schwebezustand plötzlich auflösen und einen Absetzvorgang einleiten, der zu einer starken Volumenminderung (Setzungsfließen) mit Übergang in eine dichte Lagerung des Bodens führt.

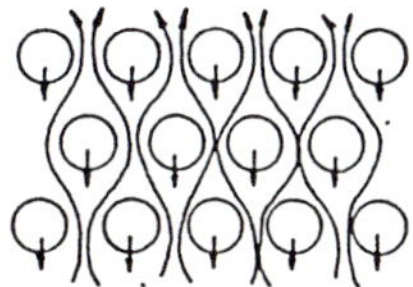

Bild 4: Setzungsfließen

1.7 Auftrieb und hydraulischer Grundbruch

Wenn eine Bodenschicht durch aufwärts gerichtete Wasserdruckkräfte beansprucht wird, z. B. in einer Baugrube, einem Graben oder Einschnitt, ist die Sicherheit gegen Auftrieb bzw. hydraulischen Grundbruch nachzuweisen. Gleichermaßen ist bei Gründungskörpern sowie verankerten Sohl- und Bodenkörpern zu verfahren.

Der Nachweis ist nach DIN 1054 für den Grenzzustand GZ 1A „Verlust der Lagesicherheit" zu führen. Dazu werden in den Grenzzustandsbedingungen die Bemessungswerte von günstigen und ungünstigen Einwirkungen einander gegenübergestellt. Widerstände treten im Grenzzustand GZ 1A nicht auf.

Einzuhalten ist folgende Bedingung:

$$S'_k \cdot \gamma_H \leq G'_k \cdot \gamma_G$$

Dabei ist

S'_k der charakteristische Wert der Strömungskraft im durchströmten Bodenkörper,

γ_H der Teilsicherheitsbeiwert für die Strömungskraft bei günstigem bzw. ungünstigem Untergrund im Grenzzustand GZ 1A,

G'_k der charakteristische Wert der Gewichtskraft unter Auftrieb des durchströmten Bodenkörpers,

γ_G der Teilsicherheitsbeiwert für günstige ständige Einwirkungen im Grenzzustand GZ 1A.

Die Strömungskraft S'_k kann mittels Strömungsnetz ermittelt werden. Hierbei sind alle ungünstigen Einflüsse zu berücksichtigen, insbesondere eine Bodenschichtung mit einer Konzentration des Druckgefälles in der aufbruchgefährdeten Bodenschicht sowie die räumliche Wirkung bei schmalen, runden oder rechteckigen Baugruben. Als günstiger Untergrund sind Kies, Kiessand und mindestens mitteldicht gelagerter Sand mit Korngrößen über 0,2 mm sowie mindestens steifer toniger bindiger Boden anzusehen, als ungünstiger Untergrund locker gelagerter Sand, Feinsand, Schluff und weicher bindiger Boden.

2 Sickeranlagen

(1) Sickeranlagen dienen der Fassung und gesicherten Ableitung von Sickerwasser aus Bodenschichten und dem Fahrbahnbereich sowie aus Böschungen und Hängen. Sie sind wesentliche Elemente für die Sicherung der Tragfähigkeit von Verkehrsflächen und der Standfestigkeit von Erdbauwerken. Zu diesen Anlagen gehören Sickerstränge, Sickergräben, vertikale Sickerscheiben, horizontale Flächensickerschichten, jeweils filterstabil und je nach erforderlicher Leistungskapazität mit oder ohne Sickerrohrleitungen ausgeführt. Sie müssen funktionell dauerhaft sein und mit Sorgfalt bemessen, konzipiert, ausgeführt und betrieblich gewartet werden. Ihre Leistungskapazität und Tiefenlage sind den hydrologischen und morphologischen Vorgaben anzupassen; die Tiefenlage richtet sich außerdem nach der erforderlichen Frostsicherung. Alle Sickeranlagen erfordern die gesicherte Weiterleitung des gesammelten Wassers in den Vorfluter.

(2) Das von Fahrbahnen sowie unbefestigten Mittel- und Seitenstreifen über das Planum absickernde Wasser wird durch Sickeranlagen gefasst und abgeleitet, wenn der Untergrund oder Unterbau aus nicht durchlässigen bzw. nicht sickerfähigen Bodenschichten besteht, und zwar als Teil der Gesamtentwässerung integriert

- beiderseits der Fahrbahnen, wenn das Planum unterhalb des Geländes oder geländegleich liegt,
- bei zweibahnigen Straßen auch im Bereich der Mittelstreifen.

Die „Richtlinien für die Anlage von Straßen, Teil: Entwässerung" (RAS-Ew) enthalten die planerischen Grundsätze und geben Lösungen für den Entwurf von Entwässerungsanlagen an; s. Abschnitt 4.6 ZTV E-StB, Kom. 1, 2, 4. Mit den Bemessungsgrundlagen können die zu fassenden und abzuleitenden Wassermengen ermittelt werden, ebenso werden Abflussleitungen für Gerinne, Rohrleitungen und Straßenabläufe angegeben. Weiterhin lassen sich hiernach die Sicker- und Versickerungsanlagen dimensionieren.

(3) Sickerstränge werden je nach erforderlicher Leistung mit oder ohne Sickerrohrleitung aus gut durchlässigen, filterstabilen Materialien hergestellt. Sie sind mit einer mind. 20 cm dicken Oberbodenschicht so abzudecken, dass kein Oberflächenwasser eindringen kann.

Stränge und Rohrleitungen mit unbedeutendem Wasseranfall können ins Gelände auslaufen. Längere Sickerstränge mit Sickerrohrleitungen enden in der Regel in den Schächten von Sammelleitungen, in Straßenabläufen oder Gräben. Mindestabmessungen: Breite und

Tiefe 0,3 m, Tiefe 0,4 m bei Einbau eines Sickerrohres.

Mit dem sog. Tiefensicker wird bergseitig unterirdisch zufließendes Sicker- oder Schichtwasser in Hängen oder Böschungen abgefangen. Je nach Sickerrichtung wird der Tiefensicker parallel oder einwärts zum Hang bzw. zur Böschung gerichtet angeordnet. Er wird als Sickerstrang ausgebildet, wobei die Mindestdicke bei mehrstufigem Filter 1,0 m beträgt; s. *Bild 12* in Abschnitt 6 ZTV E-StB, Kom. 8.2.

(4) Sickergräben sind profilgerecht hergestellte offene Gräben, erforderlichenfalls mit befestigter Sohle (z. B. Rasensteine oder Schotter) und durchlässig verbauten Wänden (z. B. Flechtmatten). Sie kommen für das Ableiten von Wassermengen, die für einen Sickerstrang mit Rohrleitung zu groß sind, oder bei Gefahr der Versinterung oder Verockerung von Leitungen zur Anwendung.

(5) Sickerschichten sind flächenhafte, mit Gefälle ausgeführte Dränschichten aus gut durchlässigen Materialien, die in der Regel zugleich filterstabil sein müssen. Es werden unterschieden:

- Flächendränageschichten im Fahrbahnbereich, ggf. in funktionaler Verbindung als Frostschutzschichten bzw. Tragschichten oder Planumsschichten aus ungebundenen Korngemischen gemäß *Bild 5*; zu empfehlen sind Wasserdurchlässigkeitswerte $k_f \geq 10^{-3}$ m/s; Tiefenlage des Rohrscheitels der Sickerrohrleitung mind. 20 cm unter der Sohle der zu entwässernden Schicht
- Böschungssickerschichten zum Vermeiden von Erosionen oder Bodenausfließen durch Schicht- oder Sickerwasser in Böschungen; sie erfordern Mindestdicken zwischen 0,3 und 0,5 m sowie die Abdeckung mit Oberboden; s. *Bild 14* in Abschnitt 6 ZTV E-StB, Kom. 8.2.
- Auflastsickerschichten in Einschnittsstrecken zur Vermeidung von hydraulischen Aufbrüchen des Planums bei hochliegendem Grundwasser, Dicke mind. 0,5 m je nach Bemessung.

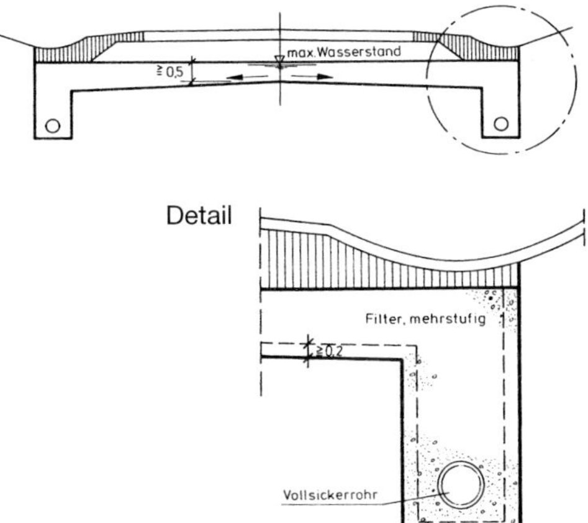

Trennvlies bei nicht filterstabiler Frostschutzschicht

Bild 5: Ausbildung von Flächendränageschichten (Frostschutz-, Trag- oder Planumssickerschicht) unter Fahrbahnen

(6) Eine besondere Form der Sickerschicht ist die vertikal ausgeführte Sickerstützscheibe. Sie dient zur Ableitung von Sicker- und Schichtwasser in Böschungen und Hängen, zum Abbau des Wasserdrucks und in diesem Zusammenhang zur erhöhten Standsicherheit. Ausführung mit schlitzförmigem Querschnitt in Kombination mit einem Sickerstrang und Vollsickerrohr, mindestens 1,2 m breit aus gut durchlässigen, filterstabilen Korngemischen (Kies-Sand- oder Schotter-Splitt-Gemisch) oder aus Einkornbeton, Abstände etwa 10 bis 20 m je nach hydraulischem und erdstatischem Erfordernis. Die Sickerstützscheibe hat bei entsprechender Ausbildung und Dimensionierung zugleich erdstatisch stützende Funktion. Ausführungsbeispiele s. *Bild 18* und *20* in Abschnitt 6 ZTV E-StB, Kom. 8.3.

3 Sickerrohrleitungen

(1) Eine Tiefendränage mit Sickerrohrleitung dient dazu, das aus den wasserführenden Bodenschichten zusickernde Wasser mit Hilfe des Sickerrohres aufzunehmen und weiterzuleiten. Zu diesem Zweck ist das Rohr entweder über den vollen Umfang (Vollsickerrohr) oder über einen Teil seines Umfanges (Teilsickerrohr) mit schmalen Einlaufschlitzen quer zur Rohrachse in systematischer Verteilung versehen.

Diese Rohre müssen im Bereich der Einlaufschlitze in ausreichender und gleichmäßiger Dicke mit filterstabilem Material – z. B. mehrstufige Kies-Sand-Gemische oder Geotextilien – so ummantelt werden, dass das Sickerwasser rückstaufrei einsickern kann und das Rohr nicht versandet bzw. verschlammt und sich nicht zusetzt. Je nach Höhenlage der wasserführenden Bodenschicht und Wasserdurchlässigkeit der das Rohr umgebenden Schichten kann es erforderlich sein, die Rohrbettung mit einer Dichtungsschicht oder Dichtungsbahn auszuformen.

Die Bauverfahren für den Einbau der Rohre, die Rohrverlegetechnik und Rohrmaterialqualität müssen unter sorgfältiger Berücksichtigung und Erkundung der Boden- und Wasserverhältnisse sowie der plangemäß vorgegebenen Verlegetiefe ausgewählt werden. Die Bruch- und Verformungsstabilität der Rohre müssen auf die verformungsspezifischen Beanspruchungen, die Einbautiefe und die bodenspezifischen Verhältnisse abgestimmt und durch entsprechend repräsentative Trag- und Verformungsnachweise zur Ermittlung der Grenztraglast und Gebrauchstauglichkeit abgesichert sein.

(2) In der Regel werden Sickerrohrleitungen in offener Bauweise verlegt und eingebaut; siehe auch Abschnitt 9 ZTV E-StB, Kom. 2. Die Rohrleitungen sollen gut kontrollierbar liegen und für die Wartung mit Schächten in Abständen von höchstens 80 m ausgerüstet sein; s. auch Kom. 7.

Zur Auswahl stehen Sickerrohre aus Kunststoff, Beton und Steinzeug. Die Rohrleitung ist einschließlich ihrer Verbindungen und Anschlüsse unter Berücksichtigung ihrer Tiefenlage und des Lastfalles auszuwählen und zu bemessen. Die Rohrdurchmesser richten sich nach den hydraulischen und erdstatischen Bemessungsvorgaben, dem erforderlichen Sohlgefälle und der Wandrauigkeit des Rohrmaterials. Der Einsatz von mechanischen Rohrreinigungsgeräten erfordert DN 1200 als Mindestdurchmesser.

Beim Überschütten der Rohre ist darauf zu achten, dass sie genau in ihrer Lage verbleiben. Je nach Einzelfall, insbesondere bei Auflasten bzw. Tiefenlage der Rohre, ist erdstatisch nachzuweisen, dass hinreichend Traglaststabilität und Ringsteifigkeit gewährleistet ist. Es dürfen keine Verformungen bzw. Beschädigungen entstehen, die die Funktion der Tiefendränage bzw. deren Gebrauchstauglichkeit beeinträchtigen. Die Rohrbettung ist so gleichmäßig auszubilden, dass keine schädlichen Längs- bzw. Seitenbiegungen sowie keine schädlichen punkt- bzw. linienförmigen Auflagerungen der Rohre entstehen.

(3) Für den Einbau von Sickerrohren in geschlossener Bauweise gelten grundsätzlich die gleichen Qualitätsanforderungen wie unter Ziffer (1) und (2) beschrieben. Bei geschlossener Bauweise lassen sich die Einbauqualität der Sickerrohre und die Zuverlässigkeit der Arbeitsprozesse nicht unmittelbar erkennen und kontrollieren, sondern nur nachträglich im Zuge einer Funktionsüberprüfung, z. B. durch Kamerabefahrung und sorgfältig schonende Spülung.

Ausgeführt werden prozess- und maschinengestützte Verfahren, z. B. Fräs- oder Durchstoßverfahren. Der Einsatz solcher mechanisierter Verfahren setzt verfahrensspezifisch geeignete Boden- und Wasserverhältnisse sowie Verlegetiefen voraus. Beim Einsatz von Fräsverfahren kommt es darauf an, dass sich die Bodenschichten standfest ohne Nachbruch und profilgerecht als Schlitz ausfräsen lassen und kein Bodeneintrag aus wasserführenden Schichten entsteht. Das Sickerrohr darf durch Hindernisse im Boden oder durch starke Zug- und Reibungsbeanspruchung beim Einzug nicht abreißen bzw. verdrückt, verdreht oder durch starke Dehnung beschädigt werden. Diese Risiken wachsen mit zunehmender Verlegetiefe. Die spezifischen Beanspruchungen beim Einbringen der Rohre müssen somit zusätzlich bei der Auswahl des Rohrmaterials und der Rohrverbindungen berücksichtigt werden. Wenn keine zuverlässig auf den Einsatzort übertragbaren Erfahrungen vorliegen, sollte zunächst ein abgestimmter Probeeinsatz vorlaufen.

4 Versickerung von Oberflächenwasser

Die RAS-Ew beinhalten die Entwurfs- und Gestaltungsgrundsätze für Anlagen der Versickerung sowie der Behandlung und Rückhaltung des von den Fahrbahnen und anschließenden Flächen bzw. Böschungen abfließenden Oberflächenwassers. Grundsätzlich werden Versickeranlagen, Regenrückhaltebecken, Absetzbecken, Regenklärbecken und Abscheider unterschieden. Anlagen für die Reinigung des Wassers dienen dazu, es mechanisch zu klären bzw. Schadstoffe abzuscheiden. Eine funktionelle Kombination von Rückhaltung und Reinigung ist zwecks Flächenminimierung durch entsprechende bauliche Gestaltung anzustreben. Alle Anlagen sind naturnah in das Landschaftsbild einzubinden. Bauwerke für die Rückhaltung und Reinigung von Wasser s. Abschnitt 4.6 ZTV E-StB, Kom. 5, für Abdichtungen in Wasserschutzzonen Abschnitt 7 ZTV E-StB, Kom. 4.

(1) Versickeranlagen

Sofern der Wasserabfluss durch Flächenversickerung in bewachsenen Böschungen, Banketten oder Nebenflächen nicht reguliert werden kann, werden Versickeranlagen je nach örtlichen Untergrund- und Geländeverhältnis-

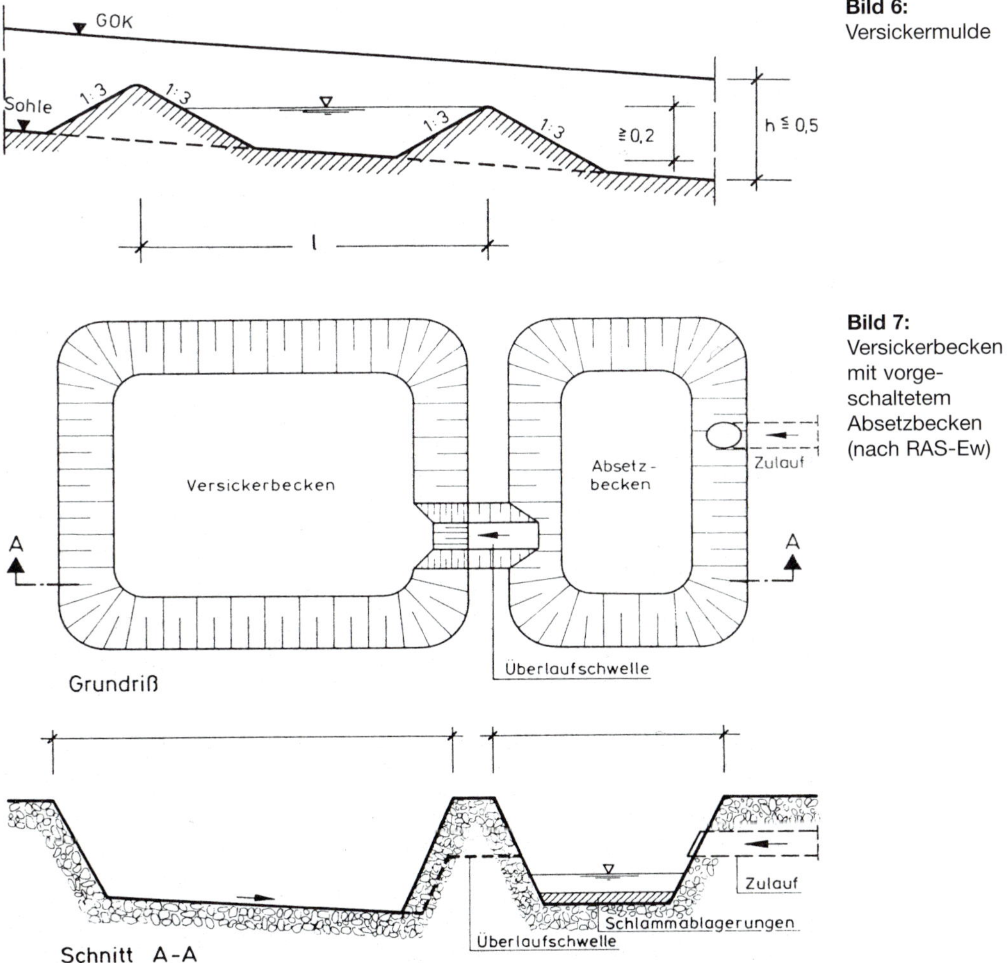

Bild 6: Versickermulde

Bild 7: Versickerbecken mit vorgeschaltetem Absetzbecken (nach RAS-Ew)

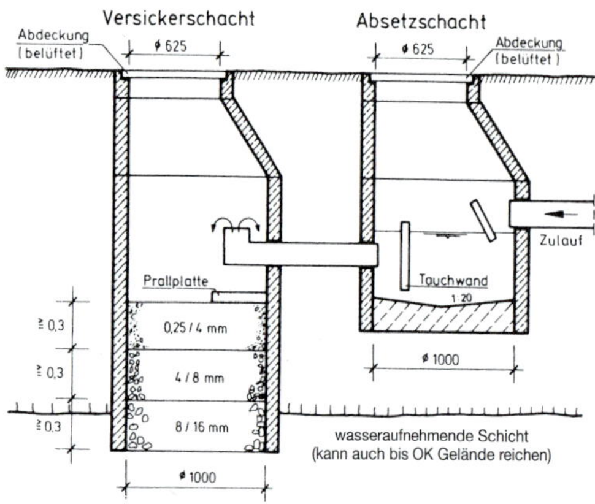

Bild 8: Versickerschacht (nach RAS-Ew)

sen als Versickermulde oder -becken in Erdbauweise oder Versickerschächte notwendig. Das Wasser ist in diesen Anlagen unter Beachtung des Grundwasserschutzes durch eine dauerhaft funktionierende, bewachsene Bodenzone oder durch eine künstliche Filterzone zu versickern. Die Einleitung in das Grundwasser ist nur mit Durchfluss einer bewachsenen Bodenzone zulässig. Beispiele für die Ausführung s. *Bilder 6* bis *8*.

Die Versickerung setzt eine ausreichend mächtige, sickerfähige Bodenschicht voraus; erforderliche Durchlässigkeit in Sickerrichtung 10^{-3} bis 10^{-5} m/s. Das Rückhalte- bzw. Schluckvermögen ist so zu bemessen, dass die Vorfluter nicht zusätzlich belastet werden.

Einer potenziell möglichen Selbstabdichtung von Versickerbecken kann durch Vorschalten eines Absetzbeckens oder eine Unterteilung des Beckens in Absetz- und Versickerzone entgegengewirkt werden.

Erdbecken oder Mulden mit einem künstlich eingebauten, bewachsenen Bodenfilter werden als Retentionsbodenfilter bezeichnet, wenn sie oberhalb des Filters über einen Retentionsraum verfügen und ein Absetzbecken, ggf. mit Abscheider, vorgeschaltet ist. Das Wasser wird nach Filterdurchfluss in eine Dränage oder einen Vorfluter eingeleitet.

(2) Sedimentationsbecken

Funktion dieser Becken ist es, die mit dem Wasser abgeschwemmten Sedimente, deren Feststoffpartikel Schadstoffe binden, vor dem Eintrag in die nachgeschalteten Rückhalte-, Versicker- und Filterbecken abzutrennen. Die Anlagen sind in Dauerstau, ggf. mit Leichtstoffabscheider zu betreiben.

Zu den Sedimentationsbecken gehören im Besonderen die Regenklärbecken. Sie sind als ständig gefüllte Becken mit vorgeschaltetem Entlastungsbauwerk und Regenklärüberlauf so zu gestalten, dass sowohl die Sedimente als auch die aufschwimmbaren Stoffe (Öl, Benzin) entfernt werden können.

5 Filterschichten

Bei durchströmten aneinandergrenzenden fein- und grobkörnigen Schichten können an den Schichtgrenzen feine Bodenteilchen in die grobporigere Schicht eingetragen und teilweise hindurchtransportiert werden. Dieser Transportvorgang führt zum Verlust der inneren Stabilität der Korngerüststruktur in der feinkörnigen Schicht und zum Verschluss von Poren der grobkörnigen Schicht. Das Phänomen tritt auch auf der Zustromseite von Sickeranlagen auf. Die aneinandergrenzenden durchströmten Schichten müssen daher entweder in sich filterstabil zusammengesetzt oder mit einer zwischengeschalteten Filterschicht geschützt werden.

Die Filterschicht ist in diesen Fällen Teil der entwässernden Schicht bzw. der Sickeranlage. Sie besteht entweder als Stufenfilter aus mehreren einzelnen Filterschichten unterschiedlicher Durchlässigkeit oder als Mischfilter aus einem gleichmäßig zusammengesetzten, gut abgestuften Korngemisch, das zugleich die Funktion der Sickerschicht übernimmt.

6 Geotextile Filter- und Dränelemente

Die geotextilen Filter- und Dränelemente sind in der Regel Verbundprodukte aus verschiedenen Geokunststoffen, die bestimmte Einzelaufgaben übernehmen. Sie bestehen aus der eigentlichen Drän- oder Sickerschicht in Verbund mit einer Filterschicht auf der Anströmseite. Beide Schichten sind punktförmig oder flächenhaft miteinander verbunden und erforderlichenfalls zusätzlich noch mit einem auf der Innen- bzw. Unterseite liegenden Trennvlies kombiniert. Bei Verwendung der Dränmatte an Bauwerksaußenwänden schützt dieser Vliesstoff die dauerelastische Bauwerksdichtung vor Beschädigungen.

Die Dränschicht besteht aus einer grobporösen bzw. hohlraumbildenden Struktur (z. B. Wirrgelege, Höcker- oder Gitterprofil, grobfaseriger Vliesstoff) und weist Unterschiede bezüglich des Rohstoffs, der Porenraumgröße und der Druckstabilität auf.

Als Filterschicht dienen mechanisch verfestigte Vliesstoffe, die so druckstabil mit der Dränschicht verbunden sein müssen, dass sie sich unter Anpressdruck nicht in die Dränschicht eindrücken und die Dränleistung reduzieren.

Die Elemente zeichnen sich durch gleichmäßige Produktqualität aus. Sie lassen sich als Fertigprodukte und wegen des leichten Gewichtes einfach handhaben und rasch verlegen, sodass die Bauzeit im Vergleich zum Einbau von mineralischen Dränschichten wesentlich verkürzt und ein rascher Witterungsschutz erreicht wird. Direkte Verkehrsbeanspruchungen während der Einbauphase sind nicht zulässig.

Die Elemente können in verschiedenen Dicken und mit verschiedenen Filterfeinheiten der Vliesmatten, die nach den Filterregeln festzulegen sind, hergestellt und somit an die jeweilige Beanspruchung und die Bodenverhältnisse angepasst werden. Die Dicke richtet sich nach der erforderlichen hydraulischen Sickerleistung, den erdstatischen Erfordernissen und den Bodenverhältnissen. Dabei müssen die Zusammendrückung infolge Auflast bzw. Erddruck und ggf. länger wirkende Kriechverformungen berücksichtigt werden.

Die verwendeten Grundstoffe sind bei normalem Schadstoffeintrag chemisch beständig. Bei kritischen Beanspruchungen (Deponien) ist die chemische Beständigkeit gesondert zu prüfen und ein beständiger Grundstoff zu verwenden.

Hinweis

Geokunststoffe s. Abschnitt 3.3 ZTV E-StB, Kom. 2.3 (Filter- und Dräneigenschaften).

7 Schutzmaßnahmen gegen Versinterung und Verockerung

Die Funktions- und Leistungsfähigkeit von Sicker- und Versickeranlagen können durch Einschlämmen von Feinstteilchen des Bodens oder Versanden, durch Ausfällung chemischer Lösungen im Bodenwasser oder auch aufgrund von Durchwurzelung des Bewuchses beeinträchtigt bzw. ganz gestört sein.

Einschlämmen und Versanden entstehen meist als Folge einer ungenügenden hydraulischen Filterstabilität der Anlagen. Diese Störungen lassen sich durch mechanische Reinigung mittels Spülung beseitigen.

Hauptsächliche und häufige Ursachen von chemischen Ausfällungen sind Versinterungen oder Verockerungen:

Die Versinterungen gehen auf wasserlösliche Kalziumhydrogenkarbonate zurück, die mit dem Bodenwasser in die Anlagen eindringen. Aufgrund hoher Kohlendioxidanteile im Boden, die aus den Niederschlägen oder aus dem hydrochemischen Aufbau des Bodens stammen, bilden sich starke Kohlensäure-Konzentrationen im Bodenwasser, das auf dem Sickerweg zu den Anlagen große Mengen an

Erdalkalikarbonaten mitnimmt. Die im Wasser gelösten Kalziumhydrogenkarbonate fällen an den Stellen, wo Wasser durch Belüftung oder erhöhte Temperatur verdunstet oder Kohlendioxid entweichen kann, als gelförmiger oder fester Kalk aus.

Die Verockerungen bilden sich dadurch, dass im Bodenwasser als Eisenbikarbonat gelöstes Eisen bei Zutritt von Sauerstoff als schwer lösliches Eisenoxidhydrat ausfällt.

Beide Verkrustungsphänomene – Versinterung und Verockerung – werden dort verstärkt, wo die Sicker- und Versickerungsanlagen durchlüften können, die Schleppkraft des Wassers nachlässt, die Sickerleitungen weniger als 5 % Gefälle haben oder nur gelegentlich durchflossen bzw. einem Luft-Wasser-Wechsel ausgesetzt sind.

Die Verkrustungen in Sickerrohrleitungen lassen sich weder durch spezielles Rohrmaterial noch durch besondere Dränfilter wesentlich beeinflussen.

Die Anlagen bedürfen einer sorgfältigen Entwurfsplanung, Ausführung und Wartung. Bei potenzieller Gefährdung sollten sie größer als hydraulisch berechnet bemessen und technisch anspruchsvoll ausgerüstet werden. Es empfehlen sich Prüfschächte mit luftdichten Abdeckungen und an den Rohreinläufen in den Schächten nach oben gerichtete Krümmer (Siphone), die für Reinigungszwecke abgenommen werden können. Die gefährdeten Rohrleitungen sollten im Rückstau betrieben werden können, sodass die Ausläufe dabei eingestaut sind.

Die Funktion der Anlagen, die von Versinterung oder Verockerung betroffen sind, kann durch häufiges und frühzeitiges Freispülen erhalten bleiben. Alternative Sanierungskonzepte bzw. vorbeugende technische Lösungen liegen zwar im Angebot derzeit vor, sind aber z. T. noch nicht praxisgemäß ausgereift; hierzu gehören z. B.

- Einstau mit Schwallspülern,
- Einstau unter Zusatz von Kohlendioxid zur Verhinderung der Kalkfällung,
- Verwendung von polymeren Härtestabilisatoren (fest/flüssig) in Verbindung mit elektrostatischer Behandlung zur Verringerung der Kristallisation und Ablagerung,
- Einbau von sog. Inliner-Systemen in Teilsickerrohrleitungen zum Sauerstoffverschluss der Sickerschlitze,
- Einbau von Innenleitungen (Schläuche, Stahlrohre) mit Auffangbehältern für Kalkfällungen, z. B. in Schluckbrunnen.

8 Technische Regelwerke/Literatur

(1) DIN 4095: Baugrund; Dränung zum Schutz baulicher Anlagen; Planung, Bemessung und Ausführung, 2007

(2) ZTV Ew-StB: Zusätzliche Technische Vertragsbedingungen und Richtlinien für den Bau von Entwässerungseinrichtungen im Straßenbau, FGSV, 2014

(3) RAS-Ew: Richtlinien für die Anlage von Straßen, Teil: Entwässerung, FGSV, 2005

(4) Merkblatt für die Anwendung von Kornfiltern, Bundesanstalt für Wasserbau (BAW), Karlsruhe 1983

(5) Merkblatt für die Anwendung von geotextilen Filtern an Wasserstraßen, Bundesanstalt für Wasserbau (BAW), Karlsruhe 1993

(6) DWA-A 138: Planung, Bau und Betrieb von Anlagen zur Versickerung von Niederschlagswasser

(7) DWA-M 178: Empfehlungen für Planung, Konstruktion und Betrieb von Retentionsbodenfilteranlagen zur weitergehenden Regenwasserbehandlung im Misch- und Trennsystem

(8) Terzaghi, K.: Erdbaumechanik auf bodenphysikalischer Grundlage, Verlag F. Deuticke, Leipzig/Wien 1925

(9) Terzaghi, K. u. Peck, R. B.: Die Bodenmechanik in der Baupraxis, Springer Verlag, Berlin/Heidelberg/New York 1961

(10) Ziems, J.: Beitrag zur Kontakterosion nichtbindiger Erdstoffe, Diss., Technische Universität Dresden, 1968

(11) Wittmann, L.: Filtrations- und Transportphänomene in porösen Medien, Veröffentlichungen des Instituts für Bodenmechanik und Felsmechanik, Universität Karlsruhe, H. 86, 1980

(12) Saathoff, F.: Geosynthetics in geotechnical and hydraulic engineering, Geotechnical Engineering Handbook, Vol. 2: Procedures, Verlag W. Ernst & Sohn, Berlin 2003

Teil 2

9 Baugruben und Leitungsgräben

9 Baugruben und Leitungsgräben

9.1 Herstellen

Siehe DIN 18300, Abschnitte 3.1 und 3.6.

9.1.1 Ist in der Leistungsbeschreibung festgelegt, dass zum Schutz der Gründungssohle eine Schutzschicht zu belassen ist, darf diese erst unmittelbar vor dem Herstellen der darüber liegenden Schicht bzw. des Bauteiles, z. B. Unterbeton, Fundament oder der Leitung entfernt werden.

9.1.2 *Sind durch die Ausführung von Leitungsgräben oder Baugruben nachteilige Verformungen zu erwarten, sind daraus resultierende besondere Maßnahmen in der Leistungsbeschreibung anzugeben.*

9.1.3 Vom Auftragnehmer zu vertretende Maßnahmen zur Unterfangung oder andere Sicherungen von gefährdeten Bauwerken werden nicht gesondert vergütet.

Das Herstellen von Gräben oder Baugruben im Fels durch Sprengen ist gebirgsschonend auszuführen (siehe Abschnitte 4.1.3 und 4.1.4).

9.1.4 Ausgehobener Boden ist je nach Bedarf und Eignung zum Wiedereinbau, Hinterfüllen, Überschütten oder zu sonstigen Auffüllarbeiten zu verwenden (siehe Abschnitt 4.1.1).

9.1.5 Baugruben und Leitungsgräben sind vor dem Zufluss von Oberflächenwasser durch geeignete Maßnahmen zu schützen. Bei frost- und wasserempfindlichen Boden- und Felsarten ist die Sohle während Frostperioden und niederschlagsreichen Perioden durch geeignete Maßnahmen zu schützen.

Wenn von vornherein mit längeren Wartezeiten zwischen den Erdarbeiten und den nachfolgenden Arbeiten zu rechnen ist, sind die erforderlichen Maßnahmen anzugeben.

Maßnahmen zur Trockenhaltung von Baugruben und Leitungsgräben bei zufließendem Grundwasser sind in der Leistungsbeschreibung anzugeben.

9.2 Verfüllen

Siehe DIN 18300, Abschnitt 3.4.

9.2.1 Vor dem Verfüllen von Baugruben und Gräben sind Fremdkörper, die Schäden verursachen können, zu entfernen.

9.2.2 *Für Rohre, zu deren Bemessung ein Trag- und Verformungsnachweis erforderlich ist, sind die hierfür erforderlichen Bodenkenngrößen in der Leistungsbeschreibung anzugeben.*

9.2.3 Für besondere Belastungen von Leitungen während des Bauzustandes, z. B. durch Überfahren mit schweren Baumaschinen oder Fahrzeugen, sowie hohe Überschüttungen müssen die Leitungen entsprechend bemessen und gegebenenfalls geschützt werden.

9.2.4 Durch geeignete Maßnahmen ist zu verhindern, dass sich der Leitungsgraben nach dem Verfüllen zu einer Längsdränage für zufließendes Oberflächen- und Grundwasser ausbildet.

Entsprechende Maßnahmen sind in der Leistungsbeschreibung anzugeben.

9.3 Baustoffe

9.3.1 Bei der Herstellung der Leitungszone sind die DIN 18306 „Entwässerungskanalarbeiten“, DIN 18307 „Druckrohrleitungsarbeiten außerhalb von Gebäuden“ und DIN 18322 „Kabelleitungstiefbauarbeiten“ zu beachten.

Sofern hinsichtlich des Materials oder der Abmessungen der Rohre Einschränkungen oder Erweiterungen für zu verwendende Baustoffe bestehen, ist dies in der Leistungsbeschreibung anzugeben (siehe auch Abschnitt 3.2).

Waschberge (WB), Hausmüllverbrennungsasche (HMVA) und Gießereirestsande (GRS) dürfen nicht in der Leitungszone eingebaut werden.

9.3.2 Außerhalb der Leitungszone soll zur Grabenverfüllung der ausgehobene Boden oder in Dammlage das im Damm verwendete Schüttmaterial eingebaut werden.

9.3.3 Der für die Verfüllung des Leitungsgrabens geeignete, zwischengelagerte Boden ist durch geeignete Maßnahmen einbaufähig zu halten.

Ausgehobener zu nasser Boden kann gegebenenfalls nach einer Behandlung mit Bindemitteln wiederverwendet werden.

Ist aufgrund wechselnder Bodenschichtung (z. B. Wechsellagerung grob- und gemischt- bzw. feinkörniger Böden) ein getrenntes Lösen einzelner geeigneter Böden nicht möglich, sind diese vor einem Wiedereinbau zu homogenisieren.

9.3.4 *Insbesondere in schwer zugänglichen oder schwer verdichtbaren Bereichen können zur Verfüllung von Leitungsgräben zeitweise fließfähige, selbstverdichtende Verfüllbaustoffe (ZFSV) verwendet werden.*

9.3.5 Die Eignung des zeitweise fließfähigen, selbstverdichtenden Verfüllbaustoffes ist durch eine Eignungsprüfung nachzuweisen. Zum Nachweis der Eignung sind folgende Anforderungen festzulegen:

1) zulässiges Größtkorn,
2) Fließfähigkeit (Konsistenz),
3) Tragfähigkeit (Verformungsmodul E_{V2} oder E_{Vd}),
4) Druckfestigkeit oder CBR-Wert,
5) Wiederaushubfähigkeit,
6) Volumenstabilität/Raumbeständigkeit.

9.4 Einbau und Verdichten

Siehe DIN 18300, Abschnitt 3.4.

9.4.1 In- und außerhalb der Leitungszone sowie in den Verfüllräumen von Leitungsschächten ist der Baustoff gleichmäßig in Lagen einzubauen und sorgfältig zu verdichten. Dabei ist darauf zu achten, dass die Leitung in ihrer Lage verbleibt. Die verwendeten Baustoffe und Einbauverfahren dürfen zu keinen schädlichen Verformungen oder ungünstigen Lastfällen für die Leitung und die Verkehrsfläche führen. Zwischen der Oberkante der Verfüllung der Leitungszone und dem Planum ist eine Mindestüberdeckung von 30 cm einzuhalten.

Andere Baustoffe und/oder andere Einbauverfahren sind in der Leistungsbeschreibung zu erfassen.

Bei Unterschreitung der Mindestüberdeckung zwischen der Oberkante der Verfüllung der Leitungszone und dem Planum (siehe auch ATB-BeStra) sind entsprechende, besondere Maßnahmen in der Leistungsbeschreibung anzugeben.

Die Verfüllung von Leitungsgräben hat unmittelbar nach der Leitungsverlegung, gegebenenfalls abschnittsweise zu erfolgen.

9.4.2 Das Verdichten darf in der Leitungszone und in dem Bereich bis 1 m über Rohrscheitel nur mit leichtem, bis 3 m auch mit mittelschwerem und darüber auch mit schwerem Verdichtungsgerät ausgeführt werden.

9.4.3 Abgerutschte Böschungen von Baugruben oder Gräben sind auszuheben. Der entstandene Raum ist wie ein Teil der Leitungszone bzw. Graben-/Baugrubenverfüllung zu behandeln.

Bei der Verwendung von zeitweise fließfähigen, selbstverdichtenden Verfüllbaustoffen sind die besonderen Eigenschaften hinsichtlich Auftrieb und hydrostatischem Druck – insbesondere in Bezug auf angrenzende Bauwerke – zu beachten. Die Auftrieb- und Lagesicherung der Leitungen ist auf das gewählte Einbauverfahren abzustimmen. Es ist sicherzustellen, dass sich der Verfüllbaustoff beim Einbauen nicht entmischt. Das Ziehen von Verbauelementen muss noch im fließfähigen Zustand der zeitweise fließfähigen, selbstverdichtenden Verfüllbaustoffe erfolgen.

9.5 Verdichtungsanforderungen

9.5.1 Böden und Baustoffe in der Verfüllzone sind bei Leitungsgräben innerhalb des Straßenkörpers so zu verdichten, dass die Anforderungen gemäß Abschnitt 4.3.2 erreicht werden. Bei Leitungsgräben innerhalb und außerhalb des Straßenkörpers gilt für die Leitungszone eine Anforderung an das 10 %-Mindestquantil des Verdichtungsgrades D_{Pr} von 97 %. Diese Anforderung gilt auch für die Verfüllzone von Leitungsgräben außerhalb des Straßenkörpers.

Verdichtungsanforderungen bei Baugruben siehe Abschnitt 10.3.

9.5.2 Bereiche in der Leitungszone, in denen sich die Böden oder Baustoffe nicht einwandfrei verdichten lassen, sind mit anderen geeigneten Baustoffen (z. B. zeitweise fließfähige, selbstverdichtende Verfüllbaustoffe, Beton geeigneter Güte) zu verfüllen, sofern sich dies nicht nachteilig auf die Rohrbettung (siehe Abschnitt 9.4.1), die Leitungen und den Oberbau auswirkt.

Entsprechende Maßnahmen sind in der Leistungsbeschreibung anzugeben.

Sind durch die Rohrleitung ungünstige Auswirkungen auf den Straßenoberbau zu erwarten, sind geeignete Schutzverrohrungen oder Halbkalotten vorzusehen.

Besondere Schüttstoffe und/oder besondere Einbauverfahren sind in der Leistungsbeschreibung zu erfassen.

Inhalt Kommentar

Vorbemerkung

Der Abschnitt 9 ZTV E-StB ergänzt die Allgemeinen Technischen Vertragsbedingungen für Bauleistungen in den ATV DIN 18300 beim Bau von Leitungsgräben und Baugruben.

Die Kommentare und Kompendien zu diesem Abschnitt behandeln die Verfahren zum Ausbau, zur Trockenhaltung, detailliert auch die spartenspezifischen Besonderheiten sowie die Unterfangung und Sicherung angrenzender baulicher Anlagen. Außerdem wird der Stand der Technik für das Herstellen von Wandsystemen tiefer Baugruben und für Tiefbauwerke im Grundwasser erläutert.

Der Inhalt hat allgemeine Bedeutung, besonders auch für das im Teil 3 behandelte Sonderkapitel S3 „Kommunaler Straßenbau“.

1 Herstellen von Baugruben und Gräben

1.1 Planungsgrundsätze

(1) Die Entwurfsplanung und sachgerechte Anlage von Baugruben für Bauwerksgründungen und Leitungsgräben umfassen

- die Aushubtechnik, bauliche Gestaltung und Bemessung,
- die normativen oder rechnerischen Nachweise der Standsicherheit,
- die sichere Unterfangung bestehender Bauten,
- die Erfordernisse der Unfallverhütung.

Die Baugrund- und Gründungsverhältnisse beeinflussen maßgeblich die Gestaltung, die Verbauart und die erforderliche Wasserhaltung in Abhängigkeit von der Tiefe der Baugruben und Gräben. Alle Fachleistungen und Unfallverhütungsmaßnahmen unterliegen spezifischen Verordnungen und normativen technischen Regeln.

Im Einflussbereich der Baumaßnahme ist vor Baubeginn unter Mitwirkung aller Betroffenen der Zustand der Gebäude und Anlagen vorsorglich beweiszusichern. Ver- und Entsorgungsleitungen sind vor Schaden zu bewahren. Die notwendig werdenden Sicherungen und Schutzmaßnahmen bedürfen der Abstimmung zwischen Auftragnehmer und Auftraggeber unter Berücksichtigung der Vorgaben des Ver- und Entsorgungsträgers.

(2) Durch den Bodenaushub wird der Gleichgewichtszustand des Baugrundes gestört. Der zur Aufnahme der Erddruckkräfte vorgesehene Verbau muss hinsichtlich der Abmessungen rechnerisch ermittelt und hinsichtlich der Standsicherheit statisch nachgewiesen werden, sofern kein Normverbau ausgeführt wird. Der Verbau muss den zu erwartenden höchsten Belastungen in ungünstigster Stellung standhalten. Alle Teile sind so zu bemessen, dass die zulässigen Beanspruchungen nicht überschritten werden.

Zur Beurteilung der Standsicherheit des Verbaus oder der Böschungen sind im Allgemeinen folgende Angaben und Bauunterlagen erforderlich:

- Tiefe und Abmessungen der Baugrube bzw. des Grabens
- Baugrundverhältnisse, Bodenschichtung, Ergebnisse bodenmechanischer Versuche
- Grundwasserverhältnisse
- Gründungstiefe und Abstand angrenzender Bauwerke
- Belastungen oder Erschütterungen innerhalb und außerhalb der Baugrube bzw. des Grabens
- Verbauart mit Konstruktionszeichnung
- Standsicherheitsnachweise.

Ausführungen, die vom Normverbau abweichen, bedürfen eines Nachweises im Rahmen der bauaufsichtlichen Vorschriften, sofern keine allgemeine bauaufsichtliche Zulassung vorliegt. Wenn die Abmessungen der Baugrube oder des Grabens, die Forderung nach Wasserdichtigkeit oder geringer Verformbarkeit der Baugrubenwand, die Bodenverhältnisse oder andere Gründe die Anwendung des Normverbaus nicht zulassen, können entsprechend den jeweiligen technischen Anforderungen Spundwände, Trägerbohlwände oder massive Verbauarten (Pfahlwände, Schlitzwände, Injektionswände) angewendet werden.

Die Standsicherheit des Verbaus muss in jedem Bauzustand bis zum Erreichen der endgültigen Baugrubensohle und des Rückbaues sowie bis zur vollständigen Verfüllung der Baugrube gewährleistet sein. Alle Teile des Verbaus müssen während der Bauausführung regelmäßig überprüft, nötigenfalls instandgesetzt und verstärkt werden. Nach längerer Arbeitsunterbrechung, anhaltendem Regen,

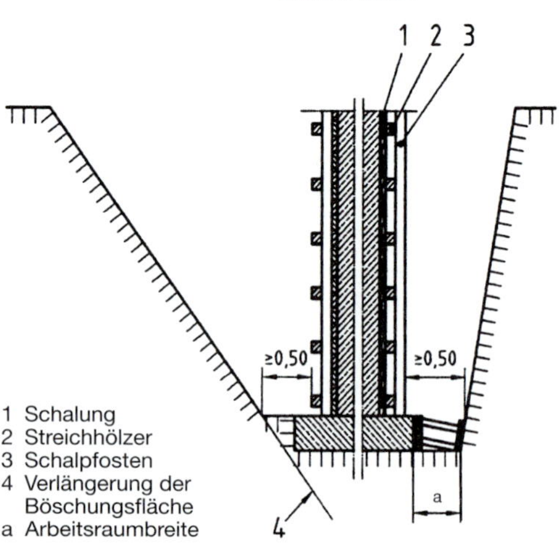

Bild 1: Arbeitsraum bei geböschten Baugruben (Beispiel DIN 4124)

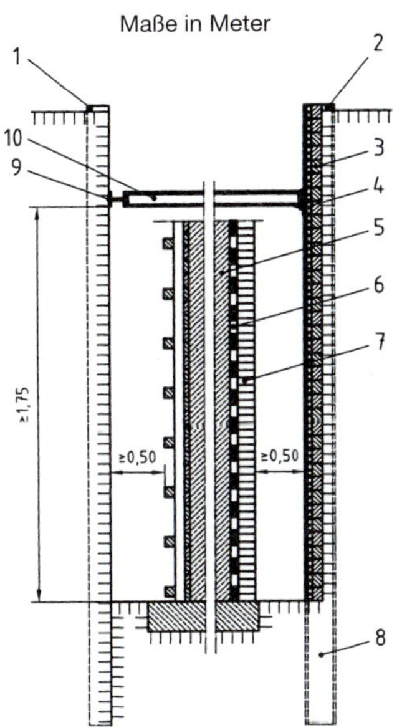

1 Spundwand
2 Trägerbohlwand
3 Ausfachung aus Kanthölzern
4 Gurt
5 Baukörper
6 Abdichtung
7 Schutzschicht
8 Bohlträger
9 Gurt
10 Steife

Bild 2: Arbeitsraum bei verbauten Baugruben ohne Behinderung durch Gurte und Streifen (Beispiel DIN 4124)

veränderter Belastung oder nach Sprengungen muss der Verbau vor Wiederaufnahme der Arbeiten überprüft werden.

(3) Die Baugrube umfasst die Fläche und den Raum, die für die Gründung des Bauwerks erforderlich sind. Die Anlage folgt der kürzestmöglichen Umrisslinie des Bauwerks unter Einbezug der erforderlichen seitlichen Arbeitsräume sowie der Räume für die Baugrubenumschließung und Baugrubensicherung. Als Breite des Arbeitsraumes gilt der Raum

- zwischen Böschungsfuß und Bauteil bzw. Außenseite der Schalung,
- zwischen Innenseite des Verbaus und Bauteil bzw. Schalung; s. *Bild 1* und *2*.

Die Tiefe der Baugrube richtet sich nach der erforderlichen Gründungstiefe, diese ihrerseits nach der Tragfähigkeit des Baugrundes, der erforderlichen frostfreien Tiefe (in Deutschland etwa 80 bis 120 cm) und der Tiefenlage des Grundwasserspiegels. Die Grundwasserverhältnisse bestimmen maßgeblich die Ausbildung der Baugrubenböschungen, den Baugrubenverbau und die Wasserhaltung in der Baugrube; s. Kom. 1.5.

Sinngemäße Planungsgrundsätze gelten für die Anlage und Ausbildung von Leitungsgräben; s. Kom. 2.

Die sachgemäße Anlage und Ausbildung von Baugruben und Gräben unterliegen den Vorschriften, Richtlinien und Empfehlungen

- für Böschungen, Arbeitsräume und Verbau gemäß DIN 4124,
- für Ausschachtungen, Gründungen und Unterfangungen im Bereich bestehender Gebäude gemäß DIN 4123,
- für die Berechnung von Baugruben gemäß DIN 1054 und Empfehlungen AK Baugruben (DGGT),
- für Unfallverhütungen.

1.2 Schutz und Sicherung der Sohlflächen

1.2.1 Sohlaufbruch

Sohlaufbruch kann entstehen, wenn weiche oder unter Wasserdruck stehende Bodenschichten ausgehoben werden. Gefährdet sind sowohl der frei geböschte Aushub als auch verbaute Baugruben und Gräben, wenn der Verbau nur bis zur Sohle oder wenig darunter reicht. Im Grenzzustand bilden sich grundbruchförmige Gleitflächen aus; breite Sohlflächen können dabei vergleichsweise gefährdeter sein als schmale. Die Gefahr des Sohlaufbruchs erhöht sich entscheidend, wenn unterhalb der Sohlfläche Auftrieb wirkt.

Ein hydraulischer Grundbruch bildet sich aus, wenn die Sohlflächen durch aufwärts gerichtete Wasserdruckkräfte beansprucht werden, die größer als die entgegenwirkenden Bodenwiderstandskräfte und Auflasten sind. Diese Gefahr besteht bei der Anlage von Baugruben im Wasser bzw. Gründungen in Bereichen mit hochstehendem Grundwasser und Böden mit geringer Scherfestigkeit, z. B. bei weichen oder tonigen Böden, fließempfindlichen Feinsanden und Schluffen, locker gelagerten Sanden und Kiesen. Nachweis der Sicherheit gegen Wasserüberdruck bzw. hydraulischen Grundbruch gemäß DIN 1054; s. Teil 3, Sonderkapitel S6 und Lit. (35).

Die kritische Grenztiefe für den Aushub ergibt sich bei homogenem Bodenaufbau zu

$$h_{krit.} = f \cdot \frac{c}{\gamma}$$

und bei Auftriebswirkung zu

$$h_{krit.} = f \cdot \frac{c}{\gamma} \cdot \frac{\gamma'}{\gamma}$$

c Bodenkohäsion
γ Bodenwichte
γ' Bodenwichte unter Auftrieb
f Formbeiwert für Sohlflächenbreite und Reibungswinkel φ'.

Als Sicherheitskriterium empfiehlt sich

$$\frac{h_{krit.}}{h} > 1{,}5.$$

Im Falle unzureichender Sicherheit kommen je nach Einzelfall folgende Gegenmaßnahmen in Betracht:

- Anordnung eines ausreichend tief einbindenden Verbaus oder Vertiefung des vorhandenen Verbaus
- Trockenlegung des Bodens durch Vakuumentwässerung
- teilweise oder volle Grundwasserabsenkung oder Grundwasserentspannung
- Aufbringen eines Belastungsfilters
- Anordnung von Pumpbrunnen oder Überlaufbrunnen innerhalb des Aushubs
- Herstellung einer undurchlässigen Schicht im Untergrund
- Herstellung einer wasserdichten Baugrubensohle aus Unterwasserbeton
- Anwendung von Druckluft.

Sicherungsbauweisen s. auch *Bilder 24* und *25* zu Kom. 4.1.

1.2.2 Schutz- und Stabilisierungsmaßnahmen

Die Sohlflächen der Baugruben und Gräben dürfen nicht auflockern oder aufweichen. Erforderlichenfalls müssen rechtzeitig Schutz- und Sicherheitsmaßnahmen getroffen werden, um die Tragfähigkeit dauerhaft und ohne unzulässig große Verformungen zu erhalten:

a) Mechanisch verursachte Bodenauflockerungen, z. B. durch Baugeräte und Baufahrzeuge, lassen sich in der Regel durch Bodenverdichtung, ggf. in Verbindung mit Einmischen von geeignetem Bindemittel, ausgleichen oder stabilisieren.
b) Besondere Sorgfalt ist geboten, um Auflockerungen der Gründungssohle durch Quellung und Frost zu vermeiden:
   - beim Baugrubenaushub in dünnschichtigen oder dünnblättrigen Schiefergesteinen
   - beim Einsprengen von Arbeitsräumen in Fels
   - bei Baugruben in quellfähigen Verwitterungsböden stark durchfeuchteter Hänge.
c) Wird unbrauchbarer Boden in der Gründungsschicht gegen geeignetes Material ausgetauscht, so empfiehlt sich für diese Verbesserung
   - eine Austauschtiefe bis ca. 2,5 m, wobei seitliche Überstandsbereiche entsprechend der Druckausbreitung unter der Lastfläche zu berücksichtigen sind,
   - lagenweiser Einbau eines Kies-Sand-Gemisches oder vergleichbarer anderer Mineralstoffgemische.
d) Baugrundstabilisierung durch Herstellen von Schotter- oder Kiespfählen mit Hilfe des Rütteldruckverfahrens; s. Abschnitt 13 ZTV E-StB, Kom. 6.
e) Bei Baugruben in Fels müssen Sohlbereiche, in denen brüchiger Fels vorkommt, ausgeräumt und ggf. eingeebnet bzw. durch Magerbeton ausgeglichen werden. Sohlbereiche in glatten Schiefergesteinsflächen sollen dagegen so unregelmäßig ausgearbeitet werden, dass verzahnter Kontakt entsteht.
f) Dringt Wasser in die Baugrube ein, kann es ausreichen, auf der Sohle ein Vlies zu verlegen und dieses mit einer 30 cm dicken Dränageschicht mit günstigem Gefälle zur Wasserableitung abzudecken.
g) Baugruben, die so stark aufweichen, dass weder eine Wasserhaltung noch ein Bodenaustausch möglich sind, können über Kopf mit Felsgestein oder ähnlich geeignetem Material eingeschüttet und mit schwerem Gerät verdichtet werden, bis sich eine stabile skelettförmige Schicht bildet. Diese Schicht wird mit einem stabilen Vlies oder Geogitter abgedeckt und zum Ausgleich mit einer gut verdichtbaren Kiesschicht und einer Magerbetonschicht überbaut.

1.3 Böschungen

Frei geböschte oder lotrecht ausgehobene Baugruben und Gräben ohne Verbaumaßnahmen können in standfesten Baugruben bei geringer Sohltiefe und tief liegendem Grundwasser in wirtschaftlicher Weise ausgeführt werden.

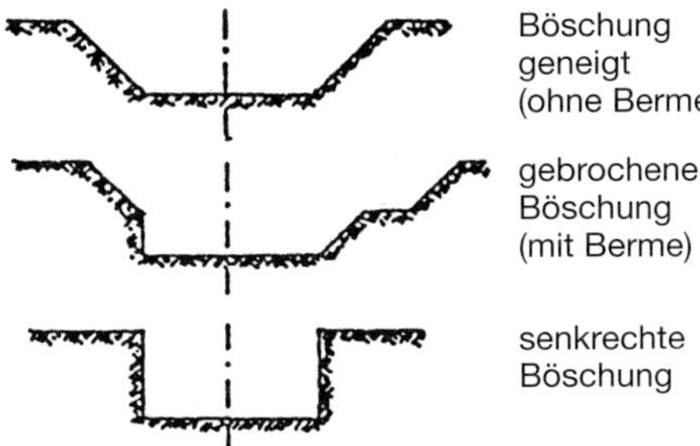

Bild 3: Böschungsformen

Die Maßnahmen dürfen keinen schädlichen Einfluss auf die umliegenden Bauwerke, Leitungen und Verkehrswege ausüben; mögliche Ausbildungsformen s. *Bild 3*.

Die zulässige Böschungsneigung richtet sich nach den Boden- und Wasserverhältnissen; s. auch Abschnitt 6 ZTV E-StB, Kom. 6.3 und 7.1. Die Zeitdauer, während der die Baugruben- und Grabenwände bzw. Böschungen ungeschützt offen liegen, sowie einwirkende äußere Einflüsse – z. B. Randlasten, Erschütterungen – sind bei der Festlegung der Böschungsneigung und beim Nachweis der Standsicherheit mit zu berücksichtigen.

Lotrechter Aushub darf nach DIN 4124 nur bis 1,25 m Tiefe und bei lastfreiem Randstreifen von mind. 0,6 m erfolgen. Bei Tiefen zwischen 1,25 und 1,75 m muss mit Saumbohle oder abgeböschter Kante oder Teilverbau gesichert werden; s. *Bild 4*.

Für größere Baugruben- und Grabentiefen werden in DIN 4124 Böschungswinkel angegeben, die ohne rechnerischen Nachweis der Standsicherheit nicht überschritten werden dürfen. Diese Grenzwerte sind nur im Zusammenhang mit den in der Norm beschriebenen Voraussetzungen anwendbar. Maßgebend für die Festlegung des jeweils zulässigen Böschungswinkels sind die boden- bzw. felsmechanischen Eigenschaften sowie die o. g. äußeren Einflüsse. Aus dieser Beurteilung ergibt sich das Erfordernis von rechnerischen Standsicherheitsnachweisen gemäß DIN 4084, und zwar bei

a) Böschungshöhen h > 5 m oder Böschungswinkeln größer als die empfohlenen Werte,
b) Gefährdung baulicher Anlagen einschließlich Leitungen,
c) stark ansteigendem Gelände neben der Böschungskante oder steil angelegten Erdlasten (> 1 : 2) bzw. Stapellasten > 10 kN/m² neben dem 0,6 m breiten Schutzstreifen,
d) Straßenfahrzeugen, Baggern oder Hebezeugen, deren Abstand zur Böschungskante die Mindestwerte nach DIN 4124 unterschreitet.

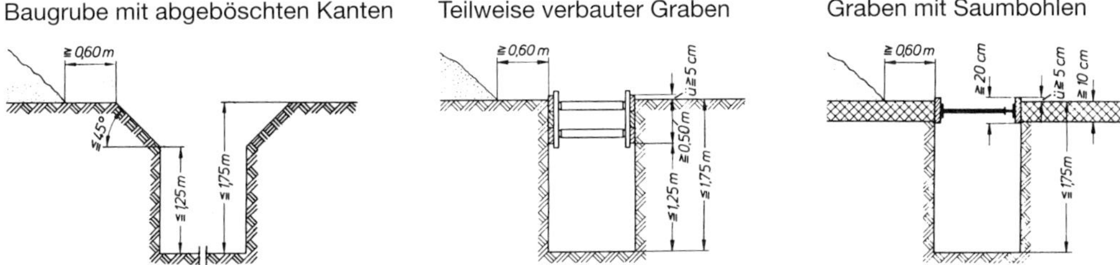

Bild 4: Sicherungsmaßnahmen bis 1,75 m Tiefe bei Gräben in standfesten gewachsenen Böden nach DIN 4124

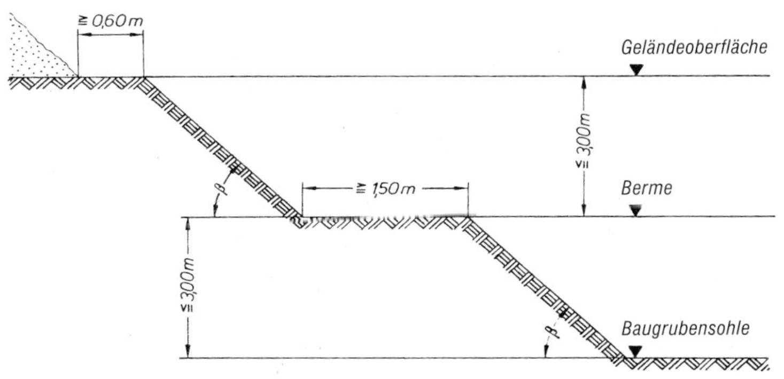

Bild 5: Baugrubenböschung mit Berme nach DIN 4124

Bild 6: Waagerechter Normverbau (ohne Darstellung der Befestigungsmittel)

Maße in Meter

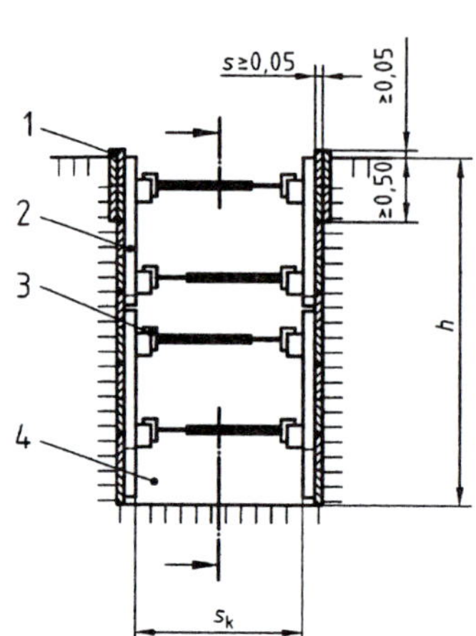

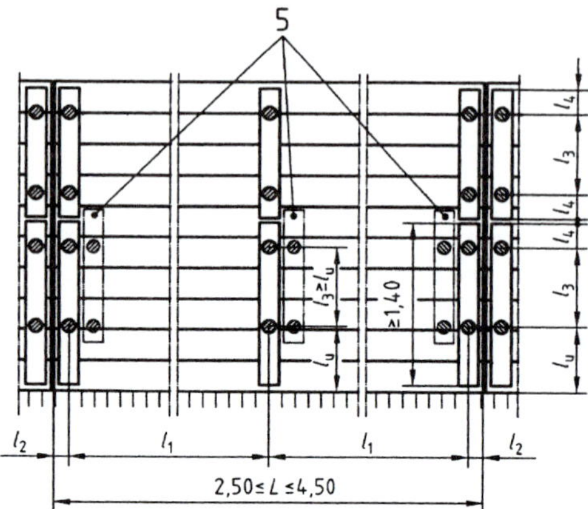

1 Verdoppelung der Bohlen (falls erforderlich)
2 Brustholz 8 cm × 16 cm bzw. 12 cm × 16 cm
3 Kanalstrebe oder Rundholzsteife *d* = 10 cm bzw. 12 cm
4 Raum zum Rohreinbau bzw. zur Kabelverlegung
5 Diese Brusthölzer dürfen im Vollaushubzustand entfernt werden

Zu beachten ist außerdem, dass freiliegende Wand- und Böschungsflächen geschützt oder die normativen bzw. rechnerisch ermittelten Böschungswinkel reduziert werden müssen, wenn sie durch Witterungseinflüsse wie Tagwasser, Trockenheit, Frost gefährdet sind. Das Abflachen der Böschung, die Anlage von Bermen gemäß *Bild 5* oder der auf kleine Abschnitte begrenzte Ausbau werden notwendig, wenn sich Abbrüche oder Gleitflächen ausbilden können. Maßnahmen zum Erosionsschutz s. Abschnitt 6 ZTV E-StB, Kom. 3.

1.4 Normverbau

Der waagerechte und senkrechte Verbau werden bei einfachen, wenig tiefen Baugruben und Leitungsgräben angewendet; s. *Bild 6* und *7*.

Die Anwendung der beiden Verbauarten ist ohne besondere erdstatische Nachweise möglich, wenn die nach Norm vorgegebenen Randbedingungen erfüllt sind und normgerechte Verbauelemente eingesetzt werden. Alternativ kommen vorgefertigte Elemente für den Grabenverbau zum Einsatz; s. Kom. 1.4.3.

Bei größeren Abmessungen der Baugrube oder bei Forderungen nach Wasserdichtigkeit, steifenfreien Räumen oder verformungsarmen Wänden sind andere Verbauweisen erforderlich; s. Kom. 4 und 5.

1.4.1 Waagerechter Verbau

Verbau mit waagerecht eingebrachten Holzbohlen, von oben nach unten mit Aushub fortschreitend. Anwendung nur zulässig, wenn der Boden

Bild 7: Gestaffelter senkrechter Grabenverbau (Beispiel)

Maße in Meter

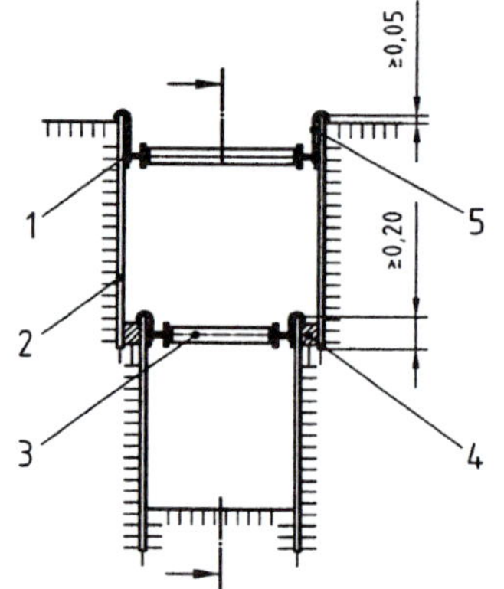

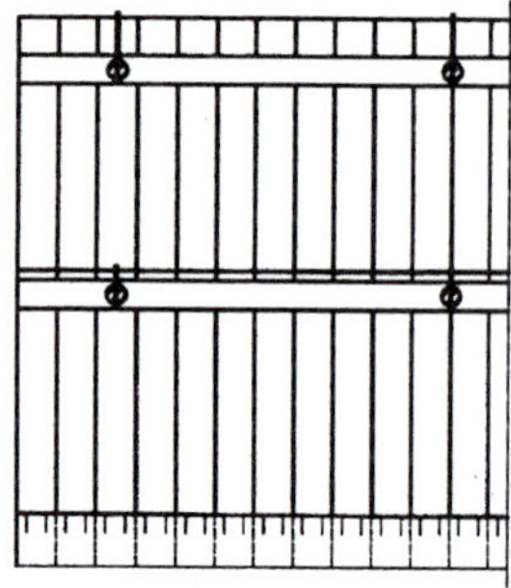

1 Gurtträger mindestens HEB 100
2 Kanaldielen
3 Rundholzsteife oder Kanalstrebe
4 Futterholz
5 Aufhängung

bei Aushub und bei Rückbau mindestens auf die Tiefe einer Bohlenbreite frei standfest bleibt, keine weiche Bodenschicht eingelagert ist und die Geländeoberfläche horizontal liegt.

Absteifung der Brusthölzer mit mindestens zwei Steifen erforderlich: a) in schräger Anordnung oder b) in waagerechter Anordnung; *Bild 6*.

Anstelle der Holzbohlen können stählerne Kanaldielen und anstelle der Brusthölzer Stahlträger verwendet werden, sofern gleichgroße Biegemomente aufgenommen werden.

1.4.2 Senkrechter Verbau

Der Verbau erfolgt gemäß *Bild 7* mit Holzbohlen und Gurthölzern. Alternativ können stählerne Bohlen (Kanaldielen, Leichtspundbohlen, Tafelprofile, Rammbleche) sowie Stahlprofile für die Gurthölzer eingebaut werden, wenn damit gleichgroße Biegemomente aufgenommen werden; gestaffelter Verbau je nach Grabentiefe.

Die Bauweise setzt standfesten Boden voraus, sodass der Bohlenverbau dem Aushub nachfolgen kann. Der Aushub darf bei bindigen Böden nur auf eine Tiefe von maximal 0,5 m bei maximal 5 m Länge vorauseilen, bei nichtbindigem Boden 0,25 m Tiefe auf drei Bohlenbreiten.

1.4.3 Grabenbau mit Fertigelementen

Nach DIN 4124 werden die Elemente als „Grabenverbaugeräte" bezeichnet und nach Art der Stützung und Gleitschienenführung unterschieden. Es dürfen nur nach DIN EN 13331-1 geprüfte Elemente verwendet werden; Beispiel s. *Bild 8*. Vor dem Einsatz solcher Elemente ist anhand der örtlichen Verhältnisse zu überprüfen, ob sie die Erddrucklasten unter Berücksichtigung von Zusatzlasten aus Verkehr, benachbarter Bebauung und ansteigendem Gelände aufnehmen können und bei offener Wasserhaltung oder Grundwasserabsenkung ausreichend gesichert sind. Die Verwendungsanleitung der Hersteller ist zu beachten. Der Einsatz in Böden, die ausfließen können, ist nicht zulässig.

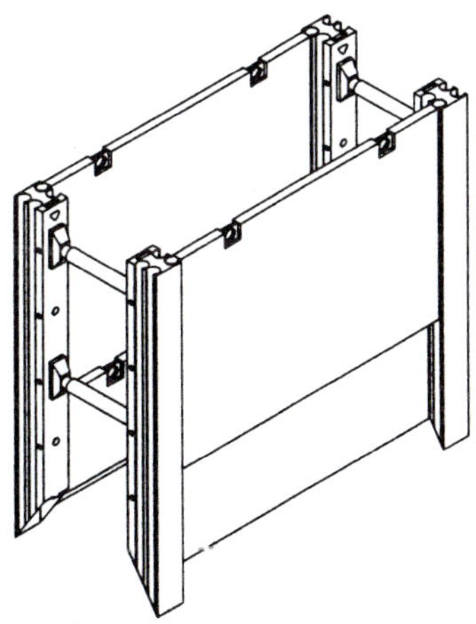

Bild 8: Beispiel für ein Gleitschienen-Grabenverbaugerät mit gelenkigen Streben (DIN 4124)

1.5 Wasserhaltung und Dränage

Tages- und Grundwasser erfordern Maßnahmen zur Wasserhaltung, Dränage oder Grundwasserabsenkung. Für diese Maßnahmen können verschiedene Ziele vorrangig sein, z. B.

- Aushub im Trockenen zur ungestörten maßhaltigen Ausführung der Fundamente und des Leitungseinbaus,
- Sicherung begehbarer oder befahrbarer Sohlflächen,
- Sicherung der Standfestigkeit des Verbaus und der Böschungen,
- Schutz der Einbauten gegen Wasser, Frost, Erosion und mechanisch verursachte Auflockerungen der Sohlflächen.

Die Planung und Ausführung erfordern Erkundungen über die Baugrundverhältnisse, die Grundwasserströmung (Menge, Geschwindigkeit), die saisonalen Tageswassermengen, die Energieversorgung, die Saug- und Förderhöhen für die Pumpenanlagen, die Vorflutverhältnisse u. a. Die Planung der Energieversorgung und Funktionskontrolle für Grundwasserabsenkungen richtet sich nach dem Wasseranfall und der Ortslage. Große Wassermengen können zwei alternative Versorgungen (Netz- und Notstrom), die bei Ausfall automatisch umschalten, erfordern. In entlegenen Gebieten ohne Netzanschluss für die elektrische Stromversorgung wird der Einsatz von Diesel-Strom-Aggregaten erforderlich.

Die Maßnahmen dürfen das Umfeld und die angrenzenden baulichen Anlagen nicht schädlich beeinflussen. Sie erfordern in der Regel ein wasserrechtliches Genehmigungsverfahren, wenn temporäre oder dauernde Veränderungen der Grundwasserverhältnisse (z. B. Absenkung oder Aufstau des Grundwassers, Änderung der Fließrichtung) zu erwarten sind. Die Einleitung des Wassers in den Vorfluter unterliegt der Genehmigungs- und Gebührenpflicht.

Bei geringem Wasseranfall genügen in der Regel offene Wasserhaltungen. Das zufließende Wasser wird in Drängräben mit oder ohne Sickerrohrleitung gesammelt und direkt oder über Pumpensümpfe in den Vorfluter abgeleitet; s. Abschnitt 8 ZTV E-StB. Die Anordnung der Drängräben (netz- oder linienförmig) und der Pumpensümpfe richtet sich nach den hydraulischen und baulichen Verhältnissen im Einzelfall. Die Anlagen müssen erosions- und auftriebssicher, dazu insgesamt so ausgebildet sein, dass die Einbauten nicht schädlich beeinträchtigt werden. Die Sohlflächen der Baugruben und Leitungsgräben dürfen nicht unter Auftrieb stehen; ggf. sind Schutz- und Sicherungsmaßnahmen zu treffen; s. Kom. 1.2.

Reicht die offene Wasserhaltung nicht aus, bedarf es einer Grundwasserabsenkung mittels Gravitations- oder Vakuumbrunnen oder spezieller Verfahren (z. B. Elektroosmose). Die Auswahl und Anwendung dieser Verfahren richten sich nach den Baugrund- und Grundwasserverhältnissen, der erforderlichen Absenktiefe und wirtschaftlichen Aspekten.

Bei der Absenkung mittels Brunnen wird unterschieden zwischen Flach- und Tiefbrunnenanlagen, für die ebenfalls die vorgenannten Entscheidungskriterien maßgebend sind. Die Auswahlkriterien für das Pumpensystem unterliegen den baustellenspezifischen Gegebenheiten und Aufgaben. Hierzu gehören:

a) Feststellung des operativen Bedarfs (Saug- und Förderleistung), Abstimmung der Förderkapazität auf den Wassernachlauf mit kontinuierlich permanenter oder unterbrochener Lenzung
b) robuste, verschleißarme Pumpen und Steuereinrichtungen, Konstruktionshöhe der Pumpe entsprechend der Kapazität und dem Einsatzort, lärmgedämpfter Antrieb (gekapselt und Elektromotor)
c) Aufwand für Wartung und Instandhaltung im Betrieb.

Die technisch mögliche Wasserhaltung richtet sich hauptsächlich nach der Durchlässigkeit der Baugrundschichten, dem hydraulischen Druckgefälle und der Leistung des Vorfluters; s. *Tab. 1*.

Tabelle 1: Anwendung der Wasserhaltung nach der Durchlässigkeit der Böden

Bodenart	Durchlässigkeit k (m/s)	Wasserhaltung
Schotter, Geröll	$5 \cdot 10^{-2}$	nicht möglich
Kies Sand	$1 \cdot 10^{-3} - 1 \cdot 10^{-5}$ $1 \cdot 10^{-2} - 1 \cdot 10^{-4}$	offene Wasserhaltung und Schwerkraftentwässerung
Schluff	$1 \cdot 10^{-5} - 1 \cdot 10^{-7}$	Vakuumentwässerung
Ton	$1 \cdot 10^{-7}$	Elektroosmose

2 Leitungsbau

2.1 Geometrie der Grabenprofile

Das Grabenprofil wird unterschieden nach Leitungs- und Verfüllzone. Die Leitungszone umfasst den Grabenraum zwischen der Sohlfläche und den Böschungsflächen bzw. den Grabenwänden bis zu einer Höhe von 0,30 m über Scheitel der größten Leitung. Der darüber liegende Grabenraum gilt als Verfüllzone.

Gräben für Leitungen und Kanäle erfordern eine lichte Mindestbreite. Sie muss die technisch sachgerechte Bauausführung unter Einhaltung der ergonomischen und unfallsicheren Arbeitsbedingungen für die Bauleute gewährleisten. Die lichten Mindestbreiten sind für Gräben ohne oder mit Arbeitsraum im Detail in DIN 4124 angegeben und richten sich nach Verlegetiefe und äußerem Leitungs- bzw. Rohrschaftdurchmesser. Für Abwasserkanäle

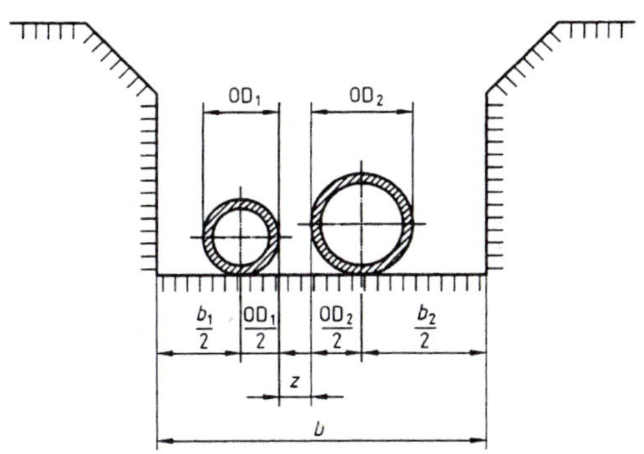

Bild 9: Lichte Mindestgrabenbreite für Gräben mit Arbeitsraum für Mehrfachleitungen (DIN 4124)

und -leitungen gelten Besonderheiten nach DIN EN 1610.

Bei Gräben für Mehrfachleitungen *(Bild 9)* bemisst sich die lichte Mindestbreite b des Grabens aus den Durchmessern D der beiden äußeren Leitungen und die Breite z des Zwischenraumes nach Erfordernissen bei der Verlegetechnik und Verdichtung sowie nach dem von den Rohrdurchmessern abhängigen Zugang.

Als lichte Mindestgrabenbreite gilt nach DIN 4124

- bei geböschten Gräben die Sohlbreite in Höhe der Rohrschaftunterkante,
- bei unverkleideten, mit senkrechten Wänden ausgehobenen Gräben der lichte Abstand der Erdwände,
- bei Grabenverbaugeräten der lichte Abstand der Platten,
- bei waagerechtem Verbau der lichte Abstand der Holzbohlen,
- bei senkrechtem Verbau der lichte Abstand der Kanaldielen,
- bei Spundwandverbau der lichte Abstand der baugrubenseitigen Bohlenrücken,
- bei Trägerbohlwänden der lichte Abstand der Verbohlung.

Liegen die Leitungen nicht in einem Graben, sondern z. B. in einem Damm oder einer Baugrube, bemessen sich die seitlichen Grenzen der Leitungszone ebenfalls nach den lichten Breiten gemäß DIN 4124. Liegen mehrere Leitungsrohre nebeneinander, richten sich die seitlichen Grenzen nach dem Durchmesser des außen liegenden Rohres und die Höhe der Leitungszone nach dem Durchmesser des größten Rohres.

Wird die Leitung nicht auf der Grabensohle, sondern auf einer aus Füllboden eingebrachten Ausgleichsschicht verlegt, vergrößert sich die Leitungszone um die Höhe der unter dem Rohr eingebauten Schicht.

Spartenspezifische Besonderheiten s. Kom. 2.4.

2.2 Baustoffe für die Leitungs- und Verfüllzone

Für die Leitungszone empfehlen sich Baustoffe, die allgemein für das Hinterfüllen und Überschütten von Bauwerken gut geeignet sind; s. Abschnitt 10 ZTV E-StB, Kom. 1.8. Bei Leitungsgräben in Dammlage kann es meist wirtschaftlich und qualitativ ausreichend sein, das für den Damm vorgesehene Schüttmaterial zugleich als Überschüttbaustoff für die Leitung zu verwenden. Werden Sickerrohre verlegt, müssen die Verfüll- oder Überschüttbaustoffe zusätzlich den Filteranforderungen gemäß Abschnitt 8 ZTV E-StB, Kom. 1.2 und 5 entsprechen. Durch Eignungsprüfung ist zu belegen, dass der Verfüllbaustoff weder schädliche Verformungen für die Leitung und die Verkehrsflächen verursacht, noch auf das Leitungsmaterial aggressiv wirkt.

Wirtschaftliche Gründe zwingen in der Regel dazu, vorrangig den ausgehobenen bzw. anstehenden Boden für den Wiedereinbau zu wählen. Der Leitungsbau im Zuge der kommunalen Straßen erfordert diese Vorgehensweise und oft auch die Verwendung von Abfall- und Recycling-Baustoffen; s. Abschnitt 3.2 ZTV E-StB und Teil 3, Sonderkapitel S4.

In *Tab. 2* sind die einzelnen zur Verfüllung geeigneten Bodengruppen gemäß ihrer Verdichtungswilligkeit in die Verdichtbarkeitsklassen V1 (gut verdichtbar) bis V3 (weniger gut verdichtbar) eingeteilt.

In der Verfüllzone kann in der Regel das Aushubmaterial zur Wiederverfüllung verwendet werden, sofern es den Bodenarten der Klassen V1 bis V3 entspricht. Böden der Klasse V2 mit einem Feinkornanteil von $> 15\,\%$ Masseanteilen an Korn $< 0{,}06$ mm und Böden der Klasse V3 können bei zu hohem Wassergehalt durch ungünstige Witterungseinflüsse (Regen, Frost, Austrocknung) für den Einbau unbrauchbar werden; sie sind vor entsprechenden Ein-

Tabelle 2: Klassifizierung der Verfüllbaustoffe nach den Verdichtungseigenschaften

Verdichtbarkeitsklasse	Kurzbeschreibung	Bodengruppe (DIN 18196)
V 1	nicht bindige bis schwach bindige, grobkörnige und gemischtkörnige Böden	GW, GI, GE, SW, SI, SE, GU, GT, SU, ST
V 2	bindige, gemischtkörnige Böden	$G\bar{U}$, $G\bar{T}$, $S\bar{U}$, $S\bar{T}$
V 3	bindige, feinkörnige Böden	UL, UM, TL, TM, TA

flüssen zu schützen. Um unmittelbar und ausreichend verdichten zu können, soll der Einbauwassergehalt von Bodenarten der Klassen V2 und V3 etwa dem optimalen Wassergehalt entsprechen.

Unbrauchbar gewordener Boden ist gegen Boden der Klasse V1 bzw. V2 auszutauschen. Er kann auch mit Bindemittel verbessert oder durch geeignetes Recycling-Material ersetzt werden.

Ungeeignet oder nur bedingt geeignet sind alle Böden, die nicht in *Tab. 2* aufgeführt sind, sowie Böden mit organischen Beimengungen, ausgeprägt plastische, feinkörnige Böden (z. B. TA) oder aufquellende Böden (z. B. Anhydrite). Gefrorener Boden und Materialien, die Leitungen und Bauwerke schädigen können (z. B. aggressive Aschen und Schlacken), dürfen nicht eingebaut werden.

2.3 Einbau und Verdichten

2.3.1 Aushub

Innerhalb befestigter Flächen erfolgt nach dem Entfernen der Befestigung (Oberbau) der Aushub. Das Aushubmaterial ist, vom Oberbau getrennt, so zu lagern, dass es zum Wiederverfüllen der Aufgrabung verwendet oder erforderlichenfalls vorher durch Zumischen eines Korngemisches oder Bindemittels verbessert werden kann.

Der Leitungsgraben ist während der Bauarbeiten wasserfrei zu halten, also durch Abdeckung zu schützen bzw. durch Wasserhaltung zu entwässern.

2.3.2 Leitungsauflager

Die Grabensohle muss eben und frei von Aushubboden sein sowie die für das Leitungsauflager erforderliche Tragfähigkeit aufweisen. Keinesfalls darf die Grabensohle aufgelockert sein. Andernfalls ist die Auflockerung durch Verdichten oder bei nicht verdichtbarem Boden durch Austausch gegen geeignetes Material und sorgfältige Verdichtung auszugleichen.

2.3.3 Verfüllen und Verdichten

Das Verfüllen und Verdichten muss in jedem Fall lagenweise erfolgen. Auf die genaue Solllage der Leitung ist während der gesamten Einbettungsarbeiten besonders zu achten.

Für enge Bereiche der Leitungszone (Rohrzwickel, Schachtanschlüsse), die sich nicht verfüllen und verdichten lassen, empfiehlt sich der Einbau von Boden-Bindemittel-Gemischen oder auch Porenleichtbeton.

Bei verbauten Leitungsgräben ist das Einbauen und Verdichten des Füllbodens auch auf den jeweils verwendeten Verbau abzustimmen. Nach dem Rückbau müssen Füllboden und Grabenwand dicht und setzungsfrei aneinanderschließen. Die Verbauteile dürfen deshalb nur lagen- bzw. abschnittsweise so entfernt werden, dass der Füllboden unverzüglich in den rückgebauten Abschnitt lagenweise eingebracht und verdichtet werden kann. Die Verdichtung der Schüttlagen muss gegen den anstehenden Boden und nicht gegen den Verbau erfolgen. Die verbleibenden Auflockerungen und Hohlräume zwischen Verfüllmaterial und Grabenwand müssen durch geeignete Maßnahmen nachträglich ausgeglichen werden (z. B. durch Einbringen von Dämmer oder Porenleichtbeton).

Das Verfüllen darf erst beginnen, wenn die Verbindung der Rohrstränge und der Schachtanschlüsse sowie die Rohrauflager durch Erddruck und Erdauflast belastet werden dürfen.

Wird in der Leitungszone maschinell verdichtet, so ist besonders darauf zu achten, dass die Leitungsumhüllung (Korrosionsschutz!) nicht beschädigt und die Leitung selbst durch das Verdichten nicht verdrückt wird. Die Qualität

Tabelle 3: Empfehlungen für das Verdichten von Leitungsgräben

Geräteart		Dienst-Gewicht kg	Bodengruppe								
			V_1 grobkörnig (nicht bindig)			V_2 feinkörnig (bindig)			V_3 gemischt körnig (bindig)		
			Eig-nung	Schütthöhe cm	Zahl Überg.	Eig-nung	Schütthöhe cm	Zahl Überg.	Eig-nung	Schütthöhe cm	Zahl Überg.
1. Leichte Verdichtungsgeräte (vorwiegend für Leitungszone)											
Vibrations-stampfer	leicht	- 25	+	-15	2-4	+	-10	2-4	+	-15	2-4
	mittel	25- 60	+	20-40	2-4	+	10-30	2-4	+	15-30	3-4
Explosions-stampfer	leicht	- 100	o	20-30	3-4	+	20-30	3-5	+	15-25	3-5
Rüttelplatten	leicht	- 100	+	-20	3-5	-	-	-	o	-15	4-6
	mittel	100- 300	+	20-30	3-5	-	-	-	o	15-25	4-6
Vibrationswalzen	leicht	- 600	+	20-30	4-6	-	-	-	o	15-25	5-6
2. Mittlere und schwere Verdichtungsgeräte (oberhalb der Leitungszone)											
Vibrations-stampfer	mittel	25- 60	+	20-40	2-4	+	10-30	2-4	+	15-30	2-4
	schwer	60- 200	+	40-50	2-4	+	20-30	2-4	+	20-40	2-4
Explosions-stampfer	mittel	100- 500	o	20-40	3-4	+	20-30	3-5	+	25-35	3-4
	schwer	500	o	30-50	3-4	+	30-40	3-5	+	30-50	3-4
Rüttelplatten	mittel	300- 750	+	30-50	3-5	-	-	-	o	20-40	3-5
	schwer	750	+	40-70	3-5	-	-	-	o	30-50	3-5
Vibrationswalzen		600-8000	+	20-50	4-6	-	-	-	+	20-40	5-6

+ = empfohlen o = meist geeignet

der Rohreinbettung und der Verfüllung des Grabens hängt entscheidend von der Art des Verdichtungsgerätes und der Anzahl der Übergänge ab. *Tab. 3* enthält durchschnittliche Anhaltswerte für die Schütthöhe sowie für die Zahl der Übergänge in Abhängigkeit von der Geräteart.

Erfahrungsgemäß können je nach Dicke der Schüttlage folgende Geräte zweckmäßig sein:

bis 15 cm	leichter Vibrationsstampfer (25 kg Gewicht)
15 bis 30 cm	mittlerer Vibrationsstampfer (25 bis 60 kg)
bis 20 cm	leichte Rüttelplatte (100 kg)
30 bis 50 cm	mittlere Rüttelplatte (300 bis 750 kg)
40 bis 50 cm	schwerer Vibrationsstampfer (60 bis 200 kg)
40 bis 70 cm	schwere Rüttelplatte (750 kg).

Sofern keine spartenspezifischen Anforderungen gemäß Vertrag gelten, muss in der Leitungszone von Gräben innerhalb und außerhalb befestigter Verkehrsflächen ein Verdichtungsgrad von mindestens D_{Pr} = 97 % erreicht werden. Für das Verfüllen von Aufgrabungen innerhalb der befestigten Verkehrsflächen gelten die Anforderungen nach Abschnitt 4.3.2 ZTV E-StB.

Der Rückbau von tiefreichenden Verbauteilen, z. B. von Spundbohlen, erfordert eine besonders schonende Vorgehensweise. Es kann notwendig sein, nur stufenweise zu ziehen und jeden freigelegten Abschnitt durch Rütteln der Bohle nachzustopfen und zu verdichten. Die Grabenverfüllung darf dabei nicht auflockern und die Leitung nicht beansprucht werden. Kann so nicht vorgegangen werden, bedarf es, je nach Anforderung und in Abstimmung auf den Verfüllboden, die Leitung und die Geometrie des Grabens bzw. der Baugrube nach dem Ziehen, des schonenden Nachverdichtens durch Tiefenrüttler oder einer Stabilisierung des aufgelockerten Bereichs, z. B. durch Bindemittel-Injektionen.

Im Fahrbahnbereich soll gewährleistet sein, dass der Fahrbahnoberbau ohne zusätzliche Maßnahmen unmittelbar im Anschluss an den Einbau und das Verdichten der Grabenverfüllung hergestellt werden kann.

Prüfung der erzielten Qualität s. Abschnitt 14 ZTV E-StB.

2.3.4 Sicherung bei Leckage

Bei Rohrleitungen, die umweltgefährdende Stoffe abführen, kann als Schutz gegen Leckagen oder gegen undichte Stöße eine Abdichtung, z. B. aus einer Kunststoff-Dichtungsbahn oder Ton-Dichtungsmatte, erforderlich sein.

Diese Schutzmaßnahme empfiehlt sich an Standorten, wo Verluste nicht direkt bemerkt

a) Abdichtend umhülltes Rohr

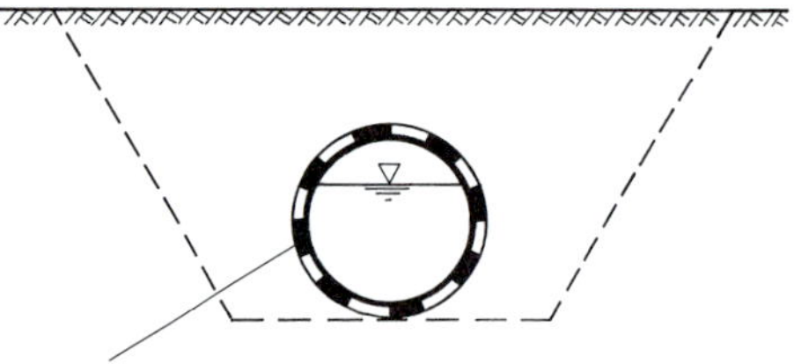

b) Abdichtend ausgekleideter Graben

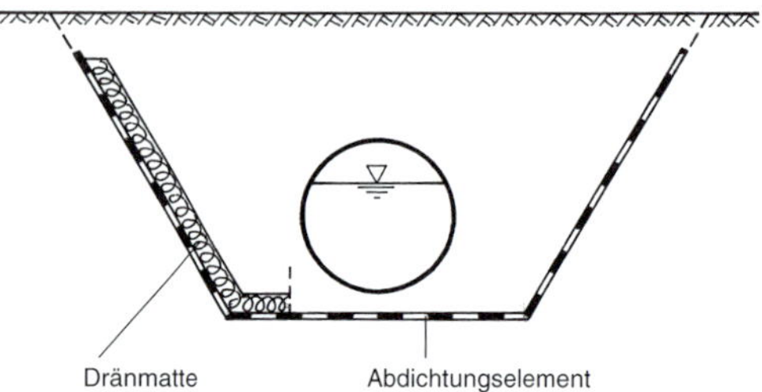

Bild 10: Schutzmaßnahmen gegen Leckagen mit Abdichtungs- und Dränelement aus Geokunststoff

und Boden bzw. Grundwasser verunreinigt werden. Die Verträglichkeit der Abdichtung mit dem in der Leitung transportierten Medium ist zu prüfen.

Zur Abdichtung wird gemäß *Bild 10* entweder das Rohr direkt umhüllt (bau- oder werkseits) oder der Graben ausgekleidet. Die Lösung des ausgekleideten Grabens stellt einen Sammelraum für die ausfließende Flüssigkeit zur Verfügung, der den Austausch des verunreinigten Bodens im Graben ermöglicht. Um bei Undichtigkeit einen Aufstau der Flüssigkeit im Graben zu vermeiden, kann das Dichtungselement mit einer aufgelegten Geokunststoff-Dränmatte für eine kontrollierte Ableitung mit Anschluss an die Dränage kombiniert werden.

2.4 Spartenspezifische Leitungen

Für die spartenspezifischen Leitungsanlagen sind die Empfehlungen gemäß Kom. 2.1 bis 2.3 sinngemäß zu beachten, jedoch können Modifizierungen und spezielle Anforderungen maßgebend sein. Spartenspezifische Regelwerke s. Kom. 6.

Für die Gesamtheit aller spartenspezifisch erdverlegten Rohr-, Kanal- und Durchlassleitungen wird nachfolgend vereinfacht der Begriff „Rohrleitungen“ verwendet. Der Kommentar wird eingeschränkt auf Rohrleitungen, die in offener Bauweise (Baugrube oder Graben), nicht jedoch im bergmännisch geschlossenen Vortrieb erstellt werden, und in der Hauptsache auf die im Zuge von straßenbaulichen Anlagen erforderlichen Entwässerungsleitungen, -kanäle und Durchlässe. Auf andere Rohrleitungen kann der Kommentar sinngemäß übertragen werden; zu den spartenspezifischen Anwendungen s. Teil 3, Sonderkapitel S3 „Kommunaler Straßenbau“.

Die Entwässerungsleitungen werden als Freispiegel- oder Druckleitungen ausgeführt. Sie bestehen aus vorgefertigten Rohren mit zugehörigen Fertigteilen oder aus vor Ort in Mauerwerk, Beton oder Stahlbeton gefertigten Bauwerken. Für die Kanal- und Durchlassbauwerke aus Stahlbeton gibt es verschiedene Formtypen; s. *Bild 11*. Die hauptsächlichen Werkstoffe für die Rohrleitungen sind Beton, Stahlbeton und Spannbeton sowie Gusseisen, Stahl, Kunststoff und Steinzeug.

Die Rohre werden mit Formstücken und Dichtmitteln in der Regel zugeliefert. Vor Ort werden das Rohrauflager, die Rohrverbindungen, die Einbettung und die Überschüttung bzw. die Grabenverfüllung hergestellt. Dabei wird die Lage der Rohrleitung im Graben oder im Damm sowie die Aufteilung nach Auflager, Leitungs-

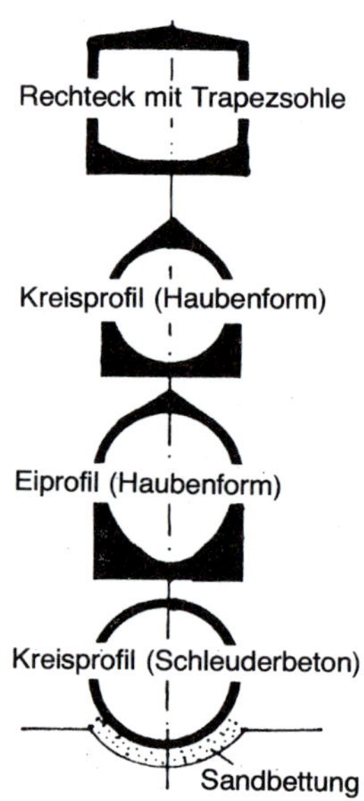

Bild 11: Formtypen für biegesteife Stahlbeton-Durchlässe

Bild 12: Auflager, Einbettung und Überdeckung von Rohrleitungen

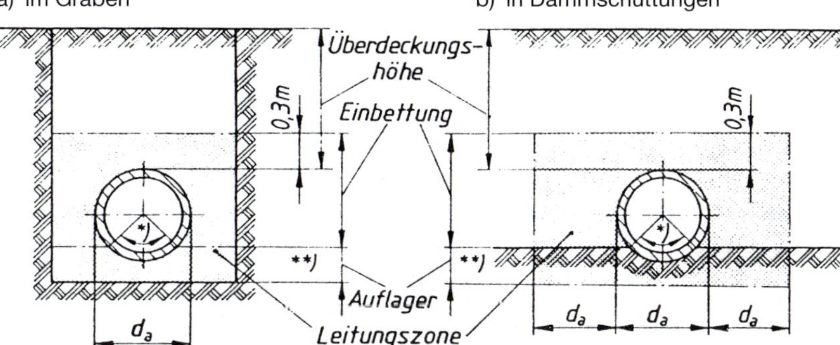

*) Auflagerwinkel
**) Mindestdicke des Auflagers

zone, Einbettung und Überdeckung gemäß *Bild 12* unterschieden.

Hydraulische Berechnungsgrundlagen s. Abschnitt 4.6 ZTV E-StB, Kom. 3 und 4.

2.5 Traglast von Rohren und Lastannahmen

Das Tragverhalten resultiert aus der Wechselwirkung zwischen den Beanspruchungen des Rohres und des umgebenden Bodens. Das Rohr wird durch den Erddruck sowie die Auflasten und die Verkehrslasten beansprucht. Die aus diesen Lasteinwirkungen entstehenden Spannungen und Verformungen im Rohrquerschnitt und im Boden richten sich nach dem Verhältnis der Steifigkeiten zwischen Rohr und Boden.

Biegesteife Rohre besitzen eine große Ringsteifigkeit, sodass nur geringe Rohrverformungen und entsprechend kleine Bettungsdrücke im umgebenden Boden entstehen. Die große Ringsteifigkeit führt zu einer konzentrierten Lastabtragung über dem Rohr. Das Tragverhalten biegeweicher Rohrleitungen ist auf die Stützung des umgebenden Bodens angewiesen. Sie weisen eine relativ kleine Ringsteifigkeit auf. Sie aktivieren durch ihre Verformung Bettungsdrücke $q_h{}^*$, die stützend auf den Rohrquerschnitt rückwirken; s. *Bild 13*.

Die Traglast des biegeweichen Rohres versagt entweder durch einen Scherbruch oder durch Plastifizierung des Bodens. Das Versagen beginnt, wenn das Hauptspannungsverhältnis $\lambda\varphi = \sigma_1'/\sigma_3'$ den kritischen Grenzzustand erreicht, d. h. die σ_1-Spannung so anwächst, dass die Scherspannungen die Scherfestigkeit des Bodens übersteigen (Mohr-Coulomb-Bruchkriterium). Die Bettungsspannung zwischen Rohr und Boden wird dann kleiner als der zur Stützung des Rohres erforderliche Seitendruck σ_3. Die Plastifizierung des Bodens erhöht den wirksamen Druck auf das Rohr, bis das Gesamtsystem Rohr-Boden keine Last mehr aufnehmen kann. Dieser Versagensmechanismus bedeutet, dass für die Leitungszone sowie für den Auflagerbereich möglichst hoch scherfeste Baustoffe einzubauen sind, zum einen, um das biegeweiche Rohr relativ wenig zu beanspruchen bzw. zu verformen, zum anderen, um einen möglichst gut stützenden Bettungsdruck des Bodens und damit eine hohe Traglast des Gesamtsystems Rohr-Boden zu erreichen.

Für die Berechnung des Tragverhaltens und für die Bemessung von Rohrleitungen sind je nach Einzelfall folgende Lasten zugrunde zu legen:

(1) Oberflächenlasten

aus Dammüberschüttungen, Schütt- und Stapelgütern. Zu berücksichtigen sind die Lastausbreitung, die Bodenspannungen in Höhe des Rohrscheitels und die daraus resultierenden Setzungen.

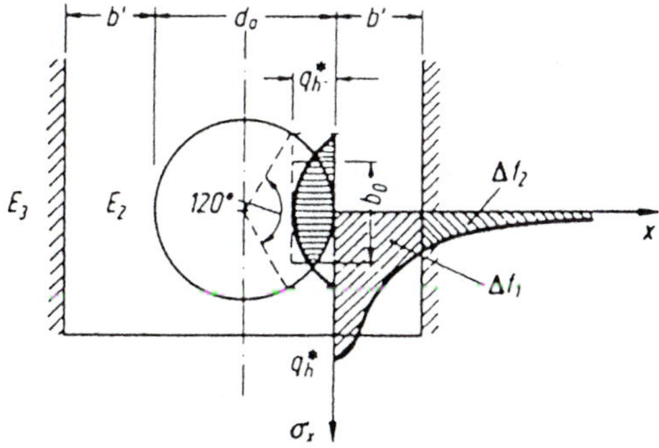

Bild 13: Bettungsreaktionsdruck; Lit. (26)

(2) Fundamentlasten

Zu berücksichtigen sind die Lage und Sohlpressung der Fundamente mit der entsprechenden Lastausbreitung (2 : 1 bis 1 : 1).

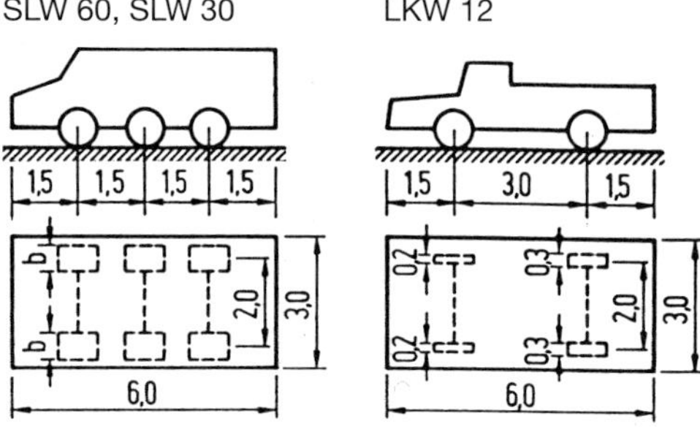

Regelfahrzeuge	Gesamtlast [kN]	Radlast [kN]	Radaufstand Breite [m]	Radaufstand Länge [m]
SLW 60	600	100	0,6	0,2
SLW 30	300	50	0,4	0,2
LKW 12	120	vorn 20	0,2	0,2
		hinten 40	0,3	0,2

Bild 14: Regelfahrzeuge zur Berechnung von Straßenverkehrslasten (Beispiel)

SLW 30 und SLW 60

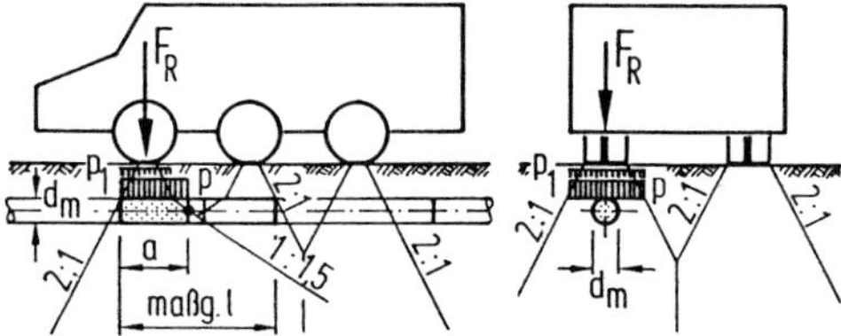

LKW 12

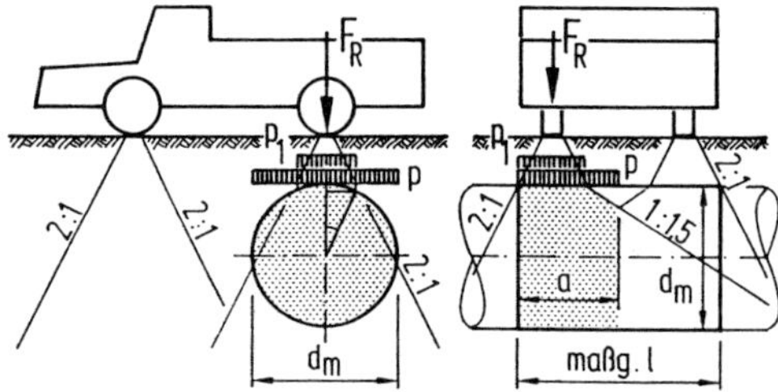

p_1 Spannung im Boden innerhalb der durch die Lastausbreitung umgrenzten Fläche

p Verkehrslast in Rohrscheitelhöhe (Ersatzspannung unter Berücksichtigung der Längs- und Quertragwirkung des Rohres)

(mittragende Länge $l^* \le \frac{1}{2} \cdot$ maßgebende Länge)

Bild 15: Modell zur Berechnung der Straßenverkehrslasten; Regelfahrzeuge SLW 60, SLW 30 und LKW 12

(3) Straßenverkehrslasten

Insbesondere bei geringer Überdeckung von etwa 0,5 bis 1,5 m ergeben sich Spannungskonzentrationen unter den Radaufstandsflächen der Fahrzeuge, die Einfluss nehmen auf die Traglast des Rohres in Ring- und Längsrichtung.

Lastannahmen, z. B. für die Regelfahrzeuge SLW 60 und 30 sowie LKW 12 s. *Bild 14* und Berechnungsmodell gemäß *Bild 15*.

Die Verkehrslasten werden in der Regel bei Rohren mit Kreisquerschnitt nur als vertikale Lasten und ohne Konzentrationsfaktor angesetzt, soweit sie nur kurzzeitig einwirken. Für die Lasteinwirkungen wird außerdem nur ein Regelfahrzeug gemäß ATV-Blatt A 127 angesetzt, da sich die Rohrbeanspruchung durch zwei nebeneinanderstehende Fahrzeuge nur wenig erhöht. Die im Ausnahmefall gegebene lastverteilende Wirkung eines Straßenoberbaus kann vereinfacht durch eine fiktive Ersatzhöhe der Bodenüberdeckung von 0,3 m berücksichtigt werden.

(4) Verkehrslasten für Bahnanlagen

Als Lastenzug wird der für Europa genormte UIC 71 (Union International Chemins de fer) angesetzt; *Bild 16*. Die Achslasten der Lokomotive (4 x 250 kN) werden durch die Verteilwirkung von Schiene, Schwelle und Schotterbett in 0,5 m Tiefe als Last von 52 kN/m² angenommen.

Die Mindestüberdeckung h für die Rohre beträgt 1,5 m oder h = d bei großen Rohren mit

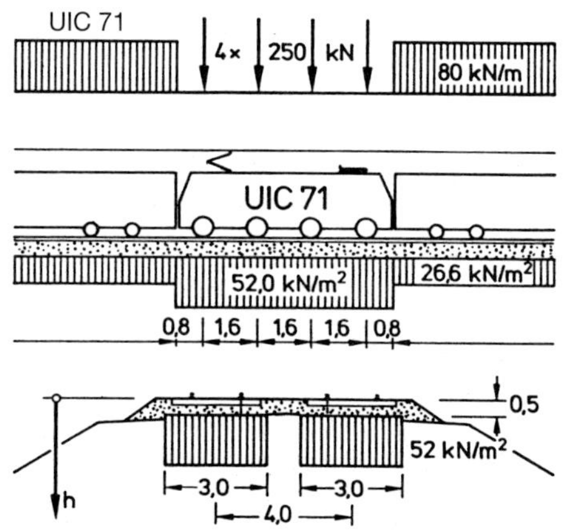

Bild 16: Eisenbahn-Lastenzug UIC 71

Tabelle 4: Bodenspannungen infolge Eisenbahnverkehrslasten des UIC71; nach Lit. (26)

h [m]	p [kN/m²]	
	eingleisig	mehrgleisig
1,50	48	48
2,75	39	39
5,50	20	26
≥ 10,0	10	15
Zwischenwerte sind geradlinig zu interpolieren		
Stoßbeiwert $\varphi = 1{,}4 - 0{,}1 \cdot (h - 0{,}5) \geq 1{,}0$		

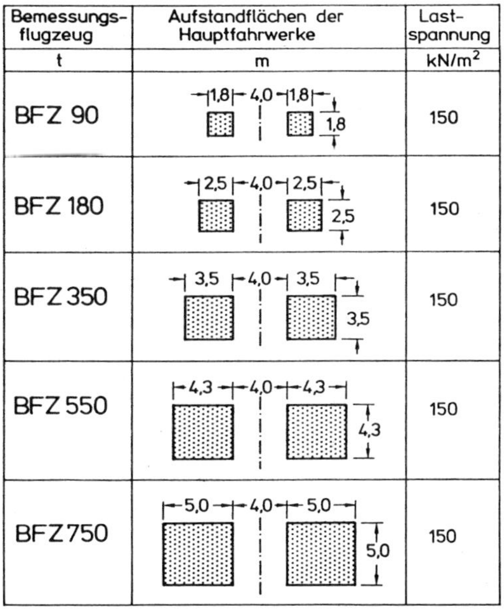

Bemessungs-flugzeug	Aufstandflächen der Hauptfahrwerke	Last-spannung
t	m	kN/m²
BFZ 90	1,8 – 4,0 – 1,8; 1,8	150
BFZ 180	2,5 – 4,0 – 2,5; 2,5	150
BFZ 350	3,5 – 4,0 – 3,5; 3,5	150
BFZ 550	4,3 – 4,0 – 4,3; 4,3	150
BFZ 750	5,0 – 4,0 – 5,0; 5,0	150

Bild 17: Belastungsbilder für Bemessungsflugzeuge; nach Lit. (26)

Innendurchmesser d > 1,5 m. *Tab. 4* gibt die Bodenspannungen in Abhängigkeit von h an.

(5) Verkehrslasten für Flugbetriebsflächen

Die Arbeitsgemeinschaft Deutscher Verkehrsflughäfen (ADV) empfiehlt Regellasten und Bemessungsflugzeuge nach *Tab. 5* und *Bild 17* mit einer auf die Grundfläche der jeweiligen Fahrwerkgruppe umgerechneten Gleichlast von 150 kN/m².

Die Berechnung der Bodenspannungen nach Größe und Tiefenverteilung erfolgt ähnlich wie bei den Straßenverkehrslasten. Für die Rohrbeanspruchungen werden nur vertikale Lasten angesetzt, allerdings kann die lastverteilende Wirkung der befestigten Flugbetriebsflächen dabei berücksichtigt werden.

(6) Rohrleitungen in oder unter Dammschüttungen

Rohrleitungen unter Dammschüttungen oder im Bereich der Dammsohle und Dammfüße werden durch die Eigensetzungen der Dämme beansprucht.

Die geometrisch bedingten Setzungsdifferenzen im Dammquerschnitt und im Längsprofil betragen etwa 0,5 bis 1,5 cm/m. Diese Setzungsdifferenzen verursachen normalerweise keine Schäden an den Rohrleitungen, wenn sie sachgemäß gebettet und überschüttet werden.

Bei Dämmen auf sehr setzungsempfindlichem Untergrund ergeben sich mit zunehmender Dammhöhe besonders im Böschungsbereich

Tabelle 5: Bemessungsfahrzeuge und Bemessungsflugzeuge für Flughäfen

Flughafen	Flugzeuge	Bemessungsfahrzeug bzw. -flugzeug
Verkehrslandeplätze, Regionalflughäfen	Flugzeuge bis 20 t Betriebsfahrzeuge, z. B. Tankwagen, Schlepper, Feuerwehrfahrzeuge	SLW 30 oder SLW 60
	Flugzeuge bis 90 t	BFZ 90
Internationale Verkehrsflughäfen	Flugzeuge bis 180 t	BFZ 180
	Flugzeuge bis 350 t	BFZ 350
	Großflugzeuge bis 550 t	BFZ 550
	Großflugzeuge bis 750 t	BFZ 750

erhebliche Biegezugspannungen für Rohrleitungen (siehe DIN 4033). In diesen Fällen kann durch folgende Maßnahmen Abhilfe geschaffen werden:

- Leitungen entsprechend den zu erwartenden Setzungen überhöht und mit einem der Setzungsmulde angepassten Stich verlegen
- Leitungen in größerer Tiefe verlegen
- Rohrauflager stabilisieren; s. Abschnitt 13 ZTV E-StB
- Abflachen der Dammböschungen
- Leitungen in Schutzrohren verlegen
- flexible Leitungen oder kurze Rohrstöße mit beweglichen Glockenmuffen verwenden.

2.6 Bemessung

Die Bemessung des biegesteifen Rohres erfolgt durch Nachweis der Rohrmaterial-Spannungen und der Traglast, ausgehend von den in *Bild 18* dargestellten Lastannahmen nach DIN EN 1610.

Bei biegeweich verformbaren Rohren sind die Verformungen und die Stabilität während und nach Einbau nachzuweisen.

Für beide Rohrtypen ist bei der Bemessung zu unterscheiden, ob das Rohr in einem Graben oder Damm liegt:

a) Grabenbedingung
Die Erdauflast über dem Rohrscheitel wird vom Rohr infolge Silowirkung durch Reibung des Füllbodens längs der Grabenwände aufgenommen. Die Reibungskräfte entlasten das Rohr.

b) Dammbedingung
Die Rohrleitung liegt überschüttet in einem Damm oder in einem breiten Graben. Es entsteht eine Zusatzbelastung zu a), wenn sich der Damm beidseits des Rohres mehr setzt als das Rohr mit seiner Auflagerung, sodass keine entlastenden Wandreibungskräfte auf das Rohr einwirken.

Die sich am Rohrumfang entwickelnden Bodendrücke gehen aus *Bild 19* hervor:

- beim biegesteifen Rohr der horizontale Erddruck aus der vertikalen Bodenspannung in der Ebene des Rohrscheitels
- beim biegeweichen Rohr zusätzlich ein parabelförmig verteilter Bettungswiderstand, abhängig von der vertikalen Belastung des Rohres, vom Rohrdurchmesser, von der Steifigkeit des Rohres und vom

a) Grabenbedingung

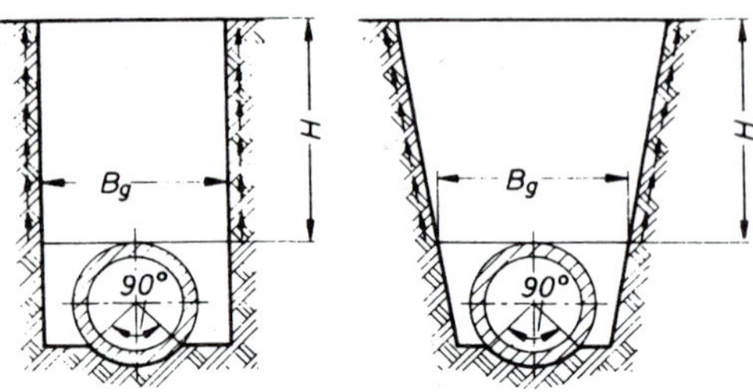

b) Dammbedingung

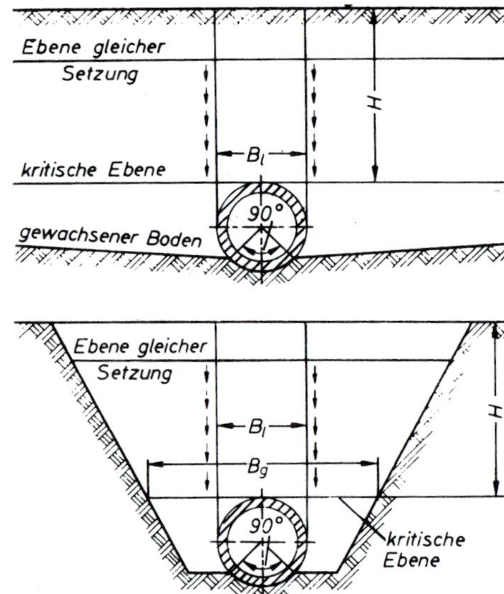

c) Sonderfall (teilweise Grabenbedingung)

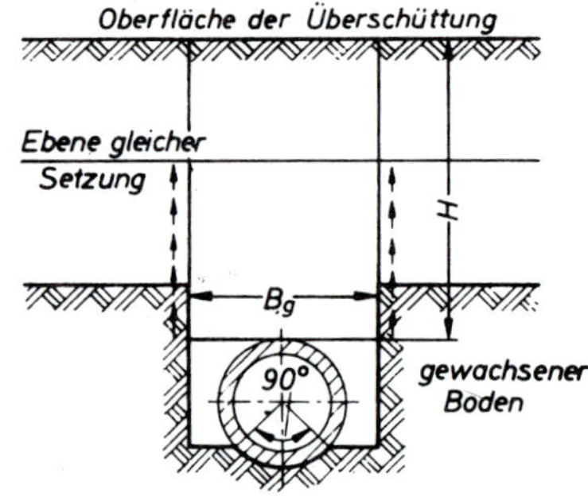

B_g Grabenbreite
B_l waagerechter Außendurchmesser des Rohres
H Überdeckungshöhe
↓ belastende Reibungskräfte
↑ entlastende Reibungskräfte

Bild 18: Bemessungstheoretische Annahmen für starre Rohre nach DIN EN 1610

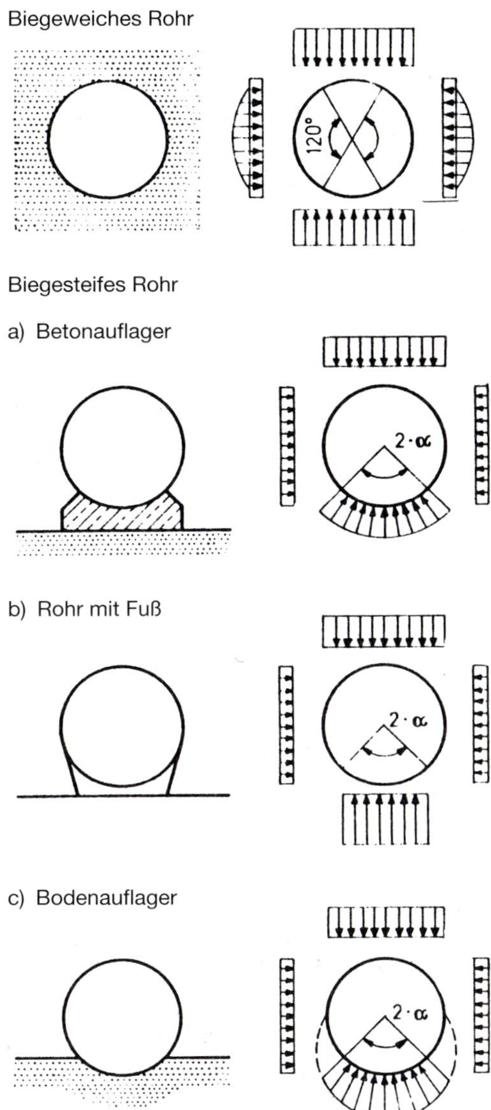

Bild 19: Bodendrücke am Rohrumfang

Bettungswiderstand des Bodens. Die Lastkonzentration in der Ebene des Rohrscheitels ist eine Funktion der Systemsteifigkeit Rohr/Boden.

Besondere Beanspruchung der Leitungen, z.B. durch Verkehrslasten oder während des Bauzustandes durch Überfahren mit schweren Baumaschinen oder Fahrzeugen, sollen vermieden werden. Ist dies nicht möglich, müssen die Leitungen entsprechend bemessen oder geschützt werden.

Die Rohrbettung ist so auszubilden, dass je nach Rohrart unzulässige Längsbiegungen sowie punkt- und linienförmige Auflagerungen vermieden werden. Die Baustoffe, mit denen die Rohrleitungen eingebettet bzw. überdeckt werden, sind so einzubauen und zu verdichten, dass den der Berechnung zugrunde gelegten Bettungsbedingungen (Bettungsbreite, Bettungswinkel) entsprochen wird.

Bei bekannter Rohrbelastung werden die Schnittkräfte und die Verformungen für die Bemessung des Rohres nach den Regeln der Statik ermittelt. Berechnungsverfahren s. Abwassertechnische Vereinigung e.V., ATV-A 127 „Statische Berechnung von Abwasserkanälen und -leitungen“, sowie Lit. (18) bis (20) und (24) bis (26).

2.7 Bodenkennwerte für Verformungs- und Stabilitätsnachweise

Bodenkennwerte (Wandreibungswinkel, Erddruckbeiwert, Steifemodul) s. ATV-Arbeitsblatt 127 und Lit. (28).

Das elastische Materialverhalten wird allgemein mit dem Elastizitätsmodul E und der Querdehnung ν beschrieben. Der hierfür charakteristische Zusammenhang zwischen Spannung und Verformung wird aus Versuchen mit freier Querdehnung ermittelt. Für die meisten Rechenmodelle in der Rohrstatik werden die Spannungs-Verformungs-Eigenschaften der Böden mit Verformungsmoduln beschrieben.

Der für Böden charakteristische nichtlineare Zusammenhang zwischen Spannung und Verformung bildet die Grundlage für die Berechnungsverfahren, die ein elastisch-plastisches oder viskoses Materialverhalten berücksichtigen. Wegen des großen Rechenaufwandes wird dieses Materialverhalten vereinfachend durch abschnittsweise linearisierte (quasi elastische) Verformungsmoduln beschrieben.

Die bodenmechanischen Versuche zur Ermittlung dieser Moduln zeichnen sich durch teilweise oder vollständig behinderte Querdehnung aus, z.B. Verformungsmodul E_v aus Plattendruckversuchen nach DIN 18134 mit teilweise behinderter Querdehnung, Steifemodul E_s aus

Tabelle 6: Seitendruckbeiwerte für die Rohrbemessung im Spannungsniveau 0–100 kN/m²; Lit. (28)

Gruppe	Kornanteil Gew.-% d<0,06 mm	Bodengruppen nach DIN 18196	Winkel der inneren Reibung φ' [°]	Seitendruck-beiwert K nach Jaky	Seitendruckbeiwert unter Berücksichtigung von Kohäsion	
					c' [kN/m²]	K_{oc}
1	< 5	GE, SE	35	0,43	0	0,43
2	<15	GW, GI, GU, GT SW, SI, SU, ST	30–35	0,5 bis 0,43	5	0,39 bis 0,33
3	15–40	GU*, GT*, SU*, ST*	25–30	0,58 bis 0,5	15	0,33 bis 0,28
4	>40	UL, UM, TL, TM	20–25	0,66 bis 0,58	20	0,31 bis 0,26
5	>40 <40	UA, TA, OU, OT OH, OK	15–20 20	0,74 bis 0,66 0,66	25 15	0,28 bis 0,24 0,38

Ödometerversuch mit vollständig behinderter Querdehnung. Für jede Versuchsphase (Erstbelastung, Entlastung, Wiederbelastung) wird der Modul entweder als Tangentenmodul (differenziell) oder als Sekantenmodul (abschnittsweise) ermittelt.

Zur Ermittlung und Umrechnung der Moduln s. Teil 3, Sonderkapitel S7 und bodenspezifische Zusammenhänge zwischen E_v, E_s und Verdichtungsgrad D_{Pr}, Abschnitt 4.5 ZTV E-StB, Kom. 1.

Bei der Angabe von Bodensteifigkeiten für die Berechnung der Beanspruchung von erdverlegten Rohrleitungen sind Moduln zu wählen, die für die Steifeverhältnisse im Rohrbereich repräsentativ sind. Aufgrund des nichtlinearen Materialverhaltens und der Abhängigkeit der Moduln von der Spannung müssen diese sowohl die Erst- oder Wiederbelastungsphase als auch das Spannungsniveau vergleichbar berücksichtigen.

Für die Rohrberechnung wird in den meisten Fällen der Verformungs- bzw. Steifemodul aus der Erstbelastung entsprechend dem Verdichtungsgrad D_{Pr} des Füllbodens zu empfehlen sein. Die in dem ATV-Arbeitsblatt 127 angegebenen Richtwerte für den Verformungsmodul beziehen sich auf den in der Praxis relevanten Spannungsbereich von 0–100 kN/m². Soweit für die Rohrbemessung andere Spannungsbereiche maßgeblich sind oder die vorliegenden Moduln anderen Bereichen zugehören, bedarf es der entsprechenden Umrechnung dieser Werte entsprechend der Krümmung der jeweiligen Spannungs-Verformungs-Linie.

Bei der Berechnung von Rohren ohne seitliche Bettungsreaktion und bei elastischem Verhalten des umgebenden Bodens kann für den Seitendruck auf das Rohr der Erdruhedruck angesetzt werden. Hierfür gilt als Zusammenhang zwischen Erdruhedruckbeiwert K_o und Querdehnzahl ν:

$$K_o = \nu/(1-\nu)$$

Da bei der Zusammendrückung des Bodens ohne seitliche Deformation Scherspannungen mobilisiert werden, die den Seitendruck abmindern, lässt sich in diesem Fall der Zusammenhang zwischen Reibungswinkel φ' und Erdruhedruckbeiwert K_o nach Jaky berücksichtigen mit $K_o \sim 0{,}9 \cdot (1-\sin\varphi')$.

Das flexibel verformbare Rohr wird durch den Seitendruck gestützt, d. h. entlastet (Bettungsreaktion). Werden die mobilisierten Scherspannungen aus Reibungswiderstand und Kohäsion mit berücksichtigt, wird der Seitendruck abgemindert. Für die Rohrbemessung liegt dieser Ansatz auf der sicheren Seite, da die Beanspruchung des flexiblen Rohres bei abgeminderter seitlicher Stützung größer ausfällt. Für diesen Fall berechnet sich der Seitendruckbeiwert bei Berücksichtigung des Ansatzes von Jaky und der Kohäsion zu

$$K_{oc} = 0{,}9/(1-\varphi')-2c'/\sigma_1 \cdot \cos\varphi'(1+\varphi').$$

Zusammenstellung der Werte s. *Tab. 6*.

3 Unterfangung und Sicherung angrenzender baulicher Anlagen

(1) Beim Aushub von Baugruben und Gräben, die direkt an Gebäude- und Mauerwände grenzen, sind Sicherungsmaßnahmen entsprechend den Regelungen in DIN 4123 einzuhalten und rechtzeitig auszuführen. Der Aushub darf nur bis höchstens 0,50 m über Fundament Unterkante und nicht tiefer als Oberkante Kellerfußboden geführt werden, um Schäden an den bestehenden Anlagen durch große Bewegungen und Verformungen sowie Einsturzgefahr zu vermeiden. Ist tieferer Aushub notwendig, müssen Bodenaushubgrenzen und eine Abfolge in kurzen Aushubabschnitten eingehalten werden; s. *Bilder 20* und *21*.

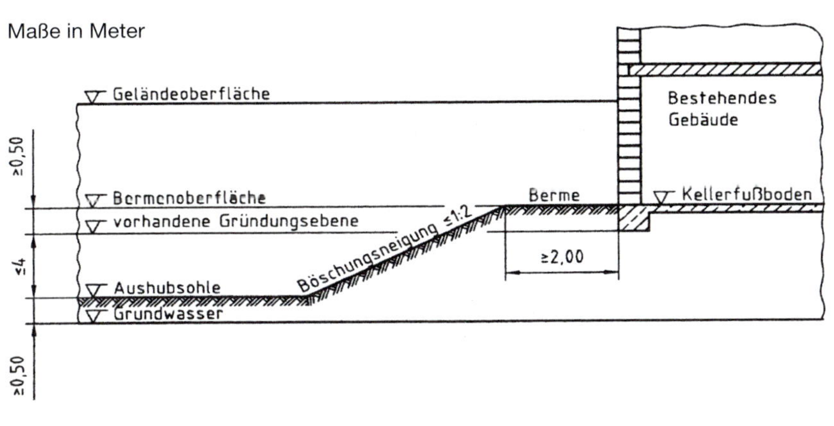

Bild 20: Bodenaushubgrenzen (DIN 4123)

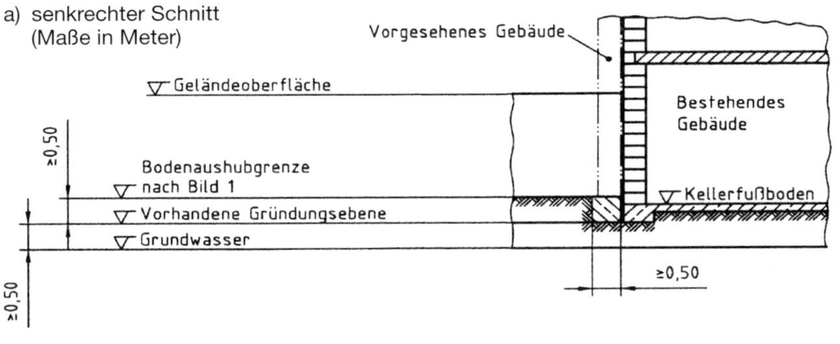

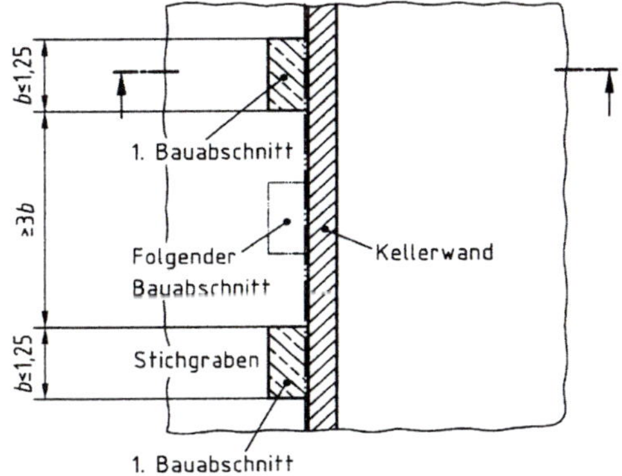

Bild 21: Gründung mit Beispiel für die Abfolge der Bauabschnitte (DIN 4123)

Bild 22:
Unterfangung mit Beispiel für die Abfolge der Bauabschnitte (DIN 4123)

a) senkrechter Schnitt (Maße in Meter)

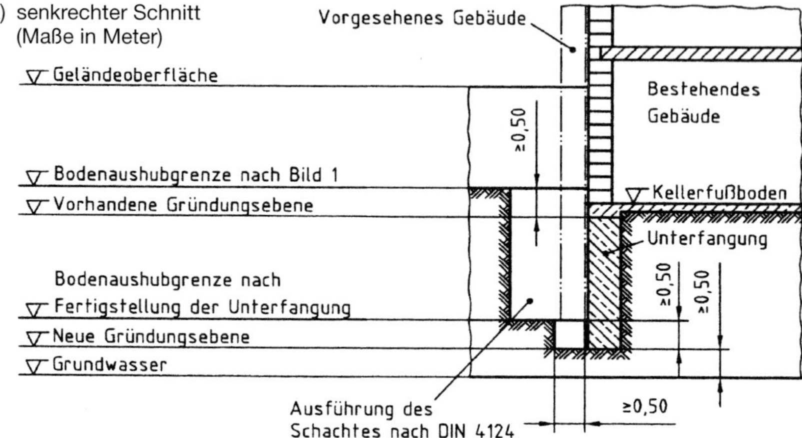

b) waagrechter Schnitt (Maße in Meter)

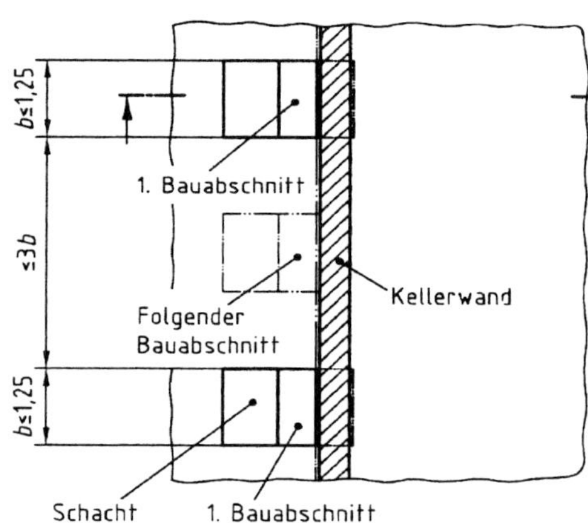

(2) Zu den Sicherheitsüberlegungen in der Planungsphase gehört es, die neuen Fundamente auf gleichem Niveau wie die bestehenden zu gründen. Sollen sie dagegen tiefer liegen, müssen die bestehenden Fundamente durch Unterfangung entsprechend ausgleichend tief geführt werden, wobei dies abschnittsweise und gleichzeitig mit den neuen Fundamenten erfolgen soll; s. *Bild 22*.

Liegt das Gründungsniveau der neuen Fundamente höher als das der bestehenden, muss nachgewiesen werden, dass die Zusatzbelastung von den bestehenden Fundamenten aufgenommen werden kann. Andernfalls ist das Gründungsniveau der neuen Fundamente durch Tieferführung bzw. Unterfangung anzugleichen.

Bestehen gefährliche, zu großen Bewegungen und Einsturz führende Situationen, müssen die betroffenen Anlagen bzw. Bauteile zunächst sicher abgefangen und in Folge Unterfangungsarbeiten oder Abriss vereinbart werden. Alle Maßnahmen einschließlich des Einbringens von Sicherungsmaßnahmen in bestehende Anlagen bedürfen der Zustimmung des Eigentümers.

(3) Bei Aushub, Sicherung und Unterfangung werden Standsicherheitsnachweise erforderlich, wenn die normativen Regeln und Voraussetzungen für diese Arbeiten nicht eingehalten sind, und zwar

- ist beim Aushub nachzuweisen, dass die zulässigen Bodenpressungen nicht überschritten werden und die Grundbruchsicherheit gewährleistet bleibt,
- für Unterfangungswände die Standsicherheit im Endzustand (ggf. auch Zwischenbauzustand) bei Ansatz der ständigen Lasten und regelmäßigen Verkehrslasten mit Zuordnung zum Lastfall LF1 nach DIN 1054,

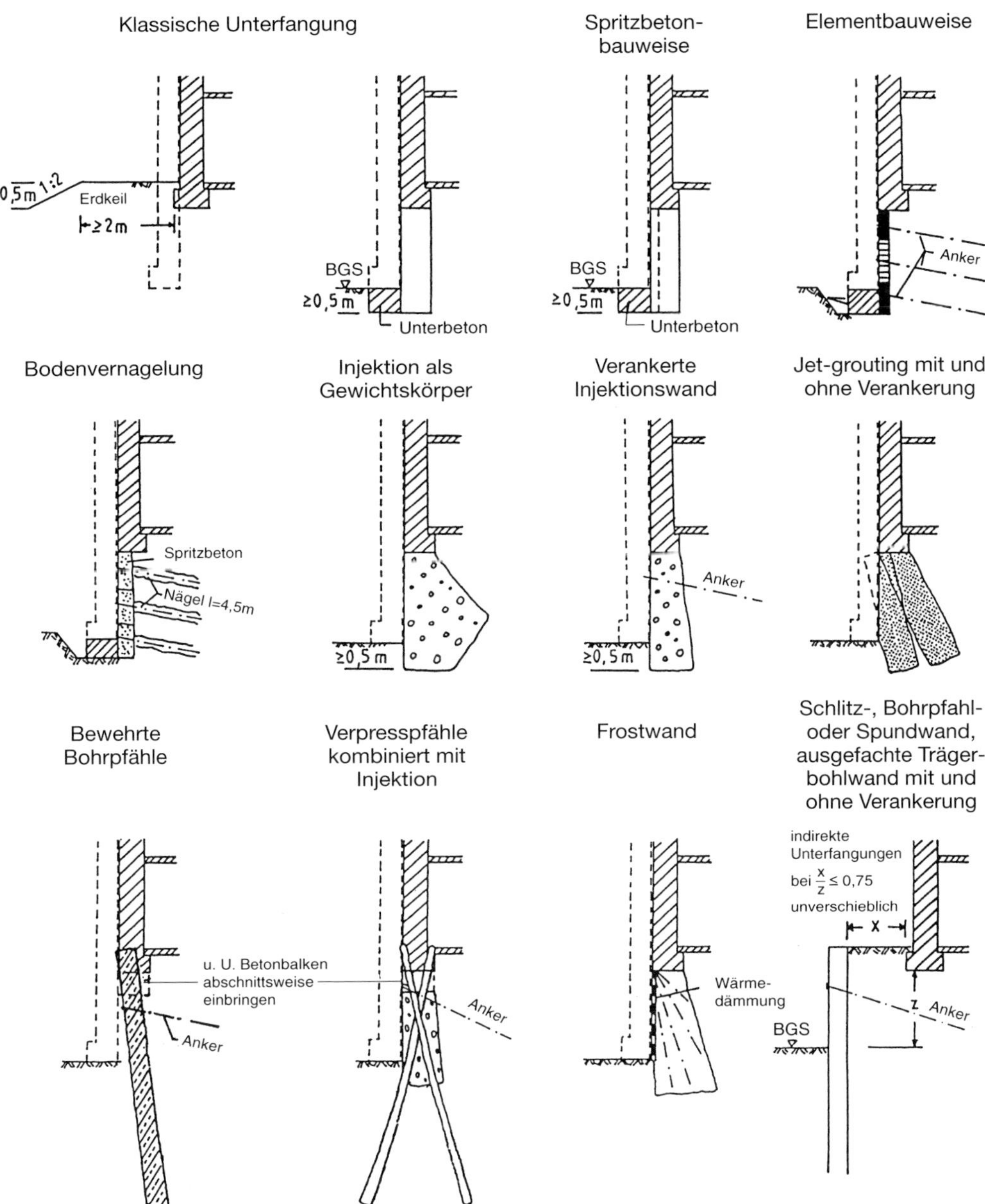

Bild 23: Gebäudesicherung durch Fundamentunterfangung bei seitlicher Abgrabung

- bei Zuständen, die zwischenzeitlich verringerte Standsicherheit verursachen.

Außerdem ist auch die Gebrauchstauglichkeit nachzuweisen, wenn von normativen Regeln und Voraussetzungen abgewichen wird und mit Verformungen über den erwarteten Werten zu rechnen ist.

(4) Für die Planung und Ausführung von Unterfangungen bieten sich je nach Baugrund- und Grundwasserverhältnissen vor Ort und Zustand der zu sichernden Bauteile eine Reihe von technischen Varianten des Spezialtiefbaues an; s. *Bild 23*. Die Details der Planung, Bemessung und Ausführung werden hier nicht kommentiert.

4 Tiefe Baugrubenumschließungen

4.1 Wandsysteme

Die Anlage tiefer Baugruben richtet sich nach den standortspezifischen Boden- und Wasserverhältnissen sowie nach den objektspezifischen Anforderungen. Die Baugrubenumschließungen erfordern demzufolge konstruktiv unterschiedliche Verbau- und Sicherungsmaßnahmen, bei Lage im Grundwasser zusätzlich noch dichte Absperrungen, sofern sich offene Wasserhaltungen oder Grundwasserabsenkungen nicht anwenden lassen. Konstruktiv und geotechnisch besonders schwierig gestalten sich die Umschließungen bei nicht standfesten Bodenverhältnissen sowie bei Forderung nach Wasserdichtheit oder geringer Verformbarkeit der Verbauwände. Solche Bedingungen, die sich mit den

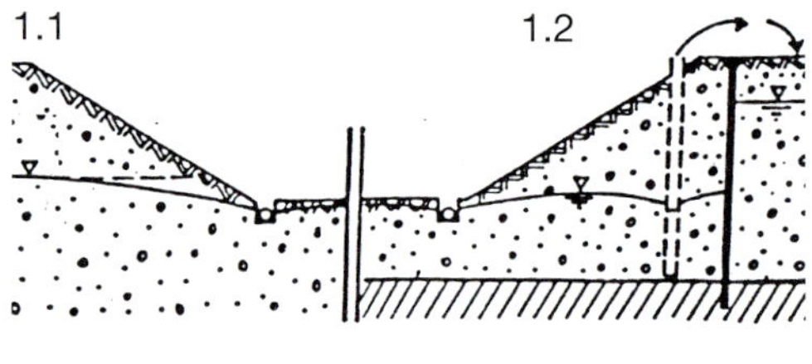

1.1 Offene Wasserhaltung*)
1.2 Schmaldichtwand*)

*) auch permanente Sicherungen

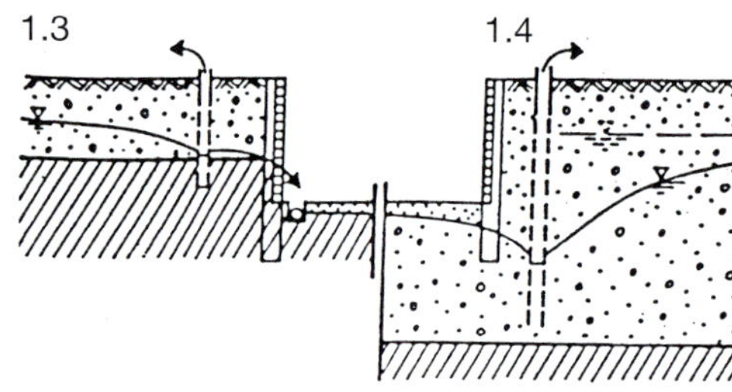

1.3 und 1.4 Grundwasserabsenkung

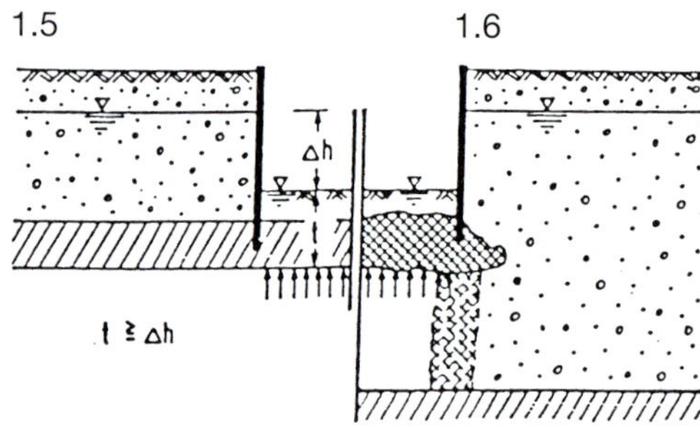

1.5 Dichte Wand und dichte Sohle durch bindige Schicht
1.6 Dichte Wand und dichte Sohle durch Injektion

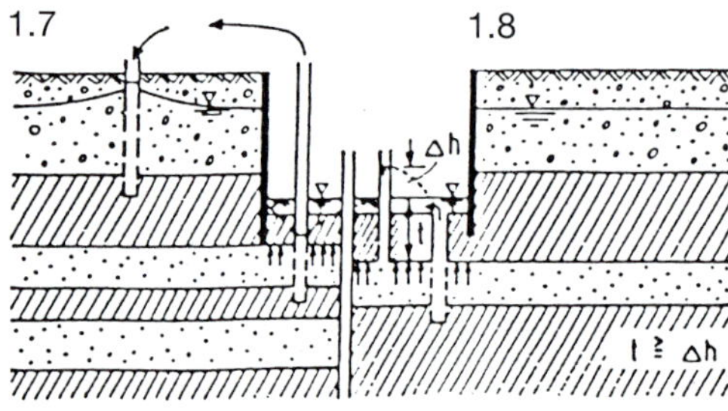

Grundwasser-Entspannung durch
1.7 Pumpbrunnen
1.8 Überlaufbrunnen

Bild 24: Sicherungsbauweisen in standfesten Böden unter Grundwasser

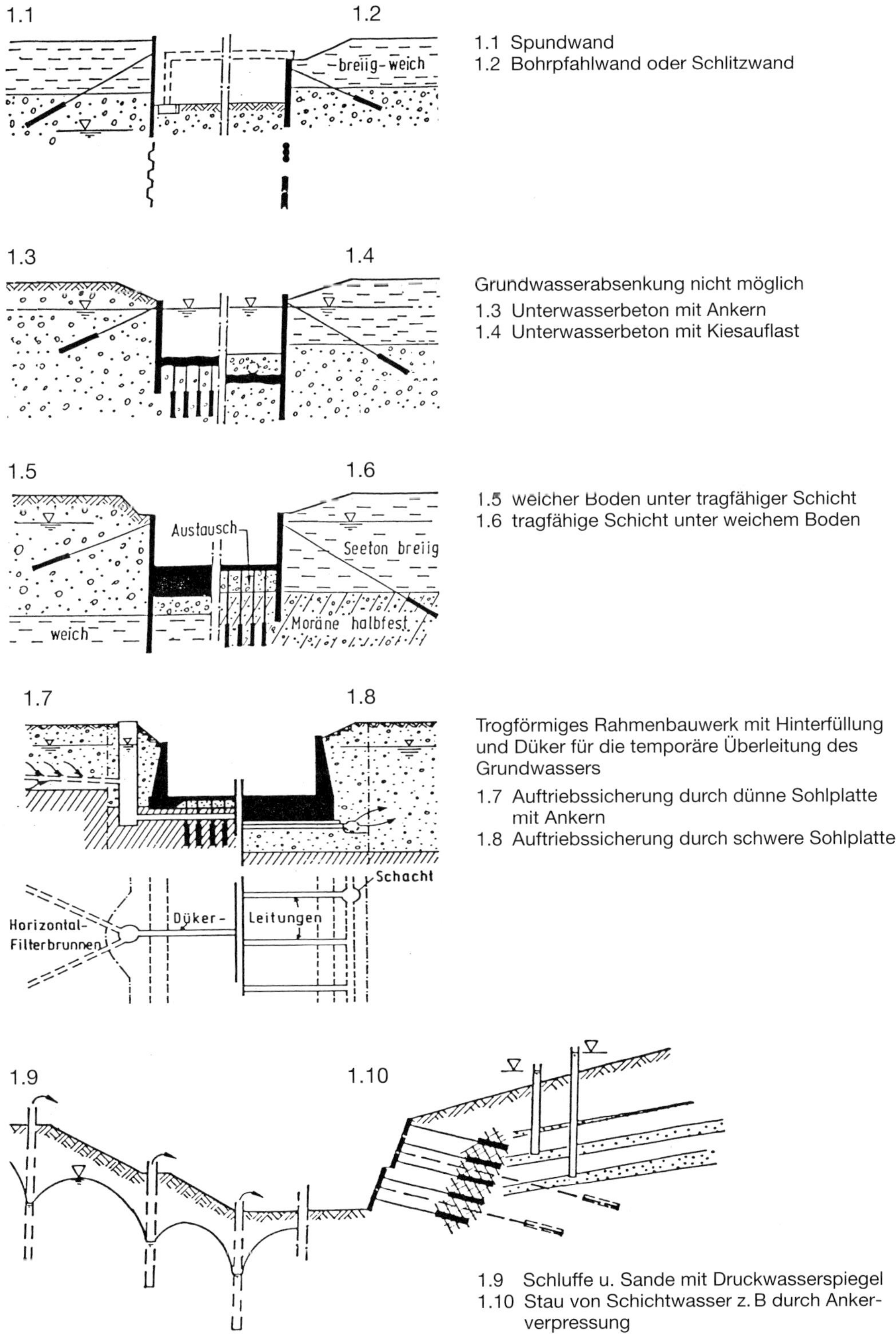

1.1 Spundwand
1.2 Bohrpfahlwand oder Schlitzwand

Grundwasserabsenkung nicht möglich
1.3 Unterwasserbeton mit Ankern
1.4 Unterwasserbeton mit Kiesauflast

1.5 weicher Boden unter tragfähiger Schicht
1.6 tragfähige Schicht unter weichem Boden

Trogförmiges Rahmenbauwerk mit Hinterfüllung und Düker für die temporäre Überleitung des Grundwassers
1.7 Auftriebssicherung durch dünne Sohlplatte mit Ankern
1.8 Auftriebssicherung durch schwere Sohlplatte

1.9 Schluffe u. Sande mit Druckwasserspiegel
1.10 Stau von Schichtwasser z. B durch Ankerverpressung

Bild 25: Sicherungsbauweisen in nicht standfesten Böden mit Grund- oder Sickerwasser

Prinzip	Dichtwandsystem	Grundriss	Böden	Material
Aushub des anstehenden Bodens und Einbau eines Abdichtungs-materials	Schlitzwand Einphasen-Verfahren	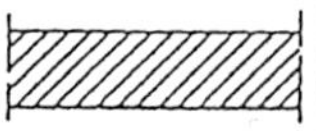	begrenzt anwendbar bei Torf/Huminsäuren	Bentonit-Zement-Suspension mit/ohne Füllstoff
	Schlitzwand Zweiphasen-Verfahren	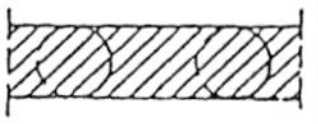	wie vor	Bentonit-Suspension, Erdbeton
	Schlitzwand Kombinations-dichtung	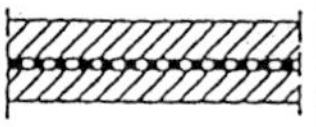	wie vor sowie nur im Einphasen-Verfahren	Bentonit-Zement-Suspension, Kunststoff-Dichtungsbahn
	überschnittene Bohrpfahlwand	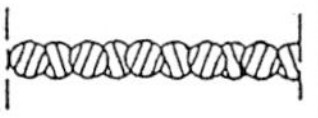	keine Einschränkungen bei verrohrtem Bohrverfahren	Erdbeton, Beton
Verdrängung des anstehenden Bodens und Einbau eines Abdichtungs-materials	Schmalwand	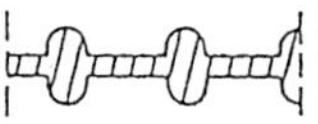	rammfähig bzw. rüttelfähig	Bentonit-Zement-Suspension mit Füllstoff
	Spundwand			Stahl
	gerammte Schlitzwand	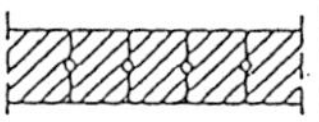		Erdbeton, Beton
Verringerung der Durchlässigkeit des anstehenden Bodens	Injektionswand		injizierbar	Zement-, Ton-Zement-Suspensionen, Silikat-Gele
	Düsenstrahlwand (HDI)	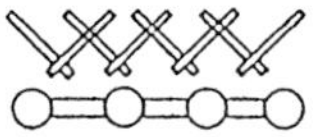	auch sehr feinkörnig	Bentonit-Zement-Suspension mit/ohne Füllstoff
	Gefrierwand	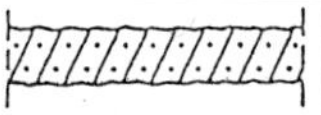		flüssiger Stickstoff, Gefrieranlage

Bild 26: Systeme für Dichtwände

in Kom 1.4 beschriebenen Verbauarten nicht beherrschen lassen, erfordern die Planung, Bemessung und Ausführung von Stütz- und Dichtwänden sowie ggf. von Oberflächensicherungen. Im Zusammenhang mit den objektspezifischen Anforderungen ist genauestens zu beachten, dass die verschiedenartigen Wand- und Sicherungssysteme, die sich hierfür anbieten, sich funktional unterscheiden. Die Absperrung des Wassers durch dichte Baugrubenumschließung kann dabei temporär für die Bauphase oder als permanente Dichtwand und mittragendes Element des Bauwerkes konzipiert sein.

Beispiele für Sicherungsbauweisen s. *Bilder 24* und *25*, für Systeme von Dichtwänden s. *Bild 26*.

Prinzipiell unterschieden werden die nachfolgend aufgeführten Wand- und Sicherungssysteme. Bei den Systemen (1) bis (3) und (5) kommt es darauf an, sie vollflächig bzw. kraftschlüssig mit dem zu stützenden Boden bzw. Fels in Kontakt zu bringen. Dahinter entstehende Hohlräume müssen sofort geschlossen werden. Boden- oder Wassereintrag durch Fugen oder Stöße dürfen nicht oder nur in zulässigem Maß stattfinden.

Dichtwände müssen so tief in den Untergrund einbinden, dass ein sicherer Dichtungsanschluss an die dichte Untergrundschicht entsteht. Es bedarf deshalb einer genauen Bodenerkundung und -untersuchung, um Horizontalabweichungen dieser Schicht zuverlässig zu erkennen und Lotabweichungen der Dichtungswand zutreffend einzuschätzen.

Die Standsicherheit der Baugrubenumschließung muss in jedem Bauzustand und Rückbauzustand sichergestellt sein. Die Verbauwand darf nur dann zurückgebaut werden, wenn sie durch Verfüllung des Raumes oder andere Maßnahmen entbehrlich wird. Sie ist zu belassen, wenn die Entfernung zu Gefahren führt.

Weitere Details zur Planung, Bemessung und Ausführung der in (1) bis (6) erläuterten Stütz- und Dichtwände sowie Sicherungen werden hier – mit Ausnahme der Spundwandbauweise in Kom. 4.2 – nicht behandelt; s. hierzu die Fachliteratur, insbesondere die Empfehlungen für Baugruben der DGGT und die nachfolgenden Hinweise auf weitere Kommentare.

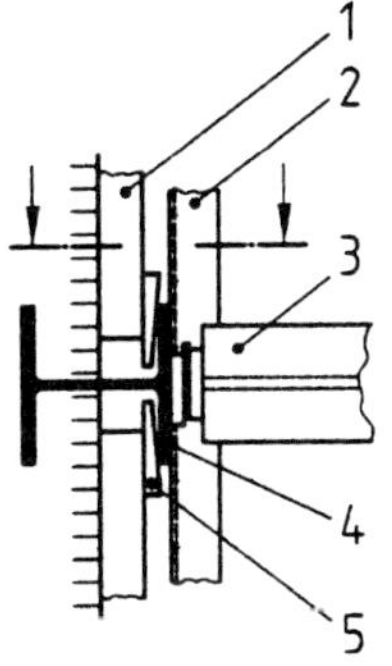

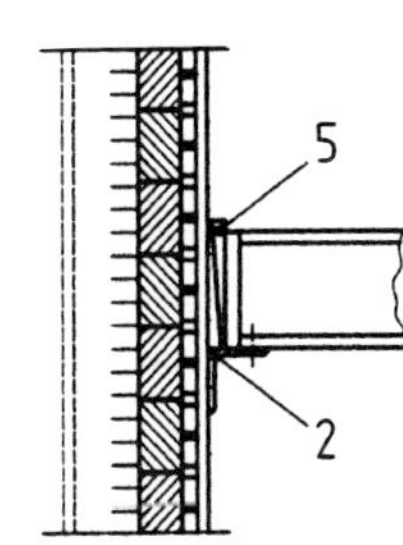

1 Bohlen und Kanthölzer
2 Auflagergurt
3 Stahlsteife mit Kopfplatte
4 Bohlträger
5 Keile

Bild 27: Einzelheiten einer Trägerbohlwand (Beispiel nach DIN 4124)

(1) Spundwandverbau

Der Spundwandverbau erfüllt wassersperrende Funktion und vollflächige Stützung des Bodens. Er eignet sich besonders für Baugruben in offenen Gewässern oder Grundwasser.

Weiteres s. Kom. 4.2.

(2) Trägerbohlwandverbau

Die Wand besteht aus Stahlträgern mit einer waagerecht gespannten Ausfachung aus Holzbohlen, Kanthölzern, Kanaldielen, Stahlbetonfertigteilen oder Ortbeton; s. *Bild 27*. Statt der Stahlträger können auch Bohrpfähle geeignet sein.

(3) Schlitzwände

Die Wände bestehen aus Ortbeton und gelten wegen ihrer großen Biegesteifigkeit bei weitgehend unnachgiebiger Stützung durch vorgespannte Verpressanker oder Steifen als verformungsarme Baugrubensicherungen. Zur Herstellung werden zuerst in Wanddicke lamellenförmige Schlitze im Baugrund ausgehoben und mit einer Stützflüssigkeit gegen Einsturz gesichert. Anschließend werden die einzelnen Schlitzwandelemente aus Stahlbeton unter gleichzeitigem Verdrängen der Stützflüssigkeit hergestellt, wodurch streifenweise eine vollflächige Ortbetonwand entsteht (s. DIN EN 1538).

Für den Entwurf, die Standsicherheitsnachweise, die Herstellung und die Überwachung der Schlitzwände und der eingesetzten Baustoffe gelten DIN 4126 und DIN 4127.

Neben ihrer lastabtragenden Stützwirkung werden Schlitzwände für die Abdichtung benutzt, und zwar in folgenden Varianten:

- Einphasen-Bauweise: Die Stützflüssigkeit wirkt funktional zugleich als Dichtmasse. Bevorzugte Anwendung bei Herstellung der Schlitzwandlamellen in kontinuierlicher Folge.
- Zweiphasen-Bauweise: Stützung der Schlitzwandlamellen mit Bentonitsuspension, anschließend Einbringen der Dichtmasse im Kontraktorverfahren. Bevorzugte Anwendung bei Herstellung der Lamellen in so genannter „Pilgerschritt-Folge“. Baustoffe für die Dichtmassen: mineralische zementhaltige Masse oder Erdbeton oder zementfreie Masse mit Bindemittel auf Silan-Wassergel-Basis.
- Kombinierte Bauweise: Herstellung der Schlitzwand im Einphasen-Verfahren, zusätzlich Stahlspundbohlen in die frische Suspension eingestellt oder Kunststoff-Dichtungsbahn eingehängt.

(4) Pfahlwände

Für die Ausführung von Pfahlwänden kommen alle Verfahren in Frage, die für die Herstellung von Ortbeton-Pfählen (s. DIN EN 1536) geeignet sind. Im Einzelnen sind zu unterscheiden:

- Pfahlwände, bei denen sich die Einzelpfähle überschneiden, sofern eine absperrende Funktion der Wand gegen Grundwasser angestrebt wird, und bei Böden, die zum Ausfließen neigen.
- Pfahlwände, bei denen sich die Pfähle nur berühren (tangierende Pfahlwand). Sie bieten eine vollflächige Wandstützung, sind jedoch nicht wasserabsperrend und verhindern nicht das Ausfließen von Boden.
- Bei standfesten Bodenverhältnissen, z. B. bei kohäsivem oder felsartigem Boden, kann eine aufgelöste Pfahlwand ausgeführt werden, bestehend aus einzeln stehenden Pfählen und einer dazwischen angeordneten Flächensicherung aus Ortbeton oder Spritzbeton.

(5) Verfestigte Stütz-, Abdichtungs- und Unterfangungswände

Die Verfestigungen des anstehenden Bodens dienen je nach Prinzip und Verfahren unterschiedlichen Anwendungszielen. Sie werden durch Injektion nach DIN EN 12715 oder im Düsenstrahl-Verfahren nach DIN EN 12716 oder als Gefrierwand durch Vereisung des Bodens hergestellt. Der Effekt und die Homogenität der Verfestigung sind spätestens beim Aushub zu überprüfen. Die benachbarte Bebauung und Umgebung ist zu überwachen, da während und nach der Verfestigung Hebungen oder auch Senkungen entstehen können.

Die Injektionen werden zur Verbesserung der hydraulischen bzw. mechanischen Eigenschaften des Baugrundes, zur Sicherung bzw. Unterfangung von Gebäudewänden und Fundamenten sowie zur Abdichtung genutzt. Injektionsprinzipien und -verfahren s. *Bild 28.*

Verfestigungen des Bodens mit dem Düsenstrahlverfahren können für zeitlich begrenzte oder auch permanente Zwecke ausgeführt werden, insbesondere zur Herstellung tragender und stützender Bau- bzw. Unterfangungskörper sowie Dichtwände.

Gefrierwände durch Vereisung des Bodens werden für zeitlich begrenzte Zwecke sowohl als tragende und stützende Baukörper als auch für die Absperrung von Wasser genutzt.

(6) Oberflächensicherungen aus Spritzbeton

Übersteile Baugrubenböschungen oder senkrechte Wände in vorübergehend standfestem Boden und Fels können in Spritzbeton-Bauweise gesichert werden.

Diese Sicherung kann je nach Erfordernis als dünne Versiegelungsschicht, als konstruktiv bewehrte Spritzbetonauflage geringer Dicke oder als statisch wirkende bewehrte Wandverkleidung ausgeführt werden. Je nach statischem und ausführungstechnischem Erfordernis kann die Spritzbetonauflage mit dem anstehenden Boden bzw. Fels verdübelt oder verankert werden. Die Sicherungsmaßnahmen folgen unmittelbar mit dem Aushub in plan-

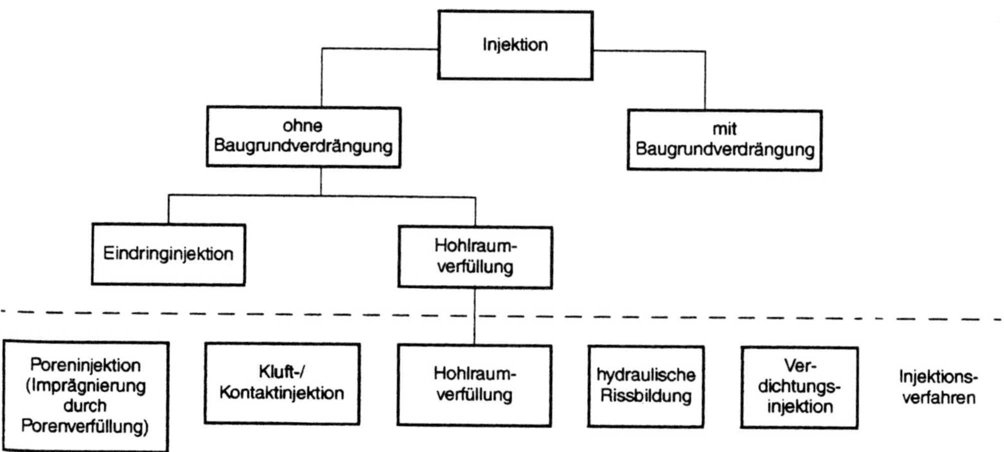

Bild 28: Injektionsprinzipien und -verfahren (nach DIN EN 12715)

gemäß festzulegenden Teilflächen. Bei Wasserandrang ist die Spritzbetonauflage durch Bohrungen, Dränschichten oder Dränelemente zu entwässern.

4.2 Spundwandumschließung im Grundwasser

Am Beispiel eines Spundwandverbaues sollen nachfolgend die Aspekte aufgezeigt werden, die bei der Planung, Bemessung und Ausführung der Umschließung einer tiefen Baugrube im Grundwasser und in einer Quartär-/Tertiär-Schichtenfolge zu berücksichtigen sind.

(1) Bei Spundwänden handelt es sich um eine vielseitige Bauweise des Grundbaues mit eigenständigen Funktionen. Diese Wände sind statisch tragende Bauelemente und geeignet, Erd- und Wasserdruckkräfte sowohl für temporäre als auch für permanente Zwecke als bauwerksintegrierte Tragsysteme (z. B. Kaimauern, Brückenwiderlager, Stützkonstruktionen) abzutragen. Sie haben den besonderen Vorteil, dass die tragenden Elemente (Spundbohlen) zurückgewonnen und wiederverwendet werden können. Dieser Vorteil ist besonders relevant, wenn die Wiederherstellung der Grundwasserkommunikation vorausgesetzt wird.

Bei der Wahl des Spundwandprofils und der Stahlqualität sind nicht nur die Ausnutzung der Tragfähigkeit, sondern auch die Kriterien der Gebrauchstauglichkeit, der Rammbarkeit und der Wiedergewinnbarkeit zu berücksichtigen. Im Sinne von DIN 1054 können sowohl die Grenzzustände der Tragfähigkeit des Verbaus (Lagesicherheit, Versagen von Bauteilen, Standsicherheit) als auch die Grenzzustände der Gebrauchstauglichkeit des Verbaus (Verformungen, Verschiebungen) durch wirksam angepasste Maßnahmen der Wasserhaltung sowie durch angepasste statische und konstruktive Maßnahmen abgesichert werden.

Maßgebend für Entwurf und Ausführung von Spundbauwerken ist DIN EN 12063. Zu den technischen Lieferbedingungen s. DIN EN 10248-1 und DIN EN 10249-1, zu den Grenzabmaßen DIN EN 10248-2 und DIN EN 10249-2.

(2) Die Einbindetiefe der Wände im dichten Tertiär ist eine wesentliche Eingangsvorgabe für die Statik des Verbaus und die davon abhängige Aufbruchsicherheit der Baugrubensohle. Inhomogene und anisotrope Verhältnisse sowie Unschärfen in der Höhenlage der Tertiäroberfläche verlangen im Prinzip eine möglichst tiefe Einbindung der Spundwand, um den Strömungsweg zur Sohle zu verlängern und den Strömungsdruck zu reduzieren. Da sich große Einbindetiefen im dicht gelagerten Tertiär ramm- und bohrtechnisch nicht ohne Weiteres erreichen lassen und aus Gründen der Beeinflussung der Grundwasserverhältnisse nur begrenzt zulässig sind, müssen die daraus entstehenden Standsicherheitsdefizite durch zusätzliche Wasserhaltungs- und Grundwasserentspannungsmaßnahmen ausgeglichen werden.

In Verbaunähe ist allgemein zu berücksichtigen, dass sich das Strömungspotenzial aus der Differenz von äußerem und innerem Wasserspiegel stets längs der Bauwerksränder (Spundwände) am stärksten auswirkt (Grundlagen der Potenzialtheorie). Strömungsdruck und Strömungsgeschwindigkeit des um die Spundwände von unten einströmenden Grundwassers erreichen dort Maximalwerte. Verursacht die nach oben gerichtete Strömung sichtbare Quellbildungen in der Baugrubensohle nahe des Verbaus, so binden die Spundwände in diesen Bereichen nicht tief genug ein oder der Abstand der Entspannungsbrunnen ist zu groß, um die vertikal gerichtete Strömung und den Grundwasseraustritt zu unterbinden.

Hauptursache dafür, dass in Einzelfällen die vorgegebenen Endtiefen nicht erreicht werden können, ist das höhenmäßig kleinräumig wechselnde Oberflächenrelief des Tertiärs. Es kann im Größenbereich des Bauvorhabens große Höhenunterschiede von mehreren Metern aufweisen. Es ist bekannt, dass die Tertiäroberfläche als Folge von Erosionen tiefe Rinnen und Kolke bildet. Außerdem ist bekannt, dass der geologische Sedimentationsprozess durch starke Wechsel der Strömungsverhältnisse geprägt ist und dementsprechend die Zusammensetzung und Feinheit der Sedimente schichtweise von stark bis wenig durchlässig wechselt, sodass insgesamt schichtweise bzw. einschlussförmig Inhomogenitäten vorhanden sind. Diese Wechselverhältnisse können bei der Baugrunderkundung nicht immer in ihrem Ausmaß erkannt werden.

Zu berücksichtigen ist, dass bei Bohlen, die kurz vor Erreichen der vorgegebenen Tiefe nur noch schwer ziehen, das Risiko der Beschädigung besteht. In diesen Fällen ist es günstiger, nicht weiter zu rütteln bzw. zu rammen. Einzelne Bohlen, die zwar nicht die vorgesehene Länge aufweisen, aber dafür die Wand unbeschädigt erhalten, sind zu akzeptieren, wenn die damit verbundene Umläufigkeit nicht die Standsicherheit der Wand beeinträchtigen bzw. ein diesbezügliches Defizit durch wasserdruckentspannende Maßnahmen kompensiert werden kann.

Schlossschäden und das „Herauslaufen" einzelner Bohlen aus dem Schlossverbund (Schlosssprengung) kann auch bei sorgfältigem und fachgerechtem Einbringverfahren nicht ganz vermieden werden. Diese Vorgänge können, besonders bei mit der Tiefe zunehmendem Eindringwiderstand, während des Einbringens der Bohlen nicht immer zuverlässig festgestellt werden.

Die Spülhilfe gehört zum Stand der Technik beim Einbringen von Stahlspundbohlen (Rammen, Rütteln, Pressen) in spülfähigen, wenig umlagerungsempfindlichen, steinfreien Böden.

Die Spülung ist ein Behelf, darf aber nicht unter allen Umständen eingesetzt werden, um die vorgeschriebene Endtiefe zu erzwingen. Sie muss im Gegenteil so sorgfältig eingesetzt werden, dass die Bohlen nicht aus der flucht- und lotgerechten Lage abweichen (Neigung, Ausweichen, Verdrehen, Verformung des Bohlenkopfes). Die Gefahr solcher Abweichungen von der Vertikalität ist umso größer, je fester bzw. steinhaltiger die zu durchörternden Bodenschichten und je tiefer die Bohlen einzubringen sind. Außerdem ist es möglich, dass der Spülstrom Grundwasseraustritt im verbaunahen Bereich auslöst.

(3) Nach Stand der Technik sind wasserdruckbeanspruchte Wände aus Stahlspundbohlen systembedingt nicht absolut wasserdicht, weil für die Schlossverbindungen ein Bewegungsspielraum notwendig ist. Eine absolute Wasserdichtheit ist statisch nicht erforderlich. Die erzielte Dichtheit richtet sich nach dem Wasserüberdruck (Spiegeldifferenz zwischen Außen- und Innenwasserdruck), nach dem möglichst schonenden Verfahren beim Einbringen der Bohlen, nach Art der Schlossverbindungen und deren Abdichtung sowie nach der Ausformung und Abdichtung der Durchdringungsstellen (Anker, Gurtbolzen u. a.).

Durch Verfüllen der Fädel- und Mittelschlösser mit bituminösen Dichtstoffen (Elastomerbitumen-Heißverguss oder kunststoffvergüteter Bitumenkitt) lässt sich die Wasserdichtigkeit der Schlösser wesentlich verbessern. Der Bitumen-Heißverguss wird speziell für die Vibrationsrammung empfohlen und besitzt gute Hafteigenschaften auf der Stahloberfläche.

Nach Herstellerangaben können mit bitumenvergossenen Fädel- und Mittelschlössern systembedingte Dichtigkeiten von $k = 6 \cdot 10^{-8}$ m/s, bei nachträglicher Abdichtung sichtbarer Undichtigkeiten an den Verbauwänden von $k = 2 \cdot 10^{-10}$ m/s erreicht werden. In der Praxis wird statt solcher Angaben die tatsächliche wasserdruckabhängige Durchflussmenge als Kriterium bevorzugt. Die systembedingte Schlosswassermenge wird erfahrungsgemäß proportional zur benetzten Umschließungsfläche angenommen, und zwar bei horizontbeständigen und homogenen Baugrundverhältnissen mit weniger als 2 l/s pro 1 000 m^2 benetzter Spundwandfläche, bei geologisch und hydrologisch schwierigen Randbedingungen mit 2 bis 3 l/s, bei hohem Wasserdruck auch mit mehr (DIN EN 12063).

(4) Die übliche Vorgehensweise nach Fertigstellung der Spundwandumschließung besteht darin, das Grundwasser vor Aushub der Baugrube bzw. eines nach der Tiefe begrenzten Aushubabschnittes mit Hilfe von vertikalen Brunnen abzusenken und abzuleiten. Diese Bohrbrunnen werden innerhalb der Baugrube oder in deren Nähe in der Regel um sie herum angeordnet. Aus den Brunnen wird mehr Wasser entnommen, als der Baugrube während des Aushubes zufließt, sodass sich der Grundwasserspiegel allmählich absenkt. Wird das vorgegebene Absenkziel erreicht, entspricht die Wasserentnahme der Zuflussmenge (stationärer Zustand).

Die Maßnahmen zur Trockenlegung von Baugruben und für die dafür zu installierenden Wasserhaltungseinrichtungen richten sich nach den Baugrundverhältnissen (bodenmechanische, geologische, hydraulische Verhältnisse), der zufließenden Wassermenge aus den grundwasserführenden Schichten und dem Absenkziel in Zusammenhang mit der Baugrubengeometrie. Die zu installierende Wasserhaltung ist somit jeweils im Einzelfall diesen Parametern anzupassen, entsprechend zu bemessen und unter Berücksichtigung von Erfahrungen auszuführen.

Nach Stand der Technik sind vergleichende Berechnungen zur Ermittlung der möglichen und wahrscheinlichen Wassermengen und der hieraus abzuleitenden Förderleistungen und Wasserhaltungseinrichtungen zweckdienlich; unbedingt erforderlich sind sie bei Bausituationen mit großen Spiegeldifferenzen zwischen Außen- und Innenwasserstand und bei tiefen Baugruben. Die Berechnungen werden auf der Grundlage der Potenzialtheorie entweder mit Hilfe des Fragmentenverfahrens oder genauer mit Hilfe von Finit-Element-Programmen ausgeführt. Insbesondere die FE-Berechnungen können geeignet sein, bestimmte Grenzsituationen durch Vorgabe von Trog-, Entspannungs- und Schlosswasser zu vergleichen und dabei auch abschnittsweise Inhomogenitäten des Baugrundes, Fehlstellenbereiche und Umströmungen der Dichtwände, Varianten der Mächtigkeit der wasserführenden Schichten und mehr zu simulieren.

Für die Zuverlässigkeit und Genauigkeit der Berechnungen ist die genaue Kenntnis des mittleren Durchlässigkeitskoeffizienten k der grundwasserführenden und -hemmenden Schichten vorauszusetzen. Aus Laborversuchen und Feldmessungen kann der mittlere k-Wert nur dann ausreichend zuverlässig gewonnen werden, wenn die Durchlässigkeit in statistisch repräsentativem Umfang für alle maßgebenden Schichten ermittelt wird. Große Grundwasserabsenkungen (Flächen etwa > 500 m^2) erfordern deshalb spezielle Untersuchungen bzw. Probeabsenkungen mit Messung der Durchlässigkeit der einzelnen Schichten, wobei die Probeabsenkungen im Baufeld ausgeführt werden sollen und die Tiefe der Probebrunnen den späteren Baubrunnen entsprechen muss.

Es ist allgemein bekannt, dass in der Regel die vertikale Durchlässigkeit von Tertiärböden aufgrund der Sedimentationsschichtung geringer ist als in horizontaler Richtung. Deshalb wird in der Praxis empfohlen, nicht nur den mittleren k-Wert anzugeben, sondern auch die Durchlässigkeit der einzelnen Schichthorizonte zu ermitteln.

(5) Die Absenkung wird in der Regel durch die gemeinsame Wirkung mehrerer Brunnen erzielt, wobei Flach- und Tiefbrunnenanlagen je nach Einzelfall möglich sind. Die Wasserförderung erfolgt mit Pumpen, deren Leistung auf die zu fördernde Wassermenge und auf das Absenkziel abgestimmt wird. Abstand und Tiefe der Brunnen richten sich nach den genannten Einflussparametern.

In gut durchlässigen Böden wird der Strömungsvorgang bzw. die Grundwasserabsenkung allein durch die Schwerkraft ausgelöst. Eine Grundwasserabsenkung durch Schwerkraft (Gravitationsbrunnen) gelingt erfahrungsgemäß nur in Böden mit Durchlässigkeitsbeiwerten von etwa 10^{-3} bis 10^{-5} m/s. In Sand- und Schluffböden mit feinen Körnungen bzw. dichter Lagerung lassen sich in der Regel keine technisch effektiven und wirtschaftlichen Absenkungen allein durch Schwerkraftwirkung erreichen. In Böden mit Durchlässigkeitsbeiwerten von etwa 10^{-5} bis 10^{-7} m/s wird deshalb das Vakuumverfahren eingesetzt, um das Wasser zusätzlich einem Unterdruck auszusetzen und in die Brunnen zu ziehen.

Bei großer Absenktiefe werden in feinkörnigen Sand- und Schluffböden Vakuumtiefbrunnen eingesetzt, die im Unterschied zu Schwerkraftbrunnen luftdicht abgeschlossen sind und eine Vakuumleitung enthalten. Über diese Leitung wird im Brunnen ein Unterdruck aufgebaut und das zufließende Wasser durch eine steuerbare Unterwasserpumpe gefördert. Diese Tiefbrunnen können bei Bedarf auch ohne Vakuum betrieben werden. Liegen zwei Grundwasserleiter übereinander, von denen der untere vergleichsweise weniger durchlässig ist, können die Brunnen als so genannte Kombibrunnen mit einem Gravitationsbrunnen im oberen Grundwasserleiter und einem Vakuumtiefbrunnen im unteren Grundwasserleiter ausgebaut werden.

Das nach der Lenzung des Baugrubentroges in die Baugrube eindringende Wasser ergibt sich aus dem über die Sohle aus den Tertiärschichten zuströmenden Restanteil, aus dem Sickeranteil durch den Verbau ober- und unterhalb der Baugrubensohle sowie aus dem Tagwasseranteil. Die Wasserhaltungen dienen als zeitlich begrenzte Maßnahmen dazu, den vom Grundwasser beeinflussten Arbeitsraum (Baugrube) durch Abpumpen des vorhandenen und des während der Bauzeit zufließenden Grundwassers so trocken zu halten, dass die Baugrubensohle einwandfrei bebaut und vom Baugerät befahren werden kann.

5 Tiefbauwerke im Grundwasser

5.1 Stand der Technik

Tiefbauwerke im Grundwasser erfordern kompliziert auszuführende Gründungen, die in der Regel in der Bauphase bzw. im Endzustand interaktiv mit den Umschließungswänden für die Baugrube zusammenwirken, wie in Kom. 4.1 und 4.2 beschrieben und in den *Bildern 6* und *7* im Abschnitt 7 exemplarisch dargestellt. Zu solchen Bauwerken gehören z. B. bestehende Gebäudekomplexe, die unterirdisch ausgebaut werden, neue Bauwerke mit mehrgeschossigen unterirdischen Nutzungsflächen, unterirdische Verkehrsanlagen und Tiefgaragen.

Jedes dieser Tiefbauwerke entspricht im Grunde einem Unikat, auch bei prinzipiell ähnlicher technischer Konzeption. Hauptsächliche bauwerksspezifische Unterschiede können sein

- die technischen und logistischen Anforderungen für Planung, Bauausführung und Bauablauf,
- die standortspezifischen Merkmale,
- die Art der Baugrubenumschließung unter Berücksichtigung der geologischen, hydrologischen und boden- bzw. felsmechanischen Gegebenheiten,
- das gesamtheitliche, statisch-konstruktive Zusammenwirken der Bauwerks- und Umschließungswände, z. B. zur Aufnahme von Erd- und Wasserdrücken sowie Auftriebskräften,
- die spezifischen Anforderungen für Baustoffe, Bauteile und Technologien bei Ausführung im Grundwasser.

Standort- bzw. bauwerksspezifische Merkmale können wesentliche Unterschiede in der konstruktiven und gestalterischen Durchbildung der Tiefbauwerke verursachen. Hierzu gehören z. B.

- die Einwirkungen an der Grenze zu Nachbargrundstücken aus angrenzenden baulichen Anlagen auf die Tragfähigkeit des Baugrundes bzw. auf die Gebrauchstauglichkeit des Tiefbauwerkes oder auch umgekehrt Auswirkungen auf die angrenzenden Grundstücke und Anlagen,
- die Standortlage des Tiefbauwerkes a) außerhalb des Grundrisses der zugehörigen Bauanlage oder b) unmittelbar angrenzend oder c) über den Grundriss in Teilen hinausragend,
- bei unmittelbarer Angrenzung der Außenwände des Tiefbauwerkes und seiner zugehörigen Bauanlage a) die Abtrennung durch Dehnfuge, b) die Betonage in direktem Kontakt von Wand zu Wand, c) der gegenseitige, konstruktiv abgestützte Verbund beider Bauwerke, z. B. über die Zwischendecken oder über Konsolen in den Sohlplatten zur gemeinsamen Aufnahme von Auftriebskräften,
- die Herstellung des Tiefbauwerkes in Deckelbauweise ohne Abdichtung der Außenbauteile im Grundwasserbereich (weiße Wanne) oder bei offener Bauweise mit äußerer Abdichtung (schwarze Wanne), z. B. bei aggressivem Grundwasser.

So vielfältig die aufgezeigten Unterschiede und besonderen Merkmale der verschiedenartigen Tiefbauwerke auch sind, gilt doch für alle gemeinsam ein bauordnungsspezifischer Planungsgrundsatz: Jedes Bauwerk muss im Ganzen, in Teilen und für sich allein in jedem Zwischenbauzustand und im Endzustand als standsicher und gebrauchstauglich nachgewiesen sein. Bei diesen Nachweisen müssen alle jeweils zugeordneten Lasteinwirkungen, Zwangsbeanspruchungen sowie die daraus resultierenden eingeprägten Verformungen der Bauteile beachtet werden.

5.2 Beanspruchung und Bemessung

(1) Die Beanspruchung der Bauteile entsteht aus Lastgrößen, Zwangsgrößen und Eigenspannungen. Die Beanspruchung aus Lastgrößen wird aus Eigengewicht, Verkehrslasten, Erddruck- und Wasserlasten, Auftrieb u. a. berechnet. Die Beanspruchungen aus Zwangsgrößen entstehen aus eingeprägten Verformungen der Bauteile, die durch äußere Einwirkungen oder durch Eigenverformungen ausgelöst werden. Eigenspannungen resultieren aus Zwangsverformungen der Bauteile.

Die Hauptursache für Zwangsbeanspruchungen aus äußeren Einwirkungen sind z. B. Baugrundverformungen, Kopplung von mehreren Baukörpern oder bestimmte Bauabläufe. Zwangsbeanspruchungen aus Eigenverformungen resultieren bei Betonbauwerken bzw. Betonierarbeiten z. B. aus raschem Abfluss der Hydratationswärme in der Erhärtungsphase, Schwinden infolge Austrocknung oder starkem Temperaturzwang; s. Kom. 5.3.

Zwangsbeanspruchte Bauwerke erfordern Besonderheiten und erhöhten Aufwand hinsichtlich der konstruktiven Durchbildung, der Bemessung sowie der Qualität und Nachbehandlung des Betons. Die Besonderen Leistungen müssen in den Ausschreibungsunterlagen vollständig beschrieben sein.

(2) Beim Nachweis der Beanspruchung und der Standsicherheit von Tiefbauwerken müssen sowohl symmetrische als auch unsymmetrische Belastungen berücksichtigt werden. Unsymmetrische Belastungen können z. B. in folgenden Fällen entstehen:

- Tiefgeschosse außerhalb bzw. versetzt zu den oberirdischen Gebäudegeschossen angeordnet
- Verteilung der Erd- und Wasserdrücke gemeinsam auf tragende Außenwände des Gebäudes und Umschließungswände der Baugrube
- Setzungsunterschiede zwischen verschiedenen Gründungskörpern bzw. Fundamenten
- einseitiger Erddruck durch ungleiche Wandhinterfüllung.

Beim Nachweis der Auftriebssicherheit der Sohlplatte und aller Zwischenbauzustände ist es nicht ausreichend, den lotrechten Kräften aus dem Auftrieb die Eigenlasten des Gebäudes gegenüberzustellen, sondern es müssen alle Zwangsbeanspruchungen durch Biegemomente und Querkräfte in den einzelnen Bauteilen mit beachtet werden. Zu berücksichtigen sind dabei auch die Auswirkungen von Scherkräften auf die Biegemomente in der Sohlplatte sowie in den aufgehenden Wänden und Zwischendecken. Kritisch können z. B. folgende Lastfälle sein:

- ungleichmäßige Verteilung des Auftriebs, z. B. bei Versprüngen der Sohlplatte, und der Eigengewichtslasten
- versetzte Lage der Resultierenden aus Auftrieb und Gebäudelasten
- ungleichmäßige Verteilung der Auftriebskräfte auf Pfähle/Anker in der Sohlplatte und auf Konsolabstützungen in den Umschließungswänden
- ungleiche Auftriebswirkung zwischen Räumen mit engem Stützenraster, die unterhalb großer stützenfreier Räume liegen.

Sohlplatten verkürzen sich generell bei stark abfließender Hydratationswärme, bei intensiver Änderung der Umgebungstemperatur oder bei Schwinden des Betons. Solche Längenverformungen werden durch Reibungs- und Koppelungskräfte zwischen Baugrund und Sohlplatte behindert, was Zwangsbeanspruchung verursacht, besonders bei großflächigen, fugenlos hergestellten Sohlplatten, bei Spornauflagerung in den Baugrubenumschließungswänden sowie beim Betonieren gegen bereits bestehende Tragwerksteile. Bei großflächigen dicken Stahlbeton-Sohlplatten von Tiefbauwerken im Grundwasser gehört es deshalb zum Stand der Technik, zwangauslösende Verformungsbehinderungen durch möglichst ebene Unterflächen, durch Verzicht auf Einbindungen im Baugrund (z. B. Aufzugsunterfahrten, Fundamentverstärkungen), durch Dränschichten und Trennfolien zwischen Bodenplatte und Sauberkeitsschicht sowie durch auf die Temperaturentwicklung abgestimmte Betonierabschnitte zu vermeiden. Auf Dehnfugen sollte nur dann verzichtet werden, wenn diese die Wasserdichtigkeit und Dauerhaftigkeit der Sohlplatte beeinträchtigen. Dieser Verzicht setzt jedoch voraus, die daraus entstehenden Zwangsbeanspruchungen bei der Bemessung der Platte zu berücksichtigen.

Aus den vorstehenden Erkenntnissen resultieren für Stahlbeton-Bauwerke zwei unterschiedliche Bemessungen, um die Zwangsbeanspruchungen zu begrenzen:

- Bemessung mit verminderter Rissbildung (spezielle Anordnung von Sollriss- und Schwindfugen)
- Bemessung mit Beschränkung der Rissbreiten (Feinverteilung der Risse mit geringen Rissbreiten durch Mindeststahlbewehrung, verminderte zulässige Zugfestigkeit des Betons, wasserundurchlässige Bewegungs- und Arbeitsfugen, Nachbehandlung des Betons).

Die Mindestbewehrung muss die Risslast bzw. die Rissschnittgrößen über die zulässige Stahlspannung ausgleichen, wenn die Zugfestigkeit des Betons überschritten wird. Die entsprechenden Bemessungsvorgaben sind in DIN 1045 prinzipiell geregelt.

(3) Hinsichtlich der Gebrauchstauglichkeit kommt es darauf an, die Zulässigkeit der Verformungen für alle Zwischenbauzustände und für den Endzustand zu belegen, und zwar für alle Bauteile im Einzelnen und im konstruktiven Zusammenwirken sowie für das Gesamtbauwerk einschließlich der ggf. mitwirkenden Baugrubenumschließungswand. Außerdem ist die anforderungsgemäße Dauerhaftigkeit nachzuweisen. Hierzu gehören Wasserdichtigkeit der Außenwände und der Sohlplatte, Außenabdichtung bei aggressivem Grundwasser und Frostresistenz der Bauteile. Aufgrund dieser Anforderungen aus Standsicherheit, Wasserdichtigkeit und Dauerhaftigkeit erfordert der Beton von Tiefgaragen im Grundwasser eine gezielt abgestimmte Rezeptur; Weiteres s. Kom. 5.3.

Grundwasserwannen ohne Abdichtung werden aus wasserundurchlässigem Beton nach DIN EN 1992 hergestellt. Die Anforderungen an die Wasserdichtigkeit umfassen den Nachweis einer ausreichend dicken Betondruckzone mit bestimmter Betondruckfestigkeit und den Nachweis der Rissbreitenbeschränkung auf der Biegezugseite der Bauteile. Bei diesen rechnerischen Nachweisen sind alle Lastschnittgrößen und Zwangsbeanspruchungen zu berücksichtigen. Ist eine Außenabdichtung erforderlich, sind die Grundsätze nach DIN 18195 für drückendes oder nicht drückendes Grund- bzw. Sickerwasser zu beachten.

5.3 Betontechnologie

Sowohl durch äußere Lasteinwirkungen als auch durch Zwangs- und Eigenspannungen können in den Wänden und Sohlplatten Risse entstehen. Wasserdurchlässige Trennrisse beeinträchtigen die Funktion wasserdicht konzipierter Bauteile in schädlicher Weise. Zwangsbeanspruchungen entstehen auch bei den Betonierarbeiten, wenn z. B. bei niedrigen Lufttemperaturen der Frischbeton stark abkühlt, die Hydratationswärme beim Abbinden des Betons zu rasch abfließt oder wenn der Beton bei Austrocknung schwindet.

Das Schwinden von Beton wird verursacht durch Abgabe von Wasser beim Erhärten des Zementsteins. Der Schwindvorgang ist bei Aufnahme von Wasser reversibel. Schwindarmer Beton wird erreicht durch Zement mit geringem Schwindmaß, einen möglichst geringen W/Z-Wert und Schutz gegen zu rasches Austrocknen durch Nachbehandlung.

Hydratationswärme wird beim Betonieren von Beginn an in den ersten Tagen freigesetzt. In dieser Erwärmungsphase entstehen zunächst geringe Druckspannungen und dann in der darauf folgenden Abkühlungsphase Zugspannungen, was zu Temperaturunterschieden zwischen Rand- und Kernbereichen führen kann. Wenn die Hydratationswärme zu rasch oder zu ungleichmäßig abfließt, bilden sich in der Regel Risse mit netzförmigen Strukturen aus, wobei die kritische Zeitphase bis zur Erstrissbildung je nach Dicke der Bauteile, Zementart und -menge sowie Nachbehandlung in wenigen Tagen (max. etwa bis zu einer Woche) abgeschlossen ist. Es wird angestrebt, in dieser Phase die Maximaltemperaturen klein zu halten, die Zementmenge zu minimieren und durch Nachbehandlung des Betons entgegenzuwirken.

Der Nachbehandlung von Beton kommt allgemein eine große Bedeutung zu. Sie zielt darauf ab,

- eine ausreichende Erhärtung des Betons in den Randbereichen im Hinblick auf Wasserdichtigkeit und Dauerhaftigkeit zu sichern,
- durch ein langsames Abfließen der Hydratationswärme zu erreichen, dass sich die Festigkeit des Betons rascher als die aufgrund der Abkühlung entstehenden Zwangsspannungen und Risse entwickelt.

6 Technische Regelwerke/Literatur

(1) DIN EN 805: Wasserversorgung – Anforderungen an Wasserversorgungssysteme und deren Bauteile außerhalb von Gebäuden (Ersatz für DIN 19630)

(2) DIN EN 1610: Verlegung und Prüfung von Abwasserleitungen und -kanälen (Ersatz für DIN 4033)

(3) DIN 1072: Straßen- und Wegbrücken; Lastannahmen

(4) DIN 18306: Vergabe- und Vertragsordnung für Bauleistungen (VOB) – Teil C: Allgemeine Technische Vertragsbedingungen für Bauleistungen (ATV); Entwässerungskanalarbeiten

(5) DIN 18307: Vergabe- und Vertragsordnung für Bauleistungen (VOB) – Teil C: Allgemeine Technische Vertragsbedingungen für Bauleistungen (ATV); Druckrohrarbeiten außerhalb von Gebäuden

(6) DIN 1988: Trinkwasser-Leitungsanlagen in Grundstücken; Technische Bestimmungen für Bau und Betrieb

(7) ATV-A 127: Statische Berechnung von Abwasserkanälen und -leitungen

(8) ATV-A 139: Richtlinien für die Herstellung von Entwässerungskanälen und -leitungen.

(9) ZTV A-StB: Zusätzliche Technische Vorschriften und Richtlinien für Aufgrabungen in Verkehrsflächen

(10) ZTV-FLN: Zusätzliche Technische Vorschriften für Bauleistungen am Fernmeldeleitungsnetz
Teil 10: Tiefbauarbeiten für Gräben und Baugruben
Teil 12: Bauen, Instandhalten und Abbrechen von Kabelkanälen

(11) DVGW-G 461: Errichtung von Gasleitungen aus Druckrohren und Formstücken aus duktilem Gusseisen

(12) DVGW-G 462: Errichtung von Gasleitungen aus Stahlrohren

(13) DVGW-G 463: Errichtung von Gasleitungen aus Stahlrohren von mehr als 16 bar Betriebsdruck

(14) DVGW-G 472: Errichtung von Gasleitungen bis 4 bar Betriebsdruck aus PE-HD und bis 1 bar Betriebsdruck aus PVC-U

(15) Arbeitsgemeinschaft Fernwärme der Vereinigung Deutscher Elektrizitätswerke e.V. (VDEW): Bau von Fernwärmenetzen – Technische Richtlinien, 1984

(16) Empfehlungen des Arbeitskreises „Baugruben" der Deutschen Gesellschaft für Geotechnik e.V. (DGGT), 4. Auflage, Ernst & Sohn, Berlin 2006, korrigierte Fassung 2007

(17) Empfehlungen des Arbeitsausschusses „Ufereinfassungen", 10. Auflage, Ernst & Sohn, Berlin 2004

(18) Marston, A.: The theory of external loads on closed conduits in the light of the latest experiments, Iowa Engineering Experiment Station, Iowa State College Ames, Bulletin Nr. 96, 1930

(19) Marquart, E.: Beton- und Eisenbetonleitungen – ihre Belastung und Prüfung, Verlag W. Ernst & Sohn, Berlin 1934

(20) Klöppel, K. u. Glock, D.: Theoretische und experimentelle Untersuchungen zu den Traglastproblemen biegeweicher in die Erde eingebetteter Rohre, Institut für Statik und Stahlbau der TH Darmstadt, H. 10, 1970

(21) Weißenbach, A.: Baugruben, Teil I: Konstruktion und Bauausführung, W. Ernst & Sohn, Berlin/München/Düsseldorf 1975

(22) Weißenbach, A.: Baugruben, Teil II: Berechnungsgrundlagen, W. Ernst & Sohn, Berlin/München/Düsseldorf 1975

(23) Weißenbach, A.: Baugruben, Teil III: Berechnungsverfahren, W. Ernst & Sohn, Berlin/München/Düsseldorf 1977

(24) Leonhardt, G.: Die Belastung von erdverlegten Rohren unterschiedlicher Steifigkeit unter Berücksichtigung des Verformungsverhaltens des umgebenden Bodens, 3R international 16, Nr. 3/4, 1977

(25) Leonhardt, G.: Die Erdlasten bei überschütteten Durchlässen, Die Bautechnik 56, H. 11, 1979

(26) Hornung, K. u. Kittel, B.: Statik erdüberdeckter Rohre, Bauverlag, Wiesbaden/ Berlin 1989

(27) Katzenbach, R., Floss, R. u. Schwarz, W.: Neues Baukonzept zur verformungsarmen Herstellung tiefer Baugruben in weichem Seeton, Vorträge der Baugrundtagung in Dresden, Deutsche Gesellschaft für Geotechnik e.V., 1992

(28) Stiegeler, R.: Beanspruchung erdverlegter flexibler Rohrleitungen, Schriftenreihe Lehrstuhl und Prüfamt für Grundbau, Bodenmechanik und Felsmechanik der Technischen Universität München, Beiträge aus der Geotechnik, H. 21, 1995

(29) Meißner, H.: Numerik in der Geotechnik – Baugruben, Geotechnik 25, Nr. 1, 2001

(30) Weißenbach, A. u. Hettler, A.: Baugruben, Grundbau Taschenbuch, Teil 3, Kapitel 3.4, 6. Auflage, Ernst & Sohn, Berlin 2001

(31) Floss, R.: Messtechnische Überwachung von Tiefbauwerken, VDI-Berichte 1165: Bauwerksüberwachung im Ingenieur- und Industriebau, Hrsg. Verein Deutscher Ingenieure, VDI Verlag, Düsseldorf 1994

(32) Schuppener, B. u. Ruppert, F.: Zusammenführung von europäischen und deutschen Normen Eurocode 7, DIN 1054 und DIN 4020, Bautechnik 84, 2007

(33) Hettler, A. u. Morgen, K.: Nachweis der Sicherheit gegen Aufschwimmen bei Baugruben mit verankerten Betonsohlen, Bautechnik 85, 2008

(34) Schad, H., Bräutigam, T. u. Bramm, S.: Rohrvortrieb.,Durchpressungen begehbarer Leitungen, 2. Auflage, Ernst & Sohn, Berlin 2008

(35) Weißenbach, A. u. Hettler, A.: Baugrubensicherung, Grundbau-Taschenbuch, Teil 3, Kapitel 5.7, 7. Auflage, Ernst & Sohn, Berlin 2009

Teil 2

10 Hinterfüllen und Überschütten von Bauwerken

10 Hinterfüllen und Überschütten von Bauwerken

10.1 Allgemeines

Siehe DIN 18300, Abschnitt 3.4.

10.1.1 Vor dem Hinterfüllen oder Überschütten sind im Bereich der baulichen Anlagen Fremdkörper, die Schäden verursachen können, zu entfernen.

10.1.2 Als Hinterfüllbereich wird der unmittelbar an das Bauwerk anschließende Bereich unterhalb der Konstruktionsoberkante bzw. bei bogenförmigen Bauwerken unterhalb des Scheitels bezeichnet.

Als Überschüttbereich eines Bauwerkes gilt die unmittelbar oberhalb der Konstruktionsoberkante bzw. des Scheitels anschließende Zone bis 1 m Dicke. Gleichzeitig begrenzt der Überschüttbereich den Hinterfüllbereich nach oben.

10.1.3 Die Begrenzung des Hinterfüllbereiches gegenüber dem anschließenden Erdkörper soll 1 m hinter der Fundamenthinterkante bzw. ab der senkrecht auf die Ebene (Baugrubensohle, Gelände) projizierten hinteren Flügelkante beginnen. Das jeweils größere Maß ist maßgebend. Die Neigungen sollten nicht steiler sein als:

1 : 2 bei nachträglicher Hinterfüllung in Dammlage sowie
1 : 1 bei Einschnitten und gleichzeitig mit der Dammschüttung ausgeführten Hinterfüllungen.

Sofern Abweichungen hiervon begründet sind, kann in der Leistungsbeschreibung eine andere räumliche Ausbildung des Hinterfüllbereiches vorgesehen werden.

10.1.4 Der Entwässerungsbereich ist Teil des Hinterfüllbereiches (siehe Abschnitt 10.7.2). Im Falle der Verwendung von grobkörnigen Böden für die Hinterfüllung gemäß Abschnitt 10.2.4 entspricht der Entwässerungsbereich dem gesamten Hinterfüllbereich.

Hinterfüll-, Überschütt- und Entwässerungsbereich sind im Plan darzustellen; dabei sind erdbautechnische Voraussetzungen und konstruktive Besonderheiten des Bauwerkes zu berücksichtigen.

10.1.5 Auf Verlangen des Auftraggebers hat der Auftragnehmer die Baustoffe, das Arbeitsverfahren, den Geräteeinsatz sowie Maßnahmen für besonders zu verfüllende Bereiche gemäß Abschnitt 10.2.7 rechtzeitig vor Ausführung der Arbeiten schriftlich mitzuteilen.

10.1.6 *Durch Zugabe von Bindemittel kann die Tragfähigkeit der Hinterfüllung gesteigert und die Eigensetzung reduziert werden. Entsprechende Vorgaben sind gegebenenfalls in der Leistungsbeschreibung vorzusehen.*

10.2 Baustoffe

10.2.1 *Die Art des Materials für den Hinterfüll-, Überschütt- und Entwässerungsbereich ist unter Beachtung der Bauwerkskonstruktion (siehe Abschnitt 10.3.1) und der Bedeutung des überführten Verkehrsweges in der Leistungsbeschreibung anzugeben.*

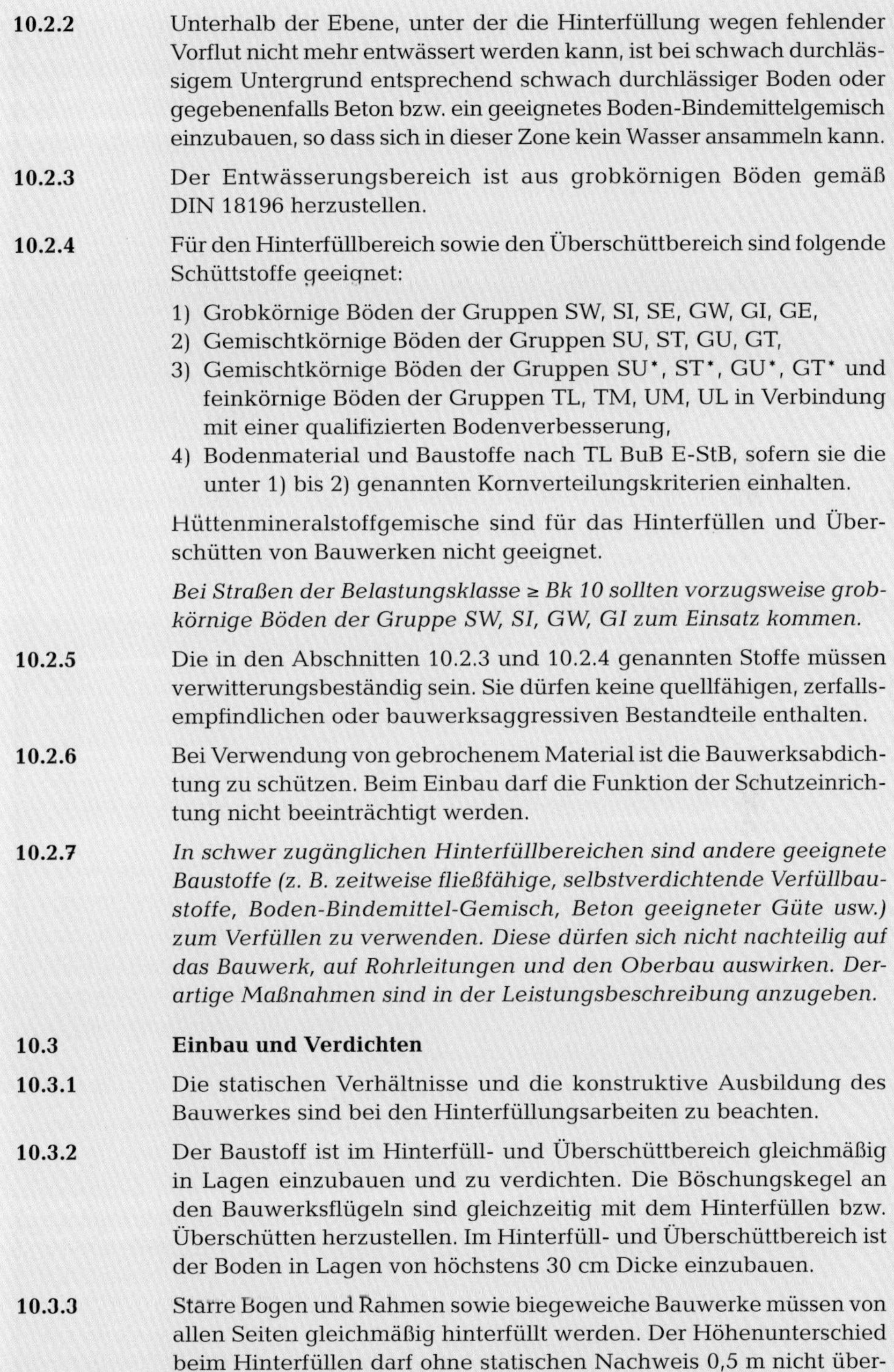

10.2.2 Unterhalb der Ebene, unter der die Hinterfüllung wegen fehlender Vorflut nicht mehr entwässert werden kann, ist bei schwach durchlässigem Untergrund entsprechend schwach durchlässiger Boden oder gegebenenfalls Beton bzw. ein geeignetes Boden-Bindemittelgemisch einzubauen, so dass sich in dieser Zone kein Wasser ansammeln kann.

10.2.3 Der Entwässerungsbereich ist aus grobkörnigen Böden gemäß DIN 18196 herzustellen.

10.2.4 Für den Hinterfüllbereich sowie den Überschüttbereich sind folgende Schüttstoffe geeignet:

1) Grobkörnige Böden der Gruppen SW, SI, SE, GW, GI, GE,
2) Gemischtkörnige Böden der Gruppen SU, ST, GU, GT,
3) Gemischtkörnige Böden der Gruppen SU*, ST*, GU*, GT* und feinkörnige Böden der Gruppen TL, TM, UM, UL in Verbindung mit einer qualifizierten Bodenverbesserung,
4) Bodenmaterial und Baustoffe nach TL BuB E-StB, sofern sie die unter 1) bis 2) genannten Kornverteilungskriterien einhalten.

Hüttenmineralstoffgemische sind für das Hinterfüllen und Überschütten von Bauwerken nicht geeignet.

Bei Straßen der Belastungsklasse ≥ Bk 10 sollten vorzugsweise grobkörnige Böden der Gruppe SW, SI, GW, GI zum Einsatz kommen.

10.2.5 Die in den Abschnitten 10.2.3 und 10.2.4 genannten Stoffe müssen verwitterungsbeständig sein. Sie dürfen keine quellfähigen, zerfallsempfindlichen oder bauwerksaggressiven Bestandteile enthalten.

10.2.6 Bei Verwendung von gebrochenem Material ist die Bauwerksabdichtung zu schützen. Beim Einbau darf die Funktion der Schutzeinrichtung nicht beeinträchtigt werden.

10.2.7 *In schwer zugänglichen Hinterfüllbereichen sind andere geeignete Baustoffe (z. B. zeitweise fließfähige, selbstverdichtende Verfüllbaustoffe, Boden-Bindemittel-Gemisch, Beton geeigneter Güte usw.) zum Verfüllen zu verwenden. Diese dürfen sich nicht nachteilig auf das Bauwerk, auf Rohrleitungen und den Oberbau auswirken. Derartige Maßnahmen sind in der Leistungsbeschreibung anzugeben.*

10.3 Einbau und Verdichten

10.3.1 Die statischen Verhältnisse und die konstruktive Ausbildung des Bauwerkes sind bei den Hinterfüllungsarbeiten zu beachten.

10.3.2 Der Baustoff ist im Hinterfüll- und Überschüttbereich gleichmäßig in Lagen einzubauen und zu verdichten. Die Böschungskegel an den Bauwerksflügeln sind gleichzeitig mit dem Hinterfüllen bzw. Überschütten herzustellen. Im Hinterfüll- und Überschüttbereich ist der Boden in Lagen von höchstens 30 cm Dicke einzubauen.

10.3.3 Starre Bogen und Rahmen sowie biegeweiche Bauwerke müssen von allen Seiten gleichmäßig hinterfüllt werden. Der Höhenunterschied beim Hinterfüllen darf ohne statischen Nachweis 0,5 m nicht übersteigen. Die Hinterfüllung ist gleichmäßig zu verdichten.

10.3.4 Einspülen oder Einschlämmen im Hinterfüll-, Überschütt- und Entwässerungsbereich ist nicht zulässig.

10.3.5 Es gilt eine Anforderung an das 10 %-Mindestquantil des Verdichtungsgrades von D_{Pr} = 100 %, und zwar in

1) den Hinterfüllbereichen,
2) dem Überschüttbereich gemäß Abschnitt 10.1.1 bis 1,0 m Dicke,
3) den Böschungen an den Bauwerksflügeln.

10.3.6 Der Anschluss des Hinterfüllbereiches an einen Damm oder an eine Einschnittsböschung muss stufenförmig verzahnt ausgeführt werden.

10.4 Überschüttete, biegeweiche Bögen

10.4.1 Bauwerke aus Stahlbeton oder Stahl, deren Tragwirkung auf der Mitwirkung der Erdhinterfüllung beruht, werden als biegeweiche Bögen bezeichnet. Sie erfordern eine wenig nachgiebige, gleichmäßige Bettung.

10.4.2 Für die Bemessung, den Einbau und die Überschüttung sind die einschlägigen Technischen Baubestimmungen und die Bedingungen der Hersteller der Systeme einzuhalten.

10.5 Raumgitterkonstruktionen

Siehe „Merkblatt über Raumgitterkonstruktionen".

10.5.1 Raumgitterkonstruktionen sind Verbundsysteme aus aufeinander gelagerten Betonfertigteilen, die ein räumlich geschlossenes Gitter bilden. Sie umschließen einen verdichteten Füllkörper aus Verfüllboden, der den größten Teil des Gesamtquerschnittes innerhalb der Betonfertigteile ausmacht. Die Standsicherheit dieser Konstruktionen ist nachzuweisen.

10.5.2 Raumgitterwände sind Raumgitterkonstruktionen, die lagenweise hinterfüllt werden und deren Erdfüllkörper als mittragend gegenüber horizontalen Erddrücken herangezogen werden können.

Raumgitterwände können dort geeignet sein, wo durch Baumaßnahmen Geländesprünge oder übersteile Böschungen entstehen, die durch konstruktive Bauten vor Abrutschen oder Einstürzen zu sichern sind. Die Luftseite kann begrünt werden.

Raumgitterwälle sind freistehende, meist symmetrische Raumgitterkonstruktionen mit übersteilen „Böschungen", die von beiden Seiten begrünt werden können. Sie werden vor allem für Lärm- und Immissionsschutzanlagen eingesetzt.

10.5.3 Für den Verfüllboden sind grob- und gemischtkörnige Böden gemäß DIN 18196 zu verwenden. Das Größtkorn ist so zu begrenzen, dass die Konstruktion beim Verfüllen und Verdichten nicht beschädigt wird. Bei Bodenarten mit einem Anteil an Korn unter 0,063 mm von mehr als 15 M.-% sind im Hinblick auf die Durchlässigkeit und Scherfestigkeit des Bodens besondere bodenmechanische Untersuchungen erforderlich.

10.5.4 *Anforderungen an den Hinterfüllboden von Raumgitterkonstruktionen ergeben sich aus der Art des angrenzenden Bodens und der Nutzung des Geländes oberhalb der Hinterfüllung. Anforderungen und Entwässerungsmaßnahmen sind in der Leistungsbeschreibung festzulegen.*

10.5.5 Der Verfüll- und Hinterfüllboden ist mit dem Aufbau der Raumgitterwand lagenweise kontinuierlich einzubringen. Die Dicke der einzelnen Lagen darf je nach Bodenart 30–50 cm nicht überschreiten. Das Verfüllen und Verdichten ist auf die jeweilige Konstruktion so abzustimmen, dass keine Beschädigungen entstehen.

Ist eine Begrünung geplant, ist an der außenliegenden Kammerwand Oberboden in einer Breite von mindestens 30 cm vorzusehen. Der Oberboden ist gleichzeitig mit dem Verfüllboden einzubauen.

10.6 Stützkonstruktionen und Gabionen

Siehe „Merkblatt über Stützkonstruktionen aus stahlbewehrten Erdkörpern" (M SASE).

Siehe „Merkblatt über Stütz- und Lärmschutzkonstruktionen aus Betonelementen, Blockschichtungen oder Gabionen" (M Gab).

Die Baustoffe für Gabionen müssen den TL Gab-StB entsprechen.

Bewehrte Stützkonstruktionen bestehen aus geschütteten, verdichteten Böden, in die lagenweise Geokunststoffe, Bewehrungsbänder oder -elemente zur Aufnahme von Zugkräften eingelegt sind.

Der Schüttboden ist in Lagen so einzubauen und zu verdichten, dass die im Abschnitt 4.3.2 angegebenen Anforderungen erreicht werden. Der Bereich von mindestens 1 m Breite unmittelbar hinter der Außenwand ist gesondert und mit leichtem Gerät zu verdichten.

Die Eignung des Schüttbodens für bewehrte Stützkonstruktionen ist nachzuweisen.

Die Bemessung erfolgt nach EBGEO und nach M SASE. Weitere Hinweise zur Ausführung enthalten M Geok E und DIN EN 14475.

10.7 Entwässerung

10.7.1 Die Hinterfüll- und Überschüttbereiche sind so zu entwässern, dass Oberflächen- und Grundwasser gesammelt und ohne Schaden abgeführt werden.

Gesonderte Entwässerungsbereiche sind in der Leistungsbeschreibung anzugeben (vgl. Abschnitt 10.1.3) und im Plan darzustellen.

10.7.2 Werden keine grobkörnigen Böden gemäß Abschnitt 10.2.4 (1) für den Hinterfüllbereich verwendet, ist an den Rückwänden der angrenzenden Bauwerksteile eine mindestens 1,0 m dicke, filterstabile Entwässerungsschicht gleichzeitig mit dem Hinterfüllen einzubauen und zu verdichten. Diese Entwässerungsschicht ist sowohl bei Bauwerken im Einschnitt als auch bei Bauwerken in Dammlage vorzusehen.

Ist bei einem Bauwerk im Einschnitt mit starkem Wasserandrang zu rechnen, ist eine filterstabile Flächenentwässerung auf der Einschnittsböschung anzuordnen, die nicht steiler als 1 : 1 geneigt ist.

Sickersteine sollen nur dann verwendet werden, wenn sichergestellt ist, dass diese beim Hinterfüllen oder durch dynamische Einwirkung, z. B. aus Verkehrslasten, nicht zerstört werden und keine Setzungen in den Hinterfüllbereichen verursachen. Bei Verwendung von Sickersteinen oder Schichten aus Einkornbeton darf auf die Entwässerungsschicht nicht verzichtet werden.

10.7.3 Während der Erdarbeiten ist Oberflächenwasser, das in Richtung des Hinterfüllbereiches fließt, vor dem Entwässerungsbereich des Bauwerkes abzufangen und schadlos abzuleiten.

10.7.4 *Zum Schutz von Bauwerksabdichtungen und zum Trennen untereinander nicht filterstabiler Baustoffe können Geotextilien verwendet werden. Ihre Verwendung ist in der Leistungsbeschreibung zu erfassen.*

Beim Schutz der Abdichtung mit Geotextilien gilt die Anforderung an das 5 %-Mindestquantil an die Dicke des Geotextils d von 2,5 mm.

Zur Flächenentwässerung auf der Bauwerksrückseite sind spezielle Verbundstoffe geeignet. Sie ersetzen nicht den Entwässerungsbereich gemäß Abschnitt 10.7.2.

An Bauwerken dürfen nur hoch witterungsbeständige Produkte verwendet werden. An Bauwerken werden die Bahnen auf der Fläche punktweise durch geeignete Kleber befestigt oder an der Oberseite durch Beschweren festgehalten. Die Verbindung der Bahnen muss so geschehen, dass der Wasserübertritt ungehindert ist und dass Bodenteilchen nicht eindringen können. Die Anbindung an ein Sickerrohr muss so ausgeführt werden, dass das Wasser sicher übertritt.

Inhalt Kommentar

Vorbemerkung

Der Abschnitt 10 ZTV E-StB regelt in Zusammenhang mit ATV DIN 18300 (Abschnitt 3.4) zusätzliche Vertragsbedingungen und Richtlinien zu Erd- und Entwässerungsarbeiten an Bauwerken und Stützkonstruktionen.

Die Kommentare erläutern die Einflüsse der Hinterfüllung und Überschüttung auf Widerlager- und Stützwandkonstruktionen sowie die Erddruck- und Berechnungsgrundsätze.

Behandelt werden hinterfüllte bzw. überschüttete Bauwerke wie Brückenwiderlager, Rahmentragwerke, massive Durchlässe, Gewichts- und Winkelstützwände sowie Sonderkonstruktionen, bei denen der Füllboden zur statischen Tragwirkung mit herangezogen wird.

Massive Wände, die durch Bodenabtrag einseitig freigelegt werden, wie z. B. Spund-, Bohrpfahl- und Schlitzwände, sind in Abschnitt 9 ZTV E-StB, Kom. 4 und 5 in ihrer Funktion als tiefe Baugrubenumschließungen kommentiert.

1 Massive Widerlager- und Stützwände

1.1 Entwurfsplanung

(1) Die Entwurfsplanung für Bauwerke setzt voraus, dass das konstruktive Zusammenwirken des Tragwerkes und der Gründung mit dem Baugrund und dem hinterfüllten Erdkörper gesamtheitlich berücksichtigt wird. Das Bauwerk bildet zusammen mit dem hinterfüllten Erdkörper und dem Baugrund ein wechselseitig wirkendes Gesamtsystem. Die Verformungen des Baugrundes sowie des Hinterfüll- und Überschüttkörpers verursachen Bewegungen und Eigenspannungen des Bauwerks je nach dessen statischem System und konstruktiver Ausbildung.

Der hinterfüllte oder überschüttete Erdkörper wirkt durch Erddruck bzw. Erdauflast auf die angrenzenden Bauwerksteile von Stützwänden, Widerlagern, Bögen, Durchlässen und Rohrleitungsanlagen ein. Diese Lasteinwirkungen lösen Relativbewegungen zwischen Erd- und Bauwerkskörper aus, deren Größe und Verteilung sich je nach Bewegungsfreiheit (Verdrehung, Verschiebung, Durchbiegung), der Exzentrizität und Neigung der Lastresultierenden in der Gründungssohle sowie nach den Setzungsdifferenzen zwischen dem Bauwerk und dem Baugrund bzw. Erdkörper richten.

(2) Die erforderlichen Erdarbeiten für den Hinterfüll-, Überschütt- und Entwässerungsbereich müssen auf die baustatischen Annahmen und konstruktiven Merkmale sowohl hinsichtlich des Zeitpunktes als auch hinsichtlich der Einbau- und Verdichtungstechnik abgestimmt sein. Statische, konstruktive und erdbautechnische Gründe können es erfordern, zu einer bestimmten Zeit vor, während oder nach Fertigung des Bauwerkes oder einzelner Bauwerksteile zu hinterfüllen. Im Einzelfall kann es deshalb zweckmäßig sein, die erdbautechnische Hinterfüllung gemeinsam mit den Bauleistungen für das Bauwerk auszuschreiben.

(3) Je nach Bauwerkstyp sind die erdbautechnisch herzustellenden Bereiche geometrisch abzugrenzen. Der Hinterfüllbereich umfasst den unmittelbar an das Bauwerk unterhalb der Konstruktionsoberkante angrenzenden Erdkörper. Der Entwässerungsbereich begrenzt einen Teil dieses Erdkörpers oder umfasst seine Gesamtheit. Wird das Bauwerk überschüttet, z. B. bei bogenförmigen Konstruktionen, dann reicht der Überschüttbereich als Teil der Hinterfüllung um ein bestimmtes Maß, das von der zulässigen Belastung abhängt, über die Konstruktionsoberkante hinaus.

(4) Die für die Bereiche des hinterfüllten Erdkörpers bautechnisch geeigneten, bauwerksspezifisch verträglichen und nach Vorschrift zulässigen Baustoffe sind festzulegen. Der Entwässerungsbereich soll so gestaltet und baustoffspezifisch hergestellt sein, dass die Hinterfüllung dauerhaft entwässern kann und die erdberührten Flächen des Bauwerkes – insbesondere bei Brückenwiderlagern – trocken bleiben. Oberflächenwasser soll jedoch nicht erst einsickern, sondern außerhalb des Bauwerkes und der Gründung gesammelt weggeleitet werden.

(5) Bei Bauwerksgründungen auf oder in Schüttungen können sich zusätzlich zur Auswirkung der Hinterfüllung auf Erddruck bzw. Seitendruck noch Setzungen und witterungsbedingte Bewegungen der Schüttung sowie Baugrundverformungen durch die Auflast einstellen. Bei der Materialdisposition ist anzustreben, keine setzungsempfindlichen oder witterungsveränderlichen Schüttstoffe im Einflussbereich dieser Gründungen zu verwenden.

Bei Bauwerken auf Pfahlgründungen kann sich der Einfluss von Setzungen der Hinterfüllung als Seitendruck auf die Pfähle auswirken. Diese Wirkung ist im Zusammenhang mit der horizontalen Verformung des Baugrundes zu untersuchen und konstruktiv zu berücksichtigen.

1.2 Bauwerksformen

In *Bild 1* wird dargestellt, wie in einfachen Fällen die Hinterfüll- und Überschüttbereiche abzugrenzen sind. Einen exemplarischen Überblick geben die *Bilder 2* bis *5*. Die Bauwerke lassen sich je nach Wandform und konstruktiver Auflösung der erdberührten Wände mehr oder weniger schwierig hinterfüllen. Die Verformungen der Hinterfüllung und der Bauwerksgründung beeinflussen den Erddruck auf die Wände nach Größe und Verteilung.

Die Last- und Erddruckannahmen richten sich nach der konstruktiven Ausbildung des Tragwerks und der Nachgiebigkeit der Gründung bzw. den Verformungsdifferenzen zwischen Bauwerk und Anschlussdamm. Bei nachgiebiger Gründung wird es in der Regel notwendig sein, die Bauwerksteile durch Fugen voneinander zu trennen. Die Fugen müssen den zu erwartenden Verformungen entsprechend dimensioniert und ausgebildet sein. Setzt sich der Anschlussdamm stärker als die angrenzenden Bauwerksteile, wird sich der Erddruck umlagern. Um diesen Einfluss zu berücksichtigen, müssen der Erdauflast über dem Bauwerk vertikale Zusatzlasten zugerechnet werden.

Die von Oberkante Überschüttung bis Dammauflager reichenden Schüttböschungen beanspruchen je nach Ausbildung des Tragwerkes die Flügelwände, das Bauwerksgesims und die Endabschnitte des Bauwerks einschließlich des Schutzbetons. Diese Beanspruchung kann durch Ansatz von seitlichen Spreizkräften gesondert berücksichtigt werden.

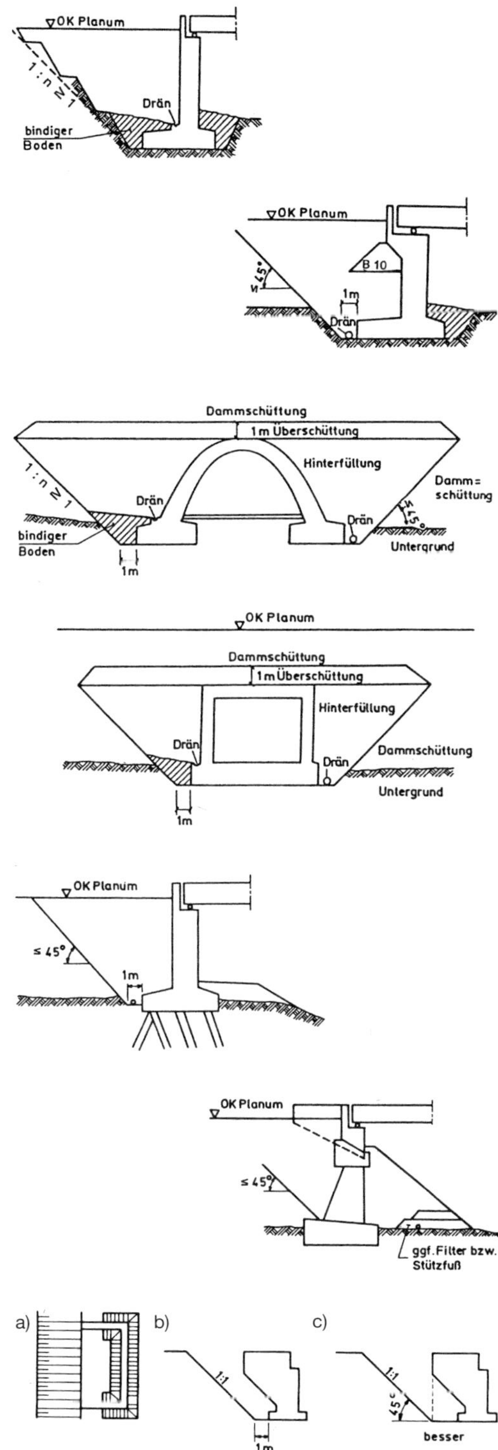

Bild 1: Beispiele für die Abgrenzung der Hinterfüllbereiche

Im Zusammenhang mit der Wandform und der konstruktiven Ausführung der erdberührten Wände können folgende Fälle unterschieden werden:

(1) Wände mit durchgehend geschlossener Wandfläche zwischen Oberkante Hinterfüllung und Unterkante Fundament

Sie sind lagenweise zu hinterfüllen und zu verdichten. Ihre Berechnung erfolgt mit einfachen Erddruckannahmen gemäß Kom. 1.3 und 1.4.

(2) Wände mit teilweise offenen bzw. durchbrochenen Wandflächen

Sie lassen sich unter den von Pfeilern oder Scheiben getragenen geschlossenen Wandteilen sowie in den offenen Wandbereichen schwierig hinterfüllen und verdichten, sodass sich daraus oft Nachsackungen entwickeln. Die konstruktive Auflösung der Wand verursacht Erddruckumlagerungen und auch räumliche Erddrücke, die sowohl vertikal zu den geschlossenen Wandteilen hin als auch horizontal zu den stützenden Scheiben hin gerichtet sein können.

(3) Flügelwände als Kragflügel mit außen angeschütteten Böschungen oder als frei getrennter Bauwerksteil

Die Bewegungsfreiheit der Kragflügel, die für den Erddruck maßgebend ist, richtet sich nach der Eigensteifigkeit des Flügels und nach seinem Einspanngrad in der Widerlagerwand. Die unmittelbaren Bereiche unterhalb der Flügel werden in der Regel nur ungenügend mit Boden hinterfüllt und verdichtet. Die äußeren Böschungskegel lassen sich ebenfalls nur schwierig und nicht gleichmäßig verdichten. Diese schwer zugänglichen Bereiche setzen sich deshalb in vielen Fällen vom Kragflügel ab.

Für die frei getrennten Flügelwände gelten die Hinweise unter (1) oder (2).

(4) Widerlager- und Stützwände auf Damm- oder Anschüttungen; s. *Bild 20*

Die Bauwerke setzen sich mit den Schüttungen und dem Untergrund. Der Erddruck und seine Verteilung werden davon beeinflusst.

(5) Wände auf Pfahlgründungen

Der Erddruck auf die aufgehenden Wände wird stark durch die von der Hinterfüllung ausgelösten Untergrundsetzungen beeinflusst. Außer-

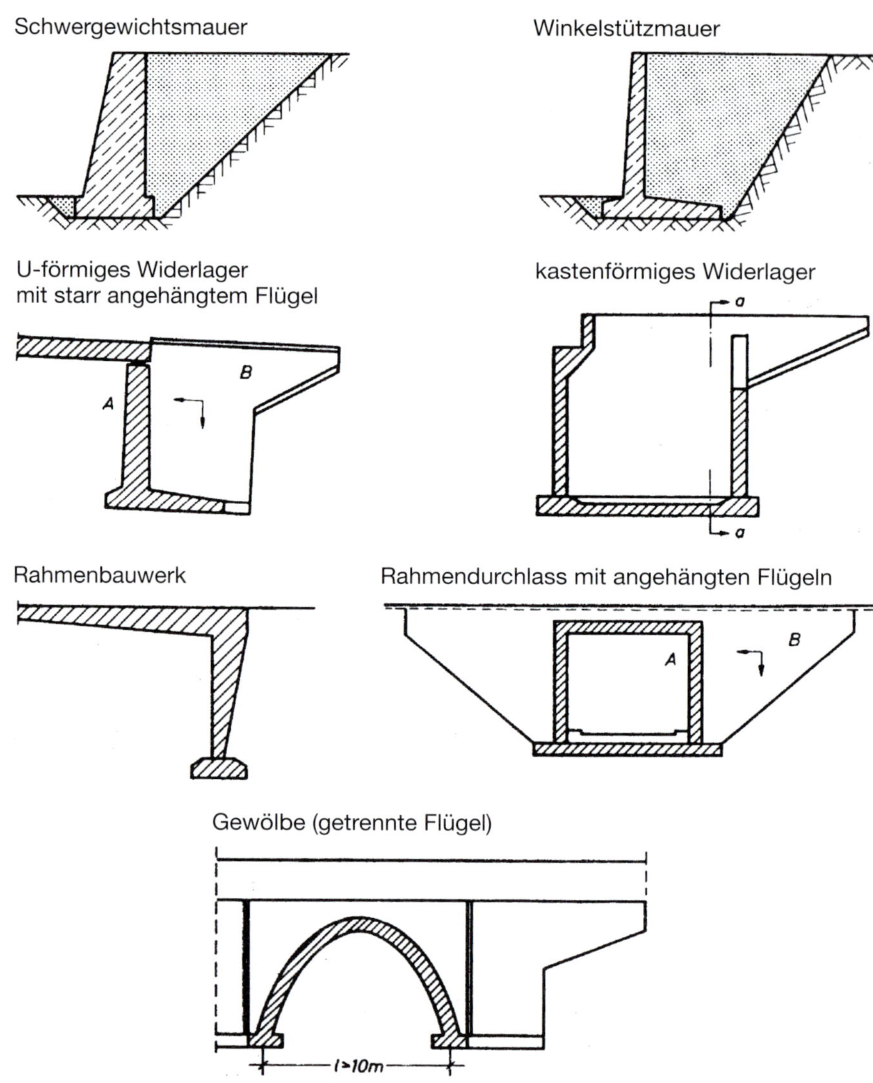

Bild 2: Beispiele für massive Widerlager- und Stützwände mit Hinterfüllung

dem können kompressible, wenig tragfähige Untergrundschichten Seitendruck auf die Pfähle ausüben.

(6) Überschüttete Durchlässe und kurze Brückenbauwerke

Sie lassen sich in der Regel einfach hinterfüllen bzw. überschütten. Ihre Setzungen müssen allerdings gut abgestimmt sein auf die Setzungen im Bereich der hinterfüllten Anschlussdämme. Vorzugsweise sollen deshalb statisch setzungsunempfindliche Tragwerke und setzungsnachgiebige Gründungen ausgeführt werden.

1.3 Zusammenhang Erddruck – Wandbewegung

Die Größe und Verteilung des Erddrucks richten sich nach den Wandbewegungen, den Wichten und den Scherfestigkeitseigenschaften des hinterfüllten Bodens sowie nach den Relativbewegungen zwischen Bauwerk und Hinterfüllkörper. Diese Relativbewegungen richten sich ihrerseits nach den Setzungsdifferenzen zwischen Bauwerk und Hinterfüllung, der Richtung der Wandbewegung und den Reibungseigenschaften der Wand. Sie bestimmen die Richtung der Erddruckkräfte und die Größe des Wandreibungswinkels δ.

Ein verformungsstarrer und unverschieblicher Baukörper wird vom angrenzenden Erdkörper durch Erdruhedruck E_0 belastet. Er kennzeichnet den horizontal wirksamen Druck eines nicht konsolidierenden, querdehnungs- und schubspannungsfreien Bodens. Tatsächlich wird sich allerdings jede Wand, die hinterfüllt oder freigegraben wird, mehr oder weniger bewegen. Erfolgen diese Bewegungen vom gestützten Erdkörper weg (aktiver Zustand), verringert sich der Erddruck auf einen Minimalwert E_a (aktiver Erddruck); im umgekehrten Bewegungsfall (passiver Zustand) entsteht ein Erdwiderstand, der auf einen Maximalwert E_p (passiver Erddruck oder Erdwiderstand) anwächst. Die Bewegungen können sich als Drehung um den Fuß- oder Kopfpunkt der Wand oder als Parallelverschiebung oder Durchbiegung der Wand einstellen; *Bild 6*.

Zunehmende Verschiebung oder Drehung der Wand führt zu Grenzzuständen, bei denen die Scherfestigkeit des Bodens voll mobilisiert ist. Bei weiter zunehmender Bewegung bilden sich Gleitflächenfelder aus, in denen der Boden ohne veränderten Spannungszustand Bruch- bzw. Fließverformungen erleidet. Die prinzipiellen Zusammenhänge zwischen Erddruckspannung und Wandbewegung gehen schematisiert aus *Bild 7* hervor.

Die Wandbewegungen s_a und s_p (horizontale Verschiebungen), bei denen die Grenzzustände voll aktiviert werden, können in Abhängigkeit

unbewehrte, trapezförmige Schwergewichtsmauer mit lotrechter Rückwand

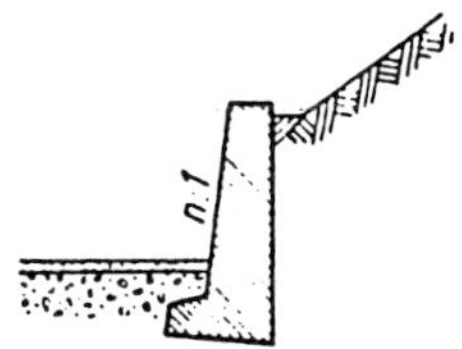

unbewehrte Schwergewichtsmauer mit angeschnittener Rückwand

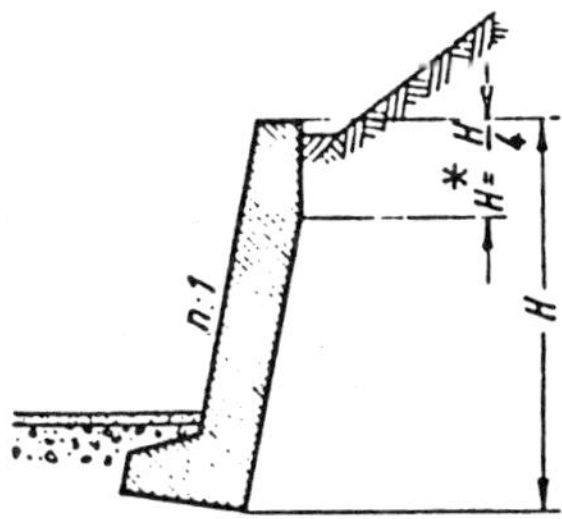

leicht bewehrte, trapezförmige Schwergewichtsmauer mit lotrechter Rückwand

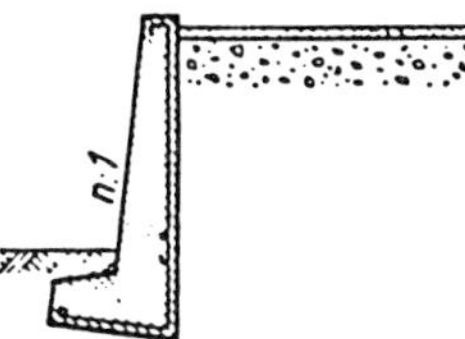

unbewehrte Schwergewichtsmauer mit variablem Anzug der Sichtfläche („Stützlinienmauer")

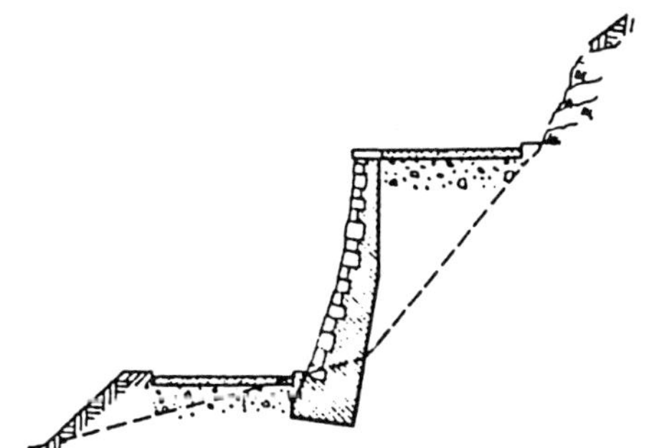

Bild 3: Beispiele für Gewichtsstützwände ohne oder mit leichter Bewehrung und eng begrenztem Hinterfüllraum

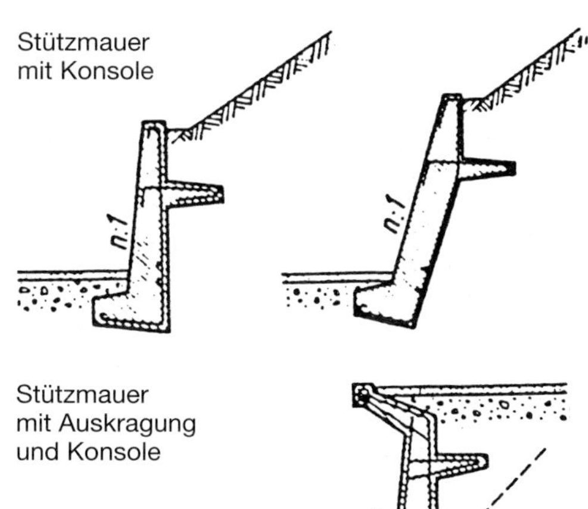

Bild 4: Beispiele für bewehrte Konsolstützwände

Winkelstützmauer

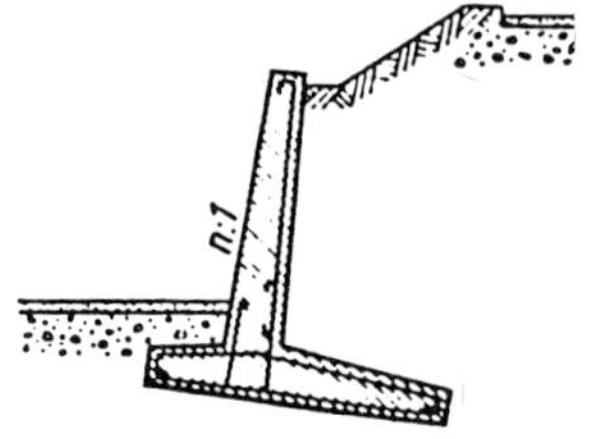

Winkelstützmauer mit eingedeckten Querschotten

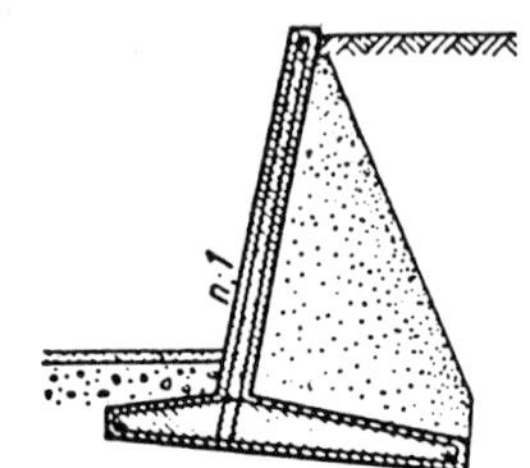

Winkelstützmauer mit Sporn

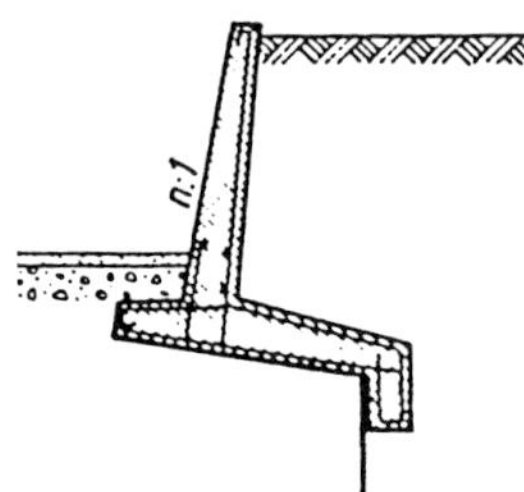

Winkelstützmauer mit offenen Querschotten

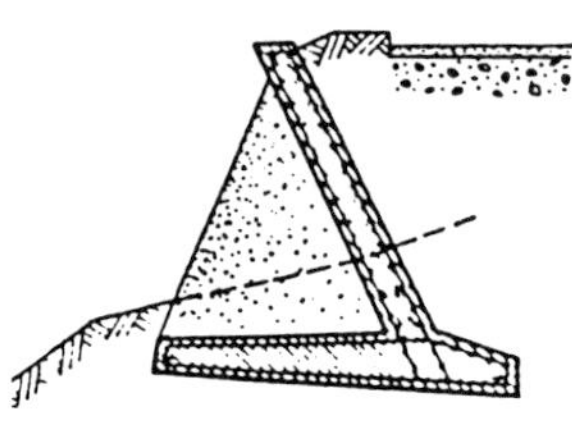

Bild 5: Beispiele für Winkelstützwände

von der Wandhöhe h wie folgt näherungsweise angenommen werden:

- Wandbewegungen zur Mobilisierung von E_a etwa $s_a > 0{,}1$ % der Wandhöhe h, bei Drehung um den Fußpunkt auch größer, bei Drehung um den Kopfpunkt, Parallelverschiebung oder Durchbiegung 2- bis 5-fach geringer
- Wandbewegungen zur Mobilisierung von E_p etwa $s_p > 1{,}0$ % der Wandhöhe oder 10- bis 50-fach größer als s_a.

Diese Erfahrungswerte setzen bei rolligen Böden die mitteldichte oder dichte Lagerung, bei kohäsiven Böden die steife bis halbfeste Konsistenz sowie eine nachgiebige Gründung voraus. Sie gelten nur für Fälle über Wasser. Mit abnehmender Konsistenz oder Lagerungsdichte werden die erforderlichen Bewegungen allgemein größer.

Im Vergleich liegen die Bewegungen von näherungsweise verformungsstarren und unnachgiebig gegründeten, mit E_0 berechneten Wänden bzw. Bauwerken bei weniger als 0,005 % der Wandhöhe h.

Die Wandbewegungen, die zur Mobilisierung von E_a oder E_p erforderlich sind, werden oft

a) Drehung um Fußpunkt

b) Parallele Bewegung

c) Drehung um Kopfpunkt

d) Durchbiegung

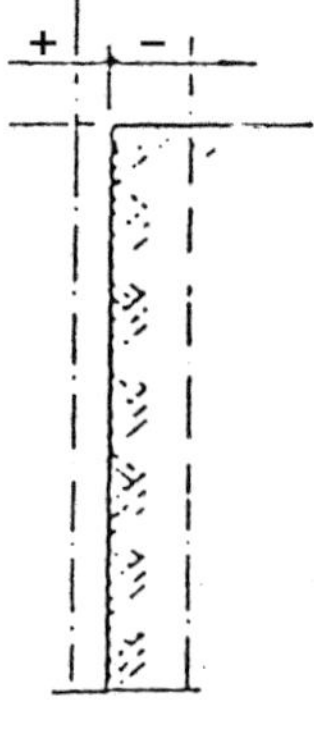

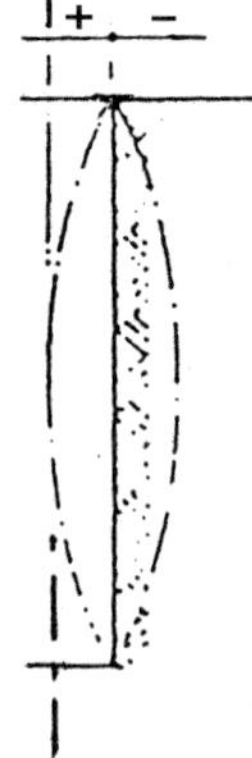

Bild 6: Grundformen der Wandbewegung
(+ in Richtung aktiver Erddruck; – in Richtung passiver Erddruck)

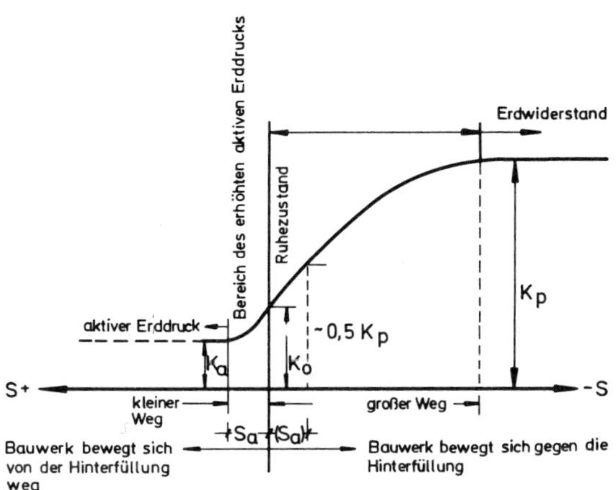

K_a: Erddruckbeiwert für aktiven Erddruck
K_o: Erddruckbeiwert für Erdruhedruck
K_p: Erddruckbeiwert für passiven Erddruck/ Erdwiderstand

Bild 7: Erddruck-Weg-Diagramm

nicht voll erreicht oder liegen bereits in einer nicht mehr zulässigen Größe. Bei nicht ausreichender Wandbewegung können deshalb nur Zwischenwerte E_a' oder E_p' für die Berechnung der Wände und ihre Standsicherheit wie folgt angesetzt werden:

$E_a < E_a' < E_0$ erhöhter aktiver Erddruck
$E_0 < E_p' < E_p$ verminderter passiver Erddruck.

Die Größe der resultierenden E_a-Kraft darf für die in *Bild 6* dargestellten aktiven Grundfälle zwar als gleichgroß angenommen werden, die dreiecksförmige (hydrostatische) Verteilung jedoch nur bei der Wandbewegung im Fall a). Bei den Grundfällen b), c) und d) müssen dagegen aufgrund der eingeschränkten Bewegungsfreiheit umgelagerte Erddrücke berücksichtigt werden, und zwar nach *Bild 8*

- bei Parallelverschiebung der Wand näherungsweise eine parabolische Verteilung,
- bei Wandbewegung um einen oberen Drehpunkt ein in den oberen Wandbereich verlagerter Erddruck,
- bei Durchbiegung elastischer Wandelemente eine sattelförmige Erddruckverteilung, die je nach Verformungssteifigkeit ebenfalls mehr oder weniger von der linearen Verteilung abweicht.

Bei den passiven Grundfällen stellen sich in den meisten praktischen Fällen kombinierte Wandbewegungen ein, sodass sich die passiven Erddruckkoordinaten gemäß *Bild 8* dann etwa dreieck- oder trapezförmig verteilen.

a) Verteilung des aktiven Erddrucks

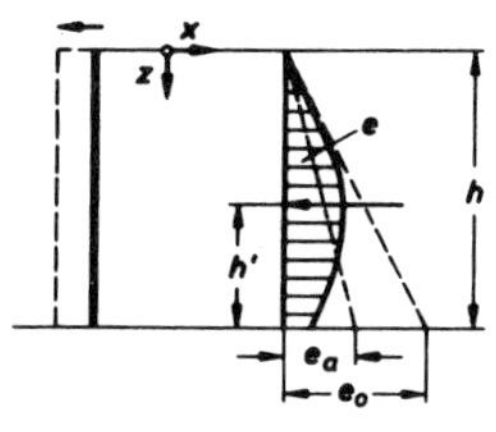

$h' = 0{,}4 \ldots 0{,}45\,h$

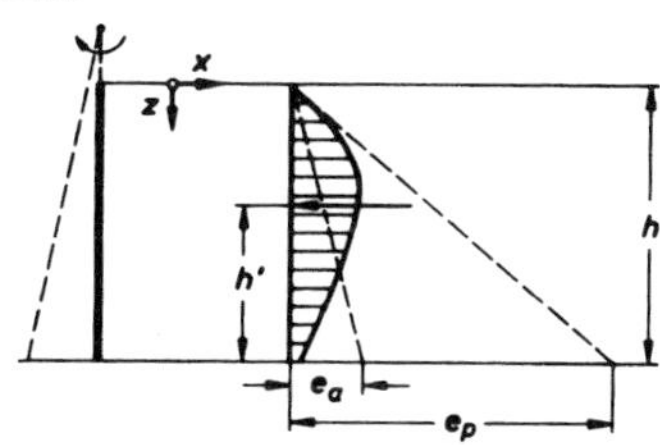

$h' \geq 0{,}45\,h$

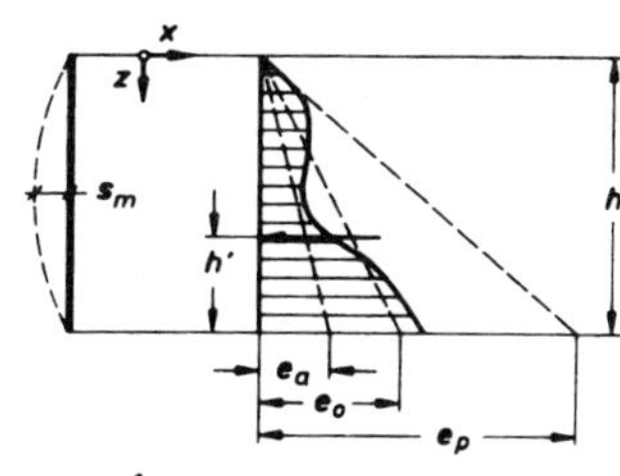

$h' \approx \frac{1}{3}\,h$

b) Verteilung des passiven Erddrucks

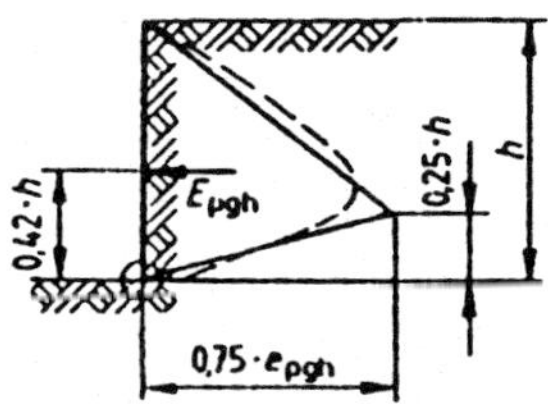

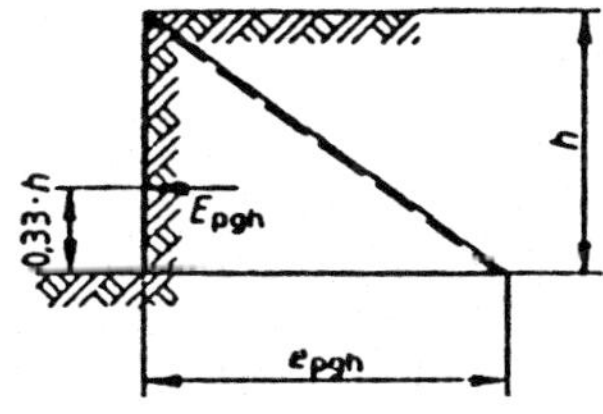

Drehung um den Fußpunkt Parallelverschiebung Drehung um den Kopfpunkt

Bild 8: Erddruckverteilung bei verschiedenen Wandbewegungen

1.4 Konstruktionsbedingte Erddruckannahmen

1.4.1 Ermittlung des Erddrucks

Der Erddruck wird nach den Grundsätzen in DIN 4085 und für die Regelfälle mit den in dieser Norm enthaltenen Verfahren berechnet. Die in Kom. 1.3 aufgezeigten Zusammenhänge zwischen Erddruck und Wandbewegung sind für die Berechnung maßgebende Voraussetzungen; Lastannahmen, Sicherheitsnachweise gemäß DIN 1054; s. Teil 3, Sonderkapitel S6.

1.4.2 Verformungsnachgiebige Wandkonstruktionen

Der aktive Erddruck ist für alle Wandkonstruktionen, die sich in Erddruckrichtung ausreichend bewegen können, sowohl für die Bemessung als auch für die Sicherheitsnachweise anzusetzen, z. B. aufgrund einer nachgiebigen Gründung, einer nachgiebigen Stützung bzw. Verankerung oder einer Wanddurchbiegung.

Folgende Berechnungsregeln gelten:

- Ansatz der charakteristischen Werte des aktiven Erddrucks bei ausreichender Wandbewegung infolge nachgiebiger Gründung
- Ansatz der Bemessungsquerschnitte als Nennwerte, die nicht an einen Teilsicherheitsbeiwert gebunden sind
- Verteilung des Erddrucks, Lage und Richtung der Erddruckkraft je nach Nachgiebigkeit der Stützung, Verankerung und Wandbiegesteifigkeit (Regeln in DIN 4085, EAB und EAU) unter Berücksichtigung der Bauzustände
- Ansatz der Richtung der Erddruckkraft entsprechend dem Wandreibungswinkel, wenn ausreichende Relativverschiebungen zu erwarten sind (Ansatz der Angriffshöhe je nach Wandbewegung und Bodenart ohne Teilsicherheitsbeiwert)
- Ansatz der Kohäsion für vorbelastete bindige Böden, jedoch nicht in Bereichen, die verwittern oder aufweichen können.

1.4.3 Verformungsarme Wandkonstruktionen

Im Regelfall sind diese Konstruktionen bzw. die entsprechenden Wandteile unabhängig von der Nachgiebigkeit der Gründung mit erhöhtem aktivem Erddruck, in Ausnahmefällen mit Erdruhedruck zu bemessen.

Hierzu gehören alle Wandkonstruktionen, in deren Bereich höchstens geringfügige Setzungen entstehen oder zulässig sind, sowie statisch unbestimmte Rahmen und Bögen, deren Fundamente nicht miteinander verbunden sind.

1.4.4 Verformungsstarre Wandkonstruktionen

Im Regelfall sind diese Konstruktionen bzw. entsprechenden Wandteile unabhängig von der Nachgiebigkeit der Gründung mit Erdruhedruck, in Ausnahmefällen mit erhöhtem aktivem Erddruck zu bemessen. Hierzu gehören z. B. Kragflügel, die Teile der Widerlager mit ausgeprägtem U- oder L-förmigem Fundamentgrundriss, am Kopf festgehaltene Widerlager sowie durch andere Bauglieder (Decken, Bodenplatten, Zugbänder) festgehaltene Wände (z. B. die Seitenwände geschlossener Rahmen).

1.4.5 Erdwiderstand

Der Erdwiderstand kennzeichnet gemäß Kom. 1.3 einen Grenzzustand, der große Mobilisierungswege voraussetzt, und kann deshalb für konstruktionsbedingte Wandbewegungen nur ein Hilfswert für die Berechnungsansätze sein.

Der Bemessungswert der Erdwiderstandskraft wird beim Nachweis für das Versagen von Konstruktionsteilen (GZ 1B) mit den charakteristischen Werten, beim Nachweis der Gesamttragfähigkeit (GZ 1C) mit den Bemessungswerten der Scherfestigkeits- und Wandreibungsparameter ermittelt.

1.4.6 Verdichtungserddruck

Der Verdichtungserddruck kann zusätzlich zum Erddruck aus der Eigenlast des Bodens und den Auflasten bei verformungsarmen Wänden entstehen, wenn die Hinterfüllung lagenweise stark verdichtet wird; Berechnungsansatz s. DIN 4085. In der Regel wird dieser zusätzliche Erddruck mit zunehmender Eigenlast des Hinterfüllbodens überdrückt und in schmalen Hinterfüllbereichen (z. B. bei

Stützwänden) auch durch die Silowirkung abgebaut. Der Verdichtungserddruck kann deshalb in diesen Fällen vernachlässigt werden, insbesondere wenn ohnehin noch Erddruckumlagerungen im oberen Wandbereich aus Auf- bzw. Verkehrslasten berücksichtigt werden.

1.4.7 Siloerddruck

Der Siloerddruck entsteht in siloförmig eng begrenzten Hinterfüllräumen, z. B. bei Stützwänden im Hang oder in Rohrleitungsgräben. Er verringert sich im Vergleich zum hydrostatisch verteilten Erddruck aufgrund der Silowirkung mit der Tiefe; Berechnung s. DIN 4085 und *Bild 9*; Rohrleitungsgräben s. Abschnitt 9 ZTV E-StB, Kom. 3.

1.4.8 Schmale, eingeschüttete Baukörper

Schmale Baukörper, wie z. B. Pfeiler und Scheiben, können auf Erddruck beansprucht werden, wenn sie einseitig eingeschüttet werden. In diesem Fall wird in der Regel der aktive Erddruck auf die aktive dreifache Breite des Baukörpers angesetzt, sofern diese Berechnungsbreite einem ungünstigen Lastfall entspricht. Wirkt der Erddruck entlastend, wird nur die einfache Breite des Baukörpers berücksichtigt.

Unabhängig von diesen Ansätzen muss in jedem Fall die Sicherheit gegen Geländebruch (DIN 4084) gegeben sein.

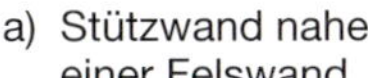

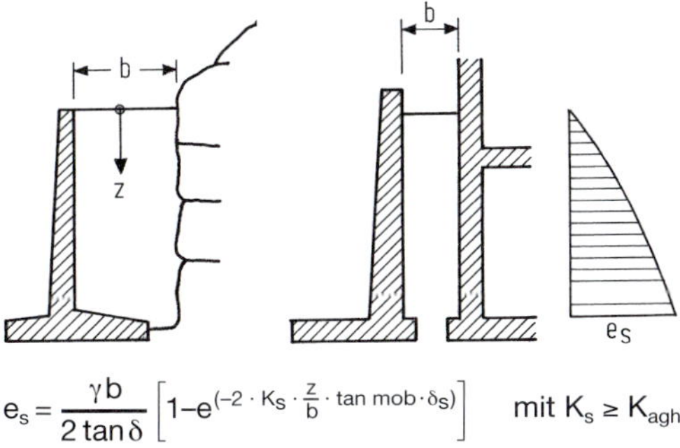

$$e_s = \frac{\gamma b}{2 \tan \delta} \left[1 - e^{\left(-2 \cdot K_S \cdot \frac{z}{b} \cdot \tan \text{mob} \cdot \delta_S\right)}\right] \quad \text{mit } K_s \geq K_{agh}$$

Bild 9: Silodruck e_s nach DIN 4085

1.4.9 Mehrseitig hinterfüllte Wandbereiche

Auf Wände, Scheiben, Gewölbe u. a., die mehrseitig hinterfüllt werden, können durch Schütthöhenunterschiede Erddruckdifferenzen entstehen. In diesen Fällen wird vorbeugend üblicherweise mit einer Schütthöhendifferenz von mindestens 1,0 m als Ersatzlast bei Annahme einer ungünstigen Lage und Höhe gerechnet. Diese Ersatzlast berücksichtigt im Regelfall auch einseitige Verkehrslasten durch Baugeräte.

1.5 Seitendruck auf Bauteile

1.5.1 Seitendruck auf Wände

Seitendruck weicher bindiger Böden auf Bauteile entsteht dann, wenn der das Bauteil einschließende Boden horizontale Verformungen erleidet, z. B. durch Geländeauflasten, Hinterfüllung von Widerlager- und Stützwänden, bauliche Anlagen im benachbarten Umfeld der Bauteile. Der Seitendruck wird nach DIN 1054 entweder als Differenz der Erddrücke auf die gegenüberliegenden Flächen oder als Fließdruck des Bodens, der das Bauwerk umfließt, berechnet. Beide Werte werden mit charakteristischen Bodenkenngrößen ermittelt. Der kleinere der beiden Werte ist maßgebend und mit dem Teilsicherheitsbeiwert nach DIN 1054 anzusetzen.

Bei bindigen Böden, die nicht konsolidiert und wassergesättigt sind und durch Auflasten oder Wandhinterfüllungen schnell belastet werden, ist der Einfluss des Porenwasserüberdruckes auf den Erddruck zu berücksichtigen: Der mit c', φ' ermittelte hydrostatisch verteilte Erddruck erhöht sich um den gleichförmig verteilten Porenwasserüberdruck. Scherfestigkeitsparameter vor Aufbringen der Zusatzbelastung c_u, $\varphi_u = 0$.

1.5.2 Seitendruck auf Pfähle

Ein häufiger Praxisfall ergibt sich bei Pfählen, die weiche Bodenschichten durchdringen und dort quer zur Pfahlachse auf Querkräfte und Biegung durch Seitendruck beansprucht werden. Dabei werden Schrägpfähle durch Setzungen der weichen Schicht infolge der Auflast zusätzlich durch Längskräfte vertikal beansprucht. Diese Pfahlbeanspruchungen

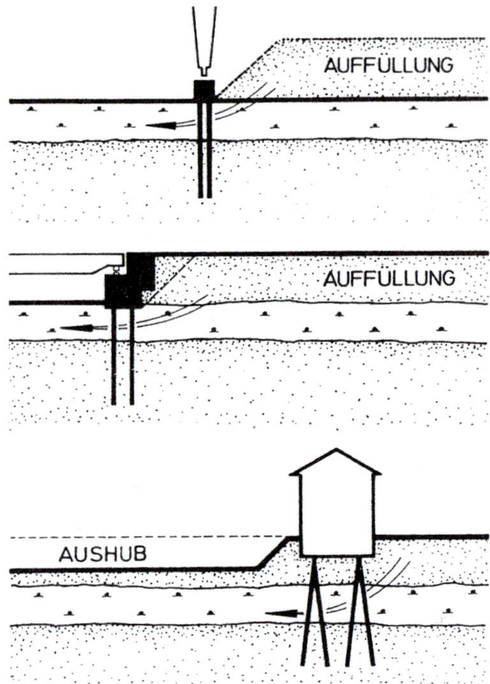

Bild 10: Beispiele für Seitendruck auf Pfähle

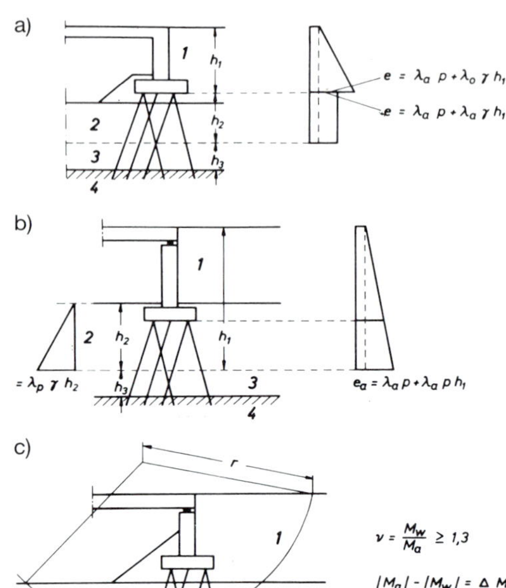

1 Hinterfüllung
2 weiche Schicht
3 Übergangsschicht
4 tragfähiger Baugrund

d) Ansätze auf der Grundlage des Fließverhaltens weicher, bindiger Böden

	Pfahl ○	Pfahl □
Bruch – Hansen	$p = 6{,}4 \cdot c_u \cdot d$	$p = 7{,}5 \cdot c_u \cdot d$
Wenz	$p = 7{,}0 \cdot c_u \cdot d$	$p = 8{,}3 \cdot c_u \cdot d$
Schenck/ Smoltczyk	$p = 2{,}5 \cdot c_u \cdot d$	$p = 3{,}6 \cdot c_u \cdot d$

p = Seitendruck auf Pfähle
c_u = undränierte Bruchfestigkeit
d = Pfahldurchmesser

Bild 11: Hilfsmethoden zur Berücksichtigung der Biegebeanspruchung von Pfählen durch seitlichen Erddruck

können auch wesentlichen Einfluss auf die Gesamtstandsicherheit des Bauwerkes ausüben. In diesen Fällen ist nicht nur die Geländebruchsicherheit nach DIN 4084 längs Gleitflächen unterhalb der Pfahlspitzen, sondern auch oberhalb unter Berücksichtigung des Seiten- oder Fließdrucks nachzuweisen. Die Wirkung des Erddrucks auf das oberirdische Bauwerk ist auch unterhalb der Pfahlkopfplatte zu verfolgen.

Beispiele für solche Beanspruchungen gehen aus *Bild 10* hervor. Sie können auch entstehen bei Pfählen in Böschungen oder an Geländesprüngen.

Bild 11 enthält einige Möglichkeiten für die hilfsweise Berechnung der horizontalen Beanspruchung von Pfählen durch seitliche Wirkung des Erddrucks. Ausführlich werden diese Beanspruchungsfälle in Lit. (6) und Lit. (10) behandelt.

1.5.3 Maßnahmen gegen Seitendruck

Der Seitendruck weicher bindiger Böden auf Bauteile kann je nach Einzelfall durch verschiedene Maßnahmen reduziert werden; hierzu gehören:

- Teilaustausch oder Verbesserung der weichen Schichten
- Auflastschüttung als vorzeitige und temporäre Vorbelastung im Bereich der Pfähle oder der Hinterfüllung vor Herstellung der Pfähle
- kleine Widerlagerhöhen, flache Böschungen und Einbau von abschirmenden Plattenelementen
- Ausführung von Mantelpfählen, die den Seitendruck auf die Tragpfähle abschirmen.

1.6 Wasserdruck

Die Einwirkung von Wasserdruckkräften ist bei hinterfüllten Wandkonstruktionen vom Grundsatz her durch die Systemanordnung des Entwässerungsbereiches bzw. durch Dränage- oder Wasserhaltungsmaßnahmen zu vermeiden.

Andernfalls sind diese Kräfte nach DIN 1054 bei den rechnerischen Nachweisen der Grenzzustände zu berücksichtigen. Die charakteristischen Werte der Spiegelhöhen werden durch additive Zuschläge zur sicheren Seite hin korrigiert, z. B. auch bei möglichen Überläufen der Dränagen. Bei beidseitig belasteten Konstruktionsteilen ist die Wasserdruckdifferenz maßgebend.

Sinngemäß ist beim Ansatz von Druckkräften anderer Flüssigkeiten vorzugehen. Der Nachweis der Gesamtstandsicherheit (GZ 1C) des flüssigkeitsgestützten Erdkörpers ist dabei mit dem charakteristischen Wert der Wichte der Stützflüssigkeit zu führen.

1.7 Zeitpunkt der Hinterfüllung

Die Wechselwirkungen können es erfordern, zu einer bestimmten Zeit vor, während oder nach Erstellen des Bauwerks bzw. einzelner Bauteile die Erdauflast ganz oder anteilig aufzubringen; der Zeitpunkt muss auf die statischen Erfordernisse abgestimmt sein:

a) Hinterfüllung erst nach fertigem Bauwerk, z. B. bei Stützmauern und Tragwerken (Rahmen, Durchlässe, Bogen, Widerlagerflügel und -scheiben), bei denen der Überbau die zu hinterfüllenden Bauteile stützt und damit die Erddruckbeanspruchung reduziert und die Standsicherheit gewährleistet.
b) Hinterfüllung vor Einbau des Tragwerkes, wenn die Baugrundsetzungen aus der Bauwerkslast, der Hinterfüllung oder dem Anschlussdamm vorweggenommen oder ausgeglichen werden müssen.
c) Vorzeitige Teilhinterfüllung bestimmter Bauwerksteile, z. B.
   - das Hinterfüllen der Fundamente als seitliche Bodenauflast gegen Grundbruch oder Frostgefahr,
   - bei Zwischenbauzuständen, die ohne Teilhinterfüllung große Randspannungen in den Fundamentsohlfugen verursachen,
   - Wandbereiche, die später nicht mehr zugänglich sind,
   - beim Herstellen hochliegender Bauwerksteile, wie z. B. Auflagerbalken, Flügel- und Kammerwände, die eine Arbeitsebene voraussetzen.

Je nach Einzelfall kann es in den vorgenannten Fällen notwendig sein, das Herstellen der Hinterfüllung gemeinsam mit den Brückenbauleistungen auszuschreiben und auszuführen.

1.8 Baustoffe

Die Eignung der Baustoffe für den Hinterfüll-, Überschütt- und Entwässerungsbereich von Bauwerken richtet sich nach den in Abschnitt 10.2.4 ZTV E-StB angegebenen Kornzusam-

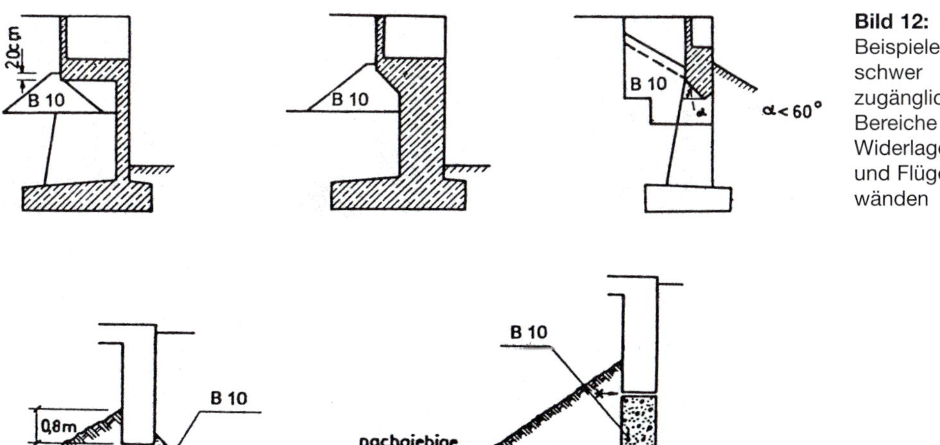

Bild 12: Beispiele für schwer zugängliche Bereiche an Widerlager- und Flügelwänden

mensetzungen bzw. Bodengruppen. Sie erfordert zusätzlich den Nachweis, dass die Baustoffe keine schädlichen Verformungen oder baustoffaggressiven Reaktionen verursachen, und bedarf der Zustimmung des Auftraggebers.

Zu den bedingt geeigneten Baustoffen gehören, sofern sie keine quellfähigen, zerfallsempfindlichen oder baustoffaggressiven Bestandteile enthalten,

- steinige Bodenarten und Schlacken mit Steinen bis zu maximal 100 mm Größe,
- gemischt- und feinkörnige Bodenarten der Gruppen GU*, GT*, SU*, ST*, U und T.
- Ersatzbaustoffe gemäß Beschreibung in Teil 3, Sonderkapitel S4.

Aus wirtschaftlichen Gründen kann es regional geboten sein, bedingt geeignete Materialien zu verwenden, z. B. in Sandwich-Bauweise oder nach Verbessern ihrer Eigenschaften durch Bindemittel. Auch Hangschutt und Ausbruchgestein lassen sich unter den genannten Voraussetzungen verwenden. In diesen Fällen müssen die Einbaubedingungen durch Probeschüttung und Probeverdichtung gesondert festgelegt werden oder auf frühere Erfahrungswerte bezogen sein.

Schwer zugängliche Bereiche sind mit Beton der Güte B 10 oder mit einem geeigneten Boden-Bindemittel-Gemisch zu hinterfüllen. Der Umfang dieser Maßnahme ist zu vereinbaren; s. *Bild 12*.

1.9 Einbau und Verdichten

Der Einbau in den Hinterfüll- und Überschüttbereichen muss den statischen Erfordernissen entsprechen. Deshalb kann es notwendig sein, Widerlager- und Stützwände gleichzeitig beidseits in jeweils gleicher Höhe einzuschütten und zu verdichten. Sinngemäß ist beim Hinterfüllen und Überschütten von Bogenbauwerken, Durchlässen und Rohrleitungen zu verfahren. Eine anderweitige Vorgehensweise bedarf der gesonderten Zulassung.

Die Schüttlage sollte 15 bis max. 30 cm Dicke im unverdichteten Zustand nicht übersteigen. Der Schüttbaustoff muss möglichst eben ausgebreitet und vor dem Überschütten der nächsten Lage sorgfältig und gleichmäßig verdichtet, gff. vorher befeuchtet werden oder abgetrocknet sein.

Die in Wandnähe auszuführenden Verdichtungsarbeiten müssen mit gleichzeitig laufenden Bauwerksarbeiten, z. B. Betonieren, Einbauen des Tragwerks, abgestimmt werden. Die Sicherheitsabstände sind so zu variieren, dass eine schädliche Einflussnahme vermieden wird. Erforderlichenfalls müssen die Arbeiten unterbrochen werden, z. B. bei Arbeiten mit schweren Verdichtungsgeräten oder Fallgewichten. Beim Verdichten kommt es darauf an, die engen Arbeitsräume sowie die unmittelbar an die Wände grenzenden Hinterfüllbereiche und Böschungskegel ebenso gut zu verdichten wie die freien Räume. Um dies zu erreichen und Schäden an den Wänden zu vermeiden, sollen in diesen Bereichen nur kleinere und in ihrer Wirkung leichtere Verdichtungsgeräte verwendet werden; s. *Tab. 1*. Das sorgfältige Verdichten unmittelbar an den Wänden erfordert Geräte mit Seitenfreiheit.

Für das Verdichten schwer zugängliche Bereiche ergeben sich in den Schrägen von Bauwerkswänden, besonders wenn diese weniger als 60° gegen die Waagerechte geneigt sind, und ferner dort, wo durchbrochene Wandteile unter geschlossenen folgen, z. B. unter den von Pfeilern oder Scheiben getragenen Wandteilen sowie unter Auflagerbänken und auskragenden Flügeln. Diese Bereiche können entweder nur von handgeführten Kleingeräten verdichtet oder mit Beton oder Boden-Bindemittel-Gemisch verfüllt werden.

Im Hinterfüll-, Überschütt- und Entwässerungsbereich ist so zu verdichten, dass ein Verdichtungsgrad von mindestens $D_{Pr} = 100\,\%$ erreicht wird, und zwar

- im gesamten Hinterfüll- und Entwässerungsbereich einschließlich der Fundamentbaugrube,
- im Überschüttbereich bis mindestens 1,0 m Abstand vom Bauwerksrand oder Bauwerksscheitel,
- in den Böschungsbereichen an den Flügel- und Scheibenwänden.

Für das Verdichten des Planums gelten die Anforderungen gemäß Abschnitt 4.3.2 und 4.5 ZTV E-StB, für die Frostschutzschicht die Anforderungen gemäß ZTV SoB-StB.

Um Differenzen zwischen den Bauwerkssetzungen und den Eigensetzungen der Anschlussdämme besser auszugleichen, soll der Verdichtungsgrad von $D_{Pr} \geq 100\,\%$ über den

Geräteart	Dienstgewicht [t]	Arbeitsbreite [mm]	Bodenart	Schütt-höhe [cm]	Über-gänge
Explosionsstampframmen	0,070–0,100	250	feinkörnige, bindige Böden (Schluffe, Tone)	10–20	2–4
Explosionsstampfer	0,500–1,000	700– 900		30–40	3–5
Vibrostampfer	0,100–0,150	200	a) feuchte Sande und Kiese b) bindige Mischböden	10–20	2–4
Doppelvibrationswalzen	0,50 –1,50 6,00	650– 800 2000		30–40 40–50	4–6 4–6
Vibrationstandemwalzen	0,40 –1,50 1,50 –4,50 4,50 –8,50	700–1000 1000–1200 1200–1300		30–40 40–50 40–50	4–6 4–6 4–6
Plattenrüttler	0,50 –1,50 1,50 –3,00	400– 700 700–1000		30–40 40–60	3–5 3–5

Tabelle 1: Verdichtungsgeräte für beengte Arbeitsräume

Hinterfüll- und Überschüttbereich hinausreichend für einen Abschnitt von mindestens der zweifachen Länge der Widerlagerflügel oder des Widerlagerkastens eingehalten werden. Außerdem müssen alle inneren und äußeren Böschungsanschlüsse treppenförmig ineinandergreifen, um Gleitflächen in diesen vom Sickerwasser bevorzugten Zonen zu vermeiden; s. *Bild 13*.

Erfolgt bei Brückenbauwerken der Einschub der Tragwerke über die Widerlagerköpfe, so werden diese in der Bauphase besonders beansprucht und erfordern deshalb Sondermaßnahmen, z. B. Aufbau der Widerlagerkopfdämme mit sehr tragfähigem Schüttmaterial und höherer Verdichtung als o. a., Verfestigung der Auflagerschicht für die Einschubvorrichtung wegen besonderer Ebenheitsanforderungen oder Einbau von Ausgleichs- oder Feinplanien. Es wird in diesem Fall zweckmäßig sein, die Leistungen für den Brückenbau gemeinsam mit denen für den Bau der Widerlagerdammköpfe auszuschreiben.

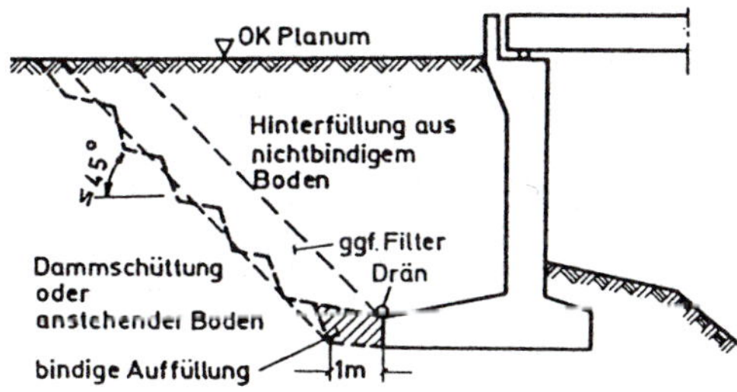

Bild 13: Regelausbildung einer einfachen Hinterfüllung mit gestuftem Böschungsanschluss

Der nachträgliche Einbauschluss von Baulücken, z. B. zwischen Bauwerkshinterfüllung oder Widerlagerkopf und Dammstrecke, erfordert ebenfalls Sondermaßnahmen, z. B. gut abgestuft ausgeführte Verzahnungen, Flächendräns bei unterschiedlichem Schüttmaterial, erhöhte Verdichtungsanforderungen.

1.10 Entwässerung

Hydrostatischer Druck oder Strömungsdruck, der bei Dauerregen oder Sickerzufluss entsteht, kann zu Wasserschäden, Wandbewegungen und Standsicherheitsproblemen für das Bauwerk führen. Insbesondere besteht diese Gefahr bei Stützkonstruktionen in Hängen oder Einschnittsböschungen, die mit wenig durchlässigem Material hinterfüllt werden.

Die Durchsickerung des Hinterfüll- oder Überschüttbereichs verursacht außerdem die Durchfeuchtung des Bauwerks (Korrosionsschäden, Ausblühungen) sowie Erosionen und Setzungen des Erdkörpers, auch Erosionen an den freien Böschungen. Diese Schadensursachen müssen deshalb durch sorgfältiges und dauerhaftes Entwässern des Hinterfüll- und Überschüttbereiches sowie durch Trockenhalten der erdberührten Bauwerksrückflächen vermieden werden. Das gilt auch für Bauwerke in Dammlage.

Das Sickerwasser ist in jedem Fall gesammelt vom Bauwerk und seiner Gründung weg abzuleiten. Der Entwässerungsbereich der Hinterfüllung muss so tief ausgebildet sein, dass die Vorflut für das abzuleitende Wasser ausreicht.

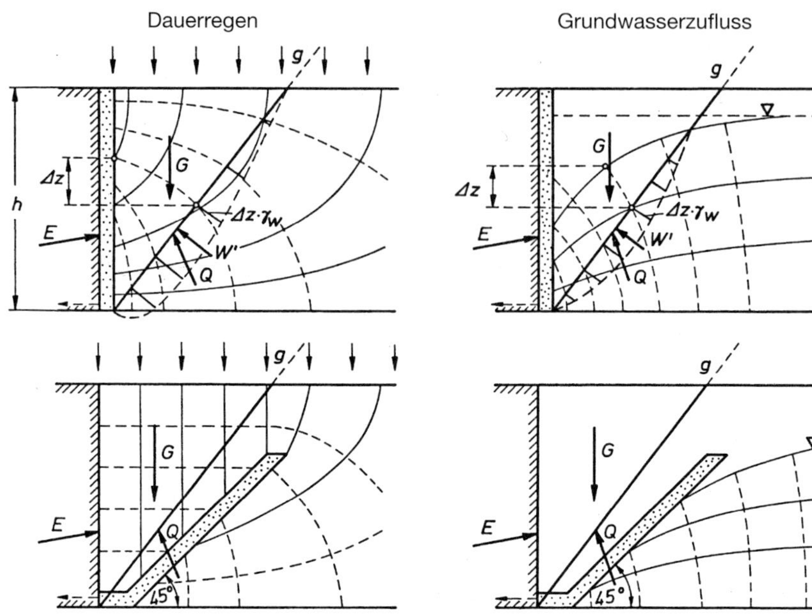

Bild 14: Strömungsbilder in der Hinterfüllung bei senkrechter und geneigter Dränschicht g = Gleitfläche

Im Tiefpunkt ist ein Sickerrohr (Ø mindestens 10 cm) filterstabil zur Ableitung des Wassers zu verlegen. Bei Stützwänden werden je nach Schichtwasserzufluss zusätzlich Mauerdurchlässe erforderlich.

Der Entwässerungsbereich der Hinterfüllung oder Überschüttung muss filterstabil gegen den jeweils angrenzenden Boden aufgebaut sein. Hierzu bedarf es entweder eines filterstabilen Baustoffs im gesamten Entwässerungsbereich oder an der Grenze gesondert eingebauter Filterschichten aus entsprechendem Korngemisch oder geotextilem Baustoff.

Oberflächenwasser darf weder während der Bauzeit noch danach zum Bauwerk hinfließen. Es muss temporär bzw. permanent gefasst und gesammelt dem Vorfluter zugeleitet oder außerhalb des Bauwerkes schadlos versickert werden. Bei Brückenwiderlagern darf es nicht über den Entwässerungsbereich der Hinterfüllung abgeleitet werden.

Während der Bauzeit können beträchtliche Mengen Oberflächenwasser auf dem Planum in Richtung Bauwerk fließen und in den Filterschichten versickern. Das Oberflächenwasser führt Feinbestandteile mit, die den Filter zusetzen und seine Wirksamkeit aufheben. Um dies

Tabelle 2: Wirksamer Erddruck (Terzaghi 1936) Hinterfüllung: Sand; Untergrund: undurchlässig

Entwässerung	$\bar{u}$	p_K	Erddruck
keine Entwässerung	→ W		$E = 2{,}50\ E_a' = 1{,}67 \cdot W$
Filterschicht, senkrecht			
vor Regen		> 0	$E = 0{,}70\ E_a' = 0{,}47 \cdot W$
während Regen	> 0		$E = 1{,}33\ E_a' = 0{,}89 \cdot W$
Filterschicht geneigt			
während Regen	→ 0		$E = 1{,}00\ E_a' = 0{,}67 \cdot W$
nach Regen		> 0	$E = 0{,}70\ E_a' = 0{,}47 \cdot W$

E_a' = theoretischer Erddruck ohne p_K bzw. Strömungsdruck $\varphi = 27{,}5°$ $\gamma = 1{,}8$ t/m²
W = hydrostatischer Druck
$\bar{u}$ = Porenwasserdruck
p_K = Kapillardruck

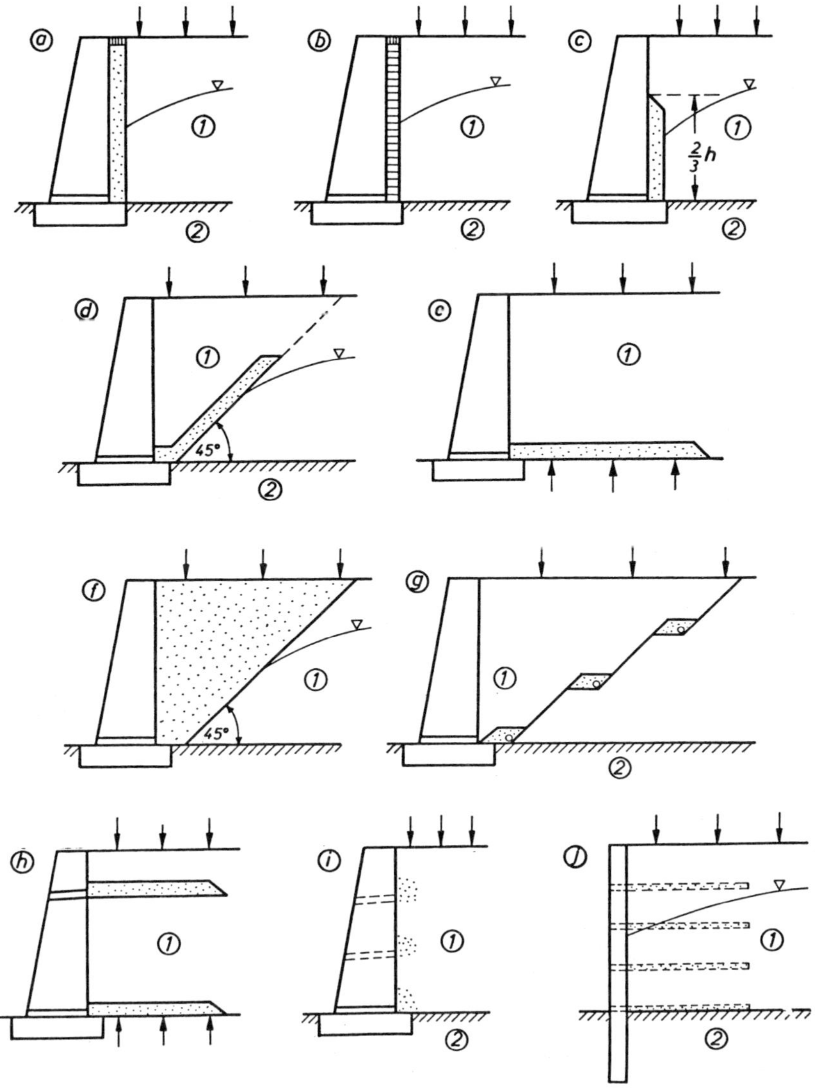

Bild 15: Filteranordnung hinter Stützmauern

① Hinterfüllung aus bindigem Boden ② Untergrund undurchlässig

zu vermeiden, soll die Hinterfüllung während der Erdarbeiten etwas höher als der anschließende Damm liegen. Eine andere Lösung besteht darin, das Oberflächenwasser in Querrigolen vor der Filterschicht abzufangen und seitlich abzuleiten.

Die Auswirkung des hydrostatischen Wasserdrucks und des Strömungsdrucks hängt von der geometrischen Anordnung der Entwässerung ab. *Bild 14* zeigt Strömungsbilder bei senkrechter und unter 45° geneigter Dränschicht für den Fall Dauerregen und Grundwasserzufluss. Bei senkrechter Anordnung muss das versickernde Regenwasser bzw. das Grundwasser zur Wand hin in den Filter fließen. Das Wasser übt hierbei einen Strömungsdruck auf den Hinterfüllboden aus, der als zusätzlicher Erddruck ΔE_w auf die Wand einwirkt.

Anders verhält sich die schräggeneigte Dränschicht, bei der der Strömungsdruck nicht voll auf die Wand wirkt. Hier ist der durch Regen verursachte Strömungsdruck oberhalb der Gleitfläche praktisch lotrecht gerichtet, hat also keine Komponente in Richtung Erddruck.

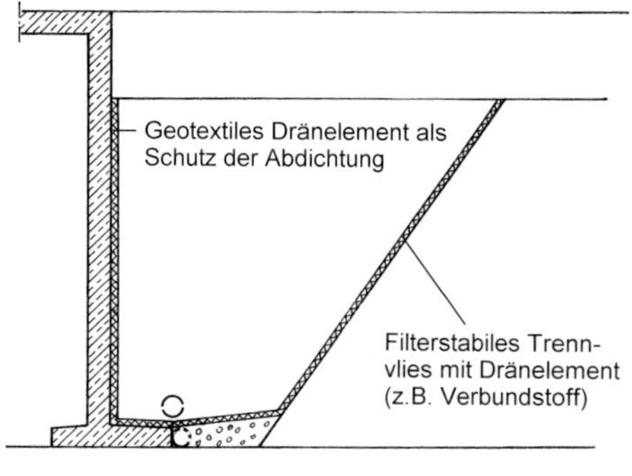

Bild 16: Anwendung von geosynthetischen Trenn-, Schutz- und Dränmaterialien im Bereich der Bauwerkshinterfüllung

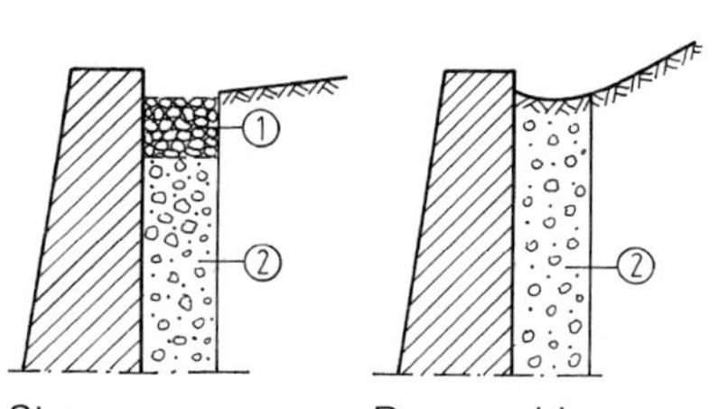

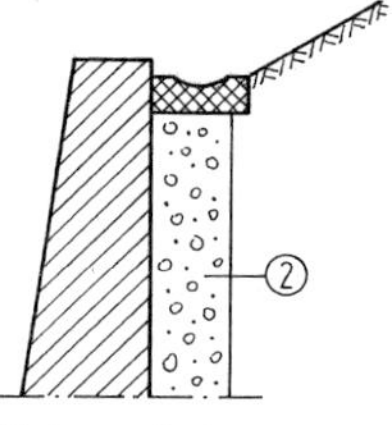

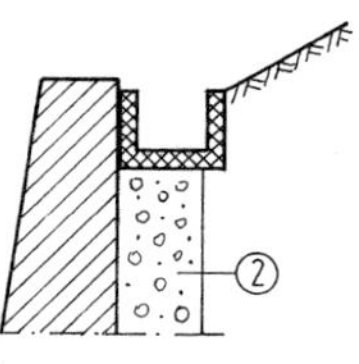

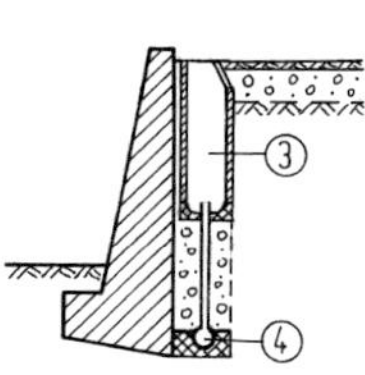

Bild 17: Abfangen und Ableiten von Oberflächenwasser hinter Stützwänden

① Kies- oder Schotterstrang
③ Schlammsammler
② Dränageschicht oder Filter
④ Sickerrohr

Um eine Größenordnung zu vermitteln, sind in *Tab. 2* Versuchsergebnisse von Terzaghi (1936) über den wirksamen Erddruck E_a' vor, während und nach Regen bei fehlender Entwässerung bzw. senkrechtem und schrägem Filter zusammengestellt. Hieraus geht hervor, dass E_a' während des Regens bei senkrechtem Filter etwa um das 1,3-fache größer ist als bei schrägem Filter.

Der senkrechte Filter lässt sich arbeitstechnisch schwierig ausführen und insbesondere bei Verwendung von Ziehblechen nie einwandfrei verdichten. Er stellt eine Störzone im kritischsten Bereich der Hinterfüllung dar, die Anlass zu Kornumlagerungen durch Verkehrs- oder Wassereinwirkung geben kann. Schrägfilter haben bei unbefestigter Oberfläche den Nachteil, dass sich hinter der Wand Sickerwasser ansammeln und die Hinterfüllung ggf. aufweichen kann. Die keilförmige Hinterfüllung mit einem gut wasserdurchlässigen Mischkiesfilter stellt daher die technisch optimale und zugleich einfachste Lösung dar. Sie ermöglicht eine einwandfreie Verdichtung und gute Entwässerung.

Beim Entwurf und bei der Ausführung der Entwässerungsbereiche hinter Bauwerken entscheiden maßgeblich die jeweiligen örtlichen Gegebenheiten über die zweckmäßige Anordnung und Ausbildung. *Bild 15* zeigt prinzipiell mögliche Beispiele für die Anordnung der Dränage- und Filterschichten, *Bild 16* außerdem ein Ausführungsbeispiel mit werkseits gefertigten geotextilen Trenn-, Schutz- und Dränelementen.

Bild 17 zeigt Beispiele für das Abfangen und Ableiten von Oberflächenwasser hinter Stützmauern, und zwar

- einfacher Sickerstrang bei geringer Wassermenge und ebenem Gelände,
- Rasenmulde oder Betonschale bei mittlerer Wassermenge und mittlerer Geländeneigung,
- massive Rinne bei großer Wassermenge und Geländeneigung über 20°.

Das in der Mulde, Schale oder Rinne gesammelte Oberflächenwasser muss bei Ableitung über die Sickerleitung der Entwässerung in bestimmten Abständen über Schlammsammler zugeführt werden.

Baustoffe für Sickeranlagen sowie für geotextile Filter s. Abschnitt 3.3.3.3, Filter aus mineralischen Baustoffen s. Abschnitt 8.3 ZTV E-StB.

2 Ausgleich von Wandbewegungen und Setzungsdifferenzen

2.1 Schadensursachen

Die Wechselwirkungen gemäß Kom. 1 sind bei Entwurf und Ausführung zu berücksichtigen. Der Entwurfsbearbeiter eines Bauwerks ist darauf bedacht, die wirtschaftlichste Konstruktionsform zu finden. An der Konstruktion können aber Schäden entstehen, wenn sie kein einwandfreies Hinterfüllen und sorgfältiges Verdichten zulässt, wenn für das Hinterfüllen ein ungeeigneter Boden ausgewählt wird oder wenn die Setzung des Bauwerks anders abläuft als die der Hinterfüllung.

Wandbewegungen wirken sich besonders dann nachteilig aus, wenn Verkehrsflächen oder andere bauliche Anlagen davon betroffen sind; s. Beispiel in *Bild 18*. Bei den Schäden handelt es sich um Schiefstellungen von Widerlagerwänden, abgerissene Flügel, Risse, geöffnete Bewegungsfugen und weit verbreitet auch um Setzungsstufen und -mulden im Übergang von Bauwerk zu Damm.

Die stufen- oder muldenförmigen Setzungen schaden dem Bauwerk und gefährden den Verkehr. Das Beseitigen ist sehr kostenaufwendig. Die maximal verträglichen Setzungen betragen ja nach Bauwerkskonstruktion und Verkehr etwa 1 bis 10 cm und können Ausgleichskeile von 10 bis 40 m Länge erfordern. Das Ausfräsen des Belags, das Richten und Hochsetzen der Bordsteine sowie der Einbau einer Ausgleichsschicht und eines neuen Belags sind sehr kostspielige Unterhaltungsarbeiten.

Schädlichen Setzungsstufen und Setzungsmulden kann durch verschiedene ausgleichende Maßnahmen entgegengewirkt werden, z. B. durch größer dimensionierte Fundamente, Verbessern des Baugrunds unter und allseits neben der Fundamentfläche bzw. im Krafteinleitungsbereich durch Injektion, Bodenaustauschmaßnahmen und durch die nachfolgend in Kom. 2.2 bis 2.4 beschriebenen Möglichkeiten.

Der Einbau von Schlepp-Platten kann dazu beitragen, Setzungsstufen in weniger verkehrsbehindernde Setzungsmulden abzumindern, schließt aber Ausgleichsarbeiten an der Fahrbahn auf Dauer nicht aus. Die Platten sind bei größeren Setzungsunterschieden sowie bei aufgelösten Widerlagern ohne Flügel oder ohne durchgehende Widerlagerwand von Vorteil. Sie sollen möglichst tief (etwa 1 m unter Fahrbahnbefestigung) liegen, um Risse oder Querfugen in der Fahrbahn zu vermeiden.

Eine weitere Schadensursache kann der Verdichtungserddruck sein, der durch zu intensive lagenweise Verdichtung der Hinterfüllung entsteht. Erfolgt dieser Vorgang hinter einer unnachgiebigen Wand, so kann sich der Erddruck zumindest während der Hinterfüllphase erhöhen und auch Wandverformungen oder Risse verursachen. Ähnlich wirken sich Ver-

a) Setzung der Hinterfüllung unter flexibler Fahrbahnbefestigung oder nicht unterstützter Platte

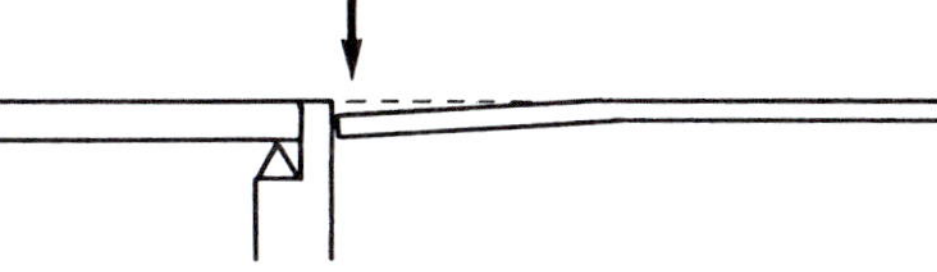

b) Hebung von Fahrbahnplatten durch Frost oder durch Quellung von Böden

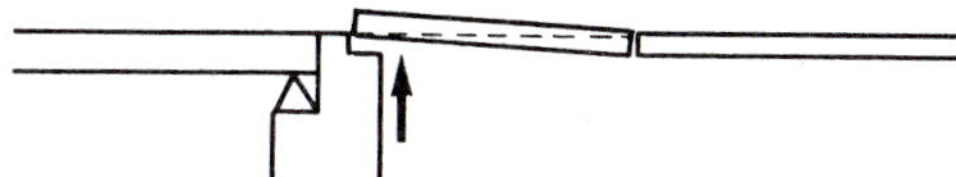

c) Setzung der Hinterfüllung am Ende von Fahrbahnplatten

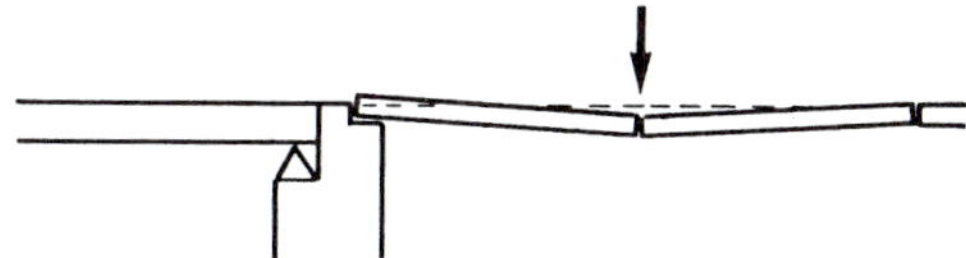

d) Setzungsunterschied zwischen Pfeiler und Widerlager

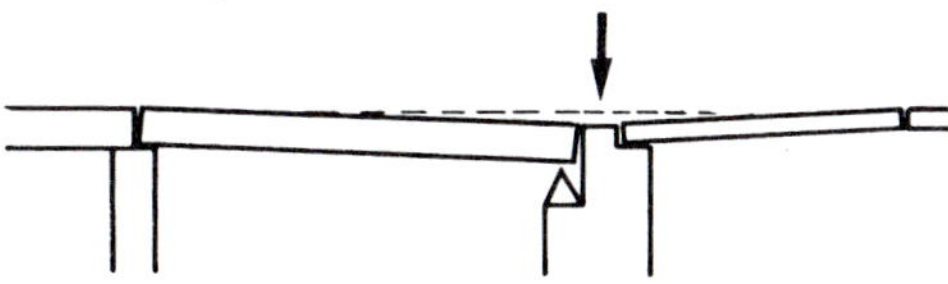

e) Ungleichmäßige Drehung und seitliche Bewegung des Widerlagers

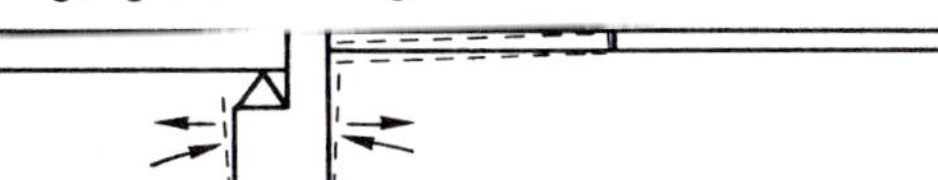

Bild 18: Schäden an Fahrbahnen im Hinterfüllbereich von Bauwerken

kehrseinwirkungen aus, wenn die Hinterfüllung zu locker verfüllt ist.

Wird hinter einer nachgiebigen Wand stark verdichtet, so kann sie sich nach vorn neigen. Der Erddruck verringert sich dabei zwar, aber an den Flügelmauern öffnen sich die Bewegungsfugen bereits vor Verkehrseinwirkung.

2.2 Flach gegründete Stütz- und Widerlagerwände

2.2.1 Die Bewegungen von nachgiebig bzw. flach gegründeten Wänden sind dahingehend zu prüfen, ob sie für das Tragwerk und dessen Auflagerung verträglich sind. Grundsätzlich müssen folgende Bewegungsmöglichkeiten berücksichtigt werden:

a) Mit Beginn der Hinterfüllarbeiten kann sich die Wand gegen den Erdkörper neigen, während mit Fortschreiten des Hinterfüllens der Erddruck ansteigt und die Kraftresultierende in der Sohlfuge nach vorn wandert.
b) Schließt sich hinter der Wand ein Damm an, überlagern sich die Baugrundverformungen aus der Bauwerkslast mit den muldenförmigen Setzungen aus der Dammlast. Je nachdem, welcher dieser beiden Einflüsse überwiegt, kann sich das Bauwerk zum Erdkörper hin oder von ihm weg bewegen.

2.2.2 Bei mehrfeldrigen Durchlaufbauwerken empfiehlt es sich, durch ausgleichende Gründungsmaßnahmen möglichst geringe Setzungsdifferenzen zwischen den Gründungskörpern in den Feldern zu erreichen, z. B. durch

a) Variieren der mittleren Fundamentpressungen und der maximalen Kantenpressungen bei unterschiedlich setzungsempfindlichem Baugrund,
b) Anpassung der Fundamentpressungen durch unterschiedliche Gründungstiefen sowie Verbesserungsmaßnahmen, z. B. Setzungspolster, Bodenaustausch, Magerbeton-Plomben,
c) Verstärken der Fundamente in gestörten Sohlbereichen,
d) Herstellen kraftschlüssiger Verbindungen zwischen Fundament und Baugrund, z. B. durch treppenförmig ausgebildete Sohle oder bei Fels durch Ankerstäbe oder durch Zementinjektion,
e) Entfernen von Felspartien, auf denen die Fundamente aufsitzen, und Ausgleich durch Setzungspolster, z. B. aus lagenweise eingebautem Kies.

2.2.3 Bei Hang- und Talbrücken können in den Endfeldern durch die hohen Anschlussdämme Widerlagersetzungen entstehen. Aus erdstatischen Gründen werden für diese Bauwerke meist aufgelöste Widerlager gewählt. Um die Setzungsdifferenzen möglichst gering zu halten, empfiehlt es sich,

a) die Widerlagerscheiben frühzeitig vor Herstellen der Auflagerbalken einzuschütten und zu verdichten und

Bild 19: Vorbelastung durch zeitweiliges Überschütten zum Ausgleich von Setzungsdifferenzen

a) Überschüttung der Widerlagerbereiche

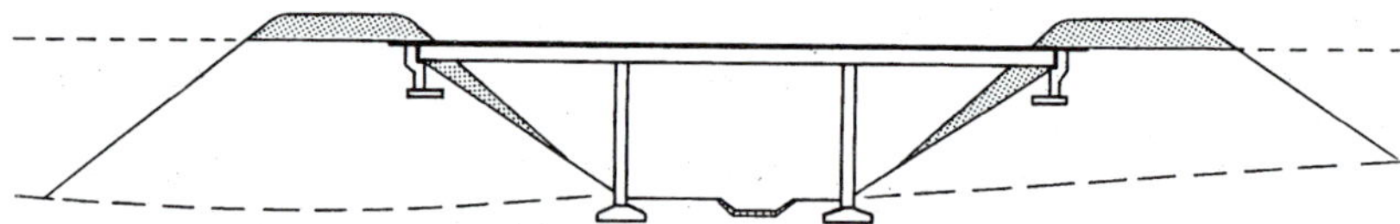

b) Überschüttung der Hinterfüllbereiche

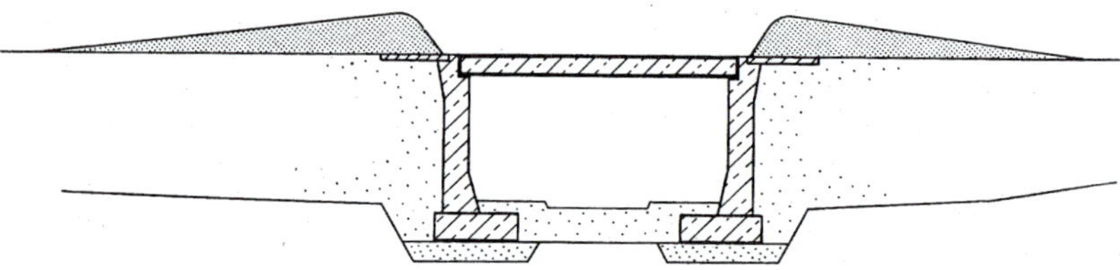

b) die Auflagerbalken auf einer Ausgleichsschicht satt aufzubetonieren, wenn unter ihnen nicht sorgfältig verdichtet werden kann.

Bei aufgelösten Stützwänden können sich gewölbeförmig verteilte Erddrücke ergeben, weil sich der Erddruck auf die geschlossenen Wandteile sowie auf steife Wandecken und stützende Pfeiler bzw. Scheiben umlagert.

2.2.4 Bei setzungsempfindlichem Baugrund ist es zweckmäßig, die Anschlussdämme im Hinterfüllbereich des Bauwerks vorübergehend überhöht und mit steiler Böschung bis an das Fundament zu schütten, sofern das Tragwerk und die Gründung dies zulassen. Mit dieser Maßnahme lassen sich die Setzungen beschleunigt vorwegnehmen und die Setzungsdifferenzen abmindern bzw. ausgleichen. Das überhöhte Profil soll möglichst erst spät nach Fertigstellung des Tragwerks entfernt werden, soweit das statische System dies zulässt; s. *Bild 19*.

Ist ein frühzeitiges Überschütten dieser Bereiche aus baubetrieblichen oder zeitlichen Gründen nicht möglich, kann der Untergrund ggf. durch Tiefenverdichtung gemäß Abschnitt 13 ZTV E-StB, Kom. 6.1 verbessert werden.

2.2.5 Alternativ zu 2.2.4 ist es möglich, Widerlagerwände auf den Anschlussdämmen zu gründen und diese frühzeitig zu schütten. Der Baugrund kann entsprechend vorzeitig konsolidieren, sodass später nur geringfügige Setzungsdifferenzen in den Endfeldern entstehen; *Bild 19*. Die Wände müssen die Verformungen der Dämme und des Baugrundes mitmachen. Nachzuweisen ist die Sicherheit gegen Grundbruch (DIN 4017) und gegen Geländebruch (DIN 4084), und zwar auch für unter dem Fundament beginnende Gleitflächen.

Diese Dammlösung ist in bestimmten Fällen einer Gründung auf tief liegendem Felsuntergrund oder Hangschutt vorzuziehen, weil hohe Einschüttungen und große Konstruktionshöhen vermieden werden und die nachträglichen Setzungen aus der Dammlast gering bleiben. Sie setzt aber voraus, dass die Anschlussdämme aus einem Schüttmaterial hergestellt werden, das nicht verwittert und nicht setzungsempfindlich ist; *Bild 20*. Außerdem müssen Schutzmaßnahmen gegen Erosion und Frostauflockerung, einschließlich des

a) Teilschüttung unter Widerlager aus gut verdichtbarem Material mit spezieller Verdichtung

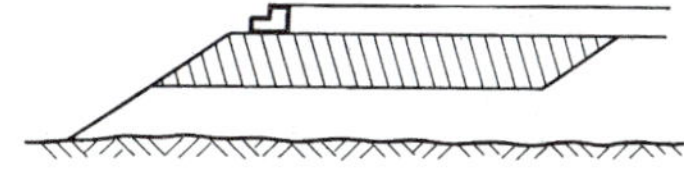

b) Schüttung unter Widerlager wie bei a)

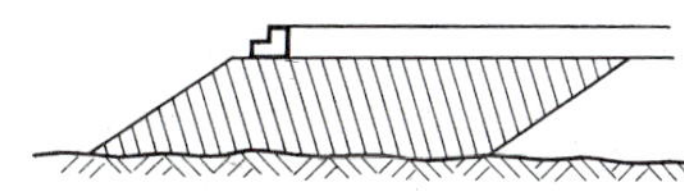

c) Abtreppung der Aufstandssohle und Auffüllung mit gut verdichtbarem Material

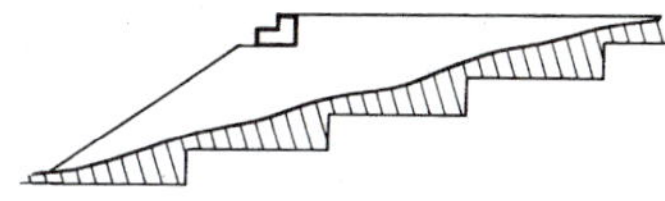

Bild 20: Bauwerkswiderlager auf Dammschüttungen

provisorischen Schutzes während der Bauzeit, vorgesehen werden.

2.3 Überschüttete Bauwerke

2.3.1 Überschüttete Bauwerke mit unnachgiebiger Gründung werden durch die Erdauflasten über dem Bauwerk und durch vertikale Zusatzlasten infolge Setzungen des Dammes beansprucht.

2.3.2 Überschüttete Bauwerke, die unter Verkehrsflächen und anderen baulichen Anlagen liegen, sollen den Setzungen des Baugrundes bzw. des Dammes angepasst werden. Die Überschüttung belastet die Enden des Bauwerks sowie die quer oder schräg zur Dammachse angeordneten Bauwerksteile durch die geometrisch bedingten, spreizförmig wirkenden Kräfte aus der Dammlast. Bei Setzungsberechnungen ist der Einfluss des Dammes mit den in Dammmitte größeren und am Dammfuß kleineren Setzungen zu berücksichtigen.

Die Einflussnahme der Überschüttung auf das Bauwerk kann z. B. durch folgende Maßnahmen verringert werden:

- Gründung des Bauwerks auf einer durchgehenden Sohlplatte
- Unterteilung des Bauwerks in Abschnitte mit Bewegungsfugen (verzahnte Fugen, Dübel, Anker, flexible Dichtungen).

2.3.3 Für das Verlegen von Durchlässen innerhalb von Dammschüttungen, die auf setzungsempfindlichem Untergrund liegen, kommen folgende Verfahren in Betracht:

a) Der Damm wird vorzeitig als Vorbelastung auf Sollhöhe geschüttet und nach erfolgter Konsolidierung des Untergrunds trogförmig ausgehoben, um den Durchlass zu verlegen.
b) Im Bereich des Durchlasses wird eine Untergrundverbesserung mit allseitigen Überständen ausgeführt.
c) Die Konsolidierung des Untergrunds wird berücksichtigt, indem flexible Durchlässe mit kurzen, nicht biegesteif verbundenen Elementen gewählt und überhöht mit einem der Setzungsmulde entsprechenden Stich verlegt werden.

2.4 Tief gegründete Stütz- und Widerlagerwände

2.4.1 Bei tief gegründeten Bauwerken verursacht der hinterfüllte Erdkörper Bewegungen, die wegen des tief liegenden Krafteinleitungsbereichs in der Regel geringer als bei Flachgründungen sind. Zu prüfen ist, ob bei Weichschichten oberhalb des Krafteinleitungsbereiches ein Grundbruch durch die Erdauflast der Hinterfüllung entstehen kann.

Einem Grundbruch kann entgegengewirkt werden durch

- vorzeitiges Konsolidieren des Baugrunds,
- Verbessern der Scherfestigkeit des Baugrunds,
- Bemessen der Gründungselemente auf Seitendruck,
- eine durchgehende Sohlplatte, die verhindert, dass weicher Untergrundboden innerhalb der Bauwerkszwischenräume hochgedrückt wird.

Sofern das Bauwerk durch Fugen unterteilt ist, sind gegen seitliches Abwandern der äußeren Bauwerksabschnitte Schrägpfähle quer zur Dammachse oder Anker vorzusehen.

2.4.2 Durch vorzeitiges Hinterfüllen der Widerlager, ggf. in Verbindung mit einer Tiefenentwässerung durch Dräns, können die Setzungen beschleunigt und die Setzungsdifferenzen abgemindert werden. In der Regel lassen sich die Fundamente und die Bewehrung dann wirtschaftlicher bemessen.

2.4.3 Bei hohem Anschlussdamm mit großen oder lang andauernden Eigensetzungen empfiehlt es sich, die Widerlager nicht im Damm, sondern tief in tragfähigen Untergrundschichten zu gründen. Wenn über der Gründungsschicht setzungsempfindliche Böden anstehen, werden Pfähle oder Brunnen durch negative Mantelreibung beansprucht. Auch in diesem Fall sollen daher die Widerlager möglichst vor Herstellen des Tragwerk-Endfeldes hinterfüllt werden, wodurch sich später Lagerkorrekturen abmindern lassen.

2.4.4 Zwischenstützen innerhalb des Anschlussdammes sollen möglichst nicht auf der Hangablagerung, sondern entweder im tragfähigen Untergrund oder auf Brunnen noch innerhalb des Dammes gegründet werden.

2.4.5 Bei Wänden, Pfeilern und Brunnen, die in Anschlussdämmen errichtet werden, soll die Dammschüttung zeitlich gleichlaufend erfolgen; es ist zweckmäßig, beide Arbeiten vom selben Auftragnehmer ausführen zu lassen.

3 Gewölbe aus Stahlbeton-Fertigteilen

Fertigteilgewölbe werden als flexible, statisch bestimmte Zweigelenkböden ausgeführt; Beispiel s. *Bild 21*. Entwurf und Ausführung gemäß Lit. (3).

Der Gewölbebogen wird durch die Eigenmasse des Füllbodens und den Erddruck belastet. Die horizontale Erddruckkomponente wird als mittragend berücksichtigt, da die elastische Bettung im Boden entlastend wirkt.

Der horizontale Erddruck ist eine Funktion der waagerechten Verschiebung des Bogens; es können folgende Erddrücke angenommen werden:

a) aktiver Erddruck E_a für Verschiebungen (–s) und s = 0 sowie für die offenen Schrägschnitte der Mundbereiche

b) erhöhter Erddruck für Verschiebungen (+s), und zwar je nach Verschiebungsgröße entweder Ruhedruck E_0 oder ein reduzierter Anteil des Erdwiderstandes E_p.

Die Bogenform ist so zu wählen, dass im Scheitel eine Mindestüberdeckung von 20 cm aus frostsicherem Material verbleibt. Im Vergleich zu Ortbeton-Durchlässen sind die Fertigteilbögen gegenüber Differenzsetzungen und Horizontalverschiebungen der Auflager weniger empfindlich und können in kurzer Bauzeit erstellt werden.

Für den unter 45° abgegrenzten Hinterfüllbereich empfehlen sich bevorzugt grobkörnige Böden nach DIN 18196 als Füllböden mit folgenden Eigenschaften im eingebauten Zustand:

- Reibungswinkel $\varphi \geq 35°$
- Verdichtungsgrad $D_{Pr} \geq 100$ %
- Verformungsmodul $E_{v2} \geq 60$ MN/m².

Werden frostempfindliche Füllböden verwendet, muss der Bogen mit einer mindestens 1 m dicken Schicht aus frostsicherem Boden radial ummantelt werden. Das Einschütten des Bogens soll in Lagen von max. 30 cm Dicke erfolgen, und zwar beidseitig so gleichmäßig, dass keine Höhendifferenzen über 0,5 m entstehen.

Der Hinterfüllbereich ist sorgfältig und gleichmäßig mit leichtem Gerät zu verdichten; s. Kom. 1.8.

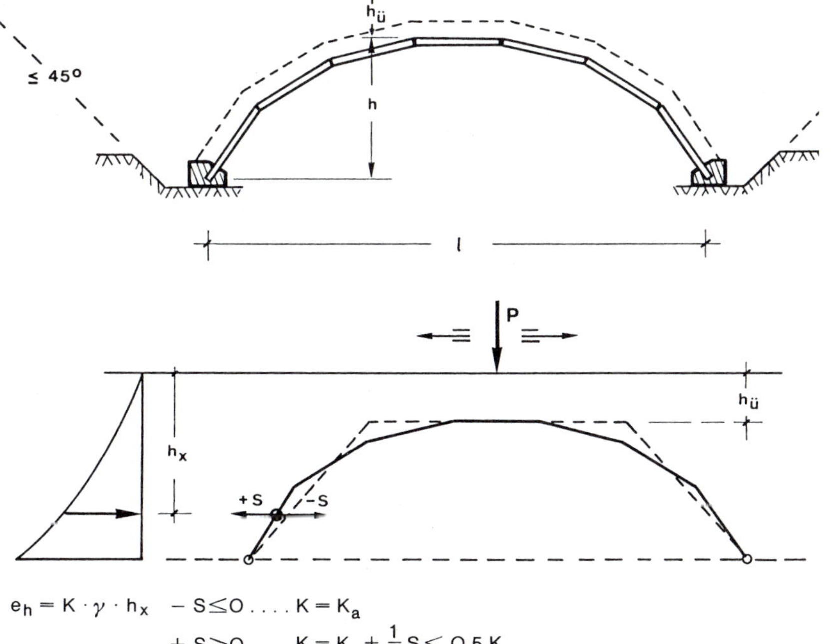

Bild 21: Schema und Berechnungssystem für ein Stahlbeton-Fertigteilgewölbe

4 Gewölbedurchlässe aus Stahlprofil-Fertigteilen

4.1 Systeme

Die biegeweichen Konstruktionen bestehen aus vorgefertigten, gewellt profilierten und feuerverzinkten Stahlblechen; s. *Bild 22* und Lit. (4), (13). Sie werden auf der Baustelle aus einzelnen Elementen zusammenmontiert und in offener Baugrube oder auch bergbaulich verlegt.

Kennzeichnend für die biegeweich im Boden eingebetteten Konstruktionen ist, dass sie sich unter der Belastung so weit verformen, bis sich am Rohrumfang aus der aktiven Rohrbelastung infolge Bodenauflast, Einzellasten und Verkehrslasten und aus den durch die Rohrverformung im Boden entstehenden Bodenreaktionsdrücken annähernd eine Stützlinienbelastung ausgebildet hat; *Bild 23*.

Aufgrund dieses flexiblen Verformungsverhaltens eignen sich diese Konstruktionen auch für das Verlegen auf heterogenem und setzungsempfindlichem Baugrund.

Rohr und umgebender Boden wirken als Verbundsystem; daher sind bei der Bemessung sowohl die Eigenschaften des Rohres (Biegesteifigkeit E I, Halbmesser des Rohres R) als auch die des umgebenden Bodens (Reibungswinkel φ, Steifemodul E_s, Verformungsmodul der Erstbelastung E_{v1}) zu berücksichtigen.

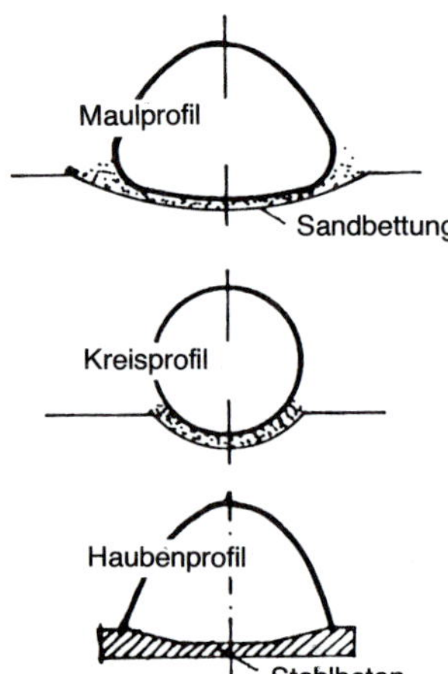

Bild 22: Formtypen statisch flexibler Stahlfertigteil-Durchlässe

4.2 Lastannahmen und Bemessung

Als Bodenbelastung wird gemäß *Bild 24* die volle Auflast über dem Scheitel angenommen:

$$p_o = \gamma \cdot h_ü$$

Lastabminderungen bis $p_o = \gamma \cdot h_ü \cdot \beta$ (β = 0,85) können bei ständiger Überdeckung von $h_ü > 2$ L berücksichtigt werden.

Für die Größe des horizontalen Erddruckes E_h sind folgende Erddruckbeiwerte K_o oder K_a zu empfehlen:

- geschlossenes Rohr im Endzustand $K_o = 0{,}5$
- geschlossenes Rohr im Hinterfüllzustand $K_a = 0{,}35$ bis 0,8
- offenes Rohr im Schrägschnittbereich $K_a = \tan^2 (45 - \frac{\varphi}{2})$.

Als Verkehrslasten sind die Radlasten bzw. Achslasten der Straßenfahrzeuge zu berücksichtigen. Wegen der lastverteilenden Wirkung der Straßenbefestigung darf in einer Tiefe von 20 cm unter Unterkante Fahrbahnbefestigung mit einer Ersatzlast von $p_o = 0{,}05$ MN/m² und mit einer Lastverteilung unter 60° gerechnet werden.

Die Berechnung kann für einen elastisch gebetteten Ring nach der Elastizitätstheorie oder nach dem Traglastverfahren (Theorie II. Ordnung) erfolgen; s. Lit. (11), (13), (14), (15).

Gemäß den in *Bild 25* dargestellten Versagensmöglichkeiten sind bei der Bemessung primär folgende Nachweise zu führen:

a) Sicherheit gegen Durchschlagen des Scheitelbereichs
b) Sicherheit gegen Bruch der Schraubenverbindungen infolge hoher Normalkräfte

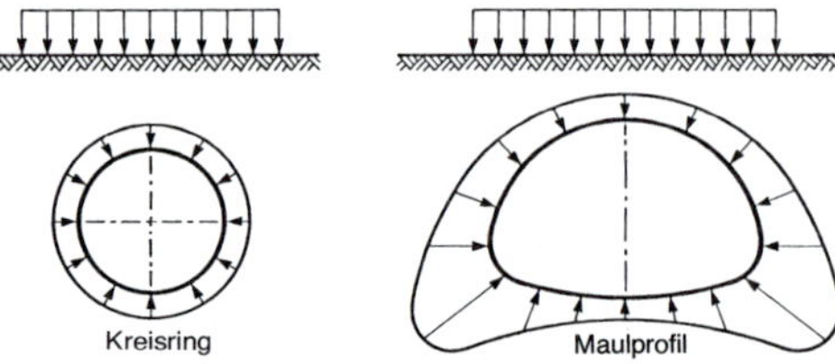

Bild 23: Druckverteilung bei biegeweichen Rohren

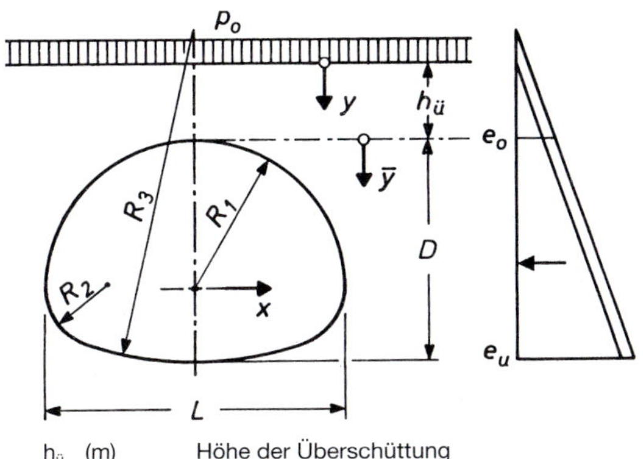

$h_ü$	(m)	Höhe der Überschüttung
L	(m)	Spannweite des Rohrquerschnittes, bezogen auf die neutrale Achse
D	(m)	Höhe des Rohrquerschnittes, bezogen auf die neutrale Achse
R_3	(m)	Bodenhalbmesser
R_2	(m)	Eckhalbmesser
R_1	(m)	Scheitelhalbmesser
P_o	(MN/m²)	Ersatzlast für Verkehrsbelastung
e_h	(MN/m²)	horizontaler Erddruck $E_h = K \cdot \gamma \cdot y$

Bild 24: Bezeichnungen im Querschnitt und Lastannahmen

c) Sicherheit gegen Versagen infolge eines nach oben gerichteten Grundbruchs ($\eta \geq 2{,}0$); in der Regel wird dieser Nachweis erst bei Überschüttungen von $H < 1/3\ R_1$, großen Oberflächenlasten und Spannweiten $L > 4$ m erforderlich

d) Sicherheit gegen Biegebruch während des Hinterfüllzustandes ($\eta \geq 1{,}5$). Die zulässige Grenzverformung beträgt hier etwa 3 % des Durchmessers. Während des Hinterfüllens entstehen Hebungen im Scheitel und einwärts gerichtete Verformungen an den Seiten, die aber beim Überschütten teilweise wieder zurückgehen.

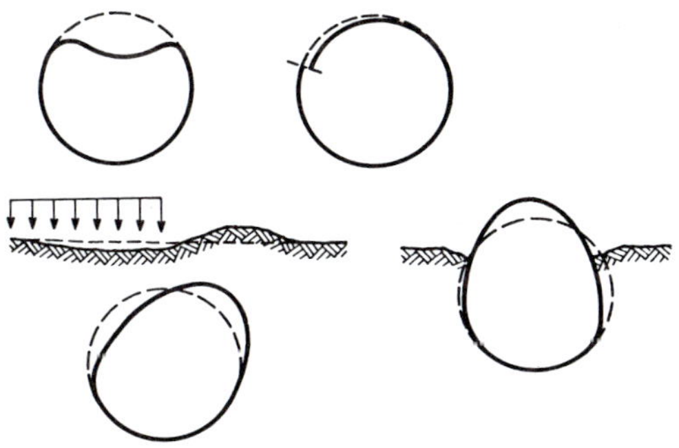

Bild 25: Versagensmöglichkeiten der eingebetteten biegeweichen Stahlrohre

4.3 Bettungsbereich

Der für die Tragfähigkeit des Systems maßgebende Bettungsbereich wird nach *Bild 26* begrenzt und kann sowohl die Hinterfüllung als auch den Untergrund umfassen.

Empfehlungen für geometrische Parameter

t_F = örtliche Frosttiefe

$$t_s = \frac{1}{2} R_1 > t_F$$

h_T = 1,5 bis 2,0 m bzw. $h_ü$

$h_ü = \frac{L}{7} \geq 0{,}9$ m — Autobahnen, Baustellenverkehr mit Achslasten > 15 t

$h_ü = \frac{L}{8} \geq 0{,}8$ m — Bundesstraßen

$h_u = \frac{L}{9}$ — Landstraßen (> 0,6 m), übrige Straßen und Wege (≥ 0,5 m).

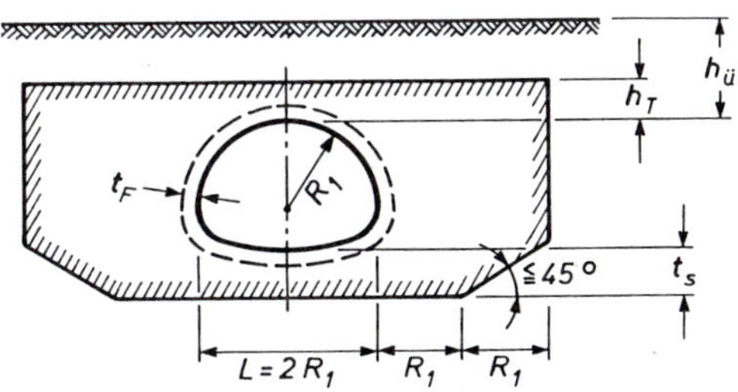

Bild 26: Bettungsbereich

4.4 Anforderungen an den Füllboden

- Steifemodul E_s = 20 bis 40 N/mm²
- Reibungswinkel $\varphi \geq 25°$
- Verdichtungsgrad D_{Pr} gemäß Abschnitt 10.3 ZTV E-StB

  Abweichend hiervon können je nach Dammlage und Bettungsbedingungen auch geringere D_{Pr}-Werte bis zu 97 % ausreichen.

Vorzugsweise sind grobkörnige und gemischtkörnige Böden der Gruppen GW, GI, SW, SI, SE und GU, GT, SU, ST zu wählen.

Im Bereich der örtlichen Frosttiefe t_F muss der Füllboden frostsicher sein. Um bei späteren Instandsetzungsarbeiten ggf. eine Zementinjektion zu ermöglichen, soll in diesem Rohrmantelbereich ein Füllboden mit Korngrößen $1 < d < 60$ mm verwendet werden.

Verlegen der Durchlässe in oder unter Dammschüttungen:

Die Auflagerfläche ist mit allseitigem Überstand mit schwerem Verdichtungsgerät zu verdichten. Bei sehr setzungsempfindlichem Untergrund oder bei starkem Wasserandrang ist ein 1,0 bis 2,5 m tiefer Bodenaustausch zweckmäßig oder ein zugfester, wasserdurchlässiger Geokunststoff (Vlies, Geogitter) zu verlegen.

Die Durchlässe sind möglichst gleichmäßig und symmetrisch einzuschütten und zu verdichten. Seitlich der Rohre und oberhalb des Rohrscheitels soll bis zu einem Abstand von 1,5 m bzw. 1/3 L bei Schüttlagen von max. 30 cm nur mit mittleren Verdichtungsgeräten gearbeitet werden. Im Bereich der Schrägschnitte dürfen in einem Abstand von 1,5 m bzw. 1/3 L von der Rohrwandung bei Schüttlagen von max. 20 cm nur kleine und leichte Rüttlerplatten eingesetzt werden.

5 Tragverhalten von Anker- und Nagelsystemen

5.1 Verbund-Tragsysteme mit Verpressankern

5.1.1 Allgemeine Hinweise

Nach Stand der Technik werden Stützkonstruktionen als Tragsysteme mit Verpressankern ausgeführt, wenn große Erddruckkräfte abzutragen sind; s. hierzu

- Böschungssicherungen mit Wand- oder einzelnen Stützelementen: Abschnitt 6 ZTV E-StB, Kom. 8.5
- Baugrubenwände: Abschnitt 9 ZTV E-StB, Kom. 4 und 5
- massive Widerlager- und Stützwände: Abschnitt 10 ZTV E-StB, Kom. 1.

Die Bemessung, Ausführung und Prüfung von Verpressankern sind in bauaufsichtlichen Zulassungen der Ankersysteme geregelt; sie sind nicht Gegenstand des Kommentars.

Das Trag- und Verformungsverhalten dieser Ankersysteme beruht auf der Wechselwirkung zwischen Bauwerk und Baugrund im lastabtragenden Bereich.

Im Zuge der Planung von verankerten Bauwerken und Stützkonstruktionen kommt es darauf an, diese Wechselwirkung und die damit zusammenhängenden Verformungsmechanismen zu kennen und über die Notwendigkeit von Ankersystemen richtig zu entscheiden.

Bild 27: Standsicherheit in der tiefen Gleitfuge bei einer einfach verankerten Wand, Lit. (20)

a) Schnittführung innerhalb der Wand

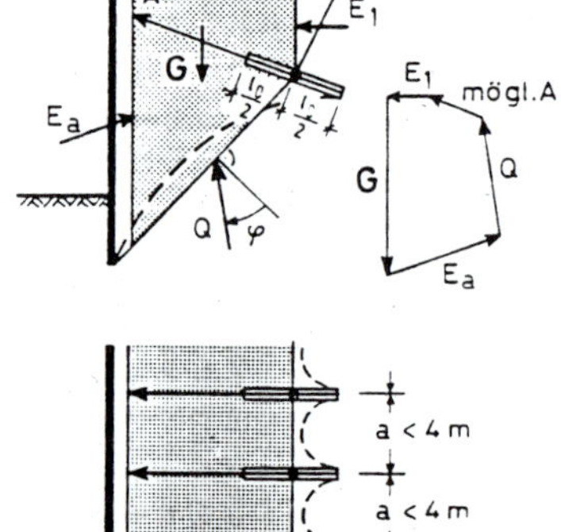

b) Schnittführung außerhalb der Wand

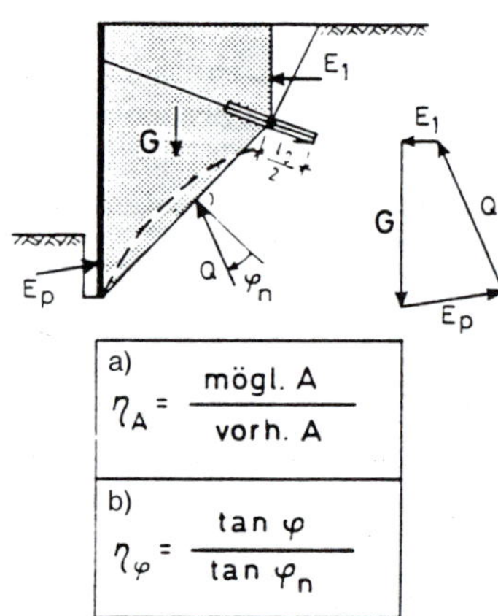

5.1.2 Empfehlungen für den Entwurf

Die nachstehenden Empfehlungen stützen sich auf die langjährigen Praxis- und Messerfahrungen am Lehrstuhl und Prüfamt für Grundbau, Bodenmechanik und Felsmechanik der Technischen Universität München; Lit. (19), (20); *Bilder 27* bis *32*.

Das allgemein verwendete Berechnungsmodell stützt sich auf den Nachweis der Standsicherheit in der sog. tiefen Gleitfuge; *Bild 27*.

Die Ergebnisse der Messbeobachtungen über die Verformung von Ankersystemen lassen sich in folgenden Punkten zusammenfassen:

- Bei Bemessung mit aktivem Erddruck und dementsprechend geringer Vorspannung der Anker ist mit relativ großen Verformungen in Wandnähe zu rechnen; s. *Bild 28*.
- Bei Bemessung mit Ruhedruck entstehen größere Wandverschiebungen und Setzungen, insbesondere im Bereich der Ankerenden, wenn sich der ganze verankerte Bodenblock nach Art eines Fangedammes verformt. Die Geländesetzungen können sich bei ungünstigen Baugrundverhältnissen noch in einem Abstand der 2- bis 3-fachen Baugrubentiefe auswirken.
- Durch eine Verlängerung der Anker über das angrenzende Bauwerk hinaus und eine Staffelung der Ankerlängen können die Wandverschiebungen und Geländesetzungen wesentlich verringert werden.

a) Gleitkeil bei Bemessung mit aktivem Erddruck E_a

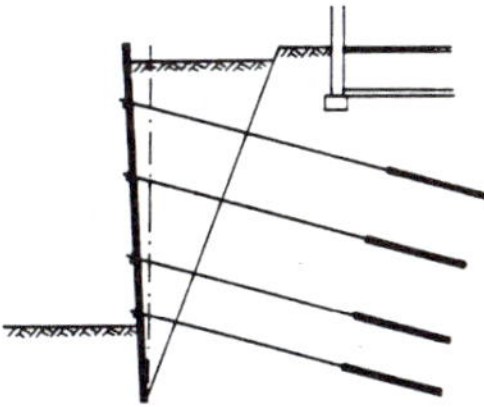

b) Verformung des Fangedammes bei Bemessung mit erhöhtem Erddruck (z. B. E_0)

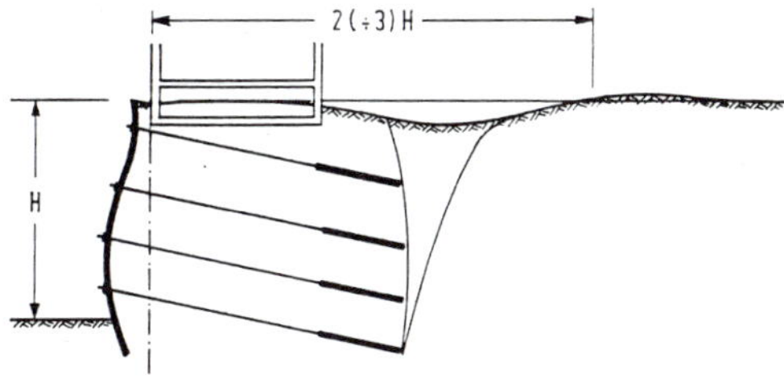

c) Verformungen bei Verlängerung, Spreizung, Staffelung der Anker

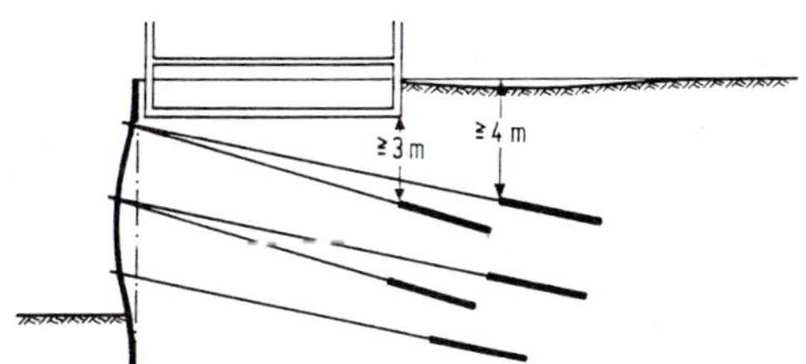

Bild 28: Verformungen im Bereich verankerter Wände

Hieraus ergeben sich für den Entwurf folgende Empfehlungen, mit denen die Wandverschiebungen und die Umgebungsverformungen gering gehalten werden können:

a) Bei Bemessung mit E_a sollten die Anker im Hinblick auf eine Reduzierung der Verformungen mit 90 bis 100 % der rechnerischen Last vorgespannt und festgelegt werden, sodass die Ankerkraft mit zunehmendem Aushub nur relativ wenig ansteigen kann.

b) Freie Ankerlänge mindestens 5 m (Federwirkung, Vermeidung eines Kraftkurzschlusses).

c) Abstand der Verpresskörper im Bereich der Krafteinwirkung mindestens 1,5 m, um den gegenseitigen Einfluss zu verringern bzw. zu vermeiden.

d) Abstand zwischen Verpresskörper und bestehenden Bauwerken mindestens 3 m und zwischen Verpresskörper und Geländeoberkante mindestens 4 m.

e) Kurze Spreizung und Staffelung der Anker, um Bauwerksschäden im Bereich der Ankerenden zu verhindern.

f) Richtung und Länge der Anker richten sich nach der erforderlichen Standsicherheit des verankerten Blockes, die mittels des Berechnungsmodells der tiefen Gleitfuge gemäß *Bild 27* ermittelt wird. Bei der Untersuchung, insbesondere bei der Anwendung von Rechenprogrammen, ist zu prüfen, ob die angenommenen Lastansätze der Bruchkinematik tatsächlich entsprechen. In diesem Zusammenhang kommt es z. B. darauf an, folgende Einflüsse richtig zu berücksichtigen:

- Die Auflagerkraft E_p am Wandfuß nicht als Grenzwert des Erdwiderstandes ansetzen, sondern ihre Größe aus der Wandbemessung ermitteln.
- Gebäudelasten, die innerhalb des aktiven Gleitblockes liegen, in den Erddruck E_1 auf die Ersatzankerwand mit einrechnen.
- Zwischenschichten geringer Scherfestigkeit grundsätzlich in den Verlauf der tiefen Gleitfuge und differenziert je nach Ankerlage einbeziehen; *Bild 29*.
- Ansatz des vollen hydrostatischen Wasserdrucks längs der Ersatzankerwand und der tiefen Gleitfuge erforderlich, wenn sich die zur Entlastung nahe der Stützwand eingebrachten Grundwasser-Entspannungsbrunnen nicht voll bis zur angenommenen Ersatzankerwand auswirken können; *Bild 30*.

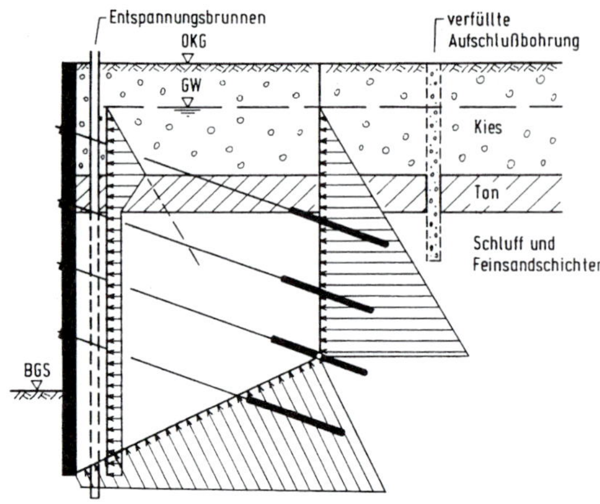

Bild 30: Wasserdruckansatz auf die Ersatzankerwand und tiefe Gleitfuge bei Grundwasserentspannung im Bereich der Baugrubenwand

5.1.3 Verformungen des Systems Wand-Anker-Boden

Die horizontalen Wandverschiebungen s_H des Gesamtsystems setzen sich vereinfacht aus folgenden drei Anteilen zusammen; *Bild 31*:

- s_{H1} Wandverschiebung, die allein von der Verformungssteifigkeit der Auflagerpunkte und der Wand abhängt
- s_{H2} Wandverschiebung infolge Schub und Biegung des verankerten Erdblocks (Fangedamm) sowie der Ankervorspannung
- s_{H3} Wandverschiebung infolge paralleler Verschiebung des Fangedammes.

a)

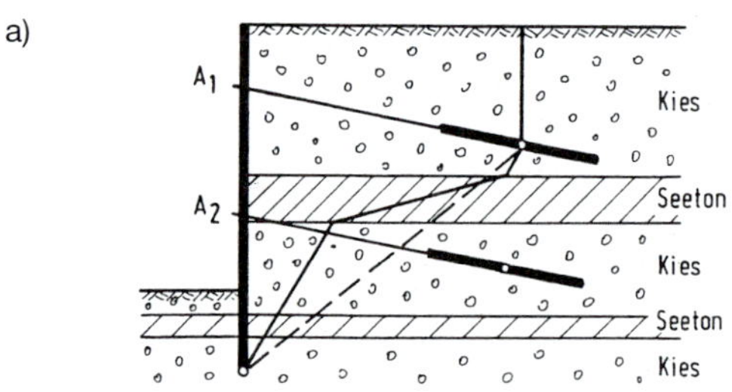

b)

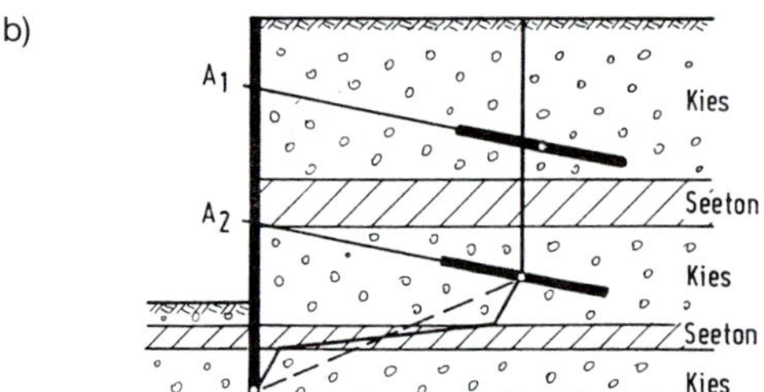

Bild 29: Berücksichtigung von Zwischenschichten geringer Scherfestigkeit beim Nachweis in der tiefen Gleitfuge für
a) die Ankerlage A_1
b) die Ankerlage A_2

Der Verformungsanteil s_{H3} kann bei stark kompressiblen oder hochplastischen Böden, die unter der Stützkonstruktion oder der Bauwerkssohle anstehen, sehr ausgeprägt sein. In Baugruben lässt sich abhelfen, wenn zusätzlich zu oder statt einer Ankerlage ausgesteift wird und der Aushub in kleinen Abschnitten mit jeweils sofortigem Einbau der Sohlplatte zur Aussteifung der Wand erfolgt.

5.1.4 Aufnahme von äußeren Kräften durch Ankergruppen

Die Ankergruppen für die Aufnahme von Auftriebs- oder Seilzugkräften sind so zu bemessen, dass der verankerte Erdblock nicht aufbricht bzw. das verankerte Bauwerk nicht abhebt. Die Vorspannung bzw. Festlegelast der Anker als Gruppe muss entsprechend größer sein als das Maximum der resultierenden äußeren Last.

Für den Nachweis der Standsicherheit des Gesamtsystems wird der von der Ankergruppe aktivierte Erdblock gemäß *Bild 32* angenommen. Im Fall des geschichteten Bodenprofils, bei dem die Ankerkräfte nur wenig unterhalb der Oberfläche der tragfähigen Schicht abge-

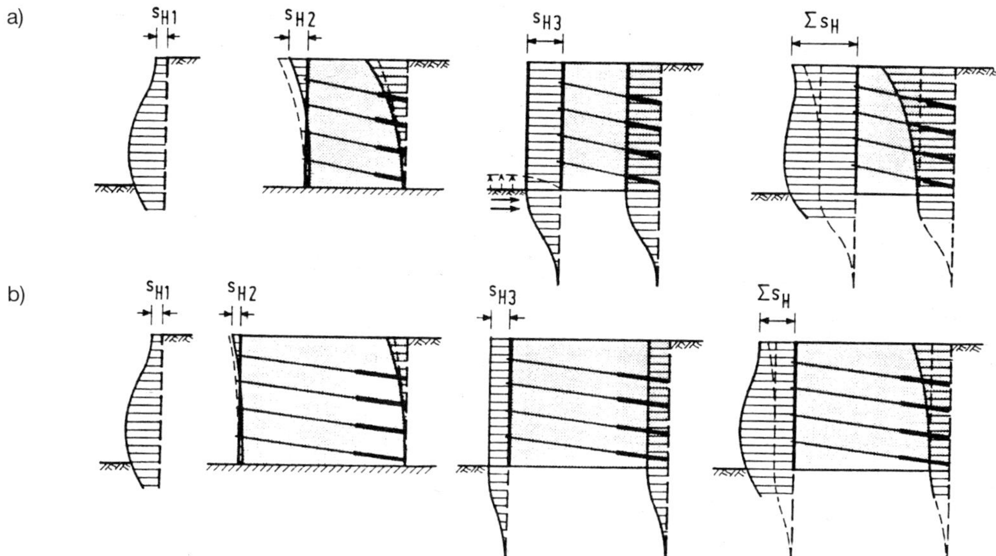

Verformungsanteile der horizontalen Wandverschiebungen s_H

s_{H1} infolge elastisch nachgebender Auflager und geringer Wandsteifigkeit

s_{H2} infolge Ankervorspannung sowie Schub und Biegung des Fangedammes

s_{H3} infolge Parallelverschiebung des Fangedammes

Bild 31: Gesamtverformungen des Systems Wand-Anker-Boden bei

a) kurzen Ankern (schmaler Fangedamm) und

b) langen Ankern (breiter Fangedamm)

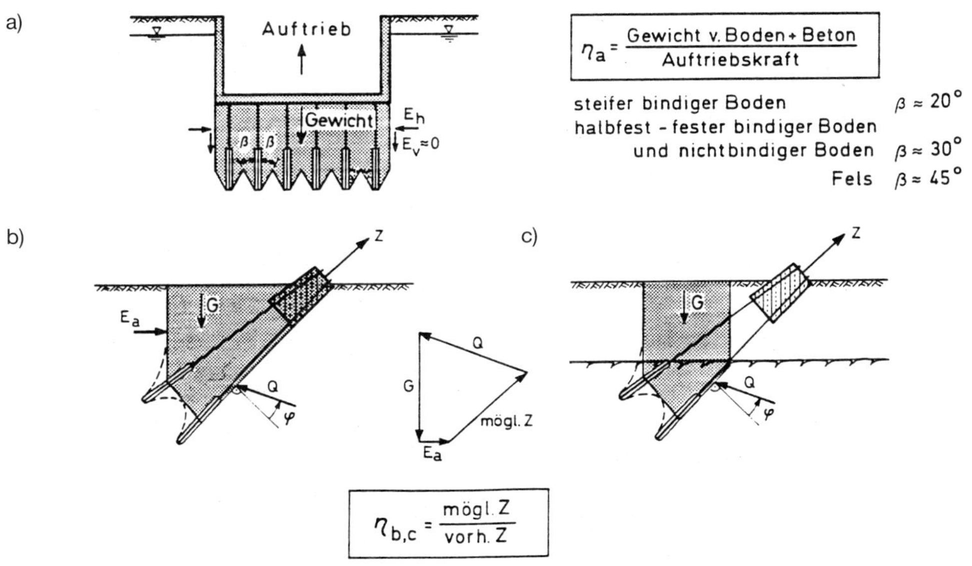

a) Verankerung von Auftriebskräften

b) Verankerung einer Seilzuglast im homogenen, nicht geschichteten Boden

c) Verankerung einer Seilzuglast bei geschichtetem Bodenprofil

Bild 32: Ermittlung der Standsicherheit des Gesamtsystems bei verankerten Bauwerken unter äußerer Last

tragen werden, sollte die Prüfung und das Festlegen der Anker nicht im Rahmen einer Einzelprüfung, sondern durch Gruppenprüfung erfolgen. Nur mit dieser Gruppenprüfung lässt sich tatsächlich kontrollieren, ob die Berechnungsannahmen zutreffen oder ob aufgrund der evtl. nicht erkannten Inhomogenitäten (Hohlräume, Trennflächen im Fels) nur ein Teilwiderstand aktiviert wird.

5.2 Verbund-Tragsysteme mit Erdnägeln

Zur Sicherung von Böschungen (s. Abschnitt 6 ZTV E-StB, Kom. 8.5) und von temporären Baugrubenwänden werden neben den unter 5.1 kommentierten Ankersystemen auch Tragsysteme mit sogenannten Erdnägeln angewendet.

Dabei wird die Verbundwirkung von Stahlstäben oder Stahlrohren – kombiniert mit Hohlraum- oder Verfestigungsinjektionen – zur Aufnahme der äußeren Kräfte genutzt. Die Wirkung der Erdnägel besteht darin, dass sie über den Schubverbund mit dem Erdkörper (Mantelreibung) wie eine Bewehrung Zugkräfte aufnehmen und zusätzlich zur Scherfestigkeit des Bodens Scherkräfte in potenziellen Gleitflächenbereichen mobilisieren. Die Erddruckkräfte bzw. gleitflächenaktiven Kräfte werden auf eine Vielzahl von Zugelementen verteilt. In enger Rasteranordnung wird damit eine großflächige Lastverteilung erreicht. Der vernagelte Erdkörper wirkt blockförmig als Verbund-Tragsystem.

Die potenziell möglichen Bruchmechanismen gehen aus *Bild 33* hervor. Die Standsicherheit

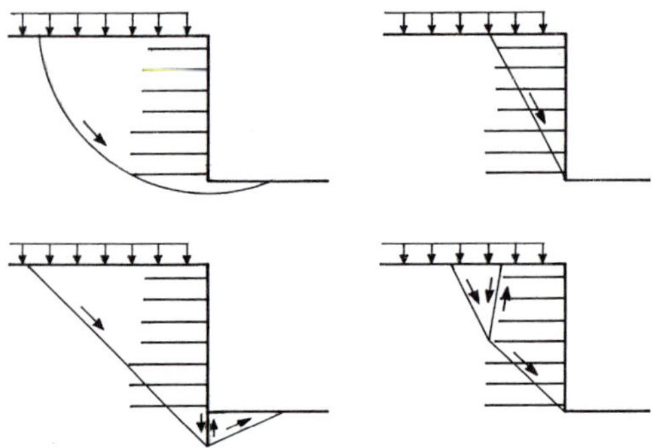

Bild 33: Bruchmechanismen für vernagelte Wände/Böschungen

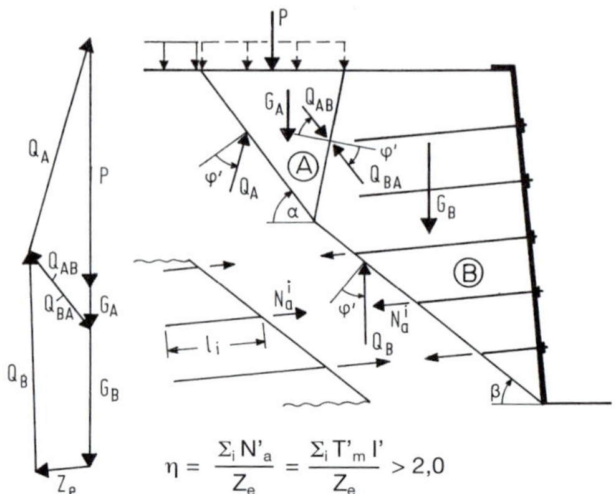

$$\eta = \frac{\Sigma_i N'_a}{Z_e} = \frac{\Sigma_i T'_m l'}{Z_e} > 2{,}0$$

Bild 34: Berechnungsmodell für den Standsicherheitsnachweis bei Tragsystemen aus vernagelten Erdkörpern

wird unter Annahme des Verbundblockes im Umfang des vernagelten Bereiches entsprechend dem Berechnungsmodell in *Bild 34* für die Sohlfuge und für potenzielle Zwischenfugen vorgenommen. Aus der Berechnung ergeben sich die Anforderungen für den Grenzzustand bezüglich der Anzahl, Länge und orientierten Richtung der Nägel.

Bei der Ausführung von Erdnägeln werden folgende Varianten unterschieden:

a) Einrammen eines Stahlstabes mit verbreitertem Schuh als Spitze. Die Spitze hinterlässt beim Einrammen einen freien Hohlraum, der mit Zementsuspension verpresst wird.
b) Gewindestahl mit Zentrierventilen in einem mit Zementsuspension aufgefüllten Bohrrohr (Ø 120 mm). Beim Ziehen des Bohrrohres wird der freie Bohrlochhohlraum und der umgebende Boden über die Ventile verpresst.
c) Injektionsstahlrohr mit Schlitzen und Schraubmuffenverbindungen in einem mit Bohrschnecke hergestellten Bohrloch (Ø 120 mm). Das Bohrloch wird über das geschlitzte Injektionsrohr mit Zementsuspension aufgefüllt und stufenweise mit dem umgebenden Boden verpresst. Ausführung sowohl verrohrt als auch unverrohrt möglich. Das Verpressen erfolgt gezielt in den Bereichen mit Hohlräumen bzw. wenig tragfähigen Schichten.

Die Erdnägel nach a) und b) werden hauptsächlich für temporäre, aber auch permanente

Wandsicherungen, z. B. Baugruben oder Steilböschungen, angewendet. Die Wand- bzw. Böschungsoberfläche wird ggf. durch eine mit Baustahlgitter bewehrte Spritzbetonschicht (Dicke ca. 10–15 cm) gesichert. Sickerwasser aus dem Gelände muss durch ausreichend bemessene Rohrdurchlässe entspannt und abgeleitet werden. Die Erdnägel nach c) dienen vorzugsweise zur Sanierung von Rutschungen. In ihrer Anwendung als Hangverdübelung werden sie, je nach Einzelfall, oft mit Entwässerungsbohrungen kombiniert.

6 Raumgitter-Stützkonstruktionen

Raumgitter gemäß *Bild 35* werden aus Betonfertigteilen nach Baukastenprinzip aufgebaut und wirken zusammen mit dem Füllboden und der Hinterfüllung als räumliche Verbund-Konstruktion. Sie wirken erdstatisch ähnlich wie Silozellen oder Fangedämme und können Setzungen des Untergrundes sowie Verformungen aus der Hinterfüllung in Grenzen aufnehmen bzw. innerhalb der Konstruktion ausgleichen; Lit. (8).

Die Fertigteile umschließen siloförmig den Füllboden, der wasserdurchlässig sein soll. Die Konstruktion lässt sich rasch aufbauen und hat infolge der Gitterbauweise eine gute Dränwirkung. Sie wirkt zugleich schalldämmend und lässt sich begrünen.

Die Fertigteil-Bauweise lässt sich an das Gelände und den Verlauf des Verkehrsweges sowohl berg- als auch talseits anpassen. Sie kann auch als Raumgitterwall freistehend, mit steiler Neigung (Steilwall) ausgeführt und entsprechend beidseits begrünt werden, z. B. als Lärm- bzw. Immissionsschutz.

Bei der Gestaltung empfehlen sich folgende Möglichkeiten zur günstigen Einpassung in das Gelände:

- Wandhöhen über 3 m durch gestaffelte, rückversetzte Konstruktionen optisch abschwächen und Bermen bepflanzen
- Wandenden in anstehendes Gelände abknickend einbinden
- Neigung (4 : 1 bis 5 : 1) nach hinten zur Nutzung der Niederschläge
- Fußpunkt der Wand mindestens 0,5 m außerhalb des Lichtraumprofiles legen
- oberen Wandabschluss abgetreppt versetzen (max. 1 m)
- Begrünung mit kurzer Entwicklungszeit wählen.

Als Füllboden innerhalb der Raumgitterzellen eignen sich gut wasserdurchlässige und scherfeste grob- und gemischtkörnige Böden nach DIN 18196. Sie dürfen keine löslichen und schadstoffbelasteten Stoffe enthalten. Das Größtkorn ist so zu begrenzen, dass die Konstruktionsteile beim Verfüllen der Zellen und beim Verdichten nicht beschädigt werden.

a) System „Krainerwand"

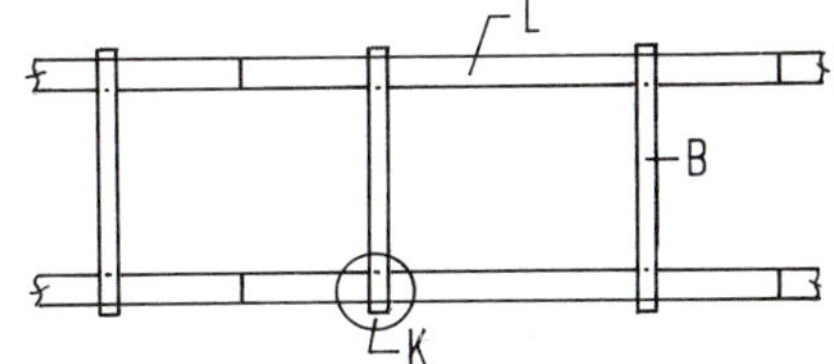

b) System Gitter

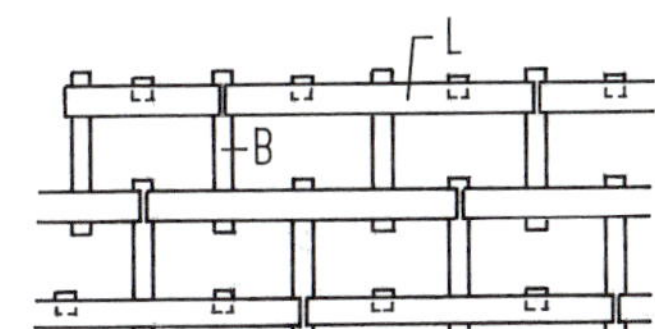

c) System Rahmen

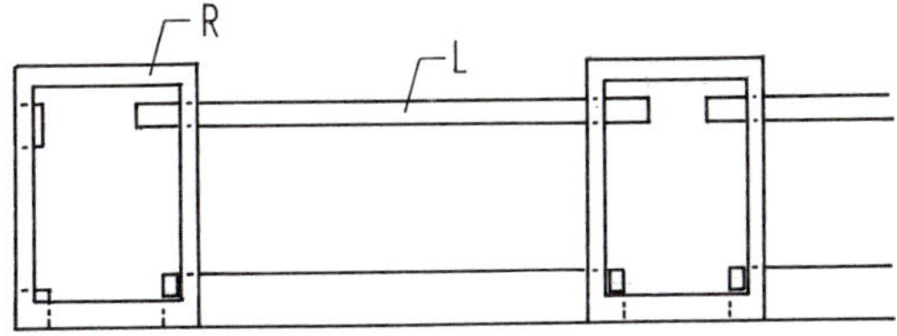

L = Läufer
B = Binder
R = Rahmen
K = Knoten

Bild 35: Beispiele für Raumgitterwand-Systeme im Grundriss

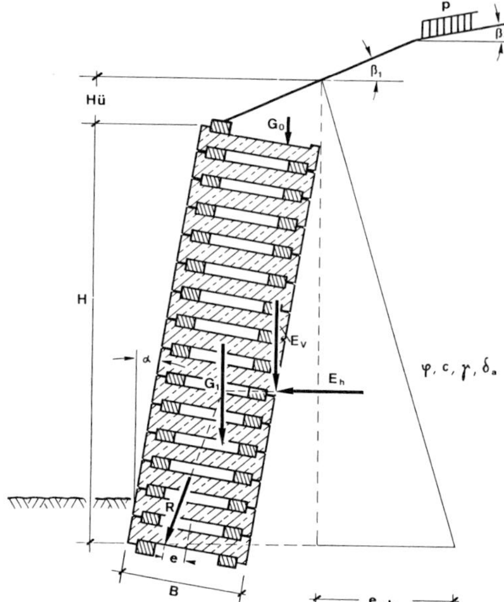

Bild 36: Schema für die Berechnung einer Raumgitterkonstruktion

Der Füllboden soll von Hand oder mit handgeführten leichten Verdichtungsgeräten sorgfältig und schonend verdichtet werden. Lageänderungen der Fertigteile dürfen bei Einbau und Verdichten des Füllbodens nicht entstehen.

Das Hinterfüllen der Raumgitterkonstruktion soll erst beginnen, wenn die obersten Fertigteile kraftschlüssig eingebaut und ausgerichtet sind. Für das Hinterfüllen und die dafür geeigneten Baustoffe gelten die Anforderungen gemäß Kom. 1.6 bis 1.8, für das Herstellen des Entwässerungsbereiches Kom. 1.9. Im Entwässerungsbereich darf kein Aufstaudruck aus Sicker- oder Oberflächenwasser entstehen.

Bemessungs- und Lastannahmen s. *Bild 36*.

Ausgehend von der Silotheorie, werden die Fertigteile als einfache Träger auf Biegung aus horizontalem Druck und vertikaler Wandreibung bemessen. Die Knotenkräfte ergeben sich aus der vertikalen Erddruckkomponente der Hinterfüllung, der Reibung des Füllbodens und der Eigenmasse der Fertigteile. Der Füllboden wird als mittragend berücksichtigt, sodass der horizontale Erddruck durch die Masse der Gesamtkonstruktion aufgenommen wird.

Bei der Standsicherheitsuntersuchung wird die Konstruktion als geschlossene Wand mit aktivem Erddruck angenommen; Lit. (18). Die aus dem Erddruck entstehenden Querkräfte müssen sich bis in die Sohlfuge übertragen lassen. Die Standsicherheit lässt sich verbessern, z. B. durch besonders breite Fertigteile, Neigung der Wand gegen die Hinterfüllung, gestaffelte Bauweise, örtliches Ausbetonieren der Gitter, ggf. in Kombination mit Verankerung oder Stützscheiben.

Die erdstatischen Nachweise sind sowohl für die Gesamtkonstruktion (Stützkonstruktion mit Fundament) als auch für Teile der Konstruktion (Profilsprünge, Querschnittsänderungen) zu erbringen. Folgende Nachweise gehören zur Regel:

- Bestimmung der Lage der Resultierenden in der Sohlfuge nach DIN 1054
- Gleitsicherheit in der Sohlfuge gemäß DIN 1054 wie für konventionelle Stützkonstruktionen
- Grundbruchsicherheit in der Sohlfuge wie für konventionelle Stützkonstruktionen gemäß DIN 4017, Teil 2
- Geländebruchsicherheit wie für konventionelle Stützkonstruktionen gemäß DIN 4084, Teil 1.

Der Erddruck auf die Wandrückseite wird wie bei vergleichbarer geschlossener Wand nach DIN 4085 angesetzt. Der Ansatz des Wasserdruckes entfällt, sofern die Raumgitterkonstruktion die Funktion eines permanent durchlässigen, gut entwässernden Wandsystems erfüllt.

Die Verkehrslasten sind nach DIN 1055, Teil 2, wie für konventionelle Stützkonstruktionen anzusetzen. Werden Raumgitterwände unmittelbar durch Verkehrslasten oder Anpralllasten aus Seitenstoß beansprucht, so bedarf es gesonderter Untersuchungen.

7 Erdstützkörper nach dem Prinzip „Terre Armée"

7.1 Aufbau

Der Verbundkörper besteht aus einer dünnen Außenwand und einem Füllboden, in dem Bewehrungselemente in Form von korrosionsgeschützten Metallbändern in geometrischem Raster verlegt sind. Die Bänder werden an der Außenwand befestigt, die aus Beton-Fertigteilplatten oder u-förmigen Stahlprofilen zusammengesetzt wird; Lit. (5), (16). Beispiele s. *Bild 37* und *38*, Abgrenzung von bewehrtem Erdkörper, Hinterfüll- und Überschüttbereich sowie geometrische Abmessungen s. *Bild 39*.

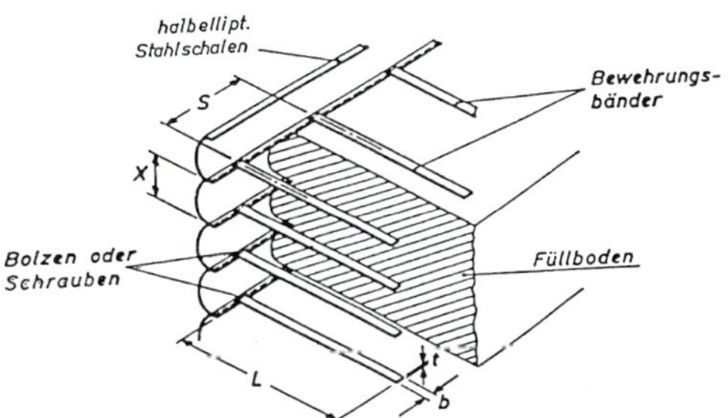

Bild 38: Bewehrte Stützkonstruktion mit Außenabschluss aus Stahlprofilen

7.2 Last- und Erddruckannahmen

Bei der Bemessung des Baukörpers sowie beim Nachweis seiner Standsicherheit werden die äußeren Lasten sowie die Erd- und Sohldrücke wie bei konventionellen Stützwänden gemäß DIN 1054 und DIN 4085 ermittelt; Lastannahmen und Sicherheiten s. Kom. 5.

In der Regel wird der aktive Erddruck E_a (Wandreibungswinkel $\delta = 0$) mit dem unter $\delta_a = 45° + \varphi/2$ begrenzten aktiven Gleitkörper für alle Lastfälle auf der Rückseite des Baukörpers empfohlen; *Bild 40*.

Für den Ansatz von Verkehrslasten gelten die Regelungen für konventionelle Stützwände. Eine Wechselbeanspruchung des Baukörpers durch dynamische Lasten aus rollendem Verkehr bedarf nach den Empfehlungen keiner

Bild 37: Verbundkörper mit Außenwand aus Beton-Fertigteilplatten

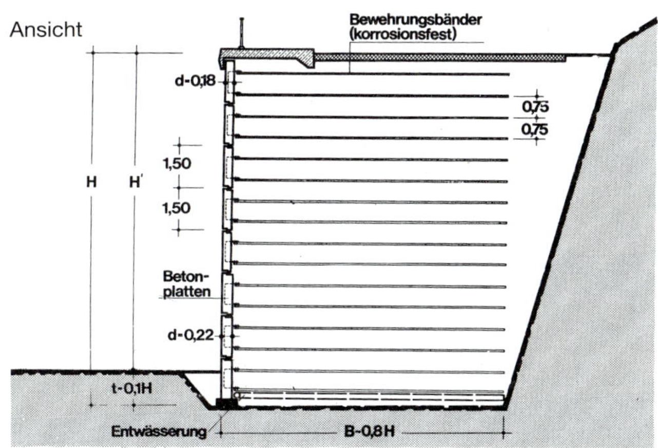

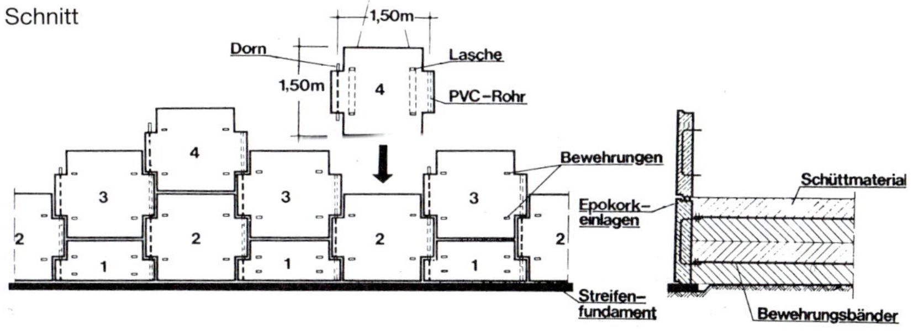

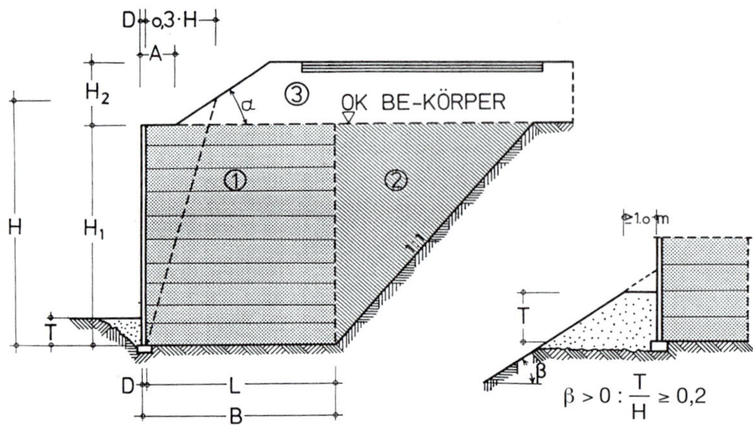

Bild 39: Geometrie des bewehrten Baukörpers (Mindestwerte)

① Bewehrter Erdkörper $\frac{L}{H} \geq 0{,}7$
② Hinterfüllbereich
③ Überschüttbereich

erhöhten Last- bzw. Erddruckannahme, dafür jedoch eines erhöhten Beiwertes beim Nachweis der Sicherheit gegen Herausziehen der Bänder. Mit dieser Empfehlung wird nicht ausgeschlossen, dass bei extremen dynamischen Beanspruchungen mit einem erhöhten Erddruck zu bemessen ist.

7.3 Stabilitätsnachweise

7.3.1 Nachweis der äußeren Standsicherheit des Baukörpers

Die Untersuchung der äußeren Standsicherheit des Baukörpers erfolgt wie für konventionelle Stützwände unter Beachtung der einschlägigen DIN-Normen; folgende Nachweise sind zu führen:

- Nachweis, dass die aus ständigen Lasten resultierende Kraft die Sohlfuge im Kern schneidet, gemäß DIN 1054
- Nachweis Gleitsicherheit gemäß DIN 1054
- Nachweis Grundbruchsicherheit nach DIN 4017
- Nachweis Geländebruchsicherheit nach DIN 4084.

Beim Nachweis dieser Sicherheiten wird von einer geometrisch einheitlichen Verteilung und Länge der Bewehrungsbänder im gesamten

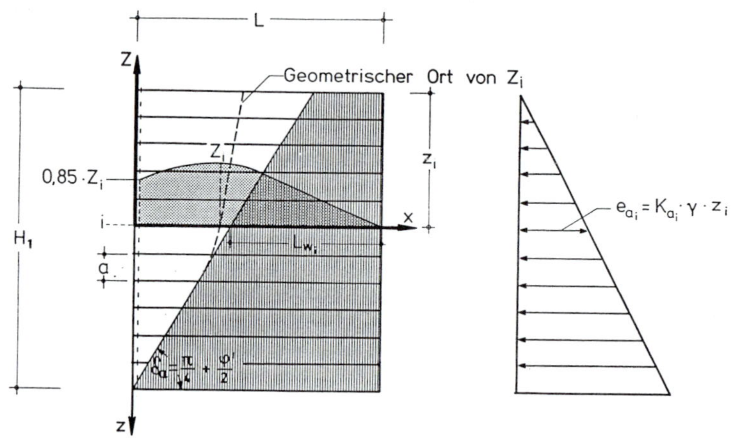

$Z_i = e_{a_i} \cdot a \cdot s$
$Zr_i = 2 \cdot b \cdot f_i \cdot lw_i \cdot \gamma \cdot z_i$

Bild 40: Last- und Erddruckannahmen für den bewehrten Baukörper

a Bandabstand, vertikal
s Bandabstand, horizontal
b Bandbreite
f Bandreibungsbeiwert
L_w wirksame Bandlänge

Erdkörper sowie von bestimmten Mindestabmessungen des Baukörpers ausgegangen; *Bilder 39* und *40*.

Ferner müssen die für den Baukörper verträglichen Verformungen nachgewiesen werden. Als zulässige Winkelverdrehungen in Außenwandebene gelten

- tan $\alpha \leq 1/300$ für Betonelemente,
- tan $\alpha \leq 1/100$ für Stahlprofilschalen.

7.3.2 Nachweis der inneren Stabilität

a) Bemessung des Bandquerschnittes, Sicherung gegen Bandbruch

Die vom horizontalen Erddruck sowie von der Geometrie der Bandverteilung abhängige Zugkraft erreicht bei theoretisch angenommener linearer Zunahme mit der Tiefe einen Maximalwert in der untersten Bandlage. Der Bandquerschnitt wird einheitlich mit der Zugkraft Z_i in der Tiefe der untersten Bandlage berechnet; s. *Bild 40*.

Analog erfolgt die Berechnung der Sicherheit gegen Bandbruch mit der Zugkraft Z_i in der jeweiligen Tiefe z_i, wobei folgende Beiwerte nicht unterschritten werden dürfen:

- 1,5 für die Sicherheit gegenüber der Fließgrenze des Stahls
- 2,2 für die Sicherheit gegenüber der Bruchgrenze des Stahls.

Der Anschluss des Bandes an die Außenwand soll so bemessen werden, dass ein Anteil von 85 % der jeweiligen maximalen Bandzugkraft Z_i aufgenommen wird.

b) Sicherheit gegen Herausziehen der Bänder

Für die Berechnung der Haltekräfte Z_{ri} der Bewehrungsbänder sind die wirksamen Bandlängen L_w gemäß *Bild 40* maßgebend. Bei Verwendung von gerippten Bändern wird dabei von einer etwas größeren widerstehenden Zone des bewehrten Erdkörpers durch Annahme einer zweigeteilt gebrochenen Gleitfläche ausgegangen.

Die Bandreibungsbeiwerte f werden wie folgt empfohlen:

- für glatte und gerippte Bänder f = 0,5
- für gerippte Bänder bei Nachweis des Reibungswinkels φ' des Füllbodens f = tan φ' < 0,7.

Folgende Nachweise sind zu erbringen:

- Nachweis der Gesamtsicherheit mindestens 2,0. Die Gesamterddruckkraft, ohne Ansatz eines Wandreibungswinkels, ist den gesamten Haltekräften der Bewehrung gegenüberzustellen.
- Nachweis der Teilsicherheit mindestens 1,5. Der Erddruckanteil am ungünstigsten Einzelband ist den Haltekräften dieses Bandes gegenüberzustellen.

7.4 Anforderungen an den Füllboden und den Einbau

Der Füllboden in dem bewehrten Baukörper soll folgenden Anforderungen genügen:

- witterungsbeständige, sehr wasserdurchlässige Materialien gleichmäßiger Qualität
- keine organischen oder chemischen Bestände, die Beton angreifen (DIN 4030) bzw. Metall korrodieren
- Kornzusammensetzung
  - Korn < 0,06 mm weniger als 15 %
  - Korn > 100 mm weniger als 25 %
  - Korn max. d = 250 mm
- Reibungswinkel $\varphi \geq 25°$ im verdichteten Zustand.

Im Hinblick auf die Beständigkeit der Bewehrungsbänder aus feuerverzinktem Stahl gegen Korrosion werden folgende bodenchemische Anforderungen für die o. g. vorzugsweise verwendbaren Füllböden erhoben:

- $6 \leq pH \leq 10$
- elektrischer Widerstand $\rho \geq 5000$ Ohm · cm.

Der Füllboden ist in Lagen (abhängig vom vertikalen Abstand der Bandlagen) einzubauen und so zu verdichten, dass die in *Tab. 3* angegebenen Erfahrungswerte nicht unterschritten werden.

Tabelle 3: Verdichtungsanforderungen für Füllböden

Bodenart DIN 18196	D_{Pr} in %	E_{v2} in MN/m²
GE – SE – SW – SI	97	80
GW – GI	100	100
SU – ST	97	45
GU – GT	100	60

D_{Pr} Verdichtungsgrad, E_{v2} Verformungsmodul

Die Verdichtung des Füllbodens soll sicherstellen, dass der bewehrte Erdkörper zu keiner Zeit für Verkehrslasten oder ruhende Auflasten schädliche Eigensetzungen erfährt und sich unabhängig von solchen Lasten grundsätzlich nicht mehr setzt als die Außenwand, da sonst Zwängungsverformungen der Bandanschlüsse sowie Abrisse der Bänder von der Wand die Folge sein können.

Im unmittelbaren Bereich hinter der Außenverkleidung darf nur mit leichtem Verdichtungsgerät verdichtet werden. Beim Verdichten ist im gesamten bewehrten Baukörper sehr schonend vorzugehen.

In dynamisch beanspruchten Teilen des Baukörpers sollen Böden der Gruppen SE und GE möglichst nicht eingebaut werden, weil sie sich aufgrund ihrer gleichförmigen Kornzusammensetzung unter dem Einfluss von Wechsellasten leicht umlagern und entsprechend Eigensetzungen verursachen.

Für das Hinterfüllen des fertigbewehrten Baukörpers und das Verdichten dieses Bereiches hinter dem Baukörper gelten die Anforderungen gemäß Abschnitt 10.3 ZTV E-StB, für das Herstellen des Entwässerungsbereiches Abschnitt 10.7 ZTV E-StB. Im Entwässerungsbereich darf kein Aufstaudruck aus Oberflächen- und Sickerwasser entstehen.

8 Trag- und Stützkörper mit Geokunststoffen als Bewehrung

8.1 Bauweisen

Die Auswahl und konstruktive Gestaltung der in Erdbauweise herzustellenden Böschungssicherungen und Stützkonstruktionen mit geosynthetischen Bewehrungen richten sich nach den Standortbedingungen, den geometrisch erforderlichen Abmessungen und den funktionalen Qualitätsanforderungen.

Folgende Grundvarianten werden unterschieden:

(1) Wandartige Erdstützkörper mit Frontelementen als Verkleidung oder mittragendes Element und mit konstruktiv angeschlossener Bewehrung aus Geokunststoffen. Diese Stützkörper wirken funktional wie erddruckbelastete Wände, bei denen die Bewehrungselemente die einwirkenden Kräfte aus Eigenlasten, Erddruck, Auflasten und anderen äußeren Belastungen aufnehmen.

(2) Schüttkörper mit Bewehrungen aus Geokunststoffen zur Sicherung von Steilböschungen und Auffüllungen als
- Polsterdämme mit an der Stirnfläche umgeschlagener Bewehrung (Umschlagemethode), sodass der Boden nicht ausbrechen kann,
- Erdstützkörper mit Verkleidung bzw. vegetativer Bedeckung der Frontfläche als Erosionsschutz.

(3) Sohlbewehrungen unter Dammschüttungen auf wenig tragfähigem Untergrund und bewehrte Fundationsschichten unter Verkehrsflächen zur Stabilisierung von Frostschutz- und Tragschichten; zu diesen Bauweisen s. Abschnitt 13 ZTV E-StB, Kom. 7.

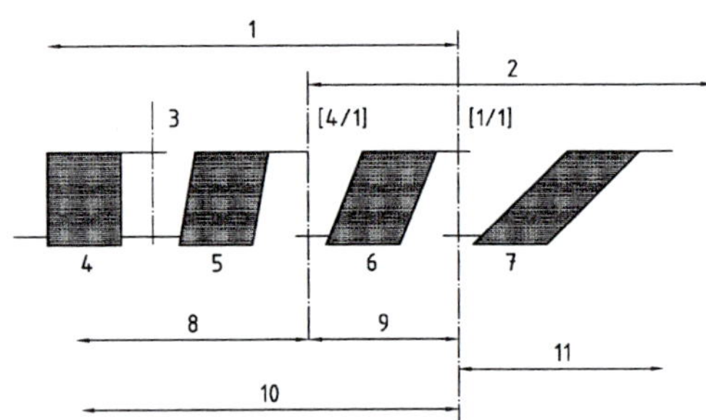

1 Bodenstützkonstruktionen
2 bewehrte Böschungen
3 senkrechte Stützkonstruktion
4 senkrechte Stützkonstruktion
5 abgestufte Stützkonstruktion
6 geneigte Stützkonstruktion, Steilböschung
7 flache Böschung
8 einige spezielle Arten von Frontpaneelen und -blöcken, schalenförmige Elemente
9 bestimmte Arten von Schüttgutlagern
10 einige gebräuchliche Arten von Frontausbildungen, Pflanztröge, Drahtgitter, Umschlagmethode
11 keine Frontausbildung

Bild 41: Einteilung der Systeme für bewehrte Stützkonstruktionen und Böschungen mit und ohne Frontelemente nach DIN EN 14475

a) Zweiteilig abgestufte Konstruktion oder alternativ einteilige Lösung mit abgestützter Bewehrungslage (tiefer Hangeinschnitt)

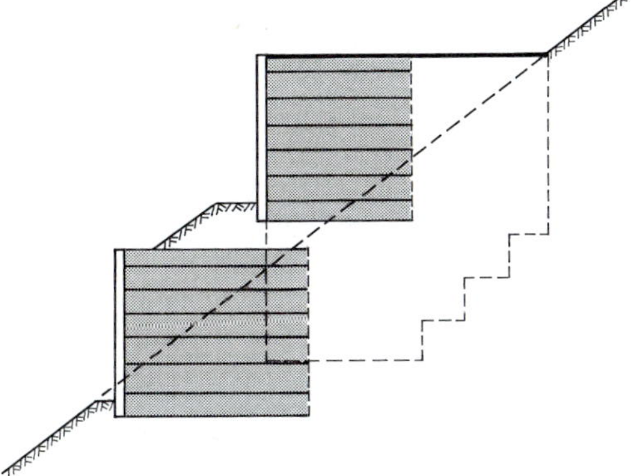

b) Lösungen für Brückenwiderlager

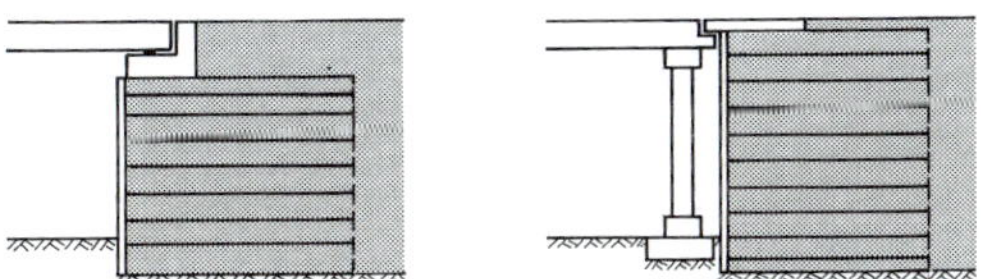

c) Fahrbahntragender bewehrter Erdkörper ohne tiefen Hanganschnitt mit Hinterfüllungs- und Entwässerungsbereich

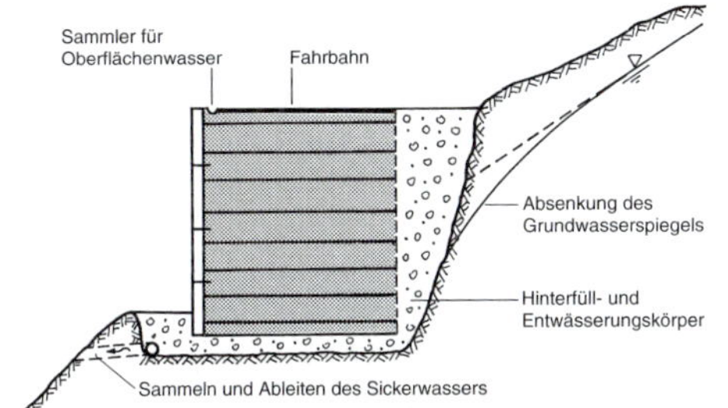

d) Lösung als doppelseitig verkleideter bewehrter Erdkörper (Rampe, Lärm-, Sichtschutz)

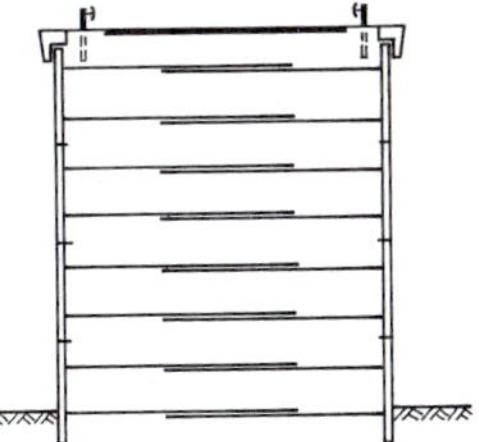

Bild 42: Prinzipielle Ausführungsbeispiele für bewehrte Erdstützkörper

Je nach Neigung der Konstruktion bzw. Frontfläche werden vertikale, abgestufte, steile oder flache Ausführungen unterschieden;

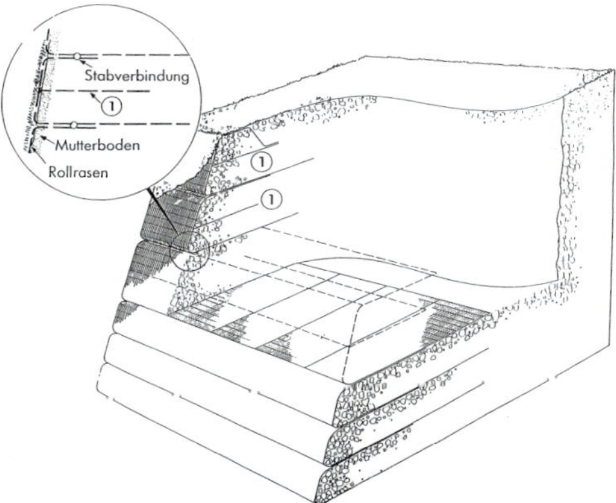

① Hilfsgitter, die angeordnet werden können, um das Auswölben zu verringern

Bild 43: Perspektivische Darstellung eines mit Geogittern bewehrten Erdkörpers als „Polsterwand"

s. *Bild 41*. Die Gesamtneigung der abgestuften bzw. geneigten Frontflächen beträgt in der Regel 60 bis 85°. Als Steilböschungen gelten solche mit Neigungen über 1 : 1,5.

Die *Bilder 41* bis *44* zeigen einige Beispiele für prinzipielle Anwendungen.

8.2 Verbundwirkung Boden – Bewehrung

Der Einbau von dehnsteifen, zugfesten Elementen in Bodenschichten zielt darauf ab, durch den Kraft- und Verformungsschluss mit dem Boden selbststützende bzw. hochtragfähige Verbund-Erdkörper zu erzeugen. Der ohne Bewehrung nur auf Druck und Schub beanspruchbare Boden nimmt im Zusammenwirken mit den Bewehrungseinlagen die Eigenschaften eines ausgeprägt anisotropen Tragkörpers an. Er vermag in Bewehrungsrichtung in erhöhtem Maß Schubspannungen und begrenzt auch Zugspannungen aufzunehmen.

Bild 45 veranschaulicht diesen Bewehrungseffekt: Er beruht auf dem Haft- und Reibungsverbund zwischen Zugelement und Boden. Der Verbund richtet sich maßgeblich nach den Relativverschiebungen des Bodens längs des Zugelements sowie nach dessen Dehnsteife. Die durch die Schubverformungen im Boden entstehenden Relativverschiebungen induzie-

a) Bewehrter Erdstützkörper mit vorgesetzten Betonblocksteinen, Gabionen oder winkelförmigen Wandelementen

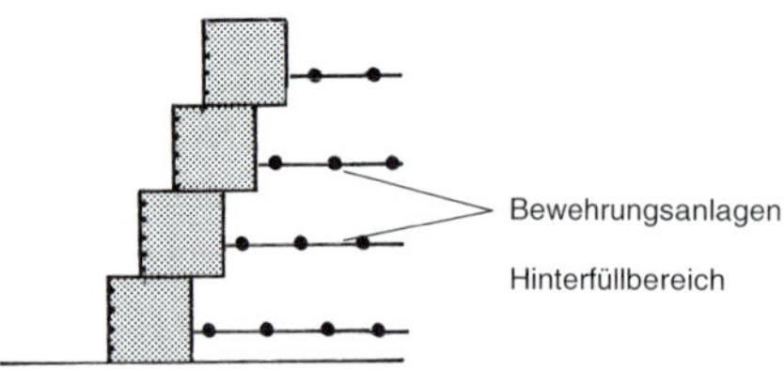

b) Bewehrter Erdstützkörper mit Beton-Fertigteilplatten als Sichtfläche

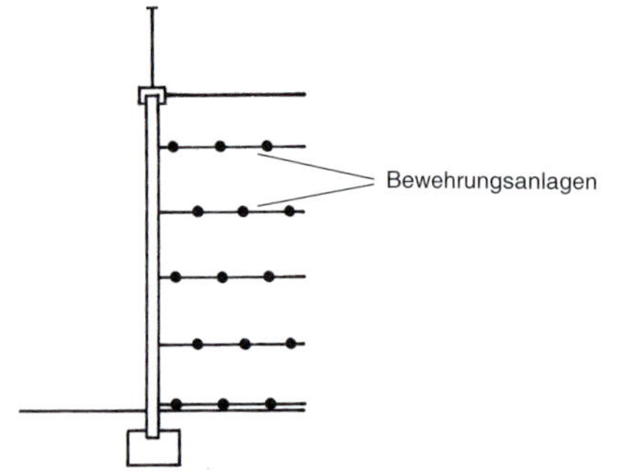

c) Trockenmauer mit bewehrtem Erdstützkörper

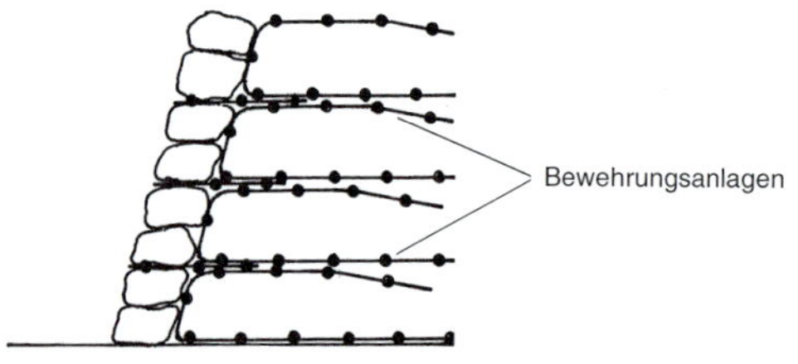

Bild 44: Kombinationsbauweisen für Erdstützkörper mit Geokunststoff-Bewehrungen und vorgesetzten Stütz- oder Verkleidungselementen

ren Zugkräfte Z(x) in den Bewehrungen, so dass der Schubwiderstand des gesamten bewehrten Erdkörpers in x-Richtung erhöht wird. Im τ-σ-Diagramm lässt sich dieser Effekt (bei Annahme $\Delta\tau = 0$) dadurch veranschaulichen, dass der ohne Bewehrung vorhandene Grenzzustand (a) als Folge des sich durch $\Delta\tau_x$ ändernden Hauptspannungsverhältnisses σ_1/σ_3 in einen unterhalb der Bruchbedingung liegenden Spannungszustand (b) überführt wird.

8.3 Verformungs- und Bruchmechanismen

Betrachtet werden übersteil geböschte Schüttkörper sowie Erdstützkörper mit steiler bis vertikaler Stirnfläche, deren Stabilität durch systematisch angeordnete Bewehrungseinlagen zustande kommt. Die innere Stabilität des bewehrten Erdkörpers wird dadurch aktiviert, dass die einwirkenden Kräfte in der aktiven Erddruckzone nahe der Frontfläche auf die Bewehrungen und von diesen auf die resistente passive Zone transferiert werden. Dieser Lasttransfer verursacht Zugspannungen in der aktiven Zone, die vom Boden infolge Verbundwirkung (Reibung, Adhäsion) unmittelbar auf die Bewehrungen übergehen; *Bilder 46* und *47*.

Der Aufbau der Erdstützkörper erfolgt mit scherfesten Reibungsböden, die keine Kriechverformungen erleiden und zugleich gut dränieren. Für Damm- und Geländeaufschüttungen können auch kohäsive Böden zum Einbau kommen. Als technisch notwendige und sicherheitsrelevante Qualitätsanforderung gilt, dass der Verbundkörper mit gleichmäßiger und hoher Dichte herzustellen ist.

Nach allgemeiner bodenmechanischer Lehrmeinung wirken solche Boden-Verbund-Systeme als schlaffe Reibungskörper, wobei sich die Bewehrungslagen wie eine anisotrope Kohäsion auswirken. In gewisser Weise besteht eine Analogie zum Prinzip des Fangedammes, da dieser ebenfalls als schlaffer Reibungskörper wirkt, wobei die äußeren Kräfte über die Eigenreibung des eingefüllten Bodens und über die Wandreibung in die Sohlfläche und weiter in den Untergrund abgetragen werden.

Der schlaff bewehrte Verbundkörper zeichnet sich im Vergleich zu einem monolithischen Starrkörper durch ein grundsätzlich anderes Setzungs-, Erddruck- und Bruchverhalten aus; *Bild 47*:

a) Der bewehrte Verbundkörper reagiert wegen seiner relativ geringen Eigensteifigkeit wenig empfindlich auf Setzungsdifferenzen und Horizontalverformungen. Im Querschnitt gesehen bilden sich die Setzungen unter dem Verbundkörper muldenförmig aus, d. h. die maximalen Setzungen liegen nicht in der Stirnflächenflucht, sondern zurückversetzt unter dem Körper, sofern gleichmäßige Untergrundverhältnisse vorliegen.

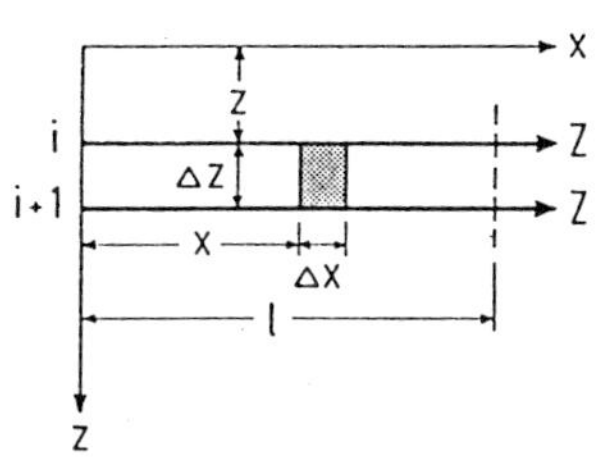

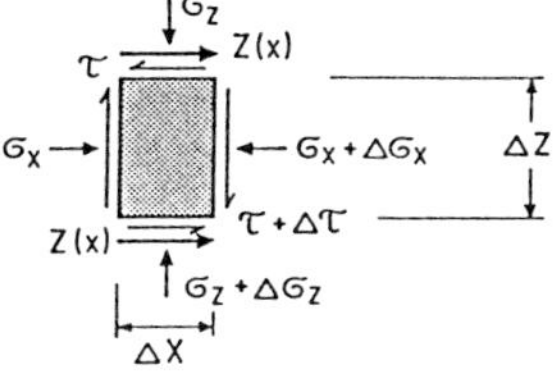

Bild 45: Interaktive Kräfte zwischen Bewehrung und Boden, Einfluss auf den Grenzzustand

Z = Zugkraft

$z(x) = \frac{x}{l} \cdot Z$ = const. (Zugspannungsverteilung über l)

Annahme: Schubspannungsänderung $\Delta\tau = 0$

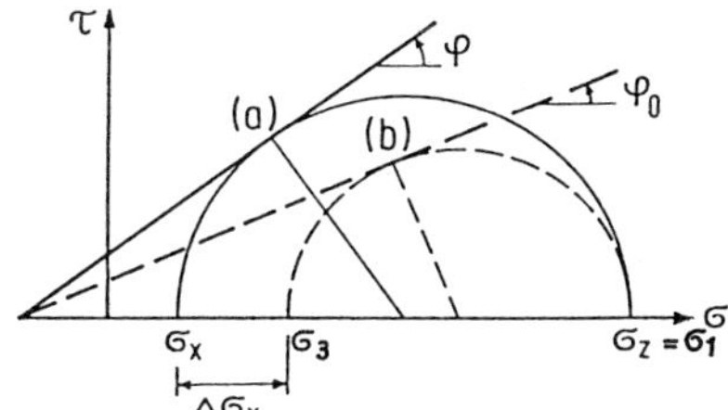

a) Boden ohne Bewehrung
Grenzzustand $\sigma_z = \lambda_\varphi \cdot \sigma_x$

b) Boden mit Bewehrung
$\Delta\sigma_x = 2 \cdot z(x) \cdot \frac{\Delta x}{\Delta z}$
$\sigma_1 = \sigma_z$; $\sigma_3 = \sigma_x + \Delta\sigma_x$
Grenzzustand für $\varphi_0 \rightarrow \lambda_{\varphi_0}$
$\sigma_1 = \lambda_{\varphi_0} \cdot \sigma_3$

b) Die in der Sohlfläche schräg ausmittig wirkende Kraftresultierende aus Eigengewicht des Verbundkörpers und Erddruck bildet einen Sohldruck σ_0 aus, der im Unterschied zum monolithischen Starrkörper nach der Außenseite hin abnimmt.

c) Die Erddruckkräfte wirken nicht wie beim monolithischen Körper an der Rückseite, sondern werden innerhalb des Verbundkörpers durch Schubspannungen und Gewölbewirkungen längs der Bewehrungselemente so abgetragen, dass nur noch ein Restteil im Bereich unmittelbar hinter der Stirnfläche ankommt. Die Begrenzungslinie der aktiven Erddruckzone folgt etwa den geometrischen Orten der Zugkraftmaxima der Bewehrungslagen; das ist eine gekrümmte Linie, die einen wesentlich kleineren aktiven Bereich einschließt, als er sich mit dem ebenen Gleitkeil gemäß Coulombscher Erddrucktheorie abgrenzt.

d) Die Stabilitätsanalyse umfasst die Sicherheit gegen Grundbruch und Gleiten des Verbundkörpers sowie gegen Böschungs- bzw. Geländebruch. Der schlaffe Verbundkörper kann im Gegensatz zum Starrkörper nicht kippen, da er sich bei einem wirksamen Kippmoment auseinanderschiebt.

Nachrechnungen zeigen, dass der ohne Auflast für sich betrachtete Verbundkörper über ausreichende innere Bruchsicherheit verfügt, wenn der von der Bewehrung aufnehmbare Zugkraftanteil mit eingerechnet wird und bestimmte geometrische Abmessungen (Verhältnis Breite b/Höhe h und Gründungstiefe) eingehalten werden. Unter

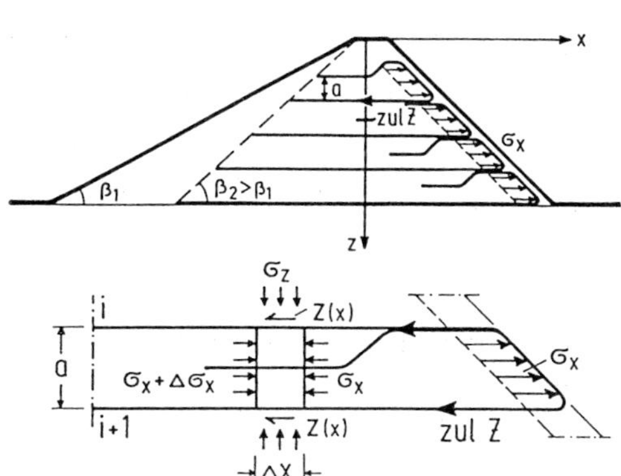

Gleichungssystem für Grenzzustand ($\Delta\tau = 0$)

(1) Boden: $\sigma_1 = \sigma_z = \gamma \cdot z$

$\sigma_3 = \sigma_x + \Delta\sigma_x = \frac{1}{\lambda_\varphi} \cdot \sigma_1 \qquad \frac{1}{\lambda_\varphi} = \frac{1 - \sin\varphi}{1 + \sin\varphi}$

(2) Bewehrung: $\Delta\sigma_x = 2 \cdot z(x) \cdot \Delta x / a$

$a = 2 \cdot \text{zul}\, Z \cdot \Delta x / \Delta\sigma_x$

(3) Verbund Boden - Bewehrung:

$z(x) = \text{zul}\, Z = \sigma_z \cdot \tan\varphi_R$

Bild 46: Interaktive Kräfte für den Grenzzustand einer nach dem Prinzip des „Polsterdammes“ bewehrten steilen Dammböschung

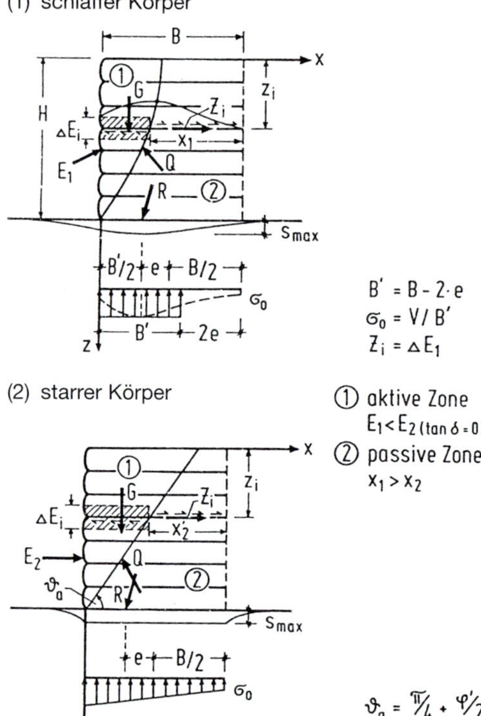

Bild 47: Modellvergleich zwischen (1) schlaffem Reibungskörper und (2) quasi-monolithischem Erdkörper bezüglich Setzung s, Sohldruck σ_0, Erddruck E und Zugkraft der Bewehrung Z_i

diesen Voraussetzungen und bei ausreichender Grundbruchsicherheit des Baukörpers würde es genügen, nur potenzielle Bruchfugen für den Nachweis der Böschungs- bzw. Geländeabbruchsicherheit zu untersuchen. Wenn allerdings b > h, dann kann das sehr schlaffe Lastverhalten eines solchen breiten Körpers auch zu inneren Bruchzuständen führen, die sich lokal oder lagenweise beginnend ausbilden und bis zur vollen Plastifizierung fortentwickeln. Solche Zustände bedürfen der speziellen Untersuchung.

Die maximale Traglast des Verbundkörpers kann wesentlich über der konventionell rechnerisch ermittelten Bruchlast liegen. Folgende Phänomene tragen zu diesem Verhalten bei:

- Die Bewehrungslagen bewirken im Reibungsboden globale und lokale Vorspanneffekte.
- Jede neue Bewehrungslage ändert beim Einbau die resultierende Hauptspannungsrichtung und damit auch die Geometrie der potenziellen Bruchfigur.
- Der Boden wird infolge der Einspannung zwischen den Bewehrungslagen stark verdichtet.
- Die Bewehrungslagen und die Verdichtungseffekte bewirken gewölbeartig gerichtete Kraftübertragungsbrücken im Reibungsboden und außerdem hoch scherfeste Kontaktzonen längs der Bewehrungslagen, sodass zusätzlich rückhaltende Horizontalspannungen σ_X induziert werden.

Die genannten Effekte werden besonders bei Flächenbewehrungen wirksam, da ihre Dehnung vollflächige Reibung und adhäsiven Haftverbund bewirkt; außerdem kann der Boden infolge allseitiger Einspannung nicht ausweichen. Sie setzen allerdings voraus, dass der Verbundkörper nicht überlastet bzw. nicht durch hohe σ_Z-Spannungen überdrückt wird.

8.4 Berechnungsmodelle

Hilfsweise werden Berechnungsmodelle zugrunde gelegt, die von einem quasi-monolithischen Verbundkörper ausgehen, und zwar nach den *Bildern 46, 47* und *48* für den Regelfall mit folgenden auf der sicheren Seite liegenden Bemessungsregeln:

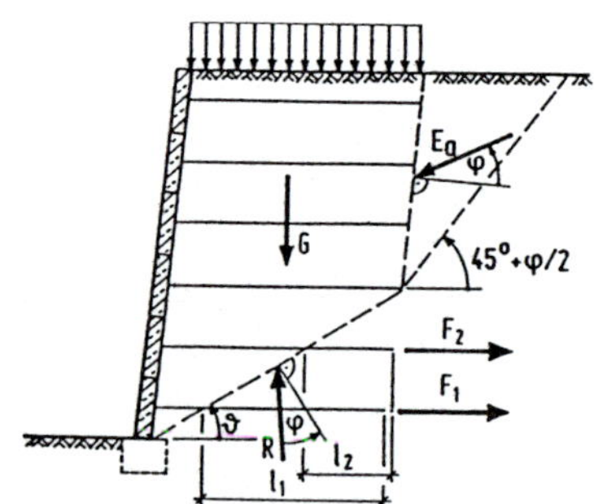

φ	Reibungswinkel des Bodens
G	Gewicht des Gleitkörpers
E_a	Aktiver Erddruck
F_j	Zugkraft der Bewehrung
l_j	Einbindelänge der Bewehrung
ν	Neigungswinkel der Gleitfläche zur Horizontalen
R	Reaktionskraft

Bild 48: Berechnungsmodell für den Nachweis der Standfestigkeit bei tiefer Gleitfuge

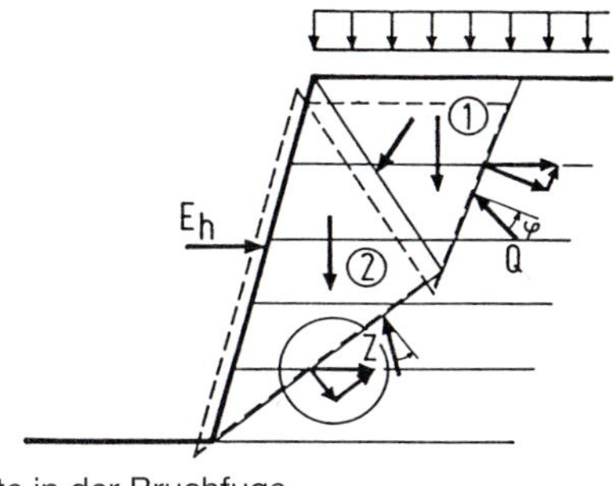

Kräfte in der Bruchfuge

$T_2 = N \cdot \tan \varphi$

T_1

Z

N

Bewehrung

Bild 49: Blockmodell aus zwei Verschiebungselementen mit Zugkraftansatz für die Bewehrung bei übersteil geböschtem Erdkörper

a) Ansatz des Coulombschen Erddrucks auf die Rückseite des Verbundblocks, zugleich aber (im Widerspruch zur monolithischen Vorbedingung) ein unter $\Theta_a = \pi/4 + \varphi'/2$ eben begrenzter aktiver Bruchkeil innerhalb des Verbundkörpers
b) Ansatz der rückhaltenden Bewehrungszugkräfte hinter der Bruchfuge
c) trapezförmig verteilter Sohldruck analog zum ausmittig schräg belasteten Starrkörper
d) Aufnahme der resultierenden horizontalen Erddruckkomponente im Fußauflager des Verbundkörpers
e) im Fall einer Außenverkleidung Bemessung der Wandelemente auf vollen Erddruck.

Zum Gegenstand der Untersuchungen gehören auch Zwischenzustände während des Baues. Beim Aufbau des Verbundkörpers können erhöhte Erddrücke aus der lagenweisen Verdichtung des Bodens entstehen, die rechnerisch mit in Ansatz zu bringen sind.

Für den Gebrauchszustand bedarf es der Festlegung der zulässigen Zugkraft (zul Z) für die jeweilige Bewehrung. Diese Gebrauchszugkraft richtet sich nach der Gebrauchsdauer sowie nach der Dehnsteifigkeit der Bewehrung und deren Dauerbeständigkeit (Alterung, temperaturabhängige Degradation u. a.).

Es gibt modifizierte Vorschläge, die alle darauf abzielen, eine gegenüber dem konventionellen Ansatz erhöhte Traglast des Verbundkörpers zu berücksichtigen; s. hierzu sowie zur Bemessung und zu den erforderlichen Sicherheitsnachweisen Lit. 2 (EBGEO), Grundlagen im Teil 3, Sonderkapitel S6 und *Bild 49* als Beispiel.

8.5 Baustoffe und Bauelemente

8.5.1 Schüttmaterialien

(1) Die konstruktiv bewehrten Böschungssicherungen, wandartigen Stützkörper und Schüttkörper sind in Erdbauweise nach erdbautechnischen Grundsätzen auszuführende Konstruktionen. Je nach System erfordern sie die lageweise auszuführende Ver- bzw. Hinterfüllung des bewehrten Baukörpers mit geeignetem Schüttmaterial und den bemessungsgerechten Einbau der zwischen den Schüttlagen liegenden Bewehrungen. Dem Grunde nach gelten die allgemein für das Ver- und Hinterfüllen von Bauwerken zu beachtenden Regeln für die Auswahl, den Einbau und das Verdichten des Schüttmaterials gemäß Kom. 1.8.

(2) Je nach geometrischer Gestaltung kann eine Frontsicherung notwendig sein, damit das Schüttmaterial zwischen den Bewehrungen nicht frei abböscht. Flache Böschungssicherungen bedürfen dessen dann nicht, wenn sie als Schutz gegen Oberflächenerosion begrünt werden, wobei das nahe der Front eingebaute Material den Anforderungen für die Begrünung entsprechen muss.

(3) Bei der Auswahl des Schüttmaterials ist die Verträglichkeit der beim Einbau und danach entstehenden Setzungen mit dem Front- bzw. Verkleidungssystem und der Bewehrung zu beachten. Mechanische Beschädigungen an der Bewehrung und deren Beschichtung sind zu vermeiden. Die Wirkung der Bewehrung und Frontausbildung darf nicht durch chemische, biologische oder elektrochemische Aggressivität des Schüttmaterials beeinträchtigt werden. Liegen diesbezüglich im Einzelfall keine Erfahrungen vor, werden spezielle Eignungsuntersuchungen notwendig.

8.5.2 Bewehrungselemente

(1) Allgemeine Anforderungen

Bei Planung und Entwurf der bewehrten Baukörper ist darauf zu achten, nur solche Bewehrungselemente vorzusehen, deren Eignung und Dauerbeständigkeit durch Prüfung und Versuch bzw. Erfahrung als allgemein anerkannt nachgewiesen gelten. Die Bewehrungen müssen den Bemessungsannahmen und den materialspezifischen Anforderungen entsprechen.

Die mechanische Verbundwirkung der Materialien mit dem vorgesehenen Schüttmaterial ist zu beachten und, sofern keine Erfahrung vorliegt, zu untersuchen, z. B. durch Scher- oder Herausziehversuche.

(2) Geosynthetische Baustoffe

Siehe hierzu Geokunststoffe: Abschnitt 3.3 ZTV E-StB mit Kommentaren.

Die Bewehrungen werden in vielfältiger Form, z. B. als Streifen, Gitter, Matten, verwendet und je nach Bausystem mit oder auch ohne konstruktiven Anschluss an die Frontelemente eingebaut. Typische Bewehrungselemente s. *Bild 50*.

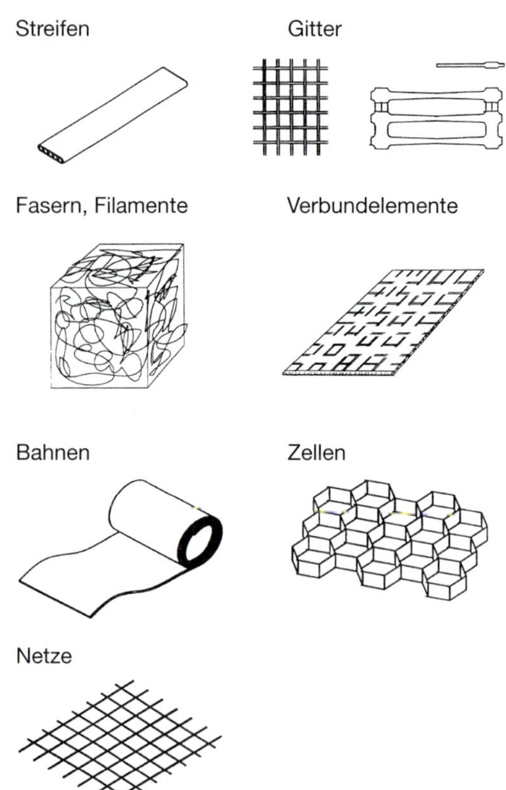

Bild 50: Geokunststoff-Bewehrungen

Die Bewehrungen aus polymeren Materialien müssen den Anforderungen in EN 13251 („Geotextiles and geotextile-related products; Characteristics required for use in earthworks, foundations and retaining structures") entsprechen. Sie werden zumeist aus Polyester oder Polyolefinen hergestellt. Diese polymeren Materialien werden bei der Produktion von Bewehrungselementen molekular ausgerichtet, um Kriecheffekte zu reduzieren.

Für die Bemessung der polymeren Bewehrungen sind abgesicherte Werte der Bemessungsfestigkeit und des isochronen Kraft-Dehnungs-Verhaltens unter Berücksichtigung der festgelegten Nutzungsdauer und der Temperatur des bewehrten Bodenkörpers zu verwenden. Die Festlegung der Bemessungsfestigkeit muss unter Berücksichtigung des Zugkriechens (und der Zeitstandfestigkeit) nach EN ISO 13431, der Beschädigung beim Einbau nach ENV 12224 und der Wechselwirkung zwischen Schüttmaterial und Bewehrung nach EN ISO 12447-1 erfolgen. Die Bemessungsfestigkeit hängt weiterhin von der biologischen und chemischen Beständigkeit nach ENV 12225, ENV ISO 12960, ENV ISO 12447 und EN ISO 13438 sowie der Witterungsbeständigkeit nach ENV 12224 ab.

8.5.3 Frontsysteme

Die Elemente der Frontausbildung des bewehrten Baukörpers müssen einschließlich der Bewehrungsanschlüsse und Verbindungselemente den Entwurfs- und Bemessungsanforderungen sowie der Baubeschreibung entsprechen. Frontelemente dürfen nur verwendet werden, wenn deren Eignung als Frontausbildung durch vergleichbare Erfahrungswerte belegt ist. Andere Frontelemente dürfen verwendet werden, wenn die Gebrauchstauglichkeit des Systems und die Dauerhaftigkeit der verwendeten Baustoffe für die geplante Nutzungsdauer des Bauwerkes durch Versuche sichergestellt werden können.

Es werden folgende Frontelemente und Materialien nach DIN EN 14475 und *Bild 51* unterschieden:

- massive, nicht verformbare Elemente aus Beton bzw. Stahlbeton in Form von Paneelen, Blöcken, Winkelelementen, Trögen u. a.
- verformbare Elemente aus Metall, Stahlgittern, Maschendraht, gabionenförmige Drahtkörbe u. a.

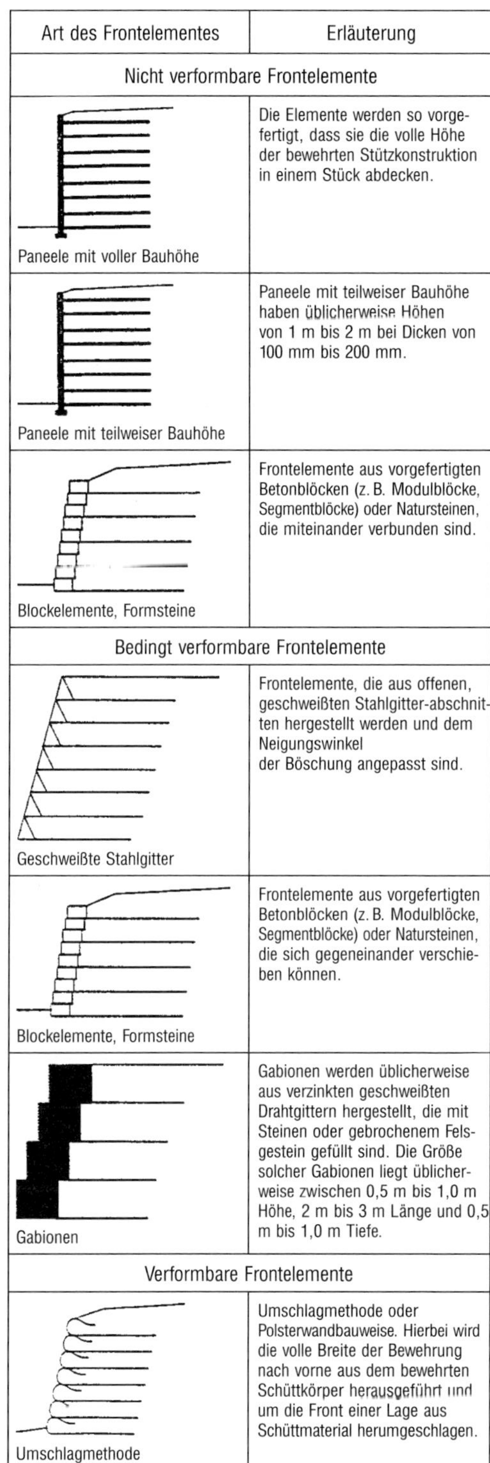

Art des Frontelementes	Erläuterung
Nicht verformbare Frontelemente	
Paneele mit voller Bauhöhe	Die Elemente werden so vorgefertigt, dass sie die volle Höhe der bewehrten Stützkonstruktion in einem Stück abdecken.
Paneele mit teilweiser Bauhöhe	Paneele mit teilweiser Bauhöhe haben üblicherweise Höhen von 1 m bis 2 m bei Dicken von 100 mm bis 200 mm.
Blockelemente, Formsteine	Frontelemente aus vorgefertigten Betonblöcken (z. B. Modulblöcke, Segmentblöcke) oder Natursteinen, die miteinander verbunden sind.
Bedingt verformbare Frontelemente	
Geschweißte Stahlgitter	Frontelemente, die aus offenen, geschweißten Stahlgitter-abschnitten hergestellt werden und dem Neigungswinkel der Böschung angepasst sind.
Blockelemente, Formsteine	Frontelemente aus vorgefertigten Betonblöcken (z. B. Modulblöcke, Segmentblöcke) oder Natursteinen, die sich gegeneinander verschieben können.
Gabionen	Gabionen werden üblicherweise aus verzinkten geschweißten Drahtgittern hergestellt, die mit Steinen oder gebrochenem Felsgestein gefüllt sind. Die Größe solcher Gabionen liegt üblicherweise zwischen 0,5 m bis 1,0 m Höhe, 2 m bis 3 m Länge und 0,5 m bis 1,0 m Tiefe.
Verformbare Frontelemente	
Umschlagmethode	Umschlagmethode oder Polsterwandbauweise. Hierbei wird die volle Breite der Bewehrung nach vorne aus dem bewehrten Schüttkörper herausgeführt und um die Front einer Lage aus Schüttmaterial herumgeschlagen.

Bild 51: Frontelemente und Materialien nach DIN EN 14475

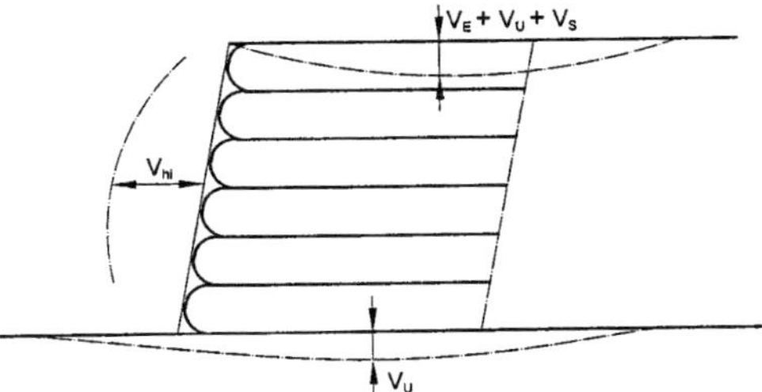

V_U Setzungen des Untergrundes
V_E Eigensetzung des Schüttmaterials
V_{hi} horizontale Verschiebung der Böschungsfront in Höhe der Bewehrungslage i
V_S Scherverformung

Bild 52: Verformungsanteile einer geokunststoffbewehrten Stützkonstruktion

- flexibel verformbare Elemente aus polymeren Materialien, wie z. B. geotextile Polster, Container, Gitter, Netzwerke.

Je nach System können die verformungsstarren und verformbaren Frontelemente mit den Bewehrungen auch konstruktiv verbunden sein. Die nicht bzw. wenig verformbaren Frontelemente dienen zugleich als Schalung, gegen die das Schüttmaterial eingebracht und verdichtet werden kann. Bei verformbaren Frontelementen sind Hilfsschalungen erforderlich, um die sollgemäße Ausrichtung der Front während des Aufbaues des Baukörpers gewährleisten zu können.

Die Frontsysteme müssen geeignet sein, die plangemäße flucht- und lotgerechte Ausführung des bewehrten Erdkörpers sowohl in der Bauphase als auch auf Dauer der Nutzung innerhalb system- und konstruktionsbedingter Toleranzen zu gewährleisten und die beim Entwurf einzukalkulierenden Verformungen bzw. Setzungsdifferenzen ohne Versagen aufzunehmen.

Die Frontdeformationen variieren sowohl in der Bauphase als auch in der Nutzungsphase des Erdkörpers vergleichsweise stark system- und konstruktionsbedingt, sodass bereits bei der Auswahl eines bestimmten Systems darauf zu achten ist. Die Deformationen werden hauptsächlich durch die Setzungsdifferenzen zwischen Front bzw. Verkleidung und dem bewehrten Hinterfüllboden bzw. in Längsrichtung des Stützkörpers $\Delta S/\Delta L$ oder durch die Zusammendrückung $\Delta H/H$ verursacht; s. *Bild 52*. Die Setzungsdifferenzen längs der

Konstruktion entstehen, wenn die Höhe des Baukörpers oder die Zusammendrückung des Untergrundes differieren; Definition der Frontdeformationen und Systembeispiele s. *Bilder 53* und *54*.

Der Entwurf ist so zu gestalten, dass die Ausführung des Baukörpers innerhalb realistischer Toleranzen hinsichtlich flucht- und lotgerechter Anordnung, Bauhöhe und Linienführung möglich wird. Das Front- bzw. Verkleidungssystem sollte umso flexibler verformbar sein, je setzungsempfindlicher sich der Hinterfüllboden oder die Gründung des Baukörpers verhalten.

Wird die Bewehrung mit wenig flexibel verformbaren Frontelementen konstruktiv verbunden, können bei Verformungsdifferenzen zusätzliche Einwirkungen an den Verbindungsstellen entstehen, die beim Entwurf ersatzweise durch Ansatz von Zusatzlasten zu berücksichtigen sind.

8.6 Entwässerung der Baukörper

Zu den grundlegenden Entwurfs- und Baukomponenten gehört es, den bewehrten Baukörper einschließlich der Fundierung und des Hinterfüllbereiches wirksam zu entwässern:

(1) Im Fall der Böschungssicherungen ist es erforderlich, das Oberflächenwasser zu sammeln und wegzuleiten, um die Böschung vor Erosion und Aufweichung zu schützen. Sicker- und Schichtwasser ist durch Maßnahmen der Tiefendränage vom Bewehrungsbereich des Baukörpers fernzuhalten, um zu verhindern, dass sich Wasserdruck aufbauen kann.

(2) Im Fall von bewehrten Stützkonstruktionen sind hinsichtlich der Entwässerung folgende Erfordernisse zu beachten:

Sofern der Baukörper im Bereich seines Gründungsauflagers nicht frei ohne Wasseraufstau in den Untergrund entwässern kann, müssen hinter dem Baukörper Längssickergräben mit Dränrohren oder Rinnen oder geosynthetische Dränelemente angeordnet werden, die das Wasser gesammelt seitlich in das Dränsystem ableiten. Die Frontelemente sind mit Wasserauslässen zu versehen.

Dränagegräben längs der Stützkonstruktion oder entsprechend abschnittsweiser Einbau

Wand-Vorderansicht
Setzungsdifferenz in Längsrichtung:
Verhältnis ΔS/ΔL

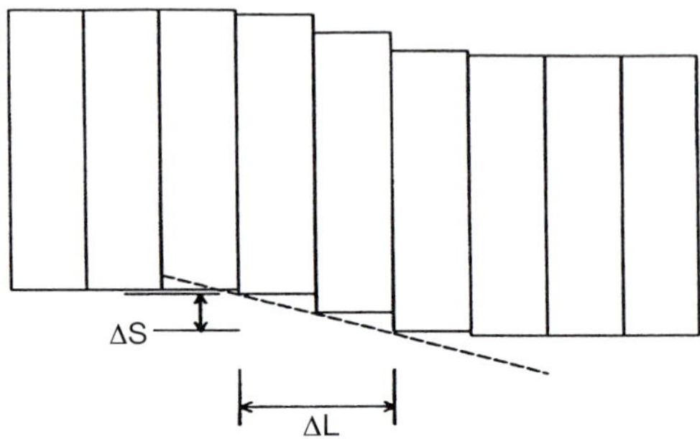

Wand-Querschnitt
Zusammendrückbarkeit:
Verhältnis ΔH/H

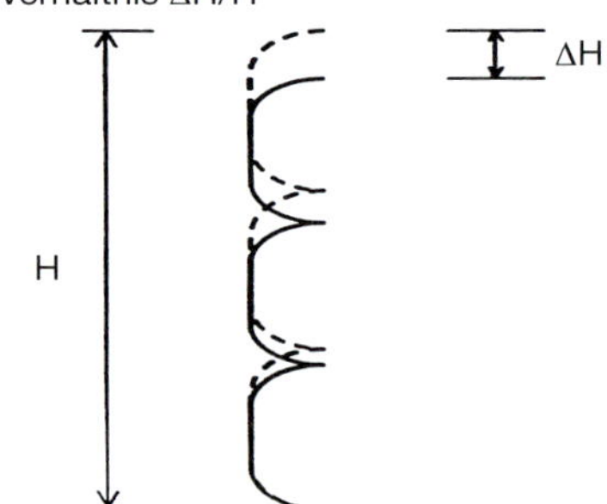

Bild 53: Definition von Frontdeformationen

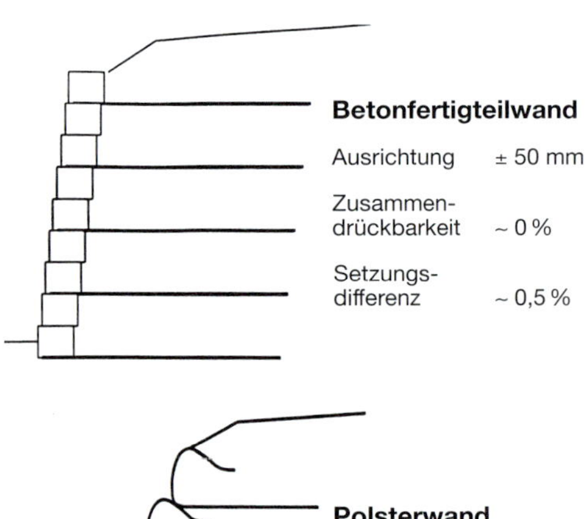

Bild 54: Systembeispiele mit verträglichen Konstruktions- und Verformungstoleranzen

von Geokunststoffdräns werden erforderlich, wenn lokal oder flächig Wasser aus dem anstehenden Boden andrängt. Bei starkem Wasserandrang empfiehlt es sich, unter dem bewehrten Baukörper mit ausreichend bemessenen Überständen eine mineralische Flächendränschicht oder eine geosynthetische Dränschicht einzubauen, die das Wasser seitlich ableiten können.

Bei Baukörpern, die teilweise bzw. temporär im Grundwasser liegen, müssen spezielle Entwurfsplanungen und Dimensionierungen je nach Einzelfall ausgeführt werden.

9 Technische Regelwerke/Literatur

(1) DIN EN 14475: Ausführung von besonderen geotechnischen Arbeiten (Spezialtiefbau) – Bewehrte Schüttkörper

(2) EBGEO: Empfehlungen für den Entwurf und die Berechnung von Erdkörpern mit Bewehrungen aus Geokunststoffen, DGGT, 2010

(3) Bedingungen für die Anwendung des BEBO-Brückensystems, Bundesminister für Verkehr, Abteilung Straßenbau, ARS StB Nr. 13, 1980

(4) Bedingungen für die Anwendung von biegeweichen, stählernen, im Boden eingebetteten Rohren (Ausgabe Januar 1982), Bundesministerium für Verkehr, Abteilung Straßenbau, ARS StB Nr. 1, 1982

(5) Bedingungen über die Anwendung des Bauverfahrens Bewehrte Erde, Bundesministerium für Verkehr, Abteilung Straßenbau, ARS StB Nr. 4, 1985

(6) Merkblatt über den Einfluss der Hinterfüllung auf Bauwerke, FGSV, 2017

(7) Merkblatt über Stütz- und Lärmschutzkonstruktionen aus Betonelementen, Blockschichtungen oder Gabionen, FGSV, 2014

(8) Merkblatt über Raumgitterkonstruktionen, FGSV, 2016

(9) Merkblatt über Stützkonstruktionen aus stahlbewehrten Erdkörpern, FGSV, 2010

(10) Wenz, K.-P.: Über die Größe des Seitendruckes auf Pfähle in bindigen Erdstoffen, Veröffentlichungen des Instituts für Boden- und Felsmechanik, Universität Karlsruhe, H. 19, 1963

(11) Sonntag, G.: Die Stabilität dünnwandiger Rohre im kohäsionslosen Kontinuum, Felsmechanik und Ing.-Geologie, Vol. IV/3, 1966

(12) Floss, R.: Hinterfüllung und Entwässerung von Brückenwiderlagern und Stützmauern, Straße und Autobahn 20, H. 12, 1969

(13) Klöppel, K. u. Glock, D.: Theoretische und experimentelle Untersuchungen zu den Traglastproblemen biegeweicher in die Erde eingebetteter Rohre, Institut für Statik und Stahlbau der TH Darmstadt, H. 10, 1970

(14) Sattler, K.: Untersuchungen über die Tragfähigkeit von gewellten VOEST-Durchlässen, Hrsg. VOEST, Linz 1970

(15) Feder, G.: Beulsicherheit von erdverlegten Rohren und Tunnelauskleidungen unter Straßendruckbelastung, Straße – Brücke – Tunnel 23, H. 2, 1971

(16) Floss, R. u. Thamm, B. R.: „Bewehrte Erde" – Ein neues Bauverfahren im Erd- und Grundbau, Die Bautechnik 54, 1976

(17) Floss, R. u. Thamm, B. R.: Entwurf und Ausführung von Stützkonstruktionen aus bewehrter Erde, Tiefbau 89, H. 2, 1977

(18) Brandl, H.: Tragverhalten und Dimensionierung von Raumgitterstützmauern (Krainerwänden), Schriftenreihe Straßenforschung des Bundesministeriums für Bauten und Technik, Wien, H. 141, 1980

(19) Floss, R.: Messtechnische Überwachung von Tiefbauwerken, VDI Berichte 1165: Bauwerksüberwachung im Ingenieur- und Industriebau, Hrsg. Verein Deutscher Ingenieure, VDI Verlag, Düsseldorf 1994

(20) Ostermayer, H.: Das Verhalten des Systems Bauwerk-Anker-Boden als Grundlage für den Entwurf verankerter Konstruktionen, Bauingenieur 70, 1995

(21) Technische Lieferbedingungen für Gabionen im Straßenbau, FGSV, 2016

(22) Merkblatt über Entwurfs- und Berechnungsgrundlagen für Gründungen und Stahlpfosten von Lärmschutzwänden und Überflughilfen an Straßen, FGSV, 2017

Hinweis

Lit. zu geokunststoffbewehrten Erdkörpern s. auch Abschnitt 3.3 ZTV E-StB.

Teil 2

11 Schutzwälle

11 Schutzwälle

11.1 Grundsätze

Für Schutzwälle können alle Böden und Baustoffe verwendet werden, bei denen die Standsicherheit der Wälle mit der vorgesehenen Böschungsneigung gewährleistet ist.

Werden Schutzwälle aus Baustoffen hergestellt oder mit Verfahren ausgeführt, die von den nachgenannten Regelungen nicht erfasst werden, sind dafür gesonderte Untersuchungen und Nachweise zu führen.

Es gelten die Abschnitte 6.1 und 6.5 bis 6.7.

Sind bei Schutzwällen aufgesetzte Wände vorgesehen, ist dies bei der Gestaltung der Wälle zu berücksichtigen.

Die geplante Kronenhöhe ist unter Berücksichtigung der zu erwartenden Setzungen einzuhalten. Die nach Abschluss der Erdarbeiten noch zu erwartenden Setzungen aus dem Untergrund sind bei der Planung zu berücksichtigen.

Die Einhaltung der Sollhöhe ist vom Auftragnehmer zum Zeitpunkt der Abnahme nachzuweisen (siehe Abschnitt 1.9.3).

Bei der Anlage von Schutzwällen ist der Einfluss auf bestehende Bauwerke (Gebäude, Brücken, Straßen, Leitungen) zu beachten.

11.2 Einbau und Verdichten

Die Böden und Baustoffe sind nach den Angaben im Abschnitt 4.3.1 einzubauen und zu verdichten. Als Anforderung an das 10 %-Mindestquantil des Verdichtungsgrades D_{Pr} gilt 97 %. Es gilt die Anforderung an das 10 %-Höchstquantil des Luftporenanteiles von 12 Vol.-% für die Böden der Bodengruppen der Tabelle 4, Zeile 3.

Abweichungen hiervon sind auf der Grundlage von bodenmechanischen Untersuchungsergebnissen und Standsicherheitsuntersuchungen in der Leistungsbeschreibung festzulegen.

Werden Schutzwälle bei Straßen in Dammlage errichtet, gelten für die wegen des Schutzwalles erforderliche Verbreiterung des Straßendammes bei Einbau und Verdichtung die gleichen Anforderungen wie für den Straßendamm.

11.3 Oberbodenarbeiten

Sofern keine besonderen Planungen und Angaben über die Ausführung von Landschaftsbauarbeiten vorliegen, ist in der Leistungsbeschreibung die Dicke der Andeckung für Rasenflächen in der Regel mit 10 cm, für Gehölzpflanzungen mit 15 cm vorzusehen. In geeigneten Fällen kann auch ohne Oberboden begrünt werden.

Inhalt Kommentar

1 Bauweisen

Als Schutzmaßnahmen gegen Lärm und Sicht kommen Erdwälle zur Anwendung, wenn hierfür ausreichend Fläche zur Verfügung steht. Die Wälle sollen möglichst nahe an der Fahrbahn und steil gebaut werden; Anordnungen gemäß *Bild 1*.

Der Querschnitt und die Böschung des Walles sollen z. B. nach *Bild 2* gestaltet werden.

Erdwälle, die steiler ausgeführt werden sollen, als es das Regelprofil vorsieht, erfordern eine Prüfung der Standsicherheit und Gestaltung nach den Regeln in DIN 4084. Solche Steilwälle können in verschiedenartiger Bauweise hergestellt bzw. hinsichtlich ihrer Standfestigkeit verbessert werden; hierzu gehören:

- Böschungsbauweisen mit ingenieurbiologischen bzw. erdbautechnischen Sicherungsmitteln; s. Abschnitt 6 ZTV E-StB, Kom. 8
- Böschungsbauweisen mit Bewehrung durch zugfeste Geokunststoffe; s. Abschnitt 10 ZTV E-StB, Kom. 8
- Kombinationen mit Wandelementen, Fertigteilen aus Beton, Blockschichtungen (Beton-, Natursteinblöcke), Gabionen (Drahtschotterbehälter), jeweils mit oder ohne Rückverankerung durch zugfeste Einlagen

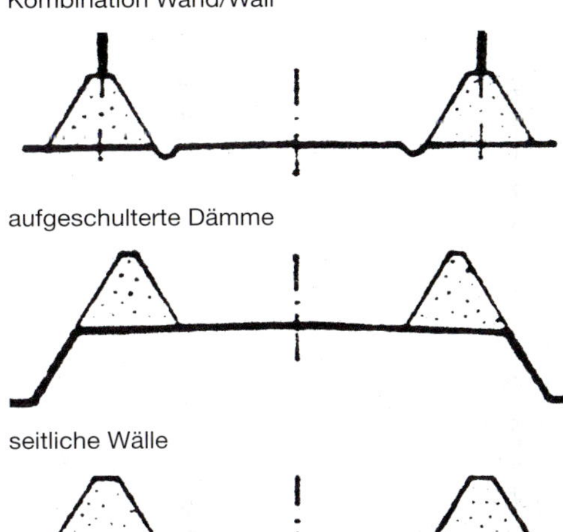

Bild 1: Anordnung von Lärmschutzwällen

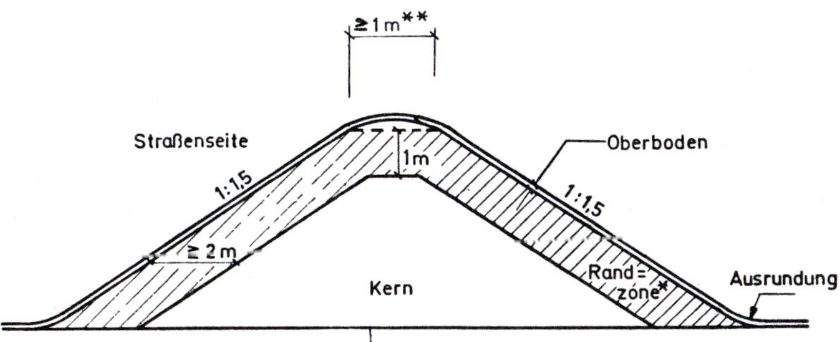

Bild 2: Regelquerschnitt für einen Lärmschutzwall

* Einbau einer Randzone bei Wällen über 4 m Höhe möglich
** Kronenbreite ≥ 2,0 m bei zusätzlich aufgesetzter Wand

- Ausführung als Kombination Wall/Wand mit Hilfe von Raumgitter- und „Terre Armée“-Konstruktionen; s. Abschnitt 10 ZTV E-StB, Kom. 6 und 7.

Je nach Standortbedingungen kommt es bei der Planung und Bauausführung auch darauf an, die Erfordernisse der Gebrauchstauglichkeit einschließlich Entwässerungsmaßnahmen und Witterungsschutz zu beachten. Die Konstruktionen müssen weitgehend unempfindlich gegenüber möglichen Setzungen und Setzungsunterschieden sein. Anlagen auf wenig tragfähigem Untergrund s. Grundsätze in Abschnitt 13 ZTV E-StB mit Kommentar.

2 Erdwälle

2.1 Baustoffe

Verwendet werden können alle Böden und Materialien, die keine löslichen, grundwasserschädlichen Stoffe enthalten und für das Begrünen der Wälle geeignet sind. Die Baustoffe müssen im eingebauten Zustand Scherfestigkeitseigenschaften haben, die eine ausreichende Standfestigkeit des Erdwalles gewährleisten.

2.2 Einbauen und Verdichten

Der Einbau und das Verdichten erfolgen unter Beachtung der erdbautechnischen Grundsätze nach Abschnitt 4.3 bzw. 4.3.2 ZTV E-StB mit Kommentaren. Je nach Höhe und Breite des Erdwalles sowie verfügbarer Baustoffe kann die Kernbauweise mit Randzone nach *Bild 2* oder ein homogener Aufbau ausgeführt werden. Die Einbaulagen sind über die gesamte Breite des Erdwalles zu ziehen und einzeln zu verdichten.

Der zulässige Luftporenanteil von $n_a < 12\,\%$ kann zum vorrangigen Verdichtungskriterium werden, wenn der dem Verdichtungsgrad von $D_{Pr} = 97\,\%$ zugehörige Grenzwassergehalt für Einbau und Verdichten zu groß ist. Außerdem kann es bei hohen Erdwällen und bestimmten Baustoffen aus Gründen der Standsicherheit notwendig sein, den erforderlichen Verdichtungsgrad höher festzulegen. Diesbezügliche Entscheidungen gehören zum Gegenstand der Eignungsprüfungen.

Einbau und Verdichtung müssen so ausgeführt werden, dass Oberflächenwasser stets ungehindert abfließen kann, keine abflusslosen Senken entstehen und der Erdwall nicht durch eindringendes Sickerwasser aufweichen kann.

Werden Bauweisen mit verkleideter Außenfront oder mit flächig geschlossenen Geokunststoffen (Vliese, Gewebe) nach „Polsterwandprinzip“ ausgeführt, wird es notwendig, den direkt anschließenden Bereich des Erdwalls als Entwässerungszone auszubilden, sofern der Erdwall aus wasserempfindlichen bindigen Böden aufgebaut wird und seine Oberflächen nicht abgedichtet werden; s. Grundsätze für den Bau der Entwässerungszone in Abschnitt 10 ZTV E-StB, Kom. 1.10. Die Entwässerung muss durch ausreichend dimensionierte Vorflut dauerhaft gesichert sein.

2.3 Aufgesetzte Lärmschutzwand

Wird auf dem Erdwall zusätzlich eine Wand errichtet *(Bild 1)*, werden Sicherheitsnachweise erforderlich, die nicht nur die Wand, sondern zusätzlich das Gesamtsystem Wand/Erdwall unter Beachtung aller horizontalen und vertikalen Lasteinwirkungen berücksichtigen (DIN 4084). Die Anforderungen für den Erdwall müssen auf einen tragfähigen, setzungsfreien Baugrund abgestimmt sein.

Die Gründungsarbeiten für die Wand müssen hinsichtlich der Bauverfahren, der eingesetzten Baugeräte und des Befahrens mit Fahrzeugen so schonend ausgeführt werden, dass die bereits erstellte Qualität des Erdwalls (Kronenplanie, Böschungen) nicht beeinträchtigt wird.

Die Gründungselemente (Fundamente, Ramm- oder Bohrpfähle) dürfen zu keiner Zeit den Erdwall bewässern und aufweichen. Somit sind ggf. entsprechende Schutzmaßnahmen zu planen und rechtzeitig auszuführen.

2.4 Oberbodenarbeiten und Bepflanzung

Die Grundsätze in Abschnitt 5 ZTV E-StB und dem zugehörigen Kommentar gelten sinngemäß auch für die Erdwälle.

3 Sanierung von Erdwällen

Die Sanierung der Erdwälle wird notwendig, wenn sich starke Böschungsverformungen bzw. Setzungen zeigen oder Bodenmassen abrutschen bzw. ausfließen. In diesen Fällen ist geotechnisch zu untersuchen, ob a) der Wall abschnittsweise abgetragen und nach erdbautechnischen Regeln wieder aufgebaut oder b) die Standsicherheit mit technisch-wirtschaftlichen Mitteln verbessert werden kann.

In kritischen Abschnitten können folgende Maßnahmen für eine verbesserte Standsicherheit auf der Grundlage von rechnerischen Standsicherheitsnachweisen in Betracht kommen:

- Böschungsneigung abflachen auf mindestens 1 : 2 oder Anlage von Steilböschungen mit Sicherungen, z. B. Bewehrung mit Geogittern
- Böschungsneigung in den unteren Wallquerschnitten mit 1 : 2,5 flacher wählen und ggf. erst im oberen Bereich auf 1 : 2 übergehen
- Verbreiterung der Erdwälle durch seitliche Vorschüttungen
- Anordnung von Bermen mit 1,00 bis 2,00 m Breite und Dränagen zum Abfangen und Ableiten des Oberflächenwassers, zur Untergliederung langer Böschungsflächen, zur mittleren Abflachung der Böschungen und zur Begrenzung der Erosionen
- gute Ausrundung der Fuß- und Schulterbereiche, was ebenfalls der Erosion entgegenwirkt.

In Abschnitten, die nicht mehr abgetragen werden können oder nur einen Teilabtrag zulassen, sind Maßnahmen der Tiefenverbesserung zu empfehlen. Hierzu gehören a) das Einbringen von vertikalen Tiefendräns in rasterförmigen Abständen im Kern- und Böschungsbereich, die das Bodenwasser entziehen und die Setzungen beschleunigen, oder b) analog das Einbringen von Bohrsäulen aus Kalk bzw. Boden-Kalk-Gemischen, die ebenfalls den Wassergehalt reduzieren und die bodenmechanischen Eigenschaften verbessern. Diese Verfahren und weitere Möglichkeiten sind in den Abschnitten 12 und 13 ZTV E-StB und zugehörigen Kommentaren beschrieben.

4 Technische Regelwerke

(1) Merkblatt für einfache landschaftsgerechte Sicherungsbauweisen, FGSV, 1991

(2) Merkblatt über Stütz- und Lärmschutzkonstruktionen aus Betonelementen, Blockschichtungen oder Gabionen, FGSV, 2014

(3) Merkblatt über die Anwendung von Geokunststoffen im Erdbau des Straßenbaues, FGSV, 2016

(4) Merkblatt über Raumgitterkonstruktionen, FGSV, 2016

(5) Empfehlungen für die Gestaltung von Lärmschutzanlagen an Straßen, FGSV, 2005

80

Teil 2

12 Bodenbehandlung mit Bindemitteln

12 Bodenbehandlung mit Bindemitteln

Begriffsbestimmungen siehe Abschnitte 1.2.6 bis 1.2.9.

12.1 Anwendung

Bodenverfestigungen werden in der oberen Zone des Untergrundes oder Unterbaus von Straßen sowie bei anderen Verkehrsflächen und Erdbauwerken ausgeführt.

Besteht der Untergrund bzw. Unterbau unmittelbar unter dem Oberbau aus Boden der Frostempfindlichkeitsklasse F1, kann eine Verfestigung mit hydraulischem Bindemittel durchgeführt werden. Diese Verfestigung ist Bestandteil des Oberbaus von Verkehrsflächen und wird in den ZTV Beton-StB behandelt.

Qualifizierte Bodenverbesserungen können bei Erdarbeiten für Straßen und Verkehrsflächen im Unterbau oder Untergrund, z. B. bei der Herstellung von Dämmen, Böschungen, Hinterfüllungen und des Planumsbereiches, angewendet werden. Hierbei werden die Tragfähigkeit, die Scherfestigkeit und der Erosionswiderstand erhöht sowie die Verformungen und die Frostempfindlichkeit verringert. Geeignete Böden der Frostempfindlichkeitsklasse F3 können hierdurch z. B. in die Frostempfindlichkeitsklasse F2 eingestuft werden.

Bodenverbesserungen werden bei Erdarbeiten aller Art angewendet. Im Bereich von Planien, Böschungen und anderen Flächen bewirken Bodenverbesserungen mit Bindemitteln auch einen Erosions- und Witterungsschutz.

Bodenbehandlungen können als Technische Sicherungsmaßnahme angewendet werden. Auf das „Merkblatt über die Behandlung von Böden und Baustoffen mit Bindemitteln zur Reduzierung der Eluierbarkeit umweltrelevanter Inhaltsstoffe" wird hingewiesen.

Mechanische Bodenverbesserungen siehe Abschnitt 13.2.

12.2 Ausführung

12.2.1 Bodenverfestigungen

12.2.1.1 Baumischverfahren

Oberboden, pflanzliche Bestandteile sowie Steine und Blöcke (Durchmesser > 63 mm) sind zu entfernen.

Diese Maßnahmen sind in der Leistungsbeschreibung anzugeben.

Gemischt- und feinkörnige Böden sind aufzureißen und erforderlichenfalls so zu zerkleinern, dass abgesehen von Kies augenscheinlich etwa 80 % der Bodenklumpen kleiner als 8 mm sind. Die Bodenklumpen müssen auch im Innern durchfeuchtet sein.

Der Wassergehalt des Bodens muss dem für den Einbau und die Verdichtung erforderlichen Wassergehalt entsprechen. Müssen feinkörnige Böden vor der Verfestigung angefeuchtet werden, ist die Anfeuchtung so rechtzeitig vorzunehmen, dass sich vor dem Einbringen des Bindemittels eine gleichmäßige Durchfeuchtung der

Bodenklumpen eingestellt hat. Der Boden ist so zu homogenisieren bzw. zu mischen, bis in der gesamten Schicht eine gleichmäßige Färbung und ein gleichmäßiger Wassergehalt erreicht sind.

Sind grob- bzw. gemischtkörnige Böden (z. B. enggestufte Sande) zu trocken, muss kurz nach dem Verteilen des Bindemittels ausreichend Wasser zugegeben werden.

Zur Verdichtung noch erforderliches Wasser muss während des Mischens oder unmittelbar vorher zugegeben werden.

Bei zu nassen gemischt- und feinkörnigen Böden (Wassergehalt deutlich über dem optimalen Wassergehalt) muss bei Verfestigungen mit hydraulischen Bindemitteln der Wassergehalt durch Belüften mittels Fräsen, Aufreißen oder durch Behandlung mit Kalk verringert werden. Falls das nicht möglich ist, muss ein zu nasser Boden ausgetauscht werden.

Diese Maßnahmen sind in der Leistungsbeschreibung anzugeben.

Beim Einsatz eines Mischbindemittels, das heißt einer Kombination hydraulischer Bindemittel und Kalk, kann gegebenenfalls eine Vorbehandlung des Bodens mit Kalk entfallen.

Fein- und gemischtkörnige Böden können durch Einmischen von z. B. 1 bis 3 M.-% Kalk für eine Verfestigung mit hydraulischen Bindemitteln verarbeitbar gemacht werden. Die Kalkzugabe ist bei der Eignungsprüfung zu berücksichtigen. Das Aufbereiten von fein- und gemischtkörnigen Böden ist in der Leistungsbeschreibung anzugeben.

Werden andere Baustoffe zugegeben, z. B. zur Verbesserung der Korngrößenverteilung, sind sie maschinell in gleichmäßiger Schichtdicke zu verteilen und einzumischen.

Der Boden ist vor dem Verteilen des Bindemittels abzugleichen und gemäß Abschnitt 12.4.2.4 zu verdichten. Die Höhenlage des vorverdichteten Planums muss so eingestellt werden, dass unter Berücksichtigung des Verdichtungsmaßes in der verfestigten Schicht die Sollhöhen und Schichtdicke nicht über- bzw. unterschritten werden.

Das Bindemittel ist maschinell zu verteilen und so einzumischen, dass die geforderte Schichtdicke gleichmäßig erreicht wird.

Die Schicht ist gleichmäßig so zu verdichten, dass der vorgeschriebene Verdichtungsgrad (siehe Abschnitt 12.4.2.4) erreicht wird.

Bei Längs- und Arbeitsfugen sind die Frässpuren zu überlappen.

12.2.1.2 Zentralmischverfahren

Die Unterlage ist so herzustellen, dass die vorgesehene Schichtdicke und Sollhöhe nach Einbau der Bodenverfestigung erreicht werden.

Das Vorbereiten der Unterlage, z. B. Nachverdichten, Herstellen der planmäßigen Höhenlage, Reinigen von schädlichen Verschmutzungen, ist in der Leistungsbeschreibung anzugeben.

Sofern die Unterlage vom Auftragnehmer hergestellt wird oder die Notwendigkeit der oben genannten Leistung aus anderen Gründen vom Auftragnehmer zu vertreten ist, entfällt eine gesonderte Vergütung.

Der zu verfestigende Boden und das Bindemittel sowie erforderliches Wasser sind in einer Mischanlage zu mischen. Es muss so lange gemischt werden, bis das Bindemittel gleichmäßig mit dem Boden vermischt ist und das Boden-Bindemittel-Gemisch einen einheitlichen Farbton hat. Bezüglich des Wassergehaltes gelten die Angaben für das Baumischverfahren sinngemäß. Das fertige Boden-Bindemittel-Gemisch ist zur Einbaustelle zu transportieren und dort gleichmäßig einzubauen, so dass die geforderte Schichtdicke erreicht wird.

12.2.1.3 Einbau und Verdichtung bei Baumisch- und Zentralmischverfahren

Bei einer Bodenverfestigung muss der Unterbau bzw. Untergrund den Anforderungen an den Verdichtungsgrad gemäß Abschnitt 4.3.2 entsprechen.

Das Boden-Bindemittelgemisch ist gleichmäßig so zu verdichten, dass der vorgeschriebene Verdichtungsgrad (siehe Abschnitt 12.4.2.4) und die geforderte Ebenheit erreicht werden.

Die verfestigte Schicht darf nur befahren werden, wenn dadurch keine Verdrückungen oder Beschädigungen entstehen.

Arbeitsfugen sind als Pressfugen auszubilden. Vor dem Einbau von Anschlussbahnen sind lockere Bestandteile an den Kanten der bereits eingebauten erhärteten Schicht so zu entfernen, dass eine möglichst senkrechte Abböschung entsteht.

Bei Bodenverfestigungen werden in der Regel keine Kerben oder Fugen vorgesehen. Sind ausnahmsweise zusätzliche Maßnahmen erforderlich, sind diese Kerben nach ZTV Beton-StB auszuführen.

Die Bodenverfestigung muss über den gesamten Querschnitt innerhalb der Zeit für die Verarbeitbarkeit des Boden-Bindemittel-Gemisches hergestellt werden.

Die Einrichtung der Geräte sowie die Arbeitsgänge für die Verteilung des Wassers und des Bindemittels, für die Durchmischung des Bindemittels mit der zur Verfestigung vorgesehenen Schicht und für die Verdichtung des Boden-Bindemittel-Gemisches sind darauf abzustimmen.

Werden Bodenverfestigungen in einzelnen, nebeneinander liegenden Bahnen hergestellt, ist frisch in frisch zu arbeiten und die bereits fertiggestellte Bahn auf mindestens 20 cm Breite überlappend mit durchzufräsen und gemeinsam mit der Anschlussbahn erneut zu verdichten.

Werden Verfestigungen in mehreren Schichten vorgesehen, ist jede Schicht in die darunter liegende, noch nicht erstarrte Schicht einzubinden. Der schichtweise Einbau ist frisch in frisch vorzunehmen.

Die Herstellung einer Bodenverfestigung mit gefrorenem Boden ist nicht zulässig.

Bodenverfestigungen mit Kalk und Kalkhydrat sollten mindestens zwei Monate vor dem Eintreten von Frost hergestellt sein. Andernfalls sind sie ausreichend gegen Frost zu schützen.

Während des Bauzustandes ist das Oberflächenwasser schadlos abzuleiten. Dabei sind die RAS-Ew zu beachten.

12.2.2 Bodenverbesserungen

Der Boden ist vor dem Verteilen des Bindemittels so abzugleichen, dass eine gleichmäßige Dicke der zu verbessernden Schicht erreicht wird. Bei Bodenverbesserungen kann das Verteilen und Einmischen des Bindemittels auch an der Entnahmestelle erfolgen.

Es muss so lange gemischt werden, bis eine gleichmäßige Durchmischung des Boden-Bindemittel-Gemisches vorliegt.

Das Boden-Bindemittel-Gemisch ist so zu verdichten, dass die geforderte Verdichtung auch im unteren Teil der Lage erreicht wird.

Auf das „Merkblatt über Bodenverfestigungen und Bodenverbesserungen mit Bindemitteln" wird verwiesen.

12.2.3 Dicke

Die Dicke der Lage im verdichteten Zustand ist in Abhängigkeit vom Bauzweck und von den Bodenverhältnissen festzulegen. Aus bautechnischen Gründen sind Dicken von mindestens 15 cm bei einer Bodenverfestigung und 20 cm bei einer Bodenverbesserung oder qualifizierten Bodenverbesserung vorzusehen.

12.2.4 Breite und Querneigung

Bei Bodenverfestigungen und Bodenverbesserungen sind die zu verfestigenden und verbessernden Schichten mindestens um das Maß breiter vorzusehen, dass die zur Anwendung kommenden Einbauverfahren für die darüber folgenden Schichten erfordern. Das notwendige Maß für die Randverbreiterung der Fahrbahn ist in Abhängigkeit von den Bodeneigenschaften zu wählen, um die Anforderungen an das Profil und die Verdichtung zu erreichen. Im Bereich des Planums werden Bodenbehandlungen über den vollen Querschnitt hergestellt.

Die Anordnung von Bodenverbesserungen kann auch in Teilbereichen zweckmäßig sein.

Für die Querneigung im Bereich der Dammschüttung gelten die Festlegungen des Abschnittes 4.3.1.7. Im Fall des verfestigten oder verbesserten Untergrundes/Unterbaus gelten die Querneigungen, die in der Leistungsbeschreibung für das Planum festgelegt sind. Die Ränder sind so auszubilden, dass Wasser nach außen abgeleitet wird.

12.2.5 Verarbeitungszeit

Sofern über die zulässigen Zeitspannen in Abhängigkeit von den Boden- und Lufttemperaturen für die Verarbeitung des Boden-Bindemittel-Gemisches keine Erfahrungen oder Untersuchungsergebnisse vorliegen, gelten die folgenden zulässigen Zeitspannen für die Verarbeitung des Boden-Bindemittel-Gemisches:

1) bei der Verwendung von hydrophobiertem Zement oder Tragschichtbinder:

   - max. 2,0 Std. bei Temperaturen bis 20 °C
   - max. 1,5 Std. bei Temperaturen über 20 °C, jeweils beginnend mit dem Einmischen des Bindemittels bis zum Abschluss der Verdichtungsarbeiten.

2) bei Verwendung von Zement und Tragschichtbinder:

   wie unter 1), jedoch vom Beginn des Aufstreuens oder der Zugabe des Bindemittels an.

3) bei Verwendung von Mischbindemitteln für Bodenverbesserungen und qualifizierte Bodenverbesserungen (siehe 12.3.2):

   - max. 4,0 Std. bei Temperaturen bis 20 °C
   - max. 3,0 Std. bei Temperaturen über 20 °C, jeweils beginnend mit dem Aufstreuen des Bindemittels bis zum Abschluss der Verdichtungsarbeiten.

4) bei Verwendung von Mischbindemitteln für Bodenverfestigungen (siehe 12.3.2):

   - max. 2,0 Std. bei Temperaturen bis 20 °C
   - max. 1,5 Std. bei Temperaturen über 20 °C, jeweils beginnend mit dem Aufstreuen des Bindemittels bis zum Abschluss der Verdichtungsarbeiten.

12.2.6 Nachbehandlung

Bodenbehandlungen mit hydraulischen Bindemitteln sind mindestens drei Tage lang ständig feucht zu halten, z. B. durch feines Versprühen von Wasser.

Eine Nachbehandlung kann entfallen, wenn auf die noch frische, verdichtete Schicht eine weitere Schicht aufgebracht wird. Die Unterlage darf jedoch nicht gestört oder verdrückt werden.

12.2.7 Schutzmaßnahmen

Sollen die mit Bindemitteln verfestigten Schichten aus Gründen, die der Auftraggeber zu vertreten hat, für längere Zeit unmittelbar befahren werden oder über Winter ungeschützt liegen bleiben, sind besondere Schutzmaßnahmen vorzusehen und in der Leistungsbeschreibung anzugeben.

Sofern Bodenverfestigungen oder -verbesserungen bei Temperaturen unter + 5 °C ausgeführt werden sollen, sind die erforderlichen Schutzmaßnahmen in der Leistungsbeschreibung anzugeben.

Sind die Arbeiten unter den oben genannten Bedingungen vom Auftragnehmer zu vertreten, so werden die erforderlichen Schutzmaßnahmen nicht gesondert vergütet.

12.3 Baustoffe

12.3.1 Böden und sonstige Baustoffe

Geeignete Bodengruppen (nach DIN 18196) für Bodenbehandlungen sind:

- *grobkörnige Böden GE-GW-GI-SE-SW-SI mit maximaler Korngröße von 63 mm,*
- *fein- und gemischtkörnige Böden der Gruppen SU-ST-GU-GT-SU*-ST*-GU*-GT*-UL-UM-UA-TL-TM.*

Bedingt geeignete Bodengruppen (nach DIN 18196) und Baustoffe für Bodenbehandlungen sind:

- *ausgeprägt plastische Tone (TA), soweit sie weiche bis steife Konsistenz haben und ausreichend zerkleinert werden können,*
- *gemischtkörnige Böden mit Steinen über 63 mm, sofern diese aussortiert oder bei angewittertem Zustand zerkleinert werden können,*
- *Böden mit organischen Beimengungen und organogene Böden,*
- *Böden mit sehr wechselhafter Zusammensetzung oder Beschaffenheit,*
- *Baustoffe nach TL BuB E-StB,*
- *veränderlich feste Gesteine, z. B. Schluff- und Tonsteine, wenn sie sich ausreichend zerkleinern lassen und einen für die Verdichtung ausreichenden Wassergehalt (Reduzierung des Luftporenanteiles) aufweisen.*

Ungeeignete Böden und Festgesteine für Bodenbehandlungen sind:

- *veränderlich feste Gesteine, z. B. Schluff- und Tonsteine, die sich nicht ausreichend zerkleinern lassen;*
- *organische Böden.*

Im Einzelfall können Bodenverbesserungen bei Böden angewandt werden, die für qualifizierte Bodenverbesserungen und Bodenverfestigungen ungeeignet sind. Bei sulfathaltigen Böden kann es bei Zugabe von Bindemitteln zur Bildung von Ettringit und Thaumasit mit Entfestigungen und auch erheblichen Quellhebungen kommen. Die Eignung von sulfathaltigen Böden und Baustoffen ist bei einem Sulfatgehalt > 0,3 M.-% im Feststoff besonders zu untersuchen.

12.3.2 Bindemittel

Bindemittel müssen entsprechen:

DIN EN 197-1	Zement – Teil 1: Zusammensetzung, Anforderungen und Konformitätskriterien von Normalzement
DIN 1164-10	Zement mit besonderen Eigenschaften – Teil 10: Zusammensetzung, Anforderungen und Übereinstimmungsnachweis von Zement mit niedrigem wirksamen Alkaligehalt

DIN EN 459-1 Baukalk – Teil 1: Begriffe, Anforderungen und Konformitätskriterien

Ergänzende Anforderungen bestehen an die Reaktionsfähigkeit und die Korngrößenverteilung. Die Anforderungen an die Mindestreaktionsfähigkeit der Kalktypen werden nach DIN EN 459-1 von folgenden Baukalkarten erfüllt:

Tabelle 6: Anforderung an die Reaktionsfähigkeit der Kalke

Baukalkart	Kategorie	Reaktionsfähigkeit
CL 90 – Q	R4, R5	t_{60}°C ≤ 25 min
CL 80 – Q	R3, R4	t_{50}°C ≤ 25 min
DL 85-30 – Q	R2	t_{40}°C ≤ 25 min
DL 80-5 – Q	R1	t_{35}°C ≤ 25 min

Die Anforderung an die Mahlfeinheit der Kalke muss der Kategorie P1 (fein) oder der Kategorie P2 (körnig) nach DIN EN 459-1 entsprechen.

DIN EN 13282-1 Hydraulische Tragschichtbinder – Teil 1: Schnell erhärtende hydraulische Tragschichtbinder – Zusammensetzung, Anforderungen und Konformitätskriterien

Mischbindemittel Kombination aus genormten hydraulischen Bindemitteln oder deren hydraulischen Hauptbestandteilen und Baukalk nach der oben genannten Norm. Die Zusammensetzung und Eigenschaften der Mischbindemittel sind vom Hersteller in einem Produktdatenblatt anzugeben.

Die Massenanteile Kalk/Zement der Mischbindemittel sind in der Leistungsbeschreibung anzugeben.

Die Verwendung anderer Bindemittel kann, wenn ihre Eignung grundsätzlich nachgewiesen wurde, zwischen Auftraggeber und Auftragnehmer vereinbart werden.

Hydraulische Bindemittel sind bei allen grob- und gemischtkörnigen Böden nach DIN 18196 geeignet, ferner bei feinkörnigen Böden, soweit diese sich mit den üblichen Verfahren zerkleinern und homogen durchmischen lassen. Kalk und Kalkhydrat eignen sich bei allen feinkörnigen und gemischtkörnigen Böden, die einen ausreichend hohen Anteil an puzzolanischen Bestandteilen haben. Mischbindemittel sind in Abhängigkeit von den Anteilen der Hauptkomponenten (Zement und Kalk) für fein- und gemischtkörnige Böden geeignet.

Siehe auch „Merkblatt über Bodenverfestigungen und Bodenverbesserungen mit Bindemitteln".

12.4 Anforderungen

12.4.1 Allgemeines

Die für die Ausführung maßgebenden Anforderungen sind in der Leistungsbeschreibung anzugeben.

Das Baustoffgemisch muss so zusammengesetzt sein, dass die in den Abschnitten 12.4.2 bis 12.4.4 genannten Anforderungen eingehalten werden. Die Zusammensetzung ist durch eine Eignungsprüfung zu ermitteln (siehe TP BF-StB, Teil B 11).

Das Wasser darf keine für die Verfestigung oder Verbesserung des Bodens schädlichen Bestandteile und Beimengungen enthalten.

12.4.2 Bodenverfestigung

12.4.2.1 Bindemittelmenge bei hydraulischen Bindemitteln

Für die Verfestigung von grobkörnigen Böden gilt die ZTV Beton-StB (siehe Abschnitt 12.1).

Für die Festlegung der Bindemittelmenge von fein- und gemischtkörnigen Böden sind die Ergebnisse der Eignungsprüfung nach TP BF-StB, Teil B 11.1 maßgebend. Die Bindemittelmenge ist so zu wählen, dass die in der Tabelle 7 enthaltenen Anforderungen erfüllt werden. Die Bindemittelmenge darf 3 M.-% nicht unterschreiten.

Tabelle 7: Kriterien für die Festlegung der Bindemittelmenge bei der Eignungsprüfung für eine Bodenverfestigung fein- und gemischtkörniger Böden

Zeile	Bodengruppe	Hebung der Probe[1]	Druckfestigkeit[2]
1	SU-ST-GU-GT[3]	$\frac{\Delta l}{l} \leq 1‰$	4,0 MPa im Alter von 28 Tagen
2	SU*-GU*-UL-UM ST*-GT*-TL-TM-TA	$\frac{\Delta l}{l} \leq 1‰$	–
3	Baustoffe nach TL BuB E-StB	$\frac{\Delta l}{l} \leq 1‰$	4,0 MPa im Alter von 28 Tagen

1) Versuch nach TP BF-StB, Teil B 11.1.
2) Die Druckfestigkeit dient nur zur Festlegung der Bindemittelmenge und bezieht sich auf einen Probendurchmesser von 10 cm. In besonderen Fällen kann zur Beurteilung die 7-Tage-Festigkeit herangezogen werden. Hierbei ist die Festigkeitsentwicklung der Bindemittel zu berücksichtigen.
3) Anforderung gilt für Böden, die nach Abschnitt 3.1.5.1 zu F2 gehörig sind; für F1 Böden gilt die TP Beton-StB.

12.4.2.2 Bindemittelmenge bei Baukalken

Für Bodenverfestigungen mit Kalk und Kalkhydrat ist die Bindemittelmenge gemäß TP BF-StB, Teil B 11.1 festzulegen. Die Zylinderdruckfestigkeit muss nach Frostbeanspruchung mindestens 0,2 MPa betragen. Die Bindemittelmenge darf 4 M.-% nicht unterschreiten.

12.4.2.3 Bindemittelmenge bei Mischbindemitteln und anderen vereinbarten Bindemitteln

Bei Mischbindemitteln und anderen vereinbarten Bindemitteln ist die Bindemittelmenge nach Abschnitt 12.4.2.1 festzulegen.

12.4.2.4 Verdichtungskennwerte

1) Anforderungen an die zur Verfestigung vorgesehene Schicht (nur beim Baumischverfahren):

   Es gelten die Verdichtungsanforderungen gemäß Tabelle 4 im Abschnitt 4.3.2.

2) Anforderungen an die mit Bindemittel verfestigte Schicht:

   Die Anforderung an den Verdichtungsgrad beträgt unmittelbar nach Abschluss der Verdichtung mindestens 98 % der Proctordichte des Boden-Bindemittel-Gemisches.

12.4.2.5 Nachweis der Bindemittelmenge

Der Auftragnehmer gibt aufgrund der Ergebnisse der Eignungsprüfung die Bindemittelmenge beim Baumischverfahren in kg/m² und beim Zentralmischverfahren in M.-% an.

Die Liefermenge des Bindemittels darf für das gesamte Baulos den im Rahmen der Eignungsprüfung festgelegten Wert um nicht mehr als 5 % relativ unterschreiten oder nicht mehr als 8 % relativ überschreiten. Einzelne gemäß TP BF-StB, Teil B 11.2 ermittelte Werte der Bindemittelmenge dürfen den Sollwert der Eignungsprüfung um nicht mehr als 15 % relativ über- und nicht mehr als 10 % relativ unterschreiten.

12.4.2.6 Oberfläche

Die Oberfläche der verfestigten Schicht darf von der Sollhöhe nicht mehr als ± 2 cm abweichen.

12.4.2.7 Ebenheit

Die Unebenheiten der Oberfläche von Bodenverfestigungen, die unmittelbar Unterlage des Oberbaus sind, dürfen nicht größer als 2,0 cm innerhalb einer 4 m langen Messstrecke sein.

12.4.2.8 Einbaudicke

Einzelwerte für die Einbaudicke von Schichten und Lagen dürfen den Sollwert um nicht mehr als 10 % unter- oder überschreiten.

12.4.3 Qualifizierte Bodenverbesserungen

12.4.3.1 Bindemittelmenge

Die Bindemittelmenge darf 3 M.-% nicht unterschreiten.

Bei der qualifizierten Bodenverbesserung des Planums (Verringerung der Frostempfindlichkeitsklasse von F3 zu F2) ist die Bindemittelmenge so zu bemessen, dass die einaxiale Druckfestigkeit nach 28 Tagen Lagerung und Prüfung gemäß TP BF-StB, Teil B 11.3 ≥ 0,5 MPa beträgt. Alternativ kann der CBR-Wert gemäß TP BF-StB, Teil B 7.1 geprüft werden. Dieser muss ≥ 40 % an 28 Tage alten Proben sein. In beiden Fällen darf nach 24 h Wasserlagerung der Festigkeitsabfall nicht größer als 50 % bezogen auf den jeweiligen Wert vor Wasserlagerung sein. In Abhängigkeit von den zeitlichen Vorgaben kann die Prüfung auch nach 7 Tagen und/oder zu anderen Prüfzeitpunkten erfolgen.

Bei anderen Anwendungen der qualifizierten Bodenverbesserung werden die Kriterien für die Bestimmung der Bindemittelmenge durch erdstatische Berechnungen vorgegeben.

12.4.3.2 Verdichtungskennwerte

Es gelten die Anforderungen an den Verdichtungsgrad der Abschnitte 4.3.2, 9.5, 10.3.5 und 11.2.

12.4.3.3 Nachweis der Bindemittelmenge

Es gilt Abschnitt 12.4.2.5.

12.4.3.4 Oberfläche, Ebenheit, Einbaudicke

Es sind die Anforderungen zu erfüllen, welche durch die Anordnung im Bauwerk vorgegeben sind.

12.4.4 Bodenverbesserungen

12.4.4.1 Verdichtungskennwerte

Es gelten die Verdichtungsanforderungen der Abschnitte 4.3.2, 9.5, 10.3.5 und 11.2.

12.4.4.2 Oberfläche, Ebenheit, Einbaudicke

Es sind die Anforderungen zu erfüllen, welche durch die Anordnung im Bauwerk vorgegeben sind.

Inhalt Kommentar

Vorbemerkung

Der Abschnitt 12 ZTV E-StB enthält vorrangig technische Vertragsbedingungen sowie einige Richtlinien zur Ausführung von Bodenbehandlungen mit Bindemittel.

Flächenhafte Bodenbehandlungen zielen darauf ab, die Böden durch Zusatz von Bindemittel strukturell so zu verbessern bzw. zu stabilisieren, dass sie als Baustoff für Erdbauwerke geeignet und als Unterlage für Verkehrsflächen dauerhaft tragfähig sind. Die funktionale Zweckbestimmung ist in der Leistungsbeschreibung anzugeben und hinsichtlich der Anforderungen eindeutig zu beschreiben.

Terminologisch und technologisch wird bei der Bodenbehandlung mit Bindemitteln zwischen Bodenverbesserungen und Bodenverfestigungen unterschieden:

- Zweck der **Bodenverbesserungen** ist es, die Beschaffenheit und Struktur des Bodens so zu verbessern bzw. den Wassergehalt des Bodens so zu reduzieren, dass ein anforderungsgerechter Einbau und eine standfeste Verdichtung möglich werden.
- Zweck der **Bodenverfestigungen** ist es, die Festigkeit des Bodens mit Bindemittel so zu stabilisieren, dass das Gemisch den Beanspruchungen aus Klima und Verkehr dauerhaft widersteht.

1 Anwendung

1.1 Bodenverfestigungen

Die Bauweisen verbessern das Trag- und Verformungsverhalten der Fahrbahnbefestigung und die Standfestigkeit der Erdbauwerke.

Je nach Zweck der Verfestigung sowie Art und Beschaffenheit des Bodens kommen hydraulische und bituminöse Bindemittel in Betracht; *Bild 1*. Art und Menge des Bindemittels sowie die Eigenschaften des Boden-Bindemittel-Gemisches werden durch spezielle Eignungsprüfungen ermittelt.

Bauweise 1

Verfestigen der Planumsschicht als gleichmäßig hochtragfähige Unterlage der Oberbauschichten und Schutz des Planums (s. Abschnitt 4.4 ZTV E-StB).

Bauweise 2

Voll- oder Teilersatz der mineralischen Frostschutzschicht des Oberbaus durch frostsicheres Verfestigen des unter dem Planum anstehenden oder eingebauten Bodens.

Bauweise 3

Verfestigen des Dammauflagers als lastverteilende Fundationsschicht und/oder der Dammschüttlagen zur Stabilisierung des Dammbauwerkes und der Anschlussbereiche bei Brückenbauwerken.

Das Verfestigen der **Planumsschicht** (Bauweise 1) wirkt sich als qualitativ gleichmäßige, sehr tragfähige Übergangsschicht günstig auf das konstruktive Zusammenwirken mit den Oberbauschichten aus. Sie verbessert die Befahrbarkeit und den Erhalt der Fahrbahn. Im Einzelnen wird bezweckt,

- eine möglichst steife Unterlage zu erzielen, auf der sich die Tragschichten gleichmäßig einbauen und verdichten lassen, sodass Nachverdichtungen unter Verkehr gering bleiben,
- die jahreszeitlich bedingte Tragfähigkeitsabnahme witterungs- und frostempfindlicher Böden, besonders bei Frostaufgang, abzumindern,
- die Befahrbarkeit des Planums und der Tragschicht während der Bauzeit zu sichern,
- die frostsichere Konstruktionsdicke der Fahrbahnbefestigung zu vergrößern.

Die verfestigte Planumsschicht kann bei der Dimensionierung des Oberbaues von Verkehrsflächen folgendermaßen berücksichtigt werden:

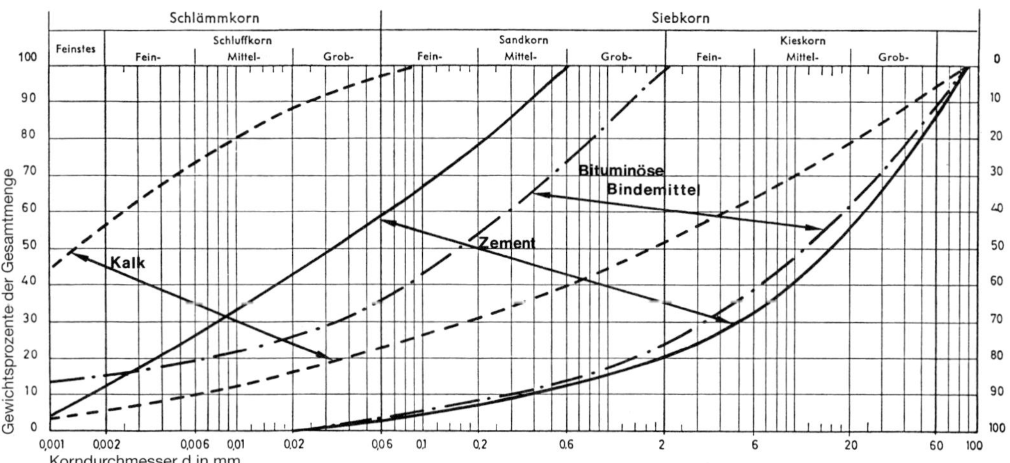

Bild 1: Körnungsbereiche für die Verfestigung und Verbesserung von Böden mit verschiedenen Bindemitteln

a) Anrechnung der Planumsschicht auf die frostsichere Befestigungsdicke, wenn der Kornaufbau den Bedingungen der Frostsicherheit entspricht (frostsichere Materialien der Frostklasse F1) bzw. wenn sie als durchgängig homogen zusammengesetzte Schicht adäquat den Verfestigungen gemäß ZTV Beton-StB verfestigt werden kann

b) Bewertung der Planumsschicht als Äquivalent für eine untere Tragschicht, wenn sie den Anforderungen einer Frostschutzschicht oder einer anderen ungebundenen Tragschicht (zulässiger Körnungsbereich, Verdichtungsgrad D_{Pr}, Verformungsmodul E_{V2} sowie Dicke und Gleichmäßigkeit der Schicht) entspricht oder wenn sie dauerhaft tragfähig und frostbeständig mit Bindemittel verfestigt wird

c) Reduzierung der Oberbaudicke, wenn die Planumsschicht aus frostsicherem Korngemisch besteht und zusätzlich dauerhaft tragfähig im Sinne der geltenden Vorschriften mit Bindemittel verfestigt wird.

Angaben zu a), b) und c) s. Teil 3, Sonderkapitel S5 und „Richtlinien für die Standardisierung des Oberbaues von Verkehrsflächen“ (RStO).

Die Tab. 7 in Abschnitt 12.4.2.1 ZTV E-StB enthält bodenspezifische Kriterien für den Frostwiderstand und die Druckfestigkeit von fein- und gemischtkörnigen Böden, nach denen sich die erforderliche Bindemittelmenge richten muss, wenn mit hydraulischen Bindemitteln dauerhaft frostbeständig verfestigt werden soll. Die Ergebnisse dieser Eignungsprüfungen sollten sorgfältig beurteilt und auf die Praxis übertragen werden, weil die zeitliche Entwicklung der Festigkeit und des Frostwiderstandes im Labor und im Baufeld sehr unterschiedlichen Bedingungen unterworfen sein kann (s. Abschnitt 14 ZTVE-StB, Kom. 5).

Der Verfestigungseffekt hydraulischer Bindemittel beginnt unmittelbar mit dem Einmischen in den Boden, sodass nur eine kurze Verarbeitungszeit verbleibt. Die Zeitdauer der Nachverfestigung hängt von vielzähligen Einflussfaktoren ab. Hierzu gehören die Klimabedingungen wie Temperatur, Feuchteangebot und Witterungsablauf vor und nach Einbau des Baustoffgemisches sowie die Streuung der Eigenschaften der Ausgangsstoffe und Gemische hinsichtlich Wassergehalt, Dichte, Zusammensetzung und Bindemittelmenge. Von weiterem Einfluss sind die verfahrensbedingten Herstelltoleranzen beim Einmischen des Bindemittels und beim Einbau des Gemisches, die Gleichmäßigkeit der Nachbehandlung und des Schutzes der gefertigten Flächen sowie der Zeitverzug bis zur Überbauung der Schicht. Die Wirksamkeit dieser Faktoren lässt sich nicht generell und nicht allein mittels Laboruntersuchungen vorhersagen. Je nach Einwirkung dieser Faktoren kann sich für ein bestimmtes Baustoffgemisch und eine bestimmte Bindemittelart eine relativ hohe oder niedrige Frühfestigkeit bzw. eine kurz- oder langdauernde Entwicklung bis zur Endfestigkeit einstellen. Das Niveau der Anfangsfestigkeit hat Auswirkung auf die Zeitdauer der weiteren Festigkeitsentwicklung.

Bei den Dispositionen ist zu berücksichtigen, dass sowohl die verbesserten als auch die verfestigten Schichten je nach witterungsabhängiger Abbindezeit und Festigkeitsentwicklung eine gewisse Zeit und nach starkem Niederschlag nicht befahren werden dürfen.

Der Bau von Trag- und Frostschutzschichten mit hydraulischen Bindemitteln im **Oberbau** von Verkehrsflächen wird in den ZTV Beton-StB geregelt. Zu den Bauweisen gehören die sog. „Verfestigungen“ und die „Hydraulisch gebundenen Tragschichten“ (HGT). Als Baustoffe werden nach den TL Beton-StB frostsichere grobkörnige und gemischtkörnige Böden gemäß DIN 18196, soweit sie sich der Frostempfindlichkeitsklasse F1 zuordnen lassen, oder Gesteinskörnungen nach TL Gestein-StB oder entsprechende Baustoffgemische verwendet.

1.2 Bodenverbesserungen

Im Unterschied zu den Bodenverfestigungen kommt es bei Bodenverbesserungen mit Bindemitteln nicht primär auf den Festigkeitseffekt, sondern darauf an, die erdbautechnischen Eigenschaften des Bodens durch Zugabe geringer Bindemittelmengen zu verbessern.

Die Behandlung zielt darauf ab, die Bodenstruktur aufzulockern und den Bodenwassergehalt zu reduzieren, sodass die Be- und Verarbeitung sowie die Verdichtbarkeit verbessert werden. Für die Strukturverbesserung und Reduktion des Wassergehaltes fein- und gemischtkörniger Böden eignen sich besonders Feinkalke und Kalkhydrate (s. *Bild 1*). Wirkungsweise der Kalke und Ausführung der Bodenverbesserung s. Kom. 4.

Sollen mit solchen Bodenverbesserungen nicht nur die Einbau- und Verdichtungseigenschaften verbessert, sondern auch Festigkeitseffekte des Boden-Bindemittel-Gemisches genutzt werden, müssen erhöhte Qualitätsanforderungen festgelegt werden. Diese sog. „**qualifizierten Bodenverbesserungen**“ zielen darauf ab, die Dauerhaftigkeit des Boden-Bindemittel-Gemisches der fertig eingebauten Schicht zu erhöhen. Es bestehen keine Unterschiede hinsichtlich des Bauverfahrens und der erforderlichen Eignungs- und Qualitätsprüfungen. Die erhöhten Anforderungen müssen in der Leistungsbeschreibung eindeutig und umfassend beschrieben sein.

1.3 Temperatureinfluss

Bei Luft- oder Bodentemperaturen unter +5 °C lassen die Bindemittelreaktionen nach, sodass Bodenverfestigungen und qualifizierte Bodenverbesserungen nur noch bedingt wirksam werden und nicht ohne Schutzmaßnahmen ausgeführt werden sollen. Die erforderlichen Schutzmaßnahmen sind in der Leistungsbeschreibung auszuweisen.

Es ist außerdem zu beachten, dass die Temperatur des Boden-Bindemittel-Gemisches während der Abbindezeit möglichst nicht und keinesfalls während der ersten drei Tage unter +5 °C absinken sollte. An Frosttagen wird weder eine Verfestigung noch eine Verbesserung des Bodens mit Bindemittel voll wirksam sein. Eine Behandlung von gefrorenem Boden ist nicht zulässig. Die Entwässerung muss jederzeit so wirksam sein, dass das Boden-Bindemittel-Gemisch kein Wasser aufnimmt, aufgrund dessen gefriert und Frosthebungen erleidet.

Bodenverfestigungen und qualifizierte Bodenverbesserungen mit Baukalk sollen mindestens zwei Monate vor Frostbeginn fertiggestellt sein. Andernfalls sind Schutzmaßnahmen zu treffen.

1.4 Qualitätsanforderungen bei der Bauausführung

(1) Die Qualitätsanforderungen für Bodenverfestigungen umfassen

- die geeignete Zusammensetzung des Boden- bzw. Baustoff-Bindemittel-Gemisches, einschließlich Eignung der Bindemittelart sowie Optimierung der Bindemittelmenge nach den Ergebnissen der Eignungsprüfung oder Probeverfestigung,
- die Verdichtung der für die Verfestigung vorzubereitenden, noch bindemittelfreien Schicht, und zwar nach den Anforderungen gemäß Abschnitt 4.3.2 ZTV E-StB, um die Voraussetzungen für das gleichmäßige Einmischen des Bindemittels, die gleichmäßige

Festigkeit und die gleichmäßige Verfestigungstiefe zu schaffen,
- die Verdichtungsanforderungen an die mit Bindemittel gemischte bzw. eingebaute Bodenschicht auf volle plangemäße Verfestigungstiefe sowie die profilgerechte Lage und Ebenheit, die Einbaudicke und die zulässige Toleranz der Bindemittelmenge gemäß Abschnitt 12.4.2 ZTV E-StB.

(2) Die Qualitätsanforderungen für Bodenverbesserungen umfassen
- die Eignung des Bodens und der Bindemittelart sowie die Optimierung der Bindemittelmenge nach den Ergebnissen der Eignungsprüfung oder Probeausführung oder nach vergleichbar anerkannten Erfahrungen,
- das gleichmäßige Verteilen und Einmischen des Bindemittels sowie die Verdichtungsanforderungen analog dem unbehandelten Boden bzw. Baustoff.

(3) Eignungsprüfungen s. Abschnitt 14 ZTV E-StB, Kom. 5.

2 Bauverfahren

Die Bauverfahren setzen besondere Voruntersuchungen und Eignungsprüfungen voraus und beinhalten komplizierte technologische Arbeitsprozesse. Die Planung und Ausführung erfordern speziell erfahrenes Personal. Die Arbeitsprozesse gestalten sich schwierig, weil sie witterungsabhängigen Faktoren unterliegen, die Homogenisierung der zu behandelnden Böden und der Boden-Bindemittel-Gemische bedingen und von den Reaktions- bzw. Verfestigungseffekten der Bindemittel im Gemisch mit dem Boden abhängen.

Die Bauverfahren unterscheiden sich nach dem Mischprozess beim Herstellen des Boden-Bindemittel-Gemisches. Beim sog. „Baumischverfahren“ wird das Gemisch unmittelbar im Arbeitsfeld mit dem anstehenden oder abgetragenen Boden hergestellt. Beim sog. „Zentralmischverfahren“ wird das Gemisch in einer zentralen, ortsfesten Mischanlage gefertigt und für den Einbau angeliefert. Das Zentralmischverfahren liefert im Vergleich eine gleichmäßigere Beschaffenheit des Baustoffgemisches, kommt jedoch nur für Bodenverfestigungen in besonderen Anwendungsfällen zum Einsatz. Das Baumischverfahren ist die Regelausführung für Bodenverbesserungen und Bodenverfestigungen. Seine Anwendung stößt an Grenzen bei stark wechselnden Bodenverhältnissen, bei hohem Wassergehalt bzw. Durchnässung des Bodens, bei Frosttemperatur und bei bodenchemischen Reaktionen des Bindemittels. Diese Faktoren beeinflussen im Kontakt mit dem Boden oder mit den angrenzenden Bodenschichten die Wirkung bzw. Festigkeit der Gemische. Die Qualität der Bodenbehandlung wird entscheidend durch die Homogenisierung des Bodens und den gleichmäßigen Mischvorgang mit dem Bindemittel geprägt. Je wechselhafter die Bodenverhältnisse und je kohäsiver die Bodeneigenschaften, umso schwieriger und aufwendiger wird es, eine quasi homogene Qualität lückenlos über die Fläche und Dicke der Schicht zu erreichen.

2.1 Baumischverfahren

Das Baumischverfahren erfolgt an Ort und Stelle durch einen Gerätezug, bestehend aus Bindemittel-Verteilgerät, Sprengwagen oder Sprühbalken sowie Misch- und Verdichtungsgerät. Die bautechnisch erforderliche Mindestdicke der im Baumischverfahren hergestellten Schichten soll 15 cm nicht unterschreiten.

a) Arbeitsvorgang bei Verfestigungen mit hydraulischen Bindemitteln und Kalken
   - Auflockerung des Bodens (Auflockerungstiefe etwa 20 % größer als erforderliche Mischtiefe)
   - Aussortieren großer Steine
   - ein- oder mehrmaliges Umlegen mit Grader, Scheibenegge oder Mischgerät zum Durchlüften des Bodens bzw. zur Reduktion des Wassergehalts (ggf. auch mit Kalkzugabe)
   - profilgerechtes Vorplanieren

- Vorverdichten
- ggf. Wasserzugabe mit Sprengeinrichtung am Tankwagen
- Verteilen des Bindemittels von Hand oder durch Verteilgeräte mit Dosiereinrichtung
- Mischen mit Grader, Scheibenegge oder selbstfahrendem oder gezogenem Mischgerät
- Verdichten mit geeignetem Gerät (z. B. Schaffußwalze, Gummiradwalze, Flächenrüttler, Glattradwalze)
- ggf. Planieren, Schlussverdichtung und Abglätten
- Nachbehandlung durch Feuchthalten oder Aufbringen einer bituminösen Schutzschicht.

b) Arbeitsvorgang bei Verfestigung mit bituminösen Bindemitteln
   - Vorbereitung des Bodens wie bei a)
   - Einmischen des Bindemittels, ggf. nach Erwärmen auf Gebrauchstemperatur und unter Zugabe von Wasser und Zusatzstoffen in den natürlich kalten und feuchten Boden
   - Bindemittel unter Druck feinverdüst in den in der Mischkammer aufgewirbelten Boden einsprühen
   - Verdichtung mit geeignetem Gerät, Schlussverdichtung mit selbstfahrender Gummiradwalze.

Das gleichmäßige Einmischen des hydraulischen oder bituminösen Bindemittels oder des Kalkes wird durch Grobkorn und Steine erschwert. Die Bodenfräsen werden bei solchen Böden stark verschlissen, sodass sich einfache, robuste Geräte empfehlen. Die Grenzen für Böden, bei denen sich das Bindemittel noch relativ gleichmäßig einmischen lässt, liegen etwa bei max. 30 bis 60 % Grobkies und 5 bis 10 % Steine über 63 mm je nach Schichtdicke, Kornzusammensetzung des Bodens und erforderlicher Ebenheit der fertigen Schicht.

Bei Bodenverfestigungen mit bituminösen Bindemitteln bildet das Baumischverfahren die Regel. Die Arbeiten sollen bei möglichst trockenem Wetter stattfinden, wobei die Lufttemperatur +5 °C nicht unterschreiten darf.

2.2 Zentralmischverfahren

Das Mischen des Bodens, des Bindemittels, des erforderlichen Wassers und der erforderlichen Zusatzstoffe erfolgt in ortsfesten Mischanlagen, die mit Trommel- oder Trogmischer mit Dosiereinrichtung ausgerüstet sind. Die für das Einbauen des fertigen Gemisches sowie für das Verdichten und Nachbehandeln erforderlichen Arbeitsgänge entsprechen den unter Kom. 2.1 genannten. Die allein herstellungsbedingt erforderliche Mindestdicke der im Zentralmischverfahren hergestellten verfestigten Schichten soll 12 cm nicht unterschreiten.

2.3 Bauverfahren nach Fertigerprinzip

Bei diesem Bauverfahren werden Spezialfräsen in Kombination mit Misch- und Dosiergeräten für die Bodenaufbereitung in-situ nach Fertigerprinzip bis zu Arbeitstiefen von 60 cm eingesetzt. Sie vereinigen in sich folgende Arbeitsphasen: Fräsen und Aufnehmen des anstehenden Bodens, Zerkleinern und Homogenisieren des Bodens, Einmischen des Bindemittels und des Zugabewassers mit dosierter Steuerung, Absetzen des fertig gemischten Boden-Bindemittel-Gemisches. Das Verdichten erfolgt gesondert mit den im Erdbau geeigneten Geräten.

Diese Spezialgeräte arbeiten einlagig auf volle plangemäße Solltiefe, umweltfreundlich ohne wesentliche Staubentwicklung und Bindemittelverlust. Das Boden-Bindemittel-Gemisch zeichnet sich durch gleichmäßige Qualität aus.

2.4 Probeverfestigung

Für Baumaßnahmen, die neue Bauerfahrungen erfordern und angemessen große Bauleistungen umfassen, wird empfohlen, spätestens mit Beginn der Arbeiten im Baufeldbereich eine Probeverfestigung versuchsmäßig auszuführen. Analog zur Probeverdichtung gemäß Abschnitt 4.3.2 ZTV E-StB hat der Auftragnehmer vor Beginn der Arbeiten durch die Probeverfestigung zu prüfen, ob die in der Leistungsbeschreibung vorgeschriebenen Anforderungen mit dem für die Verfestigung gewählten Arbeitsverfahren erreicht werden; andernfalls ist das Verfahren abzuändern.

Durch eine Probeverfestigung sollen im Einzelnen folgende Punkte überprüft bzw. festgelegt werden:

a) Höhenlage des Planums der zu verfestigenden Schicht unter Berücksichtigung des erforderlichen Vertiefungsmaßes
b) Funktionsfähigkeit und Einstellung des Verteilgerätes im Hinblick auf das gleichmäßige Ausstreuen des Bindemittels
c) maximale Frästiefe
d) Anzahl der erforderlichen Fräsübergänge, des Zerkleinerungsgrades und der Wasserdosierung
e) Art der Verdichtungsgeräte, Arbeitsverfahren beim Verdichten, erzielbare Verdichtungstiefe
f) Erprobung der zweckmäßigen Prüftechnik und Organisation der Überwachung und Abnahme der Leistungen.

Probeverfestigungen können auch dann notwendig sein, wenn die Eignung der Böden durch Laborprüfungen allein nicht eindeutig nachgewiesen werden kann, das Verfahren aus wirtschaftlichen Gründen aber dennoch zur Entscheidung steht.

Beim Zentralmischverfahren ist die Probeverfestigung sinngemäß auszuführen; sie beschränkt sich dabei auf die Punkte a), e) und f).

Die Probeverfestigung wird entweder als eigene Leistungsposition im Bauvertrag ausgewiesen oder, wenn sie bereits vor Baubeginn erforderlich wird, gesondert als Vertragsleistung ausgeschrieben.

3 Eignung der Bindemittel

3.1 Normative Bindemittel

Die Bindemittel für Bodenverfestigungen und Bodenverbesserungen müssen folgenden normativen Regelungen entsprechen:

DIN EN 197-1	Zement – Teil 1: Zusammensetzung, Anforderungen und Konformitätskriterien von Normalzement
DIN EN 459-1	Baukalk – Teil 1: Begriffe, Anforderungen und Konformitätskriterien
DIN 1164-10-12	Zement mit besonderen Eigenschaften: Zusammensetzung, Anforderung, Übereinstimmungsnachweis
DIN 13282	Hydraulische Boden- und Tragschichtbinder: Zusammensetzung, Anforderungen und Konformitätskriterien.

Darüber hinaus dürfen auch bauaufsichtlich für den Hochbau zugelassene Bindemittel verwendet werden. Die Verwendung anderer Bindemittel kann, wenn ihre Eignung nachgewiesen ist, zwischen Auftraggeber und Auftragnehmer vereinbart werden. Hydrophobierte Zemente reagieren weniger empfindlich bei Luftfeuchte und Niederschlag vor dem Einmischen in den Boden.

3.2 Bodenspezifische Eignung der Bindemittel

Die bodenspezifische Eignung für die Verfestigung und Verbesserung mit Bindemittel ist in Abschnitt 12.3.1 ZTV E-StB als Richtlinie empfohlen, wobei nach geeigneten, bedingt geeigneten und ungeeigneten Bodengruppen bzw. sonstigen Baustoffen unterschieden wird.

In analoger Weise differenziert das „Merkblatt über Bodenverfestigungen und Bodenverbesserungen mit Bindemittel" (Lit. (3)) die Eignung der Bodengruppen, ergänzend im Kontext der Eignung der Bindemittel; s. Übersicht in *Tab. 1* und *2*. Die Angaben eignen sich lediglich als Hilfs- und Erfahrungswerte, ersetzen jedoch keinesfalls die erforderlichen Eignungsprüfungen, deren Ergebnisse für das Festlegen von Art und Menge des Bindemittels maßgeblich sind.

Die Folgeabschnitte enthalten Hinweise über die Wirkung und Eignung der Bindemittel.

3.2.1 Zemente und Tragschichtbinder

Die Verfestigung beruht auf dem chemischen Kristallisationsvorgang des Zements, durch den die Bodenteilchen gebunden werden. Hierzu muss der Zement so eingemischt wer-

Tabelle 1: Eignung von Bodengruppen und Bindemitteln für Bodenverfestigungen; Lit. (3)

Hauptgruppen nach DIN 18 196	Korngrößenanteil in Massen-%		Plastizitätszahl I_P und Lage zur A-Linie	Gruppen				Frostempfindlichkeitsklassen nach ZTVE*)	Bindemittel		
	≤ 0,06 mm	≤ 2 mm		Bezeichnung		Fließgrenze w_L in M.-%	Kurzzeichen nach DIN 18 196		Feinkalk Kalkhydrat nach DIN EN 459-1	Zement nach DIN EN 197-1 DIN 1164	Hydr. Boden- und Tragschichtbinder nach DIN 18 506
Grobkörnige Böden bis Größtkorn 63 mm	≤ 5	≤ 60		enggestufte Kiese weitgestufte Kies-Sand-Gemische intermittierend gestufte Kies-Sand-Gemische			GE GW GI	F 1	-	X	X
		> 60		enggestufte Sande weitgestufte Sand-Kies-Gemische intermittierend gestufte Sand-Kies-Gemische			SE SW SI		-	X	X
Gemischtkörnige Böden	5 - 15	≤ 60		Kies-Schluff-Gemische Kies-Ton-Gemische			GU GT	F 2°)	-	X	X
		> 60		Sand-Schluff-Gemische Sand-Ton-Gemische			SU ST		-	X	X
	15 – 40	≤ 60		Kies-Schluff-Gemische Kies-Ton-Gemische			GU* GT*	F 3	(X)	X	X
		> 60		Sand-Schluff-Gemische Sand-Ton-Gemische			SU* ST*		(X)	X	X
Feinkörnige Böden	> 40		I_P ≤ 4 Massen-% oder unter der A-Linie	Schluff	leicht plastische	≤ 35	UL	F 3	X	X	X
					mittelplastische	35 – 50	UM		X	(X)	(X)
					ausgeprägt plastische	> 50	UA		X	-	-
			I_P ≥ 7 Massen-% und oberhalb der A-Linie	Tone	leicht plastische	≤ 35	TL		X	(X)	(X)
					mittelplastische	35 – 50	TM	F 2	X	(X)	(X)
					ausgeprägt plastische	> 50	TA		(X)	-	-
Böden mit organischen Beimengungen und organogene Böden	> 40		I_P ≥ 7 Massen-% und unterhalb der A-Linie	Schluffe	mit organ. Beimengungen und organogene	35 – 50	OU	F 3	(X)	(X)	(X)
				Tone		> 50	OT	F 2	(X)	-	-
	≤ 40			Grob- bis gemischtkörnige Böden mit kalkigen, kieseligen Bildungen			OK		-	(X)	(X)
Böden mit Korngrößen über 63 mm									-	-	-
Veränderlich feste Gesteine, z. B. Schluff- und Tonsteine Unvollständig zersetzte Gesteine									-	-	-
Organische Böden									-	-	-

*) F 1 nicht frostempfindlich, F 2 gering bis mittel frostempfindlich, F 3 sehr frostempfindlich
°) Zu F 1 gehörig bei einem Anteil an Korn unter 0,063 mm von 5,0 Massen-% bei U ≥ 15,0 oder max. 15,0 Massen-% bei U ≤ 6,0
Im Bereich 6,0 < U < 15,0 kann der für eine Zuordnung zu F 1 zulässige Anteil an Korn unter 0,063 mm linear interpoliert werden.

X = geeignet
(X) = bedingt geeignet
\- = ungeeignet

Tabelle 2: Eignung von Bodengruppen und Bindemitteln für Bodenverbesserungen; Lit. (3)

Hauptgruppen nach DIN 18 196	Korngrößenanteil in Massen-%		Plastizitätszahl I_P und Lage zur A-Linie	Gruppen				Frostempfindlichkeitsklassen nach ZTVE*)	Bindemittel		
	≤ 0,06 mm	≤ 2 mm		Bezeichnung		Fließgrenze w_L in M.-%	Kurzzeichen nach DIN 18 196		Feinkalk Kalkhydrat nach DIN EN 459-1	Zement nach DIN EN 197-1 DIN 1164	Hydr. Boden- und Tragschichtbinder nach DIN 18 506
Grobkörnige Böden bis Größtkorn 63 mm	≤ 5	≤ 60		enggestufte Kiese weitgestufte Kies-Sand-Gemische intermittierend gestufte Kies-Sand-Gemische			GE GW GI	F 1	-	X	X
		> 60		enggestufte Sande weitgestufte Sand-Kies-Gemische intermittierend gestufte Sand-Kies-Gemische			SE SW SI		-	X	X
Gemischtkörnige Böden	5 - 15	≤ 60		Kies-Schluff-Gemische Kies-Ton-Gemische			GU GT	F 2°)	(X)	X	X
		> 60		Sand-Schluff-Gemische Sand-Ton-Gemische			SU ST		(X)	X	X
	15 – 40	≤ 60		Kies-Schluff-Gemische Kies-Ton-Gemische			GU* GT*	F 3	X	X	X
		> 60		Sand-Schluff-Gemische Sand-Ton-Gemische			SU* ST*		X	X	X
Feinkörnige Böden	> 40		I_P ≤ 4 Massen-% oder unter der A-Linie	Schluff	leicht plastische	≤ 35	UL	F 3	X	X	X
					mittel-plastische	35 – 50	UM		X	(X)	(X)
					ausgeprägt plastische	> 50	UA		X	-	-
			I_P ≥ 7 Massen-% und oberhalb der A-Linie	Tone	leicht plastische	≤ 35	TL		X	(X)	(X)
					mittel-plastische	35 – 50	TM	F 2	X	(X)	(X)
					ausgeprägt plastische	> 50	TA		(X)	-	-
Böden mit organischen Beimengungen und organogene Böden	> 40		I_P ≥ 7 Massen-% und unterhalb der A-Linie	Schluffe	mit organ. Beimengungen und organogene	35 – 50	OU	F 3	(X)	(X)	(X)
				Tone		> 50	OT	F 2	(X)	-	-
	≤ 40			Grob- bis gemischtkörnige Böden mit kalkigen, kieseligen Bildungen			OK		-	(X)	(X)
Böden mit Korngrößen über 63 mm									(X)	(X)	(X)
Veränderlich feste Gesteine, z. B. Schluff- und Tonsteine Unvollständig zersetzte Gesteine									(X) -	(X) -	(X) -
Organische Böden									-	-	-

*) F 1 nicht frostempfindlich, F 2 gering bis mittel frostempfindlich, F 3 sehr frostempfindlich
°) Zu F 1 gehörig bei einem Anteil an Korn unter 0,063 mm von 5,0 Massen-% bei U ≥ 15,0 oder max. 15,0 Massen-% bei U ≤ 6,0
Im Bereich 6,0 < U < 15,0 kann der für eine Zuordnung zu F 1 zulässige Anteil an Korn unter 0,063 mm linear interpoliert werden.

X = geeignet
(X) = bedingt geeignet
\- = ungeeignet

Tabelle 3: Bodenspezifische Erfahrungswerte für den Zementanteil bei Verfestigungen

	Bodenart nach DIN 18196	Zementanteil in Gew.-Teilen bezogen auf 100 GT des bei 105 °C getrockneten Bodens
1	GW, GI, GE, SW, SI	4 bis 7
2	SE	8 bis 12
3	GU, GT, SU, ST	6 bis 10
4	GŪ, GT̄, SŪ, ST̄	7 bis 12
5	UL, TL	7 bis 12
6	UM, UA, TM, TA	10 bis 16

Tabelle 4: Bindemittelbedarf für zementverfestigte Tragschichten

Boden	Zementgehalt kg/m³
Kiessand	80 ... 120
Sand und schluffiger Sand	120 ... 160
gleichkörniger Sand	150 ... 200
Schluff	120 ... 200
Ton	180 ... 240

den, dass sich die Zement- und Bodenteilchen im Gemisch gleichmäßig verteilen und berühren. Kohäsive Böden müssen vorab intensiv mechanisch aufgearbeitet und hierzu ggf. durch Zugabe von Kalk vorbehandelt werden. Der Wassergehalt des Bodens wird durch das Einmischen des trockenen Zements und durch die beim Mischvorgang entstehende Belüftung verringert.

Erfahrungswerte für die Zementmenge s. *Tab. 3* und *4*.

Die Eignung der Böden für die Verfestigung muss durch sorgfältige bodenspezifische Eignungsprüfungen gemäß Abschnitt 14.5 ZTV E-StB abgesichert werden. Zu beachten ist dabei, dass die an Proben ermittelte Bindemittelmenge aufgrund der Maßstabeffekte und Baufeldeinflüsse vom operativen Bedarf bei der Bauausführung abweichen kann.

Sind die Eignungsprüfungen aus bodenspezifischen Gründen nicht möglich, muss mittels Probeverfestigung nach Kom. 2.4 verfahren werden. Das Ergebnis der Eignungsprüfung soll sofort mit Beginn der Bauausführung genau überprüft werden.

3.2.2 Hydraulische und hochhydraulische Kalke

Durch Brennen von Kalkmergel oder von tonigem Kieselkalk, der zwischen 8 und 20 % Ton enthält, entsteht bei einer Temperatur von etwa 1 000 °C hydraulischer Kalk. Dieser Kalk bindet in Wasser und an der Luft ab.

Als Bindemittel kommen die hydraulischen und hochhydraulischen Kalke gemäß *Tab. 1, 2* und *5* mit Güteanforderungen gemäß *Tab. 7* in Betracht. Sie liegen in ihrer Wirkungsweise zwischen Feinkalk und Zement. Der Abbindevorgang geht langsamer vor sich. Die Endfestigkeiten sind in der Regel etwas geringer als bei Boden-Zement-Gemischen. Hochhydraulischer Kalk enthält Hydraulefaktoren in so

Tabelle 5: Verwendung der Kalkarten

Bodenart	Kalkarten		Wirkungsweise
	ungelöscht	gelöscht	
vorwiegend Ton und Silt (Schluff)	Weißfeinkalk	Weißkalkhydrat Dolomitkalkhydrat	vorwiegend Strukturumwandlung
bis	Wasserfeinkalk	Wasserkalkhydrat Hydraulischer Kalk	bis
vorwiegend Sand und Kies		Hochhydraulischer Kalk	vorwiegend hydraulische Verfestigung

	Feinkalk	Kalkhydrat	Hochhydraulischer Kalk
Bodenverbesserung (Sofortwirkung)	2 bis 4	2 bis 5	2 bis 8
Bodenverfestigung (Langzeitwirkung)	4 bis 6	4 bis 8	4 bis 12

Tabelle 6: Richtwerte für die Kalkmenge (in %), bezogen auf die Trockenmasse des Bodens

ausreichender Menge, dass sich auch nichtbindige Böden verfestigen lassen.

Da für hochhydraulischen Kalk eine langsame Festigkeitsentwicklung des Bindemittel-Kalk-Gemisches charakteristisch ist, kann es notwendig sein, auch länger als 28 Tage bis zum Nachweis der erforderlichen Druckfestigkeit zu warten.

Richtwerte für die Bindemittelmenge s. *Tab. 6*. Für die frostbeständige Verfestigung gelten die gleichen Kriterien wie in Kom. 3.2 zu Tab. 7 ZTV E-StB ausgeführt.

3.2.3 Feinkalke und Kalkhydrate

Durch Brennen von Kalkstein, der weniger als 5 % Ton enthält, entsteht bei einer Temperatur von 900–1 000 °C Weißkalk. Er wird als Branntkalk CaO oder als Kalkhydrat $Ca(OH)_2$ verwendet. Diese Kalke binden an der Luft ab, wobei langsam wieder Calziumkarbonat entsteht.

Verwendung der Feinkalke und Kalkhydrate gemäß *Tab. 5* und *6*, Güteanforderungen gemäß *Tab. 7*.

Das Hauptanwendungsgebiet der Feinkalke und Kalkhydrate liegt bei den Bodenverbesserungen; s. Kom. 4. Kommen Feinkalk oder Kalkhydrat für die Bodenverfestigung in Betracht, muss der Bindemittelanteil mindestens 4 M.-% betragen, und die einaxiale Druckfestigkeit darf nach Frostbeanspruchung nicht unter 0,2 N/mm^2 absinken. Bei Anwendung des CBR-Versuchs sollen erfahrungsgemäß folgende Kriterien für Probekörper nach Feuchtraumlagerung von 28 Tagen und 12 Frost-Tau-Wechseln erfüllt sein:

- feinkörnige Böden: CBR > 20 %
- gemischtkörnige Böden: CBR > 30 %.

Die bis zur Frostbeständigkeit des Boden-Kalk-Gemisches erforderliche Abbindezeit kann je nach Reaktionsvermögen des Bodens

Tabelle 7: Güteanforderungen und erforderliche Versuche (x) für Kalke

Baukalkart	Chemische Zusammensetzung			Kornfeinheit	Schüttdichte	Ergiebigkeit je 10 kg Feinkalk	Raumbeständigkeit		Festigkeiten			
									Biegefestigkeit nach		Druckfestigkeit nach	
Handelsform	Gehalt an CaO + MgO M.-%	davon MgO M.-%	Gehalt an Co_2 M.-%	Rückstand	kg/dm³	dm³	Schnellprüfung	Wasserlagerungsfähigkeit	7 Tagen N/mm²	28 Tagen N/mm²	7 Tagen N/mm²	28 Tagen N/mm²
Weißfeinkalk	≥80 %	≤10 %	≤5 %	0 auf Prüfsiebgewebe 0,63 nach DIN 4188	–	≥ 26,0	X	–	–	–	–	–
Weißkalkhydrat	≥80 %	≤10 %	≤5 %		≤ 0,5	–	X	–	–	–	–	–
Dolomitfeinkalk	≥80 %	≥10 %	≤5 %	–	–	≥ 26,0	X	–	–	–	–	–
Dolomitkalkhydrat	≥80 %	≥10 %	≤5 %	≤10 auf Prüfsiebgewebe 0,09 nach DIN 4188	≤ 0,5	–	X	–	–	–	–	–
Wasserfeinkalk	–	–	≤7 %		–	≥ 26,0	X	X	–	–	–	≥1,0
Wasserkalkhydrat	–	–	≤7 %	–	≤ 0,7	–	X	X	–	–	–	≥1,0
Hydraulischer Kalk	–	–	≤12 %	–	≤ 0,8	–	–	X	–	–	–	≥ 2,0
Hochhydraulischer Kalk	–	–	≤15 %	–	≤ 1,0	–	–	X	≥0,7	≥1,0	≥ 2,5	≥ 3,0

Tabelle 8: Richtwerte für die bituminöse Bindemittelmenge, bezogen auf die Trockenmasse des Bodens

Bodenart	Bindemittelgehalt in M.-%-Teilen
Kiessand	4 bis 6
gleichkörniger Sand	4,5 bis 7
Sand, schluffiger Sand	5 bis 8

einen bis drei Monate betragen. Der Zeitpunkt für frostbeständige Verfestigungen ist daher so zu wählen, dass die Endfestigkeit des Boden-Kalk-Gemisches vor Beginn der Frostperiode voll erreicht ist.

3.2.4 Bituminöse Bindemittel

Das Einmischen von bituminösen Bindemitteln und die anschließende Verdichtung des Bodens verkitten die Bodenteilchen. Soweit die Verfestigung auf grobkörnige und auf die gemischtkörnigen Böden der Gruppen SU, ST, GU, GT begrenzt wird, können flexibel lastverteilende sowie frost- und wasserbeständige Schichten hergestellt werden; Körnungsbereich s. *Bild 1*.

Es kommen niedrigviskose Bindemittel, Sonderbindemittel nach Herstellerangaben sowie anionische und kationische Bitumenemulsionen (50–65 % Bitumenanteil) in Betracht. Das jeweilige Bindemittel muss geeignet sein, den Boden im naturfeuchten und kalten Zustand zu verfestigen.

Es werden in der Regel mehrere mineralische Zusätze beigegeben, die als Netzmittel wirken, das Bindemittel versteifen, die Bindemittelverteilung erleichtern und die Festigkeit des Bodens verbessern. Die Wahl der Zusatzmittel richtet sich nach der Bodenart und den mechanischen Anforderungen; der Anteil beträgt in der Regel 2–4 % der Trockenmasse des Bodens.

Die erforderliche Bindemittelmenge wird an Probekörpern durch Prüfung der Stabilität und des Fließwertes nach einem modifizierten Marshall-Verfahren ermittelt; Richtwerte s. *Tab. 8*. Bei Verwendung von Bitumenemulsionen gilt der wasserfreie Anteil als Bindemittelmenge.

4 Bodenverbesserung mit Kalk

Für die Verbesserung der Einbau- und Verdichtungseigenschaften der Böden eignen sich vorrangig ungelöschte Feinkalke (Branntkalke) oder Kalkhydrate gemäß *Tab. 2*; Kalkarten s. *Tab. 5* und *7*. Die Kalkzugabe bewirkt folgende Reaktionen:

a) Das Einmischen bewirkt eine sofortige Reduktion des Bodenwassergehalts. Bei Branntkalk (CaO) ist diese Wirkung wesentlich größer als bei Kalkhydrat, weil das Wasser infolge des Ablöschens chemisch gebunden wird (1 kg CaO bindet etwa 320 cm^3 Wasser). Außerdem verdunstet zusätzlich Wasser durch die freiwerdende Reaktionswärme. Beim Mischvorgang wird der Boden belüftet und nimmt eine Krümelstruktur an, wodurch sich der Wassergehalt ebenfalls verringert. Die Reduktion des Wassergehalts bei Verwendung von Branntkalk beträgt
   - bis zu 2 % durch das Ablöschen des Kalkes und die dabei entstehende Erwärmung des Bodens für je 1 % CaO,
   - etwa 4–7 % infolge des Durchmischens und der Krümelung des Bodens bei trockenem Wetter.

   Branntkalk wird verwendet, wenn der Bodenwassergehalt mehr als 4 bis 7 % über dem optimalen Wassergehalt liegt; andernfalls empfiehlt sich die Verwendung von Kalkhydrat oder von hydraulischem Kalk.

b) Der Kalk verändert die Plastizitätseigenschaften des Bodens, indem vor allem der Wassergehalt an der Ausrollgrenze w_p erhöht wird. Diese Erhöhung sowie die Reduktion des Wassergehalts bewirken, dass der Boden eine steife bis halbfeste Konsistenz annimmt. Die Trockendichte des Boden-Kalk-Gemisches kann sich im Vergleich zum unbehandelten Boden verringern.

c) Der Kalk erhöht die Kohäsion und die Reibungsfestigkeit des Bodens. Diese Festigkeitszunahme beginnt bereits während des Soforteffekts, entwickelt sich aber im Weiteren über eine relativ lange Abbindezeit.

Die Ausführung erfolgt in der Regel nach dem Baumischverfahren gemäß Kom. 2.1. Der Baukalk kann auch bereits am Entnahmestandort oder am Ort der Zwischenlagerung verteilt und eingemischt werden, wenn damit ungünstiger Witterung vorgebeugt werden soll oder der beim Lösen angetroffene Wassergehalt für das Fördern und Verteilen des Bodens im Baufeld zu groß ist.

5 Behandlung schadstoffbelasteter Böden mit Bindemittel

Siehe Abschnitt 3.2 ZTV E-StB und Teil 3, Sonderkapitel S4.

Schadstoffbelastete Böden, Mineralstoffgemische und Recycling-Baustoffe können mit dem Ziel einer Wiederverwertung im Erdbau durch Behandlung mit geeigneten Bindemitteln so aufbereitet werden, dass die Eluierbarkeit der Schadstoffe aus einer erdbautechnisch sachgerecht eingebauten Schicht verringert wird.

Diese Behandlung von anorganischen und organischen Schadstoffen zielt darauf ab, bestimmte chemische und physikalische Mechanismen zu nutzen und die Mobilität dieser Stoffe im Boden dauerhaft zu reduzieren; zu diesen Immobilisierungsmechanismen gehören hauptsächlich

- die Reduktion der Wasserlöslichkeit der Schadstoffe durch gezielt begrenzte Erhöhung des pH-Wertes mittels Zugabe von Zement, Branntkalk oder Calciumhydroxid, z. B. bei Schwermetall-Belastung,
- die adsorptive Bindung der Schadstoffe bei den Hydratationsreaktionen des Zementes oder durch Sorption an Zusatzstoffe mit großer spezifischer Oberfläche (z. B. Aktivkohle, Bentonit),
- die Einkapselung der Schadstoffe in einem Bodengefüge hoher Dichte, das den Wasserzutritt verhindert.

Die immobilisierende Wirkung der Bindemittel kann je nach Schadstoff und Bodenart sehr unterschiedlich sein. Sie richtet sich bodenspezifisch nach Art und Konzentration der Schadstoffe wie auch nach Art, Zusammensetzung und Menge des Bindemittels.

Die Bindemittel müssen den Anforderungen analog Kom. 3 entsprechen. Zusatzstoffe, z. B. Flugasche, Gesteinsmehl, können die Verdichtbarkeit und hydraulischen Eigenschaften der zu behandelnden Böden verbessern, die Zugabe von Adsorbentien kann die Eluierbarkeit der Schadstoffe reduzieren. Die Eignung der Bindemittel und der Zusätze ist im Hinblick auf dauerhafte Wirksamkeit und Volumenbeständigkeit durch Eignungs- und Qualitätsprüfungen nachzuweisen.

6 Technische Regelwerke/Literatur

(1) DIN EN 14227: Hydraulisch gebundene Gemische – Anforderungen – Teil 1 bis 14, Ausgabe 2004/06

(2) TL BuB-StB: Technische Lieferbedingungen für Böden und Baustoffe im Erdbau des Straßenbaues, FGSV, 2009

(3) Merkblatt über Bodenverfestigungen und Bodenverbesserungen mit Bindemitteln, FGSV, 2004

(4) Merkblatt über die Behandlung von Böden und Baustoffen mit Bindemitteln zur Reduzierung der Eluierbarkeit umweltrelevanter Inhaltsstoffe, FGSV, 2009

(5) Merkblatt über Bauweisen für technische Sicherungsmaßnahmen beim Einsatz von Böden und Baustoffen mit umweltrelevanten Inhaltsstoffen im Erdbau, FGSV, 2009

(6) Bodenstabilisierung mit Kalk, Bericht der Kommission VI, Straße und Autobahn 24, H. 7, 1973

(7) ATR/FGSV/VSS-Berichte: Bodenstabilisierung mit Zement, Bericht der Kommission VI, Straße und Verkehr, Nr. 1, 1974

(8) Bodenstabilisierung mit bituminösen Bindemitteln, Bericht der Kommission X, Straße und Autobahn 29, H. 3, 1978

(9) Graßhoff, H., Siedek, P. u. Floss, R.: Handbuch Erd- und Grundbau, Teil 2: Erdbau und Erddruck, Werner Verlag, Düsseldorf 1979

(10) Little, D. N.: Handbook for Stabilization of Pavement Subgrades and Base Courses with Lime, National Lime Association, VA, 1995

(11) Witt, K. J.: Zement-Kalk-Stabilisierung von Böden, Geotechnikseminar Weimar, Schriftenreihe Geotechnik, H. 7, 2002

(12) ASTM C 977: Standard Specification for Quicklime and Hydrated Lime for Soil Stabilization, 2003

Teil 2

13 Maßnahmen zur Verbesserung von wenig tragfähigem Untergrund und Unterbau

13 Maßnahmen zur Verbesserung von wenig tragfähigem Untergrund und Unterbau

13.1 Grundsätze

Ist die Standsicherheit von Untergrund oder Unterbau nicht gegeben oder bleiben die zu erwartenden Setzungen für den Zustand des Oberbaus bzw. für die erforderliche Ebenheit der Fahrbahnoberfläche nicht in vertretbaren Grenzen, sind Maßnahmen zur Verbesserung in technischer, zeitlicher, ökologischer und wirtschaftlicher Hinsicht zu untersuchen und anzuwenden.

Alle Maßnahmen sind auf der Grundlage von geotechnischen Untersuchungen sowie von Standsicherheits- und Setzungsberechnungen unter Berücksichtigung der Bauverfahren und des zeitlichen Bauablaufes, des Verkehrs, der Art und Zusammensetzung der Böden, der Witterungsverhältnisse sowie der vorhandenen Baustoffe auszuwählen und in der Leistungsbeschreibung anzugeben.

Bei Standsicherheitsnachweisen sind die maßgeblichen Bauzustände sowie die Grenzzustände der Tragfähigkeit und der Gebrauchstauglichkeit zu untersuchen.

Die in den Abschnitten 13.2 und 13.3 angegebenen Maßnahmen richten sich u. a. nach

- *dem Last- und Zeitsetzungsverhalten sowie der Scherfestigkeit der Böden des Dammes und des Dammuntergrundes,*
- *der Dammauflast und Dammgeometrie,*
- *der dynamischen Belastung, z. B. durch Verkehr,*
- *der verfügbaren Bauzeit.*

Soweit sich diese Maßnahmen bei der Ausschreibung noch nicht absehen lassen oder erst während der Bauausführung erforderlich werden, sind sie zum jeweiligen Zeitpunkt besonders zu vereinbaren.

Bei erschütterungsempfindlichem Untergrund soll die Gradiente so gewählt werden, dass bei Belastungsklassen ≥ Bk10 durch die Dicke von Oberbau und Unterbau ein Abstand von mindestens 2 m zwischen der Straßenoberfläche und dem empfindlichen Untergrund eingehalten wird.

Beim Überbauen von wenig tragfähigem Boden sollte in der unmittelbaren Kontaktschicht von einer intensiven Verdichtung abgesehen werden, wenn die Gefahr einer Entfestigung dieses Bodens besteht.

Hinweise, Empfehlungen und Anwendungsgrenzen zu den Bauverfahren beim Neubau, beim Ausbau und bei der Erneuerung von Straßen, die bei der Planung, Ausführung, Überwachung und Abnahme zu berücksichtigen sind, sind im „Merkblatt über Straßenbau auf wenig tragfähigem Untergrund" und im M Geok E enthalten.

13.2 Mechanische Bodenverbesserungen

Mechanische Bodenverbesserungen können in der Dammaufstandsfläche und im Unterbau zur Verbesserung der Einbaufähigkeit und Verdichtbarkeit von Böden und zur Erleichterung der Ausführbarkeit von Bauarbeiten angewandt werden.

Folgende Verfahren kommen in Betracht:

1) *Verbessern von weichen Böden durch Einrütteln oder Einschlagen von geeigneten Baustoffen.*

   Geeignete Baustoffe können z. B. Sand, Kies, Steine, industriell hergestellte Gesteinskörnungen sowie rezyklierte Baustoffe sein.
2) *Verbessern von feinkörnigen Böden durch Einmischen von geeigneten Böden und Baustoffen, erforderlichenfalls nach vorherigem Auflockern mit geeignetem Gerät.*
3) *Verbessern von Sand oder Kies mit enggestufter Korngrößenverteilung (SE, GE) durch Einmischen von geeigneten Körnungen.*

13.3 Bauverfahren auf wenig tragfähigem Untergrund

13.3.1 Allgemeines

Baumaßnahmen auf wenig tragfähigem Untergrund sind nach DIN 4020 der Geotechnischen Kategorie GK3 zuzuordnen. Folgende Bauverfahren kommen in Betracht:

1) *Konsolidierungsverfahren,*
2) *Bodenaustauschverfahren,*
3) *Verfahren zur Verbesserung des Untergrundes,*
4) *Verfahren mit aufgeständerten Gründungspolstern,*
5) *Anwendung von Leichtbaustoffen.*

Die Bauverfahren können miteinander kombiniert werden. Sie können durch unterstützende Maßnahmen u. a. zur Beschleunigung der Setzungen, zur Verbesserung der Entwässerungsbedingungen, zur Erhöhung der Standsicherheit und/oder zur Reduzierung der Untergrundbelastung ergänzt werden.

Bei Anwendung dieser Bauverfahren sind in der Regel mindestens Verformungs- und Porenwasserdruckmessungen als baubegleitende Messungen erforderlich. Das Messprogramm ist vom geotechnischen Sachverständigen zu konzipieren und gegebenenfalls in der Leistungsbeschreibung aufzunehmen.

Die Erhaltung der Grasnarbe kann erdbautechnisch und im Hinblick auf die Befahrbarkeit sinnvoll sein.

Diese Bauverfahren werden in der Regel unter Verwendung von Geokunststoffen realisiert (siehe 13.3.7).

13.3.2 Konsolidierungsverfahren

Bei den Konsolidierungsverfahren werden mindestens die Gebrauchslasten aus Straßendamm einschließlich Verkehrsbelastung in der Bauzeit vorweggenommen, um einen konsolidierten bzw. überkonsolidierten Zustand des wenig tragfähigen Untergrundes zu erzielen. Dies kann durch Überschüttung, Grundwasserabsenkung, Unterdruckentwässerung oder Elektroosmose bewirkt werden. Am gebräuchlichsten ist das Überschüttverfahren.

13.3.3 Bodenaustauschverfahren

Unter Bodenaustauschverfahren werden das teilweise oder vollständige Entfernen ungeeigneter Böden und der Ersatz durch geeignete Baustoffe verstanden. Der Austausch der wenig tragfähigen Bodenschichten erfolgt in trockener Baugrube gegebenenfalls mit Wasserhaltung, im Schutz temporärer Verbauelemente, durch Unterwasserbaggerung, im Nassbaggerverfahren oder durch Bodenverdrängung.

Sofern der Bodenaushub im Nassbaggerverfahren ausgeführt werden soll, ist die DIN 18311 zu beachten.

In der Leistungsbeschreibung sind Art und Umfang der speziell erforderlichen Eigenüberwachung festzulegen.

Während der Unterwasserbaggerung hat der Auftragnehmer durch eine ständige Eigenüberwachung die vertragsgerechte Ausführung der Aushubsohle sicherzustellen.

Bei geringer Scherfestigkeit des Untergrundes kann der Bodenaustausch zumindest teilweise auch durch Verdrängen mittels einer konzentriert aufgebrachten Auffüllung als Auflast erreicht werden.

Es ist zu beachten, dass der ausgetauschte Bereich nach dem Verfüllen als Längsdränage für zufließendes Oberflächen- und Grundwasser wirken kann. Muss dieses verhindert werden, sind entsprechende Maßnahmen in der Leistungsbeschreibung anzugeben.

13.3.4 Verfahren zur Verbesserung des Untergrundes

Bei den Verfahren zur Verbesserung des wenig tragfähigen Untergrundes werden geeignete grobkörnige Baustoffe, Bindemittel oder Gemische daraus punktuell in einem engen Raster in den Untergrund eingebracht. Der Untergrund wird an den Rasterpunkten verdrängt bzw. durch das Bindemittel verbessert.

Gebräuchlich sind Schotter- oder Schotterstopfsäulen, geokunststoffummantelte Schotter-, Kies- oder Sandsäulen, Mörtel- oder Fertigmörtelsäulen, Stabilisierungssäulen sowie das Eintreiben von Steinen. Die Verbesserung kann bei dafür geeigneten Böden auch durch die punktuelle Verdichtung mit schweren Fallplatten und das Auffüllen der Schlagtrichter mit durchlässigen Böden erzielt werden.

Die Verbesserung wird durch die Materialzugabe sowie die Verdrängung und die Entwässerung des Untergrundes bewirkt. Sie kann erdstatisch durch eine Erhöhung von Steifigkeit und Scherfestigkeit des verbesserten Untergrundes berücksichtigt werden.

13.3.5 Verfahren mit aufgeständerten Gründungspolstern

Aufgeständerte Gründungspolster bestehen aus horizontal lastverteilenden gegebenenfalls geokunststoffbewehrten Schichten, die auf vertikalen Traggliedern aufliegen, die den Bereich des wenig tragfähigen Untergrundes durchörtern. Im Gebrauchszustand müssen diese Tragglieder alle Belastungen einschließlich der Verkehrslasten aufnehmen. Die Gewölbewirkung in der lastverteilenden Schicht darf nur angesetzt werden, wenn die Höhendifferenz zwischen der Oberkante der vertikalen Tragglieder und der Unterfläche des Straßenoberbaus größer als der 2-fache Achsabstand der vertikalen Tragglieder ist.

Als flexible vertikale Tragglieder kommen je nach Untergrundverhältnissen vor allem geokunststoffummantelte Sand-, Kies- oder Schottersäulen in Betracht (siehe EBGEO). Als steife vertikale Tragglieder kommen Fertigpfähle (duktiles Gusseisen, Stahl, Beton), Fertigmörtelstopf- oder Betonrüttelsäulen sowie mit Bindemitteln verfestigte Bodensäulen in Frage. Die jeweils einschlägigen Normen und Zulassungsbedingungen sind zu beachten.

13.3.6 Anwendung von Leichtbaustoffen

Die Anwendung von Leichtbaustoffen (EPS-Hartschaumstoff, Blähton, Schaumglas) ist insbesondere dort zielführend, wo die ausreichende Konsolidierung des wenig tragfähigen Untergrundes aus Gründen unzureichender Standsicherheit bei Verwendung natürlicher Dammbaustoffe nicht erreicht werden kann oder wo im Zuge von Erneuerungs- und/oder Verbreiterungsmaßnahmen ein überkonsolidierter Zustand erreicht werden soll.

Hinweise und Empfehlungen zur Anwendung von Leichtbaustoffen sind im „Merkblatt über die Verwendung von EPS-Hartschaumstoffen als Leichtbaustoff im Erdbau des Straßenbaus", im „Merkblatt über die Verwendung von Blähton als Leichtbaustoff im Erdbau des Straßenbaus" und im „Merkblatt über die Verwendung von Schaumglas als Leichtbaustoff im Erdbau des Straßenbaus" (M SGS) enthalten.

13.3.7 Anwendung von Geokunststoffen

Geokunststoffe werden bei verschiedenen Bauverfahren eingesetzt:

1) *Konsolidierungsverfahren: als Trennschicht, als Streifendrän für Vertikaldränagen, als Bewehrung*
2) *Bodenaustauschverfahren: als Trennschicht, als Bewehrung*
3) *Verfahren zur Verbesserung des Untergrundes: als Trennschicht, als Streifendrän für Vertikaldränagen, als Bewehrung*
4) *Verfahren mit aufgeständerten Gründungspolstern: als Bewehrung*
5) *Anwendung von Leichtbaustoffen: als Trennschicht, als Bewehrung.*

Wenn die Bewehrungslage im Dammauflager direkt auf dem anstehenden Boden ausgelegt wird, müssen vorher wesentliche Unebenheiten ausgeglichen werden. Die Bewehrung muss faltenfrei verlegt werden und muss gegen Verschieben beim Verteilen des Überschüttbodens gesichert sein.

Die Bewehrungslage bei einem Damm auf wenig tragfähigem Untergrund ist um die erste Schüttlage herumzuschlagen. Die Mindesteinschlaglänge von 2,0 m ist einzuhalten.

Bei der Anordnung von Vertikaldräns muss die Bewehrung nach Herstellung der Vertikaldräns auf der Arbeitsebene für das Einbringen der Vertikaldräns verlegt werden.

Wenn die Bewehrung gleichzeitig Trennfunktion hat, muss ein Geogitter in Kombination mit einem Trennvliesstoff verlegt werden.

Für das Verlegen und Überschütten gelten die Abschnitte 4.3.1.11 und 6.7 sinngemäß.

Inhalt Kommentar

Vorbemerkung

Der Abschnitt 13 ZTV E-StB beinhaltet vorrangig Richtlinien für die Entwurfsplanung und besonderen Erdarbeiten, die bei der Überbauung von Schichten geringer Tragfähigkeit für Fahrwege respektive Dammgründungen zu beachten sind.

Der Bau bedingt einen schwierigen Entscheidungsprozess bei der Planung und beim Entwurf der in technisch-wirtschaftlicher Hinsicht zweckmäßigen Lösung. Grundsatz ist, dass die Summe der Planungs-, Bau- und Unterhaltungskosten ein Minimum sein soll. Die meisten Lösungen erfordern kostenintensive und zeitabhängige Maßnahmen; sie setzen relativ lange Bauzeiten und das strikte Einhalten des geplanten Bauablaufs voraus.

Aufgabe der Kommentare und Kompendien ist es, diese Entscheidungsgrundsätze zu beschreiben sowie die Stabilitäts- und Setzungsprobleme bei der Überbauung aufzuzeigen. Die Abschätzung der Stabilität und Setzungen von Dammschüttungen auf erstkonsolidiertem Untergrund, ihre rechnerische Erfassung und die verschiedenartigen technischen Optionen für bautechnische Lösungen nehmen einen Schwerpunkt der Ausführungen ein. Die Abschnitte 4 bis 8 beinhalten die wesentlichen Bauweisen ohne Spezifikation für die Eignung bzw. Anwendbarkeit im Einzelfall.

1 Entscheidungsgrundsätze für bautechnische Lösungen

1.1 Neubau von Verkehrswegen

In der Regel liegt beim Neubau ein Stabilitäts- oder Setzungsproblem für die zu überbauenden gering tragfähigen Schichten vor, nach dem sich die Wahl der bautechnischen Lösung richten muss. Objektbezogene Faktoren spielen eine mitentscheidende Rolle, z. B.

- der Verkehrswert,
- der Grunderwerb,
- der Natur-, Grundwasser- und Landschaftsschutz,
- das Vorkommen geeigneter Bodenarten als Austauschmassen und die verfügbaren Absetzflächen für erdbautechnisch unbrauchbaren Boden.

Die Aufgabe besteht darin, jeweils gesamtheitlich die technisch, zeitlich und wirtschaftlich optimale Lösung zu finden. Die Lösungen unterscheiden sich im technischen Aufwand sowie in den Bau- und Unterhaltungskosten und können deshalb hinsichtlich aller vorbenannten Einflüsse erst auf der Grundlage einer Kosten- und Nutzungsanalyse im Einzelfall real gewertet werden. Prinzipiell kommen folgende bautechnische Verfahren in Betracht:

- Bodenersatz durch Teil- oder Vollaustausch bzw. durch Verdrängung der weichen Schichten
- statische oder dynamische Konsolidierung
- Baugrund- und Bodenverbesserungen
- Bauverfahren mit Leichtbaustoffen
- Sohlbewehrung bzw. lastverteilende Fundationsschichten der Dämme
- aufgeständerte Tragsysteme und Gründungspolster.

Bei der Auswahl der Maßnahmen muss beachtet werden, dass die Zusammendrückung bzw. die Setzungen je nach Art und Dicke der weichen Schichten oft Jahre dauern. Werden die Setzungen durch Anheben der Fahrbahn ausgeglichen, so löst die neue Belastung wieder Setzungen aus. Die geringe Scherfestigkeit des Bodens erfordert es, konzentrierte Lasten bzw. Laständerungen auf kurze Längen (z. B. bei Böschungen) möglichst zu vermeiden, um das Risiko des seitlichen Ausweichens der Schichten bzw. des Grundbruches zu reduzieren.

Aus bau- und verkehrlichen Gesichtspunkten werden setzungsfreie Lösungen angestrebt. Sie lassen sich nur erreichen, wenn die weichen Schichten entfernt und durch setzungsunempfindlichen Boden ersetzt werden oder wenn der Verkehrsweg über eine Tiefgründung im tragfähigen Untergrund abgesetzt wird. Sind solche Maßnahmen aus wirtschaftlichen oder technischen Gründen nicht durchführbar, müssen bei allen anderen

Lösungen gewisse Setzungen und Unebenheiten in Kauf genommen werden.

Der Gebrauchszustand der Fahrbahn wird in erster Linie durch lang andauernde Sekundärsetzungen beeinträchtigt. Da sich der Zeiteffekt dieser Setzungen mit der Dammhöhe vergrößert, gehört es zu den Grundsätzen des Entwurfs, die Dämme möglichst niedrig zu halten. Andererseits sollte eine Mindesthöhe von etwa 2 m unter Fahrbahnoberfläche eingehalten werden, weil die Schichten sonst durch die vom Verkehr verursachten dynamischen Stoßkräfte und Schwingungen so beansprucht werden, dass eine andauernde dynamische Konsolidierung entsteht.

In der Regel ist es erforderlich, die Verformungen und die sich zeitlich ändernde Standsicherheit eines Dammes durch Messungen während und nach dem Bau zu kontrollieren; s. Abschnitt 2.3 ZTV E-StB und Teil 3, Sonderkapitel S8. Diese Messungen sind Bestandteil des Bauverfahrens.

1.2 Ausbau vorhandener Verkehrswege

Beim Ausbau wird die vorhandene Fahrbahn entweder verbreitert oder überbaut oder abgetragen und durch eine neue ersetzt; *Bild 1*.

In diesen Fällen müssen die erforderlichen Baugrunderkundungen durch Sonderuntersuchungen des Untergrundes bzw. Unterbaues der vorhandenen Straße ergänzt und außerdem

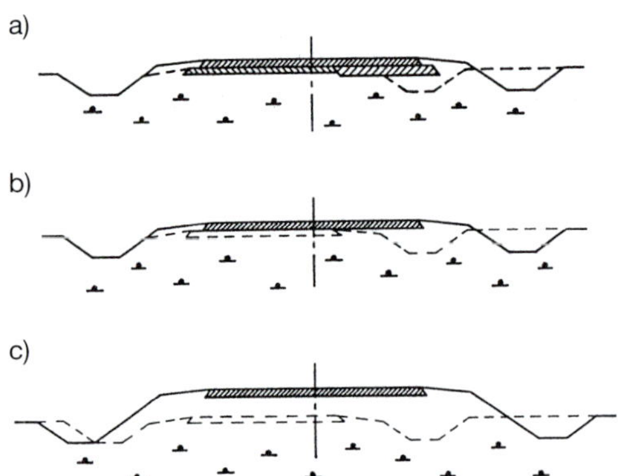

a) Verbreitern der vorhandenen Fahrbahnbefestigung mit Verstärkung
b) und c) Abtrag der vorhandenen Fahrbahn und Neubau mit Ausbauquerschnitt

Bild 1: Ausbau vorhandener Straßen; Lit. (6)

die vorhandenen Leitungen, Entwässerungssysteme sowie die benachbarten baulichen Anlagen überprüft und ggf. beweisgesichert werden.

Bereits bei den Planungsarbeiten sind die Ausbaugrundsätze und die in Betracht kommenden Bauverfahren so abzustimmen, dass die vorhandene Fahrbahn weder in der Bauphase noch nach Verkehrsfreigabe Schäden erleidet und möglichst keine oder nur geringfügige Setzungsdifferenzen in Quer- und Längsrichtung entstehen, z. B.

- Sicherungen bei Bodenaushub durch sofortiges Wiederverfüllen in kleinen Abschnitten oder durch konstruktive Stützmaßnahmen,
- Vermeiden von Setzungen durch Verkehr,
- möglichst wenig Achsüberschneidungen,
- einheitliche Bauverfahren bei Sanierungen,
- Vermeiden von Gräben unmittelbar längs der Böschungsfüße bzw. Straßenränder.

Das Ausbaukonzept richtet sich nach Größe und Zeitablauf der Setzungen, z. B.

- stufenweiser Ausbau bei geringen Setzungsdifferenzen mit Einbau der Fahrbahndeckschichten erst nach Ende der Verformungen unter Verkehr,
- bei lang andauernden Setzungen Anwendung von speziellen Bauverfahren, z. B. statische oder dynamische Vorbelastungen, Dämme aus Leichtbaustoffen, Bodenverbesserungen, Bodenbewehrungen, Grundwasserabsenkung oder Vakuum-Entwässerung,
- Einbindung des vorhandenen Straßenkörpers in den Ausbau, wenn ein Austausch der wenig tragfähigen, setzungsempfindlichen Bodenschichten erfolgt,
- Verbesserungsmaßnahmen im Untergrund des Ausbauquerschnitts,
- Zusatzmaßnahmen zur Untergrundverbesserung unter dem vorhandenen Straßenkörper zum Angleich an die Ausbaumaßnahmen,
- Einbau von verfestigten oder bewehrten Tragschichten, um die Lastverteilung zu vergleichmäßigen und Rissbildungen durch Setzungsdifferenzen zu reduzieren,
- Abtrag der vorhandenen Fahrbahn und Neuaufbau mit Verbreiterung, wobei den Konsolidierungsunterschieden beider Bereiche Rechnung zu tragen ist, z. B. durch Absenken der Gradiente (Entlastung), einseitiges Vorbelasten, Bodenaustausch gegen leichte Baustoffe.

1.3 Bauwerke

Maßnahmen für die Gründung von Bauwerken (Brücken, Durchlässe, Rohrleitungen) im Zusammenhang mit den Hinterfüllungen und Anschlussdämmen s. Abschnitt 10 ZTV E-StB, Kom. 2.

Durchlässe und Setzungen, die neu überbaut werden oder im Lasteinflussbereich der Ausbaudämme liegen, erfordern eine Überprüfung der ursprünglichen Lastannahmen, der Sicherheitsnachweise und der zulässigen Verformungen.

Flachgegründete Durchlässe und Rohrleitungen erfordern verformungsflexible Bauweisen, bei denen sich die Bewegungen infolge der Baugrundverformungen auf möglichst kurze Teilbereiche gliederkettenförmig verteilen können. Für die empfindlichen Rohrleitungen empfehlen sich Schutzrohre, flexible Rohre und Rohrverbindungen sowie Einbau mit überhöhter Lage, überdimensionierte Rohrdurchmesser für eventuelle Sanierungen; s. Abschnitt 9 ZTV E-StB, Kom. 2.

2 Instabilität der Dämme

Die Instabilität ist die Folge der durch Damm- oder Auflasten oder durch Strömungsdruck erzeugten Beanspruchungen, wenn im Damm oder im Untergrund die Festigkeit des Bodens überschritten wird. Erste lokale Plastifizierungen können in extrem weichen Untergrundschichten bereits kurz nach Beginn der Schüttphase in geringer Tiefe unter dem Schüttkörper und seinen Böschungsfüßen entstehen. Mit zunehmender Auflast weiten sich diese plastifizierten Zonen immer mehr aus, bis sich schließlich im Bereich der Böschungsfüße Bruchzonen ausbilden, die auch die außerhalb der Schüttränder liegenden passiven Erdkörper mit erfassen. Die Plastifizierung des Bodens bis zum Bruch des Systems erfolgt somit als progressiver, von der Größe und Geschwindigkeit der Belastung abhängiger Vorgang.

Verschiedene Ursachen, die auch miteinander kombiniert sein können, führen zu Instabilität. Die *Bilder 2* bis *4* zeigen verschiedene Schadensfälle, bei denen der Damm in seiner Funktion versagt.

2.1 Grundbrüche

(1) Grundbrüche infolge zu geringer Tragfähigkeit des Dammuntergrundes

Vorgang

Gleiten oder Einsinken des Dammes mit Hebung des Untergrundes in Bewegungsrichtung vor dem Dammfuß

Gegenmaßnahmen

Flache Böschungen, breite Bermen, Aufschütten von Gegengewichten, Bauverfahren nach den in Kom. 1.1 genannten Prinzipien je nach Eignung.

a) Bruch infolge zu geringer Tragfähigkeit des Untergrunds

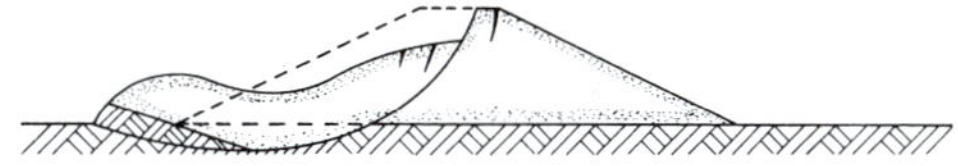

b) Bruch durch Einsinken auf weichem homogenem Ton

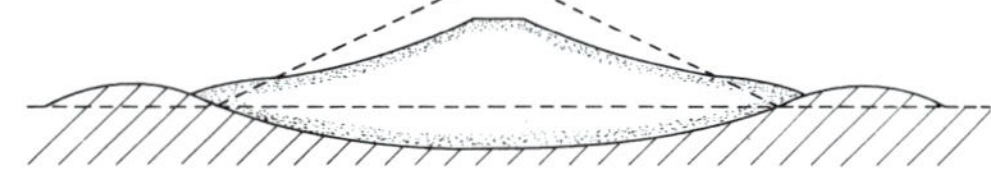

c) Bruch durch Ausweichen einer Tonschicht

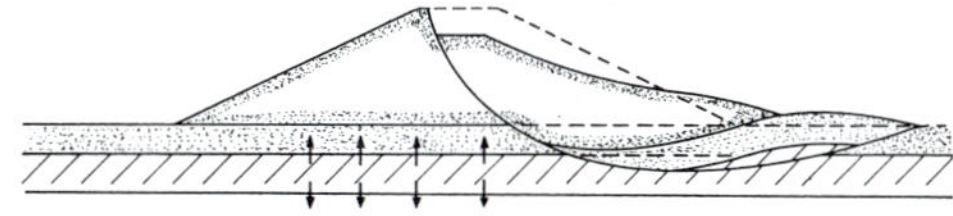

d) Bruch durch Ausweichen von Ton- und Sandschichten

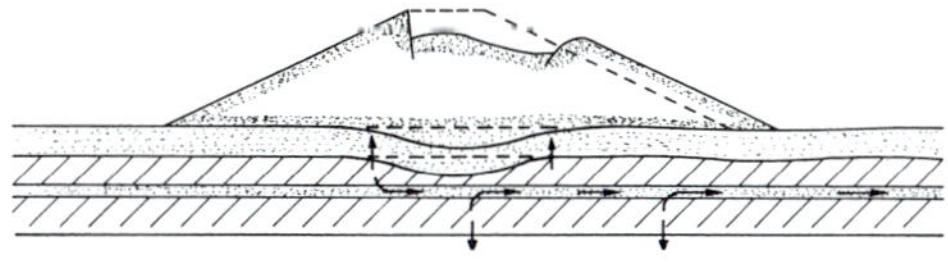

Bild 2: Grundbrüche

a) Bruch infolge nicht ausreichender Standsicherheit der luftseitigen Böschung

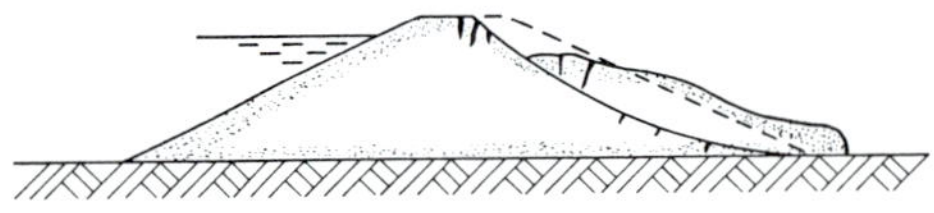

b) Böschungsbruch durch plötzliche Absenkung des Wasserspiegels

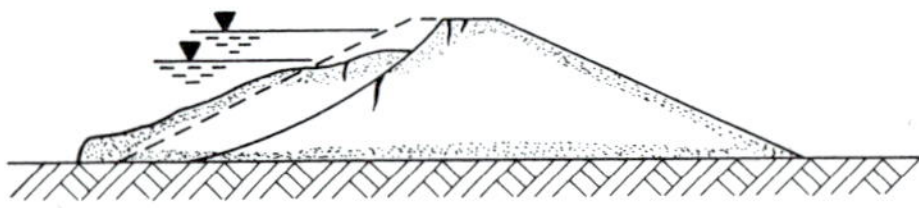

c) Verflüssigungsbruch

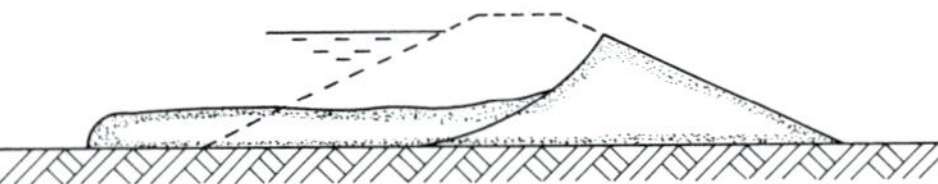

Bild 3: Böschungsbrüche

(2) Ausweichen von weichen Tonschichten oder anderen Schichten

Vorgang

Die Dammkrone reißt und sinkt steil ab. Die unteren Böschungsteile bewegen sich auseinander, und vor dem Dammfuß bilden sich Bodenwellen. Die Bewegungen kündigen sich durch Risse am Böschungskopf, Ausbeulen des Böschungsfußes oder durch Hebungen des Untergrundes an.

Gegenmaßnahmen

wie bei a), außerdem Sicherung durch Stützkonstruktionen.

(3) Abnahme der Festigkeit durch ansteigenden Porenwasserdruck in eingeschlossenen Schluff- oder Sandschichten, z. B. verursacht durch äußeren Wasserüberdruck, artesischen Wasserdruck im Untergrund oder durch Konsolidation von Tonschichten

Vorgang

Die Bewegungen des Dammes entwickeln sich schnell, meist ohne Vorankündigung. Sie sind vorwiegend horizontal gerichtet und geringer als bei den Fällen a) und b); in Dammmitte kann sich ein Spalt bilden.

Gegenmaßnahmen

Entlastung durch tiefe Dränagegräben, vertikale Filterbohrungen, Filterbrunnen, Sickerschlitze, Filterschichten, Entwässerung durch Elektro-Osmose.

2.2 Böschungsbrüche

(1) Gleiten der Böschung ohne oder mit nur geringer Verformung des Untergrundes, ausgelöst durch Spannungszunahme bei zu steiler Böschung

Vorgang

Die Form der Bruchfläche entspricht meist einer verlängerten Halbkugel mit kreisbogenförmigem Querschnitt. Die Bewegungen entwickeln sich in der Regel langsam und werden durch bogenförmige Risse in der Dammkrone oder im oberen Böschungsteil angezeigt. Der untere Böschungsteil kann sich auch ausbauchen, wobei gleichzeitig Risse senkrecht zur Dammachse entstehen.

Gegenmaßnahmen

Flache Böschungen, Vorschüttungen, intensives Verdichten, Schüttmaterial mit hohen Reibungseigenschaften, Sicherung durch Stützkonstruktionen (s. Abschnitt 6 ZTV E-StB mit Kommentar).

(2) Gleiten der Dammböschung durch Festigkeitsabnahme des Bodens infolge Sickerwasserdruck

a) Überflutung der Dammkrone

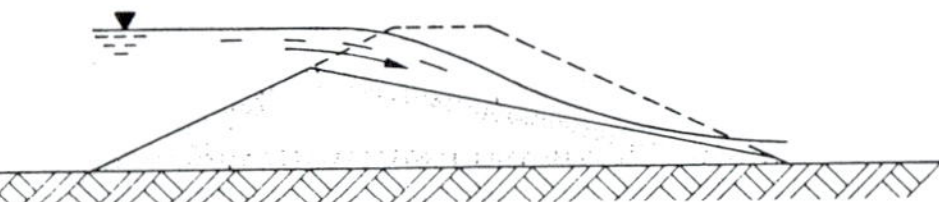

b) Innere Erosion

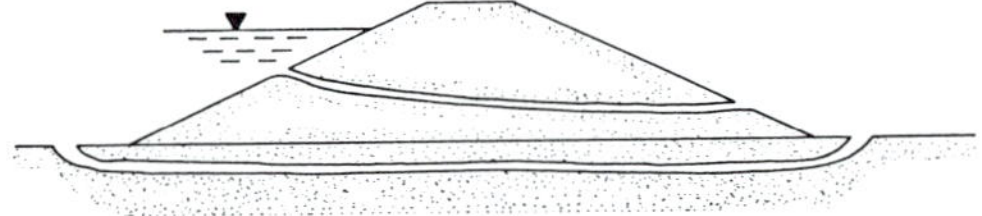

c) Risse durch Konsolidationssetzung im Untergrund

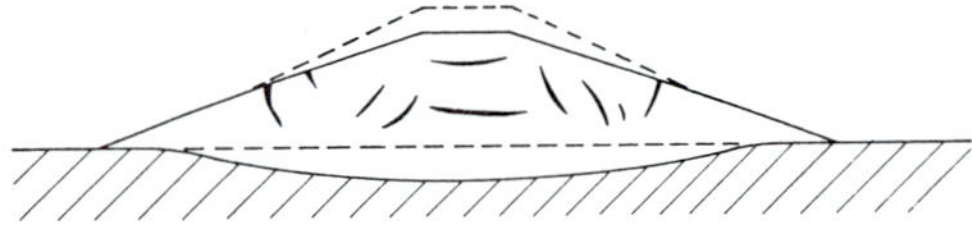

d) Risse durch Austrocknung und Schrumpfung im Damm

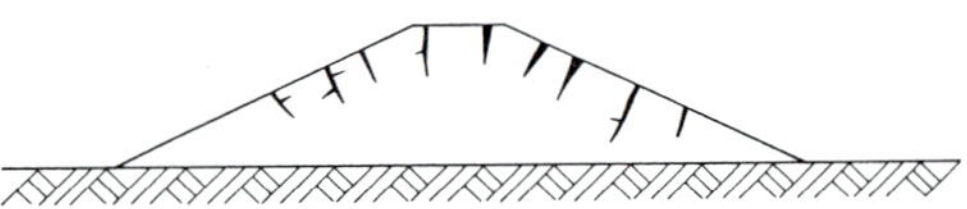

Bild 4: Schäden durch Überflutung, Erosion und Rissbildung

Gegenmaßnahmen

Flache Böschungen, Entwässerung durch Filterschichten, Rigolen, Sickerschlitze, Oberflächenentwässerung der Dammkrone.

(3) Gleiten der Böschung durch schnelle Stauspiegelabsenkung des Wassers in Speicherbecken oder Seen

Vorgang

Der Wasserspiegel fällt schneller, als der eingestaute Boden entwässern kann. Die Festigkeit des Bodens wird durch den hohen Wasserdruck reduziert.

Gegenmaßnahmen

wie bei (1) und Einhalten von Betriebsvorschriften.

(4) Festigkeitsverlust kohäsionsloser Böden durch Wassersättigung ungenügend verdichteter Dammteile unter Wasser

Gegenmaßnahmen

Flache Böschungen, intensive Verdichtung.

(5) Verflüssigung kohäsionsloser oder wenig kohäsiver Böden im wassergesättigten Zustand, ausgelöst durch stoßförmige Kräfte, Vibration oder Sickerung

Vorgang

Der Boden bricht zusammen und fließt wie eine Flüssigkeit aus. Die Form des Bruches kann regelmäßig sein und derjenigen anderer Rutschungen ähneln; sie kann aber auch unregelmäßig ausfallen.

Gegenmaßnahmen

Intensive Verdichtung, kohäsives Schüttmaterial, Berücksichtigung seismischer oder anderer dynamischer Kräfte beim Entwurf und Aufbau des Dammes.

2.3 Oberflächenerosion

(1) Überflutung des Dammes infolge ungenügender Hochwasserentlastung, Verstopfung des Grundablasses, ungenügender Kronenhöhe des Dammes

Gegenmaßnahmen

Bemessung auf das zu erwartende maximale Hochwasser, ausreichende Bemessung der Freibord- und Kronenhöhe sowie Berücksichtigung von Dammsetzungen beim Entwurf.

(2) Erosion durch Wellen, Strömung oder Niederschläge

Gegenmaßnahme

Funktionsgerechter Entwurf des Böschungsschutzes.

Bodenerosion und Erosionsschutz s. Abschnitt 6 ZTV E-StB, Kom. 3.

2.4 Durchströmung und ansteigendes Grundwasser

(1) Starker Wasserverlust in Seen oder Speicherbecken durch andauernde oder gelegentlich erhöhte Sickerung oder erhöhten Grundwasserspiegel in der Umgebung

Gegenmaßnahmen

a) Abdichten undichter Becken durch Dichtungsteppich aus verdichtetem Ton oder durch Injektionsschleier
b) Abdichten durchlässiger Untergrundschichten durch Dichtungskern bis zur undurchlässigen Schicht oder durch Injektionen oder Dichtungsteppich
c) Abdichten eines durchlässigen Dammes durch Kern- oder Oberflächendichtung
d) Setzungsrisse im Damm schließen

   Vorbeugende Maßnahmen: Entfernen von stark setzungsempfindlichen Böden im Untergrund, keine plötzlichen Neigungswechsel der Böschungen, Verdichten des Dammes bei optimalem Wassergehalt
e) Schwindrisse im Damm schließen

   Vorbeugende Maßnahmen: Verwendung von Tonen mit niedriger Plastizität für den Dichtungskern, Verdichten des Dammes und des Dichtungskerns bei einem Wassergehalt, der den optimalen nicht überschreitet.

(2) Innere Erosion des Dammes oder des Untergrundes, die den Zusammenbruch des Dammes verursachen kann

Gegenmaßnahmen

a) Setzungs- und Schwindrisse im Damm wie unter d) und e) ausgeführt behandeln, ferner vorbeugend entwässernde Filterschichten vorsehen
b) durchlässige Untergrundschichten abdichten oder durch Filterbrunnen entlasten
c) durchlässigen Damm abdichten, ferner undichte Leitungen, Längssickerung an Einbauten sowie Tiergänge vermeiden.

3 Dämme auf erstkonsolidiertem Untergrund

3.1 Bodenphysikalische Eigenschaften

Der sog. erstkonsolidierte, weiche Untergrund umfasst begrifflich junge Ablagerungen wenig tragfähiger und sehr setzungsempfindlicher Böden mit hohem Wassergehalt, die nie zuvor einer größeren wirksamen Normalspannung als der aus den überlagernden Schichten ausgesetzt waren. Im Einzelnen gehören sowohl genetisch als auch bodenphysikalisch organogene Schluffe und Tone, wie Klei, Schlick und Seekreide, sowie rein organische Böden wie Mudden (z. B. Faulschlamm, Gyttja) als sedimentäre und Torf als sedentäre Ablagerungen dazu. Sie können von Schluff, Ton, Mergel, Sand, Kies oder Fels unterlagert sein, was ihre Standsicherheit maßgeblich beeinflusst.

Der potenzielle Streubereich ihrer bodenphysikalischen Eigenschaften ist außergewöhnlich groß:

a) Der Wassergehalt kann bei organogenen Tonen Werte um 500 %, bei Torfböden und Mudden um 1 500 %, gelegentlich sogar über 2 000 % ihres Trockengewichts erreichen. Wassergehalte unter 500 % weisen im Allgemeinen darauf hin, dass die Böden auch anorganische Bestandteile enthalten.
b) Je nach Art und Anteil der organischen und anorganischen Komponenten liegen die Korndichten (spezifisches Gewicht) zwischen 1,4 und 2,7 g/cm^3 (Torfe 1,4 bis 1,6 g/cm^3) und die Dichten zwischen 0,8 und 1,9 t/m^3 (Torfe und Mudden 0,8 bis 1,4 t/m^3).
c) Die Durchlässigkeit nimmt mit steigendem Konsolidationsdruck ab. Dies gilt insbesondere für Torfböden, deren Durchlässigkeit im unbelasteten Zustand etwa 10^{-2} bis 10^{-5} cm/s, nach der Konsolidierung unter geringen Auflasten von etwa 0,03 bis 0,08 N/mm^2 nur noch 10^{-6} bis 10^{-8} cm/s betragen kann. Die horizontal gerichtete Durchlässigkeit ist im Allgemeinen größer als die vertikale, wobei bis zu 50-fache Differenzbeträge nicht ungewöhnlich sind.
d) Zusammendrückbarkeit erstkonsolidierter, weicher Böden s. Kom. 3.4. Die Konsolidationsversuche im Oedometer ergeben für Belastungen bis zu etwa 0,2 N/mm^2 Steifemoduln von $0{,}3 < E_s < 2{,}0$ N/mm^2 für Torfe und Mudden und $0{,}5 < E_s < 5{,}0$ N/mm^2 für organogene Tone und Schluffe.
e) Die Scherfestigkeit *(Tab. 1)* steigt mit dem wirksamen Überlagerungsdruck an, häufig lässt sich aber keine eindeutige Abhängigkeit von der Tiefe wegen der Erstkonsolidierung dieser Böden und ihrer geringen Dichte unter Auftrieb feststellen. Nimmt sie mit der Tiefe zu, so weist dies auf eine Vorbelastung hin. Abnehmen kann sie dagegen dann, wenn faseriger Torf in amorph zersetzten oder in besonders weichen tonigen Boden übergeht. Der Reibungswinkel für dränierte Bedingungen ergibt sich für Torfe und organogene Böden zu $15 < \varphi' <$ '30°, für Mudden nur zu $8 < \varphi' <$ '20°. Die Kohäsionsfestigkeit für dränierte Bedingungen c' ist im Zustand der Erstkonsolidierung meist sehr gering, kann aber proportional zur Normalspannung Werte bis zu etwa c' = 0,01 N/mm^2 erreichen.

Die mit der Flügelsonde gemessenen in-situ-Scherfestigkeiten betragen in der Regel $0{,}01 < c_u < 0{,}03$ N/mm^2.

3.2 Konsolidationstheorie

Unter Dammauflast entstehen in erstkonsolidiertem, gering tragfähigen Untergrund große und langandauernde Setzungen; s. Lit. (12). Die Vorausberechnung dieser Setzungen und ihres Zeitablaufes ist aufgrund der wechselhaften Eigenschaften der Böden schwierig. Nach DIN 1054

Tabelle 1: Scherparameter c_u und φ' für erstkonsolidierte, weiche Böden für Vorkalkulation

Bodenart	c_u [kN/m^2]	φ' [o]
Torf	5 bis 25	5 bis 15
Mudde	5 bis 15	5 bis 15
Faulschlamm	5 bis 15	10 bis 20
Seekreide	10 bis 30	20 bis 25
Auelehm	20 bis 30	25 bis 30
Klei, stark sandig	25 bis 40	25 bis 30
Klei, stark organisch	10 bis 25	15 bis 25

ist der Nachweis der Gebrauchstauglichkeit GZ2 mit den zugeordneten Lastannahmen für die Geotechnische Kategorie GK3 zu führen; s. Teil 3, Sonderkapitel S6. Die verfügbaren Berechnungsverfahren lassen nur Abschätzungen zu. Die Ergebnisse aus Setzungsmessungen von etwa vergleichbaren Dämmen und Untergrundverhältnissen sollten für die Beurteilung mit herangezogen werden; s. Kom. 3.3.

Soweit kein Grenzzustand und die Randbedingungen einer unendlich ausgedehnten weichen Schicht vorliegen, stellt sich ein hauptsächlich einaxial gerichteter Spannungs- und Verformungszustand ein. Nach allgemeiner bodenmechanischer Modellvorstellung bestehen die Gesamtverformungen der weichen Schicht, in der Zeitfolge gesehen, anteilig aus Sofortsetzungen s_0 sowie primären Setzungen s_1 und sekundären Setzungen s_2:

$$s = \alpha_0 \cdot s_0 + \alpha_1 \cdot s_1 + s_2$$

α_0, α_1 Korrekturbeiwerte

Die Sofortsetzungen entstehen unmittelbar bei Lastaufnahme als Folge von volumenkonstanten Schubverformungen. Die nachfolgenden primären Setzungen charakterisieren die Konsolidationsphase, in der das Porenwasser unter Druckanstieg aus der Schicht ausströmt. Die Theorie der nichtstationären linearen Porenwasserströmung ermöglicht es, Größe und Zeitablauf dieser Konsolidierung zu ermitteln. Die sich anschließenden sekundären Setzungen kennzeichnen sog. Kriechverformungen, die mit geringen Zuwachsraten über lange Zeit ablaufen und als Resultat visko-plastischer Fließzustände gedeutet werden.

Die Setzungsanteile s_0 und s_1 lassen sich nach Größe und Zeitablauf mit Hilfe von Verfahren gemäß DIN 4019 näherungsweise ermitteln. Der Setzungsanteil s_2, der nicht von der Schichtdicke d abhängt, lässt sich nur empirisch oder aus experimentellen Druck-Setzungslinien (Neigung tan β) als zeitabhängige Größe $s_2 = f(t) = \tan \beta \cdot \log t$ abschätzen.

In *Bild 5* sind die Einflussfaktoren aus der Geometrie (h, b, β, z) und der Last des Dammes (p, u, γ) sowie aus den Untergrundeigenschaften (k, E, τ) angegeben.

Die Konsolidationszeit nimmt mit dem Quadrat der Dicke der zusammendrückbaren Schicht zu und ist umso größer, je weniger durchlässig die Bodenschichten sind.

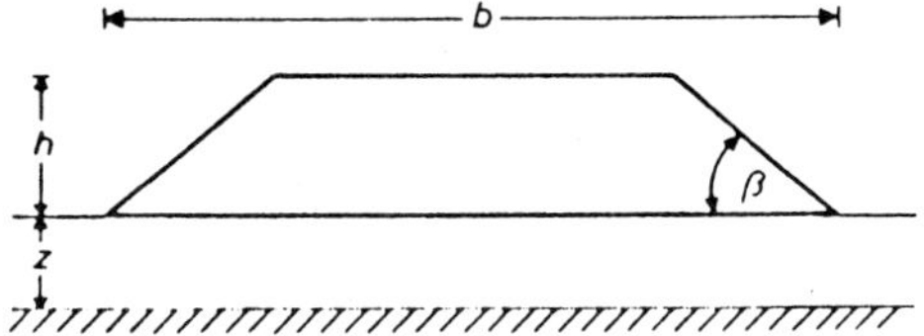

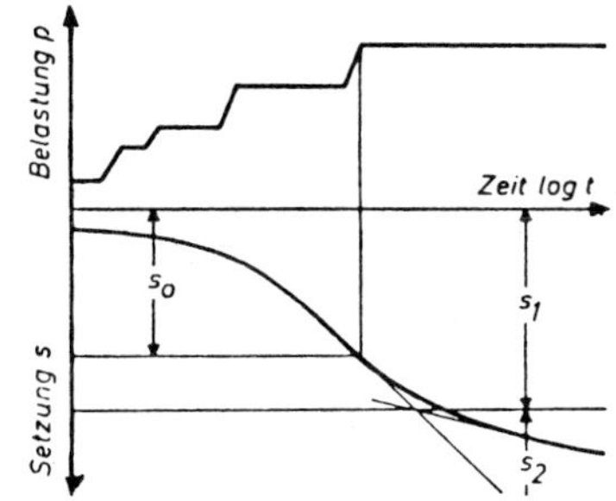

$s (p, t) = f[(h, b, \beta, z); (p, u, \gamma); (k, E, \tau)]$

Bild 5: Einflussgrößen für die Setzung s erstkonsolidierter Untergrundböden

Die theoretische Konsolidationszeit lässt sich für einen Verfestigungsgrad von 95 % (entspricht einer Konsolidierungszeit t_{95} bzw. einer bezogenen Konsolidierungszeit $T_v \sim 1{,}0$) grob näherungsweise abschätzen mit

$$t_{95} = \frac{\gamma_w}{k \cdot E_s} \cdot z^2$$ für die einseitig entwässernde Schicht,

$$t_{95} = \frac{\gamma_w}{k \cdot E_s} \cdot \left(\frac{z}{2}\right)^2$$ für die zweiseitig entwässernde Schicht.

Die ‚bezogene Konsolidierungszeit' wird definiert zu

$$T_v = \frac{c_v \cdot t}{z^2}$$ für einseitige Entwässerung,

$$T_v = \frac{4c_v \cdot t}{z^2}$$ für zweiseitige Entwässerung,

mit dem Konsolidierungsbeiwert

$$c_v = \frac{k \cdot E_s}{\gamma_w}$$

T_v bezogene Konsolidierungszeit
t Konsolidierungszeit
z Dicke der erstkonsolidierten Bodenschicht
c_v Zeitbeiwert der Konsolidierung in m^2/s
k Durchlässigkeit in m/s
E_s Steifemodul in kN/m^2 (Oedometer-Versuch)
γ_w spezifisches Gewicht des Wassers

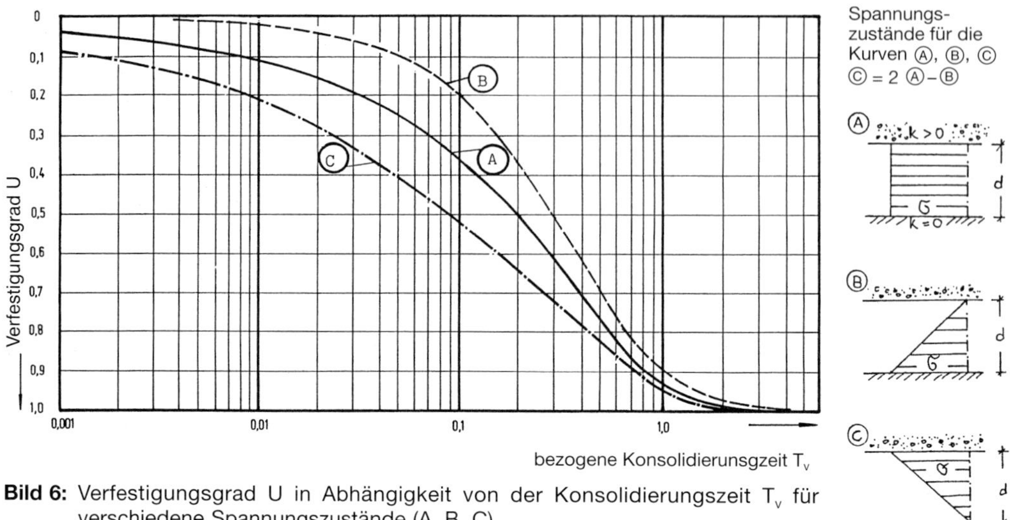

Bild 6: Verfestigungsgrad U in Abhängigkeit von der Konsolidierungszeit T_v für verschiedene Spannungszustände (A, B, C)

Die konsolidationstheoretischen Zusammenhänge zwischen dem Verfestigungsgrad U und T_v für verschiedene Spannungsflächen σ (A, B, C) gehen aus *Bild 6* hervor.

In *Tab. 2* sind einige theoretisch bzw. empirisch abgeleitete Interpolationsformeln zusammengestellt, mit denen die Setzungen und ihr Zeitverlauf rechnerisch abgeschätzt werden können.

a) Die Gesetzmäßigkeit von Koppejan verbindet die Gleichungen von Terzaghi und Buisman; sie berücksichtigt den Zusam-

Tabelle 2: Interpolationsformeln für Primär- und Sekundärsetzungen

Terzaghi (1925)	$s = \frac{h_o}{C_p} \log \frac{p_o + \Delta p}{p_o}$	$\frac{1}{C_s} = 0$
Buisman (1936)	$s = h_o (\alpha_p + \alpha_s \cdot \log t) \cdot \Delta p$	
Koppejan (1948)	$s = h_o (\frac{1}{C_p} + \frac{1}{C_s} \log t) \log \frac{p_o + \Delta p}{p_o}$	$\frac{1}{C_p} = \frac{\alpha_p \cdot \Delta p}{\log \frac{p_o + \Delta p}{p_o}}$ $\frac{1}{C_s} = \frac{\alpha_s \cdot \Delta p}{\log \frac{p_o + \Delta p}{p_o}}$
v. Moos (1962)	$s = s_1' + s_2' = s_{(10)} + A (\log t - \log 10)$	
Norman Brawner (1963)	$s_2 = C_s \cdot h_1 \cdot \log \frac{t_2}{t_1}$	

s	Gesamtsetzung für Druckanstieg Δp	t_1	Zeit für 100 % Primärsetzung
s_1	Primärsetzung	t_2	Zeit während der Sekundärsetzung
s_2	Sekundärsetzung	α_p	Zeitkonstante für Primärsetzung
$s_1' = s_{(10)}$	Hauptsetzung 10 Tage nach Schüttende	α_s	Zeitkonstante für Sekundärsetzung
s_2'	Nachsetzung	$1/C_p$	Modul für Primärsetzung (Terzaghi)
p_o	Anfangsdruck	$1/C_s$	Modul für Sekundärsetzung (Buisman)
Δ_p	Anstieg des vertikalen effektiven Druckes p_o	A	Faktor für die Nachsetzungen (Anstieg der Kurve)
t	Zeit in Tagen	h_o	Schichtdicke zur Zeit t=o
		h_1	Schichtdicke zur Zeit t_1

menhang zwischen Belastung und Druck sowie den sekundären Zeiteffekt.

In der modifizierten Form

$$s = h_o \left(\frac{1}{C_s} + \frac{1}{C_s} \cdot \log t\right) \cdot 2{,}3 \log \frac{p_o + \Delta p}{p_o}$$

stellt die Formel eine gute Näherungslösung dar (Koppejan/Kjellmann).

b) Die aus Setzungsmessungen an Straßendämmen auf Torf abgeleitete v. Moos'sche Formel geht davon aus, dass die hauptsächlichen Setzungen zehn Tage nach Schüttende abgeschlossen sind und die nachfolgenden Setzungen linear mit dem Logarithmus der Zeit abklingen.

c) Norman und Brawner geben für die sekundären Setzungen s_2 von Dämmen eine logarithmische Funktion an, deren Anfangspunkt bei 100 % der primären Setzungen liegt.

3.3 Setzungsmessergebnisse von ausgeführten Dämmen

Aus Setzungsmessungen an Dämmen auf erstkonsolidiertem Untergrund können folgende empirische Ergebnisse abgeleitet werden; Lit. (12):

3.3.1 Gesamtsetzungen

Bild 7 zeigt den Zusammenhang zwischen der Dammauflast, den gemessenen Gesamtsetzungen s/z und den aus diesen Setzungen zurückgerechneten Steifemoduln E_o. Die Setzungen sind jeweils auf die Dicke der weichen Schicht z bezogen.

a) Steifemodul

$0{,}1 < E_o < 4{,}0$ N/mm², wobei
$E_o < 1{,}0$ N/mm² überwiegt

b) bezogene Gesamtsetzung s/z

für $E_o < 1{,}0$ N/mm² und
h/z > 0,5 ... 10 < s/z < 40 %
h/z < 0,5 .... s/z < 30 %

für $E_o > 1{,}0$ N/mm² und
h/z > 0,5 .... s/z < 20 %
h/z < 0,5 .... s/z < 5 %

3.3.2 Primärsetzungen s_1

Die eindimensionale Konsolidationstheorie lässt sich zur Berechnung des zeitlichen Ablaufs der Setzungen nur dann anwenden, wenn der

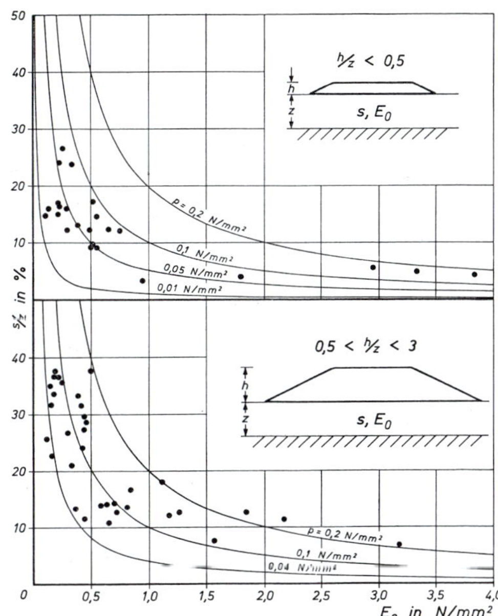

Bild 7: Bezogene Setzung s/z und Steifemodul E_o aus Setzungsmessungen an Dämmen in Abhängigkeit von der Belastung p

Porenwasserdruck der jeweiligen vertikalen Normalspannung der Belastung entspricht. Die tatsächliche Primärsetzung und die Setzungsgeschwindigkeit sind meist größer, weil folgende Einflüsse mitwirken:

a) dreidimensionale Porenwasserströmung infolge größerer horizontaler als vertikaler Durchlässigkeit
b) Scherverformungen und elastische Verformungen
c) Inhomogenitäten und Zwischenschichten.

In *Bild 8* ist die Häufigkeitsverteilung des beim Abschluss der Primärsetzungen s_1 erreichten Konsolidierungsgrades s_1/s dargestellt. In 50 % der untersuchten Fälle liegt er zwischen 80 und 90 % der Gesamtsetzung.

3.3.3 Sekundärsetzungen s_2

Die Sekundärsetzungen wirken lange nach und sind letztlich für die Oberflächenunebenheiten und für die Befahrbarkeit der Verkehrsflächen entscheidend. Sie sind in der Regel größer als die mit Oedometer-Versuchen an Proben ermittelten Werte. Bei logarithmischer Zeitdarstellung verlaufen sie näherungsweise geradlinig. Die Neigung der Geraden, die sich

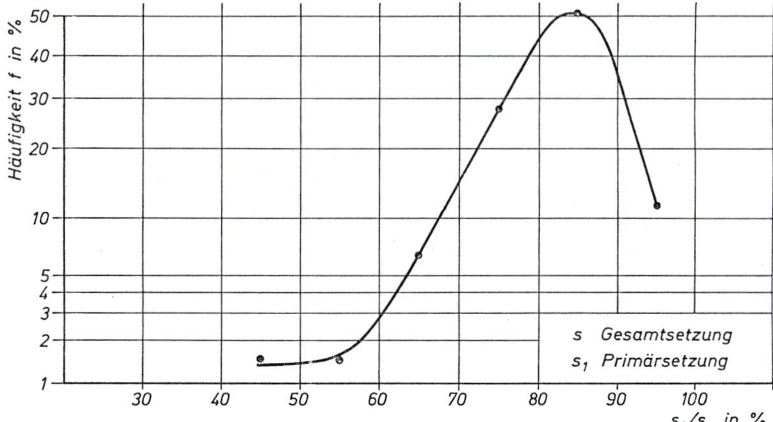

Bild 8: Konsolidierungsgrad weicher, normalkonsolidierter Böden unter Dämmen bei Abschluss der Primärsetzungen (61 Fälle)

nach der Bodenart, der Belastungsgeschichte des Untergrundes und der Dammauflast richtet, verhält sich proportional zur Dammhöhe und indirekt proportional zur Vorbelastung.

Die aus den gemessenen Zeitsetzungen berechneten Konsolidierungsbeiwerte C_s betragen bei organischen Tonen und Schluffen und bei Böden mit $E_o > 1{,}0$ N/mm² $0{,}02 < C_s < 0{,}08$ und für die wesentlich größeren Sekundärsetzungen der rein organischen Böden $0{,}08 < C_s < 0{,}40$.

Nach Ablauf der Primärsetzungen und bei bekanntem Steifemodul E_1 kann die Größe des Steifemoduls E_2 und mit den Formeln in *Tab. 2* der Größenbereich der zu erwartenden Sekundärsetzungen abgeschätzt werden. E_1 verhält sich zu E_2 in etwa 85 % der Fälle wie 1 : 2 bis 1 : 10.

3.3.4 Zeitlicher Setzungsverlauf

In *Bild 9* werden die mittleren Setzungsgeschwindigkeiten der Primär- und Sekundärsetzungen verglichen. Die Darstellung erfasst nur Fälle ohne Grundbruchverformungen. Der potenzielle Bereich der mittleren Geschwindigkeit reicht für die Primärsetzungen etwa bis zu 15 mm/Tag und für die Sekundärsetzungen etwa bis 40 mm/Monat.

Für die Geschwindigkeit und Zeitdauer der Primärsetzungen s_1 können je nach Dammauflast folgende Anhaltswerte angenommen werden:

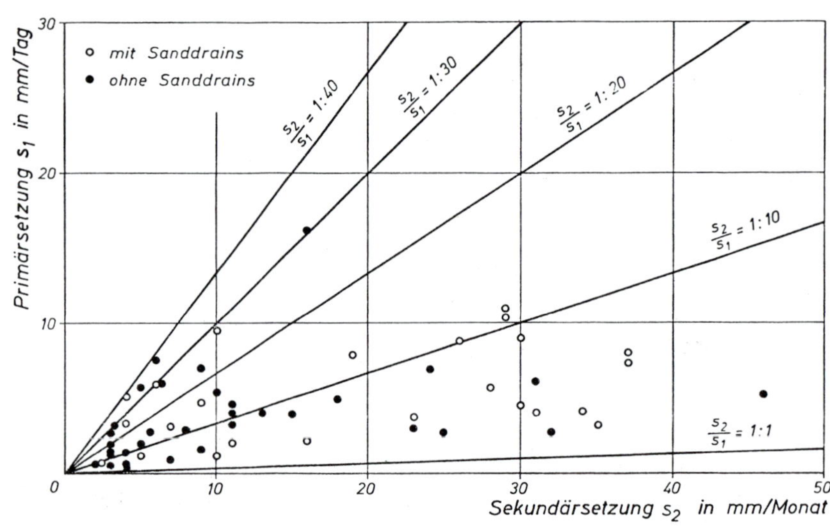

Bild 9: Mittlere Zeitraten der Primär- und Sekundärsetzungen weicher, normalkonsolidierter Böden unter Dämmen (59 Fälle)

a) Tone, auch mit Torf- und Schlufflagen
$s_1 < 2{,}5$ mm/Tag in 7 Mon. bis 4 Jahren
b) Torfe mit Schluff- und Tonlagen
$2{,}5 < s_1 < 5$ mm/Tag in 3 Mon. bis 2 Jahren
c) Torfe
$5 < s_1 < 15$ mm/Tag in 2 bis 7 Mon.

Bei bekannter Geschwindigkeit der Primärsetzungen s_1 kann aus *Bild 9* die Geschwindigkeit der Sekundärsetzung s_2 abgeschätzt werden.

3.3.5 Horizontalverformungen

Die Horizontalverformungen des weichen Untergrundes betragen je nach Dammauflast und Steifigkeit des Untergrundes etwa 10 bis 15 % der Dammsetzungen. Sie klingen in der Regel mit den primären Setzungen ab. Mit wesentlich größeren und länger andauernden Horizontalverformungen muss bei sehr weichen Tonen, insbesondere wenn sie unter Torf anstehen, und bei Bruchzuständen gerechnet werden.

3.4 Standsicherheitsnachweise

3.4.1 Zuordnung in DIN 1054

Für Dämme auf weichem Untergrund sind gemäß DIN 1054 die Nachweise für die Grenzzustände der Gesamtstandsicherheit GZ 1C mit den zugehörigen Lastannahmen zu führen; s. Teil 3, Sonderkapitel S6. Diese Dammbauwerke erfordern die Zuordnung zur Geotechnischen Kategorie GK 3.

Im Grenzzustand GZ 1C kann ein Erdkörper aufgrund seines Eigengewichtes, insbesondere bei geneigter Geländeoberfläche und unter zusätzlicher Einwirkung von Auflasten und Strömungsdruck, in Form eines Böschungs- oder Geländebruches entsprechend den in DIN 4084 beschriebenen Grundsätzen als Ganzes versagen. Da der Dammuntergrund wenig scherfest ist, müssen auch die Sicherheit der Dammböschungen gegen Bruch in tiefreichenden Gleitfugen (Böschungsgrundbruch) sowie das fortschreitende Versagen bei strukturempfindlichem, nicht duktil reagierendem Untergrund (progressiver Bruch) untersucht werden.

Die Randbedingungen aller Bauphasen vom Anfangs- bis zum Endzustand müssen durch die Standsicherheits- und Verformungsnachweise erfasst werden, um auf der sicheren Seite liegende Ergebnisse für die zweckmäßige Baulösung zugrunde zu legen. Die verfügbare Zeit zwischen Baubeginn und Herstellen der Fahrbahndecke sowie ein vorerst möglicher Zwischenausbau der Verkehrsfläche sind dabei zu berücksichtigen. Um unsichere Berechnungsergebnisse, z. B. durch Fehleinschätzung bei der Bodenerkundung bzw. bei Annahme der Bodenparameter, zu vermeiden, müssen die sich im Laufe eines Bauprozesses ändernden Bodenverhältnisse durch baubegleitende Messungen überprüft und die Bauzustände erforderlichenfalls angepasst werden.

Aus der Praxis des Entwurfs hat sich das unter 3.4.2 und 3.4.3 beschriebene systematische Vorgehen hinsichtlich einer Entscheidung für eine bestimmte technische Lösung als zweckdienlich erwiesen; Lit. (12), (13).

3.4.2 Berechnungen für die Bauphase

(1) Die Standsicherheit des Dammes wird für den Bauzustand auf der Grundlage der $\varphi = 0$-Analyse (DIN 4084) mit der Scherfestigkeit des Bodens für undränierte Bedingungen c_u der gering tragfähigen Schicht berechnet.

Der Scherwiderstand soll nur über den im weichen Untergrund verlaufenden Gleitflächenabschnitt angesetzt werden, nicht jedoch im Bereich des als Auflast wirkenden Dammes, da die Sicherheit sonst überschätzt werden kann. Ist die Annahme der für die Gleitfläche maßgebenden Scherfestigkeit wegen zu großer Schwankungsbreite zu unsicher, ist es zweckmäßig, die Sicherheit mit den effektiven Scherparametern φ' und c' zu berechnen und den Grenzwert des Porenwasserdruckes u sowie die Verteilung des Porenwasserdruckes über die Gleitfläche rechnerisch bzw. durch Erfahrungswerte aufgrund von Messungen abzuschätzen. Ziel dieser Untersuchung ist es, den zulässigen Porenwasserdruck für die verschiedenen Schüttphasen zu ermitteln und durch Messungen während der Bauausführung im Bereich des ungünstigsten Gleitflächenabschnitts zu kontrollieren.

(2) Ein Damm mit der Höhe h, einer Wichte γ_D und einem Reibungswinkel φ auf weichem Untergrund wird nur dann getragen, wenn der Untergrund eine genügend große Scherfestigkeit c besitzt. Die meisten Berechnungsverfahren gehen von kreisförmigen Gleitflächen im

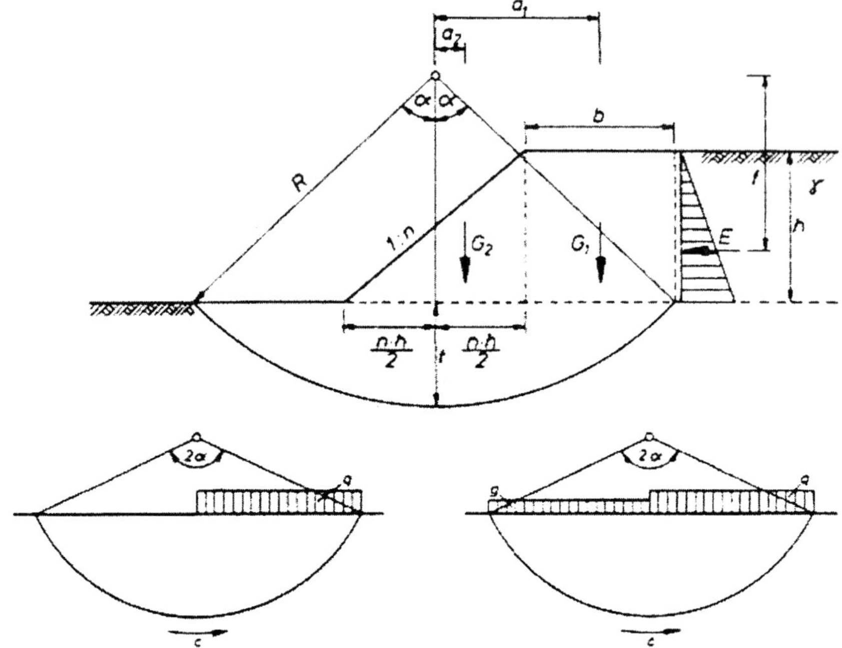

Bild 10: Geometrische Annahmen für Berechnungen der Standsicherheit mit kreisförmiger Gleitfläche

Untergrund aus und verwenden die dimensionslose Stabilitätsziffer

$$F = \frac{c}{\gamma \cdot h},$$

die nur von geometrischen Größen wie Böschungsneigung n, Dammhöhe h, Lage des Gleitkreises ($\frac{h}{t}$) und dem Zentriwinkel der kreisförmigen Gleitfläche $2\alpha = 133{,}6°$ ($\alpha = 66{,}8°$) abhängt; s. auch *Bild 10.*

Für Überschlagsrechnungen genügt die für eine Gleichlast $q = \gamma \cdot h$ von Janbu abgeleitete einfache Beziehung:

$$\frac{c}{\gamma \cdot h} = \frac{c}{q} = 0{,}188$$

Die gleiche Formel kann auch dann verwendet werden, wenn auf der einen Seite des Gleitkreismittelpunktes eine Belastung p und auf der anderen eine Belastung g vorhanden ist. Die Formel erhält die Form

$$\frac{c}{q - g} = 0{,}188$$

(3) Die Standsicherheit lässt sich auch mit Hilfe der Netztafel in *Bild 11* rasch ermitteln; Lit. (13). Berücksichtigt ist dabei der Einfluss der Böschungsneigung und der Dammauflast mit den im Bild dargestellten geometrischen Annahmen und dem Ansatz des Erddruckes E (Erddruckteilwert $K_a = 0{,}333$). Bei bekannter Dammauflast $p = \gamma_D \cdot h$ und Böschungsneigung n sowie bei vorgegebenem Verhältnis h/t wird die Stabilitätszahl F abgelesen und hieraus die erforderliche Scherfestigkeit der weichen Schicht $c = F \cdot p$ für die Sicherheit $\eta = 1$ berechnet.

Diese Ermittlung der Scherfestigkeit c ist nur dann möglich, wenn t bekannt ist, d.h. wenn die Gleitfläche die untere Begrenzung der weichen Schicht berührt. Dies wird bei nicht allzu großer Dicke t der Fall sein. Ist die Dicke t sehr groß, so wird die Gleitfläche innerhalb der weichen Schicht verlaufen. Es ist dann notwendig, die ungünstigste Gleitfläche zu suchen, bei der die erforderliche Scherfestigkeit ein Maximum ist.

Aus der Netztafel ergibt sich, dass Dämme mit Böschungsneigungen von n = 1,5 bis 2 standsicher sind, wenn die Höhe unter 6 m bleibt und die Anfangsscherfestigkeit der weichen Schicht $c_u > 0{,}04$ N/mm² beträgt.

Aus der Berechnung geht auch die Beziehung zwischen der zulässigen Schütthöhe h und dem Sicherheitsgrad η für jede Schüttphase hervor, mit der es möglich wird, den

Damm kontrolliert aufzubauen. Bei mehreren Schüttphasen kann die Sicherheit ggf. mit erhöhten c_u-Werten ermittelt werden, wenn sich diese durch die Konsolidierung aus der jeweils vorhergehenden Phase nachweisen lassen.

Die Netztafel *in Bild 11* ergibt keine Lösung für t < 2 m, d. h. für flache Dämme auf weichen Schichten, da dann b = 0 wird und die Gleitfläche die Böschungslinie schneidet. In diesem Fall sollte die erforderliche Scherfestigkeit nach Rendulic (Lit. (10)) oder Brendlin (Lit. (11)) aus der Schubspannungsverteilung in der Dammsohle berechnet werden.

Aus der Netztafel ergibt sich, dass Dämme mit Böschungsneigungen von n = 1,5 bis 2 standsicher sind, wenn die Höhe unter 6 m bleibt und die Scherfestigkeit der weichen Schicht $c_u > 0{,}04$ N/mm² beträgt.

Aus der Berechnung geht auch die Beziehung zwischen der zulässigen Schütthöhe h und dem Sicherheitsgrad η für jede Schüttphase hervor, mit der es möglich wird, den Damm kontrolliert aufzubauen. Bei mehreren Schüttphasen kann die Sicherheit ggf. mit erhöhten c-Werten ermittelt werden, wenn sich diese durch die Konsolidierung aus der jeweils vorhergehenden Phase nachweisen lassen.

3.4.3 Berechnung für den Endzustand

Aus der Praxis des Entwurfs heraus hat sich auf der Grundlage einer umfassenden Bodenerkundung das folgende systematische Vorgehen hinsichtlich einer Entscheidung für

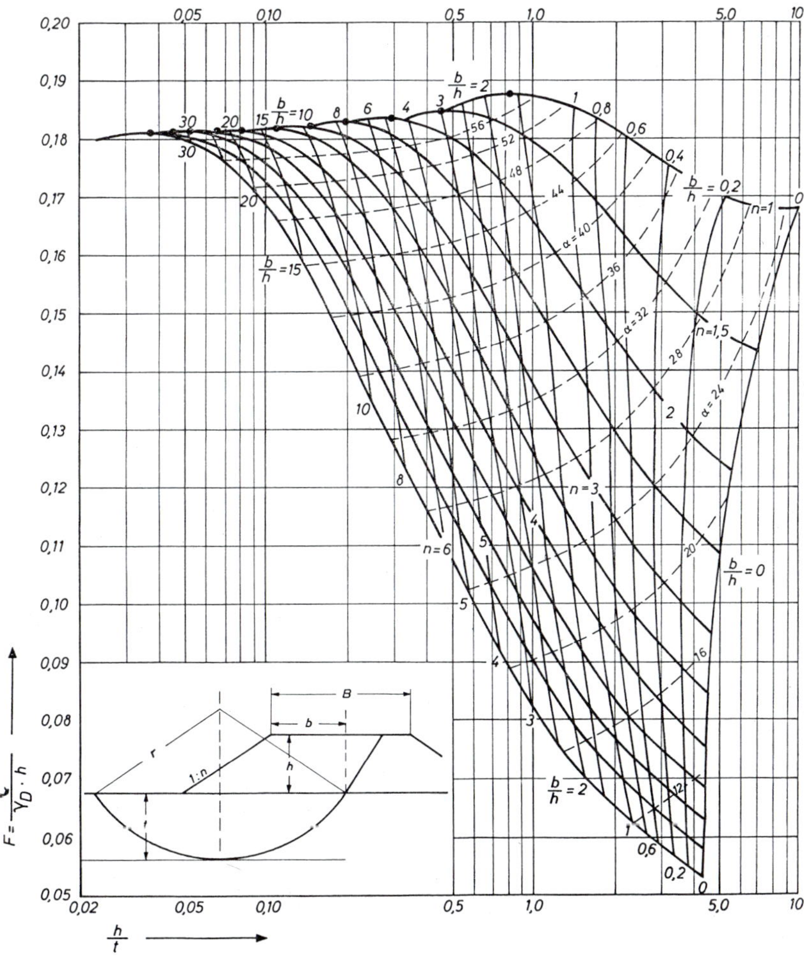

Bild 11: Netztafel zur Bestimmung der Standsicherheit von Dämmen auf weichem Untergrund nach Lit. (13) (λ = 0,333)

eine bestimmte Lösung als zweckmäßig erwiesen:

- Ist die Standsicherheit im Bau- und Anfangszustand nicht gegeben, kann der Damm nicht ohne Sondermaßnahmen auf dem weichen Untergrund gegründet werden.
- Ist die Standsicherheit gegeben, die verfügbare Bauzeit zum Konsolidieren bzw. zum Abklingen der Setzungen jedoch zu kurz, so sind ebenfalls Sondermaßnahmen für die Dammgründung notwendig; andernfalls müssen Setzungen befristet in Kauf genommen werden.
- Reicht sowohl die Standsicherheit als auch die Bauzeit für das Abklingen der Setzungen aus, ist es zweckmäßig, zunächst die Kosten für verschiedene Bauverfahren zu überschlagen und zu vergleichen. Ergeben sich dabei geringe Kostenunterschiede, sollte das sicherste Bauverfahren gewählt werden.

Als nächster Schritt sind dann genaue Berechnungen für das gewählte Bauverfahren wie folgt anzustellen:

a) Nachweis der Standsicherheit des Dammes für konsolidierte, dränierte Untergrundbedingungen. Die Berechnungen erfolgen nach den Grundsätzen in DIN 4084 mit den Scherparametem φ' und c' nach DIN 18137.
b) Nachweis der Gleitsicherheit des Dammes bei entsprechender Gefährdung.
c) Zusätzliche Sicherheitsnachweise bei Dämmen mit Geokunststoff-Bewehrungen in Dammsohle oder oberhalb; s. Teil 3, Sonderkapitel S6.
d) Nachweis der Sofort- und Konsolidationssetzungen sowie der Sekundärverformungen nach Größe und zeitlichem Verlauf gemäß Kom. 3.2.

4 Austausch weicher Schichten

Aushub und Austausch von weichen Bodenschichten (z. B. Torfe, Mudden) richten sich nach den örtlich gegebenen Randbedingungen und dürfen nicht in ökologische boden- oder wasserwirtschaftliche Schutzgüter eingreifen.

Zu den technischen Einflussfaktoren auf die Auswahl der Verfahrenstechnik gehören die Schichtdicke und die Eigenschaften der auszutauschenden Bodenmassen, die Tiefenlage der grundwasserführenden Schichthorizonte, die Verfügbarkeit von Absetzflächen und geeigneten Ersatzbaustoffen, die Sicherung und Abstände zu baulichen und verkehrlichen Anlagen. Die allgemein hohen Kosten von Austauschmaßnahmen bedürfen einer sorgfältigen Prüfung im Vergleich mit anderen technisch möglichen Lösungen.

4.1 Teilaustausch

4.1.1 Aushub einer oberen Teilschicht

Diese Maßnahme verringert die Dammsetzungen, ist aber nur zielführend, wenn mindestens die Hälfte der gesamten Weichschicht entfernt wird und die Festigkeit nach unten zunimmt.

4.1.2 Aushub von Schlitzen

Bei Weichschichten, die bis zu ca. 4 m dick sind, helfen Schlitze parallel zur Dammachse, die so breit sein müssen, wie die Schicht tief ist, mindestens aber 2 m, und bis zum tragfähigen Untergrund reichen. Sie werden unter der Dammböschung so angeordnet, dass ihre äußere Begrenzung dort liegt, wo eine von der oberen Dammkante unter 45° nach außen geführte Gerade die Geländeoberfläche erreicht. Die mit Sand oder Kies gefüllten Schlitze vergrößern die Scherfestigkeit des Untergrundes und verringern das Grundbruchrisiko.

Da zwischen den Schlitzen die weichen Schichten unter dem Damm verbleiben, ist mit ungleichen Setzungen zu rechnen, deren Größe und Dauer von der Schichtdicke abhängen. Durch Überhöhen der Dammschüttung können die Setzungen beschleunigt werden. Bei Dämmen unter 2 m Höhe sollten Schlitze nicht mehr angeordnet werden.

4.2 Vollaustausch

4.2.1 Vollaushub über Wasser

Bei Tiefen bis etwa 4 m und immer dann, wenn die Setzungen nicht abgewartet werden können, ist es zweckmäßig, die weichen Schichten vollständig gegen nichtbindigen Boden auszutauschen. Die Grenze soll nach den Aushubquerschnitten in *Bild 12* festgelegt werden; ist die Schicht relativ fest, kann der Austausch unter 1 : 0,75 möglich sein.

4.2.2 Vollaushub unter Wasser

Der Aushub efordert Bagger mit langen Auslegern, die auf dem bereits ausgetauschten Bereich stehen, die Weichschichten vor Kopf ausheben und den neben oder hinter dem Bagger abgekippten Ersatzboden in den Aushub füllen. Die Verfüllung folgt unmittelbar nach dem Aushub, sodass eine Kontrolle des Vollzugs schwierig ist.

Der Austausch unter Grundwasser mit Greif-, Löffel- oder Eimerkettenbagger oder mit Schrapper und das Verfüllen im Vorkopfbetrieb haben gebietsweise nicht mehr die frühere Verbreitung, insbesondere nicht dort, wo bei hohem Grundwasserstand das Saug-Spülverfahren angewendet werden kann. Der Aushub ist für den Austausch von großen

a) Regelquerschnitt

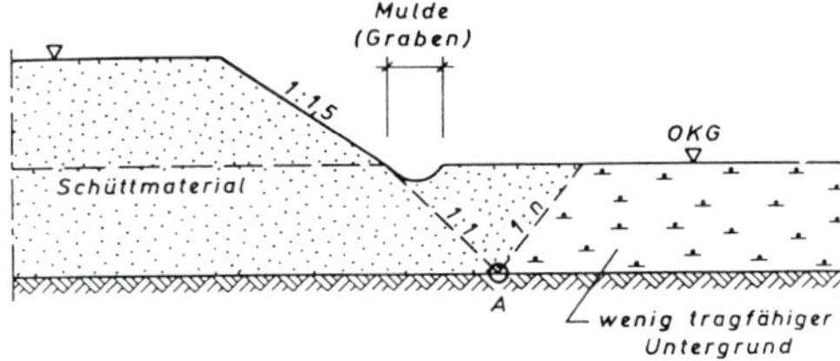

b) Aushubquerschnitt bei besonders weichen Böden

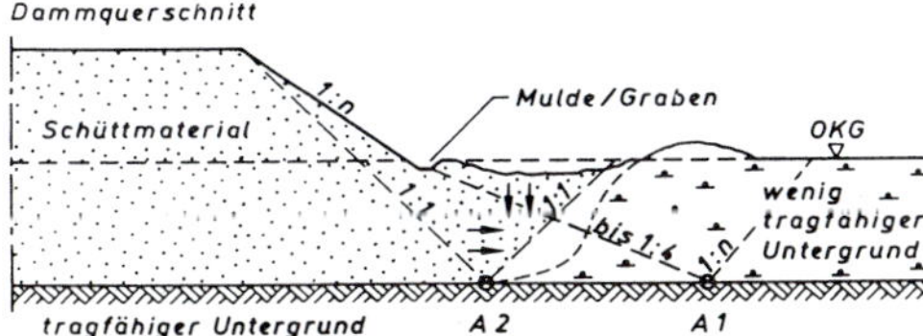

Bild 12: Aushubquerschnitte bei wenig tragfähigen Böden

Bodenmassen meist zu lohnintensiv. Das Herstellen und Unterhalten der Transportfahrstraßen für den Lkw-Betrieb trägt ebenfalls zu hohen Kosten bei.

Der Aushub im Trockenbetrieb nach Grundwasserabsenkung beschränkt sich auf Ausnahmefälle, bei denen die weiche Schicht nicht mehr als etwa 5 m dick ist, ihr Vollaushub notwendig ist und die Absenkung keine Gefährdung des Umfeldes verursacht. In der Regel werden die Kosten des Verfahrens durch die Grundwasserabsenkung zu hoch.

4.2.3 Bodenaustausch im Schutz von Absenkkästen

Der Bodenaustausch erfolgt im Schutz eines allseits geschlossenen Kastens, der bis zur Solltiefe bzw. bis zum tragfähigen Boden eingerüttelt wird. Ausführung auch im Grundwasser möglich, Arbeitstiefen bis ca. 7 m. Die Anwendung kommt besonders dann in Betracht, wenn der Abstand zu bestehenden baulichen oder Verkehrsanlagen gering und der herkömmliche Bodenaustausch nicht mehr möglich oder zulässig ist.

Arbeitsweise: Vorbereitung eines Arbeitsplanums, z. B. durch einen herkömmlichen Bodenaustausch. Einbaukasten aus Stahl abschnittsweise einrütteln, Größe des Kastens nach Bedarf, z. B. üblich 3,0 × 1,5 m. Ausbaggern des nicht tragfähigen Bodens im Schutze des Kastens. Einfüllen des Ersatzbodens. Verdichten des Ersatzbodens durch Vibration des Kastens während des Ziehens bei mehrfach phasenweisem Heben und Senken des Kastens. Unter Grundwasser besteht Auftriebsgefahr, sodass der Austausch sofort ohne Zeitverzögerung erfolgen muss.

4.2.4 Bodenaustausch im Schutz von Rohren

Analog zu Kom. 4.2.3 kann ein Bodenaustausch im Schutz von eingerüttelten Stahlrohren mit großem Durchmesser (ca. 2 m), wie sie für das Herstellen von Großbohrpfählen üblich sind, vorgenommen werden. Statt des vollflächigen Bodenaustausches erfolgt hierbei ein Austausch in rasterförmig dimensionierten Abständen oder in direkt anliegender Anordnung der Rohre mit verbleibenden Bodenzwickeln. Das Rohr wird mit einem Vibrator eingerüttelt, der Boden in konventioneller Pfahlaushubtechnik entfernt und ersetzt und dann durch phasenweises Ziehen unter Vibration verdichtet.

Im Vergleich zu Kom. 4.2.3 lassen sich größere Tiefen über und unter Grundwasser austauschen. Unter Grundwasser lässt sich ein hydraulischer Grundbruch im Rohr nur vermeiden, wenn Aushub und Wiederverfüllung in sofort aufeinanderfolgender Phase vollzogen werden.

4.3 Verdrängung weicher Schichten

(1) Eine besondere Art des Bodenaustauschs stellt das Verdrängen von sehr weichen bis flüssigen Massen durch Aufschütten von Sand dar. Die Massen werden seitlich oder vor Kopf verdrängt. Ist der Verdrängungswiderstand zu groß, kann zusätzlich ein auf der Sandschüttung stehender Bagger mit langem Ausleger eingesetzt werden, um einen Teil der Massen zu beseitigen. Das Verdrängen von weichen Schichten gelingt eher dann, wenn die Weichschicht direkt unter der Dammsohle ansteht und der feste Untergrund in Querrichtung nach außen abfällt. Es empfiehlt sich, das Verfahren mit Kleinstsprengungen zu kombinieren, wenn Schwierigkeiten beim Verdrängen auftreten.

(2) Herstellen eines Steingerüstes in der weichen Schicht durch Eintreiben großer Felssteine oder von unsortiertem Steinbruchmaterial oder Geröllblöcken mit schwerer Fallplatte. Die Arbeiten werden so lange ausgeführt, bis sich ein standfestes, selbststützendes Steinbzw. Blockgerüst ausbildet. Der weiche Boden wird dabei verdrängt, durchdringt aber auch die Zwischenräume des eingetriebenen Materials. Das Verfahren eignet sich zur Stabilisierung des weichen Untergrundes etwa bis max. 5 m Tiefe. Das Steingerüst wirkt zugleich als lastverteilende Schicht.

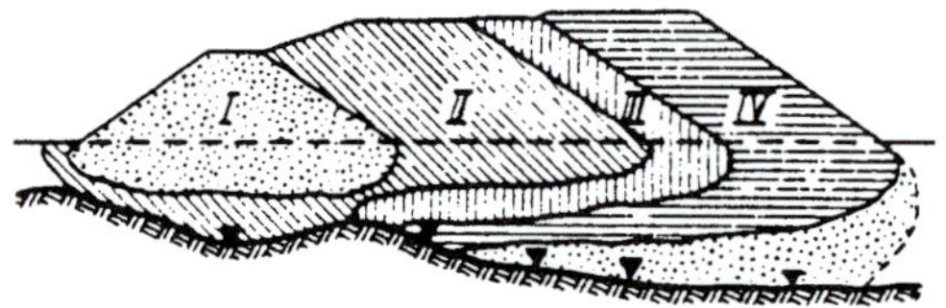

Bild 13: Dammverbreiterung durch Kleinstsprengungen; Lit. (5)

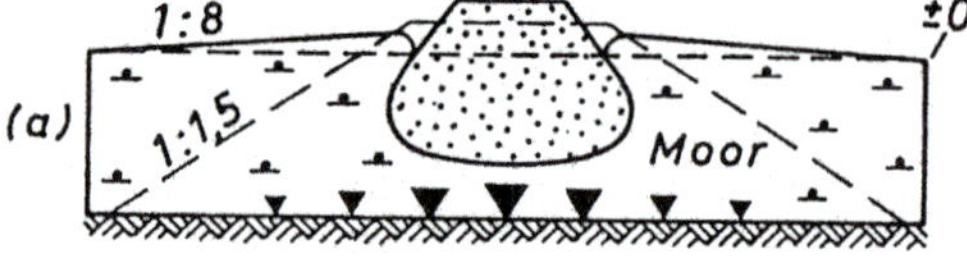

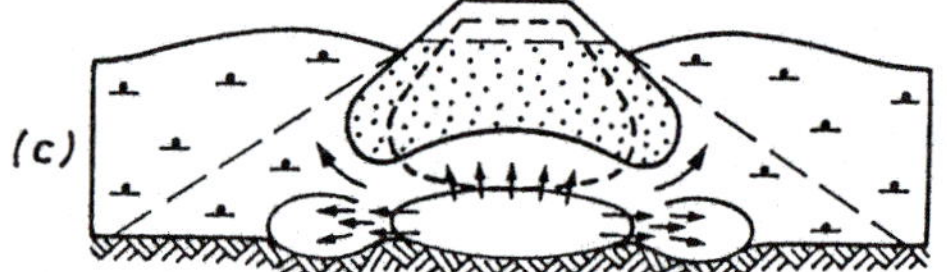

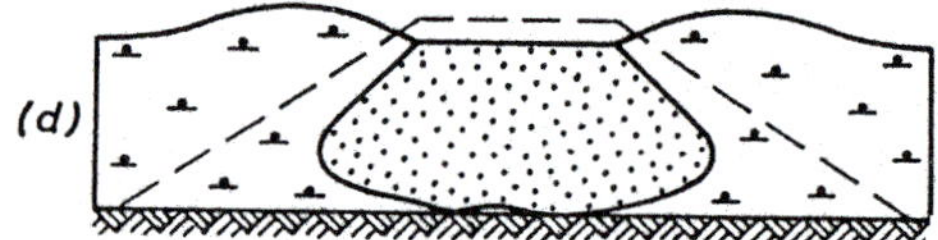

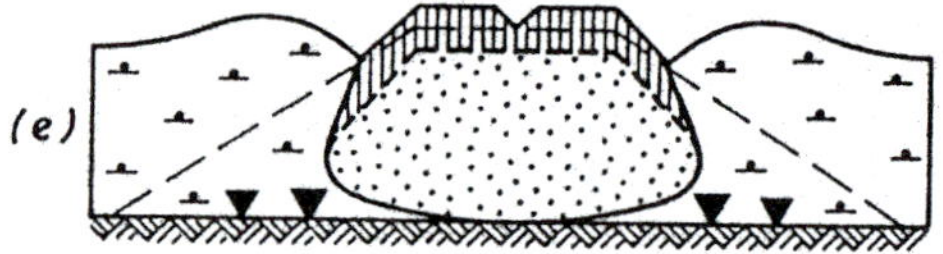

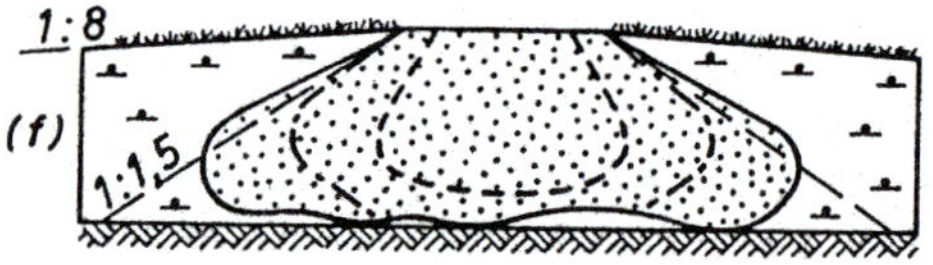

b) Kleinsprengungen vor Kopf

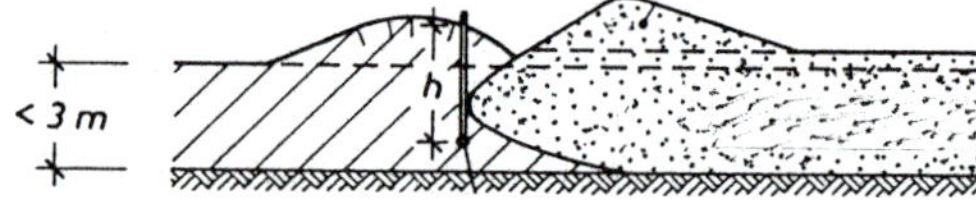

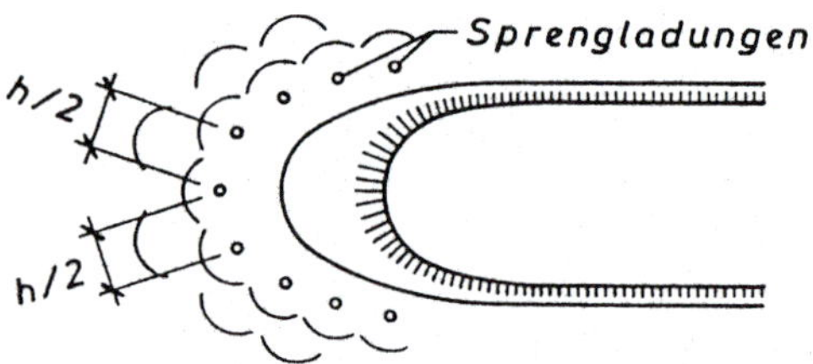

Bild 14: Bodenaustausch durch Sprengung mit Verdrängung des weichen Bodens; Lit. (5), (6)

4.4 Moorsprengverfahren

Das Verfahren zielt darauf ab, das Moor durch die Eigenlast der Dammschüttung zu verdrängen und den restlichen, nicht verdrängten Teil des Moores zur Seite zu sprengen oder durch Sprengung stark zu verdichten, sodass es nicht mehr wesentlich zusammengedrückt werden kann. Die Erschütterungswellen im Untergrund können infolge der Sprengung, je nach den örtlichen Verhältnissen, Schäden an Gebäuden verursachen. Die gefährdeten Gebäude sind vor der Sprengung zu kontrollieren und die bereits vorhandenen Schäden im Beweissicherungsverfahren festzuhalten.

Die Sprengungen können je nach den örtlichen Verhältnissen verschiedenartig durchgeführt werden; *Bilder 13* und *14*:

a) Bei den Haupt- und Teilsprengungen werden die Sprengkörper bis an die untere Grenze der weichen Schicht eingespült. Die Anordnung der Sprengkörper sowie die Zündfolge richten sich nach den Gelände- und Schichtverhältnissen. Die Sprengung erfolgt mit Hilfe von Millisekunden-Zündern. Im Zeitpunkt der Explosion hebt der Sanddamm an, und die weichen Massen drängen nach außen. Beim unmittelbar nachfolgenden Senken des Dammes werden sie weiter nach außen geschoben. Anschließend wird der Damm wieder aufgeschüttet und nach einer oder nach beiden Seiten durch Sprengen verbreitert. Die Höhe der Aufschüttung muss so bemessen sein, dass die zu erwartenden Sackungen bzw. die zu verdrängenden Massen berücksichtigt sind. Der Vorgang wird so lange wiederholt, bis der Damm die vorgesehenen Ausmaße erreicht und durch Bohrungen nachgewiesen ist, dass die weichen Massen vollständig verdrängt sind.
b) Kleinstsprengungen werden ausgeführt, wenn sich in der Nähe Gebäude befinden, sodass Hauptsprengungen zu Schäden führen würden. Der Damm wird in kurzen Abschnitten 4 bis 5 m hoch aufgeschüttet und senkrecht zu den Tiefenlinien des tragfähigen Untergrundes vor Kopf und seitlich gesprengt. Die weiche Masse schiebt sich vor dem Damm her. Da sie sich dabei verfestigen kann, muss sie ggf. gesondert durch Sprengen wieder aufgelockert oder durch Druckwasser verflüssigt oder durch Bagger ausgehoben werden.

5 Konsolidierungsverfahren

5.1 Statische Vorkonsolidierung

(1) Vorbelastung

Bei der Vorbelastung des Untergrundes wird eine Erdauflast möglichst frühzeitig entweder bleibend oder vorläufig in mehreren Belastungsstufen aufgebracht, um die Hauptsetzungen vorwegzunehmen. Die Vorbelastung setzt genügend verfügbare Vorlaufzeit voraus; s. *Bild 15* und *16*.

Durch die Belastung stellt sich im Boden Porenwasserüberdruck ein, der sich mit abströmendem Porenwasser allmählich ausgleicht (Konsolidierung). Dieser Vorgang verursacht Setzungen und verringert das Porenvolumen des Bodens. Die Konsolidierungsdauer ist abhängig von der Durchlässigkeit des Bodens, der Bodenschichtung und der Länge der Strömungswege. Die Vorbelastung wird so lange beibehalten, bis die Setzungen weitgehend abklingen. Die Nachsetzungen unter der Dammlast im fertigen Endzustand werden nur noch gering sein.

(2) Überhöhte Vorbelastung

Das Verfahren zielt darauf ab, die Setzungen des Untergrundes durch eine Oberflächenlast, die vorübergehend größer als die endgültige Dammlast ist, zu beschleunigen. Das Dammprofil wird erfahrungsgemäß um etwa 20 bis 40 % seiner Sollhöhe überhöht, soweit dies die Standsicherheit zulässt, wobei ggf. beidseitige Vordämme einbezogen werden können.

Dadurch ergeben sich größere rechnerische Endsetzungen, die Konsolidationssetzungen

Bild 15: Anordnung einer überhöhten Vorbelastung mit Messeinrichtungen

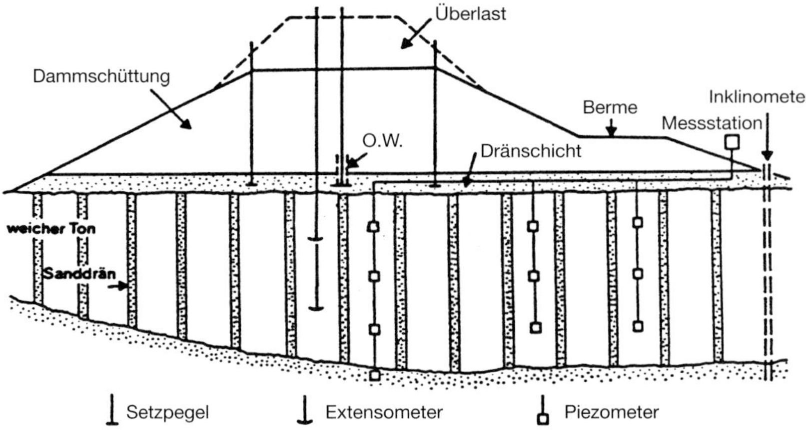

a) Vorbelastung zur Vorwegnahme der Setzungen aus Oberbau und Verkehrslasten

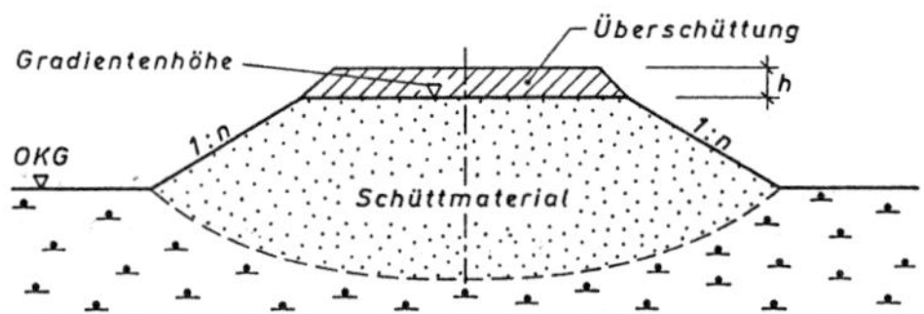

b) Vorbelastung zur Vorwegnahme der Setzungen aus Damm- und Verkehrslasten

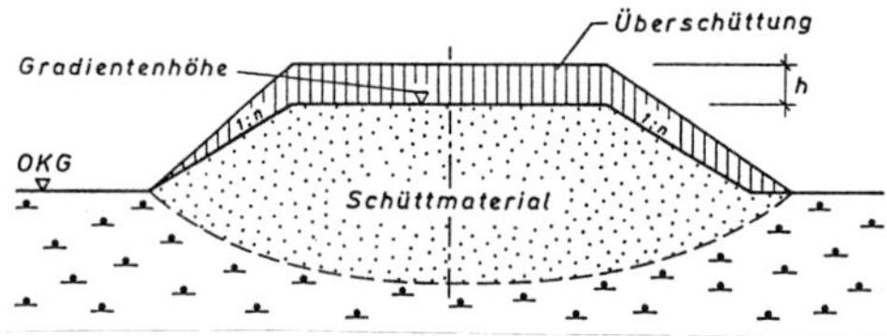

c) Verbreiterung mit Behelfsstraße auf Vorbelastungsdamm

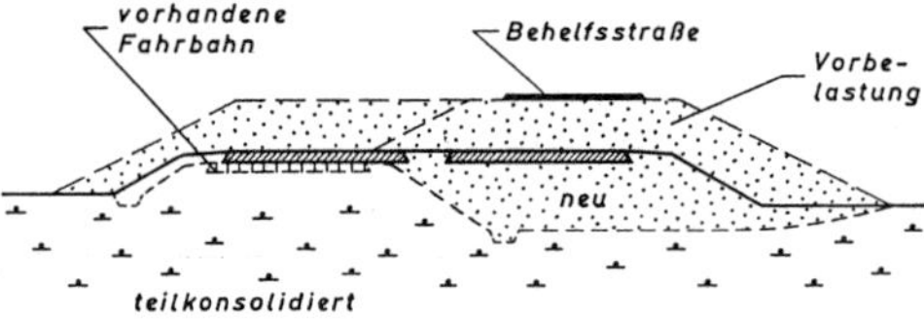

d) Verbreiterung mit Vorbelastung und Vertikaldräns

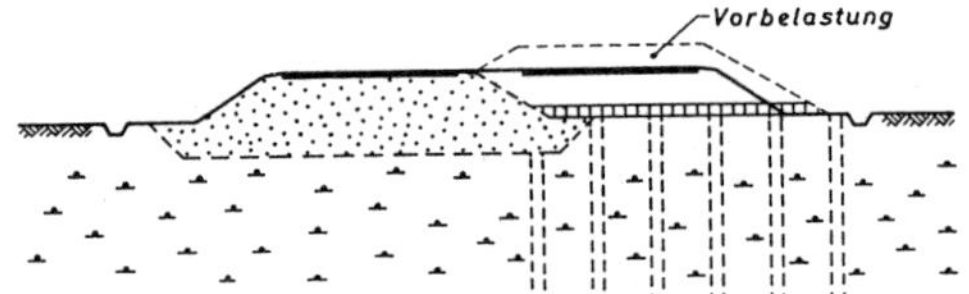

Bild 16: Beispiele für Vorbelastungen; Lit. (6)

werden weitgehend vorweggenommen und der Beginn der Sekundärsetzungen früher eingeleitet. Die überhöhte Vorbelastung kann beendet werden, wenn die vorausberechneten Setzungen infolge der Soll-Dammlast erreicht sind.

(3) Anwendung und Messbeobachtung

Die Vorbelastungsverfahren eignen sich bei Böden, deren Zeit-Setzungsverhalten ein rasches Abklingen der Setzungen erwarten lässt, z. B. schluffige Böden. Die für die Standsicherheit maßgebenden Scherfestigkeitsparameter (c_u, c', φ') werden verbessert und die Gefahr von Verformungen und Rissbildungen im Straßenoberbau wesentlich verringert. Grasnarben, die eine Befestigung der Oberflächenschicht des weichen Dammuntergrundes bewirken, sollten ggf. belassen werden. Knappe Bautermine stehen allerdings der Anwendung des Verfahrens ebenso entgegen wie größere bleibende Setzungsdifferenzen.

Das Verhalten des Dammes und des Untergrundes soll während und nach der Bauzeit durch ein gezieltes Messprogramm (Porenwasserdruck, Setzungen, Horizontalverformungen) kontrolliert werden. Liegen noch keine Erfahrungen vor, empfiehlt es sich, vor Baubeginn einen Probedamm mit voller Sollprofilbreite herzustellen und entsprechende Messungen auszuführen. Der Probedamm kann zu wesentlichen Kosten- und Zeitersparnissen beim Herstellen des eigentlichen Dammes beitragen. Bei flachen Dämmen mit Höhen von weniger als 2 m ist es zweckmäßig, eine Probeverdichtung mit schweren Vibrationsgeräten auszuführen, um den Einfluss der dynamischen Belastungen auf die Konsolidierung des Untergrundes festzustellen und hieraus Rückschlüsse auf das spätere Verformungsverhalten des Dammes unter Verkehr ziehen zu können.

5.2 Dynamische Vorkonsolidierung

Die dynamische Konsolidation des Untergrundes erfolgt bei dem unter der Bezeichnung „Dynamische Intensivverdichtung" bekannten Verfahren durch schwere Fallplatten, die mittels Raupenkran oder Spezialgerät angehoben werden und aus großer Höhe in freiem Fall auf die Oberfläche auftreffen; *Bild 17* und Lit. (6), (12). Das Verdichten erfolgt in mehreren Übergängen (Phasen) nach vorgegebenen rasterförmigen Planquadraten ohne Überlappung der einzelnen Schlagstellen. Zwischen diesen Übergängen werden Zeitpausen als Beruhigungsphasen eingelegt. Bei jedem Übergang werden an jeder Schlagstelle mehrere Schläge ausgeführt. Die erforderliche Verdichtungsenergie sowie der Zeitablauf der Verdichtungsarbeiten werden zweckmäßigerweise zu Beginn der Arbeiten durch eine Probeverdichtung ermittelt. Hierbei werden je nach beabsichtigter Tiefenwirkung Fallplatten mit verschiedener Masse und Flächengröße mit dem Ziel verwendet, Fallhöhe, Maße und Fläche der Fallplatte sowie Anzahl der Übergänge und der Schläge pro Stelle zu optimieren.

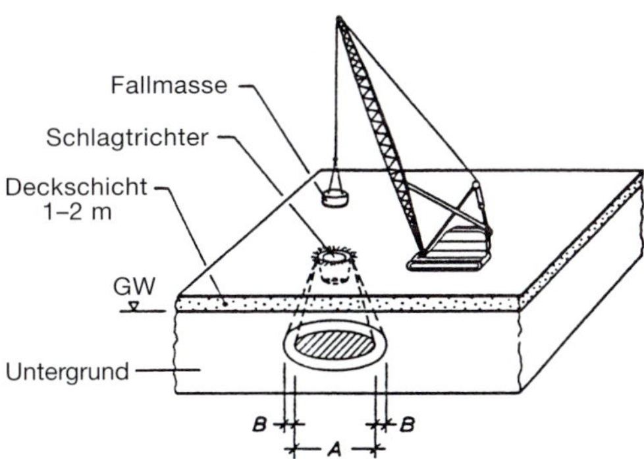

A Bereich von Verdichtungen
B Bereich von Scherverformungen

Bild 17: Verdichtung mit schwerer Fallplatte auf wenig tragfähigem Untergrund – Prinzip der sog. dynamischen Intensivverdichtung (Schema)

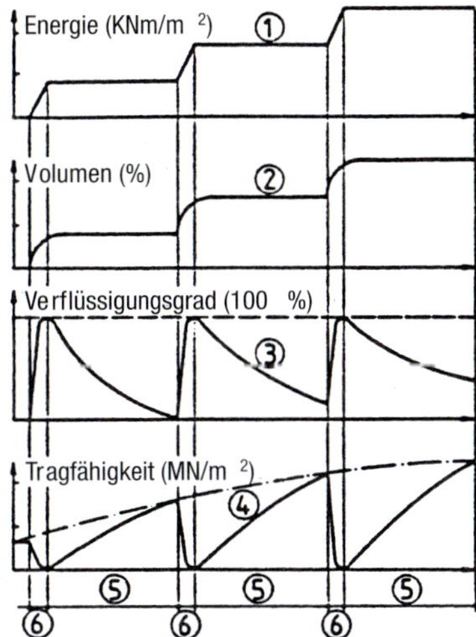

1 Aufbringen der Energie in 3 Phasen
2 Zusammendrückung (Setzung und Festvolumenanstieg)
3 Porenwasserdruck – Verflüssigungsdruck
4 Veränderung der Bodentragfähigkeit
5 Ruhezeiten zwischen den Phasen – je nach Bodenart 1 bis 4 Wochen
6 Bearbeitungsphase

Bild 18: Reaktion des weichen Untergrundes im Zeitablauf von 3 Arbeits- und Wartephasen

Die Verdichtungsarbeiten erfordern eine etwa 1 bis 3 m hohe Kiesaufschüttung oder einen entsprechend tiefen Bodenaustausch als Arbeitsplanie, wodurch zugleich das seitliche Hochdrücken des weichen Bodens vermindert wird. Vorflutmaßnahmen zur Wasserhaltung und eine Entwässerung der Schlagtrichter werden in der Regel notwendig. Die Bauüberwachung erfolgt durch Messungen, wie z. B. Setzungs- und Porenwasserdruckmessungen, Pressiometerversuche oder Ramm-, Druck- und Flügelsondierungen. Die Summensetzung der Oberfläche wird durch Höhennivellement ermittelt; sie zeigt örtliche Inhomogenitäten auf, die gezielt durch nochmaliges Verdichten oder durch Variieren der Verdichtungsenergie verbessert werden.

Wirkungsweise gemäß *Bild 18*: Durch das wiederholte projektilartige Aufprallen bzw. Einschlagen der Fallplatte entstehen Schlagtrichter, die je nach Bodenart etwa 1,5 bis 2,5 m tief sein können. Der Vorgang verursacht unter dem Schlagtrichter und in seiner Umgebung Porenwasserüberdrücke und Verflüssigungsdrücke sowie Strukturzerstörungen des

Bodens mit steil zur Geländeoberfläche verlaufenden Bruchflächen. Beim Verdichten drängt ein Teil des Porenwassers auf diesen Bruchflächen nach außen und sammelt sich in den Schlagtrichtern sowie seitlich des Dammes in den Vorflutgräben an.

Der Verflüssigungsdruck verringert zunächst die Scherfestigkeit. Erst mit nachlassendem Druck lässt sich die Verbesserung des Untergrundes feststellen, wobei der Zeitablauf von den thixotropen Reaktionseigenschaften des Bodens beeinflusst wird. Die Verbesserung besteht darin, dass der Boden pfropfenförmig unter dem Schlagtrichter verdichtet und seitlich verspannt wird. Die Größe des verbesserten Bodenvolumens (Tiefen- und Breitenwirkung) richtet sich nach der Bodenart sowie nach den Schicht- und Wasserverhältnissen. Erfahrungsgemäß können etwa 80–90 % der Gesamtsetzungen, die sonst ohne Verbesserung unter der Dammauflast zu erwarten wären, vorweggenommen werden. Gegenüber dem unverbesserten Ausgangszustand kann die undränierte Scherfestigkeit c des weichen Untergrundes etwa um das 2- bis 4-fache und der Steifemodul etwa um das 3- bis 10-fache erhöht werden.

Das Verfahren eignet sich besonders für Böden und Ablagerungen, in denen die beim Schlagen entstehenden Porenwasserüberdrücke relativ schnell abklingen, und zum flächenweisen Ausgleich von inhomogenen Untergrundbereichen. Geeignete Objekte können sein: setzungsempfindlicher weicher Untergrund in Moor- und Torfgelände, aufgespülte oder aufgeschüttete Dämme, Auffüllungen in Kiesgruben und Steinbrüchen sowie Mülldeponien.

Soweit bei Felsschüttungen oder Auffüllungen mit Felsgestein oder grobsteinigen Mischböden eine intensive Verdichtung erforderlich wird, kann prinzipiell ebenfalls nach dem beschriebenen Verfahren über und unter Wasser gearbeitet werden.

Die Anwendung des Verfahrens setzt voraus, dass die entstehenden Erschütterungen das Umfeld nicht gefährden. Erschütterungsmessungen im Vorfeld der Eignungsuntersuchung und baubegleitend sind notwendig, um Gefährdungen auszuschließen.

5.3 Tiefendräns

5.3.1 Wirkungsweise

Vertikale Tiefendräns werden eingesetzt, um weiche, mehr oder weniger wassergesättigte Untergrundschichten zu entwässern und hierdurch Konsolidierungssetzungen auszulösen. Der natürliche Strömungsweg in belasteten bindigen Schichten verläuft vorwiegend vertikal, je nach Bodenschichtung nach oben oder nach oben und unten. Durch Einbringen vertikaler Dränelemente erfolgt eine Umlenkung der Strömungswege in horizontal radialer Richtung zu den Dränelementen hin. Die Entwässerung der Schichten löst auflastabhängig beschleunigte Konsolidierung aus, deren Geschwindigkeit sich nach Abstand, Durchmesser und Durchlässigkeit der vertikalen Dränelemente richtet. Die horizontalen Wege der Anströmung sind dabei kürzer als die vertikalen. Die Wirkung

Bild 19: Zeitlicher Konsolidierungsverlauf mit und ohne Sanddränagen

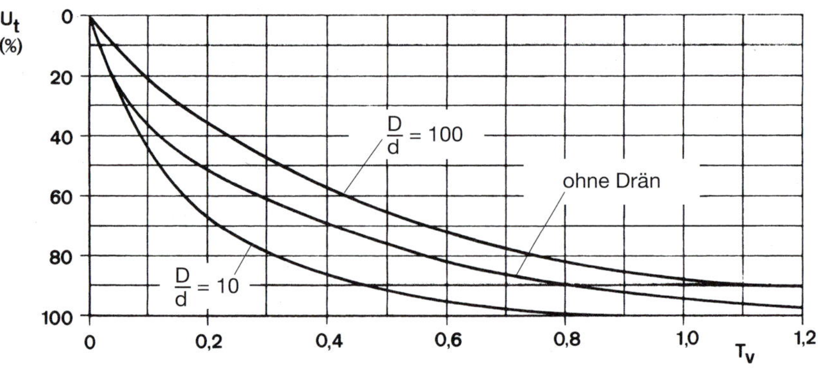

D Dränabstand
d wirksamer Dränduchmesser

T_v bezogene Konsolidierungszeit
U_t Konsolidierungsgrad

solcher Tiefendräns besteht darin, dass sich unter Last die primären Konsolidationssetzungen beschleunigen und die sekundären Setzungen früher beginnen. Die zusammendrückbare weiche Schicht entwässert je nach vertikaler und horizontaler Durchlässigkeit sowie nach Bodenstruktur radial zu den Dräns. Die Beschleunigung der Setzungen kann nur dann erwartet werden, wenn die Dicke der zu entwässernden Weichschicht erheblich größer als der Abstand der Dräns ist.

In Böden, die gegenüber Strukturstörungen sensitiv reagieren und unter Belastung lang andauernde Sekundärsetzungen zeigen, sind Dräns relativ wenig wirksam; hierzu gehören Torfe und andere rein organische Böden.

5.3.2 Bemessung

Die bezogene Konsolidierungszeit T_v für die radiale Entwässerung ergibt sich entsprechend Kom. 3.2 zu

$$T_v = \frac{t \cdot c_v}{D^2}$$

D Dränabstand

c_v Konsolidierungsbeiwert

t erforderliche Zeit, um einen bestimmten Konsolidierungsgrad bzw. Verfestigungsgrad U_t der Schicht (Verhältnis der zu einer bestimmten Zeit vorhandenen Setzung zur Gesamtsetzung) zu erreichen

Für einen vorgegebenen Konsolidierungsgrad U_t wird der Konsolidierungsbeiwert c_v aus den Ergebnissen von Oedometerversuchen ermittelt. Es ist auch möglich, den c_v-Wert mit Hilfe der von Kjellmann angegebenen Formel theoretisch zu berechnen:

$$c_v = \frac{(d_1)^2}{8t}\left[\ln\left(\frac{d_1}{d_2}\right) - \frac{3}{4}\right]\ln\left(\frac{1}{1-U_t}\right)$$

d_1 Durchmesser der Einflusszone des Dräns

d_2 Durchmesser des Dräns

Mit Hilfe der Kurven in *Bild 19* können Tiefendräns für bestimmte U_t- oder c_v-Werte bemessen werden. Die Konsolidierungszeit richtet sich im Wesentlichen nach dem Dränabstand und der wirksamen Kontaktfläche des Dräns mit dem umgebenden Boden, dagegen weniger nach der Größe des Dränquerschnitts.

Die Anwendung dieser Kurven für die Bemessung des Abstands von Flachdräns setzt die Annahme eines äquivalenten Kreisdurchmessers D voraus. Der Querschnitt des Flachdräns kann nach folgender Formel umgerechnet werden:

$$D = \frac{2a + 2b}{\pi} \cdot \xi$$

a Breite des Flachdräns

b Dicke des Flachdräns

ξ Formfaktor (0,85 nach Kjellmann/Kallstenius)

Nach dem gegenwärtigen Entwicklungsstand können folgende Dränarten unterschieden werden:

a) Dräns aus gleichförmigem Sand (z. B. Körnung 0,2 bis 2,0 mm), Durchmesser 20 bis 30 cm, Abstand 1,5 bis 3,0 m, max. 15 m lang
b) vorgefertigte Sanddräns, bestehend aus mit trockenem Sand aufgefüllten Jutegewebeschläuchen (Sandwicks), Durchmesser 6,5 cm, Abstand 1 bis 1,5 m, max. 30 m lang; Lit. (14)
c) Flachprofildräns aus verschieden geriffelten Plastikstreifen mit oder auch ohne Filterhülle, Querschnitt variabel
d) Dochtdräns aus reißfestem Vlies, z. B. 30 cm breit, 4 mm dick

a) Einbau des Tiefendräns

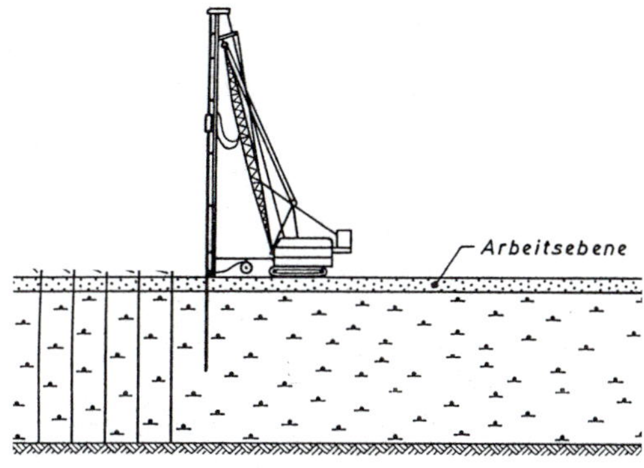

b) Anordnung im Querschnitt

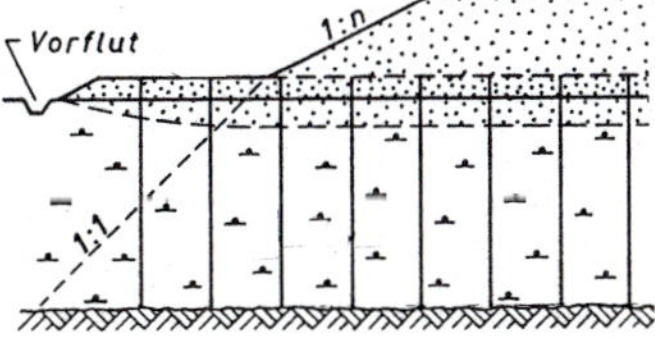

Bild 20: Tiefendräns im weichen Untergrund zur Beschleunigung der Konsolidierung

e) Filterdräns aus flexiblen, geschlitzten PVC-Rohren mit quer gewelltem Profil, umhüllt mit nassfestem Filterpapier oder Filterperlonstoff und mit Sand aufgefüllt, Nenndurchmesser 50 und 70 mm.

Bei den Dränarten c) bis e) betragen die Abstände etwa 1,0 bis 2,5 m und die maximal ausführbaren Längen etwa 20 bis 30 m.

5.3.3 Ausführung

Die Dräns werden von einem Arbeitsplanum aus hergestellt; *Bild 20*. Die oberen Enden der Dräns sollen in einer etwa 0,5 m dicken Filterschicht liegen, in der das beim Konsolidieren austretende Wasser abgeleitet wird. Die Funktion dieser Filterschicht darf nicht durch Verschmutzung beeinträchtigt werden; sie ist deshalb erst nach Herstellen aller Dräns aufzubringen und darf vom Baustellenverkehr nicht befahren werden. Das austretende Porenwasser soll durch Entwässerungsgräben dem Vorflutgraben zugeleitet werden.

Die Belastung des dränierten Bodens muss langsam und möglichst stufenweise erfolgen, um örtliche Grundbrüche zu vermeiden. Das Stufenprogramm (Belastung, Pause, Weiterbelastung) ist aufgrund einer experimentellen Untersuchung des Festigkeits-Verformungsverhaltens des Bodens festzulegen. Bei mehrschichtigem Untergrund muss beachtet werden, dass die Scherfestigkeit der einzelnen Schichten zu unterschiedlichen Zeiten mobilisiert werden kann. Die Praxis hat gezeigt, dass

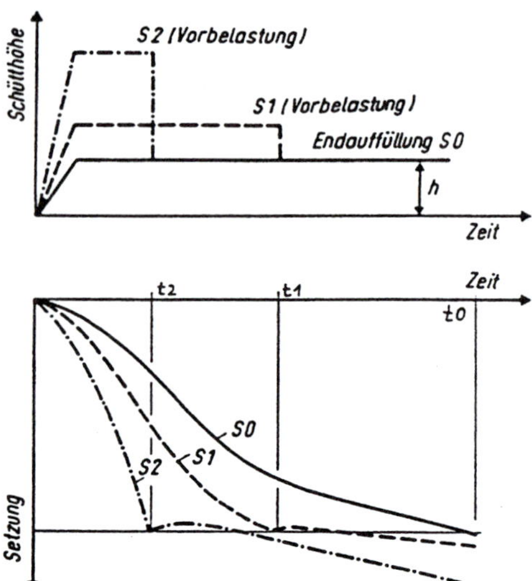

Bild 21: Messung der Setzungen, Porenwasserdrücke und Horizontalverformungen (Beispiel)

es vorteilhaft ist, die Belastung nicht in zu kleinen Stufen aufzubringen, dafür aber längere Pausen zur Zwischenkonsolidierung einzulegen. Porenwasserdruckmessungen zur Kontrolle dieses Vorgangs sind zweckmäßig.

Da die sekundären Setzungen nach Größe und Zeitdauer durch die Dräns nicht beeinflusst werden können, empfiehlt es sich, den Beginn der Setzungen durch Überhöhen des Dammes um etwa 20–30 % der Dammhöhe vorwegzunehmen, sofern die Grundbruchsicherheit dies zulässt; s. *Bild 21*.

6 Baugrundstabilisierungen

Für tiefgründige Baugrund- und Bodenverbesserungen steht eine Vielzahl verschiedenartiger Verfahrenstechniken des Spezialtiefbaus zur Verfügung. Sie sind qualitativ nicht gleichwertig zu beurteilen, können nur unter bestimmten Bodenbedingungen zum Einsatz kommen und werden deshalb für ganz unterschiedliche Zwecke genutzt. Hierzu gehören z. B. die Verbesserung der Tragfähigkeit und Setzungsminderung des Baugrundes, die mechanische Stabilisierung bzw. Veränderung von Bodeneigenschaften, die Entwässerung von setzungsempfindlichen Bodenschichten, die Abdichtung von durchlässigen Strukturen.

6.1 Tiefenverdichtung

Soweit der Baugrund keine ausreichende Lagerungsdichte aufweist, sich aber durch Verdichten verbessern lässt, können verschiedene Tiefenverdichtungstechniken angewendet werden. Diese Techniken zeichnen sich durch technische und wirtschaftliche Vorteile

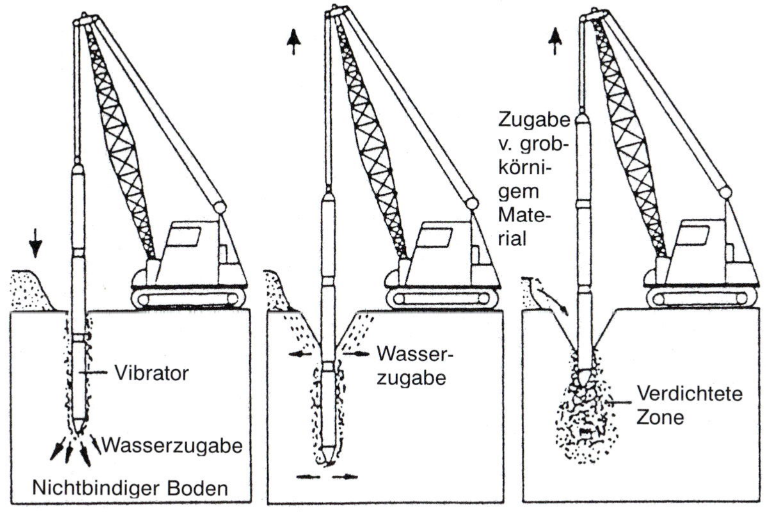

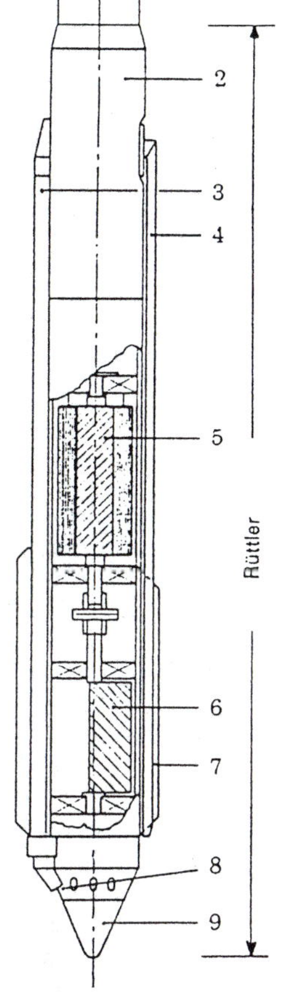

1 Aufsatzrohr
2 Elast. Kupplung
3 Wasser- oder
4 Luftzuführung (wahlweise)
5 Motor (elektr. oder hydr.)
6 Unwucht
7 Verdrehrippen
8 Wasser- oder Luftaustritt (wahlweise)
9 Spitze

Bild 22: Tiefenverdichtung mit dem Rüttel-Druck-Verfahren

aus, weil keine Genehmigungsverfahren, keine Grundwasserabsenkungen und kein Bodenaushub erforderlich werden. Umweltbelastungen, Massentransporte und Deponieanlagen können vermieden werden. Die Wahl der geeigneten Technik setzt spezielle Bodenuntersuchungen voraus.

6.1.1 Rütteldruck-Verdichtung

Technik gemäß *Bild 22* für die Tiefenverdichtung von grobkörnigen Böden:

- Verdichtung mit zylinderförmigem, durch Elektro- oder Hydraulikaggregat angetriebenem Rüttler: Durchmesser 30 bis 40 cm, Länge 2,5 bis 4 m. Amplitude 3 bis 15 mm. Schlagkraft 100 bis 200 kW. Beschleunigung 20 bis 40 g.
- Rasterförmige Anordnung der Verdichtungsstellen.
- Abstand 1,5 bis 2,5 m. Verdichteter Bereich ca. 2 bis 3 m Durchmesser. Einsinken des Rüttlers unter Eigengewicht durch kombinierte Wirkung von Vibration und Wasserdruckspülung. Endverdichtung durch stufenweises Rückziehen des Rüttlers von unten nach oben. Verdichtungstiefe bis zu etwa 25 m möglich. Einsatz auch unter Wasser.
- Kontrollen mittels Mehrfachschreiber: Zeitstufen des Verdichtungsvorganges, Eindringtiefe, Energieaufnahme des Rüttlers, Verbrauch an Zugabe- und Füllmaterial, Nachkontrolle der erzielten Lagerungsdichte mittels Sondierungen und der Oberflächensetzung mittels Nivellement.
- Bodenspezifische Anwendung in rolligen bis schwachbindigen Sanden und Kiesen (Feinkornanteil max. 20 %) oberhalb und unterhalb des Grundwassers. Erzielbarer Verdichtungseffekt in der Regel ca. 80 % der relativen Lagerungsdichte, Steifemodul ca. 80 bis 150 MN/m^2, Setzungen ca. 8 bis 15 % des verdichteten Bodenbereiches.

6.1.2 Rüttelstopf-Verdichtung

Ausführung von pfahlförmigen Säulen aus dicht und scherfest eingerütteltem Splitt-/Schottermaterial (z. B. 30/80 mm) mittels des in 6.1.1 genannten Rüttlers und Zugabe von

Druckwasser (Nassverfahren) oder Druckluft (Trockenverfahren) als Eindringhilfe; *Bild 23*.

Die Tragfähigkeit setzungsempfindlicher Untergrundschichten lässt sich durch solche Schottersäulen verbessern. Rasterförmige Anordnung der Säulen 1 bis 2 m; optimaler Tiefenbereich bis 10 m. Anwendung geeignet für Schluffe und schluffige Tone geringer Plastizität, Wechsellagerungen von grob- und feinkörnigen Böden.

Herstellung eines zylinderförmigen Hohlraums durch Absenkung des Rüttlers auf Solltiefe, wobei der Boden verdrängt und komprimiert wird. Beim Ziehen des Rüttlers Verfüllung des Hohlraumes durch Zugabe von Schotter über ein Fallrohr unter der Rüttlerspitze. Stopfvorgang: Stufenweises wiederholtes Absenken und Ziehen des Rüttlers um einige Dezimeter, wobei das Zugabematerial verdichtet und in den umgebenden Boden eingepresst wird.

(1) Wirkungsweise und Bemessung

Die Säulen bewirken eine Lastkonzentration, durch die in ihrem unmittelbaren Umgebungsbereich die wirksamen Vertikalspannungen reduziert und die Setzungen entsprechend vermindert werden. Hierdurch wird auch die Zusammendrückbarkeit des Gesamtsystems verringert und seine Steifigkeit erhöht. Der außerhalb der Lastfläche liegende Druckausbreitungsbereich ist mit einzubeziehen.

Die Säulen bilden ein Tragsystem, bei dem die Bruchfestigkeit jeder einzelnen Säule vom seitlichen Widerstand des umgebenden, stark verformbaren Bodens abhängt. Die Belastbarkeit des Systems richtet sich nach den am Rand der Lastfläche entstehenden Bruchverformungen bei seitlichem Ausweichen des Bodens und nach der einaxialen Kompression des Bodens in Lastflächenmitte.

Die seitliche Verformung von ungebundenen Schottersäulen darf in weichen Böden nicht vernachlässigt und daher der verbesserte Steifemodul nicht einfach im Verhältnis des Flächenanteils aus den Eigensteifigkeiten von Boden und Säule ermittelt werden.

Nach Lit. (17) wird bei näherungsweise volumenkonstanter Verformung der Säulen die Setzung des Bodens im Verhältnis des Flächenanteils der Säulen F_s vermindert:

$$a = \frac{F_{ges} - F_s}{F_{ges}}$$

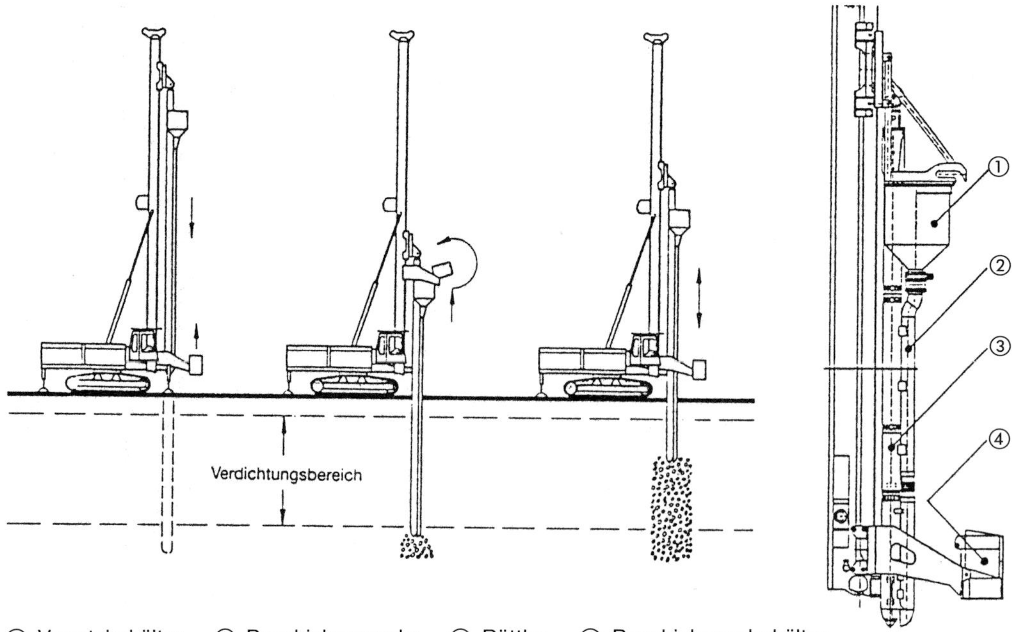

① Vorratsbehälter ② Beschickungsrohr ③ Rüttler ④ Beschickungsbehälter

Bild 23: Verfahrenstechnik bei der Rüttelstopf-Verdichtung

Der verbesserte Steifemodul des Bodens beträgt

$$E_s\,(\text{verb.}) = \frac{\Delta\sigma_{ges}}{\alpha\,[\varepsilon \cdot (\sigma_1 + \Delta\sigma \cdot \varphi) - \varepsilon \cdot \sigma_1]}$$

σ Vertikalspannung im Ausgangszustand
$\Delta\sigma$ Vertikalspannung infolge Mehrbelastung
φ Abminderungsfaktor ($\varphi \approx 0{,}67$) für die durch Lastkonzentration der Säulen entstehende abgeminderte Konsolidationsspannung
ε Zusammendrückung des Bodens

Andere Beurteilungskriterien für die Verbesserung beruhen z. B. auf der undränierten Scherfestigkeit c_u, dem Pressiometer-Grenzdruck p_s und dem Setzungsverhältnis zwischen unverbessertem und verbessertem Baugrund; Lit. (15), (16), (18).

Ermittlung der Traglast und Anfangsstandsicherheit s. Lit. (20).

(2) Anwendung

Das Verfahren kommt bei schluffigen bis schluffig-tonigen Böden in Betracht, die ohne wesentliche Sekundärsetzungen konsolidieren (undränierte Scherfestigkeit c_u = 20 bis 100 kN/m^2). In weichen organischen oder strukturempfindlichen Böden ist der Verbesserungseffekt relativ gering. Bei diesen weichen, wassergesättigten Böden können aber die ungebundenen Schottersäulen, sofern sie filterstabil sind, als Tiefendränage wirken und als solche die Konsolidation beschleunigen.

Die Säulen können keine hohen Spannungen in tief liegende tragfähige Untergrundschichten ableiten, sodass sie nur bei relativ geringen Flächenlasten in Betracht kommen sollten. Erfahrungsgemäß werden die Setzungen von erstkonsolidierten Böden, die eine isotrope Steifigkeit und keine nichtbindigen Zwischenschichten haben, etwa um die Hälfte bis zwei Drittel reduziert.

6.2 Pfahlsäulen

6.2.1 Pfahlsäulen aus Ortbeton

Die Tragwirkung der in Kom. 6.1.2 beschriebenen Schotterstopfsäulen lässt sich vergleichsweise erhöhen, wenn der Schotter zusätzlich mit injiziertem Zementmörtel stabilisiert wird oder alternativ pfahlartige Säulen aus Ortbeton nach gleicher Rütteltechnik hergestellt werden.

Die Ortbetonsäulen wirken ähnlich wie unbewehrte Pfähle und kommen dann in Betracht, wenn die Last in tief liegend tragfähigen Baugrund abgetragen werden soll, der stützende Seitendruck des Bodens gering ist und Kriechverformungen der Säulen vermieden werden sollen. Die Anwendung setzt undränierte Scherfestigkeiten $c_u > 5$ kN/m^2 und nicht betonaggressive Böden und Wässer voraus.

Herstellung des Säulenhohlraumes mit gleichem Rüttler wie bei Stopf-Verdichtung. Ausbetonieren des Hohlraumes mit Pumpbeton.

Kontrollen: Absenktiefe und Energieaufnahme des Rüttlers, Betondruck und Betonmenge.

6.2.2 Pfahlsäulen aus Boden-Zement-Gemisch im HDI-Verfahren

Technik der Hochdruckinjektion: Herstellen einer verrohrten Bohrung, wobei das Bohrrohr mit einem rotierenden Düsenkopf ausgerüstet ist und zugleich als Injektionsrohr dient. Beginnend in der Endbohrtiefe wird der Boden durch einen oder mehrere energiereiche Flüssigkeitsstrahlen (Pumpendruck etwa 300 bis 500 bar) unter Zugabe von Zement zu einer Boden-Zement-Suspension aufgelöst. Die Vermischung von Boden, Zement und Wasser erfolgt durch den rotierenden Düsenstrahl. Durch Drehen und Ziehen des Gestänges entstehen nach Aushärtung der Suspension säulenförmig vermörtelte Tragkörper. Der erzielbare Durchmesser der Säulen richtet sich bodenspezifisch nach dem Düsendurchmesser und Verpressdruck sowie nach der Rotations- und Ziehgeschwindigkeit; hierzu sind genau kontrollierbare, aufeinander abgestimmte Vorgänge erforderlich.

Durch unmittelbar aneinandergesetzte Säulen können Wandelemente oder Volumenkörper nach Vorgabe hergestellt werden. Die Verfahrenstechnik eignet sich für die meisten Böden. Die Technik wird vorrangig für das Herstellen von Unterfangungskörpern und bei Verwendung von Bentonit-Zement-Boden-Suspensionen für das Herstellen von Dichtwänden eingesetzt.

6.2.3 Pfahlsäulen aus Boden-Kalk-Gemischen

(1) Verfahren zur Reduktion des Wassergehalts weicher Untergrundschichten durch Branntkalk (CaO): Aufgeweichte Planumsschichten und stark vernässte Bereiche kön-

nen durch etwa 0,8 bis 1,0 m tiefe Kalksäulen verbessert werden. Das Verfahren besteht darin, Bohrlöcher herzustellen und diese mit Branntkalk (CaO) aufzufüllen.

Als günstige Durchmesser für die Säulen empfehlen sich 5 bis maximal 15 cm je nach Bohrlochtiefe, als Abstände 50 bis 70 cm. Der Kalkbedarf beträgt etwa 1 % der Feuchtdichte des Bodens.

Die stabilisierende Wirkung dieser Kalksäulen beruht auf der Reduktion des Wassergehalts infolge Ablöschens des Branntkalkes sowie auf der zunehmenden Scherfestigkeit des umgebenden Bodens, da der Kalk nach außen diffundiert und mit dem Boden reagiert. Die Kalksäulen besitzen keine Eigenfestigkeit. Durch die Reduktion des Wassergehalts und die Verdichtung des Bodens mit geeigneten Vibrationsgeräten kann beim Verdichten des verbesserten Bodens in der Regel ein Verdichtungsgrad von $D_{Pr} \geq 100\,\%$ erzielt werden.

Das Bohrloch-Verfahren lässt sich prinzipiell auch zur tiefgründigen Verbesserung weicher Untergrundschichten und aufgeweichter Dämme sowie zur Stabilisierung aufgeweichter Gleitflächenzonen in Böschungen verwenden. Wird hydraulischer Kalk verwendet, entsteht eine Verfestigung des Bodens in der Umgebung der Bohrlöcher.

(2) Verfahren nach Lit. (31): Eine mixed-in-place-Kalkpfahlmethode besteht darin, eine Lanze mit Bohrschnecke mit breiter Spitze ohne Rotation einzudrücken, dabei den Boden zu verdrängen, danach mit rotierender Bohrschnecke Branntkalk als Trockengranulat oder Weißfeinkalk bei gleichzeitigem Ziehen der Lanze einzubringen. Das Granulat bzw. der Feinkalk entzieht dem umgebenden Boden Wasser (bis 2 % pro 1 % CaO) und erhöht seine Konsistenz auch im unmittelbar angrenzenden Bodenbereich durch diffundierende Kalkteilchen. Kalkbedarf ca. 6 % der Bodentrockenmasse. Ausführung etwa ein Pfahl pro 2 m². Ein stabilisierender Effekt für die Kalkpfähle kann durch Zugabe von Sand, Quarz oder hydraulischen Komponenten erreicht werden.

(3) Verfahren nach Lit. (19): Die Tragfähigkeit von weichen bindigen Untergrundböden kann ebenfalls durch Herstellen von Kalkpfählen verbessert werden. Mit Hilfe eines geeigneten Pfahlbohrgeräts, das an der Spitze mit einem speziellen Mischgerät ausgerüstet ist, wird der zu verbessernde Boden von der Endtiefe der Bohrung aus nach oben mixed-in-place mit Kalk vermischt. Der Kalk wird dabei durch Druckluft injiziert. Schema der Methode gemäß *Bild 24*. Die Pfähle (Durchmesser ca. 0,5 m, max. Länge ca. 10 m) werden rasterförmig angeordnet, wobei erfahrungsgemäß ein Pfahl pro 2 m² Fläche ausgeführt wird. Die Kalkmenge beträgt erfahrungsgemäß etwa 6 % der Trockenmasse des Bodens.

Nach dem Aushärten des Boden-Bindemittel-Gemisches (2–3 Wochen) oder nach der Sofortwirkung bei Verwendung von Branntkalk kann der durch das Säulenraster verbesserte Untergrund überschüttet bzw. belastet werden. Soweit es sich um verfestigte Pfähle handelt, wirken diese wie folgt:

a) Die Gesamtsetzungen und die Setzungsdifferenzen werden innerhalb des stabilisierten Bereichs vermindert. Die Schubspannungen längs der Umfassungsgrenzflächen des stabilisierten Bereiches werden ebenfalls verringert. Bleiben diese Schubspannungen unter der Scherfestigkeit des außerhalb der Umfassungsgrenzen befindlichen weichen Untergrunds, werden auch die über den Dammquerschnitt verteilten Setzungsdifferenzen geringer ausfallen.

   Bei Blockwirkung der Pfähle können allerdings die Setzungen von Schichten unterhalb des stabilisierten Bereichs etwas größer ausfallen.

b) Die Pfähle können zugleich als Vertikaldräns wirken und als solche die Konsolidation beschleunigen.

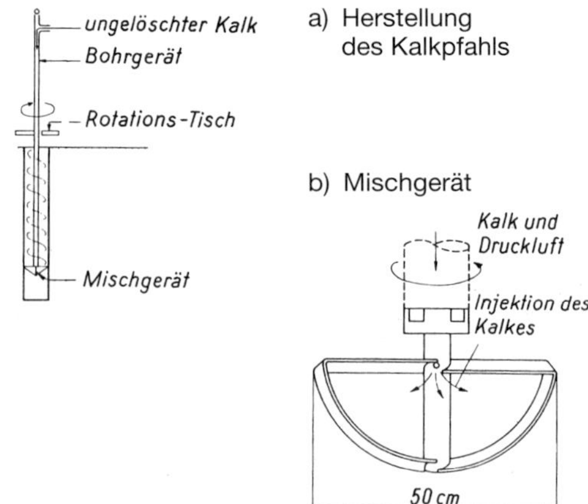

Bild 24: Herstellung von Kalkpfählen nach Lit. (19)

c) Die Gefahr eines Grundbruchs lässt sich durch Pfähle, die im Bereich der potenziellen Gleitfläche angeordnet werden, ebenfalls vermindern, da die mittlere Scherfestigkeit des Bodens erhöht wird.

Bemessung der Pfähle s. Lit. (19).

6.3 Injektionen

6.3.1 Verdichtungsinjektion (compaction grouting)

Verfahren zur Verbesserung der Tragfähigkeit von nichtbindigen Böden, deren Porengröße für eine Einpressinjektion zu gering ist (z. B. schluffige Sande). Einbohren bzw. Einrammen des Verpressrohres bis Endtiefe, anschließend abschnittsweises Ziehen des Rohres, wobei jeweils zähflüssiges Verpressgut (Mörtel) verpresst wird. Das Verpressgut verdrängt und verdichtet den Boden.

6.3.2 Einpressinjektion

Das Verfahrensprinzip zur Abdichtung bzw. Verfestigung von Locker- und Felsgestein besteht darin, speziell geeignete Stoffe (Einpressgüter) unter Druck in Hohlraumstrukturen und offene Porenstrukturen einzupressen, z. B.

- in Klüfte, Spalten, Risse, Poren und kavernöse Strukturen von Fels, festen Tonböden und dergleichen,
- in die Poren von Lockergesteinen,
- in die Kontaktfugen zwischen Bauwerk und Untergrund.

Als Einpressgüter werden pumpbare Stoffe wie folgt verwendet (s. a. *Tabelle 3*):

(1) Zementsuspension, Zementpaste und Zementmörtel

Mischungen aus Zement, Wasser und ggf. Zuschlägen (Gesteinsmehl, Flugasche) sowie Zusatzmitteln (Beschleuniger, Verzögerer). Zementsuspensionen mit hohen Wassergehalten sind vor dem Einpressen in Bewegung zu halten, damit sie nicht sedimentieren.

(2) Ton-Zement-Suspensionen

Mischungen aus Ton, Zement, Wasser und ggf. Zusatzstoffen und Zusatzmitteln. Sus-

Tabelle 3: Einsatzmöglichkeiten von Einpressgut in Locker- und Felsgesteinen

	Lockergestein	1	2	3
	Holräume in	Bodenarten	Durchlässigkeitsbeiwert k_f m/s	Einpressgut
1	Kies Grobsand Kies sandig	G gS Gs	$> 5 \cdot 10^{-3}$	Zementsuspension
				Tonzementsuspension
				Tonsuspension
				Tonzementsuspension mit Silikatgel
2	Sand Sand schluffig	S Su	$5 \cdot 10^{-3}$ bis $5 \cdot 10^{-6}$	Tonsuspension
				Silikatgel
				Kunstharz
3	Feinsand Grobschluff	fS gU	$5 \cdot 10^{-4}$ bis $5 \cdot 10^{-7}$	Silikatgel
				Kunstharz

	Felsgestein	1
	Öffnungsweiten *s* der Hohlräume	Einpressgut
1	kavernöse Strukturen, Klüfte und Störungszonen $s > 10$ mm	Zementmörtel, Zementpaste, Zementsuspension, Tonzementsuspension, Kunstharz
2	Klüfte und Risse 100 mm $> s >$ 0,1 mm	Zementsuspension, Tonzementsuspension, Tonzementsuspension und Silikatgel, Kunstharz
3	Klüfte und Risse $s >$ 0,1 mm	Silikatgel, Kunstharz

pensionen mit hohen Tongehalten sind auch in Ruhe sedimentationsstabil.

(3) Silikatgel (Wasserglas)

Silikatgele sind wässrige Lösungen von Alkalisilikaten mit gelösten oder emulgierten Härtern. Silikatgele, die zum Entmischen neigen, müssen vor dem Einpressen in Bewegung gehalten werden.

(4) Kunstharz (wässriges System)

Monomere und niedermolekulare Vorkondensate bilden durch Zugabe eines Härters hochmolekulare, standfeste und wasserreiche Gele.

(5) Kunstharz (nichtwässriges System)

Reaktionskunstharze, die meist aus zwei Komponenten bestehen.

Folgende Einpressverfahren werden unterschieden:

a) Einpressen in ungestützte Bohrlöcher im Fels
b) Einpressen durch Rammlanzen oder Bohrgestänge im nicht standfesten Gebirge oder Lockergestein
c) Einpressen mittels eines gesondert in ein Bohrloch eingeführten Einpressrohres (z. B. Manschettenrohr), hauptsächlich im Lockergestein.

Das Einpressen nach a) und b) wird in der Regel abschnittsweise von unten nach oben ausgeführt, in umgekehrter Folge dann, wenn Umläufigkeiten oder hohe Einpressdrücke am Bohrlochkopf zu vermeiden oder keine standfesten Bohrlöcher möglich sind.

7 Dammgründungen und Tragschichten mit Geokunststoff-Bewehrung

7.1 Dammgründungen mit Sohlbewehrung

7.1.1 Wirkungsweise

Die Versagensmechanismen bei Dammgründungen auf weichen, wenig tragfähigen Untergrundschichten gehen nach den in Kom. 2 beschriebenen Instabilitäten hauptsächlich auf Grund- und Böschungsbruchtypen zurück.

Die Standsicherheit und das Tragvermögen können durch Bewehrung aus zugfesten Geokunststoffeinlagen in der Dammsohlfläche bzw. unmittelbar ober- und unterhalb sowie auch durch mehrlagig bewehrte Fundationstragschichten stabilisiert werden; s. *Schemabilder 25, 31, 36* bis *39*. Die Fundationstragschichten können auch in Kombination als filterstabile Dränschichten, z. B. beim Anschluss an Vertikaldräns oder im Nahbereich des Grundwassers oder bei Hanglage, erforderlich sein.

Die zugfesten Bewehrungslagen wirken über die bewehrte Fläche brücken- oder ankerartig bei der Lastaufnahme in Verbund mit den anliegenden Bodenschichten.

Sie tragen die horizontale Spreizspannung wesentlich ab, mindern dadurch die horizontalen Ausweichverformungen der Weichschichten und stärken das Tragvermögen der beanspruchten Zonen des Untergrundes. Die Sicherheit gegen das Versagen des Böschungsfußes wird erhöht und eine lokale Überbeanspruchung der Weichschicht vermieden.

Setzungen des Dammuntergrundes werden durch die Bewehrung nicht verhindert, jedoch in aller Regel vergleichmäßigt.

7.1.2 Kinematische Berechnungsmodelle

Die kinematischen Bruchmechanismen für die Standfestigkeit des Dammes und die Traglast der Weichschicht werden mit Hilfe scheibenförmiger Bruchmodelle untersucht, die aus einem Element oder mehreren gegenseitig verschieblichen Elementen bestehen. Die damit verknüpften mechanischen Ansätze unterscheiden sich grundlegend darin, dass die Relativbewegungen des Bodens längs der Bewehrung in dem einen Modellfall berücksichtigt werden (globaler Verschiebungsansatz) und im anderen nicht (lokaler Zugkraftansatz).

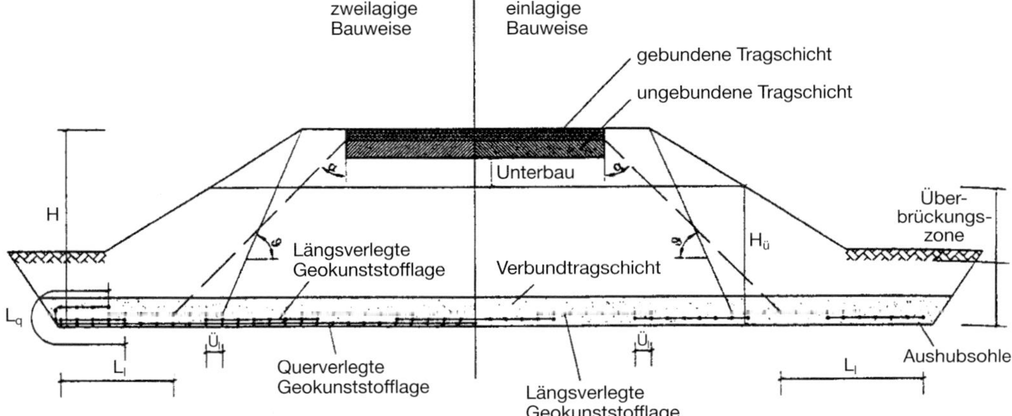

$Ü_l$ = Überlappungsbreite längsverlegte Lage
L_l = Verankerungslänge längsverlegte Lage in Querrichtung
L_q = Verankerungslänge querverlegte Lage
$H_Ü$ = Höhe der Überbrückungszone

Bild 25: Ausführungsbeispiel für Dammgründungen mit Verbundtragschichten in ein- und zweilagiger Bauweise nach EBGEO; Lit. (8)

(1) Lokaler Zugkraftansatz

Dieser Ansatz basiert gemäß *Bild 26* auf einer scheibenförmigen Bruchfigur, die nur aus einem kinematischen Element besteht und bei der die Zugkraft der Bewehrungseinlage analog wie eine Ankerkraft in der Schnittstelle mit der Bruchfuge wirkt. Die Kraftrichtung ist tangential zur Bruchfuge, horizontal oder in dazwischen liegender Position vorstellbar.

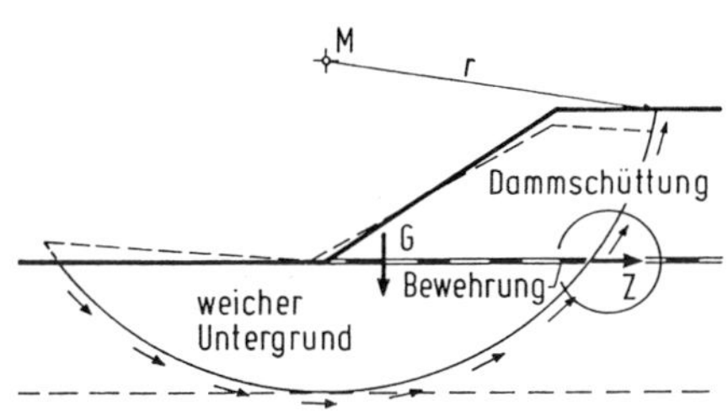

Kräfte in der Bruchfuge

a) vor dem Bruch b) Bruchzustand

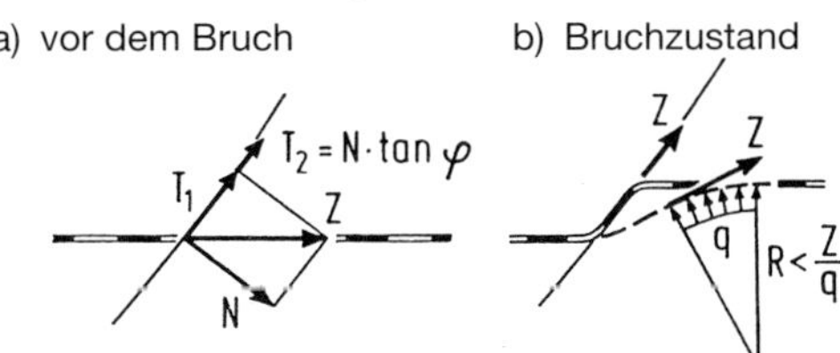

Bild 26: Scheibenmodell für Böschungsgrundbruch mit lokalem Zugkraftansatz für die Sohlbewehrung

Bei den lokalen Zugkraftansätzen bleiben die sich durch die Systemverschiebung ändernden Kraftrichtungen und die sich geometrisch ändernde Bruchfigur unberücksichtigt. Die Lösung verschiebt das Ergebnis aber nach der sicheren Seite. Die zulässige Zugkraft muss entsprechend der Sicherheitsvorgabe ausreichend groß bemessen sein.

(2) Globaler Verschiebungsansatz

Gemäß *Bild 27* besteht das Scheibenmodell aus mehreren gegenseitig verschieblichen Elementen, wobei die Bewehrungseinlage das System für die rechnerische Analyse in zwei Teilbereiche (Scheibe 1 und 2) trennt. Die wirksamen aktiven und reaktiven Kräfte dieses Systems lassen sich in geschlossenen Gleichungssystemen lösen, wobei folgende Annahmen zugrunde liegen:

a) Die Bewehrungseinlage befindet sich gegenüber dem angrenzenden Boden in relativer Ruhelage,
b) die Vertikalkomponenten der oberhalb und unterhalb der Einlage wirkenden resultierenden Randkräfte sind im Gleichgewicht,
c) ihre horizontalen Komponenten tragen sich als Zugkräfte in die Bewehrung ein.

Das aus verschieblichen Elementblöcken zusammengesetzte Modell trägt dem kinematischen Kräftefluss Rechnung und berücksichtigt

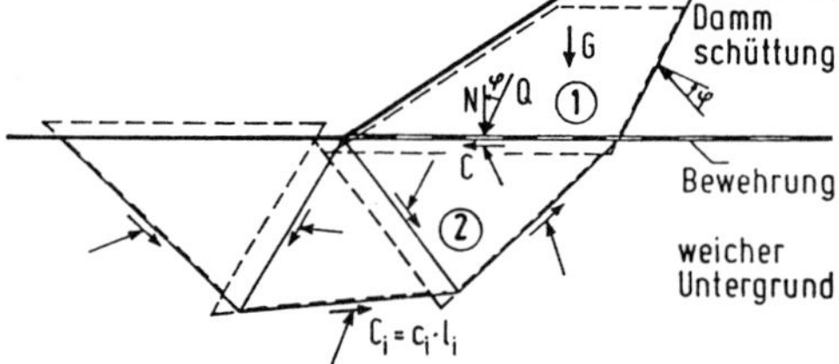

Q_j resultierende Randkraft
N_j Normalkraft
C_j Kohäsion

Bild 27: Blockmodell aus mehreren verschieblichen Elementen für Böschungsgrundbruch mit globalem Verschiebungsansatz

die Verschiebungen des Bodens längs der Bewehrungsebene. Seine Anwendung empfiehlt sich sowohl in Fällen, bei denen der wenig tragfähige Untergrund bis weit unter die potenzielle Bruchfuge reicht, als auch bei seicht liegender Schichtgrenze. Erreicht die Bruchfuge die untere Grenze der weichen Schicht, so bildet diese Schichtgrenze eine Zwangsgleitfuge. Das System versagt dann hauptsächlich durch seitliches Auspressen des weichen Bodens.

7.1.3 Sicherheitsnachweise

Die in der Praxis üblichen Stabilitätsnachweise für Bruchvorgänge stützen sich auf die für plastisches Stoffverhalten eingeführten Bruchkriterien, wobei die Stabilität für die Anfangsphase (nicht entwässerte Randbedingungen) und für die Endphase (konsolidierte Randbedingungen) gesonderter Nachweise bedarf (DIN 1054/4084). Es gilt als allgemein anerkannt, den jeweiligen Konsolidationszustand des Bodens und die mittlere Hauptspannung in ihrem Einfluss auf die Scherfestigkeitsparameter zu berücksichtigen sowie den Sohlbewehrungseffekt beim Nachweis der Anfangsstandsicherheit einzubeziehen.

Die für den praktischen Fall gebräuchliche Stabilitätsanalyse umfasst folgende rechnerische Nachweise (s. auch *Bilder 28* und *29*):

a) Sicherheit gegen Böschungsbruch einschließlich Böschungsgrundbruch entweder mittels Gleitkreis-Verfahren und lokalen Zugkraftansatzes für die Bewehrung oder mittels kinematischer Blockelemente
b) Gleitbruchsicherheit des Dammes in Bewehrungsebene sowie Aufnahme der Spreizspannungen beidseits der Bewehrungsebene
c) Sicherheit gegen Herausziehen der Bewehrung beidseits der Bruchfuge
d) Sicherheit gegen Zugbruch der Bewehrung.

Lastannahmen und Grundsätze für die Sicherheitsnachweise s. Teil 3, Sonderkapitel S6 und Kom. 3.4. Für alle interaktiven Kraftwirkungen zwischen Boden und geotextiler Bewehrung bedarf es abgeminderter Scherparameter.

Die Sicherheitsnachweise setzen bestimmte Vorgaben voraus, z. B.

- die zulässige Zugkraftaufnahme und Dehnung der Bewehrungseinlagen,
- die Richtungslage der Bewehrung zur potenziellen Bruchfuge,
- die Verteilung der längs der Bruchfuge frei werdenden Reaktionsschnittkräfte der Einlage.

Für die Dimensionierung der Steifigkeit und der Zugdehnung der Bewehrungseinlage gilt, dass diese steifer als der angrenzende Boden

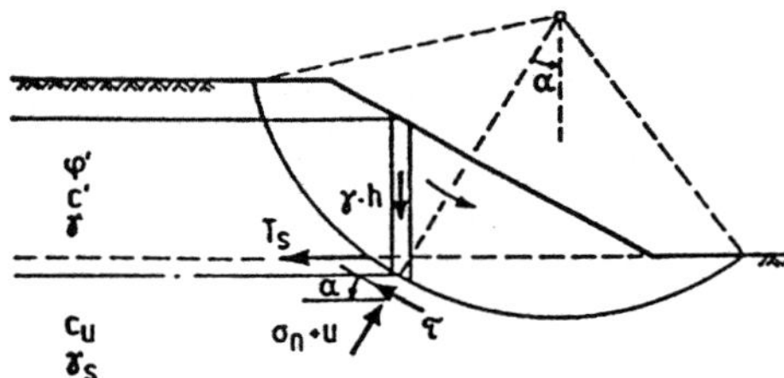

T_s Zulässige Zugkraft der Bewehrung
$\gamma \cdot h$ Gewicht der Lamelle
$\sigma_n + u$ Normalspannung in der Gleitfuge (Lamelle)
τ Scherspannung in der Gleitfuge (Lamelle)

Bild 28: Berechnungsmodell für Böschungsgrundbruch

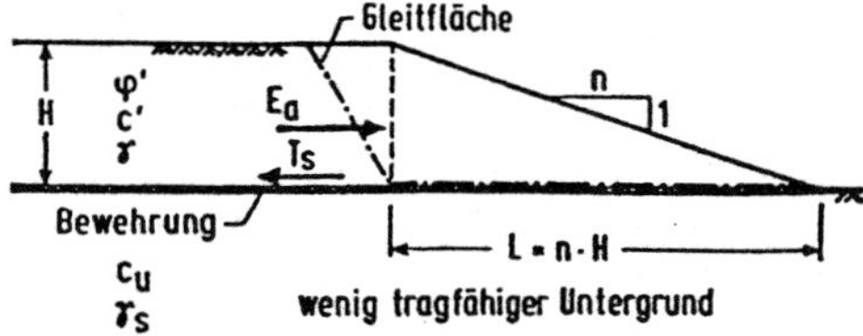

E_a Aktiver Erddruck
T_s Zulässige Zugkraft der Bewehrung

Bild 29: Berechnungsmodell für Gleiten in Bewehrungsebene

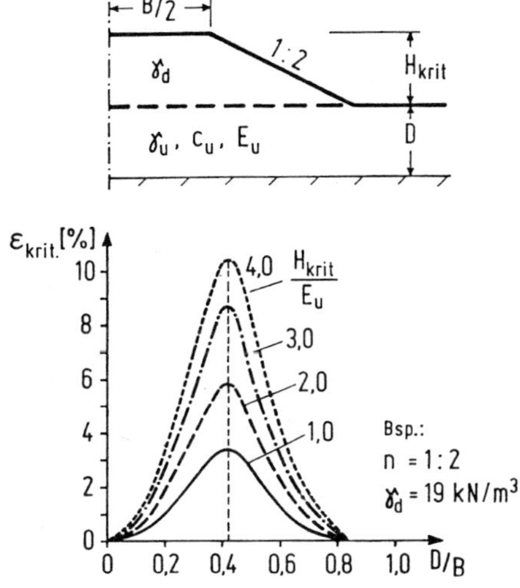

E_u [MN/m²] Steifemodul des Untergrundes
H_{krit} [m] Versagenshöhe des unbewehrten Dammes
ε_{krit} [%] Kritische Verzerrung in der Dammsohle

Bild 30: Kritische Verformungen ($krit_\varepsilon$) in der Sohle eines nicht bewehrten Dammes (Auswertung von FE-Analyseergebnissen, Lit. (22))

sein muss, um bereits bei kleinen oder mittleren Schubverformungen des Bodens kraftschlüssig reagieren zu können. Aus der Annahme, dass die Bruchverformungen des bewehrten und des unbewehrten Bodens näherungsweise gleiche Größe haben, ergibt sich als Postulat, dass die Zugdehnungen der Bewehrungseinlagen bei Aktivierung der in Rechnung gestellten Zugkräfte kleiner als im Grenzzustand des Bodens sein müssen.

Die Größenordnung dieser kritischen Verformungen lässt sich z. B. für unbewehrte Dämme aus den FE-Serienuntersuchungen von Rowe (Lit. (22)) abschätzen. *Bild 30* zeigt die kritischen Verformungen $krit_\varepsilon$ in der Dammsohle für das Regelfallbeispiel eines Dammes (n = 1 : 2, γ_d = 19 kN/m³) mit der Breite B auf weichem Untergrund mit der begrenzten Schichtdicke D. Zunahme der kritischen ε-Werte mit dem Verhältnis der kritischen Dammhöhe zum Steifemodul des Untergrundes ($krit_{H/D}$) für undränierte Randbedingungen. Maximale Verformungen stellen sich für D/B ~ 0,4 ein.

Bei der Berechnung und Dimensionierung der Bewehrung müssen die Standsicherheiten zu Beginn der Konsolidierung, ggf. zu bestimmten Bauzuständen, und nach der Endkonsolidierung gesondert untersucht werden. Reicht die rechnerisch ermittelte Sicherheit nicht aus, kann der Widerstand des Systems durch zusätzliche oder stärkere Bewehrung erhöht werden. Reicht die Standsicherheit des Dammes im konsolidierten Endzustand ohne Bewehrung aus, kann die Gebrauchsdauer der Bewehrung auf die Konsolidierungszeit der Weichschicht begrenzt bemessen werden. Wenn jedoch im umgekehrten Fall die rechnerische Sicherheit des unbewehrten Dammes im Endzustand nicht erfüllt ist, muss die Bemessung der Bewehrung für die Gesamtgebrauchsdauer des Dammes ausgelegt sein.

Aufgrund der relativ großen plastischen Verformungen der weichen Untergrundböden kommt es außerdem darauf an, einen Bodenentzug zu verhindern. Die weichen Böden dürfen weder in den Damm eindringen, noch bestimmte grobporige Bodenschichten durchdringen. In der Regel bedarf es deshalb des Einbaus von geotextilen filterstabilen Vlieslagen, die diese Vorgänge durch saubere Trennung der Bodenschichten verhindern.

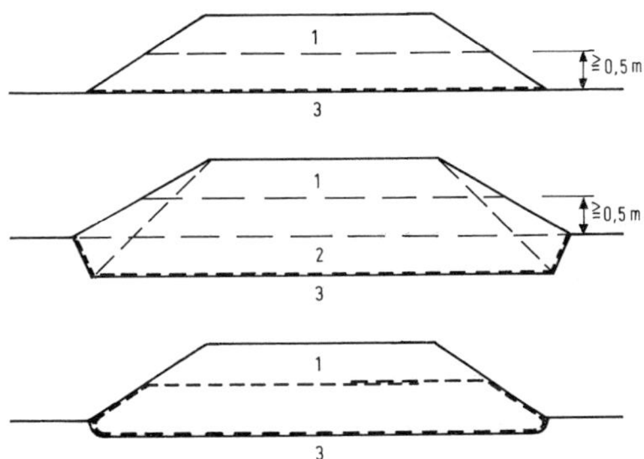

1 Dammbaustoff grobkörnig, wasserfest, wasserdurchlässig, tragfähig
2 Bodenaustausch
3 sehr weicher Untergrund

Bild 31: Geokunststoffe als Sohlbewehrung oder Trennschicht zwischen Schüttung und Untergrund

7.2 Verbundtragsysteme aus Sohlbewehrung und vertikalen Tragelementen

7.2.1 Sohlbewehrung im Verbund mit Pfählen oder Fundamentkörpern

Das Verbundtragsystem besteht aus horizontal lastverteilender Tragschicht mit einliegender Bewehrung und vertikalen Tragelementen in Form von Pfählen oder linienförmigen Fundamentkörpern; s. *Bild 32*. Die vertikalen Spannungen aus Eigenlast des Dammes und Verkehrslast werden über die Tragschicht auf die Pfahlelemente verteilt und über diese in den tragfähigen Baugrund abgetragen. Die horizontalen Bewehrungen (ein- oder mehrlagig) können auf der Dammsohle oder in der Dammauflagerschicht oder auch im Dammkörper unmittelbar oberhalb der Sohlfläche angeordnet sein.

Solche Verbundtragsysteme erhöhen den Widerstand gegen tiefgreifenden Bruchzustand und Gleitzustand in den geringtragfähigen Schichten. Sie sichern die Anfangs- und Endstandsicherheit des Dammkörpers und begrenzen die Setzungen bzw. Setzungsunterschiede im Untergrund. Die Grenzzustände der Tragfähigkeit und Gebrauchstauglichkeit gehen schematisch aus den *Bildern 33* und *34* hervor.

Komplexe Interaktionen entstehen durch die extremen Steifigkeitsunterschiede zwischen den verformungssteifen vertikalen Tragelementen und der starken Kompressibilität des dazwischen anstehenden Bodens. Hierdurch werden gewölbeartige Effekte über diesen Elementen im Dammkörper verursacht.

Die derzeitigen Entwurfs- und Berechnungsmethoden beruhen entweder auf einfachen konventionell festgelegten Ansätzen oder nutzen zwei- oder dreidimensionale Modelle. Sie berücksichtigen jedoch nicht oder unvollkommen die stützende Wirkung des Bodens zwischen den vertikalen Tragelementen. Der Zeitpunkt des Gleichgewichtszustandes, bei dem die Dammlast vom konsolidierten Untergrundboden an die Bewehrung des Gründungspolsters abgegeben wird, lässt sich nur ungenau ermitteln. Die Bewehrung, die prinzipiell aus zugfesten Geokunststoffprodukten, insbesondere Geogittern besteht, wird deshalb unter Ansatz sehr hoher Zugkräfte zwar auf der sicheren Seite, aber wirtschaftlich ungünstig bemessen.

Aus der Verbundwirkung der bewehrten Tragschicht mit den vertikalen Traggliedern ergibt sich als Folge des hohen Bewehrungsansatzes ein enges Raster, bei dem die innere Tragfähigkeit der vertikalen Tragelemente relativ wenig beansprucht wird. Pfähle mit großer innerer Tragfähigkeit erweisen sich für aufgeständerte

Bild 32: Dammgründung auf Sohlbewehrung mit punkt- oder linienförmigen Traggliedern, schematisch nach EBGEO; Lit. (8)

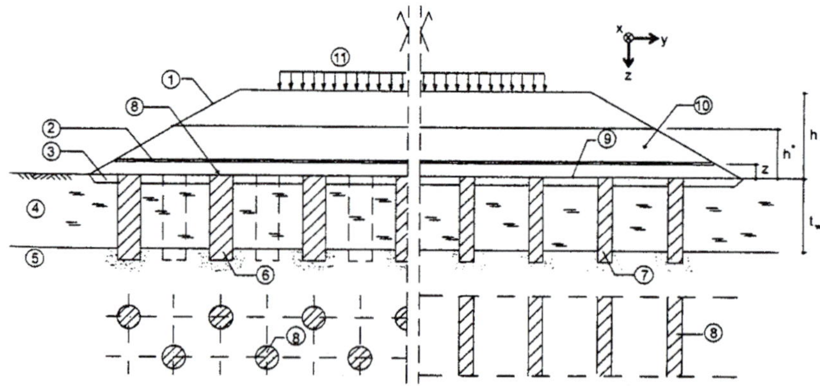

① Bewehrter Erdkörper
② Bewehrungsebene
③ Arbeitsplanum
④ wenig tragfähiger Boden (Weichschicht)
⑤ tragfähige tiefere Bodenschicht
⑥ punktförmige Tragglieder
⑦ linienförmige Tragglieder
⑧ Stützfläche der Tragglieder
⑨ Aufstandsebene des bew. Erdkörpers
⑩ Bereich mit nichtbindigem Boden
⑪ Auflast

a) Gesamtstandsicherheit

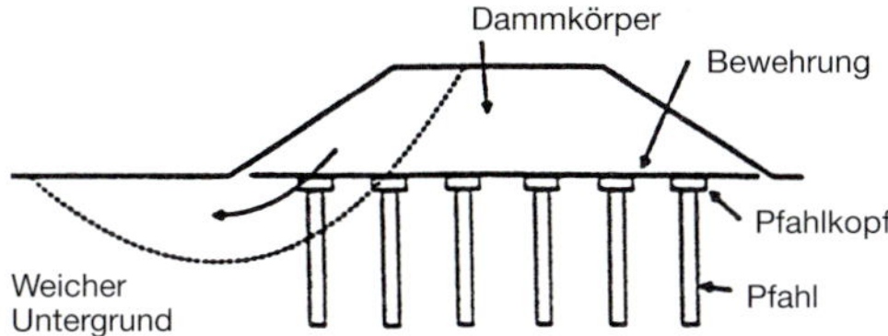

b) seitliches Gleiten

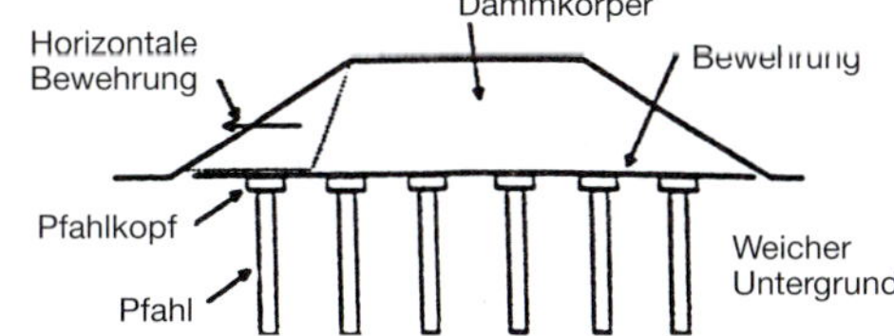

Bild 33: Grenzzustände der Tragfähigkeit für aufgeständerte Gründungspolster (Schema)

Gründungspolster deshalb zumeist als unwirtschaftlich.

Technische Anwendungsgrenzen ergeben sich nach den bisherigen Entwurfsmethoden und Berechnungsmodellen aus der Dammhöhe. Bei niedrigen Dämmen entsteht keine Gewölbebildung. Bei zu hohen Dämmen können die berechneten Zugkräfte rechnerisch nicht mehr von der Bewehrung aufgenommen werden. Nach bisheriger Erfahrung wird ein Verhältnis von Überdeckungshöhe der Pfahlköpfe zu Achsabstand der Pfähle von mindestens 1 angenommen.

Der Grenzzustand der Gebrauchstauglichkeit für aufgeständerte Gründungspolster richtet sich nach der Akzeptanz der zulässigen Setzungsdifferenzen. Besonders für Dämme von geringer Höhe ist es erforderlich, diese Setzungsdifferenzen gering zu halten. Da die Lasten über die vertikalen Tragelemente in den tragfähigen Untergrund abgetragen werden, kann davon ausgegangen werden, dass sich nur geringe Systemverformungen einstellen und somit die Gebrauchstauglichkeit des Verkehrsweges langfristig gewährleistet sein wird.

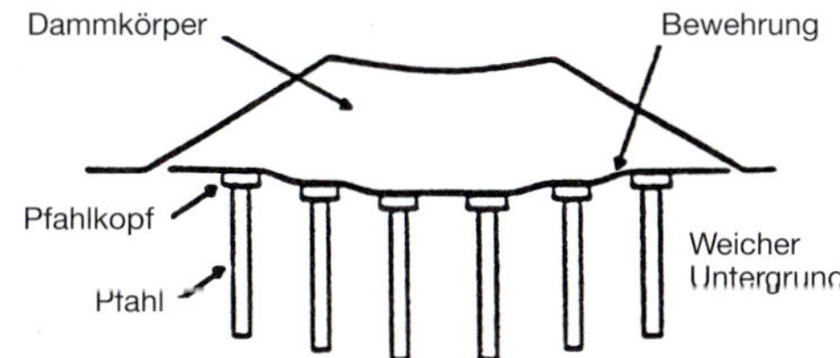

Bild 34: Grenzzustand der Gebrauchstauglichkeit für aufgeständerte Gründungspolster (Schema)

Die Aufgabe für die Berechnung und Bemessung von aufgeständerten Gründungspolstern besteht somit darin, ein Minimum an Dammhöhe, ein Maximum des Pfahlabstandes und ein Minimum der erforderlichen Zugkräfte der Bewehrung zu optimieren. Die Tragwirkung des Gesamtsystems erfordert folgende Teilnachweise:

a) Böschungsgrundbruch unter Berücksichtigung der Scherfestigkeit der Pfahlelemente (DIN 4084)
b) Nachweis der äußeren und inneren Tragfähigkeit der vertikalen Tragelemente
c) Nachweis der wirksamen Geokunststoffbewehrung in Anlehnung an EBGEO oder BS 8006:
   - Nachweis der Überspannung der vertikalen Tragelemente
   - Nachweis der Spreizkraft am Dammfuß
d) numerische Berechnung der Setzungen und Verformungen.

7.2.2 Sohlbewehrung im Verbund mit geokunststoffummantelten Säulen

Analog zu dem in Kom. 7.2.1 beschriebenen Verbundtragsystem können die Damm- und Verkehrslasten über horizontale Sohlbewehrungen und vertikale Bodensäulen, die mit Geokunststoff ummantelt sind, durch die Weichschichten bis auf den tragfähigen Untergrund abgetragen werden. Die Säulen bestehen aus scherfesten, ungebundenen Gesteinskörnungen (Schotter, Splitt, Kies, Sand), der Mantel aus zugfesten Geogittern oder, wenn zusätzlich Filter- bzw. Dränfunktionen gesichert sein sollen, aus Geogeweben und Geoverbundstoffen. Diese Tragsysteme werden für Dammgründungen auf gering tragfähigem Untergrund genutzt, können aber auch für die Lastabtragung bei anderen Erdstützkörpern und Bauwerken zweckmäßig sein.

Die Ummantelung stützt die Säule radial ab und wird je nach Verbund mit der Stützwirkung bzw. Steifigkeit der umgebenden Weichschicht auf Ringzug beansprucht. Die Aktivierung der Ringzugkräfte unter Auflast setzt Dehnungen des Mantels bzw. Zunahme des Säulendurchmessers voraus. Die über den Säulenköpfen liegende horizontale Sohlbewehrung übernimmt die Lastverteilung auf die Säulen, wirkt bei der Aufnahme von Spreizkräften im Böschungsfuß und in der Sohlfläche mit, gleicht Setzungsunterschiede aus und erhöht die globale Standsicherheit des Erdkörpers. Je nach Steifigkeitsverhältnis zwischen Säule und Weichschicht können Membrankräfte entstehen, die bei der Bemessung der horizontalen Bewehrung ggf. zu berücksichtigen sind.

In der Gesamtwirkung des Verbundtragsystems werden

- die Setzungen reduziert und ausgeglichen,
- der Setzungsverlauf und der Abbau der Porenwasserüberdrücke beschleunigt, insbesondere wenn die Säulen zugleich als Dränelemente wirken,
- die Standsicherheit im Anfangs- und Endzustand der Belastung durch die horizontalen Bewehrungseffekte der Sohltragschicht und der Stützkräfte der Säulenmäntel erhöht.

Die Setzungen reduzieren sich, weil die Ringzugkräfte im Geokunststoffmantel die erforderliche Stützung der Weichschicht ersetzen bzw. abmindern, sodass die vertikale Auflastspannung die Weichschicht nicht mehr voll beansprucht. Diese Wirksamkeit des Verbundsystems und die Entlastung der Weichschicht nehmen zu mit der Dehnsteifigkeit der Säulenummantelung, der Scherfestigkeit der Säulenfüllung und dem Verhältnis der Säulenfläche zur Einflussfläche.

Die Säulen werden in der Regel gleichmäßig im Dreieck- oder Rechteckraster angeordnet und im Aushub- oder Verdrängungsverfahren mit oder ohne Verrohrung oder im Rütteldruck-Stopfverfahren hergestellt. Der Geokunststoffmantel wird durch unterschiedliche Techniken (Rundwebung, Vernähen, Verschweißen) gefertigt.

Die Bemessung des Tragsystems umfasst den Nachweis der globalen Standsicherheit und Gebrauchstauglichkeit sowie der horizontalen Sohlbewehrung (s. Kom. 7.1), zusätzlich die Säulenbemessung und die Aufnahme der Ringzugkräfte. Berechnungsansätze und Entwurfsannahmen s. Lit. (33).

7.3 Bewehrung ungebundener Tragschichten und Schüttlagen

7.3.1 Anwendung und Wirkungsweise

Die ungebundenen Trag- und Planumsschichten der Fahrbahnbefestigungen können auf gering tragfähigem Untergrund durch Bewehrung aus zugfesten Geokunststoffen (Geogitter, Geogewebe, zugfeste Geotextilvliese) nachhaltig ertüchtigt werden. Beispiele für die prinzipielle Anordnung der Bewehrungslagen s. *Bild 35*. Bei besonders kritischem Untergrund kann auch eine Fundationstragschicht wie bei Dammgründungen nach Kom. 7.1 (s. *Bild 31*) oder als räumliche Geogitter-Zellkonstruktion nach *Bild 36* zur Anwendung kommen.

Ähnliche bauliche Lösungen bestehen auch bei ungebundenen Tragschichten für Sportfelder, Parkflächen und beim Bahnbau mit Schotteroberbau und Schutzschichten auf Erdplanien.

Auch beim Ausbau vorhandener Verkehrswege kommt den Geokunststoff-Bewehrungen und Trennvliesen besondere Bedeutung im Rahmen der Angleichungsmaßnahmen zu. Beispiele für prinzipielle Ausführungen s. *Bilder 37* bis *39*.

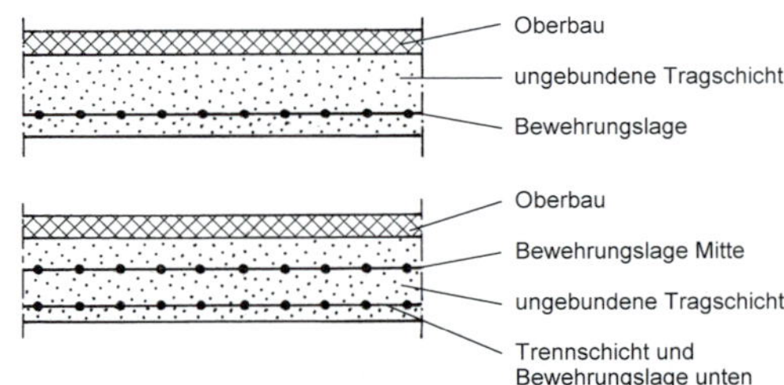

Bild 35: Bewehrung ungebundener Tragschichten bei gering tragfähigem Untergrund

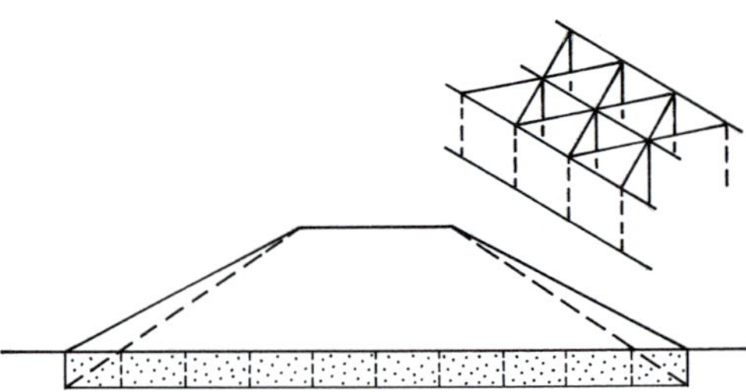

Bild 36: Bewehrung mit Geogitter-Zellenkonstruktion als Tragschicht auf wenig tragfähigem Untergrund

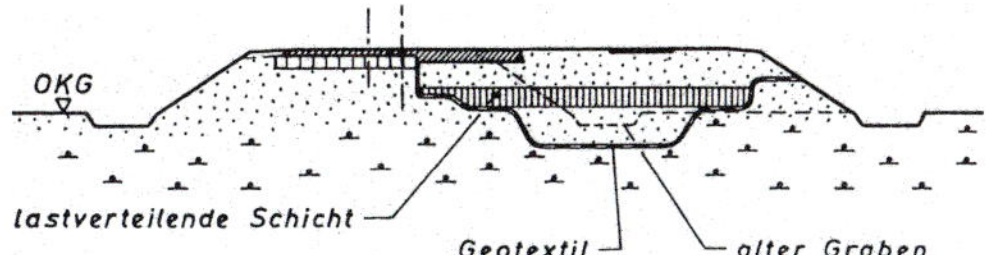

Bild 37: Verbreiterung mit Einbau von Geotextil und lastverteilender Schicht

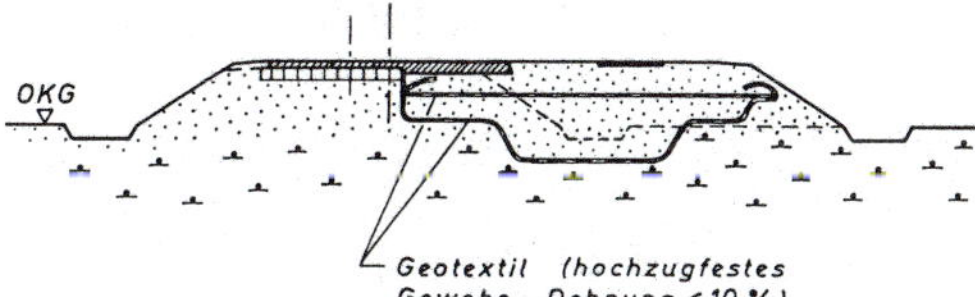

Bild 38: Verbreiterung mit Einbau von Geotextil

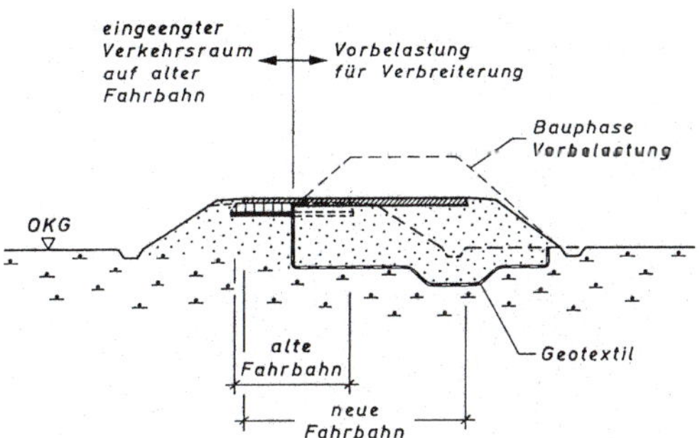

Bild 39: Ausbau bei eingeengter Verkehrsführung

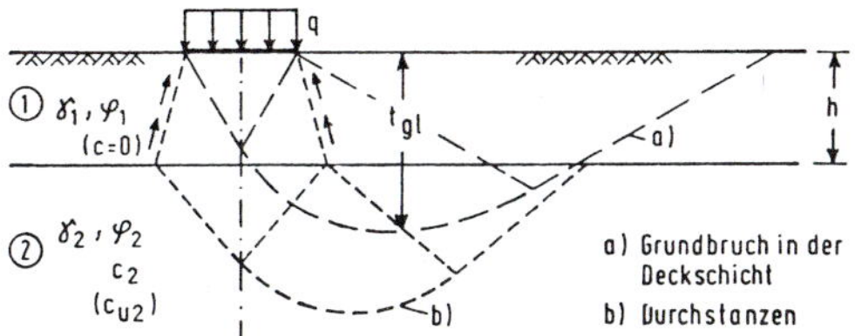

Bild 40: Mechanismen eines Zweischichten-Systems für a) Grundbruch und b) Durchstanzen; Lit. (23)

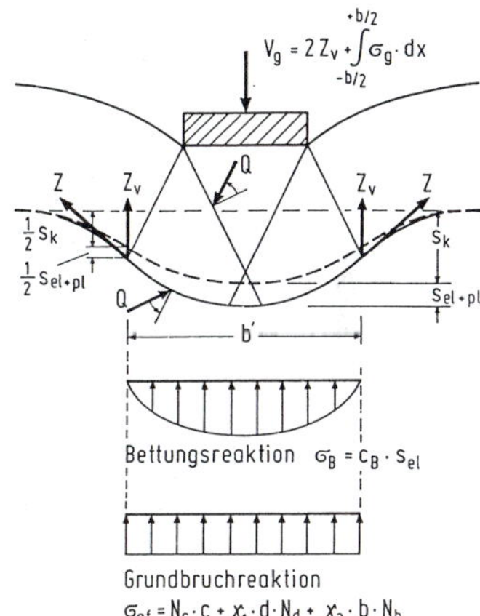

Bild 41: Membranmodell für Zweischichten-Systeme mit Sohlbewehrung an der Unterseite der Tragschicht mit Berücksichtigung von Konsolidationssetzung s_k, Bettungsreaktion σ_B und Grundbruchreaktion σ_{Gf}

7.3.2 Kinematische Berechnungsmodelle

Als Berechnungsmodell liegt ein statisch belastetes Zweischichtensystem zugrunde, bestehend aus einer oberen, lastverteilenden Tragschicht (Reibungsmaterial) mit einer Sohlbewehrung auf einem wassergesättigten, normalkonsolidierten Untergrundboden mit idealkohäsiven Eigenschaften und sehr geringer Tragfähigkeit; Lit. (29). Die Tragschicht bildet dabei aufgrund ihrer lastverteilenden Wirkung für den Untergrundboden näherungsweise die Randbedingungen einer unendlich ausgedehnten Auflast.

Im Grenzzustand wird die Bruchkinematik im Wesentlichen durch das Verhältnis der Steifigkeiten von Tragschicht zu Untergrund und das Verhältnis der Tragschichtdicke h zur Lastflächenbreite b beeinflusst; *Bild 40*. Bei sehr steifer Tragschicht auf sehr weichem Untergrund kann sich ein Durchstanzbruch der Tragschicht aufgrund zu hoher Lastkonzentration einstellen. Die Gefahr des Durchstanzens der Tragschicht wächst, wenn das Verhältnis h/b etwa < 1,5 wird; Lit. (23). Im Fall der Überlastung vollzieht sich der Bruch des Systems so, dass zunächst die Tragschicht voll plastifiziert und ihre lastverteilende Wirkung verliert. Die zugleich progressiv zunehmende Beanspruchung des Untergrundes führt seine Plastifizierung bis hin zum Grenzzustand herbei. Schließlich bildet sich ein einsinkförmiger Bruch mit einem aktiven Bruchkeil und steilen Rändern der Bruchfigur aus.

(1) Membranmodell; *Bild 41*

Eine membranförmig wirkende Sohlbewehrung an der Unterseite der Tragschicht verbessert deren lastverteilende Wirkung und erhöht damit das Traglastvermögen des Systems. Das Grenztragvermögen des bewehrten Systems erschöpft sich in jedem Fall dann, wenn der Untergrund voll plastifiziert, wobei die Sohlbewehrung entweder reißt oder herausgezogen wird.

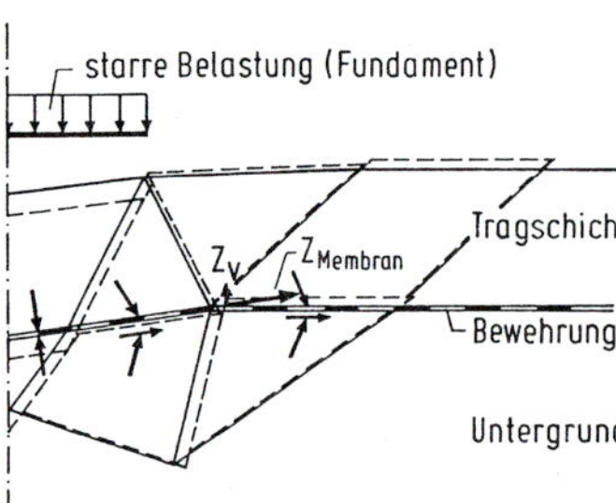

Bild 42: Verformtes Blockmodell aus Verschiebungselementen für Zweischichten-Systeme (Tragschicht/Untergrund)

Die Grundbruchreaktion kennzeichnet die progressive Plastifizierung von Tragschicht und Untergrund. Die Krümmungsparameter der Verformungsmulde (Breite und maximale Einsenkung) können entweder durch Variation oder nach dem Minimalprinzip als Minimum der Summe von Membrankraft und Bodentraglast ermittelt werden. Die Traglast des Bodens wird prinzipiell mittels bekannter konventioneller Grundbruchansätze berechnet und der resultierenden Membrankraft vergleichend gegenübergestellt.

(2) Verformtes Blockmodell aus verschiebbaren Elementen; *Bild 42*

Die Berechnung der Traglast geht von einem verformten System (Theorie 2. Ordnung) aus. An den Knotenpunkten der gegenseitig verschiebbaren Elemente lassen sich sowohl Membran- als auch Zugkraftanteile aus Schubspannungen im Boden berücksichtigen.

7.3.3 Sicherheitsnachweise

Für die Dimensionierung der Bewehrungseinlagen und die abgeminderten Scherparameter für interaktive Kraftwirkungen gelten die in Teil 3, Sonderkapitel S6 ausgeführten Grundsätze. Die im praktischen Fall gebräuchliche Stabilitätsanalyse bedarf folgender rechnerischer Sicherheitsnachweise:

a) Durchstanz- und Grundbruchsicherheit mittels Traglastnachweis für die Tragschicht und für das Zweischichten-System unter Berücksichtigung der Membranrückhaltekräfte
b) Gleitbruchsicherheit in Höhe Oberkante Tragschicht (z. B. Fundamentsohle) und im Bereich der Bewehrungsebene (Unterkante Tragschicht)
c) Nachweis der Auftriebssicherheit in Höhe Oberkante Tragschicht (z. B. Fundamentsohle) und ggf. auch in Bewehrungsebene, soweit der Einzelfall dies erfordert
d) Sicherheit gegen Herausziehen der Bewehrung
e) Sicherheit gegen Zugbruch der Bewehrung.

7.3.4 Vorgespannte Geokunststoff-Bewehrung

Das Trag- und Verformungsvermögen von Zwei- oder auch Mehrschichtsystemen lässt sich durch Vorspannung der Geokunststoffbewehrung im Vergleich zu schlaff eingelegter Bewehrung verbessern; Lit. (32):

Die Vorspannung bewirkt eine erhöhte Traglast des bewehrten Systems und reduziert die Verformungen der Tragschicht. Bei Belastung der Tragschicht werden die entstehenden Horizontalspannungen von der vorgespannten Bewehrung aufgenommen, sodass hauptsächlich die Vertikalspannungen die Tragschicht beanspruchen. Der für Plastifizierungen maßgebliche deviatorische Spannungszustand ändert sich und beginnt erst auf höherem Lastniveau. Es entsteht durch diesen geänderten Spannungszustand eine gewisse „Verspannung“ der Tragschicht mit einer „plattenartigen“ Lastverteilung. Die Übernahme von Vertikalspannungsanteilen durch den so genannten Membranspannungszustand wird durch die Vorspannung der Bewehrung begünstigt. Aufgrund der besseren Lastverteilung der Tragschicht werden weiter- bzw. tieferreichende Bodenbereiche des Untergrundes für die Lastabtragung aktiviert. Durchstanz- und Bruchvorgänge und damit verbundene große Vertikalverformungen werden erst bei deutlich höherem Lastniveau maßgebend.

8 Sonderbauweisen

8.1 Brücken- und Pfahlkonstruktionen

(1) Setzungsfreie Lösungen lassen sich durch brückenartige Konstruktionen erreichen, bei denen die Lasten durch tiefe Gründungselemente in den tragfähigen Untergrund abgetragen werden.

Die Ausführung sog. Moorbrücken hat sich technisch bewährt; *Bild 43*. Sie liegen etwa 1,0 bis 1,5 m über Gelände und bestehen aus Stahlbetonplatten mit Querträgern, die auf Stahl-Hohlprofilträgern aufliegen. Diese Profilträger besitzen an den Enden Flügel, mit denen sie in den tragfähigen Untergrund gerammt werden. Die Hohlprofile werden mit Beton verfüllt, der eine Bewehrung für den festen Verbund mit den Querträgern erhält (Anzahl der Träger: 4–6 je nach Querschnittsbreite des Verkehrsweges, Abstand: 5–6 m). An den Seiten der Brückenplatten werden Betonplatten abgehängt, an die Boden angeschoben wird,

a) Moorbrücke

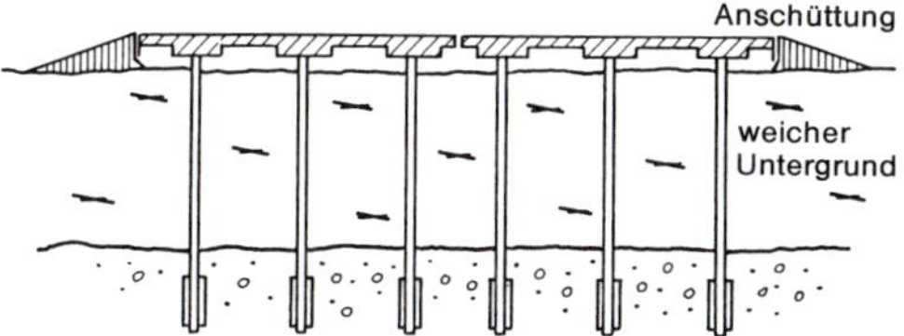

b) Pfahlkonstruktion mit durchlaufender Betonplatte

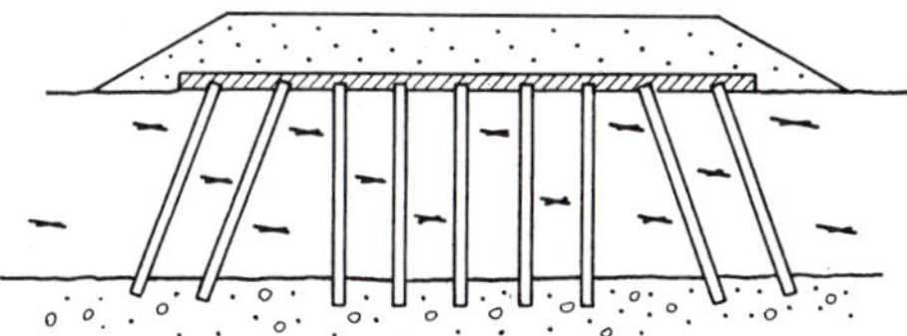

c) Pfahlkonstruktion mit einzelnen Kopfplatten

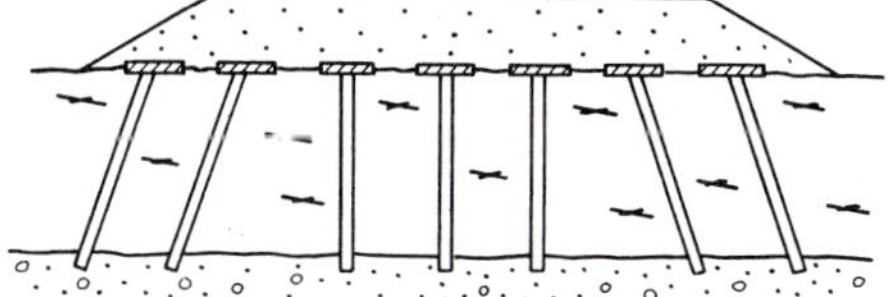

Bild 43: Brücken- und Pfahlkonstruktionen

sodass die Brücke von außen wie ein Erddamm aussieht.

(2) Andere Varianten für Lösungen mit relativ geringen Setzungen bestehen darin, die Dammauflast über Pfahlkonstruktionen in den tragfähigen Untergrund abzutragen.

Wie die Beispiele in *Bild 43* zeigen, ist die Lastaufnahme möglich

a) durch freie Einzelpfähle über kleine Kopfplatten,
b) durch Pfähle mit einer durchgehenden Deckplatte, mit der die Pfahlköpfe festgehalten und die Lasten gleichmäßig verteilt werden.

Die Anwendung solcher Pfahlkonstruktionen setzt folgende Bedingungen voraus:

- Die Schicht unter den Pfahlspitzen darf sich nicht bzw. nicht unterschiedlich setzen.
- Der Damm soll aus reibungsfestem Material bestehen, sodass die Last relativ gleichmäßig im Dammkörper verteilt wird, oder zu diesem Zweck mit einer Bewehrung, z. B. aus Geokunststoffgittern, ausgeführt werden.
- Die Einzelpfähle und Kopfplatten des Pfahlsystems müssen innerhalb der weichen Schicht den Erddruck aus der Dammauflast und ggf. den Fließdruck des weichen Bodens aufnehmen können und dürfen nicht ausknicken.

8.2 Dämme aus Leichtbaustoffen

(1) Die Dammauflast kann durch Verwendung leichter Auffüllmaterialien gering gehalten werden, wenn die Standsicherheit dies erfordert bzw. die Untergrundsetzungen möglichst klein bleiben sollen. Leichtbaustoffe und Baustoffeigenschaften s. Abschnitt 3.4 ZTV E-StB mit Kom. Die im Einflussbereich der Verkehrslasten liegende Dammkrone wird je nach Einzelfall in einer Dicke von 70 bis 120 cm mit gut verdichtbarem, konventionellem Damschüttmaterial nach den üblichen erdbautechnischen Regeln aufgebaut. *Bild 44* zeigt als Beispiel schematisch die Ausführung eines Dammes aus Holzfasern in Kombination mit einer mittels Geokunststoffen bewehrten Kies-Fundationsschicht.

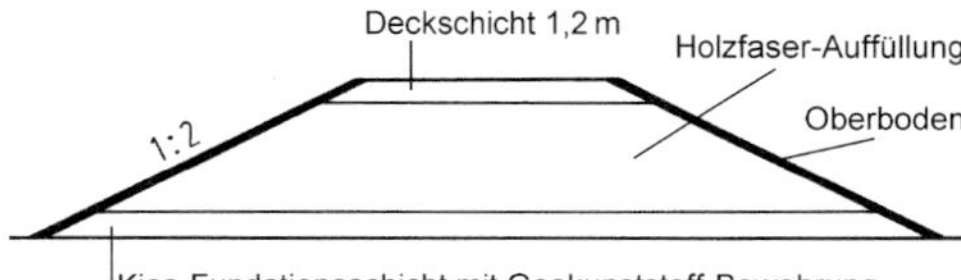

Bild 44: Dammquerschnitt aus Holzfasern mit Deckschicht und bewehrter Fundationsschicht

(2) Der Einbau von EPS-Hartschaumblöcken zielt darauf ab, durch das reduzierte Eigengewicht des Dammes die Untergrundsetzungen zu minimieren und das Grundbruchrisiko abzuwenden. Es kommen zwei Bauweisen in Betracht:

a) Aufbringen einer temporären Erdauflast als Vorbelastung und nach Abklingen der Setzungen Einbau der EPS-Blöcke
b) Teilbodenaustausch des wenig tragfähigen Untergrundes und Ersatz durch Einbau der EPS-Blöcke.

Innerhalb des Dammquerschnittes kann der Einbau der EPS-Blöcke auf den unteren Bereich begrenzt werden, in mittlerer Höhenlage erfolgen oder bis in den oberen Bereich ausgeführt werden; Ausführungsbeispiele s. *Bild 45*.

Die Bauweise kann mit einer bewehrten oder auch unbewehrten Fundationsschicht aus Kies als erste Dammlage oder auch als Ersatz einer Teilauskofferung im Untergrund kombiniert werden. Diese Fundationsschicht verbessert die Lastverteilung der Dammauflast und dient als ausgleichende Unterlage bzw. Feinplanum für die EPS-Blöcke.

Oberhalb der EPS-Blöcke muss eine für die Verteilung der Verkehrslasten ausreichende Überdeckung mit Erdstoff eingehalten sein, die für den Einzelfall zu dimensionieren ist. In diesem Bereich dürfen der Dammbaustoff und die ungebundene Tragschicht nur im Vorkopf-Verfahren schonend geschüttet und mit leichtem Gerät verdichtet werden.

Bei großer Überdeckung – *Bild 45*, Beispiel b) – ist es zweckmäßig, die EPS-Blöcke durch Verlegen eines mechanisch verfestigten Trennvlieses sauber vom Dammbaustoff zu trennen. Bei geringer Überdeckung – *Bild 45*, Beispiel a) – ist der Einbau einer gut lastverteilenden Tragschicht – z. B. geokunststoffbewehrte Kiesschicht, verfestigte Bodenschicht, bewehrte Betonplatte – erforderlich. Eine derart steife Schicht oberhalb der EPS-Blöcke dient der

a) Einbau bis oben

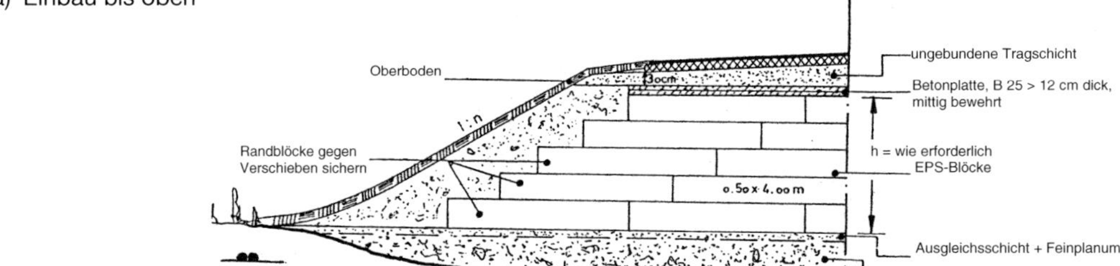

b) Einbau unten

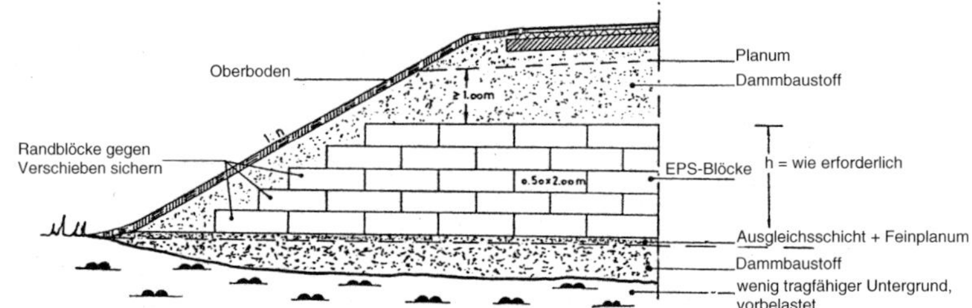

Bild 45: Einbau von EPS in unterschiedlichen Höhenlagen des Dammquerschnittes (Merkblatt für die Verwendung von EPS-Hartschaumstoffen beim Bau von Straßendämmen)

gleichmäßigen Verteilung der Auf- und Verkehrslasten und ermöglicht die erforderliche Verdichtung der Planums- und der unteren Tragschicht.

8.3 Sohlplatten

(1) Unter niedrigen Dämmen haben sich lastverteilende, fugenlose Magerbetonschichten oder mit Zement verfestigte Bodenschichten auf dem weichen Untergrund bewährt, sofern ausreichende Grundbruchsicherheit besteht. Setzungsdifferenzen werden hierdurch minimiert.

(2) Untergrundverformungen im Bereich der Dammanschlüsse und Rampen hinter Bauwerken kann entgegengewirkt werden, indem eine plattenartig steife Auflageschicht hergestellt wird. Zu diesem Zweck hat es sich bewährt, nach Beseitigen der weichen Oberflächenschicht ein zugfestes Vlies zu verlegen und mit einer etwa 0,5 m dicken Dränageschicht zu überbauen. Darüber wird dann eine mit Zement verfestigte Bodenschicht von 0,3 bis 0,5 m Dicke ein- oder zweilagig eingebaut.

Das plattenartig wirkende Verfestigen von Bodenschichten mit hydraulischem Bindemittel eignet sich im Prinzip auch zur Lastverteilung und dynamischen Stabilisierung von Dammschüttungen und Bauwerkshinterfüllungen, wobei die Schüttlagen insgesamt oder in Sandwich-Bauweise behandelt werden können.

8.4 Faserarmierte Dämme

Durch gleichmäßiges Einmischen von Fasern oder Fäden in sandige Böden lässt sich die Scherfestigkeit durch kohäsiven Verbund der Körner wesentlich erhöhen. Diese Eigenschaft des Boden-Fasern-Gemisches kann als Bauweise für Stützkörper, steile Böschungen, Tragschichten und den Unterbau von Deckwerken genutzt werden.

Ausgeführt wird

- mit endlos langen Kunststoff-Fasern als gerichtet oder ungerichtet eingemischte Bewehrung oder
- mit endlichen, ungerichtet eingemischten Fasern in Anteilen bis etwa 0,3 % (bezogen auf die Trockenmasse des Bodens) und Faserlängen von etwa 20 cm.

Die Optimierung des Faseranteils sowie die Ermittlung der Qualitätskriterien für die Verdichtung sind Gegenstand der bodenspezifischen Eignungsprüfung. Je nach temporärer oder permanenter Nutzung des faserarmierten Bodens können verrottbare oder unverrottbare Fasern verwendet werden.

Steile Böschungen in der Neigung etwa bis 2 : 1 sind als Ausführung bekannt. Das Vermischen der Endlos-Fasern mit dem Boden erfolgt mit Hilfe eines Spezialverfahrens, der Einbau des Boden-Kurzfaser-Gemisches in Lagen nach konventioneller Erdbautechnik. In beiden Fällen verhält sich das Gemisch wesentlich elastischer und erfordert deshalb im Vergleich zum faserfreien Boden auch wesentlich mehr Verdichtungsaufwand, um eine gleichgroße Dichte zu erreichen.

Bei der Bemessung von faserarmierten Erdstützkörpern bzw. Steilböschungen wird bei den Bruchkörperanalysen neben der inneren Reibung eine Kohäsionskraft angesetzt und durch Variation der Gleitflächen die für den Grenzzustand erforderliche Faserkohäsion ermittelt. Die Sicherheitsnachweise richten sich nach den für Erd- und sonstige Stützkörper maßgeblichen Grundsätzen; s. Teil 3, Sonderkapitel S6.

8.5 Stabilisierung durch Stahlprofile

Das Verfahren der „Vernagelung“ des Untergrunds kann in setzungsempfindlichen Böden angewendet werden, die nur langsam konsolidieren oder bei denen die Grundbruchsicherheit erhöht werden soll.

Das Prinzip des Verfahrens besteht darin, durch Eindrücken von geeigneten Stahlprofilen einen Verbund bestimmter lokaler Bereiche des Untergrunds, in denen potenzielle Gleitflächen angenommen werden, herzustellen. Die Profile sollen die Scherfestigkeit des Bodens in diesen Zonen erhöhen und die Setzungen mindern bzw. vergleichmäßigen. Es eignen sich z. B. Spundwandprofile (Breite 45 bis 60 cm) oder Rohre (Ø 30 bis 45 cm). Sie werden in Rasteranordnung statisch oder dynamisch so eingedrückt, dass sie die potenziellen Gleitflächen näherungsweise rechtwinklig schneiden. Je nach Auflast und Festigkeit des Bodens wird auf 5 bis 10 m^2 ein Profil eingedrückt. Die Profile können auch in die Dammschüttung oder in eine Fundamentplatte einbinden.

9 Technische Regelwerke/Literatur

(1) DIN EN 13249: Geotextilien und geotextilverwandte Produkte – Geforderte Eigenschaften für die Anwendung beim Bau von Straßen und sonstigen Verkehrsflächen

(2) DIN EN 13251: Geotextilien und geotextilverwandte Produkte – Geforderte Eigenschaften für die Anwendung in Erd- und Grundbau sowie in Stützbauwerken

(3) DIN EN 14457: Ausführung von besonderen geotechnischen Arbeiten (Spezialtiefbau) – Bewehrte Schüttkörper

(4) TL Geok E-StB: Technische Lieferbedingungen für Geokunststoffe im Erdbau des Straßenbaus, FGSV, 2005

(5) Richtlinien für den Bau von Straßen in Moorgebieten, FGSV, 1965

(6) Merkblatt über Straßenbau auf wenig tragfähigem Untergrund, FGSV, 2010

(7) M-Geok E: Merkblatt über die Anwendung von Geokunststoffen im Erdbau des Straßenbaues, FGSV, 2005

(8) EBGEO 2010: Empfehlungen für den Entwurf und die Berechnung von Erdkörpern mit Bewehrungen aus Geokunststoffen, DGGT, 2010

(9) Terzaghi, K.: Erdbaumechanik auf bodenphysikalischer Grundlage, Verlag F. Deuticke, Leipzig/Wien 1925

(10) Rendulic, C.: Der Erddruck im Straßenbau und Brückenbau, Forschungsarbeiten aus dem Straßenwesen, Bd. 10, Forschungsgesellschaft für Straßenwesen e.V., Berlin 1938

(11) Brendlin, H.: Die Schubspannungsverteilung in der Sohlfuge von Dämmen und Böschungen, Veröffentlichungen des Instituts für Bodenmechanik und Felsmechanik, Universität Karlsruhe, H. 10, 1968

(12) Floss, R.: Dämme auf weichem Untergrund – Möglichkeiten der Untergrundverbesserung, Straßen- und Tiefbau 23, H. 2, 1969

(13) Siedek, P. u. Diesler, W.: Die Standsicherheit von Dämmen auf wenig tragfähigem Untergrund, Straßen- und Tiefbau 23, H. 11, 1969

(14) Altes, J.: Sandwicks – eine neue Art von Sanddränagen, Mitteilungen des Instituts für Verkehrswasserbau, Grundbau und Bodenmechanik, TH Aachen, H. 51, 1970

(15) Greenwood, D.A.: Mechanical Improvement of Soils below Ground Surface, Proc. Ground Eng. Conf. Inst. Civ., 1970

(16) Hughes, J. M. O. u. Withers, N. J.: Reinforcing of soft cohesive soils with stone columns, Ground Enging 7, Nr. 3, 1974

(17) Nahrgang, E.: Untersuchung des Tragverhaltens von eingerüttelten Schottersäulen anhand von Modellversuchen, Baumaschine und Bautechnik 23, H. 8, 1976

(18) Priebe, H.: Abschätzung des Setzungsverhaltens eines durch Stopfverdichtung verbesserten Baugrundes, Die Bautechnik 53, H. 5, 1976

(19) Broms, B. u. Bomen, P.: Stabilization of Soil with Lime Columns, Design Handbook, Department of Soil and Rock Mechanics, Royal Institute of Technology, Stockholm 1977

(20) Brauns, J.: Die Anfangstraglast von Schottersäulen im bindigen Untergrund, Die Bautechnik, H. 8, 1978

(21) Graßhoff, H., Siedek, P. u. Floss, R.: Handbuch Erd- und Grundbau, Teil 1: Boden und Fels, Gründungen, Stützbauwerke, Teil 2: Erdbau und Erddruck, Werner Verlag, Düsseldorf 1979/1982

(22) Rowe, R. K. u. Sodermann, K. L.: An Approximate Method for Estimating the Stability of Geotextile Reinforced Embankments, The University of Western Ontario, London/Ontario 1984

(23) Graf, B., Gudehus, G. u. Vardoulakis, I.: Grundbruchlast von Rechteckfundamenten auf einem geschichteten Boden, Bauingenieur 60, H. 1, 1985

(24) Floss, R.: Bodensysteme mit geotextilen Bewehrungselementen – Wissensstand zur Stabilitätsanalyse, Schriftenreihe des Lehrstuhls für Grundbau, Bodenmechanik und Felsmechanik der Technischen Universität München, H. 6, 1986

(25) Christopher, B. R. u. Holtz, R. D.: Geotextile Design and Construction Guidelines, USA Department of Transportation – FHWA, Washington 1988

(26) Bauer, A.: Beitrag zur Analyse des Tragverhaltens von einfach bewehrten Zweischichtsystemen, Schriftenreihe Lehrstuhl und Prüfamt für Grundbau, Bodenmechanik und Felsmechanik der Technischen Universität München, H. 15, 1989

(27) Jones, C. J. F. P., Lawson, C. R. u. Ayres, D. J.: Geotextile reinforced piled embankments, Proc. 4th International Conference on Geotextiles, Den Haag 1990

(28) Beckmann, U.: Anwendung von Geogittern im Straßenbau – Unterlagen zur Bemessung des ungebundenen Straßenoberbaues, 2. Kongress Kunststoffe in der Geotechnik (K-GEO 92), Luzern 1992

(29) Gold, G.: Untersuchungen zur Wirksamkeit einer Bewehrung im Zweischichtensystem, Schriftenreihe des Lehrstuhls für Grundbau, Bodenmechanik und Felsmechanik der Technischen Universität München, H. 19, 1993

(30) Lawson, C. R.: Basal reinforced embankment practice in the United Kingdom, Proc. The practice of soil reinforcing in Europe, Thomas Telford, London 1995

(31) Reitmeier, W.: Grundlagen und praktische Erfahrungen bei der Bodenstabilisierung mit Kalkpfählen, Schriftenreihe Lehrstuhl und Prüfamt für Grundbau, Bodenmechanik und Felsmechanik der Technischen Universität München, H. 21, 1995

(32) Floss, R. u. Gold, G.: Vorgespannte Geokunststoff-Bewehrungen für Boden-Tragsysteme, DGGT e.V., Baugrundtagung 1996

(33) Kempfert, H.-G. u. Wallis, P.: Geokunststoffummantelte Sandsäulen – ein neues Gründungsverfahren im Verkehrswegebau, Sonderheft Geotechnik, 1997

(34) Rüegger, R. u. Hufenus, R.: Bauen mit Geokunststoffen, Handbuch in Zusammenarbeit mit dem Schweizerischen Verband für Geokunststoffe (SVG), St. Gallen 2003

(35) Floss, R.: Design Fundamentals for Geosynthetic Soil Technique, Proc. 3rd European Geosynthetics Conference, München 2004

OEVERMANN
www.telestack.com
Telestack

Teil 2

14 Prüfungen

14 Prüfungen

14.1 Allgemeines

Bei der Durchführung der Prüfungen ist zwischen Prüfmethoden und Prüfverfahren zu unterscheiden. Der Begriff „Methode" bezeichnet die systematische Vorgehensweise, mit der die geplante Qualität gemäß den in den Abschnitten 4, 7 und 9 bis 12 vorgeschriebenen Anforderungen an die Prüfmerkmale überprüft wird. Durch „Prüfverfahren" werden die Prüfmerkmale (Verdichtungskennwerte, z. B. Verdichtungsgrad nach DIN 18127, oder Verformungsmodul nach DIN 18134) definiert und bestimmt. Prüfverfahren enthalten die konkreten Arbeitsanweisungen zur Bestimmung der Prüfmerkmale.

Es gelten die TP BF-StB.

14.2 Methoden für das Prüfen der Prüfmerkmale

14.2.1 Allgemeines

Folgende Methoden werden unterschieden:

Methode M 1: Vorgehensweise gemäß Prüfplan (Abschnitt 14.2.2)
Methode M 2: Vorgehensweise bei Anwendung flächendeckender dynamischer Messverfahren (Abschnitt 14.2.3)
Methode M 3: Vorgehensweise zur Überwachung des Arbeitsverfahrens (Abschnitt 14.2.4)

Jeder Methode liegt eine Entscheidungsregel zur eindeutigen und objektiven Beurteilung der Prüfergebnisse zu Grunde. Die Anwendung der Entscheidungsregel führt zur „Annahme" oder „Zurückweisung" des Prüfloses.

Bei der Entscheidung über die zweckmäßige Methode sind insbesondere Art, Größe und Bedeutung des Erdbauwerkes, Art und Zusammensetzung der Erdbaustoffe sowie der Geräteeinsatz und die erforderliche Erdbauleistung zu berücksichtigen (siehe Abschnitte 14.2.2 bis 14.2.4).

Die Aussagekraft der Methoden ist jedoch unterschiedlich. Jede Methode bietet je nach Anwendungsfall bestimmte Vorteile, so dass der Anwender entsprechend den jeweiligen Gegebenheiten die dafür am besten geeignete Methode auswählen kann. Eigenüberwachungsprüfungen und Kontrollprüfungen können nur miteinander verglichen werden, wenn bei beiden die gleiche Methode angewendet wird.

Die Prüfmethode ist in der Leistungsbeschreibung anzugeben. Sind Nebenangebote bezüglich anderer als der ausgeschriebenen Methode erwünscht, ist dies in der Leistungsbeschreibung anzugeben.

Bei allen drei Methoden wird jeweils ein Prüflos beurteilt. Ein Prüflos ist eine unter einheitlichen Bedingungen bearbeitete Schicht (= Schüttlage) verdichteten Bodens, für die eine einheitliche Anforderung gilt. Die Fläche des Prüfloses ist genau festzulegen. Ist eine der vorgenannten Bedingungen nicht erfüllt, ist das Prüflos in mehrere Teilflächen zu unterteilen, in denen die Bedingungen jeweils erfüllt sind. Jede dieser Teilflächen erfordert eine eigene Beurteilung als Prüflos.

Prüflose oder deren Teilflächen sind einvernehmlich zwischen Auftraggeber und Auftragnehmer festzulegen.

14.2.2 Methode M 1: Vorgehensweise gemäß Prüfplan

Die Vorgehensweise richtet sich nach Teil E 1 der TP BF-StB.

Bei der Methode M 1 wird die statistische Verteilung des betrachteten Prüfmerkmals innerhalb eines Prüfloses auf Stichprobenbasis ermittelt. Auf Grundlage des Stichprobenergebnisses wird die Entscheidung getroffen, ob das Prüflos anzunehmen oder zurückzuweisen ist (siehe „Merkblatt für die Verdichtung des Untergrundes und Unterbaues im Straßenbau").

Die Methode M 1 ist bei allen Bodenarten anwendbar.

Die Anwendung der Methode M 1 empfiehlt sich insbesondere in folgenden Fällen:

- *bei großen Prüflosen,*
- *bei Prüflosen, bei denen die Gleichmäßigkeit der Verdichtung beurteilt werden soll,*
- *bei Prüflosen, auf denen Prüfverfahren mit geringem Zeitbedarf angewendet werden und deren Ergebnisse unmittelbar zur Verfügung stehen.*

Die Methode M 1 ist auch bei Probeverdichtungen (siehe Abschnitt 4.3.1.1) anzuwenden.

Die Prüfung erfolgt auf Stichprobenbasis, wobei die Lage der Prüfpunkte auf der Prüffläche zufällig, z. B. mit Zufallsauswahlverfahren nach TP BF-StB Teil E 1, zu bestimmen ist. Der Stichprobenumfang n ist abhängig von der Prüflosgröße und dem verwendeten Prüfplan. Er ergibt sich z. B. für einen Einfachprüfplan aus der Tabelle 8.

An den n zufällig ausgewählten Prüfpunkten werden die Prüfergebnisse x_1, ..., x_n ermittelt. Aus diesen Ergebnissen x_i der Stichprobe werden das arithmetische Mittel $\overline{x}$ und die Standardabweichung s berechnet.

Arithmetisches Mittel $\overline{x}$ der Stichprobe mit dem Stichprobenumfang n:

$$\overline{x} = \frac{1}{n} \sum_{i=1}^{i=n} x_i \qquad (1)$$

Standardabweichung s der Stichprobe:

$$s = \sqrt{\left[\sum_{i=1}^{i=n} (x_i - \overline{x})^2\right] / (n-1)} \qquad (2)$$

Aus $\bar{x}$ und s wird im Falle eines 10 %-Mindestquantils T_M (Verdichtungsgrad, Verformungsmodul, siehe Abschnitt 4) die statistische Prüfgröße z

$$z = \bar{x} - k \cdot s \qquad (3)$$

gebildet.

Im Falle des 10 %-Höchstquantils T_H für den Luftporenanteil wird die Prüfgröße z

$$z = \bar{x} + k \cdot s \qquad (4)$$

gebildet, wobei k der Annahmefaktor nach Tabelle 8 ist.

Das Prüflos wird angenommen, wenn im Falle eines geforderten Mindestquantils $z \geq T_M$ und im Falle eines Höchstquantils $z \leq T_H$ ist; andernfalls wird das Prüflos zurückgewiesen. Dieses ist dann durch den Auftragnehmer in einen anforderungsgemäßen Zustand zu bringen.

Im Falle der Zurückweisung ist die gesamte Fläche des Prüfloses abzulehnen.

Der Teil E 1 der TP BF-StB enthält weitere Stichprobenprüfpläne, die zu einem geringeren Prüfumfang als in der Tabelle 8 führen können.

Tabelle 8: Stichprobenumfang und Annahmefaktor für einen Einfachplan für Variablenprüfung in Abhängigkeit von der Prüflosgröße

Prüflosgröße Fläche m^2	Leitungsgrabenlänge in m, pro m Grabentiefe	Stichprobenumfang n	Annahmefaktor k
bis 1 000	bis 100	4	0,88
über 1 000 bis 2 000	über 100 bis 200	5	0,88
über 2 000 bis 3 000	über 200 bis 300	6	0,88
über 3 000 bis 4 000	über 300 bis 400	7	0,88
über 4 000 bis 5 000	über 400 bis 500	8	0,88
über 5 000 bis 6 000	über 500 bis 600	9	0,88

Bei Anwendung des dynamischen Plattendruckversuches zur Messung des dynamischen Verformungsmoduls ist der in der Tabelle 8 genannte Stichprobenumfang zu verdoppeln.

14.2.3 Methode M 2: Vorgehensweise bei Anwendung flächendeckender dynamischer Messverfahren

Die Vorgehensweise richtet sich nach Teil E 2 der TP BF-StB.

Bei der Methode M 2 wird mit Hilfe eines an der Walze installierten Messgerätes aus der Wechselwirkung zwischen Walze und Boden flächendeckend ein dynamischer Messwert ermittelt, der mit der Steifigkeit und der Verdichtung des Bodens korreliert. Bei dieser Methode wird also mittels einer „Vollprüfung" einer verdichteten Schicht (= Prüffläche) mit einem indirekten Prüfverfahren (= dynamischer Messwert) die Entscheidung getroffen, ob die Prüffläche (= Prüflos) angenommen oder zurückgewiesen wird.

Weitere Hinweise sind im „Merkblatt über flächendeckende dynamische Verfahren zur Prüfung der Verdichtung im Erdbau" (M FDVK E) und im „Merkblatt für die Verdichtung des Untergrundes und Unterbaues im Straßenbau" enthalten.

Die Anwendung flächendeckender dynamischer Messverfahren im Rahmen der Methode M 2 setzt eine Kalibrierung dynamischer Messwerte an den im Abschnitt 4 angegebenen Verdichtungskennwerten mit einem Korrelationskoeffizienten von $|r| > 0{,}7$ voraus.

Ein Korrelationskoeffizient $|r| > 0{,}7$ ist bei folgenden Böden zu erwarten:

1. *bei grobkörnigen Böden der Bodengruppen GE, GW, GI, SE, SW, SI,*
2. *bei gemischtkörnigen Böden der Bodengruppen GU, SU, GT, ST mit einem Wassergehalt unter dem optimalen Wassergehalt des Proctorversuches.*

Die Anwendung der Methode M 2 empfiehlt sich insbesondere in folgenden Fällen:

- *bei Baumaßnahmen mit großen Tagesleistungen und weitgehend gleichmäßig zusammengesetzten Bodenarten,*
- *bei Prüfflächen, bei denen die Gleichmäßigkeit der Verdichtung beurteilt werden soll,*
- *wenn die Beurteilung der Verdichtung arbeitsintegriert erfolgen soll.*

Die Vorgehensweise bei der Methode M 2 gliedert sich in folgende Schritte:

1. Durchführen einer Kalibrierung für die jeweiligen Boden- und Baustellenverhältnisse entsprechend TP BF-StB, Teil E 4,
2. Festlegen des 10 %-Mindestquantils T_M für die dynamischen Messwerte,
3. Prüfen der verdichteten Schicht mit dem flächendeckenden dynamischen Messverfahren (Vollprüfung, Messwertanzahl N),
4. Berechnen des Mittelwertes μ und der Standardabweichung σ aller dynamischen Messwerte der Prüffläche und Berechnung der Prüfgröße z

$$z = \mu - 1{,}28\ \sigma \qquad (5)$$

   Die Berechnung von z erfolgt im Regelfall durch das Programm des Walzenherstellers.

5. Darstellen aller Messwerte in einem Flächenplot,
6. Ein Prüflos wird angenommen, sofern die Prüfgröße z größer als das Mindestquantil T_M ist ($z \geq T_M$).
   Zusätzlich ist an Hand des Flächenplots zu prüfen, ob in der geprüften Fläche die Stellen, an denen das Mindestquantil unterschritten wird, gleichmäßig über die Fläche verteilt sind. Sofern in der geprüften Fläche größere zusammenhängende Bereiche vorhanden sind, in denen die dynamischen Messwerte unterhalb vom festgelegten Mindestquantil T_M liegen, müssen diese Stellen durch den Auftraggeber und den Auftragnehmer gemeinsam beurteilt werden.

Unterschreitet die Prüfgröße z das Mindestquantil T_M wird das Prüflos zurückgewiesen und muss vom Auftragnehmer in einen anforderungsgerechten Zustand gebracht werden.

Andere und weitere Annahmeregeln gemäß M FDVK E können zwischen Auftraggeber und Auftragnehmer vereinbart werden.

Die Spurlänge auf der verdichteten Schicht darf nicht länger als 150 m und die Anzahl der Spuren nebeneinander nicht größer als 20 sein.

Die Prüfung kann mit der für das Verdichten eingesetzten Arbeitswalze direkt arbeitsintegriert oder mit einer speziellen Messwalze durchgeführt werden.

Die Anwendung der Methode M 2 empfiehlt sich im Besonderen für die Eigenüberwachung des Auftragnehmers, der aus den dynamischen Messwerten zugleich Hinweise auf die Optimierung seines Arbeitsverfahrens erhält. Die Ergebnisse der Eigenüberwachung können zweckmäßiger Weise als Kontrollprüfungen anerkannt werden. Dies setzt voraus, dass der Auftraggeber die Kalibrierung und die Eigenüberwachungsprüfungen fachlich begleitet.

14.2.4 Methode M 3: Vorgehensweise zur Überwachung des Arbeitsverfahrens

Die Vorgehensweise richtet sich nach Teil E 3 der TP BF-StB.

Bei der Methode M 3 wird im Regelfall mittels einer Probeverdichtung der Nachweis für die Eignung des eingesetzten Verdichtungsverfahrens erbracht. Auf Grundlage der Ergebnisse der Probeverdichtung wird eine Arbeitsanweisung für die Verdichtung aufgestellt. Die Verdichtungsarbeiten am Erdbauwerk werden gemäß der Arbeitsanweisung durchgeführt. Die Einhaltung der Arbeitsanweisung muss dokumentiert werden.

Weitere Hinweise sind im „Merkblatt für die Verdichtung des Untergrundes und Unterbaues im Straßenbau" enthalten.

Die Anwendung setzt voraus, dass durch die Probeverdichtung (siehe Abschnitt 4.3.1.1) oder aufgrund eigener nachzuweisender Erfahrungen ein bestimmtes Arbeitsverfahren für den Einbau und das Verdichten des jeweiligen Bodens festgelegt (Arbeitsanweisung) und die Einhaltung des Arbeitsverfahrens bei der Eigenüberwachung vom Auftragnehmer dokumentiert wird. In der Arbeitsanweisung sind für das Arbeitsverfahren festzulegen:

1. das geeignete Verdichtungsgerät,
2. die Arbeitsweise beim Einbau,
3. die Anzahl der erforderlichen Verdichtungsübergänge,
4. die Bodenart und -gruppe,
5. die maximale Dicke der unverdichteten Schüttlage,
6. die für das Verdichten zulässigen Einbauwassergehalte.

Die Einhaltung der Arbeitsanweisung hat der Auftragnehmer gegenüber dem Auftraggeber durch Führen eines Tagesprotokollheftes nachzuweisen. Darin sind mindestens über folgende Parameter Aufzeichnungen zu führen:

1. Stationierung (z.B. Baukilometrierung) nach Lage und Höhe,
2. Schüttlagennummer, -breite, Dicke der unverdichteten Schüttlage,
3. Anzahl der Übergänge je Schüttlage,
4. Verdichtungsgerät mit Arbeitsparametern (Frequenz, Amplitude, Geschwindigkeit) je Schüttlage,
5. die zugehörige Probeverdichtung,
6. die Witterungsverhältnisse beim Einbau,
7. die eingebaute Bodenart und deren Wassergehalt.

Sollen zur genaueren Dokumentation Fahrtenschreiber, Global Positioning System (GPS), automatisches Nivellement oder Funkübertragung eingesetzt werden, hat der Auftraggeber in der Leistungsbeschreibung die geforderten Dokumentationsmittel anzugeben.

Das Tagesprotokollheft dient auch zur Dokumentation gemäß Abschnitt 15.

Der Auftraggeber soll sich zweckmäßigerweise an der Probeverdichtung beteiligen.

Zusätzlich zu den Aufzeichnungen im Tagesprotokollheft sind vom Auftragnehmer Prüfungen gemäß dem in der Tabelle 9 genannten Umfang durchzuführen.

Tabelle 9: Mindestanzahl der Eigenüberwachungsprüfungen

Zeile	Bereich	Mindestanzahl
1	Untergrund, Planum, Bankett Unterbau je Schüttlage	1 je angefangene 1000 m², mindestens jedoch 2 Prüfungen
2	Bauwerks-hinterfüllung	siehe Abschnitt 14.6
3	Bauwerks-überschüttung	3 innerhalb des ersten Meters der Überschüttung
4	Leitungsgräben	3 je 150 m Länge pro m Grabentiefe
5	bei kommunalen Straßen und bei abschnittsweisem Bauen	1 je angefangene 1000 m², mindestens aber je 100 m und mindestens 2 Prüfungen

Aus den n Prüfergebnissen x_i sind der Mittelwert $\bar{x}$ (siehe Gleichung 1) und die Standardabweichung s (siehe Gleichung 2) zu berechnen. Die Prüfergebnisse sind wie folgt zu bewerten (Entscheidungsregel):

1. bei zwei Prüfergebnissen (n = 2):
   Annahme des Prüfloses, wenn $\bar{x} - 1{,}28\ s \geq T_M$ ansonsten Zurückweisung

2. bei drei Prüfergebnissen (n = 3):
   Annahme des Prüfloses, wenn $\bar{x} - 1{,}15\ s \geq T_M$ ansonsten Zurückweisung
3. bei vier und mehr Prüfergebnissen (n = 4):
   Annahme des Prüfloses, wenn $\bar{x} - 0{,}88\ s \geq T_M$ ansonsten Zurückweisung.

Wird ein Prüflos zurückgewiesen, ist es durch den Auftragnehmer in einen anforderungsgerechten Zustand zu bringen.

Die Ergebnisse der Probeverdichtung, die vom Auftragnehmer zu dokumentierende Überprüfung des Arbeitsverfahrens (Tagesprotokollheft) sowie die Ergebnisse der Eigenüberwachungsprüfungen müssen dem Auftraggeber vorgelegt werden.

Sofern die Einhaltung der Arbeitsanweisung nicht sowohl durch Führen des Tagesprotokollheftes als auch durch die Einzelprüfungen nach Tabelle 9 wie beschrieben nachgewiesen wird, ist die Verdichtung gemäß der Methode M 1 (siehe Abschnitt 14.2.2) zu prüfen.

14.3 Prüfverfahren zur Ermittlung von Prüfmerkmalen

14.3.1 Probennahme und Prüfverfahren

Für die Probennahme und die Durchführung der Prüfung gelten die „Technischen Prüfvorschriften für Boden und Fels im Straßenbau" (TP BF-StB). Messunsicherheiten sind nicht zu berücksichtigen, da sich die Anforderungen (siehe Abschnitte 4, 7 und 9 bis 12) auf gemessene Werte beziehen.

Der Einsatz aller genannten indirekten Prüfverfahren bedarf der vorherigen Vereinbarung zwischen Auftraggeber und Auftragnehmer.

Vorgesehene indirekte Prüfverfahren sind in der Leistungsbeschreibung anzugeben.

14.3.2 Verdichtungsgrad D_{Pr}

Zur Berechnung des Verdichtungsgrades wird das Verhältnis aus der Trockendichte der geprüften Probe zur Proctordichte dieser Probe gebildet und in Prozent angegeben (siehe DIN 18127). Bei Böden und Baustoffen ist an derjenigen Probe, die bei der jeweiligen Dichtemessung entnommen wird, die zugehörige Proctordichte als Bezugswert zu ermitteln und der Beurteilung zu Grunde zu legen. Bei gleichmäßig zusammengesetzten Böden und Baustoffen kann auch die bei der Eignungsprüfung oder bei der Probeverdichtung ermittelte Proctordichte als Bezugswert für den Verdichtungsgrad zu Grunde gelegt werden.

14.3.3 Trockendichte ρ_d und Porenanteil n

Lässt sich die Proctordichte als Bezugswert des Verdichtungsgrades prüftechnisch nicht zuverlässig ermitteln (z. B. bei veränderlich festem Gestein, steinigen und blockigen Böden, einigen industriell hergestellten und rezyklierten Gesteinskörnungen), können als

Ersatz die Trockendichte ρ_d oder der Porenanteil n als Kenngröße für die Verdichtung festgelegt werden.

Die Anforderungswerte an die Trockendichte und den Porenanteil sind aufgrund bereits vorliegender örtlicher Erfahrungen oder aufgrund vorheriger Untersuchungen für den jeweiligen Anwendungsfall einvernehmlich zwischen Auftraggeber und Auftragnehmer festzulegen.

14.3.4 Luftporenanteil n_a

Der Luftporenanteil n_a wird rechnerisch aus den Ergebnissen der Dichtemessung nach DIN 18125 und den Ergebnissen der Wassergehaltsbestimmung nach DIN EN ISO 17892-1 bestimmt.

Der Luftporenanteil kann des Weiteren auch als zusätzliche Kenngröße für die Verdichtung sinngemäß zu Abschnitt 14.3.3 festgelegt werden.

14.3.5 Indirekte Prüfverfahren für den Verdichtungsgrad

Als Ersatz für die Bestimmung des Verdichtungsgrades können bei grobkörnigen Böden und gemischtkörnigen Böden mit einem Feinkornanteil kleiner 15 M.-% die folgenden Prüfverfahren angewendet werden:

1) Statischer Plattendruckversuch nach DIN 18134
2) Dynamischer Plattendruckversuch nach TP BF-StB, Teil B 8.3.

Die im Einzelfall anzuwendenden Prüfverfahren sind in der Leistungsbeschreibung anzugeben.

Bei Herstellung des Probefeldes (siehe Abschnitt 4.3.1.1) ist durch Kalibrierversuche der Zusammenhang zwischen dem gewählten indirekten Prüfverfahren und dem Verdichtungsgrad zu ermitteln (siehe TP BF-StB, Teil E 4). Der Zusammenhang kann auch durch eigene nachzuweisende oder anerkannte fremde Erfahrung belegt werden.

Bei Anwendung des dynamischen Plattendruckversuches als indirektes Prüfverfahren für die Bestimmung des Verdichtungsgrades ist der Umfang der Prüfungen im Vergleich zum notwendigen Prüfumfang bei direkten Prüfverfahren gemäß Abschnitt 14.2.2 und 14.2.4 zu verdoppeln.

Bei grobkörnigen Böden kann von den in den Tabellen 10 und 11 angegebenen Zuordnungen Gebrauch gemacht werden.

Tabelle 10: Richtwerte für die Zuordnung vom statischen Verformungsmodul E_{V2} zum Verdichtungsgrad D_{Pr} bei grobkörnigen Böden

Bodengruppe	*statischer Verformungsmodul E_{v2} in MPa*	*Verdichtungsgrad D_{Pr} in %*
GW, GI	*≥ 100* *≥ 80*	*≥ 100* *≥ 98*
GE, SE, SW, SI	*≥ 80* *≥ 70*	*≥ 100* *≥ 98*

Zusätzlich ist der Verhältniswert des Verformungsmoduls E_{V2}/E_{V1} zur Beurteilung des Verdichtungszustandes mit heranzuziehen. Dabei gelten $E_{V2}/E_{V1} \leq 2{,}3$ für $D_{Pr} \geq 100\,\%$ und $E_{V2}/E_{V1} \leq 2{,}5$ für $D_{Pr} \geq 98\,\%$. Wenn der E_{V1}-Wert bereits 60 % des in der Tabelle 10 angegebenen E_{V2}-Wertes erreicht, sind auch höhere Verhältniswerte E_{V2}/E_{V1} zulässig.

Tabelle 11: Richtwerte für die Zuordnung vom dynamischen Verformungsmodul E_{vd} zum Verdichtungsgrad D_{Pr} bei grobkörnigen Böden

Bodengruppe	*dynamischer Verformungsmodul E_{vd} in MPa*	*Verdichtungsgrad D_{Pr} in %*
GW, GI, GE	*≥ 50*	*≥ 100*
SW, SI, SE	*≥ 40*	*≥ 98*

Bei den Bodengruppen GE und SE sind die Zuordnungen in den Tabellen 10 und 11 im Rahmen der Probeverdichtungen zu überprüfen.

Für Prüfungen in Leitungsgräben und in beengten Arbeitsräumen werden empfohlen:

1) *die Messung des Sondierwiderstandes mittels spezieller Leitungsgrabensonden bei lagenweisem Einbau oder bei flachen Leitungsgräben (Tiefe ≤ 0,7 m), bei vorzugsweise grobkörnigen Böden und gemischtkörnigen Böden mit einem Feinkornanteil ≤ 15 M.-%*
2) *die Messung des Sondierwiderstandes mittels Rammsonden bei tiefen Leitungsgräben und Verfüllmaterial aus grobkörnigen Böden und gemischtkörnigen Böden mit einem Feinkornanteil ≤ 15 M.-%.*

14.4 Prüfen des Verformungsmoduls, der profilgerechten Lage und der Ebenheit auf dem Planum

Zur Prüfung des Trag- und Verformungsverhaltens auf dem Planum als Unterlage für den Straßenoberbau sind die für den Verformungsmodul E_{V2} bzw. für den dynamischen Verformungsmodul E_{vd} geltenden Anforderungen gemäß Abschnitt 4.5.2 nachzuweisen. Dafür ist die Methode M 1 bzw. M 3 gemäß den Abschnitten 14.2.2 bzw. 14.2.4 anzuwenden.

Die Prüfung erfolgt mittels des statischen Plattendruckversuches nach DIN 18134 oder des dynamischen Plattendruckversuches nach TP BF-StB, Teil B 8.3. Bei Anwendung des dynamischen Plattendruckversuches ist der Umfang der Prüfungen gemäß den Abschnitten 14.2.2 und 14.2.4 zu verdoppeln.

Die Methode M 2 nach Abschnitt 14.2.3 kann ebenfalls angewandt werden, sofern sie aus bodenmechanischen Gründen anwendbar ist.

Die mit der Messwalze erhaltenen Prüfergebnisse sind am Verformungsmodul E_{V2} zu kalibrieren (siehe TP BF-StB, Teil E 4). Der Zusammenhang kann auch durch eigene nachzuweisende oder anerkannte fremde Erfahrung belegt werden.

Die Prüfung der profilgerechten Lage erfolgt mit üblichen Verfahren der Vermessungstechnik. Die Prüfung der Ebenheit nach Abschnitt 12.4.2.7 erfolgt mit der 4-m-Richtlatte (TP Eben-StB).

14.5 Prüfungen bei Bodenbehandlungen

14.5.1 Prüfungen bei Bodenverfestigungen

Die Art und der Umfang der Prüfungen bei Bodenverfestigungen ist den Tabellen 12 und 13 zu entnehmen.

Die Eigenüberwachungs- und Kontrollprüfungen an der verfestigten Schicht sind durch den Auftragnehmer und den Auftraggeber unmittelbar nach der Verdichtung gemeinsam durchzuführen.

Die Prüfung des Verformungsmoduls auf dem Planum entfällt, wenn der Untergrund bzw. Unterbau mit Bindemitteln verfestigt wird.

Tabelle 12: Art und Umfang der Eigenüberwachungsprüfungen bei Bodenverfestigungen

	Parameter	Eigenüberwachungsprüfung
1.	**Bindemittel** Übereinstimmung zwischen Lieferung und vereinbarter Bindemittelart und -sorte	jede Lieferung (Lieferschein)
2. 2.1	**Boden** – Korngrößenverteilung	je 250 m bzw. je 3000 m²
2.2	– Plastizitätszahl	je nach Erfordernis
2.3	– org. Bestandteile	je 250 m bzw. je 3000 m²
2.4	– Wassergehalt	je nach Erfordernis
2.5	– Proctordichte und zugehöriger Wassergehalt	–
3. 3.1	**Zur Verfestigung vorgesehene Böden** – Verdichtungsgrad	[1]
3.2	– profilgerechte Lage	je 20 m dreimal
4. 4.1	**Verfestigte Schicht** – Verdichtungsgrad	je 250 m bzw. 3000 m²
4.2	– Bindemittelmenge	je nach Erfordernis
4.3	– profilgerechte Lage	je 20 m dreimal
4.4	– Ebenheit	je nach Erfordernis
4.5	– Schichtdicke	je nach Erfordernis

1) Für die Prüfung des Verdichtungsgrades der zur Verfestigung vorgesehenen Schicht kommt die Methode M1, M2 oder M3 wie für die Bodenverdichtung zur Anwendung. Der jeweilige Prüfumfang ergibt sich aus den Abschnitten 14.2.2, 14.2.3 oder 14.2.4.

Tabelle 13: Art und Umfang der Kontrollprüfungen bei Bodenverfestigungen

	Parameter	*Kontrollprüfung*
1.	***Bindemittel*** *Übereinstimmung zwischen Lieferung und vereinbarter Bindemittelart und -sorte*	*stichprobenweise*
2. *2.1*	***Boden*** *– Korngrößenverteilung*	*stichprobenweise*
2.2	*– Plastizitätszahl*	
2.3	*– org. Bestandteile*	
2.4	*– Wassergehalt*	
2.5	*– Proctordichte und zugehöriger Wassergehalt*	
3. *3.1*	***Zur Verfestigung vorgesehene Böden*** *– Verdichtungsgrad*	*stichprobenweise*
3.2	*– profilgerechte Lage*	
4. *4.1*	***Verfestigte Schicht*** *– Verdichtungsgrad*	*je 250 m bzw. 3 000 m²* *mind. einmal am Tag*
4.2	*– Bindemittelmenge*	*je 1 000 m²*
4.3	*– profilgerechte Lage*	*je 50 m*
4.4	*– Ebenheit*	*je nach Erfordernis*
4.5	*– Schichtdicke*	*je 1 000 m²*

1) Für die Prüfung des Verdichtungsgrades der zur Verfestigung vorgesehenen Schicht kommt die Methode M 1, M 2 oder M 3 wie für die Bodenverdichtung zur Anwendung. Der jeweilige Prüfumfang ergibt sich aus den Abschnitten 14.2.2, 14.2.3 oder 14.2.4.

14.5.2 Prüfungen bei qualifizierten Bodenverbesserungen

Für die Art und den Umfang der Prüfungen sowie die Wahl der geeigneten Methoden gelten die Angaben in den Abschnitten 14.1 bis 14.3. Für die das Bindemittel, das Baustoffgemisch und die verbesserte Schicht betreffenden Prüfungen gelten die Angaben in den Abschnitten 4.5.2, 12.4.3 und 14.5.1.

14.5.3 Prüfungen bei Bodenverbesserungen

Für die Art und den Umfang der Prüfungen sowie die Wahl der geeigneten Methoden gelten die Angaben in den Abschnitten 14.1 bis 14.3. Für die das Bindemittel betreffenden Prüfungen gelten die Angaben im Abschnitt 14.5.1.

14.6 Prüfungen bei Bauwerkshinterfüllungen

Bei Bauwerkshinterfüllungen ist mindestens eine Messung des Verdichtungsgrades in jeder dritten Schüttlage (bei einer angenommenen

Schüttlagendicke von maximal 30 cm) je 200 m^2 Schüttlagenfläche durchzuführen.

Es kann sinnvoll sein, den Prüfumfang bei Hinterfüllungen zu erhöhen. Dies ist in der Leistungsbeschreibung anzugeben.

Es wird empfohlen, nach Fertigstellung der Hinterfüllung die Hinterfüllung durch mindestens zwei Rammsondierungen, die die gesamte Hinterfüllungshöhe durchteufen, abschließend zu prüfen.

Auf dem Planum ist im Bereich der Hinterfüllung mindestens eine Prüfung mit dem statischen Plattendruckversuch (alternativ: 2 Prüfungen mit dem dynamischen Plattendruckversuch) je 100 m^2 durchzuführen. Je Widerlager muss mindestens eine Prüfung mit dem statischen Plattendruckversuch (alternativ: 2 Prüfungen mit dem dynamischen Plattendruckversuch) erfolgen.

Alle Prüfergebnisse müssen die in den Abschnitten 10.3.5 bzw. 4.5 angegebenen Mindestquantile erreichen bzw. überschreiten.

14.7 Sonstige Prüfverfahren

Im Rahmen der Kontrollprüfungen ist die profilgerechte Lage in Abständen von höchstens 50 m zu prüfen.

Die Prüfung der Schichtdicke erfolgt an regelmäßig über die zu prüfende Fläche verteilten Aufgrabungsstellen. Die Dicke wird mit einem Maßstab gemessen.

Inhalt Kommentar

Vorbemerkung

Die in Abschnitt 14 ZTV E-StB angegebenen Technischen Vertragsbedingungen und Richtlinien beziehen sich auf Prüfmethoden und Prüfverfahren im Erdbau, deren Anwendung die Eigenüberwachung und Qualitätskontrolle der auszuführenden Erdarbeiten sicherstellen sollen. Sie sind Bestandteil der im Teil 2, Abschnitt 1.6 beschriebenen „Integralen Qualitätssicherung". In den ZTV E-StB sind sie als Technische Vertragsbedingungen gekennzeichnet, für die die „Technischen Prüfvorschriften für Boden und Fels im Straßenbau" (TP BF-StB) gelten.

1 Prüfwesen im Erdbau

(1) Das vormals praktizierte Prüfwesen zur Qualitätssicherung im Erdbau beruhte auf folgenden Komponenten:

- ein auf Erfahrung und Vertrauen beruhendes Verhältnis zwischen Auftraggeber und Auftragnehmer mit dem einvernehmlichen Ziel, sorgfältig nach Stand der Technik und erfahrungsgemäß abgesicherten Arbeitsanweisungen zu bauen
- eine visuelle Beobachtung der Einbau- und Verdichtungstechnik durch erfahrenes Fachpersonal beider Seiten
- eine Begrenzung von Bodenprüfungen auf Stichproben an potenziellen Schwachstellen, ausgesucht und ausgeführt von erfahrenem Fachpersonal.

Diese rationale Art der Qualitätssicherung setzte viel Erfahrung voraus, erforderte ein Minimum an Personal- und Sachaufwand und ließ sich praktikabel in die jeweiligen Baustellenverhältnisse einfügen. Im Nachhinein hat die Erfahrung diese Vorgehensweise gerechtfertigt, weil über Jahrzehnte der Neu- und Ausbau des Verkehrswegenetzes in Deutschland auf diesen Prüfgrundlagen basierte.

Im Laufe der Zeit haben im Bau- und Prüfwesen zunehmend technische, organisatorische und auch administrative Aspekte Einfluss gewonnen, die mehr Flexibilität und Aufwand notwendig machen. Hierzu gehören

- die stark gestiegenen Tagesleistungen und Großbaustellen, die mehr arbeitsintegrierte, rasch durchführbare Prüfverfahren und flächendeckende Sicherheitsaussagen als die zeitintensiven konventionellen Prüfverfahren verlangen,
- der allgemeine Trend zu elektronischen und statistischen Datenauswertungen und Dokumentationen, probalistisch fundierten Berechnungsverfahren und entsprechenden Sicherheitsnachweisen für die geotechnischen Bauwerke.

Die aktuell zum Einsatz kommenden Prüf- und Messverfahren sind nach Aussagefähigkeit, Genauigkeit, Handhabung und Wirtschaftlichkeit auszuwählen. Zerstörungsfrei und flächendeckend prüfende Verfahren, die zugleich arbeitsintegriert oder zeitnah Ergebnisse liefern, haben bevorzugten Stellenwert erreicht, insbesondere bei hochbeanspruchten, empfindlichen Bauwerken. Es ist allgemein zu beachten, dass die Prüf- und Messergebnisse verfahrensbedingten und subjektiven Fehlereinflüssen bei der Probenahme und bei den Prüfungen unterliegen können. Darüber hinaus wird die Fehlergröße von der Art und Beschaffenheit der zu prüfenden Materialien beeinflusst. Es ist daher notwendig, die Probenahme und alle Prüfungen einheitlich auszuführen, um sicherzustellen, dass die Ergebnisse verglichen und reproduziert werden können.

(2) Bei Erdbauarbeiten aller Art nehmen die Verdichtungsprüfungen einen vorrangigen Stellenwert bei der Qualitätssicherung ein. Hinzu kommen begleitende Untersuchungen, die hauptsächlich der Identifikation der Böden und sonstigen Baustoffe sowie der Überprüfung der Einbauwassergehalte dienen.

Im Rahmen der Ausschreibung, spätestens bei Auftragvergabe, müssen die zweckmäßige Prüfmethode, das geeignete Verdichtungskriterium und die geeigneten Prüfverfahren mit den erforderlichen Kalibrierungen im Rahmen der Probeverdichtung entschieden sein. Dabei soll wie folgt vorgegangen werden:

a) Die Prüfung des Verdichtungsgrades D_{Pr} des verdichteten Bodens nimmt vorrangigen Stellenwert bei dem objektiven Nachweis der erzielten Qualität ein, soweit sich die Versuchsbedingungen nach DIN 18125 und 18127 erfüllen lassen. Bei fein- und gemischtkörnigen bindigen Böden kommt zusätzlich dem Nachweis des Luftporenanteils n_a maßgebliche Bedeutung als Qualitätskriterium zu.

b) Lassen sich die Versuchsbedingungen gemäß DIN 18127 (Proctorversuch) nicht einhalten, kann ersatzweise die Trockendichte ρ_d oder der Porenanteil n gemäß DIN 18125 als Kriterium für die Verdichtungsqualität genügen, wenn gleichmäßige Grundeigenschaften des Bodens vorliegen. Diese Prüfverfahren setzen örtlich vorliegende Erfahrungswerte oder eine vorherige Probekalibrierung voraus.

c) Sind Dichtemessungen und Proctorversuche aufgrund der Bodeneigenschaften oder prüftechnisch zu schwierig oder zu zeitaufwendig oder lassen sie sich wegen der vorgegebenen Einbauleistung nicht im erforderlichen Umfang ausführen, können Prüfverfahren, die den Verdichtungszustand indirekt kennzeichnen, auf der Grundlage von nachweislichen Erfahrungswerten oder Kalibrierungen angewendet werden.

Das im Einzelfall geeignete Kriterium richtet sich nach Art und Beschaffenheit der zu prüfenden Schichten; es ist im Bauvertrag zu benennen und zu quantifizieren.

Projektspezifische Vergleichsversuche, bei denen die Zusammenhänge zwischen dem jeweiligen Kriterium und der Verdichtung ermittelt werden, sind die sicherste Methode, eine realistische Zuordnung zu finden.

2 Methoden für das Prüfen der Bodenverdichtung

2.1 Allgemeine Grundsätze

In Abschnitt 14.2 ZTV E-StB werden als Prüfmethoden unterschieden:

M 1 Vorgehensweise gemäß Prüfplan

M 2 Vorgehensweise bei Anwendung flächendeckender dynamischer Messverfahren

M 3 Vorgehensweise zur Überwachung des Arbeitsverfahrens.

Diese Prüfmethoden beinhalten die systematische Vorgehensweise, mit der die geplante Qualität gemäß den in Abschnitt 4.3.2 ZTV E-StB u. a. beschriebenen Anforderungen bei der Bodenverdichtung sicherzustellen ist. Die Methoden M 1, M 2 und M 3 sind geeignet, diesen Nachweis zu erbringen, jedoch mit unterschiedlicher Aussagegenauigkeit. Der Vergleich der Ergebnisse von Eigenüberwachungs- und Kontrollprüfungen setzt deshalb voraus, dass sowohl die gleiche Prüfmethode als auch die gleichen Prüfverfahren (Kom. 3) angewendet werden.

Die Methode ist in der Leistungsbeschreibung festzulegen oder spätestens vor Beginn der Prüfungen zu vereinbaren. Sie kann auch als Sonderangebot seitens der Bieter eingebracht werden. Bei der Entscheidung über die zweckmäßige Prüfmethode sind insbesondere Art, Größe sowie Wert- und Sicherheitsniveau des Erdbauwerkes, Art und Zusammensetzung der Erdbaustoffe sowie baudispositionelle und organisatorische Aspekte zu berücksichtigen.

Der Auftraggeber darf nicht auf seine Kontrollfunktion verzichten und soll auch in der Regel seine Kontrollprüfungen ausführen. Er kann bei den Kontrollprüfungen die Ergebnisse von Eigenüberwachungsprüfungen nur dann berücksichtigen, wenn er diese mit überwacht oder sich zumindest durch stichprobenartige Kontrollprüfungen vergewissert, dass der Auftragnehmer seine Prüfungen mit der erforderlichen Sorgfalt durchführt.

Bei arbeitsintegrierten, flächendeckenden Prüfarbeiten, wie im Fall der Methode M 2, kann es für den Auftraggeber aus Gründen der Zeitersparnis und des sachlich-personellen Aufwandes zweckmäßig sein, sich nur durch Kontrollbeobachtungen in die Eigenüberwachung des Auftragnehmers einzuschalten.

2.2 Methode M 1: Vorgehensweise gemäß statistischem Prüfplan

(1) Die in Abschnitt 14.2.2 ZTV E-StB beschriebene Methode M 1 eignet sich für Prüflose mit besonderen Anforderungen an die Gleichmäßigkeit der Baustoff- und Verdichtungsqualität, außerdem für wissenschaftliche oder andere systematische Untersuchungen, z. B. bei Probeverdichtungen für Kalibrierzwecke oder für die Festlegung statistischer Anforderungswerte; Lit. (16).

Die Anwendung statistischer Prüfgrundsätze ist dann gerechtfertigt, wenn die Gleichmäßigkeit von Planien oder Schichten im Hinblick auf die Dimensionierung oder das Verformungsverhalten des Fahrbahnoberbaues überprüft werden soll. Allgemein gilt, dass die Sicherheit und Wirtschaftlichkeit bei der Wahl und Dimensionierung des Oberbaues mit kleiner werdender Streuung der Bodeneigenschaften, d. h. mit zunehmender Gleichmäßigkeit des Planums, verbessert wird.

(2) Die Methode M 1 baut auf den theoretischen Grundlagen der Statistik auf. Die Prüfungen erfolgen auf Stichprobenbasis nach Prüfplan, d. h. mit statistisch erforderlicher Stichprobenzahl und einem zufällig eingeordneten Rasterschema für die mit konstantem Abstand festgelegten Prüfstellen. Die Auswertung der Prüfergebnisse erfolgt über statistische Kenngrößen (arithmetisches Mittel, Standardabweichung, Qualitätszahl). Die Prüfungen beziehen sich auf ein Prüflos oder ein Teilprüflos, die jeweils eine statistische Grundgesamtheit darstellen. Als solche gelten Abschnitte, die nach gleichen Bedingungen hergestellt sind und nach gleichen Kriterien beurteilt werden können.

Die Prüfungen sind so auszuführen, dass sie ein getreues Bild über die Gleichmäßigkeit der Verdichtung und des Verformungsverhaltens, d. h. über Mittelwert und Streuung der Ergebnisse, liefern. Der Rasterplan ist möglichst so zu legen, dass auch Rand- und Zwischenbereiche mit erfasst werden. Darüber hinaus soll der Prüfstellenabstand so eng gewählt werden, dass auch kritische Bereiche, wie z. B. Hinterfüllungen, Überschüttungen und ehemalige Baulücken, in ausreichendem Umfang geprüft werden. Lässt sich dies nicht erreichen, so sind diese Teilbereiche gesondert als Prüflos zu untersuchen und auszuwerten.

(3) Führt der Auftraggeber Kontrollprüfungen aus, ist die genaue Vergleichbarkeit mit den nach Methode M 1 vorgenommenen Eigenüberwachungsprüfungen des Auftragnehmers nur gegeben, wenn er nach vergleichbarem Prüfplan vorgeht. Es empfiehlt sich deshalb, wenn organisatorisch möglich, bei Anwendung der Methode M 1 die Eigenüberwachungs- und Kontrollprüfungen zusammenzulegen.

Die Methode M 1 wird bisher im internationalen Rahmen nicht als Standard in der Praxis angewendet, sondern findet nur für Einzelfälle z. B. mit wissenschaftlich-systematischem Hintergrund Gebrauch. Die Gründe sind zu sehen

- im besonderen Untersuchungs- und Auswertungsaufwand,
- im verzögerten Entscheid über die erreichte Qualität,
- in der schwierigen Festlegung und Einpassung des Prüfloses innerhalb des unter Baubetrieb befindlichen Baufeldes (insbesondere bei Linienbaustellen mit gleislosem Erdbaubetrieb),
- im Risiko, lokale Schwachstellen des Bodens innerhalb der gewählten Rasteranordnung zu übersehen.

Die Wahl der im Zuge der Methode M 1 vorgesehenen Prüfverfahren ist sehr wichtig, weil die Probenahme und die Versuche unterschiedlich zeit- und kostenintensiv sind. Es ist stets zu entscheiden, ob eine geringe Zahl teurer, aber genauer Versuche vorzuziehen ist oder umgekehrt. Die bisher üblichen Prüfverfahren erfordern zu viel Zeit und genügen deshalb einer statistischen Qualitätsüberprüfung nicht in jedem Fall.

2.3 Methode M 2: Flächendeckende und arbeitsintegrierte dynamische Prüfmethode

2.3.1 Messwerterfassung und Dokumentation

Im Erd- und Straßenbau hat die maschinen- und fahrzeugtechnische Entwicklung der Baugeräte zu sehr großen Löse-, Förder- und Einbaukapazitäten geführt. Der schnelle Baufortschritt mit großen Tagesleistungen erfordert arbeitsintegrierte Prüfmethoden, mit denen

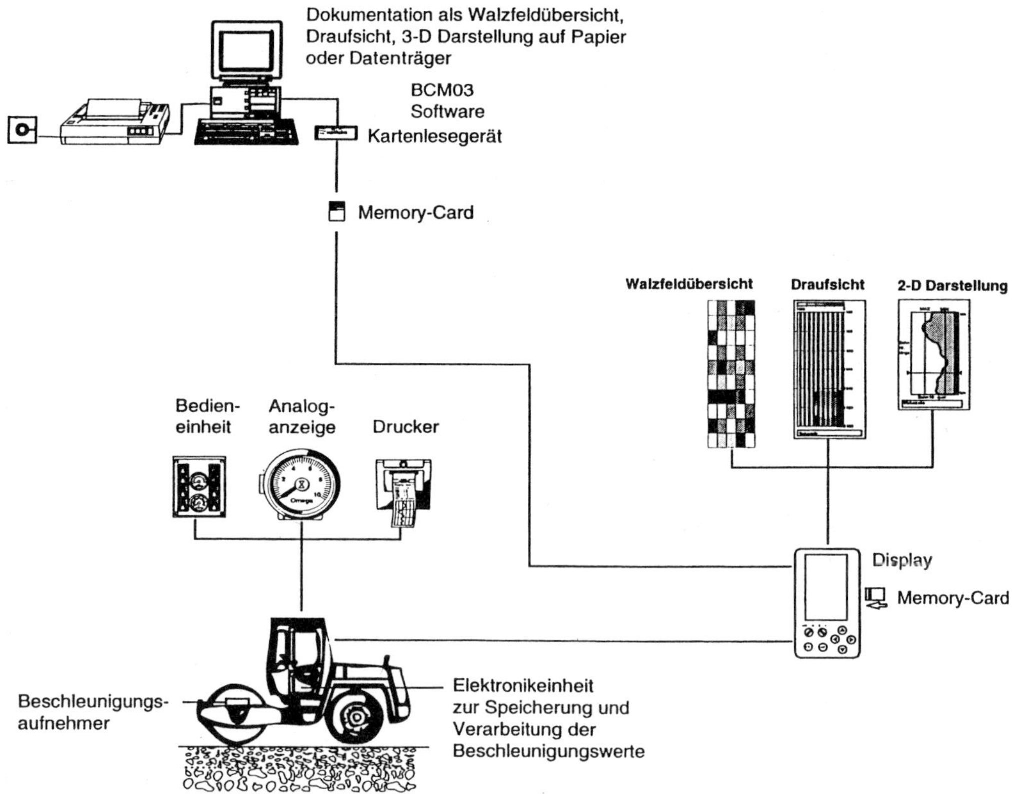

Bild 1: Beispiel für das Mess-, Registrier- und Dokumentationssystem der „Flächendeckenden Dynamischen Qualitäts- und Verdichtungskontrolle“ (FDVK)

die Qualität noch während des Arbeitsprozesses flächendeckend erfasst werden kann.

Beide Aspekte – arbeitsintegrierte und flächendeckende Qualitätssicherung – haben zur Entwicklung der so genannten **„Flächendeckenden Dynamischen Qualitäts- und Verdichtungskontrolle“ (FDVK)** geführt; s. Titelbild Abschnitt 14.

Aus der Erprobung und Erfahrung, deren Anfänge auf die 70er Jahre zurückgehen (Lit. (13), (14)), lassen sich zwei Einsatzbereiche ableiten:

- der Einsatz nach Art des „proof rolling“ zur flächendeckenden Suche nach Ungleichmäßigkeiten und Schwachstellenbereichen, Wechsel der Bodenarten und Wasserverhältnisse u. a. entweder mit oder ohne anschließend gezielten Einsatz von Prüfverfahren
- der Einsatz zur direkten flächendeckenden, arbeitsintegrierten Qualitätssicherung bei vorzugsweise nichtbindigen Bodenmaterialien nach vorheriger Kalibrierung des dynamischen Messwertes anhand konventioneller Bodenkenngrößen.

Bei der FDVK wird die Vibrationswalze neben ihrer Hauptfunktion als Verdichtungsgerät zugleich als Messgerät genutzt; *Bild 1*. Hierzu sind an der vibrierenden bzw. oszillierenden Bandage – je nach Messsystem – ein oder zwei Beschleunigungsaufnehmer befestigt, die das Beschleunigungsverhalten des Schwingungssystems Walze/Boden kontinuierlich aufnehmen. Diese Schwingungscharakteristik richtet sich nach dem Energieaustausch zwischen Walze und Boden, der durch Reibungswiderstände im Boden und maschinelle Energieabstrahlungen gedämpft wird. Aus der Analyse dieser Schwingungscharakteristik, die sich mit der Verformungssteifigkeit bzw. Verdichtung des Bodens oder durch Wechsel von harter zu weicher Inhomogenität ändert, lassen sich Rückschlüsse auf die Qualität der Prüffläche ziehen.

Als Mess- und Registriergeräte dienen neben den Beschleunigungsgebern eine Mikroprozessoreinheit mit Verstärker- und Rechnereinheiten sowie Anzeige-, Speicher- und Druckeinheiten.

Bei der Beurteilung korrelativer Zusammenhänge ist zu beachten, dass die Messtiefe der Walze größer als die Einflusstiefe der für Prüfungen üblicherweise angewendeten Plattendruckversuche und Dichtemessungen sein kann.

Bei Vibrationswalzen mit überwiegend vertikalen Schwingungen kann die Messtiefe die Verdichtungstiefe deutlich übersteigen. Dagegen konzentriert sich bei Oszillationswalzen, die überwiegend horizontale Schwingungen in den Boden eintragen, die Wechselwirkung Walze/Boden an der Prüfoberfläche, sodass sich Mess- und Verdichtungstiefen etwa angleichen.

Hinweis

Maschinenspezifische Angaben zu Vibrationswalzen s. Abschnitt 4.3 ZTV E-StB, Kom. 5.

Für die Messwertübertragung stehen folgende Systeme zur Verfügung:

- zentrale Erfassung mit Funkübertragung
- mobile Erfassung mittels mobiler bzw. tragbarer Systeme in der Walze.

Die Daten des Messvorganges (dynamischer Messwert, Fahrgeschwindigkeit, Frequenz, Amplitude und Wegstrecke) werden registriert und je nach Erfordernis dargestellt sowie dokumentiert. Die Messwerte können mittels Linienschreiber, Drucker mit Zahlenwertangabe oder mittels digitalen Datenträgers erfasst werden.

Die Dokumentation erfordert die genaue Ortsbestimmung der Messwerte im Prüflos. Zu diesem Zweck werden automatische Positionierungssysteme (Beispiel in *Bild 2*) oder einfache Markierungen im Prüflos verwendet, sodass die Messpunkte nach den Wegmessdaten der Walze und dem Prüfprotokoll jederzeit wieder aufgefunden werden können. Sollen die Messwerte archivgerecht aufbereitet werden, sind die Eckpunkte des Prüffeldes – falls keine Vermessungspunkte oder km-Stationierungen vorhanden sind – jeweils in x/y-Koordinaten, erforderlichenfalls auch in z-Koordinaten (Höhe) einzumessen.

Das Messprinzip beruht auf der Wechselwirkung des Schwingungssytems Walze/Boden, sodass die Beschleunigungssignale bzw. die dimensionslosen Messwerte empfindlich sowohl auf Änderungen der Walzen- und Arbeitsparameter als auch auf die bodenspezifischen Einflüsse bzw. Unterschiede der Prüfunterlage reagieren.

Der wesentliche bodenspezifische Einfluss geht von der Steifigkeitsreaktion des Bodens auf die von der Walze eingetragenen Druck- und Schubbeanspruchungen aus. Die dynamischen Messwerte zeigen diese Reaktion sehr genau an, wobei aber die an den Festig-

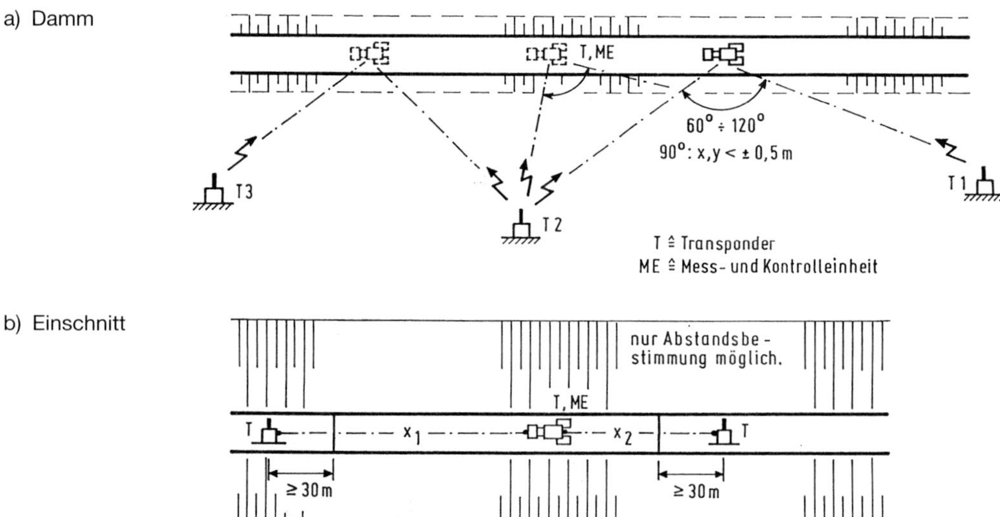

Bild 2: Einsatz eines automatischen Positionierungsmesssystems bei Linienbaustellen (Beispiel)

keits- und Verformungseigenschaften des Bodens beteiligten Parameter, wie hauptsächlich Reibung und Kohäsion, Lagerungsdichte, Kornzusammensetzung und Wassergehalt, überdeckend und kumulativ mit mehr oder weniger Dominanz zusammenwirken.

Als einfache Faustregel kann gelten, dass die FDVK zur Qualitätssicherung anwendbar ist, solange mit Vibrationswalzen effektiv verdichtet und die Prüffläche ohne Durchdrehen der Antriebsbandage spurhaltend befahren werden kann.

2.3.2 Anwendungsbereiche

(1) Erkundung der Gleichmäßigkeit der Bodenverdichtung

Die Messungen dienen zum qualitativen Nachweis der Gleichmäßigkeit des Verformungs- und Tragverhaltens von Prüfflächen durch Auffinden von Bereichen mit extrem hohen oder niedrigen Messwerten, die ggf. einer gesonderten Untersuchung unterzogen werden können; *Bild 3*.

(2) Optimierung des Arbeitsprozesses

Beim Einbau von Bodenschichten ist der Ausführende mit Hilfe der FDVK in der Lage, die Verdichtungsarbeiten wirtschaftlich zu optimieren. Dazu werden die Messwerte mehrerer aufeinander folgender Verdichtungsübergänge miteinander verglichen, wobei besonderes Augenmerk auf Teilflächen mit niedrigen Messwerten zu legen ist. Anhand der linien- bzw. flächenbezogenen Änderung der Messwerte kann entschieden werden, ob weitere Verdichtungsfahrten zweckdienlich sind. Die örtliche Schwankung der Messwerte erlaubt darüber hinaus eine Aussage über die Gleichmäßigkeit der erzielten Verdichtung. Unzureichende Flächen können rechtzeitig erkannt und nachgearbeitet werden.

(3) Qualitätsprüfungen

Die Messungen können für Eigenüberwachungs- und Kontrollprüfungen z. B. von Dammschüttlagen, Erdplanien, Sohlflächen für Gründungen, Dichtungsschichten, Frostschutz- und Tragschichten angesetzt werden. Hierzu ist jedoch eine Kalibrierung der Messwerte an die für die Qualität notwendigen Eigenschaften erforderlich; Beispiel s. *Bild 4*.

2.4 Methode M 3: Überwachung des Arbeitsverfahrens

Die Methode M3 besteht je nach Einzelfall aus drei Teilen und berücksichtigt die früher übliche Prüfpraxis und Beobachtung des Arbeitsvorganges.

Der erste, vorbereitende Teil besteht in der Festlegung des Arbeitsverfahrens für das Verdichten des Bodens entweder mittels einer Probeverdichtung gemäß Abschnitt 4.3.1 ZTV E-StB, Kom. 1 und 2, oder anhand übertragbarer Erfahrungswerte vergleichbarer Baumaßnahmen.

Der zweite Teil erfordert die visuelle Beobachtung und Dokumentation des festgelegten Arbeitsverfahrens durch den Auftragnehmer und den Auftraggeber. Die Methode M3 endet an dieser Stelle für all die Fälle, bei denen der Einsatz von Prüfverfahren nach Abschnitt 14.3 ZTV E-StB nicht möglich oder nicht notwendig ist.

Der dritte Teil regelt den Bedarfsfall, dass als Eigenüberwachung des Auftragnehmers zusätzlich Bodenprüfungen an gezielt ausgesuch-

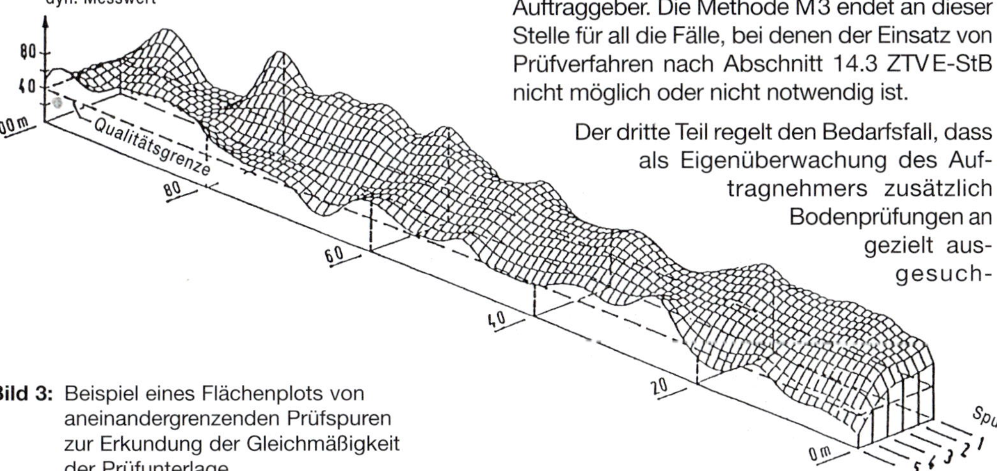

Bild 3: Beispiel eines Flächenplots von aneinandergrenzenden Prüfspuren zur Erkundung der Gleichmäßigkeit der Prüfunterlage

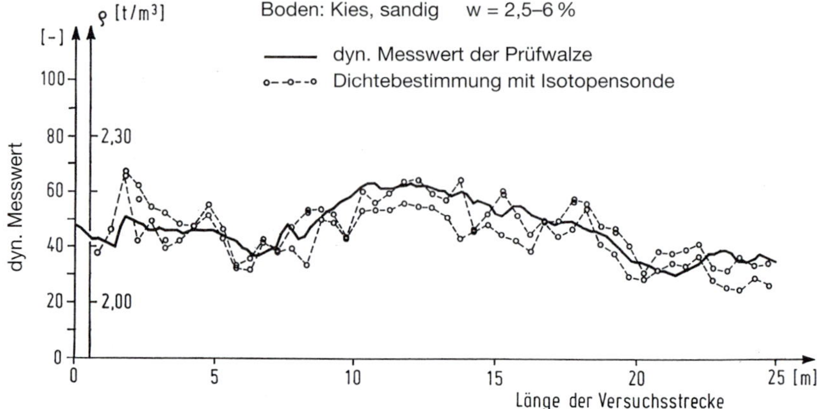

Bild 4: Vergleich des dynamischen Messwerts mit Dichtemessungen als Beispiel für eine Kalibrierung

ten Stellen erforderlich werden und prüftechnisch möglich sind. Dieser Fall liegt z. B. vor, wenn Schwachstellen oder Bereiche mit Wechsel in der Bodenzusammensetzung oder im Bodenverhalten erkennbar oder erwartet werden. Die Schwachstellen lassen sich auch mittels „proof rolling" auffinden; s. Kom 4.3.

Der Mindestumfang dieser Eigenüberwachungsprüfungen geht aus Tab. 9 ZTV E-StB hervor. Die jeweils erforderliche Mindestanzahl wird auf Einheiten der Prüflängen, Prüfflächen oder Prüfvolumen in m, m^2 oder m^3 bezogen. Es sollte jedoch im Einzelfall überprüft und entschieden werden, ob dieser Mindestumfang die Qualität ausreichend erfasst.

Es kann zweckmäßig sein, die Zahl der Einzelversuche so zu vergrößern, dass eine statistische Auswertung nach den Formeln 1 (Mittelwert) und ggf. 2 (Standardabweichung) des Abschnitts 14.2.2 ZTV E-StB möglich wird. Es sollte in diesem Fall je nach Abweichung der Einzelversuchsergebnisse entschieden werden, ob der Mittelwert als Kriterium akzeptiert werden kann oder ob jedes Einzelversuchsergebnis den Mindest- oder Höchstwert erfüllen muss.

Handelt es sich bei den festgestellten Schwachstellenbereichen um größere zusammenhängende Flächen, kann die Methode M 3 auch mit M 1 oder M 2 kombiniert werden.

3 Prüfverfahren zur Ermittlung von Verdichtungskenngrößen

3.1 Verdichtungskenngrößen

Der Verdichtungszustand von Böden wird allgemein mit Hilfe der nachfolgend beschriebenen Größen gekennzeichnet. Die Korndichte ρ_s, der Wassergehalt w und die Sättigungszahl S_r werden als Hilfsgrößen für die Berechnung benötigt. Die Wichtewerte γ kennzeichnen die Massenkräfte pro Volumeneinheit, mit denen die Erdauflasten und die Erddruckkräfte für erdstatische Berechnungen ermittelt werden.

Zusammenstellung der Verdichtungs- und Wassergehaltskenngrößen mit formelgemäßen Definitionen, Umrechnungsformeln für Verdichtungs- und Wassergehaltskenngrößen s. Teil 3, Sonderkapitel S7.

Die Größen D und I_D kennzeichnen die Verdichtung grobkörniger Böden; sie lassen sich mit folgenden Gleichungen gegenseitig umrechnen; Lit. (7), (12):

$$D = I_D \cdot \frac{1 + \min e}{1 + e}$$

$$I_D = D \cdot \frac{1 - \min n}{1 - n}$$

- Die bezogene Lagerungsdichte I_D wird unterteilt in:

0,00. . . . . lockerste Lagerung
0,00–0,35 . . . . locker

0,35–0,50 . . . . mitteldicht
0,50–0,70 . . . . dicht
0,70–1,00 . . . . sehr dicht
1,00. . . . . dichteste Lagerung

- Die Kenngrößen D_{Pr} und I_D lassen sich näherungsweise wie folgt zuordnen:

D_{Pr} = 1. . . . . $0{,}50 < I_D < 0{,}85$
D_{Pr} = 0,97 . . . . $0{,}40 < I_D < 0{,}65$
D_{Pr} = 0,95 . . . . $0{,}30 < I_D < 0{,}55$.

Die unteren Grenzwerte gelten jeweils für kiesreiche, die oberen für sandreiche Korngemische.

3.2 Prüfverfahren

Die Auswahl des Prüfverfahrens nach Abschnitt 14.3 ZTV E-StB richtet sich hauptsächlich nach

- der Bodenart (Zusammensetzung, Eigenschaften, Homogenität),
- dem erforderlichen Prüfumfang innerhalb des jeweiligen Prüfabschnitts,
- den Tages-Einbauleistungen, die zu prüfen sind, und den in diesem Zusammenhang vorhandenen bzw. erforderlichen Prüfeinrichtungen auf der Baustelle.

Tabelle 1: Wahl der Prüfverfahren nach der Bodenart

Bodenart 1)	**Gebräuchliche Prüfverfahren** 2)
Tone, Schluffe weich	**Zylinderentnahme**, Isotopeneinstichsonde
Tone, Schluffe steif bis halbfest	**Zylinderentnahme,** alle Volumenersatzverfahren, Isotopeneinstichsonde, Plattendruckversuch, Benkelman-Balken, Rammsondierung
Tone, Schluffe fest	**alle Volumenersatzverfahren,** Plattendruckversuch, Benkelman-Balken
Sande	**Zylinderentnahme, Ballongerät,** Isotopeneinstichsonde, Sand-Ersatzverfahren, Plattendruckversuch, Rammsondierung
Sand-Kies-Gemische 3)	Sand-, Kleister- und Bentonit-Ersatzverfahren, **Ballongerät,** Isotopeneinstichsonde, **Plattendruckversuch, Rammsondierung**
Kiese, Kies-Sand-Gemische 3)	**Kleister-,** Bentonit-, Gips-Ersatzverfahren, Ballongerät, **Plattendruckversuch,** Rammsondierung
Sand-Schluff-Gemische Sand-Ton-Gemische	**Zylinderentnahme,** Sand-, Kleister-, Bentonit-Ersatzverfahren **Ballongerät,** Isotopeneinstichsonde, Plattendruckversuch, Benkelman-Balken, **Rammsondierung**
Kies-Schluff-Gemische Kies-Ton-Gemische	**Kleister-, Bentonit-,** Gips-Ersatzverfahren, Ballongerät, Plattendruckversuch, Benkelman-Balken, Rammsondierung
Bodenarten wie oben, jedoch mit geringen Anteilen an Steinen, Blöcken	**Kleister-, Bentonit-, Gips-,** Wasser-Ersatzverfahren, Aushub einer profilgerechten Schürfgrube, Plattendruckversuch, Benkelman-Balken, Arbeitsvorschrift
Steine, Blöcke, auch mit Beimengungen der vorgenannten Bodenarten	Wasser-Ersatzverfahren, Plattendruckversuch, Nivellement, **Arbeitsvorschrift**

1) Bezeichnung der Bodenarten in Anlehnung an DIN 18196
2) Empfohlene Prüfverfahren in Fettdruck
3) Gebrochenes Gestein: Kleister-, Bentonit-, Gips-Ersatzverfahren, Ballongerät, Plattendruckversuch, Benkelman-Balken

Für die bodenspezifische Eignung der Prüfverfahren haben mehrere Faktoren Bedeutung, insbesondere die Zusammensetzung und Gleichmäßigkeit, der Anteil und die Größe der Steine und Blöcke, der Wassergehalt und die Konsistenz der bindigen Böden. Die *Tab. 1* enthält Zusammenstellungen der gebräuchlichen Prüfverfahren hinsichtlich ihrer bodenspezifischen Eignung.

Für die Dichtemessung kommen folgende Verfahren in Betracht; s. *Tab. 2*:

a) Ausstechzylinder-Verfahren
b) Sandersatz-Verfahren
c) Ballon-Verfahren
d) Flüssigkeitsersatz-Verfahren
e) Gipsersatz-Verfahren
f) Schürfgruben-Verfahren.

Das Volumen der Probe wird entweder direkt an der Bodenprobe bzw. am Entnahmegerät gemessen (Verfahren a)) oder durch Ausmessen des Hohlraumes, der bei der Probenentnahme entsteht, ermittelt. Die Verfahren b) bis e) unterscheiden sich in der Art, wie dieser Hohlraum ausgemessen wird. Bei diesen Verfahren wird der Hohlraum durch einen Ersatzstoff ausgefüllt und das hierzu verbrauchte Ersatzstoffvolumen bestimmt. Die Anwendbarkeit der Verfahren bei weichen bindigen Böden und bei locker gelagerten nichtbindigen Böden ist nicht zuverlässig.

Dichtemessungen, insbesondere die in *Tab. 2* angegebenen Bodenersatz-Methoden, sind zeitaufwendig; ihre Ergebnisse liegen nicht unmittelbar nach der Prüfung vor. Verzögerungen entstehen besonders dann, wenn die heterogene Zusammensetzung eines bestimmten Bodens es notwendig macht, die Proctordichte ρ_{Pr} an jeder Probe, die für die Dichtemessung entnommen wird, zu ermitteln, um den Verdichtungsgrad D_{Pr} berechnen zu können.

Radiometrische Dichte- und Feuchtemessungen s. Abschnitt 2.3 ZTV E-StB.

3.3 Sondierverfahren

Für Sondierungen als Prüfverfahren kommen Ramm- und Drucksondierungen nach DIN 4094 und Sondierungen mit der speziellen Leitungsgrabensonde zur Anwendung. Die Sondierungen eignen sich in erster Linie zur Verdichtungsschlusskontrolle und zur Prüfung der Gleichmäßigkeit der Verdichtung bei Dammschüttungen, tiefen Auffüllungen und Gräben.

Sondiergeräte, Anwendung und Auswertung der Sondierungen s. Kom. zu Abschnitt 2.3 ZTV E-StB.

Zusammenhänge zwischen Sondierwiderstand und Verdichtungskenngrößen liegen im Wesentlichen für grobkörnige Böden vor. Für Sande bestehen Erfahrungen über die Zusam-

Tabelle 2: Eignung der Dichteprüfverfahren in Abhängigkeit von der Bodenart (DIN 18125, Teil 2)

Bodenart		Verfahren	
		gut geeignet	ungeeignet
bindiger Boden	ohne Grobkorn	Ausstechzylinder- und alle anderen Verfahren	keine
	mit Grobkorn	alle Ersatzverfahren	Ausstechzylinder-Verfahren
nicht-bindiger Boden	Fein- bis Mittelsande	Ausstechzylinder-Verfahren	keine
	Kies-Sand-Gemisch	Ballon-, Kleisterersatz-, Gipsersatz-, Wasserersatz-Verfahren	Ausstechzylinder-Verfahren
	sandarmer Kies	Ballon-, Wasserersatz-, Gipsersatz-Verfahren	Ausstechzylinder-, Sandersatz-Verfahren, Bentonitersatz-Verfahren
Steine und Blöcke mit geringen Beimengen		Schürfgruben-, Wasserersatz-Verfahren	alle anderen Verfahren

Tabelle 3: Näherungsweise Zuordnung von Sondierwiderstand und Verdichtungs- sowie Festigkeitskenngrößen für Sande; Lit. (10)

Lagerungsdichte	sehr locker	locker	mitteldicht	dicht	sehr dicht
bez. Lagerungsdichte I_D	<0,15	0,15–0,35	0,35–0,65	0,65–0,85	0,85–1,00
SPT (n_k/30 cm)	< 4	4– 10	10– 30	30– 50	> 50
Drucksonde σ_s [bar]	< 50	50– 100	100–150	150–200	> 200
leichte Rammsonde [n_k/10 cm]	< 10	10– 20	20– 30	30– 40	> 40
schwere Rammsonde [n_k/10 cm]	< 5	5– 10	10– 15	15– 20	> 20
Trockendichte γ_d [kN/m³]	< 14	14– 16	16– 18	18– 20	> 20
Steifemodul E_s [MN/m²]	15–30	30– 50	50– 80	80–100	> 100
Reibungswinkel φ [°]	< 30	30–32,5	32,5– 35	35–37,5	> 37,5

menhänge zwischen Sondierwiderstand, Dichte, Steifemodul und Reibungswinkel; s. z. B. *Tab. 3* und Lit. (10).

In bindigen Böden wird der Spitzendruck von Drucksonden durch die Konsistenz, die Plastizität und den Porenwasserdruck, der Rammwiderstand außerdem durch die Mantelreibung des Gestänges stark beeinflusst. Allgemeine Zusammenhänge lassen sich daher nicht angeben.

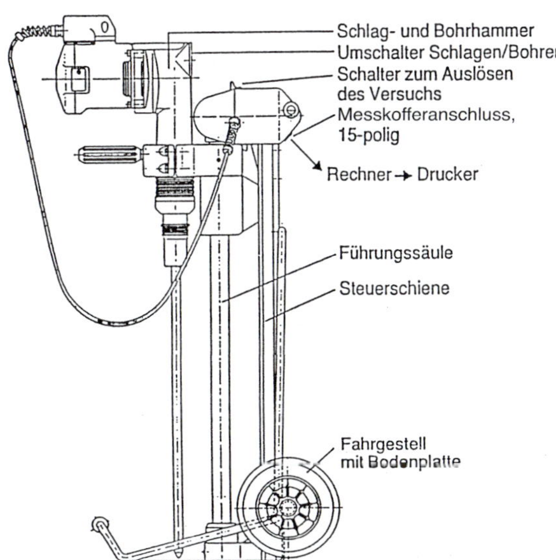

Bild 5: Leitungsgrabensonde

Die Sondierung mit der Leitungsgrabensonde gemäß *Bild 5* ermöglicht eine rasche Versuchsausführung. Das Prüfverfahren eignet sich für die lageweise Verdichtungskontrolle in kurzen Abständen und auch für flache Leitungsgräben. Messkriterium: Messung der Zeit je 10 cm Eindringtiefe, Messtiefe: 50 cm, Stromversorgung: 220 V.

3.4 Setzungsmaß von Schüttlagen

Bei Bodenarten und Schüttungen aus Felsgestein, bei denen die Ermittlung der Dichte und des Verformungsmoduls nicht möglich ist, kann die Verdichtung der Schüttlage durch Höhennivellement entweder nach jedem Übergang oder nach mehreren Übergängen des Verdichtungsgerätes als Setzung s gemessen werden.

Die Setzungsmessungen setzen eine möglichst glatt und eben verdichtete Planie sowie

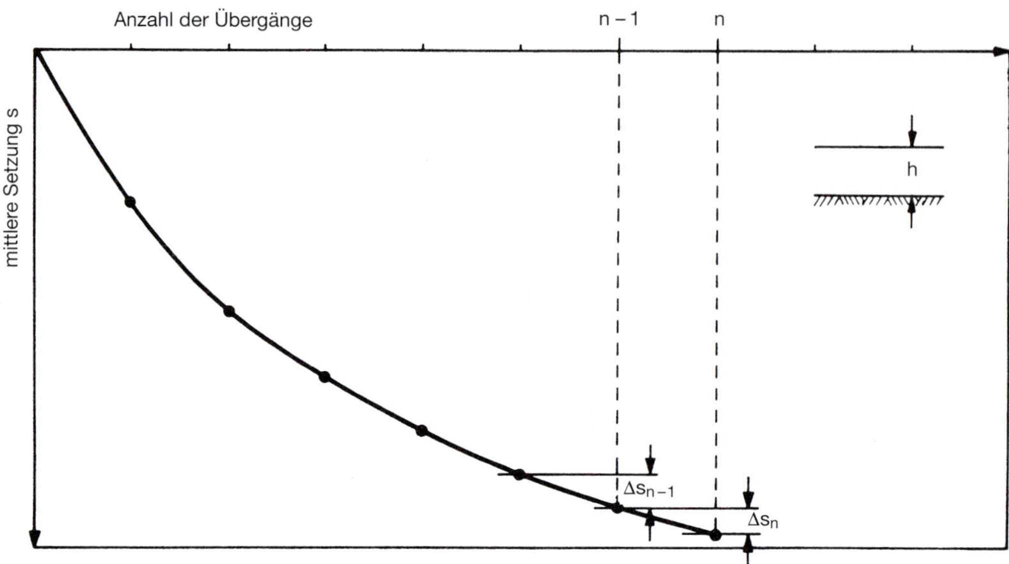

Kriterien:

allgemein: $\Delta s = \frac{1}{n} \sum_{i=1}^{n} \Delta s_i \leqq 0{,}01 \cdot h$

Fels: $\Delta s_n \leqq a \sum_{i=1}^{n} \Delta s_i$

Δs = mittlere Setzungszunahme der Schicht
n = Anzahl der Übergänge des Verdichtungsgerätes
h = Dicke der Schicht
s_n = Setzungszunahme der Schicht bei dem letzten Übergang des Verdichtungsgerätes
a = 0,05 bis 0,1 je nach Felsart, ggf. durch Versuche zu ermitteln

Bild 6: Setzung einer Schicht als Kriterium der Verdichtung

einen gezielten Einsatz des geeigneten Verdichtungsgerätes voraus. Die Abnahme der verdichteten Schicht kann auch auf eine Schlussmessung am Ende der Verdichtungsarbeit begrenzt werden, wenn dafür ein zulässiges Setzmaß als Kriterium vorgegeben ist. Bei gröberem Felsgestein ist das Messen der Zusammendrückung der zu verdichtenden Schicht nach den einzelnen Überfahrten des Verdichtungsgerätes möglich. Die sich durch das Verdichten ändernde Höhenlage der Schichtoberfläche wird nach jedem Übergang des Gerätes eingemessen. Hierzu können z. B. Auflegeplatten auf der vorprofilierten Schicht oder besondere Höhenlehren verwendet werden. Die Verdichtung einer Schicht von der Dicke h nach n Übergängen des Verdichtungsgerätes wird in der Regel ausreichend sein, wenn die Kriterien gemäß *Bild 6* erfüllt sind.

4 Prüfverfahren zur Ermittlung von Verformungskenngrößen

4.1 Statischer Plattendruckversuch (DIN 18134)

Der Plattendruckversuch ist vertragsgemäßer Bestandteil der Qualitätsprüfungen im Erd- und Straßenbau und zugleich Grundwert für die Dimensionierung und den Aufbau standardisierter Bauweisen nach RStO; s. Abschnitt 4.5 ZTV E-StB mit Kom. und Teil 3, Sonderkapitel S7.

Der Versuch wird nach dem in DIN 18134 beschriebenen Prüfverfahren mit einer kreisförmigen Lastplatte von 300 mm, in Sonder-

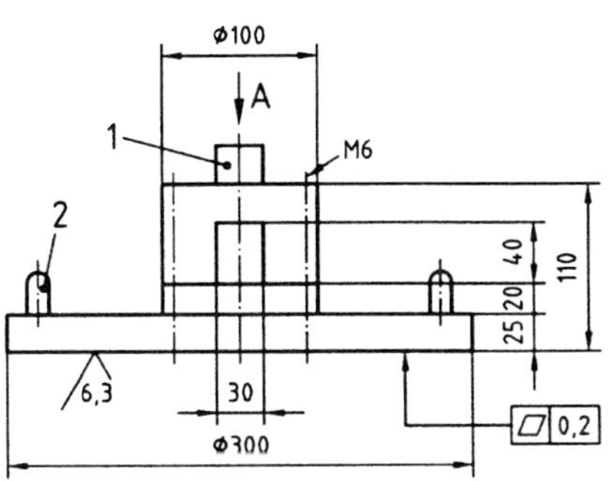

A
3
⌀85

Bild 7:
Lastplatte Ø 300 mm mit Messtunnel (DIN 18134)

1 Zentrierzapfen für Kraftaufnehmer mit Gelenkkopf
2 Tragegriff
3 Lochkreisdurchmesser

fällen auch 600 oder 762 mm Durchmesser ausgeführt; *Bild 7*. Das Versuchsprinzip besteht darin, die Lastplatte mit Hilfe einer Druckvorrichtung nach vorgegebenem Programm stufenweise zu be- und entlasten. Die dabei gemessenen Sohlnormalspannungen σ_0 der Platte und die jeweils zugehörigen Setzungen werden als Druck-Setzungslinien dargestellt.

Die *Bilder 8* und *9* zeigen den Aufbau des Versuchsgerätes mit Belastungs-, Kraft- und Setzungsmessausrüstung:

Die Belastungseinrichtung besteht aus einer Hydraulikpumpe, die über einen Hydraulikschlauch mit einem Hydraulikzylinder verbunden ist. Sie muss ein stufenweises Be- und Entlasten der Lastplatte ermöglichen. Zwischen Lastplatte und Hydraulikzylinder ist ein mechanischer oder elektrischer Kraftaufnehmer anzuordnen. Die Kraftmesseinrichtung muss die jeweilige Last mit einer Fehlergrenze von höchstens 1 % der Maximallast des Versuches anzeigen.

Die Setzungsmesseinrichtung besteht aus einem dreipunktgelagerten Tragegestell, einem vertikal beweglichen torsions- und biegesteifen Tastarm und einem Wegaufnehmer bzw. einer Messuhr.

Der Abstand vom Mittelpunkt der Lastplatte bis zur Achse der Auflager muss 1 500 ± 5 mm betragen. Die Setzungsmessung mit drehbarem Tastarm ist nur für Versuche in Gruben bis 0,30 m Tiefe geeignet. Die Setzungsmessung mit axial verschiebbarem Tastarm kann auch bei tieferen Gruben eingesetzt werden.

Der Verlauf der Druck-Setzungslinien gibt Hinweise auf die Verformbarkeit bzw. das Trag-

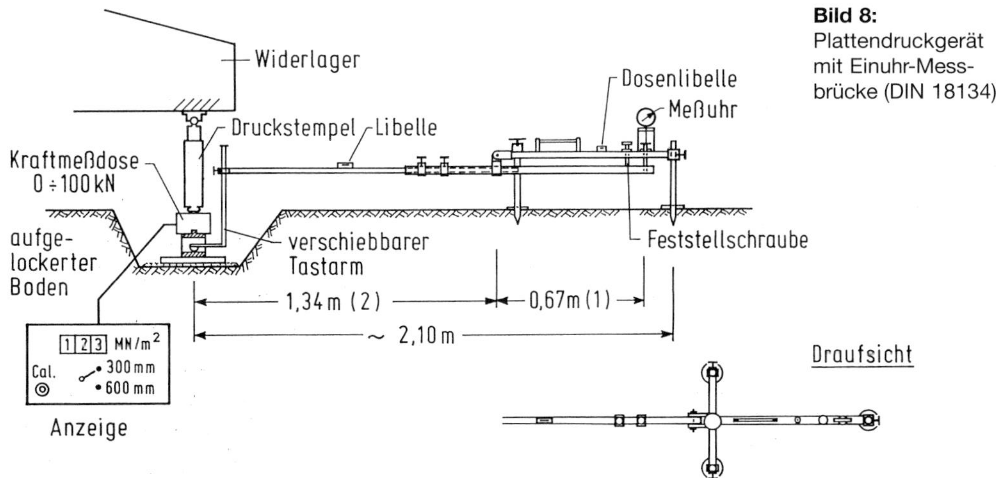

Bild 8:
Plattendruckgerät mit Einuhr-Messbrücke (DIN 18134)

a) Nach dem Prinzip des Wägebalkens drehbarer Tastarm; Setzungsmessung unter Berücksichtigung des Hebelverhältnisses $h_p : h_M$

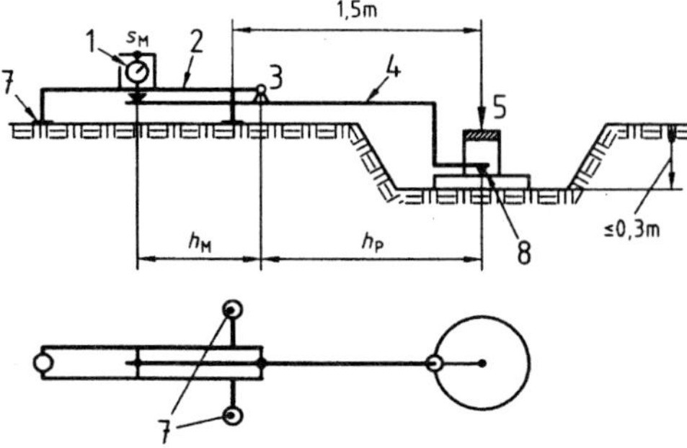

b) Im Linearlager axial verschiebbarer Tastarm; Setzungsverhältnis 1:1

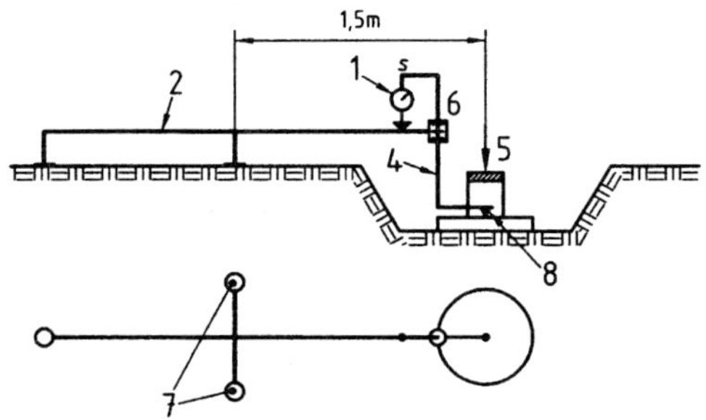

1 Messuhr bzw. Wegaufnehmer
2 Tragegestell
3 Drehpunkt
4 Tastarm
5 Last
6 Linearlager
7 Auflager
8 Tastvorrichtung

s_M, s Setzung an der Messuhr bzw. am Wegaufnehmer

Bild 9: Prinzip der Setzungsmesseinrichtung (nach DIN 18134)

verhalten des Bodens und wird genutzt, um daraus den **Verformungsmodul E_v** und den **Bettungsmodul k_s** als charakteristische Kenngrößen zu ermitteln. Der Bettungsmodul kennzeichnet die Verformung der Bodenoberfläche unter Erstbelastung. Beide Kenngrößen entsprechen versuchsabhängigen und von der Lastplattengröße beeinflussten Ergebnissen.

Nach DIN 18134 wird E_v aus der Neigung der Sekante zwischen den Punkten 0,3 und 0,7 σ_0 als Kenngröße der Verformbarkeit der Bodenschicht für die Erst- und Zweitbelastung berechnet. Die normative Auswertung der Druck- und Setzungslinien sieht weiter vor, dass diese Linien durch folgenden Polynomansatz 2. Grades rechnerisch ausgeglichen werden:

$$s = a_0 + a_1 \cdot \sigma_0 + a_2 \cdot \sigma_0^2$$

Dabei sind

- σ_0 die mittlere Normalspannung unter der Lastplatte in MN/m^2,
- s die Setzung der Lastplatte in mm,
- a_0, a_1 und a_2 die Konstanten des Polynoms 2. Grades, mit denen die Messwerte nach der Methode der kleinsten Fehlerquadrate angepasst werden (s. Anlage B in DIN 18134).

Der Verformungsmodul E_v errechnet sich aus den Druck-Setzungslinien nach der Gleichung

$$E_v = 1{,}5 \cdot r \cdot \frac{1}{a_1 + a_2 \cdot \sigma_{0max}}$$

Dabei ist

- E_v der Verformungsmodul in MN/m^2,
- r der Radius der Lastplatte in mm,
- σ_{0max} die maximale mittlere Normalspannung in MN/m^2.

Der Verformungsmodul E_v der Erstbelastung wird mit einem Index 1, der Verformungsmodul E_v der Zweitbelastung mit einem Index 2 versehen.

Der Verformungsmodul E_v und der Verlauf der Druck-Setzungslinien lassen Rückschlüsse auf die Verdichtungsqualität von Böden, auf zu gering verdichtete Bodenbereiche und oberflächennahe Auflockerungen bis zu Einflusstiefen von maximal etwa dem 1,5-fachen des Lastplattendurchmessers zu. Beispiele für Untersuchungsergebnisse s. *Bild 10*.

Zwischen Verformungsmodul E_v und Verdichtungsgrad bestehen bodenspezifische Zusammenhänge, die über vergleichende Kalibrierversuche gewonnen werden können oder aus systematischen Vergleichsversuchen als Erfahrungswerte bekannt sind; s. Abschnitt 4.5 ZTV E-StB.

Die Verformungsmoduln unterliegen nicht nur dem Einfluss des jeweiligen Verdichtungszustandes der zu prüfenden Schicht, sondern auch den Einflüssen der Steifigkeit der Schichtunterlage, der Körnungsparameter und des Bodenwassergehaltes. Bei fein- und gemischtkörnigen bindigen Böden unterliegt der Verformungsmodul insbesondere dem Einfluss des Wassergehaltes, sodass das Untersuchungsergebnis jeweils nur den momentanen Zustand des Bodens kennzeichnet.

a) gut verdichtete Frostschutzschicht

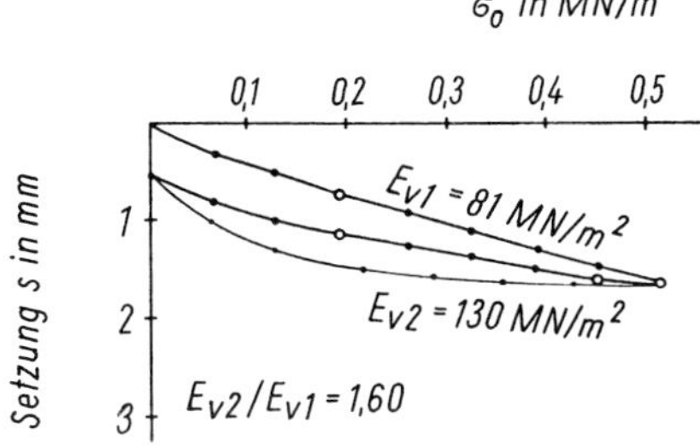

b) weitgestufter Kiessand, obere Lage ungenügend verdichtet

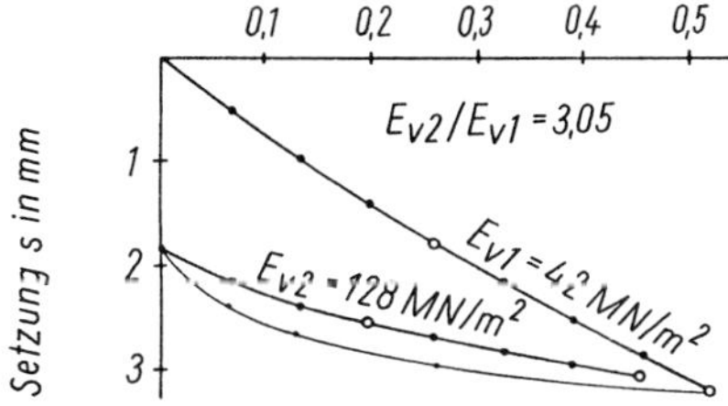

c) überfeuchter toniger Schluff

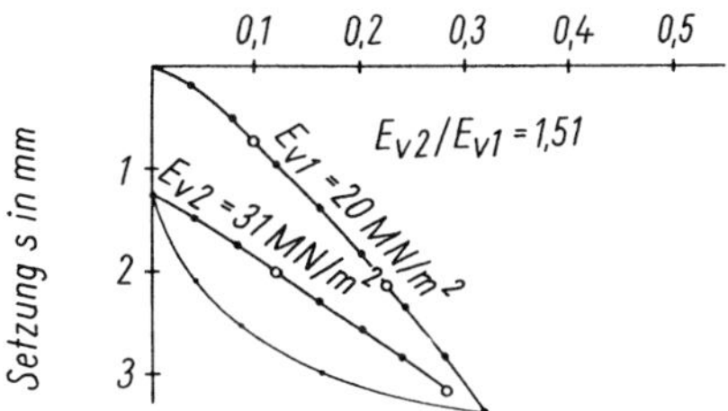

d) Frostschutzschicht über weicher Unterlage

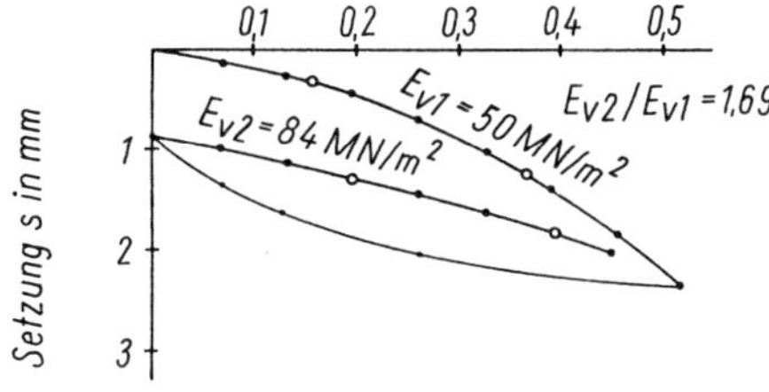

Bild 10: Druck-Setzungslinien von Plattendruckversuchen (Beispiele)

Vor dem Hintergrund, dass sich Verdichtungsgrad und Verformungsmodul nur näherungsweise und streng bodenspezifisch zuordnen lassen, sind die Tab. 10 und 11 in Abschnitt 14.3.5 ZTV E-StB wie folgt zu erläutern:

Die beiden Tabellen gelten als Richtlinie und bieten somit nur eine zusätzliche informative Hilfe für die Beurteilung des Verdichtungszustandes für die angegebenen grobkörnigen Bodenarten der Kiese und Sande nach DIN 18196. Es ist deshalb nicht gerechtfertigt, diese Zuordnungen formal als Vertragsbestandteil bzw. als Ersatz für die Anforderungen nach Abschnitt 4.3.2. und 4.5 ZTV E-StB zu verwenden. Die Zuordnungen können nicht auf andere Bodengruppen übertragen werden. Die Vielfalt der Bodenarten und der Einflüsse auf die Verdichtungskenngrößen lässt keine allgemein gültigen Zuordnungen bzw. engen Korrelationen zu. Solche Zusammenhänge können nur jeweils für eine bestimmte Bodenart in einem Probefeld gewonnen werden.

Gleichermaßen gelten die genannten Einschränkungen auch für die zu Tab. 10 ZTV E-StB angegebenen Verhältniswerte E_{v2}/E_{v1}. Aus Abschnitt 4.5 ZTV E-StB, Kom. 1.2 mit *Bild 2* geht beispielsweise hervor, dass Verhältniswerte von 2,3 oder 2,6 Porenanteile von weniger als 25 % bzw. 30 % voraussetzen. Die zu Tab. 10 ZTV E-StB angegebenen Richtwerte werden sich deshalb ggf. bei ungleichförmig zusammengesetzten Kies-Sand-Gemischen, jedoch in der Regel nicht bei gleichkörnigen Sanden oder Kiesen erreichen lassen.

Die Plattendruckversuche eignen sich nicht oder nur bedingt, wenn

- der Boden mit Bindemittel verfestigt ist,
- bindige Böden aufgeweicht bzw. wassergesättigt sind,
- der Grundwasserstand im Druckeinflussbereich der Lastplatte liegt,

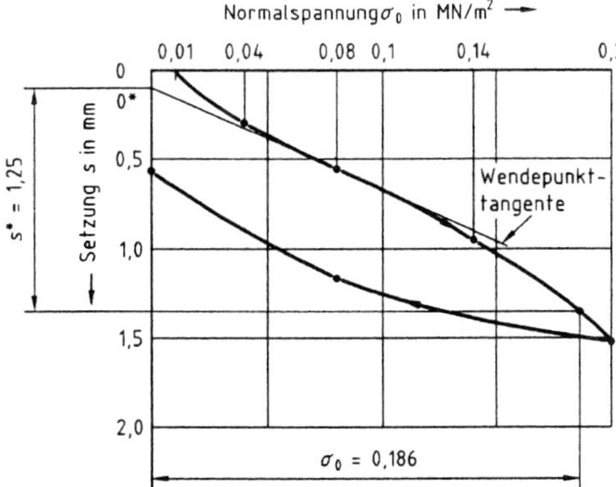

Bild 11: Drucksetzungslinie zur Bestimmung des Bettungsmoduls

- der Prüfbereich aus Felsschüttmaterial oder Grobgeröll besteht,
- die Prüfung in den Einflussbereich fester oder elastisch nachfedernder Einbauten reicht.

Der Bettungsmodul k_s errechnet sich nach der Gleichung

$$k_s = \frac{\sigma_0}{s}$$

Dabei ist

k_s der Bettungsmodul in MN/m^3,
σ_0 die mittlere Normalspannung in MN/m^2,
s die Setzung der Lastplatte in m.

Im Straßen- und Flugplatzbau wird mit einer Lastplatte von 726 mm Durchmesser die mittlere Normalspannung σ_0 gemessen, die der Setzung s* der Lastplatte von 1,25 mm entspricht; s. *Bild 11*.

4.2 Dynamischer Plattendruckversuch

Der dynamische Plattendruckversuch ist im Vergleich zum statischen Plattendruckversuch ein Schnellprüfverfahren. Der Versuch wurde eingeführt, um die Tragfähigkeit und Verdichtung von Prüfflächen in rascher Folge überprüfen zu können. *Bild 12* zeigt das Prüfgerät mit den Aufnehmern für die Schwinggeschwindigkeit, die Messung der Platteneinsenkung sowie mit dem Anzeigegerät.

Die Auswertung der Messdaten liefert die Einsenkung der Platte und den dynamischen E-Modul E_{vd}, gültig für die spezifischen Versuchsbedingungen. Der Versuch eignet sich insbesondere auch für die Prüfung in engen Arbeitsräumen und auf den Sohlflächen von Leitungsgräben.

Bild 12: Dynamischer Plattendruckversuch

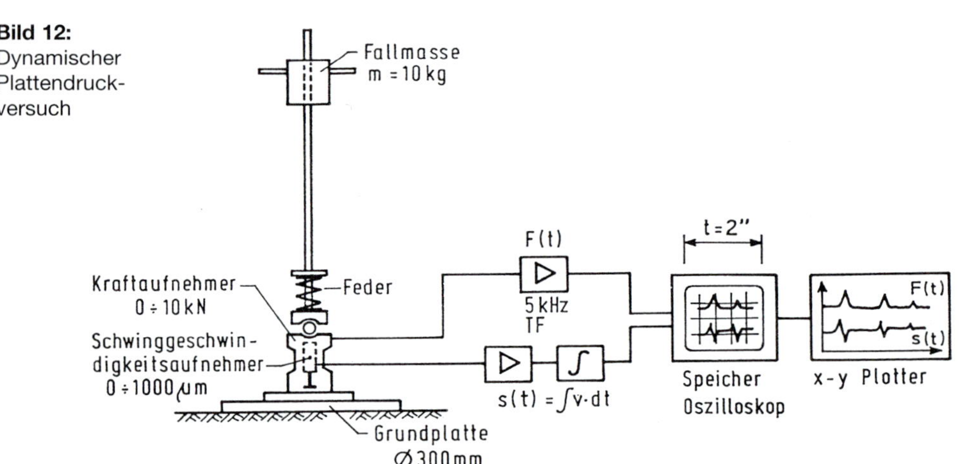

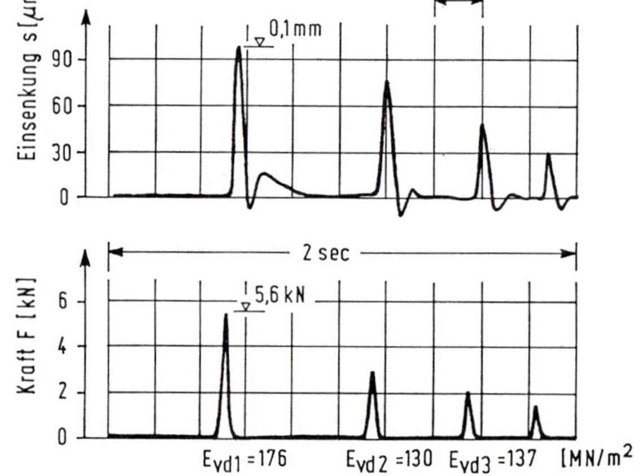

Kraft-Weg-Diagramm

dynamische Steifigkeit

$$S = \frac{\max F}{\max s} \text{ [kN]}$$

dynamischer Verformungsmodul

$$E_{vd} = 0{,}75 \cdot d \cdot \frac{\max \sigma}{\max s} \text{ [MN/m}^2\text{]}$$

Tabelle 4: Näherungsweise Zuordnung von E_{v2}- und E_{vd}-Moduln (MN/m²) in Abhängigkeit vom Verdichtungsgrad grobkörniger Böden

Bodengruppen		D_{Pr} %	E_{v2}	E_{vd}
1	GW	103 100 97	120 100 80	75 55 45
2	GE – GI SE – SI – SW	100 97 95	80 60 45	30 20 15

Der E_{vd}-Modul ist eine versuchs- und gerätebedingt abhängige Größe. Er unterliegt den gleichen bodenspezifischen Einflussparametern wie der E_v-Modul des statischen Plattendruckversuchs. Für die grobkörnigen Bodenarten können die in *Tab. 4* angegebenen E_{vd}-Moduln in Abhängigkeit vom Verdichtungsgrad und im Vergleich zum statisch ermittelten E_v-Modul als Erfahrungswerte verwendet werden.

Die Verformungsmoduln E_{vd} der fein- und gemischtkörnigen Bodenarten unterliegen ähnlich wie die statischen E_v-Moduln mit zunehmendem Feinanteil dem entsprechend größer werdenden Einfluss des Wassergehaltes. Für die gemischtkörnigen Böden bis 15 % Feinkorn lässt sich die Zuordnung von E_v und E_{vd} näherungsweise wie in *Tab. 4* für die Bodengruppe 2 anwenden.

4.3 Fahrspurtiefe („proof rolling“, Abrollversuch)

Das Befahren der Prüfflächen mit einem Lkw wird bei der Prüfmethode M3 als Voruntersuchung empfohlen. Korrelationen zwischen den Fahrspurtiefen in Erdplanien und den E_{v2}-Moduln gehen aus *Tab. 5* hervor.

Tabelle 5: Näherungsweise Zuordnung von Fahrspurtiefe s und E_{v2}-Modul (proof rolling)

E_{v2}-Modul [MN/m²]	s [mm]
30	3 bis 20
45	2 bis 15
60	1 bis 10
120	– bis 2

Bei Anwendung der Prüfmethode M2 kann auch direkt das Verdichtungsgerät für den Abrollversuch zur Suche nach Schwachstellen verwendet werden.

4.4 Elastische Radeinsenkung (Benkelman-Messverfahren)

Das Verfahren eignet sich zum Prüfen der Verdichtung und der Gleichmäßigkeit des Verformungszustandes gut befahrbarer Bodenschichten, die bei feinkörnigen Böden eine steifplastische bis feste Konsistenz, bei grobkörnigen Böden eine möglichst hohe Dichte haben müssen. Die jeweils zulässige Einsenkung, die dem vorgeschriebenen Verdichtungsgrad D_{Pr} oder dem E_{v2}-Modul entspricht, ist aus Vergleichsuntersuchungen auf der Baustelle zu ermitteln. Die Gleichmäßigkeit der Verdichtung lässt sich feststellen, wenn Einsenkungslängsprofile aufgenommen werden.

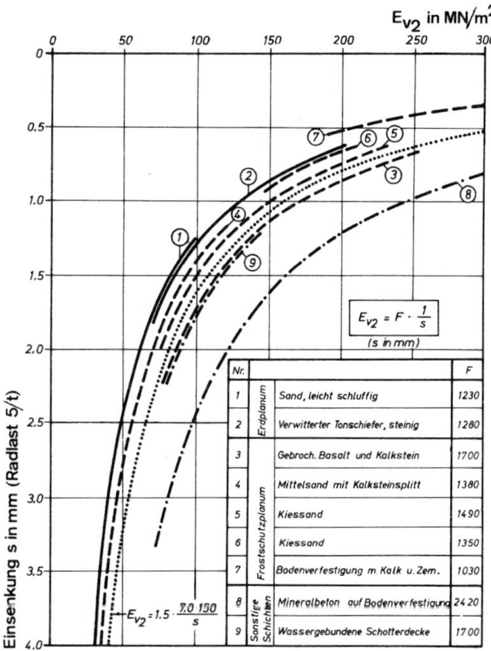

Bild 13: Zusammenhänge zwischen Einsenkung und E_{v2}-Modul für verschiedene Erdstoffe und Schichten; Lit. (9)

Beispiele für den Zusammenhang zwischen dem E_{v2}-Modul und der Einsenkung s enthält *Bild 13*, wobei die Größe F eine Funktion des Kontaktdrucks, des Kontaktflächendurchmessers, der Querdehnungszahl des Erdstoffes und des Lastübertragungseinflusses ist.

Als Anhalt kann auch die nicht bodenbezogene Näherungsformel

$$E_{v2} = \frac{175}{s + 0{,}5} \text{ in MN/m}^2$$

dienen; Lit. (9).

5 Prüfungen an Boden-Bindemittel-Gemischen

Hinweis

Kommentare zu Bodenbehandlungen mit Bindemitteln s. Abschnitt 12 ZTV E-StB.

5.1 Eignungsprüfungen

Die Eignungsprüfungen sind vom Auftraggeber gemäß Ausschreibung rechtzeitig zu veranlassen. Der Auftragnehmer muss entweder bereits im Zuge seiner Angebotsbearbeitung oder – bei zu wenig verfügbarer Zeit – sofort mit Beginn der Bauausführung eine nach RAP-Stra zugelassene Prüfstelle mit den Eignungsprüfungen beauftragen mit dem Ziel, konkrete Angaben über Art und Menge des Bindemittels und der Zusatzstoffe, über den Wasserbedarf sowie über die Eignung der zu behandelnden Böden und die Eigenschaften der Boden-Bindemittel-Gemische zu erarbeiten. Diese Angaben müssen seitens des Auftragnehmers erbracht werden, damit er die in seiner Verantwortung liegende mangelfreie Bauleistung gewährleisten kann. Zu beachten ist dabei der erforderliche Zeitbedarf für die Eignungsprüfungen, der sich bei normalem Prüfumfang für Bodenverfestigungen schätzungsweise auf mindestens fünf, für Bodenverbesserungen auf höchstens zwei Wochen belaufen kann.

Die Grundlagen der Eignungsprüfungen sind in folgenden Technischen Prüfvorschriften der Reihe TP BF-StB enthalten:

- TP BF-StB Teil B 11.1: Eignungsprüfungen für Bodenverfestigungen mit hydraulischen Bindemitteln, FGSV, 2012
- TP BF-StB Teil B 11.3: Eignungsprüfung bei Bodenverbesserungen mit Bindemitteln, FGSV, 2010.

Die Eignungsprüfungen für **Bodenbefestigungen** umfassen die Untersuchung des Bodens, des Bindemittels, des Wassers und des Boden-Bindemittel-Gemisches. Die prinzipielle Verfahrensweise zur Ermittlung des optimalen Bindemittelbedarfs für das dauerhafte, frostbeständige Verfestigen eines Bodens oder anderer Baustoffe besteht in einer kombinierten Untersuchung der erzielbaren Trockendichten ρ_d des Gemisches nach dem Proctorversuch (DIN 18127), der zugeordneten axialen Druckfestigkeit σ_D des Gemisches (DIN EN ISO 17892-7) und der zugeordneten Frostprüfung am Gemisch. Als baustoffspezifische Kriterien gelten:

a) für grobkörnige Böden die Druckfestigkeit als maßgebendes Kriterium
b) für feinkörnige und bindige gemischtkörnige Böden (Kornanteil < 0,06 mm über 15 %) die Frostprüfung als maßgebendes Kriterium
c) für gemischtkörnige Böden (Kornanteil unter 15 %) die Druckfestigkeit, bei Zugehörigkeit zur Frostempfindlichkeitsklasse F2 zusätzlich die Frostprüfung als maßgebendes Kriterium
d) für Recyclingbaustoffe und künstliche Gesteinskörnungen im Regelfall die Druckfestigkeit als maßgebendes Kriterium, im Sonderfall die Frostprüfung.

Die maßgebenden Kriterien für die erforderliche Druckfestigkeit und den dauerhaft resistenten Frostwiderstand des Boden-Bindemittel-Gemisches enthält Tab. 7 in Abschnitt 12.4.2 ZTV E-StB. Als Kriterium der Frostprüfung gilt die Längenänderung (Hebung) der Probekörper nach einer vorgegebenen Frost-Tau-Wechselbeanspruchung. Als Anhaltswerte für die Wahl der Bindemittelart und der mittleren

Tabelle 6: Erfahrungswerte für die Bindemittelmenge bei Bodenverfestigung nach TP BF-StB Teil B 11.1

Bodengruppe	Bindemittelart und Bindemittelmenge [M.-%]				
	Feinkalk nach DIN EN 459-1	Kalkhydrat nach DIN EN 459-1	Zement nach DIN EN 197-1 und DIN 1164-10	Hydraulische Boden- und Tragschicht-binder nach DIN 18506	Mischbinde-mittel
	Prüfung nach Abschnitt 7.2.1 TP BF-StB		Prüfung nach Abschnitt 7.2.2 TP BF-StB		
Gemischtkörnige Böden (GT, GU, ST, SU)	–	–	4–10	4–10	4–10
Gemischtkörnige Böden (GT*, GU*, ST*, SU*)	4–6	4–8	6–12	6–12	6–12
Feinkörnige Böden (UL, UM, TL, TM; UA, TA)	4–6	4–8	7–16	7–16	7–16
Baustoffe nach TL BuB E-StB	–	–	4–16	4–16	4–16

Bindemittelmenge können die Angaben in der *Tabelle 6* herangezogen werden. Die Massenprozentangaben beziehen sich auf die Trockenmasse des Bodens.

Im besonderen Fall, dass ein frostempfindlicher Boden der Klasse F2 oder F3 zu einem dauerhaft resistent frostbeständigen Boden, vergleichbar der Klasse F1 und als durchgängig homogene Schicht und Teil der Frostsicherung einer Verkehrsfläche, verfestigt werden soll, muss die zu ermittelnde Bindemittelmenge beide Kriterien in Tab. 7 ZTV E-StB – Druckfestigkeit und Frostwiderstand – auf der sicheren Seite erfüllen. Dies erfordert besonders eingehende Untersuchungen unter Berücksichtigung der Standorteinflüsse im Baufeld.

Der optimale Bindemittelbedarf für **Bodenverbesserungen** gemäß Abschnitt 12.2.2 ZTV E-StB, Kom. 1.2, orientiert sich an Erfahrungswerten, gestützt auf die allgemein übliche Untersuchung der Bodeneignung und die Überprüfung der Übereinstimmung zwischen Lieferung und vereinbarter Bindemittelart.

Sollen **qualifizierte Bodenverbesserungen** ausgeführt werden, so bedarf es einer Abstimmung der erhöhten Anforderungen auf den funktionalen Zweck und die bodenspezifischen Besonderheiten. Die erforderliche Bindemittelmenge der Feinkalke und Kalkhydrate beträgt dann mindestens 3 M.-% und der hydraulischen Bindemittel im Durchschnitt 2 bis 3 M.-% mehr. Werden solche Bodenverbesserungen mit besonderen hydraulischen Bindemitteln (z. B. Zemente, Tragschichtbinder, Mischbindemittel) funktional bereits als Bodenverfestigungen eingeordnet, so sollte die Bindemittelmenge durch Festigkeits- und Frostprüfungen abgesichert werden.

Die optimale Bindemittelmenge wird durch Interpolation der erzielten Einzelwerte (Trockendichte, Druckfestigkeit, Frostwiderstand) des Boden-Bindemittel-Gemisches ermittelt. Die erforderliche Bindemittelmenge je m^3 Boden-Bindemittel-Gemisch ergibt sich zu

$$Z = \frac{\rho_d \cdot 10^3 \cdot z}{100} \; [kg/m^3]$$

mit

Z Bindemittelmenge [kg/m^3],

z interpolierter Bindemittelgehalt [M.-%] (bezogen auf 100 M.-% des trockenen Ausgangsstoffes einschließlich Bindemittel),

ρ_d interpolierte Trockendichte des Gemisches [g/cm^3].

Wird bei der Anwendung des Baumischverfahrens die Ausstreumenge in kg/m^2 benötigt, ist Z mit der Dicke der zu behandelnden Schicht (in m) zu multiplizieren.

Ist bei einer Bodenverbesserung nur die Trockendichte ρ_d des im Baufeld anstehenden Bodens (ohne Bindemittel) bekannt und soll ein bestimmter Prozentanteil Bindemittel z im Baumischverfahren auf die Fläche verteilt werden, so kann die behandelte volumenbezogene Masse Z berechnet werden aus

$$Z = \frac{\rho_d \cdot 10^3 \cdot z}{100 + z}$$

Bei Eignungsprüfungen an steinigen oder gemischtkörnigen Böden, die größere Probeabmessungen erfordern, werden folgende Verfahren für die zu ermittelnde Bindemittelmenge empfohlen:

a) Prüfung mit einem großen Prüfzylinder unter Berücksichtigung der analogen Verhältnisse zwischen Höhe und Durchmesser des Probekörpers sowie zwischen Durchmesser des Probekörpers und maximalem Größtkorn der Probe
b) Prüfung an Probewürfeln, wobei die Würfeldruckfestigkeit auf die Zylinderdruckfestigkeit umzurechnen ist.

In beiden Fällen müssen die Proben mit der adäquaten Verdichtungsarbeit gemäß DIN 18127 verdichtet werden.

5.2 Qualitätsprüfungen bei Bauausführung

(1) Die Eigenüberwachungs- und Kontrollprüfungen während der Bauausführung dienen der Sicherung der als Bausoll vorgegebenen Einbauqualität des Boden-Bindemittel-Gemisches. Die Anforderung an die 10 % Mindest- bzw. Höchstquantile der Verdichtungskenngrößen entsprechen Abschnitt 4.3.2 ZTV E-StB, Kom. 1 und 2. Art, Umfang und Häufigkeit dieser Prüfungen sind ebenfalls in den ZTV E-StB geregelt, und zwar mit den Prüfmethoden in Kom. 2 und Prüfverfahren in Kom. 3. Für qualifizierte Bodenverbesserungen werden dieselben Vorgaben wie bei Bodenverfestigungen empfohlen.

Die Eigenüberwachungs- und Kontrollprüfungen an dem eingebauten Boden-Bindemittel-Gemisch erfolgen vorrangig über die Ermittlung des Verdichtungsgrades D_{Pr}, wobei entsprechend der bisherigen Praxis die Prüfmethode M3 gemäß Abschnitt 14.2.4 ZTV E-StB empfohlen und für Bodenverfestigungen die gemeinsame Ausführung durch Auftragnehmer und Auftraggeber vorgeschrieben ist; s. Abschnitt 14.5.1 ZTV E-StB. Die gemeinsame Ausführung wird zwangsläufig notwendig, weil die Prüfungen sofort, noch vor wirksamer Verfestigung, erfolgen müssen und die verfügbare Zeit somit sehr kurz ist.

Bei der Anwendung der Methode M3 richtet sich die Mindestzahl der Prüfungen nach Tab. 9 in Abschnitt 14.2.4 ZTV E-StB; s. hierzu Kom. 2.4. Die flächendeckende und arbeitsintegrierte Prüfmethode M2 gemäß Abschnitt 14.2.3 ZTV E-StB kann sowohl bei Bodenverfestigungen als auch bei Bodenverbesserungen zum raschen Auffinden von Schwachstellen genutzt werden, wenn für das Verdichten Vibrationswalzen eingesetzt werden.

(2) Die bei der Eignungsprüfung zum Nachweis des Bindemittelbedarfs festgestellte Druckfestigkeit lässt sich am eingebauten Baustoffgemisch bzw. an der verfestigten Schicht im Rahmen der Eigenüberwachung und Kontrolle nicht mehr störungsfrei und zuverlässig nachprüfen:

Druckfestigkeitsprüfungen an Bohrkernen, die nachträglich aus der verfestigten Tragschicht entnommen werden, sind qualitativ minderwertig und nicht zielführend hinsichtlich eines objektiven Vergleichs mit dem im LV vorgegebenen Anforderungswert. Der Bohrprozess wirkt bei den niedrigen Festigkeiten von hydraulisch gebundenen Böden und Tragschichten nicht zerstörungsfrei. Die Integrität der Bohrkerne, soweit sie überhaupt intakt entnommen werden können, ist nicht sichergestellt. Die Bestimmung der einaxialen Druckfestigkeit an Bohrkernen oder Ausbaustücken aus der fertigen Schicht lässt keinen Rückschluss auf die Einhaltung der Anforderungen der ZTV E-StB zu. Durch Haarrissbildung und eingelagerte größere Einzelkörner können sich Scherflächen bilden und auf die Druckfestigkeitsergebnisse auswirken. Druckfestigkeitsprüfungen dienen deshalb ausschließlich der Ermittlung der geeigneten Bindemittelmenge im Rahmen der Eignungsprüfung.

Ergebnisse aus Messungen mit zerstörungsfreien Verfahren, wie z. B. Schwingungs- oder Erschütterungsmessverfahren, geben zwar einen gewissen Aufschluss über das momentane Trag- bzw. Verformungsverhalten des Gesamtschichtsystems, sind jedoch ebenfalls von Zeit- und Witterungseinflüssen abhängig und lassen keine zuverlässige Interpretation der Beschaffenheit bzw. materialspezifischer Eigenschaften einzelner Schichten des Systems zu.

(3) Die Nachverfestigung bzw. Langzeitentwicklung der Druckfestigkeit ist ein charakteristisches Merkmal für Behandlungen von

Böden oder Gesteinskörnungen mit hydraulischem Bindemittel jeder Art. Sie unterliegt einem endlichen Abbindeprozess, der von vielen Einflussfaktoren abhängt. Hierzu gehören

- die Klimabedingungen wie Temperatur, Feuchteangebot und Witterungsablauf vor und nach Einbau des Baustoffgemisches,
- die Streuungen der Eigenschaften der Ausgangsstoffe und Gemische hinsichtlich Wassergehalt, Dichte, Zusammensetzung und Bindemittelmenge,
- die verfahrensbedingten Herstelltoleranzen beim Einmischen des Bindemittels und beim Einbau des Gemisches,
- die Gleichmäßigkeit der Nachbehandlung und des Schutzes der gefertigten Flächen,
- der unterschiedliche Zeitverzug bis zur Überbauung mit der Schicht.

Die Streuungen der Druckfestigkeit der Boden-Bindemittel-Gemische unterliegen einer Vielzahl von Einflüssen. Die Druckfestigkeiten streuen in dem Maß, wie auch die Bodenparameter der Ausgangskomponenten und der eingebauten Gemische hinsichtlich Zusammensetzung, Dichte, Wassergehalt und Bindemittelmenge streuen. Erfahrungsgemäß werden Einzelwerte zwangsläufig einen festgelegten Mindestwert unterschreiten. Es empfiehlt sich deshalb, ein Mindestquantil für die zulässige Abweichung oder ein angemessen hohes Vorhaltemaß für die Festigkeit bzw. für die Bindemittelmenge zu berücksichtigen.

6 Prüfungen bei Bauwerkshinterfüllungen

Die Qualitätsprüfungen bei der Hinterfüllung bzw. Überschüttung von Bauwerken sind sorgfältig auf die konstruktiven Erfordernisse und gestalterischen Besonderheiten der Konstruktionen abzustimmen. Die Prüfverfahren und Nachweise müssen außerdem nach Art und Umfang den Baustoffen angepasst werden, die bei der Hinterfüllung und Überschüttung eingebaut und für die Entwässerung dieser Erdkörper verwendet werden. Zu beachten ist außerdem, dass die „Zusätzlichen Technischen Vertragsbedingungen und Richtlinien für Ingenieurbauten“ (ZTV-ING) von Tab. 9 ZTV E-StB abweichende bzw. ergänzende Anforderungen für den Nachweis des Verdichtungsgrades enthalten, und zwar

- für die gesamte Bauwerkshinterfüllung wie auch für das Verdichten der Gründungssohle einmal je 50 m^2 Gründungsfläche bzw. sinngemäß je Einbaufläche der Hinterfüllung,
- für Bodenaustausch im Untergrund bezüglich Eignung des Ersatzstoffes mindestens einmal je 500 m^3, Verdichtungsgrad einmal je 50 m^2 pro Meter Schütthöhe.

Aus den vorstehenden Ausführungen ergibt sich die Notwendigkeit, die jeweiligen Anforderungen an die Qualitätsprüfungen in der Leistungsbeschreibung präzise zu formulieren. Für komplizierte Hinterfüllungen, Überschüttungen und Bodenaustauschmaßnahmen im Gründungs- und Anschlussbereich von Bauwerken empfiehlt es sich, sorgfältig ausgearbeitete Prüfpläne den Vertragsvorgaben zugrunde zu legen.

7 Technische Regelwerke/Literatur

(1) ZTV-ING: Zusätzliche Technische Vertragsbedingungen und Richtlinien für Ingenieurbauten

(2) TP BF-StB: Technische Prüfvorschriften für Boden und Fels im Straßenbau

(3) Bautechnik 41, Information der Deutschen Bundesbahn, Juli 1990: Einsatz der FDVK zur Prüfung von Erdbauwerken bei der DB, Teil 1: Anwendung bei nichtbindigen und schwach bindigen Böden.

(4) Merkblatt über flächendeckende dynamische Verfahren zur Prüfung der Verdichtung im Erdbau, FGSV, 2014

(5) Hertwig, A., Früh, G. u. Lorenz, H.: Die Ermittlung der für das Bauwesen wichtigsten Eigenschaften des Bodens durch erzwungene Schwingungen, Degebo Berlin, H. 1, 1930

(6) Lorenz, H.: Grundbaudynamik, Springer Verlag, Berlin/Heidelberg/New York 1960

(7) Schultze, E. u. Muhs, H.: Bodenuntersuchungen für Ingenieurbauten, 2. Auflage, Springer Verlag, Berlin/Heidelberg/New York 1967

(8) Zweck, H.: Baugrunduntersuchungen durch Sonden, Bauingenieur-Praxis, H. 71, 1969

(9) v. Becker, P.: Erfahrungen mit Einsenkungsmessungen auf Straßenbefestigungen und bei der Erdbaukontrolle, Straße und Verkehr, Nr. 4, 1970

(10) Franke, E.: Ermittlung der Festigkeitseigenschaften von nichtbindigem Baugrund durch Sondierungen, Baumaschine und Bautechnik 20, H. 11, 1973

(11) Stenzel, G. u. Melzer, K. J.: Bodenuntersuchungen durch Sondierungen nach DIN 4094, Tiefbau 90, H. 3 u. 4, 1978

(12) Siedek, P., Voss, R., Floss, R. u. Brüggemann, K.: Die Bodenprüfverfahren bei Straßenbauten, 7. Auflage, Werner Verlag, Düsseldorf 1982

(13) Floss, R., Gruber, N. u. Obermayer, J.: A dynamical test method for continuous compaction control, Proc. 8th European Conference on Soil Mechanics and Foundation Engineering, Helsinki 1983

(14) Floss, R., Gruber, N. u. Obermayer, J.: Beschleunigungsmessungen an Vibrationswalzen zum Nachweis der Bodenverdichtung, Symposium Messtechnik, München 1983

(15) Haupt, W.: Bodendynamik, Grundlagen und Anwendung, Verlag F. Viehweg u. Sohn, Braunschweig/Wiesbaden 1986

(16) Floss, R. u. Kudla, W.: Qualitätsprüfungen für die Bodenverdichtung auf statistischer Grundlage, Straße und Autobahn 40, H. 6, 1989

(17) Floss, R., Bräu, G., Gahbauer, M., Gruber, N. u. Obermayer, J.: Dynamische Verdichtungsnachprüfung bei Erd- und Straßenbauten, Forschungsbericht FE-Nr. 5.076 G83E im Auftrag des Bundesministers für Verkehr, Teil 1, 1990

(18) Floss, R., Gahbauer, M. u. Obermayer, J.: Dynamische Verdichtungsnachprüfung bei Erd- und Straßenbauten, Forschungsbericht FE-Nr. 5.068 G80E im Auftrag des Bundesministers für Verkehr, Teil 2, 1990

(19) Lehrstuhl und Prüfamt für Grundbau, Boden- und Felsmechanik der Technischen Universität München: Dynamische Verdichtungsprüfung bei Erd- und Straßenbauten, Forschungsberichte aus dem Forschungsprogramm des Bundesministers für Verkehr und der Forschungsgesellschaft für Straßen- und Verkehrswesen e.V., H. 612, 1991

(20) Floss, R.: Flächendeckende Qualitätssicherung bei Verdichtungsarbeiten im Erd- und Straßenbau, Proc. 1. Int. Symposium „Technik und Technologie des Straßenbaus", BAUMA 1992

(21) Grabe, J.: Experimentelle und theoretische Untersuchungen zur flächendeckenden Verdichtungskontrolle, Diss., Veröffentlichungen des Institutes für Bodenmechanik und Felsmechanik der Universität Karlsruhe, H. 124, 1992

(22) Thurner, H.: Geodynamik AB, Stockholm, Schweden, Verdichtungstechnik und Verdichtungskontrolle der 90er-Jahre, 1. Int. Symposium „Technik und Technologie des Straßenbaues", BAUMA 1992

(23) Gahbauer, M., Gruber, N. u. Schlögl, F.: Flächendeckende Qualitätssicherungssysteme für die Bodenverdichtung, Festschrift Beiträge aus der Geotechnik, Schriftenreihe Lehrstuhl und Prüfamt für Grundbau, Bodenmechanik und Felsmechanik der Technischen Universität München, H. 21, 1995

(24) Anderegg, R.: Nichtlineare Schwingungen bei dynamischen Bodenverdichtern, Diss. ETH Nr. 12419, Eidgenössische Technische Hochschule Zürich, VDI Verlag, Düsseldorf 1998

(25) Floss, R.: Verdichtungstechnik im Erdbau und Verkehrswegebau, Bd. 1: Grundprinzipien der Vibrationsverdichtung, Verdichtung von Boden und Felsgestein, Verdichtung von Asphaltschichten; Compaction Technology in Earthwork and

Highway and Transportation Engineering, Vol. 1: Basic Principles of Vibratory Compaction, Compaction of Soil and Rock, Compaction of Asphalt; BOMAG GmbH & Co. OHG, Boppard 2001

(26) Kröber, W., Floss, R. u. Wallrath, W.: Dynamische Bodensteifigkeit als Qualitätskriterium für die Bodenverdichtung/ Dynamic Soil Stiffness as Quality Criterion for Soil Compaction, 4. Internationales Symposium „Technik und Technologie des Verkehrswegebaus", BAUMA 2001, Hrsg. Messe München International, Verlag Glückauf GmbH, Essen 2001

Teil 2

15 Dokumentation der Qualitätssicherung

15 Dokumentation der Qualitätssicherung

Sofern eine Dokumentation der Qualitätssicherung entsprechend Abschnitt 15 erfolgen soll, hat der Auftraggeber dies in der Leistungsbeschreibung anzugeben.

Bodenmaterial und Baustoffe nach TL BuB E-StB sind hinsichtlich ihrer Lage im Bauwerk zu dokumentieren.

Sämtliche Maßnahmen zur Qualitätssicherung bei einem Erdbauwerk sind umfassend zu dokumentieren und in tabellarisch und grafisch aufbereiteter Form, auf Wunsch des Auftraggebers auch in digitaler Form, dem Auftraggeber zu übergeben. Die tabellarische Auflistung der Eigenüberwachungsprüfungen nach Abschnitt 1.6.4 und der Prüfungen nach den Abschnitten 3.2.3 und 3.3.4.3 ist fortlaufend zu führen und zur Einsichtnahme für den Auftraggeber vorzuhalten.

Für jedes Erdbauwerk ist ein Bestandsplan anzufertigen. In diesem Bestandsplan in zweidimensionaler und/oder dreidimensionaler Darstellung sind folgende Informationen einzutragen:

1. *Geometrie des geschütteten Erdkörpers nach Lage (z. B. Koordinaten nach Gauß-Krüger, Stationierung usw.) und Höhe.*
2. *Böden und Fels sowie sonstige Baustoffe nach ihrer Art und Herkunft. Die geschütteten Materialien sind räumlich gegeneinander abzugrenzen.*
3. *Die Bereiche, in denen eine Bodenverbesserung/Bodenverfestigung durchgeführt wurde. Das verwendete Bindemittel ist nach Art und Menge (z. B. in kg/m² oder in M.-% usw.) anzugeben.*
4. *Die Art der Verdichtung der Böschungsbereiche im Dammbereich (z. B. Böschungsüberschüttung mit nachfolgendem Abtrag, Böschungsverdichtung durch seilgeführte Walzen usw.).*
5. *Die Ansatzpunkte aller Probennahmestellen für bodenmechanische Laborversuche und die Prüfpunkte aller bodenmechanischen Feldversuche (z. B. Plattendruckversuche, Dichtemessungen, Verdichtungsgrad usw.). Die Ergebnisse aller Versuche sind übersichtlich tabellarisch zusammengestellt zu übergeben.*
6. *Die Messstellen und die Ergebnisse von Setzungsmessungen (und eventuell weiteren Verschiebungsmessungen).*
7. *Die Ergebnisse von Ebenheitsmessungen auf dem Planum.*
8. *Die Ansatzpunkte aller Probennahmestellen für chemische Untersuchungen. Die Ergebnisse aller chemischen Untersuchungen sind zusätzlich übersichtlich tabellarisch zusammengestellt zu übergeben.*
9. *Ergebnisse von Sondierungen (Ramm- und Drucksondierungen), z. B. bei Brückenwiderlagern und Leitungsgräben sind maßstäblich in die Quer- und Längsschnitte des Erdbauwerkes einzutragen.*
10. *Sämtliche erdbautechnischen und konstruktiven Maßnahmen zur Gewährleistung der Standsicherheit bei Einschnittsböschungen.*
11. *Abdichtungen, gegebenenfalls mit Verlegeplan.*
12. *Die Fläche und die Dicke des Auftrages von Oberboden auf der Böschung.*

13. *Besondere Vorkommnisse (z. B. Böschungs- oder Grundbrüche, Austauschbereiche von bereits geschüttetem, nicht geeignetem und wieder ausgebautem Material) während der Herstellung.*
14. *Alle Eignungsprüfungen.*
15. *Andere Gewerke.*
16. *Andere Messungen und Prüfungen.*

In den Bestandsplan sind sowohl Ergebnisse von Eigenüberwachungs- als auch von Kontrollprüfungen einzutragen.

Die Bestandspläne des Oberbaus, der Entwässerungseinrichtungen und die Dokumentation der Qualitätssicherung des Erdbauwerkes sollen aufeinander abgestimmt sein.

Anmerkung

Der Abschnitt 15 beinhaltet kursiv gedruckte Texte, die nach Abschnitt 1.1 ZTV E-StB Richtlinien für den Auftraggeber beim Aufstellen der Leistungsbeschreibung sowie bei der Überwachung und Abnahme der Bauleistungen kennzeichnen. Absicht dieser Richtlinien soll sein, alle im Zuge eines Erdbauwerkes getroffenen Maßnahmen zur Qualitätssicherung und diesbezüglichen Prüfergebnisse zu dokumentieren und einen informativen Bestandsplan anzufertigen. Alle qualitätssichernden Informationen sollen mit der Dokumentation und dem Bestandsplan geordnet und rekonstruierbar für Folgegewerke bzw. spätere Umbaumaßnahmen erfasst werden.

Die Ausführungen im Abschnitt 15 lassen dem Auftraggeber die Entscheidung bzw. Festlegung in der Leistungsbeschreibung frei, welche Baumaßnahmen für die Dokumentation und Bestandserfassung in Betracht kommen sollen. Sie enthalten zum Teil Regelungen, die sich mit Vertragsbedingungen für den Auftragnehmer lt. Abschnitt 1.6 ZTV E-StB doppeln, insbesondere betreffs der Dokumentation und Vorlage der Ergebnisse von Qualitätsprüfungen, der erforderlichen Vermerke im Bautagebuch und der in der Leistungsbeschreibung festzulegenden Zusatzprüfungen. Andererseits lehren die Erfahrungen, dass diesen Vertragspflichten bisher nicht immer mit ausreichender Sorgfalt nachgekommen wird.

Die Dokumentation und der Bestandsplan stellen eine Art Schlussdokument dar. Die aufgelisteten Punkte erheben keinen Anspruch auf Vollständigkeit, weil die Qualitätssicherung je nach Art, Größe und Schwierigkeit des Erdbauwerkes einen weiter zu fassenden Umfang betreffen kann. Für eine Reihe von kleinen Baumaßnahmen trifft die in Abschnitt 15 ZTV E-StB getroffene Auswahl nicht zu.

Der Bestandsplan kann im Grunde nur eine von Auftraggeber und Auftragnehmer gemeinsam getragene Leistung sein. Der Auftragnehmer verfügt allein nicht über alle notwendigen Informationen. Bestimmte Teilleistungen dieses Planes muss der Auftraggeber erbringen oder diese ausdrücklich in der Leistungs- bzw. Baubeschreibung an den Auftragnehmer oder Dritte delegieren. Die Abstimmung der Dokumentation über die Erdbauleistungen auf die analog anzufertigenden Bestandspläne für den Oberbau und die Entwässerungseinrichtungen erfordert das notwendige Zusammenwirken aller beteiligten Vertragspartner.

Hinweis

Fachnormen zur Qualitätssicherung s. Abschnitt 1.6 ZTV E-StB, Kom. 4.

Vorbemerkung

Die ZTVE-StB 17 enthalten folgende Anhänge:

Anhang A Abzüge bei Nichteinhaltung von Anforderungen bei Bodenverfestigungen

Anhang B Baustoffeingangsprüfung bei Geokunststoffen

Anhang C Kontrollprüfungen bei Geokunststoffen

Anhang D Technische Regelwerke

Diese informativen Anhänge sind Abdrucke aus verschiedenen Regelwerken bzw. Verlautbarungen. Sie sind in den betreffenden Abschnitten des Kommentar-Handbuches bereits integriert und werden deshalb an dieser Stelle nicht gesondert kommentiert.

Anhang A Abzüge bei Nichteinhaltung von Anforderungen bei Bodenverfestigungen

A. 1 Vorbemerkungen

A. 1.1 Wenn der Auftraggeber gemäß Abschnitt 1.8.1 wegen festgestellter Mängel bei der Einbaudicke, der Bindemittelmenge oder dem Verdichtungsgrad Abzüge vornimmt, bemisst sich deren Höhe nach den im Abschnitt A. 2 angegebenen Abzugsformeln.

A. 1.2 Werden bei einer Maßnahme Mängel bei der Einbaudicke, der Bindemittelmenge oder dem Verdichtungsgrad festgestellt, werden diese Abzüge addiert.

A. 2 Abzüge

A. 2.1 Unterschreitung der vereinbarten Einbaudicke bei Bodenverfestigungen mit hydraulischen Bindemitteln

Bei Unterschreitung der vereinbarten Einbaudicke wird unabhängig von der bei Mindereinbau durchzuführenden Änderung des Einheitspreises ein Abzug nach folgender Formel vorgenommen:

$$A = \frac{p}{100} \cdot 3{,}75 \cdot EP \cdot F$$

Darin bedeuten:

A = Abzug in Euro,

p = über den Grenzwert von 10 % hinausgehende Unterschreitung der vereinbarten Einbaudicke in %,

EP = der sich aus der Abrechnung ergebende Einheitspreis in Euro/m^2,

F = dem Nachweis zugehörige Fläche in m^2.

Die Ermittlung des Abzuges wird aufgrund der Teilabzüge aus den Einzelwerten vorgenommen.

Die prozentuale Ermittlung des Abzuges A' ergibt sich wie folgt:

a) Zeichnerische Darstellung des Abzuges in %: A' = 3,75 · p

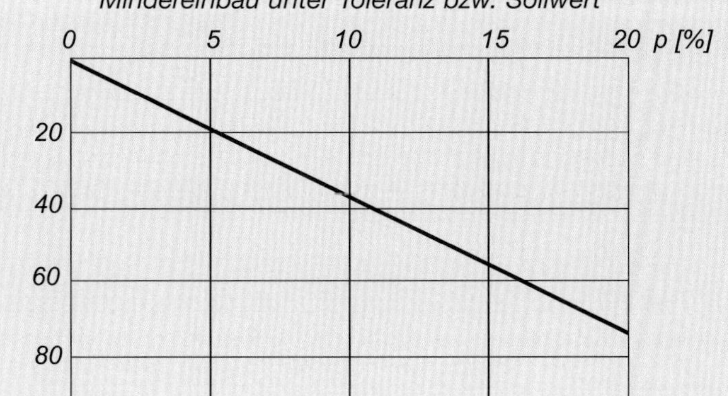

d': verbleibende Dicke einer Bodenverfestigung mit einer Solldicke von 15 cm

b) Tabellarische Darstellung des Abzuges A' in %

p %	*2*	*4*	*6*	*8*	*10*	*12*	*14*	*16*	*18*	*20*
A' %	*7,5*	*15*	*22,5*	*30*	*37,5*	*45*	*52,5*	*60*	*67,5*	*75*

A. 2.2 Unterschreitung und Überschreitung der Bindemittelmenge bei Bodenverfestigungen mit hydraulischen Bindemitteln

Wird der Grenzwert gemäß Abschnitt 12.4.2.5 unter- oder überschritten, wird ein Preisabzug nach folgender Formel vorgenommen:

$$A = \frac{p^2}{100} \cdot 0{,}5 \cdot EP \cdot F$$

Darin bedeuten:

A = Abzug in Euro,

p = über den Grenzwert von 5 % hinausgehende Unterschreitung bzw. 8 % Überschreitung der vereinbarten Bindemittelmenge in % relativ. Bei Einzelwerten ist bei Unterschreitung der Grenzwert von 10 %, bei Überschreitung von 15 % anzuwenden.

EP = der sich aus der Abrechnung ergebende Einheitspreis in Euro/m² für die fertige Schicht,

F = der Probe zugehörige Fläche in m².

Die Ermittlung des Abzuges wird entweder aufgrund des Mittelwertes aus sämtlichen Einzelwerten für das gesamte Baulos oder auf Grund der Einzelwerte vorgenommen. Der höhere Wert ist maßgebend.

Die prozentuale Ermittlung des Abzuges A' ergibt sich wie folgt:

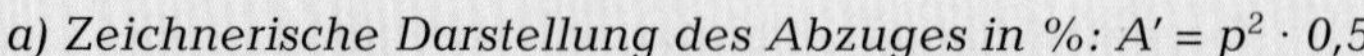

a) Zeichnerische Darstellung des Abzuges in %: $A' = p^2 \cdot 0{,}5$

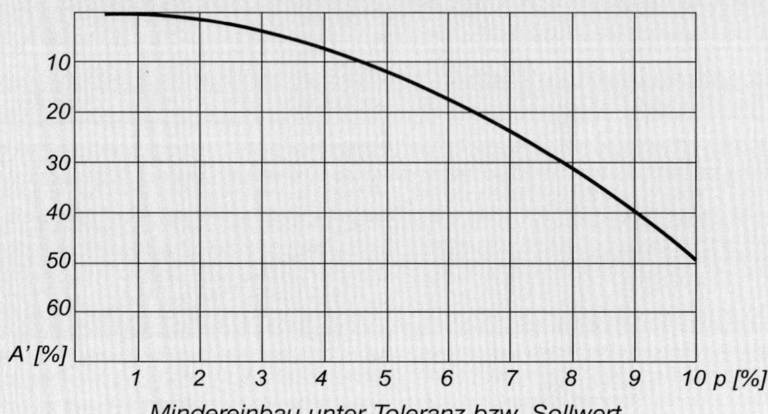

b) Tabellarische Darstellung des Abzuges A' in %

p %	1	2	3	4	5	6	7	8	9	10
A' %	0,5	2	4,5	8	12,5	18	24,5	32	40,5	50

A. 2.3 Unterschreitung des Verdichtungsgrades bei Bodenverfestigungen mit hydraulischen Bindemitteln

Wird die Anforderung gemäß Abschnitt 12.4.2.4 unterschritten, wird ein Abzug nach folgender Formel vorgenommen:

$$A = \frac{1}{100} (11p - 4{,}5)\ EP \cdot F$$

Darin bedeuten:

A = Abzug in Euro,
p = Unterschreitung des geforderten Mindestverdichtungsgrades in %,
EP = der sich aus der Abrechnung ergebende Einheitspreis in Euro/m² für die fertige Schicht,
F = der Probe zugehörige Fläche in m².

Die prozentuale Ermittlung des Abzuges A' ergibt sich wie folgt:

a) Zeichnerische Darstellung des Abzuges in %: $A' = 11p - 4{,}5$

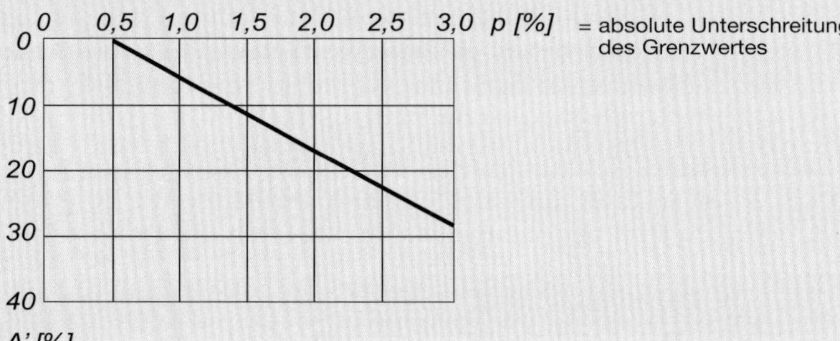

b) Tabellarische Darstellung des Abzuges in %

p %	*0,5*	*1,0*	*1,5*	*2,0*	*2,5*	*3,0*
A' %	*1,0*	*6,5*	*12,0*	*17,5*	*23,0*	*28,5*
D_{Pr}*%*	*97,5*	*97*	*96,5*	*96*	*95,5*	*95*

Anhang B Baustoffeingangsprüfung bei Geokunststoffen

Tabelle 1: Geotextilien und geotextilverwandte Produkte – Umfang der Prüfungen für die Baustoffeingangsprüfung

Eigenschaft	Prüfverfahren	Funktion				
		Trennen	Filtern	Entwässern	Bewehren	Schützen
Masse pro Flächeneinheit	DIN EN ISO 9864	+	+	+	+	+
Dicke	DIN EN ISO 9863-1	–	+	+	–	+
Höchstzugkraft[1] und Höchstzugkraftdehnung	DIN EN ISO 10319	+	+	+	+	+
Zugfestigkeit der Nähte und Verbindungen	DIN EN ISO 10321	–	–	–	x	–
Durchdrückkraft[1], [2]	DIN EN ISO 12236	+	+	–	–	+
Zugkriechverhalten	DIN EN ISO 13431	–	–	–	N[3]	–
Druckkriechverhalten	DIN EN ISO 25619-1	–	–	N	–	–
Schutzwirkung von Geotextilien	DIN EN ISO 13719	–	–	–	–	N
Charakteristische Öffnungsweite	DIN EN ISO 12956	+	+	–	–	–
Wasserdurchlässigkeit normal zur Ebene	DIN 60500-4 (DIN EN ISO 11058, DIN EN ISO 10776)	+	+	–	N[4]	N
Abflussleistung	DIN EN ISO 12958 u. B. von DIN EN 13252 u. a.	–	–	+	–	–
Beständigkeit	DIN EN 13249 ff. Anhang B	N	N	N	N	N
Chemische Beständigkeit	DIN EN 13249 ff. Anhang B	N	N	N	N	N
Witterungsbeständigkeit	DIN EN 12224	N	N	N	N	N
Umweltunbedenklichkeit	M Geok E, Abschnitte 3.1, 6.2.9 und 7.7	N	N	N	N	N

+: Prüfung erforderlich / –: Prüfung nicht erforderlich
x: Erforderlich, wenn Verbindungen in Zugrichtung vorgesehen sind.
N: Nachweis durch Prüfbescheinigung möglich.
1) Wenn Zugfestigkeit und Durchdrückverhalten mit + angegeben sind, genügt anwendungsbezogen die maßgebende Festigkeitsprüfung für die Bestimmung der Geotextilrobustheitsklasse (Zugfestigkeitprüfung bei Geweben, Stempeldurchdrückkraftprüfung bei Vliesstoffen).
2) Diese Prüfung kann nicht bei allen Produkten angewendet werden.
3) Nur für Bewehrungsprodukte mit rechnerischem Ansatz der Bemessungsfestigkeit.
4) Nicht bei Bewehrungsgittern.

Anmerkung: Die Funktion „Trennen" ist immer mit den Funktionen „Filtern" oder „Bewehren" zusammen zu betrachten. Der Prüfumfang ergibt sich aus der Summe der jeweils durchzuführenden Prüfungen.

Tabelle 2: Dichtungsbahnen – Umfang der Prüfungen für die Baustoffeingangsprüfung

Eigenschaft	Typen		Prüfnormen	
	GBR-P	GBR-C	GBR-P	GBR-C
Dicke	+	–	DIN EN 1849-2	
Flächenbezogene Masse	+	+	DIN EN 1849-2	DIN EN 14196
Schmelzindex (MFR)	+	–	DIN EN ISO 1133	–
Dichte	+	–	DIN EN ISO 1183	–
Wasserdurchlässigkeit: (Dichtheit gegen Flüssigkeiten)	N	(+)	DIN EN 14150	DIN EN 16416
Quellvermögen	–	+	–	ASTM D 5890
Zugfestigkeit und Höchstzugkraftdehnung	+	+	DIN ISO 527-1, -3[1)]	DIN EN ISO 10319
Durchdrückkraft	+	+	DIN EN ISO 12236	DIN EN ISO 12236
Berstdruckfestigkeit	N	–	DIN EN 61551	–
Weiterreißfestigkeit	+	–	DIN ISO 34-1, Methode B[2)]	–
Innere Scherfestigkeit	–	N	–	DIN EN ISO 12957-1[3)]
Biegeverhalten bei Kälte	N	–	DIN EN 495-5	–
Maßänderung	N	–	DIN 53377	–
Witterungsbeständigkeit	N	–	DIN EN 12224	[4)]
Mikrobiologische Beständigkeit[5)]	N	N	DIN EN 13361 ff.	DIN EN 13361 ff.
Oxidationsbeständigkeit	N	N	DIN EN 13361 ff.	DIN EN 13361 ff.
Spannungsrissbeständigkeit	N	N	DIN EN 13361 ff.	DIN EN 13361 ff.[6)]
Beständigkeit gegen Auslaugen (Wasserlösliches)	N	N	DIN EN 13361 ff.	DIN EN 13361 ff.
Montmorillonitgehalt – Methylenblau-Versuch	–	+	–	VDG P 69
Beständigkeit gegen Nass-Trocken-Wechsel	–	N	–	DIN EN/TS 14417
Beständigkeit gegen Frost-Tau-Wechsel	–	N	–	DIN EN/TS 14418
Beständigkeit gegen Durchdringen von Wurzeln	N	N	DIN EN 14416[7)]	DIN EN/TS 14416
Umweltunbedenklichkeit	N	N	M Geok E, Abschnitte 3.1, 6.29 und 7.7	M Geok E, Abschnitte 3.1, 6.29 und 7.7

GBR-P: Kunststoffdichtungsbahn, GBR-C: Tondichtungsbahn
+: Prüfung erforderlich / –: Prüfung nicht erforderlich
N: Nachweis durch Prüfbescheinigung möglich.
1) Messprobe Typ 5A, 100 mm/min.
2) Winkelmessprobe ohne Kerbe.
3) Der interne Verbund von Tondichtungsbahnen kann durch eine Scher- oder eine Schälprüfung bestimmt werden.
4) Da Tondichtungsbahnen immer sofort abgedeckt werden müssen, kann auf diese Bestimmung verzichtet werden.
5) Nicht für Produkte aus PA, PE, PES, PP, PVA.
6) Gilt für eine Tondichtungsbahn nur, wenn sie mit einer GBR-P verbunden ist.
7) Nicht erforderlich bei GBR-P mit einer Dicke > 1 mm.
8) Wenn das Produkt nicht als Ganzes geprüft werden kann, ist die Prüfung an den Geokunststoffkomponenten durchzuführen.

Anhang C Kontrollprüfungen bei Geokunststoffen

Tabelle 1: Geotextilien und geotextilverwandte Produkte – Umfang der Prüfungen bei Kontrollprüfungen

Eigenschaft	Prüfverfahren	Funktion				
		Trennen	Filtern	Entwässern	Bewehren	Schützen
Masse pro Flächeneinheit	DIN EN ISO 9864	+	+	+	+	+
Dicke	DIN EN ISO 9863–1	–	+	+	–	+
Höchstzugkraft[1] und Höchstzugkraftdehnung	DIN EN ISO 10319	+	+	+	+	+
Zugfestigkeit der Nähte und Verbindungen	DIN EN ISO 10321	–	–	–	x	–
Durchdrückkraft[1), 2)]	DIN EN ISO 12236	+	+	–	–	+
Charakteristische Öffnungsweite	DIN EN ISO 12956	+	+	–	–	–
Wasserdurchlässigkeit normal zur Ebene	DIN 60500-4 DIN EN ISO 11058	+	+	–	–	–
Abflussleistung	DIN EN ISO 12958	–	–	+	–	–

+: Prüfung erforderlich / –: Prüfung nicht erforderlich
x: Erforderlich, wenn Verbindungen in Zugrichtung vorgesehen sind.
1) Wenn Zugfestigkeit und Durchdrückverhalten mit + angegeben sind, genügt anwendungsbezogen die maßgebende Festigkeitsprüfung für die Bestimmung der Geotextilrobustheitsklasse (Zugfestigkeitprüfung bei Geweben, Stempeldurchdrückkraftprüfung bei Vliesstoffen).
2) Diese Prüfung kann nicht bei allen Produkten angewendet werden.

Tabelle 2: Dichtungsbahnen – Umfang der Prüfungen bei Kontrollprüfungen

Eigenschaft	Typen		Prüfnormen	
	GBR-P	GBR-C	GBR-P	GBR-C
Dicke	+	–	DIN EN 1849-2	
Flächenbezogene Masse	+	+	DIN EN 1849-2	DIN EN 14196
Schmelzindex (MFR)	+	–	DIN EN ISO 1133	–
Dichte	+	–	DIN EN ISO 1183	–
Wasserdurchlässigkeit: (Dichtheit gegen Flüssigkeiten)	N	(+)	DIN EN 14150	DIN EN 16416
Quellvermögen	–	+	–	ASTM D 5890
Zugfestigkeit und Höchstzugkraftdehnung	+	+	DIN EN ISO 527-1, -3[1]	DIN EN ISO 10319
Weiterreißfestigkeit	+	–	DIN ISO 34-1, Methode B[2]	–
Montmorillonitgehalt – Methylenblau-Versuch	–	+	–	VDG P 69

GBR-P: Kunststoffdichtungsbahn, GBR-C: Tondichtungsbahn
+: Prüfung erforderlich / –: Prüfung nicht erforderlich
N: Nachweis durch Prüfbescheinigung möglich.
1) Messprobe Typ 5A, 100 mm/min.
2) Winkelmessprobe ohne Kerbe.

Anhang D Technische Regelwerke

DIN	VOB/B	Vergabe- und Vertragsordnung für Bauleistungen – Teil B: Allgemeine Vertragsbedingungen für die Ausführung von Bauleistungen – DIN 1961	1)
	VOB/C	Vergabe- und Vertragsordnung für Bauleistungen – Teil C: Allgemeine Technische Vertragsbedingungen für Bauleistungen (ATV)	1)
	DIN 18299	Allgemeine Regelungen für Bauarbeiten jeder Art	1)
	DIN 18300	Erdarbeiten	1)
	DIN 18306	Entwässerungskanalarbeiten	1)
	DIN 18307	Druckrohrleitungsarbeiten außerhalb von Gebäuden	1)
	DIN 18311	Nassbaggerarbeiten	1)
	DIN 18320	Landschaftsbauarbeiten	1)
	DIN 18322	Kabelleitungstiefbauarbeiten	1)
	DIN 18121-2	Baugrund, Untersuchung von Bodenproben – Wassergehalt – Teil 2: Bestimmung durch Schnellverfahren	1)
	DIN 18122-1	Baugrund, Untersuchung von Bodenproben – Zustandsgrenzen (Konsistenzgrenzen) – Teil 1: Bestimmung der Fließ- und Ausrollgrenze	1)
	DIN 18122-2	– Teil 2: Bestimmung der Schrumpfgrenze	
	DIN 18125	Baugrund, Untersuchung von Bodenproben – Bestimmung der Dichte des Bodens	1)
	DIN 18127	Baugrund, Untersuchung von Bodenproben – Proctorversuch	1)
	DIN 18128	Baugrund – Untersuchung von Bodenproben – Bestimmung des Glühverlustes	1)
	DIN 18134	Baugrund – Versuche und Versuchsgeräte – Plattendruckversuch	1)
	DIN 18196	Erd- und Grundbau – Bodenklassifikation für bautechnische Zwecke	1)
	DIN 18915	Vegetationstechnik im Landschaftsbau – Bodenarbeiten	1)
	DIN 18916	Vegetationstechnik im Landschaftsbau – Pflanzen und Pflanzarbeiten	1)
	DIN 1164-10	Zement mit besonderen Eigenschaften – Teil 10: Zusammensetzung, Anforderungen und Übereinstimmungsnachweis von Zement mit niedrigem wirksamen Alkaligehalt	1)
	DIN 4020	Geotechnische Untersuchungen für bautechnische Zwecke – Ergänzende Regelungen zu DIN EN 1997-2	1)

Technische Regelwerke (Fortsetzung)

DIN	DIN 4030	Beurteilung betonangreifender Wässer, Böden und Gase	[1]
	DIN 4123	Ausschachtungen, Gründungen und Unterfangungen im Bereich bestehender Gebäude	[1]
	DIN 4124	Baugruben und Gräben – Böschungen, Verbau, Arbeitsraumbreiten	[1]
	DIN 4301	Eisenhüttenschlacke und Metallhüttenschlacke im Bauwesen	[1]
	DIN 50929-1	Korrosion der Metalle – Korrosionswahrscheinlichkeit metallener Werkstoffe bei äußerer Korrosionsbelastung – Teil 1: Allgemeines	[1]
	DIN 50929-3	– Teil 3: Rohrleitungen und Bauteile in Böden und Wässern	[1]
	DIN 53377	Prüfung von Kunststoff-Folien – Bestimmung der Maßänderung	[1]
	DIN 60500-4	Geotextilien und geotextilverwandte Produkte – Teil 4: Bestimmung der Wasserdurchlässigkeit normal zur Ebene unter Auflast bei konstantem hydraulischen Höhenunterschied	[1]
	DIN 61551	Geokunststoffe – Bestimmung der Berstdruckfestigkeit	[1]
	DIN EN 197-1	Zement – Teil 1: Zusammensetzung, Anforderungen und Konformitätskriterien von Normalzement	[1]
	DIN EN 459-1	Baukalk – Teil 1: Begriffe, Anforderungen und Konformitätskriterien	[1]
	DIN EN 495-5	Abdichtungsbahnen – Bestimmung des Verhaltens beim Falzen bei tiefen Temperaturen – Teil 5: Kunststoff- und Elastomerbahnen für Dachabdichtungen	[1]
	DIN EN 1097-6	Prüfverfahren für mechanische und physikalische Eigenschaften von Gesteinskörnungen – Teil 6: Bestimmung der Rohdichte und der Wasseraufnahme	[1] [2]
	DIN EN 1367-1	Prüfverfahren für thermische Eigenschaften und Verwitterungsbeständigkeit von Gesteinskörnungen – Teil 1: Bestimmung des Widerstandes gegen Frost-Tau-Wechsel	[1] [2]
	DIN EN 1849-2	Abdichtungsbahnen – Bestimmung der Dicke und der flächenbezogenen Masse – Teil 2: Kunststoff- und Elastomerbahnen für Dachabdichtungen	[1]
	DIN EN 1997-2	Eurocode 7: Entwurf, Berechnung und Bemessung in der Geotechnik – Teil 2: Erkundung und Untersuchung des Baugrunds	[1]
	DIN EN 12224	Geotextilien und geotextilverwandte Produkte – Bestimmung der Witterungsbeständigkeit	[1]

Technische Regelwerke (Fortsetzung)

DIN	DIN EN 13055	Leichte Gesteinskörnungen	1) 2)
	DIN EN 13249	Geotextilien und geotextilverwandte Produkte – Geforderte Eigenschaften für die Anwendung beim Bau von Straßen und sonstigen Verkehrsflächen (mit Ausnahme von Eisenbahnbau und Asphaltoberbau)	1) 2)
	DIN EN 13252	Geotextilien und geotextilverwandte Produkte – Geforderte Eigenschaften für die Anwendung in Dränanlagen	1) 2)
	DIN EN 13282-1	Hydraulische Tragschichtbinder – Teil 1: Schnell erhärtende hydraulische Tragschichtbinder – Zusammensetzung, Anforderungen und Konformitätskriterien	1) 2)
	DIN EN 13361	Geosynthetische Dichtungsbahnen – Eigenschaften, die für die Anwendung beim Bau von Rückhaltebecken und Staudämmen erforderlich sind	1)
	DIN EN 14150	Geosynthetische Dichtungsbahnen – Bestimmung der Flüssigkeitsdurchlässigkeit	1)
	DIN EN 14196	Geokunststoffe – Prüfverfahren zur Bestimmung der flächenbezogenen Masse von geosynthetischen Tondichtungsbahnen	1)
	DIN EN 14475	Ausführung von besonderen geotechnischen Arbeiten (Spezialtiefbau) – Bewehrte Schüttkörper	1)
	DIN EN 14933	Wärmedämmung und leichte Füllprodukte für Anwendungen im Tiefbau – Werkmäßig hergestellte Produkte aus expandiertem Polystyrol (EPS) – Spezifikation	1)
	DIN EN 16416	Geosynthetische Tondichtungsbahnen – Bestimmung der Durchflussrate – Triaxialzellen-Methode mit konstanter Druckhöhe	1)
	DIN ISO 34-1	Elastomere oder thermoplastische Elastomere – Bestimmung des Weiterreißwiderstandes – Teil 1: Streifen-, winkel- und bogenförmige Probekörper	1)
	DIN EN ISO 527-1	Kunststoffe – Bestimmung der Zugeigenschaften – Teil 1: Allgemeine Grundsätze	1)
	DIN EN ISO 527-3	– Teil 3: Prüfbedingungen für Folien und Tafeln	1)
	DIN EN ISO 1133	Kunststoffe – Bestimmung der Schmelze-Massefließrate (MFR) und der Schmelze-Volumenfließrate (MVR) von Thermoplasten	1)
	DIN EN ISO 1183	Kunststoffe – Verfahren zur Bestimmung der Dichte von nicht verschäumten Kunststoffen	1)
	DIN EN ISO 9862	Geokunststoffe – Probenahme und Vorbereitung der Messproben	1)

Technische Regelwerke (Fortsetzung)

DIN	DIN EN ISO 9863-1	Geokunststoffe – Bestimmung der Dicke unter festgelegten Drücken – Teil 1: Einzellagen	1)
	DIN EN ISO 9864	Geokunststoffe – Prüfverfahren zur Bestimmung der flächenbezogenen Masse von Geotextilien und geotextilverwandten Produkten	1)
	DIN EN ISO 10319	Geokunststoffe – Zugversuch am breiten Streifen	1)
	DIN EN ISO 10320	Geotextilien und geotextilverwandte Produkte – Identifikation auf der Baustelle	1)
	DIN EN ISO 10321	Geokunststoffe – Zugprüfung von Verbindungen/Nähten am breiten Streifen	1)
	DIN EN ISO 10776	Geotextilien und geotextilverwandte Produkte – Bestimmung der Wasserdurchlässigkeit normal zur Ebene unter Auflast	1)
	DIN EN ISO 11058	Geotextilien und geotextilverwandte Produkte – Bestimmung der Wasserdurchlässigkeit normal zur Ebene, ohne Auflast	1)
	DIN EN ISO 12236	Geokunststoffe – Stempeldurchdrückversuch (CBR-Versuch)	1)
	DIN EN ISO 12956	Geotextilien und geotextilverwandte Produkte – Bestimmung der charakteristischen Öffnungsweite	1)
	DIN EN ISO 12957-1	Geokunststoffe – Bestimmung der Reibungseigenschaften – Teil 1: Scherkastenversuch	1)
	DIN EN ISO 12958	Geotextilien und geotextilverwandte Produkte – Bestimmung des Wasserableitvermögens in der Ebene	1)
	DIN EN ISO 13431	Geotextilien und geotextilverwandte Produkte – Bestimmung des Zugkriech- und des Zeitstandbruchverhaltens	1)
	DIN EN ISO 13719	Geokunststoffe – Bestimmung der langfristigen Schutzwirksamkeit von Geokunststoffen im Kontakt mit geosynthetischen Dichtungsbahnen	1)
	DIN EN ISO 14688	Geotechnische Erkundung und Untersuchung – Benennung, Beschreibung und Klassifizierung von Boden – Teil 1: Benennung und Beschreibung	1)
	DIN EN ISO 14689	Geotechnische Erkundung und Untersuchung – Benennung, Beschreibung und Klassifizierung von Fels	1)
	DIN EN ISO 17892-1	Geotechnische Erkundung und Untersuchung – Laborversuche an Bodenproben – Teil 1: Bestimmung des Wassergehalts	1)
	DIN EN ISO 17892-2	– Teil 2: Bestimmung der Dichte des Bodens	1)

Technische Regelwerke (Fortsetzung)

DIN	DIN EN ISO 17892-4	– Teil 4: Bestimmung der Korngrößenverteilung	[1)]
	DIN EN ISO 22475-1	Geotechnische Erkundung und Untersuchung – Probenentnahmeverfahren und Grundwassermessungen – Teil 1: Technische Grundlagen der Ausführung	[1)]
	DIN EN ISO 25619-1	Geokunststoffe – Bestimmung des Druckverhaltens – Teil 1: Eigenschaften des Druckkriechens	[1)]
	DIN CEN/TS 14416	Geosynthetische Dichtungsbahnen – Prüfverfahren zur Bestimmung des Widerstandes gegen Wurzeln	[1)]
	DIN CEN/TS 14417	Geosynthetische Dichtungsbahnen – Prüfverfahren zur Bestimmung des Einflusses von Nass-Trocken-Zyklen auf die Wasserdurchlässigkeit von geosynthetischen Tondichtungsbahnen	[1)]
	DIN CEN/TS 14418	Geosynthetische Dichtungsbahnen – Prüfverfahren zur Bestimmung des Einflusses von Frost-Tau-Zyklen auf die Wasserdurchlässigkeit von geosynthetischen Tondichtungsbahnen (steht im Anhang 2, Tab. 2 nur als DIN)	[1)]
	Fachbericht CEN/TR 15019	Geotextilien und geotextilverwandte Produkte – Baustellenkontrolle	[1)]
	ASTM D 5890	Bestimmung der Blähzahl der Tonmineralkomponente von Auskleidungen aus geosynthetischem Ton	[1)]
FGSV[2)]		Merkblatt für einfache landschaftsgerechte Sicherungsbauweisen (FGSV 229) Merkblatt für die gebirgsschonende Ausführung von Spreng- und Abtragsarbeiten an Felsböschungen (FGSV 537) Merkblatt für die Verdichtung des Untergrundes und Unterbaues im Straßenbau (FGSV 516) Merkblatt über Raumgitterkonstruktionen (FGSV 540) Merkblatt über Straßenbau auf wenig tragfähigem Untergrund (FGSV 542) Merkblatt über die Behandlung von Böden und Baustoffen mit Bindemitteln zur Reduzierung der Eluierbarkeit umweltrelevanter Inhaltsstoffe (FGSV 560) Merkblatt über Bodenverfestigungen und Bodenverbesserungen mit Bindemitteln (FGSV 551) Merkblatt über die Verwendung von EPS-Hartschaumstoffen als Leichtbaustoff im Erdbau des Straßenbaus (FGSV 550) Merkblatt über die Verwendung von Blähton als Leichtbaustoff im Erdbau des Straßenbaus (FGSV 556)	

Technische Regelwerke (Fortsetzung)

FGSV[2)]	ATB-BeStra	Allgemeine Technische Bestimmungen für die Benutzung von Straßen durch Leitungen und Telekommunikationslinien (FGSV 510)
	H GeoMess	Hinweise zur Anwendung geotechnischer und geophysikalischer Messverfahren im Straßenbau (FGSV 558)
	HVA B-StB	Handbuch für die Vergabe und Ausführung von Bauleistungen im Straßen- und Brückenbau, Teil 1, Abschnitt 1.3 (FGSV 941 B)
	M FDVK E	Merkblatt über flächendeckende dynamische Verfahren zur Prüfung der Verdichtung im Erdbau (FGSV 547)
	M Fels	Merkblatt über das Bauen mit und im Fels (FGSV 532)
	M Gab	Merkblatt über Stütz- und Lärmschutzkonstruktionen aus Betonelementen, Blockschichtungen oder Gabionen (FGSV 555)
	M Geok E	Merkblatt über die Anwendung von Geokunststoffen im Erdbau des Straßenbaus (FGSV 535)
	M GUB	Merkblatt über geotechnische Untersuchungen und Berechnungen im Straßenbau (FGSV 511)
	M GUB UA	Merkblatt über geotechnische Untersuchungen und Berechnungen im Straßenbau – Ergänzung für den Um- und Ausbau von Straßen (FGSV 512)
	M QGeoE	Merkblatt zur Qualitätssicherung bei der geotechnischen Erkundung – Teil 1: Empfehlungen für die Ausschreibung der Aufschlussverfahren (FGSV 557/1)
	M SASE	Merkblatt über Stützkonstruktionen aus stahlbewehrten Erdkörpern (FGSV 562)
	M SGS	Merkblatt über die Verwendung von Schaumglas als Leichtbaustoff im Erdbau des Straßenbaus (FGSV 553)
	M TS E	Merkblatt über Bauweisen für technische Sicherungsmaßnahmen beim Einsatz von Böden und Baustoffen mit umweltrelevanten Inhaltsstoffen im Erdbau (FGSV 559)
	RAA	Richtlinien für die Anlage von Autobahnen (FGSV 202)
	RAL	Richtlinien für die Anlage von Landstraßen (FGSV 201)
	RAP Stra	Richtlinien für die Anerkennung von Prüfstellen für Baustoffe und Baustoffgemische im Straßenbau (FGSV 916)
	RAS-Ew	Richtlinien für die Anlage von Straßen – Teil: Entwässerung mit RAS-Ew-Bemessungshilfen auf CD-ROM (FGSV 539)

Technische Regelwerke (Fortsetzung)

FGSV[2)]	RAS-LG 3	Richtlinien für die Anlage von Straßen – Teil: Landschaftsgestaltung (RAS LG), Abschnitt 3: Lebendverbau (FGSV 293/3)
	RAS-LP 4	Richtlinien für die Anlage von Straßen – Teil: Landschaftspflege (RAS-LP), Abschnitt 4: Schutz von Bäumen, Vegetationsbeständen und Tieren bei Baumaßnahmen (FGSV 293/4)
	RiStWag	Richtlinien für bautechnische Maßnahmen an Straßen in Wasserschutzgebieten (FGSV 514)
	RStO	Richtlinien für die Standardisierung des Oberbaus von Verkehrsflächen (FGSV 499)
	TL BuB E-StB	Technische Lieferbedingungen für Böden und Baustoffe im Erdbau des Straßenbaus (FGSV 597)
	TL Gab-StB	Technische Lieferbedingungen für Gabionen im Straßenbau (FGSV 554)
	TL Geok E-StB	Technische Lieferbedingungen für Geokunststoffe im Erdbau des Straßenbaues (FGSV 549)
	TL Gestein-StB	Technische Lieferbedingungen für Gesteinskörnungen im Straßenbau (FGSV 613)
	TP BF-StB	Technische Prüfvorschriften für Boden und Fels im Straßenbau – Teil B 7.1: Prüfverfahren zur Bestimmung des CBR-Wertes (California bearing ratio) (FGSV 591/B 7.1) – Teil B 8.3: Dynamischer Plattendruckversuch mit Leichtem Fallgewichtsgerät (FGSV 591/B 8.3) – Teil B 11.1: Eignungsprüfung bei Bodenverfestigungen mit Bindemitteln (FGSV 591/B 11.1) – Teil B 11.2: Prüfung der Ausstreumenge von streufähigen Bindemitteln bei der Bodenverfestigung und Bodenverbesserung (FGSV 591/B 11.2) – Teil B 11.3: Eignungsprüfung bei Bodenverbesserungen mit Bindemitteln (FGSV 591/B 11.3) – Teil C 20: Zerfallsbeständigkeit von Gestein-Siebtrommelversuch (FGSV 591/C 20) – Teil E 1: Prüfung auf statistischer Grundlage – Stichprobenprüfpläne (FGSV 591/E 1) – Teil E 4: Kalibrierung eines indirekten Prüfmerkmals mit einem direkten Prüfmerkmal (FGSV 591/E 4)
	TP Eben – Berührende Messungen	Technische Prüfvorschriften für Ebenheitsmessungen auf Fahrbahnoberflächen in Längs- und Querrichtung, Teil: Berührende Messungen (FGSV 404/1)
	ZTV Beton-StB	Zusätzliche Technische Vertragsbedingungen und Richtlinien für den Bau von Tragschichten mit hydraulischen Bindemitteln und Fahrbahndecken aus Beton (FGSV 899)

Technische Regelwerke (Fortsetzung)

FGSV[2)]	ZTV Ew-StB	Zusätzliche Technische Vertragsbedingungen und Richtlinien für den Bau von Entwässerungseinrichtungen im Straßenbau (FGSV 598)
	ZTV-ING	Zusätzliche Technische Vertragsbedingungen und Richtlinien für Ingenieurbauten
	ZTV La-StB	Zusätzliche Technische Vertragsbedingungen und Richtlinien für Landschaftsbauarbeiten im Straßenbau (FGSV 224)
	ZTV SoB-StB	Zusätzliche Technische Vertragsbedingungen und Richtlinien für den Bau von Schichten ohne Bindemittel im Straßenbau (FGSV 698)
DGGT[3)]	EBGEO	Empfehlungen für den Entwurf und die Berechnung von Erdkörpern mit Bewehrungen aus Geokunststoffen
	EAG-GTD	Empfehlungen zur Anwendung geosynthetischer Tondichtungsbahnen
DVS[4)]	DVS 2225-1	Schweißen von Dichtungsbahnen aus polymeren Werkstoffen im Erd- und Wasserbau
	DVS 2225-2	Fügen von Dichtungsbahnen aus polymeren Werkstoffen im Erd- und Wasserbau – Baustellenprüfungen
	DVS 2225-3	Schweißen von Dichtungsbahnen aus Polyethylen (PE) bei Grundwasser-Schutzmaßnahmen
	DVS 2225-4	Schweißen von Dichtungsbahnen aus Polyethylen (PE) für die Abdichtung von Deponien und Altlasten
VDG[5)]	VDG P 69	VDG-Merkblatt P 69. Bindemittelprüfung – Prüfung von Bindetonen

Bezugsquellen

1) **Beuth Verlag GmbH**
Anschrift: Burggrafenstraße 6, 10787 Berlin, Tel.: 030/2601-1331,
Fax: 030/2601-1260, E-Mail: kundenservice@beuth.de, Internet: www.beuth.de

2) **FGSV Verlag GmbH**
Anschrift: Wesselinger Straße 15–17, 50999 Köln, Tel.: 02236/384630,
Fax: 02236/384640, E-Mail: info@fgsv-verlag.de, Internet: www.fgsv-verlag.de

3) **Deutsche Gesellschaft für Geotechnik e. V. (DGGT)**
Anschrift: Gutenbergstraße 43, 45128 Essen, Tel.: 0201/782723,
Fax: 0201/782743, E-Mail: service@dggt.de, Internet: www.dggt.de

4) **Deutscher Verband für Schweißen und verwandte Verfahren e. V. (DVS)**
Anschrift: Aachener Straße 172, 40223 Düsseldorf, Tel.: 0211/1591-0,
Fax: 0211/1591-200, E-Mail: info@dvs-hg.de,
Internet: www.die-verbindungs-spezialisten.de, www.dvs-media.eu

5) **VDG – Verein Deutscher Giessereifachleute e. V.**
Anschrift: Hansaallee 203, 40549 Düsseldorf, Tel.: 0211/6871-0,
Fax: 0211/6871-40332, E-Mail: info@vdg.de, Internet: www.vdg.de

Alle aufgeführten FGSV-Veröffentlichungen sind auch digital für den FGSV Reader erhältlich und enthalten im umfassenden Abo-Service „FGSV – Technisches Regelwerk – Digital“

Teil 3
Sonderkapitel S1–S8

im Rahmen der ZTV E-StB
Vertragsbedingungen und Richtlinien

Inhalt Sonderkapitel

Vorbemerkung

Im Teil 3 dieses Handbuches werden Sonderkapitel behandelt, die mit den Vertragsbedingungen und Richtlinien der ZTV E-StB in Verbindung stehen und wichtige Grundlagen für besondere Aufgaben bei erdbaulichen Arbeiten und geotechnischen Bauwerken enthalten. Diese Themen betreffen den Natur- und Umweltschutz bei erdbaulichen Eingriffen, die für die Landschaftspflege notwendigen Landschaftsbauarbeiten, die Besonderheiten im ländlichen und kommunalen Verkehrswegebau und die Nutzung von Bodenmaterialien und Ersatzbaustoffen zur Schonung natürlicher Ressourcen.

Im Weiteren sind Kompendien hinzugefügt über bodenmechanische Entwurfsgrundlagen für Fahrbahnbefestigungen, die normativen Sicherheitsnachweise für Gründungen und geotechnische Bauwerke sowie über die geotechnische Versuchs- und Messtechnik.

S1 Naturschutz und Landschaftspflege

Inhalt

Vorbemerkung

Die Ausführungen zum Thema S1 knüpfen an die Leitlinien L2.2 im Teil 1 dieses Handbuches an, die maßgebende rechtliche Regelungen und planerische Grundsätze im Rahmen des Umweltschutzes aufzeigen.

In Anbetracht der aktuellen Bedeutung des Themas werden hier weitere wichtige Aspekte erläutert. Sie betreffen speziell den Boden-, Gewässer- und Grundwasserschutz bei erdbaulichen Arbeiten für Verkehrswege, soweit diese in direktem oder indirektem Zusammenhang mit den ZTV E-StB stehen.

1 Rechtliche Grundlagen

Das „Handbuch Naturschutz und Landschaftspflege im Straßenbau – Teil A, Abschnitt 2: Richtlinien für die landschaftspflegerische Begleitplanung im Straßenbau (RLBP)" beinhaltet die rechtlichen Grundlagen, die Aufgaben und die Methodik beim Neu- und Ausbau von Bundesfernstraßen.

Beim Verkehrswegebau liegt im Allgemeinen ein Eingriff in den Naturhaushalt vor, und zwar

- im Sinne der Veränderungen von Grundflächen (Gestalt und Nutzung) sowie
- durch Veränderungen der belebten Bodenschicht und des Grundwassers.

Diese Veränderungen können die Funktion und Leistungsfähigkeit des Naturhaushaltes und das Landschaftsbild beeinträchtigen. Der Erdbau (Technik, Betrieb) trägt einen wesentlichen Anteil an diesen Eingriffen und erfordert umweltschonenden Umgang. Aus dem Bundesnaturschutzgesetz (§ 15 BNatSchG) ergibt sich die Rechtspflicht, im technischen Entwurf derartige Beeinträchtigungen zu vermeiden, sie in der Ausführungsplanung zu minimieren und im unvermeidbaren Fall durch Ausgleichs- oder Ersatzmaßnahmen zu kompensieren.

Weitere Grundlagen enthalten folgende Umweltfachgesetze (siehe auch Teil 1, Leitlinien L2):

- Bundes-Bodenschutzgesetz (BBodSchG)
- Bundes-Immissionsschutzgesetz (BImSchG)
- Bundeswaldgesetz (BWaldG)
- Wasserhaushaltsgesetz (WHG)
- Umweltschadensgesetz (USchadG).

2 Landschaftsbauarbeiten

Landschaftsbauarbeiten umfassen bautechnische und landschaftspflegerische Maßnahmen, z. B. Oberbodenarbeiten, Ansaaten, Pflanzungen und Pflegearbeiten an Vegetationsflächen sowie Sicherungsbauweisen zum Schutze des Bodens und Gesteins gegen Erosion und Rutschung. Grundlage für die Planung der Arbeiten sind die folgenden Normen, Richtlinien und ZTV:

- DIN 18915
  Vegetationstechnik im Landschaftsbau; Bodenarbeiten
- DIN 18916
  Vegetationstechnik im Landschaftsbau; Pflanzen und Pflanzarbeiten
- DIN 18917
  Vegetationstechnik im Landschaftsbau; Rasen und Saatarbeiten
- DIN 18918
  Vegetationstechnik im Landschaftsbau; Ingenieurbiologische Sicherungsbauweisen, Sicherungen durch Ansaaten, Bepflanzungen, Bauweisen mit lebenden und nicht lebenden Stoffen und Bauteilen, kombinierte Bauweisen
- DIN 18919
  Vegetationstechnik im Landschaftsbau; Instandhaltungsleistungen für die Entwicklung und Unterhaltung von Vegetation (Entwicklungs- und Unterhaltungspflege)
- Richtlinien für die Anlage von Straßen – Teil: Landschaftsgestaltung (RAS-LG), Abschnitt 3: Lebendverbau
- Richtlinien für die Anlage von Straßen – Teil: Landschaftspflege (RAS-LP), Abschnitt 4: Schutz von Bäumen, Vegetationsbeständen und Tieren bei Baumaßnahmen
- Richtlinien für die landschaftspflegerische Begleitplanung im Straßenbau (RLBP)
- Empfehlungen für Rastanlagen an Straßen
- Merkblatt für einfache landschaftsgerechte Sicherungsbauweisen, Forschungsgesellschaft für Straßen- und Verkehrswesen, Ausgabe 1991
- Merkblatt für Baumpflegearbeiten an Straßen, Bundesministerium für Verkehr, Ausgabe 1994
- Hinweise zur Berücksichtigung des Naturschutzes und der Landschaftspflege beim Bundesfernstraßenbau (HNL-S 99), Bundesministerium für Verkehr, Bau- und Wohnungswesen, Ausgabe 1999
- Hinweise zur Straßenbepflanzung in bebauten Gebieten, Forschungsgesellschaft für Straßen- und Verkehrswesen, Ausgabe 2006
- Empfehlungen für die landschaftsgerechte Gestaltung von Stützbauwerken, Forschungsgesellschaft für Straßen und Verkehrswesen, Ausgabe 1999.

Landschaftsbauarbeiten werden beim Neu-, Um- und Ausbau, bei der Unterhaltung (Pflege) von Verkehrswegen sowie bei Ausgleichs- und Ersatzmaßnahmen notwendig. Gleichermaßen wichtig sind erdbau- und vegetationstechnische Maßnahmen bei der Anlage von Fahrbahnen und Wegen im Zuge aller befahrbaren Flächen, Bankette, Seiten- und Trennstreifen sowie Parkflächen. Die Umsetzung der vegetationstechnischen Maßnahmen, insbesondere die Begrünungs- und Pflanzarbeiten, unterliegen starken Einflüssen aus Witterung, Standort und Wachstumsrhythmus.

Die landschaftspflegerischen Maßnahmen werden definitionsgemäß nach verschiedenen Typen differenziert (verkürzt nach dem bereits genannten Handbuch Naturschutz und Landschaftspflege im Straßenbau):

- *Vermeidungsmaßnahmen* sind ersatzweise Vorkehrungen, mit denen sich mögliche Beeinträchtigungen dauerhaft ganz vermeiden oder teilweise mindern lassen.
- *Ausgleichsmaßnahmen* sind geeignet, die beeinträchtigten Funktionen des Naturhaushaltes gleichartig wiederherzustellen bzw. das Landschaftsbild landschaftsgerecht neu zu gestalten.
- *Ersatzmaßnahmen* sollten geeignet sein, die beeinträchtigten Funktionen und Strukturen des Naturhaushaltes gleichwertig wiederherzustellen bzw. das Landschaftsbild landschaftsgerecht neu zu gestalten.
- *Gestaltungsmaßnahmen* sollen der Begrünung und Einbindung technischer Bauwerke dienen (z. B. Böschungsflächen, Lärmschutz, Entwässerungseinrichtungen).

Alle landschaftspflegerischen Maßnahmen sind plangemäß festzustellen und im Rahmen der Qualitätssicherung hinsichtlich Umsetzung und Wirksamkeit (Herstellung, Pflege, Funktion) zu kontrollieren.

Angaben zu den erdbau- und vegetationstechnischen Maßnahmen sowie zu den Sicherungsbauweisen enthalten die Abschnitte 5 und 6 im Teil 2.

3 Schutzbedürfnis des Bodens

Der Boden ist ein wesentliches Element der natürlichen Lebensgrundlagen. Zusammen mit der Vegetation beeinflusst er die Prozesse des Wasserhaushaltes und der Grundwasserneubildung. Jeder Eingriff ändert die Bodeneigenschaften und beeinträchtigt die natürlichen Funktionen im Zusammenwirken mit Vegetation und Wasserhaushalt. Das Schutzbedürfnis leitet sich aus dem Bundes-Bodenschutzgesetz (BBodSchG) ab und ist inhaltlich in Teil 1, Leitlinien L2.4 formuliert.

Einige Grundsätze, die bei erdbaulichen Eingriffen in den Boden und als Schutz gegen Änderung der Bodenfunktion und Bodeneigenschaften zu beachten sind, werden in folgender verkürzter Zusammenstellung aufgezeigt:

- Die flächenhafte Bodenerosion muss durch schützende Vegetationsdecken vermieden bzw. vermindert werden.
- Bei baulichen Nutzungen und Behandlungen des Bodens entstehen freie Bauflächen, die vor Abschwemmung von Bodenmaterial, besonders bei Starkregen, geschützt werden müssen.
- Die Gewinnung von Boden als primärer Baustoff ist fallweise mit tiefen Eingriffen in den Untergrund, in das Grundwasser sowie in Hänge verbunden. Die Stabilität der dabei entstehenden Gewinnungsflächen und Böschungen muss jederzeit gesichert und die Oberflächen gegen Abschwemmung, Erosion und Rutschung gesichert sein. Die Funktion als Lebensraum und der Schutz von wirtschaftlich genutzten Nachbarflächen dürfen nicht gefährdet sein.
- Das Grundwasser und die Gewässer müssen in natürlicher Beschaffenheit erhalten bleiben, schädlicher Stoffeintrag aus Baufeldern und Lagerungsflächen vermieden werden. Die Bauarbeiten dürfen keine dauerhafte Absenkung des Grundwassers verursachen.
- Eingriffe in Einzugsgebieten von Gewässern bzw. baulich bedingte Verdichtung oder Versiegelung des Bodens wirken sich schädlich aus. Diese Eingriffe bzw. Änderungen der Bodensituation beeinflussen stark den Abflussprozess des Wassers, die Wasserspeicherung im Boden und die Grundwasserneubildung.
- Die Wasserabflüsse aus Hängen und Böschungen müssen gesammelt, in das Grundwasser direkt versickert oder in Vorfluter abgeleitet werden.
- Das Freilegen von Flächen längs der Gewässer führt zu einer erhöhten Fließgeschwindigkeit für Hochwasser und mindert den Filtereffekt der Feststoffe im Boden. Gefahrenstoffe dürfen nicht an Gewässerufern abgelagert werden. Breite Uferstreifen sollten von der baulichen Nutzung ausgenommen werden.

Die Vertragsbedingungen und Richtlinien der ZTV E-StB 17 gehen in vielen Abschnitten auf Maßnahmen zum Bodenschutz ein. Die Regelungen finden sich allerdings nur verstreut wieder, sodass auf sie in folgender Übersicht ohne inhaltliche Wiederholung hingewiesen wird. Die Kommentare (Kom.) beziehen sich allesamt auf Teil 2 dieses Handbuches:

- Einfluss von Wasser im Boden, Abschn. 2.4, Kom. 2.5
- Abtrag von Boden und Fels, Abschn. 4.1, Kom. 1.3
- Entwässerung der Baufelder, Abschn. 4.1, Kom. 1.2
- Verdichtung des Bodens, Abschn. 4.3.2, Kom. 1
- Anlage von Erdplanien, Abschn. 4.4, Kom. 1
- Schutz gegen ungünstige Witterung, Abschn. 4.4, Kom. 3
- Behandlung von Oberboden, Abschn. 5, Kom. 1 bis 4
- Herstellung von Böschungen, Abschn. 6, Kom. 3 bis 8
- Bodenerosion, Abschn. 6, Kom. 3
- Böschungssicherungen, Abschn. 6, Kom. 8
- hydrodynamische Stabilität des Bodens, Abschn. 8, Kom. 1.

4 Wasserabfluss von Verkehrsflächen

Die Ausführungsplanung muss sicherstellen, dass sich unter der Verkehrsfläche kein Wasser aufstauen kann. Diese Bedingung ist für den Qualitätsbestand des Planums und der Tragschichten sowie für die Dauerhaftigkeit des gesamten Oberbaues von entscheidendem Einfluss.

Bei ungünstigen Abflussverhältnissen für das Oberflächenwasser auf der Verkehrsfläche, bei hohem Grundwasser im Gelände oder bei Versagen des seitlichen Entwässerungssystems kann Aufstau entstehen. Gefährdungsbereiche sind insbesondere die nicht befestigten Randflächen sowie abflusslose Geländeabschnitte, wo extremer Niederschlag aufgrund von Stauhorizonten im Untergrund nicht oder nur langsam versickert und der Boden langdauernde Feuchtesättigung erfährt. Diese Fälle setzen gesonderte Maßnahmen zur dauerhaft wirksamen Entwässerung des Untergrundes sowie dränwirksame Eigenschaften für die Trag- und Frostschutzschichten voraus.

Die Planung beruht auf folgenden Grundsätzen:

(1) Die Planungen und Ausführungen sind mit den Fachbehörden unter Beachtung der Belange von Natur und Landschaft abzustimmen. Zu den Aufgaben der Wasserwirtschaftsbehörden gehört es, die Abflussverhältnisse der Vor- und Nebenfluter zu beurteilen bzw. hydrometrisch noch nicht erfasste Fließgewässer zu untersuchen, wenn Oberflächenwasser von Verkehrsflächen gesammelt abgeführt und in den Vorfluter eingeleitet wird. Die zulässige Schmutzfracht, die in den Vorfluter eingeleitet werden darf, richtet sich jeweils nach dessen wasserwirtschaftlicher Bewertung.

Sind die Vorfluter bzw. Gewässer für die Aufnahme zusätzlicher Wassermengen nicht geeignet, so muss die schadlose Ableitung des Wassers durch die Anlage von Bauwerken für die Rückhaltung oder durch die Versickerung des Oberflächenwassers oder auch durch den Ausbau der Gewässer sichergestellt werden.

(2) Beim Neubau müssen im Rahmen der Umweltverträglichkeitsprüfung (UVP) bereits beim Raumordnungsverfahren Aussagen über Art und Umfang der Auswirkungen auf Gewässer bzw. Vorfluten sowie Maßnahmen zu deren Vermeidung, Minderung und Ausgleich im Grundsatz geklärt werden. Die Anforderungen sind bei der weiteren Entwurfsplanung, insbesondere des straßentechnischen Entwurfs und der landschaftspflegerischen Begleitplanung, zu konkretisieren. Bei der Planung von Entwässerungseinrichtungen im innerörtlichen Bereich sind die städtebaulichen Belange einzubeziehen.

(3) Die Gradiente des Verkehrsweges sollte möglichst so gewählt werden, dass Grundwasser nicht angeschnitten bzw. seine Überdeckung nicht unnötig verringert wird. Sie soll außerdem so festgelegt werden, dass die Querneigungswechsel jeweils in Abschnitten mit ausreichenden Längsgefällen liegen. In jedem Fall muss im Bereich der Querneigungswechsel die Mindestschrägneigung der Fahrbahn an jeder Stelle eingehalten sein, um die Wasserweglänge und die Wasserfilmdicke zu minimieren. Bei zweibahnigen Straßen soll die Fahrbahnquerneigung in Kurven in Abhängigkeit vom Mindestradius nach der Kurvenaußenseite gerichtet sein, damit ein Querneigungswechsel entfällt und auf eine Entwässerung im Mittelstreifen verzichtet werden kann.

(4) Die jeweils geeignete und zulässige Abflussart richtet sich nach den örtlichen Gegebenheiten des Untergrundes und Geländes sowie nach dem Schutzbedarf des Umfelds:

- Außerhalb geschlossener Ortschaften wird angestrebt, das Oberflächenwasser der Fahrbahn- und Nebenflächen nicht zu sammeln, sondern frei über die Ränder ablaufen zu lassen. Innerhalb von Ortschaften wird dieses Wasser in der Regel in die öffentliche Misch- oder Trennwasserkanalisation eingeleitet, um Kosten einzusparen.
- Aus zwingenden Gründen, z. B. in Einschnitten, bei Brücken oder mehrbahnigen Verkehrsflächen mit Mittelstreifenentwässerung, soll das Oberflächenwasser der Fahrbahn- und Nebenflächen gesammelt und möglichst auf kürzestem Weg in einen Vorfluter eingeleitet oder in geeigneten angrenzenden Geländemulden versickert oder versenkt werden, sofern diese Belastung des Umfelds und der Fließgewässer in Kauf genommen werden darf.
- Gesammeltes, tausalzhaltiges Oberflächenwasser darf nicht unkontrolliert in Wald abfließen, um Gehölzschäden durch Tausalz, das sich im Boden anreichert, zu vermeiden.
- Grundsätzlich darf auf Nebenflächen anfallendes Wasser nicht auf die Fahrbahn gelangen, sondern muss vorher abgefangen werden.
- Schutzzonen von Wassergewinnungsanlagen sollen bei der Festlegung der Linienführung möglichst umgangen werden.

Zu den Planungsunterlagen gehören folgende Regelwerke:

Die **„Richtlinien für die Anlage von Straßen, Teil: Entwässerung (RAS-Ew)“** enthalten planerische Grundsätze und allgemein gültige Lösungsvorschläge für die Entwässerung von Straßen. Sie geben Hinweise für die Aufstellung des Entwurfes der Entwässerungseinrichtungen. Die Richtlinien berücksichtigen die Belange des Naturschutzes und der Landschaftspflege sowie des Städtebaus. Sie enthalten auf CD-ROM unter dem Titel „RAS-Ew – Bemessungshilfen“ Tabellen und Programme für die Bemessung der ober- und unterirdischen Anlagen zur Wasserableitung.

Die **„Zusätzlichen Technischen Vertragsbedingungen und Richtlinien für den Bau von Entwässerungseinrichtungen im Straßenbau (ZTV Ew-StB)“** enthalten Anforderungen für Entwässerungsarbeiten im Zusammenhang mit dem Neubau, dem Um- und Ausbau von Straßen, Plätzen und Wegen sowie deren Nebenanlagen. Sie beinhalten neben dem Neubau von Entwässerungseinrichtungen auch die grabenlose Kanalsanierung. Die ZTV Ew-StB sind darauf abgestellt, dass die „Vergabe- und Vertragsordnung für Bauleistungen, Teil C (VOB/C): Allgemeine Technische Vertragsbedingungen für Bauleistungen“ Bestandteile des Bauvertrages sind. Für Erdarbeiten im Zusammenhang mit Entwässerungsarbeiten gelten die ZTV E-StB.

Neben allgemeinen Hinweisen, beispielsweise zu Stoffen und Bauteilen, Prüfungen und Mängelansprüchen, gelten die ZTV Ew-StB beim Bau von Banketten, Straßenmulden, Entwässerungsgräben, Straßenrinnen, Straßenabläufen, Rohrleitungen, Schächten, Sickeranlagen, Durchlässen, Pumpanlagen, Bauwerken für die Behandlung des Wassers und Versickerungseinrichtungen. Auch Maßnahmen bei Baustelleneinrichtungen und der Baudurchführung in Wasserschutzgebieten sowie die Entwässerung während der Bauzeit werden behandelt.

In Teil 2, Abschnitt 4.6, Kom. 1 und 2 sind im Zusammenhang mit den Anforderungen in den ZTV E-StB und den vorgenannten Richtlinien die bautechnischen Maßnahmen, Einrichtungen und Bauwerke zusammengestellt, die zur Fassung, Ableitung und Behandlung des von den Verkehrsflächen abfließenden Oberflächenwassers im Regelfall notwendig werden. Diese Angaben gelten grundsätzlich auch für kommunale Verkehrswege, jedoch je nach örtlicher Erfahrung und Erfordernis in ausgeweiteter oder eingeschränkter Abänderung der Anforderungen (siehe Sonderkapitel S3).

Die Konzepte für die Sammlung und Ableitung des Oberflächenwassers gehen im Grundsatz von einer Versickerung vor Ort aus. Bei Großflächen kann eine dezentrale Versickerung über außerhalb des Baufeldes liegende Sickerbecken mit zugeschaltetem Bodenfilter realisiert werden.

Für die Wassersammlung im Baufeld dient ein kombiniertes System aus Quer- und Längsrigolen sowie Sicker- und Rückhaltemulden. Das System der dezentralen Entwässerung und zentralen Versickerung des Oberflächenwassers der Verkehrsflächen sollte bereits in der Bauphase des großräumigen Erdbaus zumindest partiell und provisorisch funktionieren. Es kann nur dann leistungswirksam sein, wenn das Wasser ohne Behinderung abfließt.

Reicht das Fließgefälle nicht aus, werden zwischengeschaltete Versickerungen oder konstruktive Maßnahmen zur Erhöhung des Gefälles notwendig. Ungünstige Bodenbedingungen hinsichtlich Wasserabfluss, Vorflut und Versickerung von Oberflächenwasser liegen vor, wenn sich das Baufeld in wasser- oder erosionsempfindlichen Bodenschichten oder in ebenem, abflusslosem Gelände ohne Anschluss an eine Vorflut befindet.

Der Abtrag in Einschnitten und der Auftrag in Dammstrecken setzen sorgfältig geplante und wirksam ausgeführte Entwässerungsmaßnahmen voraus. Ziel ist es, den Abfluss von Oberflächenwasser unbehindert und schadlos in jeder Bauphase zu regeln. Dieser Grundsatz gilt gleichermaßen für Abtragsflächen in Seitenentnahmen, Auftragsflächen in Zwischendeponien und für fertiggestellte, offenliegende Planumsflächen.

(5) Die Fassung und Ableitung des Oberflächenwassers von Verkehrsflächen wird je nach örtlichen Bedingungen über Seiten- und Mittelstreifen dieser Flächen oder durch besondere Sickeranlagen mit Anschluss an Sammelleitungen und Einlauf in Kanalsysteme oder Vorfluter ausgeführt. Die Anlagen werden als filterstabile Filterkörper ein- oder mehrstufig nach Filterregel mit oder ohne Rohrleitung aufgebaut, wobei jede Einzelschicht mindestens 20 cm dick sein soll. Statt Körnungsfiltern können auch geeignete geotextile Filter verwendet werden. Folgende **Sickeranlagen** kommen fallweise zur Anwendung:

a) *Sickerstrang*: Sickerrohr mit Filtermaterial, im oberen Bereich mit mindestens 20 cm dicker Schicht aus bindigem Oberboden abgedeckt, damit kein Oberflächenwasser eindringen kann;

Sohlgefälle von Strang und Rohr gleich groß, wegen einer möglichen Selbstreinigung und Gefahr der Versinterung oder Verockerung mindestens 0,3 %;

b) *Sickergraben*: Graben mit filterstabilem Füllboden ohne Sickerleitungsrohr;

c) *Sickerschichten*: Frostschutzschichten, Auflastsickerschichten zum Vermeiden von hydraulischen Aufbrüchen (Dicke mindestens 0,5 m), Böschungssickerschicht, Sickerstützscheiben (vertikale Schichten in der Falllinie von Böschungen) zum Abbau von Wasserdrücken;

d) *Tiefensicker*: Abfangen von bergseits unterirdisch zufließendem Schicht- oder Sickerwasser. Der Tiefensicker ist mit einem Sickerstrang kombiniert. Mindestbreite bei mehrschichtigem Filter und Sickerstrang 1,0 m. Abdeckung wie bei a).

Die Anlagen werden nach der Regenhäufigkeit des Jahresmittels in l/ha berechnet und dimensioniert (siehe Teil 2, Abschnitt 8).

Reichen die genannten Sickeranlagen für die Wasserableitung in bestimmten Streckenabschnitten nicht aus, z. B. in wannenförmiger Gradiente oder bei Erneuerung und Verbreiterung der Straße, müssen ergänzende Maßnahmen oder betriebsbereite bauliche Anlagen ausgeführt werden.

Bei starkem Wasserzufluss kann eine **Flächendränage** wirksam entlasten, wofür folgende Lösungen in Betracht kommen:

- Einbau einer durchgängig flächigen Sickerschicht aus filterstabilem Dränmaterial großer Durchlässigkeit (Sande, Kiese, Schotter), entweder direkt als oberste Planumssickerschicht des Untergrundes oder profilgemäß auf dem Planum aufgetragen
- Einbau eines rigolenförmigen Systems miteinander verbundener Sickerstränge (mit oder ohne Sickerrohr) oder rasterförmige Anordnung von Sickergräben, Dränmaterialien wie oben
- Einbau bzw. Verlegen von geotextilen Dränmatten als durchgängiger Flächensicker oder in rasterförmig miteinander verbundenen Streifen, Dränmaterialien aus dickem Vliesstoff oder Verbundstoff.

Die Bauverfahren und Bauelemente zur Flächendränage sind geeignet, zusickerndes Wasser abzufangen und die Sickerwassermenge zu speichern bzw. abzuleiten. Die Dränungen verkürzen die Sickerwege und beschleunigen den Wasserentzug aus den wenig durchlässigen Untergrundböden in der Einflusszone des Planums. Die Ableitung des Sickerwassers nach außen setzt Vorflutgräben mit wirksamem Längsgefälle voraus.

Rückhaltung von Oberflächenwasser

Eine Rückhalteanlage wird notwendig, wenn die Spitzenzuflüsse vermindert oder ausgeglichen werden sollen und ein Ausbau des Vorfluters nicht infrage kommt. Hierzu gehören Regenrückhaltebecken sowie vergrößerte Graben- oder Kanalprofile. Sie erhalten einen gedrosselten Ablauf in das Kanalnetz oder in den Vorfluter durch Speicherung des Wassers, d. h. Verlängerung der Abflusszeit.

Ausführungen zur Rückhaltung und Reinigung des Oberflächenwassers siehe Teil 2, Abschnitt 4.6, Kom. 1 und 5.

Das Wasser wird in Mulden und Becken unter Beachtung des Grundwasserschutzes entweder über eine sickerfähige, dauerhaft wirksame Bodenzone oder über eine künstlich eingebrachte Filterzone versickert (Durchlässigkeit 10^{-3} bis 10^{-5} m/s). Eine mögliche Selbstabdichtung lässt sich durch Vorschaltung eines Sedimentationsbeckens oder durch Unterteilung des Beckens in eine Absatz- und Versickerzone verhindern.

Erdbecken oder Mulden mit einem künstlich eingebauten, bewachsenen Bodenfilter werden als Retentionsbodenfilter bezeichnet, wenn sie oberhalb des Filters über einen Retentionsraum verfügen und ein Absetzbecken, gegebenenfalls mit Abscheider, vorgeschaltet haben. Das Wasser wird nach Filterdurchfluss in eine Dränage oder einen Vorfluter eingeleitet.

Zu den Mulden- und Beckenlösungen gehören auch Regenrückhaltebecken sowie vergrößerte Graben- oder Kanalprofile. Sie erhalten einen gedrosselten Ablauf in das Kanalnetz oder in den Vorfluter durch Speicherung des Wassers, d. h. Verlängerung der Abflusszeit.

Für die Bemessung von Rückhaltebecken sind Größe und zeitlicher Verlauf von Zu- und Abfluss maßgebend. Eine Hochwasserentlastung ist in der Regel vorzusehen. Angaben über die Bemessung, die konstruktive Gestaltung und über den Betrieb von Rückhaltebecken finden sich in Ausführung als offene Trocken-

oder Nassbecken in Erdbauweise oder als Massivbauwerk mit senkrechten Wänden (Stahlbeton in Fertig- oder Ortbetonbauweise oder Stahlspundbohlen).

Die Becken sollen aus wirtschaftlichen Gründen und zugunsten einer umweltfreundlichen Landschaftsgestaltung möglichst nicht als massive Bauwerke, sondern in Erdbauweise erstellt werden; hierfür eignen sich vor allem natürliche Geländemulden in ungenutzten Nebenflächen von straßenbaulichen Anlagen.

Die bautechnische Lösung und Gestaltung der Anlagen werden weitgehend von folgenden Faktoren beeinflusst: Geländeverlauf, Grundwasser, im Staubereich anstehende Böden, erforderliche Speicherkapazität und Beckentiefe, wasserwirtschaftliche Auflagen, Vorflut, Unterhaltungsaufwand. Hiervon ausgehend können folgende Lösungen einzeln oder auch kombiniert infrage kommen:

a) Becken mit abgedichteter Sohle und Böschung
b) Becken in Grundwasser mit freiem Ausspiegeln des Grundwassers bzw. freiem Zufluss von Schichtwasser
c) Becken im Grundwasser mit auftriebsicherer Abdichtung und Befestigung
d) Aufstau des Rückhaltewassers durch einen Erddamm.

Soll das von den Verkehrsflächen abfließende Oberflächenwasser gesondert zurückgehalten, behandelt oder gereinigt werden, bedarf es einer funktionsgemäßen Gestaltung des Beckens. Eine funktionelle Kombination z. B. von Rückhaltung und Reinigung ist zwecks Flächenminimierung anzustreben. Die Becken werden hinsichtlich Funktion und Anwendung wie folgt unterschieden:

Funktion von **Sedimentationsbecken** ist es, die mit dem Wasser abgeschwemmten Sedimente vor dem Eintrag in die nachgeschalteten Rückhalte-, Versicker- und Filterbecken abzutrennen. Die Anlagen sind in Dauerstau, gegebenenfalls mit Leichtstoffabscheider, zu betreiben.

Zu den Sedimentationsbecken gehören im Besonderen die Regenklärbecken. Sie sind als ständig gefüllte Becken mit vorgeschaltetem Entlastungsbauwerk und Regenklärüberlauf so zu gestalten, dass sowohl die Sedimente als auch die aufschwimmbaren Stoffe (Öl, Benzin) entfernt werden können.

Abscheider werden notwendig, wenn wassergefährdende Stoffe (Leichtflüssigkeiten, Schmierstoffe) aus dem Oberflächenwasser ausgeschieden werden müssen. Sie werden vorzugsweise als gedichtete Erdbecken oder in massiver Bauweise ausgeführt. Die Abscheidung erfolgt durch Einbau einer Tauchwand oder einer unterströmten Erdschwelle.

Die **Abdichtung von Verkehrsflächen** wird bei ungünstiger Untergrundbeschaffenheit erforderlich, wenn ein Schutzbedürfnis für den Standort besteht und die Überdeckung oberhalb des Grundwasserleiters keine ausreichende Schutzwirkung bietet. Hydrogeologisch ungünstige Standorte sind solche, bei denen die Deckschichten nicht ausreichend mächtig sind und die kein Rückhaltevermögen gegen Schadstoffe besitzen.

Unter diesen Voraussetzungen werden Abdichtungen in der Regel an Verkehrsflächen in Wasserschutzzonen und Standorten mit Heilquellen sowie Standorten zur Lagerung von wassergefährdenden Stoffen erforderlich. Im Rahmen der Planung ist die Schutzwirkung der Deckschichten nach geologisch-hydrologischen Kriterien (Mächtigkeit, Durchlässigkeit) zu untersuchen. In Gebieten mit Festgestein sind Untersuchungen über die Inhomogenität und das Trennflächengefüge in Zusammenhang mit der Wasserwegigkeit einzubeziehen. Es ist zu untersuchen, ob zusätzlich durch zuverlässige technische Schutzmaßnahmen das Risiko des Schadstoffeintrages gemindert werden kann.

Die Wahl der Abdichtung wird im Wesentlichen durch die lokale und wirtschaftliche Verfügbarkeit von Abdichtungsmaterial sowie durch die vorgesehene Tiefenlage der Abdichtung (Hoch- und Tieflage) bestimmt. Direkt unter Verkehrsflächen dürfen bindige setzungsempfindliche Dichtungsböden nicht verwendet werden. In diesen Fällen werden Kunststoffdichtungsbahnen, geosynthetische Dichtungsbahnen sowie hydraulisch oder bituminös gebundene Flächenabdichtungen bevorzugt geeignet sein.

Die **„Richtlinien für bautechnische Maßnahmen an Straßen in Wasserschutzgebieten (RiStWag)“** beinhalten Planungsgrundsätze und geben Hinweise für bautechnische Schutzmaßnahmen mit dem Ziel, eine Beeinträchtigung der Gewässer durch den Bau und Betrieb von Straßen zu vermeiden. Das Schutzkonzept der RiStWag zielt auf einen dauerhaften Schutz gegen ständige und zeitweilige Stoffeinträge aus dem Straßenverkehr und einen temporären Schutz gegen Auswirkungen von Unfällen mit wassergefährdenden Stoffen ab.

Die RiStWag gelten für geplante sowie um- und auszubauende Straßen in Wasserschutzgebieten und sinngemäß für deren Nebenanlagen (zum Beispiel Parkplätze und Rastanlagen). Ausgenommen sind Baumaßnahmen für Fuß- und Radwege oder andere Vorhaben, von denen keine relevante Gefährdung für Gewässer zu erwarten ist. Die RiStWag gelten auch für Gebiete, die der öffentlichen Wassergewinnung dienen oder dafür vorgesehen sind.

In den RiStWag sind allgemeine Ausführungen zur Gefährdung der Gewässer sowie zu rechtlichen Grundlagen des Gewässerschutzes enthalten. Weiterhin wird auf Planungsgrundsätze, bautechnische Maßnahmen, Abdichtungen, die Behandlung des Straßenoberflächenwassers, Maßnahmen bei Arbeitsstelleneinrichtung und Baudurchführung sowie auf die Unterhaltung eingegangen.

Ausführungen zu Abdichtungen siehe Teil 2, Abschnitt 7, Kom. 4 und 5.

5 Hochwasser-, Gewässer- und Grundwasserschutz

5.1 Gefahrenpotenzial

Hochwasser und Überflutungen durch Fließgewässer sind außergewöhnliche Witterungsereignisse. Die Dynamik dieser Prozesse schafft Lebensräume und ist wesentlicher Bestandteil des Naturhaushaltes. Die besiedelten und wirtschaftlich genutzten Räume sowie freie Landschaften müssen jedoch mit geeigneten ökologischen und technischen Mitteln vorsorglich vor Schäden durch Hochwasser und Überflutung geschützt werden.

Die langjährigen Messbeobachtungen und Simulationsabläufe belegen, dass sich die Klimagrößen verändern und dieser Prozess den Wasserhaushalt und die Erneuerung des Grundwassers in regionalen Räumen beeinträchtigt. Die Höchstwerte der Niederschläge, die Stärke und Dauer der Niederschläge im Winter und die mittleren monatlichen Hochwasserscheitel (häufig kleine und mittlere Hochwasser) nehmen zu. Bei der Planung des Hochwasserschutzes werden diese aktuellen Entwicklungen durch sogenannte Klimaänderungsfaktoren zusätzlich berücksichtigt. Allerdings liefern globale Klimamodelle nur bedingt Informationen über Starkniederschlag in kleinbegrenzten Einzugsgebieten und in Gebirgsräumen; regionale Modelle korrespondieren besser.

Mit den prognostizierten Klimaänderungen entstehen insbesondere in sensiblen Räumen neue Gefahrenpotenziale, wie z.B. Ansteigen der Durchschnittstemperaturen, extreme Wetterereignisse, Sommertrockenheit oder Abschmelzen der Gletscher. Als Folge des Gletscherrückgangs bilden sich Seen mit der Gefahr des Auslaufens bei Gletscherbruch, freiliegendem Geschiebe und instabilem Gelände. Die Schutzwirkung des Waldes findet ihre natürlichen Grenzen.

Entstehendes Hochwasser wird nach verschiedenen Ereignissen bzw. Ursachen unterschieden:

- Starkniederschlag mit großer Intensität, schnell ansteigender Wasserstand, von kurzer Dauer, räumlich begrenzt
- Hochwasser in Fließgewässern bei lang anhaltendem Niederschlag, große Abflussmenge und ausufernde Überschwemmung
- Grundwasseranstieg bei lang anhaltendem Niederschlag, Nassperioden und lang anhaltendem Hochwasser
- Kanalrückstau als Folge von Starkregen oder Hochwasser in Fließgewässern, die das Kanalsystem überlasten durch eindringendes Flutwasser oder hochstehendes Grundwasser.

In den Besiedelungsgebieten besteht besonders hoher Handlungsbedarf, die Verkehrsräume, Straßen und Wege, die Gebäude und Kanalsysteme vor Hochwasserschäden durch Vorsorge- und Abwehrmaßnahmen zu schützen. Von großer Bedeutung ist es dabei, die Vorhersagesysteme im Vorfeld und während des Hochwassers zu nutzen. Die wichtigen baulichen Vorsorge- und Schutzmaßnahmen in hochwassergefährdeten Gebieten sind in der vom Bundesministerium für Umwelt, Naturschutz, Bau und Reaktorsicherheit herausgegebenen „Hochwasserschutzfibel" zusammengestellt.

Die rechtlichen Grundlagen für den Naturschutz und den Schutz der Gewässer, des Grundwassers und des Bodens werden in Teil 1, Leitlinien L2.2 bis L2.4 vorgestellt. Hinweise auf Schutzmaßnahmen enthalten verschiedene Kommentare in Teil 2:

- Einwirkungen auf Grundwasser und Maßnahmen zum Schutz, Abschnitt 7, Kom. 1 bis 3
- Maßnahmen in Wasserschutzgebieten, Abschnitt 7, Kom. 4
- Wasser im Boden, Abschnitt 2.4, Kom. 2.5
- Wasserabfluss, Abschnitt 4.6, Kom. 1 bis 5
- Baugruben im Grundwasser, Abschnitt 9, Kom. 4 und 5.

5.2 Strategische Planung des Hochwasserschutzes

(1) Die Planung von Schutzmaßnahmen muss auf geeigneten Szenarien beruhen, um den erforderlichen Raum- und Flächenbedarf der Fließgewässer bei Extremereignissen abzusichern. Die Maßnahmen müssen für künftig höhere Anforderungen überlastbar und mit einfachen Mitteln anpassungsfähig sein.

Durch kontrollierte Beobachtung, Unterhaltung und Sanierung ist die Abflusskapazität der Fließgewässer und die Wirksamkeit der Anlagen zu gewährleisten.

Die Schutzgebiete und Überschwemmungsflächen müssen öffentlich ausgewiesen und die Öffentlichkeit zur Eigenverantwortung für technischen Objektschutz und organisierte Vorsorge sensibilisiert sein. Baumaßnahmen in Gefahrenzonen sollen möglichst vermieden werden.

(2) Die Planungsüberlegungen können von folgenden strategischen Optionen ausgehen:

- zum Schutz von besiedelten Gebieten den Fließgewässern Überflutungsflächen zuordnen und die Abflussspitzen durch verbesserte Speicher und technischen Rückhalt mindern
- das Rückhaltevermögen der freien Landschaft durch neue oder reaktivierte Retentionsräume und andere abflussverzögernde vegetative und bauliche Maßnahmen verbessern
- das Niederschlagswasser in der Fläche versickern
- den hydrologischen Zustand der Gewässer bei baulichen Maßnahmen verbessern
- die baulichen Strukturen und Maßnahmen nach Bestand und Funktion angepasst planen, aus widerstandsfähigen Baustoffen aufbauen und mit hoher Sicherheit bemessen
- bauliche Strukturen innerhalb von Siedlungsgebieten naturnah ausführen und Gefahrstoffe zurückhalten, bei Erneuerung in das vorhandene ökologische System integrieren.

Der Schutz vor Naturgefahren ist eine permanente Aufgabe. Die Schutzmaßnahmen sind funktionell nur dann wirksam, wenn sie nach Fertigstellung regelmäßig überwacht und instand gehalten werden. Die gesetzlichen Vorgaben sehen die Bestandserfassung, die Überwachung und die Erhaltung als Aufgaben des Rechtseigners der Anlagen bzw. der Kommunen vor.

5.3 Technisch-ökologischer Hochwasserschutz

Zur Gefahrenabwendung kommen diverse ökologische und technische Optionen in Betracht. Sie lassen sich hinsichtlich Zweckmäßigkeit und Wirksamkeit nur standort- und erfahrungsbedingt beurteilen. Neuplanungen setzen zuverlässige hydrologische Bemessungsdaten voraus. Ziel der Planung muss sein, eine Synthese zwischen technischem Zwang und landschaftsökologischem Belang zu finden. Die Zunahme außergewöhnlicher Wetteranomalien erfordert Risikoabschätzungen von möglichen Gefahren und Abwehrmaßnahmen. Der Abfluss von Hochwasser kann für regionale Einzugsgebiete, für die keine speziellen Messungen vorliegen, nur abgeschätzt werden, ggf. mithilfe von prozessorientierten Modellen über Niederschlag-Abfluss-Simulationen.

Einige wichtige Optionen des technisch-ökologischen Hochwasserschutzes seien nachfolgend aufgeführt:

(1) Rückhalt des Hochwassers durch Flutpolder, Becken, Talsperren, Deiche, Mauern, mobile Wandsysteme. Becken und Talsperren sind generell bewährte Optionen, halten jedoch Geschiebe zurück und verursachen Tiefenerosion im Untergrund der unterhalb liegenden Fließstrecken

(2) Nutzung der Speicherkapazität von Seen durch gesteuerte Vorabsenkung und Regu-

lierung mittels Umleitungsstollen und Notentlastungen in nicht bebaute Räume

(3) Eindeichung von Fließgewässern bzw. Aufstau durch Dämme, sofern die ausbleibenden Überflutungen den Bestand der Auewälder nicht gefährden

(4) Ausbau der Fließgewässer durch Ufersicherung mit Steinsatz sowie mit offener oder geschlossener Ableitung und mit Notentlastung

(5) Rückhalt des Niederschlagswassers durch dezentrale Flächenversickerung oder, sofern nicht möglich, Versickerung über Schächte, Mulden, Rigolen und Rohre. Die Versickerung fördert die Neubildung des Grundwassers und des Wasserhaushalts im Boden sowie den ökologischen Zustand der Gewässer; siehe auch Abschnitt 4 in Sonderkapitel S1 (Wasserabfluss von Verkehrsflächen)

(6) Sicherung und naturschonende Gestaltung von Uferböschungen mittels ingenieurbiologischer Lebendverbaumethoden, siehe Teil 2, Abschnitt 6

(7) Regulierung von hochstehendem Grundwasser mittels Überlaufbrunnen mit Anschluss an Vorfluter

(8) Freihalten von Ausuferungsflächen hinter Deichen als Notüberlauf

(9) Objektschutz für Gelände, Bauwerke und Verkehrsanlagen durch Mauern, Schutzwände, Schutztore, Schutztüren und mobile Schutzsysteme

(10) Sicherung der Kanalsysteme gegen eindringendes bzw. aufstauendes Oberflächen- und Grundwasser. Abgabe des Wassers in das Kanalnetz nur in Ausnahmefällen, da die Gefahr der Überlastung und des Rückstaus in das Gebäude besteht. Aufstauendes Grundwasser kann durch Wände und Sohlen im Kellergeschoß, über Umläufigkeit von Anschlussleitungen, über Lichtschächte, Tür- und Fensteröffnungen eindringen

(11) Stahlspundwände zur Erhöhung der Hochwasserschutzlinie, zur Sanierung von Deichanlagen oder zur Abdichtung als Schutz gegen Durch- und Unterströmung. Spundwände wirken in Deichmitte als mittragendes Element zur Lastaufnahme, am wasserseitigen Dammfuß als Kolkschutz, landseitig zur Verstärkung des Deichfußes.

5.4 Überflutung von Verkehrsflächen

Die Planungsgrundsätze und Konzepte für die Sammlung und Ableitung des von Fahrbahnen abfließenden Oberflächenwassers sind in Abschnitt 4 zum Thema S1 gesondert beschrieben. Die Grundlagen beruhen auf den „Richtlinien für die Anlage von Straßen, Teil: Entwässerung (RAS-Ew)“. Diese Richtlinien verbinden den ökologischen und technischen Gewässer- und Grundwasserschutz und gewinnen bei Hochwasserereignissen mit Überflutungen und Grundwasseraufstau besondere Bedeutung. Diese Fälle vergrößern die Gefahr, dass verstärkt Schadstoffe in das Grundwasser, die Gewässer und den Boden abschwemmen.

Bei der Planung in sensiblen Räumen ist der Grundsatz umso wichtiger, das aus Nebenflächen und dem Gelände zufließende und auf den Verkehrsflächen direkt anfallende Oberflächenwasser noch vorher abzufangen, zu sammeln und möglichst breitflächig zu versickern. Durch die Versickerung über Böschungen, Rasenmulden und Bankette werden das Wasser gereinigt, neues Grundwasser gebildet und Schadstoffe zurückgehalten.

Das vom Straßenverkehr ausgehende Gefährdungspotenzial entsteht durch straßenspezifische Einwirkungen, die hinsichtlich der Dauer und Häufigkeit ihres Auftretens in ständige, vorübergehende und außergewöhnliche Einwirkungen unterteilt werden. Die ständigen Einwirkungen werden durch Abgase, Bremsen-, Reifen- und Fahrbahnabrieb sowie durch Tropfverluste verursacht. Tausalzstreuung stellt eine vorübergehende Einwirkung dar. Unter außergewöhnlicher Einwirkung wird die Emission wassergefährdender Stoffe bei Verkehrsunfällen verstanden.

Leicht abbaubare Stoffe belasten die Umwelt wegen der kürzeren Einwirkungszeit weniger als schwer abbaubare Substanzen. Hohes Sorptionsvermögen des Bodens dämpft den Stoffeintrag in das Grundwasser. Stoffe mit geringer Wasserlöslichkeit reichern sich in Böden an und gelangen dadurch kaum oder überhaupt nicht in das Grundwasser. Flüssigkeiten mit einer größeren Dichte als Wasser können Grundwasserleiter in vertikaler Richtung durchdringen.

Im Rahmen von Risikobewertungen kann ermittelt werden, ob neben den jeweiligen örtlich vorliegenden hydrogeologischen Schutzwirkungen zusätzliche Schutzmaßnahmen gegenüber den ständigen, vorübergehenden und/oder außergewöhnlichen straßenspezifischen Einwirkungen erforderlich sind. Erstrangig lassen sich solche Risikobewertungen für Verkehrsflächen in Wasserschutzgebieten oder anderen sensiblen Räumen nutzen, um über Schutzmaßnahmen zu entscheiden.

S2 Ländlicher Wegebau

Inhalt

1 Entwurfsgrundlagen

Der ländliche Wegebau stellt besondere Bedingungen an die Planung, die Baufinanzierung und die Instandhaltung. Die Herausforderungen verbinden technisch-wirtschaftliche und ökologische Elemente. Die komplexe Aufgabe besteht darin, die Wegetechnik den Anforderungen der Land- und Forstwirtschaft anzupassen und zugleich auch wirtschaftlich, landschaftseingebunden und umweltschonend zu gestalten. Die technisch-wirtschaftlich bedingten Vorgaben entstehen aus der starken Fortentwicklung der einschlägigen maschinentechnischen Automation, der zunehmenden Größe der Bewirtschaftungsräume und der Anbindung des Wegenetzes an den öffentlichen Straßenverkehr. Die rechtlichen Vorgaben sind im Schutz von Landschaft, Wasser und Boden verankert, wie allgemein im Sonderkapitel S1 beschrieben.

Grundlage der Planung und des Entwurfs land- und forstwirtschaftlicher Wege ist ein Wege- und Gewässerplan in Verbindung mit einem landschaftspflegerischen Begleitplan. Die bauliche Anlage und Instandhaltung erfordern Landschaftsbauarbeiten (siehe Sonderkapitel S1) sowie erd- und straßenbautechnische Arbeiten.

Für ländliche Wege im Rahmen von Flurneuordnungen ist das Flurbereinigungsgesetz (FlurbG) maßgeblich. Zu beachten sind dabei die „Hinweise für die Zusammenarbeit von Straßenbau und Flurbereinigung bei der Vorbereitung und Durchführung von Verfahren nach dem Flurbereinigungsgesetz – Hinweise zur Unternehmensflurbereinigung)“, FGSV 2016.

Für die Anlage von Rad- und gemeinsamen Rad-/Gehwegen gelten besondere Regelungen, die hier nicht in die Kommentierung einbezogen sind, und zwar die Empfehlungen der FGSV für Radverkehrsanlagen (ERA) und für Fußgängerverkehrsanlagen (EFA).

Die land- und forstwirtschaftlichen Wege sind im Vergleich zu Straßen anderen Beanspruchungen durch Verkehr und Witterungseinflüssen ausgesetzt. Für die Befestigung und Bauausführung sind deshalb spezielle Technische Regelwerke zu beachten; hierzu gehören:

- RLW – Richtlinien für den Ländlichen Wegebau – Teil 1: Richtlinien für die Anlage und Dimensionierung ländlicher Wege, Ausgabe 2016, FGSV und DWA – Arbeitsblatt DWA-A 904-1
- ZTV LW 16 – Zusätzliche Technische Vertragsbedingungen und Richtlinien für den Bau Ländlicher Wege
- ZTV La-StB 05 – Zusätzliche Technische Vertragsbedingungen und Richtlinien für Landschaftsbauarbeiten im Straßenbau
- TL LW 16 – Technische Lieferbedingungen für Gesteinskörnungen, Baustoffe, Baustoffgemische und Bauprodukte für den Bau Ländlicher Wege
- M ELW – Merkblatt für die Erhaltung Ländlicher Wege.

Die vorgenannten Regelwerke enthalten ein detailliertes Fachnormenwerk, siehe hierzu Teil 2, Abschnitte 5 und 6.

Die „Richtlinien für die Standardisierung des Oberbaus von Verkehrsflächen“ (RStO) geben Belastungsklassen, Verkehrsbelastungen und Aufbauvarianten für Straßen innerhalb und außerhalb geschlossener Ortschaften an. Für ländliche Wege kommen sie vom Grundsatz her nicht zur Anwendung, können jedoch bei der Anbindung an den öffentlichen Verkehr bzw. bei dessen Mitbenutzung richtungsweisend sein. Die RStO enthalten auch Hinweise auf Standardbauweisen für Rad- und Gehwege, die fahrbahnbegleitend verlaufen und, sofern sie mit ländlichen Wegen vernetzt sind, insbesondere entwässerungstechnisch bauliche Zusammenplanung zweckmäßig machen können (siehe Abschnitt 3).

Zu den Entwurfselementen für ländliche Wege gehören die Grundsätze der Linienführung, der Querschnittsgestaltung und der zulässigen Neigungswechsel, die hier jedoch mit Verweis auf die RLW nicht kommentiert werden.

2 Bauweisen für Wegebefestigungen

Die Wegebefestigung gilt definitionsgemäß als Oberbau und besteht aus Trag- und Deckschicht. Sie liegt dem plangerecht bearbeiteten Planum des Untergrundes oder Unterbaus unmittelbar auf. Die Regelungen und Anforderungen für die Baustoffe und die Ausführung sind in den ZTV LW detailliert angegeben und werden hier nicht kommentiert.

Die Wahl der Bauweise, die Anordnung und Dimensionierung sowie die Dicke der Gesamtkonstruktion werden nach verkehrsbetrieblichen Erfordernissen und örtlichen Erfahrungen getroffen. Die Tragfähigkeit des Untergrundes und Unterbaus sowie die vom Standort abhängigen Entwässerungsbedingungen haben mitentscheidenden Einfluss auf die Wahl und den dauerhaften Bestand der Wegebefestigung. Die Wege werden in der Regel nicht auf volle Tiefe frostsicher ausgebaut und die Seitenräume nicht befestigt. Insofern sind besonders ungebundene bzw. offene Wegebefestigungen dem Einfluss der Witterung (Nässe, Frost) empfindlich ausgesetzt (siehe Abschnitt 4).

Die ländlichen Wege werden begrifflich nach allgemeiner und verkehrsbetrieblicher Nutzung als Verbindungswege, Feldwege als Haupt- und Wirtschaftswege, Grünwege und Waldwege unterschieden (siehe RLW). Diesen Nutzungen sind eigenständige Bauweisen zugeordnet, die nachfolgend im Überblick ohne Kommentar zusammengestellt sind (siehe ZTV LW):

- Wegebefestigungen mit Schichten ohne Bindemittel
  - Tragschichten aus unsortiertem Gestein
  - Frostschutzschichten
  - Schichten aus frostunempfindlichem Material
  - Kiestragschichten
  - Schottertragschichten
  - Deckschichten ohne Bindemittel
  - Schichten aus Schotterrasen
- Wegebefestigungen mit hydraulischen Bindemitteln und Beton
  - Verfestigungen
  - Hydraulisch gebundene Tragschichten (HGT)
  - Hydraulisch gebundene Tragdeckschichten (HGTD)
  - Fahrbahndecken aus Beton/Betonspuren
- Wegebefestigungen mit Asphalt
  - Asphalttragschichten
  - Asphaltdeckschichten
  - Asphalttragdeckschichten
  - Asphaltspuren
- Wegebefestigungen mit Pflastersteinen und Spurwegplatten
  - Pflasterdecken aus Betonstein
  - Pflasterdecken aus Pflasterziegel und Pflasterklinker
  - Pflasterdecken aus Naturstein
  - Pflasterdecken aus Rasenverbundstein
  - Spurwegplattenbeläge aus Beton.

3 Entwässerungstechnische Besonderheiten

Plangemäß angeordnete, technisch funktionierende Entwässerungsanlagen sind mitentscheidende Voraussetzungen für den Erhalt der baulichen Substanz und der verkehrlichen Gebrauchstauglichkeit ländlicher Wege. Die Planung dieser Anlagen ist darauf auszurichten, dass der Untergrund und die Unterlagsschichten der Wegeverfestigung sowie die Seitenräume staufrei entwässern können und das Oberflächenwasser nicht schadhaft auf den Verkehrsweg und sein Umfeld einwirkt. Eine weitere Voraussetzung ist die ständige sorgfältige Wartung aller bereits vorhandenen und neuen Anlagen.

Im Grundsatz können die in Teil 2 genannten Kommentare, Richtlinien und Technischen Vertragsbedingungen der ZTV E-StB, der ZTV Ew-StB und der RiStWag auch für den Wegebau angewendet werden; es sind dies die Abschnitte:

- Wasserabfluss (Abschnitt 4.6)
- Abdichtungen (Abschnitt 7)

- Bautechnische Maßnahmen in Wasserschutzzonen (Abschnitt 7, Kom. 4)
- Sickeranlagen und Filterschichten (Abschnitt 8)
- Entwässerung an Bauwerken (Abschnitt 10.7).

Die Wirksamkeit der Entwässerung wird stark von der Weg- und Wasserführung in der Fläche beeinflusst. Ziel muss eine erosionsmindernde Linien- und Wasserführung mit Wasserrückhalt in der Fläche sein. Das Wasser soll auch bei Starkniederschlag langsam abfließen und in der Fläche versickern, sodass Bodenerosion und Bodeneinschwemmung vermindert werden. Sofern Seitengräben für die Wasserführung notwendig werden, sind sie so zu gestalten, dass angrenzende Flächen durch die Dränwirkung nicht mit entwässern.

Eine ungebundene, offene Wegbefestigung, die auf Untergrund oder Unterbau auf frostempfindlichem Boden aufliegt, muss mit ihrer Tragschicht zugleich als Flächendränage wirken oder zusätzlich plangemäß eine entsprechend wirksame Unterlagenschicht erhalten.

Eine Frostschutzschicht, die bei großer Verkehrsbelastung und frostempfindlichem Untergrund notwendig wird, muss die Tragfähigkeit der Wegebefestigung während der Tauperiode bewahren und zugleich im Bau- und Betriebszustand als gut entwässernde Flächendränage wirksam sein.

Werden begleitend zum ländlichen Weg noch Rad-/Gehwege ausgeführt und am tiefer liegenden Rand des Weges angeordnet, ist es aus Gründen der Tragfähigkeit und Entwässerung zweckmäßig, das Planum bzw. die Frostschutzschicht für beide Wege durchgängig auszuführen.

4 Erdbautechnische Besonderheiten

Die Erdarbeiten, die der Neubau, Ausbau und die Anlage von Entwässerungen ländlicher Wege erfordern, werden grundsätzlich nach den ZTV E-StB geplant und ausgeführt. Die Besonderheiten der Wegführung im Gelände sowie der Bau- und Verkehrsbedingungen können jedoch auch davon abweichende, aufweitende oder einschränkende Regelungen, Qualitätsanforderungen und Prüfungen notwendig machen. Diese vom Einzelfall abhängigen Ausnahmen müssen in der jeweiligen Leistungsbeschreibung benannt sein.

Für Baustoffe, Baustoffgemische, Gesteinskörnungen und andere Bauprodukte sind die ZTV LW in Verbindung mit den TL LW maßgebend. Sofern die „Vergabe- und Vertragsordnung für Bauleistungen, Teil C“ (VOB/C) als Bestandteil des Vertrages ausgewiesen sind, gelten auch die ATV DIN 18299, 18340 sowie 18315 bis 18318 mitwirkend.

Für die Lieferung von Boden und Fels gelten gemäß den ZTV LW die Regelungen des Abschnittes 3 ZTV E-StB. Bei der erdbaulichen Bearbeitung im Wegebau (Lösen, Laden, Fördern, Einbau, Verdichtung) handelt es sich bei Boden und Fels zumeist um sogenannte Primärbaustoffe. Primärbaustoffe sind Baustoffe ohne anthropogene Belastungen oder umweltrelevante Fremdstoffe.

Neben den TL LW können auch andere Lieferbedingungen mit einbezogen sein, wie z. B.:

- die TL BuB E-StB für die Lieferung von Bodenmaterial (siehe Teil 2, Abschnitt 3.2 und Teil 3, Sonderkapitel S4)
- die TL GeoK E-StB für die Lieferung von Geokunststoffen (siehe Teil 2, Abschnitt 3.3)
- die Lieferung von Bindemittel (siehe Teil 2, Abschnitt 12).

Die Beurteilung der Frostempfindlichkeit von Böden und veränderlich festen Gesteinen sowie der Frostbeständigkeit von Fels erfolgt nach den in Teil 2, Abschnitt 3.1.5 genannten Prüfverfahren und die Einstufung von Bodengruppen nach den Frostempfindlichkeitsklassen F1, F2 und F3.

Besteht der Untergrund oder Unterbau des ländlichen Weges aus Boden der Frostempfindlichkeitsklasse F1, ist keine Frostschutzmaßnahme zusätzlich erforderlich. Die Wegebefestigung kann unmittelbar auf dem F1-Boden aufliegend ausgeführt werden.

Für F2- und F3-Böden soll die Mindestdicke der Wegebefestigung 30 cm betragen. Wird dazu eine Frostschutzschicht erforderlich, kann sie als erste Tragschicht und Flächendränageschicht nach den Erfahrungen der vor Ort bewährten Bauweisen oder nach den RStO ausgeführt werden. Die Grundlagen hierfür sind in Teil 3, Sonderkapitel S5 beschrieben.

Wegebefestigungen können durch Stabilisierungen mit hydraulischem Kalk oder Zement im Untergrund und Unterbau ertüchtigt werden. Bei ungebundenen offenen Befestigungen, die stark schadhaft sind, lassen sich solche Ertüchtigungsmaßnahmen auch noch nachträglich im Zuge der Instandhaltung ausführen. Die technische Bodenbehandlung mit Bindemittel ist in Teil 2, Abschnitt 12 einschließlich der Anforderungen und Prüfungen beschrieben.

Ertüchtigungen der Wege lassen sich auch durch Einlagen zugfester Geokunststoffe auf dem Planum oder auf der Tragschicht erreichen; siehe hierzu die Vorgaben in Teil 2, Abschnitte 3.3 und 13.3.7.

Im Zusammenhang mit offenen Wegebefestigungen wird ergänzend auf Teil 2, Abschnitt 4.2 verwiesen. Kommentiert werden Erdstraßen und Förderwege für Verkehr im Baubetrieb, die nicht in den RLW und ZTV LW behandelt sind. Die Erfahrungen damit entstammen noch den Kriegsjahren. Derartige Bauweisen kommen aktuell noch in Gebieten zur Anwendung, in denen örtlich geeigneter Boden im Rahmen der angegeben Rezepturen ansteht oder durch den Zusatz von Kiessand, Sand oder auch Ton verbessert werden kann oder entsprechend zusammengesetzte Gemische geliefert werden können.

Ländliche Wege bedürfen einer ständigen Kontrolle und betrieblichen Pflege. Besonders offene Befestigungen sind durch spurfahrenden Verkehr sowie durch Wasser- und Winderosion gefährdet. In Vertiefungen, Schlaglöchern und seitlichen Verdrückungen sammelt sich Wasser und loses Gesteinsmaterial an, wodurch die Tragfähigkeit und Befahrbarkeit des Weges zunehmend geschwächt werden.

Die betriebliche Instandhaltung kann die Wiederherstellung der Quer- und Längsprofile der Befestigung und Seitenstreifen, die Ausbesserung der seitlichen Wasserableitung, der Vertiefungen und Verdrückungen umfassen. In extremen Schadensfällen können auch erdbauliche Eingriffe zur Stabilisierung des Planums und Untergrundes erforderlich werden. Die baulichen Maßnahmen enthält das „Merkblatt für die Erhaltung Ländlicher Wege“ (M ELW).

S3 Kommunaler Straßenbau

Inhalt

1 Entwurfsgrundlagen

Die „Richtlinien für die Anlage von Stadtstraßen" (RASt) behandeln den Entwurf und die Gestaltung von angebauten und anbaufreien Hauptverkehrsstraßen sowie von Erschließungsstraßen. Die Besonderheiten dieser kommunalen Straßen entstehen durch die spezifischen Verkehrsbedingungen, eingeengte bzw. schmale Fahrbahnbreiten, Bauen unter Verkehr, Einbau von Ver- und Entsorgungsleitungen. Das Flächenangebot ist in geschlossenen Ortschaften oft stark eingeschränkt, sodass die Planungs- und Bauabläufe besonders organisiert sein müssen.

Der Entwurf muss alle örtlichen und überörtlichen Nutzungsansprüche, die hauptsächlich durch verkehrliche und städtebauliche Merkmale geprägt sind, berücksichtigen. Die Planungs- und Nutzungsziele nehmen einen breiten Rahmen mit vielfältigen Aufgaben ein; hierzu gehören z. B. Neubau, Erneuerung und Unterhaltung der Fahrbahnen, Park- und Nebenflächen, Wege für Fuß- und Radverkehr, Entwässerungsanlagen mit Einbauten, Hoch- und Tiefborde, Stützmauern.

Das *Bild 1* zeigt als Beispiel die Austauschelemente einer städtischen Straße in geschlossener Ortslage mit wasserdichten Randbereichen und seitlicher Bebauung.

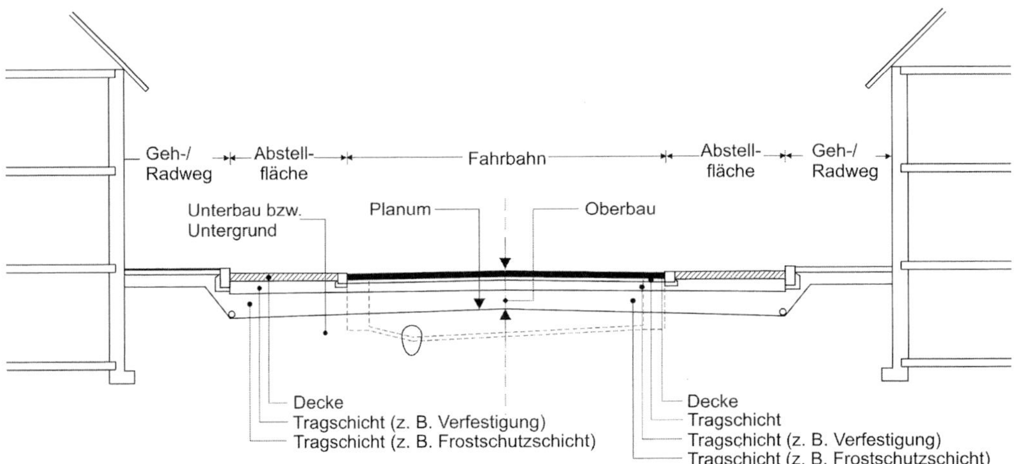

Bild 1: Beispielhafter Aufbau einer Befestigung in geschlossener Ortslage mit wasserundurchlässigen Randbereichen und geschlossener seitlicher Bebauung sowie mit Entwässerungseinrichtungen (Quelle: RStO)

2 Neubau und Erneuerung

Bodenmechanische Entwurfsgrundlagen für Fahrbahnbefestigungen siehe Sonderkapitel S5. Diese gelten auch für den kommunalen Straßenbau.

Die „Richtlinien für die Standardisierung des Oberbaus von Verkehrsflächen" (RStO) regeln die Standardfälle bei Neubau und Erneuerung innerhalb und außerhalb geschlossener Ortslagen. Die empfohlenen Befestigungsstandards entsprechen erfahrungsgemäß technisch geeigneten und wirtschaftlichen Bauweisen. Die Richtlinien berücksichtigen die Funktion der Verkehrsfläche, die Verkehrsbelastung, die Lage im Gelände, die Untergrundverhältnisse, die Bauweise und den Zustand einer zu erneuernden Verkehrsfläche sowie die Bedingungen des Bauabschnitts in freier Strecke oder geschlossener Ortslage.

Die Verkehrsflächen werden sogenannten Belastungsklassen (äquivalente Zahl der 10-t-Achsübergänge in Mio.) zugeordnet. Ist es zu schwierig, die dimensionierungsrelevante Beanspruchung zu ermitteln, z. B. in geschlossener Ortslage, werden gemäß RASt die Belastungsklassen typischen Entwurfssituationen zugeordnet.

Bei der Wahl der geeigneten Bauweise sind örtliche Gegebenheiten, regionale Erfahrungen, technische und wirtschaftliche Aspekte, Umweltschutzbedingungen und die Festlegung der erforderlichen Mindestdicke des frostsicheren Aufbaus mitentscheidende Faktoren. Für die Bauausführung und die geeigneten bzw. zulässigen Baustoffe gelten die einschlägigen „Zusätzlichen Technischen Vertragsbedingungen und Richtlinien" (ZTV) in Verbindung mit den Technischen Lieferbedingungen (TL).

Erneuerungen können als vollständiger oder teilweiser Ersatz der vorhandenen Befestigung oder direkt auf der vorhandenen Befestigung ausgeführt werden. Für diese Entscheidung sind Art und Tiefe der Schadensmerkmale maßgebend.

Die Erneuerung setzt eine Zustandserfassung und Feststellung der Schadensmerkmale voraus. Die Ursachen struktureller Schäden des Oberbaus sind zu untersuchen. Die Inspektionen und Untersuchungen umfassen

- den Oberflächenzustand und den Schichtenverbund der vorhandenen Befestigung,
- die Tragfähigkeit, Frostempfindlichkeit und Wasserführung des Untergrundes bzw. Unterbaus sowie
- die Funktionsfähigkeit der vorhandenen Entwässerungen.

Sowohl Neubau- als auch Erneuerungsarbeiten sind mit dem Aufbruch der Verkehrsflächen, Erdarbeiten nach den ZTV E-StB und dem Herstellen von Baugruben und Leitungsgräben verbunden. Im kommunalen Bereich bedürfen diese Arbeiten besonders großer Sorgfalt. Aushub- und Gründungsarbeiten neben bestehenden Gebäuden sowie Unterfangungen von Gebäudeteilen sind im Rahmen der bauaufsichtlichen Vorschriften genehmigungspflichtige Baumaßnahmen.

Wird dabei von normativen Regelungen abgewichen oder ein nicht durch Normen erfasstes Gründungsverfahren angewendet, muss die Standsicherheit für alle Bauzustände der Aushub-, Gründungs- und Unterfangungsarbeiten nachgewiesen werden. Zu berücksichtigen ist die zusätzliche Belastung des Baugrundes durch das neue Gebäude, die Setzungen sowohl des neuen als auch des alten Gebäudes verursachen kann. Boden darf nicht ausfließen oder aufweichen.

Die von der Baumaßnahme betroffenen Gebäude und Anlagen müssen während der gesamten Bauarbeiten beobachtet werden.

Die „Zusätzlichen Technischen Vertragsbedingungen und Richtlinien für Aufgrabungen in Verkehrsflächen (ZTV A-StB)" behandeln den Aufbruch von Verkehrsflächen, den Aushub und das Verfüllen von Leitungsgräben sowie die Wiederherstellung des Oberbaus von Verkehrsflächen als Vertragsgrundlage für Bundesfernstraßen, wenn ein Bauvertrag Aufgrabung und Wiederherstellung des Oberbaus zum Gegenstand hat.

Leitungen und Kabel dürfen bei Fahrbahnquerungen, wenn mehrere Lagen übereinander geführt werden, nur in Rohren verlegt werden. In allen Fällen, in denen Rohre in mehreren Lagen übereinander verlegt werden, kann auch das Verfüllen mit Porenleichtbeton zweckmäßig sein.

Der Wiederaufbau der Befestigung orientiert sich an den Standardbauweisen der RStO. Die technisch-wirtschaftliche Entscheidung richtet sich nach Anforderungen, Wiederverwendung der Baustoffe, Nutzungszeitraum, Vorgaben der Bauzeit und Verkehrsführung sowie Länge der Erneuerungsabschnitte.

Die Anforderungen an die Qualität von Untergrund, Unterbau und Planum sowie die zugehörigen Qualitätsprüfungen richten sich nach den ZTV E-StB; siehe hierzu Teil 2, Abschnitte 4 und 14 sowie Teil 3, Sonderkapitel S5.

Die Anforderungen gelten für den Untergrund/Unterbau von Verkehrsflächen außer- und innerorts. Sie sind nach den Bodengruppen in DIN 18196 differenziert. Bei Stadtstraßen und Ortsdurchfahrten ergeben sich häufig besonders schwierige Baubedingungen und umfeldschonende Bauauflagen, sei es durch angrenzende Bebauung, Einbau von Ver- und Entsorgungsanlagen oder beengte Baufelder. Diese Bedingungen lassen nur bestimmte Bauverfahren und Baugeräte zu, sodass bauliche Sondermaßnahmen notwendig werden, um die Anforderungen der ZTV E-StB umsetzen zu können.

3 Entwässerungsanlagen

Die Planung und Ausführung der Entwässerungsanlagen stellen bei Neubau und Erneuerung von Verkehrsflächen allgemein und besonders innerorts schwierig zu lösende Aufgaben. Ziel muss sein, die Funktions- und Leistungstüchtigkeit einschließlich des Wasserabflusses von den Fahrbahnen in die Vorflut bzw. in das Kanalnetz dauerhaft sicherzustellen. Sowohl die Verkehrssicherheit als auch Extrembelastungen durch Starkregen, Überflutung und Hochwasser sind dabei in Betracht zu ziehen. Diese anspruchsvolle Zielvorgabe erfordert ein technisch und wirtschaftlich optimal dimensioniertes, staufreies Gesamtsystem der Entwässerung auf Grundlage zuverlässig prognostizierter Niederschlag-Abfluss-Daten. Weitere Kommentierung siehe Sonderkapitel S1, Abschnitte 4 und 5.

Innerorts stellen sich die Aufgaben besonders schwierig bei Straßen mit geschlossener seitlicher Bebauung (*Bild 1*) oder wenn Ausgleichsflächen im freien Gelände fehlen oder Engstellen (Unterführungen, Brücken, Durchlässe, schmale Straßenquerschnitte) Überlastungen und Aufstau verursachen.

Entwässerungssysteme, deren Anlage schon länger zurückliegt, entsprechen vielerorts nicht mehr den aktuellen Anforderungen, die durch starke Zunahme des Verkehrs und der Niederschläge notwendig geworden sind. Diese Anlagen können technisch und ökologisch teils nur sehr aufwendig, teils gar nicht mehr optimal umgebaut werden. Die derzeit maßgebenden Richtlinien für die Planung und den Bau gelten allgemein für Verkehrsflächen inner- und außerorts und berücksichtigen im Wesentlichen die durchschnittlichen Erfahrungen und technischen Mittel. Insofern sind sie für neue Anlagen oder für Erneuerungen richtungsweisend, können jedoch bei Extremereignissen nicht in jedem Fall eine staufreie Entwässerung der Verkehrsflächen gewährleisten. Zum Schutz gegen Hochwasser, Überflutung und aufsteigendes Grundwasser müssen bauliche und betriebliche Zusatzmaßnahmen, z. B. durch Wasserversickerung, in Betracht kommen; siehe hierzu Sonderkapitel S1.

Das gesamte System der Entwässerung kommunaler Verkehrsflächen bedarf einer ständigen, sorgfältigen Überprüfung vorhandener und neuer Einrichtungen hinsichtlich Güte, Funktion und Leistungsfähigkeit. Je nach Neuanlage oder Erneuerung umfassen die Prüfungen

- den Nachweis der Güteeigenschaften der Stoffe und Bauteile,
- die Sichtung begehbarer Kanäle und Schächte,
- die Lage der Rohrleitungen,
- die Dichtheit der Kanäle, Schächte, Leitungen und Düker und
- die Auswirkung des Oberflächenwassers in Verbindung mit dem Boden (Aggressivität, Korrosion, Versinterung, Verockerung).

4 Spartenspezifischer Leitungsbau

Der im Zuge der Anlage von Verkehrsflächen integrierte Leitungsbau erfordert es, die Sicherheit des Verkehrs zu gewährleisten.

Auf freien Strecken von öffentlichen Straßen sollen Längsleitungen grundsätzlich außerhalb des Straßenkörpers verlegt werden. Dabei ist auf geplante Erweiterungen oder Verlegungen Rücksicht zu nehmen.

In bebautem Gebiet sollen in der Regel Versorgungsleitungen außerhalb der Fahrbahn, Abwasserkanäle und Ferngasleitungen in der Fahrbahn untergebracht werden.

Kreuzungen von Leitungen mit befestigten öffentlichen Straßen sollen – soweit technisch und verkehrlich möglich – mittels Durchbohren oder Durchpressen hergestellt werden.

Wenn Leitungen in offenen Gräben verlegt werden müssen, sind alle damit verbundenen Arbeiten so zu beschleunigen, dass die Verkehrsflächen in kürzester Zeit wieder unbeschränkt und verkehrssicher befahrbar sind.

Beim Leitungsbau unter sehr beengten Raumverhältnissen, z. B. im Zuge kommunaler Verkehrsflächen, wird es in der Regel zweckmäßig sein, in kurzen Bauabschnitten auszuheben, die Leitungen zu verlegen und den Aushubboden zur Verfüllung wieder sachgerecht einzubauen. Diese Maßnahmen richten sich nach den örtlichen Gegebenheiten und lokal verfügbaren Baustoffen; sie bedürfen der Regelung in gesonderten Vertragsbedingungen.

Der Rohrleitungsbau setzt voraus, das Zusammenwirken von Rohr, Rohrverbindung, Rohrauflagerung, Hinterfüllung und Überschüttung als Grundlage für die Stand- und Betriebssicherheit zu berücksichtigen. Bei der Verlegung von Rohrleitungen in Gräben, in breiten Baugruben sowie in oder unter Dammschüttungen ergeben sich hauptsächlich drei grundbaustatische und erdbauliche Probleme:

- Bestimmung der Rohrbeanspruchung infolge der Erdüberdeckung
- sachgemäßer Einbau und richtige Lagerung der Rohrleitungen sowie Sicherung der Grabenwände
- ordnungsgemäße Verfüllung der Rohrgräben.

Bei erdbedeckten Rohrleitungen werden die Auflagerung, die Hinterfüllung und die Überschüttung der Rohre durch den Einbauvorgang wesentlich beeinflusst. Für die statische Berechnung wird unabhängig von der Bauausführung nach Graben- oder Dammbedingungen unterschieden.

Unabhängig von einer erforderlichen Grundwasserhaltung ist zum Erzielen einwandfreier Aushub-, Verlege- und Dichtungsarbeiten die Grabensohle wasserfrei zu halten. Gegebenenfalls ist eine Sickerleitung einzulegen, der Graben entsprechend zu erweitern und das Eindringen von Boden in die Sickerleitung zu verhindern.

Das Herstellen von Leitungsgräben, die Verbauverfahren und die Gestaltung der Böschungen sind generell in Teil 2, Abschnitt 9 beschrieben. Das maßgebliche Normenregelwerk ist DIN 4124:2012-01: Baugruben und Gräben – Böschungen, Verbau, Arbeitsraumbreiten.

Die Norm gilt für geböschte und für verbaute Baugruben und Gräben, die von Hand oder maschinell ausgehoben werden. In der Norm wird angegeben, nach welchen Regeln Baugruben und Gräben zu bemessen und auszuführen sind. Für einfache Fälle werden Regeln genannt, bei deren Beachtung besondere statische Nachweise entfallen können, z. B. Böschungswinkel, Grabenverbaugeräte, Normverbau.

Für die spartenspezifischen Leitungsanlagen gibt es Besonderheiten zu beachten, die nachfolgend zusammengefasst sind.

4.1 Wasser- und Gasversorgung

Im Bereich der Wasserversorgung werden in der Regel Rohre aus Gusseisen oder PVC, im Bereich der Gasversorgung Rohre aus Stahl oder PVC eingebaut.

Die Grabengeometrie ergibt sich aus dem Rohrdurchmesser, der Überdeckungshöhe (Gas: 0,8 bis 1,0 m; Wasser: 1,0 bis 1,8 m) und der einzuhaltenden Mindestgrabenbreite nach DIN 4124. Eine häufig ausgeführte Grabengeometrie zeigt *Bild 2*.

Die Leitungszone reicht von der Grabensohle bis zu einer Höhe von 30 cm über den Rohrleitungsscheitel. Sie wird in Auflager und Einbettung unterteilt. Die Verfüllzone umfasst den restlichen Teil der Aufgrabung bis Oberkante Planum.

Die Rohre sind so zu verlegen, dass weder Linien- noch Punktlagerung auftritt. Für die Muffen sind deshalb Vertiefungen im Auflager herzustellen. Das Rohrauflager muss mindes-

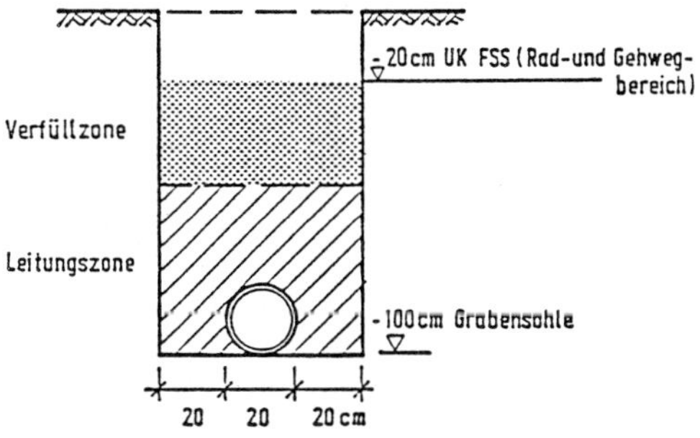

Bild 2: Typische Grabengeometrie für Wasser- und Gasleitungen b/t = 60/100 cm

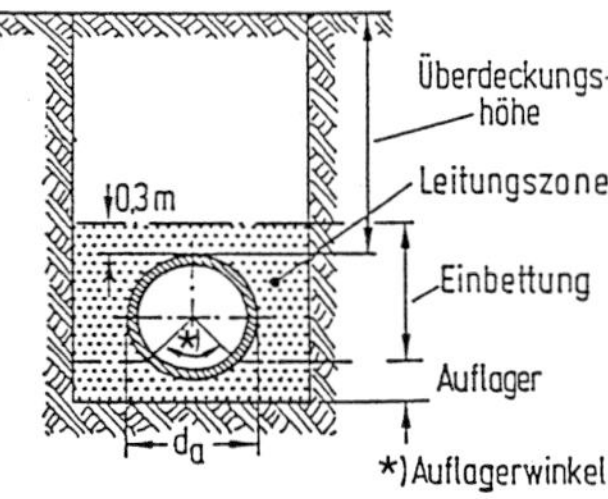

Bild 3: Auflagerwinkel (nach DIN 4033)

tens dem Auflagerwinkel der statischen Berechnung entsprechen; s. *Bild 3*. Dieser soll für biegesteife Rohre kleiner und mittlerer Nennweite in der Regel etwa 60° betragen.

Der zur Rohrauflagerung geeignete Boden soll steinfrei, gut verdichtbar und tragfähig sein. Die erforderliche Schichtdicke des geeigneten Bodens beträgt t = 100 + 1/10 DN in mm, mindestens aber t = 150 mm. Andernfalls ist eine Ausgleichsschicht aus geeignetem Material einzubauen oder ein besonderes Rohrauflager auszubilden (z. B. Bodenverfestigung, Beton).

Bei nicht tragfähigem Baugrund sind besondere Bettungsmaßnahmen (z. B. Matten bzw. Matratzen aus Geokunststoffen, Tragplatten) erforderlich. Im Einflussbereich von Grundwasser sind die Leitung gegen Auftrieb und der Graben gegen einsickerndes Wasser zu sichern.

Die Leitungszone soll je nach Rohrdurchmesser in mindestens zwei Lagen verfüllt werden. Hierzu ist der Boden gleichzeitig beiderseits und über der Rohrleitung in Lagen von maximal 30 cm einzubauen und mit leichtem Verdichtungsgerät so zu verdichten, dass keine Lageänderung des Rohres entsteht.

Zur Auflagerung sowie zur Einbettung der Leitung können je nach Rohrwerkstoff, Außenschutz und Rohrdurchmesser Sand, Kiessand oder steinfrei aufbereitete Korngemische eingebaut werden. Je empfindlicher das Rohr (z. B. Kunststoffrohr) oder der Rohrmantel (z. B. bituminöser Korrosionsschutz) ist, desto feinkörniger und gleichmäßiger muss das Material der Einbettung sein. Schlacken oder aggressive Stoffe sind für die Auflagerung und Einbettung nicht geeignet.

In der Verfüllzone ist prinzipiell in gleicher Weise wie in der Leitungszone vorzugehen. Oberhalb einer Rohrscheitelüberdeckung von ca. 1 m (in verdichtetem Zustand) können in der Regel auch mittlere und schwere Verdichtungsgeräte eingesetzt werden. Meist wird hier das Aushubmaterial für den Einbau wiederverwendet.

4.2 Elektrizitätsversorgung

Im Bereich der Elektrizitätsversorgung kommen in erster Linie Kabelleitungen zur Bauausführung; s. *Bild 4*. Zu unterscheiden ist zwischen der Verlegung von Erdkabeln, Kabelschutzrohren und sogenannten Gasinnendruckkabeln. Während die Verlegung von Erdkabeln und Kabelschutzrohren mit den Baumaßnahmen im Postwesen vergleichbar ist, erfolgt die Verlegung von Gasinnendruckkabeln analog den Baumaßnahmen aus der Gasversorgung; s. Kom 4.1.

Die Grabengeometrie ergibt sich aus der Art, dem Durchmesser, der Anzahl und der Anordnung der zu verlegenden Leitungen. Die Mindestüberdeckung beträgt im Regelfall 60 bis 70 cm.

Die Leitungszone reicht je nach Vorschrift der Leitungsverleger von der Grabensohle bis zu einer Höhe von 10 bis 20 cm über den Scheitel der Erdkabelanlage bzw. des Kabelkanals. Sie wird in Auflager und Einbettung unterteilt. Die Verfüllzone umfasst den restlichen Teil der Aufgrabung bis Oberkante Planum.

Zur Auflagerung der Erdkabelanlage oder der Kabelschutzrohre muss die Grabensohle eben und steinfrei sein; wenn erforderlich, ist ein

a) Erdkabel b/t = 30/60 cm

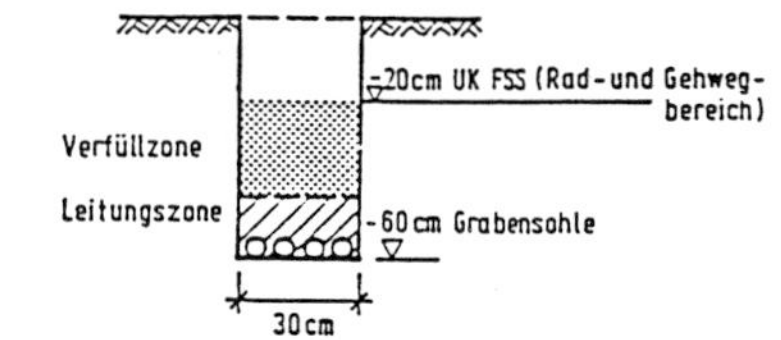

b) Kabelkanalanlage b/t = 80/90 cm

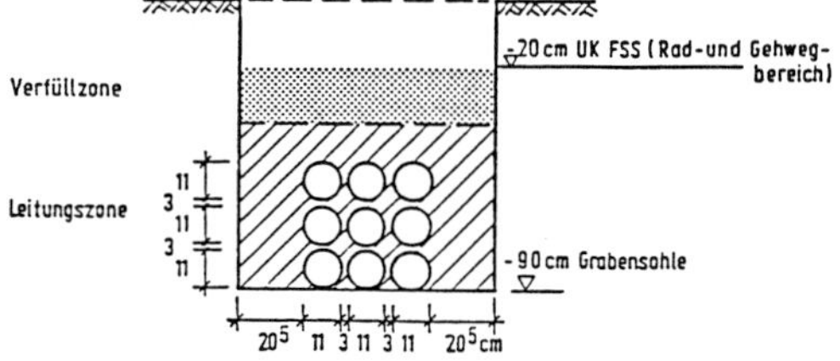

Bild 4: Grabengeometrie (Regelfälle)

Auflager von ca. 10 cm Dicke einzubauen und zu verdichten.

a) Erdkabel

Das Verfüllen und Verdichten des Grabens erfolgt in mindestens zwei Lagen. Die Leitungszone lässt sich erfahrungsgemäß nur von Hand gleichmäßig gut verdichten. Die erste maschinell zu verdichtende Lage in der Verfüllzone ist so zu bemessen, dass im verdichteten Zustand eine Überdeckung der Erdkabelscheitel von mindestens 30 cm eingehalten wird.

b) Kabelkanalanlage

Das Verfüllen und Verdichten des Grabens erfolgt nach folgendem Arbeitsablauf:

- Rohre der untersten Lage auf der Grabensohle auslegen und gegen Verschmutzung verschließen.
- Abstandhalter auf die Rohre aufstecken.
- Kies-Sand-Gemisch im Bereich der untersten Rohrlage einbringen, mit Handstampfer sorgfältig verdichten und ca. 3 cm über Scheitelhöhe einebnen.
- Rohre der zweiten Lage in die aus dem Kies-Sand-Gemisch herausragenden Abstandhalter einrasten. Um im Muffenbereich eine ausreichende Verdichtung zu erzielen, sind die einzelnen Lagen um jeweils ca. eine Muffenlänge gegeneinander zu versetzen.
- Weitere Lagen entsprechend einbauen. Nach dem Auslegen der obersten Lage so viel Kies-Sand-Gemisch in den Graben einbringen, dass nach dem Verdichten mit leichtem maschinellem Verdichtungsgerät die Scheitel um mindestens 10 cm überdeckt sind.
- Verdichtung der Leitungs- und Verfüllzone wie bei a).

Die Leitungszone der Erdkabelanlage wird mit Sand, diejenige des Kabelkanals mit Kies-Sand-Gemisch (Größtkorn 8 mm) oder mit Sand verfüllt.

Wird in der Leitungszone ein Zement-Sand-Gemisch oder eine Dämmer-Wasser-Suspension verwendet, darf auf das Zement-Sand-Gemisch sofort, auf die Dämmer-Wasser-Suspension erst nach der Erstarrungszeit des Dämmers weiter verfüllt werden.

In Sonderfällen (stark wasserhaltende und wenig tragfähige Böden) muss die Tragfähigkeit des Auflagers der Erdkabelanlage verbessert werden, z. B. durch eine 10 cm dicke Schicht aus Beton oder feinem abgestuftem Korngemisch. Bei möglichen Ausspülungen durch Grund- oder Sickerwasser wird anstelle der Kies-Sand-Schicht ein Zement-Sand-Gemisch oder eine Dämmer-Wasser-Suspension verwendet.

4.3 Postwesen

Im Bereich des Postwesens kommen in erster Linie Kabelleitungen zur Bauausführung. Zu unterscheiden ist zwischen der Verlegung von Erdkabeln und Kabelkanälen.

Weiteres s. Kom. 4.2.

4.4 Fernwärme

Die Verlegung eingeerdeter Fernwärmeleitungen erfolgt entweder in Kanälen oder in Mantelrohren oder mittels des Bitumengießverfahrens.

Die Kanäle werden aus Stahlbeton gefertigt (Ortbeton oder Fertigteile). Bei kanalfreier Verlegung finden Kunststoff- oder Stahl-Mantelrohre Verwendung. Beim Bitumengießverfahren werden Mediumrohre aus Stahl mit einer Stahlblechschalung in einen Block aus Bitumen, vermischt mit körnigem Wärmedämmmaterial, eingegossen.

Die Grabengeometrie – s. *Bild 5* – ergibt sich aus den Kanalabmessungen, dem Durchmesser und der Anzahl der zu verlegenden Rohr-

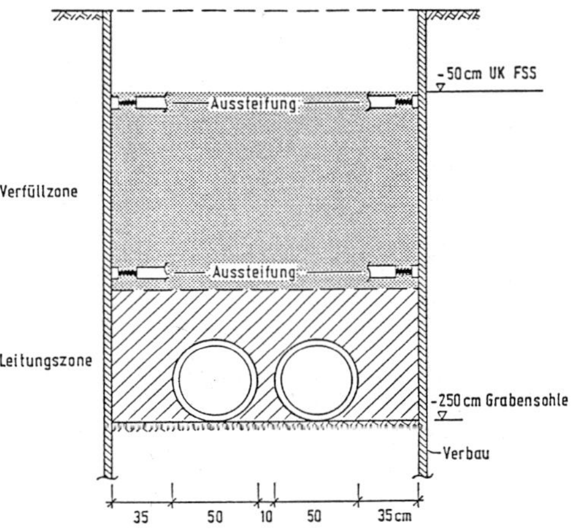

Bild 5: Grabengeometrie für Fernwärmeleitungen b/t = 180/250 cm (Regelfall)

leitungen bzw. den Abmessungen des Bitumenblocks sowie der Überdeckungshöhe und der einzuhaltenden Mindestgrabenbreite nach DIN 4124. Genaue Angaben enthalten die Technischen Richtlinien der Arbeitsgemeinschaft Fernwärme e.V. (AGFW) bei der Vereinigung Deutscher Elektrizitätswerke e.V. (VDEW).

Die Leitungszone reicht von der Grabensohle bis zu einer Höhe von 30 cm über den Scheitel des Kanals, des Mantelrohres oder des Bitumenblocks. Sie wird in Auflager und Einbettung unterteilt. Die Verfüllzone umfasst den restlichen Teil der Aufgrabung bis Oberkante Planum.

Wird das Kanalunterteil aus Ortbeton hergestellt, erfordert dies eine ebene und steinfreie Grabensohle mit einer Sauberkeitsschicht aus Beton. Fertigbetonteile werden auf eine mindestens 10 cm dicke Ausgleichsschicht aufgelagert.

Bei nicht ausreichend tragfähigem Untergrund ist das Auflager z. B. durch Einbringen einer Magerbetonschicht oder einer bewehrten Betonplatte oder durch Bodenverfestigung zu stabilisieren. Bei Einfluss von Grundwasser sind der Kanal gegen Auftrieb und der Graben gegen einsickerndes Wasser zu sichern.

Bei Anwendung des Bitumengießverfahrens kommt der Tragfähigkeit des Auflagers besondere Bedeutung zu, da der Bitumenblock nur begrenzt äußere Kräfte aufnehmen kann. Auf der ebenen, steinfreien und vor allem ausreichend tragfähigen Grabensohle ist zur Auflagerung des Bitumenblocks in der Regel ein Magerbeton einzubringen. Sind Setzungen zu erwarten, wird eine bewehrte Betonsohle erforderlich. Auch der gleichmäßigen Verdichtung kommt wegen der leichten Verformbarkeit des Bitumenblocks ganz besondere Bedeutung zu. Ist eine ausreichende Verdichtung zwischen dem Bitumenblock und den Grabenwänden nicht möglich oder ist mit späteren Aufgrabungen in unmittelbarer Nähe des Bitumenblocks zu rechnen, sollte der Block eine Magerbetonumhüllung von ca. 7–10 cm erhalten. Äußere Belastungen des Bitumenblocks müssen erforderlichenfalls durch Stützkonstruktionen abgefangen werden.

Die Mantelrohre sind so zu verlegen, dass sie nicht durch Linien- oder Punktlagerung beansprucht werden. Das Rohrauflager muss mindestens den statisch erforderlichen Auflagerwinkel aufweisen. Dieser soll für biegesteife Rohre kleiner und mittlerer Nennweite in der Regel etwa 60° betragen. Für die Auflagerung und Einbettung der Rohre sowie für den Einbau und das Verdichten in der Leitungs- und Verfüllzone gelten die gleichen Regeln wie unter Kom. 4.1 beschrieben.

4.5 Abwasserentsorgung

Im Bereich der Abwasserentsorgung gelten für Leitungen und Kanäle die Regelungen in DIN EN 1610 „Einbau und Prüfung von Abwasserleitungen und -kanälen“. Es werden in erster Linie Rohre aus Steinzeug oder Stahlbeton mit unterschiedlichen Durchmessern eingebaut. Die Grabengeometrie ergibt sich aus der Tiefenlage der Rohrleitung, den Rohrleitungsabmessungen und der einzuhaltenden Mindestgrabenbreite. Eine häufig ausgeführte Grabengeometrie zeigt *Bild 6*.

Die Rohre sind so zu verlegen, dass sie weder durch Linien- noch durch Punktlagerung beansprucht werden. Für Muffen sind deshalb Vertiefungen im Auflager herzustellen. Das Rohrauflager muss mindestens den Auflagerwinkel der statischen Berechnung aufweisen. Dieser soll für biegesteife Rohre in der Regel 90° betragen.

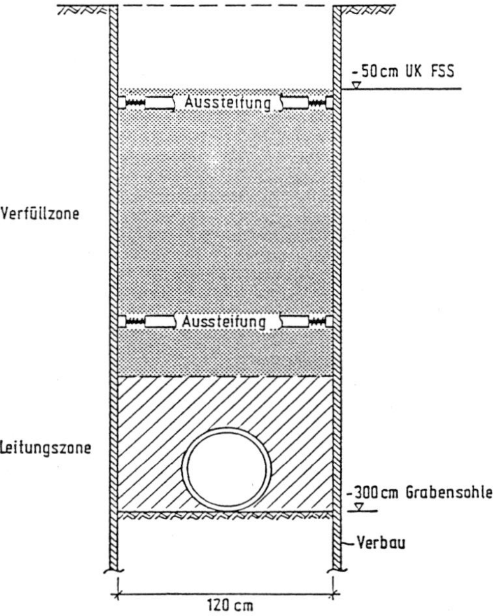

Bild 6: Typische Grabengeometrie für Abwasserleitungen b/t = 120/300 cm

Auf nichtbindigen Böden aus Sand bis Mittelkies mit Größtkorn 20 mm und bindigen Böden kann die Leitung direkt aufliegen. Zur Rohrauflagerung geeigneter Boden muss unter dem Rohr mit einer Mindestdicke von t = 100 + 1/10 DN in mm anstehen, bei sehr festem Untergrund und Rohren DN > 500 mit t = 100 + 1/5 DN in mm. Ein durchgehendes Betonauflager ist mit einer Dicke t = 50 + 1/10 DN in mm, mindestens aber mit t = 100 mm auszuführen.

Im Bereich des Leitungsauflagers sind die Rohrzwickel mit Sand oder stark sandigem Kies mit Größtkorn 20 mm, Brechsand oder Splitt mit Größtkorn 11 mm zu unterstopfen. Verwendete sandige Kiese müssen gut verdichtbar sein (z. B. Größtkorn 20 mm, Sandanteil > 15 % und U > 10). Schwach sandige Kiese sind nicht geeignet. Die Auflagerzwickel sind besonders sorgfältig zu verdichten und sollen eine größere Lagerungsdichte aufweisen als direkt unter dem Rohr. Dies wird durch Verlegen der Rohre auf unverdichtetem Boden oder Sand und anschließender intensiver Zwickelverdichtung oder Verwendung von mit Bindemittel stabilisiertem Bodenmaterial in den Zwickelbereichen sichergestellt.

Für den Einbau und das Verdichten des Bodens in der Leitungs- und Verfüllzone sowie bei Sondermaßnahmen für die Bettung bei wenig tragfähigem Untergrund gelten die gleichen Regeln wie unter Kom. 4.1 beschrieben.

S4 Verwertung von Bodenmaterialien und Ersatzbaustoffen

Inhalt

Vorbemerkung

Die im Erd- und Verkehrswegebau benötigten Massenbaustoffe nehmen einen bedeutsamen technisch-wirtschaftlichen Stellenwert ein. Im Wertstoffkreislauf kommt dabei der Wiederverwendung von Bodenmaterialien und der Verwendung von sogenannten Ersatzbaustoffen eine besondere Rolle hinsichtlich der Schonung natürlicher Ressourcen zu.

In den Kommentaren dieses Handbuches und den ZTV E-StB wird mit Blick auf den Umwelt- und Landschaftsschutz die Verwertung dieser Stoffe in Bauwerken mit technischer Funktion besonders herausgestellt. Es handelt sich um Stoffe und Stoffgruppen mit unterschiedlichen Zusammensetzungen und bautechnischen Eigenschaften:

- mineralische Bau- und Abbruchabfälle
- mineralische Ersatzbaustoffe
- Bodenmaterialien aus Aushub und Abtrag
- Neben- und Abfallprodukte aus häuslichen oder industriellen Prozessen.

Die Ersatzbaustoffe bestehen nach allgemeiner Begriffsbestimmung aus mineralischen Stoffen, die als Abfall oder Nebenprodukt bei Baumaßnahmen direkt anfallen oder in Aufbereitungsanlagen hergestellt werden und für den Einbau in technische Bauwerke geeignet sind.

Bisher existieren keine bundeseinheitlichen rechtsverbindlichen Anforderungen über die Verwertung bzw. Wiederverwendung der vorgenannten Stoffe und Stoffgruppen, die aufbereitet ungebunden, hydraulisch oder bituminös gebunden oder als Verbrennungsprodukt zum Einsatz kommen können. Die Praxis orientiert sich nach derzeitigem Stand an den Regelungen gemäß Mitteilung 20 der Länderarbeitsgemeinschaft Abfall (LAGA), wonach die qualitativ minderwertigen Bestandteile quantitativ nur verwertbar und die aus wasserwirtschaftlicher Sicht bedingten Richt- und Grenzwerte eingehalten sein müssen (siehe TL Min-StB, RuA-StB). Der Eignungsnachweis ist bautechnisch und umweltrelevant zu erbringen und bei Verwendung als Baustoff güteüberwacht zu sichern (siehe RG Min-StB, ZTV E-StB). Im vorliegenden Sonderkapitel S4 wird ein Überblick und eine Zusammenfassung der bisherigen Erfahrungen im bautechnischen Umgang mit diesen Stoffen gegeben.

Das Bundesministerium für Umwelt, Naturschutz und nukleare Sicherheit (BMU) bereitet die Einführung einer „Ersatzstoffverordnung“ im Zuge der Neufassung der Bundes-Bodenschutz- und Altlastenverordnung und der Änderung der Deponie- und Gewerbeabfallverordnung vor. In dieser Verordnung sollen Materialkennwerte, spezifische Belastungsparameter, Einsatzmöglichkeiten, Eignungsnachweise, Güteüberwachungen und Untersuchungsanalytiken einheitlich geregelt werden.

1 Verwertung von Bodenmaterialien und Baustoffen mit umweltrelevanten Inhaltsstoffen

1.1 Rahmenbedingungen für die Verwertung

Die technischen Rahmenbedingungen für die Verwertung von Bodenmaterialien (mineralischer Abfall), rezyklierten Baustoffen und aus industriellen Prozessen anfallenden Abfall- oder Nebenprodukten leiten sich aus dem Ausschluss der Besorgnis einer schädlichen Bodenveränderung (Bodenschutzrecht), einer Schadstoffanreicherung im Wertstoffkreislauf (Abfallrecht) und einer schädlichen Verunreinigung des Grundwassers bzw. der Gewässer ab. Je nach Art und Anteil der umweltrelevanten Inhaltsstoffe werden derzeit nach Festlegung der Länderarbeitsgemeinschaft Abfall (LAGA) folgende Einbauklassen bzw. Zuordnungswerte Z als Obergrenze unterschieden:

Einbauklasse
- Z 0 – uneingeschränkter Einbau
- Z 1 – eingeschränkter offener Einbau
- Z 2 – eingeschränkter Einbau mit definierten technischen Sicherungsmaßnahmen.

Diese Festlegungen werden jedoch nach bisheriger Praxis nicht einheitlich angewendet, sondern durch Regelungen der Landesbehörden regional ergänzt.

Die technischen Sicherungsmaßnahmen für Z 2 werden notwendig, wenn die Menge oder Konzentration der Schadstoffe die für den Anwendungsfall zugelassenen Grenzwerte überschreiten. Ziel dieser Sicherungsmaßnahmen, die zusätzlich zu den gesetzlich verordneten Nutzungseinschränkungen notwendig werden, ist es, durch besondere Verfahrenstechnik, Bauweisen und Abdichtungssysteme bzw. durch Umwandlung der Schadstoffe in dauerhaft stabile, nicht lösliche Verbindungen genügend Schutz für die umweltrelevanten Güter zu gewährleisten.

Sollen Stoffe verwendet werden, für die bisher keine Richtlinien existieren, muss deren Eignung im Einzelfall durch das Gutachten einer fachkundigen Prüfstelle nachgewiesen werden. Ein solches Gutachten muss enthalten: die genaue Beschreibung, die Angaben über die Umweltverträglichkeit, die erforderliche Aufbereitung, die Kriterien der Güteüberwachung, die Prüfverfahren mit Begründung, die Mitteilung der Prüfergebnisse und die Beurteilung hinsichtlich der Eignung für die vorgesehene Anwendung.

1.2 Technische Lieferbedingungen

Die „Technischen Lieferbedingungen für Böden und Baustoffe im Erdbau des Straßenbaus“ (TL BuB E-StB) enthalten stoffspezifische erdbautechnische und umweltrelevante Anforderungen an Böden und Baustoffe, die zur Herstellung von Erdbauwerken verwendet werden. Sie gelten eingeschränkt nur für die Lieferung von aufbereiteten Böden und Baustoffen, jedoch nicht für Boden und Fels aus Gewinnungsbetrieben (z. B. Vorabsiebmaterial, Felsgestein sowie Kies und Sand) und für Boden und Fels, die bei anderen Baumaßnahmen gewonnen werden.

Böden und Baustoffe mit sog. umweltrelevanten Merkmalen liegen nach den begrifflichen Festlegungen der Lieferbedingungen vor, wenn diese geogen oder anthropogen bedingte hohe Gehalte oder Konzentrationen schädlicher Inhaltsstoffe enthalten. Die Richt- und Grenzwerte für umweltrelevante Inhaltsstoffe sind in den TL Gestein-StB und den TL BuB E-StB angegeben. In diesen TL werden die umweltrelevanten Merkmale in Klassen unterteilt, um eine speziell aus hydrogeologischer Sicht differenzierte bautechnische Verwertung zu ermöglichen (siehe Teil 2, Abschnitt 1.4 und 3.2 mit Kom.).

1.3 Bodenmaterialien mit Fremdstoffen

(1) In unmittelbarer Umgebung und im Einflussbereich von gewerblichen und industriellen Standorten können in den Untergrundböden Kontaminationen durch Fremd- und Schadstoffe in vielfältiger Art vorkommen. Hierzu gehören

- Metalle, insbesondere Schwermetalle,
- anorganische Verunreinigungen (z. B. Salze),
- aromatische Verbindungen,
- polyzyklische Kohlenwasserstoffe,
- chlorierte Kohlenwasserstoffe.

Die Beurteilung orientiert sich an Grenz- und Normwerten für die Schadstoffbelastung des Bodens und des Grundwassers.

(2) Die TL BuB E-StB umfassen alle von Verarbeitungsbetrieben gesammelten bzw. aufbereiteten Böden gleicher oder unterschiedlicher Herkunft mit oder ohne fremde Inhaltsstoffe. Hinsichtlich der Inhaltsstoffe wird begrifflich zwischen Fremdbestandteilen mineralischen Ursprungs und Fremdstoffen aus nicht mineralischen Bestandteilen unterschieden. Für Böden ohne oder mit bis zu 10 Vol.-% Fremdbestandteilen wie auch für Böden mit mehr als 10 Vol.-% und weniger als 50 M.-% Fremdbestandteilen sind keine umweltrelevanten Merkmale festgelegt. Böden mit mehr als 50 M.-% Fremdbestandteilen gelten als rezyklierte Baustoffe.

Die Erkennbarkeit der fremden Inhaltsstoffe kann nach Art und Menge, insbesondere in Grenzfällen, schwierig und strittig sein und erweiterte Erstprüfungen sowie Güteüberwachungen zur Klärung der umweltrelevanten Merkmale und der Eignung des Baustoffes notwendig machen.

1.4 Baustoffe aus Aufbereitungen

Zur abfallwirtschaftlichen Wiederverwendung von bereits genutzten Stoffen gehören die Recycling-Baustoffe und die entsprechenden Gemische mit den Lieferbezeichnungen RC-Baustoffe und RC-Gemische. Sie gelten nach den Grundsätzen in ATV DIN 18299 als ungebraucht, wenn sie für den jeweiligen Verwendungszweck geeignet und aufeinander abgestimmt sind.

Bei den RC-Baustoffen handelt es sich um ehemals natürliche oder künstliche Baustoffe in gebundenem oder ungebundenem Zustand, die beim Umbau, Rückbau oder Abbruch von Bauobjekten anfallen und für die Wiederverwendung in Form von Gesteinskörnungen aufbereitet werden. Die RC-Gemische bestehen aus RC-Baustoffen im Gemenge mit natürlichen oder industriell hergestellten Körnungen.

In aller Regel wird eine auf die Wiederverwertung gezielt ausgerichtete Aufbereitung erforderlich, bei der unverträgliche Schadstoffe entweder abgetrennt oder durch Zugabe von Bindemittel in dauerhaft stabile Verbindungen umgewandelt werden. Die Aufbereitung muss ganz besonders auf Homogenisierung abzielen, z. B. auch bei dem allgemein stark heterogen zusammengesetzten Bauschutt. Die Stoffe eignen sich für erdbautechnische Zwecke, wenn sie anforderungsgemäß nach Abschnitt 4.3.2 ZTV E-StB bzw. nach den in der Leistungsbeschreibung anzugebenden Bedingungen eingebaut werden können und nicht mit Schadstoffen belastet sind, die den umwelt- und wasserwirtschaftlichen Auflagen widersprechen.

In Abhängigkeit von den festgestellten Schadstoffen werden die Recycling-Baustoffe folgenden Einbauklassen nach den „Technischen Regeln II.1.4 Bauschutt“ der Länderarbeitsgemeinschaften Abfall (LAGA) zugeordnet:

Einbauklasse	Zuordnungswert (Z)	Obergrenze
Z 0	< Z 0	uneingeschränkter Einbau
Z 1	< Z 1.1	eingeschränkter offener Einbau
	< Z 1.2	w. v., jedoch nur bei hydrologisch günstigem Gebiet
Z 2	< Z 2	eingeschränkter Einbau mit definierten technischen Sicherungsmaßnahmen

Die Zuordnung richtet sich nach detailliert geregelten Nutzungseinschränkungen. Maßgebend für die Festlegung ist in der Regel das Schutzgut Grundwasser. Hydrogeologisch günstig sind u. a. Standorte, bei denen der Grundwasserleiter nach oben durch flächig verbreitete, ausreichend mächtige Deckschichten mit hohen Rückhaltevermögen gegenüber Schadstoffen überdeckt ist. Dieses Rückhaltevermögen ist in der Regel bei mindestens 2 m mächtigen Deckschichten aus Tonen, Schluffen oder Lehmen gegeben.

1.5 Industrielle Abfallstoffe und Nebenprodukte

Nach Herkunft und Stoffart lassen sich folgende Stoffgruppen unterscheiden:

- Stoffe aus Bergwerken und Steinbrüchen
- metallurgische Stoffe
- industrielle Abfallstoffe
- Verbrennungsrückstände
- Abbruchmaterialien (Recycling-Stoffe)
- Stoffe aus Land- und Forstwirtschaft.

Zur Herkunft einzelner Stoffe können verkürzt folgende Angaben gemacht werden:

- Hochofenschlacke entsteht als Gesteinsschmelze bei der Herstellung von Roherzen aus Erz und mineralischen Zuschlägen im Hochofen.
- Stahlwerksschlacke entsteht als Gesteinsschmelze bei der Erzeugung von Rohstahl im Konverter- bzw. Elektroofenprozess.
- Schlacke aus der Kupfererzeugung ist eine Metallhüttenschlacke (MHS), die bei der pyrometallurgischen Verhüttung von Primär- und/oder Sekundärrohstoffen (Kupferkonzentrate, Buntmetallschotter usw.) im Schwebeschmelzverfahren, Schachtofenbetrieb oder Elektroofen entsteht.
- Steinkohlenflugasche fällt bei der Verbrennung von Steinkohle in Kraftwerken mit Staub- und Rostfeuerungen in den Filteranlagen zur Rauchgasreinigung an.
- Braunkohlenflugasche entsteht bei der Verbrennung von Braunkohle in Trockenfeuerungen (Kohlenstaubfeuerungen mit trockenem Ascheabzug).
- Schmelzkammergranulat wird bei der Verbrennung von Steinkohle in Kraftwerken mit Schmelzfeuerungen erzeugt.
- Hausmüllverbrennungsasche (HMV) wird durch Aufbereitung von Rohasche hergestellt. Die Rohasche fällt bei der Verbrennung von Siedlungsabfällen, Hausmüll und hausmüllähnlichen Gewerbeabfällen in Hausmüllverbrennungsanlagen an.
- Gießereirestsand ist rieselfähiger Sand, vorwiegend Quarzsand, der in Eisen-, Stahl-, Temper- und Nichteisen-Metallgießereien als Reststoff anfällt.
- Gießerei-Kupolofenstückschlacke fällt in Eisengießereien an.
- Recycling-Baustoffe sind Gesteinskörnungen, die zuvor schon als natürliche oder künstliche mineralische Baustoffe in gebundener oder ungebundener Form genutzt waren.
- Waschberge sind veränderlich feste Nebengesteine, die bei der Steinkohlengewinnung anfallen und in der Aufbereitung (Wäsche) von der Kohle getrennt werden.

Eine Übersicht der Stoffe und Verwendungsmöglichkeiten enthält *Tab. 1*.

Tab. 2 gibt bautechnische Kennwerte an. Im spezifischen Anwendungsfall sind Untersuchungen sowie spezielle Eignungsprüfungen über die Eigenschaften, Kornzusammensetzungen und Einbaukriterien erforderlich. Im Allgemeinen erweisen sich die Stoffe als geeignet, wenn sie raumbeständig sind und sich dauerhaft standfest verdichten lassen. Soweit noch keine Bauerfahrungen vorliegen, ist es zweckmäßig, Probeschüttungen auszuführen, um das für die Bauausführung zweckmäßige Arbeitsverfahren zu optimieren und Gütewerte für das Verdichten zu ermitteln.

Die nachfolgenden Ausführungen geben zusätzliche Hinweise für die Verwertung der Stoffe:

(1) Abraum aus Bergwerken und Steinbrüchen

Eignung für Aufschüttungen allgemein gegeben. Verdichtung und Festigkeit stark unterschiedlich je nach granulometrischer Zusammensetzung. Schutz gegen Kontakt mit Beton bei hohem Sulfatgehalt erforderlich. Kohlehaltige Stoffe erfordern eine Schutzschicht über der Aufschüttung zur Vermeidung von Frostschäden.

(2) Hochofenschlacken

Als Baustoff gut geeignet für Aufschüttungen, Fundations- und Tragschichten, außerdem als Zuschlagstoff sowie für mechanische oder chemische Stabilisierung von RC-Stoffen und Bodenarten.

(3) Stahlschlacken

Abfallstoffe aus dem Sauerstoff-, Elektrostahl- und Thomas-Verfahren, enthalten Eisenoxidreste und freien Kalk, spezifisch schwer über 3 t/m^3, Schüttdichte 1,4 bis 2,0 t/m^3. Quellvermögen durch Hydration des freien Kalkes und der Magnesiumoxide im feuchten Zustand über längere Zeit, insbesondere bei frischen Schlacken und relativ hoher Temperatur. Das Quellen lässt sich durch Schwefelsäure reduzieren.

Eignung für Fundationsschichten und Aufschüttungen, wenn das Quellvermögen durch vorherige Ablagerung mit Feuchtbehandlung abgeklungen ist.

(4) Schlacken aus Erzaufbereitung

Die Verwendung von Kupfer-, Nickel- und Phosphorschlacken hat aufgrund des lokalen Vorkommens nur begrenzte wirtschaftliche Bedeu-

Tabelle 1: Zusammenstellung der Verwendung von Abfallstoffen und Nebenprodukten als Baustoff für Dämme, Trag- und Fundationsschichten (nach Lit.: OECD-Bericht Sept. 1977, Hrsg.: Eidgenössisches Verkehrs- und Energie-Departement, Bundesamt für Straßenbau, Bern 1986)

Abfall- und Nebenprodukte		Trag- und Fundationsschichten	Dämme und Auffüllungen
1. Abfallprodukte aus Minen und Steinbrüchen			
Abfälle aus Minen und Steinbrüchen	a) Kohleschiefer	P	A
	b) Abfälle aus Steinbrüchen	P	A
	c) Taubes Bergwerkgestein	P	A
	d) Abfälle aus Schieferbrüchen	P	P
	e) Ölschiefer	P	A
	f) Kaolinsand	A	A
	g) Salz aus Kaliumbergwerken	P	P
Gangsteine	a) Eisenerz	A	A
	b) Takonit	A	A
	c) Flußspat	P	P
	d) Blei-Zink	P	P
	e) Kupfer	P	A
	f) Gold	P	P
Schlämmen, Lösungen		O	O
2. Metallurgische Abfallprodukte			
Eisenhaltige Schlacken	a) Hochofenschlacke		
	– kristallisiert, gebrochen	A	A
	– granuliert	A	O
	– Schlackenschrot	P	O
	– Schaumschlacke		
	b) Stahlwerkschlacke	A	A
Nicht eisenhaltige Schlacken	a) Zink	P	P
	b) Kupfer	A	A
	c) Nickel	A	A
	d) Phosphor	A	A
	Gießereisand	O	P
	Keramik und feuerfeste Abfälle	P	P
3. Industrielle Abfallprodukte			
Aschen	a) Flugaschen	A	A
	b) Siloaschen	A	A
	c) Gemische	P	A
	Ofenstäube	O	A
	Schwefel	O	O
	Baggerschlamm	P	A
	Kessel- und Ofenschlacke und Klinker	A	A
	Plastikabfälle	O	P
	Kiesabbrand	O	A
4. Städtische Abfälle (Kehricht)			
Verbrennungsrückstände	a) Asche	O	A
	b) Klinker	A	A
Abbruchmaterialien	a) Mauersteine	P	A
	b) Bitum. Straßenbau	A	A
	c) Betonstraßenbau	A	A
	Glasabfälle	P	O
	Pneus und Kautschuk	O	O
	Altöle	O	O
5. Land- und forstwirtschaftliche Abfälle			
Holzabfälle	a) Baumrinde und Sägespäne	O	A
	b) Sulfitablauge	O	O
	c) Schlamm aus Papierindustrie	O	O

A: Aktuell P: Potenziell O: Keine Anwendung

Tabelle 2: Kennwerte für einige industrielle Nebenprodukte

Material	Kornbereich mm	Reindichte ρ t/m³	Rohdichte ρ t/m³	Proctordichte ρ_{Pr} t/m³	Proctorwassergehalt ρ_{Pr} M–%
Hochofenschlacke	0/300	2,80–3,10	2,10–2,80	1,80–2,4	10–15
Hüttensand	0/6	2,80–3,10	2,40–2,80	–	–
Hüttenschutt	0/300	2,66–2,88	2,20–2,57	1,69–1,94	10–16
Hüttenbims	0/200	2,87–3,12	0,35–1,64	–	–
Bleischlacke	0/300	3,97	3,91–3,93	–	–
Kesselschlacken	0/30	2,40–2,65	0,90–1,3	1,1 –1,3	25–35
Schlackengranulat	0,2/20	2,62	2,50–2,60	1,3 –1,5	20–30
Flugasche	0/1	2,64		1,19–1,52	38
Müllverbrennungsasche	0/120	2,34–2,86	2,28–2,62	1,25–1,83	10–22
Waschberge	0/150	2,46–2,52	1,70–2,35	1,96–2,17	6– 9
ungebrannt	0/200	2,00–2,50	1,50–2,67	1,33–1,94	5–18
Haldenberge gebrannt	0/400	2,31–2,55	2,60–2,68	–	–

tung. Die Eigenschaften dieser Schlacken lassen ihren Einbau in Aufschüttungen und Fundationsschichten mehr oder weniger bedingt zu.

(5) Aschen aus der Kohleaufbereitung

Entstehung beim Verbrennen von Kohlenstaub. Spezifische Dichte 1,9 bis 2,3 t/m³, Schüttdichte ca. 0,8 t/m³, Trockendichte in der verdichteten Schicht 1,1 bis 1,5 t/m³. Glühverluste je nach Alter zwischen 2 und 10 %. In Verbindung mit Kalk und Wasser puzzolane Wirkung. Stabilisierung mit hydraulischen Bindemitteln möglich, aber temperaturabhängig. Die Stabilisierung reduziert auch die Frostempfindlichkeit der Aschen.

Als Baustoffe geeignet, jedoch Anwendung begrenzt durch stark wechselnde chemische und physikalische Eigenschaften der Komponenten sowie durch ihre Frostempfindlichkeit.

(6) Müllverbrennungsrückstände

Die Eigenschaften werden von der großen Porosität und der rauen Oberflächenstruktur der Ascheteilchen sowie der schlackenartig zusammengesinterten Konglomerate beeinflusst. Sie setzen die Verdichtbarkeit herab, begünstigen aber die beim Verdichten entstehende Verzahnung der Teilchen und die Scherfestigkeitseigenschaften des Gemisches.

Gut bis vollkommen verbrannte Rückstandsmaterialien sind wasserdurchlässig, geben aufgenommenes Wasser rasch wieder ab und lassen sich daher weitgehend unabhängig von der Witterung einbauen. Wegen der porösen und rauen Struktureigenschaften müssen sie möglichst intensiv verdichtet werden, wobei der Porenanteil aber immer noch zwischen 25 und 50 % betragen kann.

Die Eigensetzungen können je nach Belastung 1 % der Dammhöhe übersteigen. Kennzeichnend ist auch eine verhältnismäßig große elastische Einsenkung der Räder beim Befahren. Wird das Rückstandsmaterial im obersten Dammbereich zwischen Planum und 0,5 m Tiefe eingebaut, sollte es mit etwa 3 bis 5 % eines geeigneten hydraulischen oder bituminösen Bindemittels gebunden werden.

In der Regel sind Müllverbrennungsrückstände 10 bis 35 % leichter als z. B. natürliche Sande, sodass sich ihre Verwendung auch dort empfiehlt, wo es wegen des setzungsempfindlichen Untergrundes darauf ankommt, möglichst leichte Dämme aufzuschütten.

Müllverbrennungsaschen dürfen nicht mit metallischen Einbauten, z. B. Rohren und Schiebern, in Berührung kommen. Werden sie als Verfestigung im Oberbau verwendet, müssen sie mindestens sechs Monate feucht gelagert sein.

(7) Rohmüll

Das Ausgangsmaterial für die Müllverbrennung ist der Rohmüll. Er setzt sich aus heterogenen organisch-mineralischen Materialien zusammen, für die es keine erdbautechnische Verwertung gibt. In Einzelfällen müssen jedoch unverdichtete Ablagerungen aus Rohmüll überbaut und dabei die Eigensetzungen abgeschätzt bzw. durch Untersuchung ermittelt werden.

Die Setzung der organisch-mineralischen Materialien in Müllablagerungen entsteht durch Konsolidation, biochemische Verwitterung, physikalisch-chemische Vorgänge und durch Einsacken von Material in große Hohlräume. Bei Belastung entstehen große Sofortsetzungen, geringe Konsolidierungs- und große Sekundärsetzungen.

Die Zusammendrückung nimmt mit dem organischen Gehalt in der Ablagerung zu. Verwitterung und Zersetzung spiegeln sich in der Größe der Sekundärsetzung wider. Für aerobische Feuchtigkeitsbedingungen ist die Sekundärzusammendrückung oberhalb des Wasserspiegels mehrfach größer als unterhalb eines stehenden Wasserspiegels.

Die Eigensetzungen liegen je nach Zusammensetzung, Eigenlast und Ablagerungszeit überschläglich in der Größenordnung von 5 bis 15 % der Ablagerungsdicke und laufen wegen des langsamen Zersetzungs- und Eigenkonsolidierungsprozesses als Langzeitsetzungen über viele Jahre ab. Die Setzungsgeschwindigkeit nimmt etwa linear mit dem Logarithmus des mittleren Schüttalters ab und erhöht sich mit der Schütttiefe bis zu einer bestimmten Grenze, ab der sich der zeitliche Setzungsverlauf nicht mehr wesentlich mit zunehmender Tiefe ändert.

(8) Holzabfallstoffe

Siehe Abschnitt 3.4 ZTV E-StB, Kom. 2.1.

2 Technische Sicherungsmaßnahmen

Die Verwertung schadstoffbelasteter Böden, rezyklierter Baustoffe sowie industrieller Nebenprodukte und Abfallstoffe kann zusätzlich zu den generellen Nutzungseinschränkungen bautechnische Sicherungsmaßnahmen und besondere Bauweisen erfordern. Diese Sicherungsmaßnahmen zielen darauf ab, Boden, Grundwasser, Oberflächengewässer und andere ausgewiesene Schutzgüter ordnungsgemäß und schadlos zu schützen.

Jede Maßnahme setzt genaue Kenntnis über Art, Eigenschaften sowie Menge bzw. Konzentration der Schadstoffe bzw. Verunreinigungen voraus. Die zielführende verfahrenstechnische Vorgehensweise und Bauweise richten sich außerdem nach den örtlichen Gegebenheiten, den erdbautechnischen Eigenschaften des zu sichernden Bodens und den baulich-konstruktiven Merkmalen des jeweiligen Objektes.

Grundsätzlich können folgende in Kom. 2.1 bis 2.3 beschriebene Verfahrenstechniken genutzt werden:

- Bodenreinigung zur Beseitigung bzw. Vernichtung der Schadstoffe
- Immobilisierung bzw. Verlagerung der Schadstoffe
- Einkapselung bzw. Abdichtung der kontaminierten Bodenbereiche.

2.1 Bodenreinigung

Ziel der Bodenreinigung ist es, die Schadstoffe durch Extraktions- und Waschprozesse zu beseitigen, durch chemische Verfahren umzuwandeln oder durch thermische Verfahren zu vernichten.

Bei dem sog. „On-Site-Verfahren“ wird der beim Aushub anfallende und zum Wiedereinbau vorgesehene Boden in einer vor Ort mobilen oder stationären Anlage behandelt und danach ohne zusätzliche Maßnahme verwendet. Die Verfahren lassen eine direkte und sichere Kontrolle des Reinigungseffektes nach der Behandlung zu.

(1) Extraktions- und Waschprozesse

Je nach Fixierung der Schadstoffe im Boden werden sie entweder durch Ausspülung oder durch Zusatz von Extraktionsmitteln dem Boden entzogen. Bei wasserlöslichen Schadstoffen kann reines Wasser für die Ausspülvorgänge verwendet werden. Für alle Fälle stehen auch nichtwässrige Lösungen mit unterschiedlichen Zusätzen zur Verfügung. Als Extraktionsmittel für die zu lösenden Stoffe dienen Säuren, Laugen oder entaromatisierte Lösungsmittel, erforderlichenfalls auch in der Anwendung nacheinander bei konzentrierten Belastungen und mit Zugabe sog. Komplexbildner zur Lösung von Schwermetallen. Die Auswahl der Extraktionsmittel richtet sich nach Art und Konzentration der Schadstoffe, die Verwertung kann eine anschließende Wasserreinigung notwendig machen.

Für die Ausspülung der Schadstoffe durch Waschprozesse können chemische und mechanische Waschverfahren genutzt werden. Bei den chemischen Waschverfahren werden die Schadstoffe durch Chemikalien (oberflächenaktive Substanzen) vom Bodenkorn gelöst. Dies geschieht meist in einem mehrstufigen Gegenstromverfahren, bei dem der Boden auch fraktioniert nach Korngrößenklassen gereinigt werden kann.

Bei den mechanischen Verfahren werden die Schadstoffe durch Einwirkung von Kräften auf die Bodenkörner oder durch Hochdruckwasserstrahlen abgetrennt. Die Abtrennung des gesäuberten Bodens erfolgt im Allgemeinen fraktioniert über Schwer- und Fliehkraftabscheider. Das Prozesswasser lässt sich durch herkömmliche Wasseraufbereitung reinigen. Bei den mechanischen Verfahren muss der sich absetzende Schlamm entsorgt werden.

(2) Chemische Bodenreinigung

Die Schadstoffe werden bei dieser Bodenreinigung in nicht toxische oder in immobile Reaktionsprodukte durch chemische Prozesse der Oxidation, Reduktion, Komplexbildung und Polymerisation umgewandelt. Die Verfahren kommen bei Verunreinigung durch Schwermetalle und anorganische Stoffe zur Anwendung.

Die Zugabe von Oxidationsmitteln (Ozon, Wasserstoffperoxid) unterstützt den natürlichen Abbauprozess der Schadstoffe, die Reaktionsmittel (Metallpulver, Natriumhydroxid) fördern die Umwandlung in weniger toxische Stoffe. Die Zugabe von Komplexbildnern (z. B. Na- und Ca-Sulfide) bewirkt die Ausfällung von Schwermetallen bzw. die Überführung der Schadstoffe in komplexe, nicht lösliche Verbindungen. Durch Polymerisation lassen sich polymerisierbare monomere Schadstoffe in Verbindungen mit geringer Löslichkeit umwandeln.

Die Wirksamkeit der chemischen Verfahren setzt die genaue Steuerung des Prozesses bzw. die exakte Dosierung der verwendeten Chemikalien in Abhängigkeit von der Schadstoffkonzentration im zu reinigenden Boden unbedingt voraus. Die Dauerhaftigkeit der erzielten chemischen Endprodukte, insbesondere bei zu hoher Konzentration der angewendeten Chemikalien, wird allgemein kritisch bewertet.

(3) Thermische Verfahren

Thermische Prozesse können insbesondere bei der Reinigung von gering kontaminierten Böden genutzt werden. Bei den zu eliminierenden Schadstoffen muss es sich um verdampfbare und/oder verbrennbare Substanzen, im Wesentlichen um organische Verbindungen bzw. Verunreinigungen handeln.

Die Reinigungsleistung der Anlage bedarf einer zielgerechten Temperatursteuerung und Sauerstoffzufuhr sowie einer kontrollierten Zugabe des Bodenmaterials. Maßgebende Parameter für den Reinigungserfolg sind die jeweiligen Verdampfungs- oder Verbrennungstemperaturen sowie die Aufenthaltszeiten des Bodens in der Anlage. Die Schadstoffe werden entweder im Hochtemperaturbereich direkt verbrannt oder nach Ausdampfen (500–800 °C) in einer Nachverbrennung (900–1 300 °C) vernichtet.

2.2 Immobilisierung durch Schadstoffbindung

Das Ziel besteht darin, die Schadstoffe fein verteilt in eine mechanisch immobile, dichte und chemisch stabile Matrix einzubinden, sodass durch diese Fixierung von der Kontamination ausgehende Gefährdungen vermindert bzw. ausgeschlossen werden. Eine besonders wirksame Methode ist die Dispergierung durch chemische Reaktion, bei der flüssige Schadstoffphasen in die im Verlauf einer chemischen Reaktion neu entstehende innere Oberfläche eines hydrophoben, festen Trägerstoffes eingebunden werden.

Als Bindemittel kommen Branntkalk, hydraulische Bindemittel, Bitumen, Wasserglas oder Kunstharz und andere organische Bindemittel in Betracht. In der Regel ist es erforderlich, je nach Schadstoffen ein Gemisch aus verschiedenen Bindemitteln zu verwenden. Die genaue Rezeptur muss vorab durch Eigenversuche optimiert werden. Die Zugabe von Bindemittel bewirkt Schutz vor Auslaugung der Schadstoffe sowie zusätzlich wasserabweisende und verbesserte mechanische Eigenschaften des behandelten Bodenmaterials.

Die Schadstoffbindung mit Branntkalk (CaO) wird bei ölhaltigen und ölartigen Verunreinigungen angewandt. Je nach Schadstoffart wird das Calciumoxid mit unterschiedlichen Reaktionsverzögerern versetzt und anschließend intensiv mit dem zu behandelnden Material vermengt. Bei der einsetzenden stark exothermen Reaktion entweicht überschüssiges Wasser in Dampfform und es entsteht ein stark wasserabweisendes Reaktionsprodukt.

Der Einsatz von hydraulischen Bindemitteln richtet sich gegen organische Schadstoffe, insbesondere bei Belastungen des Bodens mit Schwermetallen. Durch die stark alkalische Reaktion dieser Bindemittel entstehen zusammen mit den anorganischen Schadstoffen wasserunlösliche Verbindungen, die einer Auslaugung entgegenwirken. Organische Verunreinigungen können durch die Zugabe organischer Dispersionen gebunden werden.

Die effektive Verbindung mit Bitumen und chemischem Bindemittel hängt davon ab, wie flüchtig sich die Schadstoffe verhalten. Zur Vermeidung von Emissionen sollen schwerflüchtige Schadstoffe durch Heißbitumen und leichtflüchtige Schadstoffe durch Bitumenemulsionen gebunden werden. In Kombination mit hydraulischen Bindemitteln haben sich zur Bindung organischer Stoffanteile organische Dispersionen in Form von Zusätzen bewährt. Diese Zusätze erhöhen die Dichtigkeit des Endproduktes gegenüber den organischen Schadstoffen und legen diese dadurch auslaugsicher in der Bindemittelmatrix fest.

Das „Merkblatt über die Behandlung von Böden und Baustoffen mit Bindemitteln zur Reduzierung der Eluierbarkeit umweltrelevanter Inhaltsstoffe“ (FGSV, Ausgabe 2009) gibt verschiedene Wirkungsmechanismen und Verfahrenstechniken an. Empfohlen wird die Verwendung der in Abschnitt 12.3.2 ZTV E-StB genannten Bindemittel (Zement, Baukalk, hydraulische Boden- und Tragschichtbinder, Mischbindemittel) sowie die Mitverwendung von Zusätzen (Flugasche, Gesteinsmehle) und Adsorbentien (Aktivkohle, Bentonite) in geringer Menge. Die Zusätze können die erdbautechnischen Eigenschaften verbessern, die Adsorbentien die Eluierbarkeit der Schadstoffe reduzieren. Als einzeln oder kombiniert wirksame Mechanismen werden im Merkblatt genannt:

- Verringerung der Wasserlöslichkeit des Inhaltsstoffes (z. B. durch Veränderung des pH-Wertes)
- Verringerung der Flüchtigkeit des Inhaltsstoffes (z. B. durch Sorption an einen Zusatzstoff wie Aktivkohle)
- Reduktion der Zutrittsmöglichkeit von Wasser zum Inhaltsstoff
- Bildung stabiler, nicht wasserlöslicher Verbindungen sowie Einbau von Stoffen, z. B. Schwermetallen, in das Kristallgitter
- Reduzierung der Toxizität.

2.3 Einkapselung bzw. Abdichtung von kontaminierten Bodenbereichen

Die Sicherung kontaminierter Bodenbereiche durch Einkapselung bzw. Abdichtung setzt die genaue Kenntnis der bodenmechanischen und entwässerungstechnischen Verhältnisse des Standortes, insbesondere auch der Lage zum Grundwasser voraus. Diese Merkmale bestimmen die Wahl und Ausführungsweise des geeigneten Sicherungssystems.

Das „Merkblatt über Bauweisen für Technische Sicherungsmaßnahmen beim Einsatz von Böden und Baustoffen mit umweltrelevanten Inhaltsstoffen im Erdbau“ (FGSV, Ausgabe 2017) enthält einige bautechnische Optionen, hauptsächlich anwendbar für Straßendämme und Schutzwälle. Das Abdichtungssystem besteht dabei aus dem Dichtungselement, z. B.

- mineralische Abdichtung,
- geosynthetische Tondichtungsbahn (GTD),
- Kunststoffdichtungsbahn (KDB),
- wasserabweisende Anspritzung,

und den ggf. erforderlichen Sicker-, Schutz-, Stütz-, Trenn- und Filterschichten; s. hierzu Abschnitt 7 und 8 ZTV E-StB mit Kom.

Soweit Fahrbahndecken abdichtend wirken und auf ein gesondertes Dichtungselement verzichtet werden kann, muss sichergestellt sein, dass kein Oberflächenwasser von der Seite in den zu sichernden Bereich eindringt. Seitlich angeordnete Dichtungselemente, z. B. auch bei mehrbahnigen Fahrstreifen und Mittelstreifen, müssen je nach Tiefenlage so weit unter die Fahrbahn reichen, dass einsickerndes Wasser gefasst und abgeleitet wird. Mineralische Abdichtungen dürfen unter Fahrbahnen nicht angeordnet sein, sodass für die Überbrückungsbereiche andere der zuvor genannten Dichtungselemente zu konzipieren sind.

Greifen die Maßnahmen in das ursprüngliche Grundwasser ein, können Grundwasserüberleitungen notwendig sein. Muss eine tiefreichende Baumaßnahme (Baugrube, Leitungsgraben) aufgrund hochanstehenden Grundwassers im Schutz einer Wasserhaltung ausgeführt werden, kommen konstruktive Wanddichtsysteme und Sohldichtungen, z. B. durch Bodeninjektion oder Jet-Grouting-Verfahren, zur Anwendung; s. Kom. zu Abschnitt 7 und 9 ZTV E-StB.

Bei der Planung der Sicherungsmaßnahmen ist zu entscheiden, ob eine Dränung notwendig wird, um bei Wasserzutritt an schadhaften Stellen der Abdichtung eine Sättigung bzw. ein Volllaufen des eingebetteten Bodenbereiches zu vermeiden. In diesem Fall muss das aufgefangene Sickerwasser entsorgt bzw. aufbereitet werden.

3 Technische Regelwerke/Literatur

(1) RuA-StB: Richtlinien für die umweltverträgliche Anwendung von industriellen Nebenprodukten und Recycling-Baustoffen im Straßenbau (FGSV, 2001)

(2) Merkblatt über die Wiederverwertung von mineralischen Baustoffen als Recycling-Baustoffe im Straßenbau (FGSV, 2002)

(3) Merkblatt über die Verwendung von Hausmüllverbrennungsasche im Straßenbau (FGSV, 2014)

(4) Merkblatt über Bauweisen für Technische Sicherungsmaßnahmen beim Einsatz von Böden und Baustoffen mit umweltrelevanten Inhaltsstoffen im Erdbau (FGSV, 2017)

(5) Merkblatt über die Behandlung von Böden und Baustoffen mit Bindemitteln zur Reduzierung der Eluierbarkeit umweltrelevanter Inhaltsstoffe (FGSV, 2009)

(6) Anforderungen an die stoffliche Verwertung von mineralischen Reststoffen/Abfällen, Technische Regeln, Länderarbeitsgemeinschaft Abfall (LAGA)

(7) Floss, R.: Eignung industrieller Abfall- und Nebenprodukte als Schüttmaterial für Straßendämme, Proceedings 3. Donau-Europäische Konferenz über Bodenmechanik und Grundbau, Budapest 1971

(8) Floss, R. u. Toussaint, A.: Abfallstoffe und industrielle Nebenprodukte im Erd- und Straßenbau, Straße und Autobahn 27, H. 8, 1976

(9) Eidgenössisches Verkehrs- und Energie-Department: Verwendung von Abfall- und Nebenprodukten im Straßenbau, Bundesamt für Straßenbau, Bern 1986 (OECD-Bericht Sept. 1977)

(10) Floss, R. u. Toussaint, A.: Verbrennungsrückstände aus Kraftwerken für den Erd- und Straßenbau, Zeitschrift Brennstoff – Wärme – Kraft, Straße und Autobahn 29, H. 2, 1977

(11) Deckwer, W.-D. u. Weppen, P.: Technologien zur Sanierung von Bodenkontaminationen und Altlasten, Chem.-Ing.-Tech. 59, Nr. 6, 1987

(12) Thomé-Kozmiensky, K.: Altlasten, EF-Verlag für Energie und Umwelttechnik GmbH, Berlin 1987

(13) Motz, H.: Bewertung der Umweltverträglichkeit von industriellen Nebenprodukten und Recyclingbaustoffen, Straße und Autobahn, H. 7, 1991

(14) Motz, H.: Industrielle Nebenprodukte, Europäische Normung gefährlicher Inhaltsstoffe, Straße und Autobahn 59, H. 7, 2008

(15) Hillmann, R.: Umweltverträgliche Verwendung von RC-Baustoffen. Straße und Autobahn 58, H. 6, 2007

(16) Hillmann, R.: Verwertung von Ersatzbaustoffen – Standpunkte im Straßenbau, Straße und Autobahn 68, H. 3, 2017

S5 Fahrbahnbefestigungen: Bodenmechanische Entwurfsgrundlagen

Inhalt

1 Aufbau von Fahrbahnbefestigungen

1.1 Zielsetzungen

Der strukturelle Aufbau der Fahrbahn ist so zu ertüchtigen, dass die Tragfähigkeit der an der Lastaufnahme und Druckverteilung beteiligten Schichten sowie die Gebrauchstauglichkeit der Fahrbahn (Befahrbarkeit) in den Grenzen der zulässigen Verformung gesichert sind. Dieser Anspruch erfordert Bauweisen mit steifigkeitsabgestuftem Schichtenaufbau und konstruktiv kraftschlüssigem Flächenverbund der Schichten. Die maßgeblichen Spannungen (Druck, Zug und Biegezug) sind so zu begrenzen, dass keine Zug- und Scherrisse entstehen. Die dauerhafte Funktionstüchtigkeit der Unterlagsschichten ist Grundvoraussetzung; sie umfasst die Einhaltung von Kriterien für die erforderliche Tragfähigkeit und zulässige Verformung sowie die wirksame Entwässerung und Frostsicherung. Wesentliche Bedingungen für die Sicherstellung dieser Anforderungen sind die Herstellung eines gleichmäßigen und dauerhaft tragfähigen Planums als Aufbauebene des Fahrbahnoberbaues und die Frostsicherung des Oberbaues. Diese Zielsetzungen erfordern einen steifigkeitsabgestuften Schichtenaufbau, konstruktiv kraftschlüssigen Flächenverbund der gebundenen Schichten und gleichmäßig vollflächigen Kontaktdruck aller ungebundenen Schichten. Für die Dimensionierung werden rechnerische oder empirische Ansätze genutzt.

Neubaumaßnahmen werden im sog. Tiefeinbau, Erneuerungsmaßnahmen im Hoch- oder Tiefeinbau ausgeführt. Die Erneuerung im Tiefeinbau umfasst den vollständigen Ersatz, der Hocheinbau nur den Teilersatz des vorhandenen Oberbaues.

Die Erneuerung zielt darauf ab, den Gebrauchs- und Substanzwert einer Verkehrsflächenbefestigung wiederherzustellen, ggf. bei gleichzeitiger Anpassung an geänderte Belastungsbedingungen. Grundlage für die Wahl der Erneuerungsbauweise ist die Bewertung der Restsubstanz der vorhandenen Befestigung. Dazu sind der Oberflächenzustand, die Tragfähigkeit, Art und Zustand der vorhandenen Befestigung einschließlich des Untergrundes/Unterbaues und der Zustand der Entwässerungseinrichtungen zu berücksichtigen.

1.2 Einwirkung der Verkehrslasten

Die Einwirkung von Verkehrslasten verursacht dynamische Wechselwirkungen zwischen Fahrbahnoberbau und Unterlage (Untergrund,

Unterbau) durch Schwingungen und impulsförmige Erschütterungskräfte sowie statische Belastungen. Die Intensität dieser Einwirkungen beansprucht die Schichten der Fahrbahnbefestigung und Unterlage je nach konstruktivem Aufbau sowie temperaturabhängigem Wechsel der Schichtsteifigkeiten. Die Dauerwirkung dieser dynamischen und statischen Kräfte verursacht Verformungen der beanspruchten Schichten mit Unebenheiten der Fahrbahn. Das Zusammenwirken der Einflüsse lässt sich theoretisch mit einem Masse-Feder-Modell vergleichend darstellen; *Bild 1*.

Zu den fahrdynamischen und geometrischen Einflussgrößen gehören die Rad- und Achslasten, die Brems- und Anfahrlasten, die Fahrgeschwindigkeit, die dynamischen Kräfte beim Befahren von Fahrbahnübergängen, z. B. bei Brücken oder aufgeständerten Konstruktionen, sowie das Längs- und Querneigungsprofil der Fahrbahn. Allgemein bestehen folgende Wirkmechanismen:

(1) Die dynamische Intensität verstärkt sich mit der Fahrzeugmasse. Die über die Achsen bzw. Radaufstandsflächen eingetragenen Schwingungen und dynamischen Kräfte erzwingen im Fahrzeug eine stationär wirkende Erregung, für die Fahrbahn impulsförmige Schwingungen und für die Umgebung eine mit der Entfernung des Fahrzeuges sich ausdehnende Quelle.

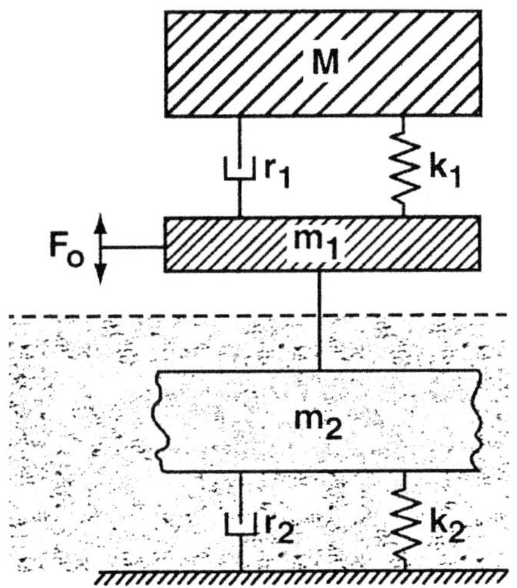

M abgefederte Maschinenmasse
m_1 Erregermasse
m_2 mitschwingende Bodenmasse
r_1 Maschinendämpfung
r_2 Bodendämpfung
k_1 Maschinenfederwert
k_2 Bodenfederwert
F_o Erregerkraft

Bild 1: Ersatzmodell für ein Masse-Feder-System beim Zusammenwirken einer dynamischen Erregermasse mit einer Bodenunterlage

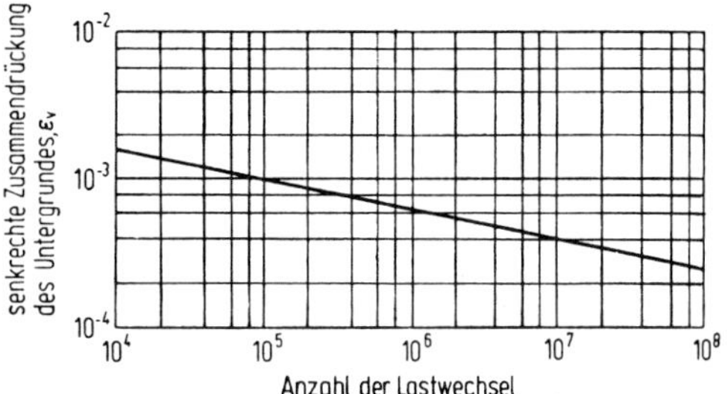

Bild 2: Zulässige Deformation des Straßenuntergrundes beim Erreichen einer nicht mehr genügenden Befahrbarkeit der Straße (Befahrbarkeitsindex PSI = 2,5) Gleichung: $N = \varepsilon_v^{-5} \cdot 10^{-9,95}$

(2) Eine unabgefederte Fahrzeugmasse erhöht die dynamische Intensität, wobei der Effekt im unbeladenen Zustand verstärkt ist.

(3) Mit Zunahme der Fahrgeschwindigkeit erhöht sich die einwirkende dynamische Intensität bis zu einem systembedingten Grenzwert.

(4) Eigenschwingungen der Fahrzeuge oder von Fahrzeugteilen wirken auf die Fahrbahn und deren Unterlage weiter.

(5) Das Überfahren von stufenförmigen Unebenheiten (z. B. Schadstellen, Kopfsteinpflaster, Kanaldeckel) überträgt impulsförmige Schwingungen auf die Bodenunterlage.

(6) Fahrbahnstufen, z. B. an Übergängen zu Widerlagern und Stützen von Brücken, wie auch hohlliegende Fahrbahnplatten erzeugen impulsförmige Schwingungen für die Umgebung, insbesondere beim Überfahren durch schwere Fahrzeuge.

(7) Eine nachgiebige bzw. weiche Unterlage der Fahrbahn oder eine vergleichsweise erhöhte Masse des Oberbaues dämpfen die dynamische Intensität. Geringe Fahrbahnsteifigkeiten bzw. nachgiebige Bodenunterlagen wirken tendenziell wie niederfrequente Schwingungen.

Die vorbenannten Zusammenhänge sind empirisch bekannt. Sie dokumentieren sich deutlich in Untersuchungen über die Befahrbarkeit bestehender Straßen im Rahmen des

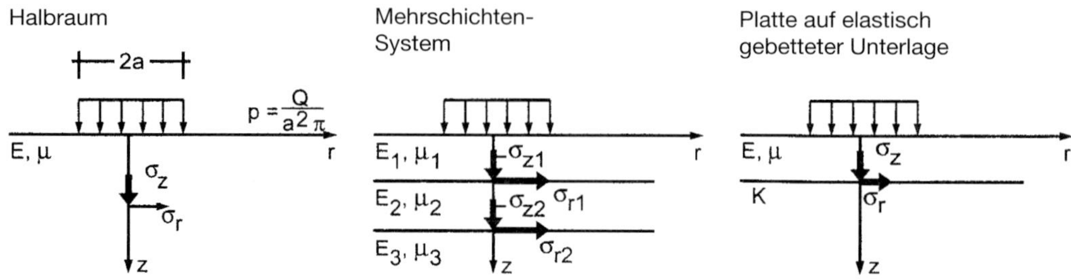

E = E-Modul μ = Querdehnzahl K = Bettungsmodul

Bild 3: Elastizitätstheoretische Berechnungsmodelle für die Dimensionierung mehrschichtiger Systeme

AASHO-Road-Tests (1962). *Bild 2* zeigt z. B. den Zusammenhang zwischen der Anzahl der Lastwechsel N und der senkrechten Deformation des Bodens für einen Befahrbarkeitsindex (Present Serviceability Index – PSI). Die PSI-Werteskala reicht von 0 (keine Befahrbarkeit) bis 5 (bestmögliche Befahrbarkeit); der Wert PSI = 2,5 kennzeichnet näherungsweise den Grenzzustand einer noch ausreichenden Befahrbarkeit.

1.3 Berechnungsmodelle für Bemessungen

Die theoretische Bemessung des Konstruktionsaufbaues erfordert Stoffgesetze mit Grenzkriterien für die zulässige Formänderung und Festigkeit der Schichten. Die Berechnungsmodelle sollen den Spannungs- und Beanspruchungszustand des mehrschichtigen Fahrbahnsystems in Abhängigkeit von Belastungs-, Zeit- und Temperaturfaktoren sowie mit Berücksichtigung der Eigenschaften der Unterlage zutreffend erfassen.

Diesen komplexen Beanspruchungszustand konnte die wissenschaftliche Forschung bisher nur annähernd in Ansatz bringen. Ersatzweise werden elastizitätstheoretische Berechnungsverfahren auf Modellgrundlage der Halbraum-, Mehrschichten- und Plattentheorie oder der Finite-Elemente-Methode (FEM) als Näherung verwendet. Sie stützen sich auf klassische Theorien der Druckverteilung und elastische Größen (E-Modul, Querdehnzahl, versuchsabhängige Steife- oder Bettungsmoduln), die entweder als Festwerte oder in Abhängigkeit von Be- und Vorbelastung sowie Einflusstiefe nach Längs- und Querverteilung abzuschätzen sind.

Die Berechnungsverfahren mit Ansatz ideal-linear-elastischem Stoffverhalten eignen sich, Spannungs- und Dehnungsgrößen in den Schichtgrenzen rechnerisch anzusetzen, liefern aber nur näherungsweise die für die Beanspruchung maßgeblichen axialen Druck-, Schub- und Radialzugspannungen und sagen nichts über das Dauerverhalten der Fahrbahnbefestigung aus.

Die Berechnungen gehen nach *Bild 3* von verschiedenartigen Modellen aus, die folgenden Grenzen unterliegen:

a) Mit dem Halbraum- und Mehrschichtenmodell wird die Seitenbegrenzung der Fahrbahn und die lokale Belastung des Randes nicht berücksichtigt.
b) Die elastisch gebettete Platte lässt sich nach Länge und Breite sowie für bestimmte Randbedingungen modellieren, hat jedoch sehr steife Eigenschaften im Verhältnis zur Unterlage und eine sehr geringe Dicke im Vergleich zur Flächenabmessung. Die Bettung auf dem Baugrund wird mit dem Winkler'schen Federmodell oder mit dem elastisch-isotropen Halbraum simuliert.
c) Finite-Elemente-Modelle ermöglichen es, beliebige Abmessungen, Randbedingungen und Baugrundeigenschaften zu berücksichtigen, jedoch mangelt es bisher an gesicherten Stoffgesetzen.
d) Ein bemessungsrelevanter Nachweis der Bettungsreaktion von dünnen Zwischenelementen, z. B. Einlagen aus geosynthetischem Material, stößt rechnerisch auf Schwierigkeiten, weil für diese Einlagen keine Eigensteifigkeit ansetzbar ist. Die durch die zwischengebettete Einlage erhöhte Verbundfestigkeit der angrenzenden Schichten lässt sich mit elastizitätsthe-

oretischen Ansätzen oder plastisch verformbaren Systemmodellen, z. B. in Form des Membran- oder Blockmodells, nicht ausreichend erfassen.

e) Berechnungsmodelle mit finiten Elementen für anisotrop strukturierte Platten, die zwei oder mehrere feste, in sich homogene und isotrope Schichten miteinander verbinden (Sandwichplatten), bieten einen möglichen Ansatz, dessen Zuverlässigkeit jedoch noch des Nachweises bedarf.

Die theoretische Bemessung hat trotz der aufgezeigten Grenzen ihre Bedeutung behalten. Sie ermöglicht die vergleichsweise Nachrechnung von Aufbauquerschnitten, die Abschätzung von Äquivalenzunterschieden und Einflussgrößen sowie die Bewertung neuer Stoffe und Bauweisen.

1.4 Dimensionierung auf äquivalenter Vergleichsbasis

Der Aufbau bituminöser Bauweisen lässt sich mithilfe von Äquivalenzbeziehungen vergleichen. Bei der Äquivalenztheorie wird angenommen, dass sich Aufbauvarianten mit konstanten Dickenindices i und ideellen Schichtdicken d_i hinsichtlich ihrer Befahrbarkeit sowie ihrer Trag- und Formänderungseigenschaften näherungsweise äquivalent verhalten.

Diese Annahme geht auf die Ergebnisse des AASHO-Road-Tests (Lit. (11)) zurück; hiernach gilt als Aufbauindex D_i für die Befahrbarkeit von bituminösen Fahrbahnbefestigungen die lineare Verhaltensgleichung:

$$D_i = 0{,}44 \cdot d_1 + 0{,}14 \cdot d_2 + 0{,}11 \cdot d_3$$

Der Aufbauindex D_i gibt die ideelle Gesamtdicke der bituminösen Aufbauvarianten an. Das Tragvermögen von 1 cm bituminöser Decke (d_1) entspricht nach der Formel dem Dreifachen von 1 cm ungebundener Tragschicht (d_2) und dem Vierfachen von 1 cm Unterlagsschicht (d_3). Die Unterlagsschicht umfasst dabei die untere Tragschicht (Frostschutzschicht) und deren Unterlage, wobei allerdings ihre jahreszeitlich bedingten Veränderungen unberücksichtigt bleiben.

Bei der erstmals 1966 auf Bundesebene eingeführten Standardisierung von bituminösen Bauweisen wurden Aufbauvarianten mit etwa äquivalenter Wertigkeit der Nutzungsdauer angestrebt und den damaligen Verkehrsklassen zugeordnet; Einzelheiten vgl. Handbuch und Kommentar ZTV E-StB, 4. Auflage.

1.5 Standardisierte Aufbautypen

(1) Die „Richtlinien für die Standardisierung des Oberbaus von Verkehrsflächen“ (RStO 12) behandeln die Regeln für die Einteilung von Verkehrsflächen und Bauweisen für den standardisierten Oberbau bei Neubau und Erneuerung von Fahrbahnbefestigungen von Bundesfernstraßen innerhalb und außerhalb geschlossener Ortslagen. Die Fahrbahnen und sonstigen Verkehrsflächen werden entsprechend der Beanspruchung am Verkehr nach Belastungsklassen eingestuft. Als dimensionierungsrelevante Beanspruchung für die Zuordnung zu einer Belastungsklasse gilt die Zahl der „äquivalenten 10-t-Achsübergange“ durch Schwerverkehr.

(2) Bei der Wahl der technisch geeigneten und wirtschaftlichen Bauweisen werden berücksichtigt: die Funktion der Verkehrsfläche, der Fahrstreifen mit der höchsten Verkehrsbelastung durch Schwerverkehr, die Lage der Verkehrsfläche im Gelände, in freier Strecke oder Ortslage, die Bodenverhältnisse, der Zustand sowie die Bauweise bei Erneuerung der Verkehrsfläche.

Bei der Anwendung dieser Bauweisen und Aufbautypen reduziert sich die Dimensionierung auf die Festlegung der Konstruktionsdicke für die unmittelbar auf der Planumsschicht liegende Trag- bzw. Frostschutzschicht mit dem Ziel einer ausreichend tiefen Frostsicherung. Als Kriterien gelten die Anforderungen für den Verdichtungsgrad D_{Pr} der Schichten (Abschnitt 4.3.2 ZTV E-StB) und des Verformungsmoduls E_{v2}, soweit es sich um Frostschutz-, Trag- und Planumsschichten ohne Bindemittel handelt. Modellhaft ist die standardisierte Dimensionierung der unteren Tragschichten des standardisierten Oberbaues gemäß *Bild 4* nach den Fällen a) und b) zu differenzieren:

Besteht der Untergrund/Unterbau aus frostsicherem Boden (Frostklasse F1), dann kommt Bemessungsfall a) nach *Bild 4* in Betracht.

Die Aufbauquerschnitte für die hauptsächlichen Fahrbahntypen sehen Bauweisen mit Asphalt-, Beton- oder Pflasterdecke auf bituminösen, hydraulisch gebundenen oder ungebundenen Tragschichten in verschieden-

a) Dimensionierung entsprechend der erforderlichen Standfestigkeit (Verdichtungsgrad D_{Pr}, E_{v2}-Modul)

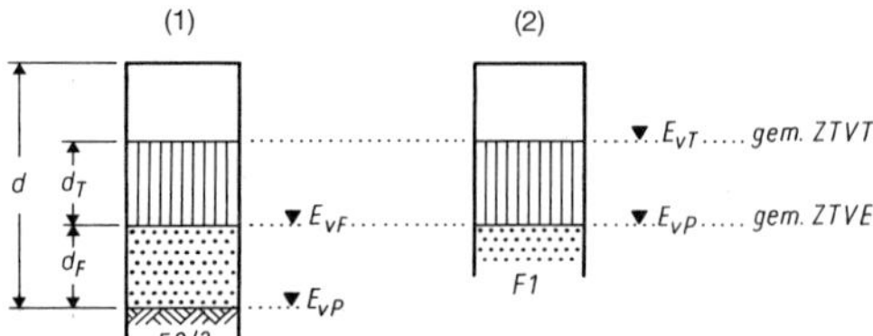

Fall (1) $d_F = f(E_{vP}, p_F, K_F)$
$d_T = f(E_{vF}, p_T, K_T)$
Fall (2) $d_T = f(E_{vP} \equiv f(E_{vF}, p_T, K_T)$

b) Bemessung entsprechend der erforderlichen partiellen Frostsicherung der Fahrbahnbefestigung

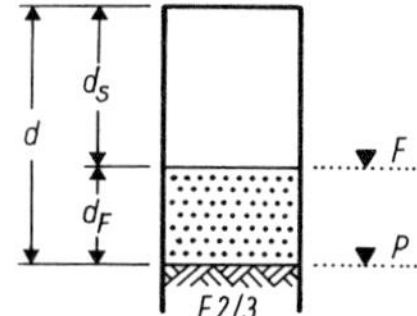

Frostklasse F2 $d = d\ (F2)$
$d_F \geq d\ (F2) - d_s$

Frostklasse F3 $d = d\ (F3)$
$d_F \geq d\ (F3) - d_s$

Erläuterung
- d frostsichere Mindestdicke der Fahrbahnbefestigung
- d_s standardisierte Oberbaudicke
- d_F Dicke der Frostschutzschicht (FSS)
- d_T Dicke der Tragschicht ohne Bindemittel (ToB)
- E_v Verformungsmodul
- P D_{Pr}-Verdichtungsanforderung
- K Körnungsanforderung
- P Planum
- F Frostschutzschicht (FSS)
- T Tragschicht ohne Bindemittel (ToB)

Bild 4: Dimensionierung der FSS/ToB bei standardisiertem Oberbau in Abhängigkeit vom Untergrund/Unterbau

artiger Ausführung vor. Die Erfordernisse hinsichtlich Tragvermögen, Frostsicherung und Entwässerung der Unterlage richten sich nach der Bodenbeschaffenheit des Untergrundes und Unterbaues.

Eine Frostschutzschicht (FSS) kann dann entfallen, wenn der F1-Boden zugleich die Anforderungen für eine Frostschutzschicht ohne Bindemittel nach ZTV SoB-StB erfüllt oder nach ZTV Beton-StB frostbeständig verfestigt wird. Steht der F1-Boden in zu geringer Dicke an, richtet sich die erforderliche Mindestdicke des frostsicheren Aufbaues nach den darunter anstehenden frostempfindlichen Böden der Frostklasse F2 oder F3. Der in diesem Fall erforderliche Aufbau kann durch entsprechend tiefen Bodenaustausch, Einbau einer zusätzlichen frostsicheren Schicht oder durch Teilaustausch mit dauerhaft frostbeständiger Verfestigung der F2/F3-Böden erreicht werden.

Besteht der Untergrund/Unterbau unmittelbar aus frostempfindlichem Boden der Klasse F2 oder F3, dann sind beide Bemessungsfälle a) und b) nach *Bild 4* anzuwenden und die sich ergebende größere Dickenanforderung maßgebend. Bemessungsfall b) kann dabei bei einigen Aufbauvarianten zu dünne Frostschutzschichten ergeben, bei denen es nicht mehr möglich ist, die Anforderungen des Bemessungsfalles a) einzuhalten.

(3) Frostsichere Planumsschicht (F1-Böden)

Ein natürlich anstehender oder geschütteter frostsicherer Boden eignet sich als Frostschutzschicht nur dann, wenn er alle Anforderungen als erste Tragschicht nach ZTV SoB-StB erfüllt oder nach ZTV Beton-StB verfestigt wird. Näherungsweise Zuordnung der Qualitätskenngrößen s. *Tab. 1.*

In Abschnitt 4.5 ZTV E-StB wird als Richtlinie geregelt, dass reduzierte E_{v2}-Moduln auf frostsicheren Planumsschichten zulässig sind, wenn sich diese beim Bau der Tragschichten bzw. unter Verkehr noch wesentlich erhöhen. Von dieser Regelung soll nur ausnahmsweise Gebrauch gemacht werden, wenn sich die vorgeschriebenen E_{v2}-Moduln auch nach intensivem Verdichten nicht ganz erreichen lassen, obwohl der vorgeschriebene Verdichtungsgrad D_{Pr} eingehalten ist.

(4) Frost- und witterungsempfindliche Planumsschicht (F2-/F3-Böden)

Bei frost- und witterungsempfindlicher Planumsschicht ist zu berücksichtigen, dass die E_v-Moduln zeitabhängige Verformungsgrößen und demzufolge nur den momentanen Zustand zur Zeit der Prüfung widerspiegeln. Es ist anzustreben, möglichst unter optimalen Einbau- und Verdichtungsbedingungen zu verdichten, um Verformungsmoduln $E_{v2} \geq 45\ MN/m^2$ zu erreichen. Dies ist allerdings, wie *Tab. 2* aufzeigt, wegen der starken Abhängigkeit vom Wasser- und Luftgehalt nur eingeschränkt möglich. Andernfalls müssen Maßnahmen nach Kom. (5) realisiert werden.

Tabelle 1: Näherungsweise Zuordnung von Verdichtungsgrad D_{Pr} und Verformungsmodul E_{V2} bei grobkörnigen Bodenarten

Bodenart	D_{Pr} in %	E_{V2} in MN/m^2
GW – GI	≥ 103 ≥ 100 ≥ 97	≥ 120 ≥ 100 ≥ 80
GE SE – SW – SI	≥ 100 ≥ 97 ≥ 95	≥ 80 ≥ 60 ≥ 45

Die Forderung in den RStO, wonach der genannte Verformungsmodul dauerhaft gewährleistet sein soll, ist aus vorgenannten Gründen für ein witterungsempfindliches Planum nicht ohne Weiteres realistisch. In Wirklichkeit unterliegt die Fahrbahnbefestigung den witterungs- und jahreszeitbedingten wechselnden Trag- und Verformungsreaktionen der Planumsschicht.

Das Verhalten ändert sich zwangsläufig im Zuge des jahreszeitlichen Wechsels von Witterung, Frost und Grundwassereinwirkung je nach Standort. Bezüglich der Frosteinwirkung ist zu berücksichtigen, dass der Fahrbahnaufbau konzeptionell nur einer Teilsicherung entspricht; s. Abschnitt 2.

Befindet sich über der frostempfindlichen Planumsschicht eine Frostschutzschicht oder eine andere ungebundene Tragschicht, beeinflussen sich die Verformungsmoduln beider Schichten, je nach Dicke und Materialart der überbauten Schicht, gegenseitig. Bei Vorgabe eines Verformungsmoduls $E_{v2} \geq 45$ MN/m^2 besteht nur ein enger Freiraum für den auf der Frost-/Tragschicht erreichbaren E_{v2}-Wert, wie die näherungsweise zugeordneten Richtwerte in *Tab. 3* aufzeigen.

Tabelle 2: Näherungsweise Zuordnung von Porenanteil n, Wassergehalt w und E_{v2}-Modul bei fein- und gemischtkörnigen Bodenarten mit einem Luftgehalt von $n_a = \leq 12$ %

Porenanteil n in %	Wassergehalt w in Gew.-%	E_{v2}-Modul in MN/m^2
$n \leq 30$ $30 < n \leq 36$ $n \geq 36$	$7 \leq w \leq 15$ $10 \leq w \leq 20$ $w \geq 15$	$E_{v2} \geq 45$ $20 < E_{v2} < 45$ $E_{v2} \leq 20$

Tabelle 3: Richtwerte des E_{v2}-Moduls auf ungebundenen Tragschichten über Unterlagen mit $E_{v2} \geq 45$ MN/m^2

d in cm	E_{v2} in MN/m^2		
	A	B	C
20–30 30–40 40–50	≥ 50 ≥ 60 ≥ 70	≥ 80 ≥ 100 ≥ 120	≥ 100 ≥ 120 ≥ 140

d = Dicke der ungebundenen Tragschicht

Baustoffe der ungebundenen Tragschichten

A: GE – SE – SW – SI

B: GW – GI
Brechsand-Splitt-Gemisch 0/5 bis 0/32 mm

C: Brechsand-Splitt-Schotter-Gemisch über 0/32 bis 0/56 mm

Ergänzend hierzu zeigt *Bild 5* aus Baustellenversuchen näherungsweise gewonnene Zusammenhänge für Frostschutzschichten aus Kiessand.

(5) Verbesserte Planumsschicht

Wird die Planumsschicht mit Maßnahmen nach Abschnitt 12 oder 13.2 ZTV E-StB verbessert, entstehen Übergangsschichten im Grenzbereich von Oberbau und Untergrund/Unterbau, die sich günstig auf das Trag- und Verformungsverhalten der Fahrbahnbefestigung sowie deren langfristigen Erhalt auswirken. Es wird im Einzelnen damit bezweckt,

- eine möglichst steife Unterlage zu erzielen, auf der sich die Tragschichten gleichmäßig einbauen und verdichten lassen, sodass

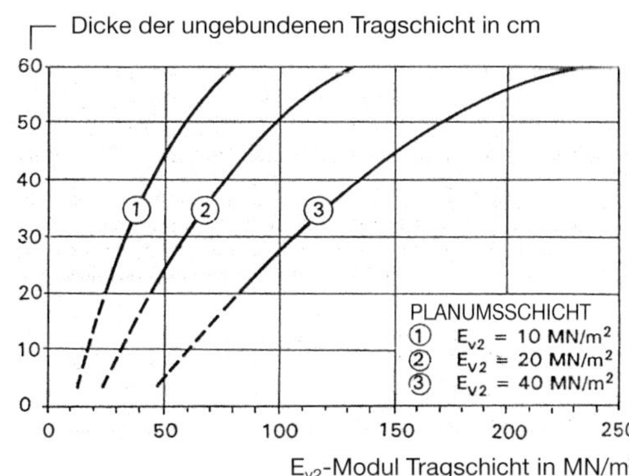

Bild 5: Verformungsmodul E_{v2} auf der Frostschutzschicht in Abhängigkeit von deren Dicke und vom Verformungsmodul auf dem Planum

Nachverdichtungen unter Verkehr gering bleiben,
- die jahreszeitlich bedingte Tragfähigkeitsabnahme witterungs- und frostempfindlicher Böden, besonders bei Frostaufgang, abzumindern,
- die Befahrbarkeit des Planums und der Tragschicht während der Bauzeit zu verbessern,
- die frostsichere Konstruktionsdicke der Fahrbahnbefestigung zu vergrößern.

Die verbesserte Schicht kann in folgender Hinsicht berücksichtigt werden:

a) Anrechnung auf die frostsichere Mindestdicke des Straßenaufbaus gemäß Abschnitt 2.3 ZTV E-StB,
   - wenn der Kornaufbau der Planumsschicht den Bedingungen der Frostsicherheit entspricht (frostsichere Materialien der Frostklasse F1),
   - wenn sie dauerhaft tragfähig und frostbeständig mit Bindemittel verfestigt wird.

b) Bewertung als Äquivalent für eine untere Tragschicht,
   - wenn die Planumsschicht den Anforderungen einer Frostschutzschicht oder einer anderen ungebundenen Tragschicht (zulässiger Körnungsbereich, Verdichtungsgrad D_{Pr}, Verformungsmodul E_{v2} sowie Dicke und Gleichmäßigkeit der Schicht) entspricht,
   - wenn die Planumsschicht dauerhaft tragfähig und frostbeständig mit Bindemittel verfestigt wird.

c) Reduzierung der Oberbaudicke,
   - wenn die Planumsschicht aus frostsicherem Korngemisch besteht und zusätzlich tragfähig im Sinne der geltenden Vorschriften mit Bindemittel verfestigt wird.

Die Planumsschichten lassen sich näherungsweise für Vergleichszwecke mit Hilfe der Äquivalenztheorie bewerten; s. Kom. 1.4.

Ergeben sich beim Verdichten der Planumsschicht günstigere Ergebnisse (D_{Pr}, E_v), als nach den Mindestquantilkriterien erforderlich wären, rechtfertigt dies nicht ohne Weiteres, die Dicke der Tragschicht zu reduzieren. Die Heterogenität der Böden, z. B. Kornzusammensetzung, Wassergehalt, Einfluss tiefer liegender Schichten, lässt dies in der Regel nicht zu.

1.6 Ertüchtigung des Fahrbahnaufbaues

(1) Zielsetzung

Der Begriff „Ertüchtigung" betrifft im Allgemeinen die funktionstüchtige Gestaltung der Aufbauquerschnitte und im engeren Sinne die verbesserte Nachhaltigkeit vorhandener Befestigungen im Zuge von Erneuerungs- und Erhaltungsmaßnahmen; Lit. (26).

Für die nachhaltige Ertüchtigung des Fahrbahnaufbaues können unterschiedliche Zielsetzungen maßgeblich sein; hierzu gehören im Allgemeinen:

- Ausgleich heterogener Bodeneigenschaften
- Ausgleich von periodisch nachlassendem Tragverhalten im jahreszeitlichen Witterungsverlauf, besonders bei Frostaufgang
- Vergleichmäßigung des Schichtenverbundes und der Schichtauflage
- Abbau hydromechanischer Spannungen durch Aufnahme bzw. Ableitung von Sicker- bzw. Kondenswasser
- Verstärkung der Dräneigenschaften ungebundener Frost- bzw. Tragschichten
- Verstärkung des frostdämmenden Widerstandes der Fahrbahnbefestigung
- Erhöhung des Widerstandes gegen „Ermüdung" von Asphaltschichten und hydraulisch gebundenen Tragschichten.

Grundsätzlich ist eine dauerhaft funktionstüchtige Bauweise zu wählen, die der bemessungsrelevanten Beanspruchung Rechnung trägt. Je nach Bodenbeschaffenheit und örtlichen Bedingungen kann es notwendig sein, den Fahrbahnaufbau zusätzlich durch eine der folgenden Maßnahmen zu ertüchtigen:

- qualitative Verbesserung durch hochwertige Baustoffe in Trag- und Deckschichten
- Verstärkung von Tragschichten
- Verfestigung von Tragschichten mit Bindemittel
- qualifiziert gezielte Bodenverbesserungen oder dauerhaft frostbeständige Bodenverfestigungen mit Bindemittel
- qualitative Verbesserung durch geosynthetische Stoffe, abzielend auf Bewehrungseffekte, gleichmäßige Auflage und Trennung von Schichten, Vergleichmäßigung von Formänderungsunterschieden der Unterlage, Drän- und Filterwirkungen sowie Sicherung der Erosionsstabilität.

Die vorbenannten Ertüchtigungsmaßnahmen sind weder technisch noch ökonomisch äquivalent, sodass sie im Einzelfall differenzierte Bewertungen auf empirischer Grundlage, gestützt auf experimentelle Untersuchungen, voraussetzen.

(2) Ertüchtigung mit geotextilen Einlagen

Die Ertüchtigung von Fahrbahnbefestigungen durch geotextile Einlagen setzt voraus, zwischen folgenden funktionalen Bedingungen zu differenzieren:

- Zwischen bituminös oder hydraulisch gebundenen Deck- und Tragschichten wirkt konstruktiver Verbund, der bei der Bemessung auch rechnerisch nachzuweisen ist. Geotextile Einlagen dürfen diesen Verbund nicht verhindern und somit erst unterhalb dieser Schichten positioniert werden.
- Zwischen ungebundenen Trag- und Frostschutzschichten sowie in den Kontaktflächen mit dem gebundenen Oberbau und mit der Bodenunterlage besteht kein konstruktiver Verbund, jedoch müssen die in den Schichtebenen wirkenden Kontaktdrücke vollflächig verteilt abgetragen werden, wozu geotextile Einlagen ertüchtigend beitragen.

Für geotextile Einlagen zwischen plan- und profilgemäß liegenden homogenen Schichten bzw. ebenen Auflageflächen bestehen ideale Bettungs- und Einbaubedingungen. Für die Ertüchtigung eignen sich Vliesstoffe sowie Verbundvliesstoffe mit ausgeprägtem Dehnvermögen. Vliese aus regellos angeordneten Fasern (Wirrlage) besitzen weitgehend richtungsunabhängige Dehneigenschaften. Das charakteristische Dehnvermögen mechanisch verfestigter Vliese resultiert daraus, dass die Fasern in der Lage nur mäßig fixiert sind, bei Zugspannung entweder sofort anspannen oder sich in Zugrichtung umorientieren.

Im Einzelnen tragen folgende stoffliche Eigenschaften zur Ertüchtigung bei:

- Die Einlage passt sich Unebenheiten an, umschließt lokale Perforationen und ertüchtigt auf diese Weise den Kontaktverbund zwischen den Schichten bzw. zur Unterlage. Sie verhindert das Verunreinigen der Schichten durch Fremdstoffe und besorgt die sorgfältige Trennung. Hieraus resultiert eine verbesserte Nachhaltigkeit des Tragvermögens der Fahrbahnbefestigung.
- Die Zugfestigkeit und das Dehnvermögen der Vlies- und Verbundstoffe erzeugen Einspann- bzw. Membraneffekte der Einlage im eingebetteten Zustand. Die Einlage spannt bei flächigem Verbund über Reibung und adhäsive Haftung die ungebundene Schicht ein- oder beidseitig membranartig ein und beteiligt sich so an der Aufnahme von Zugspannungen im Gesamtsystem. Dieser Effekt erhöht und vergleichmäßigt das Tragvermögen der Befestigung, insbesondere in Perioden nachlassender Tragfähigkeit durch ungünstige Witterung und Frostaufgang. Die Bemessungsfestigkeit und Bemessungsdehnung sind durch eine zeitabhängige Zugkraft-Dehnungskurve für die Gebrauchsdauer zu belegen.
- Für die Aufnahme und Weiterleitung von Sicker- und Kondenswasser sowie für die hydrostatische Entspannung von Überdruck in Schichtebene der Einlage infolge pumpartiger Einwirkung von Verkehrslasten eignen sich dicke Vliesstoffe und Verbundstoffe, die aus in der Fläche mechanisch miteinander verbundenen, verschiedenartigen Vliesen bestehen.

  Mit Verbundstoffen lassen sich Wasserableitung und Filter kombinieren. Eine mechanische Filterung ist dann nötig, wenn Korn- und Teilchenpartikel erosionsbedingt abgetragen oder suffusionsbedingt verlagert werden. Verbundstoffe in Form von Dränmatten bestehen aus einem wasserableitenden Sickerkern mit ein- oder beidseitigem Filtervlies. Werden sie als Dränelement mit langfristig zuverlässiger Abflussleistung bemessen, ist zu prüfen, ob die Dicke der unteren Tragschicht reduziert werden kann, wenn diese funktional zugleich als Dränschicht wirken soll. Für alle dicken Vliesstoffe ist zu beachten, dass sich ihr Filter- bzw. Wasserableitvermögen durch Zusammendrückung unter Auflast und durch Partikeleintrag im Laufe der Betriebszeit reduzieren kann.

Siehe auch Teil 2, Abschnitt 3, Kom. 3.3 und Abschnitt 13, Kom. 7.3.

1.7 Tragwerte und Verformungskenngrößen

Die rechnerische und empirische Dimensionierung des Aufbaues von Fahrbahnbefestigungen setzen die Kenntnis der Trag- und Formänderungseigenschaften der Böden in den Unterlagsschichten voraus. Diese Eigenschaften werden durch versuchsabhängige Verformungsmoduln oder Festigkeitsgrößen gekennzeichnet, die nachfolgend beschrieben sind; s. auch Teil 2, Abschnitt 14, Kom. 4.

(1) Verformungsmoduln

Für die Böden bestehen nichtlineare Zusammenhänge zwischen den belastungsrelevanten Spannungen und Verformungen. Berechnungen, die ein elastisch-plastisches oder viskoses Stoffverhalten berücksichtigen, erfordern einen großen Rechenaufwand.

Vereinfachend wird deshalb zur Beschreibung der Spannungs-Verformungs-Beziehungen von abschnittsweise linearisiertem, elastischem Verhalten des Bodens mit unterschiedlichen Moduln ausgegangen.

Für Berechnungen nach der Elastizitätstheorie wird das Stoffverhalten durch den Elastizitätsmodul E und die Querdehnzahl ν beschrieben. Die Ermittlung des Elastizitätsmoduls eines isotropen, ideal-elastischen Materials erfordert Versuche, bei denen die Querdehnung der untersuchten Probe nicht behindert ist. Aufgrund der körnigen Haufwerkstruktur der Böden werden jedoch meistens Belastungsversuche durchgeführt, bei denen die Querdehnung des Bodens entweder teilweise oder vollständig behindert ist. Hierzu gehören die Plattendruckversuche nach DIN 18134 (behinderte Querdehnung) zur Ermittlung des Verformungsmoduls E_v und ödometrische Kompressionsversuche (voll verhinderte Querdehnung) zur Ermittlung des für Setzungsberechnungen benötigten Steifemoduls E_s. Je nach Spannungszustand des Bodens und Versuchszweck werden aus den Phasen der Erstbelastung, Entlastung und Wiederbelastung differenzielle Tangentenmoduln oder abschnittsspezifische Sekantenmoduln aus den Druck-Verformungskurven dieser Versuche abgeleitet.

Ist die Querdehnzahl des Bodens bekannt, so können die drei vorgenannten Moduln wie folgt umgerechnet werden:

$$E_v = (1 - \nu - 2\nu^2)/(1 - \nu) \cdot E_s$$

$$E_v = (1 - \nu - 2\nu^2)/((1 - \nu) \cdot (1 - \nu^2)) \cdot E_s$$

Streng genommen gelten diese Zusammenhänge nur für ideal-elastische, isotrope Stoffe.

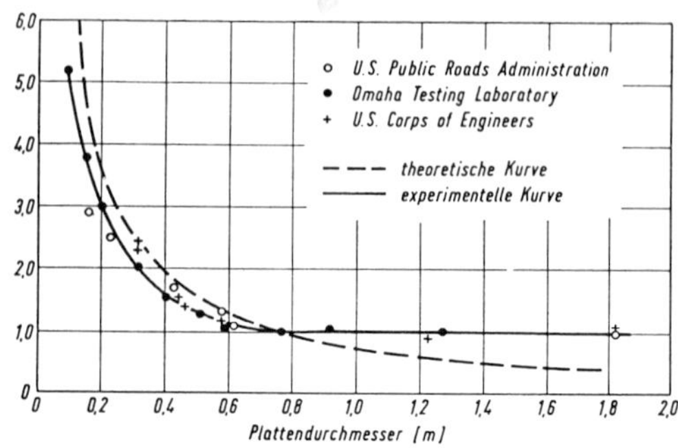

Bild 6: Umrechnungsfaktoren des Bettungsmoduls für verschiedene Durchmesser der Lastplatte (nach Shatton)

Für elastisch-plastisches Material ($0 < \nu < 0{,}5$) gilt $E < E_v < E_s$.

Zur Ermittlung des Bettungsmoduls k_s wird der Erstbelastungszyklus verwendet; s. Abschnitt 14 ZTV E-StB, Kom. 4.1. Im Straßen- und Flugplatzbau wird die mit einer Lastplatte von 762 mm Durchmesser gemessene Druckspannung σ_0 bestimmt, die einer mittleren Setzung von s = 1,25 mm entspricht.

Der Bettungsmodul kann nach dem Modellgesetz

$$\frac{k_{s1}}{k_{s2}} = \frac{d_2}{d_1}$$

für Plattendurchmesser 300 < d < 762 mm umgerechnet werden, sofern der Boden bis zu einer Tiefe gleich dem 1,5-fachen Platten-

Tabelle 4: Gemessene E_{dyn}-Moduln (nach Nijboer)

Bodenart	E_{dyn}-Modul MN/m²
Torf, Moor	10–30
Klei, sandig (Holland)	70
Klei, sandig (Deutschland)	120–220
Klei, sandig (England)	120
Klei, sandig, kiesig	250
Ton feucht	50–220
Ton sandig	70–180
Ton hart, trocken	430–2500
Kies, sandig	310
Kies, Moränekies, sandig	340
Kies, Moränekies	880
Kies, Moränekies, fest	900–2500
Kies, kleiig	520–550
Fels, Kalkstein	2400–2600

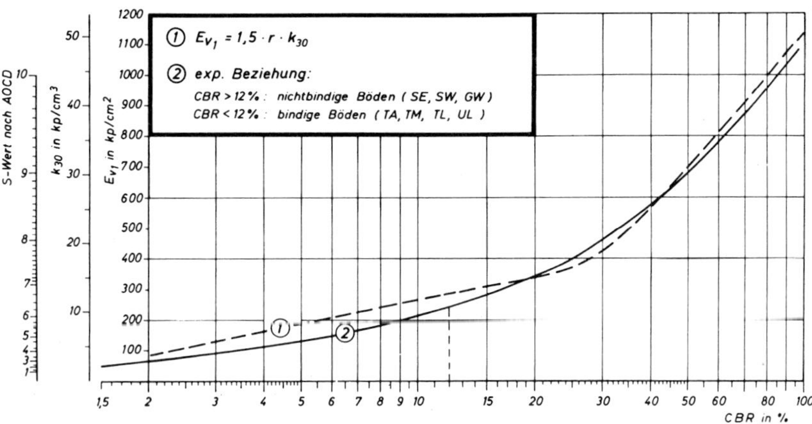

Bild 7: Beziehung zwischen CBR-Wert, Verformungsmodul E_{v1}, Bettungsmodul k_{30} und Boden-Tragwert S

durchmesser homogen und von gleicher Lagerungsdichte ist; s. *Bild 6*. Für die Lastplatte mit Ø 300 mm beträgt der Umrechnungsfaktor 2,22.

(2) CBR-Index

Neben den quasi-elastischen statischen und dynamischen E-Moduln werden auch versuchsempirische Trag- und Festigkeitskenngrößen des Bodens für die Dimensionierung verwendet. Verbreitet ist die Anwendung des CBR-Index (California Bearing Ratio) für die Dimensionierung flexibler Fahrbahnbefestigungen.

Beim CBR-Versuch wird der Druck σ ermittelt, den ein mit gleichbleibender Geschwindigkeit in den Boden eingedrückter zylindrischer Druckstempel bei Eindringtiefen von 0,25 und 0,5 cm erzeugt:

$$CBR = \frac{\sigma}{\sigma_s} \cdot 100 \text{ in } \%$$

σ = Versuchsdruck

σ_s = genormter Druck bei Eindringtiefe:

0,25 cm σ_s = 7,03 MN/m²

0,50 cm σ_s = 10,55 MN/m²

(3) Moduln für dynamische Belastung

Um die dynamische Kurzzeitbelastung der Fahrbahnbefestigung bei rollendem Verkehr zu erfassen, werden mit Hilfe frequenzveränderlicher Schwingungserreger dynamische Elastizitätsmoduln E_{dyn} ermittelt und bei der Dimensionierung verwendet. Angaben über E_{dyn}-Moduln s. *Tab. 4*. Die Relation zwischen dynamischen und statischen Moduln ergibt sich nach Versuchen von Heukolom (1964) näherungsweise zu

$$E_{dyn} = 2 \text{ bis } 3 \cdot E_{stat}$$

(4) Relationen zwischen verschiedenen Kenngrößen

In *Bild 7* wird der Zusammenhang zwischen E_{v1}-Modul und CBR-Wert mit dem Bettungs-

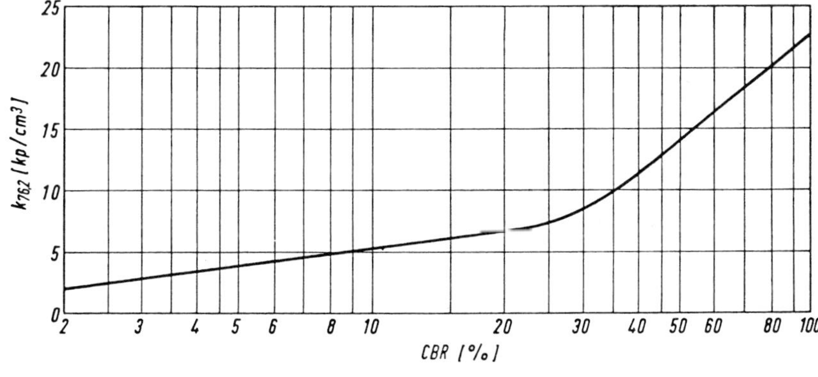

Bild 8: Beziehung zwischen CBR-Wert und Bettungsmodul $k_{76,2}$ (nach Cochrane)

modul k_{30} und dem Bodentragwert S (soil support value) des AASHO-Operating Committee on Design (AOCD) in Verbindung gebracht. Die durch theoretische Umrechnung abgeleitete Kurve 1 hat den von Cochrane (Lit. (20)) durch Vergleichsversuche gefundenen Zusammenhang zwischen CBR-Wert und Bettungsmodul k_{76} gemäß *Bild 8* zur Grundlage. Der 1962 vom AASHO-Bemessungsausschuss eingeführte Bodentragwert S ist das Ergebnis einer Korrelationsbetrachtung zwischen Kenngrößen verschiedener Bodenprüfverfahren, die den Boden hinsichtlich seiner Tragfähigkeit charakterisieren.

2 Frostsicherung

2.1 Vorbedingungen

(1) Die hohen Anforderungen an die Fahrbahndecken und Tragschichten hinsichtlich Tragfähigkeit und nachhaltiger Gebrauchstauglichkeit bedingen eine sorgfältige Sicherung gegen Frost- und Tauschäden. Frostschäden zeichnen sich als Frosthebungen und Rissbildungen infolge von Eislinsenbildungen im Boden, Tauschäden durch Aufweichen des Bodens und große Verformungen bis hin zu Einbrüchen der Fahrbahnbefestigung ab. Die erforderlichen Sicherungsmaßnahmen müssen in jedem Einzelfall in Abhängigkeit von den Untergrund- und Grundwasserverhältnissen eingehend untersucht werden.

Sie umfassen in der Regel

- ein Höherlegen des Planums,
- den Ersatz des frostempfindlichen Bodens auf volle oder anteilige Frosteindringtiefe,
- den Einbau von Dichtungs- oder kapillarbrechenden Trennschichten zur Verhinderung von aufsteigendem Kapillarwasser.

(2) Der frostsichere Aufbau von Verkehrsflächen wird nach aktuellem Stand der Technik so geplant und ausgeführt, dass während der Frost- und Tauperioden keine schädlichen Verformungen entstehen. Der Frost darf nur mit verminderter Intensität über kurze Zeitperioden in die frostempfindliche Planumsschicht eindringen. Diese Forderung verlangt eine bestimmte Mindestdicke des frostsicheren Oberbaues als sog. Teilfrostsicherung und eine gut tragfähige, lastverteilende Tragschicht über dem frostempfindlichen Erdplanum.

Die Grundlagen dieser frostsichernden Konzeption werden für die diversen Aufbautypen von Fahrbahnbefestigungen in den „Richtlinien für die Standardisierung des Oberbaus von Verkehrsflächen" (RStO) in Verbindung mit den Qualitätsanforderungen umgesetzt. Der Aufbautyp der Fahrbahnbefestigung und die Frostschutzbauweise müssen ausführungs- und baustoffspezifisch auf die Beschaffenheit des Untergrundes und des Unterbaues im Planumsbereich sowie auf die klimatischen und hydrogeologischen Bedingungen vor Ort abgestimmt sein.

Die hinsichtlich der Frostempfindlichkeit der Bodenarten erforderliche Mindestdicke des Straßenaufbaus richtet sich nach der Frostempfindlichkeitsklasse des Bodens und der besonders vom Frosttemperaturverlauf sowie vom lokalen Klima kleiner Landschaftsausschnitte beeinflussten maximalen Frosteindringtiefe des betreffenden Gebietes.

(3) Die Notwendigkeit bautechnischer Schutzmaßnahmen gegen Frost- und Tauschäden ist dann gegeben, wenn

- der Verkehrswert der jeweiligen Fahrbahn dies rechtfertigt,
- die Klimabedingungen dies erfordern,
- die frostempfindlichen Böden der Frostklasse F2 oder F3 vorkommen,
- in der Gefrierzone Wasser vorhanden ist oder sich sammeln kann.

Für Fahrbahnbefestigungen, die nicht oder ungenügend frostsicher ausgebaut sind, kann es notwendig werden, den Verkehr schwerer Fahrzeuge zeitweise, besonders während der Tauwetterintervalle, einzuschränken oder zu verbieten. Eine solche Ausnahmemaßnahme, die sich nach dem Verkehrswert zu richten hat, kann näherungsweise aufgrund des Verlaufs der für das Gebiet maßgebenden Temperatur-Summenlinie vorausgesagt werden. Zu diesem Zweck sind die in *Bild 11* dargestellten Gefährdungsbereiche aus Beobachtungen an bestehenden Straßen ermittelt worden.

(4) Der Aufbautyp der Fahrbahnbefestigung und die Art der Frostsicherung müssen auf die Beschaffenheit des Untergrundes/Unterbaues im Planumsbereich sowie auf die klimatischen und hydrologischen Bedingungen des Standortes abgestimmt sein. Kom. 2 zu Abschnitt 4.5 ZTV E-StB behandelt hierzu die generellen Voraussetzungen. Die RStO beinhalten hierzu

folgende Grundregeln für standardisierte Bauweisen:

- Besteht der Untergrund/Unterbau aus frostsicherem Boden der Frostempfindlichkeitsklasse F1 kann eine Frostschutzschicht entfallen, jedoch nur dann, wenn dieser Boden durchgängig die Anforderungen nach ZTV SoB-StB erfüllt oder nach ZTV Beton-StB frostbeständig verfestigt wird.
- Besteht der Untergrund/Unterbau aus frostempfindlichem Boden der Frostempfindlichkeitsklasse F2 bzw. F3, dann setzen die in den Tafeln der RStO ausgewiesenen Oberbauschichten einen Verformungsmodul von mindestens $E_{v2} = 45$ MN/m^2 auf dem Planum sowie eine Mindestdicke des frostsicheren Oberbaues voraus. Mit Hinweis auf die Begründung in Kom. 1.6 (4) ist jedoch zu beachten, dass der Verformungsmodul nur den Zeitpunkt der Herstellung, jedoch keine dauerhaft konstante Bodenkenngröße kennzeichnet. Seine Größe hängt vom jeweiligen Feuchtezustand des Bodens ab und kann auch nach Überbauung des Oberbaues im jahreszeitlichen Wechsel der Feuchtesättigung durch Niederschlag oder ansteigendes Grundwasser unterschiedlich groß sein. Die Trageigenschaften des Oberbaues müssen die wechselnden Bedingungen der Unterlage ausgleichen. Besonders ungünstige Untergrundverhältnisse können Ertüchtigungsmaßnahmen notwendig machen; s. Kom. 1.6.

Die vorstehende Differenzierung gewährleistet keine ausreichende Frostsicherung, wenn frostsichere und frostempfindliche Böden im Baulos wechseln oder in wechselnder Zusammensetzung vorkommen. Genaue stoffliche bzw. granulometrische Grenzwerte zur Unterscheidung von frostsicheren und frostempfindlichen Bodeneigenschaften lassen sich in ihren Auswirkungen auf die Frostgefährdung von Fahrbahnen nicht zuverlässig angeben. Die grobe Einteilung nach den granulometrischen Merkmalen der Klasse F1 bis F3 ersetzt nicht die komplexen Einflüsse der mineral-chemischen Substanz des Feinkornes und insbesondere nicht die bodenphysikalischen Wirkungen der Kapillarität und Durchlässigkeit des Bodens, die Intensität und Zeitverlauf des Gefriervorganges (Kristallisation, Frosteindringung, Gefriergeschwindigkeit) maßgeblich in Abhängigkeit von der Frosttemperatur regulieren.

Wie es regional verbreitet der Fall ist, wechseln aufgrund sedimentärer Vorgänge häufig F1-Böden und gemischtkörnige Böden mit mehr oder weniger frostempfindlichem Feinkorn < 0,063 mm, ohne dass die Grenzen in der flächigen Ausdehnung und der Tiefe äußerlich oder bei den geotechnischen Untersuchungen eindeutig erkennbar werden. In diesem Fall liegt der Oberbau auf einer Unterlagsschicht, die weder durchgängig gleichmäßig frostsicher noch wasserdurchlässig wirkt. Das Risiko nicht ausreichender Frostsicherheit verstärkt sich, wenn im Baufeld Grundwasser oder Schicht- und Stauwässer vorkommen oder ungünstige Bedingungen hinsichtlich Wasserabfluss, Vorflut und Versickerung des Wassers vorliegen. Der mehr oder weniger punktuelle Austausch der Stellen mit frostempfindlichem Boden gegen Verfüllen mit frostsicherem Boden ergibt keine zuverlässig probable Ersatzlösung für eine gleichmäßig durchgängig eingebaute Frostschutz- und Entwässerungsschicht. Es verbleiben wechselhaft frostempfindliche Bodenbereiche unter dem Oberbau. Solche nach Tiefe und Fläche ungleich ausgebesserten Stellen bilden erfahrungsgemäß „sackförmig“ wassersammelnde Bereiche, die in der Folge feuchtegesättigt und aufgeweicht bleiben und ungleiche Verformungen der Oberbauschichten verursachen.

(5) Wird die obere Zone einer frostempfindlichen Planumsschicht (Untergrund oder Unterbau) nach den Grundsätzen in Abschnitt 12 ZTV E-StB dauerhaft frostsicher mit Bindemittel verfestigt, kann die frostsichere Mindestdicke reduziert werden.

2.2 Mindestdicke des frostsicheren Fahrbahnaufbaues

Die hinsichtlich der Frostempfindlichkeit der Bodenarten erforderliche Mindestdicke des Straßenaufbaus richtet sich nach der Frostempfindlichkeitsklasse des Bodens und der besonders vom Frosttemperaturverlauf sowie vom allgemeinen Klima kleiner Landschaftsausschnitte (z. B. Klima an einem Hang, Waldrand) beeinflussten maximalen Frosteindringtiefe des betreffenden Gebietes. Als Richtwerte gelten die Dicken nach *Tab. 5*.

Bei ungünstigen Wasserverhältnissen oder kalten Zonen mit maximalen Frosteindring-

Tabelle 5: Mindestdicke des frostsicheren Straßenoberbaus (RStO)

Frostempfindlichkeitsklasse	Dicke in cm bei Belastungsklasse		
	Bk100 bis Bk10	Bk3,2 bis Bk1,0	Bk0,3
F2	55	50	40
F3	65	60	50

tiefen von mehr als 1,0 m und mit im Regelfall häufigen Frost-Tau-Wechseln sind Zuschläge aufgrund regionaler Erfahrungen, mindestens jedoch in der Größe nach *Tab. 6* erforderlich.

Die Frosteinwirkungszonen I/II/III sind für die Bundesrepublik Deutschland in *Bild 9* dargestellt. Diese Einteilung bietet nur einen Anhalt, da regionale Besonderheiten des Kleinklimas und der örtlichen Verhältnisse wesentliche Abweichungen verursachen können.

Der Vergleich der *Tab. 5* mit den Erläuterungen zu *Bild 9* zeigt, dass die erforderlichen Mindestdicken frostsicher ausgebauter Fahrbahnbefestigungen etwa halb so groß wie die gemessenen maximalen Frosttiefen sind. Die Anforderungen gehen somit nicht von der vollen Frosttiefe aus, sondern entsprechen einer „Teilfrostsicherung“.

2.3 Einfluss des Mikroklimas

Das Mikroklima kennzeichnet die klimatischen Bedingungen kleiner charakteristischer Land-

Tabelle 6: Mehr- oder Minderdicken des frostsicheren Aufbaus infolge örtlicher Verhältnisse (RStO)

Örtliche Verhältnisse		A	B	C	D	E
Frosteinwirkung	Zone I	± 0 cm				
	Zone II	+ 5 cm				
	Zone III	+ 15 cm				
Kleinräumige Klimaunterschiede	ungünstige Klimaeinflüsse z. B. durch Nordhang oder in Kammlagen von Gebirgen		+ 5 cm			
	keine besondere Klimaeinflüsse		± 0 cm			
	günstige Klimaeinflüsse bei geschlossener seitlichen Bebauung entlang der Straße		− 5 cm			
Wasserverhältnisse im Untergrund	kein Grund- und Schichtenwasser bis in eine Tiefe von 1,5 m unter Planum			± 0 cm		
	Grund- oder Schichtenwasser dauernd oder zeitweise höher als 1,5 m unter Planum			+ 5 cm		
Lage der Gradiente	Einschnitt, Anschnitt				+ 5 cm	
	Geländehöhe bis Damm ≤ 2,0 m				± 0 cm	
	Damm > 2,0 m				− 5 cm	
Entwässerung der Fahrbahn/ Ausführung der Randbereiche	Entwässerung der Fahrbahn über Mulden, Gräben bzw. Böschungen					± 0 cm
	Entwässerung der Fahrbahn und Randbereiche über Rinnen bzw. Abläufe und Rohrleitungen					− 5 cm

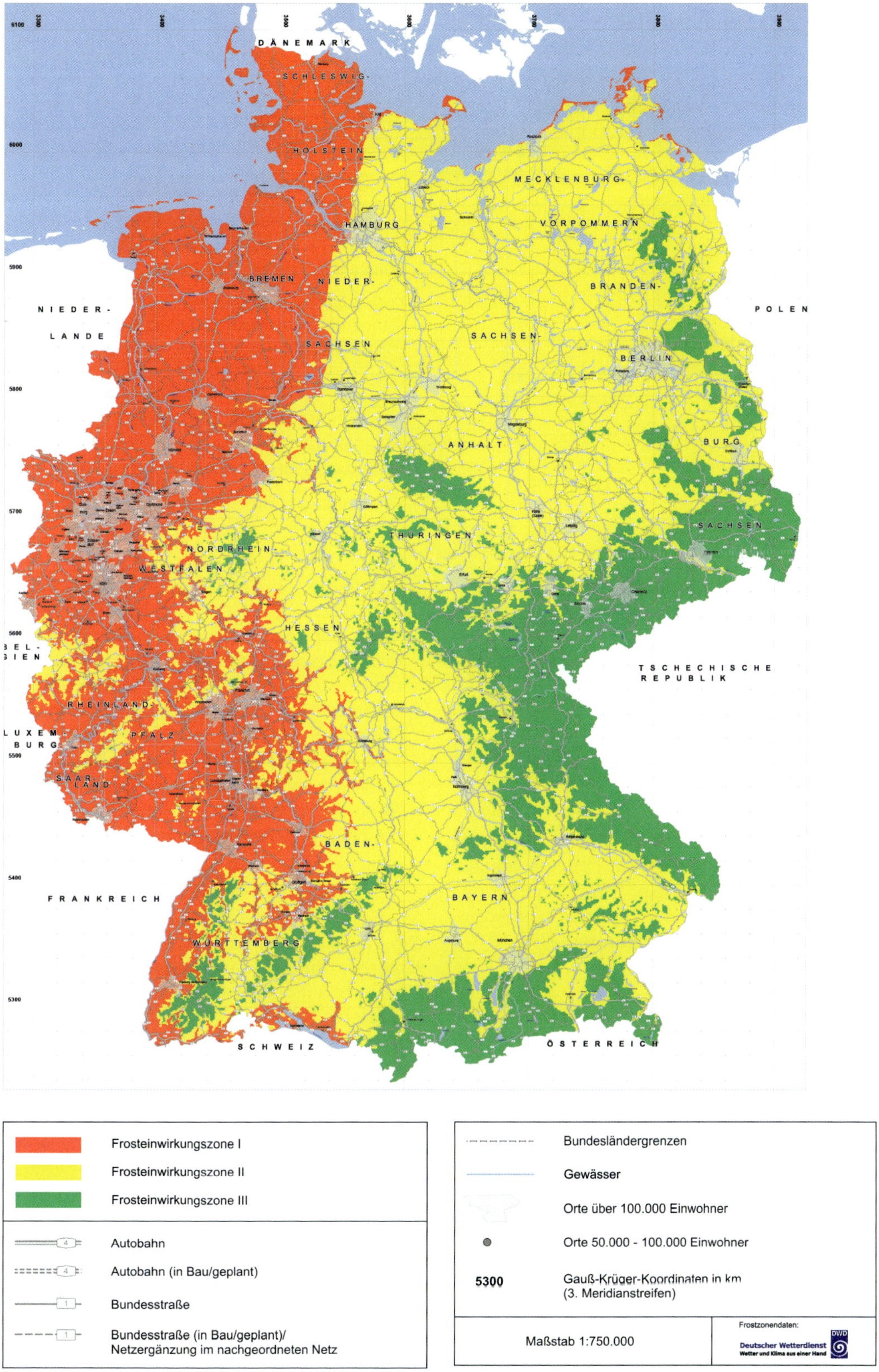

DÄNEMARK
SCHLESWIG-HOLSTEIN
MECKLENBURG-VORPOMMERN
HAMBURG
BREMEN
NIEDERSACHSEN
BRANDENBURG
BERLIN
SACHSEN-ANHALT
POLEN
NIEDERLANDE
NORDRHEIN-WESTFALEN
THÜRINGEN
SACHSEN
HESSEN
BELGIEN
TSCHECHISCHE REPUBLIK
RHEINLAND-PFALZ
LUXEMBURG
SAARLAND
BADEN-WÜRTTEMBERG
BAYERN
FRANKREICH
SCHWEIZ
ÖSTERREICH

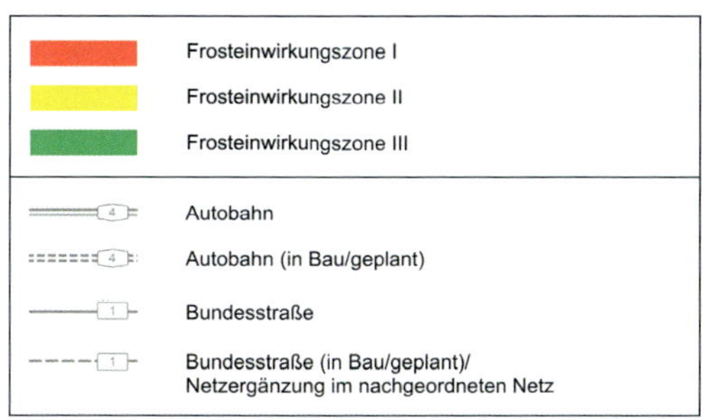

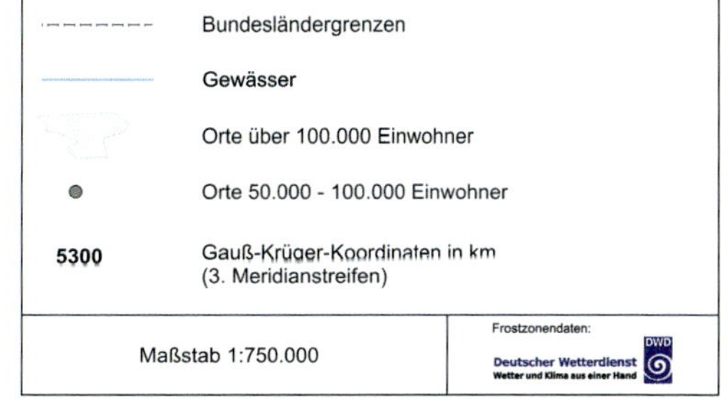

Bild 9: Frosteinwirkungszonen

Tabelle 7: Einflussfaktoren für das Mikroklima und die hydrologischen Bedingungen in einem Straßenabschnitt

Örtliche Bedingungen	
Mikroklima	hydrologische Bedingungen
– geografische Lage – Höhe über Meeresspiegel – Sonneneinstrahlung – Wind (Stärke, Richtung) – Wärmeabsorption des Untergrundes und Umfeld (Boden-, Felsart, Vegetation) – Wärmeabsorption der Fahrbahn (Art, Farbe, Dicke) – Schneebedeckung der Fahrbahn- und Nebenflächen	– Straßenlage in Längs- und Querprofil (Einschnitt, Damm, Hanglage) – Grundwasser (wasserführende und -stauende Schichten, Tiefenlage, Druckhöhe, Fließgeschwindigkeit und -richtung) – Niederschlagsintensität – Längsdränage der Straße – Dränage des Untergrunds und Vorflutbedingungen – Vegetation des Umfelds

schaftsausschnitte und richtet sich nach mehreren, größtenteils zeitabhängigen Einflussfaktoren; *Tab. 7*.

Die mikroklimatischen Bedingungen werden durch folgende Kenngrößen charakterisiert; Lit. (23):

- mittlere Tageslufttemperatur $\overline{T}_L$ gemäß Festlegung des Deutschen Wetterdienstes

  $$\overline{T}_L = 1/4\,(T_7 + T_{14} + 2T_{21})$$

  $T_{7,14,21}$ = Lufttemperatur, täglich um 7.00, 14.00 und 21.00 Uhr, gemessen 2 m über freier Bodenoberfläche
- Temperatur-Summenlinie: grafische Addition der T_L-Werte in Gradtagen; *Bild 10*

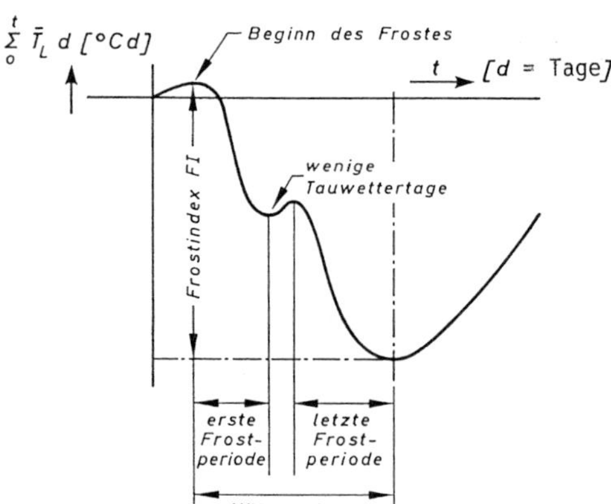

Bild 10: Definitionen für Temperatur-Summenlinie, Frostindex FI und Kälteperiode

- Frostindex FI: Temperatursumme $\Sigma T_L \cdot d$ [°C · d] zwischen dem Maximum und Minimum der Temperatursummenkurve einer Frost- oder Kälteperiode (mehrere Frostperioden ohne intermittierend durchgreifende Tauperioden), FI als Maß für die Strenge der Periode
- Frostintensität I: Quotient aus der Temperatursumme der Minusgradtage und der Periodendauer d (in Tagen), kennzeichnet die Neigung der Temperatur-Summenlinie

$$I = \frac{\Sigma T_L(-)}{d} = \frac{FI}{d}$$

Die Werte FI und I stellen keine eindeutigen Kriterien für die Strenge eines gesamten Winterverlaufs dar, da sie jeweils nur einzelne Perioden kennzeichnen; insbesondere lässt sich daraus allein noch nicht auf das Ausmaß der Frostschäden an Fahrbahnbefestigungen schließen. Die aufgrund einer zehnjährigen Erhebungszeit festgestellten Frostindices FI schwanken etwa zwischen 10 und 720 Gradtagen. Definition der Gefährdungsbereiche anhand von Temperatursummenlinien nach Lit. (12) in *Bild 11*.

2.4 Frosteindringtiefe

Nach theoretischem Ansatz von Neumann (1912), ausgehend von der eindimensionalen Wärmeleitung im homogenen Halbraum und zurückgehend auf Lamee und Clapeyron

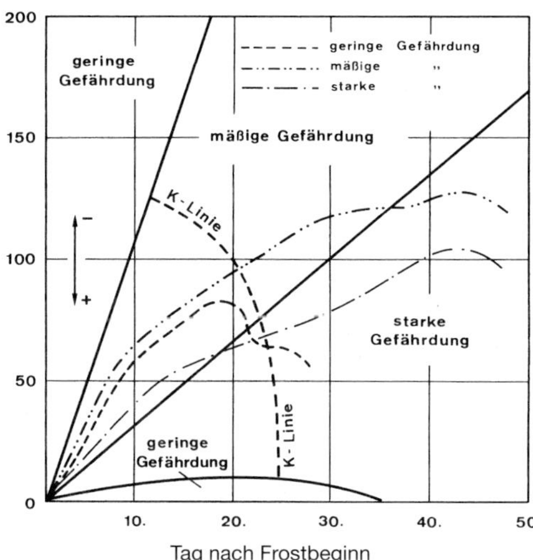

Erläuterungen

1. Endet der aufsteigende Ast vor der K-Linie, so gilt die nächstniedrigere Gefährdungsstufe.
2. Wechselt der aufsteigende Ast in einen anderen Sektor, so gilt derjenige, in dem das nach Tagen gerechnete längere Stück vor dem Maximum liegt.
3. Unterbrechen in einem Winter durchgreifende Tauperioden Frostperioden, so werden die Frostperioden getrennt beurteilt.

Bild 11: Gefährdungsbereiche anhand von Temperatursummenkurven für die zu erwartenden Frostschäden; Lit. (12)

(1831), nimmt die Frosteindringtiefe Z_F bei freiliegender Bodenoberfläche mit der Quadratwurzel der Frostdauer t zu:

$$Z_F = k_0 \cdot \sqrt{t}$$

Mit Berücksichtigung der Quadratwurzel der Temperatur an der Bodenoberfläche im Proportionalitätsfaktor k_0 gilt nach Stefan (1881):

$$Z_F = k_1 \cdot \sqrt{FI}$$

Die theoretischen Ansätze können nur ein Anhalt sein, da die wirkliche Frosteindringtiefe wesentlich von den lokalen Bedingungen des jeweiligen Straßenabschnitts beeinflusst wird.

2.5 Hydrologische Bedingungen

Die hydrologischen Bedingungen im Umfeld einer Straße können ebenso wie das Mikroklima abschnittsweise verschieden sein. Sie werden im Wesentlichen geprägt durch die hydrologischen Merkmale des Untergrunds, das Grundwasservorkommen, die Geländeform, die Straßenlage, die Niederschlagsintensität sowie durch die hydraulischen Abflussverhältnisse des Geländes und des Untergrunds.

Günstige hydrologische Bedingungen liegen allgemein vor, wenn

- die Straße mindestens 1,5 m über Gelände in Dammlage geführt wird,
- die Tiefe des Grundwasserspiegels unter Planum größer als 2,0 m und größer als die Frosttiefe ist,
- oberhalb des Grundwasserspiegels kein aderförmig verteiltes oder eingeschlossenes Wasser vorkommt.

Ungünstig sind die Bedingungen dagegen, wenn die Straße in einem tiefen Einschnitt liegt oder druckgespanntes Grundwasser vorkommt bzw. wenn hinsichtlich der Grundwassertiefe die umgekehrten Fälle wie o. g. zutreffen.

Darüber hinaus liegen nachteilige Gegebenheiten vor, wenn ungünstige Verhältnisse für das von der Fahrbahn abfließende oder versickernde Oberflächenwasser herrschen bzw. die Gefahr des Rückstaus besteht, z. B. in Gradientenmulden. Anlass zu Frost- und Tauschäden kann ferner dann gegeben sein, wenn das Planum sowie die Neben- und Mittelstreifen nicht einwandfrei entwässern können. Das Zufließen von Wasser in den Fahrbahnbereich aus seitlich angrenzenden Bereichen verstößt gegen die Baugrundsätze und weist auf falsch entworfene oder fehlende Entwässerung hin.

Die kritische Tiefenlage des Grundwassers ergibt sich strömungstheoretisch aus dem Zusammenhang zwischen der zeitbezogenen Wassermenge q, dem Durchlässigkeitskoeffizienten k und der kapillaren Stehhöhe h_k des Bodens für eine gegebene Tiefenlage $h < h_k$ des Grundwasserspiegels und für das hydraulische Gefälle i zu

$$q = k_f \cdot i = k_f \cdot \frac{h_k - h}{h}$$

Ausgehend von dem physikalischen Zusammenhang zwischen h_k, k und der mittleren Korngröße des Bodens ergibt sich eine maximale Wassermenge, wenn h_k näherungsweise der 1,5-fachen Tiefe des Grundwasserspiegels entspricht (Beskow 1930, Kögler 1934). Bei größerer kapillarer Steighöhe wird die zufließende Wassermenge geringer, da der Durchflusswiderstand dann wesentlich zunimmt.

Schluffe und schluffige Feinsande sind besonders kritische Bodenarten, weil sie eine relativ große kapillare Steighöhe besitzen, zugleich aber noch so durchlässig sind, dass eine große Wassermenge der Gefrierzone zufließen kann. Von diesen sehr frostempfindlichen Bodenarten ausgehend, ergibt sich aufgrund der beschriebenen Zusammenhänge eine kritische Tiefenlage des Grundwassers von näherungsweise 2,0 m unter Planum.

In Tonböden steigt das Wasser zwar sehr hoch auf, jedoch dauert dies wegen ihres großen Durchflusswiderstands sehr lange.

Das im Boden natürlich vorhandene kapillar oder adsorptiv gebundene Wasser reicht aus, um Eisbildungen mit schädlichen Frosthebungen auszulösen. Mit Frost- und Tauschäden muss daher auch in Dammstrecken gerechnet werden. Im ungesättigten Zustand unterliegt die Wasserbewegung thermodynamischen Vorgängen; sie können einen Gleichgewichtszustand unter der Fahrbahnbefestigung herbeiführen.

Die Bedingungen hierfür sind gegeben, wenn die Befestigung praktisch wasserundurchlässig ist (Durchlässigkeit mindestens zehnmal geringer als die des Bodens) und die Bodentemperatur weitgehend gleichmäßig und konstant über 0 °C liegt. Der Einfluss der Wasserbewegung in der Dampfphase ist dann vernachlässigbar. Allerdings kann ein solcher Gleichgewichtszustand in den Randeinflusszonen der Fahrbahn gestört sein.

2.6 Frostschutzbauweisen

Zum Schutz gegen Frost- und Tauschäden stehen die in *Tab. 8* angegebenen Bauweisen für Straßen, Wege und andere Verkehrsflächen zur Disposition. In den Portalbereichen und bei stark belüfteten Tunneln sind die Verkehrsflächen ähnlichen Frostbeanspruchungen wie auf der freien Strecke ausgesetzt.

Die Auswahl der für den Einzelfall zweckmäßigen Bauweise richtet sich nach den Boden- und Entwässerungsbedingungen von Untergrund und Unterbau, den wirtschaftlich verfügbaren Baustoffen und nach der Belastungsklasse der Verkehrsfläche. In der Regel werden mineralische Baustoffe entsprechend Bauweise 1a und 1b verwendet oder auch die Bauweise 2 ausgeführt. Die Bauweisen 3 und 4, für die sowohl wissenschaftliche als auch praktische Erfahrungen vorliegen, werden meist dann angewendet, wenn mineralische Baustoffe nicht mehr wirtschaftlich beschafft werden können.

(1) Frostschutzschicht ohne Bindemittel (Standardbauweise)

Die Frostschutzschicht aus ungebundenen mineralischen Gesteinskörnungen bildet definitionsgemäß die unmittelbar über dem Planum des frostempfindlichen Bodens liegende erste Tragschicht des Oberbaus (Bauweise 1a gemäß *Tab. 8*).

Als Übergangsschicht zwischen Oberbau und Untergrund bzw. Damm hat sie mehrere Aufgaben zu übernehmen:

- Schutz des Oberbaus vor Frostwirkungen, insbesondere vor Frosthebungen und Aufweichung des Bodens in Tauperioden
- Wirkung als Tragschicht zur gleichmäßigen Verteilung der Verkehrslasten auf die Bodenunterlage
- Wirkung als Flächendränschicht für das von oben, unten oder seitlich eindringende Wasser
- Wirkung als „kapillarbrechende Schicht“ bei aufsteigendem Grundwasser.

Die Frost- und Tragschichten ohne Bindemittel werden in den „Zusätzlichen Technischen Vertragsbedingungen und Richtlinien für Tragschichten im Straßenbau“ (ZTV SoB-StB) in Verbindung mit den „Technischen Lieferbedingungen für den Bau von Schichten ohne Bindemittel im Straßenbau“ (TL SoB-StB) geregelt. Anstelle einer Frostschutzschicht können unter Beachtung der erforderlichen Mindestdicke des frostsicheren Gesamtaufbaues auch Schotter- oder Kiestragschichten aus korngestuften Gesteinskörnungen bzw. mehrere gleichwertige ToB in einer Bauweise zusammengefasst werden.

Die Frostschutzschicht ist so anzuordnen und auszuführen, dass sie im Bau- und Betriebszustand einwandfrei entwässern kann und filterstabil wirkt. Sie ist in Dammstrecken auf der Gefällseite bis zur Böschung, im Einschnitt bis zu den seitlichen Entwässerungseinrichtungen zu führen und an den Enden auf eine Länge von mindestens 10 m zu verziehen.

Tabelle 8: Frostschutzbauweisen; Lit. (23)

Bauweise 1 a	Bauweise 1 b	Bauweise 2	Bauweise 3 a	Bauweise 3 b	Bauweise 4
Frostschutz aus ungebundenem, frostsicherem Korngemisch (1. Tragschicht), z. B. Kies, Sand, gebrochenes Felsgestein, Hochofen-, Metallhütten-, Lavaschlacke, industrielle Nebenprodukte, Recyclingmaterial	Frostschutzschicht aus Korngemischen der Bauweise 1 a, jedoch in der oberen Zone mit Bindemittel verfestigt (1. und 2. Tragschicht)	Frostschutzschicht durch eine Schicht aus dauerhaft frostsicher verfestigtem, fein- oder gemischtkörnigem Boden (verfestigter Untergrund bzw. Unterbau)	Frostschutz durch eine Wärmedämmschicht aus extrudiertem Polystyrolbeton oder Leichtasphalt	Frostschutz durch eine Wärmedämmschicht aus harten Schaumkunststoffen	Frostschutz durch einen ausschließlich mit Bindemitteln gebundenen Oberbau, bei dem ein Frostschutz nach den Bauweisen 1 bis 3 entfallen kann
Aufbau und Ausführung nach RStO bzw. ZTVT	Aufbau und Ausführung nach RStO bzw. ZTVT	Aufbau und Ausführung nach RStO bzw. ZTVE	Aufbau und Ausführung nach „Merkblatt für die Ausführung von Fahrbahnbefestigungen mit wärmedämmenden Tragschichten"	Aufbau und Ausführung nach „Merkblatt für die Ausführung von Fahrbahnbefestigungen mit Wärmedämmschichten aus harten Schaumkunststoffen "	Aufbau und Ausführung nach RStO bzw. „Merkblatt für den Asphaltoberbau" bzw. „ZTV Beton"

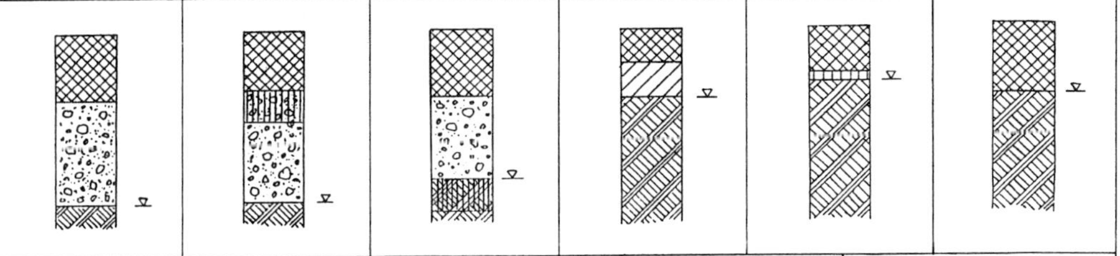

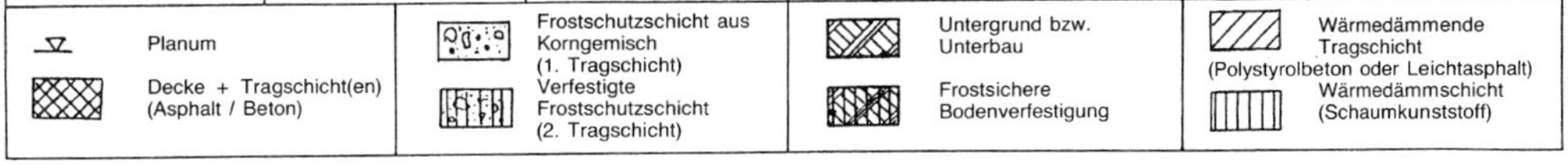

Legende: ▽ Planum; Decke + Tragschicht(en) (Asphalt / Beton); Frostschutzschicht aus Korngemisch (1. Tragschicht); Verfestigte Frostschutzschicht (2. Tragschicht); Untergrund bzw. Unterbau; Frostsichere Bodenverfestigung; Wärmedämmende Tragschicht (Polystyrolbeton oder Leichtasphalt); Wärmedämmschicht (Schaumkunststoff)

Reicht das Grundwasser bis in die Höhe des Planums, ist der untere Teil der Frostschutzschicht in einer Dicke von mindestens 20 cm filterstabil aus einem ungebundenen Korngemisch herzustellen, das weniger als 5,0 Gew.-% an Korn unter 0,063 mm enthält.

Im Tiefpunkt von Gradientenmulden ist bei starkem Wasserandrang die Schichtdicke über die gesamte Planumsbreite so anzupassen, dass kein Wasserstau entstehen kann. Dieser Abschnitt ist vom Tiefpunkt beidseitig auf eine Länge von mind. 10 m auszuführen.

Die Dicke der Frostschutzschicht richtet sich nach der Frostempfindlichkeit und den Trag- und Verformungseigenschaften des Bodens, den Wasser- und Klimaverhältnissen im Streckenabschnitt sowie nach der Dicke der darüber liegenden Oberbauschichten. Aus einbautechnischen Gründen sollte sie mindestens 20 cm betragen, sofern sie nicht mit einer anderen Tragschicht zusammengefasst wird.

Die Eignung und Anwendung der Baustoffe setzt voraus, dass die nachfolgenden Erfahrungen bzw. Bedingungen bei der Auswahl bzw. bei der Ausschreibung und beim Einbau beachtet werden:

(1) Die Korngemische sind in einer gleichmäßigen und gleichwertigen Zusammensetzung herzustellen bzw. zu liefern. Darauf ist der gesamte Aufbereitungsprozess abzustimmen; hierzu gehören das Einstellen der Brecher und der Umdrehungsgeschwindigkeit der Waschtrommeln, das Dosieren der Kornfraktionen und das Durchmischen des Materials.

(2) Das in Gruben- oder Seitenentnahmen abgebaute und aufbereitete Material muss hinsichtlich seiner Qualität ständig überprüft werden. Enthält es Schluff- oder Tonlinsen oder organische Bestandteile, muss es durch Waschen aufbereitet werden. Das Nassbaggern genügt allein nicht, um lokale Schlammablagerungen in stehendem Wasser oder eingeschwemmte Feinstoffe zu beseitigen.

(3) Der zulässige Anteil an Korn unter 0,063 mm richtet sich neben der Frostempfindlichkeit auch nach der Witterungsempfindlichkeit des Baustoffes beim Einbau. Diese Anforderungen setzen folgende Körnungsbedingungen voraus:

a) Der Anteil an Korn unter 0,063 mm des Baustoffes darf bei der Eignungsprüfung 5,0 Gew.-% nicht übersteigen; hierbei sind mögliche Prüf- und Probenahmefehler zu berücksichtigen.
b) Im eingebauten Zustand soll der Anteil an Korn unter 0,063 mm einschließlich des durch den Einbau und das unmittelbare Befahren während der Bauzeit bedingten Kornabriebs nicht mehr als 2,0 Gew.-% über dem bei der Eignungsprüfung zugelassenen Anteil liegen.
c) Höhere Kornanteile dürfen nur dann zugelassen werden, wenn aufgrund von Frostprüfungen nachgewiesen wird, dass sich der Baustoff noch frostsicher verhält und die Verdichtungsanforderungen erreichbar sind.

(4) Das Herstellen der Frostschutzschicht setzt voraus, dass die Unterlage geeignet ist; insbesondere muss der Untergrund bzw. Unterbau ausreichend dicht gelagert und tragfähig, das Planum profilgerecht und eben sein. Dies gilt als erfüllt, wenn die Verdichtungs- und Profilanforderungen gemäß Abschnitt 4.3.2 und 4.4 ZTV E-StB eingehalten sind. Soll die Frostschutzschicht für längere Zeit unmittelbar befahren werden oder über Winter liegen bleiben, sind geeignete Schutzmaßnahmen vorzusehen. Ist das Planum aufgeweicht, muss der aufgeweichte Boden vor Aufbringen des Frostschutzbaustoffes abtrocknen und nochmals verdichtet oder gegen geeigneten Boden ausgetauscht werden. Die Frostschutzschicht darf nicht verschmutzt werden.

(5) Mit den Verdichtungsanforderungen müssen zugleich die in den ZTV SoB-StB angegebenen Verformungsmoduln auf der Oberfläche von Frostschutzschichten erreicht werden. Erfahrungsgemäß können diese E_{v2}-Werte nur dann erreicht werden, wenn

- die Planumsschicht einen Verformungsmodul von $E_{v2} > 45$ MN/m² aufweist,
- die Dicke der Frostschutzschicht mehr als 30 cm beträgt,
- die ungebundene Tragschicht einschließlich der Frostschutzschicht aus weitgestuften Gesteinskörnungen 0/32 bis 0/56 mm hergestellt wird.

Sind diese Voraussetzungen nicht gegeben und kann eine ausreichende Zunahme des E_{v2}-Moduls beim Einbau der darüber liegenden Schichten nicht erwartet werden, kommen unter Beachtung wirtschaftlicher Gesichtspunkte folgende Möglichkeiten in Betracht:

- Verstärken der Frostschutzschicht bzw. der unteren Tragschicht,
- Wahl anderer Gesteinskörnungen oder einer anderen Bauweise,
- qualitatives Verbessern oder Verfestigen der Planumsschicht; s. Kom. 1.4.

Der Nachweis des Verformungsmoduls auf der Frostschutzschicht kann entfallen, wenn sie verfestigt wird oder wenn eine zweite ungebundene Tragschicht angeordnet und auf dieser der erforderliche Verformungsmodul erreicht wird. Unabhängig davon ist jedoch der erforderliche Verdichtungsgrad der ungebundenen Frostschutzschicht nachzuweisen.

(2) Frostschutzbauweisen mit hydraulisch verfestigten Korngemischen

Die Frostschutzbauweisen mit hydraulisch verfestigten Korngemischen (Böden oder Mineralstoffgemische) werden in folgenden Varianten angewendet:

- Variante 1: Frostschutzschicht aus Korngemisch gemäß Kom. (1), jedoch in der oberen Lage mit hydraulischem Bindemittel dauerhaft frostbeständig verfestigt; Aufbau gemäß Bauweise 1b in *Tab. 8*
- Variante 2: Frostschutzschicht aus frostsicherem Boden (F1), der auf volle Dicke dauerhaft frostbeständig mit hydraulischem Bindemittel verfestigt wird
- Variante 3: Frostschutzschicht aus fein- oder gemischtkörnigem Boden im Untergrund oder Unterbau, der gemäß Bauweise 2 in *Tab. 8* dauerhaft frostbeständig mit hydraulischen Bindemitteln verfestigt wird.

Die Bauweise nach Variante 1 wird angewendet, wenn das Korngemisch den Körnungsbedingungen der Frostschutzbauweise 1a zwar noch entspricht, die erforderliche Verdichtung oder Tragfähigkeit der Schicht jedoch nicht erreicht werden kann.

Bei dieser Bauweise bildet die unterste, unverfestigt bleibende Schicht die 1. Tragschicht, der verfestigte Teil die 2. Tragschicht im Oberbau.

Die Bauweise nach Variante 2 wird angewendet, wenn aus wirtschaftlichen Gründen nur Korngemische verfügbar sind, die den Körnungsbedingungen der Frostschutzbauweise 1a zwar etwa noch entsprechen, jedoch einen zu hohen Anteil Feinkorn < 0,06 mm aufweisen. Hierzu gehören z. B. Sand- und Kiesgemische der Gruppen SU, ST, GU, GT. Die verfestigte Frostschutzschicht bildet in diesem Fall die 1. Tragschicht und unterliegt qualitätsmäßig den Anforderungen der ZTV Beton-StB.

Die Bauweise nach Variante 3 wird angewendet, wenn die Eigenschaften des anstehenden Untergrundes oder Unterbaues durch Verfestigung mit hydraulischem Bindemittel so verbessert werden können, dass eine dauerhafte Wirkung als Tragschicht erzielt wird und die Gesamtdicke der ungebundenen Tragschichten reduziert werden kann. Die Qualitätsanforderungen richten sich für den verfestigten Boden nach Abschnitt 12 ZTV E-StB.

(3) Frostschutzschichten aus wärmedämmenden Baustoffen

Frostschutzschichten aus wärmedämmenden Baustoffen werden entweder als Trag- und Dämmschicht oder nur als Dämmschicht gemäß Bauweise 3b in *Tab. 8* dimensioniert und ausgeführt. Sie werden, ausgehend von der eindimensionalen Wärmeflusstheorie und den örtlich gegebenen Klimabedingungen, so bemessen, dass der Frost entweder überhaupt nicht oder – ähnlich wie bei den Teilfrostsicherungen der Bauweisen 1a und 1b – nur bis in eine begrenzte Tiefe in den frostempfindlichen Boden eindringen kann.

Die Bauweisen zeichnen sich durch wesentlich geringere Dicken des frostsicheren Aufbaus als die Bauweisen 1a, 1b und 2 in *Tab. 8* aus.

Als wärmedämmende Baustoffe stehen folgende Alternativen zur Disposition; s. auch Kommentare zu Abschnitt 3.4 ZTV E-StB:

- extrudierter Polystyrolbeton (EPS)
- Leichtasphalt
- harter Schaumkunststoff.

Wärmedämmende Tragschichten (EPS-Beton) bestehen aus mit Zement oder Bitumen gebundenem Wärmedämmgranulat (mineralische Blähstoffe, Polystyrolschaum u. a.), die nach dem Abbinden bzw. Abkühlen mit leichten Baufahrzeugen befahren werden können. Die Schichtdicken betragen zwischen 10 und 20 cm. Die wärmedämmenden Tragschichten können direkt auf der frostempfindlichen Planumsschicht (E_{v2} > 45 MN/m^2) eingebaut werden.

Der sog. Leichtasphalt besteht aus einem Mischgut mit geringer Raumdichte, das unter Verwendung porenreicher Mineralstoffe und Straßenbaubitumen hergestellt und heiß eingebaut wird. Er hat eine geringere Wärmeleitfähigkeit als übliches bituminöses Mischgut. Als porenreiche Mineralstoffe kommen Blähton, Blähschiefer, Schaumlava, Schaumglas u. a. zur Anwendung.

Wärmedämmschichten ohne Tragschichteigenschaften gemäß Bauweise 3b in *Tab. 8* bestehen aus 3 bis 6 cm dicken, harten Schaumkunststoffen. Sie sind nicht direkt befahrbar und deshalb mit einer verstärkten Tragschicht zu überbauen.

Die Planungs- und Ausführungsgrundsätze sind in Empfehlungen der FGSV beschrieben; s. Lit. (4), (5).

(4) Vollgebundener Oberbau

Der vollgebundene Oberbau umfasst Bauweisen, bei denen die Fahrbahndeckschicht und alle Tragschichten aus gebundenen Materialien bestehen; s. Bauweise 4 in *Tab. 8*. Zur Anwendung kommen prinzipiell folgende Varianten:

- bituminöse Decke mit bituminös gebundener Tragschicht (Asphaltoberbau)
- bituminöse Decke mit hydraulisch gebundener Tragschicht
- Betondecke mit hydraulisch gebundener Tragschicht.

Bei den vollgebundenen Bauweisen wird die Dicke so bemessen, dass die Druck-, Schub- und Biegezugspannungen an der Unterkante der Tragschicht während jeder Beanspruchungsphase gering bleiben und im Fall einer frostempfindlichen Planumsschicht die lastverteilende Wirkung der konventionellen Frostschutzschicht gemäß Bauweise 1a ausgeglichen wird. Für die Bemessung wird von elastizitätstheoretischen Näherungsverfahren und vom E_{v2}-Modul der Planumsschicht ausgegangen. Erfahrungen mit vollgebundenen Bauweisen liegen beim Asphaltoberbau vor (s. Merkblatt für den Asphaltoberbau, FGSV, 1974). Die Ergebnisse von Großversuchen weisen nach, dass der Asphaltoberbau hinsichtlich der unter dynamischer Dauerbelastung entstehenden vertikalen Deformationen der Standardbauweise 1a gleichwertig, jedoch hinsichtlich der Frostbeanspruchung unterlegen ist. Bereits eine relativ geringe Dauerfrostbeanspruchung von –4 bis –6 °C an der Fahrbahnoberfläche genügt für das Gefrieren der frostempfindlichen Planumsschicht.

3 Technische Regelwerke/Literatur

Verkehrswegebau

(1) ZTV Beton-StB: Zusätzliche Technische Vertragsbedingungen und Richtlinien für den Bau von Fahrbahnen aus Beton, FGSV, 2007

(2) RStO 12: Richtlinien für die Standardisierung des Oberbaus von Verkehrsflächen, FGSV, 2012

(3) RDO 09: Richtlinien für die rechnerische Dimensionierung des Oberbaues von Verkehrsflächen mit Asphaltdeckschicht, FGSV, 2009

(4) Merkblatt für die Ausführung von Fahrbahnbefestigungen mit Wärmedämmschichten, FGSV, 1984

(5) Ausführung von Fahrbahnbefestigungen mit wärmedämmenden Tragschichten aus Leichtasphalt unter Verwendung von Blähton, Wissensdokument AP11, FGSV, 1985

(6) Westergaard, H. M.: A Problem of elasticity suggested by a problem in soil mechanics, Contribution to the Mechanics of Solids by Stephan Timoshenko, 60th Anniversary Volume, New York 1938

(7) Burmister, D. M.: The Theory of Stresses and Displacements in Layered Systems and Application to the Design of Airport Runways, Proc. Highw. Res. Boards, Wash. 23, 1943

(8) Odemark, N.: Investigations as to the Elastic Properties of Soils and Design of Pavement according to the Theory of Elasticity, Statens Väginstitut, Stockholm 1949

(9) Cochrane, R. H. A.: The Design of Aerodrome Pavements, J. Inst. of Eng., Australia, 24, 1952

(10) Liddle, W. I.: Application of AASHO Road Test Results to the Design of Flexible Pavement Structures, Conf. Ann Arbor, Mich. 1962

(11) AASHO Road Test, Bericht Nr. 5: Verhalten der Befestigungen, Schriftenreihe Straßenbau und Straßenverkehr, Bundesministerium für Verkehr, Abteilung Straßenbau, Bonn 1963

(12) Kübler, G.: Der Einfluss der Witterungsfaktoren auf die Frostgefährdung von Straßen, Wissenschaftliche Berichte, H. 3, Bundesanstalt für Straßenbau, Verlag W. Ernst & Sohn, Berlin/München 1964

(13) Floss, R.: Erdbautechnische Voraussetzungen für standardisierte Straßenbefestigungen, Straßenbautagung Hamburg 1968, Straße und Autobahn 20, H. 2, 1969

(14) Floss, R.: Vergleich der Verdichtungs- und Verformungseigenschaften unstetiger und stetiger Kiessande hinsichtlich ihrer Eignung als ungebundenes Schüttmaterial im Straßenbau, Bundesanstalt für Straßenwesen, Wissenschaftliche Berichte, H. 9, Verlag W. Ernst & Sohn, Berlin/München/Düsseldorf 1970

(15) Floss, R.: Bodenmechanische Gesichtspunkte bei der Auswahl und Dimensionierung von Straßenbefestigungen, Straße und Autobahn, H. 24, 1973

(16) Dempwolff, R.: Vollausbau und stufenweiser Ausbau flexibler Fahrbahnbefestigungen aus der Sicht der Bemessung, Straße und Autobahn 26, Nr. 6, Ausgabe 1975

(17) Gerlach, A.: Dickenäquivalenzen von Tragschichten aus verschiedenen Grundstoffen, Straßen- und Tiefbau 30, Nr. 6, 1976

(18) Transport and Road Research Laboratory: A guide to the structural design of bitumen-surfaces roads in tropical and sub-tropical countries, revision of road-note 31

(19) Siedek, P. u. Floss, R.: Boden als Baustoff, Erd- und Felsbau, in: Handbuch des Straßenbaus, Bd. 2, Springer Verlag, Berlin/Heidelberg/New York 1976

(20) Wehner, B., Siedek, P. u. Schulze, K. H.: Handbuch des Straßenbaus, Bd. 1: Grundlagen und Entwurf, Bd. 2: Baustoffe – Bauweisen – Baudurchführung, Bd. 3: Bemessungsverfahren und besondere Bauweisen, Springer Verlag, Berlin/Heidelberg/New York 1977/1979

(21) Floss, R.: Einbeziehung von Frostschutzschichten bei der Dimensionierung des Straßenoberbaues mit standardisierten Fahrbahnbefestigungen, Straße und Autobahn 30, H. 4, 1979

(22) BASF: Technische Information – Styropor Formel TI 1-810d 26073, Verwertungs- und Beseitigungsverfahren gebrauchter Schaumstoffe aus Styropor, Mai 1994

(23) Entstehung und Verhütung von Frostschäden an Straßen, Forschungsgesellschaft für Straßen- und Verkehrswesen e.V., Forschungsarbeiten aus dem Straßenwesen, H. 105, 1994

(24) Floss, R.: Construction and Enlargement of German Airports with Reference of Structural and Geotechnical Aspects, Proc. Fifth International Conference to the Bearing Capacity of Roads and Airfields, Trondheim 1998

(25) Forschungsgesellschaft für Straßen- und Verkehrswesen: Merkblatt für den Bau von Flugbetriebsflächen aus Beton, Ausgabe 2002

(26) Floss, R.: Ertüchtigung von Fahrbahnbefestigungen mit geotextilen Einlagen, Tiefbau, H. 5, 2007

Bodendynamik

(27) DIN 1311: Schwingungen und schwingungsfähige Systeme

(28) Hertwig, A., Früh, G. u. Lorenz, H.: Die Ermittlung der für das Bauwesen wichtigsten Eigenschaften des Bodens durch erzwungene Schwingungen, Degebo Berlin, H. 1, 1930

(29) Haupt, W.: Bodendynamik, Grundlagen und Anwendung, Verlag F. Viehweg u. Sohn, Braunschweig/Wiesbaden 1986

(30) Studer, J. u. Ziegler, A.: Bodendynamik, Springer Verlag, Berlin/Heidelberg/New York/Tokyo 1986

(31) Kröber, W.: Untersuchung der dynamischen Vorgänge bei der Vibrationsverdichtung von Böden, Schriftenreihe Lehrstuhl und Prüfamt für Grundbau, Bodenmechanik und Felsmechanik, Technische Universität München, H. 11, 1988

(32) Kröber, W.: Numerische Simulation der Vorgänge bei der Vibrationsverdichtung von Böden, Schriftenreihe Lehrstuhl und Prüfamt für Grundbau, Bodenmechanik und Felsmechanik, Technische Universität München, H. 21, 1995

(33) Huber, H.: Untersuchungen zur Materialdämpfung in der Bodendynamik, Schriftenreihe Lehrstuhl und Prüfamt für Grundbau, Bodenmechanik und Felsmechanik, Technische Universität München, H. 23, 1996

(34) Lorenz, H.: Grundbaudynamik, Springer Verlag, Berlin/Heidelberg/New York 1960

(35) Anderegg, R.: Nichtlineare Schwingungen bei dynamischen Bodenverdichtern, Diss. ETH Nr. 12419, Eidgenössische Technische Hochschule Zürich, VDI Verlag, Düsseldorf 1998

(36) Kröber, W., Floss, R. u. Wallrath, W.: Dynamische Bodensteifigkeit als Qualitätskriterium für die Bodenverdichtung/ Dynamic Soil Stiffness as Quality Criterion for Soil Compaction, 4. Internationales Symposium „Technik und Technologie des Verkehrswegebaus", BAUMA 2001, Hrsg. Messe München International, Verlag Glückauf GmbH, Essen 2001

S6 Normative Sicherheitsnachweise im Erd- und Grundbau

Inhalt

1 Regelwerk

Der Kommentar beinhaltet in kurzgefasster Übersicht die für Gründungen und geotechnische Bauwerke gemäß DIN 1054 „Baugrund – Sicherheitsnachweise im Erd- und Grundbau – Ergänzende Regelungen in DIN EN 1997-1" erforderlichen geotechnischen Nachweise. Diese sind auf das Teilsicherheitskonzept der harmonisierten europäischen Normen EN 1997 (Eurocode EC 7) „Entwurf, Berechnung und Bemessung in der Geotechnik" und in diesem Kontext auf EN 1990 „Grundlagen der Tragwerksplanung" sowie EN 1991 (Eurocode EC 1) „Einwirkung auf Tragwerke" ausgerichtet.

Europäisches Normen- und Eurocode-Programm s. Leitlinien L1.3.

Der EC 7 enthält in Teil 1 die allgemeinen Regeln und Vorgaben für den geotechnischen Entwurf sowie für die zugehörigen Berechnungen und Bemessungen mit Bezug auf Gründungen, Ankersysteme, Stützbauwerke, Erddämme, Wasserhaltung, Bodenverbesserungen u. a.

Die Norm DIN 1054 beinhaltet die Nachweise der Tragfähigkeit und Gebrauchstauglichkeit von Bauwerken und Bauteilen im Erd- und Grundbau. Sie gilt für die Herstellung und Nutzung von Bauwerken sowie für die Änderung bestehender Bauwerke. Sie definiert die vom Baugrund beeinflussten Grenzzustände und enthält Grundsätze und Regeln über die zugehörigen Nachweise für folgende Bauwerke:

a) Gründungen, z. B. Flachgründungen, Pfahlgründungen
b) Stützbauwerke, z. B. Gewichtsstützwände
c) konstruktive Böschungssicherungen, z. B. Boden- und Felsvernagelungen
d) im Baugrund eingebettete Bauwerke, z. B. Tunnel in offener Bauweise
e) Grundbaukonstruktionen für vorübergehende Zwecke, z. B. Baugrubenwände
f) Erdbauwerke, z. B. Dämme, Einschnitte.

Die unter b) bis f) genannten Bauwerke werden im Unterschied zu Gründungen als geotechnische Bauwerke bezeichnet. Damit werden folgende Unterschiede verdeutlicht:

- Bei Gründungen werden die Einwirkungen aus dem Bauwerk in der Regel von der Tragwerksplanung zur Verfügung gestellt.
- Bei geotechnischen Bauwerken werden die Einwirkungen vorwiegend im Rahmen der geotechnischen Planung vorgegeben.

Es ist zu beachten, dass die geotechnischen Bauwerke zugleich auch Gründungen für Tragwerke sein können und dass außerdem DIN 1054 auch für natürliche Hänge gilt.

Die Lastannahmen für die Bemessung und Nachweise der Tragfähigkeit und Gebrauchsfähigkeit der Gründungen und geotechnischen Bauwerke richten sich nach DIN EN 1990/ 1991-1 und Folgenummern (s. Abschnitt 1.1 ZTV E-StB, Kom. 2) sowie nach den technischen Regelwerken in Abschnitt 7.

Die Mindestanforderungen an Umfang und Qualität geotechnischer Untersuchungen, Berechnungen und Überwachungsmaßnahmen richten sich nach den drei Geotechnischen Kategorien (GK), die in DIN 4020 beschrieben sind; s. Abschnitt 2 ZTV E-StB, Kom. 2.2.

DIN 4020 ergänzt auf nationaler Ebene die europäischen Regelungen von DIN EN 1997-2. Sie ist daher ausschließlich zusammen mit der DIN EN 1997-2 und dem nationalen Anhang DIN EN 1997-2/NA anzuwenden. DIN EN 1997-2 und DIN 4020 sollen sicherstellen, dass Aufbau, Beschaffenheit und Eigenschaften des Baugrundes bereits für den Entwurf und die Ausschreibung eines Bauvorhabens bekannt sind. Geotechnische Erkundungen und Untersuchungen nach DIN EN 1997-2, DIN EN 1997-2/ NA und DIN 4020 sind Voraussetzung für die Sicherheitsnachweise nach DIN EN 1997-1 und DIN 1054.

2 Grundbegriffe des Sicherheitskonzeptes

2.1 Einwirkungen

Die Kraft- oder Verformungsgrößen wirken entweder direkt auf das Tragwerk oder den Baugrund ein oder werden, z. B. durch Verformungen, indirekt aufgezwungen. Im Einzelnen werden folgende Verformungen unterschieden, wobei diese auch gleichzeitig zusammenwirken können:

- Einwirkung von Gründungslasten aus dem Bauwerk
- grundbauspezifische Einwirkungen
- dynamische Einwirkungen.

Die Einwirkungen werden als charakteristische Werte ausgewiesen. Daraus ergeben sich die Bemessungswerte

- durch Multiplikation der charakteristischen Werte mit Teilsicherheitsbeiwerten,
- durch Veränderung der charakteristischen Werte um additive Sicherheitselemente.

Verschiedenartige Einwirkungen können nach Ursache, Größe, Richtung und Häufigkeit gleichzeitig an den Grenzzuständen des Bauwerkes beteiligt sein.

a) Einwirkung von Gründungslasten aus dem Bauwerk

Die direkten Einwirkungen ergeben sich als Bemessungsschnittgrößen aus den statischen Berechnungen eines Tragwerkes nach den dafür geltenden Regeln und Normen mit den Teilsicherheitsbeiwerten und den Einwirkungskombinationen nach DIN EN 1991-1.

Diese Schnittgrößen sind in Höhe Oberkante Gründung für die jeweilige Bemessungssituation bei Untersuchung der Grenzzustände GZ 1 und 2 anzusetzen. Bei der Schnittgrößenermittlung von Fundamentgruppen, Pfahlrosten und Gründungsplatten, die durch das aufgehende Bauwerk ausgesteift sind, ist die Umlagerung der Gründungslasten infolge der Wechselwirkung Baugrund – Bauwerk zu berücksichtigen.

b) Grundbauspezifische Einwirkungen

Zu diesen Einwirkungen auf das Grundbauwerk bzw. den Gründungskörper gehören Eigenlasten, Erd- und Flüssigkeitsdruck, Seitendruck und negative Mantelreibung, veränderliche statische Einwirkungen, soweit nicht bei den Gründungslasten mit erfasst (Nutzlasten, Wind, Schnee, Eis, Wellen), Verformungen des Baugrundes, physikalisch oder chemisch bedingte Volumenänderungen. Zu berücksichtigen sind außerdem Umlagerungskräfte im Baugrund durch Wechselwirkungen mit dem Tragwerk, weiträumig wirkende unterirdische oder geologisch bedingte Verformungen des Baugrundes oder Verwitterungseinflüsse in Hangbereichen.

c) Dynamische Einwirkungen

Zu den dynamischen Einwirkungen gehören Regellasten auf Verkehrsflächen, aus dem Baubetrieb, dynamische Bauwerksbelastungen und zyklische Einwirkungen. Sie dürfen auch ersatzweise als veränderliche statische Einwirkungen berücksichtigt werden. Starke dynamische Einwirkungen, z. B. An- und Aufprall (DIN 1055-9), Druckwellen, Maschinenschwingungen, Erdbeben (DIN 4149-1), bedürfen besonderer Untersuchungen.

2.2 Beanspruchungen

Zu den Beanspruchungen gehören

- Schnittgrößen (z. B. Auflagerkräfte, Querkräfte, Biegemomente),
- Spannungsgrößen (z. B. Normal- und Schubspannungen),
- Verformungsgrößen (z. B. Dehnungen, Verschiebungen, Durchbiegungen).

Sie werden ermittelt für maßgebliche Schnitte im Tragwerk sowie in der Grenzfläche zwischen Bauwerk und Baugrund aus charakteristischen Einwirkungen bzw. Einwirkungskombinationen $F_{k,i}$ als charakteristische Beanspruchungen $E_{k,i}$ und werden benötigt als Bemessungswerte E_d für den Sicherheitsnachweis des Grenzzustandes GZ 1B.

Grundlage der Berechnung sind die Regeln in EN 1991 (EC 1) mit den zugehörigen Teilsicherheitsbeiwerten.

2.3 Widerstände

Widerstände sind Kräfte oder Schnittgrößen am Tragwerk oder im Baugrund, die einem Grenzzustand entgegenwirken und durch die Festigkeit oder Steifigkeit des Bodens, des Baustoffes oder des Bauteiles verursacht werden.

Die Bemessungswerte ergeben sich mittels Division durch die Teilsicherheitsbeiwerte. Bei allen Sicherheitsnachweisen dürfen nur Widerstände berücksichtigt werden, die entweder dauernd wirksam sind oder sich als Reaktion auf eine Einwirkung einstellen.

Zu den charakteristischen Widerständen von Boden und Fels gehören

- die Scherfestigkeit,
- die Steifigkeit (Schub-, Kompressions-, Steife-, Verformungsmoduln für Be-, Ent- und Wiederbelastung),
- Sohlwiderstand (Grundbruch-, Gleitwiderstand),
- Erdwiderstand unter Berücksichtigung der Relativbewegungen zwischen Wand und Boden, Gelände- und Wandneigung, räumliche Wirkung bei schmaler Druckfläche,
- Eindring-, Herauszieh- und Seitenwiderstand bei Pfählen, Zuggliedern, Ankern, Bodennägeln und flexiblen Bewehrungselementen.

2.4 Sicherheitsklassen

Sicherheitsklassen (SK) berücksichtigen den unterschiedlichen Sicherheitsanspruch bei den Widerständen in Abhängigkeit von Dauer und Häufigkeit der maßgebenden Einwirkungen.

Es werden unterschieden:

- Zustände der Sicherheitsklasse SK 1: auf die Funktionszeit des Bauwerkes angelegte Zustände.
- Zustände der Sicherheitsklasse SK 2: Bauzustände bei der Herstellung oder Reparatur des Bauwerkes und Bauzustände durch Baumaßnahmen neben dem Bauwerk.
- Zustände der Sicherheitsklasse SK 3: während der Funktionszeit einmalig oder voraussichtlich nie auftretende Zustände.

Baugrubenkonstruktionen zählen zu der Sicherheitsklasse SK 2.

2.5 Lastfälle

Die Lastfälle (LF) ergeben sich für den Grenzzustand GZ 1 aus den Einwirkungskombinationen in Verbindung mit den Sicherheitsklassen bei den Widerständen. Es werden unterschieden:

- Lastfall LF 1: Regel-Kombination EK 1 in Verbindung mit dem Zustand der Sicherheitsklasse SK 1.
- Lastfall LF 2: Seltene Kombination EK 2 in Verbindung mit Zustand der Sicherheitsklasse SK 1 oder Regel-Kombination EK 1 in Verbindung mit Zustand der Sicherheitsklasse SK 2.
- Lastfall LF 3: Außergewöhnliche Kombination EK 3 in Verbindung mit Zustand der Sicherheitsklasse SK 2 oder seltene Kombination EK 2 in Verbindung mit Zustand der Sicherheitsklasse SK 3.

Bei Gründungen sind die Lastfälle wie folgt anzuwenden:

- Lastfall LF 1 ist, abgesehen von Bauzuständen, maßgebend für alle ständigen und vorübergehenden Bemessungssituationen des aufliegenden Tragwerkes.
- Lastfall LF 2 ist maßgebend für vorübergehende Beanspruchungen der Gründung in Bauzuständen des aufliegenden Tragwerkes.

– Lastfall LF 3 ist maßgebend für außergewöhnliche Bemessungssituationen des aufliegenden Tragwerkes, soweit sich diese ungünstig auf die Gründung auswirken.

2.6 Teilsicherheitskonzept

Das erforderliche Sicherheitsniveau für die Lastfälle LF 1 bis LF 3 wird konzeptionell mit Hilfe von Teilsicherheitsbeiwerten für Einwirkungen bzw. Beanspruchungen aus Einwirkungen und für Widerstände sowie mit Hilfe sonstiger Sicherheitselemente (z. B. Wasserstände) abgedeckt.

Grundlage dieses Sicherheitsniveaus ist die Ermittlung der Versagenswahrscheinlichkeit. Das Teilsicherheitskonzept sowie die theoretischen Grundlagen der Versagenswahrscheinlichkeit werden im Handbuch nicht behandelt; s. hierzu DIN 1054 und Regelwerke in Abschnitt 7.

3 Grenzzustände DIN 1054/EC 7

Für die Bauwerke sind gemäß DIN 1054 die Grenzzustände (GZ) der Tragfähigkeit (GZ 1) und der Gebrauchstauglichkeit (GZ 2) abzusichern. Zum Nachweis dieser Grenzzustände sind die Bemessungswerte als Grenzzustandsbedingung aufzustellen. Diese Bedingung ist erfüllt bzw. der Nachweis der Sicherheit gegen das Entstehen des Grenzzustandes ist erbracht, wenn die Summe der Bemessungswerte für die maßgebenden Einwirkungen bzw. Beanspruchungen kleiner oder gleich den Bemessungswerten der maßgebenden Widerstände ist.

Folgende Grenzzustände dürfen nicht überschritten werden:

- Grenzzustand des Verlustes der Lagesicherheit (GZ 1A): Versagen des Bauwerkes durch Gleichgewichtsverlust ohne Bruch, z. B. Aufschwimmen oder hydraulischer Grundbruch
- Grenzzustand des Versagens von Bauwerken und Bauteilen (GZ 1B): Versagen von Bauteilen bzw. eines Bauwerkes durch Bruch im Bauwerk oder durch Bruch des stützenden Baugrundes, z. B. Materialversagen von Bauteilen, Grundbruch, Gleiten, Versagen des Erdwiderlagers
- Grenzzustand des Verlustes der Gesamtstandsicherheit (GZ 1C): Versagen des Baugrundes, ggf. einschließlich auf oder in ihm befindlicher Bauwerke, durch Bruch im Boden oder Fels, ggf. auch zusätzlich durch Bruch in mittragenden Bauteilen, z. B. Böschungsbruch, Geländebruch
- Grenzzustand der Gebrauchstauglichkeit (GZ 2): Zustand des Tragwerkes, bei dessen Überschreitung die für die Nutzung festgelegten Bedingungen nicht mehr erfüllt sind.

Die Beobachtungsmethode ist eine Kombination von geotechnischen Untersuchungen und Berechnungen (Prognosen) mit messtechnischen Kontrollen des Bauwerkes während dessen Herstellung bzw. Nutzung. Kritische Situationen müssen dabei durch die Anwendung geeigneter technischer Maßnahmen beherrscht werden. Die Bobachtungsmethode ersetzt nicht den rechnerischen Sicherheitsnachweis, ist jedoch ein unverzichtbares Hilfsmittel zur Unterstützung der erforderlichen Nachweise, z. B.

- wenn die Vorhersage des Baugrundverhaltens aufgrund der Untersuchungen und Berechnungen nicht hinreichend zuverlässig ist,
- wenn nicht ausreichend berechnete oder nicht rechtzeitig erkennbare Grenzzustände (z. B. hydraulischer Grundbruch) durch bautechnische oder baubetriebliche Maßnahmen zu verhindern sind,
- wenn sich die Bemessung oder der Bauablauf optimieren lassen.

Eurocode EC 7-1 definiert und bezeichnet die Grenzzustände wie folgt:

EQU: Gleichgewichtsverlust des als starren Körper angesehenen Tragwerkes oder des Baugrundes

STR: inneres Versagen oder sehr große Verformungen des Tragwerkes oder seiner Bauteile, wobei die Festigkeit der Baustoffe für den Widerstand entscheidend ist

GEO: Versagen oder sehr große Verformung des Tragwerkes oder des Baugrundes, wobei die Festigkeit des Bodens oder des Gesteins für den Widerstand entscheidend ist

UPL: Gleichgewichtsverlust des Bauwerkes oder Baugrundes infolge von Auftrieb oder Wasserdruck

HYD: Hydraulischer Grundbruch, innere Erosion oder „Piping" im Boden, verursacht durch Strömungsgradienten.

Für die Übertragung der Grenzzustände GZ IB und GZ IC aus DIN 1054 in die Terminologie des Eurocodes EC 7-1 wird der Grenzzustand GEO aufgeteilt in GEO-2 und GEO-3:

GEO-2: Versagen oder sehr große Verformung des Baugrundes im Zusammenhang mit der Ermittlung der Schnittgrößen und der Abmessungen, d. h. bei der Inanspruchnahme der Scherfestigkeit beim Erdwiderstand oder beim Grundbruchwiderstand

GEO-3: Versagen oder sehr große Verformung des Baugrundes im Zusammenhang mit dem Nachweis der Gesamtstandsicherheit, d. h. bei Inanspruchnahme der Scherfestigkeit beim Nachweis der Sicherheit gegen Böschungsbruch und Geländebruch sowie in der Regel beim Nachweis der Standsicherheit von konstruktiven Böschungssicherungen, auch unter Berücksichtigung der konstruktiven Elemente.

Die Grenzzustände nach DIN 1054 und EC 7-1 stehen in folgenden Zusammenhängen:

- Dem Grenzzustand GZ 1A entsprechen ohne Einschränkung die Grenzzustände EQU, UPL und HYD nach Eurocode 7-1.
- Dem Grenzzustand GZ 1B entspricht der Grenzzustand STR nach Eurocode EC 7-1. Hinzu kommt der Grenzzustand GEO-2 nach Eurocode 7-1 im Zusammenhang mit der Dimensionierung der Abmessungen der Gründungselemente.
- Dem Grenzzustand GZ 1C entspricht der Grenzzustand GEO-3 nach Eurocode 7-1 im Zusammenhang mit dem Nachweis der Gesamtstandsicherheit.

4 Gründungen

Zur Bemessung von Gründungskörpern (GZ 1B) sind die Gründungslasten der von ihnen getragenen Konstruktionsteile (Schnittgrößen) mit den Teilsicherheitsbeiwerten und den Einwirkungskombinationen für GZ 1B nach DIN-EN 1991-1 zu ermitteln.

Umlagerungen der Gründungslasten, z. B. durch angeschlossene, aussteifend wirkende Konstruktionsteile, sind bei der Bemessung zu berücksichtigen. Bei solchen Gründungen ist auch die Gesamttragfähigkeit des Bodens (GZ 1C) nachzuweisen.

Zum Nachweis der Gebrauchstauglichkeit (GZ 2) sind die Gründungslasten mit den Teilsicherheitsbeiwerten und Einwirkungskombinationen nach DIN EN 1991-1 für GZ 2 zu ermitteln.

Der Nachweis der Gebrauchstauglichkeit umfasst folgende Einzelsicherheitsuntersuchungen (Grundfälle):

a) Zulässige Lage der Resultierenden (DIN 1054)
b) Verschiebungen
   Nachweis der Gleitsicherheit (DIN 1054)
   Es ist nachzuweisen, dass das Bauwerk unter Gebrauchslast bei Inanspruchnahme von Erdwiderstand keine unzuträglichen Verschiebungen erleidet.
c) Setzungen (DIN 4019)
d) Grundbruchwiderstand (DIN 4017)
e) Widerstand gegen Böschungs- und Geländebruch (DIN 4084)
f) Erddruck (DIN 4085).

Neben den genannten Grundfällen werden je nach Bauweise weitere spezifische Sicherheitsnachweise auf der Grundlage der gültigen Normen und Vorschriften oder der einschlägigen, allgemein anerkannten Richtlinien und Empfehlungen erforderlich; s. Regelwerke in Abschnitt 7.

5 Geotechnische Bauwerke mit Bewehrungselementen

Die Grundlagen für den Entwurf und die Berechnung von geotechnischen Bauwerken mit flexiblen Bewehrungselementen sind in Lit. (21) beschrieben. Im Zusammenhang mit DIN 1054/EC 7 stehen folgende Nachweise:

(1) Zuordnung der Sicherheitsnachweise in DIN 1054

Die geotechnischen Bauwerke mit flexiblen Bewehrungselementen sind in DIN 1054 den Sicherheitsnachweisen der Gesamtstandsicherheit zugewiesen und hinsichtlich ihres geotechnischen Schwierigkeitsgrades für die Einordnung in die Geotechnische Kategorie 3 (DIN 4020) empfohlen. Die maßgebenden Grenzzustände umfassen die Konstruktion zusammen mit den Bewehrungselementen als Ganzes und längs einzelner Gleitflächen innerhalb des bewehrten Erdkörpers. Im Rahmen der Bemessung und der Sicherheitsnachweise ist die Sicherheit gegen Böschungs- und Geländebruch im Grenzzustand GZ 1C (Verlust der Gesamtstandsicherheit), die Tragfähigkeit des bewehrten Systems im Grenzzustand GZ 1B (Versagen von Bauteilen und Bauwerken) sowie die Gebrauchstauglichkeit für Grenzzustände GZ 2 zu untersuchen.

(2) Die Sicherheit gegen Böschungs- und Geländebruch gilt als ausreichend erfüllt, wenn die maßgeblichen Bruchmechanismen und Bauzustände die Grenzzustandsbedingungen nach DIN 4084 mit den Teilsicherheitsbeiwerten für den Grenzzustand GZ 1C berücksichtigt sind.

(3) Die Nachweise der Systemtragfähigkeit sind gemäß DIN 1054 zu führen für

- Konstruktionen zur Böschungssicherung sowie Stützkonstruktionen mit Anker- oder Nagelsystemen, die von oben her durch abschnittsweisen Aushub bei gleichzeitigem Einbringen der Sicherungselemente hergestellt werden,
- Stützkonstruktionen aus bewehrten Schüttkörpern ohne oder mit leichten Frontelementen, die nur ihre Eigenlast in den Baugrund abtragen,
- Stützkonstruktionen aus vorgefertigten massiven Wandelementen, die mit Geokunststoffen verankert sind.

Zum Nachweis der Tragfähigkeit sind die möglichen Bruchmechanismen bzw. Gleitfugen im Boden im Grenzzustand GZ 1C zu untersuchen und dabei die jeweilige Bauweise, Geländeform, Grundwassersituation sowie die äußeren Lasten zu berücksichtigen. Es sind alle potenziell möglichen Gleitlinien und der ungünstigste Bruchkörper in Betracht zu ziehen. Der Bruchkörper kann dabei alle Bewehrungslagen oder Teile davon umschließen oder auch die Bewehrungslagen schneiden oder tangieren. Bei den geschnittenen Bewehrungslagen ist als widerstehende Größe der ungünstigste Wert maßgebend, und zwar entweder

- die Bemessungsfestigkeit jeder einzelnen Bewehrungslage (Bruch der Bewehrung: GZ 1B)
  oder
- der Bemessungswert der Herausziehwiderstandskraft jeder einzelnen Bewehrungslage aus dem umgebenden Füllboden beiderseits der jeweiligen Gleitlinie (Herausziehen: GZ 1C).

(4) Die Untersuchung der Grenzzustände der Gebrauchstauglichkeit GZ 2 einer bewehrten Konstruktion umfasst folgende Nachweise, die auch für die Bemessung und für die Vorgabe systemspezifischer Verformungskriterien entscheidend sind:

a) Nachweis der zulässigen Verformungen der Konstruktion infolge charakteristischer ständiger und veränderlicher Lasten. Die Verträglichkeit dieser Verformungen mit Einbauelementen und Frontkonstruktion ist zu beachten.
b) Setzungsberechnungen nach DIN 4019.
c) Lage der Sohldruckresultierenden gemäß DIN 1054 (Lage in der 1. Kernweite).

Hinweis

Berechnungsmodelle und Sicherheitsnachweise für Dammgründungen und Tragschichten mit Geokunststoff-Bewehrung s. Teil 2, Abschnitt 13, Kom 7.

6 Böschungen in Böden

Die Grundlagen und Verfahren zur Berechnung der Standsicherheit von Erdkörpern (Böschung, Hang, Geländesprung), die auf potenziell möglichen Gleitflächen abgleiten oder sich verformen können, ergeben sich aus DIN 4084. Die Berechnung beinhaltet den Nachweis der Sicherheit gegen Böschungs- und Geländebruch im Grenzzustand der Tragfähigkeit (GZ 1) und des Verlustes der Gesamtstandsicherheit (GZ 1C) gemäß DIN 1054 „Sicherheitsnachweise im Erd- und Grundbau".

Das Nachweisprinzip für diese Grenzzustände besteht darin, die einwirkenden und widerstehenden Größen unter Berücksichtigung der zugeordneten Teilsicherheitsbeiwerte vergleichend gegenüberzustellen, wobei diese Beiwerte für die einwirkenden Größen je nach günstiger oder ungünstiger Wirkung zu berücksichtigen sind.

Zu den einwirkenden Größen gehören

- die Eigenlast des jeweils zu untersuchenden Gleitkörpers,
- Lasten in oder auf dem Gleitkörper, soweit sie ungünstig wirken,
- Wasserdrucklasten, die auf den Gleitflächen aus dem Porenwasserdruck wirken.

Zu den widerstehenden Größen gehören

- die Bemessungswerte der Scherkräfte des Bodens infolge Reibung und Kohäsion in den Gleitflächen,
- die Kräfte von Zuggliedern und Steifen, soweit sie von Gleitflächen geschnitten werden oder von außen auf den Gleitkörper wirken,
- die Scherkräfte von Sicherungs- bzw. Konstruktionsteilen, soweit sie von den Gleitflächen geschnitten werden.

Die Sicherheit gegen Böschungs- und Geländebruch ist ausreichend erfüllt, wenn für die maßgebenden Bruchmechanismen und Bauzustände die Grenzzustandsbedingungen nach DIN 4084 mit den Teilsicherungsbeiwerten des Grenzzustandes GZ 1C berücksichtigt sind:

$$E_d \leq R_d$$

E_d Bemessungswert der resultierenden Beanspruchung parallel zur Gleitfläche bzw. des Momentes der Einwirkung, z. B. um den Gleitkreismittelpunkt

R_d Bemessungswert des Widerstandes parallel zur Gleitfuge bzw. des Momentes der Widerstände, z. B. um den Gleitkreismittelpunkt

Teilsicherheitswerte s. DIN 1054.

Bei Böschungen von Dämmen auf nicht ausreichend scherfestem Untergrund ist auch die Sicherheit gegen Versagen auf tiefreichenden Gleitflächen (Böschungsgrundbruch) zu untersuchen.

Erläuterungen zur Scherfestigkeit von Böden bei Verwendung als Widerstandsgröße in den Berechnungen:

Die Sicherheitsbeiwerte sind gemäß Sicherheitsdefinition nach Fellenius auf die Scherparameter des Bodens bezogen (η = vorh.tan φ'/erf.tan φ' bzw. vorh.c'/erf.c'). Sie können als Maß für die Ausnutzung der Scherfestigkeit des Bodens (bzw. Sicherheitsreserve) interpretiert werden. Bei einem Sicherheitsbeiwert von $\eta = 1{,}0$ ist die Scherfestigkeit des Bodens voll ausgenutzt, die Böschung befindet sich in einem labilen Grenzgleichgewichtszustand. Für Sicherheitsbeiwerte $\eta > 1{,}0$ ist eine Böschung zwar rechnerisch standsicher, kann sich jedoch mit zunehmendem Ausnutzungsgrad der Bodenscherfestigkeit, d. h. mit abnehmendem Sicherheitsbeiwert bzw. geringer werdender Sicherheitsreserve bereits verformen.

Beim Ansatz der Scherparameter sind nach DIN 4084 u. a. folgende Regeln zu beachten:

(1) Bei bindigen Böden sind dem Nachweis der Standsicherheit im Allgemeinen die Scherparameter des undränierten Bodens (φ_u, c_u, Anfangsstandsicherheit) und des dränierten Bodens (φ', c', Endstandsicherheit) nach DIN 18137 Teil 1 zugrunde zu legen. Mit den Berechnungsverfahren in DIN 4084 lassen sich keine Verformungen ermitteln.

(2) Bei Hängen in tonigen Böden, die keinen Porenwasserdruck aufweisen, sind die Scherparameter des dränierten Bodens maßgebend. Wenn dabei die Standsicherheit durch Grundwasser beeinflusst wird, muss mit dem effektiven Reibungswinkel des normalkonsolidierten Bodens (Winkel der Gesamtscherfestigkeit nach DIN 18137 Teil 1) gerechnet werden.

(3) Beim Herstellen von Einschnitten in überkonsolidierten Böden entstehen Porenwasserunterdrücke, die die Anfangsstandsicherheit erhöhen. Da diese mit der Zeit verschwinden können, ist die Endstandsicherheit maßgebend, die mit den Scherparametern des dränierten Bodens ohne Porenwasserunterdruck nachzuweisen ist. Außerdem sind überkonsolidierte Böden häufig von einem Trennflächensystem durchzogen, das den Einfluss der Kohäsion auflöst.

(4) Bei geologisch vorgegebenen Gleitflächen oder wenn bereits Verschiebungen von mehr als etwa 10 cm eingetreten sind, ist der Winkel der Restscherfestigkeit (s. DIN 18137 Teil 1) maßgebend.

(5) Bei Grundwasseraustritt in Böschungen ist zu berücksichtigen, dass bindige Böden die Kohäsionsfestigkeit verlieren können.

(6) Bei Schichten, die unter Eigenlast oder erheblichen Zusatzlasten konsolidieren, muss mit den Scherparametern des undränierten Bodens im Zustand vor Aufbringung der Zusatzlast gerechnet werden.

Hinweis

Berechnungsmodelle und Sicherheitsnachweise für Dämme auf erstkonsolidiertem Untergrund s. Teil 2, Abschnitt 13, Kom. 3.4.

7 Zusammenstellung der Normen und Empfehlungen

(1) DIN EN 1990: Eurocode: Grundlagen der Tragwerksplanung

(2) DIN V ENV 1991-1: Eurocode 1: Grundlagen der Tragwerksplanung und Einwirkungen auf Tragwerke – Teil 1: Grundlagen der Tragwerksplanung

(3) DIN EN 1991-1: Eurocode 1: Einwirkungen auf Tragwerke – Teil 1-1: Allgemeine Einwirkungen auf Tragwerke; Wichten, Eigengewicht und Nutzlasten im Hochbau

(4) DIN EN 1997-1: Eurocode 7: Entwurf, Berechnung und Bemessung in der Geotechnik – Teil 1: Allgemeine Regeln

(5) DIN EN 1997-2: Eurocode 7: Entwurf, Berechnung und Bemessung in der Geotechnik – Teil 2: Erkundung und Untersuchung des Baugrundes

(6) DIN V 1054-100: Baugrund – Sicherheitsnachweise im Erd- und Grundbau – Teil 100: Berechnung nach dem Konzept mit Teilsicherheitsbeiwerten

(7) DIN 1054: Baugrund – Sicherheitsnachweise im Erd- und Grundbau – Ergänzende Regelungen zu DIN EN 1997-1

(8) DIN 1055-1: Einwirkungen auf Tragwerke – Teil 1: Wichten und Flächenlasten von Baustoffen, Bauteilen und Lagerstoffen

(9) DIN 1055-2: Einwirkungen auf Tragwerke – Teil 2: Bodenkenngrößen

(10) DIN 4017: Baugrund – Berechnung des Grundbruchwiderstandes von Flachgründungen

(11) DIN 1072: Straßen- und Wegbrücken; Lastannahmen

(12) DIN 4019: Baugrund – Setzungsberechnungen

(13) DIN 4020: Geotechnische Untersuchungen für bautechnische Zwecke – Ergänzende Regelungen zu DIN EN 1997-2

(14) DIN 4020: Beiblatt 1: Anwendungshilfen, Erklärungen, 2003

(15) E DIN 4084: Baugrund – Geländebruchberechnungen

(16) DIN 4085: Baugrund – Berechnung des Erddrucks

(17) DIN 4149: Bauten in deutschen Erdbebengebieten – Lastannahmen, Bemessung und Ausführung üblicher Hochbauten

(18) DIN 4150: Erschütterungen im Bauwesen

(19) EAB: Empfehlungen des Arbeitskreises „Baugruben“ der Deutschen Gesellschaft für Geotechnik e.V.

(20) EAU: Empfehlungen des Arbeitsausschusses „Ufereinfassungen“ der Hafenbautechnischen Gesellschaft e.V. und der Deutschen Gesellschaft für Geotechnik e.V.

(21) EBGEO: Empfehlungen für den Entwurf und die Berechnung von Erdkörpern mit Bewehrungen aus Geokunststoffen der Deutschen Gesellschaft für Geotechnik e.V.

S7 Boden- und felsmechanische Versuchstechnik

Inhalt

1 Labor- und Feldversuche

Laborversuche an Proben dienen der Identifikation von Boden und Gestein nach Art und Zustand sowie der Ermittlung von Kenngrößen der Festigkeit, Verformung und Wasserdurchlässigkeit.

Feldversuche kommen für die Untersuchung der in-situ-Eigenschaften im Boden und Fels sowie als Güteprüfungen zum Nachweis der Qualitätsanforderungen zur Anwendung.

Bei Laborversuchen an Proben, die aus Felsformationen entnommen sind, lassen sich in der Regel nur die Gesteinseigenschaften bestimmen. Das Trennflächengefüge, das für die Festigkeits- und Verformungseigenschaften, den natürlichen Spannungszustand und die Wasserdurchlässigkeit von Fels maßgebend ist, lässt sich in der Regel nur durch Feldversuche in Bohrungen, Schürfen, Stollen oder an freiliegenden Flächen erfassen. In Ausnahmefällen können hierfür Versuche an Großproben geeignet sein.

Übersicht der wichtigsten Labor- und Feldversuche mit Angabe der Prüfnormen bzw. Versuchsempfehlungen s. *Tab. 1* bis *4*.

Tabelle 1: Laborversuche an Bodenproben

Spalte	1	2	3	4	5
Zeile	**Versuch**	**Bodenart**	**Prüfnorm**	**Kenngrößen**	**Anwendung**
1	Korngrößenverteilung	alle	DIN 18123*	Körnungslinie, Ungleichförmigkeitszahl	Benennung, Klassifikation, Korrelationsgrundlagen
2	Plastizitätsgrenzen	feinkörnige Böden; bei gemischtkörnigen Böden am Anteil < 0,4 mm	DIN 18122 Teil 1 und Teil 2*	Fließgrenze ω_L, Ausrollgrenze ω_P, Plastizitätszahl I_P, Schrumpfgrenze ω_S	Benennung, Klassifikation, Bezugsgröße für Zeile 5, Korrelationsgrundlagen
3	organische Anteile	organische und organisch verunreinigte Böden	DIN 18128	Gehalt an organischen Anteilen	Benennung, Klassifizierung
4	Kalkgehalt	alle	DIN 18129	Kalkgehalt	Klassifikation, Korrelationsgrundlage
5	Wassergehalt	alle, insbesondere fein- und gemischtkörnige Böden	DIN 18121 Teil 1 und Teil 2*	Wassergehalt ω, Konsistenzzahl I_C in Verbindung mit ω_L und ω_P, Sättigungszahl S_r in Verbindung mit Dichte und Korndichte	Zustandsbeschreibung, Korrelationsgrundlagen für Belastbarkeit des Baugrunds

Fortsetzung **Tabelle 1:** Laborversuche an Bodenproben

Spalte	1	2	3	4	5
Zeile	**Versuch**	**Bodenart**	**Prüfnorm**	**Kenngrößen**	**Anwendung**
6	Korndichte im Pyknometer	alle Bodenarten	DIN 18124	Korndichte ρ_s	Hilfsgröße, Hinweis auf Mineralgehalt
7	Dichte	alle, insbesondere fein- und gemischtkörnige Böden	DIN 18125 Teil 1 und Teil 2*	Dichte des Bodens ρ, Trockendichte ρ_d, Lagerungsdichte I_D, in Verbindung mit Grenzen der Lagerungsdichte, Porenanteil n und Porenzahl e in Verbindung mit ρ_d und ρ_s,	Zustandsbeschreibung, erdstatische Kenngröße, Korrelationsgrundlagen für Belastbarkeit des Baugrunds
8	Grenzen der Lagerungsdichte	grobkörnige Böden	DIN 18126	max ρ_d bzw. min n oder min e bei dichtester Lagerung, min ρ_d bzw. max n oder max e bei lockerster Lagerung	Bezugsgröße für Zeile 7
9	Proctorversuch	alle Bodenarten	DIN 18127	Wassergehalt – Dichte-Zusammensetzung für gegebene Verdichtungsarbeit, Proctordichte ρ_{Pr}, optimaler Wassergehalt ω_{Pr}	Verdichtungsverhalten von Böden, Bezugsgröße für Zeile 7, Klassifikationsgrundlage
10	Einaxialer Druckversuch	feinkörnige, gemischtkörnige Böden	DIN 18136*	einaxiale Druckfestigkeit q_u, Bruchstauchung ε_r E-Modul	Korrelationsgröße für Belastbarkeit des Baugrunds, erdstatische Berechnungen
11	Dreiaxialer Druckversuch	alle Bodenarten	DIN 18137 Teil 2*	Scherparameter φ', c', c_u, Porenwasserdruck als f $(\sigma_1 - \sigma_3)$, Stauchung als f $(\sigma_1 - \sigma_3)$, E-Modul, Kompressionsmodul	Erdstatische Berechnungen, Setzungsberechnung, c_u ist Korrelationsgröße für Pfahlbemessung
12	Scherversuch	alle Bodenarten $d < 2$ mm	DIN 18137 Teil 1*	Scherparameter φ', c', Dilatationswinkel	Erdstatische Berechnungen
13	Kreisringscherversuch und Hobelversuch	alle Bodenarten $d < 2$ mm	–	Restscherfestigkeit	Erdstatische Berechnungen
14	Kompressionsversuch	feinkörnige und gemischtkörnige Böden	–	Steifemodul E_s, Konsolidierungsbeiwert c_v	Setzungsberechnung, Sackung
15	Schwell- und Quellhebungsversuch	feinkörnige Bodenarten	–	Schwellmaß, Quellmaß	Schwell- und Quellverhalten von Böden
16	Schwell- und Quelldruckversuch	feinkörnige Bodenarten	–	Schwelldruck, Quelldruck	Schwell- und Quellverhalten von Böden
17	Frosthebungsversuch	feinkörnige und gemischtkörnige Böden	–	Frosthebung, Frosthebungsgeschwindigkeit, Frosthebungsdruck	Frostempfindlichkeit im Verkehrswegebau, bei Gefrierverfahren usw.
18	Durchlässigkeitsversuch	alle Bodenarten	DIN 18130 Teil 1*	Durchlässigkeitsbeiwert k	Strömungsprobleme, Wasserbewegung im Baugrund
19	Erosionsversuch	feinkörnige Böden	–	Erosionsempfindlichkeit	Wasserbau, Dränagen
20	Dispersionsversuch	feinkörnige Böden	–	Erosionsempfindlichkeit	Wasserbau, Erddammbau

* Anmerkung zu Tabelle 1: Internationale/europäische Norm DIN EN ISO 17892

Fortsetzung **Tabelle 1:** Laborversuche an Bodenproben

Spalte	1	2	3	4	5
Zeile	**Versuch**	**Bodenart**	**Prüfnorm**	**Kenngrößen**	**Anwendung**
21	kapillare Steighöhe	grobkörnige, gemischtkörnige Böden	–	aktive und passive kapillare Steighöhe	Wasserbewegung
22	Zyklischer Belastungsversuch	alle Böden	–	Verformungsverhalten und Festigkeit bei Schwelllast	wiederholt und dynamisch belastete Böden
23	Resonanzsäulenversuch	alle Böden	–	dynamischer Schubmodul oder E-Modul, Dämpfung	Schwingungsausbreitung
24	Mineralogisch-petrographische Untersuchung	grobkörnige Böden	–	mineralische Zusammensetzung, geologische Herkunft	geologische Zuordnung, Bodenverbesserung durch geeignete Zusätze
25	Röntgenanalyse oder Differential-Thermo-Analyse	feinkörnige Böden	–	mineralogische Zusammensetzung, quellfähige Anteile	Bezug zu Zeilen 13, 15 und 16

Tabelle 2: Laborversuche an Gesteinsproben

Spalte	1	2	3	4
Zeile	**Versuchsart**	**Ausführung nach***)	**Kenngrößen**	**Anwendung**
1	Einaxialer Druckversuch	DGEG, Empfehlung Nr. 1 des AK 19 „Versuchstechnik Fels“	einaxiale Druckfestigkeit, Elastizitätsmodul des Gesteins, Querdehnzahl, Kriechverhalten	Felsmechanische Berechnungen, Bohrbarkeit, Lösbarkeit, Eignung als Baustoff, Pfahlbemessung
2	Dreiaxialer Druckversuch	DGEG, Empfehlung Nr. 2 des AK 19 „Versuchstechnik Fels“	Querdehnzahl, Kriechverhalten, Elastizitätsmodul des Gesteins, Scherparameter	Felsmechanische Berechnungen
3	Spalt-Zugversuch	DGEG, Empfehlung Nr. 10 des AK 19 „Versuchstechnik Fels“	Gesteinszugfestigkeit	Lösbarkeit, Eignung als Baustoff, felsmechanische Berechnungen
4	Kompressions- und Scherversuch	DGEG, Empfehlung Nr. 5 des AK 19 „Versuchstechnik Fels“	Scherfestigkeit entlang definierter Scherflächen	Felsmechanische Berechnungen
5	Punktlastversuch	DGEG, Empfehlung Nr. 5 des AK 19 „Versuchstechnik Fels“	Punktlastindex (Festigkeit)	Korrelationsgrundlage für Gesteinsfestigkeit, Bohrbarkeit, Lösbarkeit, Eignung als Baustoff
6	Dichtebestimmung	DIN 18125 Teil 1[1])	Dichte	Felsmechanische Berechnungen
7	Porositätsbestimmung	DIN 18125 Teil 1[1])	Porenanteil	Sohlenwasserdruck bei Talsperren, Speichervermögen
8	Wassergehaltsbestimmung	DIN 18121 Teil 1[1])	Wassergehalt	Klassifikationsmerkmal
9	Quell- und Schrumpfversuch	DGEG, Empfehlung Nr. 11 des AK 19 „Versuchstechnik Fels“	Quelleigenschaften, Schrumpfverhalten	Gründungen, Hohlraumbau, Baustoffbeurteilung

1) Internationale/europäische Norm DIN EN ISO 17892

Fortsetzung **Tabelle 2:** Laborversuche an Gesteinsproben

Spalte	1	2	3	4
Zeile	**Versuchsart**	**Ausführung nach*)**	**Kenngrößen**	**Anwendung**
10	Wasseraufnahme-Versuch	DIN 52106	Wasseraufnahme	Baustoffbeurteilung
11	Veränderlichkeit im Wasser	DIN 4022 Teil 1[2])	Grad der Veränderlichkeit	Gründungen, Hohlraumbau
12	Verwitterungs-beständigkeits-Versuch	DIN 52106	Zerfallszahl	Standsicherheit, Baustoffbeurteilung
13	Forstwechsel-versuch	DIN 52106	Zerfallszahl, Risse, Volumenänderung	Standsicherheit, Baustoffbeurteilung
14	Ultraschall-messversuch	–	richtungsabhängige Wellen-geschwindigkeit, richtungs- und wellenabhängige dynamische Moduln (E-Modul und Schubmodul)	Korrelationsgrundlage für Festigkeit und Dichte, Anisotropie
15	Resonanzsäulen-Versuch	–	dynamischer Schubmodul oder E-Modul, Dämpfung	dynamische Berechnungen
16	Mineralogische Bestimmung	–	Benennungen der Mineralanteile	Gesteinsname, Korrelationsgrundlage

*) Die in Spalte 2 aufgeführten Versuchsempfehlungen des DGEG (DGGT) sind Arbeiten des Arbeitskreises 19 „Versuchstechnik Fels"
2) Internationale/europäische Norm DIN EN ISO 22475-1

Tabelle 3: Feldversuche in Böden

Spalte	1	2	3	4	5
Zeile	**Versuch**	**Bodenart**	**Ausführung nach**	**Kenngrößen**	**Anwendung**
1	Plattendruck-versuch	für Verdichtungs-kontrolle vornehm-lich grobkörniger Böden	DIN 18134	Verformungs-modul E_v	Verdichtungskontrolle, Bemessung von Befestigungen im Verkehrswegebau, Verformungsberech-nungen
2	Dichtemessung	alle	DIN 18125-1[1]) DIN 18125-2	Dichte ρ	Verdichtungskontrolle
3	Feldscherversuch	fein- und gemischt-körnige Böden	–	Scherfestigkeit τ_f	erdstatische Nachweise
4	Flügelscherversuch	feinkörnige Böden mit breiiger bis steifer Konsistenz	DIN 4094-4	Scherfestigkeit τ_{FS}	erdstatische Nachweise
5	Bohrloch-aufweitungsversuch, radial-symmetrisch	alle	DIN 4094-5[2])	E-Modul, Steife-modul in horizontaler Richtung	Setzungs- und Verformungs-berechnungen
6	Bohrloch-aufweitungsversuch, diametral	alle	DIN 4094-5[2])	Bettungsmodul in horizontaler Richtung, E-Modul, Steifemodul	Pfahlberechnung
7	Versuch mit Aufsatzgerät	gemischtkörnige Böden	DIN 18130-2	Durchlässigkeits-beiwert k	Dichtungsschichten

1) Internationale/europäische Norm DIN EN ISO 17892
2) Internationale/europäische Norm DIN EN ISO 22476

Fortsetzung **Tabelle 3:** Feldversuche in Böden

Spalte	1	2	3	4	5
Zeile	**Versuch**	**Bodenart**	**Ausführung nach**	**Kenngrößen**	**Anwendung**
8	Durchlässigkeitsprüfung mit Absenkversuch	grob- und gemischtkörnige Böden	DIN 18130-2	Durchlässigkeits-beiwert k	Strömungsprobleme, Grundwasser-absenkung, Verpress-arbeiten
9	Durchlässigkeits-prüfung mit Auffüllversuch	grob- und gemischtkörnige Böden			

Tabelle 4: Feldversuche in Fels

Spalte	1	2	3	4	5
Zeile	**Versuchsart**	**Ausführung nach**	**Kenngrößen**	**Versuchsbereich**	**Anwendung**
1	Doppel-Last-Plattendruck-versuch (Stempel-druckversuch)	DGEG, Empfehlung Nr. 6 des AK 19 „Versuchstechnik Fels“	Steifigkeits-parameter	Stollen, Schächte, Kavernen, Gelände-oberfläche	Gründungen, Felshohlraumbau, Talsperrenbau
2	Schlitz-Entlastungs-Belastungsversuch (Druckkissen-versuch)	DGEG, Empfehlung Nr. 7 des AK 19 „Versuchstechnik Fels“	Steifigkeits-parameter, Primär-spannungskom-ponenten		Böschungsbau, Felshohlraumbau
3	Scherversuch	DGEG, Empfehlung Nr. 4 des AK 19 „Versuchstechnik Fels“	Scherfestigkeits-parameter		Böschungsbau, Felshohlraumbau, Talsperrenbau
4	Dreiaxialversuch*	DGEG, Empfehlung Nr. 3 des AK 19 „Versuchstechnik Fels“	Scherfestigkeits-parameter (Anisotropie)		Felshohlraumbau, Talsperrenbau, Böschungsbau
5	Radialpressen-versuch	–	Steifigkeits-parameter (Anisotropie)	Stollen, Schächte	Felshohlraumbau, besonders bei Druckstollenbau, Druckschachtbau
6	Bohrlochauf-weitungsversuch (Dilatometerversuch)	DIN 4094-5 DGEG, Empfehlung Nr. 8 des AK 19 „Versuchstechnik Fels“	Steifigkeits-parameter (Elastizitätsmodul)	Bohrloch	Felshohlraumbau, Talsperrenbau
7	Überbohr-Entlastungsversuch	DGEG, Empfehlung Nr. 14 des AK 19 „Versuchstechnik Fels“	Primärspannungen (natürlicher Spannungszustand)		Felshohlraumbau, Böschungsbau, Talsperrenbau
8	Wasserabpress-versuch (WD-Versuch)	DGEG, Empfehlung Nr. 9 des AK 19 „Versuchstechnik Fels“	Durchlässigkeits-parameter		Talsperrenbau, Felshohlraumbau, Böschungsbau, Deponien, Kläranlagen
9	Schluck-Pumpversuch	–	ideeller Wasser-durchlässigkeits-beiwert		

*) Dieser Versuch wird meistens an Großbohrkernen im Labor durchgeführt.

2 Empfehlungen Versuchstechnik Fels/Gestein (DGGT)

Nr. 1	Einaxiale Druckversuche an zylindrischen Gesteinsprüfkörpern; Bautechnik 10/2004
Nr. 2–3	Dreiaxiale Druckversuche an Gesteinsproben. Dreiaxiale Druckversuche an geklüfteten Grobbohrkernen im Labor; Bautechnik 7/1979
Nr. 4	Scherversuch in-situ; Bautechnik 10/1980
Nr. 5	Punktlastversuche an Gesteinsproben; Bautechnik 1/1982
Nr. 6	Doppel-Lastplattenversuch in Fels; Bautechnik 3/1985
Nr. 7	Schlitzentlastungs- und Druckkissenbelastungsversuch; Bautechnik 3/1984
Nr. 8–9	Dilatometer- und Druckwasserversuch in Fels; Bautechnik 4/1984
Nr. 10	Indirekter Zugversuch an Gesteinsproben – Spaltzugversuch; Bautechnik 6/1985
Nr. 11	Quellversuch an Gesteinsproben; Bautechnik 3/1986
Nr. 12	Mehrstufentechnik bei dreiaxialen Druckversuchen und direkten Scherversuchen; Bautechnik 11/1987
Nr. 13	Laborversuch an Felstrennflächen; Bautechnik 9/1988
Nr. 14	Überbohr-Entlastungsversuche zur Bestimmung von Gebirgsspannungen; Bautechnik 9/1990
Nr. 15	Verschiebungsmessungen längs der Bohrachse – Extensometermessungen; Bautechnik 2/1991
Nr. 16	Ein- und dreiaxiale Kriechversuche an Gesteinsproben; Bautechnik 8/1994
Nr. 17	Einaxiale Relaxationsversuche an Gesteinsproben; Bautechnik 8/1994
Nr. 18	Konvergenz- und Lagemessungen; Bautechnik 10/1996
Nr. 19	Messungen der Spannungsänderung im Fels und an Felsbauwerken mit Druckkissen; Bautechnik 8/2004
Nr. 20	Zerfallbeständigkeit von Gestein – Siebtrommelversuch; Bautechnik 2/2002
Nr. 21	Verschiebungsmessungen quer zur Bohrlochachse; Bautechnik 4/2002

3 Technische Prüfvorschriften für Boden und Fels – TP BF-StB (FGSV)

Teil E 1	Prüfung auf statistischer Grundlage – Stichprobenprüfpläne, Ausgabe 1993
Teil E 2	Flächendeckende dynamische Prüfung der Verdichtung, Ausgabe 1994
Teil E 3	Prüfung der Verdichtung durch Probeverdichtung und Arbeitsanweisung, Ausgabe 1994
Teil E 4	Kalibrierung eines indirekten Prüfmerkmals mit einem direkten Prüfmerkmal, Ausgabe 2003
Teil B 4.3	Anwendung radiometrischer Verfahren zur Bestimmung der Dichte und des Wassergehaltes von Böden, Ausgabe 1999
Teil B 8.3	Dynamischer Plattendruckversuch mit Leichtem Fallgewichtsgerät, Ausgabe 2012
Teil B 11.1	Eignungsprüfungen für Bodenverfestigungen mit hydraulischen Bindemitteln, Ausgabe 2012
Teil B 11.3	Eignungsprüfungen bei Bodenverbesserungen mit Bindemitteln, Ausgabe 2010

4 Zusammenstellung der Verdichtungs- und Wassergehaltskenngrößen mit formelgemäßen Definitionen

e	Porenzahl	Porenvolumen, bezogen auf das Feststoffvolumen $e = \frac{n}{1-n} = \frac{\gamma_s(1+w)}{\gamma} - 1 = \frac{\gamma_s - \gamma_d}{\gamma_d}$
min e	Porenzahl bei dichtester Lagerung	
max e	Porenzahl bei lockerster Lagerung	
n	Porenanteil	Porenvolumen, bezogen auf das Gesamtvolumen $n = n_w + n_a = \frac{e}{1+e} = \frac{\gamma}{(1+w)\cdot\gamma_s} - 1 = \frac{\gamma_s - \gamma_d}{\gamma_s}$ n_w Anteil der wassergefüllten Poren $n_w = w \cdot \gamma_s$ n_a Anteil der luftgefüllten Poren
min n	Porenanteil bei dichtester Lagerung	
max n	Porenanteil bei lockerster Lagerung	
n_a	Luftanteil	Volumenanteil der luftgefüllten Poren am Gesamtvolumen $n_a = 1 - w \cdot \gamma_d - \frac{\gamma_d}{\gamma_s}$
γ	Wichte des feuchten Bodens	$\gamma = \gamma_d(1+w) = (1-n)\cdot(1+w)\cdot\gamma_s = \frac{1+w}{1+e}\cdot\gamma_s$
γ'	Wichte des Bodens unter Auftrieb	$\gamma' = (1-n)\cdot(\gamma_s - \gamma_w) = \frac{\gamma_s - \gamma_w}{1+e}$
γ_d	Trockenwichte	$\gamma_d = (1-n)\cdot\gamma_s = \frac{1}{1+e}\cdot\gamma_s$
γ_r	Wichte des wassergesättigten Bodens	$\gamma_r = (1-n)\cdot\gamma_s + n\cdot\gamma_w = \frac{\gamma_s + e\cdot\gamma_w}{1+e}$
γ_s	Kornwichte	Feststoffmasse, bezogen auf das Feststoffvolumen
ρ	Dichte des feuchten Bodens	analog zu γ
ρ'	Dichte des Bodens unter Auftrieb	analog zu γ'
ρ_d	Trockendichte	analog zu γ_d
ρ_{Pr}	Proctordichte	maximale Trockendichte beim Proctorversuch
ρ_r	Dichte des wassergesättigten Bodens	analog zu γ_r
ρ_s	Korndichte	analog zu γ_s
w	Wassergehalt	Massenverhältnis des Wassers zum trockenen Feststoff
w_{Pr}	optimaler Wassergehalt	Wassergehalt, der maximalen Trockendichte beim Proctorversuch zugeordnet
S_r	Sättigungszahl	Volumenzahl der wassergefüllten Poren am Gesamtporenanteil n $S_r = \frac{n_w}{n} = \frac{w\cdot\gamma_s}{n}$

Die Größen e, n, γ und ρ werden mit Bezugsgrößen in Zusammenhang gebracht, um die Verdichtung des Bodens zu definieren; hierzu dienen folgende Kenngrößen:

D_{Pr}	Verdichtungsgrad	$D_{Pr} = \frac{\rho_d}{\rho_{Pr}} \cdot 100$ in %
D	Lagerungsdichte	$D = \frac{\max n - n}{\max n - \min n}$
I_D	bezogene Lagerungsdichte	$I_D = \frac{\max e - e}{\max e - \min e}$

5 Umrechnungsformeln für Verdichtungs- und Wassergehaltskenngrößen

Gesuchte Größen	Vorgegebene Größen ρ_s und ρ_w							
	W: S_r	W: $n_a = n - n_w$	W: $S_r = 1$: $n_a = 0$	$n\ (n_w)$	$e\ (e_w)$	ρ_r	$\rho\ (w)$	$\rho_d\ (w)$
Wassergehalt w (gesättigter Boden)	–	–	w	$\frac{n \cdot \rho_w}{(1-n) \cdot \rho_s}$	$e \cdot \frac{\rho_w}{\rho_s}$	$\frac{(\rho_s - \rho_r) \cdot \rho_w}{\rho_s\,(\rho_r - \rho_w)}$	$\frac{(\rho_s - \rho) \cdot \rho_w}{(\rho - S_r \cdot \rho_w) \cdot \rho_s}$	$\frac{\rho_w}{\rho_d} - \frac{\rho_w}{\rho_s}$
Wassergehalt w (teilgesättigter Boden)	w	w	–	$\frac{n_w \cdot \rho_w}{(1-n) \cdot \rho_s}$	$e_w \cdot \frac{\rho_w}{\rho_s}$	–	$\frac{(\rho_s - \rho) \cdot S_r \cdot \rho_w}{(\rho - S_r \cdot \rho_w) \cdot \rho_s}$	$S_r \cdot \left(\frac{\rho_w}{\rho_d} - \frac{\rho_w}{\rho_s}\right)$
Porenanteil n	$\frac{w \cdot \gamma_s}{w \cdot \rho_s + S_r \cdot \rho_w}$	$\frac{w \cdot \rho_s + n_a \cdot \rho_w}{w \cdot \rho_s + \rho_w}$	$\frac{w \cdot \rho_s}{w \cdot \rho_s + \rho_w}$	n	$\frac{e}{1+e}$	$\frac{\rho_s - \rho_r}{\rho_s - \rho_w}$	$1 - \frac{\rho}{(1+w) \cdot \rho_s}$	$1 - \frac{\rho_d}{\rho_s}$
Porenzahl e	$\frac{w}{S_r} - \frac{\rho_s}{\rho_w}$	$\frac{w \cdot \rho_s + n_a \cdot \rho_w}{\rho_w \cdot (1-n_a)}$	$w \cdot \frac{\rho_s}{\rho_w}$	$\frac{n}{1-n}$	e	$\frac{\rho_s - \rho_r}{\rho_r - \rho_w}$	$(1+w) \cdot \frac{\rho_s}{\rho} - 1$	$\frac{\rho_s}{\rho_d} - 1$
Dichte ρ_r (gesättigter Boden)	–	–	$\frac{(1+w) \cdot \rho_s \cdot \rho_w}{w \cdot \rho_s + \rho_w}$	$(1-n) \cdot \rho_s + n \cdot \rho_w$	$\frac{\rho_\varepsilon + e \cdot \rho_w}{1+e}$	ρ_r	$\frac{\rho_s - \rho_w}{1+w} \cdot \frac{\rho}{\rho_s} + \rho_w$	$\left(1 - \frac{\rho_w}{\rho_s}\right) \cdot \rho_d + \rho_w$
Dichte ρ (teilgesättigter Boden)	$(1+w) \cdot \frac{S_r \cdot \rho_w \cdot \rho_s}{w \cdot \rho_s + S_r \cdot \rho_w}$	$\frac{(1-n_a)(1+w) \cdot \rho_s}{w \cdot \frac{\rho_s}{\rho_w} + 1}$	–	$(1-n) \cdot \rho_s + n_w \cdot \rho_w$	$\frac{\rho_s + e_w \cdot \rho_w}{1+e}$	–	ρ	$(1+w) \cdot \rho_d$
Trockendichte des Bodens ρ_d	$\frac{S_r \cdot \rho_w \cdot \rho_s}{w \cdot \rho_s + S_r \cdot \rho_w}$	$\frac{(1-n_a) \cdot \rho_s \cdot \rho_w}{w \cdot \rho_s \cdot \rho_w}$	$\frac{\rho_s \cdot \rho_w}{w \cdot \rho_s \cdot \rho_w}$	$(1-n) \cdot \rho_s$	$\frac{\rho_s}{1+e}$	$\rho_s \cdot \frac{\rho_r - \rho_w}{\rho_s - \rho_w}$	$\frac{\rho}{1+w}$	ρ_d
Sättigungszahl S_r	$\frac{w}{w_{ges}}$	$\frac{(1-n_a) \cdot w \cdot \rho_s}{w \cdot \rho_s + n_a \cdot \rho_w}$	1	$\frac{n_w}{n}$	$\frac{e_w}{e}$	1	$\frac{w \cdot \rho \cdot \rho_s}{\rho_w \cdot [(1+w) \cdot \rho_s - \rho]}$	$\frac{w \cdot \rho_d \cdot \rho_s}{\rho_w \cdot (\rho_s - \rho_d)}$

6 Informative Bodenkenngrößen nach DIN 1055-2

Anmerkung

Die informativen Erfahrungswerte entsprechen den Tabellen A1 bis A3 bzw. B1 bis B3 in DIN 1055-2 und dürfen nur im Zusammenhang mit den in der Norm angegebenen Gültigkeitsgrenzen bzw. Einschränkungen angewendet werden.

6.1 Bodenkenngrößen nichtbindiger Böden

Tabelle 5: Erfahrungswerte der Wichte nichtbindiger Böden

	1	2	3	4	5	6
				Wichte		
1	**Bodenart**	**Kurzzeichen nach DIN 18196**	**Lagerungsdichte**	**erdfeucht** γ kN/m³	**wassergesättigt** γ_r kN/m³	**unter Auftrieb** γ' kN/m³
2	Kies, Sand eng gestuft	GE, SE mit $U < 6$	locker	16,0	18,5	8,5
			mitteldicht	17,0	19,5	9,5
			dicht	18,0	20,5	10,5
3	Kies, Sand weit oder intermittierend gestuft	GW, GI, SW, S mit $6 \leq U \leq 15$	locker	16,5	19,0	9,0
			mitteldicht	18,0	20,5	10,5
			dicht	19,5	22,0	12,0
4	Kies, Sand weit oder intermittierend gestuft	GW, GI, SW, SI mit $U > 15$	locker	17,0	19,5	9,5
			mitteldicht	19,0	21,0	11,0
			dicht	21,0	22,5	12,5

Tabelle 6: Erfahrungswerte der Scherfestigkeit nichtbindiger Böden

	1	2	3	4
1	**Bodenart**	**Kurzzeichen nach DIN 18196**	**Lagerungsdichte**	**Reibungswinkel** φ'
2	Kies, Sand eng, weit oder intermittierend gestuft	GE, GW, GI SE, SW, SI	locker	30,0°
			mitteldicht	32,5°
			dicht	35,0°

6.2 Bodenkenngrößen bindiger Böden

Tabelle 7: Erfahrungswerte der Wichte bindiger Böden

	1	2	3	4	5	6
				Wichte		
1	**Bodenart**	**Kurzzeichen nach DIN 18196**	**Zustands-form**	**erdfeucht** γ kN/m³	**wasser-gesättigt** γ_r kN/m³	**unter Auftrieb** γ' kN/m³
	Schluffböden					
2	Leicht plastische Schluffe ($\omega_L < 35\,\%$)	UL	weich	17,5	19,0	9,0
			steif	18,5	20,0	10,0
			halbfest	19,5	21,0	11,0
3	Mittelplastische Schluffe ($35\,\% \leq \omega_L \leq 50\,\%$)	UM	weich	16,5	18,5	8,5
			steif	18,0	19,5	9,5
			halbfest	19,5	20,5	10,5
	Tonböden					
4	Leicht plastische Tone ($\omega_L < 35\,\%$)	TL	weich	19,0	19,0	9,0
			steif	20,0	20,0	10,0
			halbfest	21,0	21,0	11,0
5	Mittelplastische Tone ($35\,\% \leq \omega_L \leq 50\,\%$)	TM	weich	18,5	18,5	8,5
			steif	19,5	19,5	9,5
			halbfest	20,5	20,5	10,5
6	Ausgeprägt plastische Tone ($\omega_L > 50\,\%$)	TA	weich	17,5	17,5	7,5
			steif	18,5	18,5	8,5
			halbfest	19,5	19,5	9,5

Tabelle 8: Erfahrungswerte der Scherfestigkeit bindiger Böden

	1	2	3	4	5	6
				Scherfestigkeit		
				Reibung	Kohäsion	
1	**Bodenart**	**Kurzzeichen nach DIN 18196**	**Zustandsform**	φ'	c' kN/m²	c_u kN/m²
			Schluffböden			
2	Leicht plastische Schluffe ($\omega_L < 35\,\%$)	UL	weich	27,5°	0	0
			steif		2	15
			halbfest		5	40
3	Mittelplastische Schluffe ($35\,\% \leq \omega_L \leq 50\,\%$)	UM	weich	22,5°	0	5
			steif		5	25
			halbfest		10	60
			Tonböden			
4	Leicht plastische Tone ($\omega_L < 35\,\%$)	TL	weich	22,5°	0	0
			steif		5	15
			halbfest		10	40
5	Mittelplastische Tone ($35\,\% \leq \omega_L \leq 50\,\%$)	TM	weich	17,5°	5	5
			steif		10	25
			halbfest		15	60
6	Ausgeprägt plastische Tone ($\omega_L > 50\,\%$)	TA	weich	15,0°	5	15
			steif		10	35
			halbfest		15	75

S8 Geotechnische Messtechnik

Inhalt

1 Ziele und Aufgaben

Das Messen von objektiven physikalischen Größen hat für die Anwendungsgebiete der Boden- und Felsmechanik große allgemeine Bedeutung. Die Berechnungs- und Bemessungsaufgaben bedürfen ebenso wie die Untersuchungen zur Sicherheit, Ertüchtigung und Wirtschaftlichkeit von baulichen Anlagen des gezielten Einsatzes der Messtechnik. Messtechnische Verfahren werden bei der Hauptuntersuchung, baubegleitend und zur Überwachung nach der Bauausführung angewendet.

Das gilt insbesondere für

- die Analyse des Systemverhaltens baulicher Anlagen,
- die Analyse und Steuerung bautechnischer Prozesse, vor allem bei stark beanspruchten, nahe der Sicherheitsgrenze dimensionierten Bauwerken,
- die Produktions- und Qualitätssteuerung beim Herstellen von Baustoffen und Konstruktionselementen.

Durch die Messung von Verformungen, Kräften, Spannungen und Erschütterungen soll überprüft werden, ob

- das tatsächliche Baugrundverhalten und die erwartete gegenseitige Beeinflussung von Baugrund und Bauwerk mit den Vorhersagen übereinstimmen,
- die Sicherheit während der Bauzeit und auf Dauer gegeben ist,
- zusätzliche technische Maßnahmen zur Funktionstüchtigkeit nötig werden oder auf geplante Maßnahmen verzichtet werden kann.

2 Methodisches Vorgehen

Damit die Messungen zu nutzbaren Ergebnissen führen, bedarf es der methodischen und sorgfältigen Planung bis ins Detail für den Einzelfall; hierzu gehören folgende Grundsätze:

- Sehr frühzeitig in der Planungsphase des Objekts müssen Notwendigkeit, Bedarf und Zielrichtung von Messungen erkannt sein, damit die Messungen früh anlaufen und die Ergebnisse für bauliche Konsequenzen rechtzeitig zur Verfügung stehen.
- Jeder Messung ist vor Beginn eine klar definierte Aufgabe zuzuordnen.
- Die zulässigen Grenzzustände sind vorzudefinieren.
- Maßnahmepläne und Zeitpläne sind zu erstellen für den Fall, dass nicht mehr zulässige Ereignisse eintreten.

In einer zweiten Stufe gilt es, alle möglichen messtechnischen Strategien und Verfahren abzuwägen.

In einer dritten Stufe setzen die Detailplanungen an, z. B. Personaleinsatz, Auswahl der Messgerätetypen, Installation, Aufstellung des Messprogramms, Datenverarbeitung und Dokumentation.

Die Planung von Messungen bedarf der Vorgabe einer klar formulierten Zweckbestimmung, z. B.:

(1) Messungen zum Zweck der Baugrunderkundung oder Baustofferschließung im Rahmen der Vor- oder Hauptuntersuchungen
(2) Messungen zur Bestimmung von objektiven Kenngrößen und Einflussparametern für Berechnungen, Bemessungen und Verhaltensanalysen
(3) Baubegleitende Messungen zur Überprüfung von Vorhersagen aus den Vor- und Hauptuntersuchungen oder zur Kontrolle von vorgegebenen Spannungs- bzw. Verformungsgrenzwerten oder von Entwurfs- und Konstruktionsannahmen; auch Probebelastungen sowie Grundsatz-, Eigenüberwachungs- und Abnahmeprüfungen gehören hierzu
(4) Messungen nach Baufertigung zur Kontrolle von Betriebsfunktionen der Anlage oder zur längerfristigen Überprüfung bestimmter Entwurfsannahmen oder von Einwirkungen auf das Bauwerk oder auch von ihm ausgehender Gefährdungen auf das Umfeld
(5) Messungen zum Zwecke der Beweissicherung und Ursachenklärung in Schadensfällen
(6) Beobachtungsmethode im Rahmen der Sicherheitsnachweise nach DIN 1054; s. Sonderkapitel S7.

Im Rahmen der Aufgaben (1) und (2) liefern die Messungen in erster Linie Informationen für das Aufstellen von Vor- oder Bauentwürfen, für damit verbundene kalkulatorische Zwecke und wirtschaftliche Vergleiche oder auch Informationen zur Analyse von Stabilitäts- und Verformungsproblemen.

Die Messungen bei den Aufgaben (3) bis (6) zielen vor allem auf sicherheitstechnische Aspekte ab.

3 Messtechnische Verfahren

Die messtechnischen Verfahren lassen sich untergliedern nach Verformungs- und Verschiebungsmessungen, Kraft- und Druckmessungen, Messungen im Grundwasser und dynamische Messungen; Überblick gemäß *Tab. 1* mit Erläuterungen in den nachfolgenden Kommentaren 3.1 bis 3.3; Anwendungsbeispiele 4 und 5, Hinweise auf Normative Regelwerke in 6.

3.1 Verformungs- und Verschiebungsmessungen

(1) Geodätische Messungen

Mit Feinnivelliergeräten und elektro-optischen bzw. Laser-Messgeräten sind Höhen- und Lagebestimmungen mit Fehlern unter 0,5 mm möglich.

(2) Extensometer

Mit Ein- und Mehrfach-Stangenextensometern werden bei Mikrometer- oder Messuhrablesung Genauigkeiten in der Größenordnung von 0,1 mm erreicht. Da der Fixpunkt im unbewegten Untergrund liegen soll, sind große Extensometerlängen (z. B. 1,5 bis 3,0 × Höhe des Geländesprungs) erforderlich. Die Messungen erfassen jeweils nur einen Punkt. In Baugruben können die Extensometer erst nach Aushub eingebaut werden, sodass die Verschiebungen während der Aushubphase nicht gemessen werden können.

(3) Konvergenzmessung

Die Konvergenzmessung (Lichtraummessung) ist geeignet, die Relativbewegung zweier Punkte oder Wände oder die Deformation eines Tunnelprofils festzustellen. Beispiele für die Anwendung und Messprinzip s. *Bild 1*. Die relative Längenmessung kann mit Messdraht, Messstab oder Messband sowie in Kombination mit einer Zugkraftmessung ausgeführt werden.

(4) Deflectometer

Durch Messung von Längen- oder Winkeländerungen mit Hilfe eines sog. Gleitmikrometers oder Gleitdeformeters in einem fest eingebauten Messrohr können Querbewegungen von Bauteilen im Bauwerk oder im Baugrund als tiefen- und zeitabhängige Messkette erfasst werden.

(5) Inklinometersonden (Neigungsmessungen)

Durch Messung der Horizontalverschiebungen von vertikal eingebauten Rohren sind Ort und Größe der Bewegungen im Untergrund oder im Bauwerk am genauesten zu erfassen. Mit Inklinometersonden werden abschnittsweise die Neigungen des Rohres in zwei zueinander senkrechten Richtungen gemessen und aus den Neigungen der Messabschnitte die Horizontalverschiebungen des Messrohrs als Polygonzug ermittelt; s. *Bild 2*. Die Genauigkeit der Ergebnisse hängt ab von der Genauigkeit des Neigungsmessgerätes und der Führung des Gerätes im Messrohr. Der Fußpunkt der Rohre soll so tief liegen, dass er als unverschiebbarer Bezugspunkt wirken kann.

Je nach Ausführung sind die Neigungssonden mit einem oder zwei um 90° gegeneinander verdrehten Winkelaufnehmern ausgerüstet. Sie werden für die vertikale und horizontale Neigungsmessung eingesetzt, wobei die Abweichungen vom Lot über ein Pendel mit Drehmomentabgleich ermittelt werden (Messgenauigkeit ± 0,1 mm/m).

Mit der vertikalen Neigungssonde werden in 1-m-Schritten die Neigungswinkel in einem Führungsrohr ermittelt. Diese Messungen geben Aufschluss über die Horizontalverschiebungen z. B. von Baugrubenwänden und Rutschzonen instabiler Hänge.

Tabelle 1: Messtechnische Verfahren (DIN 4020)

Spalte	1	2	3	4	5	6
Zeile	Art	Verfahren/Geräte	Messprinzip	Messzweck	Anwendung	Bemerkung
1	Verformungs- und Verschiebungsmessungen	Geodäsie[1]) a) Nivellement b) Lagemessung c) Schlauchwaage	horizontaler Messstrahl vom Festpunkt aus, Längen und Winkelmessung, Kommunizierende Röhren	relative/absolute Höhenänderungen und Verschiebungen von Punkten	Bauwerke Über- und Untertage; Geländeoberflächen	stetige Messung nur mit Schlauchwaage
2		Setzungs- und Verschiebungspegel[2]) [3]) Gleitmikrometer[4])	Ortung von Messmarken längs von Rohren im Bauwerk oder Baugrund, z. B. auf mechanischem, induktivem, magnetischem Weg	Dehnungen und Verschiebungen in Richtung des Messrohres	im Baugrund, in Erd- und Massivbauwerken und in Bauteilen	Auslenkungen der Messachse berücksichtigen
3		Extensometer[2]) [3])	Relativverschiebungen zwischen Messpunkten im Boden/Fels und Kopfplatte über Stange oder Draht als Messnormal	Relativverschiebungen in Achsrichtung	Baugruben, Böschungen, Tunnel, Kavernen, als Einfach- und Mehrfachextensometer	Dauermessung, Fernablesung und Warnsystem möglich
4		Konvergenzmessung[1]) [2])	Relativ-Verschiebungen zwischen 2 Messpunkten gemessen durch Messdraht/-band oder -stab	Verformungen über Messung von Diagonalen, Sehnen usw.	Tunnel, Kavernen, Einschnitte, Hänge	stationäre oder mobile Messeinrichtungen möglich
5		Deflektometer[3]) (Querversetzungsmesskette)	Winkel- oder Längenänderungen im Messrohr infolge Querbewegungen	Verschiebungen quer zur Messachse	Bauwerke, Baugrund, Kavernen, Hänge	Fest eingebaut, daher Fernablesung und Warnsystem möglich
6		Inklinometer[3]) (Neigungsmessrohr)	Neigungsänderung in Messrohren mit Messschlitten	Verschiebungen quer zur Messachse	Baugrubenumschließungen, Böschungen, Tunnel, Kavernen	unabhängig von geodätischer Messung
7		Setzverschiebungs- oder Setzneigungsmesser[1])	mechanische oder elektronische Messung von Längen oder Neigungen zwischen fest installierten Marken	Änderung kurzer Abstände, z. B. über Fugen, Trenn-flächen; Neigungs-änderungen an bestimmten Stellen eines Bauwerks oder Bauteils	zur Überwachung bestehender Bauwerke oder von Kluftkörpern im Fels	auch ortsfeste Anbringung möglich

[1]) Die Messbasen für diese Messungen werden erst an oder im Bauwerk eingerichtet und lassen nur die Beobachtung nachträglicher Veränderungen zu.

[2]) Beim Einbau ist auf dauerhaften Verbund der Messmarken mit dem Baugrund oder Bauwerk zu achten.

[3]) Die Einrichtungen können oft schon vor Baubeginn eingebaut werden und gestatten dann auch die Beobachtung der Anfangsverformungen.

[4]) Ermöglicht bei engem Abstand der Messpunkte sehr genaue Messung.

Fortsetzung **Tabelle 1:** Messtechnische Verfahren (DIN 4020)

Spalte	1	2	3	4	5	6
Zeile	Art	Verfahren/Geräte	Messprinzip	Messzweck	Anwendung	Bemerkung
8	Kraft- und Druckmessungen	Kraftaufnehmer/ Anker-Kraftaufnehmer	Verformung des Messelements	Kräfte, Ankerkräfte	Baugrubenaussteifungen, Erd- und Felsanker, Probebelastungen	Fern-, Dauerablesung möglich, Kraftmessung an stählernen Bauteilen oder Bewehrung auch durch unmittelbares Anbringen von Dehnmesselementen
9		Erddruckaufnehmer	Verformung des Messelements oder Kompensationsdruckmessung	Spannungen im Boden oder in Kontaktflächen	Erddruck auf Stützbauwerke, Bodenspannungen in Dämmen, Sohlnormalspannungen	Höhen-Durchmesser-Verhältnis des Erddruckauf-nehmers ≤ 0,1 Einbettung ist auf die Steifigkeit der Umgebung abzustimmen
10		Porenwasserdruckaufnehmer	Flüssigkeitsdruckmessung hinter Filterplatte	Porenwasserdruck, Grundwasser-Druckhöhe	Konsolidierungsvorgänge in feinkörnigem Baugrund; Druckwasserspiegel; Strömungsvorgänge in Dämmen	Die für Druckwasseranzeige benötigte Flüssigkeitsmenge muss vom Boden ohne Änderung des Porenwasserdrucks abgegeben werden
11	Messungen im Grundwasser	Grundwasserspiegelmessung	Lotung, Druckmessgerät, kapazitiv	Grundwasser-Oberfläche oder -Druckfläche	Baugrundaufschluss, Grundwasser-Haltung, -Abdichtung	siehe DIN 4021
12		Trübungsmessung	Durchleuchtung	mg Feststoff je $l \cdot s$	Wasserhaltung, Dränagen, Staudämme, Hinweise auf Erosionsgefahr	Quantitative Aussagen durch Messungen im Labor
13		Temperaturmessung	Wärmeausdehnung, elektrische Wirkungen der Temperaturänderung	Grundwassertemperatur, Sickerwasser, Aufschluss über Herkunft von Wässern im Baugrund	Zur Feststellung der Grundwasser-Herkunft und von Undichtigkeiten	gegebenenfalls ergänzend chemische Untersuchungen des Grundwassers
14	Dynamische Messungen	Erschütterungsmessungen	schwingende Masse, Messung von Beschleunigung, Schwinggeschwindigkeit, Frequenz und Aplitude	Auswirkung von Erschütterungen oder Schwingungen auf Baugrund, Bauwerke und Menschen	Bei Sprengungen, Bau- und Verkehrserschütterungen, Maschinenschwingungen oder bei stoßartigen Erregungen	siehe DIN 4150 Teil 1 bis Teil 3
15		Seismologische Verfahren (Seismographen, Geophone)	Schwingende Masse	natürliche Seismizität	Messen von Mikrobeben, z. B. infolge Stauanlagen, Hangbewegungen	für Makrobeben siehe DIN 4149 Teil 1

Die horizontale Neigungssonde wird zur Bestimmung der Setzungsmulde, z. B. bei Dammschüttungen auf weichem Untergrund oder im Rückraum beim Aushub tiefer Baugruben, verwendet.

Folgende Neigungsmessgeräte sind gebräuchlich:

a) Gleitmikrometer; *Bild 3*

Mit dem Gleitmikrometer kann die komplette Verteilung der axialen Dehnungen oder Verschiebungen entlang der Messlinie (Bohrloch im Boden, Fels oder Beton) erfasst werden. Das Messrohr zur Aufnahme der Messsonde (Verbindungsrohre aus Kunststoff mit Messmarken) wird in einem Bohrloch (empfohlener Durchmesser 100 mm) einzementiert und kann den Verformungen hysteresefrei folgen. Die Messempfindlichkeit beträgt 0,001 mm, die Messgenauigkeit ±0,003 mm/m (mittlerer Fehler).

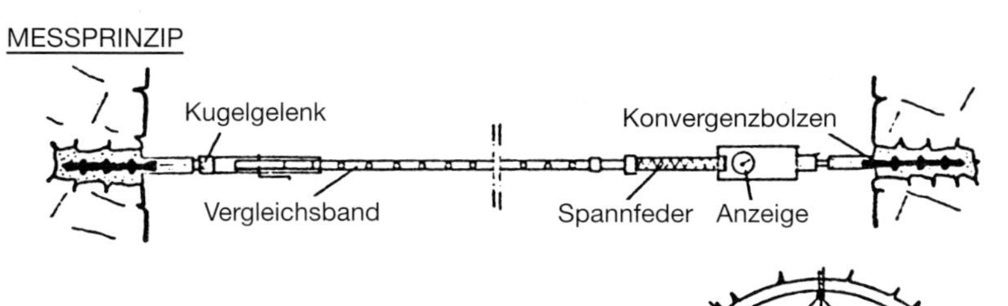

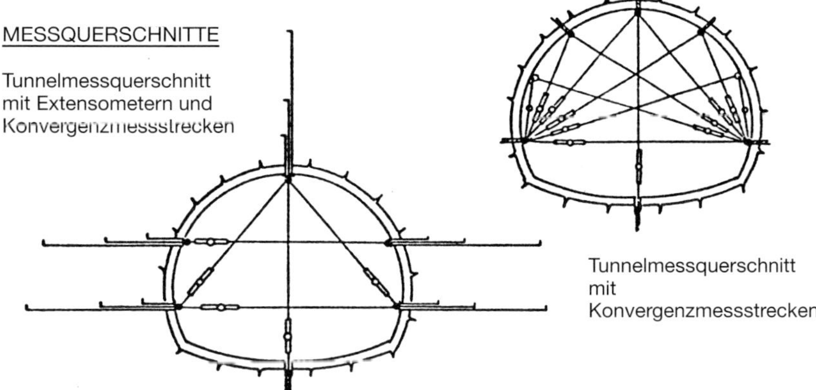

Bild 1: Prinzip und Anwendungsbeispiele von Konvergenzmessungen

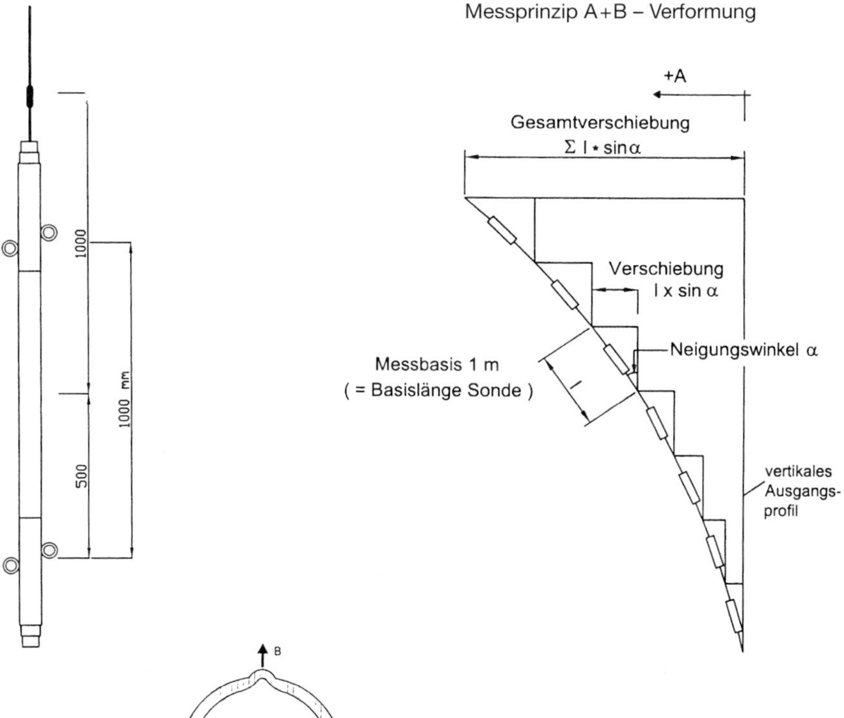

Bild 2: Schema Messprinzip Neigungsmesssonde (Inklinometer)

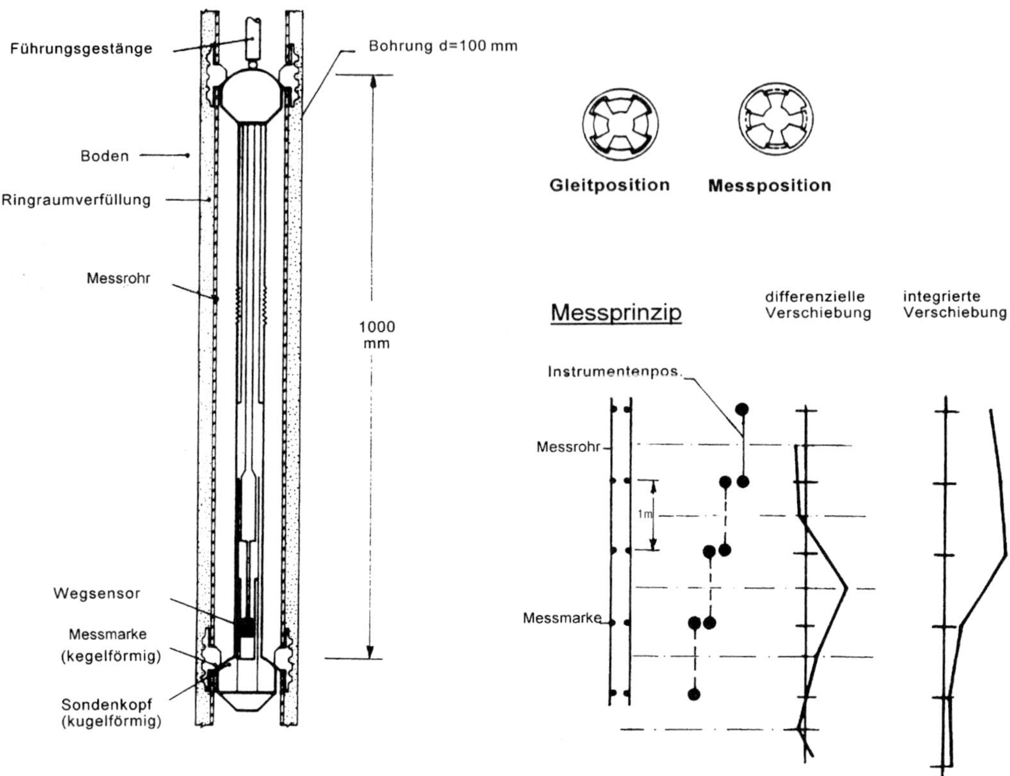

Bild 3: Schema Gleitmikrometermessung (Längsschnitt durch Bohrloch, Messrohr und Sonde)

b) Gleitdeformeter

Mit diesem Neigungsmessgerät lassen sich Dehnungen und Verschiebungen auf ähnliche Weise wie mit dem Gleitmikrometer bestimmen. Ein Messrohr aus Kunststoff mit Messmarken in gleichmäßigen Abständen von 1 m bildet eine in Teilstrecken unterteilte Messlinie. Bei Messungen wird jeweils der Abstand zwischen dem oberen Messkopf und der oberen Messmarke gemessen. Der Wert wird mechanisch über ein Präzisionsgestänge hysteresefrei auf einen Wegaufnehmer außerhalb des Bohrloches übertragen. Die Anwendung ist kostengünstig, da nur kleine Bohrlochdurchmesser notwendig sind und die Messrohrkosten wesentlich niedriger liegen als beim Gleitmikrometer. Die Messempfindlichkeit beträgt 0,01 mm bei einer Messgenauigkeit ±0,02 mm/m.

c) Trivec-Sonde; *Bild 4*

Mit der Trivec-Sonde kann wie beim Gleitmikrometer die axiale Verschiebungskomponente (z-Richtung) in Form von Setzungen und Hebungen (Messgenauigkeit ± 0,003 mm/m) des Bodens entlang von Geraden bestimmt werden. Gleichzeitig ist die Sonde mit zwei Neigungsgebern (Inklinometer mit Messbereich +14,5° aus der vertikalen Achse und einer Genauigkeit von ± 0,05 mm/m) ausgerüstet, mit denen die Neigung der einzelnen Messstrecken in zwei zueinander senkrecht stehenden Ebenen (x- und y-Komponenten) eingemessen wird.

(6) Hydrostatische Linienvermessung

Mit hydrostatischer Druckmessung längs oberoder unterirdischer Profillinien kann die Setzung bzw. Höhenlage von Bauwerken (Dämme, Fahrbahnen, Tiefbauwerke) linien- bzw. rasterförmig über große Längen ermittelt werden.

Diese alternativ, jedoch vergleichsweise zu Horizontal-Inklinometern (5) flexibler einsetzbare Messvariante beruht prinzipiell darauf, den hydrostatischen Druck in einem mit entlüftetem Wasser gefüllten Messschlauch zwischen vor-

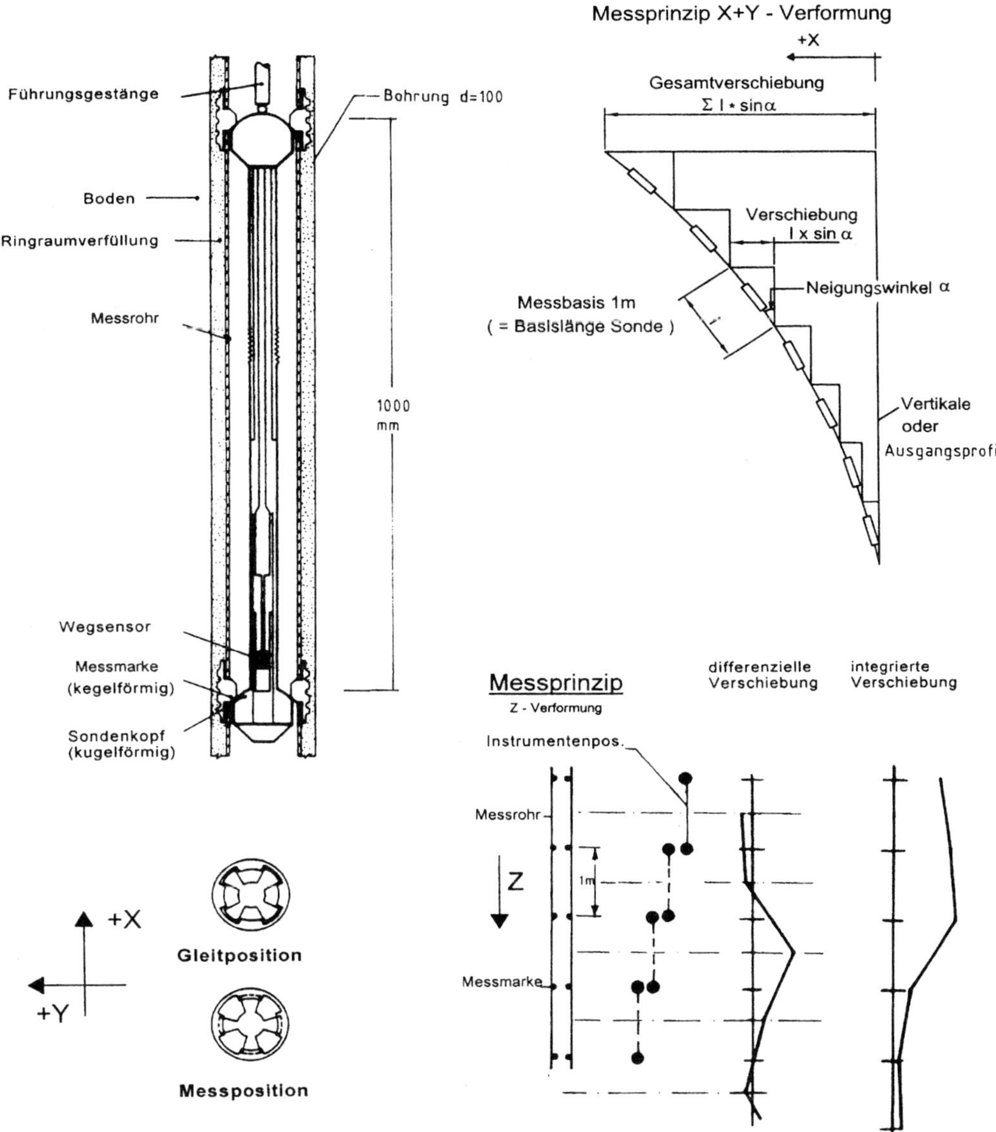

Bild 4: Schema Trivec-Messung

wählbar festzulegenden Abstandspunkten und einem Referenzniveau automatisch zu messen.

Im Zuge der Messung wird das Wasser nacheinander aus den vorgewählten Teilabschnitten des Messschlauches gepumpt und am jeweiligen Messpunkt die hydrostatische Druckhöhendifferenz zum Referenzniveau mit dem Druckgeber gemessen. Der Messvorgang wird automatisch längs der Teilabschnitte der Profillinie weitergeführt, alle Daten werden digital gespeichert, auf PC übertragen und sofort ausgewertet. Die zeitliche Druckhöhenänderung lässt sich durch Wiederholmessungen über lange Zeitabschnitte feststellen. Der kunststoffgeschützte Messschlauch kann bedarfsweise in wechselnder Richtung frei wählbar verlegt werden.

Mit dem Messverfahren können auch relativ große Verformungen und Änderungen über kurze Teilstrecken gemessen werden.

3.2 Kraft- und Druckmessungen

Kräfte und Drücke werden mit mechanischen, mechanisch-elektrischen oder hydraulischen Aufnehmern entweder über elastische Längenänderungen oder Flüssigkeitsdrücke gemessen.

Für die Messung elastischer Längenänderungen dienen Druckringe mit Dehnungsmessstreifen (DMS) oder mit Frequenzänderung anzeigender schwingender Saite (Messgenauigkeit ± 1–2 % der Laständerung).

Für Messungen über Flüssigkeitsdruck stehen Druck-Kissen bzw. Druck-Pressen mit biegesteifen Ringscheiben als Kraftaufnehmer (Messgenauigkeit ± 1 % des jeweiligen Messbereiches) neben einfachen flüssigkeitsgefüllten Druckdosen (max. ±5 %) zur Verfügung. Die Messergebnisse unterliegen Temperatureinflüssen.

Beispiele für Messsysteme s. Schemadarstellungen in den *Bildern 5* und *6* für Erddruck- und Ankerkraftmessungen.

Speziell bei Erddruckmessungen kann der Aufnehmer die Messgröße beeinflussen und sich dem Spannungs-/Verformungszustand im Boden nur schwierig anpassen. Allgemein empfiehlt es sich, folgende Einflüsse zu beachten:

- Der Messfehler wird umso kleiner sein, je größer das Verhältnis Durchmesser/Bauhöhe des Kraftaufnehmers ist.
- Bei Messungen im Boden sollte der Aufnehmer möglichst steif ausgebildet sein, wodurch sich ein endlicher, kalibrierbarer Fehler ergibt.
- Bei Einbau an einer Grenzfläche sollte der Aufnehmer in das steifere Medium gesetzt werden.

Für die Messung von Porenwasserdrücken im Feld werden Piezometer (druckdicht verschlossene Standrohre mit Manometer) oder pneumatisch, hydraulisch oder elektrisch anzeigende Aufnehmer benutzt. Die Messung ist insofern problematisch, als jeder Aufnehmer die Verhältnisse im Boden stört und eine gewisse Zeit vergeht, bis der im Aufnehmer gemessene Porenwasserdruck annähernd demjenigen im ungestörten Boden entspricht. Von Bedeutung sind diese Messungen z. B. für Standsicherheitsnachweise und die Überwachung von Dammschütt- und Konsolidierungsvorgängen.

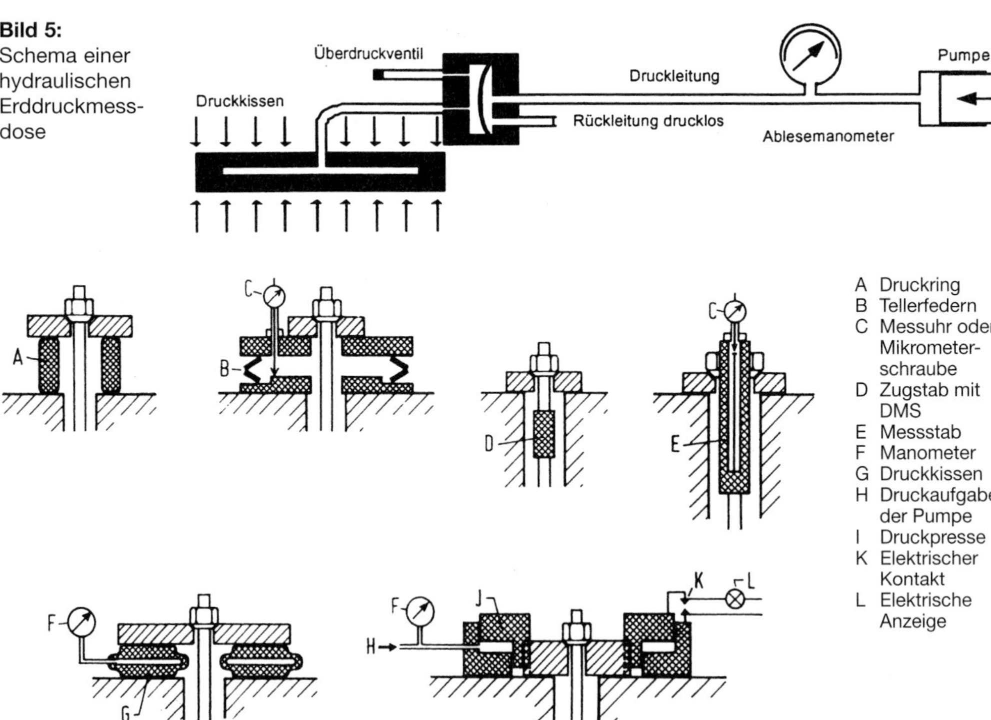

Bild 5: Schema einer hydraulischen Erddruckmessdose

Bild 6: Schema für Ankerkraft-Messsysteme

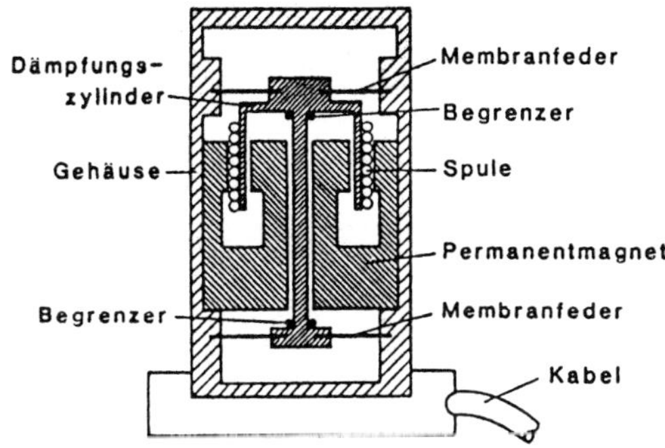

Bild 7: Schema eines Schwinggeschwindigkeitsaufnehmers

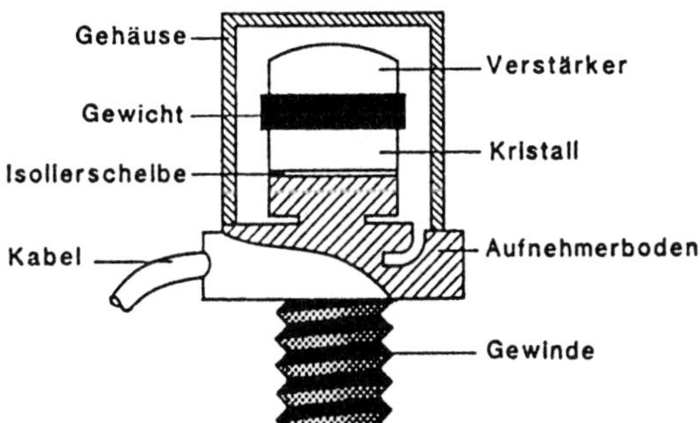

Bild 8: Schema eines Beschleunigungsaufnehmers

3.3 Dynamische Messungen

Neben Einwirkungen aus Schienen- und Straßenverkehr gibt es eine Reihe baubetrieblich bedingter, impulsförmiger oder stationärer Erschütterungs- bzw. Schwingungsquellen, die dynamische Messungen erfordern können, wie z. B. Sprengungen, fallende Massen, Bau- und Maschinenbetrieb, Schlag- und Vibrationsrammungen, Vibrationsverdichtungen.

Die Schwingkenngrößen (Geschwindigkeit, Beschleunigung, Amplitude) werden als Funktion der Zeit durch Aufnehmer gemessen; *Bilder 7* und *8*.

4 Anwendungsbeispiele: Dammbauwerke und Böschungen

Dammbauwerke auf setzungsempfindlichem Untergrund und steile Böschungen mit geringer Sicherheitsreserve erfordern die messtechnische Überwachung von Bewegungen und Bodenverformungen. Setzungen bzw. Hebungen des umgebenden Geländes oder benachbarter Bauwerke sind in diese Überwachung mit einzuschließen, sofern solche Auswirkungen potenziell erwartet werden; Anwendungsbeispiele *Bild 9* und *10*.

5 Anwendungsbeispiele: Baugruben- und Stützwände

Der Bau von tiefen Baugrubenwänden und hohen Stützwänden erfordert in der Regel die messtechnische Überwachung bzw. Steuerung der Bauvorgänge und die Beobachtung von Wandbewegungen und Bodenverformungen mit den möglichen Auswirkungen nach innen und außen. Die Empfehlungen des Arbeitskreises Baugruben (EAB) der Deutschen Gesellschaft für Geotechnik e.V. enthalten Angaben über die Vorgehensweise, die repräsentativen Messgrößen und den Messgeräteeinsatz. Im Einzelfall (Wandtyp, Geometrie, Ausbaumittel, Bauvorgang, Boden- und Grundwasserverhältnisse) kann es erforderlich sein, folgende Messgrößen zu erfassen:

- senkrechte und waagerechte Bewegungen und Verformungen der Wand sowie der Umgebung durch Abstandsmessungen, Bewegungen von eingebauten Rohren oder mit einfachen Längenmessgeräten am Wandkopf und in Höhe der Steifen bzw. Anker sowie von Setzungen und Hebungen der Wand mit Höhenpegeln
- Längenänderungen mit mechanischen Setzdehnungsgebern, Schwingsaiten, Dehnungsmessstreifen
- Messung der Beanspruchungen der Bauteile über Randfaserdehnungen mit Abstandsmessungen oder Änderung der Wandneigung mit der Tiefe, in einfachen Fällen Durchbiegung einzelner Punkte
- Messung von Zug- und Druckkräften mit mechanischen bzw. hydraulischen Kraftmessdosen oder mit Gebern, die über Schwingsaiten oder Dehnungsmessstreifen registrieren
- Messungen von Steifen- und Ankerkräften zur Erfassung von Erddrucklasten: Kraftmessungen direkt mit Kraftmess- bzw. Druckmessdosen oder über elastische Längenänderungen
- Größe und Verteilung des Wasserdrucks mit Pegelmessungen oder elektrischen Porenwasserdruckgebern

1 Drahtextensometer im Bohrloch
2 Inklinometersonde für Neigungsmessungen
- Gleitmikrometer (-deformeter) für Setzungsmessungen
- Trivecsonde für Neigungs- und Setzungsmessung
3 Stationärer Kettendeflektometer zur Messung von Querversetzungen
4 Mehrfach-Stangenextensometer (auch mit Schreiber)
5 Kraftmesseinrichtung für Anker

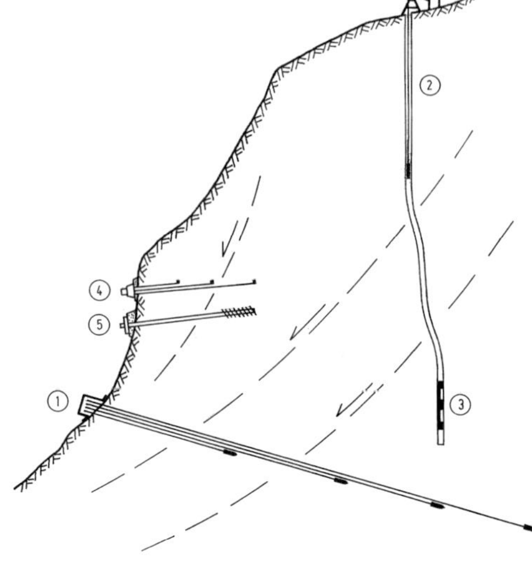

Bild 9: Geräte für das Messen von Böschungsbewegungen

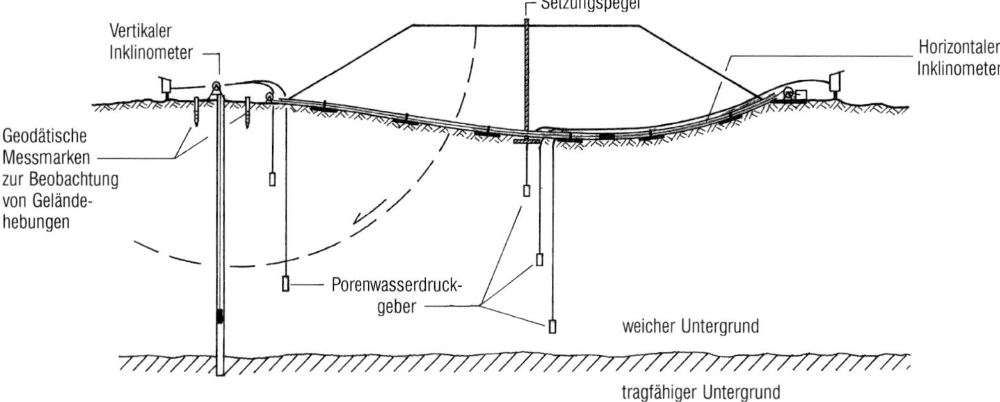

Bild 10: Geräte zur Messung von Vertikal- und Horizontalverformungen bei Dämmen auf weichem Untergrund

- Wandreibungen durch Dehnungsmessungen
- Biegelinien mit Abstandsmessungen oder über die Änderung der Wandneigung mit der Tiefe.

Der gewählte Messquerschnitt kann nur für die Länge der Wand bzw. Baugrube repräsentativ sein, in dem sich die Verhältnisse, die Bebauung und das Bauverfahren nicht ändern. Liegen der Wandbemessung bzw. der Auswertung von Messungen die Bedingungen eines ebenen Beanspruchungszustandes zugrunde, so müssen der Messbereich und die anschließenden Bereiche gleiche Untergrundverhältnisse und gleichen Grundwasserstand aufweisen.

Bei ausgesteiften Baugruben müssen beidseits des Messbereichs gleiche statische Verhältnisse auf jeweils einer Länge vorliegen, die mindestens der halben Baugrubentiefe entspricht. Verankerte Baugrubenwände setzen gleiche statische Verhältnisse beidseits vom Messbereich auf jeweils einer Länge voraus, die mindestens der vollen Länge der Baugrubentiefe entspricht. Bei Baugruben von begrenzter Länge sind räumliche Einflüsse zu berücksichtigen.

6 Normative Regelwerke

(1) DIN 1319-1: Grundlagen der Messtechnik – Teil 1: Grundbegriffe

(2) DIN 1319-2: Grundlagen der Messtechnik – Teil 2: Begriffe für die Anwendung von Messgeräten

(3) DIN 1319-3: Grundlagen der Messtechnik – Teil 3: Auswertung von Messungen einer einzelnen Messgröße, Messunsicherheit

(4) DIN 1319-4: Grundlagen der Messtechnik – Teil 4: Auswertung von Messungen, Messunsicherheit

(5) DIN 4107: Baugrund – Setzungsbeobachtungen an entstehenden und fertigen Bauwerken

(6) DIN 4107-1: Geotechnische Messungen – Teil 1: Grundlagen

(7) DIN 4107-2: Geotechnische Messungen – Teil 2: Extensometer- und Konvergenzmessungen

(8) DIN 45669-2: Messung von Schwingungsimmissionen – Teil 2: Messverfahren

(9) DIN 45672-1: Schwingungsmessungen in der Umgebung von Schienenverkehrswegen – Teil 1: Messverfahren

(10) DIN 45672-2: Schwingungsmessungen in der Umgebung von Schienenverkehrswegen – Teil 2: Auswerteverfahren

Hinweis

DIN 4107, 4107/1 und /2 ersetzt durch DIN EN ISO 18674

Stichwortverzeichnis

G

H

I

K

L

M

N

O

P

Q

R

S

T

U

V

W

Z